DIN-VDE-Taschenbuch 509

Die DKE-Auswahlreihe besteht bisher aus folgenden Bänden:

DIN-Taschenbuch 501
Elektroinstallation;
Schaltzeichen, Schaltungsunterlagen.
Normen

DIN-Taschenbuch 502
Analoge und binäre Elemente.
Schaltzeichen; Anwendung in Stromlaufplänen. Normen

DIN-VDE-Taschenbuch 503
Schulen und Laboratorien;
Elektrotechnische Sicherheitsnormen für Einrichtung und Betrieb von Laboratorien und naturwissenschaftlichen Räumen in Schulen

DIN-VDE-Taschenbuch 504
Kennzeichen der Anschlüsse elektrischer Betriebsmittel. Normen

DIN-VDE-Taschenbuch 505
Funk-Entstörung 1.
Funk-Entstörung von Hausgeräten, Leuchten, elektrischen Anlagen, ISM-Geräten sowie zugehörige Meßgeräte und -verfahren

DIN-VDE-Taschenbuch 506
Errichtung, Betrieb und Reparatur in funktechnischen und ähnlichen Anlagen 1;
Allgemeine Bestimmungen. Normen

DIN-VDE-Taschenbuch 507
Errichtung, Betrieb und Reparatur in funktechnischen und ähnlichen Anlagen 2;
Besondere Bestimmungen. Normen

DIN-VDE-Taschenbuch 508
Laser;
Sicherheitstechnische Festlegungen für Lasergeräte und -anlagen. Normen

DIN-VDE-Taschenbuch 509
Elektrotechnische Sicherheitsnormen für Ämter, Behörden, Bauschaffende und Sicherheitskräfte 1; Anlagen. Normen

DIN-VDE-Taschenbuch 510
Elektrotechnische Sicherheitsnormen für Ämter, Behörden, Bauschaffende und Sicherheitskräfte 2; Geräte. Normen

DIN-VDE-Taschenbuch 511
Elektrotechnische Sicherheitsnormen für Ämter, Behörden, Bauschaffende und Sicherheitskräfte 3; Betrieb. Normen

DIN-Taschenbuch 512
Schaltungsunterlagen für die Elektrotechnik.
Normen

DIN-VDE-Taschenbuch 513
Sicherheitsschilder; Überblick, Anforderungen, Technische Lieferbedingungen.
Normen

DIN-Taschenbuch 514
Graphische Symbole für die Elektrotechnik;
Schaltzeichen. Normen

DIN-VDE-Taschenbuch 515
Elektromagnetische Verträglichkeit 1;
DIN-Normen und DIN-Normen mit VDE-Klassifikation

DIN-Taschenbuch 516
Elektromagnetische Verträglichkeit 2;
VG-Normen

DIN-VDE-Taschenbuch 517
Elektromagnetische Verträglichkeit 3;
Englische Übersetzungen Deutscher Normen. EN-Normen und IEC-Normen

DIN-Taschenbuch 518
Steckverbinder für Rundfunk- und verwandte Geräte. Normen

DIN-VDE-Taschenbuch 519
Blitzschutzanlagen 1;
Äußerer Blitzschutz. Normen

DIN-VDE-Taschenbuch 520
Blitzschutzanlagen 2;
Innerer Blitzschutz. Normen

DIN-Taschenbuch 521
Magnettontechnik. Normen

DIN-Taschenbuch 522
Videoaufzeichnungstechnik. Normen

DIN-Taschenbuch 523
Phonotechnik. Normen

DIN-Taschenbuch 524
Elektroakustische Geräte. Messungen, Prüfungen, Anforderungen. Normen

DIN-VDE-Taschenbuch 525
Grundnormen und Gruppennormen in der elektrotechnischen Sicherheitsnormung.
Normen

DIN-VDE-Taschenbuch 509

DKE-Auswahlreihe

Elektrotechnische Sicherheitsnormen für Ämter, Behörden, Bauschaffende und Sicherheitskräfte 1

Anlagen

Normen

4. Auflage

Stand der abgedruckten Normen: Oktober 1998

1999

Herausgeber: DIN Deutsches Institut für Normung e. V.
VDE Verband der Elektrotechnik Elektronik Informationstechnik e. V.

VDE-VERLAG

VDE-VERLAG GMBH • Berlin • Offenbach

Beuth

Beuth Verlag GmbH • Berlin • Wien • Zürich

Die Deutsche Bibliothek – CIP-Einheitsaufnahme

Elektrotechnische Sicherheitsnormen für Ämter, Behörden, Bauschaffende und Sicherheitskräfte / Hrsg.: DIN, Deutsches Institut für Normung e. V. ; VDE, Verband der Elektrotechnik, Elektronik, Informationstechnik e. V. - Berlin ; Offenbach : VDE-VERLAG ; Berlin ; Wien ; Zürich : Beuth.
1. Anlagen, Normen. - 4. Aufl., Stand der abgedruckten Normen: Oktober 1998. - 1999
(DIN-VDE-Taschenbuch ; 509 : DKE-Auswahlreihe)
ISBN 3-8007-2429-4 (VDE-VERLAG)
ISBN 3-410-14417-X (Beuth)

Titelaufnahme nach RAK entspricht DIN 1505-1.
ISBN nach DIN ISO 2108.

Übernahme der CIP-Kurztitelaufnahme auf Schrifttumskarten durch Kopieren oder Nachdrucken frei.

544 Seiten A5, brosch.

ISSN 0178-224X (DIN-VDE-Taschenbuch)
ISSN 0342-801X (DIN-Taschenbuch)
ISBN 3-8007-2429-4 (VDE-VERLAG)
ISBN 3-410-14417-X (Beuth Verlag)

Printed in Germany. Druck: GAM Media GmbH, Berlin 9902

Inhalt

Die in den Verzeichnissen in Verbindung mit einer DIN- oder DIN-VDE-Nummer verwendeten Abkürzungen bedeuten:

T	Teil
Bbl	Beiblatt
E	Entwurf
DIN EN	Deutsche Norm, in die eine Norm von CENELEC unverändert übernommen wurde
CENELEC	Europäisches Komitee für Elektrotechnische Normung
DIN IEC	Deutsche Norm, in die eine Norm der IEC unverändert übernommmen wurde
IEC	Internationale Elektrotechnische Kommission
EN	Europäische Norm
HD	Harmonisierungsdokument

Maßgebend für das Anwenden jeder in diesem DIN-VDE-Taschenbuch abgedruckten Norm ist deren Fassung mit dem neuesten Ausgabedatum.

Bei den abgedruckten Norm-Entwürfen wird auf den Anwendungswarnvermerk verwiesen.

Vergewissern Sie sich bitte im aktuellen DIN-Katalog mit neuestem Ergänzungsheft oder fragen Sie: (0 30) 26 01-22 60 bzw. vergewissern Sie sich im aktuellen VDE-Vorschriftenwerk – Katalog der Normen mit neuester Ergänzung – oder fragen Sie bezüglich elektrotechnischer Sicherheitsnormen (VDE-Bestimmungen) an: (0 69) 63 08-0.

Die deutsche Normung

Grundsätze und Organisation

Normung ist Ordnungsinstrument des gesamten technisch-wissenschaftlichen und persönlichen Lebens. Sie ist integrierter Bestandteil der bestehenden Wirtschafts-, Sozial- und Rechtsordnungen.

Normung als satzungsgemäße Aufgabe des DIN Deutsches Institut für Normung e. V.*) ist die planmäßige, durch die interessierten Kreise gemeinschaftlich durchgeführte Vereinheitlichung von materiellen und immateriellen Gegenständen zum Nutzen der Allgemeinheit. Sie fördert die Rationalisierung und Qualitätssicherung in Wirtschaft, Technik, Wissenschaft und Verwaltung. Normung dient der Sicherheit von Menschen und Sachen, der Qualitätsverbesserung in allen Lebensbereichen sowie einer sinnvollen Ordnung und der Information auf dem jeweiligen Normungsgebiet. Die Normungsarbeit wird auf nationaler, regionaler und internationaler Ebene durchgeführt.

Träger der Normungsarbeit ist das DIN, das als gemeinnütziger Verein Deutsche Normen (DIN-Normen) erarbeitet. Sie werden unter dem Verbandszeichen DIN vom DIN herausgegeben.

Der Herausgeber der im VDE-Vorschriftenwerk zusammengefaßten Sicherheitsnormen der Elektrotechnik ist der VDE Verband der Elektrotechnik Elektronik Informationstechnik e. V. Die VDE-Bestimmungen, der bekannteste Teil des VDE-Vorschriftenwerks, erscheinen unter den beiden Verbandszeichen DIN und VDE

Das DIN ist eine Institution der Selbstverwaltung der an der Normung interessierten Kreise und als die zuständige Normenorganisation für das Bundesgebiet durch einen Vertrag mit der Bundesrepublik Deutschland anerkannt. Der Vertrag schließt auch die Aktivitäten des VDE auf dem Gebiet der elektrotechnischen Sicherheitsnormen mit ein.

DIN-VDE-Taschenbücher

DIN-Taschenbücher, die mindestens eine DIN-Norm mit VDE-Kennzeichnung enthalten, werden als DIN-VDE-Taschenbücher herausgegeben. Dies soll kenntlich machen, daß hierin eine oder mehrere elektrotechnische Normen mit sicherheitstechnischem Charakter enthalten sind.

Der Benutzer findet in diesen Taschenbüchern die ihn schwerpunktmäßig interessierenden Informationen. Dazu gehören gegebenenfalls auch einschlägige Texte außerhalb des Normenwerkes, sofern sie für den Normenanwender einen hohen Informationswert haben. Für die Zusammenstellung des Inhalts sind der zuständige Normenausschuß des DIN und die Deutsche Elektrotechnische Kommission im DIN und VDE (DKE) verantwortlich.

Beim Erscheinen des DIN-VDE-Taschenbuches sind in der Regel die neuesten Ausgaben der Normen berücksichtigt. Eine Neuauflage erscheint im allgemeinen erst nach mehreren Jahren. In der Zwischenzeit kann ein Teil des Inhalts überholt sein. Maßgebend für das Anwenden jeder Norm ist deren Fassung mit dem neuesten Ausgabedatum.

---

*) Im folgenden wird die Kurzform DIN verwendet.

Information

Über alle bestehenden DIN-Normen und Norm-Entwürfe informieren der jährlich neu herausgegebene DIN-Katalog für technische Regeln und die dazu monatlich erscheinenden akkumulierten Ergänzungshefte.

Der jährlich erscheinende, vom VDE-VERLAG GMBH herausgegebene Katalog der Normen mit zwei Ergänzungen informiert über das VDE-Vorschriftenwerk.

Die Zeitschrift DIN-MITTEILUNGEN + elektronorm – Zentralorgan der deutschen Normung – berichtet über die Normungsarbeit im In- und Ausland. Deren ständige Beilage „DIN-Anzeiger für technische Regeln" informiert über neu herausgegebene und zurückgezogene Regeln sowie über neu in das Arbeitsprogramm aufgenommene Regelungsvorhaben. Er gibt auch die Ergebnisse der regionalen und internationalen Normung wieder.

Soweit VDE-Bestimmungen betroffen sind, werden diese Informationen auch in der „etz Elektrotechnische Zeitschrift" (VDE-VERLAG GMBH) und im Bundesanzeiger veröffentlicht.

Auskünfte über den jeweiligen Stand der Normen und Norm-Entwürfe vermitteln die zuständigen Normenausschüsse, im Fall der VDE-Bestimmungen die DKE, Stresemannallee 15, VDE-Haus, 60596 Frankfurt am Main, Telefon (0 69) 63 08-0 oder auch das Deutsche Informationszentrum für Technische Regeln (DITR) im DIN Deutsches Institut für Normung e. V., 10772 Berlin (Hausanschrift: Burggrafenstraße 6, 10787 Berlin), Telefon: (0 30) 26 01-26 00, Telefax: (0 30) 26 28-125.

Bezug der Normen und Normungsliteratur

Die DIN-VDE-Taschenbücher wie auch die darin enthaltenen Normen, Norm-Entwürfe, Europäische Normen, Internationale Normen sowie weiteres Normenschrifttum sind beziehbar durch den organschaftlich mit dem DIN verbundenen Beuth Verlag GmbH, 10772 Berlin (Hausanschrift: Burggrafenstraße 6,10787 Berlin), Telefon (0 30) 26 01-22 60.

Der VDE-VERLAG GMBH, Bismarckstraße 33, 10625 Berlin, Telefon (0 30) 34 80 01-0 vertreibt alle DIN-VDE-Taschenbücher und alle VDE-Bestimmungen sowie die Publikationen der Internationalen Elektrotechnischen Kommission (IEC).

Vorwort zur 4. Auflage

Erneut war eine Überarbeitung dieses Taschenbuches erforderlich, da die 3. Auflage vergriffen war und mehrere Neuausgaben zu den abgedruckten Normen erschienen waren.

Frankfurt am Main, im November 1998 *J. Simon*

Vorwort zur 3. Auflage

Erneut war eine Überarbeitung dieses Taschenbuches erforderlich, da die 2. Auflage vergriffen war und mehrere Neuausgaben zu den abgedruckten Normen erschienen waren.

Frankfurt am Main, im Mai 1994 *J. Simon*

Vorwort zur 2. Auflage

Die Überarbeitung dieses Taschenbuches war erforderlich, da die 1. Auflage vergriffen war und mehrere Neuausgaben zu den abgedruckten Normen erschienen waren.

Bei dieser Gelegenheit haben sich vde-verlag und DKE entschieden, das Stichwort-Verzeichnis nicht mehr in der ursprünglichen Form zu veröffentlichen, in der die Stichwörter aus Taschenbuch 509, 510 und 511 zusammengefaßt aufgelistet waren, sondern jedem Taschenbuch ein eigenes Stichwort-Verzeichnis beizufügen.

Frankfurt am Main, im Oktober 1990 *J. Simon*

Vorwort zur 1. Auflage

Von den Behörden wurde an die DKE der Wunsch herangetragen, die in diesen Stellen häufig benötigten Sicherheitsnormen zusammengefaßt zu veröffentlichen.

Mit Unterstützung der Branddirektion der Stadt Frankfurt am Main, der wir für die Zusammenarbeit danken, wurde diese Zusammenfassung erarbeitet. Da eine Veröffentlichung in einem Band weder möglich war noch sinnvoll erschien, wurde eine Aufteilung in Teil 1 „Anlagen", Teil 2 „Geräte" und Teil 3 „Betrieb" gewählt.

Schließlich weisen wir noch darauf hin, daß diese Auswahl bei ihrer Herausgabe den letzten Stand der Normung berücksichtigt, daß aber im konkreten Anwendungsfall eine möglicherweise erschienene Folgeausgabe (im Fall der Entwürfe die entsprechende Norm) heranzuziehen ist.

Frankfurt am Main, im Januar 1988 *J. Simon*

Hinweise für das Anwenden des DIN-VDE-Taschenbuches

Eine **Norm** ist das herausgegebene Ergebnis der Normungsarbeit.

Deutsche Normen (DIN-Normen) sind vom DIN Deutsches Institut für Normung e. V. unter dem Zeichen DIN herausgegebene Normen.

Eine **Vornorm** war bis etwa März 1985 eine Norm, zu der noch Vorbehalte hinsichtlich der Anwendung bestanden und nach der versuchsweise gearbeitet werden konnte. Ab April 1985 wird eine Vornorm nicht mehr als Norm herausgegeben. Damit können auch Arbeitsergebnisse, zu deren Inhalt noch Vorbehalte bestehen oder deren Aufstellungsverfahren gegenüber dem einer Norm abweicht, als Vornorm herausgegeben werden (Einzelheiten siehe DIN 820 Teil 4).

Eine **Auswahlnorm** ist eine Norm, die für ein bestimmtes Fachgebiet einen Auszug aus einer anderen Norm enthält, jedoch ohne sachliche Veränderungen und Zusätze.

Eine **Übersichtsnorm** ist eine Norm, die eine Zusammenstellung aus Festlegungen mehrerer Normen enthält, jedoch ohne sachliche Veränderungen und Zusätze.

Teil (früher Blatt genannt) kennzeichnet eine Norm, die den Zusammenhang zu anderen Festlegungen – in anderen Teilen – dadurch zum Ausdruck bringt, daß sich die DIN-Nummer nur in der Zählnummer hinter dem Wort Teil unterscheidet. In den Verzeichnissen dieses DIN-Taschenbuches ist deshalb bei DIN-Nummern generell die Abkürzung „T" für die Benennung „Teil" angegeben; sie steht zutreffendenfalls auch synonym für „Blatt".

Ein **Beiblatt** enthält Informationen zu einer Norm, jedoch keine zusätzlichen genormten Festlegungen.

Ein **Norm-Entwurf** ist das vorläufig abgeschlossene Ergebnis einer Normungsarbeit, das in der Fassung der vorgesehenen Norm der Öffentlichkeit zur Stellungnahme vorgelegt wird.

Die **Gültigkeit von Normen** beginnt mit dem Zeitpunkt des Erscheinens (Einzelheiten siehe DIN 820 Teil 4). Das Erscheinen wird im DIN-Anzeiger angezeigt.

Hinweise für den Anwender von DIN-Normen

Die Normen des Deutschen Normenwerkes stehen jedermann zur Anwendung frei.

Festlegungen in Normen sind aufgrund ihres Zustandekommens nach hierfür geltenden Grundsätzen und Regeln fachgerecht. Sie sollen sich als „anerkannte Regeln der Technik“ einführen. Bei sicherheitstechnischen Festlegungen in DIN-Normen besteht überdies eine tatsächliche Vermutung dafür, daß sie „anerkannte Regeln der Technik“ sind. Die Normen bilden einen Maßstab für einwandfreies technisches Verhalten; dieser Maßstab ist auch im Rahmen der Rechtsordnung von Bedeutung. Eine Anwendungspflicht kann sich aus Rechts- oder Verwaltungsvorschriften, Verträgen oder aus sonstigen Rechtsgrundlagen ergeben. DIN-Normen sind nicht die einzige, sondern eine Erkenntnisquelle für technisch ordnungsgemäßes Verhalten im Regelfall. Es ist auch zu berücksichtigen, daß DIN-Normen nur den zum Zeitpunkt der jeweiligen Ausgabe herrschenden Stand der Technik berücksichtigen können. Durch das Anwenden von Normen entzieht sich niemand der Verantwortung für eigenes Handeln. Jeder handelt insoweit auf eigene Gefahr.

Jeder, der beim Anwenden einer DIN-Norm auf eine Unrichtigkeit oder die Möglichkeit einer unrichtigen Auslegung stößt, wird gebeten, dies dem DIN unverzüglich mitzuteilen, damit etwaige Mängel beseitigt werden können.

DIN-Nummernverzeichnis

Anmerkung:
Seit 1. Januar 1985 wird bei den als VDE-Bestimmung gekennzeichneten Normen eine neue Benummerung verwendet: DIN VDE 0000.
Auch beim Zitieren von bestehenden Normen und Norm-Entwürfen, deren Nummern mit „DIN 57...“ beginnen, sowie bei allen VDE-Bestimmungen, die ausschließlich eine VDE-Nummer haben, wird in den Verzeichnissen in diesem Buch die neue Schreibweise verwendet.

Verzeichnis der abgedruckten Normen und Norm-Entwürfe

DK 621.316.172.002.2:621.3.027.26:614.8:620.1 **Oktober 1992**

	Errichten von Starkstromanlagen mit Nennspannungen bis 1000 V Verzeichnis der einschlägigen Normen	Beiblatt 2 zu DIN VDE 0100

Dieses Beiblatt enthält Informationen zu DIN VDE 0100,
jedoch keine zusätzlichen Festlegungen

Erection of power installations with nominal voltages up to 1000 V;
List of relevants standards

Ersatz für
Ausgabe 03.90

Abgeschlossen mit der Ausgabe Oktober 1992 der DIN-Mitteilungen und Elektronorm.
Bekanntgegeben in etz 113 (1992) Heft 18

Zitierte Normen

Siehe Tabellen 1 bis 3

Frühere Ausgaben

Beiblatt 2 zu DIN VDE 0100:11.82, 11.83, 11.84, 11.85, 11.86, 04.88, 03.90.

Änderungen

Gegenüber der Ausgabe März 1990 wurden folgende Änderungen vorgenommen:

a) Seit der letzten Ausgabe erschienene Entwürfe und Normen der Reihe DIN VDE 0100 wurden in das Beiblatt aufgenommen.
b) Die Beziehungen der CENELEC-Harmonisierungsdokumente oder des Beratungsstandes bei CENELEC zu den Internationalen und Deutschen Normen werden aktualisiert.
c) Entscheidung des DKE-Komitees 221 zur Einführung der Normen der Reihe DIN VDE 0100 in den neuen Bundesländern und im Ostteil Berlins aufgenommen.
d) Entscheidung des DKE-Komitees 221 zur Anpassung bestehender elektrischer Anlagen in den neuen Bundesländern und im Ostteil Berlins aufgenommen.

Erläuterungen

Dieses Beiblatt gibt mit Tabelle 1 den Stand der Veröffentlichungen von Normen und Entwürfen der Reihe DIN VDE 0100 einschließlich der übersetzten Entwürfe aus der internationalen Arbeit wieder.

Tabelle 2 enthält die Auflistung der noch nicht ersetzten Paragraphen aus DIN VDE 0100/05.73 mit Änderung DIN VDE 0100g/07.76 und ihre thematische Zuordnung innerhalb der Gesamtstruktur der Reihe DIN VDE 0100 (siehe auch Beiblatt 3 zu DIN VDE 0100).

Tabelle 3 zeigt die Reihe der CENELEC-Harmonisierungsdokumente für elektrische Anlagen von Gebäuden und deren Zusammenhang mit den Internationalen Normen der IEC und die Umsetzung in das Deutsche Normenwerk. Für die harmonisierten Normen für elektrische Anlagen von Gebäuden der Länder Europas ist es anhand von Tabelle 3 möglich, den Zusammenhang mit den relevanten Deutschen Normen zu finden, wenn das zugrundeliegende Harmonisierungsdokument bekannt ist.

Die Nummer in der ersten Spalte der Tabelle 1 gibt die Einordnung der Normen der Reihe DIN VDE 0100 wieder und ist vorwiegend mit der Nummer des Teiles der VDE-Nummer (VDE 0100 Teil ...) identisch.

In der zweiten Spalte der Tabelle 1 sind die DIN-Normen, die gleichzeitig VDE-Bestimmung sind, auf die Benummerung umgestellt, die zwischen dem DIN und dem VDE vereinbart wurde.

Fortsetzung Seite 2 bis 21

Deutsche Elektrotechnische Kommission im DIN und VDE (DKE)

Für diese Normen gilt demnach

a) die getrennte Kennzeichnung mit der Angabe der VDE-Nummer entfällt,

b) die DIN-Normen erhalten eine neue Nummer, die aus dem Normenzeichen DIN und der VDE-Nummer besteht, z. B. aus DIN 57 100 Teil 100/VDE 0100 Teil 100 wird DIN VDE 0100 Teil 100.

In der Spalte „Übergangsfrist für in Planung oder in Bau befindliche Anlagen“ sind nur Daten angegeben, wenn die Übergangsfrist noch nicht abgelaufen ist. Hinweise auf Anpassungsforderungen für bestehende Anlagen sind in der Spalte „Bemerkungen“ angegeben.

Den Entwicklungsgang vor dem 1. Juni 1980 siehe Beiblatt 1 zu DIN VDE 0100.

Es bestehen außer dem vorliegenden Beiblatt 2 zu DIN VDE 0100 noch folgende Beiblätter zu DIN VDE 0100:

– Beiblatt 1 zu DIN VDE 0100	Errichten von Starkstromanlagen mit Nennspannungen bis 1000 V; Entwicklungsgang der Errichtungsbestimmungen
– Beiblatt 3 zu DIN VDE 0100	Errichten von Starkstromanlagen mit Nennspannungen bis 1000 V; Struktur der Normenreihe
– Beiblatt 4 zu DIN VDE 0100	Errichten von Starkstromanlagen mit Nennspannungen bis 1000 V; Stichwortverzeichnis
– Beiblatt 5 zu DIN VDE 0100 (z. Z. Entwurf)	Errichten von Starkstromanlagen mit Nennspannungen bis 1000 V; Maximal zulässige Längen von Kabeln und Leitungen unter Berücksichtigung des Schutzes bei indirektem Berühren, des Schutzes bei Kurzschluß und des Spannungsfalles

Die Verlautbarungen des Komitees 221 „Errichten von Starkstromanlagen mit Nennspannungen bis 1000 V“ mit seinen Entscheidungen

– zu Einführung der Normen der Reihe DIN VDE 0100 und
– zur Anpassung bestehender elektrischer Anlagen

in den neuen Bundesländern und im Ostteil Berlins (Beitrittsgebiet) werden am Schluß wiedergegeben.

Internationale Patentklassifikation

H 02 B
H 02 G
H 01 H
H 01 R

Tabelle 1. **Verzeichnis der einschlägigen Normen für das Errichten von Starkstromanlagen mit Nennspannungen bis 1000 V**

Nr	Norm	Ausgabe Entwurf	Ausgabe Norm	Stichwort	Zusammenhang mit IEC und CENELEC[4])	Zusammenhang mit bisherigen Errichtungsbestimmungen bzw. bei Normen Ersatz für	Übergangsfrist für in Planung oder in Bau befindliche Anlagen	Bemerkungen
Gruppe 100				**Anwendungsbereich Allgemeine Anforderungen**				
100	DIN VDE 0100 Teil 100		05.82	Anwendungsbereich Allgemeine Anforderungen	IEC 364-1 (1972) mit Änderung 1 (1976)	VDE 0100/05.73 § 2		Entwicklungsgang der Errichtungsbestimmungen siehe Beiblatt 1 zu DIN VDE 0100
	DIN VDE 0100 Teil 100	02.85		Anwendungsbereich Allgemeine Anforderungen	IEC 364-1 (1972) mit Änderung 1 (1976) CENELEC HD 384.1 S1(1979)	DIN VDE 0100 Teil 100/05.82		
100 A1	DIN VDE 0100 Teil 100 A1	12.90		Anwendungsbereich Gegenstand Grundsätze Änderung zu DIN VDE 0100 Teil 100	IEC 364-1 (1977) mit Änderung 1 (1976) Änderung[2])	DIN VDE 0100 Teil 100/05.82		
Gruppe 200				**Begriffe**				
200	DIN VDE 0100 Teil 200		07.85	Begriffe Internationales Elektrotechnisches Wörterbuch	IEC 50(826)(1982) CENELEC HD 384.2 S1 (1986)	VDE 0100/05.73 § 3 DIN VDE 0100 Teil 200/04.82		
200 A1	DIN VDE 0100 Teil 200 A1	12.88		Änderung zu DIN VDE 0100 Teil 200/07.85		DIN VDE 0100 Teil 200/07.85		
200 A2	DIN VDE 0100 Teil 200 A2	02.89		Änderung zu DIN VDE 0100 Teil 200/07.85	IEC 364-2[2])	DIN VDE 0100 Teil 200/07.85		
200 A3	DIN VDE 0100 Teil 200 A3	12.90		Änderung zu DIN VDE 0100 Teil 200/07.85	IEC 50(826) Amendment 1 (1990)	DIN VDE 0100 Teil 200/07.85		
Gruppe 300				**Allgemeine Angaben**				
300	DIN VDE 0100 Teil 300		11.85	Allgemeine Angaben zur Planung elektrischer Anlagen	IEC 364-4 (1977) IEC 364-3A (1979) IEC 364-3B (1980) Nachtrag Nr 1 (1980) zu IEC 364-3 CENELEC HD 384.3 S1 (1985)	DIN VDE 0100 Teil 310/04.82		

Fußnoten zu Tabelle 1 siehe Seite 13.

Tabelle 1. (Fortsetzung)

Nr	Norm	Ausgabe		Stichwort	Zusammenhang mit IEC und CENELEC[4])	Zusammenhang mit bisherigen Errichtungsbestimmungen bzw. bei Normen Ersatz für	Übergangsfrist für in Planung oder in Bau befindliche Anlagen	Bemerkungen
		Entwurf	Norm					
300 A1	DIN VDE 0100 Teil 300 A1	05.89		Änderung zu DIN VDE 0100 Teil 300/11.85	IEC 364-3 (1977) Änderung[2])	DIN VDE 0100 Teil 300/11.85		
300 A2	DIN VDE 0100 Teil 300 A2	04.91		Änderung zu DIN VDE 0100 Teil 300/11.85	IEC 364-3 (1977) Änderung[2])	DIN VDE 0100 Teil 300/11.85		
Gruppe 400				**Schutzmaßnahmen**				
410	DIN VDE 0100 Teil 410		11.83	Schutz gegen gefährliche Körperströme	IEC 364-4-41 (1977) IEC 364-4-47 (1982) CENELEC HD 384.4.41 S1 (1980)	VDE 0100/05.73 §§ 4, 5, 6a) § 6b)1, § 6b) 3 bis 5, § 7, § 8, § 9a, § 9b) 1 bis 3, § 9b) 5 bis 7, § 10a, § 10b) 1 bis 9, § 10b) 11 bis 16, § 11, § 12, § 13, §14, §15		Zusammen mit DIN VDE 0100 Teil 540/11.83 Ersatz der §§ 6, 9 und 10 aus VDE 0100/05.73
410 A1	DIN VDE 0100 Teil 410 A1	03.86		Ergänzung zu DIN VDE 0100 Teil 410/11.83		DIN VDE 0100 Teil 410/11.83		
410 A2	DIN VDE 0100 Teil 410 A2	08.88		Änderung zu DIN VDE 0100 Teil 410/11.83	IEC 364-4-41 (1982) Änderung[2])	DIN VDE 0100 Teil 410/11.83		
410 A3	DIN VDE 0100 Teil 410 A3	06.89		Änderung zu DIN VDE 0100 Teil 410/11.83	IEC 364-4-41 (1982) Änderung[2])	DIN VDE 0100 Teil 410/11.83		
420	DIN VDE 0100 Teil 420		11.91	Schutz gegen thermische Einflüsse	IEC 364-4-42 (1980) CENELEC HD 384.4.42 A1 (1985) CENELEC HD 384.4.42 S1 A1 (1991)		31. Oktober 1993	
420 A2	DIN VDE 0100 Teil 420 A2	4	4	Änderung zu DIN VDE 0100 Teil 420		DIN VDE 0100 Teil 420/11.91		

Fußnoten zu Tabelle 1 siehe Seite 13.

Tabelle 1. (Fortsetzung)

Nr	Norm	Ausgabe		Stichwort	Zusammenhang mit IEC und CENELEC[4])	Zusammenhang mit bisherigen Errichtungsbestimmungen bzw. bei Normen Ersatz für	Übergangsfrist für in Planung oder in Bau befindliche Anlagen	Bemerkungen
		Entwurf	Norm					
430	DIN VDE 0100 Teil 430		11.91	Schutz von Kabeln und Leitungen bei Überstrom	IEC 364-4-43 (1977) Kapitel 43 IEC 364-4-473 (1977) CENELEC HD 384.4.43 (1980) CENELEC HD 384.4.473 (1980)	VDE 0100/05.73 mit den Änderungen VDE 0100m/07.76, VDE 0100v1/06.77 § 41, DIN VDE 0100 Teil 430/06.81		Zusammen mit Beiblatt 1 zu DIN VDE 0100 Teil 430/11.91 DIN VDE 0298 Teil 4/04.88 und DIN VDE 0100 Teil 520/11.85 wird der Ersatz von DIN VDE 0100 Teil 523/06.81 erreicht.
	Beiblatt 1 zu DIN VDE 0100 Teil 430		11.91	Empfohlene Werte für die Strombelastbarkeit	IEC 364-5-523 (1983)	Teilweise DIN VDE 0100 Teil 523/06.81		Das Beiblatt enthält aus DIN VDE 0298 Teil 4/02.88 abgeleitete Werte
442	DIN VDE 0100 Teil 442	05.88		Schutz von Niederspannungsanlagen bei Erdschlüssen in Netzen mit höheren Spannungen	IEC 364-4-442[2])	VDE 0100/05.73, § 17, sowie teilweise DIN VDE 0100 Teil 736/11.83		Es wird auf die zu beachtenden Festlegungen in Entwurf DIN VDE 0141 A2/05.88 hingewiesen.
442 A1	DIN VDE 0100 Teil 442 A1	04.92		Änderung zu den Entwürfen DIN VDE 0100 Teil 442/05.88 und DIN VDE 0141 A2/05.88	IEC 364-4-442[1])	VDE 0100/05.73, § 17, sowie teilweise DIN VDE 0100 Teil 736/11.83 und DIN VDE 0141/07.89		
443	DIN VDE 0100 Teil 443	04.87		Schutz gegen Überspannungen infolge atmosphärischer Einflüsse	IEC 364-4-443[2])	VDE 0100/05.73, § 18 §		
443 A1	DIN VDE 0100 Teil 443 A1	02.88		Änderung zum Entwurf DIN VDE 0100 Teil 443/04.87	IEC 364-4-443[2])	Entwurf DIN VDE 0100 Teil 443/04.87		
450	DIN VDE 0100 Teil 450		03.90	Schutz bei Unterspannungen	IEC 364-4-45 (1984) CENELEC HD 384.4.45 S1 (1989)			

Fußnoten zu Tabelle 1 siehe Seite 13.

Tabelle 1. (Fortsetzung)

Nr	Norm	Ausgabe		Stichwort	Zusammenhang mit IEC und CENELEC[4])	Zusammenhang mit bisherigen Errichtungsbestimmungen bzw. bei Normen Ersatz für	Übergangsfrist für in Planung oder in Bau befindliche Anlagen	Bemerkungen
		Entwurf	Norm					
460	DIN VDE 0100 Teil 460		10.88	Schutz durch Trennen und Schalten	IEC 364-4-46 (1981) Kapitel 46 CENELEC HD 384.4.46 S1 (1987)	VDE 0100/05.73 § 31b) 2, VDE 0100g/07.76 § 31a)1.2, DIN VDE 0100 Teil 410/11.83, Abschnitt 6.1.3.5, DIN VDE 0100 Teil 727/11.83, DIN VDE 0100 Teil 728/04.84, Abschnitt 9. Teilweise DIN VDE 0100 Teil 723/11.83 und DIN VDE 0100 Teil 726/03.83		Der angegebene Ersatz wird teilweise zusammen mit DIN VDE 0100 Teil 537/10.88 erreicht.
470	DIN VDE 0100 Teil 470		10.92	Anwendung der Schutzmaßnahmen	IEC 364-4-47 (1981) CENELEC HD 384.4.47 S1 (1988)	VDE 0100/05.73 § 26b) 5 und teilweise DIN VDE 0100 Teil 410/11.83		
481	DIN VDE 0100 Teil 481	10.87		Auswahl von Schutzmaßnahmen gegen gefährliche Körperströme in Abhängigkeit von äußeren Einflüssen	IEC 364-4-481[2])	DIN VDE 0100 Teil 729/11.86, DIN VDE 0100 Teil 731/02.86		
481 A1	DIN VDE 0100 Teil 481 A1	11.89		Ergänzung zum Entwurf DIN VDE 0100 Teil 481/10.87	IEC 364-4-481[2])			
482	DIN IEC 64(CO)112/0100 Teil 482	04.82		Auswahl von Schutzmaßnahmen, Brandschutz	IEC 364-4-482 (1982) Abschnitt 482	VDE 0100/05.73 § 50, DIN 57 100 Teil 720/ VDE 0100 Teil 720/03.83		
Gruppe 500				**Auswahl und Errichtung elektrischer Betriebsmittel**				
510	DIN VDE 0100 Teil 510		06.87	Allgemeines zur Auswahl und Errichtung elektrischer Betriebsmittel	IEC 364-5-51 (1979) CENELEC HD 384.5.51 S1 (1985)	DIN VDE 0100 Teil 510/11.84, VDE 0100/05.73 §§ 29, 33a, b, c, f, 40 und VDE 0100g/07.76 § 40 sowie teilweise DIN VDE 0100 Teil 540/05.86		

Fußnoten zu Tabelle 1 siehe Seite 13.

Tabelle 1. (Fortsetzung)

Nr	Norm	Ausgabe		Stichwort	Zusammenhang mit IEC und CENELEC[4])	Zusammenhang mit bisherigen Errichtungsbestimmungen bzw. bei Normen Ersatz für	Übergangsfrist für in Planung oder in Bau befindliche Anlagen	Bemerkungen
		Entwurf	Norm					
510 A1	DIN VDE 0100 Teil 510 A1	11.84		Änderung zu DIN VDE 0100 Teil 510		§ 40 in VDE 0100/05.73 und VDE 0100g/07.76 DIN VDE 0100 Teil 510/11.84		Abschnitt 7.3 des Entwurfes ist bereits in DIN VDE 0100 Teil 510/06.87 eingearbeitet worden.
510 A2	DIN VDE 0100 Teil 510 A2	01.88		Änderung zu DIN VDE 0100 Teil 510	IEC 364-5-51, Änderung 1 (1982)	DIN VDE 0100 Teil 510/06.87		
520	DIN VDE 0100 Teil 520		11.85	Auswahl und Errichten von Kabeln, Leitungen, Stromschienen		VDE 0100/05.73 § 42a) bis g) DIN VDE 0100 Teil 733/04.82, DIN 57 100 Teil 734/ VDE 0100 Teil 734/05.82 z. T. DIN VDE 0100 Teil 523/06.81		
520 A1	DIN VDE 0100 Teil 520 A1	02.86		Änderung zu DIN VDE 0100 Teil 520/11.85	IEC 364-5 Kapitel 52[2])	DIN VDE 0100 Teil 520/11.85		
520 A2	DIN VDE 0100 Teil 520 A2	01.90		Begrenzung des Temperaturanstiegs bei Schnittstellenanschlüssen	Z. Z. vorgesehen als IEC-Fachbericht			
520 A3	DIN VDE 0100 Teil 520 A3	09.90		Fußboden- und Deckenheizungen				
530	DIN VDE 0100 Teil 530	05.85		Schaltgeräte und Steuergeräte	IEC 364-5-53 (1986)	z. T. § 31 aus VDE 0100/05.73 mit Änderung VDE 0100g/07.76		
530 A1	DIN VDE 0100 Teil 530 A1	07.86		Änderung zum Entwurf DIN VDE 0100 Teil 530/05.85	IEC 364-5-53 (1986) Änderung 1 (1989)			
530 A2	DIN VDE 0100 Teil 530 A2	09.89		Änderung zum Entwurf DIN VDE 0100 Teil 530/05.85	IEC 364-5-53 (1986) Änderung[2])			
530 A3	DIN VDE 0100 Teil 530 A3	12.89		Änderung zum Entwurf DIN VDE 0100 Teil 530/05.85	EC 364-5-53 (1986) Änderung[2])			

Fußnoten zu Tabelle 1 siehe Seite 13.

Tabelle 1: (Fortsetzung

Nr	Norm	Ausgabe		Stichwort	Zusammenhang mit IEC und CENELEC[4])	Zusammenhang mit bisherigen Errichtungsbestimmungen bzw. bei Normen Ersatz für	Übergangsfrist für in Planung oder in Bau befindliche Anlagen	Bemerkungen
		Entwurf	Norm					
532	DIN VDE 0100 Teil 532	06.90		Abschalt- und Meldeeinrichtungen zum Brandschutz				
534	DIN VDE 0100 Teil 534	12.91		Überspannungs-Schutzeinrichtungen	IEC 364-4-443[2]) Änderung[1])	VDE 0100/05.73, § 18		
535	DIN IEC 64(CO)136/ VDE 0100 Teil 450	10.83		Ergänzung zum Entwurf DIN VDE 0100 Teil 530/ 05.85	IEC 364-4-45 (1984) IEC 364-5-53 (1986); Abschnitt 535			Aus Abschnitt 45 ist inzwischen die Norm DIN VDE 0100 Teil 450/ 03.90 hervorgegangen.
537	DIN VDE 0100 Teil 537		10.88	Trenn- und Schaltgeräte	IEC 364-5-537 (1981) Abschnitt 537 CENELEC HD 384.5.537 S1 (1987)	VDE 0100/05.73 § 31b) 1, VDE 0100g/07.76 § 31a) 1.1, 1.3, DIN VDE 0100 Teil 727/11.83. DIN VDE 0100 Teil 728/ 04.84, Abschnitt 9. Teilweise DIN VDE 0100 Teil 723/11.83 und DIN VDE 0100 Teil 726/03.83		Der angegebene Ersatz wird teilweise zusammen mit DIN VDE 0100 Teil 460/10.88 erreicht.
537 A1	DIN VDE 0100 Teil 537 A1	07.86		Änderung zu DIN VDE 0100 Teil 537	IEC 364-5-537 (1981) Abschnitt 537, Änderung 1 (1989)			
537 A2	DIN VDE 0100 Teil 537 A2	02.88		Änderung zum Entwurf DIN VDE 0100 Teil 537 A2/07.86	IEC 364-5-537 (1981) Abschnitt 537, Änderung 1 (1989)	Entwurf DIN VDE 0100 Teil 537 A1/07.86		
537 A3	DIN VDE 0100 Teil 537 A3	07.91		Änderung zu DIN VDE 0100 Teil 537/10.88	CENELEC HD 384.5.537 S1 prA1 (1991)	DIN VDE 0100 Teil 537/10.88		
540	DIN VDE 0100 Teil 540		11.91	Erdung, Schutzleiter, Potentialausgleichsleiter	IEC 364-5-54 (1989), Kapitel 54 CENELEC HD 384.5.54 S1 (1988)	VDE 0100/05.73 § 6b) 2, § 6c), § 9 Tabelle 9-2, § 9b)4, § 9b) 8 bis 10, § 10 Tabelle 10-1, § 10b) 10, § 20, § 21 und VDE 0190/ 05.73 § 2g, § 2h, § 4, § 5, DIN VDE 0100 Teil 540/ 11.83, DIN VDE 0100 Teil 540/05.86, DIN VDE 0190/05.86	31. Oktober 1993	

Fußnoten zu Tabelle 1 siehe Seite 13.

Tabelle 1. (Fortsetzung)

Nr	Norm	Ausgabe		Stichwort	Zusammenhang mit IEC und CENELEC[4])	Zusammenhang mit bisherigen Errichtungsbestimmungen bzw. bei Normen Ersatz für	Übergangsfrist für in Planung oder in Bau befindliche Anlagen	Bemerkungen
		Entwurf	Norm					
540 A1	DIN VDE 0100 Teil 540 A1	01.92		Änderung zu DIN VDE 0100 Teil 540/11.91				
540 A2	DIN VDE 0100 Teil 540 A2	01.92		Änderung zu DIN VDE 0100 Teil 540/11.91	IEC 364-5-54 (1980) Änderung[1])			
550	DIN VDE 0100 Teil 550		04.88	Auswahl und Errichtung sonstiger elektrischer Betriebsmittel		VDE 0100g/07.76 § 31a) 2 und VDE 0100/05.73 § 31b) 3, 4, 5, 6, 7		
551	DIN VDE 0100 Teil 551	11.91		Niederspannungs-Stromversorgungsanlagen	IEC 364-5-551[1])	DIN VDE 0100 Teil 728/03.90		
551 A1	DIN VDE 0100 Teil 551 A1	01.92		Niederspannungs-Stromversorgungsanlagen; Kleinspannungsanlagen	IEC 364-5-551[1])	DIN VDE 0100 Teil 728/03.90		
559	DIN VDE 0100 Teil 559		03.83	Leuchten und Beleuchtungsanlagen		VDE 0100/05.73 und VDE 0100g/07.76 § 32a) 1 und 3 und § 32b)		
559 A2	DIN VDE 0100 Teil 559 A2	07.91		Änderung zu DIN VDE 0100 Teil 559/03.83		DIN VDE 0100 Teil 559/03.83		
560	DIN VDE 0100 Teil 560		11.84	Auswahl und Errichtung elektrischer Betriebsmittel für Sicherheitszwecke	IEC 364-5-56 (1980) CENELEC HD 384.5.56 S1 (1985) IEC 364-3B (1980), Kapitel 35 z. T. CENELEC HD 384.3 S1 (1985)			
Gruppe 600				**Prüfungen**				
600	DIN VDE 0100 Teil 600		11.87	Erstprüfungen	teilweise IEC 364-6-61 (1986)	VDE 0100g/07.76 § 22, § 23, § 24		

Fußnoten zu Tabelle 1 siehe Seite 13.

Tabelle 1. (Fortsetzung)

Nr	Norm	Ausgabe		Stichwort	Zusammenhang mit IEC und CENELEC[4])	Zusammenhang mit bisherigen Errichtungsbestimmungen bzw. bei Normen Ersatz für	Übergangsfrist für in Planung oder in Bau befindliche Anlagen	Bemerkungen
		Entwurf	Norm					
600 A1	DIN VDE 0100 Teil 600 A1	02.88		Änderung zu DIN VDE 0100 Teil 600	IEC 364-6-61 (1986) Abschnitt 612.6, Änderung	DIN VDE 0100 Teil 600/ 11.87		
600 A2	DIN VDE 0100 Teil 600 A2	08.89		Änderung zu DIN VDE 0100 Teil 600/11.87		DIN VDE 0100 Teil 600/ 11.87		
Gruppe 700				**Bestimmungen für Betriebsstätten, Räume und Anlagen besonderer Art**				
701	DIN VDE 0100 Teil 701		05.84	Räume mit Badewanne oder Dusche	IEC 364-7-701 (1984)	VDE 0100/05.73 § 49		
	DIN VDE 0100 Teil 701	04.92		Änderung zu DIN VDE 0100 Teil 701/05.84	IEC 364-7-701 (1984) CENELEC pr HD 384.7.701 S1	DIN VDE 0100 Teil 701/05.84		
702	DIN VDE 0100 Teil 702		06.92	Schwimmbäder	IEC 364-7-702 (1983) CENELEC HD 384.7.702 S1 (1991)	DIN VDE 0100 Teil 702/11.82	30. November 1992	
703	DIN VDE 0100 Teil 703		06.92	Räume mit elektrischen Sauna-Heizgeräten	IEC 364-7-703 (1984) CENELEC HD 384.7.703 S1 (1991)	DIN VDE 0100 Teil 703/11.82	30. November 1992	
704	DIN VDE 0100 Teil 704		11.87	Baustellen		VDE 0100/05.73 § 55 und § 33d)		
704 A1	DIN VDE 0100 Teil 704 A1	07.86		Änderung zu DIN VDE 0100 Teil 704	IEC 364-7-704 (1989)	DIN VDE 0100 Teil 704/11.87		
705	DIN VDE 0100 Teil 705		10.92	Landwirtschaftliche Betriebsstätten	IEC 364-7-705 (1989) CENELEC HD 384.7.705 S1 (1991)	VDE 0100/05.73 § 56, DIN VDE 0100 Teil 705/11.82, DIN VDE 0100 Teil 705/11.84	31. März 1993	
706	DIN VDE 0100 Teil 706		06.92	Leitfähige Räume mit begrenzter Bewegungsfreiheit	IEC 364-7-706 (1983) CENELEC HD 384.7.706 S1 (1991)	VDE 0100/05.73 mit Änderung VDE 0100g/ 07.76 § 32a) 2 und § 32a) 3 DIN VDE 0100 Teil 706/ 11.82	30. November 1992	
707	DIN VDE 0100 Teil 707	09.89		Erdungsanforderungen für Einrichtungen der Informationstechnik	IEC 364-7-707 (1984) CENELEC prHD 384.7.707			

Tabelle 1. (Fortsetzung)

Nr	Norm	Ausgabe		Stichwort	Zusammenhang mit IEC und CENELEC[4])	Zusammenhang mit bisherigen Errichtungsbestimmungen bzw. bei Normen Ersatz für	Übergangsfrist für in Planung oder in Bau befindliche Anlagen	Bemerkungen
		Entwurf	Norm					
708	DIN VDE 0100 Teil 708	03.90		Elektrische Anlagen auf Campingplätzen und in Caravans	IEC 364-7-708 (1988) CENELEC prHD 384.7.708	DIN VDE 0100 Teil 721/04.84		
709	DIN VDE 0100 Teil 709	03.90		Elektrische Anlagen für Marinas (Liegeplätze) und Wassersportfahrzeuge	IEC 364-7 Abschnitt 709[2])	DIN VDE 0100 Teil 721/04.84		
720	DIN VDE 0100 Teil 720		03.83	Feuergefährdete Betriebsstätten		VDE 0100/05.73 § 50		
721	DIN VDE 0100 Teil 721		04.84	Caravans, Boote, Jachten, Campingplätze, Liegeplätze	IEC 585-1 (1977) CENELEC HD 23 (1973) CENELCOM 64(Sec)13/72	DIN VDE 0100 Teil 721/11.80		Diese Norm enthält eine Anpassungsforderung
722	DIN VDE 0100 Teil 722		05.84	Fliegende Bauten, Wagen, Wohnwagen nach Schaustellerart		VDE 0100g/07.76 § 57a) bis e), f)1, f) 2 und g)		Diese Norm enthält eine Anpassungsforderung
	DIN VDE 0100 Teil 722	03.90				VDE 0100/05.73 § 57f) 3 DIN VDE 0100 Teil 722/05.84		
723	DIN VDE 0100 Teil 723		11.90	Unterrichtsräume mit Experimentierständen		DIN VDE 0100 Teil 723/11.83		
723A1	DIN VDE 0100 Teil 723 A1	05.92		Änderung zu DIN VDE 0100 Teil 723/11.90				
724	DIN VDE 0100 Teil 724	06.80		Elektrische Anlagen in Möbeln und ähnlichen Einrichtungsgegenständen				
	DIN VDE 0100 Teil 724	04.86				DIN VDE 0100 Teil 724/06.80		
725	DIN VDE 0100 Teil 725		11.91	Hilfsstromkreise		VDE 0100/05.73 § 60	31. Oktober 1993	
726	DIN VDE 0100 Teil 726		03.90	Hebezeuge		VDE 0100g/07.76 § 28 DIN VDE 0100 Teil 726/03.83		

Fußnoten zu Tabelle 1 siehe Seite 13.

Tabelle 1. (Fortsetzung)

Nr	Norm	Ausgabe		Stichwort	Zusammenhang mit IEC und CENELEC[4])	Zusammenhang mit bisherigen Errichtungsbestimmungen bzw. bei Normen Ersatz für	Übergangsfrist für in Planung oder in Bau befindliche Anlagen	Bemerkungen
		Entwurf	Norm					
726 A1	DIN VDE 0100 Teil 726 A1	07.91		Änderung zu DIN VDE 0100 Teil 726/03.90		DIN VDE 0100 Teil 726/03.90		
728	DIN VDE 0100 Teil 728		03.90	Ersatzstromversorgungsanlagen		VDE 0100/05.73 mit Änderung VDE 0100g/07.76, § 53, DIN VDE 0100 Teil 728/04.84		
729	DIN VDE 0100 Teil 729		11.86	Aufstellen und Anschließen von Schaltanlagen und Verteilern		VDE 0100/05.73 § 30		
730	DIN VDE 0100 Teil 730		02.86	Leitungen in Hohlwänden und in Gebäuden aus vorwiegend brennbaren Baustoffen		z. T. § 42 aus VDE 0100/05.73, DIN VDE 0100 Teil 730/06.80		
731	DIN VDE 0100 Teil 731		02.86	Elektrische Betriebsstätten, abgeschlossene elektrische Betriebsstätten		VDE 0100/05.73 § 43 und § 44		
732	DIN VDE 0100 Teil 732		11.90	Hausanschlüsse in öffentlichen Kabelnetzen		VDE 0100/05.73 § 42h), DIN VDE 0100 Teil 732/03.83		
735	DIN VDE 0100 Teil 735	06.91		Netzabhängige Stromversorgungsanlagen in transportablen Betriebsstätten				
736	DIN VDE 0100 Teil 736		11.83	Niederspannungsstromkreise in Hochspannungsschaltfeldern		VDE 0100g/07.76 § 51		
737	DIN VDE 0100 Teil 737		11.90	Feuchte und nasse Bereiche und Räume; Anlagen im Freien		VDE 0100/05.73 § 45 und § 48, DIN VDE 0100 Teil 737/02.86, DIN VDE 0100 Teil 737/04.88		

Fußnoten zu Tabelle 1 siehe Seite 13.

Tabelle 1. (Fortsetzung)

Nr	Norm	Ausgabe		Stichwort	Zusammenhang mit IEC und CENELEC[4])	Zusammenhang mit bisherigen Errichtungsbestimmungen bzw. bei Normen Ersatz für	Übergangsfrist für in Planung oder in Bau befindliche Anlagen	Bemerkungen
		Entwurf	Norm					
738	DIN VDE 0100 Teil 738		04.88	Springbrunnen				
739	DIN VDE 0100 Teil 739		06.89	Zusätzlicher Schutz bei direktem Berühren in Wohnungen durch Schutzeinrichtungen mit $I_{\Delta n} \leq 30\,mA$ in TN- und TT-Systemen(-Netzen)				

[1]) Z. Z. Sekretariats-Schriftstück der IEC

[2]) Z. Z. Central Office-Schriftstück der IEC

[3]) Das Europäische Komitee für Elektrotechnische Normung (CENELEC) hat das Harmonisierungsdokument (HD) angenommen. Damit hat dieses HD den Status einer DIN-VDE-Norm. Der Druck ist in Vorbereitung. Bis zur Veröffentlichung können die betreffenden Unterlagen gegen Kostenerstattung bei der Deutschen Elektrotechnischen Kommission im DIN und VDE (DKE), Stresemannallee 15, W-6000 Frankfurt am Main 70, bezogen werden.

[4]) Bei den Harmonisierungsdokumenten wurde als Ausgabedatum die Angabe aus dem CENELEC-Katalog 1992 gewählt.

Tabelle 2. Noch nicht ersetzte Paragraphen aus DIN VDE 0100/05.73 mit Änderung DIN VDE 0100g/07.76 und ihre thematische Zuordnung innerhalb der Gesamtstruktur der Reihe DIN VDE 0100

DIN VDE 0100/05.73	DIN VDE 0100g/07.76	Gehört thematisch zu Nr der neuen Aufteilung*)
§ 1a), b) eingeschränkt gültig **)	§ 1a), c) eingeschränkt gültig **)	100
§ 2 eingeschränkt gültig **)		100
§ 17		442
§ 18		443
§ 25a) und c)		510
§ 25b)		520
§ 26a), b) 1, b) 2 und b) 3		510
§ 26b) 4 und b) 6		420
§ 26b) 7 und c)		510
§ 31a) 3, b) 8 und b) 9		530
§ 34, § 35, § 36, § 37, § 38		550
§ 52		–
	§ 57f) 3	722
Anhang		520

*) Struktur der Normenreihe siehe Beiblatt 3 zu DIN VDE 0100.

**) Die §§ 1 und 2 gelten nur noch für die nicht ersetzten Abschnitte aus DIN VDE 0100/05.73 mit Änderung DIN VDE 0100g/07.76.

Tabelle 3. **Zusammenhang der europäischen Harmonisierungsdokumente für das Errichten von elektrischen Anlagen von Gebäuden, CENELEC HD 384 ... „Elektrische Anlagen von Gebäuden", mit den Internationalen Normen IEC 364-... „Electrical installations of buildings" und den Deutschen Normen der Reihe DIN VDE 0100 „Errichten von Starkstromanlagen mit Nennspannungen bis 1000 V"**

CENELEC-Harmonisierungsdokumente HD 384.... „Elektrische Anlagen von Gebäuden" oder Beratungsstand	Beziehung des CENELEC-Harmonisierungsdokumentes oder des Beratungsstandes bei CENELEC zu den Internationalen Normen IEC 364-... „Electrical installations of buildings"	Das CENELEC-Harmonisierungsdokument ist sachlich umgesetzt in (Titel siehe Tabelle 1)
Gruppe 100	**Anwendungsbereich** **Allgemeine Anforderungen**	
HD 384.1 S1 „–; Anwendungsbereich" (1979)	IEC 364-1 (1972) „–; Part 1; Scope, object and definitions" mit Änderung 1 (1976) mit gemeinsamen CENELEC-Abänderungen	DIN VDE 0100 Teil 100/05.82 DIN VDE 0100 Teil 100, Entwurf 02.85
Gruppe 200	**Begriffe**	
HD 384.2 S1 „Internationales elektrotechnisches Wörterbuch; Kapitel 826: Elektrische Anlagen von Gebäuden" (1986)	IEC 50 (826) (1982) „International Electrotechnical Vocabulary; Chapter 826: Electrical installations of buildings"	DIN VDE 0100 Teil 200/07.85
Gruppe 300	**Allgemeine Angaben**	
HD 384.3 S1 „–; Bestimmungen allgemeiner charakteristischer Merkmale" (1985)	IEC 364-3 (1977) „–; Part 3: Assessment of general characteristics" mit Änderung 1 (1980) und den Ergänzungen – IEC 364-3A (1979) und – IEC 364-3B (1980) mit gemeinsamen CENELEC-Abänderungen	DIN VDE 0100 Teil 300/11.85 und teilweise DIN VDE 0100 Teil 560/11.84
Gruppe 400	**Schutzmaßnahmen**	
HD 384.4.41 S1 „–; Schutzmaßnahmen; Schutz gegen zu hohe Berührungsspannungen" (1980)	IEC 364-4-41 (1977) „–; Part 4: Protection for safety; Chapter 41: Protection against electric shock" mit – Änderung 1 (1979), – Änderung 2 (1981) und der Ergänzung – IEC 364-4-41A (1981) mit gemeinsamen CENELEC-Abänderungen. Es gibt inzwischen bei IEC die redaktionelle Neufassung IEC 364-4-41 (1982) mit Corrigendum von Januar 1992, die nicht für die CENELEC-Harmonisierung herangezogen wurde.	DIN VDE 0100 Teil 410/11.83
IHD 384.4.42 S1 „–; Schutzmaßnahmen; Schutz gegen thermische Einflüsse" mit Änderung HD 384.4.42 S1 A1 (1985)	IEC 364-4-42 (1980) „–; Part 4: Protection for safety; Chapter 42: Protection against thermal effects" mit gemeinsamen CENELEC-Abänderungen.	DIN VDE 0100 Teil 420/11.91
HD 384.4.43 S1 „–; Schutzmaßnahmen; Überstromschutz" (1980)	IEC 364-4-43 (1977) „–; Part 4: Protection for safety; Chapter 43: Protection against overcurrent" mit gemeinsamen CENELEC-Abänderungen	DIN VDE 0100 Teil 430/11.91
HD 384.4.45 S1 „–; Schutzmaßnahmen; Schutz gegen Unterspannung" (1989)	IEC 364-4-45 (1984) „–; Part 4: Protection for safety; Chapter 45: Protection against undervoltage" mit gemeinsamen CENELEC-Abänderungen	DIN VDE 0100 Teil 450/03.90
HD 384.4.46 S1 „–; Schutzmaßnahmen; Trennen und Schalten" (1987)	IEC 364-4-46 (1981) "–; Part 4: Protection for safety; Chapter 46: Isolation and switching" mit gemeinsamen CENELEC-Abänderungen	DIN VDE 0100 Teil 460/10.88

Tabelle 3. (Fortsetzung)

CENELEC-Harmonisierungsdokumente HD 384.... „Elektrische Anlagen von Gebäuden" oder Beratungsstand	Beziehung des CENELEC-Harmonisierungsdokumentes oder des Beratungsstandes bei CENELEC zu den Internationalen Normen IEC 364-... „Electrical installations of buildings"	Das CENELEC-Harmonisierungsdokument ist sachlich umgesetzt in (Titel siehe Tabelle 1)
HD 384.4.47 S1 „–; Schutzmaßnahmen; Anwendung der Schutzmaßnahmen; Allgemeines; Anwendung der Schutzmaßnahmen gegen gefährliche Körperströme" (1988)	IEC 374-4-47 (1981) „–; Part 4: Protection for safety; Chapter 47: Application of protective measures for safety; Section 470: General; Section 471: Measures of protection against electric shock" mit gemeinsamen CENELEC-Abänderungen	DIN VDE 0100 Teil 470/10.92
HD 384.4.473 S1 „–; Schutzmaßnahmen; Anwendung der Schutzmaßnahmen; Überstromschutz (1980)	IEC 364-4-473 (1977) „–; Part 4: Protection for safety; Chapter 47: Application of protective measures for safety; Section 473: Measures of protection against overcurrent" mit gemeinsamen CENELEC-Abänderungen	DIN VDE 0100 Teil 430/11.91
Harmonisierung auf Basis der IEC-Publikation in Vorbereitung, z. Z. prHD 384.4.482 „–; Schutzmaßnahmen als Funktion äußerer Einflüsse; Brandschutz"	IEC 364-4-482 (1982) „–; Part 4: Protection for safety; Chapter 48: Choice of protective measures as a function of external influences; Section 482: Protection against fire"	Der Vorläufer der IEC-Publikation wurde in deutscher Übersetzung als Entwurf DIN IEC (CO)112/VDE 0100 Teil 482/04.82 veröffentlicht.
Gruppe 500	**Auswahl und Errichtung elektrischer Betriebsmittel**	
HD 384.5.51 S1 „–; Auswahl und Errichtung elektrischer Betriebsmittel; Allgemeine Angaben" (1985)	IEC 364-5-51 (1979) „–; Part 5: Selection and erection of electrical equipment; Chapter 51: Common rules" mit gemeinsamen CENELEC-Abänderungen	DIN VDE 0100 Teil 510/05.87
Harmonisierung der Kennzeichnung von Neutralleiter, Schutzleiter, PEN-Leiter in Vorbereitung, z. Z. CENELEC 64B(SEC)2165	Änderung 1 (1982) mit Festlegungen zur Kennzeichnung von Neutralleiter, Schutzleiter und PEN-Leiter mit gemeinsamen CENELEC-Abänderungen	Die deutsche Übersetzung der Änderung 1 wurde als Entwurf DIN VDE 0100 Teil 510 A2/01.88 veröffentlicht.
HD 384.5.523 S1 „–; Auswahl und Errichtung von elektrischen Betriebsmitteln; Kabel- und Leitungssysteme(-anlagen); Abschnitt 523: Strombelastbarkeit" mit CENELEC-Report R 64.001 „Strombelastbarkeiten von Kabeln und Leitungen" (1991)	IEC 364-5-523 (1983) „–; Part 5: Selection and erection of electrical equipment; Chapter 52: Wiring systems; Section 523: Current-carrying capacities" mit gemeinsamen CENELEC-Abänderungen	Kurzverfahren angekündigt in DIN-Mitteilungen 71.1992, Nr 1 und etz Bd. 112 (1991) Heft 24 zu DIN VDE 0298 Teil 4 zur Herausgabe von DIN VDE 0298 Teil 400 und Beiblatt 1 zu DIN VDE 0298 Teil 400.
Harmonisierung auf Basis der IEC-Publikation in Vorbereitung	IEC 364-5-53 (1986) „–; Part 5: Selection and erection of electrical equipment; Chapter 53: Switchgear and controlgear" mit Änderung 1 (1989)	Der Vorläufer der IEC-Publikation wurde in deutscher Übersetzung als Entwurf DIN VDE 0100 Teil 530/05.85 veröffentlicht. Der Vorläufer der Änderung 1 wurde in deutscher Übersetzung als Entwurf DIN VDE 0100 Teil 530 A1/07.86 veröffentlicht.
HD 384.5.537 S1 „–; Auswahl und Errichtung elektrischer Betriebsmittel; Schaltgeräte und Steuergeräte; Geräte zum Trennen und Schalten" (1987) mit vorgesehener Änderung HD 384.5.537 S1 prA1	IEC 364-5-537 (1981) „–; Part 5: Selection and erection of electrical equipment; Chapter 53: Switchgear and controlgear; Section 537: Devices for isolation and switching" mit gemeinsamen CENELEC-Abänderungen	DIN VDE 0100 Teil 537/10.88, DIN VDE 0100 Teil 537 A3, Entwurf 07.91
	Änderung 1 (1989) mit Anforderungen an Geräte zum Trennen wurde noch nicht harmonisiert.	Die Vorläufer der Änderung 1 wurden in deutscher Sprache als Entwürfe DIN VDE 0100 Teil 537 A1/07.86 und Teil 537 A2/02.88 veröffentlicht.

Tabelle 3. (Fortsetzung)

CENELEC-Harmonisierungsdokumente HD 384.... „Elektrische Anlagen von Gebäuden“ oder Beratungsstand	Beziehung des CENELEC-Harmonisierungsdokumentes oder des Beratungsstandes bei CENELEC zu den Internationalen Normen IEC 364-... „Electrical installations of buildings“	Das CENELEC-Harmonisierungsdokument ist sachlich umgesetzt in (Titel siehe Tabelle 1)
HD 384.5.54 S1 „–; Auswahl und Errichtung elektrischer Betriebsmittel; Erdung und Schutzleiter“ (1988)	IEC 364-5-54 (1980) „–; Part 5: Selection and erection of electrical equipment; Chapter 54: Earthing arrangements and protective conductors“ mit Änderung 1 (1982) mit gemeinsamen CENELEC-Abänderungen	DIN VDE 0100 Teil 540/11.91
HD 384.5.56 S1 „–; Auswahl und Errichtung elektrischer Betriebsmittel; Elektrische Anlagen für Sicherheitszwecke (1985)	IEC 364-5-56 (1980) „–; Part 5: Selection and erection of electrical equipment; Chapter 56: Safety services“ mit gemeinsamen CENELEC-Abänderungen	DIN VDE 0100 Teil 560/11.84
Gruppe 600	**Prüfungen**	
Harmonisierung auf der Basis der IEC-Publikation in Vorbereitung	IEC 364-6-61 (1986) „–; Part 6: Verification; Chapter 61: Initial verification“	DIN VDE 0100 Teil 600/11.87 enthält teilweise Festlegungen der IEC 364-6-61
Gruppe 700	**Bestimmungen für Betriebsstätten, Räume und Anlagen besonderer Art**	
Harmonisierung auf Basis der IEC-Publikation in Vorbereitung, z. Z. prHD 384.7.701 „–; Bestimmungen für Betriebsstätten, Räume und Anlagen besonderer Art; Räume mit Badewanne oder Dusche“	EC 364-7-701 (1984) „–; Part 7: Requirements for special installations or locations; Section 701: Locations containing a bath tub or shower basin“ mit gemeinsamen CENELEC-Abänderungen	DIN VDE 0100 Teil 701, Entwurf 04.92
HD 384.7.702 S1 „–; Bestimmungen für Betriebsstätten, Räume und Anlagen besonderer Art; Räume mit elektrischen Sauna-Heizgeräten“ (1991)	IEC 364-7-702 (1983) „–; Part 7: Requirements for special installations or locations; Section 702: Swimming pools“ mit gemeinsamen CENELEC-Abänderungen	DIN VDE 0100 Teil 702/06.92
HD 384.7.703 „–; Bestimmungen für Betriebsstätten; Räume und Anlagen besonderer Art; Räume mit elektrischen Sauna-Heizgeräten (1991)	IEC 364-7-703 (1984) „–; Part 7; Requirements for special installations or locations; Section 703: Locations containing sauna heaters“ mit gemeinsamen CENELEC-Abänderungen	DIN VDE 0100 Teil 703/06.92
Harmonisierung auf Basis der IEC-Publikation in Vorbereitung, z. Z. prHD 384.7.704 „–; Baustellen“	IEC 364-7-704 (1989) „–; Part 7: Requirements for special installations or locations: Section 704: Construction site installations“	Der Vorläufer der IEC-Publikation wurde in deutscher Übersetzung als Entwurf DIN VDE 0100 Teil 704 A1/07.86 veröffentlicht
HD 384.7.705 „–; Bestimmungen für Betriebsstätten, Räume und Anlagen besonderer Art; Landwirtschaftliche Betriebsstätten“ (1991)	IEC 364-7-705 „–; Part 7: Requirements for special installations or locations; Section 705: Electrical installations of agricultural and horticultural premises“ mit gemeinsamen CENELEC-Abänderungen	DIN VDE 0100 Teil 705/10.92
HD 384.7.706 „–; Bestimmungen für Betriebsstätten, Räume und Anlagen besonderer Art; Begrenzte leitfähige Räume“ (1991)	IEC 364-7-706 (1983) „–; Part 7: Requirements for special installations or locations; Section 706: Restrictive conducting locations“ mit gemeinsamen CENELEC-Abänderungen	DIN VDE 0100 Teil 706/06.92

Tabelle 3. (Fortsetzung)

CENELEC-Harmonisierungsdokumente HD 384.... „Elektrische Anlagen von Gebäuden" oder Beratungsstand	Beziehung des CENELEC-Harmonisierungsdokumentes oder des Beratungsstandes bei CENELEC zu den Internationalen Normen IEC 364-... „Electrical installations of buildings"	Das CENELEC-Harmonisierungsdokument ist sachlich umgesetzt in (Titel siehe Tabelle 1)
Harmonisierung auf Basis der IEC-Publikation in Vorbereitung, z. Z. prHD 384.7.707 „–; Bestimmungen für Betriebsstätten, Räume und Anlagen besonderer Art; Anforderungen für die Erdung von Einrichtungen der Informationstechnik"	IEC 364-7-707 (1984) „–; Part 7: Requirements for special installations or locations; Section 707: Earthing requirements for the installation of data processing equipment"	DIN VDE 0100 Teil 707, Entwurf 09.89
HD 23 S1 „Elektrische Anlagen für Wohnwagen mit Versorgung bis 250 V" (1973) Änderung des HD 23 S1 auf Basis der IEC 364.7.708 (1988) in Vorbereitung, z. Z. prHD 364-7-708 „–; Bestimmungen für Betriebsstätten, Räume und Anlagen besonderer Art; Elektrische Anlagen auf Campingplätzen und in Caravans"	Teilweise IEC 585-1 (1977) „–; Electrical installation guide; Caravans, boats and yachts" Der Guide IEC 585-1 (1977) wird durch IEC 364-7-708 (1988) „–; Part 7: Requirements for special installations or locations; Section 708: Electrical installations in caravan parks and caravans" ersetzt.	DIN VDE 0100 Teil 721/04.84 DIN VDE 0100 Teil 708, Entwurf 03.90

Anmerkung: Harmonisierungsdokumente und deren Entwürfe (prHD) können in deutscher, englischer und französischer Sprache gegen Kostenerstattung bei der Deutschen Elektrotechnischen Kommission im DIN und VDE (DKE), Stresemannallee 15, W-6000 Frankfurt am Main 70, bezogen werden.

IEC-Publikationen können in englischer und französischer Sprache beim vde-verlag gmbh, Bismarckstraße 33, W-1000 Berlin 12, bezogen werden.

Entscheidung des Komitees 221 „Errichten von Starkstromanlagen bis 1000 V" der Deutschen Elektrotechnischen Kommission im DIN und VDE (DKE) zur Einführung der Normen der Reihe DIN VDE 0100 (Errichten von Starkstromanlagen mit Nennspannungen bis 1000 V) in den neuen Bundesländern und im Ostteil Berlins (Beitrittsgebiet)[1])

Zu Anfragen aus dem Beitrittsgebiet vertritt das K 221 „Errichten von Starkstromanlagen bis 1000 V" folgende Auffassung:

Planung

Planungen sind auf DIN-VDE-Basis auszuführen.

Fertigstellung von am 3. Oktober 1990 in Bau befindliche Anlagen

Die Anwendung entsprechender TGL's statt der Normen der Reihe DIN VDE 0100 wird bis zum 2. Oktober 1992 für das am 3. Oktober 1990 begonnene Errichten elektrischer Anlagen, nach Entscheidungen in Einzelfällen unter Berücksichtigung sicherheitstechnischer und wirtschaftlicher Gesichtspunkte zugelassen.

Erweiterungen und Änderungen

- Bei der Erweiterung einer nach TGL ausgeführten elektrischen Anlage muß der Erweiterungsteil nach DIN-VDE-Normen ausgeführt werden, während der bestehende Teil unverändert bleiben darf.
- Bei Änderungen muß der geänderte Teil einer Anlage DIN-VDE-Normen entsprechen.

Reparatur und Prüfung bestehender Anlagen

Nach TGL errichtete Anlagen dürfen nach TGL repariert und geprüft werden, es sei denn, es wurde in den Normen der Reihe DIN VDE 0100 bisher eine Anpassung gefordert. Dabei dürfen nach TGL hergestellte Betriebsmittel im Rahmen des Ersatzbedarfs verwendet werden.

Eine gesonderte Veröffentlichung zur Notwendigkeit der Anpassung wird noch erfolgen.[2])

Verlegen von Kabeln und Leitungen mit Leitern aus Aluminium

Die feste Verlegung von Kabeln und Leitungen mit Leitern aus Aluminium mit Querschnitten von mindestens 2,5 mm^2 verstößt im allgemeinen nicht gegen DIN-VDE-Normen. Sie darf erfolgen, sofern nicht in gesonderten Fällen ein anderer Leiterwerkstoff gefordert ist. Auf die Eignung der Klemmen oder sonstigen Anschluß- und Verbindungsmittel für Aluminiumleiter ist zu achten. Die Eigenschaften des Aluminiums sind durch entsprechende Vorbehandlung zu berücksichtigen, sofern sich das nicht durch die Ausführung der Klemmen oder sonstigen Anschluß- und Verbindungsmittel erübrigt.

Da es für Anschluß- und Verbindungsmittel für Leiter aus Aluminium keine einschlägigen DIN-Normen gibt, wird auf die erhöhte Eigenverantwortlichkeit hingewiesen.

Einsatz nach TGL hergestellter Betriebsmittel

Nach TGL hergestellte Betriebsmittel dürfen, außer zur Deckung des Ersatzbedarfs für bestehende Anlagen, eingesetzt werden, wenn der Hersteller bescheinigt, daß sie gleichwertig mit Betriebsmitteln nach DIN-VDE- oder DIN-Normen sind.

---

[1]) Verlautbarung aus DIN-Mitteilungen 70.1991, Nr 6, Seite 356, und etz Bd. 112 (1991), Heft 8, Seite 415

[2]) Siehe nachfolgende Wiedergabe der Verlautbarung zur Anpassung bestehender Anlagen.

Entscheidung des Komitees 221 „Errichten von Starkstromanlagen bis 1000 V“ der Deutschen Elektrotechnischen Kommission im DIN und VDE (DKE) zur Anpassung bestehender elektrischer Anlagen in den neuen Bundesländern und im Ostteil Berlins (Beitrittsgebiet)[1])

In der Vergangenheit wurde in den alten Bundesländern bei Notwendigkeit die Anpassung bestehender Anlagen an neuere DIN-VDE-Normen in einer Frist (Anpassungsfrist) im vorgegebenen Umfang gefordert (Anpassungsforderung). Zur Sicherstellung eines einheitlichen Sicherheitsniveaus im vereinten Deutschland werden folgende Anpassungen in den angegebenen Fristen vom DKE-Komitee 221 für das Beitrittsgebiet gefordert:

a) Hausinstallationen in Räumen mit isolierendem Fußboden

Hausinstallationen in Räumen mit isolierendem Fußboden,

- in denen sich ursprünglich keine zufällig berührbaren, mit Erde in Verbindung stehenden Einrichtungen befanden,
- die jedoch in der Vergangenheit durch nachträglichen Einbau von zufällig berührbaren, mit Erde in Verbindung stehenden Einrichtungen, wie Wasser-, Gas- oder Heizungsanlagen, ihre frühere isolierende Beschaffenheit verloren haben,

müssen unverzüglich mit einem Schutz bei indirektem Berühren nachgerüstet werden.

Als vorübergehende provisorische Verbesserung des Schutzes wird bis zu einer nächsten Änderung der Anlage oder der Modernisierung oder Renovierung des Gebäudes/der Wohnung/des Wohnraumes der Einsatz von RCD (Fehlerstrom-Schutzeinrichtungen/Differenzstrom-Schutzeinrichtungen) mit einem Nennfehlerstrom/Nenndifferenzstrom von höchstens 30 mA im Zweileitersystem ohne Verlegung eines Schutzleiters zur Erfüllung der Anpassungsforderung zugelassen.

Als Termin für das Ende der provisorischen Verbesserung des Schutzes gilt der Zeitpunkt der zuerst vorkommenden Maßnahme (Änderung... /Modernisierung... /Renovierung...), spätestens jedoch bis 1. März 2002.

(Ursprüngliche Anpassungsforderung: VDE 0100/05.73, § 6a) 1.3)

b) Steckvorrichtungen nach DIN VDE 0620 in der Bauart nach DIN 49 450 und DIN 49 451

In bestehenden elektrischen Anlagen dürfen Steckvorrichtungen nach DIN VDE 0620 in der Bauart nach DIN 49 450 und DIN 49 451 nur bis 1. März 1996 weiter verwendet werden (siehe zu c)).

(Ursprüngliche Anpassungsforderung: VDE 0100/05.73 und VDE 0100g/07.76, § 31a) 2.3)

c) Adapter zum Anschluß von ovalen Kragensteckvorrichtungen an CEE-Rundsteckvorrichtungen

Das K 221 hat keine Bedenken dagegen, daß die bewegliche Leitung des Adapters einen PEN-Leiter enthält, wenn dieser einen Querschnitt von mindestens 10 mm^2 Cu und der Stecker einen Nennstrom von mindestens 63 A hat.

Bis zum 1. März 1996 dürfen Adapter als Zwischenglieder zwischen alten und neuen Steckvorrichtungen eingesetzt werden. Die Adapter müssen so ausgeführt werden und eingesetzt werden, daß die Sicherheit nicht beeinträchtigt wird.

d) Vorführstände für Leuchten

Vorführstände für Leuchten müssen entsprechend DIN VDE 0100 Teil 559/03.83, Abschnitt 6, bis zum 1. März 1997 angepaßt werden.

e) Überdachte Schwimmbecken und Schwimmanlagen im Freien

Für überdachte Schwimmbecken und Schwimmanlagen im Freien wird eine Anpassung entsprechend DIN VDE 0100 Teil 702/11.82 bis zum 1. März 1995 gefordert.

Unter Bezugnahme auf das CENELEC-Harmonisierungsdokument 384.7.702[2]) (enthalten in der in Kürze erscheinenden DIN VDE 0100 Teil 702/...92[1]), z. Z. Entwurf DIN IEC 64(CO)124/VDE 0100 Teil 702 A1/07.82), wird für die Einführung der Schutzkleinspannung nach DIN VDE 0100 Teil 702/11.82, Abschnitt 4.1.1.1 oder 4.1.1.4, im Zuge der Anpassung eine Spannung von höchstens 12 V[1]) empfohlen.

f) Saunas

Für Saunas wird die Anpassungsforderung nach DIN VDE 0100 Teil 703/11.82 nicht mehr erhoben, da das europäische Harmonisierungsdokument HD 384.7.703[2]) keine Sicherheitstemperaturbegrenzer fordert.

Es wird jedoch empfohlen, im Bereich 4 von Heißluft-Saunaräumen (siehe in Kürze erscheinende DIN VDE 0100 Teil 703/...92[1]), z. Z. Entwurf DIN IEC 64(CO)131/VDE 0100 Teil 703 A1/10.83), einen Sicherheitstemperaturbegrenzer anzubringen, falls sich ein solcher nicht bereits im Sauna-Heizofen befindet.

---

[1]) Verlautbarung aus DIN-Mitteilungen 71.1992, Nr 2, Seiten 162, 163 und etz Bd. 113 (1992), Heft 4, Seiten 240, 242
Nachtrag zu Aufzählungen e) und f): Die Normen sind im Juni 1992 erschienen.
Nachtrag zu e): Nach DIN VDE 0100 Teil 702/06.92, Abschnitt 4.2.1, wird hier als Grenze der Schutzkleinspannung höchstens 12 V Wechselspannung oder 30 V Gleichspannung empfohlen.

[2]) Bezugsquelle gegen Kostenerstattung: Deutsche Elektrotechnische Kommission im DIN und VDE (DKE), Referat CENELEC, Stresemannallee 15, W-6000 Frankfurt am Main 70

g) Caravans, Boote und Jachten sowie ihre Stromversorgung auf Campingplätzen bzw. an Liegeplätzen

Für Caravans, Boote und Jachten sowie ihre Stromversorgung auf Campingplätzen bzw. an Liegeplätzen wird eine Anpassung entsprechend DIN VDE 0100 Teil 721/04.84 bis zum 1. März 1998 gefordert.

h) Standorte, die für das Aufstellen von Fliegenden Bauten, Wagen und Wohnwagen nach Schaustellerart vorgesehen sind

Standorte, die für das Aufstellen von Fliegenden Bauten, Wagen und Wohnwagen nach Schaustellerart vorgesehen sind, müssen entsprechend DIN VDE 0100 Teil 722/05.84 bis zum 1. März 1995 angepaßt werden.

i) Wasserrohrnetze als Erder, Erdungsleiter oder Schutzleiter

In bestehenden elektrischen Verteilungsnetzen und Verbraucheranlagen dürfen nach dem 1. März 2002 die Wasserrohrnetze nicht mehr als Erder, Erdungsleiter oder Schutzleiter verwendet werden.

Davon darf in Ausnahmefällen abgewichen werden, sofern dies zwischen Wasserversorgungsunternehmen (WVU) und Elektrizitätsversorgungsunternehmen (EVU) vereinbart ist.

(Ursprüngliche Anpassungsforderung: VDE 0190/10.70, § 3b); Wiederholung der Anpassungsforderung in VDE 0190/05.73, § 3b) und DIN VDE 0190/05.86).

DK 621.316.17.002.2 : 621.3.027.26 März 1983

	Errichten von Starkstromanlagen mit Nennspannungen bis 1000 V Struktur der Normenreihe	**Beiblatt 3 zu DIN 57 100**

Erection of power installations, with rated voltages up to 1000 V
Structure of the standards series

Dieses Beiblatt enthält Informationen zu den als VDE-Bestimmung gekennzeichneten Normen der Reihe DIN 57 100/VDE 0100, jedoch keine zusätzlichen Festlegungen.	**Beiblatt 3 zu VDE 0100/ 03.83**

Abgeschlossen mit der Ausgabe März 1983 der DIN-Mitteilungen und Elektronorm.

Bekanntgegeben in etz 104 (1983) Heft 4.

Fortsetzung Seite 2 bis 9

Deutsche Elektrotechnische Kommission im DIN und VDE (DKE)

Tabelle 1. Vorgesehene Aufteilung der Festlegungen für das „Errichten von Starkstromanlagen mit Nennspannungen bis 1000 V"

Nr	Stichwort
Gruppe 100	Anwendungsbereich Allgemeine Anforderungen
100	Anwendungsbereich Allgemeine Anforderungen
Gruppe 200	Begriffe
200	Allgemeingültige Begriffe
Gruppe 300	Allgemeine Angaben
310	Struktur der elektrischen Anlage Leistungsbedarf Netzformen
320	Äußere und elektrische Einflüsse
330	Kompatibilität
340	Wartbarkeit
350	Klassifikation der Stromversorgung für Sicherheitszwecke
Gruppe 400	Schutzmaßnahmen
410	Schutz gegen gefährliche Körperströme
420	Schutz gegen thermische Einflüsse
430	Überstromschutz von Leitungen und Kabeln
440	Schutz bei Überspannungen
450	Schutz bei Unterspannungen
460	Schutz durch Trennen und Schalten
470	bleibt frei
480	Auswahl von Schutzmaßnahmen unter Berücksichtigung der äußeren Einflüsse
Gruppe 500	Auswahl und Errichtung elektrischer Betriebsmittel
510	Allgemeines
520	Verlegen von Leitungen und Kabeln
530	Schalt- und Steuergeräte
540	Erdung, Schutzleiter Potentialausgleichsleiter
550	Sonstige elektrische Betriebsmittel
560	Notstrom- und Ersatzstromversorgung
Gruppe 600	Prüfungen
610	Prüfungen

Tabelle 1. (Fortsetzung)

Nr	Stichwort
Gruppe 700	Bestimmungen für Betriebsstätten, Räume und Anlagen besonderer Art
701	Baderäume und Duschecken
702	Schwimmbäder
703	Saunen
704	Baustellen
705	Landwirtschaftliche Betriebsstätten
706	Begrenzte leitfähige Räume
707	Erdungen für Datenverarbeitungsanlagen
708 bis 719	zur Zeit frei für weitere Abschnitte aus der IEC-Arbeit
720	Feuergefährdete Betriebsstätten
721	Caravans, Boote und Yachten, sowie ihre Stromversorgung auf Camping- bzw. an Liegeplätzen
722	Fliegende Bauten, Wagen und Wohnwagen nach Schaustellerart
723	Unterrichtsräume mit Experimentierständen, Laboratorien
724	Elektrische Anlagen in Möbeln und ähnlichen Einrichtungsgegenständen
725	Hilfsstromkreise
726	Hebezeuge
727	Antriebe und Antriebsgruppen
728	Ersatzstromversorgungsanlagen
729	Schaltanlagen und Verteiler
730	Verlegen von Leitungen in Hohlwänden sowie in Gebäuden aus vorwiegend brennbaren Baustoffen nach DIN 4102 Teil 1
731	Elektrische Betriebsstätten und abgeschlossene elektrische Betriebsstätten
732	Hauseinführungen
733	Stromschienensysteme
734	Verlegen von Leitungen und Kabeln in Beton
735	Transportable Stromversorgungsanlagen für vorübergehenden Betrieb
736	Niederspannungsstromschiene in Hochspannungsfeldern

Tabelle 2. Gegenüberstellung der bisherigen und der neuen Aufteilung

Bisherige Aufteilung der VDE 0100/5.73 mit den Änderungen VDE 0100g/7.76, VDE 0100m/7.76 und VDE 0100v$_1$/6.77	Nr der neuen Auf-teilung (s. Tab. 1)	Bemerkungen*)
I Gültigkeit		
§ 1 Geltungsbeginn	–	Abschnitt „Beginn der Gültigkeit" in jeder Norm
§ 2 Geltungsbereich	100	Zusätzliche Angabe im Abschnitt „Anwendungsbereich" jeder Norm
II Begriffserklärungen		
§ 3 a) bis k)	200	Allgemeingültige Begriffsbestimmungen in DIN 57 100 Teil 200/VDE 0100 Teil 200. Begrenzt angewendete Begriffe in den jeweiligen Normen im Abschnitt „Begriffe"
III Allgemeines	310	Bei der Auswahl ist die Netzform nach DIN 57 100 Teil 310/VDE 0100 Teil 310 zu berücksichtigen
A Schutzmaßnahmen	Gruppe 400, 500, 600	
1 Verhütung von Unfällen	410	Neue Bezeichnung „Schutz gegen gefährliche Körperströme"
§ 4 Schutz gegen direktes Berühren	410	DIN 57 100 Teil 410/VDE 0100 Teil 410, Entwurf Januar 1982, Abschnitt 5
§ 5 Schutz bei indirektem Berühren	410	DIN 57 100 Teil 410/VDE 0100 Teil 410, Entwurf Januar 1982, Abschnitt 6.1
§ 6 Anwendung und Allgemeines zur Ausführung der Maßnahmen zum Schutz bei indirektem Berühren	410	DIN 57 100 Teil 410/VDE 0100 Teil 410, Entwurf Januar 1982, Abschnitt 6
	510	DIN 57 100 Teil 510/VDE 0100 Teil 510
	540	DIN 57 100 Teil 540/VDE 0100 Teil 540, Entwurf Januar 1982, Abschnitte 5 und 10
§ 7 Schutzisolierung	410	DIN 57 100 Teil 410/VDE 0100 Teil 410, Entwurf Januar 1982, Abschnitt 6.2
§ 8 Schutzkleinspannung	410	DIN 57 100 Teil 410/VDE 0100 Teil 410, Entwurf Januar 1982, Abschnitt 4.1
§ 9 Schutzerdung	410	DIN 57 100 Teil 410/VDE 0100 Teil 410, Entwurf Januar 1982, Abschnitte 6.1 und 6.1.4 und DIN 57 100 Teil 310/VDE 0100 Teil 310/04.82, Abschnitt 4.2.2
§ 10 Nullung	410	DIN 57 100 Teil 410/VDE 0100 Teil 410, Entwurf Januar 1982, Abschnitte 6.1 und 6.1.3 und DIN 57 100 Teil 310/VDE 0100 Teil 310/04.82, Abschnitt 4.2.1

*) Die Angabe von Normen in der Spalte Bemerkungen bedeutet, daß in dieser Norm das entsprechende Thema schwerpunktmäßig behandelt wird. Die Normen der Reihe DIN 57 100/VDE 0100 gelten nur in Verbindung mit den entsprechenden übrigen Normen dieser Normenreihe und den noch nicht ersetzten Paragraphen von VDE 0100.

Tabelle 2. (Fortsetzung)

Bisherige Aufteilung der VDE 0100/5.73 mit den Änderungen VDE 0100g/7.76, VDE 0100m/7.76 und VDE 0100v$_1$/6.77	Nr der neuen Auf- teilung (s. Tab. 1)	Bemerkungen*)
§ 11 Schutzleitungssystem	410	DIN 57 100 Teil 410/VDE 0100 Teil 410, Entwurf Januar 1982, Abschnitte 6.1 und 6.1.5 und DIN 57 100 Teil 310/VDE 0100 Teil 310/04.82, Abschnitt 4.2.3
§ 12 Fehlerspannungs(FU-) Schutzschaltung	410	DIN 57 100 Teil 410/VDE 0100 Teil 410, Entwurf Januar 1982, Abschnitte 6.1.4.3, 6.1.5.8 und 7 und DIN 57 100 Teil 310/ VDE 0100 Teil 310/04.82, Abschnitt 4.2.2
§ 13 Fehlerstrom(FI-) Schutzschaltung	410	DIN 57 100 Teil 410/VDE 0100 Teil 410, Entwurf Januar 1982, Abschnitt 6.1.4 und DIN 57 100 Teil 310/VDE 0100 Teil 310/04.82, Abschnitt 4.2.2
§ 14 Schutztrennung	410	DIN 57 100 Teil 410/VDE 0100 Teil 410, Entwurf Januar 1982, Abschnitt 6.5
2 Schutz gegen Überspannung	440	in Vorbereitung
§ 15 Vermeidung von Spannungs- erhöhungen über 250 V gegen Erde auf der Unterspannungs- seite	410	DIN 57 100 Teil 410/VDE 0100 Teil 410, Entwurf Januar 1982, Abschnitt 6.1
§ 16 bleibt frei	–	–
§ 17 Erdungen in Kraftwerken und Umspannungsanlagen zur Ener- gielieferung an Verbraucher mit Nennspannungen bis 1 kV	440	in Vorbereitung
§ 18 Schutz elektrischer Anlagen gegen Überspannungen infolge atmosphärischer Entladung	440	in Vorbereitung
3 Isolationszustand von Anlagen		
§ 19 Isolationswiderstand	–	Sachaussagen in VDE 0100g/7.76 § 23
4 Erder	540	
§ 20 Allgemeine Bestimmungen für Erder und Erdungen	540	DIN 57 100 Teil 540/VDE 0100 Teil 540, Entwurf Januar 1982, Abschnitte 4, 4.1
§ 21 Anordnung und Ausführung von Erdern und Ausführungen der Erdungsleiter	540	DIN 57 100 Teil 540/VDE 0100 Teil 540, Entwurf Januar 1982, Abschnitte 4, 4.2
5 Prüfungen	Gruppe 600	
§ 22 Prüfung der Schutzmaßnahmen mit Schutzleiter	610	in Vorbereitung

*) Siehe Seite 4

Tabelle 2. (Fortsetzung)

Bisherige Aufteilung der VDE 0100/5.73 mit den Änderungen VDE 0100g/7.76, VDE 0100m/7.76 und VDE 0100v$_1$/6.77	Nr der neuen Auf teilung (s. Tab. 1)	Bemerkungen*)
§ 23 Prüfung des Isolationszustandes von Verbraucheranlagen	610	in Vorbereitung
§ 24 Prüfung des Isolationszustandes von Fußböden	610	in Vorbereitung
B Elektrische Maschinen, Transformatoren und Drosselspulen, Hebezeuge	Gruppe 550, 700	
§ 25 Elektrische Maschinen	550	in Vorbereitung
§ 26 Transformatoren und Drosselspulen	550	in Vorbereitung
§ 27 Antriebe und Antriebsgruppen	727	Kurzverfahren im August 1982
§ 28 Hebezeuge	726	Kurzverfahren im Januar 1982
C Sonstige elektrische Betriebsmittel	Gruppe 500, 700	
§ 29 Allgemeines	510	in Vorbereitung; § 29a) ist bereits durch DIN 57 100 Teil 510/VDE 0100 Teil 510 ersetzt
§ 30 Schaltanlagen und Verteiler	729	DIN 57 100 Teil 729/VDE 0100 Teil 729, Entwurf Juli 1980
§ 31 Schaltgeräte (Schalter, Steckvorrichtungen, Überstromschutzorgane)	530, 550	in Vorbereitung
§ 32 Leuchten und Beleuchtungsanlagen	550, 706	zunächst ist § 32a) 2 durch DIN 57 100 Teil 706/VDE 0100 Teil 706 ersetzt. Der Rest des § 32 wird zunächst durch DIN 57 100 Teil 559/VDE 0100 Teil 559 ersetzt.
§ 33 Elektromotorisch angetriebene Verbrauchsmittel, Werkzeuge	550, 704, 706	in Vorbereitung
§ 34 Elektrowärmegeräte	550	in Vorbereitung
§ 35 Elektrozaungeräte	550	in Vorbereitung
§ 36 Fernmelde-, Rundfunk- und Fernsehgeräte	550	in Vorbereitung
§ 37 Elektromedizinische Geräte	550	in Vorbereitung
§ 38 Schweißgeräte	550	in Vorbereitung
§ 39 bleibt frei	–	–
D Beschaffenheit und Verlegung von Leitungen und Kabeln	430 Gruppe 500	
§ 40 Isolierte Starkstromleitungen und Kabel	510	in Vorbereitung

*) Siehe Seite 4

Tabelle 2. (Fortsetzung)

Bisherige Aufteilung der VDE 0100/5.73 mit den Änderungen VDE 0100g/7.76, VDE 0100m/7.76 und VDE 0100v_1/6.77	Nr der neuen Auf- teilung (s. Tab. 1)	Bemerkungen*)
§ 41 Bemessung von Leitungen und Kabeln und deren Schutz gegen zu hohe Erwärmung	430, 520	ist ersetzt durch DIN 57 100 Teil 430/ VDE 0100 Teil 430 und DIN 57 100 Teil 523/VDE 0100 Teil 523
§ 42 Verlegung von Leitungen und Kabeln	520	in Vorbereitung
IV Zusatzbestimmungen		
§ 43 Elektrische Betriebsstätten	731	in Vorbereitung
§ 44 Abgeschlossene elektrische Betriebsstätten	731	in Vorbereitung
§ 45 Feuchte und nasse Räume	510	in Vorbereitung
§ 46 bleibt frei	–	
§ 47 bleibt frei	–	
§ 48 Anlagen im Freien	510	in Vorbereitung
§ 49 Baderäume und Duschecken	701, 702 703	701 Kurzverfahren im Oktober 1982, 702 siehe DIN 57 100 Teil 702/ VDE 0100 Teil 702, 703 siehe DIN 57 100 Teil 703/VDE 0100 Teil 703
§ 50 Feuergefährdete Betriebsstätten	720	ersetzt durch DIN 57 100 Teil 720/ VDE 0100 Teil 720
§ 51 Niederspannungsstromkreise in Starkstromanlagen mit Nenn- spannungen bis 1 kV	736	Kurzverfahren im Oktober 1982
§ 52 Ladestationen und Ladeeinrich- tungen für Akkumulatoren	Gruppe 700	in Vorbereitung
§ 53 Ersatzstromversorgungsanlagen	728, 735	728 siehe DIN 57 100 Teil 728/ VDE 0100 Teil 728, Entwurf Juli 1980, 735 in Vorbereitung
§ 54 Elektrische Prüffelder, Justierräume, Laboratorien und Einrichtungen für Versuche	723 Gruppe 700	DIN 57 100 Teil 723/VDE 0100 Teil 723, Entwurf Mai 1980
§ 55 Baustellen	704	in Vorbereitung
§ 56 Landwirtschaftliche Betriebs- stätten	705	ersetzt durch DIN 57 100 Teil 705/ VDE 0100 Teil 705
§ 57 Fliegende Bauten, Wagen nach Schaustellerart und Wohn- wagen	722	ersetzt durch DIN 57 100 Teil 722/ VDE 0100 Teil 722, Entwurf Juli 1980
§ 58 bleibt frei	–	
§ 59 bleibt frei	–	
§ 60 Hilfsstromkreise	725	in Vorbereitung
Tabelle 1 Tabelle 2		wird in DIN 57 298 Teil 3/VDE 0298 Teil 3, Entwurf Mai 1981, inhaltlich behandelt

*) Siehe Seite 4

Erläuterungen

Die Struktur der Normen der Reihe DIN 57 100/VDE 0100 ist der Struktur der entsprechenden internationalen Bestimmungen**) angepaßt.
Die Grobstruktur sieht danach wie folgt aus:

100 Anwendungsbereich
Allgemeine Anforderungen
200 Allgemeine Begriffe
300 Allgemeine Angaben
400 Schutzmaßnahmen
500 Auswahl und Errichtung elektrischer Betriebsmittel
600 Prüfungen
700 Bestimmungen für Betriebsstätten, Räume und Anlagen besonderer Art

Nach den derzeitigen Überlegungen des Komitees 221 „Errichten von Starkstromanlagen bis 1000 V" der Deutschen Elektrotechnischen Kommission im DIN und VDE (DKE) werden für die Gruppen 100 und 200 nur je eine Norm erscheinen.

Den anderen hier genannten Gruppennummern 300, 400, 500, 600 und 700 werden keine Festlegungen unmittelbar zugeordnet; die Titel sind der 1. Untertitel im Titelbild der jeweiligen Norm. Als Beispiel sei hier das Titelfeld von DIN 57 100 Teil 410/VDE 0100 Teil 410 (zur Zeit Entwurf) dargestellt:

Errichten von Starkstromanlagen mit Nennspannungen bis 1000 V;	Haupttitel
Schutzmaßnahmen;	1. Untertitel = Titel der Gruppe 400
Schutz gegen gefährliche Körperströme	2. Untertitel = eigentliche Überschrift der Norm

Für die in Gruppe 700 aufgeführten Normen wird auf einen gemeinsamen Untertitel verzichtet, so daß auf den Haupttitel gleich die eigentliche Überschrift des Teiles folgt. Als Beispiel ist das Titelfeld von DIN 57 100 Teil 705/VDE 0100 Teil 705 dargestellt:

Errichten von Starkstromanlagen mit Nennspannungen bis 1000 V;	Haupttitel
Landwirtschaftliche Betriebsstätten	Untertitel = eigentliche Überschrift der Norm

Bei Ersatz von Paragraphen der VDE 0100/5.73 mit den Änderungen VDE 0100g/7.76, VDE 0100m/7.76 und VDE 0100v_1/6.77 enthält jede Norm der Reihe DIN 57 100/VDE 0100 auf dem Titelblatt einen Ersatzvermerk.
Damit wird schrittweise die bisherige VDE 0100 mit dem Erscheinen der neuen Normen der Reihe DIN 57 100/VDE 0100 nach Angaben im Ersatzvermerk und der Übergangsfrist auf dem Titelblatt ersetzt.

**) IEC-Publikation 364 „. . ."
CENELEC-Harmonisierungsdokument 384 „. . ."

Tabelle 1 zeigt die vorgesehene Aufteilung der Festlegungen für das „Errichten von Starkstromanlagen mit Nennspannungen bis 1000 V".

Tabelle 2 zeigt eine Gegenüberstellung der Gliederung von VDE 0100/5.73 mit den Änderungen VDE 0100g/7.76, VDE 0100m/7.76 und VDE 0100v_1/6.77 mit der vorgesehenen Gliederung der Normen der Reihe DIN 57 100/VDE 0100.

Mit diesem Beiblatt soll den Anwendern der Normen der Reihe DIN 57 100/VDE 0100 ein Überblick über die Absichten des DKE-Komitees 221 gegeben werden. Die Angaben basieren auf der derzeitigen Komitee-Meinung und können aufgrund von neuen Beratungen Änderungen erfahren.
Hinsichtlich des aktuellen Standes der Veröffentlichungen von Normen und Entwürfen siehe Beiblatt 2 zu DIN 57 100/VDE 0100, das in kurzen Zeitabständen dem jeweils aktuellen Stand angepaßt werden soll.

Internationale Patentklassifikation

H 02 G
H 02 B

DK 621.316.17.002.2
: 621.3.027.26

Mai 1982

	Errichten von Starkstromanlagen mit Nennspannungen bis 1000 V Anwendungsbereich Allgemeine Anforderungen [VDE-Bestimmung]	DIN 57 100 Teil 100

Erection of power installations with rated voltages up to 1000 V;
Scope – General requirements
[VDE Specification]

Diese Norm ist zugleich eine VDE-Bestimmung im Sinne von VDE 0022 und in das VDE-Vorschriftenwerk unter nebenstehender Nummer aufgenommen.	**VDE** 0100 Teil 100/05.82

Zusammenhang mit Unterlagen der International Electrotechnical Commission (IEC) und dem Europäischen Komitee für Elektrotechnische Normung (CENELEC) siehe Erläuterungen.

Beginn der Gültigkeit

Diese als VDE-Bestimmung gekennzeichnete Norm gilt ab 1. Mai 1982[1]).

Inhalt

[1]) Genehmigt vom Vorstand des VDE im Januar 1982,
bekanntgegeben in etz 103 (1981) Heft 15 und etz 103 (1982) Heft 7/8.

Fortsetzung Seite 2 und 3

Deutsche Elektrotechnische Kommission im DIN und VDE (DKE)

1 Anwendungsbereich

Der Anwendungsbereich gilt für alle Normen der Reihe DIN 57 100/VDE 0100.

1.1 Diese Bestimmungen gelten für Starkstromanlagen mit Nennspannungen zwischen beliebigen Leitern, die bei Wechselstrom bis 1000 V (Effektivwert) mit maximal 500 Hz, bei Gleichstrom bis 1500 V einschließlich betriebsmäßiger Oberschwingungen betragen.
Sie sind anzuwenden auf:
a) Das Errichten elektrischer Anlagen,
b) die Ausrüstung von Kraftfahrzeugen mit elektromotorischem Antrieb und für bewegliche, nicht schienengebundene elektrische Einrichtungen außer Oberleitungs-Fahrzeugen,
c) bestehende Anlagen bei Änderung der Raumart nach VDE 0100/5.73 § 3f); siehe auch VDE 0100/5.73 § 6a)1.3 und DIN 57 105 Teil 1/VDE 0105 Teil 1,
d) vorhandene Steckvorrichtungen nach VDE 0100/5.73 § 31a)2.

1.2 Diese Bestimmungen gelten nicht für:
a) elektrische Anlagen in bergbaulichen Betrieben unter Tage,
b) Förderanlagen in Tages- und Blindschächten,
c) elektrische Ausrüstung von Kraftfahrzeugen ohne elektrischen Antrieb, soweit diese Kraftfahrzeuge nach der Straßenverkehrs-Zulassungs-Ordnung erfaßt sind,
d) Flugzeuge.

1.3 Abweichungen sind zulässig:
a) für elektrische Betriebsmittel in elektrochemischen Anlagen,
b) für Anlagen zur ausschließlichen Versorgung spezieller Verbrauchsmittel mit Nennströmen über 1000 A je Einheit, z. B. Elektro-Öfen (Spitzen-Vorheizer), Stromrichter-Anlagen.

Jedoch muß für die notwendige Sicherheit auf andere Weise gesorgt werden.

2 Begriffe

In DIN 57 100 Teil 200/VDE 0100 Teil 200 sind die in allen Normen der Reihe DIN 57 100/VDE 0100 angewandten Begriffe festgelegt. Begriffe, die dagegen nur für eine Norm gelten, werden in der entsprechenden Norm festgelegt.

3 Allgemeine Anforderungen

Üblicherweise werden in diesem Abschnitt der Normen der Reihe DIN 57 100/VDE 0100 die Allgemeinen Anforderungen bzw. das Schutzziel der entsprechenden Norm festgelegt.

Zitierte Normen und Unterlagen

DIN 57 100 Teil 200/ VDE 0100 Teil 200	Errichten von Starkstromanlagen mit Nennspannungen bis 1000 V; Allgemeingültige Begriffe [VDE-Bestimmung]
DIN 57 105 Teil 1/ VDE 0105 Teil 1	VDE-Bestimmung für den Betrieb von Starkstromanlagen; Allgemeine Bestimmungen
VDE 0100/5.73	Bestimmungen für das Errichten von Starkstromanlagen mit Nennspannungen bis 1000 V

Erläuterungen

Die als VDE-Bestimmung gekennzeichneten Normen der Reihe DIN 57 100/ VDE 0100 enthalten Sachaussagen der Bestimmung VDE 0100, angepaßt an das CENELEC-Harmonisierungsdokument 384 bzw. an die IEC-Publikation 364. Die Benummerung der Teile wurde in Anlehnung an die Abschnittsbenummerung der IEC-Publikation 364 vorgenommen. Innerhalb der Normen wird durch eckige Klammern auf entsprechende Aussagen in der IEC-Publikation 364 verwiesen.

Internationale Patentklassifikation

H 02 B

Juni 1998

	Elektrische Anlagen von Gebäuden Teil 200: Begriffe	DIN VDE 0100-200
VDE	Diese Norm ist zugleich eine **VDE-Bestimmung** im Sinne von VDE 0022. Sie ist nach Durchführung des vom VDE-Vorstand beschlossenen Genehmigungsverfahrens unter nebenstehenden Nummern in das VDE-Vorschriftenwerk aufgenommen und in der etz Elektrotechnische Zeitschrift bekanntgegeben worden.	Klassifikation **VDE 0100** Teil 200

ICS 01.040.91; 91.140.50

Ersatz für
DIN VDE 0100-200
(VDE 0100 Teil 200):1993-11

Deskriptoren: elektrische Anlage, Begriffe, Gebäude

Electrical installations of buildings –
Part 200: Definitions

Installations électriques des bâtiments –
Partie 200: Definitions

Diese Norm enthält den sachlichen Inhalt von CENELEC HD 384.2 S1:1986 mit Änderung A1:1993 und Änderung A2:1997. Mit CENELEC HD 384.2 S1:1986 wird IEC 60050(826):1982 ohne CENELEC-Abänderung harmonisiert. Mit CENELEC HD 384.2 S1:1986/A1:1993 wird IEC 60050(826):1982 Amendment 1:1990 mit der gemeinsamen Abänderung der deutschen Benennung in Abschnitt 826-01-05 harmonisiert. Mit CENELEC HD 384.2 S1:1986/A2:1997 wird IEC 60050(826):1982 Amendment 2:1995 ohne CENELEC-Abänderungen harmonisiert.

Bei der Festlegung der Preisgruppe wurde nur der deutsche Text berücksichtigt.

Beginn der Gültigkeit

Diese Norm gilt ab 1. Juni 1998.

Der Norm-Inhalt war veröffentlicht als E DIN VDE 0100-200/A4 (VDE 0100 Teil 200/A4):1992-11 und E DIN VDE 0100-200/A5 (VDE 0100 Teil 200/A5):1992-12.

Fortsetzung Seite 2 bis 50

Deutsche Elektrotechnische Kommission im DIN und VDE (DKE)

Inhalt

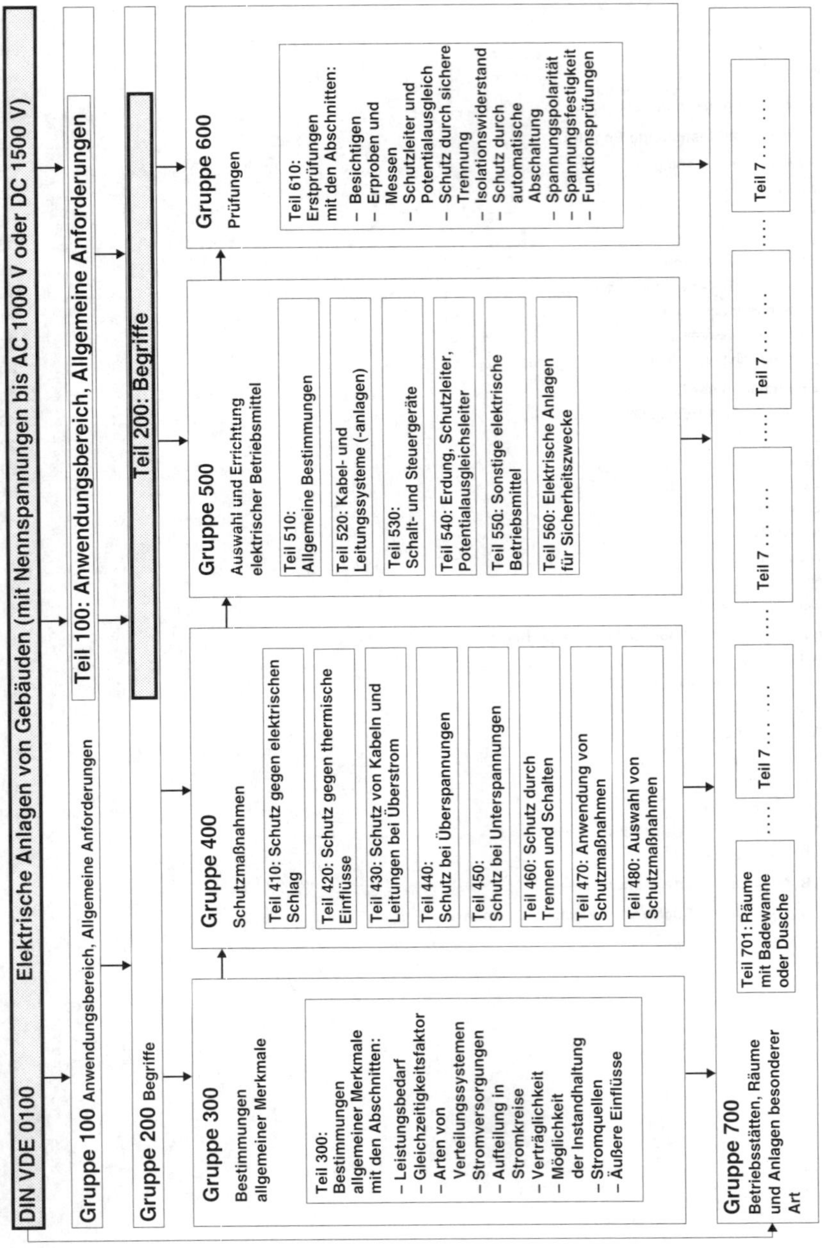
DIN VDE 0100
Elektrische Anlagen von Gebäuden (mit Nennspannungen bis AC 1000 V oder DC 1500 V)
Gruppe 100 Anwendungsbereich, Allgemeine Anforderungen
Teil 100: Anwendungsbereich, Allgemeine Anforderungen
Gruppe 200 Begriffe
Teil 200: Begriffe
Gruppe 300
Bestimmungen allgemeiner Merkmale
Teil 300: Bestimmungen allgemeiner Merkmale mit den Abschnitten:
– Leistungsbedarf
– Gleichzeitigkeitsfaktor
– Arten von Verteilungssystemen
– Stromversorgungen
– Aufteilung in Stromkreise
– Verträglichkeit
– Möglichkeit der Instandhaltung
– Stromquellen
– Äußere Einflüsse
Gruppe 400
Schutzmaßnahmen
Teil 410: Schutz gegen elektrischen Schlag
Teil 420: Schutz gegen thermische Einflüsse
Teil 430: Schutz von Kabeln und Leitungen bei Überstrom
Teil 440: Schutz bei Überspannungen
Teil 450: Schutz bei Unterspannungen
Teil 460: Schutz durch Trennen und Schalten
Teil 470: Anwendung von Schutzmaßnahmen
Teil 480: Auswahl von Schutzmaßnahmen
Gruppe 500
Auswahl und Errichtung elektrischer Betriebsmittel
Teil 510: Allgemeine Bestimmungen
Teil 520: Kabel- und Leitungssysteme (-anlagen)
Teil 530: Schalt- und Steuergeräte
Teil 540: Erdung, Schutzleiter, Potentialausgleichsleiter
Teil 550: Sonstige elektrische Betriebsmittel
Teil 560: Elektrische Anlagen für Sicherheitszwecke
Gruppe 600
Prüfungen
Teil 610: Erstprüfungen mit den Abschnitten:
– Besichtigen
– Erproben und Messen
– Schutzleiter und Potentialausgleich
– Schutz durch sichere Trennung
– Isolationswiderstand
– Schutz durch automatische Abschaltung
– Spannungspolarität
– Spannungsfestigkeit
– Funktionsprüfungen
Gruppe 700
Betriebsstätten, Räume und Anlagen besonderer Art
Teil 701: Räume mit Badewanne oder Dusche
Teil 7 . . . . . .
Teil 7 . . . . . .
Teil 7 . . . . . .
Teil 7 . . . . . .
Teil 7 . . . . . .

Bild 1: Eingliederung dieser Norm in die Struktur der Reihe der Normen DIN VDE 0100 (VDE 0100)

Vorwort

Diese Norm enthält in Abschnitt 2 die autorisierte deutsche Übersetzung und den Originaltext der Begriffe der von der Internationalen Elektrotechnischen Kommission (IEC) herausgegebenen Publikation IEC 60050(826):1982 mit der Änderung 1:1990, die von CENELEC im Abschnitt 826-01-05 (in dieser Norm Abschnitt 2.1.5) hinsichtlich der deutschen Benennung modifiziert wurde, und der Änderung 2:1995 ohne CENELEC-Abänderung.

Die autorisierte deutsche Übersetzung der Begriffe wurde vom Komitee 221 „Errichten von Starkstromanlagen bis 1000 V" in Zusammenarbeit mit dem Komitee 111 „Terminologie" ausgearbeitet und vom Komitee 221 „Errichten von Starkstromanlagen bis 1000 V" der Deutschen Elektrotechnischen Kommission im DIN und VDE (DKE) verabschiedet.

Die mehrsprachige Übernahme der Begriffe der IEC 60050(826) mit Änderung 1 und Änderung 2 wurde von Anwendern der Reihe DIN VDE 0100 weiterhin gewünscht, weil

- für den internationalen Geschäftsverkehr eine international vereinbarte einheitliche Sprachregelung als erforderlich angesehen wird,
- damit die verschiedenen Sprachfassungen von nationalen, regionalen und internationalen Errichtungsbestimmungen und deren Entwürfe verglichen werden können,
- zahlreiche Normungsgremien benachbarter Sachgebiete sowohl bei IEC, bei CENELEC als auch national von den grundlegenden Benennungen in den Errichtungsbestimmungen der IEC-Publikation IEC 60364, des CENELEC-HD 384 und der Normen der Reihe DIN VDE 0100 (VDE 0100) Gebrauch machen und daher diese Begriffe in den verschiedenen Sprachfassungen anwenden müssen.

Die IEC 60050(826):1982 enthält folgende deutsche Benennungen, die bei einer künftigen Überarbeitung der IEC-Publikation geändert werden müssen:

826-03-12 „Gehäuse"; richtig: „Umhüllung",

826-03-13 „Umhüllung"; richtig: „Abdeckung",

826-05-04 „Nennstrom (eines Stromkreises)"; richtig: „Betriebsstrom (eines Stromkreises)".

In dieser Norm wurden diese deutschen Benennungen aufgrund der Einspruchsberatung zum Entwurf DIN IEC 1(CO)1153 Teil 826 (VDE 0100 Teil 200/A1):1982-06 richtiggestellt.

Die in IEC 60050(826):1982 Amendment 1:1990 enthaltene Benennung 826-01-05 „Sicherheitsstromversorgungsanlage" wurde auf deutschen Wunsch als gemeinsame CENELEC-Abänderung in „Versorgungseinrichtung für Sicherheitszwecke" geändert.

Bild 1 zeigt die Einordnung dieser Norm in die Reihe der Normen DIN VDE 0100 (VDE 0100).

Änderungen

Gegenüber DIN VDE 0100-200 (VDE 0100 Teil 200):1993-11 wurden folgende wesentliche Änderungen vorgenommen:

a) Aufnahme von Begriffen zum elektrischen Schlag;

b) Aufnahme von Begriffen zu Kabel- und Leitungssystemen (-anlagen);

c) Aufnahme von Begriffen zur Zuständigkeit und Fähigkeit von Personen;

d) nicht mehr verwendete, bisher national festgelegte Begriffe gestrichen.

Frühere Ausgaben

DIN VDE 0100 (VDE 0100):1973-05

Vorheriger Entwicklungsgang siehe Beiblatt 1 zu DIN VDE 0100 (Beiblatt 1 zu VDE 0100)

DIN VDE 0100-200 (VDE 0100 Teil 200):1982-04

DIN VDE 0100-200 (VDE 0100 Teil 200):1985-07

DIN VDE 0100-200 (VDE 0100 Teil 200):1993-11

1 Anwendungsbereich

Diese Norm enthält die Begriffe, die in DIN VDE 0100 (VDE 0100) (früher: „Errichten von Starkstromanlagen mit Nennspannungen bis 1000 V", neu: „Elektrische Anlagen von Gebäuden") verwendet werden.

Diese Norm dient zum einheitlichen Verständnis der verwendeten Begriffe.

Ergänzend zu den Begriffen, die Inhalt dieser Norm sind, enthalten die jeweiligen Teile von DIN VDE 0100 (VDE 0100) die speziellen Begriffe, die nur im betreffenden Teil zur Anwendung kommen.

Abschnitt 2 enthält die autorisierte deutsche Übersetzung und den Originaltext der Definitionen (Begriffserklärungen), der von der Internationalen Elektrotechnischen Kommission (IEC) herausgegebenen Publikation IEC 60050(826):1982, Kapitel 826, des Internationalen Elektrotechnischen Wörterbuchs (IEV) mit Änderung 1:1990, die von CENELEC im Abschnitt 826-01-05 hinsichtlich der deutschen Benennung modifiziert wurde, und Änderung 2:1995, ohne CENELEC-Abänderung.

ANMERKUNG 1: Die Originalfassung des Kapitels 826 der Publikation IEC 60050 hat folgenden Titel:

CHAPITRE 826: INSTALLATIONS ÉLECTRIQUES DES BÂTIMENTS

CHAPTER 826: ELECTRICAL INSTALLATIONS OF BUILDINGS

ГЛАВА 826: ЭЛЕКТРИЧЕСКИЕ УСТАНОВКИ ЗДАНИЙ

ANMERKUNG 2: Die gegenüber der Originalfassung IEC 60050(826):1982 mit Änderung 1:1990 und Änderung 2:1995 zusätzlich aufgenommenen nationalen Anmerkungen sind zur besseren Unterscheidung mit einem schwarzen Randbalken versehen.

Anhang A enthält noch gültige, international noch nicht festgelegte Begriffe, die aus DIN VDE 0100-200 (VDE 0100 Teil 200):1993-11 übernommen wurden.

2 International festgelegte Begriffe

NATIONALE ANMERKUNG: Für die Wiedergabe der terminologischen Festlegungen wird in der vorliegenden Norm in Abschnitt 2 die nachstehende Reihenfolge angewandt:

Benennung mit Definition: Deutsch, Französisch, Englisch, Russisch (soweit bei IEC angegeben) und Änderung 2:1995;

Benennung ohne Definition: Entsprechend den Sprachenzeichen, soweit bei IEC angegeben: es (Spanisch), it (Italienisch), nl (Niederländisch), pl (Polnisch), pt (Portugiesisch), sv (Schwedisch).

Die Abschnittsnummern der Begriffe in der Originalfassung IEC 60050(826):1982 mit Änderung 1:1990 und Änderung 2:1995 sind jeweils am Rand in eckiger Klammer angegeben.

2.1 Kenngrößen der Anlagen [826-01]

CARACTÉRISTIQUES DES INSTALLATIONS

CHARACTERISTICS OF INSTALLATIONS

ХАРАКТЕРИСТИКИ УСТАНОВОК

2.1.1 *elektrische Anlagen* (von Gebäuden) [826-01-01]

Alle einander zugeordneten elektrischen Betriebsmittel für einen bestimmten Zweck und mit koordinierten Kenngrößen.

installation électrique (de bâtiment)
Ensemble de matériels électriques associés en vue d'une application donnée et ayant des caractéristiques coordonnées.

electrical installation (of a building)
An assembly of associated electrical equipment to fulfil a specific purpose or purposes and having co-ordinated characteristics.

электрическая установка здания
Совокупность электрического оборудования, взаимно связанного для выполнения определенной задачи или задач и имеющего согласованные характеристики.

es **instalación eléctrica** (de edificios)
it **impianto utilizzatore**
nl **elektrische installatie** (van een gebouw)
pl **instalacja elektryczna w budynku**
sv **elinstallation i byggnad**

2.1.2 *Speisepunkt einer elektrischen Anlage* *Anfang einer elektrischen Anlage* [826-01-02]

Punkt, an dem elektrische Energie in eine Anlage eingespeist wird.

origine d'une installation électrique

Point de livraison de l'énergie électrique à une installation.

origin of an electrical installation
service entrance (USA)

The point at which electrical energy is delivered to an installation.

ввод электрической установки

Точка, в которой электроэнергия вводится в электроустановку.

es **origen de una instalación eléctrica**
it **origine di un impianto utilizzatore**
nl **voedingspunt van een elektrische installatie**
pl **źródło energii elektrycznej** (instalacji)
sv **anslutningspunkt**

2.1.3 *Neutralleiter* *(Symbol N)* [826-01-03]

Mit dem Mittelpunkt bzw. Sternpunkt des Netzes verbundener Leiter, der geeignet ist, zur Übertragung elektrischer Energie beizutragen.

NATIONALE ANMERKUNG: Da bei IEC die Benennung „point neutre" bzw. „neutral point" bisher nicht erklärt ist, wurden für den deutschen Text die Wörter „Mittelpunkt, Sternpunkt" gewählt.

conducteur neutre (symbole N)

Conducteur relié au point neutre d'un réseau et pouvant contribuer au transport de l'énergie électrique.

neutral conductor (symbol N)

A conductor connected to the neutral point of a system and capable of contributing to the transmission of electrical energy.

нулевой рабочий проводник (символ N)

Проводник, присоединенный к нейтральной точке системы и могущий способствовать передаче электрической энергии.

es **conductor neutro**
it **conduttore di neutro**
nl **nul**
pl **przewód zerowy**
sv **neutralledare**

2.1.4 *Umgebungstemperatur* [826-01-04]

Temperatur der Luft oder eines anderen Mediums, in dem das Betriebsmittel verwendet wird.

température ambiante

Température de l'air ou du milieu à l'emplacement où le matériel doit être utilisé.

ambient temperature

The temperature of the air or other medium where the equipment is to be used.

температура окружающей среды

Температура воздуха или иной среды, где оборудование предполагается использовать.

es **temperatura ambiente**
it **temperatura ambiente**
nl **omgevingstemperatuur**
pl **temperatura otoczenia**
sv **omgivningstemperatur**

2.1.5 *Versorgungseinrichtung für Sicherheitszwecke* [826-01-05]

Stromversorgungsanlage, die dazu bestimmt ist, die Funktion von Betriebsmitteln, die für die Sicherheit von Personen unerläßlich sind, aufrechtzuerhalten.

ANMERKUNG: Es wird davon ausgegangen, daß die Stromversorgungsanlage die Stromquelle und die Stromkreise bis zu den Anschlußklemmen der elektrischen Verbrauchsmittel einschließt. In manchen Fällen darf sie auch die Verbrauchsmittel einschließen.

alimentation pour services de sécurité

Alimentation prévue pour maintenir le fonctionnement d'appareils essentiels pour la sécurité des personnes.

Note. – L'alimentation comprend la source et les circuits jusqu'aux bornes des matériels d'utilisation. Dans certains cas elle peut comprendre également les matériels d'utilisation.

supply system for safety services;
emergency power system (USA)

A supply system intended to maintain the functioning of equipment essential for the safety of persons.

Note. – The supply system is intended to include the source and the circuits up to the terminals of the current using equipment. In certain cases it may also include the current using equipment.

питание систем обеспечения безопасности

Система питания, предназначенная для поддержания функционирования оборудования, обеспечивающего безопасность людей.

Примечание: – В систему питания входят источник питания и электрическая цепь вплоть до клемм электроприемников. В отдельных случаях в нее могут войти и сами электроприемники.

es **sistema de alimentación para servicios de seguridad**
it **alimentazione per servizi di sicurezza**
nl **noodstroominstallatie voor veiligheidsdoeleinden (435)**
pl **układ zasilania obwodów bezpieczeństwa; układ awaryjnego zasilania**
sv **reservkraftsystem för personsäkerhet**

NATIONALE ANMERKUNG: Die in IEC 60050(826):1982 Amendment 1:1990 enthaltene Benennung lautet „Sicherheitsstromversorgungsanlage" und wurde auf deutschen Wunsch durch CENELEC in „Versorgungseinrichtung für Sicherheitszwecke" geändert. In einigen DIN-VDE-Normen steht aber noch „Sicherheitsstromversorgungs(-anlage)".

2.1.6 *Ersatzstromversorgungsanlage* [826-01-06]

Stromversorgungsanlage, die dazu bestimmt ist, die Funktion einer Anlage oder von Teilen einer Anlage für den Fall einer Unterbrechung der normalen Stromversorgung aus anderen Gründen als für die Sicherheit von Personen aufrechtzuerhalten.

alimentation de remplacement

Alimentation prévue pour maintenir le fonctionnement de l'installation ou des parties de celle-ci, en cas de défaillance de l'alimentation normale, pour des raisons autres que la sécurité des personnes.

standby supply system

A supply system intended to maintain the functioning of the installation or parts or part thereof, in case of interruption of the normal supply, for reasons other than safety of persons.

система резервного питания

Система питания, предназначенная для поддержания функционирования установки, ее частей или части в случае отказа системы питания нормального режима, по соображениям, не связанным с безопасностью людей.

es **sistema de doble alimentación**
it **alimentazione di riserva**
nl **noodstroominstallatie**
pl **układ rezerwowego zasilania; zasilanie rezerwowe**
sv **reservkraftsystem**

2.2 Spannungen [826-02]

TENSIONS

VOLTAGES

НАПРЯЖЕНИЯ

2.2.1 *Nennspannung* *(einer Anlage)* [826-02-01]

Spannung, durch die eine Anlage oder ein Teil einer Anlage gekennzeichnet ist.

ANMERKUNG: Die tatsächliche Spannung kann innerhalb der zulässigen Toleranzen von der Nennspannung abweichen.

tension nominale (d'une installation)

Tension par laquelle une installation ou une partie d'installation est désignée.

Note. – La tension réelle peut différer de la tension nominale dans les limites des tolérances admissibles.

nominal voltage (of an installation)

Voltage by which an installation or part of an installation is designated.

Note. – The actual voltage may differ from the nominal voltage by a quantity within permitted tolerances.

номинальное напряжение (установки)

Напряжение, которым обозначена установка или часть установки.

Примечание: – Фактическое напряжение может отличаться от номинального напряжения на величину, не выходящую за допустимые пределы.

es **tensión nominal** (de una instalación)
it **tensione nominale (di esercizio)** (di un sistema)
nl **nominale spanning**
pl **napięcie znamionowe** (instalacji)
sv **nominell spänning** (i en installation)

2.2.2 *Berührungsspannung* [826-02-02]

Spannung, die zwischen gleichzeitig berührbaren Teilen während eines Isolationsfehlers auftreten kann.

ANMERKUNG 1: Vereinbarungsgemäß wird dieser Begriff nur im Zusammenhang mit Schutzmaßnahmen bei indirektem Berühren angewendet.

ANMERKUNG 2: Es gibt Fälle, in denen der Wert der Berührungsspannung durch die Impedanz der Person, die mit diesen Teilen in Berührung ist, erheblich beeinflußt werden kann.

tension de contact

Tension apparaissant, lors d'un défaut d'isolement, entre des parties simultanément accessibles.

Notes 1. – Par convention, ce terme n'est utilisé que dans le cadre de la protection contre les contacts indirects.
2. – Dans certains cas, la valeur de la tension de contact peut être influencée notablement par l'impédance de la personne en contact avec ces parties.

touch voltage

Voltage appearing during an insulation fault, between simultaneously accessible parts.

Notes 1. – By convention, this term is used only in connection with protection against indirect contacts.
2. – In certain cases, the value of the touch voltage may be appreciably influenced by the impedance of the persons in contact with these parts.

напряжение прикосновения

Напряжение, появляющееся при повреждении изоляции между одновременно доступными частями.

Примечания:
1. – Условно термин используется только в области защиты от косвенных прикосновений.
2. – В некоторых случаях на значение напряжения прикосновения может оказать заметное влияние сопротивление тела человека, касающегося этих частей.

es **tensión de contacto**
it **tensione di contatto**
nl **aanrakingsspanning**
pl **napięcie dotykowe**
sv **beröringsspänning** (vid isolationsfel)

2.2.3 *zu erwartende Berührungsspannung* [826-02-03]

Höchste Berührungsspannung, die im Falle eines Fehlers mit vernachlässigbarer Impedanz in einer elektrischen Anlage je auftreten kann.

tension de contact présumée
Tension de contact la plus élevée susceptible d'apparaître en cas de défaut d'impédance négligeable se produisant dans l'installation électrique.

prospective touch voltage
The highest touch voltage liable to appear in the event of a fault of negligible impedance in the electrical installation.

расчетное напряжение прикосновения
Максимальное напряжение прикосновения, которое может возникнуть в случае повреждения с пренебрежимо малым сопротивлением в электрической установке.

es **tensión de contacto prevista**
it **tensione di contatto presunta**
nl **hoogste te verwachten aanrakingsspanning**
pl **napięcie dotykowe spodziewane**
sv **beräknad beröringsspänning**

2.2.4 *vereinbarte Grenze der Berührungsspannung (Formelzeichen: U_L)* [826-02-04]

Höchstwert der Berührungsspannung, der zeitlich unbegrenzt bestehen bleiben darf.

ANMERKUNG: Der zulässige Wert hängt von den Bedingungen der äußeren Einflüsse ab.

tension limite conventionnelle de contact (symbole U_L)
Valeur maximale de la tension de contact qu'il est admis de pouvoir maintenir indéfiniment dans des conditions spécifiées d'influences externes.

conventional touch voltage limit (symbol U_L)
Maximum value of the touch voltage which is permitted to be maintained indefinitely in specified conditions of external influences.

нормированное длительное предельное напряжение прикосновения (символ U_L)
Максимальное значение напряжения прикосновения, которое допускается поддерживать длительное время при заданных внешних факторах.

es **tensión contacto convencional límite**
it **tensione di contatto limite** (convenzionale)
nl **grenswaarde van de aanrakingsspanning**
pl **napięcie dotykowe bezpieczne; napięcie bezpieczne**
sv **beröringsspänningsgräns**

2.3 Elektrischer Schlag [826-03]

CHOCS ÉLECTRIQUES
ELECTRIC SHOCK
ЭЛЕКТРОПОРАЖЕНИЕ

2.3.1 *aktives Teil* [826-03-01]

Leiter oder leitfähiges Teil, der/das dazu bestimmt ist, bei ungestörtem Betrieb unter Spannung zu stehen, einschließlich des Neutralleiters, aber vereinbarungsgemäß nicht der PEN-Leiter.

ANMERKUNG: Dieser Begriff besagt nicht unbedingt, daß die Gefahr eines elektrischen Schlages besteht.

partie active
Tout conducteur ou toute partie conductrice destiné à être sous tension en service normal, ainsi que le conducteur neutre mais, par convention, non le conducteur PEN.
Note. – Le terme n'implique pas nécessairement un risque de choc électrique.

live part
A conductor or conductive part intended to be energized in normal use, including a neutral conductor, but, by convention, not a PEN conductor.
Note. – This term does not necessarily imply a risk of electric shock.

токоведущая часть
Любой проводник или любая проводящая часть, которые должны находиться под напряжением при нормальной работе, в том числе нулевой рабочий проводник, но, как правило, не совмещенный нулевой рабочий и защитный проводник.
Примечание: – Этот термин не обязательно подразумевает опасность электропоражения.

es **parte activa**
it **parte attiva**
nl **actief deel**
pl **część czynna**
sv **spänningsförande del**

2.3.2 *Körper (eines elektrischen Betriebsmittels)* [826-03-02]

Berührbares, leitfähiges Teil eines elektrischen Betriebsmittels, das normalerweise nicht unter Spannung steht, das jedoch im Fehlerfall unter Spannung stehen kann.

ANMERKUNG: Ein leitfähiges Teil eines elektrischen Betriebsmittels, das im Fehlerfall nur über andere Körper unter Spannung geraten kann, ist nicht als Körper anzusehen.

NATIONALE ANMERKUNG: Das Wort „Körper“ wird auch entsprechend der allgemeinen Umgangssprache für den menschlichen Körper oder den Körper eines Tieres angewendet; z. B. auch in zusammengesetzten Wörtern wie „Körperstrom“.

masse
partie conductrice accessible

Partie conductrice d'un matériel électrique susceptible d'être touchée et qui n'est pas normalement sous tension mais peut le devenir en cas de défaut.

Note. – Une partie conductrice d'un matériel qui ne peut être mise sous tension en cas de défaut que par l'intermédiaire d'une masse n'est pas considérée comme une masse.

exposed conductive part

A conductive part of electrical equipment, which can be touched and which is not normally live, but which may become live under fault conditions.

Note. – A conductive part of electrical equipment which can only become live under fault conditions through an exposed conductive part, is not considered to be an exposed conductive part.

открытая проводящая часть

Проводящая часть электрического оборудования, доступная для прикосновения, которая в обычных условиях не находится под напряжением, но может оказаться под напряжением в случае повреждения.

Примечание: – Проводящая часть оборудования, которая может оказаться под напряжением в случае повреждения лишь благодаря другой открытой проводящей части, не считается открытой проводящей частью.

es **parte conductora accesible**
it **massa**
nl **aanraakbaar metalen deel; metalen gestel**
pl **część przewodząca dostępna**
sv **utsatt del**

2.3.3 *fremdes leitfähiges Teil* [826-03-03]

Leitfähiges Teil, das nicht zur elektrischen Anlage gehört, das jedoch ein elektrisches Potential einschließlich des Erdpotentials einführen kann.

NATIONALE ANMERKUNG: Zu den fremden leitfähigen Teilen gehören auch leitfähige Fußböden und Wände, wenn über diese ein elektrisches Potential einschließlich des Erdpotentials eingeführt werden kann.

élément conducteur (étranger à l'installation électrique)

Elément susceptible d'introduire un potentiel, généralement celui de la terre, et ne faisant pas partie de l'installation électrique.

extraneous conductive part

A conductive part not forming part of the electrical installation and liable to introduce a potential, generally the earth potential.

сторонняя проводящая часть

Проводящая часть, не являющаяся частью электрической установки и способная распространять потенциал, обычно потенциал земли.

es **elemento conductor** (extraño a la instalación eléctrica)
it **massa estranea**
nl **vreemd geleidend deel**
pl **część przewodząca obca**
sv **ledande del ej tillhörande elinstallationen**

2.3.4 *elektrischer Schlag* [826-03-04]

Pathophysiologischer Effekt, der durch einen elektrischen Strom ausgelöst wird, der den menschlichen Körper oder den Körper eines Tieres durchfließt.

choc électrique

Effet pathophysiologique résultant du passage d'un courant électrique à travers le corps humain ou celui d'un animal.

electric shock

Pathophysiological effect resulting from an electric current passing through a human or animal body.

электропоражение

Патофизиологический эффект, являющийся следствием прохождения электрического тока через тело человека или животного.

es **choque eléctrico**
it **scossa elettrica**
nl **elektrische schok**
pl **porażenie prądem elektrycznym**
sv **elchock**

2.3.5 *direktes Berühren* [826-03-05]

Berühren aktiver Teile durch Personen oder Nutztiere (Haustiere).

contact direct

Contact de personnes ou d'animaux domestiques ou d'élevage avec des parties actives.

direct contact

Contact of persons or livestock with live parts.

непосредственное прикосновение (прямой контакт)

Прикосновение человека или животного к токоведущим частям.

es **contacto directo**
it **contatto diretto**
nl **directe aanraking**
pl **dotyk bezpośredni**
sv **direkt kontakt**

2.3.6 ***indirektes Berühren*** [826-03-06]

Berühren von Körpern elektrischer Betriebsmittel, die infolge eines Fehlers unter Spannung stehen, durch Personen oder Nutztiere (Haustiere).

contact indirect

Contact de personnes ou d'animaux domestiques ou d'élevage avec des masses mises sous tension par suite d'un défaut d'isolement.

indirect contact

Contact of persons or livestock with exposed conductive parts which have become live under fault conditions.

косвенное прикосновение (косвенный контакт)

Прикосновение человека или животного к открытым проводящим частям, которые оказались под напряжением вследствие повреждения.

es **contacto indirecto**
it **contatto indiretto**
nl **indirecte aanraking**
pl **dotyk pośredni**
sv **indirekt kontakt**

2.3.7 ***gefährlicher Körperstrom*** [826-03-07]

Strom, der den Körper eines Menschen oder Tieres durchfließt und der Merkmale hat, die üblicherweise einen pathophysiologischen (schädigenden) Effekt auslösen.

courant de choc

Courant qui traverse le corps humain ou le corps d'un animal et ayant les caractéristiques susceptibles de provoquer des effets pathophysiologiques.

shock current

A current passing through a body of a person or animal and having characteristics likely to cause pathophysiological effects.

поражающий ток

Ток, проходящий через тело человека или животного, характеристики которого могут обусловить патофизиологические воздействия.

es **corriente de choque**
it **corrente di scossa**
nl **stroom die leidt tot een elektrische schok**
pl **prąd rażeniowy**
sv **chockström**

2.3.8 ***Ableitstrom*** *(in einer Anlage)* [826-03-08]

Strom, der in einem fehlerfreien Stromkreis zur Erde oder zu einem fremden leitfähigen Teil fließt.

ANMERKUNG: Dieser Strom kann eine kapazitive Komponente haben, insbesondere bedingt durch die Verwendung von Kondensatoren.

courant de fuite (dans une installation)

Courant qui, en l'absence de défaut, s'écoule à la terre ou à des éléments conducteurs.

Note. – Ce courant peut comporter une composante capacitive, y compris celle qui résulte de l'utilisation de condensateurs.

leakage current (in an installation)

A current which, in the absence of a fault, flows to earth or to extraneous conductive parts in a circuit.

Note. – This current may have a capacitive component including that resulting from the deliberate use of capacitors.

ток утечки (установки)

Ток, протекающий на землю или к сторонним проводящим частям в электрической цепи при отсутствии повреждения.

Примечание: – Этот ток может иметь емкостную составляющую, в том числе обусловленную применением конденсаторов.

es **corriente de fuga** (en una instalación)
it **corrente di dispersione** (in un impianto)
nl **lekstroom** (in een installatie)
pl **prąd upływowy**
sv **läckström i en installation**

2.3.9 ***Differenzstrom*** [826-03-09]

Summe der Momentanwerte von Strömen, die an einer Stelle der elektrischen Anlage durch alle aktiven Leiter eines Stromkreises fließen.

NATIONALE ANMERKUNG: Bei Fehlerstrom-Schutzeinrichtungen nach den Normen der Reihe DIN VDE 0664 (VDE 0664) wird der Differenzstrom mit „Fehlerstrom" bezeichnet. Die in IEC 60050(826):1982 enthaltene alternative Benennung („Reststrom") wurde im Rahmen der Einspruchsberatung gestrichen.

Bei der Summe handelt es sich um die vektorielle Summe (Betrag und Phasenlage) der Ströme, die in anderen Sprachen „algebraische Summe" genannt wird.

courant différentiel résiduel

Somme algébrique des valeurs instantanées des courants parcourant tous les conducteurs actifs d'un circuit en un point de l'installation électrique.

residual current

The algebraic sum of the instantaneous values of current flowing through all live conductors of a circuit at a point of the electrical installation.

ток нулевой последовательности

Алгебраическая сумма мгновенных значений тока, протекающего через все токоведущие проводники цепи в точке электрической установки.

es **corriente diferencial residual**
it **corrente differenziale**
nl **verschilstroom**
pl **prąd resztkowy**
sv **restström**

2.3.10 ***gleichzeitig berührbare Teile*** [826-03-10]

Leiter oder leitfähige Teile, die von einer Person – gegebenenfalls auch von Nutztieren (Haustieren) – gleichzeitig berührt werden können.

ANMERKUNG: Gleichzeitig berührbare Teile können sein:
- aktive Teile,
- Körper von elektrischen Betriebsmitteln,
- fremde leitfähige Teile,
- Schutzleiter,
- Erder.

parties simultanément accessibles

Conducteurs ou parties conductrices qui peuvent être touchés simultanément par une personne ou, le cas échéant, par des animaux domestiques ou d'élevage.

Note. – Les parties simultanément accessibles peuvent être:
– des parties actives,
– des masses,
– des éléments conducteurs,
– des conducteurs de protection,
– des prises de terre.

simultaneously accessible parts

Conductors or conductive parts which can be touched simultaneously by a person or, where applicable, by livestock.

Note. – Simultaneously accessible parts may be:
– live parts,
– exposed conductive parts,
– extraneous conductive parts,
– protective conductors,
– earth electrodes.

части, доступные одновременному прикосновению

Проводники или проводящие части, которых человек или животное может коснуться одновременно.

Примечание: – Одновременно доступными частями могут быть:
– токоведущие части;
– открытые проводящие части;
– сторонние проводящие части;
– защитные проводники;
– заземлители.

es **partes simultáneamente accesibles**
it **parti simultaneamente accessibili**
nl **gelijktijdig aanraakbare delen**
pl **części przewodzące jednocześnie dostępne**
sv **samtidigt berörbara delar**

2.3.11 ***Handbereich*** [826-03-11]

Bereich, der sich von Standflächen aus erstreckt, die üblicherweise betreten werden, und dessen Grenzen eine Person in allen Richtungen ohne Hilfsmittel mit der Hand erreichen kann.

NATIONALE ANMERKUNG: Der Handbereich ist in DIN VDE 0100-410 (VDE 0100 Teil 410):1997-01, Bild 41C dargestellt.

volume d'accessibilité au toucher

Volume compris entre tout point de la surface où les personnes se tiennent et circulent habituellement, et la surface qu'une personne peut atteindre avec la main, dans toutes les directions sans moyen auxiliaire.

arm's reach

A zone extending from any point on a surface where persons usually stand or move about, to the limits which a person can reach with the hand in any direction without assistance.

зона досягаемости

Зона, заключенная между любой точкой поверхности, на которой обычно стоят или передвигаются люди, и поверхностью, до которой люди могут достать рукой по любому направлению без вспомогательных средств.

es **volumen accesible a la mano**
it **parti a protata di mano**
nl **handbereik**
pl **zasięg ręki**
sv **armräckvidd**

2.3.12 ***Umhüllung*** [826-03-12]

Teil, das ein Betriebsmittel gegen bestimmte äußere Einflüsse schützt und durch das Schutz gegen direktes Berühren in allen Richtungen gewährt wird.

NATIONALE ANMERKUNG: IEC 60050(826):1982 enthält unter 826-02-12 die deutsche Benennung **„Gehäuse"**.

enveloppe

Elément assurant la protection des matériels contre certaines influences externes et, dans toutes les directions, la protection contre les contacts directs.

enclosure

A part providing protection of equipment against certain external influences and, in any direction, protection against direct contact.

оболочка

Элемент, обеспечивающий защиту оборудования от воздействия некоторых внешних факторов и защиту от непосредственного прикосновения в любом направлении.

es **envolvente**
it **involucro**
nl **omhulsel**
pl **obudowa**
sv **kapsling**

2.3.13 ***Abdeckung*** [826-03-13]

Teil, durch das Schutz gegen direktes Berühren in allen üblichen Zugangs- oder Zugriffsrichtungen gewährt wird.

NATIONALE ANMERKUNG: IEC 60050(826):1982 enthält fälschlicherweise unter 826-03-13 die deutsche Benennung **„Umhüllung“.**

barrière

Elément assurant la protection contre les contacts directs dans toute direction habituelle d'accès.

barrier

A part providing protection against direct contact from any usual direction of access.

ограждение

Элемент, обеспечивающий защиту от непосредственного прикосновения по всем обычным направлениям доступа.

es **barrera**
it **barriera**
nl **afscherming**
pl **przegroda; bariera**
sv **skärm**

2.3.14 ***Hindernis*** [826-03-14]

Teil, das ein unbeabsichtigtes direktes Berühren verhindert, nicht aber eine absichtliche Handlung.

obstacle

Elément empêchant un contact direct fortuit mais ne s'opposant pas à une action délibérée.

obstacle

A part preventing unintentional direct contact, but not preventing direct contact by deliberate action.

барьер

Элемент, предотвращающий случайное прикосновение к токоведу дим частям, но не препятствующий преднамеренному действию.

es **obstáculo**
it **ostacolo**
nl **hindernis**
pl **przeszkoda**
sv **hinder**

2.3.15 ***gefährliches aktives Teil*** [826-03-15]

Aktives Teil, von dem unter bestimmten Bedingungen äußerer Einflüsse ein elektrischer Schlag ausgehen kann.

partie active dangereuse

Partie active qui peut provoquer, dans certaines conditions d'influences externes, un choc électrique.

hazardous live-part

A live part which can give, under certain conditions of external influences, an electric shock.

es **parte activa peligrosa**
pl **część czynna niebezpieczna**
pt **parte activa perigosa**
sv **farlig spänningsförande del**

2.3.16 ***Schutz durch Begrenzung des Beharrungsstroms und der Entladungsenergie*** [826-03-16]

Schutz gegen elektrischen Schlag durch die Konzeption des Stromkreises oder Betriebsmittels, so daß unter üblichen Bedingungen oder unter Fehlerbedingungen der Beharrungsstrom und die Entladungsenergie auf einen Wert begrenzt sind, der unter der Gefährdungsgrenze (Gefährlichkeitsgrenze) liegt.

protection par limitation du courant permanent et de la quantité d'électricité

Protection contre les chocs électriques assurée par la conception des circuits ou des matériels, de telle façon que le courant permanent et la quantité d'électricité soient limités au-dessous d'une valeur dangereuse, dans les conditions normales ou de défaut.

protective limitation of steady-state current and charge

Protection against electric shock by circuit or equipment design so that under normal and fault conditions the steady-state current and charge are limited to below a hazardous level.

es **protección por limitación de la corriente permanente y de la cantidad de electricidad**
pl **ochronne ograniczenie prądu ustalonego i rozładowania** (ładowania)
pt **protecção por limitação da corrente permanente e da carga**
sv **ström- och laddningsbegränsande skyddsåtärd**

2.3.17 ***Basisisolierung*** [826-03-17]

Isolierung, die bei aktiven Teilen als grundlegender Schutz (Basisschutz) gegen elektrischen Schlag angewendet wird.

ANMERKUNG: Basisisolierung schließt nicht die Isolierung ein, die nur aus Funktionsgründen gebraucht wird.

isolation principale

Isolation des parties actives, destinée à assurer la protection principale contre les chocs électriques.

Note. – L'isolation principale ne comprend pas l'isolation exclusivement utilisée à des fins fonctionelles.

basic insulation

Insulation applied to live parts provide basic protection against electric shock.

Note. – Basic insulation does not include insulation used exclusively for functional purposes.

es **aislamiento principal**
pl **izolacja podstawowa**
pt **isolação principal**
sv **grundisolering**

2.3.18 ***zusätzliche Isolierung*** [826-03-18]

Unabhängige Isolierung, die zusätzlich zur Basisisolierung angewendet wird, um den Schutz gegen elektrischen Schlag im Fall eines Versagens der Basisisolierung sicherzustellen.

isolation supplémentaire
Isolation indépendante prévue en plus de l'isolation principale en vue d'assurer la protection contre les chocs électriques en cas de défaillance de l'isolation principale.

supplementary insulation
Independent insulation applied in addition to basic insulation in order to provide protection against electric shock in the event of a failure of basic insulation.

es **aislamiento suplementario**
pl **izolacja dodatkowa**
pt **isolação suplementar**
sv **tilläggsisolering**

2.3.19 ***doppelte Isolierung*** [826-03-19]

Isolierung, die aus der Basisisolierung und der zusätzlichen Isolierung besteht.

double isolation
Isolation comprenant à la fois une isolation principale et une isolation supplémentaire.

double insulation
Insulation comprising both basic insulation and supplementary insulation.

es **doble aislamiento**
pl **izolacja podwójna**
pt **dupla isolação**
sv **dubbel isolering**

2.3.20 ***verstärkte Isolierung*** [826-03-20]

Isolierung von gefährlichen aktiven Teilen, die einen gleichwertigen Schutz gegen elektrischen Schlag gewährt wie die doppelte Isolierung.

ANMERKUNG: Verstärkte Isolierung darf aus mehreren Schichten bestehen, die nicht einzeln als Basisisolierung oder zusätzliche Isolierung geprüft werden können.

isolation renforcée
Isolation des parties actives dangereuses assurant un degré de protection contre les chocs électriques équivalent à celui d'une double isolation.

Note. – L'isolation renforcée peut comporter plusieurs couches qui ne peuvent pas être essayées séparément en tant qu'isolation principale ou supplémentaire.

reinforced insulation
Insulation of hazardous live-parts which provides a degree of protection against electric shock equivalent to double insulation.

Note. – Reinforced insulation may comprise several layers which cannot be tested singly as basic or supplementary insulation.

es **aislamiento reforzado**
pl **izolacja wzmocnlona**
pt **isolação reforçada**
sv **förstärkt isolering**

2.4 Erdung [826-04]

MISES À LA TERRE

EARTHING

ЗАЗЕМЛЕНИЕ

2.4.1 ***Erde*** [826-04-01]

Leitfähiges Erdreich, dessen elektrisches Potential an jedem Punkt vereinbarungsgemäß gleich null gesetzt wird.

NATIONALE ANMERKUNG 1: „Erde" ist auch die Bezeichnung sowohl für die Erde als Ort als auch für die Erde als Stoff, z. B. die Bodenarten Humus, Lehm, Sand, Kies, Gestein.

NATIONALE ANMERKUNG 2: Der Definitionstext setzt vereinbarungsgemäß den stromlosen Zustand des Erdreichs voraus. Dafür wurde bisher die Benennung „Bezugserde" verwendet. Im Bereich von Erdern oder Erdungsanlagen kann das Erdreich ein von Null abweichendes Potential haben.

terre
Masse conductrice de la terre, dont le potentiel électrique en chaque point est pris, par convention égal à zéro.

earth
ground (USA)
The conductive mass of the earth, whose electric potential at any point is conventionally taken as equal to zero.

земля
Проводящая масса земли, электрический потенциал которой в любой точке условно принят за нуль.

es **tierra**
it **terra**
nl **aarde**
pl **ziemia odniesienia**
sv **jord**

2.4.2 *Erder* [826-04-02]

Leitfähiges Teil oder mehrere leitfähige Teile, die in gutem Kontakt mit Erde sind und mit dieser eine elektrische Verbindung bilden.

prise de terre
Corps conducteur, ou ensemble de corps conducteurs en contact intime avec le sol et assurant une liaison électrique avec celui-ci.

earth electrode
A conductive part or a group of conductive parts in intimate contact with and providing an electrical connection with earth.

заземлитель
Проводящий элемент или группа проводящих элементов, находящихся в соприкосновении с землей и образующих с ней электрическую связь.

es **toma de tierra**
it **dispersore; impianto di terra**
nl **aardelektrode**
pl **uziom**
sv **jordtag**

2.4.3 *Gesamterdungswiderstand* [826-04-03]

Widerstand zwischen der Haupterdungsklemme/-schiene und Erde.

NATIONALE ANMERKUNG 1: Das Wort „Erde" ist hier im Sinne der Definition in 2.4.1 [826-04-01] angewendet, d. h., der Ausbreitungswiderstand nach A.5.10 wird mit berücksichtigt.

NATIONALE ANMERKUNG 2: Im VDE-Vorschriftenwerk wird im allgemeinen anstelle des Begriffs „Haupterdungsklemme" der Begriff „Potentialausgleichsschiene" verwendet.

résistance globale de mise à la terre
Résistance entre la borne principale de terre et la Terre.

total earthing resistance
The resistance between the main earthing terminal and the Earth.

суммарное сопротивление заземляющего устройства
Сопротивление между главной клеммой заземления и землей.

es **resistencia total de puesta a tierra**
it **resistanza di terra**
nl **aardverspreidingsweerstand**
pl **reszystancja uziemienia**
sv **resulterande jordningsresistans**

2.4.4 *elektrisch unabhängige Erder* [826-04-04]

Erder, die in einem solchen Abstand voneinander angebracht sind, daß der höchste Strom, der durch einen Erder fließen kann, das Potential der anderen Erder nicht nennenswert beeinflußt.

prises de terre électriquement distinctes
prises de terre indépendantes
Prises de terre suffisamment éloignées les unes des autres pour que le courant maximal susceptible d'être écoulé par l'une d'entre elles ne modifie pas sensiblement le potentiel des autres.

electrically independent earth electrodes
Earth electrodes located at such a distance from one another that the maximum current likely to traverse one of them does not significantly affect the potential of the others.

электрически независимые заземляющие устройства
Заземляющие устройства, достаточно удаленные друг от друга, что максимальный возможный ток, стекающий с одного из них, не оказывал заметного влияния на потенциал остальных.

es **toma de tierra eléctricamente independiente; toma de tierra independiente**
it **impianti di terra elettricamente indipendenti**
nl **aardelektroden zonder wederzijdse beinvloeding**
pl **uziomy niezależne**
sv **elektriskt oberoende jordtag**

2.4.5 *Schutzleiter*
(Symbol PE) [826-04-05]

Leiter, der für einige Schutzmaßnahmen gegen gefährliche Körperströme erforderlich ist, um die elektrische Verbindung zu einem der nachfolgenden Teile herzustellen:

- Körper der elektrischen Betriebsmittel,
- fremde leitfähige Teile,
- Haupterdungsklemme,
- Erder,
- geerdeter Punkt der Stromquelle oder künstlicher Sternpunkt.

conducteur de protection (symbole PE)

Conducteur prescrit dans certaines mesures de protection contre les chocs électriques et destiné à relier électriquement certaines des parties suivantes:
- masses,
- éléments conducteurs,
- borne principale de terre,
- prise de terre,
- point de l'alimentation relié à la terre ou au point neutre artificiel.

protective conductor (symbol PE)
equipment grounding conductor (USA)

A conductor required by some measures for protection against electric shock for electrically connecting any of the following parts:
- exposed conductive parts,
- extraneous conductive parts,
- main earthing terminal,
- earth electrode,
- earthed point of the source of artificial neutral.

защитный проводник (символ PE)
Проводник, требуемый некоторыми мерами защиты от электропоражений и предназначенный для электрического соединения следующих элементов:
- открытых проводящих частей;
- сторонних проводящих частей;
- главной клеммы заземления;
- заземляющих устройств;
- заземленной точки источника питания или искусственной нейтрали

es **conductor de protección**
it **conduttore di protezione**
nl **beschermingsleiding**
pl **przewód ochronny**
sv **skyddsledare**

2.4.6 *PEN-Leiter* [826-04-06]

Geerdeter Leiter, der zugleich die Funktionen des Schutzleiters und des Neutralleiters erfüllt.

ANMERKUNG: Die Bezeichnung PEN resultiert aus der Kombination der beiden Symbole PE für den Schutzleiter und N für den Neutralleiter.

conducteur PEN
Conducteur mis à la terre, assurant à la fois les fonctions de conducteur de protection et de conducteur neutre.
Note. – La désignation PEN résulte de la combinaison des deux symboles PE pour le conducteur de protection et N pour le conducteur neutre.

PEN conductor
An earthed conductor combining the functions of both protective conductor and neutral conductor.
Note. – The acronym PEN results of the combination of both symbols PE for the protective conductor and N for the neutral conductor.

совмещенный нулевой рабочий и защитный проводник (PEN-проводник)
Заземленный проводник, сочетающий функции защитного проводника и нулевого рабочего проводника.
Примечание: – Сокращение PEN получается из сочетания символов: PE – защитный проводник и N – нулевой рабочий проводник.

es **conductor PEN**
it **conduttore PEN**
nl **PEN-leiding**
pl **przewód PEN, przewód ochronno-zerujący; przewód zerowozerujący**
sv **PEN-ledare**

2.4.7 *Erdungsleiter* [826-04-07]

Schutzleiter, der die Haupterdungsklemme oder -schiene mit dem Erder verbindet.

conducteur de terre
Conducteur de protection reliant la borne ou barre principale de terre à la prise de terre.

earthing conductor
grounding electrode conductor (USA)
A protective conductor connecting the main earthing terminal or bar to the earth electrode.

заземляющий проводник
Защитный проводник, соединяющий главную клемму заземления или главную шину заземления с заземляющим устройством.

es **conductor de tierra**
it **conduttore di terra**
nl **aardleiding**
pl **przewód uziemiający**
sv **jordtagsledare**

2.4.8 *Haupterdungsklemme* *Haupterdungsschiene* [826-04-08]

Klemme oder Schiene, die vorgesehen ist, die Schutzleiter, die Potentialausgleichsleiter und gegebenenfalls die Leiter für die Funktionserdung mit der Erdungsanlage zu verbinden.

borne principale de terre
barre principale de terre
Borne ou barre prévue pour la connecion aux dispositifs de mise à la terre de conducteurs de protection, y compris les conducteurs d'équipotentialité et éventuellement les conducteurs assurant une mise à la terre fonctionnelle.

main earthing terminal
main earthing bar groundbus (USA)
A terminal or bar provided for the connection of protective conductors, including equipotential bonding conductors and conductors for functional earthing, if any, to the means of earthing.

главная клемма заземления; главная шина заземления
Клемма или шина, предусмотренная для присоединения защитных проводников, в том числе проводников системы выравнивания потенциалов и проводников рабочего заземления (при наличии таковых) к заземляющему устройству.

es **borne principal de tierra; barra principal de tierra**
it **collettore (o nodo) principale di terra**
nl **hoofdaardklem; hoofdaardrail**
pl **szyna uziemiająca główna**
sv **huvudjordningsplint; huvudjordningsskena**

2.4.9 *Potentialausgleich* [826-04-09]

Elektrische Verbindung, die die Körper elektrischer Betriebsmittel und fremde leitfähige Teile auf gleiches oder annähernd gleiches Potential bringt.

liaison équipotentielle
Liaison électrique mettant au même potentiel, ou à des potentiels voisins, des masses et des éléments conducteurs.

equipotential bonding
Electrical connection putting various exposed conductive parts and extraneous conductive parts at a substantially equal potential.

выравнивание потенциалов
Электрическая связь, обеспечивающая одинаковый потенциал или потенциалы, близкие по значению открытым проводящим частям и сторонним проволящим частям.

es **conexión equipotencial**
it **collegamento equipotenziale**
nl **potentiaalvereffening**
pl **połączenie wyrównawcze**
sv **potentialutjämning**

2.4.10 *Potentialausgleichsleiter* [826-04-10]

Schutzleiter zum Sicherstellen des Potentialausgleiches.

conducteur d'equipotentialité
Conducteur de protection assurant une liaison equipotentielle.

equipotential bonding conductor
A protective conductor for ensuring equipotential bonding.

выравнивающий проводник
Защитный проводник, обеспечивающий выравнивание потенциалов.

es **conductor de equipotencial**
it **conduttore equipotenziale**
nl **potentiaalvereffeningsleiding**
pl **przewód wyrównawczy**
sv **potentialutjämningsledare**

2.5 Elektrische Stromkreise [826-05]

CIRCUITS ÉLECTRIQUES

ELECTRICAL CIRCUITS

ЭЛЕКТРИЧЕСКИЕ ЦЕПИ

2.5.1 ***(elektrischer) Stromkreis*** *(einer Anlage)* [826-05-01]

Gesamtheit der elektrischen Betriebsmittel einer Anlage, die von demselben Speisepunkt versorgt und durch dieselbe(n) Überstrom-Schutzeinrichtung(en) geschützt wird.

NATIONALE ANMERKUNG: Je nach Art des Anschlusses der Verbrauchsmittel kann ein Stromkreis aus einem Außenleiter (L1, L2 oder L3) und dem Neutralleiter (N) oder aus mehreren oder sämtlichen Außenleitern mit oder ohne Neutralleiter bestehen. Sind jedoch in einem Drehstromnetz z. B. drei zweipolige Verbrauchsmittel, und zwar eines zwischen L1 und N, ein weiteres zwischen L2 und N und das andere zwischen L3 und N, angeschlossen und ist jeder dieser Anschlüsse für sich abgesichert, so handelt es sich um drei verschiedene Stromkreise.

circuit (électrique) (d'installation)
Ensemble des matériels électriques de l'installation alimentés à partir de la même origine et protégés contre les surintensités par le ou les mêmes dispositifs de protection.

(electrical) circuit (of an installation)
An assembly of electrical equipment of the installation supplied from the same origin and protected against overcurrents by the same protective device(s).

(электрическая) цепь (установки)
Совокупность электрического оборудования установки, питающегося от общего ввода и защищенного от сверхтоков общим защитным устройством (устройствами).

es **circuito (eléctrico)** (de una instalación)
it **circuito (elettrico)** (di un impianto)
nl **stroomketen**
pl **obwód**
sv **elkrets** (i en installation)

2.5.2 ***Verteilungsstromkreis*** *(eines Gebäudes)* [826-05-02]

Stromkreis, der eine Verteilungstafel (= Schaltschrank) versorgt.

circuit de distribution (de bâtiments)
Circuit alimentant un tableau de distribution.

distribution circuit (of buildings)
A circuit supplying a distribution board.

питающая сеть (здания)
Цепь, питающая распределительный щит.

es **circuito de distribución** (de edificios)
it **circuito di distribuzione**
nl **groep**
pl **linia zasilająca wewnętrzna**
sv **huvudledning**

2.5.3 ***Endstromkreis*** *(eines Gebäudes)* [826-05-03]

Stromkreis, an den unmittelbar Verbrauchsmittel oder Steckdosen angeschlossen sind.

circuit terminal (de bâtiments)
Circuit relié directement aux appareils d'utilisation ou aux socles de prises de courant.

final circuit (of buildings)
branch circuit (USA)
A circuit connected directly to current-using equipment or to socket-outlets.

распределительная цепь (здания)
Цепь, присоединенная непосредственно к электроприемникам или штепсельным розеткам.

es **circuito terminal** (de edificios)
it **circuito terminale**
nl **eindgroep**
pl **przyłącze** (budynku)
sv **gruppledning**

2.5.4 ***Betriebsstrom*** *(eines Stromkreises)* [826-05-04]

Strom, den der Stromkreis in ungestörtem Betrieb führen soll.

NATIONALE ANMERKUNG: IEC 60050(826):1982 enthält fälschlicherweise unter 826-05-04 die deutsche Benennung **„Nennstrom (eines Stromkreises)“.**

Der Betriebsstrom (eines Stromkreises) wird üblicherweise mit I_b bezeichnet.

courant d'emploi (d'un circuit)
Courant destiné à être transporté dans un circuit en service normal.

design current (of a circuit)
The current intended to be carried by a circuit in normal service.

расчетный ток (цепи)
Ток, который должен протекать по цепи при нормальной работе.

es **corriente de diseño** (de un circuito)
it **corrente di impiego** (di un circuito)
nl **ontwerpstroom** (van een stroomketen)
pl **prąd obliczeniowy**
sv **normal belastningsström** (för en elkrets)

2.5.5 ***zulässige (Dauer-)Strombelastbarkeit*** *(eines Leiters)* [826-05-05]

Höchster Strom, der von einem Leiter unter festgelegten Bedingungen dauernd geführt werden kann, ohne daß seine dauernd zulässige Temperatur einen festgelegten Wert überschreitet.

NATIONALE ANMERKUNG: IEC 60050(826):1982 enthält fälschlicherweise unter 826-05-05 die deutsche Benennung **„(dauernde) Strombelastbarkeit eines Leiters“.**

Die zulässige (Dauer-)Strombelastbarkeit (eines Leiters) wird üblicherweise mit I_z bezeichnet.

courant (permanent) admissible (d'un conducteur)
Valeur maximale du courant qui peut parcourir en permanence, dans des conditions données, un conducteur, sans que sa température de régime permanent soit supérieure à la valeur spécifiée.

(continuous) current-carrying capacity (of a conductor)
ampacity (USA)
The maximum current which can be carried continuously by a conductor under specified conditions without its steady-state temperature exceeding a specified value.

длительно допустимый ток (проводника)
Наибольший ток, который может длительно протекать по проводнику, причем установившаяся температура проводника не должна превышать заданную величину.

es **corriente (permanente) admisible** (de un conductor)
it **portata in regime permanente** (di un conduttore)
nl **(continu) toelaatbare stroom** (van een leiding)
pl **obciążalność długotrwała**
sv **strömbelastningsförmåga** (för ledning); **strömvärde**

2.5.6 ***Überstrom*** [826-05-06]

Strom, der den Bemessungswert überschreitet. Der Bemessungswert für Leiter ist die zulässige Strombelastbarkeit.

NATIONALE ANMERKUNG: „Überstrom“ ist der Oberbegriff für Überlaststrom (siehe Abschnitt 2.5.7) und Kurzschlußstrom (siehe Abschnitt 2.5.8).

surintensité
Tout courant supérieur à la valeur assignée. Pour les conducteurs, la valeur assignée est le courant admissible.

overcurrent
Any current exceeding the rated value. For conductors, the rated value is the current-carrying capacity.

сверхток
Любой ток, превышающий номинальное значение. Для проводников последний является длительно допустимым током.

es **sobreintensidad**
it **sovracorrente**
nl **overstroom**
pl **przeciążenie**
sv **överström**

2.5.7 *Überlaststrom (eines Stromkreises)* [826-05-07]

Überstrom, der in einem fehlerfreien Stromkreis auftritt.

courant de surcharge (d'un circuit)
Surintensité se produisant dans un circuit en l'absence de défaut électrique.

overload current (of a circuit)
An overcurrent occurring in a circuit in the absence of an electrical fault.

ток перегрузки (цепи)
Сверхток в цепи при отсутствии электрических повреждений в последней.

es **corriente de sobrecarga** (de un circuito)
it **corrente di sovraccarico** (di un circuito)
nl **overbelastingsstroom** (van een stroomketen)
pl **prąd przeciążeniowy** (w obwodzie)
sv **överlastström** (för en elkrets)

2.5.8 *(unbeeinflußter, vollkommener) Kurzschlußstrom* [826-05-08]

Überstrom, der durch einen Fehler vernachlässigbarer Impedanz zwischen aktiven Leitern verursacht wird, die im ungestörten Betrieb unterschiedliches Potential haben.

courant de court-circuit (franc)
Surintensité produite par un défaut ayant une impédance négligeable entre des conducteurs actifs présentant une différence de potentiel en service normal.

(solid) short-circuit current
An overcurrent resulting from a fault of negligible impedance between live conductors having a difference in potential under normal operating conditions.

ток короткого замыкания (металлического)
Сверхток, обусловленный повреждением с пренебрежимо малым сопротивлением между токоведущими частями, имеющими при нормальной работе разность потенциалов.

es **corriente de cortocircuito (franco)**
it **corrente di corto circuito**
nl **kortsluitstroom**
pl **prąd zwarciowy**
sv **kortslutningsström**

2.5.9 *vereinbarter Ansprechstrom* [826-05-09]

Festgelegter Wert des Stromes, der die Schutzeinrichtung innerhalb einer festgelegten Zeit, der sogenannten „vereinbarten Zeit", zum Ansprechen bringt.

courant conventionnel de fonctionnement (d'un dispositif de protection)
Valeur spécifiée du courant qui provoque le fonctionnement du dispositif de protection avant l'expiration d'une durée spécifiée, dénommée temps conventionnel.

conventional operating current (of a protective device)
A specified value of the current which causes the protective device to operate within a specified time, designated conventional time.

ток срабатывания (защитного устройства)
Значение тока, вызывающее срабатывание защитного устройства через заданное время, именуемое временем срабатывания.

es **corriente convencional de funcionamiento** (de un dispositivo de protección)
it **corrente convenzionale di funzionamento**
nl **aanspreekstroom**
pl **prąd wyzwalający**
sv **överenskommen funktionsström**

2.5.10 *Überstromüberwachung* [826-05-10]

Vorgang, durch den festgestellt wird, ob die Stromstärke in einem Stromkreis während einer festgelegten Zeit einen vorgegebenen Wert überschreitet.

détection de surintensité
Fonction destinée à constater que l'intensité du courant dans le ou les conducteurs intéressés dépasse une valeur prédéterminée pendant une durée spécifiée.

overcurrent detection
A function establishing that the value of current in a circuit exceeds a predetermined value for a specified length of time.

обнаружение сверхтока
Установление того, что величина тока цепи в течение определенного времени превышает заданное значение.

es **detección de sobreintensidad**
it **rilevamento di sovracorrente**
nl **overstroomdetectie**
pl **wykrywanie przeciążenia**
sv **överströmsavkänning**

2.6 Verlegen von Kabeln und Leitungen [826-06]

CANALISATIONS

WIRING SYSTEMS

СИСТЕМЫ ЭЛЕКТРОПРОВОДКИ

2.6.1 *Kabel- und Leitungssystem* *Kabel- und Leitungsanlage* [826-06-01]

Die Gesamtheit eines und/oder mehrerer Kabel oder Leitungen oder Stromschienen und deren Befestigungsmittel sowie gegebenenfalls deren mechanischer Schutz.

NATIONALE ANMERKUNG: Hierzu gehören sowohl Kabel- und Leitungsnetze allgemein als auch Kabel und Leitungen der Stromverteilung in Gebäuden.

canalisation (électrique)
Ensemble constitué par un ou plusieurs conducteurs électriques et les éléments assurant leur fixation et, le cas échéant, leur protection mécanique.

wiring system
An assembly made up of a cable or cables or busbars and the parts which secure and, if necessary, enclose the cable(s) or busbars.

система электропроводки
Совокупность кабеля или кабелей или шин и элементов, которые служат для крепления и, при необходимости, механической защиты кабеля (кабелей) или шин.

es **canalización (eléctrica)**
it **conduttura (elettrica)**
nl **elektrische leidingen en bijbehoren**
pl **oprzewodowanie**
sv **ledningssystem**

2.6.2 *baulicher Hohlraum* [826-06-02]

Zwischenraum in Gebäudeteilen, der nur an bestimmten Stellen zugänglich ist.

ANMERKUNG 1: Beispiele sind Hohlräume in Trennwänden, unter aufgestelzten Fußböden, oberhalb von abgehängten Decken und in bestimmten Typen von Fensterrahmen, Türrahmen und Formleisten.

ANMERKUNG 2: Besonders geformte bauliche Hohlräume sind als Kabelkanal bekannt.

vide de construction
Espace existant dans la structure ou les éléments d'un bâtiment et accessible seulement en certains emplacements.
Notes 1. Des espaces dans des parois, des planchers suspendus, des plafonds et certains types d'huisseries de fenêtres ou de portes et des chambranles sont des exemples de vides de construction.
2. Des vides de construction spécialement prévus dans des éléments de la construction sont également dénommés „alvéoles“.

building void
A space within the structure or the components of a building accessible only at certain points.
Notes 1. Examples are: space within partitions, suspended floors, ceilings and certain types of window frame, door frame and architraves.
2. A specially formed void in an element of the building is also known as a duct.

es **huecos en la construcción**
pl **pustka budowiana**
pt **oco construção**
sv **hålrum i byggnadsdel**

2.6.3 *Elektroinstallationsrohr* [826-06-03]

Teil einer geschlossenen Kabel- und Leitungsanlage von rundem oder nichtrundem Querschnitt für isolierte Leiter und/oder Kabel und Leitungen in elektrischen Anlagen, das es ermöglicht, diese einzuziehen und/oder auszuwechseln.

ANMERKUNG: Elektroinstallationsrohre sollten miteinander ausreichend so verbunden sein, daß die isolierten Leiter und/oder Kabel und Leitungen nur eingezogen, nicht aber von der Längsseite her eingesetzt werden können.

conduit

Elément de canalisation fermé de section droite circulaire ou non, destiné à la mise en place ou au remplacement des conducteurs isolés ou des câbles par tirage, dans les installations électriques.

Note. – Les conduits doivent être suffisamment fermés sur leur pourtour de façon que les conducteurs isolés ne puissent y être introduits que par tirage et non par insertion latérale.

conduit

A part of a closed wiring system of circular or non-circular cross-section for insulated conductors and/or cables in electrical installations, allowing them to be drawn in and/or replaced.

Note. – Conduits should be sufficiently closed-jointed so that the insulated conductors and/or cables can only be drawn in and not inserted laterally.

es **conducto**
pl **rura kablowa** (instalacyjna)
pt **conduta** (termo geral); **tubo** (conduta de secção circular)
sv **installationsrör**

2.6.4 *zu öffnender Elektroinstallationskanal* [826-06-04]

System mit verschlossenen Umhüllungen, das aus einem Unterteil mit einem abnehmbaren Deckel besteht und das zur Aufnahme von isolierten Leitern, Kabeln und Leitungen, Anschlußleitungen und zur Aufnahme von anderen elektrischen Betriebsmitteln bestimmt ist.

goulotte

Ensemble d'enveloppes fermées, munies d'un couvercle amovible et destiné à la protection complète de conducteurs isolés ou de câbles, ainsi qu'à l'installation d'autres matériels électriques.

cable trunking system

A system of closed enclosures comprising a base with a removable cover intended for the complete surrounding of insulated conductors, cables, cords and for the accommodation of other electrical equipment.

es **canal**
pl **magistrala kablowa**
pt **calha (coberta)**
sv **elkanalsystem**

2.6.5 *Kabelkanal* [826-06-05]

Offener, belüfteter oder geschlossener Teil eines Kabel- und Leitungssystems (einer Kabel- und Leitungsanlage) oberhalb oder innerhalb des Erdbodens oder des Fußbodens, mit Abmessungen, die Personen keinen Zutritt, aber den Zugang zu den Elektroinstallationsrohren und/oder Kabeln auf der gesamten Länge während und nach der Verlegung ermöglichen.

ANMERKUNG: Ein Kabelkanal darf Teil einer Gebäudekonstruktion sein.

caniveau

Elément de canalisation situé au-dessus ou dans le sol ou le plancher, ouvert, ventilé ou fermé, ayant des dimensions ne permettant pas aux personnes d'y circuler, mais dans lequel les conduits ou câbles sont accessibles sur toute leur longueur, pendant et après l'installation.

Note. – Un caniveau peut ou non faire partie de la construction du bâtiment.

cable channel

An element of a wiring system above or in the ground or floor, open, ventilated or closed, and having dimensions which do not permit the entry of persons but allow access to the conduits and/or cables throughout their length during and after installation.

Note. – A cable channel may or may not form part of the building construction.

es **cajetín**
pl **kanal kablowy**
pt **caleira**
sv **kabelkanal**

2.6.6 *begehbarer Kabelkanal* [826-06-06]

Gang, der Haltekonstruktionen für Kabel und Verbindungselemente und/oder andere Teile des Kabel- und Leitungssystems (der Kabel- und Leitungsanlage) enthält und dessen Abmessungen Personen die Möglichkeit geben, sich frei innerhalb seiner gesamten Länge zu bewegen.

galerie
Couloir dont les dimensions permettent aux personnes d'y circuler librement sur toute sa longueur, contenant des supports pour les câbles et leurs jonctions ou d'autres éléments de canalisation.

cable tunnel
A corridor whose dimensions allow persons to pass freely throughout the entire length, containing supporting structures for cable and joints and/or other elements of wiring systems.

es **galeria**
pl **tunel kablowy**
pt **galeria**
sv **kabelkulvert**

2.6.7 *Kabelwanne* [826-06-07]

Kabelhalterung, die aus einer durchgehenden Tragplatte mit hochgezogenen Rändern besteht und keine Abdeckung hat.

ANMERKUNG: Eine Kabelwanne kann perforiert und nichtperforiert sein.

chemin de câbles tablette
Support de câbles constitué d'une base continue et de rebords, et ne comportant pas de couvercle.
Note. – Un chemin de câbles peut être perforé.

cable tray
A cable support consisting of a continuous base and raised edges and no covering.
Note. – A cable tray may be perforated or non perforated.

es **bandeja**
pl **korytko kablowe**
pt **caminho de cabos; prateleira**
sv **kabelränna**

2.6.8 *Kabelpritsche* [826-06-08]

Kabeltragesystem, das aus einer Reihe von Halterungen besteht, die starr mit den Haupttrageteilen verbunden sind.

échelle de câbles
Support de câbles constitué d'une série d'éléments transversaux rigidement fixés à des montants principaux longitudinaux.

cable ladder
A cable support consisting of a series of transverse supporting elements rigidly fixed to main longitudinal supporting members.

es **escalera de cables**
pl **drabinka kablowa**
pt **escada para cabos**
sv **kabelstege**

2.6.9 *Ausleger* [826-06-09]

Waagerechtes Kabeltrageteil, das nur an einem Ende befestigt ist und in Abständen angebracht wird.

corbeaux
Supports horizontaux de câbles, disposés de place en place, fixés à une seule extrémité et sur lesquels les câbles sont posés.

cable brackets
Horizontal cable supports fixed at one end only, spaced at intervals, on which cables rest.

es **repisa**
pl **wsporniki kablowe**
pt **consolas**
sv **kabelkonsol**

2.6.10 *Kabelschelle*
Rohrschelle [826-06-10]

In Abständen angebrachte Trageteile, die ein Kabel oder ein Elektroinstallationsrohr mechanisch halten.

serre-câbles
colliers
Supports disposés de place en place et qui retiennent mécaniquement un câble ou un conduit.

cleats
clamps
Supports spaced at intervals and which mechanically retain a cable or a conduit.

es **bridas**
pl **uchwyty kablowe**
pt **braçadeira; cerra-cabos**
sv **klammer**

2.7 Andere Betriebsmittel [826-07]

AUTRES MATÉRIELS

OTHER EQUIPMENT

ПРОЧЕЕ ОБОРУДОВАНИЕ

2.7.1 *elektrische Betriebsmittel* [826-07-01]

Alle Gegenstände, die zum Zwecke der Erzeugung, Umwandlung, Übertragung, Verteilung und Anwendung von elektrischer Energie benutzt werden, z. B. Maschinen, Transformatoren, Schaltgeräte, Meßgeräte, Schutzeinrichtungen, Kabel und Leitungen, Stromverbrauchsgeräte.

matériel électrique
Tout matériel utilisé pour la production, la transformation, le transport, la distribution ou l'utilisation de l'énergie électrique, tel que machine, transformateur, appareillage, appareil de mesure, dispositif de protection, matériel de canalisation, appareil d'utilisation.

electrical equipment
Any item used for such purpose as generation, conversion, transmission, distribution or utilization of electrical energy, such as machines, transformers, apparatus, measuring instruments, protective devices, equipment for wiring systems, appliances.

электрооборудование
Любое оборудование, предназначенное для производства, преобразования, передачи, распределения или использования электрической энергии, такое как машины, трансформаторы, аппараты, измерительные приборы, устройства защиты, кабельная продукция, электроприемники.

es **material eléctrico**
it **componente (elettrico) dell'impianto**
nl **elektrisch materieel**
pl **wyposażenie elektryczne**
sv **elektrisk materiel; elmateriel**

2.7.2 *elektrische Verbrauchsmittel* [826-07-02]

Betriebsmittel, die dazu bestimmt sind, elektrische Energie in andere Formen der Energie umzuwandeln, z. B. in Licht, Wärme oder in mechanische Energie.

matériel d'utilisation
Matériel destiné à transformer l'énergie électrique en une autre forme d'énergie, par exemple lumineuse, calorifique, mécanique.

current-using equipment
Equipment intended to convert electrical energy into another form of energy, for example light, heat, motive power.

электроприемник
Оборудование, предназначенное для превращения электрической энергии в другой вид энергии, например, световую, тепловую, механическую.

es **material que utiliza la corriente eléctrica**
it **apparecchio utilizzatore**
nl **stroomverbruikend materieel**
pl **odbiornik energii elektrycznej**
sv **strömförbrukande elmateriel**

2.7.3 *Schalt- und Steuergeräte* [826-07-03]

Betriebsmittel, die in einem elektrischen Stromkreis eingesetzt werden, um eine oder mehrere der folgenden Funktionen zu erfüllen: Schützen, Steuern, Trennen, Schalten.

ANMERKUNG: Die französischen und englischen Begriffe können in den meisten Fällen als gleichwertig betrachtet werden. Der französische Begriff hat jedoch eine umfassendere Bedeutung als der englische; er beinhaltet z. B. auch Verbindungsmaterial, Stecker und Steckdosen usw. Im Englischen werden die zuletztgenannten Betriebsmittel unter dem Begriff „Accessories" zusammengefaßt.

appareillage
Matériel destiné à être relié à un circuit électrique en vue d'assurer une ou plusieurs des fonctions suivantes: protection, commande, sectionnement, connexion.

Note. – Les termes français et anglais peuvent être considérés comme équivalents dans la plupart des cas. Toutefois le terme français couvre un domaine plus étendu que le terme anglais, et comprend notamment les dispositifs de connexion, les prises de courant etc. En anglais, ces derniers dispositifs sont dénommés „accessories".

switchgear and controlgear
Equipment provided to be connected to an electrical circuit for the purpose of carrying out one or more of the following functions: protection, control, isolation, switching.

Note. – The French and English terms can be considered as equivalent in most cases. However the French term has a broader meaning than the English term and includes for example connecting devices, plugs and socket- outlets etc. In English, these latter devices are known as accessories.

аппаратура защиты и управления
Оборудование, которое при включении в электрическую цепь обеспечивает одну или несколько следующих функций: защиту, управление, разъединение, переключение.

Примечание: – В большинстве случаев английский, французский и русский термины являются эквивалентными. Однако французский термин охватывает более обширный круг понятий, чем русский и английский термины, в частности, в него входят соединительные устройства, штепсельные розетки и тому подобное. По-русски и по-английски последние называются электроустановочными изделиями (accessories).

es **aparamenta**
it **apparecchiatura**
nl **schakel-, beveiligings- en bestruringsmaterieel**
pl **rozdzielnice i aparatura rozdzielcza**
sv **kopplingsutrustning**

2.7.4 *ortsveränderliche Betriebsmittel* [826-07-04]

Betriebsmittel, die während des Betriebes bewegt werden oder die leicht von einem Platz zu einem anderen gebracht werden können, während sie an den Versorgungsstromkreis angeschlossen sind.

matériel mobile
Matériel qui est déplacé pendant son fonctionnement, ou qui peut être facilement déplacé tout en restant relié au circuit d'alimentation.

portable equipment
Equipment which is moved while in operation or which can easily be moved from one place to another while connected to the supply.

передвижное оборудование
Оборудование, которое перемещается во время работы или которое можно без труда переместить с одного места на другое, когда оно подключено к питающей сети.

es **material móvil**
it **apparecchio mobile**
nl **verplaatsbaar materieel**
pl **urządzenie ruchome** (przemieszczalne)
sv **flyttbar elmateriel**

2.7.5 *Handgeräte* [826-07-05]

Ortsveränderliche Betriebsmittel, die dazu bestimmt sind, während des üblichen Gebrauchs in der Hand gehalten zu werden, und bei denen ein gegebenenfalls eingebauter Motor einen festen Bestandteil des Betriebsmittels bildet.

NATIONALE ANMERKUNG: Ortsveränderliche Betriebsmittel können nicht nur Motoren, sondern auch z. B. Heizeinrichtungen enthalten, da das Kriterium für Handgeräte nicht nur von motorischen Antrieben abhängt, z. B. beim Lötkolben oder Frisierstab.

matériel portatif (à main)
Matériel mobile prévu pour être tenu à la main en usage normal, le moteur éventuel faisant partie intégrante du matériel.

hand-held equipment
Portable equipment intended to be held in the hand during normal use, in which the motor, if any, forms an integral part of the equipment.

переносное оборудование
Передвижное оборудование, предназначенное для того, чтобы его держали в руке при нормальной работе, причем, двигатель, если таковой имеется, является встроенной частью оборудования.

es **material portátil manualmente**
it **apparecchio portatile** (a mano)
nl **handgereedschap**
pl **urządzenie przenośne** (ręczne)
sv **handhållen elmateriel**

2.7.6 *ortsfeste Betriebsmittel* [826-07-06]

Festangebrachte Betriebsmittel oder Betriebsmittel, die keine Tragevorrichtung haben und deren Masse so groß ist, daß sie nicht leicht bewegt werden können.

Beispiel: Der Wert dieser Masse wird in IEC-Normen für Geräte für den Hausgebrauch mit 18 kg festgelegt.

matériel fixe
Soit un matériel installé à poste fixe, soit un matériel non muni d'une poignée pour le transport et ayant une masse telle qu'il ne puisse pas être déplacé facilement.
Exemple: cette masse est fixée à 18 kg dans les normes CEI relatives aux appareils électrodomestiques.

stationary equipment
Either fixed equipment or equipment not provided with a carrying handle and having such a mass that it cannot easily be moved.
Example: the value of this mass is 18 kg in IEC standards relating to household appliances.

стационарное оборудование
Неподвижно установленное оборудование или оборудование, не снабженное рукояткой для его переноса, масса которого такова, что оборудование трудно передвигать.
Пример: согласно стандартам МЭК на бытовые приборы, эта масса составляет 18 кг.

es **material fijo**
it **apparecchio fisso**
nl **vast opgesteld materieel**
pl **urządzenie nieprzenośne**
sv **stationär elmateriel**

2.7.7 *festangebrachte Betriebsmittel* [826-07-07]

Betriebsmittel, die auf einer Haltevorrichtung angebracht oder in einer anderen Weise fest an einer bestimmten Stelle montiert sind.

matériel installé à poste fixe
Matériel scellé à un support ou fixé d'une autre manière à un éndroit précis.

fixed equipment
Equipment fastened to a support or otherwise secured in a specific location.

неподвижно установленное оборудование
Электрооборудование; прикрепленное к основанию или закрепленное иным способом в определенном месте.

es **material instalado en un sitio fijo**
it **apparecchio a installazione fissa**
nl **vast bevestigd materieel**
pl **urządzenie zainstalowane na stałe**
sv **fast monterad elmateriel**

2.8 Trennen und Schalten [826-08]

SECTIONNEMENT ET COMMANDE

ISOLATION AND SWITCHING

ОТКЛЮЧЕНИЕ И КОММУТАЦИЯ

2.8.1 *Trennen* [826-08-01]

Funktion, die dazu bestimmt ist, aus Gründen der Sicherheit die Stromversorgung von allen Abschnitten oder von einem einzelnen Abschnitt der Anlage zu unterbrechen, indem die Anlage oder deren Abschnitte von jeder elektrischen Stromquelle abgetrennt werden.

sectionnement
Fonction destinée à assurer la mise hors tension de tout ou partie d'une installation en séparant l'installation ou une partie de l'installation, de toute source d'énergie électrique, pour des raisons de sécurité.

isolation
A function intended to cut off for reasons of safety the supply from all or a discrete section of the installation by separating the installation or section from every source of electrical energy.

отключение
Действие, предназначенное для онятия напряжения, по соображениям безопасности, со всей установки или ее части путем ее отделения от всех источников электроэнергии.

es **seccionamiento**
it **sezionamento**
nl **spanningsloos maken**
pl **stworzenie przerwy izolacyjnej; przerwa izolacyjna**
sv **frånskiljning**

2.8.2 *Ausschalten für mechanische Instandhaltung* [826-08-02]

Betätigung, die dazu bestimmt ist, ein einzelnes oder mehrere Betriebsmittel, die mit elektrischer Energie betrieben werden, abzuschalten, um andere Gefahren als solche durch elektrischen Schlag oder Lichtbogen während nichtelektrischer Arbeiten an diesen Betriebsmitteln zu verhüten.

NATIONALE ANMERKUNG: IEC 60050(826):1982/A1:1990 und CENELEC HD 384.2 S1:1986/A1:1993 enthalten noch die Benennung „Ausschaltung für mechanische Wartung". Instandhaltung, Wartung, Inspektion und Instandsetzung sind in DIN 31051 definiert.

coupure pour entretien mécanique
Action destinée à couper l'alimentation des parties d'un matériel alimenté en énergie électrique de façon à éviter les dangers autres que ceux dus à des chocs électriques ou à des arcs, lors de travaux non électriques sur ce matériel.

switching-off for mechanical maintenance
An operation intended to inactivate an item or items of electrically powered equipment for the purpose of preventing danger, other than due to electric shock or to arcing, during non-electrical work on this equipment.

отключение для обслуживания механической части
Действие, предназначенное для отключения токоприемников с целью избежания опасности, кроме опасности поражения током или электрической дугой, при выполнении работ, не связанных с электрической частью этого оборудования.

es **desconexión para mantenimiento mecánico**
it **interruzione per manutenzione meccanica**
nl **stroomloos maken ten behoeve va niet-elektrotechnische werkzaamheden (R463)**
pl **wyłączenie zabezpieczające przed urazami mechanisznymi**
sv **frånkoppling för icke-elektriskt underhållsarbete**

2.8.3 *Not-Ausschaltung* [826-08-03]

Betätigung, die dazu bestimmt ist, Gefahren, die unerwartet auftreten können, so schnell wie möglich zu beseitigen.

coupure d'urgence
Action destinée à supprimer aussi rapidement que possible les dangers qui peuvent survenir de façon imprévue.

emergency switching
An operation intended to remove as quickly as possible danger which may have occurred unexpectedly.

аварийное отключение
Действие, предназначенное для скорейшего устранения внезапно возникшей опасности.

es **desconexión de emergencia**
it **interruzione d'emergenza**
nl **schakelen in geval van nood; nooduitschakeling (464.4)**
pl **łaczenie zapobiegające zagrozeniu**
sv **nödbrytning**

2.8.4 ***Not-Halt*** [826-08-04]

Not-Ausschaltung, die dazu bestimmt ist, eine Bewegung anzuhalten, die gefährlich geworden ist.

arrêt d'urgence
Coupure d'urgence destinée à arrêter un mouvement devenu dangereux.

Emergency stopping
Emergency switching intended to stop a movement which has become dangerous.

аварийная остановка
Аварийное отключение с целью прекращения ставшего опасным движения.

es **parada de emergencia**
it **arresto d'emergenza**
nl **schakelen ten einde een noodstop te bereiken; noodstopschakeling (464.5)**
pl **zatrzymanie awaryjne**
sv **nödstopp**

2.8.5 ***betriebsmäßiges Schalten*** [826-08-05]

Betätigung, die dazu bestimmt ist, die Stromversorgung für eine elektrische Anlage oder für einen Teil der Anlage im normalen Betrieb ein- oder auszuschalten oder zu verändern.

commande fonctionnelle
Action destinée à assurer la fermeture, l'ouverture ou la variation de l'alimentation en énergie électrique de tout ou partie d'une installation à des fins de fonctionnement normal.

functional switching
An operation intended to switch „on" or „off" or vary the supply of electrical energy to all or part of an installation for normal operating purposes.

коммутация
Операция, предназначенная для включения, отключения и регулирования подачи электрической энергии ко всей установки или ее части для обеспечения нормального функционирования последней.

es **maniobra funcional**
it **comando funzionale**
nl **schakelen ten behoeve van bediening; bedieningsschakeling (465)**
pl **łaczenie operacyjne**
sv **funktionsmanövrering**

2.9 Zuständigkeit und Fähigkeit von Personen [826-09]

2.9.1 ***Elektrofachkraft*** [826-09-01]

Person, die aufgrund ihrer fachlichen Ausbildung, Kenntnisse und Erfahrungen sowie Kenntnis der einschlägigen Normen die ihr übertragenen Arbeiten beurteilen und mögliche Gefahren durch Elektrizität erkennen kann.

personne qualifiée
Personne ayant la formation et l'expérience appropriées pour lui permettre d'éviter les dangers et prévenir les risques que peut présenter l'électricité.

skilled person
A person with relevant education and experience to enable him or her to avoid dangers and to prevent risks which electricity may create.

es **persona cualificada**
pl **osoba wykwalifikowana**
pt **pessoa qualificada**
sv **fackkunnig person**

2.9.2 ***elektrotechnisch unterwiesene Person*** [826-09-02]

Person, die durch eine Elektrofachkraft über die ihr übertragenen Aufgaben und die möglichen Gefahren durch Elektrizität bei unsachgemäßem Verhalten unterrichtet und erforderlichenfalls angelernt sowie über die notwendigen Schutzeinrichtungen belehrt wurde.

personne avertie
Personne suffisamment informée ou surveillée par des personnes qualifiées pour lui permettre d'éviter les dangers et prévenir les risques que peut présenter l'électricité.

instructed person
A person adequately advised or supervised by skilled persons to enable him or her to avoid dangers and to prevent risks which electricity may create.

es **persona advertida**
pl **osoba poinstruowana**
pt **pessoa instruida; pessoa prevenida**
sv **instruerad person**

2.9.3 ***Laie*** [826-09-03]

Person, die weder eine Elektrofachkraft noch eine elektrotechnisch unterwiesene Person ist.

| NATIONALE ANMERKUNG: Hier handelt es sich um den Laien im Hinblick auf die Elektrotechnik.

personne ordinaire
Personne qui n'est ni une personne qualifiée; ni une personne avertie.

ordinary person
A person who is neither a skilled person nor an instructed person.

es **persona ordinaria**
pl **osoba postronna**
pt **pessoa comum; pessoa do público**
sv **lekman**

Stichwortverzeichnisse*)

*) Zur leichteren Handhabung beim Suchen von Stichworten ist das deutsche Gesamtstichwortverzeichnis am Ende dieser Norm eingeordnet.

INDEX französisch

A

B

C

D

E

G

I

L

M

O

P

INDEX englisch

АЛФАБИТНЫЙ УКАЗАТЕЛЬ russisch

ÍNDICE spanisch

INDICE italienisch

REGISTER niederländisch

SKOROWIDZ polnisch

W

Z

Ż

INDEX schwedisch

R

S

T

U

Ö

Anhang A (normativ)

National festgelegte Begriffe

ANMERKUNG: Die in diesem Anhang enthaltenen Begriffe sind international noch nicht festgelegt.

A.1 Anlage und Netz

A.1.1 **Starkstromanlagen** sind elektrische Anlagen mit Betriebsmitteln zum Erzeugen, Umwandeln, Speichern, Fortleiten, Verteilen und Verbrauchen elektrischer Energie mit dem Zweck des Verrichtens von Arbeit – z. B. in Form von mechanischer Arbeit, zur Wärme- und Lichterzeugung oder bei elektrochemischen Vorgängen.

ANMERKUNG: Starkstromanlagen können gegen elektrische Anlagen anderer Art nicht immer eindeutig abgegrenzt werden. Die Werte von Spannung, Strom und Leistung sind dabei allein keine ausreichenden Unterscheidungsmerkmale.

A.1.2 **Verteilungsnetz** ist die Gesamtheit aller Leitungen und Kabel vom Stromerzeuger bis zur Verbraucheranlage ausschließlich.

A.1.3 **Freileitung** ist die Gesamtheit einer Fortleitung von Starkstrom dienenden Anlage, bestehend aus Stützpunkten – Maste und deren Gründungen, Dachständer, Konsolen und dergleichen –, oberirdisch verlegten Leitern mit Zubehör, Isolatoren mit Zubehör und Erdungen.

A.1.4 **Verbraucheranlage** ist die Gesamtheit aller elektrischen Betriebsmittel hinter dem Hausanschlußkasten oder, wenn dieser nicht benötigt wird, hinter den Ausgangsklemmen der letzten Verteilung vor den Verbrauchsmitteln (Bild A.1).

A.1.5 **Stromkreis**

Siehe Abschnitt 2.5 [826-05].

A.1.5.1 **Hauptstromkreise** sind Stromkreise, die Betriebsmittel zum Erzeugen, Umformen, Verteilen, Schalten und Verbrauch elektrischer Energie enthalten.

A.1.5.2 **Hilfsstromkreise** sind Stromkreise für zusätzliche Funktionen, z. B. Steuerstromkreise (Befehlsgabe, Verriegelung), Melde- und Meßstromkreise.

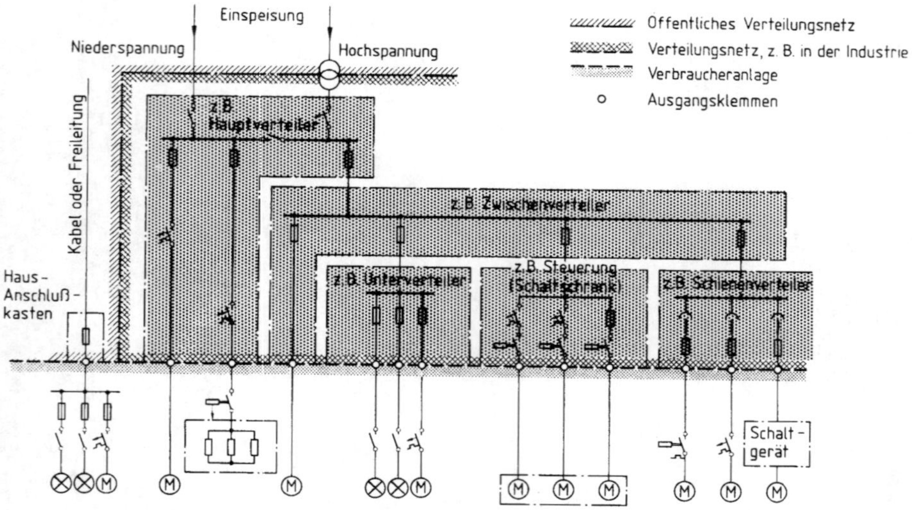

Bild A.1: Verbraucheranlage und Verteilungsnetz; Beispiele für die Abgrenzung

ANMERKUNG: Unter Verteilung ist hier eine beliebige Schaltanlage (-schrank, -kasten) zu verstehen, auch in der Ausführung als Steuer- oder Regelanlage.

A.1.6 **Anlagen im Freien** sind außerhalb von Gebäuden als Teil von Verbraucheranlagen errichtete Anlagen auf Straßen, Wegen und Plätzen, z. B. in Höfen, Durchfahrten und Gärten, auf Bauplätzen, Bahnsteigen, Rampen und Dächern, an Kranen, Baumaschinen, Tankstellen und Gebäudeaußenwänden sowie unter Überdachungen.

- **geschützte Anlagen im Freien** sind z. B. Anlagen auf überdachten Bahnsteigen, in Toreinfahrten und überdachten Tankstellen.
- **ungeschützte Anlagen im Freien** sind z. B. Anlagen auf Rampen und auf nicht überdachten Bahnsteigen.

A.1.7 **Anlagen auf Baustellen** sind die elektrischen Einrichtungen für die Durchführung von Arbeiten auf Hoch- und Tiefbaustellen sowie bei Metallbaumontagen. Zu Baustellen gehören auch Bauwerke und Teile von solchen, die ausgebaut, umgebaut, instand gesetzt werden oder abgebrochen wurden.

A.1.8 **Hausinstallationen** sind Starkstromanlagen mit Nennspannung bis 250 V gegen Erde für Wohnungen sowie andere Starkstromanlagen mit Nennspannung bis 250 V gegen Erde, die in Umfang und Art der Ausführung den Starkstromanlagen für Wohnungen entsprechen.

A.1.9 **Bedienungsgänge** sind Räume oder Orte, die zum betriebsmäßigen Bedienen elektrischer Einrichtungen (wie Beobachten, Schalten, Einstellen, Steuern) betreten werden müssen.

A.1.10 **Wartungsgänge** sind Räume oder Orte innerhalb von elektrischen Betriebsstätten (siehe Abschnitt A.6.1) oder abgeschlossenen elektrischen Betriebsstätten (siehe Abschnitt A.6.2), die vorwiegend zum Warten der elektrischen Betriebsmittel betreten werden müssen.

A.2 Betriebsmittel und Anschlußarten

ANMERKUNG: Siehe auch Abschnitt 2.7 [826-07].

A.2.1 **Ortsfeste Leitung** ist eine Leitung, die auf einer festen Unterlage so angebracht ist, daß sich ihre Lage nicht ändert.

A.2.2 **Bewegliche Leitung** ist eine an beiden Enden beliebig angeschlossene Leitung, die zwischen ihren Anschlußstellen bewegt werden kann.

A.2.3 **Fester Anschluß** einer Leitung ist ihre unmittelbare Verbindung mit einem elektrischen Betriebsmittel, z. B. durch Schrauben, Löten, Schweißen, Nieten, Pressen.

A.3 Leiter und leitfähige Teile

A.3.1 **Außenleiter** sind Leiter, die Stromquellen mit Verbrauchsmitteln verbinden, aber nicht vom Mittel- oder Sternpunkt ausgehen.

A.4 Elektrische Größen

A.4.1 **Nennwerte von Größen,** z. B. Nennspannung, Nennstrom, Nennleistung, Nennfrequenz, sind gerundete Werte, die die Betriebsmittel und die Anlagen kennzeichnen.

ANMERKUNG: Angaben über Betriebseigenschaften sowie Grenz- und Prüfwerte werden auf diese Nenngrößen bezogen, soweit nicht ausdrücklich etwas anderes bestimmt ist.

A.4.2 **Nennspannung eines Netzes** ist die Spannung, nach der das Netz benannt ist und auf die sich bestimmte Betriebsgrößen dieses Netzes beziehen.

ANMERKUNG: Bei dem angegebenen Spannungswert handelt es sich bei Wechselspannung um Effektivwerte, bei Gleichspannung um arithmetische Mittelwerte.

A.4.3 leer

A.4.4 **Betriebsspannung** ist die jeweils örtlich zwischen den Leitern herrschende Spannung an einem Betriebsmittel oder Anlageteil.

ANMERKUNG: Bei dem angegebenen Spannungswert handelt es sich bei Wechselspannung um Effektivwerte, bei Gleichspannung um arithmetische Mittelwerte.

A.4.5 **Spannung gegen Erde** ist:

- in Netzen mit geerdetem Mittel- oder Sternpunkt die Spannung eines Außenleiters gegen den geerdeten Mittel- oder Sternpunkt;
- in den übrigen Netzen die Spannung, die bei Erdschluß eines Außenleiters an den übrigen Außenleitern gegen Erde auftritt.

ANMERKUNG: Bei dem angegebenen Spannungswert handelt es sich bei Wechselspannung um Effektivwerte, bei Gleichspannung um arithmetische Mittelwerte.

A.4.6 **Schleifenimpedanz** (Impedanz einer Fehlerschleife) ist die Summe der Impedanzen (Scheinwiderstände) in einer Stromschleife, bestehend aus der Impedanz der Stromquelle, der Impedanz des Außenleiters von einem Pol der Stromquelle bis zur Meßstelle und der Impedanz der Rückleitung (z. B. Schutzleiter, Erder und Erde) von der Meßstelle bis zum anderen Pol der Stromquelle.

A.5 Erdung

A.5.1 **Erden** ist, einen elektrisch leitfähigen Teil über eine Erdungsanlage mit der Erde zu verbinden.

A.5.2 **Erdung** ist die Gesamtheit aller Mittel und Maßnahmen zum Erden. Sie wird als offen bezeichnet, wenn Überspannungs-Schutzeinrichtungen, z. B. Schutzfunkenstrecken, in die Erdungsleitung eingebaut sind.

A.5.3 leer

A.5.4 **Natürlicher Erder** ist ein mit der Erde oder mit Wasser unmittelbar oder über Beton in Verbindung stehendes Metallteil, dessen ursprünglicher Zweck nicht die Erdung ist, das aber als Erder wirkt.

ANMERKUNG: Hierzu gehören z. B. Rohrleitungen, Spundwände, Betonpfahlbewehrungen, Stahlteile von Gebäuden.

A.5.5 **Fundamenterder** ist ein Leiter, der in Beton eingebettet ist, der mit der Erde großflächig in Berührung steht.

A.5.6 **Steuererder** ist ein Erder, der nach Form und Anordnung mehr zur Potentialsteuerung als zur Einhaltung eines bestimmten Ausbreitungswiderstandes dient.

A.5.7 leer

A.5.8 **Erdungsanlage** ist eine örtlich abgegrenzte Gesamtheit miteinander leitend verbundener Erder oder in gleicher Weise wirkender Metallteile (z. B. Mastfüße, Bewehrungen, Kabelmetallmäntel) und Erdungsleiter.

A.5.9 **Spezifischer Erdwiderstand** ρ_E ist der spezifische elektrische Widerstand der Erde. Er wird meist in Ω m^2/m = Ω m angegeben und stellt dann den Widerstand eines Erdwürfels von 1 m Kantenlänge zwischen zwei gegenüberliegenden Würfelflächen dar.

A.5.10 **Ausbreitungswiderstand** eines Erders ist der Widerstand der Erde zwischen dem Erder und der Bezugserde.

ANMERKUNG: „Erde" ist hier die Bezeichnung für die Erde als Stoff (siehe Abschnitt 2.4.1 [826-04-01]).

A.5.11 **Potentialsteuerung** ist die Beeinflussung des Erdpotentials, insbesondere des Erdoberflächenpotentials, durch Erder.

A.6 Raumarten

ANMERKUNG: Räume können in eine der in den Abschnitten A.6.1 bis A.6.4 angegebenen Raumarten häufig nur nach genauerer Kenntnis der örtlichen und betrieblichen Verhältnisse eingeordnet werden. Wenn z. B. in einem Raum nur an einer bestimmten Stelle hohe Feuchtigkeit auftritt, der übrige Raum aber infolge regelmäßiger Lüftung trocken ist, so braucht nicht der gesamte Raum als feuchter Raum zu gelten.

A.6.1 **Elektrische Betriebsstätten** sind Räume oder Orte, die im wesentlichen zum Betrieb elektrischer Anlagen dienen und in der Regel nur von unterwiesenen Personen betreten werden.

ANMERKUNG: Hierzu gehören z. B. Schalträume, Schaltwarten, Verteilungsanlagen in abgetrennten Räumen, abgetrennte elektrische Prüffelder und Laboratorien, Maschinenräume von Kraftwerken und dergleichen, deren Maschinen nur von elektrotechnisch unterwiesenen Personen bedient werden.

A.6.2 **Abgeschlossene elektrische Betriebsstätten** sind Räume oder Orte, die ausschließlich zum Betrieb elektrischer Anlagen dienen und unter Verschluß gehalten werden. Der Verschluß darf nur von beauftragten Personen geöffnet werden. Der Zutritt ist nur unterwiesenen Personen gestattet.

ANMERKUNG: Hierzu gehören z. B. abgeschlossene Schalt- und Verteilungsanlagen, Transformatorenzellen, Schaltzellen, Verteilungsanlagen in Blechgehäusen oder in anderen abgeschlossenen Anlagen, Maststationen.

A.6.3 **Trockene Räume** sind Räume oder Orte, in denen in der Regel kein Kondenswasser auftritt oder in denen die Luft nicht mit Feuchtigkeit gesättigt ist.

ANMERKUNG: Hierzu gehören z. B. Wohnräume (auch Hotelzimmer), Büros; weiterhin können hierzu gehören: Geschäftsräume, Verkaufsräume, Dachböden, Treppenhäuser, beheizte und belüftbare Keller.

Küchen in Wohnungen und Baderäume in Wohnungen und Hotels gelten in bezug auf die Installation als trockene Räume, da in ihnen nur zeitweise Feuchtigkeit auftritt.

A.6.4 **Feuchte und nasse Räume** sind Räume oder Orte, in denen die Sicherheit der Betriebsmittel durch Feuchtigkeit, Kondenswasser, chemische oder ähnliche Einflüsse beeinträchtigt werden kann.

ANMERKUNG: Hierzu können z. B. gehören: Großküchen, Spülküchen, Kornspeicher, Düngerschuppen, Milchkammern, Futterküchen, Waschküchen, Backstuben, Kühlräume, Pumpenräume, unbeheizte oder unbelüftbare Keller, Räume, deren Fußböden, Wände und möglicherweise auch Einrichtungen zu Reinigungszwecken abgespritzt werden:

Bier- und Weinkeller, Naßwerkstätten, Wagenwaschräume, Gewächshäuser, ferner Räume oder Bereiche in Bade- und Waschanstalten, Duschecken, galvanische Betriebe.

A.7 Fehlerarten

A.7.1 **Isolationsfehler** ist ein fehlerhafter Zustand in der Isolierung.

A.7.2 **Körperschluß** ist eine durch einen Fehler entstandene leitende Verbindung zwischen Körper und aktiven Teilen elektrischer Betriebsmittel.

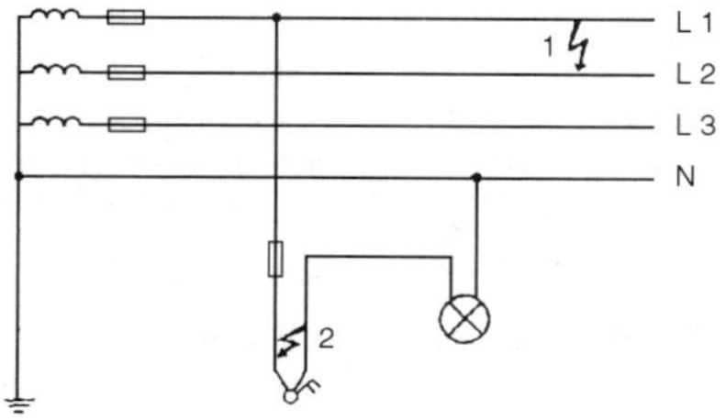

Bild A.2: Kurzschluß (1) und Leiterschluß (2)

A.7.3 **Leiterschluß** ist eine durch einen Fehler entstandene leitende Verbindung zwischen betriebsmäßig gegeneinander unter Spannung stehenden Leitern (aktiven Teilen), wenn im Fehlerstromkreis ein Nutzwiderstand liegt, z. B. Glühlampen oder dergleichen (Bild A.2).

A.7.4 **Kurzschluß** ist eine durch einen Fehler entstandene leitende Verbindung zwischen betriebsmäßig gegeneinander unter Spannung stehenden Leitern (aktiven Teilen), wenn im Fehlerstromkreis kein Nutzwiderstand liegt (Bild A.2).

A.7.5 **Kurzschlußfest** ist ein Betriebsmittel, das den thermischen und dynamischen Wirkungen des an seinem Einbauort zu erwartenden Kurzschlußstromes ohne Beeinträchtigung seiner Funktionsfähigkeit standhält.

A.7.6 **Kurzschlußsicher und erdschlußsicher** sind Betriebsmittel oder Strombahnen, bei denen durch Anwenden geeigneter Maßnahmen oder Mittel unter bestimmungsgemäßen Betriebsbedingungen weder ein Kurzschluß noch ein Erdschluß zu erwarten ist.

A.7.7 **Erdschluß** ist ein durch einen Fehler, auch über einen Lichtbogen entstandene leitende Verbindung eines Außenleiters oder eines betriebsmäßig isolierten Neutralleiters mit Erde oder geerdeten Teilen.

A.7.8 **Vollkommener Körper-, Kurz- oder Erdschluß** liegt vor, wenn die leitende Verbindung an der Fehlerstelle nahezu widerstandslos ist.

A.7.9 **Fehlerstrom** ist der Strom, der durch einen Isolationsfehler zum Fließen kommt (siehe auch Nationale Anmerkung in Abschnitt 2.3.9 [826-03-09]).

A.7.10 leer

A.8 Schutz gegen elektrischen Schlag

A.8.1 **Schutz gegen direktes Berühren** sind alle Maßnahmen zum Schutz von Personen und Nutztieren vor Gefahren, die sich aus einer Berührung mit aktiven Teilen elektrischer Betriebsmittel ergeben. Es kann sich hierbei um einen vollständigen oder teilweisen Schutz handeln.

Bei teilweisem Schutz besteht nur ein Schutz gegen zufälliges Berühren.

> ANMERKUNG: Nach DIN VDE 0100-410 (VDE 0100 Teil 410):1997-01 sind hierfür auch die Benennungen „Schutz gegen elektrischen Schlag unter normalen Bedingungen" und „Basisschutz" gebräuchlich.

A.8.2 leer

A.8.3 leer

A.8.4 **Schutz bei indirektem Berühren** ist der Schutz von Personen und Nutztieren vor Gefahren, die sich im Fehlerfall aus einer Berührung mit Körpern oder fremden leitfähigen Teilen ergeben können.

> ANMERKUNG: Nach DIN VDE 0100-410 (VDE 0100 Teil 410):1997-01 sind hierfür auch die Benennungen „Schutz gegen elektrischen Schlag unter Fehlerbedingungen" und „Fehlerschutz" gebräuchlich.

A.8.5 leer

A.8.6 leer

A.8.7 leer

A.8.8 leer

A.9 Hebezeuge

A.9.1 **Hebezeuge** sind Winden zum Heben von Lasten, Elektrozüge, Regalbediengeräte und Krane aller Art.

Anhang B (informativ)

Literaturhinweise

DIN 31051	Instandhaltung – Begriffe und Maßnahmen
DIN VDE 0100-410 (VDE 0100 Teil 410)	Errichten von Starkstromanlagen mit Nennspannungen bis 1000 V – Teil 4: Schutzmaßnahmen – Kapitel 41: Schutz gegen elektrischen Schlag (IEC 60364-4-41:1992, modifiziert); Deutsche Fassung HD 384.4.41 S2:1996

Übrige Normen der Reihe DIN VDE 0100 siehe Beiblatt 2 zu DIN VDE 0100.

Anhang C (informativ)

Stichwortverzeichnis deutsch

E

F

G

N

O

P

R

S

T

U

V

W

Z

Januar 1997

	Errichten von Starkstromanlagen mit Nennspannungen bis 1 000 V Teil 4: Schutzmaßnahmen Kapitel 41: Schutz gegen elektrischen Schlag (IEC 364-4-41:1992, modifiziert) Deutsche Fassung HD 384.4.41 S2:1996	DIN VDE 0100-410
VDE	Diese Norm ist zugleich eine **VDE-Bestimmung** im Sinne von VDE 0022. Sie ist nach Durchführung des vom VDE-Vorstand beschlossenen Genehmigungsverfahrens unter nebenstehenden Nummern in das VDE-Vorschriftenwerk aufgenommen und in der etz Elektrotechnische Zeitschrift bekanntgegeben worden.	Klassifikation **VDE 0100** Teil 410

Diese Norm enthält die deutsche Fassung des Harmonisierungsdokuments **HD 384.4.41 S2**

ICS 13.260; 29.240.00; 91.140.50

Deskriptoren: elektrische Sicherheit, Starkstromanlage, Schutzmaßnahme

Erection of power installations with nominal voltages up to 1 000 V –
Part 4: Protection for safety –
Chapter 41: Protection against electric shock
(IEC 364-4-41:1992, modified);
German version HD 384.4.41 S2:1996

Ersatz für
DIN VDE 0100-410
(VDE 0100 Teil 410):1983-11

Excécution des installations à courant fort de tension nominale inférieure ou égale à 1 000 V –
Partie 4: Protection pour assurer la sécurité –
Chapitre 41: Protection contre les chocs électriques
(CEI 364-4-41:1992, modifiée);
Version allemande HD 384.4.41 S2:1996

Diese Norm enthält das Europäische Harmonisierungsdokument HD 384.4.41 S2:1996, das die Internationale Norm IEC 364-4-41:1992 mit gemeinsamen Abänderungen von CENELEC enthält. Sie hat Pilotfunktion bezüglich des Schutzes gegen elektrischen Schlag.

Beginn der Gültigkeit

Diese Norm gilt ab 1. Januar 1997.

Der Norm-Inhalt war veröffentlicht als
E DIN VDE 0100-410/A2 (VDE 0100 Teil 410/A2):1988-08,
E DIN VDE 0100-410/A3 (VDE 0100 Teil 410/A3):1989-06.

Fortsetzung Seite 2 bis 11 und 18 Seiten HD

Deutsche Elektrotechnische Kommission im DIN und VDE (DKE)

Nationales Vorwort

Für die vorliegende Norm ist das nationale Arbeitsgremium UK 221.3 „Schutzmaßnahmen" der Deutschen Elektrotechnischen Kommission im DIN und VDE (DKE) zuständig. Sie hat Pilotfunktion bezüglich des Schutzes gegen elektrischen Schlag.

Zu 410.1

Kapitel 48 ist in Vorbereitung, siehe Abschnitt NB. 2 in Anhang NB.

Zu 411.1.1

Die Spannungsbereiche, die im nichtveröffentlichten CENELEC-HD 193 S2 : 1982, das IEC 449 : 1973 mit Änderung 1 : 1979 entspricht, beschrieben sind, werden nachfolgend erläutert:

Spannungsbereich I (Band I)

Der Spannungsbereich I umfaßt

- Anlagen, bei denen der Schutz gegen elektrischen Schlag unter bestimmten Bedingungen durch die Höhe der Spannung sichergestellt ist;
- Anlagen, in denen die Spannung aus Funktionsgründen begrenzt ist (z. B. Fernmeldeanlagen, Signalanlagen, Klingelanlagen, Steuer- und Meldestromkreise).

Spannungsbereich II (Band II)

Der Spannungsbereich II umfaßt Spannungen zur Anwendung in der Hausinstallation sowie in gewerblichen und industriellen Anlagen.

In diesen Spannungsbereich fallen auch alle Spannungswerte der öffentlichen Energieversorgung in den verschiedenen Ländern.

Spannungsbereiche für Wechselstrom

Spannungsbereich	Geerdete Netze		Isolierte oder nicht wirksam geerdete Netze*)
	Außenleiter – Erde	Zwischen Außenleitern	Zwischen Außenleitern
I	$U \le 50$ V	$U \le 50$ V	$U \le 50$ V
II	50 V < $U \le 600$ V	50 V < $U \le 1\,000$ V	50 V < $U \le 1\,000$ V

U Nennspannung des Netzes

*) Wenn ein Neutralleiter mitgeführt ist, sind elektrische Betriebsmittel, die zwischen Außenleiter und Neutralleiter angeschlossen sind, so auszuwählen, daß ihre Isolation der Spannung zwischen den Außenleitern entspricht.

ANMERKUNG: Diese Einteilung der Spannungsbereiche schließt nicht aus, daß für besondere Bestimmungen dazwischenliegende Werte gewählt werden.

Spannungsbereiche für Gleichstrom

Spannungsbereich	Geerdete Netze		Isolierte oder nicht wirksam geerdete Netze*)
	Leiter – Erde	Zwischen beiden Leitern	Zwischen beiden Leitern
I	$U \le 120$ V	$U \le 120$ V	$U \le 120$ V
II	120 V < $U \le 900$ V	120 V < $U \le 1\,500$ V	120 V < $U \le 1\,500$ V

U Nennspannung des Netzes

*) Wenn ein Mittelleiter mitgeführt ist, sind elektrische Betriebsmittel, die zwischen einem der beiden Leiter und dem Mittelleiter angeschlossen sind, so auszuwählen, daß ihre Isolation der Spannung zwischen den (Außen-)Leitern entspricht.

ANMERKUNG 1: Die Werte dieser Tafel beziehen sich auf oberschwingungsfreie Gleichspannung.

ANMERKUNG 2: Diese Einteilung der Spannungsbereiche schließt nicht aus, daß für besondere Bestimmungen dazwischenliegende Werte gewählt werden.

Zu 411.1.3.1

Eine sichere Trennung von

- SELV- zu SELV-Stromkreisen und
- PELV- zu PELV-Stromkreisen

ist nicht gefordert.

Eine sichere Trennung von

- SELV- zu PELV-Stromkreisen und
- PELV- zu SELV-Stromkreisen

ist gefordert.

Diese Anforderung ist im Rahmen der Beratung zu IEC 1140 in Diskussion.

Zu 411.1.3.1, Anmerkung 3

Von IEC 1140 gibt es inzwischen den neueren Entwurf DIN IEC 64/886/CDV (VDE 0140 Teil 1).

Zu 411.1.3.2

Zur sicheren Trennung von SELV- zu SELV-Stromkreisen und SELV- zu PELV-Stromkreisen siehe Erläuterung zu 411.1.3.1.

Zu 412.2.2

Horizontale obere Flächen müssen mindestens Schutzart IP4X haben, da beim Darüberbeugen z. B. Halsketten in größere Öffnungen eindringen und an aktive Teile gelangen können.

Horizontale obere Flächen mit einer geringeren Schutzart, z. B. bei Installationskleinverteilern oder Zählerplätzen, sind daher so anzuordnen, daß sie nicht leicht zugänglich sind.

Zu 412.3 und 412.4

Nach Abschnitt NB. 2 sind diese Maßnahmen nur eingeschränkt anwendbar.

Zu 412.5 und der Benennung RCD

In Deutschland werden die RCDs (englisch: **r**esidual **c**urrent protective **d**evices)

- mit Hilfsspannungsquelle als „Differenzstrom-Schutzeinrichtungen"
- ohne Hilfsspannungsquelle als „Fehlerstrom-Schutzeinrichtungen"

bezeichnet.

Es ergibt sich danach folgende Einordnung:

RCD (als Oberbegriff)

RCD **mit** Hilfsspannungsquelle	RCD **ohne** Hilfsspannungsquelle
Diese wird in Deutschland als „Differenzstrom-Schutzeinrichtung" bezeichnet	Diese wird in Deutschland als „Fehlerstrom-Schutzeinrichtung" bezeichnet

Es wird darauf hingewiesen, daß nach DIN VDE 0100-510 (VDE 0100 Teil 510):1997-01, Abschnitt 511, RCDs den einschlägigen DIN-Normen und VDE-Bestimmungen sowie den Europäischen Normen und/oder CENELEC-Harmonisierungsdokumenten – soweit vorhanden – entsprechen müssen.

Anforderungen an RCDs zum Schutz bei indirektem Berühren und zum Schutz bei direktem Berühren sind in Vorbereitung (zur Zeit E DIN IEC 64/758/CD (VDE 0100 Teil 530/A6):1995-04).

Zu 413.1

Tabelle N.1 zeigt die Schutzeinrichtungen für den Schutz gegen elektrischen Schlag unter Fehlerbedingungen (Schutz bei indirektem Berühren) in den Systemen nach Art der Erdverbindung.

Tabelle N.1

Schutzeinrichtungen für den Schutz gegen elektrischen Schlag unter Fehlerbedingungen (Schutz bei indirektem Berühren) in den Systemen nach Art der Erdverbindung

System nach Art der Erdverbindung	TN-System 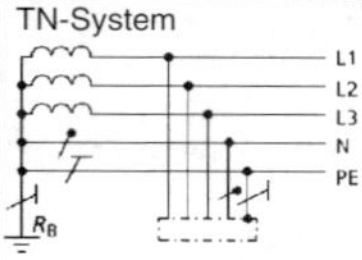	TT-System 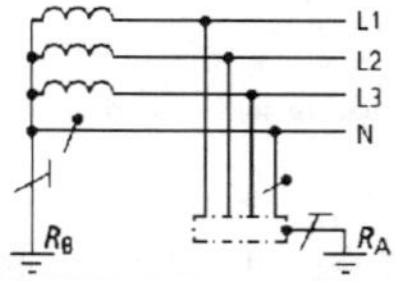	IT-System 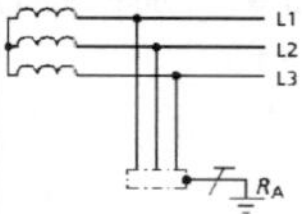
Schutzeinrichtung	Schaltung		
Überstrom-Schutzeinrichtung	**TN-S-System** getrennte Neutralleiter und Schutzleiter im gesamten System 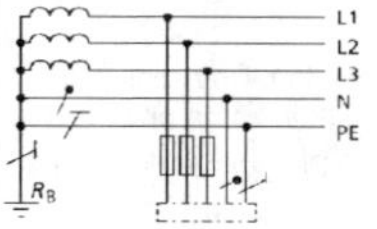 **TN-C-System** Neutral- und Schutzleiter im gesamten System in einem Leiter, dem PEN-Leiter, zusammengefaßt 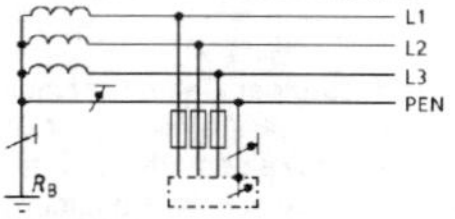 **TN-C-S-System** Neutral- und Schutzleiter in einem Teil des Systems in einem Leiter, dem PEN-Leiter, zusammengefaßt 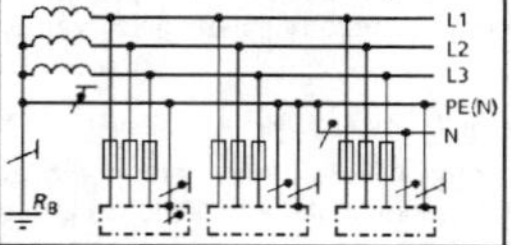	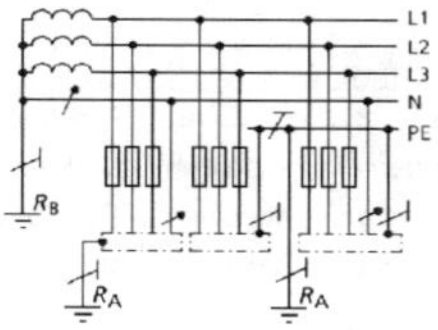	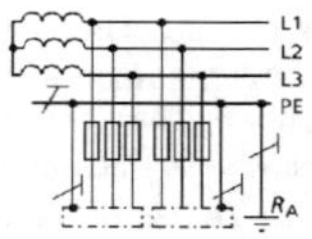 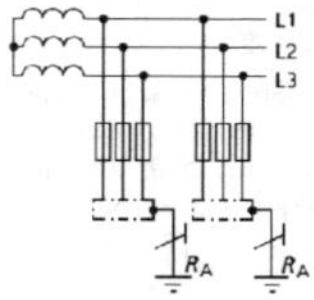
RCD (Fehlerstrom-Schutzeinrichtung)	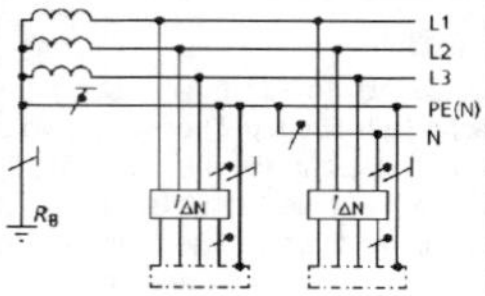	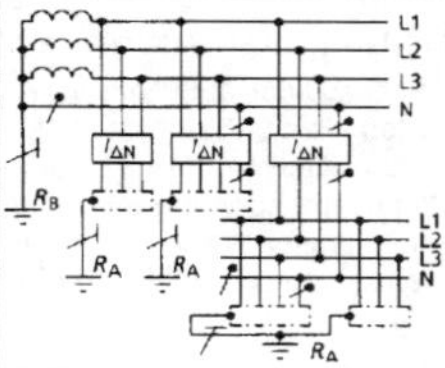	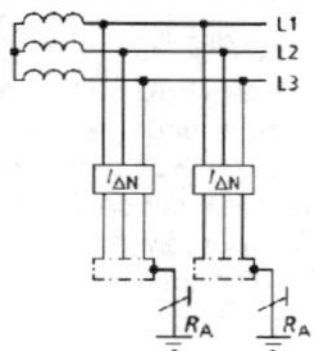
Isolationsüberwachungseinrichtung			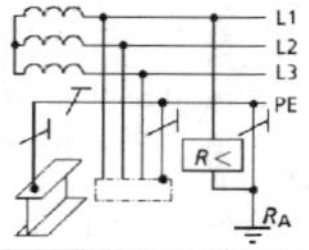

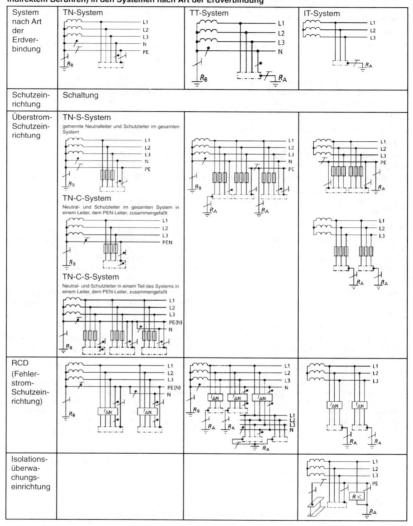

Zu 413.1, Anmerkung 2

Der Vorläufer des IEC-Fachberichtes ist als E DIN IEC 64(Sec)726 (VDE 0100 Teil 410/A5) : 1995-03 veröffentlicht.

Zu 413.1.2.1

Zwischen der Blitzschutzanlage eines Gebäudes und der elektrischen Anlage muß nach DIN VDE 0185-1 (VDE 0185 Teil 1) ein Potentialausgleich durchgeführt werden. Dies kann dadurch erreicht werden, daß der Blitzschutzerder an die Haupterdungsklemme oder -schiene angeschlossen wird.
Siehe auch die Ausführungen zu 413.1.3.9.

Zu 413.1.3.1

Da Außenleiter nicht zugleich Neutralleiter sein können, ist eine Verwendung der Außenleiter als PEN-Leiter nicht möglich.

Zu 413.1.3.5

Eine Abschaltzeit ≤ 5 s, aber länger als die in Tabelle 41A geforderte Zeit, ist auch für Endstromkreise erlaubt, die aus einer Verteilung oder einem Verteilungsstromkreis versorgt werden, die/der ausschließlich Endstromkreise nur mit ortsfesten Betriebsmitteln versorgt.

Zu 413.1.3.7

Die Ungleichung wird als „Spannungswaage" bezeichnet.

Zu 413.1.3.8 und 413.1.4.4

Nach DIN VDE 0100-510 (VDE 0100 Teil 510):1997-01 müssen Betriebsmittel einschließlich RCDs den einschlägigen Europäischen Normen und/oder CENELEC-Harmonisierungsdokumenten entsprechen.

Die Betriebsmittel müssen somit den einschlägigen DIN-Normen und VDE-Bestimmungen entsprechen, also

a) zur Zeit der Herstellung normgerecht gewesen sein, und

b) es darf bei Auswahl kein Widerspruch zu anderen Festlegungen der geltenden DIN VDE 0100 (VDE 0100) bestehen.

Zu 413.1.3.9

In den Gremien des Komitees 221 bestand Einvernehmen, daß der Wortlaut der Unterabschnitte 413.1.2.1 und 413.1.3.9 in der harmonisierten Fassung von DIN VDE 0100-410 (VDE 0100 Teil 410) nicht ausreichend verständlich ist bzw. sogar zu Mißverständnissen und nicht notwendigen Vorgehensweisen führen kann. Um dieses zu bereinigen, wurde bei CENELEC/SC 64 A beantragt, den Text dieser beiden Abschnitte zu ändern.

Der Unterabschnitt 413.1.2.1 „Hauptpotentialausgleich" soll nunmehr wie folgt lauten:

> In jedem Gebäude müssen der Hauptschutzleiter, der Haupterdungsleiter, die Haupterdungsklemme oder -schiene und alle metallenen fremden leitfähigen Teile zu einem Hauptpotentialausgleich verbunden werden.
>
> Beispiele von metallenen fremden leitfähigen Teilen sind:
>
> – Metallene Rohrleitungen von Versorgungssystemen innerhalb des Gebäudes ... usw.

Mit dieser Änderung soll klargestellt werden, welche fremden leitfähigen Teile in den Hauptpotentialausgleich einzubeziehen sind. Daher ist es besser, die häufig vorzufindenden fremden leitfähigen Teile als Beispiele aufzuführen.

Der Wortlaut des Unterabschnittes 413.1.3.9 soll nunmehr wie folgt lauten:

> Wenn die Schutzmaßnahme „Schutz durch automatische Abschaltung der Stromversorgung" bei einem Stromkreis angewendet wird, der außerhalb des Gebäudes befindliche Betriebsmittel versorgt, und wenn zwischen berührbaren Körpern und fremden leitfähigen Teilen eine Berührungsspannung > U_L auftreten kann, dürfen die Körper nicht mit dem TN-System verbunden werden. Es müssen dann die Schutzleiter mit einem Erder verbunden werden, der einen in geeigneter Weise mit der Abschalteinrichtung abgestimmten Widerstandswert besitzt. Der so geschützte Stromkreis ist als TT-System zu betrachten, und es gelten die Bedingungen nach Unterabschnitt 413.1.4.
>
> ANMERKUNG 1:
> Außerhalb des Gebäudes mit ausgeführtem Hauptpotentialausgleich dürfen die folgenden anderen Schutzmaßnahmen angewendet werden:
> – Schutztrennung nach Abschnitt 413.5
> – Schutzisolierung nach Abschnitt 413.2
>
> ANMERKUNG 2:
> Eine Verbindung von außerhalb des Gebäudes angeordneten fremden leitfähigen Teilen mit dem Hauptpotentialausgleich entweder über einen Potentialausgleichsleiter oder über eine Verbindung mit dem Schutzleiter des entsprechenden Stromkreises kann die Erfüllung der Bedingung $U_L \leq 50$ V sicherstellen.

Mit dieser neuen Textformulierung des Unterabschnittes 413.1.3.9 trägt das UK 221.3 der Tatsache Rechnung, daß der Einflußbereich des Hauptpotentialausgleichs sich bei IEC/TC 64 in Beratung befindet und zukünftig wahrscheinlich nicht mehr weiter benutzt wird. Der jetzt eingereichte neue Textvorschlag steht in Übereinstimmung mit dem derzeitigen Beratungsstand bei IEC und entspricht den Festlegungen in der Errichtungsleitlinie IEC 1200-413; deren Vorläufer als Entwurf DIN IEC 64(Sec)726 (VDE 0100 Teil 410/A5) veröffentlicht wurde.

Zu 413.1.6.1, Anmerkung

Erdreich braucht ebenfalls nicht in den zusätzlichen Potentialausgleich einbezogen zu werden.

Zu 413.2

Zum Durchschleifen von Schutzleitern (PE), PEN-Leitern, Potentialausgleichsleitern und anderen geerdeten Leitern durch schutzisolierte Schaltgerätekombinationen sind das UK 221.3 „Schutzmaßnahmen" und das UK 431.1 „Niederspannung-Schaltgerätekombinationen" folgender Auffassung:

a) Innerhalb schutzisolierter Schaltgerätekombinationen dürfen Schutz-, PEN- oder Potentialausgleichsleiter, und ggf. auch Erdungsleiter, an berührbare Körper oder leitfähige Teile, z. B. an Tragkonstruktionen, nicht angeschlossen werden. Müssen in Einzelfällen solche Leiter angeschlossen werden, geht die Eigenschaft der Schutzisolierung verloren, und es muß das Symbol ⧈ unkenntlich gemacht werden, z. B. durch Überstreichen oder durch Ausschleifen.

b) Beim Durchschleifen von Schutz-, PEN-, Potentialausgleichs- oder sonstigen geerdeten Leitern braucht das o. g. Symbol nicht unkenntlich gemacht zu werden. Die Schutzisolierung bzw. die Schutzklasse II bleibt erhalten, wenn folgendes beachtet wird:

- Die genannten Leiter dürfen nur über isoliert aufgebaute Anschlußstellen geführt werden, wobei die Isolierung dem Isolationsniveau der Außenleiter entsprechen muß.
- Die Anschlußstelle darf z. B. aus Reihenklemmentragschienen mit blanken oder isolierten Schutzleiterklemmen oder aus isoliert aufgebauten blanken Schienen mit entsprechenden Anschlußklemmen bestehen.

  ANMERKUNG 1: In beiden Fällen muß mindestens an einem Ende der Schiene eine gut sichtbare Kennzeichnung, z. B. durch Klebeband grün-gelb, Bildzeichen, Schutzleiter nach DIN 40011 mit dem Symbol ⏚, Reg.-Nr. 01545 nach DIN 30600, identisch mit 417-IEC 5019 (genormt in DIN 40101-1), oder durch Beschriftung „PE", vorgenommen werden.

- Bei Reihenklemmentragschienen dürfen auf der Schiene auch noch andere Klemmen und Betriebsmittel angeordnet werden.

  ANMERKUNG 2: Bei Verwendung der Reihenklemmentragschiene als PEN-Leiter muß diese aus Kupfer oder Aluminium bestehen und darf nur mit Klemmen bestückt sein (siehe DIN VDE 0100-540 (VDE 0100 Teil 540):1991-11, Abschnitt C.3).

- Freie Enden von Schienen brauchen nicht abgedeckt zu werden.

c) Als weitere Ausnahmen gelten:

- Beim Anschluß von Schirmwicklungen, z. B. in Stromversorgungseinrichtungen (Netzgeräte), braucht das Symbol ⧈, Reg.-Nr. 00154 nach DIN 30600; identisch mit 417-IEC 5172 (genormt in DIN 40101-1), nicht entfernt zu werden. Hat jedoch die Schirmwicklung Verbindung mit dem Körper der Stromversorgungseinrichtung, muß diese Stromversorgungseinrichtung isoliert von den übrigen Körpern in schutzisolierten Schaltgerätekombinationen angeordnet werden. Es ist ein Hinweis vorzusehen, der z. B. wie folgt lautet: „Betriebsmittel ist an Schutzleiter angeschlossen."
- Das Durchschleifen von geschirmten Kabeln durch schutzisolierte Schaltgerätekombinationen ist erlaubt, wenn die Kabelschirme über isoliert aufgebaute Anschlußstellen geführt werden. Außerdem muß sichergestellt sein, daß der Schirm des Kabels im ganzen Verlauf mit einer bestimmungsgemäßen Isolierung versehen ist.

d) Einbau von Steckdosen, Schraubsicherungen, Lampenfassungen in schutzisolierte Schaltgerätekombinationen

Vorgenannte Betriebsmittel dürfen innerhalb der schutzisolierten Umhüllung (Hinweis: z. Z. gibt es in DIN EN 60439-1 (VDE 0660 Teil 500):1994-04 und DIN VDE 0100-200 (VDE 0100 Teil 200):1993-11 verschiedene deutsche Benennungen für das englische „enclosure"), die sich nur mit Werkzeug öffnen läßt, eingebaut werden, und am Schutzkontakt der Steckdose muß ein Schutzleiter angeschlossen werden. Dieser Schutzleiter darf aber nach den derzeit gültigen Normen nicht mit Körpern oder leitfähigen Metallteilen innerhalb der Umhüllung verbunden sein.

Werden vorgenannte Betriebsmittel in die schutzisolierte Umhüllung eingebaut und ragen sie aus der schutzisolierten Schaltgerätekombination heraus, gilt folgendes:

- Schraubsicherungen, Lampenfassungen

  Beim Auswechseln der Sicherungen oder Lampen entstehen vorübergehend Öffnungen, die die für den Schutz gegen direktes Berühren erforderliche Schutzart reduzieren dürfen. Entsprechende Aussagen sind auch in 412.2.1 enthalten. Jahrzehntelange Erfahrungen haben jedoch gezeigt, daß hierbei keine zusätzlichen Gefährdungen auftreten, die den Charakter der Schutzisolierung in Frage stellen würden.

- Steckdosen

  Bei Steckdosen sind ohne eingesteckten Stecker größere Öffnungen vorhanden, so daß die in DIN EN 60439-1 (VDE 0660 Teil 500):1994-04, Abschnitt 7.4.3.2.2, geforderte Mindestschutzart IP3XD und die in DIN VDE 0603-1 (VDE 0603 Teil 1):1991-10, Abschnitt 4.5.2, geforderte Mindestschutzart IP3X unterschritten werden. Um die Anforderung zu erfüllen, müssen Steckdosen mit Klappdeckel eingesetzt werden. Der Klappdeckel muß fester Bestandteil der Steckdose sein und sowohl die Öffnungen für Außen- und Neutralleiter als auch für den Schutzleiter abdecken. Solche Gehäuse bleiben Betriebsmittel der Schutzklasse II; das Symbol ⧈ braucht nicht entfernt zu werden

Die Interpretation unter Aufzählung d) wird von UK 543.1 „Isolationskleinverteiler und Zählerplätze" mitgetragen.

Zu 413.5.1.4

Bis zur Herausgabe von harmonisierten Festlegungen werden Gummischlauchleitungen mindestens der Bauart 07 RN-F nach DIN VDE 0282-810 (VDE 0282 Teil 810) als geeignet angesehen.

Der Zusammenhang zwischen den in dieser Norm zitierten IEC-Publikationen und den entsprechenden Deutschen Normen ist nachstehend wiedergegeben:

Europäische Norm	Internationale Norm	Deutsche Norm	Klassifikation im VDE-Vorschriftenwerk
HD 472 S1:1989*)	IEC 38:1983	DIN IEC 38:1987-05	–
EN 60065:1993*)	IEC 65:1985	DIN EN 60065 (VDE 0860):1994-04*)	VDE 0860
HD 384.3 S2:1995*)	IEC 364-3:1993	DIN VDE 0100-300 (VDE 0100 Teil 300):1996-01*)	VDE 0100 Teil 300
HD 384.4.47 S2:1995*)	IEC 364-4-47:1981 Amd.1:1993	DIN VDE 0100-470 (VDE 0100 Teil 470):1996-02*)	VDE 0100 Teil 470
HD 384.5.54 S1:1988*)	IEC 364-5-54:1980	DIN VDE 0100-540 (VDE 0100 Teil 540):1991-11*)	VDE 0100 Teil 540
Teil 6 des HD 384*)	IEC 364-6-61:1986	DIN VDE 0100-610 (VDE 0100 Teil 610):1994-04*)	VDE 0100 Teil 610
HD 384.6.61 S1:1992*)	IEC 364-6-61:1986	DIN VDE 0100-610 (VDE 0100 Teil 610):1994-04*)	VDE 0100 Teil 610
EN 60439-1:1994	IEC 439-1:1992	DIN EN 60439-1 (VDE 0660 Teil 500):1994-04	VDE 0660 Teil 500
HD 193 S2:1982	IEC 449:1973	–	–
–	Normen der Reihe IEC 479	IEC 479-1:1994 ist umgesetzt in: DIN V VDE V 0140-479 (VDE V 0140 Teil 479):1996-02	VDE V 0140 Teil 479
prHD 625.1 S1:1995*)	IEC 664-1:1992	DIN VDE 0110-1 (VDE 0110 Teil 1):1989-01*)	VDE 0110 Teil 1
–	IEC 664-3:1992	–	–
EN 60947-1:1991*)	IEC 947-1:1988	DIN VDE 0660-100 (VDE 0660 Teil 100):1992-07 E DIN VDE 0660-100/A18 (VDE 0660 Teil 100/ A18):1993-05 E DIN VDE 0660-100/A20 (VDE 0660 Teil 100/ A20):1993-08*)	VDE 0660 Teil 100 VDE 0660 Teil 100/A18 VDE 0660 Teil 100/A20
EN 60742:1995*)	IEC 742:1983	DIN EN 60742 (VDE 0551):1995-09*)	VDE 0551
EN 61008-1:1994*)	IEC 1008-1:1990	In Vorbereitung	–
EN 61009-1:1994*)	IEC 1009-1:1991	In Vorbereitung	–
–	IEC 1140:199X	–	–
*) keine identische Übereinstimmung mit der Internationalen Norm			

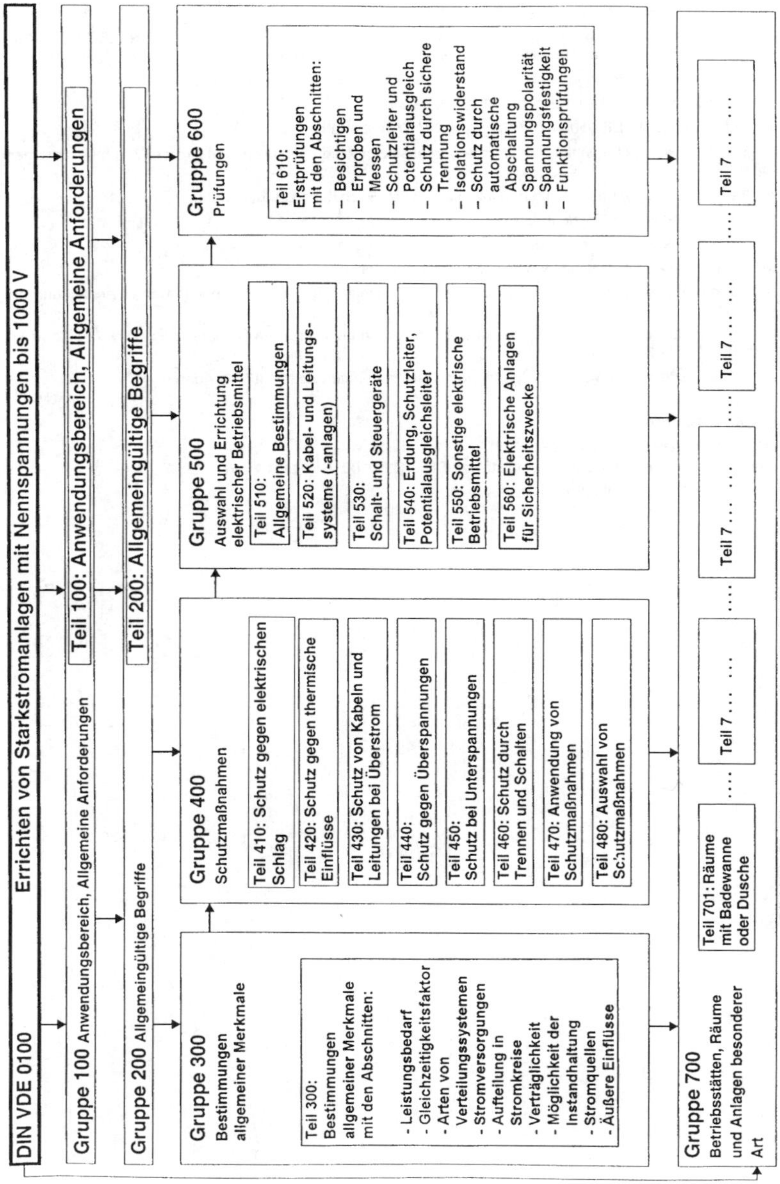

Bild N.1: Eingliederung dieser Norm in die Struktur der Reihe der Normen DIN VDE 0100

Änderungen

Gegenüber DIN VDE 0100-410 (VDE 0100 Teil 410) : 1983-11 wurden folgende Änderungen vorgenommen:

a) Untertitel in „Schutz gegen elektrischen Schlag" geändert.

b) Für die Abschnittsnumerierung wurde die Numerierung der IEC 364 und damit des CENELEC-HD 384 angewendet anstelle der rechtsbündigen Angaben in eckigen Klammern.

c) Allgemeine Anforderungen nach DIN VDE 0100-470 (VDE 0100 Teil 470) überführt.

d) Kunstworte SELV, PELV, FELV und RCD eingeführt.

e) FELV nach DIN VDE 0100-470 (VDE 0100 Teil 470) überführt.

f) Bei PELV wird bei Einhaltung bestimmter Voraussetzungen der Schutz gegen direktes Berühren nicht mehr gefordert.

g) Kennzeichnung der IP-Schutzarten mit zusätzlichen Buchstaben aufgenommen.

h) Abschaltzeiten zum Teil geändert.

i) „Spannungswaage" nur noch bei TN-Systemen anwendbar.

k) Im IT-System muß Abschaltung beim 2. Fehler erfolgen.

l) Auf die Anwendung der Fehlerspannungs-Schutzeinrichtungen wird nur noch in einer Anmerkung hingewiesen.

m) Ausnahmen vom Schutz gegen direktes Berühren und bei indirektem Berühren nach DIN VDE 0100-470 (VDE 0100 Teil 470) überführt.

n) Bei Schutztrennung wurde die Spannung auf der getrennten Seite auf 500 V begrenzt.

Frühere Ausgaben

DIN VDE 0100 (VDE 0100) : 1973-05
(Vorheriger Entwicklungsgang siehe Beiblatt 1 zu DIN VDE 0100 (Beiblatt 1 zu VDE 0100)

DIN VDE 0100-410 (VDE 0100 Teil 410) : 1983-11

Nationaler Anhang NA (informativ)

Literaturhinweise

DIN 18015-1 — Elektrische Anlagen von Wohngebäuden – Planungsgrundlagen

DIN EN 60065 (VDE 0860) — Sicherheitsbestimmungen für netzbetriebene elektronische Geräte und deren Zubehör für den Hausgebrauch und ähnliche allgemeine Anwendung (IEC 65:1985 + A1:1987 + A2:1989 + A3:1992, modifiziert); Deutsche Fassung EN 60065:1993

DIN EN 60439-1 (VDE 0660 Teil 500) — Niederspannung-Schaltgerätekombinationen – Teil 1: Typgeprüfte und partiell typgeprüfte Kombinationen (IEC 439-1:1992 + Corrigendum 1993); Deutsche Fassung EN 60439-1:1994

DIN EN 60742 (VDE 0551) — Trenntransformatoren und Sicherheitstransformatoren – Anforderungen (IEC 742:1983 + A1:1992, modifiziert); Deutsche Fassung EN 60742:1995

DIN IEC 38 — IEC-Normspannungen; Identisch mit IEC 38, Ausgabe 1983

DIN VDE 0100-200 (VDE 0100 Teil 200) — Errichten von Starkstromanlagen mit Nennspannungen bis 1 000 V – Begriffe

DIN VDE 0100-300 (VDE 0100 Teil 300) — Errichten von Starkstromanlagen mit Nennspannungen bis 1 000 V – Teil 3: Bestimmungen allgemeiner Merkmale (IEC 364-3:1993, modifiziert); Deutsche Fassung HD 384.3 S2:1995

E DIN IEC 64(Sec)726 (VDE 0100 Teil 410/A5) — Errichten von Starkstromanlagen mit Nennspannungen bis 1 000 V – Schutzmaßnahmen – Schutz gegen elektrischen Schlag; Änderung; (IEC 64(Sec)726:1994)

DIN VDE 0100-470 (VDE 0100 Teil 470) — Errichten von Starkstromanlagen mit Nennspannungen bis 1 000 V – Teil 4: Schutzmaßnahmen – Kapitel 47: Anwendung der Schutzmaßnahmen (IEC 364-4-47:1981 + A1:1993, modifiziert); Deutsche Fassung HD 384.4.47 S2:1995

E DIN VDE 0100-481 (VDE 0100 Teil 481) — Errichten von Starkstromanlagen mit Nennspannungen bis 1 000 V – Schutzmaßnahmen – Auswahl von Schutzmaßnahmen gegen gefährliche Körperströme in Abhängigkeit von äußeren Einflüssen; Identisch mit IEC 64(CO)169

E DIN IEC 0100-481/A1 (VDE 0100 Teil 481/A1) — Errichten von Starkstromanlagen mit Nennspannungen bis 1 000 V – Schutzmaßnahmen – Auswahl von Schutzmaßnahmen gegen gefährliche Körperströme in Abhängigkeit von äußeren Einflüssen; Änderung 1 zum Entwurf DIN VDE 0100 Teil 481; Identisch mit IEC 64(CO)201

E DIN IEC 0100-510 (VDE 0100 Teil 510) — Errichten von Starkstromanlagen mit Nennspannungen bis 1 000 V – Teil 5: Auswahl und Errichtung elektrischer Betriebsmittel – Kapitel 51: Allgemeine Bestimmungen (IEC 364-5-51:1994, modifiziert); Deutsche Fassung HD 384.5.51 S2:1996

DIN VDE 0100-540 (VDE 0100 Teil 540) — Errichten von Starkstromanlagen mit Nennspannungen bis 1 000 V – Auswahl und Errichtung elektrischer Betriebsmittel; Erdung, Schutzleiter, Potentialausgleichsleiter

DIN VDE 0100-610 (VDE 0100 Teil 610) — Errichten von Starkstromanlagen mit Nennspannungen bis 1 000 V – Prüfungen – Erstprüfungen

DIN VDE 0100-731 (VDE 0100 Teil 731) — Errichten von Starkstromanlagen mit Nennspannungen bis 1 000 V – Elektrische Betriebsstätten und abgeschlossene elektrische Betriebsstätten

DIN VDE 0660-100 (VDE 0660 Teil 100) — Niederspannung-Schaltgeräte – Teil 1: Allgemeine Festlegungen (IEC 947-1:1988, modifiziert); Deutsche Fassung EN 60947-1:1991

E DIN VDE 0660-100/A18 (VDE 0660 Teil 100/A18) — Niederspannung-Schaltgeräte – Teil 1: Allgemeine Festlegungen; Änderung 18

E DIN VDE 0660-100/A20 (VDE 0660 Teil 100/A20) — Niederspannung-Schaltgeräte – Teil 1: Allgemeine Festlegungen; Änderung 20 zu DIN VDE 0660 Teil 100

Nationaler Anhang NB (normativ)

NB.1 Abschaltzeiten im TN-System bei öffentlichen Verteilungsnetzen

Abweichend von den Abschaltzeiten in 413.1.3.5 ist es in öffentlichen Verteilungsnetzen, die als Freileitungen oder als im Erdreich verlegte Kabel ausgeführt sind, sowie schutzisolierten Hauptstromversorgungssystemen nach DIN 18015-1 ausreichend, wenn am Anfang des zu schützenden Leitungsabschnittes eine Überstrom-Schutzeinrichtung vorhanden ist, und wenn im Fehlerfall mindestens der Strom zum Fließen kommt, der eine Auslösung der Schutzeinrichtung unter den in der Gerätebestimmung für den Überlastbereich festgelegten Bedingungen (großer Prüfstrom) bewirkt.

NB.2 Auswahl von Schutzmaßnahmen gegen elektrischen Schlag in Abhängigkeit von äußeren Einflüssen

Die Maßnahmen „Schutz durch Isolierung von aktiven Teilen“ nach 412.1 und „Schutz durch Abdeckungen oder Umhüllungen“ nach 412.2 dürfen bei allen Bedingungen äußerer Einflüsse angewendet werden.

Die Maßnahmen „Schutz durch Hindernisse“ nach 412.3 und „Schutz durch Abstand“ nach 412.4 sind nur in elektrischen Betriebsstätten und abgeschlossenen elektrischen Betriebsstätten nach DIN VDE 0100-731 (VDE 0100 Teil 731) erlaubt.

ANMERKUNG: Das Deutsche Nationale Komitee macht mit dieser nationalen Festlegung von der Erlaubnis in DIN VDE 0100-470 (VDE 0100 Teil 470):1996-02, Abschnitt 470.2, Gebrauch, die Auswahl und die Anwendung der Schutzmaßnahmen nach den Umgebungsbedingungen festzulegen, bis hierzu ein CENELEC-Harmonisierungsdokument vorliegt. Für die Auswahl von Schutzmaßnahmen gegen elektrischen Schlag in Abhängigkeit von äußeren Einflüssen ist CENELEC-HD 384.4.481 in Vorbereitung, z. Z. Vorläufer-Schriftstücke veröffentlicht als Entwürfe:

- DIN VDE 0100-481 (VDE 0100 Teil 481):1987-10 und
- DIN VDE 0100-481/A1 (VDE 0100 Teil 481/A1):1989-11.

Bis zum Inkrafttreten einer Norm über die Auswahl von Schutzmaßnahmen gegen elektrischen Schlag in Abhängigkeit von äußeren Einflüssen gilt dieser Abschnitt.

HARMONISIERUNGSDOKUMENT
HARMONIZATION DOCUMENT
DOCUMENT D'HARMONISATION

HD 384.4.41 S2

April 1996

ICS 91.140.50

Ersatz für HD 384.4.41 S1

Deskriptoren: Elektrische Anlage, Sicherheit, elektrischer Schlag, direktes Berühren, indirektes Berühren, aktive Teile, Körper, fremde leitfähige Teile, Isolierung, Umhüllungen, Hindernisse außerhalb des Handbereichs, Fehlerstrom, Berührungsspannung, Potentialausgleich, Erdung, Schutzleiter, RCD, Trenntransformator, Transformator mit sicherer Trennung, SELV

Deutsche Fassung

Elektrische Anlagen von Gebäuden

Teil 4: Schutzmaßnahmen
Kapitel 41: Schutz gegen elektrischen Schlag
(IEC 364-4-41:1992, modifiziert)

Electrical installations of buildings
Part 4: Protection for safety
Chapter 41: Protection against electric shock
(IEC 364-4-41:1992, modified)

Installations électriques des bâtiments
Partie 4: Protection pour assurer la sécurité
Chapitre 41: Protection contre les chocs électriques
(CEI 364-4-41:1992, modifiée)

Dieses Harmonisierungsdokument wurde von CENELEC am 1995-11-28 angenommen.

Die CENELEC-Mitglieder sind gehalten, die CEN/CENELEC-Geschäftsordnung zu erfüllen, in der die Bedingungen für die Übernahme dieses Harmonisierungsdokumentes auf nationaler Ebene festgelegt sind.

Auf dem letzten Stand befindliche Listen dieser nationalen Übernahmen mit ihren bibliographischen Angaben sind beim Zentralsekretariat oder bei jedem CENELEC-Mitglied auf Anfrage erhältlich.

Dieses Harmonisierungsdokument mit Änderung 1 besteht in drei offiziellen Fassungen (Deutsch, Englisch, Französisch).

CENELEC-Mitglieder sind die nationalen Normungsinstitute von Belgien, Dänemark, Deutschland, Finnland, Frankreich, Griechenland, Irland, Island, Italien, Luxemburg, Niederlande, Norwegen, österreich, Portugal, Schweden, Schweiz, Spanien und dem Vereinigten Königreich.

CENELEC

Europäisches Komitee für Elektrotechnische Normung
European Committee for Electrotechnical Standardization
Comité Européen de Normalisation Electrotechnique

Zentralsekretariat: rue de Stassart 35, B-1050 Brüssel

Ref. Nr. prHD 384.4.41 S1:1996 D

Vorwort

Dieses Harmonisierungsdokument ersetzt HD 384.4.41 S1:1980.

Der Text der Internationalen Norm IEC 364-4-41:1992, der von IEC/TC 64 „Elektrische Anlagen von Gebäuden" erarbeitet wurde, wurde zusammen mit gemeinsamen Abänderungen von CENELEC/SC 64A „Elektrische Anlagen von Gebäuden – Schutz gegen elektrischen Schlag –" erarbeitet, in drei getrennte formelle Abstimmungen gegeben und abschließend durch CENELEC als HD 384.4.41 S2 am 28. November 1995 angenommen.

Nachstehende Daten wurden festgelegt:

– spätestes Datum der Ankündigung des HDs auf nationaler Ebene	(doa):	1996-05-01
– spätestes Datum, zu dem das HD auf nationaler Ebene durch Veröffentlichung einer identischen nationalen Norm oder durch Anerkennung übernommen werden muß	(dop):	1996-12-01
– spätestes Datum, zu dem nationale Normen, die dem HD entgegenstehen, zurückgezogen werden müssen	(dow):	1996-12-01

Anerkennungsnotiz

Der Text der Internationalen Norm IEC 364-4-41:1992 wurde von CENELEC mit vereinbarten, gemeinsamen Abänderungen als Harmonisierungsdokument genehmigt.

Anhänge, die als „normativ" gekennzeichnet sind, gelten als Bestandteil dieser Norm.

Anhänge, die als „informativ" gekennzeichnet sind, dienen nur zur Information.

In dieser Norm ist Anhang ZA normativ und Anhang ZB informativ.

Anhänge ZA und ZB wurden durch CENELEC hinzugefügt.

Inhalt

Einführung

4 Schutzmaßnahmen

400.1 Einführung

400.1.1 Kapitel 41 und Kapitel 42 bis 46 (siehe HD 384.4.42, 384.4.43, 384.4.45 und 384.4.46) enthalten grundlegende Anforderungen für den Schutz von Personen, Nutztieren und Sachen. Kapitel 47 (siehe HD 384.4.47 und 384.4.473) behandelt die Anwendung und die Koordinierung dieser Anforderungen und Kapitel 48 (zutreffendes HD in Vorbereitung) schränkt diese Anforderungen bezüglich besonderer Klassen von äußeren Einflüssen ein. Anforderungen zur Auswahl und Errichtung von Betriebsmitteln sind in Teil 5 (siehe HD 384.5.51, 384.5.52, 384.5.523, 384.5.537 und 384.5.54) und für Prüfungen in Teil 6 (siehe HD 384.6.61) festgelegt.

400.1.2 Schutzmaßnahmen dürfen für die gesamte Anlage, für einen Teil der Anlage oder für ein Teil eines Betriebsmittels angewendet werden.

Wenn bestimmte Bedingungen einer Schutzmaßnahme nicht erfüllt werden können, müssen ergänzende Maßnahmen ergriffen werden, um bei solcher Kombination von Schutzmaßnahmen den gleichen Grad der Sicherheit sicherzustellen, wie bei vollständiger Erfüllung dieser Bedingungen.

ANMERKUNG: Ein Beispiel für die Anwendung dieser Regel ist in Abschnitt 471.3 von HD 384.4.47 S2 enthalten.

400.1.3 Die Reihenfolge, in der die Schutzmaßnahmen festgelegt sind, sagt nichts bezüglich ihrer Wertigkeit aus.

41 Schutz gegen elektrischen Schlag

410.1 Allgemeines

Der Schutz gegen elektrischen Schlag ist durch Anwendung geeigneter Maßnahmen sicherzustellen, und zwar nach den Hauptabschnitten:

- 411 für den Schutz sowohl im normalen Betrieb als auch im Fehlerfall oder
- 412 für den Schutz im normalen Betrieb und
- 413 für den Schutz im Fehlerfall,

wie in dem Hauptabschnitt 471 und im Kapitel 48 gefordert.

411 Schutz sowohl gegen direktes als auch bei indirektem Berühren

411.1 Schutz durch Kleinspannung: SELV und PELV

ANMERKUNG: Eine Zusammenstellung der Kleinspannungen ist im informativen Anhang dieses Hauptabschnittes angegeben.

411.1.1 Der Schutz gegen elektrischen Schlag wird als erfüllt angesehen, wenn:

- die Nennspannung den Spannungsbereich I (siehe IEC 449: Spannungsbereiche für elektrische Anlagen von Gebäuden) nicht überschreitet und
- die Versorgung aus einer der Stromquellen nach Unterabschnitt 411.1.2 erfolgt und
- die Bedingungen des Unterabschnitts 411.1.3 und zusätzlich entweder
  - Unterabschnitt 411.1.4 für SELV-Stromkreise (ungeerdet) oder
  - Unterabschnitt 411.1.5 für PELV-Stromkreise (Stromkreise und Körper dürfen geerdet sein)

erfüllt sind.

ANMERKUNG 1: Wenn das System von einem System höherer Spannung durch andere Betriebsmittel, wie durch Spartransformatoren, Potentiometer, Halbleiterbauteile usw., versorgt wird, ist der Ausgangsstromkreis als Teil des Eingangsstromkreises zu betrachten. In diesem Fall muß der Ausgangsstromkreis durch die Schutzmaßnahme geschützt sein, die für den Eingangsstromkreis angewendet ist.

ANMERKUNG 2: Für bestimmte, im Teil 7 berücksichtigte äußere Einflüsse dürfen niedrigere Spannungsgrenzen gefordert werden.

411.1.2 *Stromquellen für SELV und PELV*

411.1.2.1 Ein Transformator mit sicherer Trennung nach EN 60742.

ANMERKUNG: In bestimmten Fällen (z. B. bei Schutzschirmung) hängt der Schutz durch PELV von der Schutzmaßnahme auf der Primärseite der Stromversorgung ab (z. B. automatische Abschaltung der Stromversorgung und Anwendung von PELV innerhalb des gleichen Gebäudes).

411.1.2.2 Eine Stromquelle, die den gleichen Sicherheitsgrad erfüllt wie ein Transformator mit sicherer Trennung nach Unterabschnitt 411.1.2.1 (z. B. Motorgeneratoren mit gleichwertig getrennten Wicklungen).

411.1.2.3 Eine elektrochemische Stromquelle (z. B. eine Batterie), die unabhängig oder sicher getrennt von FELV-Stromkreisen oder von Stromkreisen höherer Spannung ist.

411.1.2.4 Andere Stromquellen, die unabhängig von FELV-Stromkreisen oder von Stromkreisen höherer Spannung sind (z. B. ein Generator, der von einer Verbrennungsmaschine angetrieben wird).

411.1.2.5 Bestimmte elektronische Einrichtungen, die entsprechend den für sie geltenden Normen gebaut sind und bei denen sichergestellt ist, daß auch beim Auftreten eines Fehlers im Gerät die Spannung an den Ausgangsklemmen nicht höher ist als die in Unterabschnitt 411.1.1 festgelegten Werte. Höhere Spannungen an den Ausgangsklemmen sind jedoch bei PELV zulässig, wenn vorgesehen ist, daß im Falle des direkten oder indirekten Berührens die Spannung an den Ausgangsklemmen auf die Werte gleich den oberen Grenzwerten von Spannungsband I (siehe 411.1.1) oder auf niedrigere Werte innerhalb einer Zeit entsprechend Tabelle 41A zurückgeht.

ANMERKUNG 1: Beispiele von solchen Einrichtungen schließen Isolationsüberwachungseinrichtungen ein, die den Anforderungen der betreffenden Publikationen entsprechen.

ANMERKUNG 2: Wenn an den Ausgangsklemmen höhere Spannungen auftreten, darf eine Übereinstimmung mit diesem Abschnitt angenommen werden, wenn die mit einem Voltmeter mit einem inneren Widerstand von mindestens 3 000 Ω an den Ausgangsklemmen gemessene Spannung nicht größer ist als die in Unterabschnitt 411.1.1, erster Aufzählungsstrich, festgelegten Werte.

411.1.3 *Anordnung von Stromkreisen*

411.1.3.1 Aktive Teile von SELV- und PELV-Stromkreisen müssen voneinander, von FELV-Stromkreisen und von Stromkreisen höherer Spannung sicher getrennt sein (siehe Unterabschnitt 411.1.3.2).

ANMERKUNG 1: Diese Festlegung schließt die Verbindung des PELV-Stromkreises mit Erde nicht aus (siehe Unterabschnitt 411.1.5).

ANMERKUNG 2: Die sichere Trennung ist insbesondere zwischen aktiven Teilen von elektrischen Betriebsmitteln, wie Relais, Schützen, Hilfsschaltern und jedem Teil eines Stromkreises höherer Spannung, notwendig.

ANMERKUNG 3: Die grundsätzlichen Anforderungen für eine sichere Trennung von aktiven Teilen der SELV-Stromkreise und PELV-Stromkreise voneinander und von Leitern jedes anderen Stromkreises, z. B. innerhalb der elektrischen Betriebsmittel, werden in der IEC 1140*) angegeben.

411.1.3.2 Die sichere Trennung zwischen Leitern eines jeden Stromkreises eines SELV- und PELV-Systems und Leitern jedes anderen Stromkreises muß durch eine der folgenden Maßnahmen erfüllt werden:

- räumlich getrennte Anordnung der Leiter;
- Leiter von SELV- und PELV-Stromkreisen müssen mit einem Mantel aus Isolierstoff zusätzlich zu ihrer Basisisolierung umhüllt sein;
- Leiter von Stromkreisen verschiedener Spannung müssen durch einen geerdeten Metallschirm oder eine geerdete metallene Umhüllung getrennt sein;

  ANMERKUNG: In den oben erwähnten Fällen braucht die entsprechende Basisisolierung eines jeden Leiters nur für die Spannung des Stromkreises bemessen zu sein, zu dem der Leiter gehört.

- Mehradrige Kabel, Leitungen oder Leiterbündel dürfen Stromkreise verschiedener Spannungen enthalten, wenn die Leiter von SELV- und PELV-Stromkreisen einzeln oder gemeinsam mit einer Isolierung versehen sind, die für die höchste vorkommende Spannung bemessen ist.

411.1.3.3 Stecker und Steckdosen von SELV- und PELV-Stromkreisen müssen den folgenden Anforderungen genügen:

- Stecker dürfen nicht in Steckdosen anderer Spannungssysteme eingeführt werden können;

  ANMERKUNG 1: Ein FELV-Stromkreis wird als anderes Spannungssystem betrachtet (siehe auch Unterabschnitt 471.3.4 von HD 384.4.47 S2:1995).

- Steckdosen dürfen nicht für Stecker anderer Spannungssysteme geeignet sein;
- Stecker und Steckdosen von SELV-Stromkreisen dürfen keinen Schutzkontakt haben;
- SELV-Stecker dürfen nicht in PELV-Steckdosen eingeführt werden können;
- PELV-Stecker dürfen nicht in SELV-Steckdosen eingeführt werden können.

  ANMERKUNG 2: PELV-Stecker und PELV-Steckdosen dürfen Schutzkontakte haben.

411.1.4 *Anforderungen an SELV-Stromkreise*

411.1.4.1 Aktive Teile von SELV-Stromkreisen dürfen nicht mit Erde oder mit aktiven Teilen oder Schutzleitern anderer Stromkreise verbunden sein.

411.1.4.2 Körper dürfen nicht absichtlich verbunden werden mit:

- Erde oder
- Schutzleitern oder Körpern eines anderen Stromkreises oder
- fremden leitfähigen Teilen, ausgenommen in Fällen, in denen es nicht vermeidbar ist, daß elektrische Betriebsmittel mit fremden leitfähigen Teilen verbunden sind, wenn sie so angeordnet sind, daß solche Teile keine Spannung annehmen können, die größer ist als die Spannung, die in Unterabschnitt 411.1.1, erster Aufzählungsstrich, genannt ist.

  ANMERKUNG: Wenn Körper von SELV-Stromkreisen mit den Körpern anderer Stromkreise in Berührung kommen können, ist der Schutz gegen elektrischen Schlag nicht allein vom Schutz durch SELV abhängig, sondern auch von der Schutzmaßnahme, die in den anderen Stromkreisen angewendet wird.

411.1.4.3 Wenn die Nennspannung AC 25 V Effektivwert oder DC 60 V oberschwingungsfrei überschreitet, muß ein Schutz gegen direktes Berühren durch:

- Abdeckungen oder Umhüllungen mindestens in Schutzart IP2X oder IPXXB oder

---

*) 2. Ausgabe in Vorbereitung: z. Z. siehe Abschnitt 5.3.2 von IEC 64/808/CDV

– eine Isolierung, die einer Prüfspannung von AC 500 V Effektivwert für 1 Minute standhält,

vorgesehen werden.

Wenn die Nennspannung AC 25 V Effektivwert oder DC 60 V oberschwingungsfrei nicht überschreitet, ist im allgemeinen ein Schutz gegen direktes Berühren nicht erforderlich, jedoch darf bei bestimmten äußeren Einflüssen ein Schutz gegen direktes Berühren gefordert werden.

ANMERKUNG: „Oberschwingungsfrei“ ist vereinbarungsgemäß definiert als Welligkeit von nicht mehr als 10 % effektiv bei überlagerter sinusförmiger Wechselspannung; der maximale Scheitelwert überschreitet nicht 140 V bei einem oberschwingungsfreien Gleichstromsystem mit der Nennspannung 120 V und nicht 70 V bei einem oberschwingungsfreien Gleichstromsystem mit der Nennspannung 60 V.

411.1.5 *Anforderungen an PELV-Stromkreise*

Wenn die Stromkreise geerdet sind und wenn der Schutz durch SELV entsprechend Unterabschnitt 411.1.4 nicht gefordert ist, müssen die Anforderungen der Unterabschnitte 411.1.5.1 und 411.1.5.2 erfüllt sein.

ANMERKUNG: Die Erdung der Stromkreise darf durch eine geeignete Verbindung mit dem Schutzleiter des Primärstromkreises der Anlage hergestellt werden.

411.1.5.1 Der Schutz gegen direktes Berühren muß vorgesehen werden entweder durch:

– Abdeckungen oder Umhüllungen mindestens in Schutzart IP2X oder IPXXB oder

– Isolierung, die einer Prüfspannung von AC 500 V Effektivwert für 1 Minute standhält.

411.1.5.2 Der Schutz gegen direktes Berühren nach Unterabschnitt 411.1.5.1 ist nicht gefordert, wenn sich die Betriebsmittel in einem Gebäude befinden, in dem gleichzeitig berührbare Körper und fremde leitfähige Teile mit demselben Erdungssystem verbunden sind, und wenn die Nennspannung folgende Werte nicht überschreitet:

– AC 25 V Effektivwert oder DC 60 V oberschwingungsfrei bei Betriebsmitteln, die üblicherweise nur in trokkenen Räumen oder an trockenen Orten benutzt werden und eine großflächige Berührung von aktiven Teilen durch menschliche Körper oder Nutztiere nicht zu erwarten ist;

– AC 6 V Effektivwert oder DC 15 V oberschwingungsfrei in allen anderen Fällen.

ANMERKUNG: „Trockener Raum“ ist durch das Kurzzeichen AD 1 im informativen Anhang zum HD 384.3 beschrieben.

411.2 Schutz durch Begrenzung von Beharrungsberührungsstrom und Ladung

In Beratung.

412 Schutz gegen elektrischen Schlag unter normalen Bedingungen (Schutz gegen direktes Berühren oder Basisschutz)

NATIONALE ANMERKUNG: Zur Anwendung der Schutzmaßnahmen nach 412.1 bis 412.4 siehe Abschnitt NB.2 im Anhang NB.

412.1 Schutz durch Isolierung von aktiven Teilen

ANMERKUNG: Die Isolierung ist vorgesehen, um jedes Berühren aktiver Teile zu verhindern.

Aktive Teile müssen vollständig mit einer Isolierung umgeben sein, die nur durch Zerstörung entfernt werden kann.

Bei fabrikfertigen Betriebsmitteln muß die Isolierung den einschlägigen Normen der elektrischen Betriebsmittel genügen.

Bei anderen Betriebsmitteln muß der Schutz durch eine Isolierung verwirklicht sein, die den mechanischen, chemischen, elektrischen und thermischen Beanspruchungen, denen sie ggf. im Betrieb ausgesetzt wird, dauerhaft standhält. Farbe, Anstriche, Lacke und dergleichen sind für sich allein kein ausreichender Schutz gegen elektrischen Schlag unter normalen Bedingungen.

ANMERKUNG: Wenn die Isolierung während der Errichtung der elektrischen Anlage angebracht wird, sollte die Eignung der Isolierung durch Prüfungen nachgewiesen werden, die jenen vergleichbar sind, mit denen die Isolationseigenschaften ähnlicher fabrikfertiger Betriebsmittel nachgewiesen werden.

412.2 Schutz durch Abdeckungen oder Umhüllungen

ANMERKUNG: Abdeckungen und Umhüllungen sind vorgesehen, um jedes Berühren aktiver Teile zu verhindern.

412.2.1 Aktive Teile müssen von Umhüllungen umgeben oder hinter Abdeckungen angeordnet sein, die mindestens der Schutzart IP2X oder IPXXB entsprechen, ausgenommen, wenn größere Öffnungen während des Auswechselns von Teilen entstehen, z. B. bei Lampenfassungen oder Sicherungen, oder wenn größere Öffnungen für den ordnungsgemäßen Betrieb der Betriebsmittel nach den entsprechenden Betriebsmittelnormen notwendig sind:

– Geeignete Vorkehrungen müssen vorgesehen werden, um Personen oder Nutztiere vor unbeabsichtigter Berührung aktiver Teile zu schützen, und

– es muß, soweit möglich, sichergestellt werden, daß Personen sich bewußt sind, daß aktive Teile beim Öffnen berührt werden können und nicht absichtlich berührt werden sollten.

412.2.2 Horizontale obere Flächen von Abdeckungen oder Umhüllungen, die leicht zugänglich sind, müssen mindestens der Schutzart IP4X oder IPXXD entsprechen.

412.2.3 Abdeckungen und Umhüllungen müssen sicher befestigt sein. Sie müssen eine ausreichende Festigkeit und Haltbarkeit haben, um die geforderte Schutzart und einen ausreichenden Abstand zu aktiven Teilen unter den zu erwartenden Bedingungen des normalen Betriebes und bei Berücksichtigung der zutreffenden äußeren Einflüsse aufrechtzuerhalten.

412.2.4 In Fällen, in denen Abdeckungen entfernt, Umhüllungen geöffnet oder Teile von Umhüllungen abgenommen werden müssen, darf dieses nur möglich sein

– mit Hilfe eines Schlüssels oder Werkzeugs oder

– nach Abschalten der Stromversorgung aktiver Teile, für die die Abdeckungen oder Umhüllungen als Schutz gegen direktes Berühren vorgesehen sind; eine Wiedereinschaltung der Versorgung darf erst möglich sein, wenn die Abdeckungen oder Umhüllungen sich wieder an ihrer ursprünglichen Stelle befinden bzw. geschlossen sind, oder

– wenn eine Zwischenabdeckung mindestens in Schutzart IP2X oder IPXXB ein Berühren aktiver Teile verhindert und diese Zwischenabdeckung sich nur mittels eines Schlüssels oder Werkzeugs entfernen läßt.

412.3 Schutz durch Hindernisse

ANMERKUNG: Hindernisse sind vorgesehen, um das unbeabsichtigte Berühren aktiver Teile, nicht aber das absichtliche Berühren durch bewußtes Umgehen des Hindernisses zu verhindern.

412.3.1 Hindernisse müssen verhindern entweder:

– unbeabsichtigte Annäherung an aktive Teile oder

– unbeabsichtigtes Berühren aktiver Teile während der Bedienung von Betriebsmitteln im normalen Betrieb.

412.3.2 Hindernisse dürfen ohne Schlüssel oder Werkzeug abnehmbar sein, müssen jedoch so befestigt sein, daß ein unbeabsichtigtes Entfernen verhindert ist.

412.4 Schutz durch Abstand

ANMERKUNG: Schutz durch Abstand ist vorgesehen, um nur das unbeabsichtigte Berühren aktiver Teile zu verhindern.

412.4.1 Im Handbereich dürfen sich keine gleichzeitig berührbaren Teile unterschiedlichen Potentials befinden.

ANMERKUNG: Zwei Teile gelten als gleichzeitig berührbar, wenn sie nicht mehr als 2,50 m voneinander entfernt sind (siehe Bild 41C).

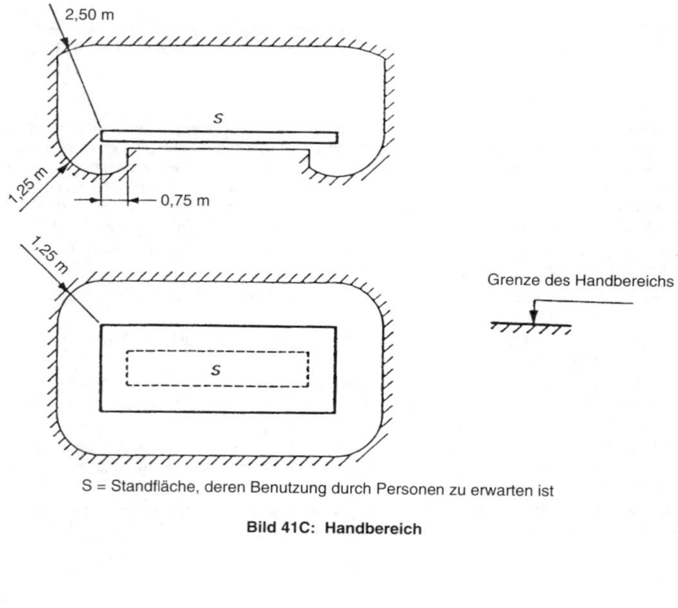

S = Standfläche, deren Benutzung durch Personen zu erwarten ist

Bild 41C: Handbereich

412.4.2 Ist eine übliche Standfläche in horizontaler Richtung durch ein Hindernis begrenzt (z. B. Geländer, Maschengitter), dessen Schutzart geringer ist als IP2X oder IPXXB, so rechnet der Handbereich ab diesem Hindernis. In 2,50 m Höhe über der Standfläche S endet der Handbereich, ohne Berücksichtigung eines Hindernisses mit einer Schutzart geringer als IP2X oder IPXXB.

ANMERKUNG: Die Grenzen des Handbereichs gelten bezüglich des Berührens mit der bloßen Hand ohne Hilfsmittel (z. B. Werkzeuge oder Leiter).

412.4.3 An Stellen, an denen üblicherweise sperrige oder lange leitfähige Gegenstände gehandhabt werden, müssen die durch Unterabschnitt 412.4.1 und Unterabschnitt 412.4.2 festgelegten Abstände entsprechend vergrößert werden.

412.5 Zusätzlicher Schutz durch RCDs

ANMERKUNG: Die Anwendung von RCDs ist nur als Zusatz zu anderen Maßnahmen zum Schutz gegen elektrischen Schlag im normalen Betrieb vorgesehen.

412.5.1 Die Anwendung von RCDs mit einem Bemessungsdifferenzstrom ≤ 30 mA ist als zusätzlicher Schutz gegen elektrischen Schlag im normalen Betrieb bei Fehlern der anderen Schutzmaßnahmen oder Sorglosigkeit des Benutzers anerkannt.

412.5.2 Die Anwendung solcher Schutzeinrichtungen ist nicht als alleiniges Mittel des Schutzes anerkannt und schließt nicht die Notwendigkeit zur Anwendung einer der Schutzmaßnahmen nach Abschnitten 412.1 bis 412.4 aus.

413 Schutz gegen elektrischen Schlag unter Fehlerbedingungen (Schutz bei indirektem Berühren oder Fehlerschutz)

413.1 Schutz durch automatische Abschaltung der Stromversorgung

ANMERKUNG 1: Die automatische Abschaltung der Stromversorgung ist gefordert, wenn bei einem Fehler infolge der Größe und Dauer der auftretenden Berührungsspannung das Risiko eines gefährlichen physiologischen Effektes bei einer Person auftreten könnte (siehe IEC 479, 2. Ausgabe).

ANMERKUNG 2: Diese Schutzmaßnahme erfordert eine Koordinierung der Art der Erdverbindung und der Eigenschaften von Schutzleitern und Schutzeinrichtungen. Die Anforderungen für diese Schutzmaßnahme und die Abschaltzeiten werden unter Berücksichtigung von IEC 479 festgelegt. Eine Erläuterung wird in einem zukünftigen IEC-Fachbericht enthalten sein.

ANMERKUNG 3: Weitere Festlegungen für Gleichstromsysteme sind in Vorbereitung.

413.1.1 *Allgemeines*

ANMERKUNG: Vereinbarte Mittel zur Erfüllung der Anforderungen in den Unterabschnitten 413.1.1.1 und 413.1.1.2 sind in Abhängigkeit von der Art der Erdverbindung in den Unterabschnitten 413.1.3 bis 413.1.5 gegeben.

413.1.1.1 *Abschaltung der Stromversorgung*

Eine Schutzeinrichtung, die für den Schutz bei indirektem Berühren vorgesehen ist, muß automatisch die Stromversorgung des zu schützenden Stromkreises oder Betriebsmittels abschalten, damit im Fehlerfall zwischen einem aktiven Teil und einem Körper oder einem Schutzleiter des Stromkreises oder des Betriebsmittels eine zu erwartende Berührungsspannung die vereinbarte Berührungsspannung U_L (siehe Anmerkungen 1 und 3) nicht über eine Zeitdauer überschreitet, die ausreicht, um das Risiko gefährlicher physiologischer Einwirkungen auf eine Person, die sich in Berührung mit gleichzeitig berührbaren leitfähigen Teilen befindet, zu verursachen.

Unter bestimmten Umständen ist abhängig von der Art der Erdverbindung jedoch eine Abschaltzeit von nicht länger als 5 s erlaubt (siehe Unterabschnitte 413.1.3.5 und 413.1.4.2).

ANMERKUNG 1: Die Werte für die vereinbarte Grenze der Berührungsspannung U_L sind AC 50 V effektiv und DC 120 V oberschwingungsfrei.

ANMERKUNG 2: Der Begriff „oberschwingungsfrei" ist vereinbarungsgemäß definiert in der Anmerkung von Unterabschnitt 411.1.4.3.

ANMERKUNG 3: Kleinere Werte für Abschaltzeit und Spannung (einschließlich U_L) dürfen für elektrische Anlagen oder für Räumlichkeiten besonderer Art in den entsprechenden Hauptabschnitten des Teils 7 und im Abschnitt 481.3 gefordert werden.

ANMERKUNG 4: Die Anforderungen dieses Abschnittes sind anzuwenden auf Stromversorgungen mit Wechselspannung, einer Frequenz zwischen 15 und 1 000 Hz, und mit oberschwingungsfreier Gleichspannung.

ANMERKUNG 5: Im IT-System ist die automatische Abschaltung bei Auftreten des ersten Fehlers üblicherweise nicht erforderlich (siehe Unterabschnitt 413.1.5).

ANMERKUNG 6: Größere Werte für Abschaltzeit und Spannung, als in diesem Unterabschnitt gefordert, dürfen in elektrischen Stromerzeugungs- und Verteilungsanlagen bis zum Speisepunkt (Anfang) der Verbraucheranlage zugelassen werden.

413.1.1.2 *Erdung und Schutzleiter*

Die Körper müssen unter den für jedes System nach Art der Erdverbindung festgelegten Bedingungen an einen Schutzleiter angeschlossen werden.

Gleichzeitig berührbare Körper müssen an demselben Erdungssystem angeschlossen werden.

ANMERKUNG: Für die Ausführung von Erdung und Schutzleiter siehe Kapitel 54 (HD 384.5.54).

413.1.2 *Potentialausgleich*

413.1.2.1 *Hauptpotentialausgleich*

In jedem Gebäude müssen der Hauptschutzleiter, der Haupterdungsleiter, die Haupterdungsklemme oder -schiene und die folgenden fremden leitfähigen Teile zu einem Hauptpotentialausgleich verbunden werden:

- metallene Rohrleitungen von Versorgungssystemen innerhalb des Gebäudes, z. B. für Gas, für Wasser;
- Metallteile der Gebäudekonstruktion, Zentralheizungs- und Klimaanlagen;
- wesentliche metallene Verstärkungen von Gebäudekonstruktionen aus bewehrtem Beton, soweit möglich.

Solche Konstruktionsteile, von außerhalb des Gebäudes kommend, müssen so nahe wie möglich an ihrem Eintrittspunkt in das Gebäude miteinander verbunden werden.

Die Hauptpotentialausgleichsleiter müssen Kapitel 54 (HD 384.5.54) entsprechen.

Alle metallischen Umhüllungen von Fernmeldekabeln und -leitungen müssen in den Hauptpotentialausgleich einbezogen werden. Dafür ist jedoch die Zustimmung des Eigners oder Betreibers derartiger Kabel und Leitungen einzuholen.

ANMERKUNG: Wenn die Zustimmung nicht erreicht werden kann, liegt die Verantwortung zur Vermeidung jeder Gefahr infolge des Ausschlusses dieser Kabel und Leitungen von der Verbindung mit dem Hauptpotentialausgleich beim Besitzer oder Betreiber.

413.1.2.2 *Zusätzlicher Potentialausgleich*

Wenn die im Unterabschnitt 413.1.1.1 festgelegten Bedingungen für das automatische Abschalten in der Anlage oder in einem Teil der Anlage nicht erfüllt werden können, muß ein örtlicher Potentialausgleich, als zusätzlicher Potentialausgleich bekannt, angewendet werden (siehe Unterabschnitt 413.1.6).

ANMERKUNG 1: Die Anwendung eines zusätzlichen Potentialausgleichs hebt nicht die Notwendigkeit auf, die Stromversorgung aus anderen Gründen abzuschalten, z. B. Brandschutz, thermische Überbeanspruchung eines Betriebsmittels usw.

ANMERKUNG 2: Ein zusätzlicher Potentialausgleich darf die gesamte Anlage, einen Teil der Anlage, ein Gerät oder einen Bereich einschließen.

ANMERKUNG 3: Ein zusätzlicher Potentialausgleich darf auch für Anlagen besonderer Art (siehe Teil 7) oder aus anderen Gründen gefordert werden.

413.1.3 *TN-Systeme*

413.1.3.1 Alle Körper der Anlage müssen mit dem geerdeten Punkt des speisenden Netzes, der am oder in der Nähe des zugehörigen Transformators oder Generators geerdet sein muß, durch Schutzleiter verbunden sein.

Üblicherweise ist der geerdete Punkt des Stromversorgungssystems der Sternpunkt. Wenn ein Sternpunkt nicht vorhanden oder nicht zugänglich ist, so muß ein Außenleiter geerdet werden. In keinem Fall darf der Außenleiter als ein PEN-Leiter benutzt werden (siehe Unterabschnitt 413.1.3.2).

ANMERKUNG 1: Wenn andere wirksame Verbindungen mit Erde bestehen, so wird empfohlen, daß die Schutzleiter ebenfalls mit diesen – wo immer möglich – verbunden sind. Eine Erdung an zusätzlichen, möglichst gleichmäßig verteilten Punkten darf gefordert werden, um sicherzustellen, daß das Potential der Schutzleiter im Fehlerfall möglichst wenig vom Erdpotential abweicht.

In großen Gebäuden, z. B. Hochhäusern, ist eine zusätzliche Erdung der Schutzleiter aus praktischen Gründen nicht möglich. In diesem Fall hat ein Potentialausgleich zwischen den Schutzleitern und den fremden leitfähigen Teilen jedoch eine ähnliche Wirkung.

ANMERKUNG 2: Aus den gleichen Gründen wird empfohlen, Schutzleiter an der Eintrittsstelle in Gebäude oder Anwesen zu erden.

413.1.3.2 In festangebrachten Kabel- und Leitungssystemen(-anlagen) darf ein einzelner Leiter die Funktion sowohl des Schutz- als auch des Neutralleiters (PEN-Leiter) übernehmen, wenn die Anforderungen des Abschnittes 546.2 (von HD 384.5.54) erfüllt sind.

413.1.3.3 Die Kennwerte der Schutzeinrichtungen (siehe Unterabschnitt 413.1.3.8) und die Schleifenimpedanz müssen so sein, daß bei Auftreten eines Fehlers mit vernachlässigbarer Impedanz zwischen einem Außen- und einem Schutzleiter oder einem Körper irgendwo in der Anlage die automatische Abschaltung der Stromversorgung innerhalb der festgelegten Zeit erfolgt. Die folgende Bedingung erfüllt diese Anforderung:

$$Z_s \cdot I_a \leq U_0$$

Dabei sind:

Z_s Impedanz der Fehlerschleife, die aus der Stromquelle, dem aktiven Leiter bis zum Fehlerort und dem Schutzleiter zwischen dem Fehlerort und der Stromquelle besteht.

I_a Strom, der das automatische Abschalten der Schutzeinrichtung innerhalb der in Tabelle 41A unter den Bedingungen, die im Unterabschnitt 413.1.3.4 festgelegt sind, oder innerhalb einer vereinbarten Zeit nicht über 5 s unter den in Unterabschnitt 413.1.3.5 festgelegten Bedingungen bewirkt. Wenn eine RCD verwendet wird, entspricht I_a dem Bemessungs-Differenzstrom $I_{\Delta N}$.

U_0 Nennwechselspannung (effektiv) gegen Erde.

Tabelle 41A: Nennspannungen und maximale Abschaltzeiten für TN-Systeme

U_0*) V	Abschaltzeit s
230	0,4
400	0,2
> 400	0,1

*) Werte basieren auf IEC 38:1983 „Normspannungen“

ANMERKUNG 1: Für Spannungen, die innerhalb des Toleranzbandes nach IEC 38 liegen, gilt die Abschaltzeit der zugehörigen Nennspannung.

ANMERKUNG 2: Für Zwischenwerte von Spannungen ist der nächsthöhere Spannungswert aus der Tabelle zu verwenden.

413.1.3.4 Die in Tabelle 41A festgelegten maximalen Abschaltzeiten erfüllen die Festlegungen im Unterabschnitt 413.1.1.1 für Endstromkreise, die über Steckdosen oder festen Anschluß Handgeräte der Schutzklasse I oder ortsveränderliche Betriebsmittel der Schutzklasse I versorgen.

413.1.3.5 Eine vereinbarte Abschaltzeit ≤ 5 s ist für Verteilungsstromkreise (von Gebäuden) erlaubt.

Eine Abschaltzeit ≤ 5 s, aber länger als die in Tabelle 41A geforderte Zeit, ist für Endstromkreise, die nur ortsfeste Betriebsmittel versorgen, unter der Voraussetzung erlaubt, daß – sofern andere Endstromkreise, für die eine Abschaltzeit entsprechend Tabelle 41A gefordert ist, aus derselben Verteilung oder demselben Verteilungsstromkreis versorgt werden – für diese Endstromkreise eine der folgenden Bedingungen erfüllt ist:

a) Die Impedanz des Schutzleiters zwischen der Verteilung und dem Punkt, an dem der Schutzleiter mit dem Hauptpotentialausgleich verbunden ist, überschreitet nicht

$$\frac{50\,\text{V}}{U_0} \cdot Z_s \text{ oder}$$

b) es ist ein Potentialausgleich an der Verteilung durchzuführen, in den die gleichen Arten von fremden leitfähigen Teilen wie beim Hauptpotentialausgleich örtlich einbezogen sind und der die Anforderungen nach Unterabschnitt 413.1.2.1 für den Hauptpotentialausgleich erfüllt.

ANMERKUNG: Siehe auch Anmerkung 1 zu 413.1.3.9.

413.1.3.6 Wenn die Bedingungen der Unterabschnitte 413.1.3.3, 413.1.3.4 und 413.1.3.5 bei Verwendung von Überstrom-Schutzeinrichtungen nicht erfüllt werden können, ist ein zusätzlicher Potentialausgleich entsprechend 413.1.2.2 erforderlich. Alternativ ist für die Abschaltung der Stromversorgung eine RCD vorzusehen.

413.1.3.7 Wenn in außergewöhnlichen Fällen ein Fehler zwischen einem Außenleiter und Erde entstehen kann, z. B. im Falle von Freileitungen, muß die folgende Bedingung erfüllt sein, die sicherstellt, daß der Schutzleiter und die mit ihm verbundenen Körper keine Spannung gegen Erde erreichen, die 50 V überschreitet:

$$\frac{R_B}{R_E} \leq \frac{50\,\text{V}}{U_0 - 50\,\text{V}}$$

Darin bedeuten:

R_B Gesamterdungswiderstand aller parallel geschalteten Erder (einschließlich derjenigen des Versorgungsnetzes);

R_E kleinster Erdübergangswiderstand der nicht mit einem Schutzleiter verbundenen fremden leitfähigen Teile, über die ein Fehler zwischen Außenleiter und Erde entstehen kann;

U_0 Nennwechselspannung (effektiv) gegen Erde in Volt.

413.1.3.8 In TN-Systemen ist die Verwendung folgender Schutzeinrichtungen anerkannt:

- Überstrom-Schutzeinrichtungen;
- RCDs.

Es gelten folgende Ausnahmen:

- Eine RCD darf in TN-C-Systemen nicht angewendet werden;
- Wenn eine RCD in TN-C-S-Systemen angewendet wird, darf auf der Lastseite der RCD ein PEN-Leiter nicht verwendet werden. Die Verbindung des Schutzleiters mit dem PEN-Leiter muß auf der Versorgungsseite der RCD hergestellt werden.

Um Selektivität zu erreichen, dürfen zeitverzögerte RCDs, z. B. der Bauart S**), in Reihe mit RCDs der allgemeinen Bauart verwendet werden.

413.1.3.9 Bei Verwendung einer RCD für die automatische Abschaltung in einem Stromkreis, der außerhalb des Einflußbereichs des Hauptpotentialausgleichs ist, dürfen die Körper nicht mit den Schutzleitern des TN-Systems verbunden sein, aber sie müssen mit einem getrennten Erder außerhalb des Einflußbereichs des Hauptpotentialausgleichs verbunden werden, dessen Widerstand vom Bemessungs-Differenzstrom der RCD bestimmt wird. Der so geschützte Stromkreis ist dann als TT-System zu betrachten, und es gelten die Bedingungen nach 413.1.4.

ANMERKUNG 1: Außerhalb des Einflußbereichs des Hauptpotentialausgleichs dürfen die folgenden anderen Schutzmaßnahmen angewendet werden:

- Schutztrennung nach 413.5;
- Schutzisolierung nach 413.2.

ANMERKUNG 2: Der Einflußbereich des Hauptpotentialausgleichs ist z. Z. bei IEC in Beratung, so daß derzeit keine vollständige Begriffserklärung existiert.

NATIONALE ANMERKUNG: Siehe Nationales Vorwort

413.1.4 *TT-Systeme*

413.1.4.1 Alle Körper, die durch die gleiche Schutzeinrichtung geschützt sind, müssen durch Schutzleiter an einen gemeinsamen Erder angeschlossen werden.

Der Sternpunkt oder, falls dieser nicht vorhanden ist, ein Außenleiter jedes Generators oder Transformators muß geerdet werden.

413.1.4.2 Die folgende Bedingung muß erfüllt sein:

$$R_A \cdot I_a \leq 50\,\text{V}$$

Dabei sind:

R_A Summe der Widerstände des Erders und des Schutzleiters der Körper;

I_a Strom, der das automatische Abschalten der Schutzeinrichtung bewirkt. Wenn die Schutzeinrichtung eine RCD ist, entspricht I_a dem Bemessungs-Differenzstrom $I_{\Delta N}$.

Um Selektivität zu erreichen, dürfen zeitverzögerte RCDs, z. B. Bauart S**), in Reihe mit RCDs der allgemeinen Bauart verwendet werden. In Verteilungsstromkreisen ist zum Erreichen der Selektivität mit RCDs eine Abschaltzeit ≤ 1 s erlaubt.

Wenn die Schutzeinrichtung eine Überstrom-Schutzeinrichtung ist, muß entweder:

- bei einer Einrichtung mit einer Charakteristik „kürzere Auslösezeit mit steigendem Strom" I_a der Strom sein, der die automatische Abschaltung innerhalb einer Zeit von maximal 5 s bewirkt oder
- mit einer unverzögerten Ausschalt-Charakteristik I_a der Strom sein, der eine unverzögerte Abschaltung bewirkt.

413.1.4.3 Wenn die Bedingung des Unterabschnittes 413.1.4.2 nicht erfüllt werden kann, ist ein zusätzlicher Potentialausgleich nach Unterabschnitt 413.1.2.2 erforderlich.

413.1.4.4 In TT-Systemen ist die Verwendung folgender Schutzeinrichtungen anerkannt:

- RCDs;
- Überstrom-Schutzeinrichtungen.

ANMERKUNG 1: Überstrom-Schutzeinrichtungen sind für den Schutz bei indirektem Berühren im TT-System nur anwendbar, wenn der Wert von R_A sehr klein ist.

**) siehe IEC 1008, IEC 1009 und IEC 947, Anhang B

ANMERKUNG 2: Die Verwendung von Fehlerspannungs-Schutzeinrichtungen ist für besondere Anwendungen nicht ausgeschlossen, wenn die vorgenannten Schutzeinrichtungen nicht verwendet werden können.

413.1.5 *IT-Systeme*

413.1.5.1 In IT-Systemen müssen die aktiven Teile entweder gegen Erde isoliert sein oder über eine ausreichend hohe Impedanz geerdet werden. Diese Impedanz darf zwischen Erde und dem Sternpunkt des Systems oder einem künstlichen Sternpunkt liegen. Der künstliche Sternpunkt darf unmittelbar mit Erde verbunden werden, wenn die resultierende Nullimpedanz des Systems ausreichend groß ist. Wenn kein Sternpunkt ausgeführt ist, darf ein Außenleiter über eine Impedanz mit Erde verbunden werden.

Der Fehlerstrom bei Auftreten nur eines Körper- oder Erdschlusses ist niedrig und eine Abschaltung ist nicht gefordert, wenn die Bedingung nach 413.1.5.3 erfüllt ist. Es müssen jedoch Maßnahmen getroffen werden, um bei Auftreten eines zweiten Fehlers das Risiko gefährlicher physiologischer Einwirkungen auf Personen, die in Verbindung mit gleichzeitig berührbaren leitfähigen Teilen stehen, zu vermeiden.

413.1.5.2

ANMERKUNG: Zur Herabsetzung von Überspannungen oder zur Dämpfung von Spannungsschwingungen in der Anlage darf eine Erdung über Impedanzen oder dürfen künstliche Sternpunkte gefordert werden, und deren Charakteristiken sollten mit den Anforderungen der Anlage übereinstimmen.

413.1.5.3 Körper müssen einzeln, gruppenweise oder in ihrer Gesamtheit geerdet werden.

ANMERKUNG: In großen Gebäuden, z. B. Hochhäusern, kann die unmittelbare Verbindung der Körper mit einem Erder aus praktischen Gründen nicht möglich sein. Die Erdung der Körper darf in diesen Fällen durch eine Verbindung zwischen Schutzleitern, Körpern und fremden leitfähigen Teilen erfolgen.

Die folgende Bedingung muß erfüllt sein:

$$R_A \cdot I_d \leq 50\,\text{V}$$

Dabei sind:

R_A Summe der Widerstände des Erders und des Schutzleiters der Körper;

I_d Fehlerstrom im Falle des ersten Fehlers mit vernachlässigbarer Impedanz zwischen einem Außenleiter und einem Körper. Der Wert von I_d berücksichtigt die Ableitströme und die Gesamtimpedanz der elektrischen Anlage gegen Erde.

413.1.5.4 Eine Isolationsüberwachungseinrichtung muß vorgesehen werden, mit der der erste Fehler zwischen einem aktiven Teil und einem Körper oder gegen Erde durch ein hörbares und/oder ein optisches Signal angezeigt wird.

ANMERKUNG 1: Es wird empfohlen, den ersten Fehler so schnell wie möglich zu beseitigen.

ANMERKUNG 2: Eine Isolationsüberwachungseinrichtung darf auch aus Gründen, die nicht den Schutz bei indirektem Berühren betreffen, notwendig sein.

413.1.5.5 Nach dem Auftreten eines ersten Fehlers müssen folgende Bedingungen für die Abschaltung der Stromversorgung im Falle eines zweiten Fehlers erfüllt werden:

a) Wenn die Körper in Gruppen oder einzeln geerdet sind, gelten für den Schutz die Bedingungen wie in Unterabschnitt 413.1.4 für das TT-System angegeben, ausgenommen den zweiten Absatz des Unterabschnittes 413.1.4.1.

b) Wenn Körper untereinander über einen Schutzleiter gemeinsam geerdet sind, gelten die Bedingungen für das TN-System entsprechend 413.1.5.6 und 413.1.5.7.

413.1.5.6 Die folgende Bedingung muß erfüllt werden, wenn der Neutralleiter nicht mit verteilt wird:

$$Z_S \leq \frac{U}{2 \cdot I_a}$$

oder wo der Neutralleiter mit verteilt wird:

$$Z'_S \leq \frac{U_0}{2 \cdot I_a}$$

Dabei sind:

U_0 Nennwechselspannung (effektiv) zwischen Außenleiter und Neutralleiter;

U Nennwechselspannung (effektiv) zwischen Außenleitern;

Z_S Impedanz der Fehlerschleife, bestehend aus dem Außenleiter und dem Schutzleiter des Stromkreises;

Z'_S Impedanz der Fehlerschleife, bestehend aus dem Neutralleiter und dem Schutzleiter des Stromkreises;

I_a Strom, der die Abschaltung des Stromkreises innerhalb der in Tabelle 41B angegebenen Zeit t, soweit anwendbar, oder für alle anderen Stromkreise innerhalb von 5 s bewirkt, sofern diese Abschaltzeit zugelassen ist (siehe 413.1.3.5).

Tabelle 41 B: Nennspannungen und maximale Abschaltzeiten für IT-Systeme (zweiter Fehler)

Nennspannung der elektrischen Anlage	Abschaltzeit in s	
U_0/U V	Neutralleiter nicht verteilt	Neutralleiter verteilt
230/ 400 400/ 690 580/1 000	0,4 0,2 0,1	0,8 0,4 0,2
ANMERKUNG 1: Für Spannungen, die innerhalb des Toleranzbandes nach IEC 38 liegen, gilt die Abschaltzeit für die zugehörige Nennspannung. ANMERKUNG 2: Für Zwischenwerte von Spannungen ist der nächsthöhere Spannungswert aus der Tabelle zu verwenden.		

413.1.5.7 Wenn die Bedingungen des Unterabschnittes 413.1.5.6 bei Verwendung von Überstrom-Schutzeinrichtungen nicht erfüllt werden können, muß ein zusätzlicher Potentialausgleich entsprechend Unterabschnitt 413.1.2.2 angewendet werden. Alternativ ist der Schutz durch eine RCD für jedes Verbrauchsmittel vorzusehen.

413.1.5.8 In IT-Systemen ist die Verwendung folgender Überwachungs- und Schutzeinrichtungen anerkannt:

- Isolationsüberwachungseinrichtungen;
- Überstrom-Schutzeinrichtungen;
- RCDs.

413.1.6 *Zusätzlicher Potentialausgleich*

413.1.6.1 In den zusätzlichen Potentialausgleich müssen alle gleichzeitig berührbaren Körper festangebrachter Betriebsmittel und alle gleichzeitig berührbaren fremden leitfähige Teile einbezogen werden, wenn möglich auch wesentliche metallene Verstärkungen von Gebäudekonstruktionen von bewehrtem Beton. Das Potentialausgleichssystem muß mit den Schutzleitern aller Betriebsmittel, einschließlich derjenigen von Steckdosen, verbunden werden.

ANMERKUNG: Dieser Potentialausgleich ist nicht anwendbar, wenn der Fußboden aus nichtisolierendem Material besteht und nicht in den zusätzlichen Potentialausgleich einbezogen werden kann.

413.1.6.2 Die Wirksamkeit des zusätzlichen Potentialausgleichs muß dadurch nachgewiesen werden, daß der Widerstand R zwischen gleichzeitig berührbaren Körpern und fremden leitfähigen Teilen die folgende Bedingung erfüllt:

$$R \leq \frac{50\ \text{V}}{I_a}$$

Dabei ist:

I_a Strom, der das Abschalten der Schutzeinrichtung bewirkt:

- für RCDs der Bemessungs-Differenzstrom ($I_{\Delta N}$);
- für Überstrom-Schutzeinrichtungen der Strom, der eine Abschaltung innerhalb von 5 s bewirkt.

413.2 Schutz durch Verwendung von Betriebsmitteln der Schutzklasse II oder durch gleichwertige Isolierung

ANMERKUNG: Diese Maßnahme ist vorgesehen, um das Auftreten gefährlicher Spannungen an den berührbaren Teilen elektrischer Betriebsmittel infolge eines Fehlers der Basisisolierung zu verhindern.

413.2.1 Der Schutz muß vorgesehen werden durch:

413.2.1.1 Verwendung elektrischer Betriebsmittel in folgender Ausführung, die typgeprüft und nach den einschlägigen Normen gekennzeichnet sind:

- elektrische Betriebsmittel mit doppelter oder verstärkter Isolierung (Betriebsmittel der Schutzklasse II);
- fabrikfertige Gerätekombinationen mit Totalisolierung (siehe EN 60439-1).

ANMERKUNG: Dieses Betriebsmittel ist durch das Symbol ⧈ gekennzeichnet.

413.2.1.2 Anbringen einer zusätzlichen Isolierung an elektrischen Betriebsmitteln, die nur eine Basisisolierung haben, beim Errichten einer elektrischen Anlage. Hierdurch muß ein Grad an Sicherheit erreicht werden, der dem elektrischer Betriebsmittel nach 413.2.1.1 gleichwertig ist und der den Anforderungen nach 413.2.2 bis 413.2.6 genügt.

ANMERKUNG: Das Symbol ⊗ sollte an sichtbarer Stelle an der Außen- und Innenseite der Umhüllung angebracht werden.

413.2.1.3 Anbringen einer verstärkten Isolierung an nichtisolierten, aktiven Teilen beim Errichten einer elektrischen Anlage. Hierdurch muß ein Grad an Sicherheit erreicht werden, der dem elektrischen Betriebsmittel nach 413.2.1.1 gleichwertig ist und der den Anforderungen nach 413.2.3 bis 413.2.6 genügt. Diese Form der Isolierung ist nur zulässig, wenn die Konstruktionsmerkmale die Anbringung einer doppelten Isolierung ausschließen.

ANMERKUNG: Das Symbol ⊗ sollte an sichtbarer Stelle an der Außen- und Innenseite der Umhüllung angebracht werden.

413.2.2 Alle leitfähigen Teile eines betriebsfertigen elektrischen Betriebsmittels, die von aktiven Teilen nur durch Basisisolierung getrennt sind, müssen von einer isolierenden Umhüllung mindestens in Schutzart IP2X oder IPXXB umschlossen sein.

413.2.3 Die isolierende Umhüllung muß den mechanischen, elektrischen und thermischen Beanspruchungen standhalten, die üblicherweise auftreten können.

Überzüge aus Farbe, Anstrich und dergleichen genügen in der Regel diesen Anforderungen nicht. Diese Anforderung schließt jedoch nicht die Verwendung von typgeprüften Überzügen aus, wenn die entsprechenden Normen ihren Gebrauch zulassen und wenn die isolierenden Überzüge nach den entsprechenden Prüfbestimmungen geprüft sind.

ANMERKUNG: Bestimmungen für Kriech- und Luftstrecken siehe IEC 664.

413.2.4 Wenn die isolierende Umhüllung nicht vorher geprüft wurde und Zweifel an ihrer Wirksamkeit bestehen, ist eine geeignete elektrische Festigkeitsprüfung nach Teil 6 durchzuführen.

413.2.5 Durch die isolierende Umhüllung dürfen keine leitfähigen Teile geführt werden, durch die Spannungen verschleppt werden können. Sie darf keine Schrauben aus isolierendem Material enthalten, wenn die Gefahr besteht, daß beim Ersetzen dieser Schrauben durch Metallschrauben die durch die Umhüllung geschaffene Isolierung beeinträchtigt wird.

ANMERKUNG: Wenn mechanische Verbindungen oder Anschlüsse (z. B. für die Bedienungsgriffe eingebauter Geräte) durch die isolierende Umhüllung geführt werden müssen, sind sie so anzuordnen, daß der Schutz gegen elektrischen Schlag im Falle eines Fehlers nicht beeinträchtigt wird.

413.2.6 Wenn Deckel oder Türen in der isolierenden Umhüllung ohne Werkzeug oder Schlüssel geöffnet werden können, müssen alle leitfähigen Teile, die bei geöffnetem Deckel oder geöffneter Tür berührbar sind, hinter einer isolierenden Abdeckung mindestens in Schutzart IP2X oder IPXXB angeordnet sein, die verhindert, daß Personen mit diesen Teilen unbeabsichtigt in Berührung kommen. Diese isolierende Abdeckung darf nur mit Hilfe eines Schlüssels oder Werkzeuges abnehmbar sein.

413.2.7 Leitfähige Teile innerhalb der isolierenden Umhüllung dürfen nicht mit Schutzleitern verbunden sein. Dies schließt jedoch nicht aus, daß Anschlußmöglichkeiten für Schutzleiter vorgesehen sind, die notwendigerweise durch die Umhüllung geführt werden, weil sie für andere elektrische Betriebsmittel benötigt werden, deren Versorgungsstromkreis ebenfalls durch die Umhüllung führt. Innerhalb der Umhüllungen müssen alle solche Leiter und ihre Anschlußklemmen wie aktive Teile isoliert werden, und ihre Anschlußklemmen sind entsprechend zu kennzeichnen.

Körper und dazwischenliegende Teile eines elektrischen Betriebsmittels dürfen nicht an einen Schutzleiter angeschlossen werden, wenn dies nicht in den Normen für die betreffenden Betriebsmittel ausdrücklich vorgesehen ist.

413.2.8 Die Umhüllung darf den Betrieb der durch sie geschützten Betriebsmittel nicht nachteilig beeinträchtigen.

413.2.9 Das Errichten der in 413.2.1.1 erwähnten Betriebsmittel (Befestigung, Anschluß von Leitern usw.) muß so erfolgen, daß der nach der Betriebsmittelnorm erzielte Schutz nicht beeinträchtigt wird.

413.3 Schutz durch nichtleitende Räume

ANMERKUNG: Diese Schutzmaßnahme ist vorgesehen, um ein gleichzeitiges Berühren von Teilen, die aufgrund des Versagens der Basisisolierung aktiver Teile unterschiedliches Potential haben können, zu vermeiden. Die Verwendung von Betriebsmitteln der Schutzklasse 0 ist zulässig, wenn alle folgenden Bedingungen erfüllt sind.

413.3.1 Die Körper müssen so angeordnet sein, daß es unter üblichen Umständen ausgeschlossen ist, daß Personen gleichzeitig in Berührung kommen mit

- zwei Körpern oder
- einem Körper und einem fremden leitfähigen Teil, wenn diese aufgrund des Versagens der Basisisolierung aktiver Teile unterschiedliches Potential haben.

413.3.2 In einem nichtleitenden Raum darf kein Schutzleiter vorhanden sein.

413.3.3 413.3.1 gilt als erfüllt, wenn der Raum einen isolierenden Fußboden und isolierende Wände hat und wenn eine oder mehrere der folgenden Anforderungen erfüllt sind:

a) ausreichender Abstand sowohl zwischen den Körpern und fremden leitfähigen Teilen als auch zwischen Körpern. Der Abstand gilt als ausreichend, wenn die Entfernung zwischen zwei Teilen mindestens 2,5 m beträgt; sie darf außerhalb des Handbereichs auf 1,25 m herabgesetzt werden.

b) Anbringen wirksamer Hindernisse zwischen den Körpern und fremden leitfähigen Teilen. Solche Hindernisse gelten als ausreichend wirksam, wenn sie die überbrückbare Entfernung auf die in Aufzählung a) genannten Werte vergrößern. Sie dürfen nicht mit geerdeten Teilen oder mit Körpern verbunden werden; soweit möglich, müssen sie aus isolierendem Material bestehen.

c) Isolierung oder isolierte Anordnung fremder leitfähiger Teile. Die Isolierung muß ausreichende mechanische Festigkeit haben und einer Prüfspannung von mindestens 2 000 V standhalten können. Der Ableitstrom darf unter normalen Betriebsbedingungen 1 mA nicht überschreiten.

413.3.4 Der Widerstand von isolierenden Fußböden und Wänden darf unter den in Teil 6 (siehe HD 384.6.61) festgelegten Bedingungen an keiner Stelle, an der gemessen wird, die folgenden Werte unterschreiten:

- 50 kΩ, wenn die Nennspannung der Anlage 500 V nicht überschreitet,
- 100 kΩ, wenn die Nennspannung der Anlage 500 V überschreitet.

ANMERKUNG: Wenn der Widerstand an einer Stelle unter dem festgelegten Wert liegt, gelten die Fußböden und Wände im Sinne des Schutzes gegen elektrischen Schlag als fremde leitfähige Teile.

413.3.5 Die getroffenen Vorkehrungen müssen dauerhaft sein und dürfen nicht unwirksam gemacht werden können. Der Schutz durch diese Vorkehrungen muß auch für den Fall sichergestellt sein, daß die Verwendung beweglicher und ortsveränderlicher Betriebsmittel beabsichtigt ist.

ANMERKUNG 1: Es wird auf das Risiko hingewiesen, daß in Fällen, in denen die elektrischen Anlagen nicht unter wirksamer Kontrolle (Überwachung) stehen, zu einem späteren Zeitpunkt leitfähige Teile in die Anlage eingeführt werden können (z. B. bewegliche oder ortsveränderliche Betriebsmittel der Schutzklasse I oder fremde leitfähige Teile, z. B. Wasserrohre aus Metall), und daß dadurch die Vorkehrungen nach Unterabschnitt 413.3.5 aufgehoben werden können.

ANMERKUNG 2: Es ist wichtig sicherzustellen, daß die Isolierung von Fußböden und Wänden nicht durch Feuchtigkeit beeinträchtigt werden kann.

413.3.6 Es müssen Vorkehrungen getroffen werden, die sicherstellen, daß durch fremde leitfähige Teile keine Spannungen aus dem betreffenden Raum nach außen verschleppt werden können.

413.4 Schutz durch erdfreien örtlichen Potentialausgleich

ANMERKUNG: Der erdfreie örtliche Potentialausgleich ist dafür vorgesehen, das Auftreten einer gefährlichen Berührungsspannung zu verhindern.

413.4.1 Alle gleichzeitig berührbaren Körper und fremden leitfähigen Teile müssen durch Potentialausgleichsleiter miteinander verbunden werden.

413.4.2 Das örtliche Potentialausgleichssystem darf weder direkt noch über Körper oder fremde leitfähige Teile mit geerdeten Teilen in Berührung sein.

ANMERKUNG: Wenn diese Anforderung nicht erfüllt werden kann, ist ein Schutz durch automatische Abschaltung der Stromversorgung anwendbar (siehe 413.1).

413.4.3 Es müssen Vorkehrungen getroffen werden, die sicherstellen, daß Personen, die einen erdpotentialfreien Raum betreten, nicht einem gefährlichen Potentialunterschied ausgesetzt werden, insbesondere in Fällen, in denen ein gegen geerdete Teile isolierter, leitfähiger Boden mit dem erdfreien Potentialausgleichssystem verbunden ist.

413.5 Schutz durch Schutztrennung

ANMERKUNG: Die Schutztrennung eines einzelnen Stromkreises ist vorgesehen, um Gefahren beim Berühren von Körpern zu verhindern, die durch einen Fehler in der Basisisolierung des Stromkreises unter Spannung gesetzt werden können.

413.5.1 Der Schutz durch Schutztrennung muß sichergestellt werden durch Beachtung aller Anforderungen von 413.5.1.1 bis 413.5.1.5 sowie von

- 413.5.2 bei Speisung **eines** Betriebsmittels oder
- 413.5.3 bei Speisung **mehrerer** Betriebsmittel.

ANMERKUNG: Es wird empfohlen, daß das Produkt aus Spannung in Volt und Länge des Kabel- und Leitungssystems (der Kabel- und Leitungsanlage) in Meter 100 000 und die Länge des Kabel- und Leitungssystems (der Kabel- und Leitungsanlage) 500 m nicht überschreiten.

413.5.1.1 Der Stromkreis ist durch eine getrennte Stromquelle zu versorgen, z. B.:

- einen Trenntransformator oder
- eine Stromquelle, die eine gleichwertige Sicherheit bietet wie der obengenannte Trenntransformator, z. B. ein Motorgenerator mit gleichwertig isolierten Wicklungen.

Bewegliche Stromquellen, die aus einem Stromversorgungsnetz gespeist werden, sind nach 413.2 auszuwählen oder zu errichten.

Ortsfeste Stromquellen müssen entweder

- nach 413.2 ausgewählt und errichtet werden oder
- so beschaffen sein, daß der Ausgang sowohl vom Eingang als auch von der Umhüllung durch eine Isolierung getrennt ist, die den Bedingungen nach 413.2 genügt; wenn eine solche Stromquelle mehrere Betriebsmittel speist, so dürfen die Körper dieser Betriebsmittel nicht mit der Metallumhüllung der Stromquelle verbunden werden.

413.5.1.2 Die Spannung eines Stromkreises mit Schutztrennung darf 500 V nicht überschreiten.

413.5.1.3 Die aktiven Teile des Stromkreises mit Schutztrennung dürfen weder mit einem anderen Stromkreis noch mit Erde verbunden werden.

Um die Gefahr eines Erdschlusses zu vermeiden, muß besonders auf die Isolierung dieser Teile gegen Erde geachtet werden, vor allem bei flexiblen Kabeln und Leitungen.

Die Anordnung muß eine sichere Trennung sicherstellen, die derjenigen zwischen Eingang und Ausgang eines Trenntransformators mindestens gleichwertig ist.

ANMERKUNG: Diese sichere Trennung ist insbesondere notwendig zwischen den aktiven Teilen von elektrischen Betriebsmitteln, wie Relais, Schütze, Hilfsschaltern und Teilen eines anderen Stromkreises.

413.5.1.4 Flexible Kabel und Leitungen müssen an allen Stellen, die mechanischen Beanspruchungen ausgesetzt sind, sichtbar sein und müssen der Bauart (in Bearbeitung) entsprechen.

413.5.1.5 Für Stromkreise der Schutztrennung wird die Anwendung von getrennten Kabel- und Leitungssystemen (-anlagen) empfohlen. Falls die Anwendung von Leitern desselben Kabel- und Leitungssystems (derselben Kabel- und Leitungsanlage) für getrennte Stromkreise und andere Stromkreise unabwendbar ist, müssen mehradrige Kabel und/oder Leitungen ohne Metallmantel oder isolierte Leiter in isolierten Elektroinstallationsrohren oder in geschlossenen oder zu öffnenden isolierten Elektroinstallationskanälen verwendet werden, vorausgesetzt, daß ihre Bemessungsspannung mindestens so groß ist wie die höchste wahrscheinlich auftretende (Betriebs-)Spannung, und jeder Stromkreis muß bei Überströmen geschützt sein.

413.5.2 Wenn nur ein einzelnes Betriebsmittel versorgt wird, dürfen die Körper der Betriebsmittel des Stromkreises der Schutztrennung weder mit dem Schutzleiter noch mit den Körpern anderer Stromkreise verbunden werden.

ANMERKUNG: Wenn in Stromkreisen mit Schutztrennung Körper entweder zufällig oder absichtlich mit Körpern anderer Stromkreise in Berührung kommen können, hängt der Schutz gegen elektrischen Schlag nicht mehr allein von der Schutzmaßnahme Schutztrennung ab, sondern auch von der Schutzmaßnahme, in die die letztgenannten Körper einbezogen sind.

413.5.3 Wenn Vorkehrungen getroffen sind, um den Stromkreis mit Schutztrennung vor Schäden und Isolationsfehlern zu schützen und alle Anforderungen von 413.5.3.1 bis 413.5.3.4 erfüllt sind, darf eine einzelne Stromquelle nach 413.5.1.1 mehr als ein Betriebsmittel versorgen.

413.5.3.1 Die Körper der Betriebsmittel eines Stromkreises mit Schutztrennung sind untereinander durch ungeerdete isolierte Potentialausgleichsleiter zu verbinden. Solche Leiter dürfen nicht mit den Schutzleitern oder Körpern von Betriebsmitteln anderer Stromkreise oder mit fremden leitfähigen Teilen verbunden werden.

ANMERKUNG: Siehe die Anmerkung zu 413.5.2.

413.5.3.2 Alle Steckdosen sind mit Schutzkontakten auszustatten, die mit dem Potentialausgleichssystem nach 413.5.3.1 zu verbinden sind.

413.5.3.3 Alle flexiblen Anschlußleitungen, ausgenommen für Betriebsmittel der Schutzklasse II, müssen einen Schutzleiter enthalten, der als Potentialausgleichsleiter anzuwenden ist.

413.5.3.4 Es muß sichergestellt werden, daß beim Auftreten von zwei Fehlern, die zwei Körper von Betriebsmitteln betreffen, die von Leitern unterschiedlicher Polarität versorgt werden, eine Schutzeinrichtung die Abschaltung der Stromversorgung innerhalb der in Tabelle 41A angegebenen Zeit bewirkt.

Anhang ZA (normativ)

Andere in dieser Norm zitierte internationale Publikationen mit den Verweisungen auf die entsprechenden europäischen Publikationen

Dieses HD enthält durch datierte und undatierte Verweisungen Festlegungen aus anderen Publikationen. Diese normativen Verweisungen sind an den jeweiligen Stellen im Text zitiert, und die Publikationen sind nachstehend aufgeführt. Bei starren Verweisungen gehören spätere Änderungen oder Überarbeitungen dieser Publikation nur zu diesem HD, falls sie durch Änderung oder Überarbeitung eingearbeitet sind. Bei undatierten Verweisungen gilt die letzte Ausgabe der in Bezug genommenen Publikation.

ANMERKUNG: Wenn internationale Publikationen durch gemeinsame Abänderungen von CENELEC geändert wurden, durch (mod) angegeben, gelten die entsprechenden EN/HD.

Publikation	Datum	Titel	EN/HD	Datum
IEC 38 (mod)	1983	IEC standard voltages[1])	HD 472 S1	1989
IEC 65 (mod)	1985	Safety requirements for mains operated electronic and related apparatus for household and similar general use	EN 60065[2]) + corr. November	1993 1993
IEC 364-3 (mod)	1993	Electrical installations of buildings Part 3: Assessment of general characteristics	HD 384.2 S2	1995
IEC 364-4-47 (mod) + A1	1981 1993	Part 4: Protection for safety; Chapter 47: Application of protective measures for safety; Section 470: General; Section 471: Measures of protection against electric shock	HD 384.4.47 S2	1995
IEC 364-5-54 (mod)	1980	Part 5: Selection and erection of electrical equipment Chapter 54: Earthing arrangements and protective conductors	HD 384.5.54 S1	1988
IEC 364-6-61 (mod)	1986	Part 6: Verification; Chapter 61: Initial verification	HD 384.6.61 S1	1992
IEC 439-1	1992	Low-voltage switchgear and controlgear assemblies Part 1: Type-tested and partially type-tested assemblies	EN 60439-1[3]) + corr. August + corr. February + A11	1994 1994 1995 1996
IEC 449	1973	Voltage bands for electrical installations of buildings	HD 193 S2[4])	1982
IEC 479	series	Effects of current passing through the human body	–	–
IEC 664	series	Insulation coordination for equipment within low-voltage systems	–	–
IEC 947-1 (mod)	1988	Low-voltage switchgear and controlgear; Part 1: General rules	EN 60947-1 + corr. March	1991 1993
IEC 742 (mod)	1983	Isolating transformers and safety isolating transformers – Requirements	EN 60742[5])	1995
IEC 1008-1 (mod)	1990	Electrical accessories – Residual current operated circuit-breakers without integral overcurrent protection for household and similar uses (RCCB's); Part 1: General rules	EN 61008-1[6]) + corr. Sept. + A11	1994 1994 1995
IEC 1009-1 (mod)	1991	Electrical accessories – Residual current operated circuit-breakers without integral overcurrent protection for household and similar uses (RCBO's); Part 1: General rules	EN 61009-1 + corr. Sept. + A11	1994 1994 1995
IEC 1140	199X	Protection against electric shock – Common aspects for installation and equipment (under consideration)	–	–

1) Der Titel von HD 472 S1 lautet: Nennspannungen für öffentliche Niederspannungsversorgungssysteme.

2) EN 60065 enthält A1:1987 und A2:1989 und A3:1992 von IEC 65.

3) EN 60439-1 enthält die Korrektur Dezember 1993 von IEC 439-1.

4) HD 193 S2 enthält A1:1979 von IEC 449.

5) EN 60742 enthält A1:1992 von IEC 742.

6) EN 61008-1 enthält A1:1992 von IEC 1008-1.

Anhang ZB (informativ)

Überblick zu den Kleinspannungen SELV, PELV und FELV bezüglich der sicheren Trennung und der Beziehung zur Erde

Art der Trennung			Beziehung zur Erde oder zu einem Schutzleiter		Bezeichnung (und entsprechende Abschnitte)
Stromquellen		Stromkreise	Stromkreise	Körper	
Stromquellen mit sicherer Trennung, z. B. ein Sicherheitstransformator nach EN 60742 oder gleichwertige Stromquellen	und	Stromkreise mit sicherer Trennung	ungeerdete Stromkreise	Körper dürfen nicht absichtlich mit Erde oder einem Schutzleiter verbunden sein*)	SELV (411.1.1 bis 411.1.4)
			geerdete und ungeerdete Stromkreise erlaubt	Körper dürfen geerdet oder mit einem Schutzleiter verbunden sein	PELV (411.1.1 bis 411.1.3 und 411.1.5)
Stromquellen ohne sichere Trennung, d. h. eine Stromquelle nur mit Basistrennung, z. B. ein Transformator nach IEC 989	oder	Stromkreise ohne sichere Trennung	geerdete Stromkreise erlaubt	Körper müssen mit dem Schutzleiter auf der Primärseite der Stromversorgung verbunden sein	FELV (471.3)

*) Bezüglich einer zufälligen Berührung von Körpern eines SELV-Stromkreises mit Körpern anderer Stromkreise siehe Anmerkung zu 411.1.4.2.

ANMERKUNG: Anforderungen für FELV-Stromkreise sind in HD 384.4.47 S2:1995 enthalten.

DK 621.316.17.002.2:621.3.027.4:614.84 November 1991

Errichten von Starkstromanlagen mit Nennspannungen bis 1000 V;

Schutzmaßnahmen; Schutz gegen thermische Einflüsse

DIN VDE 0100 Teil 420

Diese auch vom Vorstand des Verbandes Deutscher Elektrotechniker (VDE) e. V. genehmigte Norm ist damit zugleich eine **VDE-Bestimmung** im Sinne von VDE 0022. Sie ist unter obenstehender Nummer in das VDE-Vorschriftenwerk aufgenommen und in der etz Elektrotechnische Zeitschrift bekanntgegeben worden.

Erection of power installations with nominal voltages up to 1000 V;
Protective measures;
Protection against thermal effects;

Ersatz für DIN 57 100 Teil 420/VDE 0100 Teil 420/11.84
Siehe jedoch Übergangsfrist!

In diese Norm ist der sachliche Inhalt von CENELEC HD 384.4.42 S1 mit CENELEC AM 1 zu HD 384.4.42 S1, mit denen IEC 364-4-42 (1980) mit gemeinsamen CENELEC-Abänderungen modifiziert wird, eingearbeitet. Die Abschnittsnummern der CENELEC-Schriftstücke sind am Rand in eckige Klammern gesetzt, womit auch der Bezug der einzelnen Abschnitte dieser Norm zu den bezeichneten Abschnitten der IEC-Publikation gegeben ist.

Beginn der Gültigkeit

Diese Norm (VDE-Bestimmung) gilt ab 1. November 1991.

Für am 1. November 1991 in Planung oder in Bau befindliche Anlagen gilt DIN 57 100 Teil 420/VDE 0100 Teil 420/11.84 noch in einer Übergangsfrist bis 31. Oktober 1993.

Norm-Inhalt war veröffentlicht als Entwurf DIN VDE 0100 Teil 420 A1/10.86.

Inhalt

Fortsetzung Seite 2 bis 4

Deutsche Elektrotechnische Kommission im DIN und VDE (DKE)

1 Anwendungsbereich [—]

Diese Norm gilt für Maßnahmen zum Schutz von Personen, Nutztieren und Sachen gegen thermische Einflüsse benachbarter elektrischer Betriebsmittel.

Sie gilt nur in Verbindung mit den entsprechenden anderen Normen der Reihe DIN VDE 0100 sowie mit den noch nicht ersetzten Paragraphen von DIN VDE 0100/05.73 mit Änderung DIN VDE 0100g/07.76.

2 Begriffe [—]

Allgemeine Begriffe siehe DIN VDE 0100 Teil 200.

3 Allgemeine Anforderungen [421]

Personen, Nutztiere und Sachen sind gegen zu hohe Erwärmung, die durch benachbarte elektrische Betriebsmittel oder benachbarte elektrische Anlagen verursacht werden können, zu schützen.

Es gilt insbesondere zu verhindern

— Entzündung, Verbrennung oder sonstige Schädigung von Werk- und Baustoffen,

— Gefahr von Verbrennungen (Brandwunden),

— Beeinträchtigung der sicheren Funktion der installierten Einrichtungen.

Anmerkung 1: Schutz von Leitungen und Kabel gegen zu hohe Erwärmung siehe DIN VDE 0100 Teil 430.

[42]

Anmerkung 2: Begriffe über das Materialverhalten von Werk- und Baustoffen bei Feuer und die zugehörigen Prüfungen sind international in Vorbereitung. Deshalb sind die in dieser Norm enthaltenen Benennungen für das Brandverhalten aus DIN 4102 Teil 1 für Baustoffe entnommen und als vorläufig zu betrachten.

4 Brandschutz [422]

[422.1]

4.1 Elektrische Anlagen dürfen für die Umgebung keine Brandgefahr darstellen.

Neben den Festlegungen dieser Norm müssen die Montageanweisungen des Herstellers beachtet werden.

[422.2]

4.2 Können festeingebaute Betriebsmittel Oberflächentemperaturen erreichen, die für benachbarte Teile eine Brandgefahr darstellen, müssen die Betriebsmittel

— auf oder innerhalb Werk- oder Baustoffen niedriger Wärmeleitfähigkeit, die der auftretenden Erwärmung widerstehen können, errichtet werden oder

— durch Werk- oder Baustoffe niedriger Wärmeleitfähigkeit, die solchen Erwärmungen widerstehen können, von Teilen der Gebäudekonstruktion abgeschirmt werden oder

— in einem ausreichendem Abstand von Teilen, deren Beständigkeit durch zu hohe Erwärmung gefährdet wäre, so errichtet werden, daß eine sichere Ableitung der Wärme möglich ist. Dabei muß jeder Träger oder jede Unterlage eine geringe Wärmeleitfähigkeit haben.

[422.3]

4.3 Können bei bestimmungsgemäßem Betrieb Lichtbögen oder Funken aus festeingebauten Betriebsmitteln austreten, müssen diese entweder

— völlig in lichtbogenbeständigen Werk- oder Baustoffen eingeschlossen sein oder

— durch lichtbogenbeständige Werk- oder Baustoffe von den Gebäudeteilen abgeschirmt werden, auf die die Lichtbögen schädigende Wärmeeinwirkungen haben können, oder

— so errichtet werden, daß eine sichere Löschung von Lichtbögen und Funken in einem ausreichenden Abstand von den Gebäudeteilen, auf die der Lichtbogen schädigende Wärmeeinwirkungen haben kann, möglich ist.

Lichtbogenbeständige Werk- und Baustoffe, die für diesen Schutz verwendet werden, dürfen nicht brennbar sein, müssen eine niedrige Wärmeleitfähigkeit besitzen und eine angemessene Dicke haben, die die mechanische Festigkeit sicherstellt.

Anmerkung: Als lichtbogenfest kann z. B. eine 20 mm dicke Fiber-Silikatplatte angesehen werden. Durch eine Unterlage aus Blech oder Asbest ist die Lichtbogenfestigkeit im allgemeinen nicht zu erreichen.

[422.4]

4.4 Festeingebaute Betriebsmittel, die einen Wärmestau (z. B. Behinderung der Wärmeabfuhr) oder eine Konzentration von Wärme (z. B. Häufung von Betriebsmitteln) verursachen, müssen ausreichenden Abstand von festen Einrichtungen oder Gebäudeteilen haben, um bei normalen Betriebsbedingungen eine gefährliche Wärmeeinwirkung zu verhindern.

[422.5]

4.5 Enthalten in Räumen errichtete elektrische Betriebsmittel entflammbare Flüssigkeiten in bedeutender Menge, müssen Vorkehrungen getroffen werden, um zu verhindern, daß brennende Flüssigkeiten oder ihre Verbrennungsprodukte (Flammen, Rauch, toxische Gase) sich in andere Teile des Gebäudes ausbreiten.

Anmerkung 1: Beispiele solcher Vorkehrungen sind

— eine Auffanggrube, um auslaufende Flüssigkeiten zu sammeln und ihre Löschung im Fall des Brandes zu sichern,

— Einbau der Betriebsmittel in feuerhemmend oder feuerbeständig abgetrennten Räumen mit Türschwellen. Solche Räume dürfen nur ins Freie belüftet werden.

Anmerkung 2: Als untere Grenze für die bedeutende Menge können üblicherweise 25 l angesehen werden.

Anmerkung 3: Bei weniger als 25 l reichen Vorkehrungen aus, die ein Entweichen der Flüssigkeit verhindern.

Anmerkung 4: Es wird empfohlen, bei Ausbruch eines Brandes die Spannung des vom Brand bedrohten Betriebsmittels abzuschalten.

[422.6]

4.6 Werk- und Baustoffe, mit denen die elektrischen Einrichtungen bei der Montage verkleidet werden, müssen den zu erwartenden höchsten Temperaturen standhalten. Die Verkleidungen sollten aus nichtbrennbaren Werk- oder Baustoffen bestehen, müssen jedoch mindestens schwerentflammbar sein. Normal- oder leichtentflammbare Werk- oder Baustoffe müssen mindestens zusätzliche Verkleidungen haben, damit sie den vorgenannten Anforderungen genügen, außerdem müssen sie eine geringe Wärmeleitfähigkeit haben.

5 Schutz gegen Verbrennungen (Brandwunden)

[423]

Im Handbereich zugängliche Teile elektrischer Betriebsmittel dürfen keine Oberflächen-Temperaturen erreichen, die bei Personen Verbrennungen verursachen können. Sie müssen die angegebenen Temperaturgrenzwerte nach Tabelle 1 einhalten. Alle Teile der Anlage, die bei normalem Betrieb, wenn auch nur für kurze Zeiträume, die in Tabelle 1 aufgeführten Temperaturen überschreiten können, müssen gegen zufällige Berührung gesichert sein.

Die Werte von Tabelle 1 sind auf Betriebsmittel nicht anwendbar, die den für diese Betriebsmittel geltenden Normen entsprechen.

[—]

Anmerkung: Bezüglich der Festlegungen für Nutztiere siehe DIN VDE 0100 Teil 705.

6 Schutz gegen Überhitzung [424]

6.1 Gebläse-Heizsysteme [424.1]

[424.1.1]

6.1.1 Gebläse-Heizsysteme müssen so errichtet werden, daß ihre Heizelemente — außer bei elektrischen Speicherheizgeräten — nicht in Betrieb gesetzt werden können, bis der vorgesehene Luftdurchsatz erreicht ist.

Sie müssen sich außer Betrieb setzen, wenn die Gebläseleistung sich unzulässig reduziert oder das Gebläse abgeschaltet wird. Außerdem sind zwei voneinander unabhängige temperaturbegrenzende Einrichtungen, z. B. Temperaturregler und unabhängiger Sicherheitstemperaturbegrenzer, vorzusehen, die die Überschreitung der zulässigen Temperaturen im Luftkanal verhindern.

[424.1.2]

6.1.2 Tragekonstruktionen und Verkleidungen von elektrischen Heizelementen müssen aus nichtbrennbaren Werk- oder Baustoffen bestehen.

Tabelle 1. **Temperaturgrenzen für berührbare Teile von Oberflächen elektrischer Betriebsmittel im Handbereich bei bestimmungsgemäßem Betrieb**

Zugängliche Teile	Material der zugänglichen Oberflächen	Maximale Temperaturen (° C)
beim Betrieb in der Hand gehaltene Teile	metallisch nicht metallisch	55 65
Teile, die berührt werden müssen, aber nicht in der Hand gehalten werden	metallisch nicht metallisch	70 80
Teile, die bei normalem Betrieb nicht berührt zu werden brauchen	metallisch nicht metallisch	80 90

6.2 Heißwasser- oder Dampferzeuger [424.2]

Betriebsmittel zum Erzeugen von heißem Wasser oder Dampf müssen unter allen Betriebsbedingungen gegen Überhitzung geschützt werden. Wenn sie nicht als Ganzes einer Norm entsprechen, ist der Schutz durch einen geeigneten, nicht selbsttätig wiedereinschaltenden Temperaturbegrenzer nach DIN VDE 0631, der unabhängig von der Temperaturregelung arbeitet, sicherzustellen.

Um eine unzulässige Erhöhung des Wasserdrucks zu vermeiden, muß eine freie Auslaßöffnung vorhanden sein, oder das Betriebsmittel muß zusätzlich mit einer Vorrichtung zur Begrenzung des Wasserdruckes ausgerüstet sein.

Zitierte Normen

DIN 4102 Teil 1	Brandverhalten von Baustoffen und Bauteilen; Baustoffe; Begriffe, Anforderungen und Prüfungen
DIN VDE 0100 Teil 200	Errichten von Starkstromanlagen mit Nennspannungen bis 1000 V; Allgemeingültige Begriffe
DIN VDE 0100 Teil 430	Errichten von Starkstromanlagen mit Nennspannungen bis 1000 V; Schutz von Leitungen und Kabeln gegen zu hohe Erwärmung
DIN VDE 0100 Teil 705	Errichten von Starkstromanlagen mit Nennspannungen bis 1000 V; Landwirtschaftliche Betriebsstätten
Übrige Normen der Reihe	DIN VDE 0100 siehe
Beiblatt 2 zu DIN VDE 0100	Errichten von Starkstromanlagen mit Nennspannungen bis 1000 V; Verzeichnis der einschlägigen Normen
DIN VDE 0631	Temperaturregler, Temperaturbegrenzer und ähnliche Vorrichtungen

Frühere Ausgaben

DIN 57 100 Teil 420/VDE 0100 Teil 420: 11.84

Änderungen

Gegenüber DIN 57 100 Teil 420/VDE 0100 Teil 420/11.84 wurden folgende Änderungen vorgenommen:

a) Redaktionelle Verbesserungen.

b) Die Temperaturgrenzen für berührbare Teile von Oberflächen elektrischer Betriebsmittel im Handbereich gelten dann, wenn Betriebsmittel nicht ihren Normen entsprechen.

Erläuterungen

Diese Norm wurde vom Komitee 221 „Errichten von Starkstromanlagen bis 1000 V" der Deutschen Elektrotechnischen Kommission im DIN und VDE (DKE) verabschiedet.

Das folgende Bild zeigt die Einordnung dieser Norm in die Reihe der Normen DIN VDE 0100.

Internationale Patentklassifikation

F 24 H 9/20 H 02 K 9/00
H 02 B 1/56 H 05 K 7/20
H 02 G 3/03

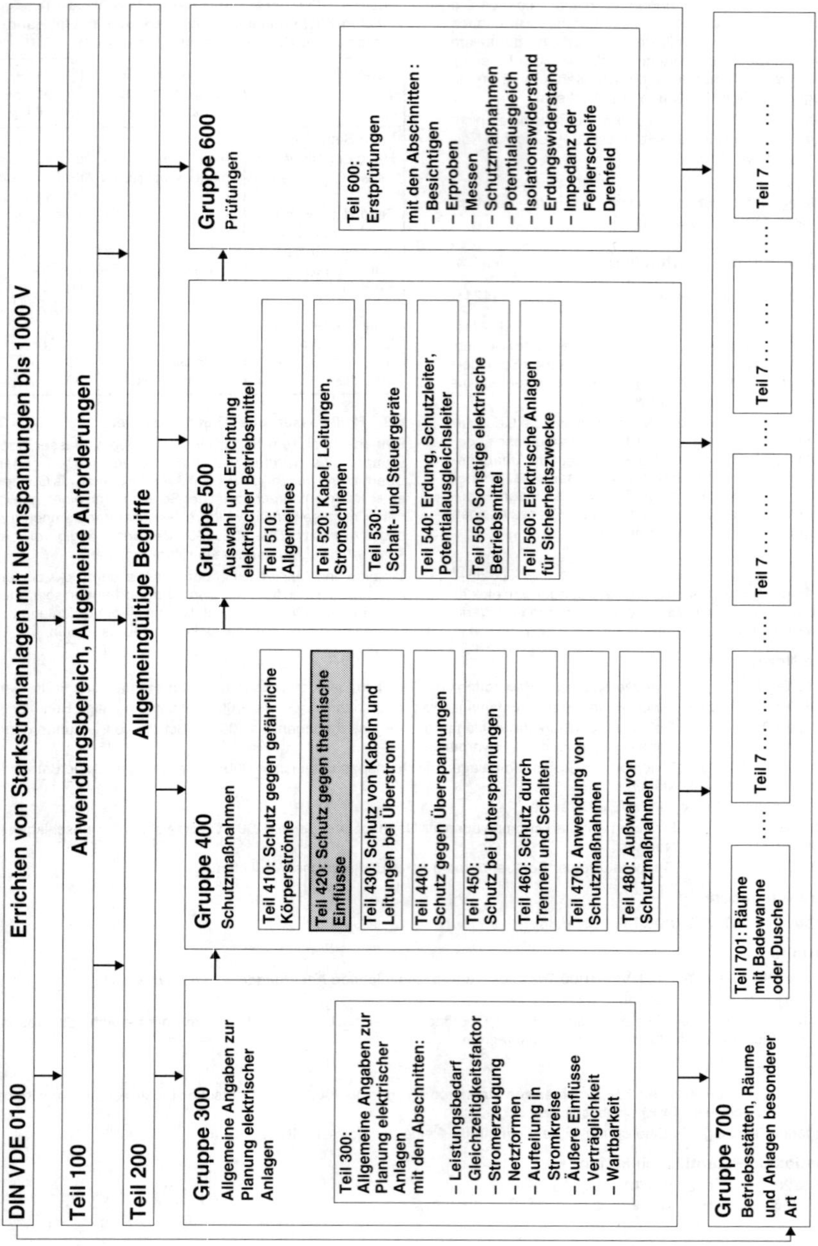

Bild 1. Eingliederung dieser Norm in die Struktur der Reihe der Normen DIN VDE 0100

DK 621.316.17.002:621.3.027.26:621.3.06 Februar 1994

Errichten von Starkstromanlagen mit Nennspannungen bis 1000 V
Schutzmaßnahmen
Trennen und Schalten

DIN VDE 0100 Teil 460

VDE

Diese Norm ist zugleich eine **VDE-Bestimmung** im Sinne von VDE 0022. Sie ist nach Durchführung des vom VDE-Vorstand beschlossenen Genehmigungsverfahrens unter nebenstehenden Nummern in das VDE-Vorschriftenwerk aufgenommen und in der etz Elektrotechnische Zeitschrift bekanntgegeben worden.

Klassifikation
VDE 0100
Teil 460

Erection of power installations with nominal voltages up to 1000 V;
Protective measures;
Isolation and switching

Ersatz für
Ausgabe 10.88

Éréction des installations à courant fort de tension nominale inférieure ou égale à 1000 V;
Protection pour assurer la sécurité;
Sectionnement et commande

In diese Norm ist der sachliche Inhalt des CENELEC-HD 384.4.46 S1:1987, das die modifizierte Fassung der IEC 364-4-46:1981 enthält, und die Änderung CENELEC-HD 384.4.46 S1 A1:1993 eingearbeitet worden. Die Abschnittsnummern des HD 384.4.46 S1 sind am Rand in eckige Klammern gesetzt, womit auch der Bezug der einzelnen Abschnitte dieser Norm zu den Abschnitten der IEC 364-4-46:1981 gegeben ist.

Beginn der Gültigkeit

Diese Norm gilt ab 1. Februar 1994.

Norm-Inhalt war veröffentlicht in Entwurf DIN VDE 0100 Teil 460 A1/11.92.

Fortsetzung Seite 2 bis 8

Deutsche Elektrotechnische Kommission im DIN und VDE (DKE)

Inhalt

1 Anwendungsbereich [460]

Diese Norm gilt für nicht-automatische Maßnahmen zum Trennen und Schalten vor Ort oder durch Fernbetätigung mit dem Ziel, Gefahren an elektrischen Betriebsmitteln und elektrisch betriebenen Maschinen zu verhindern oder zu beseitigen.

Sie gilt nur in Verbindung mit den entsprechenden anderen Normen der Reihe DIN VDE 0100 sowie mit den noch nicht ersetzten Paragraphen von DIN VDE 0100/05.73 mit Änderung DIN VDE 0100g/07.76.

[IEC-Vorwort]

Diese Norm sollte in Verbindung mit den in Anhang ZA genannten Schriftstücken gelesen werden.

2 Begriffe

Begriffe siehe DIN VDE 0100 Teil 200

3 Allgemeines [461]

[461.1]

3.1 Jedes zum Trennen oder Schalten vorgesehene Gerät muß für die beabsichtigte Funktion den Anforderungen nach DIN VDE 0100 Teil 537 entsprechen.

[461.2]

3.2 In TN-C-Systemen(-Netzen) darf der PEN-Leiter nicht getrennt oder geschaltet werden. In TN-S-Systemen(-Netzen) braucht der Neutralleiter nicht getrennt oder geschaltet zu werden, wenn die Netzverhältnisse derart sind, daß der Neutralleiter als wirksam geerdet angesehen werden kann.

ANMERKUNG 1: Der Neutralleiter wird nicht als wirksam geerdet angesehen in Frankreich und Norwegen.

ANMERKUNG 2: Unabhängig von der Netzform darf der Schutzleiter nicht getrennt oder geschaltet werden (siehe DIN VDE 0100 Teil 540/11.91, Abschnitt 5.3.3).

[461.3]

3.3 Die in dieser Norm beschriebenen Maßnahmen ersetzen nicht die Schutzmaßnahmen, die in DIN VDE 0100 Teil 410, Teil 420, Teil 430 und Teil 450 festgelegt sind.

4 Trennen [462]

[462.1]

4.1 Jeder Stromkreis muß von den aktiven Leitern der Stromversorgung getrennt werden können. Ausnahme siehe Abschnitt 3.2.

Stromkreisgruppen dürfen durch ein gemeinsames Gerät getrennt werden, wenn dies die Betriebsbedingungen erlauben.

(462.2]

4.2 Es sind geeignete Maßnahmen gegen unbeabsichtigtes Einschalten der Betriebsmittel vorzusehen.

ANMERKUNG: Solche Vorsichtsmaßnahmen können durch eine oder mehrere der folgenden Maßnahmen erreicht werden:

- Verschließeinrichtung,
- Warnhinweise,
- Unterbringung in einem abschließbaren Raum oder in einer Umhüllung.

Erden oder Kurzschließen darf als zusätzliche Maßnahme angewendet werden.

[462.3]

4.3 Wenn ein Betriebsmittel oder eine Umhüllung aktive Teile enthält, die mit mehr als einer Versorgung verbunden sind, muß ein Warnhinweis so angebracht sein, daß jede Person, die Zugang zu den aktiven Teilen hat, auf die Notwendigkeit der Trennung dieser Teile von den verschiedenen Versorgungen hingewiesen wird, wenn nicht eine Verriegelungsvorrichtung besteht, die die Trennung aller betreffenden Stromkreise sicherstellt.

[462.4]

4.4 Falls erforderlich, sind geeignete Mittel zur Entladung gespeicherter elektrischer Energie vorzusehen.

5 Ausschalten für mechanische Wartung [463]

[463.1]

5.1 Maßnahmen zum Ausschalten müssen vorgesehen werden, wenn die mechanische Wartung ein Verletzungsrisiko einschließt.

ANMERKUNG 1: Elektrisch versorgte Betriebsmittel schließen sowohl drehende Maschinen als auch Heizelemente und elektromagnetische Geräte ein.

ANMERKUNG 2: Diese Anforderungen beziehen sich nicht auf Systeme, die mit anderen Energien betrieben werden, z. B. Pneumatik, Hydraulik, Dampf. In solchen Fällen kann die alleinige Abschaltung einer zugeordneten elektrischen Versorgung unzureichend sein.

[463.2]

5.2 Es sind geeignete Mittel vorzusehen, die ein unbeabsichtigtes Wiedereinschalten elektrisch versorgter Betriebsmittel während der mechanischen Wartung verhindern, es sei denn, daß das Abschaltgerät dauernd unter der Kontrolle der Person ist, die diese Wartung durchführt.

ANMERKUNG: Diese Mittel dürfen eine oder mehrere der folgenden Maßnahmen einschließen:

- Verschließeinrichtung,
- Warnhinweise,
- Unterbringung in einem abschließbaren Raum oder in einer Umhüllung.

6 Not-Ausschaltung einschließlich Not-Halt [464]

[464.1]

6.1 Es sind Einrichtungen vorzusehen für die Not-Ausschaltung eines jeden Anlagenteils, bei dem es notwendig werden kann, die Versorgung auszuschalten, um eine unvorhersehbare Gefährdung abzuwenden.

[464.2]

6.2 Wenn die Gefahr eines elektrischen Schlages besteht, so muß der Not-Ausschalter alle aktiven Leiter abschalten können. Ausnahme siehe Abschnitt 3.2.

[464.3]

6.3 Einrichtungen für Not-Ausschaltung und Not-Halt müssen so direkt wie möglich auf die betreffenden Stromkreise der Versorgung einwirken.

Die Not-Schalteinrichtungen sind so anzuordnen, daß ein einziger Vorgang die betreffende Versorgung abtrennt.

[464.4]

6.4 Die Not-Schalteinrichtung muß so angeordnet und wirksam sein, daß ihre Betätigung weder eine weitere Gefahr hervorruft noch auf den Ablauf der Gefahrenbeseitigung störend einwirkt.

[464.5]

6.5 Einrichtungen für Not-Halt müssen dort vorgesehen werden, wo Bewegungen, die durch elektrische Betriebsmittel verursacht werden, Gefahren hervorrufen können.

7 Betriebsmäßiges Schalten (Steuern) [465]

7.1 Allgemeines [465.1]

[465.1.1]

7.1.1 Ein Schalter zum betriebsmäßigen Schalten ist für jeden Stromkreis vorzusehen, der unabhängig von anderen Anlageteilen geschaltet werden soll.

[465.1.2]

7.1.2 Schalter zum betriebsmäßigen Schalten müssen nicht unbedingt alle aktiven Leiter eines Stromkreises schalten.

Ein einpoliges Schaltgerät darf nicht im Neutralleiter eingesetzt werden.

[465.1.3]

7.1.3 Alle elektrischen Verbrauchsmittel, die ein Schalten erfordern, müssen im allgemeinen durch zum betriebsmäßigen Schalten geeignete Schalter geschaltet werden.

Ein einzelner Schalter zum betriebsmäßigen Schalten darf mehrere Verbrauchsmittel schalten, falls diese für einen gleichzeitigen Betrieb vorgesehen sind.

[465.1.4]

7.1.4 Steckvorrichtungen bis 16 A dürfen für betriebsmäßiges Schalten angewendet werden.

[465.1.5]

7.1.5 Schalter zum betriebsmäßigen Schalten, die das Schalten auf verschiedene Ersatzstromversorgungen sicherstellen,

- müssen alle aktiven Leiter schalten und dürfen nicht die Parallelschaltung mehrerer Einspeisquellen zulassen, es sei denn, die Anlage ist speziell für diese Betriebsart ausgelegt,
- dürfen keine Vorkehrungen zum Trennen des PEN-Leiters oder des Schutzleiters haben.

7.2 Steuerstromkreise (Hilfsstromkreise) [465.2]

Steuerstromkreise müssen so ausgeführt, angeordnet und geschützt sein, daß sie Gefahren begrenzen, die auf einen Fehler zwischen dem Steuerstromkreis und andere leitfähige Teile zurückzuführen sind und die imstande sein können, Fehlfunktionen (z. B. unbeabsichtigte Schaltungen) der gesteuerten Geräte zu verursachen.

ANMERKUNG: Siehe auch DIN VDE 0100 Teil 725. [–]

7.3 Motorsteuerung

[465.3]

[465.3.1]

7.3.1 Motorsteuerstromkreise müssen so ausgelegt sein, daß sie den automatischen Wiederanlauf eines Motors nach einem Stillstand durch Einbruch oder Ausfall der Spannung verhindern, wenn dieser Wiederanlauf eine Gefahr hervorrufen kann.

[465.3.2]

7.3.2 Wenn Motor-Gegenstrombremsung vorgesehen ist, müssen Vorkehrungen zur Vermeidung der Drehrichtungsumkehr nach Beendigung des Bremsvorgangs getroffen werden, falls diese Umkehr eine Gefahr hervorrufen kann.

[465.3.3]

7.3.3 Wenn die Sicherheit von der Drehrichtung eines Motors abhängt, müssen Vorkehrungen zur Verhinderung der Gegen-Drehrichtung, verursacht z. B. durch Phasenausfall oder Phasenvertauschung, getroffen werden.

Anhang ZA (normativ)

Andere in dieser Norm zitierte internationale Publikationen mit den Verweisungen der entsprechenden europäischen Publikationen

Wenn die internationale Publikation durch gemeinsame Abänderungen von CENELEC geändert wurde, durch (mod) angegeben, gelten die entsprechenden EN/HD.

IEC-Publikation	Datum	Titel	EN/HD	Datum	sachlich enthalten in
IEC 157-1 (mod)	1973	Low-voltage switchgear and controlgear Part 1: Circuit-breakers	HD 418.1 S1	1982	DIN VDE 0660 Teil 101
IEC 277	1968	Definitions for switchgear and controlgear	–	–	–
IEC 337 (mod)	Series	Control switches (low voltage switching devices for control auxiliary circuits, including contactor relais)	(HD 420 S2) EN 60947-5-1	(1988) 1991	DIN VDE 0660 Teil 200
IEC 408 (mod)	1972	Low-voltage air-break switches, air-break disconnectors, air-break switch-disconnectors and fuse-combination units	(HD 422 S1) EN 60947-3	(1982) 1992	DIN VDE 0660 Teil 107

HD 420 S2 und HD 422 S1 sind durch EN 60947-5-1 und EN 60947-3 ersetzt worden.

Zitierte Normen und andere Unterlagen

DIN VDE 0100	Bestimmungen für das Errichten von Starkstromanlagen mit Nennspannungen bis 1000 V
DIN VDE 0100g	Bestimmungen für das Errichten von Starkstromanlagen mit Nennspannungen bis 1000 V; Änderung zu DIN VDE 0100/05.73
DIN VDE 0100 Teil 200	Errichten von Starkstromanlagen mit Nennspannungen bis 1000 V; Begriffe
DIN VDE 0100 Teil 410	Errichten von Starkstromanlagen mit Nennspannungen bis 1000 V; Schutzmaßnahmen; Schutz gegen gefährliche Körperströme
DIN VDE 0100 Teil 420	Errichten von Starkstromanlagen mit Nennspannungen bis 1000 V; Schutzmaßnahmen; Schutz gegen thermische Einflüsse
DIN VDE 0100 Teil 430	Errichten von Starkstromanlagen mit Nennspannungen bis 1000 V; Schutzmaßnahmen; Schutz von Kabeln und Leitungen bei Überstrom
DIN VDE 0100 Teil 450	Errichten von Starkstromanlagen mit Nennspannungen bis 1000 V; Schutzmaßnahmen; Schutz gegen Unterspannungen
DIN VDE 0100 Teil 537	Errichten von Starkstromanlagen mit Nennspannungen bis 1000 V; Auswahl und Errichtung elektrischer Betriebsmittel; Geräte zum Trennen und Schalten
DIN VDE 0100 Teil 540	Errichten von Starkstromanlagen mit Nennspannungen bis 1000 V; Auswahl und Errichtung elektrischer Betriebsmittel; Erdung, Schutzleiter, Potentialausgleichsleiter
DIN VDE 0100 Teil 725	Errichten von Starkstromanlagen mit Nennspannungen bis 1000 V; Hilfsstromkreise
Übrige Normen der Reihe DIN VDE 100 siehe Beiblatt 2 zu DIN VDE 0100	Errichten von Starkstromanlagen mit Nennspannungen bis 1000 V; Verzeichnis der einschlägigen Normen
DIN VDE 0660 Teil 101	Niederspannung-Schaltgeräte; Teil 2: Leistungsschalter (IEC 947-2:1989 und Corrigenda (1989/1990)); Deutsche Fassung EN 60947-2:1991
DIN VDE 0660 Teil 107	Niederspannung-Schaltgeräte; Teil 3: Lastschalter, Trennschalter, Lasttrennschalter und Schalter-Sicherungs-Einheiten (IEC 947-3:1990, modifiziert + Corrigendum Dezember 1991); Deutsche Fassung EN 60947-3:1992
DIN VDE 0660 Teil 200	Niederspannung-Schaltgeräte; Teil 5-1: Steuergeräte und Schaltelemente; Elektromechanische Steuergeräte; (IEC 947-5-1:1990); Deutsche Fassung EN 60947-5-1:1991

Frühere Ausgaben

VDE 0100: 05.73

(Vorheriger Entwicklungsgang siehe Beiblatt 1 zu DIN VDE 0100.)

VDE 0100g: 07.76

DIN 57100 Teil 410/VDE 0100 Teil 410: 11.83

DIN 57100 Teil 723/VDE 0100 Teil 723: 11.83

DIN 57100 Teil 726/VDE 0100 Teil 726: 03.83

DIN 57100 Teil 727/VDE 0100 Teil 727: 11.83

DIN 57100 Teil 728/VDE 0100 Teil 728: 04.84

DIN VDE 0100 Teil 460: 10.88

Änderungen

Gegenüber der Ausgabe Oktober 1988 wurden folgende Änderungen vorgenommen:

a) Streichung von Anmerkungen mit Beispielen, die in den Anwendungsbereich anderer Normen fallen können

b) Aufnahme eines Anhangs mit Verweisungen

Erläuterungen

Für die vorliegende Norm ist das nationale Arbeitsgremium Unterkomitee 221.1 „Industrie" der Deutschen Elektrotechnischen Kommission im DIN und VDE (DKE) zuständig.

Bild 1 zeigt die Einordnung dieser Norm in die Reihe der Normen DIN VDE 0100.

In den meisten Fällen ist das Gerät für die Not-Ausschaltung ein Teil der betreffenden Betriebsmittel oder der Betriebsmittelkombinationen, die nicht in den Anwendungsbereich der Reihe CENELEC HD 384 und damit auch der Reihe der Normen DIN VDE 0100 fallen. Um mögliche Doppelfestlegungen, z. B. zu DIN EN 60 204-1 (VDE 0113 Teil 1), zu vermeiden, wurden die Streichungen der Anmerkungen mit Beispielen bei CENELEC ratifiziert.

Die Begriffe zum Trennen und Schalten sind in DIN VDE 0100 Teil 200/11.93, Abschnitt 2.8, erklärt.

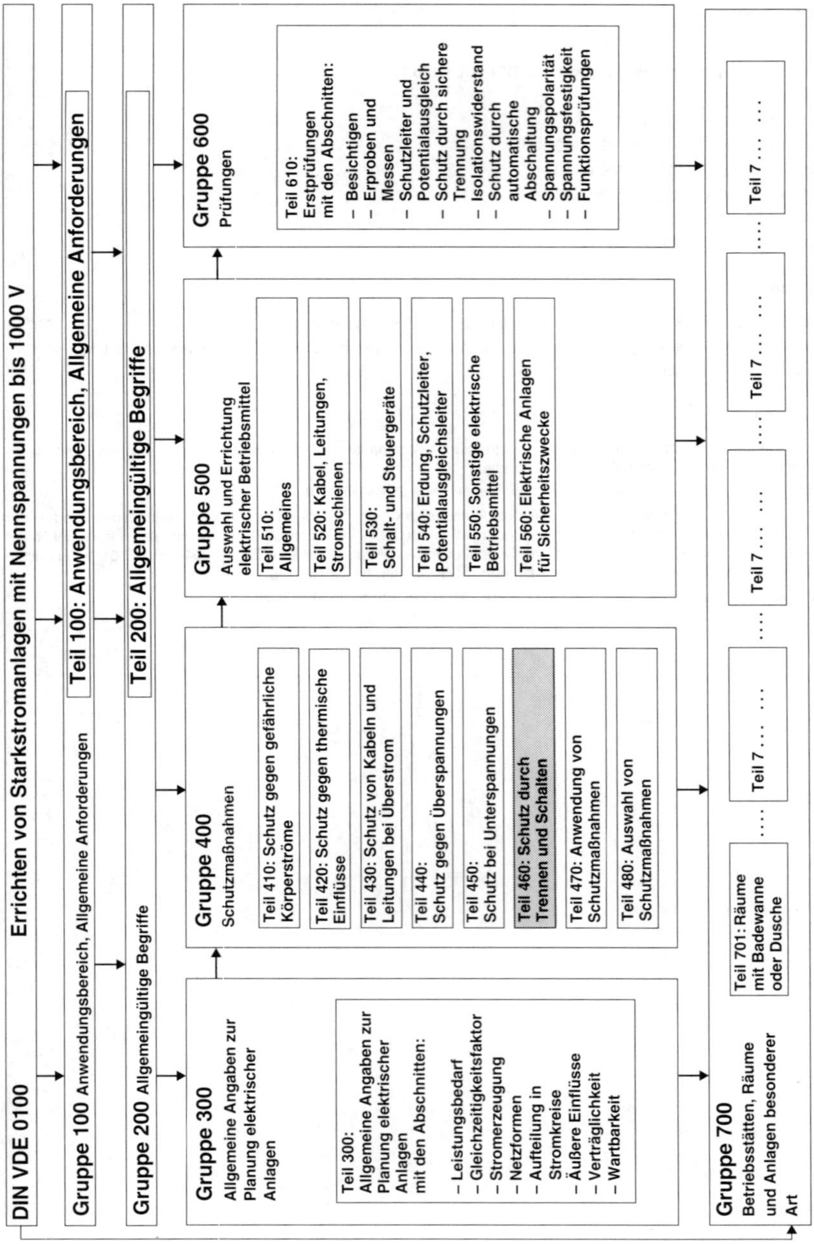

Bild 1: Eingliederung dieser Norm in die Struktur der Reihe der Normen DIN VDE 0100

Februar 1996

	Errichten von Starkstromanlagen mit Nennspannungen bis 1000 V Teil 4: Schutzmaßnahmen Kapitel 47: Anwendung der Schutzmaßnahmen (IEC 364-4-47:1981 + A1:1993, modifiziert) Deutsche Fassung HD 384.4.47 S2:1995	DIN VDE 0100-470
VDE	Diese Norm ist zugleich eine **VDE-Bestimmung** im Sinne von VDE 0022. Sie ist nach Durchführung des vom VDE-Vorstand beschlossenen Genehmigungsverfahrens unter nebenstehenden Nummern in das VDE-Vorschriftenwerk aufgenommen und in der etz Elektrotechnische Zeitschrift bekanntgegeben worden.	Klassifikation **VDE 0100** Teil 470

Diese Norm enthält die Deutsche Fassung des Harmonisierungsdokuments HD 384.4.47 S2

ICS 29.120.50; 29.240.00

Deskriptoren: Starkstromanlage, Nennspannung, elektrisches Betriebsmittel, elektrische Anlage, Sicherheitszweck

Erection of power installations with nominal voltages up to 1000 V –
Part 4: Protection for safety –
Chapter 47: Application of protective measures for safety
(IEC 364-4-47:1981 + A1:1993, modified);
German version HD 384.4.47 S2:1995

Exécution des installations à courant fort de tension nominale inférieure ou égale à 1000 V –
Partie 4: Protection pour assurer la sécurité –
Chapitre 47: Application des mesures de protection pour assurer la sécurité
(CEI 364-4-47:1981 + A1:1993, modifiée);
Version allemande HD 384.4.47 S2:1995

Ersatz für
DIN VDE 0100-470
(VDE 0100 Teil 470):1992-10
und teilweise Ersatz für
DIN VDE 0100-410
(VDE 0100 Teil 410):1983-11
und teilweise Ersatz für
DIN VDE 0100-737
(VDE 100 Teil 737):1990-11
Siehe jedoch Übergangsfrist!

Diese Norm enthält die Deutsche Fassung des Europäischen Harmonisierungsdokumentes HD 384.4.47 S2:1995-08, „Elektrische Anlagen von Gebäuden – Teil 4: Schutzmaßnahmen – Kapitel 47: Anwendung der Schutzmaßnahmen – Hauptabschnitt 470: Allgemeines – Hauptabschnitt 471: Anwendung der Maßnahmen zum Schutz gegen elektrischen Schlag“, das die Internationale Norm IEC 364-4-47:1981, „Electrical installations of buildings – Part 4: Protection for safety – Chapter 47: Application of protective measures for safety – Section 470: General – Section 471: Measures of protection against electric shock“, mit Änderung A1:1993 mit gemeinsamen Änderungen von CENELEC enthält.

Beginn der Gültigkeit

Diese Norm gilt ab 1. Februar 1996.

Norm-Inhalt war veröffentlicht als E DIN VDE 0100-470/A1 (VDE 0100 Teil 470/A1):1992-10.

Für am 1. Februar 1996 in Planung oder in Bau befindliche Anlagen gelten die Festlegungen von Ausgabe Oktober 1992 und die ersetzten Festlegungen von DIN VDE 0100-410 (VDE 0100 Teil 410):1983-11 und DIN VDE 0100-737 (VDE 0100 Teil 737):1990-11 noch in einer Übergangsfrist bis 1. Juli 1996.

Das Harmonisierungsdokument CENELEC HD 384.4.47 S2 enthält die in der früheren Ausgabe DIN VDE 0100-410 (VDE 0100 Teil 410):1983-11 auch für nichtöffentliche Verteilungsnetze genannten Ausnahmen für Schutzmaßnahmen bei indirektem Berühren bisher noch nicht.

Das Komitee 221 „Errichten von Starkstromanlagen bis 1000 V“ ist einstimmig der Auffassung, daß gleiche Sachlagen dieselben Schutzmaßnahmen erfordern, und somit die Ausnahmen für öffentliche Verteilungsnetze gleichermaßen für nichtöffentliche Verteilungsnetze gelten sollen. Darüber hinaus sollen die Ausnahmen zum Schutz gegen direktes Berühren (siehe Nationales Vorwort), z. B. für Elektrolysen, weiter gelten. Dieser Änderungswunsch wurde – neben anderen – beim Europäischen Komitee für elektrotechnische Normung (CENELEC) eingereicht (siehe Nationales Vorwort).

Fortsetzung Seite 2 bis 12

Deutsche Elektrotechnische Kommission im DIN und VDE (DKE)

Nationales Vorwort

Diese Norm enthält die Deutsche Fassung des Europäischen Harmonisierungsdokumentes HD 384.4.47 S2:1995-08, „Elektrische Anlagen von Gebäuden – Teil 4: Schutzmaßnahmen – Kapitel 47: Anwendung der Schutzmaßnahmen – Hauptabschnitt 470: Allgemeines – Hauptabschnitt 471: Anwendung der Maßnahmen zum Schutz gegen elektrischen Schlag", das die Internationale Norm IEC 364-4-47:1981 „Electrical installations of buildings – Part 4: Protection for safety – Chapter 47: Application of protective measures for safety – Section 470: General – Section 471: Measures of protection against electric shock" mit Änderung A1:1993 mit gemeinsamen Änderungen von CENELEC enthält.

Das Europäische Harmonisierungsdokument HD 384.4.47 S2:1995-08 wurde von CENELEC/TC 64 „Elektrische Anlagen von Gebäuden" und CENELEC/SC 64A „Schutz gegen elektrischen Schlag" erarbeitet.

Für die vorliegende Norm ist das nationale Arbeitsgremium Unterkomitee 221.3 „Schutzmaßnahmen" der Deutschen Elektrotechnischen Kommission im DIN und VDE (DKE) zuständig. Bild N. 1 zeigt die Eingliederung dieser Norm in die Struktur der Reihe der Normen DIN VDE 0100 (VDE 0100).

Zum Ersatzvermerk

Aus DIN VDE 0100-410 (VDE 0100 Teil 410):1983-11 wird Abschnitt 4.3.3 ersetzt. Aus DIN VDE 0100-737 (VDE 0100 Teil 737):1990-11 wird Abschnitt 5.3 ersetzt.

Durch den in den früheren Ausgaben der Norm vorgenommenen Ersatz sind bereits in DIN VDE 0100 (VDE 0100):1973-05, § 26 b)5 und DIN VDE 0100-410 (VDE 0100 Teil 410):1983-11 Abschnitte 3.2 bis 3.6 und 8.2 b) außer Kraft gesetzt worden.

Zu Abschnitt 2 des Vorwortes (Anwendungsbereich):

Diese als VDE-Bestimmung gekennzeichnete Norm gilt für die Anwendung von Schutzmaßnahmen beim Errichten von Starkstromanlagen.

Sie gilt nur in Verbindung mit den entsprechenden anderen Normen der Reihe DIN VDE 0100 sowie mit den noch nicht ersetzten Paragraphen von DIN VDE 100 (VDE 0100):1973-05 und DIN VDE 0100g (VDE 0100g):1976-07.

Diese Norm enthält allgemeine, auch international anerkannte Grundsätze zur Anwendung von Schutzmaßnahmen.

Für Betriebsstätten, Räume und Anlagen besonderer Art sind weitergehende Festlegungen in der Gruppe 700 der Normen der Reihe DIN VDE 0100 (VDE 0100) enthalten.

Zu Abschnitt 470

Die Festlegungen dieses Abschnittes gelten für alle Schutzmaßnahmen in DIN VDE 0100-410 (VDE 0100 Teil 410), DIN VDE 0100-420 (VDE 0100 Teil 420), DIN VDE 0100-430 (VDE 0100 Teil 430), DIN VDE 0100-440 (VDE 0100 Teil 440)[1]), DIN VDE 0100-450 (VDE 0100 Teil 450) und DIN VDE 0100-460 (VDE 0100 Teil 460).

Zu Abschnitt 471 und Abschnitt NB.1

Folgende Ausnahmen, die bisher in DIN VDE 0100-410 (VDE 0100 Teil 410):1983-11, Abschnitt 8, enthalten sind, jedoch nicht durch das Harmonisierungsdokument abgedeckt sind, wurden beim Europäischen Komitee für elektrotechnische Normung (CENELEC) beantragt:

> *Zu Abschnitt 471.1 „Schutz gegen direktes Berühren"*
>
> Bei Schweißeinrichtungen, Glüh- und Schmelzöfen sowie elektrochemischen Anlagen, z. B. Elektrolyse, darf von einem Berührungsschutz abgesehen werden, wenn dieser technisch oder aus Betriebsgründen nicht durchführbar ist. In diesen Fällen sind andere Maßnahmen zu treffen, z. B. isolierender Standort, isolierende Fußbekleidung, isoliertes Werkzeug. Darüber hinaus sind Warnschilder anzubringen.
>
> *Zu Abschnitt 471.2 „Schutz bei indirektem Berühren"*
>
> Die Ausnahmen für öffentliche Verteilungsnetze gelten gleichermaßen für vergleichbare nichtöffentliche Verteilungsnetze, z. B. in der Industrie.

Zu Abschnitt 471.2.3

Für Steckdosen im Gebäude gibt es für den Errichter mit dieser Anforderung einen Freiraum der Entscheidung, den er in Kenntnis der Situation vor Ort ausfüllen muß.

In Deutschland werden die RCDs (englisch: **r**esidual **c**urrrent protective **d**evices)

- mit Hilfsspannungsquelle als „Differenzstrom-Schutzeinrichtungen"
- ohne Hilfsspannungsquelle als „Fehlerstrom-Schutzeinrichtungen"

bezeichnet.

---

1) Zur Zeit noch DIN VDE 0100 (VDE 0100):1973-05, §§17 und 18, E DIN VDE 0100-442 (VDE 0100 Teil 442), E DIN VDE 0100-442/A1 (VDE 0100 Teil 442/A1), E DIN VDE 0100-443 (VDE 0100 Teil 443), E DIN VDE 0100-443/A1 (VDE 0100 Teil 443/A1), E DIN VDE 0100-443/A2 (VDE 0100 Teil 443/A2), E DIN IEC 64(Sec)675 (VDE 0100 Teil 443/A3), E DIN IEC 64(Sec)690 (VDE 0100 Teil 444)

Es ergibt sich danach folgende Einordnung:

RCD (als Oberbegriff)

RCD mit Hilfsspannungsquelle	RCD ohne Hilfsspannungsquelle
Diese wird in Deutschland als „Differenzstrom-Schutzeinrichtung“ bezeichnet	Diese wird in Deutschland als „Fehlerstrom-Schutzeinrichtung“ bezeichnet

Es wird darauf hingewiesen, daß nach DIN VDE 0100-510 (VDE 0100 Teil 510):1995-11, Abschnitt 511, RCDs den einschlägigen DIN-Normen und VDE-Bestimmungen sowie den Europäischen Normen und/oder CENELEC-Harmonisierungsdokumenten – soweit vorhanden – entsprechen müssen.

Anforderungen an RCDs zum Schutz bei indirektem Berühren und zum Schutz bei direktem Berühren sind in Vorbereitung (zur Zeit E DIN IEC 64/758/CD (VDE 0100 Teil 530/A6):1995-04).

Zu Abschnitt 471.3

Gegenüber DIN VDE 0100-410 (VDE 0100 Teil 410):1983-11 wird durch die Herauslösung aus der genannten Norm deutlich, daß FELV (früher: Funktionskleinspannung ohne sichere Trennung) keine eigenständige Schutzmaßnahme ist.

Die hier verwendeten neueren Kurzbezeichnungen sind mit den bisherigen Bezeichnungen wie folgt vergleichbar:

SELV – Schutz durch Schutzkleinspannung

PELV – Schutz durch Funktionskleinspannung mit sicherer Trennung

FELV – Schutz durch Funktionskleinspannung ohne sichere Trennung

Zu Abschnitt 471.3.1

Der Spannungsbereich I umfaßt

- Anlagen, bei denen der Schutz gegen gefährliche Körperströme unter bestimmten Bedingungen durch die Höhe der Spannung sichergestellt ist;
- Anlagen, in denen die Spannung aus Funktionsgründen begrenzt ist (z. B. Fernmeldeanlagen, Signalanlagen, Klingelanlagen, Steuer- und Meldestromkreise).

Spannungsbereich I

Spannungsbereich I	Geerdete Netze		Isolierte oder nicht wirksam geerdete Netze*)
für Wechselspannung	Außenleiter-Erde	Zwischen Außenleitern	Zwischen Außenleitern
	$U \leq 50$ V	$U \leq 50$ V	$U \leq 50$ V
für oberschwingungsfreie Gleichspannung	Leiter – Erde	Zwischen beiden Leitern	Zwischen beiden Leitern
	$U \leq 120$ V	$U \leq 120$ V	$U \leq 120$ V

U Nennspannung des Netzes

*) Wenn ein Neutralleiter (bei Wechselstrom) oder Mittelleiter (bei Gleichstrom) mitgeführt ist, sind elektrische Betriebsmittel, die zwischen
- Außenleiter und Neutralleiter (bei Wechselstrom)
- einem der beiden Leiter und dem Mittelleiter (bei Gleichstrom)

angeschlossen sind, so auszuwählen, daß ihre Isolierung der Spannung zwischen den Außenleitern (bei Wechselstrom) oder zwischen beiden Leitern (bei Gleichstrom) entspricht.

Zu Abschnitt NB. 3

Bei Überarbeitung von HD 384.4.473 S1 ist die Aufnahme der Festlegungen in dieser Norm statt DIN VDE 0100-430 (VDE 0100 Teil 430):1991-11 vorgesehen, siehe E DIN IEC 64(Sec)700 (VDE 0100 Teil 470/A2):1994-11.

Zu Abschnitt NB. 4

Entsprechende Regelungen sind für DIN VDE 0100-530 (VDE 0100 Teil 530), z. Z. E DIN VDE 0100-530 (VDE 0100 Teil 530):1985-05, in den Abschnitten 531.1 und 531.2 vorgesehen.

Der Zusammenhang der in dieser Norm zitierten Normen und anderen Unterlagen mit den entsprechenden Deutschen Normen und anderen Unterlagen ist nachstehend wiedergegeben.

Für den Fall einer undatierten Verweisung im normativen Text (Verweisung auf eine Norm oder andere Unterlage ohne Angabe des Ausgabedatums und ohne Hinweis auf eine Abschnittsnummer, eine Tabelle, ein Bild usw.) bezieht sich die Verweisung auf die jeweils neueste gültige Ausgabe der in Bezug genommenen Norm oder anderen Unterlage.

Für den Fall einer datierten Verweisung im normativen Text bezieht sich die Verweisung immer auf die in Bezug genommene Ausgabe der Norm oder anderen Unterlage.

Zum Zeitpunkt der Veröffentlichung dieser Norm waren die angegebenen Ausgaben gültig

Europäische Norm	Internationale Norm	Deutsche Norm	Klassifikation im VDE-Vorschriftenwerk
HD 384.4.41:1978	IEC 364-4-41:1977, mod. IEC 364-4-41A:1981, mod. Änderung 1:1979 Änderung 2:1981 Inzwischen gilt IEC 364-4-41:1992	DIN VDE 0100-410 (VDE 0100 Teil 410):1983-11	VDE 0100 Teil 410
Hauptabschnitt 411 (HD 384)	IEC-Normen wie zu HD 384.4.41 (siehe dort)	DIN VDE 0100-410 (VDE 0100 Teil 410):1983-11, Abschnitt 4	VDE 0100 Teil 410
Abschnitt 411.1 (HD 384)	IEC-Normen wie zu HD 384.4.41 (siehe dort)	DIN VDE 0100-410 (VDE 0100 Teil 410):1983-11, Abschnitt 4.1	VDE 0100 Teil 410
Abschnitt 411.1.1 (HD 384)	IEC-Normen wie zu HD 384.4.41 (siehe dort)	DIN VDE 0100-410 (VDE 0100 Teil 410):1983-11, Abschnitt 4.1.1	VDE 0100 Teil 410
Hauptabschnitt 412 (HD 384)	IEC-Normen wie zu HD 384.4.41 (siehe dort)	DIN VDE 0100-410 (VDE 0100 Teil 410):1983-11, Abschnitt 5	VDE 0100 Teil 410
Abschnitt 412.2 (HD 384)	IEC-Normen wie zu HD 384.4.41 (siehe dort)	DIN VDE 0100-410 (VDE 0100 Teil 410):1983-11, Abschnitt 5.2	VDE 0100 Teil 410
Abschnitt 412.5 (HD 384)	IEC-Normen wie zu HD 384.4.41 (siehe dort)	DIN VDE 0100-410 (VDE 0100 Teil 410):1983-11, Abschnitt 5.5	VDE 0100 Teil 410
Hauptabschnitt 413 (HD 384)	IEC-Normen wie zu HD 384.4.41 (siehe dort)	DIN VDE 0100-410 (VDE 0100 Teil 410):1983-11, Abschnitt 6	VDE 0100 Teil 410
Abschnitt 413.1 (HD 384)	IEC-Normen wie zu HD 384.4.41 (siehe dort)	DIN VDE 0100-410 (VDE 0100 Teil 410):1983-11, Abschnitt 6.1	VDE 0100 Teil 410
Abschnitt 413.2 (HD 384)	IEC-Normen wie zu HD 384.4.41 (siehe dort)	DIN VDE 0100-410 (VDE 0100 Teil 410):1983-11, Abschnitt 6.2	VDE 0100 Teil 410
Abschnitt 413.3 (HD 384)	IEC-Normen wie zu HD 384.4.41 (siehe dort)	DIN VDE 0100-410 (VDE 0100 Teil 410):1983-11, Abschnitt 6.3	VDE 0100 Teil 410
Abschnitt 413.4 (HD 384)	IEC-Normen wie zu HD 384.4.41 (siehe dort)	DIN VDE 0100-410 (VDE 0100 Teil 410):1983-11, Abschnitt 6.4	VDE 0100 Teil 410
Abschnitt 413.5 (HD 384)	IEC-Normen wie zu HD 384.4.41 (siehe dort)	DIN VDE 0100-410 (VDE 0100 Teil 410):1983-11, Abschnitt 6.5	VDE 0100 Teil 410
Abschnitt 413.5.3.1 (HD 384)	IEC-Normen wie zu HD 384.4.41 (siehe dort)	DIN VDE 0100-410 (VDE 0100 Teil 410):1983-11, Abschnitt 6.5.3.1	VDE 0100 Teil 410
HD 384.4.473:1977	IEC 364-4-473:1977, mod.	DIN VDE 0100-430 (VDE 0100 Teil 430):1991-11	VDE 0100 Teil 430

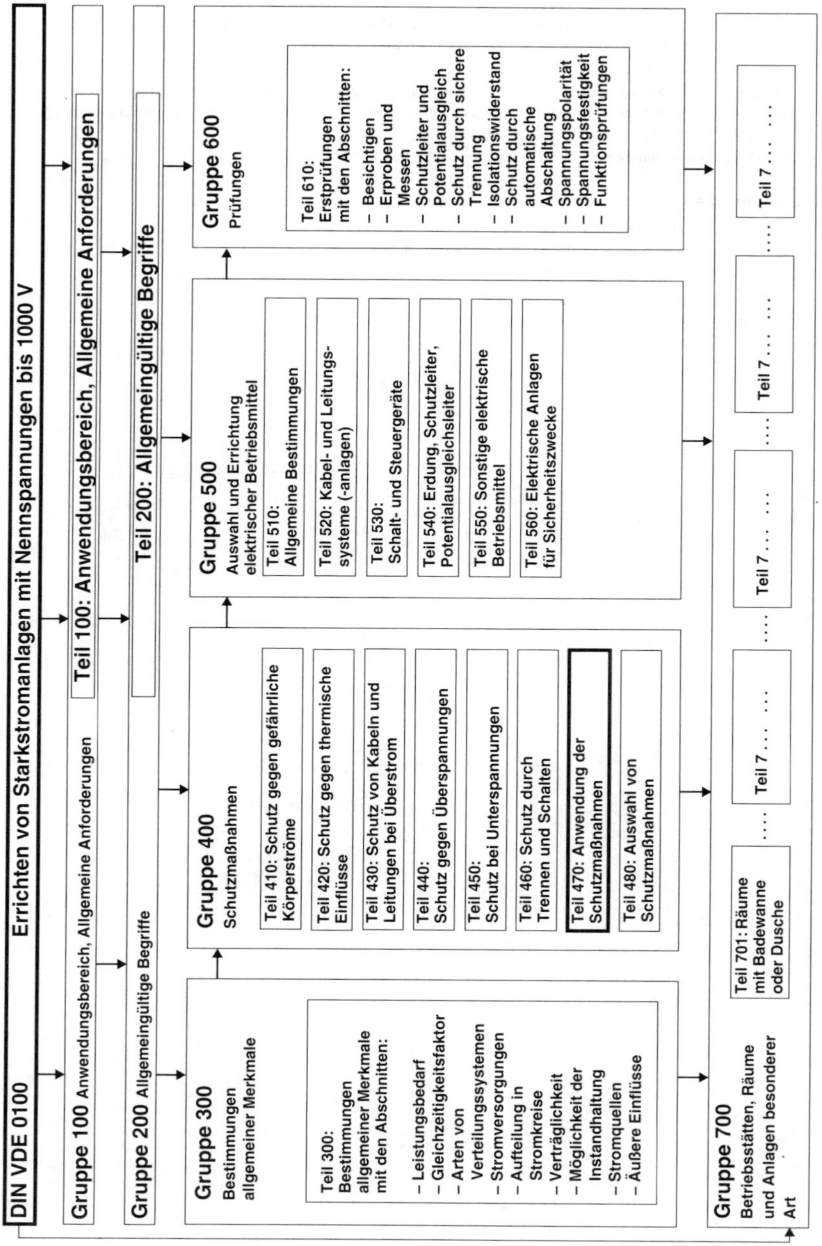

Bild N.1: Eingliederung dieser Norm in die Struktur der Reihe der Normen DIN VDE 0100

Änderungen

Gegenüber DIN VDE 0100-410 (VDE 0100 Teil 410):1983-11, DIN VDE 0100-470 (VDE 0100 Teil 470):1992-10 und DIN VDE 0100-737 (VDE 0100 Teil 737):1990-11 wurden folgende Änderungen vorgenommen:

a) Übernahme von Anforderungen an FELV

b) Steckdosen mit Bemessungsstrom bis 20 A zur Versorgung von Betriebsmitteln im Freien sind mit RCDs mit Bemessungsstrom nicht größer als 30 mA zu schützen, wenn Schutz durch Abschaltung der Stromversorgung angewendet wird.

c) Übereinstimmung mit dem CENELEC-Harmonisierungsdokument

Frühere Ausgaben

DIN VDE 0100 (VDE 0100):1973-05

(Vorheriger Entwicklungsstand siehe Beiblatt 1 zu DIN VDE 0100)

DIN 57100-410 (VDE 0100 Teil 410):1983-11

DIN VDE 0100-470 (VDE 0100 Teil 470):1992-10

DIN VDE 0100-737 (VDE 0100 Teil 737):1986-02, 1988-04, 1990-11

Nationaler Anhang NA (informativ)

Literaturhinweise

DIN VDE 0100 (VDE 0100)	Bestimmungen für das Errichten von Starkstromanlagen mit Nennspannungen bis 1000 V
DIN VDE 100g (VDE 0100g)	Bestimmungen für das Errichten von Starkstromanlagen mit Nennspannungen bis 1000 V; Änderung zu DIN VDE 0100 (VDE 0100):1973-05
DIN VDE 0100-410 (VDE 0100 Teil 410)	Errichten von Starkstromanlagen mit Nennspannungen bis 1000 V – Schutzmaßnahmen; Schutz gegen gefährliche Körperströme
DIN VDE 0100-410/A2 (VDE 0100 Teil 410/A2)	Errichten von Starkstromanlagen mit Nennspannungen bis 1000 V – Schutzmaßnahmen; Schutz gegen gefährliche Körperströme; Änderung 2; Identisch mit IEC 64(CO)184
DIN VDE 0100-420 (VDE 0100 Teil 420)	Errichten von Starkstromanlagen mit Nennspannungen bis 1000 V – Schutzmaßnahmen; Schutz gegen thermische Einflüsse
DIN VDE 0100-430 (VDE 0100 Teil 430)	Errichten von Starkstromanlagen mit Nennspannungen bis 1000 V – Schutzmaßnahmen; Schutz von Kabeln und Leitungen bei Überstrom
E DIN VDE 0100-442 (VDE 0100 Teil 442)	Errichten von Starkstromanlagen mit Nennspannungen bis 1000 V – Schutzmaßnahmen; Schutz von Niederspannungsanlagen bei Erdschlüssen in Netzen mit höheren Spannungen
E DIN VDE 0100-442/A1 (VDE 0100 Teil 442/A1)	Errichten von Starkstromanlagen mit Nennspannungen bis 1000 V – Schutzmaßnahmen; Schutz gegen Überspannungen; Schutz von Niederspannungsanlagen bei Erdschlüssen in Netzen mit höherer Spannung; Änderung 1; Identisch mit IEC 64(Sec)600
E DIN VDE 0100-443 (VDE 0100 Teil 443)	Errichten von Starkstromanlagen mit Nennspannungen bis 1000 V – Schutz gegen Überspannungen infolge atmosphärischer Einflüsse; Identisch mit IEC 64(CO)168
E DIN VDE 0100-443/A1 (VDE 0100 Teil 443/A1)	Errichten von Starkstromanlagen mit Nennspannungen bis 1000 V – Schutz gegen Überspannungen infolge atmosphärischer Einflüsse; Änderung 1 zum Entwurf DIN VDE 0100-443; Identisch mit IEC 64(CO)181
E DIN VDE 0100-443/A2 (VDE 0100 Teil 443/A2)	Errichten von Starkstromanlagen mit Nennspannungen bis 1000 V – Schutz gegen Überspannungen infolge atmosphärischer Einflüsse und infolge von Schaltvorgängen; Änderung 2 zum Entwurf DIN VDE 0100-443; Identisch mit IEC 64(Sec)614 und IEC 64(Sec)607
E DIN IEC 64(Sec)675 (VDE 0100 Teil 443/A3)	Errichten von Starkstromanlagen mit Nennspannungen bis 1000 V – Schutzmaßnahmen; Schutz bei Überspannungen infolge atmosphärischer Einflüsse und infolge von Schaltvorgängen; Änderung 3 zum Entwurf DIN VDE 0100-443 (VDE 0100 Teil 443)
E DIN IEC 64(Sec)690 (VDE 0100 Teil 444)	Errichten von Starkstromanlagen mit Nennspannungen bis 1000 V – Schutzmaßnahmen – Schutz gegen Überspannungen; Schutz gegen elektromagnetische Störungen (EMI) in Anlagen von Gebäuden (IEC 64(Sec)690:1994)
DIN VDE 0100-450 (VDE 0100 Teil 450)	Errichten von Starkstromanlagen mit Nennspannungen bis 1000 V – Schutzmaßnahmen; Schutz bei Unterspannung
DIN VDE 0100-460 (VDE 0100 Teil 460)	Errichten von Starkstromanlagen mit Nennspannungen bis 1000 V – Schutzmaßnahmen; Trennen und Schalten
E DIN IEC 64(Sec)700 (VDE 0100 Teil 470/A2)	Errichten von Starkstromanlagen mit Nennspannungen bis 1000 V – Schutzmaßnahmen; Anwendung der Schutzmaßnahmen; Änderung 2 (IEC 64(Sec)700:1994)
E DIN IEC 64(CO)112 (VDE 0100 Teil 482)	Errichten von Starkstromanlagen mit Nennspannungen bis 1000 V – Auswahl von Schutzmaßnahmen; Brandschutz
E DIN VDE 0100-530 (VDE 0100 Teil 530)	Errichten von Starkstromanlagen mit Nennspannungen bis 1000 V – Auswahl und Errichtung elektrischer Betriebsmittel; Schaltgeräte und Steuergeräte; Identisch mit IEC 64(CO)151
E DIN IEC 64/758/CD (VDE 0100 Teil 530/A6)	Errichten von Starkstromanlagen mit Nennspannungen bis 1000 V – Auswahl und Errichtung elektrischer Betriebsmittel – Schaltgeräte und Steuergeräte – Änderung A6 zum Entwurf DIN VDE 0100-530 (VDE 0100 Teil 530) (IEC 64/758/CD:1994)
DIN VDE 0100-737 (VDE 0100 Teil 737):1990-11	Errichten von Starkstromanlagen mit Nennspannungen bis 1000 V – Feuchte und nasse Bereiche und Räume; Anlagen im Freien

HARMONISIERUNGSDOKUMENT
HARMONIZATION DOCUMENT
DOCUMENT D'HARMONISATION

HD 384.4.47 S2

August 1995

ICS 91.140.50

Ersatz für HD 384.4.47 S1:1988 und dessen Änderung

Deskriptoren: Elektrische Anlagen von Gebäuden, Gleich- und Wechselspannungen, Anwendung von Sicherheitsbestimmungen, elektrische Sicherheitsbestimmungen

Deutsche Fassung

Elektrische Anlagen von Gebäuden

Teil 4: Schutzmaßnahmen
Kapitel 47: Anwendung der Schutzmaßnahmen
Hauptabschnitt 470: Allgemeines
Hauptabschnitt 471: Anwendung der Maßnahmen zum Schutz gegen elektrischen Schlag
(IEC 364-4-47:1981 + A1:1993, modifiziert)

Electrical installations of building
Part 4: Protection for safety
Chapter 47: Application of protective measures for safety
Section 470: General
Section 471: Measures of protection against electric shock
(IEC 364-4-47:1981+ A1:1993, modified)

Installations électriques des bâtiments
Partie 4: Protection pour assurer la sécurité
Chapitre 47: Application des mesures de protection pour assurer la sécurité
Section 470: Généralités
Section 471: Mesures de protection contre les chocs électriques
(CEI 364-4-47:1981 + A1:1993, modifée)

Dieses Harmonisierungsdokument wurde von CENELEC am 1995-07-04 angenommen. Die CENELEC-Mitglieder sind gehalten, die CEN/CENELEC-Geschäftsordnung zu erfüllen, in der die Bedingungen für die Übernahme dieses Harmonisierungsdokumentes auf nationaler Ebene festgelegt sind.

Auf dem letzten Stand befindliche Listen dieser nationalen Übernahmen mit ihren bibliographischen Angaben sind beim Zentralsekretariat oder bei jedem CENELEC-Mitglied auf Anfrage erhältlich.

Dieses Harmonisierungsdokument besteht in drei offiziellen Fassungen (Deutsch, Englisch, Französisch).

CENELEC-Mitglieder sind die nationalen elektrotechnischen Komitees von Belgien, Dänemark, Deutschland, Finnland, Frankreich, Griechenland, Irland, Island, Italien, Luxemburg, Niederlande, Norwegen, Österreich, Portugal, Schweden, Schweiz, Spanien und dem Vereinigten Königreich.

CENELEC

Europäisches Komitee für Elektrotechnische Normung
European Committee for Electrotechnical Standardization
Comité Européen de Normalisation Electrotechnique

Zentralsekretariat: rue de Stassart 35, B-1050 Brüssel

Ref. Nr. HD 384.4.47 S2:1995 D

Vorwort

Der Text der Internationalen Norm IEC 364-4-47:1981 und deren Änderung 1:1993, ausgearbeitet vom IEC TC 64 „Electrical installations of buildings", wurde zusammen mit den vom SC 64A „Schutz gegen gefährliche Körperströme" des Technischen Komitees CENELEC TC 64 „Elektrische Anlagen von Gebäuden" ausgearbeiteten gemeinsamen Abänderungen der formellen Abstimmung unterworfen und von CENELEC am 1995-07-04 als HD 384.4.47 S2 angenommen.

In diesem Harmonisierungsdokument sind die gemeinsamen Abänderungen zu der Internationalen Norm durch eine senkrechte Linie am linken Seitenrand des Textes gekennzeichnet.

Diese Europäische Norm ersetzt HD 384.4.47 S1:1988 + A1:1995.

Nachstehende Daten wurden festgelegt:

- spätestes Datum, zu dem das Vorhandensein des HD auf nationaler Ebene angekündigt werden muß (doa): 1996-01-01
- spätestes Datum, zu dem das HD auf nationaler Ebene durch Veröffentlichung einer harmonisierten nationalen Norm oder durch Anerkennung übernommen werden muß (dop): 1996-07-01
- spätestes Datum, zu dem nationale Normen, die dem HD entgegenstehen, zurückgezogen werden müssen (dow): 1996-07-01

Elektrische Anlagen von Gebäuden

Teil 4: Schutzmaßnahmen

Kapitel 47: Anwendung der Schutzmaßnahmen

Hauptabschnitt 470: Allgemeines

Hauptabschnitt 471: Anwendung der Maßnahmen zum Schutz gegen elektrischen Schlag

47 Anwendung von Schutzmaßnahmen

470 Allgemeines

470.1 In jeder elektrischen Anlage, in jedem Teil einer elektrischen Anlage und bei jedem elektrischen Betriebsmittel sind Schutzmaßnahmen nach den Bestimmungen der folgenden Abschnitte dieses Kapitels anzuwenden.

470.2 Die Auswahl und die Anwendung der Schutzmaßnahmen nach den Umgebungsbedingungen bleibt solange in der Zuständigkeit der nationalen Komitees, bis hierzu ein CENELEC-Harmonisierungsdokument vorliegt.

470.3 Der Schutz muß sichergestellt werden durch:

a) das Betriebsmittel selbst oder

b) die Anwendung einer Schutzmaßnahme als Teil der Errichtung oder

c) einer Kombination aus a) und b)

entsprechend den Bestimmungen der folgenden Abschnitte dieses Kapitels.

470.4 Es muß Vorsorge getroffen werden, daß jede gegenseitige schädliche Beeinflussung zwischen verschiedenen Schutzmaßnahmen vermieden wird, die in derselben Anlage oder demselben Teil einer Anlage angewendet werden.

471 Anwendung der Maßnahmen zum Schutz gegen elektrischen Schlag

471.1 Schutz gegen direktes Berühren

Alle elektrischen Betriebsmittel müssen mit einer Maßnahme zum Schutz gegen direktes Berühren ausgestattet sein, wie sie in den Hauptabschnitten 411 und 412 beschrieben sind.

471.2 Schutz bei indirektem Berühren

471.2.1 Ausgenommen in den Fällen nach 471.2.2 müssen alle elektrischen Betriebsmittel mit einer Maßnahme zum Schutz bei indirektem Berühren ausgestattet bzw. in eine solche Maßnahme einbezogen sein, wie sie in den Hauptabschnitten 411 und 413 beschrieben sind; ferner müssen diese Maßnahmen den Bedingungen nach 471.2.1.1 bis 471.2.1.3 entsprechen.

471.2.1.1 Schutz durch automatische Abschaltung der Stromversorgung (413.1) muß für alle Anlagen angewendet werden, ausgenommen die Teile der Anlage, für die eine andere Schutzmaßnahme angewendet wird.

471.2.1.2 Wenn die Anwendung der Festlegungen nach 413.1 für automatische Abschaltung der Stromversorgung nicht praktikabel oder unerwünscht ist, darf für bestimmte Teile einer Anlage der Schutz auch durch die Errichtung eines nichtleitenden Raumes nach 413.3 oder durch die Anwendung des Schutzes durch erdfreien örtlichen Potentialausgleich nach 413.4 erreicht werden.

471.2.1.3 Die Maßnahmen Schutz durch Schutzkleinspannung (411.1), Anwendung von Betriebsmitteln der Schutzklasse II oder einer gleichwertigen Isolierung (413.2) und Schutztrennung (413.5) dürfen in jeder Anlage, üblicherweise für bestimmte Betriebsmittel oder für bestimmte Teile der Anlage, angewendet werden.

471.2.2 Schutz bei indirektem Berühren darf für folgende Betriebsmittel entfallen:

- Unterteile von Freileitungsisolatoren und mit diesen verbundene Metallteile (Freileitungszubehör), wenn sie nicht im Handbereich angebracht sind;
- Stahlbetonmaste, bei denen die Stahlarmierung nicht zugänglich ist;
- Körper von Betriebsmitteln, die wegen ihrer kleinen Abmessung (etwa 50 mm × 50 mm) oder wegen ihrer Anordnung nicht umgriffen werden können oder nicht in bedeutenden Kontakt mit einem Teil des menschlichen Körpers kommen können. Ferner muß vorausgesetzt sein, daß der Anschluß eines Schutzleiters nur mit Schwierigkeit möglich ist oder unzuverlässig wäre;

  ANMERKUNG: Diese Festlegung wird z. B. angewendet für Schrauben, Bolzen, Nieten, Namensschilder und Kabelschellen.
- Metallrohre oder andere Metallumhüllungen zum Schutz von Betriebsmitteln nach 413.2.

  NATIONALE ANMERKUNG: Für öffentliche Verteilungsnetze siehe auch Nationaler Anhang NB, Abschnitt NB. 1.

471.2.3 Wenn Schutz durch automatische Abschaltung der Versorgung vorgesehen ist, müssen RCDs mit einem Bemessungsdifferenzstrom nicht größer als 30 mA angewendet werden, um Steckdosen im Freien mit Bemessungsstrom nicht größer als 20 A und Steckdosen, deren gelegentliche Versorgung von tragbaren Betriebsmitteln für den Gebrauch im Freien sinnvollerweise erwartet werden darf, zu schützen.

ANMERKUNG 1: Wenn eine Anlage für die Anwendung von tragbaren Betriebsmitteln für den Gebrauch im Freien vorzusehen ist, wird empfohlen, daß eine oder mehrere Steckdosen den Erfordernissen entsprechend im Freien angeordnet werden.

ANMERKUNG 2: Andere Fälle, in denen RCDs mit Bemessungsdifferenzstrom nicht größer als 30 mA gefordert sind, sind in Teil 7 enthalten.

ANMERKUNG 3: Wenn Schutz durch automatische Abschaltung der Versorgung vorgesehen ist, wird die Anwendung von RCDs mit Bemessungsdifferenzstrom nicht größer als 30 mA besonders empfohlen, um zusätzlichen Schutz nach 412.5 für Steckdosen mit Bemessungsstrom nicht größer als 20 A, die zur Benutzung durch andere als Elektrofachkräfte oder elektrotechnisch unterwiesene Personen vorgesehen sind, zu haben.

471.3 Schutz sowohl gegen direktes als auch bei indirektem Berühren; Anforderungen für FELV-Stromkreise

471.3.1 *Allgemeines*

In Fällen, in denen aus Funktionsgründen eine Spannung im Spannungsbereich I (siehe 411.1.1) angewendet wird, aber **nicht** alle Anforderungen von 411.1 bezüglich der Schutzmaßnahmen SELV oder PELV erfüllt sind und in denen die Schutzmaßnahme SELV oder PELV nicht erforderlich ist, müssen die in 471.3.2 und 471.3.3 beschriebenen ergänzenden Schutzmaßnahmen angewendet werden, um den Schutz gegen direktes und bei indirektem Berühren zu erreichen.

Die Kombination dieser Maßnahmen wird FELV genannt.

ANMERKUNG: Solche Bedingungen dürfen z. B. erwartet werden, wenn der Stromkreis Betriebsmittel (wie Transformatoren, Relais, Fernschalter, Schütze) enthält, deren Isolierung den Anforderungen für die sichere Trennung nicht entspricht.

FELV-Stromkreise einschließlich ihrer Stromquellen müssen von Stromkreisen höherer Spannung durch Basistrennung getrennt werden.

471.3.2 *Schutz gegen direktes Berühren*

Der Schutz gegen direktes Berühren muß vorgesehen werden entweder durch:

- Abdeckungen oder Umhüllungen, die die Anforderungen nach 412.2 erfüllen, oder
- Isolierung entsprechend der Prüfspannung, die für den Primärstromkreis gefordert ist.

Wenn jedoch die Isolierung von Betriebsmitteln, die Teile eines FELV-Stromkreises sind, der Prüfspannung, die für den Primärstromkreis festgelegt ist, nicht standhält, muß die Isolierung während der Errichtung verstärkt werden, so daß sie einer Prüfspannung von AC 1500 V (Effektivwert) während einer Minute standhalten kann.

ANMERKUNG: Der Wert dieser Prüfspannung kann zu einem späteren Zeitpunkt, abhängig von den Ergebnissen der internationalen Normung der Niederspannungs-Isolationskoordination, nochmals überprüft werden. Die Arbeiten zur internationalen Normung der Niederspannungs-Isolationskoordination sind zur Zeit im Gange.

471.3.3 *Schutz bei indirektem Berühren*

Der Schutz bei indirektem Berühren muß vorgesehen werden:

- in einem System, in dem die Schutzmaßnahme Schutz durch automatische Abschaltung der Stromversorgung (entsprechend 413.1) angewendet wird, durch eine Verbindung der Körper des FELV-Systems (Stromkreises) mit dem Schutzleiter des ersten Systems (Primärstromkreis);
- in einem System, in dem die Schutzmaßnahme Schutztrennung (entsprechend 413.5) angewendet wird, die den FELV-Stromkreis versorgt, durch eine Verbindung der Körper des FELV-Stromkreises mit dem isolierten, nicht geerdeten Potentialausgleichsleiter (entsprechend 413.5.3.1).

471.3.4 *Stecker und Steckdosen*

Stecker und Steckdosen für FELV-Stromkreise müssen folgende Anforderungen erfüllen:

- Stecker dürfen nicht in Steckdosen anderer Spannungen oder Spannungssysteme (z. B. SELV und PELV) eingeführt werden können;
- Steckdosen dürfen Stecker anderer Spannungen oder Spannungssysteme (z. B. SELV und PELV) nicht zulassen.

Nationaler Anhang NB (normativ)

NB. 1 Entfallen des Schutzes bei indirektem Berühren in öffentlichen Verteilungsnetzen

In öffentlichen Verteilungsnetzen darf der Schutz bei indirektem Berühren auch für Stahlmaste, Stahlbetonmaste mit zugänglicher Armierung, Dachständer und mit diesen leitend verbundene Metallteile entfallen.

NB. 2 Anwendung von Schutzmaßnahmen gegen thermische Einflüsse

ANMERKUNG: Dieses Thema ist als Hauptabschnitt 472 des CENELEC-HD 384 und der IEC 364 vorgesehen. Festlegungen sind in Beratung.

Transformatoren und Drosselspulen sind so einzubauen, daß der freie Verkehr in Ausgängen und Treppen durch Brände und Verqualmung nicht behindert wird.

Weitere Anforderungen sind in Vorbereitung: Siehe E DIN IEC 64(CO)112 (VDE 0100 Teil 482):1982-04.

NB. 3 Schutz bei Überstrom

ANMERKUNG: Hauptabschnitt 473 des CENELEC-HD 384 zur Anwendung des Schutzes bei Überstrom ist sachlich in DIN VDE 0100-430 (VDE 0100 Teil 430) enthalten.

NB. 4 Abschalten des Neutralleiters

Wenn die Abschaltung des Neutralleiters gefordert wird, muß die verwendete Schutzeinrichtung so beschaffen sein, daß der Neutralleiter in keinem Fall vor den Außenleiter abgeschaltet und nach diesem wieder eingeschaltet werden kann.

ANMERKUNG: Es handelt sich hierbei um Abschnitt 473.3.3 von HD 384.4.473 S1:1980.

August 1997

	Elektrische Anlagen von Gebäuden Teil 4: Schutzmaßnahmen Kapitel 48: Auswahl von Schutzmaßnahmen als Funktion äußerer Einflüsse Hauptabschnitt 482: Brandschutz bei besonderen Risiken oder Gefahren Deutsche Fassung HD 384.4.482 S1:1997	**DIN** VDE 0100-482
VDE	Diese Norm ist zugleich eine **VDE-Bestimmung** im Sinne von VDE 0022. Sie ist nach Durchführung des vom VDE-Vorstand beschlossenen Genehmigungsverfahrens unter nebenstehenden Nummern in das VDE-Vorschriftenwerk aufgenommen und in der etz Elektrotechnische Zeitschrift bekanntgegeben worden.	Klassifikation **VDE 0100** Teil 482

Diese Norm enthält die Deutsche Fassung des Harmonisierungsdokuments **HD 384.4.482 S1**

ICS 13.220.01; 91.140.50

Deskriptoren: Gebäude, elektrische Anlage, Brandschutz, Schutzmaßnahme

Ersatz für
DIN 57100-720
(VDE 0100 Teil 720):1983-03
und
DIN VDE 0100-730
(VDE 0100 Teil 730):1986-02

Electrical installations of buildings –
Part 4: Protection for safety –
Chapter 48: Choice of protective measures as a function of external influences –
Section 482: Protection against fire where particular risks or danger exist

Installations électriques des bâtiments –
Partie 4: Protection pour assurer la sécurité –
Chapitre 48: Choix des mesures de protection en fonction des influences externes –
Section 482: Protection contre l'incendie dans des emplacements à risques

Diese Norm enthält das Europäische Harmonisierungsdokument HD 384.4.482 S1:1997.

Beginn der Gültigkeit

Diese Norm gilt ab 1. August 1997.

Norm-Inhalt war veröffentlicht als

- E DIN IEC 64(CO)112 (VDE 0100 Teil 482):1982-04,
- E DIN VDE 0100-420/A2 (VDE 0100 Teil 420/A2):1990-06,
- E DIN VDE 0100-532 (VDE 0100 Teil 532):1990-06.

Fortsetzung Seite 2 bis 9 und 5 Seiten HD

Deutsche Elektrotechnische Kommission im DIN und VDE (DKE)

Nationales Vorwort

Für die vorliegende Norm ist das nationale Arbeitsgremium UK 221.8 „Verlegen von Kabeln und Leitungen" der Deutschen Elektrotechnischen Kommission im DIN und VDE (DKE) zuständig.

Zu 482.0

Feuergefährdete Betriebsstätten sind Räume oder Orte oder Stellen in Räumen oder im Freien, bei denen die Gefahr besteht, daß sich nach den örtlichen und betrieblichen Verhältnissen leichtentzündliche Stoffe in gefahrdrohender Menge den elektrischen Betriebsmitteln so nähern können, daß höhere Temperaturen an diesen Betriebsmitteln oder Lichtbögen eine Brandgefahr bilden.

ANMERKUNG 1: Hierunter können fallen: Arbeits-, Trocken-, Lagerräume oder Teile von Räumen sowie derartige Stätten im Freien, z. B. Papier-, Textil- oder Holzverarbeitungsbetriebe, Heu-, Stroh-, Jute-, Flachslager.

ANMERKUNG 2: Bei der Einordnung von Räumen als feuergefährdete Betriebsstätten müssen behördliche Verordnungen beachtet werden.

Leichtentzündlich sind brennbare feste Stoffe, die, der Flamme eines Zündholzes 10 s ausgesetzt, nach Entfernen der Zündquelle von selbst weiterbrennen oder weiterglimmen.

ANMERKUNG: Hierunter können fallen: Heu, Stroh, Strohstaub, Hobelspäne, lose Holzwolle, Magnesiumspäne, Reisig, loses Papier, Baum- und Zellwollfasern.

Änderungswünsche des Deutschen Nationalen Komitees

Das Deutsche Nationale Komitee beantragt folgende Ergänzungen, deren Anwendung vom UK 221.8 „Verlegen von Kabeln und Leitungen" der Deutschen Elektrotechnischen Kommission im DIN und VDE (DKE) empfohlen wird.

Zu 482.1.3 *Ergänzung: Elektrische Betriebsmittel, außer Elektrowärmegeräte, müssen mindestens den Schutzgrad IP4X erfüllen. Bei Elektrowärmegeräten sind die vom Hersteller angegebenen Abstände zu brennbaren Stoffen einzuhalten.*

Zu 482.1.4 *Kabel und Leitungen mit verbessertem Verhalten im Brandfall sind nachfolgend (ergänzt um nationale Bauarten, die mit „N" beginnen) in Tabelle N.1 aufgeführt.*

Tabelle N.1: Halogenfreie Kabel und Leitungen mit verbessertem Verhalten im Brandfall

Bauartkurzzeichen	*Norm oder Entwurf*	*Hinweise*
Leitungen		
NHXMH	*DIN VDE 0250-214 (VDE 0250 Teil 214):1987-02*	
NHMH	*DIN VDE 0250-215 (VDE 0250 Teil 215)*	*Entwurf in Vorbereitung*
NSHXA	*DIN VDE 0250-606 (VDE 0250 Teil 606):1995-06*	
H05Z-U	*DIN VDE 0282-9 (VDE 0282 Teil 9):1996-03*	
H05Z-K	*DIN VDE 0282-9 (VDE 0282 Teil 9):1996-03*	
H07Z-U	*DIN VDE 0282-9 (VDE 0282 Teil 9):1996-03*	
H07Z-R	*DIN VDE 0282-9 (VDE 0282 Teil 9):1996-03*	
H07Z-K	*DIN VDE 0282-9 (VDE 0282 Teil 9):1996-03*	
H07ZZ-F	*DIN VDE 0282-13 (VDE 0282 Teil 13):1996-12*	
Kabel		
NHXH	*DIN VDE 0266 (VDE 0266)*	*In Vorbereitung, z. Z. Entwürfe DIN VDE 0266-3 (VDE 0266 Teil 3):1993-04 und DIN VDE 0266-4 (VDE 0266 Teil 4):1993-04*
NHXHX	*DIN VDE 0266 (VDE 0266)*	*siehe oben, Zeile NHXH*
NHXH FE 180	*DIN VDE 0266 (VDE 0266)*	*siehe oben, Zeile NHXH E 30 und E 90 möglich nach DIN 4102-12*

(fortgesetzt)

Tabelle N.1: (abgeschlossen)

Bauartkurzzeichen	*Norm oder Entwurf*	*Hinweise*
NHXHX FE 180	*DIN VDE 0266 (VDE 0266)*	*siehe oben, Zeile NHXH E 30 und E 90 möglich nach DIN 4102-12*
NHXCH	*DIN VDE 0266 (VDE 0266)*	*siehe oben, Zeile NHXH*
NHXCHX	*DIN VDE 0266 (VDE 0266)*	*siehe oben, Zeile NHXH*
NHXCH FE 180	*DIN VDE 0266 (VDE 0266)*	*siehe oben, Zeile NHXH E 30 und E 90 möglich nach DIN 4102-12*
NHXCHX FE 180	*DIN VDE 0266 (VDE 0266)*	*siehe oben, Zeile NHXH E 30 und E 90 möglich nach DIN 4102-12*
N2XH	*DIN VDE 0276-604 (VDE 0276 Teil 604):1995-10*	
N2XCH	*DIN VDE 0276-604 (VDE 0276 Teil 604):1995-10*	

Zu 482.1.5 *Prüftemperatur 850°C entsprechend DIN EN 60670 (VDE 0606 Teil 100):1994-04; Nationaler Anhang A (informativ), Abschnitte 5.3.1.3, 5.3.2.2, 14.*

Zu 482.1.7

1. Ergänzung von Absatz a)

RCDs müssen Bauart A nach EN 61008, EN 61009, EN 60947 oder Bauart B nach IEC 755 entsprechen. Außenleiter und Neutralleiter müssen beim Auslösen abgeschaltet werden.

2. Der letzte Satz des Bestimmungstextes wird wie folgt ersetzt:

„Durch entsprechende Information muß die schnelle Behebung des 1. Fehlers ermöglicht werden."

Zu 482.1.14 *Ergänzung nach der Zeile 7: Leuchten müssen die Kennzeichnung ▽F ▽F tragen. Die Abstände in Abhängigkeit von der Leistung sind Mindestabstände.*

Zu 482.2.2.1 *Ergänzung: Die elektrischen Betriebsmittel müssen DIN VDE 0606 (VDE 0606) entsprechen und mit ▽H gekennzeichnet sein.*

Zu 482.2.2.6 *Die Anforderung wird wie folgt ersetzt:*

Werden Kabel und Leitungen nicht fest verlegt, sind die elektrischen Anschlüsse und Verbindungen von Zug zu entlasten.

Die vorstehend beschriebenen Anforderungen und Maßnahmen entsprechend dem Sicherheitsniveau in den früheren Normen DIN VDE 0100-720 (VDE 0100 Teil 720):1983-03 und DIN VDE 0100-730 (VDE 0100 Teil 730): 1986-02. Für die Erfüllung dieses Sicherheitsniveaus sind die hier aufgeführten Abschnitte 482.1.3 bis 482.2.2.6 der Änderungswünsche des Deutschen Nationalen Komitees zu berücksichtigen.

Zur Benennung RCD

In Deutschland werden die RCDs (englisch: residual current protective devices)

- mit Hilfsspannungsquelle als „Differenzstrom-Schutzeinrichtungen",
- ohne Hilfsspannungsquelle als „Fehlerstrom-Schutzeinrichtungen"

bezeichnet.

Es ergibt sich danach folgende Einordnung:

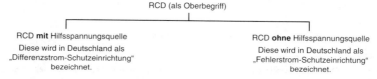

RCD (als Oberbegriff)

RCD **mit** Hilfsspannungsquelle	RCD **ohne** Hilfsspannungsquelle
Diese wird in Deutschland als „Differenzstrom-Schutzeinrichtung" bezeichnet.	Diese wird in Deutschland als „Fehlerstrom-Schutzeinrichtung" bezeichnet.

Es wird darauf hingewiesen, daß nach DIN VDE 0100-510 (VDE 0100 Teil 510):1997-01, Abschnitt 511, RCDs den einschlägigen DIN-Normen und VDE-Bestimmungen sowie den Europäischen Normen und/oder CENELEC-Harmonisierungsdokumenten – soweit vorhanden – entsprechen müssen.

Anforderungen an RCDs zum Schutz bei indirektem Berühren und zum Schutz bei direktem Berühren sind in Vorbereitung (zur Zeit E DIN IEC 64/758/CD (VDE 0100 Teil 530/A6):1995-04; siehe auch die Änderungswünsche des Deutschen Nationalen Komitees zu 482.1.7).

Zu 482.0, 2. Anmerkung

Für die Einstufung von feuergefährdeten Betriebsstätten ist der Betreiber selbst verantwortlich. In der Regel wird er sich eines Fachkundigen bedienen, der unter Berücksichtigung der örtlichen und betrieblichen Gegebenheiten festzustellen hat, ob die elektrische Anlage entsprechend den Anforderungen für feuergefährdete Betriebsstätten zu errichten ist. Hilfestellung bei der Auswahl geeigneter Fachleute gibt die zuständе Behörde. Dies ist das Gewerbeaufsichtsamt bzw. das Amt für Arbeitsschutz, dem auch die Kontrollpflicht obliegt.

Zu 482.0, Absatz „Zusätzliche Maßnahmen sind ... verursacht werden kann."

Zusätzliche Maßnahmen hinsichtlich der Auswahl der elektrischen Betriebsmittel oder deren Errichtung sind beispielsweise nicht erforderlich, wenn die einzelnen Komponenten der elektrischen Anlage in ausreichendem Abstand zu brennbaren Materialien angeordnet oder in nicht brennbaren Bau- oder Werkstoffen eingebettet werden.

Zu 482.1.5

Mit den Forderungen in diesem Abschnitt soll Bränden in feuergefährdeten Betriebsstätten vorgebeugt werden, die von nicht zu diesen Bereichen gehörenden elektrischen Anlagen ausgehen könnten.

Wenn auf Klemmverbindungen nicht verzichtet werden soll, müssen diese in Installationsdosen mit höherer Feuersicherheit angeordnet werden. Hierfür stehen Installationsdosen nach DIN VDE 0606 (VDE 0606) zur Verfügung, die der Prüftemperatur von 850 °C nach DIN VDE 0471-2-1 (VDE 0471 Teil 2-1) genügen müssen.

Zu 482.1.7

In IT-Systemen muß ein zweiter Fehler innerhalb 5 s zur Abschaltung des fehlerhaften Stromkreises führen. Diese Forderung ist im Fall von Isolationsfehlern, bei denen ein widerstandsbehafteter Kurzschluß ansteht, mit Überstrom-Schutzeinrichtungen nicht zu erfüllen. Dies gilt auch, wenn die Empfehlung in der Anmerkung, Kabel und Leitungen mit konzentrischem Leiter auszuwählen, berücksichtigt wird. Dann kann aber mit hoher Wahrscheinlichkeit davon ausgegangen werden, daß auch nach längerem Anstehen eines Isolationsfehlers eine Brandausweitung vermieden wird.

Die thermische Beschädigung wird sich auf den in unmittelbarer Nähe und die stromführenden Leiter umhüllenden konzentrischen Leiter auswirken, bevor brennbare Materialien sich außerhalb entzünden können. Voraussetzung ist allerdings der Anschluß des konzentrischen Leiters an den Schutzleiter.

Der Abschnitt 531.2.4 der IEC 364-5-53 lautet bezüglich des Schutzes bei indirektem Berühren:

531.2.4

TT-Systeme

Wenn eine Anlage durch eine einzige RCD geschützt wird, muß diese am Speisepunkt (Anfang) der Anlage angeordnet sein, es sei denn, der Teil der Anlage zwischen dem Speisepunkt (Anfang) der Anlage und der RCD erfüllt die Anforderungen des Schutzes durch Verwendung von Betriebsmitteln der Schutzklasse II oder gleichwertige Isolierung.

Zu 482.1.9

Trennen kann nach DIN VDE 0100-537 (VDE 0100 Teil 537) mit folgenden Mitteln zum Trennen erreicht werden:

- Trenner, Last-Trennschalter (Last-Trenner), mehr- oder einpolig,
- Steckvorrichtungen,
- austauschbare Sicherungen,
- Trennlaschen,
- Spezialklemmen, bei denen ein Abklemmen eines Leiters nicht erforderlich ist.

Zu 482.2.1

Das in diesem Abschnitt allgemein formulierte Schutzziel ist erfüllt, wenn die Maßnahmen nach 482.1.7 getroffen werden.

Zu 482.2.2.1

Das hier beschriebene Schutzziel ist erfüllt, wenn die Prüfanforderungen für elektrische Betriebsmittel zum Einbau in Hohlwänden nach DIN VDE 0606 (VDE 0606) (Kennzeichnung $\overset{H}{\triangledown}$) eingehalten werden.

Der Zusammenhang zwischen den in dieser Norm zitierten IEC-Publikationen und den entsprechenden Deutschen Normen ist nachstehend wiedergegeben:

Europäische Norm	Internationale Norm	Deutsche Norm	Klassifikation im VDE-Vorschriftenwerk
prEN 50085:1993	–	E DIN EN 50085-1 (VDE 0604 Teil 1):1994-04	VDE 0604 Teil 1
EN 50086-1:1993	–	DIN EN 50086-1 (VDE 0605 Teil 1):1994-05 DIN EN 50086-1/A1 (VDE 0605 Teil 1/A1):1996-02	VDE 0605 Teil 1 VDE 0605 Teil 1/A1
EN 50086-2-1:1995	–	DIN EN 50086-2-1 (VDE 0605 Teil 2-1):1995-12	VDE 0605 Teil 2-1
EN 50086-2-2:1995	–	DIN EN 50086-2-2 (VDE 0605 Teil 2-2):1995-12	VDE 0605 Teil 2-2
EN 50086-2-3:1995	–	DIN EN 50086-2-3 (VDE 0605 Teil 2-3):1995-12	VDE 0605 Teil 2-3
EN 50086-2-4:1994	–	DIN EN 50086-2-4 (VDE 0605 Teil 2-4):1994-09	VDE 0605 Teil 2-4
prEN 60670:1993	IEC 670:1989	E DIN EN 60670 (VDE 0606 Teil 100):1994-04*)	VDE 0606 Teil 100
Normen der Reihe EN 60947-1:1991	Normen der Reihe IEC 947-1:1988	Normen der Reihe DIN EN 60947 (VDE 0660)	Normen der Reihe VDE 0660
EN 61008-1:1994 + A2:1995 + A11:1995 EN 61008-2-1	IEC 1008-1:1990 + A1:1992, modifiziert + A2:1995 – IEC 1008-2-1:1990	Nationale Norm in Vorbereitung	–
EN 61009-1:1994 + A1:1995 + A11:1995 EN 61009-2-1	IEC 1009-1:1991, modifiziert + A1:1995 – IEC 1009-2-1:1991	Nationale Norm in Vorbereitung Nationale Norm in Vorbereitung	–
HD 384	IEC 364	Normen der Reihe DIN VDE 0100 (VDE 0100):1973-05	VDE 0100
–	IEC 364-5-53:1994 Abschnitt 531.2.4 siehe Nationales Vorwort zu 482.1.7	E DIN VDE 0100-530 (VDE 0100 Teil 530):1993-06 E DIN VDE 0100-530/A1 (VDE 0100 Teil 530/A1):1986-07 E DIN VDE 0100-530/A2 (VDE 0100 Teil 530/A2):1989-09 E DIN VDE 0100-530/A3 (VDE 0100 Teil 530/A3):1989-12 E DIN VDE 0100-530/A4 (VDE 0100 Teil 530/A4):1991-11 E DIN VDE 0100-530/A5 (VDE 0100 Teil 530/A5):1992-07 E DIN IEC 64/758/CD (VDE 0100 Teil 530/A6):1995-04	VDE 0100 Teil 530 VDE 0100 Teil 530/A1 VDE 0100 Teil 530/A2 VDE 0100 Teil 530/A3 VDE 0100 Teil 530/A4 VDE 0100 Teil 530/A5 VDE 0100 Teil 530/A6
HD 384.4.42:	IEC 364-4-42:1980	DIN VDE 0100-420 (VDE 0100 Teil 420):1991-11	VDE 0100 Teil 420
HD 384.5.537 S1:1987	IEC 364-5-537:1981	DIN VDE 0100-530 (VDE 0100 Teil 530):1993-06	VDE 0100 Teil 530

*) Bis zur Inkraftsetzung gilt DIN VDE 0606-1 (VDE 0606 Teil 1):1984-11.

Europäische Norm	Internationale Norm	Deutsche Norm	Klassifikation im VDE-Vorschriftenwerk
HD 405.1 S1:1983 + A1:1992	IEC 332-1:1979 IEC 20(CO)12:1992	DIN VDE 0472-804 (VDE 0472 Teil 804):1989-11 E DIN IEC 20(CO)12 (VDE 0472 Teil 804/A1):1993-08	VDE 0472 Teil 804
HD 405.3 S1:1993	IEC 332-3:1992	DIN VDE 0472-804 (VDE 0472 Teil 804):1989-11 E DIN IEC 20(CO)12 (VDE 0472 Teil 804/A1):1993-08	VDE 0472 Teil 804
HD 516S1:1990 + A1:1991 + A2:1992 + A3:1993 + A4:1992 + A5:1993 + A6:1993	–	DIN VDE 0298-300 (VDE 0298 Teil 300):1997-02	VDE 0298 Teil 300

Änderungen

Gegenüber DIN VDE 0100-720 (VDE 0100 Teil 720):1983-03 und DIN VDE 0100-730 (VDE 0100 Teil 730):1986-02 wurden folgende Änderungen vorgenommen:

a) Schutzeinrichtungen zum Schutz bei Isolationsfehlern immer am Anfang (Speisepunkt) der elektrischen Anlage;

b) Schutz bei Isolationsfehlern erfolgt in TT-Systemen und TN-Systemen bis auf Ausnahmen durch RCDs;

c) wo Staub nicht zu erwarten ist, wird die Schutzart nicht mehr gefordert, sondern im Nationalen Vorwort empfohlen;

d) Leuchten mit begrenzter Oberflächentemperatur werden gefordert, auch wenn kein Staub zu erwarten ist;

e) detaillierte Anforderungen zum Verlegen von Leitungen in Hohlwänden sowie in Gebäuden aus vorwiegend brennbaren Baustoffen nur im Nationalen Vorwort angegeben;

f) kurz- und erdschlußsichere Verlegung ist entfallen;

g) Kabel und Leitungen mit elektrisch leitendem Mantel/Schirm dürfen verwendet werden.

Frühere Ausgaben

DIN VDE 0100 (VDE 0100):1973-05
(Vorheriger Entwicklungsgang siehe Beiblatt 1 zu DIN VDE 0100 (Beiblatt 1 zu VDE 0100).)

DIN VDE 0100-720 (VDE 0100 Teil 720):1983-03

DIN VDE 0100-730 (VDE 0100 Teil 730):1980-06, 1986-02

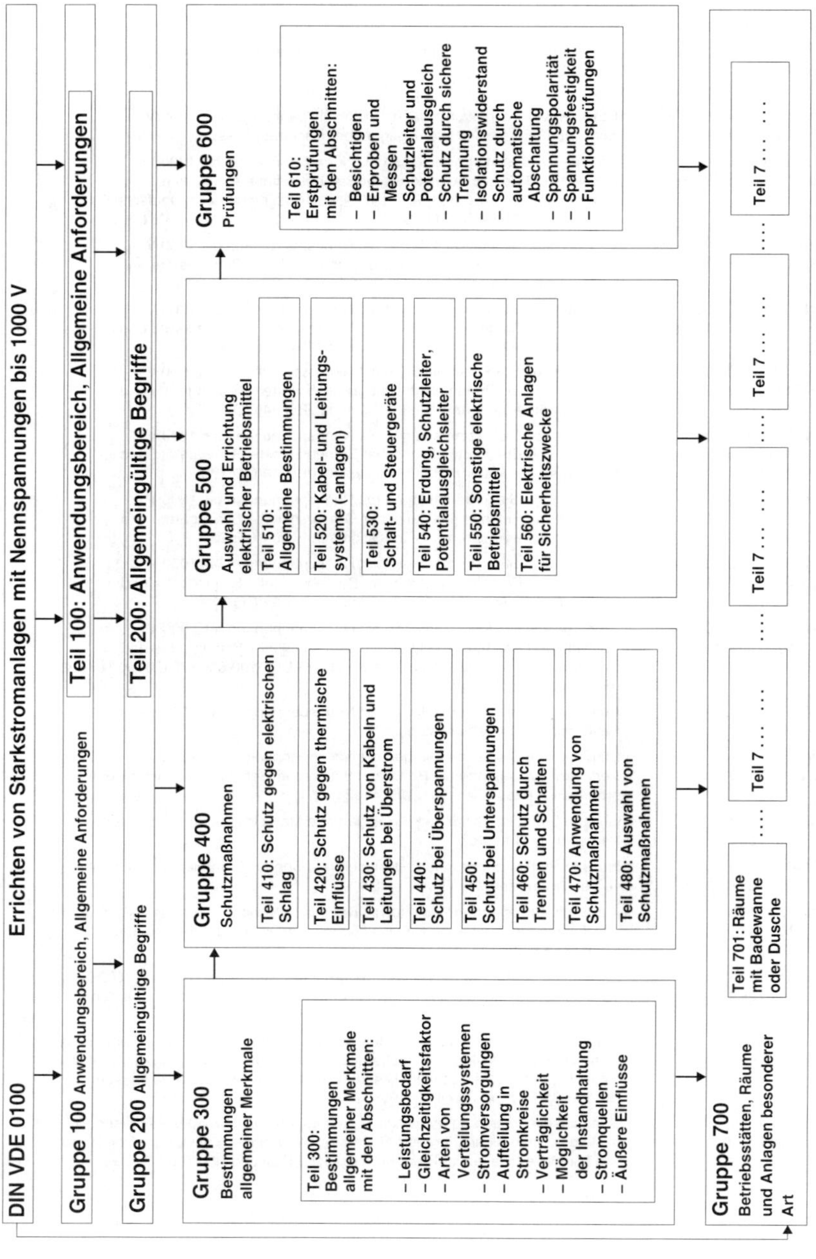

Bild N.1: Eingliederung dieser Norm in die Struktur der Reihe der Normen DIN VDE 0100

Nationaler Anhang NA (informativ)

Literaturhinweise

Normen der Reihe DIN VDE 0100 (VDE 0100):1973-05	Errichten von Starkstromanlagen mit Nennspannungen bis 1000 V
DIN VDE 0100-420 (VDE 0100 Teil 420)	Errichten von Starkstromanlagen mit Nennspannungen bis 1000 V – Schutzmaßnahmen – Schutz gegen thermische Einflüsse
DIN VDE 0100-510 (VDE 0100 Teil 510):1995-11	Errichten von Starkstromanlagen mit Nennspannungen bis 1000 V – Auswahl und Errichtung elektrischer Betriebsmittel – Allgemeine Bestimmungen – (IEC 364-5-51:1979 + A1:1982, modifiziert); Deutsche Fassung HD 384.5.51 S1:1985 + A1:1995
DIN VDE 0100-530 (VDE 0100 Teil 530)	Errichten von Starkstromanlagen mit Nennspannungen bis 1000 V – Auswahl und Errichtung elektrischer Betriebsmittel – Schaltgeräte und Steuergeräte – Identisch mit IEC 64(CO)151
E DIN VDE 0100-530/A1 (VDE 0100 Teil 530/A1)	Errichten von Starkstromanlagen mit Nennspannungen bis 1000 V – Auswahl und Errichtung elektrischer Betriebsmittel – Schaltgeräte und Steuergeräte – Änderung 1 – Identisch mit IEC 64(CO)164
E DIN VDE 0100-530/A2 (VDE 0100 Teil 530/A2)	Errichten von Starkstromanlagen mit Nennspannungen bis 1000 V – Auswahl und Errichtung elektrischer Betriebsmittel – Schaltgeräte und Steuergeräte – Änderung 2 – Identisch mit IEC 64(CO)197
E DIN VDE 0100-530/A3 (VDE 0100 Teil 530/A3)	Errichten von Starkstromanlagen mit Nennspannungen bis 1000 V – Auswahl und Errichtung elektrischer Betriebsmittel – Schaltgeräte und Steuergeräte – Änderung 3 – Identisch mit IEC 64(CO)198
E DIN VDE 0100-530/A4 (VDE 0100 Teil 530/A4)	Errichten von Starkstromanlagen mit Nennspannungen bis 1000 V – Auswahl und Errichtung elektrischer Betriebsmittel – Schaltgeräte und Steuergeräte – Änderung 4 – Identisch mit IEC 64(CO)221
E DIN VDE 0100-530/A5 (VDE 0100 Teil 530/A5)	Errichten von Starkstromanlagen mit Nennspannungen bis 1000 V – Auswahl und Errichtung elektrischer Betriebsmittel – Schaltgeräte und Steuergeräte – Änderung 5 – Identisch mit IEC 64(CO)222
E DIN IEC 64/758/CD (VDE 0100 Teil 530/A6)	Errichten von Starkstromanlagen mit Nennspannungen bis 1000 V – Auswahl und Errichtung elektrischer Betriebsmittel – Schaltgeräte und Steuergeräte – Änderung 6 zum Entwurf DIN VDE 0100-530 (VDE 0100 Teil 530); (IEC 64/758/CD:1984)
DIN VDE 0100-720 (VDE 0100 Teil 720)	Errichten von Starkstromanlagen mit Nennspannungen bis 1000 V – Feuergefährdete Betriebsstätten
DIN VDE 0100-730 (VDE 0100 Teil 730)	Errichten von Starkstromanlagen mit Nennspannungen bis 1000 V – Verlegen von Leitungen in Hohlwänden sowie in Gebäuden aus vorwiegend brennbaren Baustoffen nach DIN 4102
DIN VDE 0250-214 (VDE 0250 Teil 214)	Isolierte Starkstromleitungen – Halogenfreie Mantelleitung mit verbessertem Verhalten im Brandfall
E DIN VDE 0250-606 (VDE 0250 Teil 606)	Isolierte Starkstromleitungen – Halogenfreie Sonder-Gummiaderleitung mit verbessertem Verhalten im Brandfall
E DIN VDE 0266-3 (VDE 0266 Teil 3)	Kabel mit verbessertem Verhalten im Brandfall – Nennspannungen U_0/U 0,6/1 kV – Halogenfreie, raucharme Kabel mit verminderter Brandfortleitung und Isolationserhalt
E DIN VDE 0266-4 (VDE 0266 Teil 4)	Kabel mit verbessertem Verhalten im Brandfall – Nennspannungen U_0/U 0,6/1 kV – Halogenfreie, raucharme Kabel mit verminderter Brandfortleitung für den Einsatz im Containment von Kernkraftwerken
DIN VDE 0276-604 (VDE 0276 Teil 604)	Halogenfreie Kabel mit verbessertem Verhalten im Brandfall, mit Isolierung aus vernetztem Polyethylen – Starkstromkabel mit Nennspannungen U_0/U 0,6/1 kV mit verbessertem Verhalten im Brandfall für Kraftwerke; Deutsche Fassung HD 504 S1 Teil 1 und Teil 5G:1994
DIN VDE 0282-9 (VDE 0282 Teil 9)	Gummi-isolierte Leitungen mit Nennspannungen bis 450/750 V – Einadrige Leitungen ohne Mantel für feste Verlegung mit geringer Entwicklung von Rauch und korrosiven Gasen im Brandfall; Deutsche Fassung HD 22.9 S2:1995

DIN VDE 0282-13 (VDE 0282 Teil 13)	Gummi-isolierte Leitungen mit Nennspannungen bis 450/750 V – Ein-, mehr- und vieladrige Schlauchleitungen mit Isolierhülle und Mantel aus vernetztem Polymer, mit geringer Entwicklung von Rauch und korrosiven Gasen im Brandfall; Deutsche Fassung HD 22.13 S1:1996
DIN VDE 0298-300 (VDE 0298 Teil 300)	Verwendung von Kabeln und isolierten Leitungen für Starkstromanlagen – Leitlinie für harmonisierte Leitungen; Deutsche Fassung HD 516 S1:1990
DIN VDE 0472-804 (VDE 0472 Teil 804)	Prüfung an Kabeln und isolierten Leitungen – Brennverhalten
E DIN EN 50085-1 (VDE 0604 Teil 1)	Elektroinstallationskanalsysteme für elektrische Installationen – Teil 1: Allgemeine Anforderungen; Deutsche Fassung EN 50085-1:1993
DIN EN 50086-1 (VDE 0605 Teil 1)	Elektroinstallationsrohrsysteme für elektrische Installationen – Teil 1: Allgemeine Anforderungen; Deutsche Fassung EN 50086-1:1993
E DIN EN 50086-1/A1 (VDE 0605 Teil 1/A1)	Elektroinstallationsrohrsysteme für elektrische Installationen – Teil 1: Allgemeine Anforderungen; Deutsche Fassung EN 50086-1:1993
DIN EN 50086-2-1 (VDE 0605 Teil 2-1)	Elektroinstallationsrohrsysteme für elektrische Installationen – Teil 2-1: Besondere Anforderungen für starre Elektroinstallationsrohrsysteme; Deutsche Fassung EN 50086-2-1:1995
DIN EN 50086-2-2 (VDE 0605 Teil 2-2)	Elektroinstallationsrohrsysteme für elektrische Installationen – Teil 2-2: Besondere Anforderungen für biegsame Elektroinstallationsrohrsysteme; Deutsche Fassung EN 50086-2-2:1995
DIN EN 50086-2-3 (VDE 0605 Teil 2-3)	Elektroinstallationsrohrsysteme für elektrische Installationen – Teil 2-3: Besondere Anforderungen für flexible Elektroinstallationsrohrsysteme; Deutsche Fassung EN 50086-2-3:1995
DIN EN 50086-2-4 (VDE 0605 Teil 2-4)	Elektroinstallationsrohrsysteme für elektrische Installationen – Teil 2-4: Besondere Anforderungen für erdverlegte Elektroinstallationsrohrsysteme; Deutsche Fassung EN 50086-2-4:1993
DIN VDE 0606 (VDE 0606):1976-02	VDE-Bestimmung für Verbindungsmaterial bis 750 V, Installations-Kleinverteiler und Zählerplätze bis 250 V
E DIN EN 60670 (VDE 0606 Teil 100)	Gehäuse für Haushalt und ähnliche ortsfeste elektrische Installationen – (IEC 670:1989); Deutsche Fassung prEN 60670:1993
Normen der Reihe DIN EN 60947 (VDE 0660)	Niederspannungs-Schaltgeräte
DIN 4102-12	Brandverhalten von Baustoffen und Bauteilen – Teil 12: Funktionserhalt von elektrischen Kabelanlagen – Anforderungen und Prüfungen
IEC 755	General requirements for residual current operated protective devices

EUROPÄISCHE NORM
EUROPEAN STANDARD
NORME EUROPÉENNE

HD 384.4.482 S1

Februar 1997

ICS 13.220.01; 91.140.50

Deskriptoren: Elektrische Anlage, Schutzmaßnahmen, äußere Einflüsse, Brandschutz

Deutsche Fassung

Elektrische Anlagen von Gebäuden

Teil 4: Schutzmaßnahmen –
Kapitel 48: Auswahl von Schutzmaßnahmen als Funktion äußerer Einflüsse –
Hauptabschnitt 482: Brandschutz bei besonderen Risiken oder Gefahren

Electrical installations of buildings –
Part 4: Protection for safety –
Chapter 48: Choice of protective measures as a function of external influences –
Section 482: Protection against fire where particular risks or danger exist

Installations électriques des bâtiments –
Partie 4: Protection pour assurer la sécurité –
Chapitre 48: Choix des mesures de protection en fonction des influences externes –
Section 482: Protection contre l'incendie dans des emplacements à risques

Dieses Harmonisierungsdokument wurde von CENELEC am 1996-07-02 angenommen. Die CENELEC-Mitglieder sind gehalten, die CEN/CENELEC-Geschäftsordnung zu erfüllen, in der die Bedingungen für die Übernahme dieses Harmonisierungsdokumentes auf nationaler Ebene festgelegt sind.

Auf dem letzten Stand befindliche Listen dieser nationalen Übernahmen mit ihren bibliographischen Angaben sind beim Zentralsekretariat oder bei jedem CENELEC-Mitglied auf Anfrage erhältlich.

Dieses Harmonisierungsdokument besteht in drei offiziellen Fassungen (Deutsch, Englisch, Französisch).

CENELEC-Mitglieder sind die nationalen elektrotechnischen Komitees von Belgien, Dänemark, Deutschland, Finnland, Frankreich, Griechenland, Irland, Island, Italien, Luxemburg, Niederlande, Norwegen, Österreich, Portugal, Schweden, Schweiz, Spanien und dem Vereinigten Königreich.

CENELEC

Europäisches Komitee für Elektrotechnische Normung
European Committee for Electrotechnical Standardization
Comité Européen de Normalisation Electrotechnique

Zentralsekretariat: rue de Stassart 35, B-1050 Brüssel

Ref. Nr. HD 384.4.482 S1:1997 D

Vorwort

Dieses Harmonisierungsdokument wurde ausgearbeitet von dem SC 64B „Schutz gegen thermische Einflüsse" des Technischen Komitees CENELEC TC 64 „Elektrische Anlagen von Gebäuden".

Der Text dieses Harmonisierungsdokuments wurde dem Einstufigen Annahmeverfahren unterworfen und von CENELEC am 1996-07-02 als HD 384.4.482 S1 angenommen.

Nachstehende Daten wurden festgelegt:

– spätestes Datum, zu dem das Vorhandensein des HD auf nationaler Ebene angekündigt werden muß	(doa):	1997-01-01
– spätestes Datum, zu dem das HD auf nationaler Ebene durch Veröffentlichung einer harmonisierten nationalen Norm oder durch Anerkennung übernommen werden muß	(dop):	1997-09-01
– spätestes Datum, zu dem nationale Normen, die dem HD entgegenstehen, zurückgezogen werden müssen	(dow):	1997-09-01

482 Brandschutz bei besonderen Risiken oder Gefahren

482.0 Allgemeines

Die Anforderungen dieses Hauptabschnittes müssen zusätzlich zu denen von HD 384.4.42 beachtet werden.

ANMERKUNG: Dieser Hauptabschnitt schreibt Mindestanforderungen vor. Nationale Gesetze und Verordnungen mit zusätzlichen Anforderungen dürfen vorhanden sein.

Nationale ANMERKUNG: Siehe auch Nationales Vorwort.

Der Hauptabschnitt 482 gilt für

- die Auswahl und Errichtung von elektrischen Anlagen in feuergefährdeten Betriebsstätten, das sind solche, bei denen das Brandrisiko durch die Art der verarbeiteten oder gelagerten Materialien, durch die Verarbeitung und durch die Lagerung von brennbaren Materialien einschließlich der Ansammlung von Staub, wie in Scheunen, Holzverarbeitungswerkstätten, Papier- und Textilfabriken, oder ähnlichem verursacht wird;

  ANMERKUNG: Die Art und die zugelassenen Mengen von brennbaren Materialien, die Oberfläche oder die Größe der Räume oder Orte dürfen durch nationale Behörden geregelt werden.

- die Auswahl und Errichtung von elektrischen Anlagen in Räumen oder Orten mit vorwiegend brennbaren Baustoffen, wie Holz, Hohlwände usw.;

- die Auswahl und Errichtung von elektrischen Anlagen in Räumen oder Orten mit Gefährdung von unersetzbaren Gütern (in Beratung).

Elektrische Betriebsmittel müssen unter Berücksichtigung äußerer Einflüsse so ausgewählt und errichtet werden, daß ihre Erwärmung bei üblichem Betrieb und die vorhersehbare Temperaturerhöhung im Fehlerfall kein Feuer verursachen können.

Dieses darf durch eine geeignete Bauart der Betriebsmittel oder durch zusätzliche Schutzmaßnahmen bei der Errichtung erreicht werden.

Zusätzliche Maßnahmen sind nicht gefordert, wenn es unwahrscheinlich ist, daß durch die Oberflächentemperatur der Betriebsmittel eine Entzündung benachbarter brennbarer Materialien verursacht werden kann.

Der Hauptabschnitt 482 gilt nicht für

- die Auswahl und Errichtung von elektrischen Anlagen in Räumen oder Orten mit Explosionsgefahr; hierzu siehe prEN 50154: „Elektrische Anlagen in gasexplosionsgefährdeten Bereichen (ausgenommen Grubenbaue)";

  ANMERKUNG: Normen für durch Staub explosionsgefährdete Räume oder Orte sind in Beratung.

- die Auswahl und Errichtung von elektrischen Anlagen in Rettungswegen. Diese Anforderungen dürfen von den für z. B. Baugenehmigungen, Versammlungsstätten, Brandschutz zuständigen verantwortlichen Behörden festgelegt werden, wobei in vielen Ländern unterschiedliche Vorschriften bestehen.

482.1 Feuergefährdete Betriebsstätten auf Grund der Art der verarbeiteten oder gelagerten Materialien

482.1.1 In Betriebsstätten, in denen gefährliche Mengen brennbaren Materials in die Nähe elektrischer Betriebsmittel kommen können, müssen die elektrischen Anlagen auf solche beschränkt werden, die für die Anwendung in diesen Betriebsstätten erforderlich sind. Solche elektrischen Anlagen müssen den Anforderungen der Unterabschnitte 482.1.2 bis 482.1.19 genügen.

482.1.2 Wenn zu erwarten ist, daß sich Staub auf Umhüllungen von elektrischen Betriebsmitteln in feuergefährlichen Mengen ablagern könnte, müssen Maßnahmen getroffen werden, um zu verhindern, daß die Umhüllungen unangemessen hohe Temperaturen annehmen.

482.1.3 Elektrische Betriebsmittel müssen für feuergefährdete Betriebsstätten geeignet sein. Ihre Umhüllungen müssen mindestens der Schutzart

IP5X bei möglicher Ansammlung von Staub

entsprechen.

Wo Staub nicht zu erwarten ist, muß die Schutzart den einschlägigen nationalen Vorschriften entsprechen.

482.1.4 Prinzipiell gelten die allgemeinen Regeln für Kabel- und Leitungssysteme (-anlagen). Wenn die Kabel- und Leitungsanlagen nicht vollkommen in nicht brennbaren Materialien, wie Verputz, Beton, oder anderweitig vom Feuer geschützt sind, müssen die Kabel und Leitungen schwerentflammbare Eigenschaften nach HD 405.1 haben.

ANMERKUNG: Wo das Risiko der Flammenausbreitung hoch ist, zum Beispiel in langen senkrechten Kanälen oder Kabelbündeln, werden Kabel und Leitungen mit verbessertem Verhalten im Brandfall nach HD 405.3 empfohlen.

482.1.5 Zusätzlich zu 482.1.4 müssen Kabel- und Leitungssysteme (-anlagen), die feuergefährdete Betriebsstätten durchqueren, aber für die elektrische Versorgung innerhalb dieser Räume nicht notwendig sind, folgende Bedingungen einhalten:

- Sie dürfen keine Verbindungen oder Klemmen in diesen Betriebsstätten haben, es sei denn,
- die Verbindungen oder Klemmen sind in Umhüllungen angebracht, die den Prüfungen für Brandsicherheit entsprechend den maßgebenden Betriebsmittelnormen, zum Beispiel speziellen Anforderungen für Wanddosen nach IEC 670*), genügen.

482.1.6 Kabel- und Leitungssysteme (-anlagen), die feuergefährdete Betriebsstätten versorgen oder durchqueren, müssen bei Überlast und bei Kurzschluß geschützt sein. Die entsprechenden Schutzeinrichtungen müssen vor diesen Betriebsstätten angebracht sein.

Kabel- und Leitungssysteme (-anlagen), die ihren Speisepunkt in feuergefährdeten Betriebsstätten haben, müssen bei Überlast und bei Kurzschluß mit Schutzeinrichtungen geschützt werden, die am Speisepunkt dieser Stromkreise angeordnet sind.

482.1.7 Kabel- und Leitungssysteme (-anlagen), ausgenommen mineralisolierte Leitungen und Stromschienensysteme, müssen bei Isolationsfehlern geschützt werden:

a) In TN- und TT-Systemen mit RCDs mit einem Bemessungsdifferenzstrom $I_{\Delta n} \leq 300$ mA nach Abschnitt 531.2.4 von IEC 364-5-53 und nach den maßgeblichen Betriebsmittelnormen.

Wo widerstandsbehaftete Fehler einen Brand entzünden können, zum Beispiel bei Decken-Heizungen mit Flächenheizelementen, muß der Bemessungsdifferenzstrom $I_{\Delta n} \leq 30$ mA betragen.

b) In IT-Systemen mit Isolationsüberwachungseinrichtungen mit akustischer und optischer Meldung. Beim Auftreten eines zweiten Fehlers darf die Abschaltzeit der Überstrom-Schutzeinrichtung 5 s nicht überschreiten.

Durch entsprechende Information muß eine schnellstmögliche manuelle Abschaltung bei Auftreten des ersten Fehlers sichergestellt werden.

ANMERKUNG: Es werden Kabel mit konzentrischen Leitern empfohlen. Diese konzentrischen Leiter sollten mit dem Schutzleiter verbunden werden.

482.1.8 PEN-Leiter sind nicht zugelassen, ausgenommen in Kabel- und Leitungssystemen (-anlagen), die feuergefährdete Betriebsstätten nur durchqueren.

482.1.9 Jeder Neutralleiter muß mit einer Trennvorrichtung nach Abschnitt 537.2 von IEC 364-5-537 verbunden sein.

482.1.10 Blanke Leiter dürfen nicht verwendet werden. Es müssen Vorkehrungen getroffen werden, die verhindern, daß Lichtbögen, Funken oder heiße Teile benachbarte brennbare Materialien entzünden.

482.1.11 Für flexible Leitungen sollten vorzugsweise flexible Anschlußleitungen, bestimmt für schwere Einsatzverhältnisse nach HD 516, gewählt werden, zum Beispiel Bauart H07RN-F oder andere geeignet geschützte Kabel.

482.1.12 Schaltgeräte müssen außerhalb feuergefährdeter Betriebsstätten angeordnet werden, es sei denn, sie sind in Umhüllungen mit einer IP-Schutzart entsprechend 482.1.3 eingebaut.

482.1.13 Motoren, die automatisch gesteuert oder fernbedient werden oder nicht dauernd beaufsichtigt werden, müssen gegen übermäßige Temperaturen durch eine Überlast-Schutzeinrichtung mit manueller Rückstellung oder einer gleichwertigen Überlast-Schutzeinrichtung geschützt werden.

Motoren mit Stern-Dreieck-Anlauf müssen auch in der Sternstufe gegen übermäßige Temperaturen geschützt werden.

---

*) Nationale Fußnote: Bis zur Inkraftsetzung von DIN EN 60670 (VDE 0606 Teil 100) gilt DIN VDE 0606-1 (VDE 0606 Teil 1):1984-11.

482.1.14 Es dürfen nur Leuchten mit begrenzter Oberflächentemperatur verwendet werden. In Betriebsstätten, in denen mit Feuergefahr infolge von Staub und/oder Fasern gerechnet werden muß, müssen die Leuchten so gebaut sein, daß im Fehlerfall an ihrer Oberfläche nur eine begrenzte Temperatur auftritt und daß sich Staub und/oder Fasern nicht in gefährlicher Menge auf ihnen anhäufen können.

Die Oberflächentemperatur ist begrenzt auf

- bei üblichen Bedingungen: 90 °C;
- unter Fehlerbedingungen: 115 °C.

Wenn der Hersteller keine Angaben gemacht hat, müssen kleine Scheinwerfer und Projektoren von brennbaren Materialien folgenden Abstand haben:

- bis zu 100 W: 0,5 m;
- von 100 bis 300 W: 0,8 m;
- von 300 bis 500 W: 1 m.

482.1.15 Lampen und andere Bestandteile von Leuchten müssen gegen die zu erwartenden mechanischen Beanspruchungen geschützt sein. Solche Schutzmittel dürfen nicht an den Lampenhaltern befestigt sein, es sei denn, sie bilden einen wesentlichen Teil der Leuchte.

Es muß verhindert sein, daß Bestandteile wie Lampen oder heiße Teile aus der Leuchte herausfallen.

482.1.16 Wo elektrische Heizungs- und Belüftungssysteme verwendet werden, muß der Staubgehalt und die Lufttemperatur so sein, daß in der Betriebsstätte keine Feuergefahr entsteht. Temperatur-Begrenzungseinrichtungen nach 424.1.1 von HD 384.4.42 dürfen nur manuelle Rückstellung haben.

482.1.17 Heizgeräte müssen auf nichtbrennbaren Unterlagen befestigt werden.

482.1.18 Heizgeräte, die in der Nähe von brennbaren Materialien aufgestellt oder befestigt werden, müssen mit geeigneten Abdeckungen versehen werden, um eine Entzündung dieser Materialien zu verhindern.

Eine Entzündung von brennbarem Staub und/oder Fasern durch den heißen Kern muß durch den Typ des Wärmespeicher-Heizgerätes verhindert sein.

482.1.19 Umhüllungen von Elektrowärmegeräten, wie Heizgeräten, Widerständen usw., dürfen nicht höhere Temperaturen erreichen als in 482.1.14 festgelegt. Diese Geräte müssen so ausgeführt oder angebracht sein, daß eine die Wärmeabfuhr behindernde Ansammlung von Stoffen verhindert wird.

482.2 Räume und Orte mit brennbaren Baustoffen

482.2.1 Vorsorge muß getroffen werden, um sicherzustellen, daß elektrische Betriebsmittel keine Entzündung von brennbaren Wänden, Fußböden und Decken verursachen können. Dieses kann erreicht werden durch:

- Verhinderung von Feuer, das durch Isolationsfehler verursacht werden kann und
- geeignete Auswahl und Errichtung von elektrischen Betriebsmitteln.

482.2.2 Auswahl und Errichtung von elektrischen Betriebsmitteln in Hohlwänden

ANMERKUNG: Hohlwände bestehen „im allgemeinen" aus Rahmen, abgedeckt mit Platten oder Spanplatten, Verputz (Gips), Holz oder Metallplatten. Hohlwände können auch fabrikfertig hergestellt sein. Elektrische Betriebsmittel dürfen in Hohlwände eingebaut werden. Kabel und Leitungen dürfen fest oder beweglich angebracht werden.

482.2.2.1 Elektrische Betriebsmittel, wie Installationskästen, Verteilertafeln, die in brennbaren Hohlwänden eingebaut werden, müssen in Übereinstimmung mit den Prüfanforderungen der maßgebenden Normen sein.

482.2.2.2 Wenn elektrische Betriebsmittel, die nicht die Anforderungen von 482.2.2.1 erfüllen, in brennbare Hohlwände eingebaut werden, müssen sie mit 12 mm dicken Silikatfasern oder entsprechend nichtentflammbarem Material oder mit 100 mm Glas- oder Steinwolle umschlossen sein. Wo solche Materialien verwendet werden, muß der Einfluß des Materials auf die Ableitung der Wärme vom elektrischen Betriebsmittel berücksichtigt werden.

Das gilt auch für Hohlwände aus nichtbrennbarem Material, wenn brennbare Isolierstoffe enthalten sind, zum Beispiel zur Wärme- oder Schalldämmung.

482.2.2.3 Elektrische Betriebsmittel, wie Steckdosen und Schalter, dürfen nicht mit Krallen befestigt werden.

482.2.2.4 Kabel und Leitungen müssen mindestens die Anforderungen von HD 405.1 erfüllen.

482.2.2.5 Elektroinstallationsrohre müssen mit EN 50086 und zu öffnende Elektroinstallationskanäle müssen mit EN 50085 übereinstimmen und den feuersicherheitlichen Prüfanforderungen in diesen Normen entsprechen.

482.2.2.6 Außenliegende Kabel, verbunden mit Verbindungsdosen in Hohlwänden, müssen zugentlastet sein, falls sie nicht anderweitig befestigt sind.

482.3 Räume oder Orte mit unersetzbaren Gütern mit hohem Wert

(In Beratung.)

Anhang A (informativ)

A-Abweichungen

A-Abweichung: Nationale Abweichung, die auf Vorschriften beruht, deren Veränderung zum gegenwärtigen Zeitpunkt außerhalb der Kompetenz des CEN/CENELEC-Mitglieds liegt.

Dieses Europäische Harmonisierungsdokument fällt nicht unter eine EG-Richtlinie.

In den betreffenden CENELEC-Ländern gelten diese A-Abweichungen anstelle der Festlegungen des Europäischen Harmonisierungsdokuments so lange, bis sie zurückgezogen sind.

Abschnitt	Abweichung
Allgemein	**Belgien** (RGIE Art. 104.50) Die Anwendung eines TN-C-Systems ist in diesen Räumen und Orten nicht erlaubt. In IT-Systemen muß der Schutz mit einer RCD mit einem Bemessungsdifferenzstrom von $I_{\Delta N} \leq 300$ mA erfolgen.

Januar 1996

	Errichten von Starkstromanlagen mit Nennspannungen bis 1 000 V Teil 5: Auswahl und Errichtung elektrischer Betriebsmittel Kapitel 52: Kabel- und Leitungssysteme (-anlagen) (IEC 364-5-52:1993, modifiziert) Deutsche Fassung HD 384.5.52 S1:1995	DIN VDE 0100-520
VDE	Diese Norm ist zugleich eine **VDE-Bestimmung** im Sinne von VDE 0022. Sie ist nach Durchführung des vom VDE-Vorstand beschlossenen Genehmigungsverfahrens unter nebenstehenden Nummern in das VDE-Vorschriftenwerk aufgenommen und in der etz Elektrotechnische Zeitschrift bekanntgegeben worden.	Klassifikation **VDE 0100** Teil 520

Diese Norm enthält die Deutsche Fassung des Harmonisierungsdokuments **HD 384.5.52 S1**

ICS 29.060.20; 29.240.00; 91.140.50

Deskriptoren: Starkstromanlage, Nennspannung, elektrisches Betriebsmittel, Kabelsystem, Leitungssystem

Ersatz für
DIN VDE 0100-520
(VDE 0100 Teil 520) : 1985-11
Siehe jedoch Übergangsfrist!

Erection of power installations with nominal voltages up to 1 000 V –
Part 5: Selection and erection of equipment –
Chapter 52: Wiring systems
(IEC 364-5-52 : 1993 mod); German version HD 384.5.52 S1

Exécution des installations à courant fort de tension nominale inférieure ou égale à 1 000 V –
Partie 5: Choix et mise en œuvre des matérials électriques –
Châpitre 52 : Canalisations
(CEI 364-5-52:1993, mod); Version allemande HD 384.5.52 S1:1995

Diese Norm enthält das Europäische Harmonisierungsdokument HD 384.5.52 S1:1995 „Elektrische Anlagen von Gebäuden – Teil 5: Auswahl und Errichtung elektrischer Betriebsmittel – Kapitel 52: Kabel- und Leitungssysteme (-anlagen)", das die Internationale Norm IEC 364-5-52 : 1993 „Electrical installations of buildings – Part 5: Selection and erection of electrical equipment – Chapter 52: Wiring systems mit gemeinsamen Abänderungen von CENELEC enthält.

Beginn der Gültigkeit

Diese Norm gilt ab 1. Januar 1996.

Der Entwurf war veröffentlicht als E DIN VDE 0100-520/A1 (VDE 0100 Teil 520/A1):1986-02.

Für am 1. Januar 1996 in Planung oder in Bau befindliche Anlagen gelten die Festlegungen von DIN VDE 0100-520 (VDE 0100 Teil 520) : 1985-11 noch in einer Übergangsfrist bis 1. Dezember 2000.

Fortsetzung Seite 2 bis 29

Deutsche Elektrotechnische Kommission im DIN und VDE (DKE)

Nationales Vorwort

Diese Norm enthält die Deutsche Fassung des Europäischen Harmonisierungsdokumentes HD 384.5.52 S1 „Elektrische Anlagen von Gebäuden – Teil 5: Auswahl und Errichtung elektrischer Betriebsmittel – Kapitel 52: Kabel- und Leitungssysteme (-anlagen)", Ausgabe 1995, das die Internationale Norm IEC 364-5-52 : 1993 „Electrical installations of buildings – Part 5: Selection and erection of electrical equipment – Chapter 52: Wiring systems" mit gemeinsamen Abänderungen von CENELEC enthält. Das Europäische Harmonisierungsdokument HD 384.5.52 S1 wurde vom CENELEC/TC 64 „Elektrische Anlagen von Gebäuden" erarbeitet.

Für die vorliegende Norm ist das nationale Arbeitsgremium UK 221.8 „Verlegen von Kabeln und Leitungen" der Deutschen Elektrotechnischen Kommission im DIN und VDE (DKE) zuständig. Bild N.1 zeigt die Eingliederung dieser Norm in die Struktur der Reihe der Normen DIN VDE 0100 (VDE 0100).

Zum Verlegen von Leitungen in Hohlwänden in Gebäuden aus vorwiegend brennbaren Baustoffen nach DIN 4102:

Es ist vorgesehen, die Festlegungen von DIN VDE 0100-730 (VDE 0100 Teil 730) : 1980-06 in die Norm DIN VDE 0100-482 (VDE 0100 Teil 482), z. Z. E DIN IEC 64(CO)112 (VDE 0100 Teil 482) : 1982-04 im Rahmen von CENELEC zu überführen.

Zu Abschnitt 520.1

Die hier genannten Grundsätze der Publikation IEC 364-1 lauten:

132.7 Verfahren zum Verlegen von Kabeln und Leitungen

Die Auswahl der Verfahren zum Verlegen von Kabeln und Leitungen hängt von folgendem ab:

- Art der Orte, Räume oder Plätze;
- Art der Wände oder anderer Teile des Gebäudes, an denen die Kabel und Leitungen befestigt werden sollen;
- Zugänglichkeit der Kabel und Leitungen für Personen und Nutztiere;
- Spannung;
- elektromechanische Beanspruchungen, die üblicherweise bei Kurzschlußströmen entstehen;
- andere Beanspruchungen, denen die Kabel und Leitungen während der Errichtung oder des Betriebes der elektrischen Anlage ausgesetzt sein können.

132.11 Vermeiden von wechselseitigen Einflüssen zwischen elektrischen und nichtelektrischen Anlagen

Elektrische Anlagen müssen so angeordnet werden, daß wechselseitige schädliche Einflüsse zwischen elektrischen und nichtelektrischen Anlagen von Gebäuden nicht auftreten können.

132.12 Zugänglichkeit elektrischer Betriebsmittel

Die elektrischen Betriebsmittel müssen so angeordnet werden, daß

- genügend Platz für die Erstanlage und für das spätere Auswechseln einzelner Teile der elektrischen Betriebsmittel vorhanden ist;
- die erforderliche Zugänglichkeit zum Betreiben, Prüfen, Besichtigen, Warten und Reparieren erreicht wird.

Zu Abschnitt 522.1.1

Kabel und Leitungssysteme (-anlagen) müssen so ausgewählt und errichtet werden, daß sie für die höchste **und** niedrigste örtliche Umgebungstemperatur geeignet sind. Das Deutsche Nationale Komitee bemüht sich, das HD an dieser Stelle entsprechend zu berichtigen.

Zu Abschnitt 524.2

Der Neutralleiter, soweit vorhanden, darf keinen kleineren Querschnitt als der Außenleiter haben,

- in einphasigen Wechselstromkreisen mit beliebigem Außenleiterquerschnitt,
- in mehrphasigen Wechselstromkreisen, wenn der Außenleiterquerschnitt kleiner oder gleich 16 mm^2 für Kupfer/25 mm^2 für Aluminium ist.

Diese Aussage bezieht sich auf Leitwertgleichheit der Leiter und nicht auf die Querschnitte der Leiter.

Zu Abschnitt 526.4

Zur Begrenzung des Temperaturanstiegs bei Schnittstellenanschlüssen siehe Beiblatt 1 zu DIN VDE 0100-520 (Beiblatt 1 zu VDE 0100 Teil 520).

Zu Abschnitt 527.4

Vorrichtungen zum Verschluß können sein:

- Brandabschottungen,
- Abdichtungen gegen Eindringen von Wasser.

Zu Abschnitt 528.1.1

Die angegebenen Bänder I und II sind Spannungsbereiche, die im nichtveröffentlichen CENELEC HD 193 S2 : 1982, das IEC 449 : 1973 mit Änderung 1 : 1979 entspricht, beschrieben sind und nachfolgend erläutert werden:

Spannungsbereich I (Band I)

Der Spannungsbereich I umfaßt

- Anlagen, bei denen der Schutz gegen elektrischen Schlag unter bestimmten Bedingungen durch die Höhe der Spannung sichergestellt ist;
- Anlagen, in denen die Spannung aus Funktionsgründen begrenzt ist (z. B. Fernmeldeanlagen, Signalanlagen, Klingelanlagen, Steuer- und Meldestromkreise).

Spannungsbereich II (Band II)

Der Spannungsbereich II umfaßt Spannungen zur Anwendung in der Hausinstallation sowie in gewerblichen und industriellen Anlagen.

In diesen Spannungsbereich fallen auch alle Spannungswerte der öffentlichen Energieversorgung in den verschiedenen Ländern.

Spannungsbereiche für Wechselstrom

Spannungsbereich	Geerdete Netze		Isolierte oder nicht wirksam geerdete Netze*)
	Außenleiter–Erde	Zwischen Außenleitern	Zwischen Außenleitern
I	$U \leq 50$ V	$U \leq 50$ V	$U \leq 50$ V
II	50 V $< U \leq$ 600 V	50 V $< U \leq$ 1 000 V	50 V $< U \leq$ 1 000 V

U Nennspannung des Netzes

*) Wenn ein Neutralleiter mitgeführt ist, sind elektrische Betriebsmittel, die zwischen Außenleiter und Neutralleiter angeschlossen sind, so auszuwählen, daß ihre Isolation der Spannung zwischen Außenleitern entspricht.

ANMERKUNG: Diese Einteilung der Spannungsbereiche schließt nicht aus, daß für besondere Bestimmungen dazwischenliegende Werte gewählt werden.

Spannungsbereiche für Gleichstrom

Spannungsbereich	Geerdete Netze		Isolierte oder nicht wirksam geerdete Netze*)
	Leiter–Erde	Zwischen beiden Leitern	Zwischen beiden Leitern
I	$U \leq 120$ V	$U \leq 120$ V	$U \leq 120$ V
II	120 V $< U \leq$ 900 V	120 V $< U \leq$ 500 V	120 V $< U \leq$ 1 500 V

U Nennspannung des Netzes

*) Wenn ein Mittelleiter mitgeführt ist, sind elektrische Betriebsmittel, die zwischen einem der beiden Leiter und dem Mittelleiter angeschlossen sind, so auszuwählen, daß ihre Isolation der Spannung zwischen den (Außen)-Leitern entspricht.

ANMERKUNG 1: Die Werte dieser Tafel beziehen sich auf oberschwingungsfreie Gleichspannung.

ANMERKUNG 2: Diese Einteilung der Spannungsbereiche schließt nicht aus, daß für besondere Bestimmungen dazwischenliegende Werte gewählt werden.

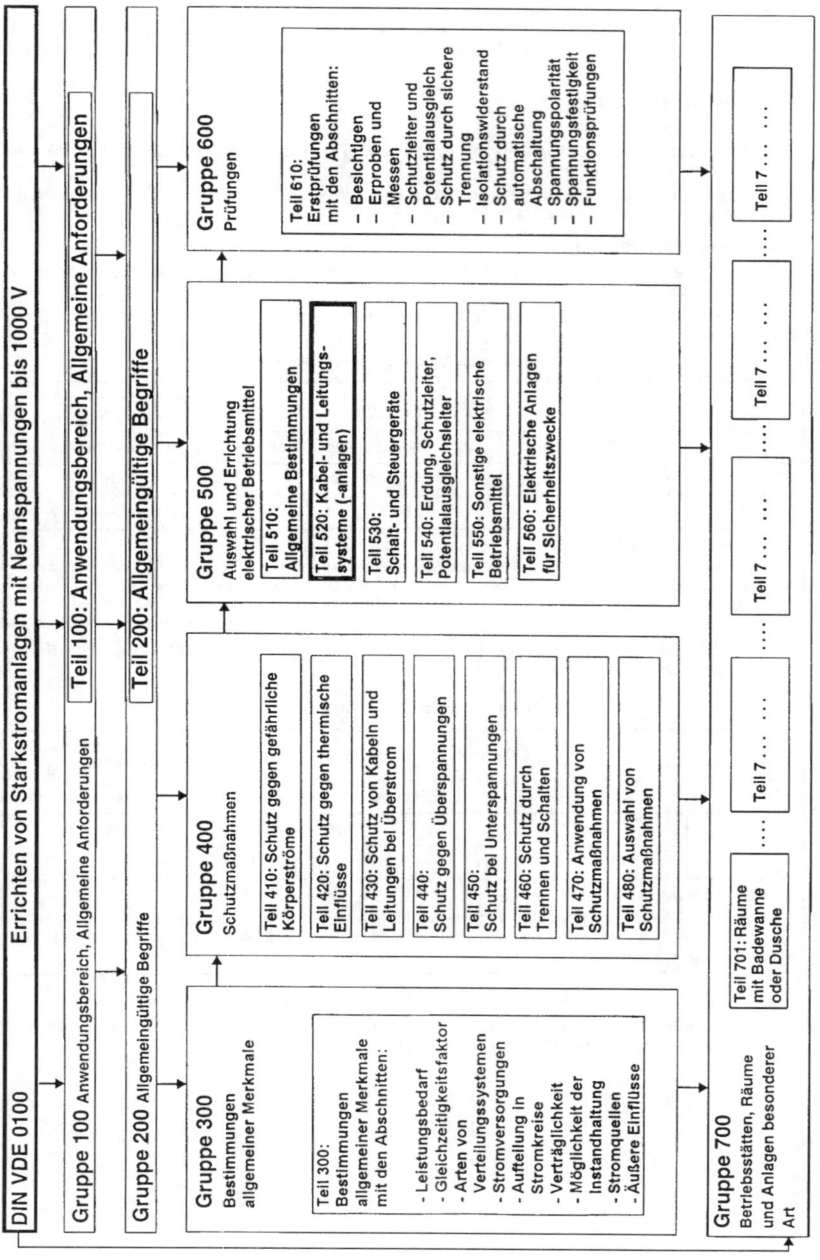

Bild N.1: Eingliederung dieser Norm in die Struktur der Reihe der Normen DIN VDE 0100

Der Zusammenhang der in diesem Norm-Entwurf zitierten Normen und anderen Unterlagen mit den entsprechenden Deutschen Normen und anderen Unterlagen ist nachstehend wiedergegeben.

Für den Fall einer undatierten Verweisung im normativen Text (Verweisung auf eine Norm oder andere Unterlage ohne Angabe des Ausgabedatums und ohne Hinweis auf eine Abschnittsnummer, eine Tabelle, ein Bild usw.) bezieht sich die Verweisung auf die jeweils neueste gültige Ausgabe der in Bezug genommenen Norm oder anderen Unterlage.

Für den Fall einer datierten Verweisung im normativen Text bezieht sich die Verweisung immer auf die in Bezug genommene Ausgabe der Norm oder anderen Unterlage.

Zum Zeitpunkt der Veröffentlichung dieser Norm waren die angegebenen Ausgaben gültig.

Europäische Norm	Internationale Norm	Deutsche Norm	Klassifikation im VDE-Vorschriftenwerk
HD 384	IEC 364	Normen der Reihe DIN VDE 0100 (VDE 0100)	VDE 0100
HD 384.1 S1	IEC 364-1:1972	DIN VDE 0100-100 (VDE 0100 Teil 100):1982-05	VDE 0100 Teil 100
HD 384.3 S2	IEC 364-3:1993	DIN VDE 0100-300 (VDE 0100 Teil 300):1996-01	VDE 0100 Teil 300
HD 384.4.473 S1	IEC 364-4-473:1977, mod.	DIN VDE 0100-470 (VDE 0100 Teil 470):1992-10 und DIN VDE 0100-430 (VDE 0100 Teil 430):1991-11	VDE 0100 Teil 470 VDE 0100 Teil 430
HD 384.5.523 S1	IEC 364-5-523:1983, mod.	E DIN VDE 0298-4 (VDE 0298 Teil 4):1995-04	VDE 0298 Teil 4
Kapitel 32 (des HD 384)	Kapitel 32 (der IEC 364)	DIN VDE 0100-300 (VDE 0100 Teil 300):1996-01	VDE 0100 Teil 300
Kapitel 61 (des HD 384)	Kapitel 61 (der IEC 364)	DIN VDE 0100-610 (VDE 0100 Teil 610):1994-04	VDE 0100 Teil 610
HD 405.1 S1	IEC 332-1:1979	DIN VDE 0472-804 (VDE 0472 Teil 804):1989-11	VDE 0472 Teil 804
HD 405.3 S1	IEC 332-3:1992	DIN VDE 0472-804 (VDE 0472 Teil 804):1989-11	VDE 0472 Teil 804
EN 60439-2	IEC 439-2:1987 A1:1991, mod.	DIN EN 60439-2 (VDE 0660 Teil 502):1993-07	VDE 0660 Teil 502
EN 60529	IEC 529:1989	DIN VDE 0470-1 (VDE 0470 Teil 1):1992-11	VDE 0470 Teil 1
–	IEC 614	thematisch vergleichbar: Reihe DIN EN 50086 (VDE 0605)	VDE 0605
–	IEC 1084-1	thematisch vergleichbar: Reihe DIN EN 50085 (VDE 0604)	VDE 0604
R 064-002	IEC 1200-52	Beiblatt 1 zu DIN VDE 0100-520 (Beiblatt 1 zu VDE 0100 Teil 520):1994-11	Beiblatt 1 zu VDE 0100 Teil 520
–	ISO 834	DIN 4102	–

Die Titel der Deutschen Normen sind im Anhang NA aufgeführt.

Änderungen

Gegenüber DIN VDE 0100-520 (VDE 0100 Teil 520):1985-11 wurden folgende Änderungen vorgenommen:

a) grundsätzliche und vollständige Überarbeitung,

b) neuer umfaßenderer Titel,

c) tabellarische Zuordnung gebräuchlicher Verlegearten zu den Kabel-, Leitungs- und Leiterarten nach Tabelle 52 F,

d) tabellarische Zuordnung gebräuchlicher Verlegearten zu den Verlegeorten nach Tabelle 52 G,

e) Fälle für Verlegebeispiele nach Tabelle 52 H,

f) Maßnahme gegen induktive Beeinflussung im Wechselstromkreis nach Abschnitt 521.5,

g) mehrere Stromkreise in einem Rohr oder einem Kanal nach Abschnitt 521.6,

h) differenzierte Berücksichtigung der Umgebungseinflüsse nach Hauptabschnitt 522,

i) differenzierte Berücksichtigung der Begrenzung von Bränden nach Hauptabschnitt 527,

j) Nähe zu anderen technischen Anlagen nach Hauptabschnitt 528,

k) Verlegen von Stegleitungen nach Anhang ZB,

l) keine Angaben zu kurz- und erdschlußsicherem Verlegen,

m) keine differenzierten Anforderungen zur Anwendung flexibler Leitungen,

n) keine Angaben zu Verlegung von Aderleitungen für PE, E oder PA ohne Rohr,

o) keine gesonderten Angaben zum Verlegen von Leitungen in Hohlwänden sowie in Gebäuden aus vorwiegend brennbaren Baustoffen (siehe Nationales Vorwort).

Frühere Ausgaben

VDE 0100:1973-05

(Vorheriger Entwicklungsgang siehe Beiblatt 1 zu DIN VDE 0100 (Beiblatt 1 zu VDE 0100).)

DIN 57100-523 (VDE 0100 Teil 523):1981-06

DIN 57100-733 (VDE 0100 Teil 733):1982-04

DIN 57100-734 (VDE 0100 Teil 734):1982-05

DIN VDE 0100-520 (VDE 0100 Teil 520):1985-11

Nationaler Anhang NA (informativ)

Literaturhinweise in nationalen Zusätzen:

DIN 4102	Brandverhalten von Baustoffen und Bauteilen – Baustoffe; Begriffe, Anforderungen und Prüfungen
Normen der Reihe DIN EN 50085 (VDE 0604)	Elektro-Installationskanalsysteme für elektrische Installationen
Normen der Reihe DIN EN 50086 (VDE 0605)	Elektro-Installationsrohrsysteme für elektrische Installationen
DIN EN 60439-2 (VDE 0660 Teil 502)	Niederspannung-Schaltgerätekombinationen – Teil 2: Besondere Anforderungen an Schienenverteiler; (IEC 439-2:1987 + A1:1991, modifiziert); Deutsche Fassung EN 60439-2:1993
Normen der Reihe DIN VDE 0100	Errichten von Starkstromanlagen mit Nennspannungen bis 1 000 V
DIN VDE 0100-100 (VDE 0100 Teil 100)	Errichten von Starkstromanlagen mit Nennspannungen bis 1 000 V – Allgemeine Anforderungen
DIN VDE 0100-300 (VDE 0100 Teil 300)	Errichten von Starkstromanlagen mit Nennspannungen bis 1 000 V – Teil 3: Bestimmungen allgemeiner Merkmale; (IEC 364-3:1993, mod); Deutsche Fassung HD 384.3 S2:1995
DIN VDE 0100-430 (VDE 0100 Teil 430)	Errichten von Starkstromanlagen mit Nennspannungen bis 1 000 V – Schutzmaßnahmen; Schutz von Kabeln und Leitungen bei Überstrom
DIN VDE 0100-470 (VDE 0100 Teil 470)	Errichten von Starkstromanlagen mit Nennspannungen bis 1 000 V – Schutzmaßnahmen; Anwendung der Schutzmaßnahmen
Beiblatt 1 zu DIN VDE 0100-520 (Beiblatt 1 zu VDE 0100 Teil 520)	Errichten von Starkstromanlagen mit Nennspannungen bis 1 000 V – Leitfaden für elektrische Anlagen; Auswahl und Errichtung von elektrischen Betriebsmitteln; Kabel- und Leitungssysteme (-anlagen); Begrenzung des Temperaturanstiegs bei Schnittstellenanschlüssen; Deutsche Fassung R 064-002

DIN VDE 0100-560 (VDE 0100 Teil 560)	Errichten von Starkstromanlagen mit Nennspannungen bis 1 000 V – Teil 5: Auswahl und Errichtung elektrischer Betriebsmittel; Kapitel 56: Elektrische Anlagen für Sicherheitszwecke (IEC 364-5-56:1980, modifiziert); Deutsche Fassung HD 384.5.56.S1:1985
DIN VDE 0100-610 (VDE 0100 Teil 610)	Errichten von Starkstromanlagen mit Nennspannungen bis 1 000 V – Prüfungen – Erstprüfungen
DIN VDE 0250-201 (VDE 0250 Teil 201)	Isolierte Starkstromleitungen – Stegleitungen
E DIN VDE 0298-4 (VDE 0298 Teil 4)	Verwendung von Kabeln und isolierten Leitungen für Starkstromanlagen – Empfohlene Werte für Strombelastbarkeit von Leitungen
E DIN VDE 0298-4/A1 (VDE 0298 Teil 4/A1)	Verwendung von Kabeln und isolierten Leitungen für Starkstromanlagen – Empfohlene Werte für Strombelastbarkeit von Leitungen; Änderung 1
DIN VDE 0470-1 (VDE 0470 Teil 1)	Schutzarten durch Gehäuse (IP-Code) (IEC 529:1989, 2. Ausgabe); Deutsche Fassung EN 60259:1991
DIN VDE 0472-804 (VDE 0472-804)	Prüfung an Kabeln und isolierten Leitungen – Brennverhalten
DIN VDE 0606-1 (VDE 0606 Teil 1)	Verbindungsmaterial bis 600 V – Installationsdosen zur Aufnahme von Geräten und/oder Verbindungsklemmen
IEC 449	Voltage bands for electrical installations of buildings

HARMONISIERUNGSDOKUMENT
HARMONIZATION DOCUMENT
DOCUMENT D'HARMONISATION

HD 384.5.52 S1

Juni 1995

ICS 23.060.20; 91.140.50

Deskriptoren: Elektrische Anlage, Gebäude, Kabel- und Leitungssystem (-anlage), Bauart, Auswahl, Strombelastbarkeit, Abschnitt, Spannungsfall

Deutsche Fassung

Elektrische Anlagen von Gebäuden

Teil 5: Auswahl und Errichtung von elektrischen Betriebsmitteln
Kapitel 52: Kabel- und Leitungssysteme (-anlagen)
(IEC 364-5-52 : 1993, modifiziert)

Electrical installations of buildings
Part 5: Selection and erection of electrical equipment
Chapter 52: Wiring systems
(IEC 364-5-52 : 1993, modified)

Installations électriques des bâtiments
Partie 5: Choix et mise en oeuvre des matériels électriques
Chapitre 52: Canalisations
(IEC 364-5-52 : 1993, modifiée)

Dieses Harmonisierungsdokument wurde von CENELEC am 1994-12-06 angenommen. Die CENELEC-Mitglieder sind gehalten, die CEN/CENELEC-Geschäftsordnung zu erfüllen, in der die Bedingungen für die Übernahme dieses Harmonisierungsdokumentes auf nationaler Ebene festgelegt sind.

Auf dem letzten Stand befindliche Listen dieser nationalen Übernahmen mit ihren bibliographischen Angaben sind beim Zentralsekretariat oder bei jedem CENELEC-Mitglied auf Anfrage erhältlich.

Das Harmonisierungsdokument mit Änderung 1 besteht in drei offiziellen Fassungen (deutsch, englisch, französisch).

CENELEC-Mitglieder sind die nationalen Normungsinstitute von Belgien, Dänemark, Deutschland, Finnland, Frankreich, Griechenland, Irland, Island, Italien, Luxemburg, Niederlande, Norwegen, Österreich, Portugal, Schweden, Schweiz, Spanien und dem Vereinigten Königreich.

CENELEC

Europäisches Komitee für Elektrotechnische Normung
European Committee for Electrotechnical Standardization
Comité Européen de Normalisation Electrotechnique

Zentralsekretariat: rue de Stassart 35, B – 1050 Brüssel

Ref. Nr. prHD 384.5.52 S1 : 1995 D

Vorwort

Der Text der Internationalen Norm IEC 364-5-52 : 1993, ausgearbeitet von dem IEC TC 64 „Electrical Installations of buildings", wurde zusammen mit den von SC 64 B „Schutz gegen thermische Einflüsse des Technischen Komitees CENELEC TC 64 „Elektrische Anlagen von Gebäuden" ausgearbeiteten gemeinsamen Abänderungen der formellen Abstimmung unterworfen und von CENELEC am 1994-12-06 als HD 384.5.52 S1 angenommen.

Nachstehende Daten wurden festgelegt:

– spätestes Datum, zu dem das Vorhandensein der Änderung auf nationaler Ebene angekündigt werden muß	(doa):	1995-06-01
– spätestes Datum, zu dem die Änderung auf nationaler Ebene durch Veröffentlichung einer harmonisierten nationalen Norm oder durch Anerkennung übernommen werden muß	(dop):	1995-12-01
– spätestes Datum, zu dem nationale Normen, die der Änderung entgegenstehen, zurückgezogen werden müssen	(dow):	1995-12-01

Für Erzeugnisse, die vor 1995-12-01 der einschlägigen nationalen Norm entsprochen haben, wie durch den Hersteller oder durch eine Zertifizierungsstelle nachgewiesen, darf diese vorhergehende Norm für die Fertigung bis 2000-12-01 noch weiter angewendet werden.

Anhänge, die als „normativ" bezeichnet werden, gehören zum Norm-Inhalt.

In dieser Norm sind die Anhänge ZA und ZB normativ.

Die Anhänge ZA und ZB wurden von CENELEC hinzugefügt.

Anerkennungsnotiz

Der Text der Internationalen Norm IEC 364-5-52 : 1993 wurde von CENELEC als Harmonisierungsdokument mit vereinbarten, gemeinsamen Abänderungen angenommen.

In diesem HD sind die gemeinsamen Abänderungen zu der Internationalen Norm durch eine senkrechte Linie am linken Seitenrand gekennzeichnet.

Inhalt

52 Kabel- und Leitungssysteme (-anlagen)

520 Allgemeines

520.1 Bei der Auswahl und dem Errichten von Kabel- und Leitungssystemen (-anlagen) müssen die Grundsätze der Publikation IEC 364-1, Teil 1 für Kabel, Leitungen und Leiter, ihre Anschlüsse und/oder Verbindungen, die zugehörigen Befestigungs- oder Abhängemittel und ihre Umhüllungen oder Maßnahmen zum Schutz gegen Umgebungseinflüsse berücksichtigt werden.

ANMERKUNG: Im allgemeinen gilt dieses Kapitel auch für den Schutzleiter, Kapitel 54 enthält jedoch weitere Anforderungen für diese Leiter.

520.2 Normative Verweisungen

ANMERKUNG: Normative Verweisungen auf internationale Schriftstücke sind in Anhang ZA (normativ) aufgeführt.

521 Arten von Kabel- und Leitungssystemen (-anlagen)

521.1 Die Verlegeart von Kabel- und Leitungssystemen (-anlagen) in Abhängigkeit von der Bauart der Leiter oder Kabel muß der Tabelle 52 F entsprechen, vorausgesetzt die äußeren Einflüsse werden durch die Anforderungen der jeweiligen Produktnorm abgedeckt.

521.2 Die Verlegeart von Kabel- und Leitungssystemen (-anlagen) muß, abhängig von der jeweiligen Situation, der Tabelle 52 G entsprechen.

ANMERKUNG: Andere Verlegearten von Kabeln und Leitungen, die nicht in Tabelle 52 G enthalten sind, sind zulässig, vorausgesetzt, sie erfüllen die Anforderungen dieses Kapitels.

521.3 Beispiele für Verlegearten sind in Tabelle 52 H angegeben.

ANMERKUNG: Andere Verlegearten, die nicht in diesem Kapitel enthalten sind, dürfen angewendet werden, vorausgesetzt, sie erfüllen die allgemeinen Anforderungen dieses Kapitels.

521.4 Schienenverteiler

Schienenverteiler müssen der Publikation IEC 439-2 entsprechen und müssen nach den Angaben des Herstellers errichtet werden. Ihre Errichtung muß die Anforderungen der Abschnitte 522 (ausgenommen die Abschnitte 522.1.1, 522.3.3, 522.8.1.6, 522.8.1.7 und 522.1.8), 525, 526, 527 und 528 erfüllen.

521.5 Wechselstromkreise

Die Leiter und Aderleitungen von Wechselstromkreisen, die in Umhüllungen aus ferromagnetischen Werkstoffen verlegt werden, müssen so angeordnet werden, daß sich alle Leiter eines Stromkreises in derselben Umhüllung befinden.

ANMERKUNG: Wenn diese Bedingung nicht erfüllt ist, können aufgrund induktiver Effekte Überhitzung und erhöhter Spannungsfall auftreten.

Tabelle 52 F: Auswahl von Kabel- und Leitungssystemen (-anlagen)

Kabel, Leitungen und Leiter		Verlegearten							
		ohne Befestigungsmaterial	mit Schellen offen verlegt	Elektroinstallationsrohr	zu öffnender Elektro-Installationskanal (einschl. Sockelleisten- und Unterflur-Fußbodenkanal)	geschlossener Elektro-Installationskanal	Kabelpritsche Kabelwanne Ausleger	auf Isolatoren	mit Tragseil
Blanke Leiter		–	–	–	–	–	–	+	–
Isolierte Leiter (Aderleitungen)		–	–	+	+*)	+	–	+	–
Kabel, Mantelleitungen (mit Armierung und Isolierung)	mehradrig	+	+	+	+	+	+	0	+
	einadrig	0	+	+	+	+	+	0	+

\+ zulässig
– nicht zulässig
0 nicht anwendbar oder in der Praxis nicht üblich
*) Isolierte Leiter (Aderleitungen) sind erlaubt, wenn die Deckel nur mit Hilfe von Werkzeug oder mit besonderer Anstrengung der Hand geöffnet werden können und wenn der Elektro-Installationskanal mindestens die Schutzart IP4X oder IPXXD hat.

Tabelle 52 G: Errichten von Kabel- und Leitungssystemen (-anlagen)

Verlegeorte		Verlegearten							
		ohne Befestigungsmittel	mit Schellen offen verlegt	Elektroinstallationsrohr	zu öffnender Elektro-Installationskanal (einschl. Sockelleisten- und Unterflur-Fußbodenkanal)	geschlossener Elektro-Installationskanal	Kabelpritsche Kabelwanne Ausleger	auf Isolatoren	mit Tragseil
Bauliche Hohlräume	zugänglich	25	21, 25	22	31, 32, 75	23	12, 13, 14, 15, 16	–	0
	nicht zugänglich	21, 25, 73, 74	0	22, 73, 74	0	23	0	–	–
Kabelkanal		43	43	41, 42	31	4, 24	12, 13, 14, 15, 16	–	–
Eingebettet in Erdboden		62, 63	0	61	–	61	0	–	–
Eingebettet in Gebäudeteilen		52, 53	51	1, 2, 5	33, 75	24	0	–	–
Auf der Oberfläche befestigt		–	11	3	31, 32, 71, 72	4	12, 13, 14, 15, 16	18	–
Frei in Luft		–	–	0	34	–	12, 13, 14, 15, 16	18	17
In Wasser		81	81	0	–	0	0	–	–

Zahlen: Die Zahlen beziehen sich in allen Fällen auf die Referenznummern in Tabelle 52 H.
– nicht zulässig
0 nicht anwendbar oder in der Praxis nicht üblich
ANMERKUNG: Zur Strombelastbarkeit siehe IEC 364-5-523

Tabelle 52 H: Beispiele für Verlegearten

ANMERKUNG: Die Bilder sollen nicht tatsächliche Erzeugnisse oder Verlegepraktiken darstellen, sondern die beschriebene Verlegeart verdeutlichen.

Beispiel	Beschreibung	Referenz-Nr.
1	2	3
 Raum	– isolierte Leiter (Aderleitungen) in Elektro-Installationsrohren in wärmegedämmten Wänden	1
 Raum	– mehradrige Kabel oder Mantelleitungen in Elektro-Installationsrohren in wärmegedämmten Wänden	2
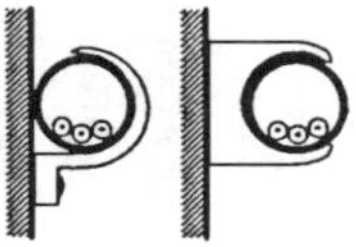	– isolierte Leiter (Aderleitungen) in Elektro-Installationsrohren auf Wänden	3
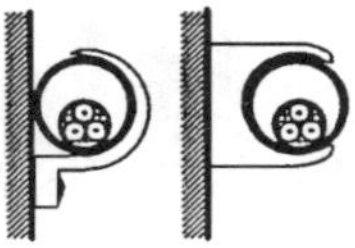	– ein- oder mehradrige Kabel oder Mantelleitungen in Elektro-Installationsrohren auf Wänden	3 A
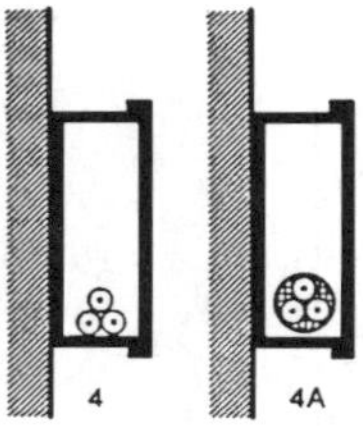	– isolierte Leiter (Aderleitungen) in geschlossenen Elektro-Installationskanälen auf Wänden	4
	– ein- oder mehradrige Kabel oder Mantelleitungen in geschlossenen Elektro-Installationskanälen auf Wänden	4 A
	– isolierte Leiter (Aderleitungen) in Elektro-Installationsrohren in Mauerwerk	5
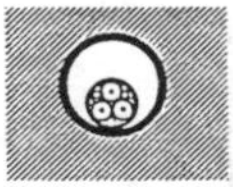	– ein- oder mehradrige Kabel oder Mantelleitungen in Elektro-Installationsrohren in Mauerwerk	5 A

(fortgesetzt)

Tabelle 52 H (fortgesetzt)

Beispiel	Beschreibung	Referenz-Nr.
1	2	3
	ein- und/oder mehradrige Kabel oder Mantelleitungen	
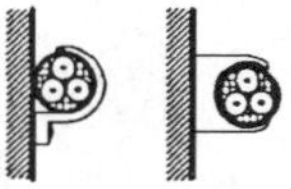	– an Wänden befestigt	11
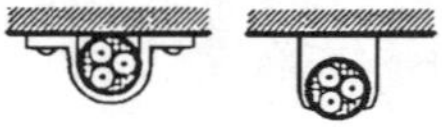	– an Decken befestigt	11 A
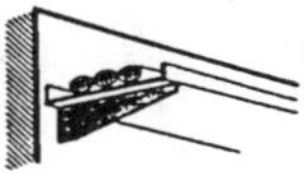	– auf geschlossenen Kabelwannen	12
	– auf durchbrochenen Kabelwannen, horizontal oder vertikal	13
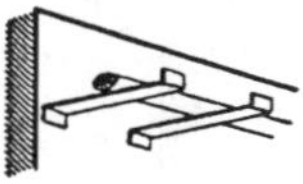	– auf Auslegern, horizontal oder vertikal	14
	– auf Schellen mit Abstand zur Wand oder zur Decke	15
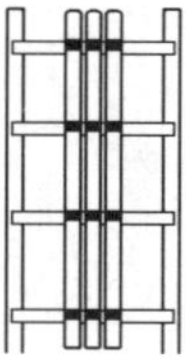	– auf Kabelpritschen	16
	ein- oder mehradrige Kabel oder Mantelleitungen, befestigt an einem Tragseil oder mit integriertem Tragseil	17
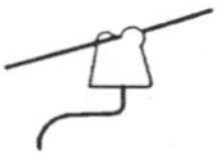	blanke oder isolierte Leiter auf Isolatoren	18

(fortgesetzt)

Tabelle 52 H (fortgesetzt)

Beispiel	Beschreibung	Referenz-Nr.
1	2	3
	– ein- oder mehradrige Kabel oder Mantelleitungen in baulichen Hohlräumen	21
	– isolierte Leiter (Aderleitungen) in Elektro-Installationsrohren in baulichen Hohlräumen	22
	– ein- oder mehradrige Kabel oder Mantelleitungen in Elektro-Installationsrohren in baulichen Hohlräumen	22 A
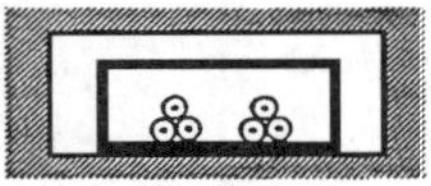	– isolierte Leiter (Aderleitungen) in geschlossenen Elektro-Installationskanälen in baulichen Hohlräumen	23
	– ein- oder mehradrige Kabel oder Mantelleitungen in geschlossenen Elektro-Installationskanälen in baulichen Hohlräumen	23 A
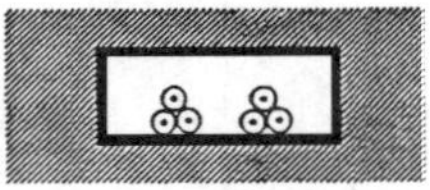	– isolierte Leiter (Aderleitungen) in geschlossenen Elektro-Installationskanälen in Mauerwerk	24
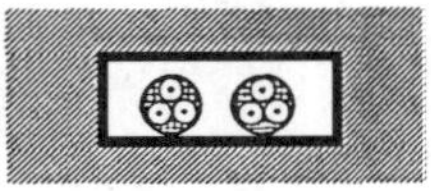	– ein- oder mehradrige Kabel oder Mantelleitungen in geschlossenen Elektro-Installationskanälen in Mauerwerk	24 A
	– ein- oder mehradrige Kabel oder Mantelleitungen – in Hohldecken – in Hohlraumböden	25

(fortgesetzt)

Tabelle 52 H (fortgesetzt)

Beispiel	Beschreibung	Referenz-Nr.
1	2	3
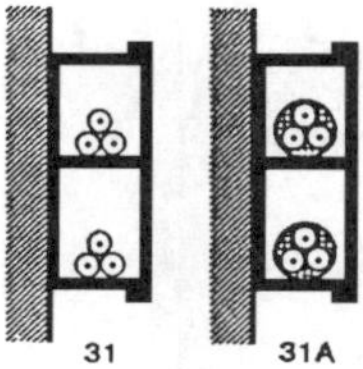 31 31A	isolierte Leiter (Aderleitungen) oder ein- oder mehradrige Kabel oder Mantelleitungen in zu öffnenden Elektro-Installationskanälen auf Wänden	
	– waagerecht	31, 31 A
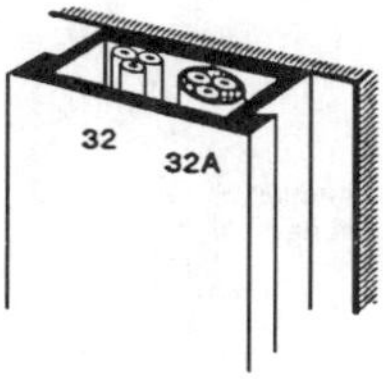	– senkrecht	32, 32 A
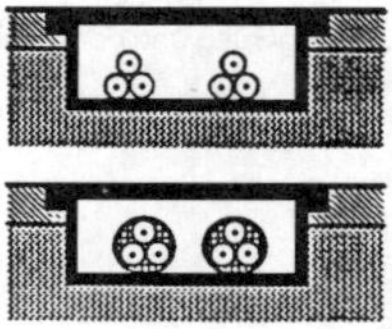	– isolierte Leiter (Aderleitungen) in zu öffnenden Fußbödenkanälen	33
	– ein- oder mehradrige Kabel oder Mantelleitungen in zu öffnenden Fußbodenkanälen	33 A
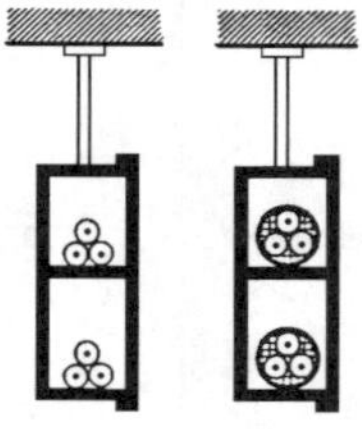 34 34A	– isolierte Leiter (Aderleitungen) in abgehängten zu öffnenden Elektro-Installationskanälen	34
	– ein- oder mehradrige Kabel oder Mantelleitungen in abgehängten zu öffnenden Elektro-Installationskanälen	34 A

(fortgesetzt)

Tabelle 52 H (fortgesetzt)

Beispiel	Beschreibung	Referenz-Nr.
1	2	3
	isolierte Leiter (Aderleitungen) oder ein- und/oder mehradrige Kabel und Mantelleitungen in Elektro-Installationsrohren in waagerecht oder senkrecht verlegten geschlossenen Kabelkanälen	41
	isolierte Leiter (Aderleitungen) in Elektro-Installationsrohren in belüfteten Kabelkanälen im Fußboden (1)	42
	ein- oder mehradrige Kabel oder Mantelleitungen in waagerecht oder senkrecht verlegten offenen oder belüfteten Kabelkanälen (1)	43
(1) Diese Verlegearten sollten nur in Bereichen angewendet werden, – zu denen ausschließlich befugte Personen Zugang haben und – wo keine Verringerung der Strombelastbarkeit, z. B. durch Schmutzablagerung und damit keine Brandgefahr zu erwarten ist.		
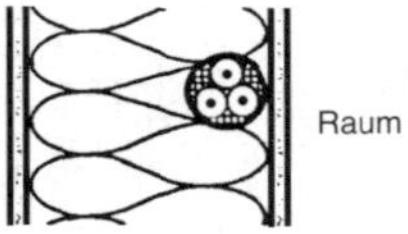	mehradrige Kabel oder Mantelleitungen, in wärmegedämmten Wänden verlegt	51
	ein- oder mehradrige Kabel oder Mantelleitungen, in Mauerwerk verlegt – ohne zusätzlichen mechanischen Schutz	52
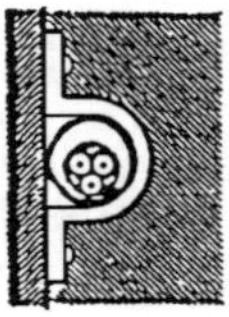	ein- oder mehradrige Kabel oder Mantelleitungen, in Mauerwerk verlegt – mit zusätzlichem mechanischem Schutz	53

(fortgesetzt)

Tabelle 52 H (fortgesetzt)

Beispiel	Beschreibung	Referenz-Nr.
1	2	3
 	ein- oder mehradrige Kabel oder Mantelleitungen in Elektro-Installationsrohren oder geschlossenen Elektro-Installationskanälen in Erde	61
	ein- oder mehradrige Kabel, in Erde verlegt ohne zusätzlichen mechanischen Schutz	62
	ein- oder mehradrige Kabel, in Erde verlegt mit zusätzlichem mechanischem Schutz	63
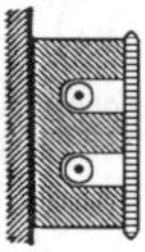	isolierte Leiter (Aderleitungen) in Kunststoff-Formteilen (Leitungsträger)	71
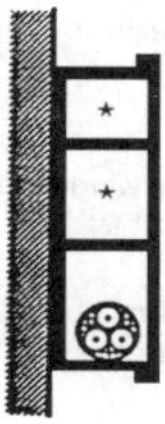	isolierte Leiter (Aderleitungen) oder ein- oder mehradrige Kabel oder Mantelleitungen in geteilten zu öffnenden Elektro-Installationskanälen (Sockelleistenkanäle) * Raum für Daten- und Kommunikationskabel und -leitungen	72
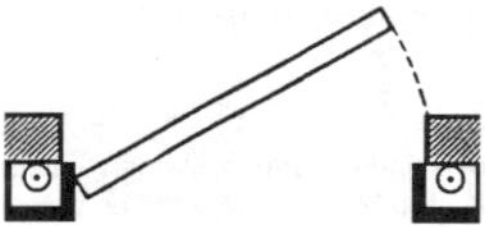	isolierte Leiter (Aderleitungen) in Elektro-Installationsrohren oder ein- oder mehradrige Kabel oder Mantelleitungen in Türrahmen	73

(fortgesetzt)

Tabelle 52 H (fortgesetzt)

Beispiel	Beschreibung	Referenz-Nr.
1	2	3
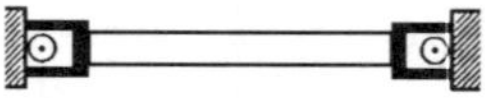	isolierte Leiter (Aderleitungen) in Elektro-Installationsrohren oder ein- oder mehradrige Kabel oder Mantelleitungen in Fensterrahmen	74
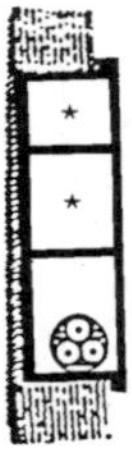	isolierte Leiter (Aderleitungen) oder ein- oder mehradrige Kabel oder Mantelleitungen in eingebetteten Elektro-Installationskanälen * Raum für Daten- und Kommunikationskabel und -leitungen	75
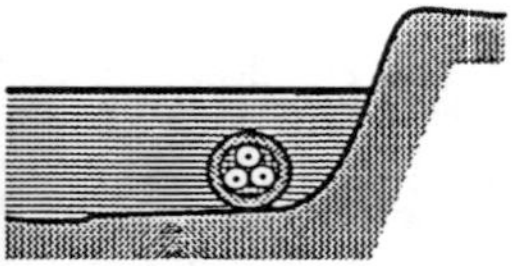	Kabel in Wasser	81

521.6 Elektro-Installationsrohre und zu öffnende Elektro-Installationskanäle

Mehrere Stromkreise in einem Elektro-Installationsrohr oder zu öffnenden Elektro-Installationskanal sind zulässig, wenn alle Leiter für die höchste vorhandene Nennspannung isoliert sind und die Elektro-Installationsrohre und zu öffnenden Elektro-Installationskanäle ausreichenden Querschnitt haben.

522 Auswahl und Errichtung nach den Umgebungseinflüssen

ANMERKUNG: In diesem Abschnitt werden nur die Umgebungseinflüsse nach Kapitel 32 behandelt, die für Kabel- und Leitungssysteme (-anlagen) von Bedeutung sind.

522.1 Umgebungstemperatur

522.1.1 Kabel- und Leitungssysteme (-anlagen) müssen so ausgewählt und errichtet werden, daß sie für die höchste oder niedrigste örtliche Umgebungstemperatur geeignet sind und sichergestellt ist, daß die höchstzulässige Betriebstemperatur in Tabelle 52 A des Abschnitts 523 nicht überschritten wird.

522.1.2 Kabel- und Leitungssysteme (-anlagen) einschließlich Zubehör dürfen nur bei Umgebungstemperaturen installiert oder bewegt werden, die innerhalb der in der maßgeblichen Kabelnorm oder vom Hersteller angegebenen Grenzwerte liegen.

522.1.3 Wenn Kabel und Leitungen mit unterschiedlichen Bemessungstemperaturen in derselben Umhüllung angeordnet sind, ist die niedrigste Temperatur aller vorhandenen Kabel und Leitungen die Bemessungstemperatur.

522.2 Äußere Wärmequellen

522.2.1 Zum Schutz gegen unzulässige thermische Einwirkungen auf Kabel- und Leitungssysteme (-anlagen) muß eine oder müssen mehrere der folgenden oder eine gleichermaßen wirksame Maßnahme ergriffen werden:

- Abschirmung,
- Anordnung in ausreichendem Abstand zur Wärmequelle,

- Auswahl einer Verlegeart unter Berücksichtigung der zu erwartenden Temperaturerhöhung,
- örtliche Verstärkung oder Ersatz von isolierendem Material.

ANMERKUNG: Wärmeeinwirkung kann durch Strahlung, Konvektion oder Ableitung erfolgen, z. B.:
- von Warmwasser-Versorgungsanlagen,
- von Anlagen, Betriebsmitteln wie Leuchten,
- von Prozessen,
- durch wärmeleitende Materialien,
- durch Sonneneinwirkung entweder auf die Kabel- und Leitungssysteme (-anlagen) oder das umgebende Medium.

522.3 Auftreten von Wasser

522.3.1 Kabel- und Leitungssysteme (-anlagen) müssen so ausgewählt und errichtet werden, daß kein Schaden durch das Eindringen von Wasser hervorgerufen wird. Die Kabel- und Leitungssysteme (-anlagen) müssen im errichteten Zustand die IP-Schutzart erfüllen, die für den jeweiligen Ort erforderlich ist.

ANMERKUNG: Im allgemeinen dürfen Ummantelung und Isolierung von Kabeln und Leitungen für feste Verlegung im unbeschädigten Zustand als beständig gegen das Eindringen von Feuchtigkeit angesehen werden. Besondere Bedingungen gelten für Kabel und Leitungen, die häufig Spritzwasser ausgesetzt sind bzw. die häufig ein- oder untergetaucht werden.

522.3.2 Wenn sich Wasser ansammeln oder Kondensation von Wasser innerhalb von Kabel- und Leitungssystemen (-anlagen) auftreten kann, müssen Vorkehrungen für die Wasserabführung getroffen werden.

522.3.3 Kabel- und Leitungssysteme (-anlagen) sind gegen mechanische Beschädigung durch Welleneinwirkung durch eine der Maßnahmen nach Abschnitt 522.6, 522.7 oder 522.8 zu schützen.

522.4 Auftreten von festen Fremdkörpern

522.4.1 Kabel- und Leitungssysteme (-anlagen) sind so auszuwählen und zu errichten, daß die Gefahr, die von der Beschädigung durch feste Fremdkörper verursacht wird, auf ein Minimum reduziert wird. Die Kabel- und Leitungssysteme (-anlagen) müssen im errichteten Zustand die IP-Schutzart erfüllen, die für den jeweiligen Ort erforderlich ist.

522.4.2 An Orten, an denen sich Staub oder ähnliche Stoffe in solch großen Mengen ansammeln können, die die Wärmeableitung des Kabel- und Leitungssystems (der Kabel- und Leitungsanlage) verringert, müssen Maßnahmen gegen das Ansammeln von Staub oder ähnlichen Stoffen getroffen werden.

ANMERKUNG: Ggf. kann eine Verlegeart, die die Entfernung von Staub erleichtert, erforderlich sein (siehe Abschnitt 529).

522.5 Auftreten von korrosiven oder verschmutzenden Stoffen

522.5.1 Beim Auftreten von korrosiven oder verschmutzenden Stoffen, einschließlich Wasser, die die Korrosion oder Alterung begünstigen, müssen die der Schädigung ausgesetzten Teile der Kabel- und Leitungssysteme (-anlagen) geeignet geschützt werden oder aus einem korrosions- bzw. alterungsbeständigen Werkstoff sein.

ANMERKUNG: Geeignete Maßnahmen für einen zusätzlichen Schutz können schützende Bänder, Anstriche oder Fett sein.

522.5.2 Unterschiedliche Metalle, die bei Berührung elektrolytisch reagieren, dürfen keinen Kontakt haben, es sei denn, es werden besondere Maßnahmen zur Vermeidung der Reaktionen getroffen.

522.5.3 Werkstoffe, die wechselseitig oder individuell eine Verschlechterung ihrer Eigenschaften oder eine gefährliche Reduzierung ihrer Güte verursachen, dürfen keinen Kontakt haben.

522.6 Mechanische Beanspruchung

522.6.1 Kabel- und Leitungssysteme (-anlagen) sind so auszuwählen und zu errichten, daß der Schaden, der durch mechanische Beanspruchung (zum Beispiel durch Schlag, Eindringen oder Druck) während Errichtung, Nutzung und Instandhaltung verursacht wird, auf ein Minimum reduziert wird.

522.6.2 Bei fester Installation der Kabel- und Leitungssysteme (-anlagen), bei der eine mittlere Beanspruchung oder hohe Beanspruchung auftreten kann, muß der Schutz durch eine der folgenden Maßnahmen sichergestellt werden:

- die mechanischen Eigenschaften der Kabel- und Leitungssysteme (-anlagen) oder
- den Errichtungsort oder
- zusätzlichen lokalen oder umfassenden mechanischen Schutz

oder durch eine Kombination der Maßnahmen.

522.7 Schwingungen

522.7.1 Kabel- und Leitungssysteme (-anlagen) an Konstruktionsteilen oder Geräten, die Schwingungen von mittlerer oder von hoher Beanspruchung ausgesetzt sind, müssen für diese Bedingungen geeignet sein. Dies gilt auch für die einzelnen Kabel und Leitungen sowie für die Leitungsverbindungen.

ANMERKUNG: Diese Anforderungen sind besonders bei Verbindungen zu Betriebsmitteln, die Schwingungen ausgesetzt sind, zu beachten. Ggf. sind hierfür besondere Maßnahmen, zum Beispiel flexible Leitungen anzuwenden.

522.8 Andere mechanische Beanspruchungen

522.8.1 Kabel- und Leitungssysteme (-anlagen) müssen so ausgewählt und errichtet werden, daß während der Errichtung, der Nutzung und der Instandhaltung eine Schädigung am Mantel und an der Isolierung von Kabeln und Leitungen und ihren Anschlüssen vermieden wird.

522.8.1.1 Elektro-Installationsrohre oder geschlossene Elektro-Installationskanäle innerhalb von Konstruktionsteilen müssen für jeden Stromkreis vollständig verlegt sein, bevor Leitungen oder Kabel eingezogen werden.

522.8.1.2 Der Biegeradius muß so gewählt werden, daß Leitungen und Kabel nicht beschädigt werden.

522.8.1.3 An den Stellen, an denen Leitungen und Kabel nicht von Tragelementen oder durch ihre Verlegeart gestützt werden, müssen sie durch geeignete Maßnahmen in Abständen befestigt werden, daß eine Beschädigung durch ihr Eigengewicht vermieden wird.

522.8.1.4 Wenn eine andauernde Zugbeanspruchung auf das Kabel- und Leitungssystem (die Kabel- und Leitungsanlage) besteht (zum Beispiel durch eigenes Gewicht bei senkrechter Verlegung), müssen Kabel- oder Leitungsbauart, Querschnitt und Befestigungsart geeignet sein.

522.8.1.5 Für das Ein- oder Ausziehen von Kabel und Leitungen muß ausreichender Zugang zum Ausführen dieser Tätigkeiten vorhanden sein.

522.8.1.6 In Fußböden verlegte Kabel- und Leitungssysteme (-anlagen) müssen, um Schäden zu verhindern, entsprechend der vorgesehenen Nutzung des Fußbodens ausreichend geschützt sein.

522.8.1.7 Fest in Wänden verlegte Kabel- und Leitungssysteme (-anlagen) müssen waagerecht, senkrecht oder parallel zu den Raumkanten geführt werden, außer in der Decke oder im Fußboden, wo der kürzeste praktische Weg gewählt werden darf.

Kabel- und Leitungssysteme (-anlagen), die durch Konstruktionselemente geschützt werden, dürfen auf dem kürzesten Weg verlegt werden.

522.8.1.8 Flexible Kabel und Leitungen müssen so verlegt werden, daß schädigende Zugbeanspruchung auf Leiter und Verbindungen vermieden wird.

522.8.1.9 Kabel- und Leitungszubehör und Umhüllungen dürfen keine scharfen Kanten haben.

522.9 Vorhandensein von Pflanzen und/oder Schimmelbewuchs

522.9.1 Wenn erfahrungs- oder erwartungsgemäß Pflanzen- und/oder Schimmelbewuchs Schäden hervorrufen können, muß das Kabel- und Leitungssystem (die Kabel- und Leitungsanlage) entsprechend ausgewählt oder besondere Schutzmaßnahmen vorgesehen werden.

ANMERKUNG: Eine Verlegeart, die die Entfernung eines solchen Bewuchses ermöglicht, kann notwendig sein (siehe Abschnitt 529).

522.10 Vorhandensein von Tieren

522.10.1 Wenn erfahrungs- oder erwartungsgemäß Tiere Schäden hervorrufen können, muß das Kabel- und Leitungssystem (die Kabel- und Leitungsanlage) entsprechend ausgewählt oder besondere Schutzmaßnahmen vorgesehen werden, zum Beispiel:

- durch die mechanischen Eigenschaften des Kabel- und Leitungssystems (der Kabel- und Leitungsanlage) oder
- durch den Verlegeort oder
- durch zusätzlichen lokalen oder umfassenden mechanischen Schutz

oder durch eine Kombination der Maßnahmen.

522.11 Sonneneinstrahlung

522.11.1 Wenn erhebliche Sonneneinwirkung zu erwarten ist, muß ein geeignetes Kabel- und Leitungssystem (eine geeignete Kabel- und Leitungsanlage) ausgewählt und errichtet werden oder es muß ein entsprechender Sonnenschutz vorgesehen werden.

ANMERKUNG: Siehe auch Abschnitt 522.2.1, der den Temperaturanstieg behandelt.

522.12 Auswirkungen von Erdbeben

522.12.1 Wenn am Errichtungsort eine Gefährdung des Kabel- und Leitungssystems (der Kabel- und Leitungsanlage) durch Erdbeben zu erwarten ist, muß dies bei der Auswahl und Errichtung des Kabel- und Leitungssystems (der Kabel- und Leitungsanlage) berücksichtigt werden.

522.12.2 Wenn erfahrungsgemäß die Erdbebengefährdung von geringer Stärke oder höher sein kann, muß folgendes besonders beachtet werden:

- die Befestigung des Kabel- und Leitungssystems (der Kabel- und Leitungsanlage) am Gebäude,
- die Verbindungen zwischen den fest verlegten Kabeln und Leitungen und allen wesentlichen Betriebsmitteln, zum Beispiel solche für Sicherheitseinrichtungen, müssen ausreichend beweglich sein.

522.13 Wind

522.13.1 Siehe Abschnitt 522.7 „Schwingungen“ und Abschnitt 522.8 „Andere mechanische Beanspruchungen“.

522.14 Gebäudestruktur

522.14.1 Wo Gefahren infolge baulicher Bewegungen bestehen, müssen die vorgesehenen Kabel- und Leitungsbefestigungen und Schutzmaßnahmen sich diesen Bewegungen anpassen können, so daß die Leiter nicht außergewöhnlichen mechanischen Beanspruchungen ausgesetzt werden.

522.14.2 Für elastische oder unstabile Bauweise müssen flexible Kabel und Leitungen verwendet werden.

ANMERKUNG: Siehe Abschnitt 522.7 „Schwingungen“, Abschnitt 522.8 „Andere mechanische Beanspruchungen“ und Abschnitt 522.12 „Auswirkungen von Erdbeben“.

523 Zulässige Strombelastbarkeit von Leitern

Siehe Publikation 364-5-523.

524 Mindestquerschnitte von Leitern

524.1 Die Querschnitte von Außenleitern in Wechselstromkreisen und von spannungsführenden Leitern in Gleichstromkreisen dürfen nicht kleiner sein als die in Tabelle 52 J angegebenen Werte.

| **524.2** Der Neutralleiter, soweit vorhanden, darf keinen kleineren Querschnitt als der Außenleiter haben,

- in Wechselstromkreisen mit zwei Leitern mit beliebigem Außenleiterquerschnitt,
- in Wechselstromkreisen mit drei Leitern und in mehrphasigen Wechselstromkreisen, wenn der Außenleiterquerschnitt kleiner oder gleich 16 mm² für Kupfer oder 25 mm² für Aluminium ist.

524.3 Bei mehrphasigen Wechselstromkreisen, in denen jeder Außenleiter einen Querschnitt größer als 16 mm² für Kupfer und 25 mm² für Aluminium hat, darf der Neutralleiter einen kleineren Querschnitt als die Außenleiter haben, wenn die folgenden Bedingungen gleichzeitig erfüllt sind:

- Der zu erwartende maximale Strom einschließlich Oberwellen im Neutralleiter ist während des ungestörten Betriebes nicht größer als die Strombelastbarkeit des verringerten Neutralleiterquerschnitts.

  ANMERKUNG: Hierbei wird von einer symmetrischen Belastung der Außenleiter im ungestörten Betrieb ausgegangen.
- Der Neutralleiter ist gegen Überstrom durch Maßnahmen nach Abschnitt 473.3.2 geschützt.
- Der Querschnitt des Neutralleiters ist größer oder gleich 16 mm² für Kupfer oder 25 mm² für Aluminium.

Tabelle 52 J: Mindestquerschnitt von Leitern

Arten von Kabel- und Leitungssystemen (-anlagen)		Anwendung des Stromkreises	Leiter	
			Werkstoff	Mindestquerschnitt mm²
Feste Verlegung	Kabel, Mantelleitungen und Aderleitungen	Leistungs- und Lichtstromkreise	Cu Al	1,5 16 (siehe Anmerkung 1)
		Melde- und Steuerstromkreise	Cu	0,5 (siehe Anmerkung 2)
	blanke Leiter	Leistungsstromkreise	Cu Al	10 16 (siehe Anmerkung 4)
		Melde- und Steuerstromkreise	Cu	4 (siehe Anmerkung 4)
Bewegliche Verbindungen mit isolierten Leitern und Kabeln		für ein besonderes Betriebsmittel	Cu	wie in der entsprechenden IEC-Publikation angegeben
		für andere Anwendungen		0,75 (siehe Anmerkung 3)
		Schutz- und Funktionskleinspannung für besondere Anwendung		0,75

ANMERKUNG 1: Verbinder zum Anschluß von Aluminiumleitern sollten für diesen Werkstoff geprüft und zugelassen werden.

ANMERKUNG 2: In Melde- und Steuerstromkreisen für elektronische Betriebsmittel ist ein Mindestquerschnitt von 0,1 mm² zulässig.

ANMERKUNG 3: Für vieladrige flexible Leitungen mit 7 oder mehr Adern gilt Anmerkung 2.

ANMERKUNG 4: Besondere Anforderungen an Lichtstromkreise mit Kleinspannung (ELV) sind in Beratung.

525 Spannungsfall in Verbraucheranlagen

525.1 – In Arbeit –

ANMERKUNG: Mangels Festlegungen wird für die Praxis empfohlen, daß der Spannungsfall zwischen Hauseinführung und Verbrauchsmittel nicht größer als 4 % der Nennspannung des Netzes sein sollte.

Abweichende Werte sind zulässig für Motoren während des Anlaufs und Verbrauchsmittel mit hohen Einschaltströmen.

526 Elektrische Verbindungen

526.1 Verbindungen zwischen Leitern sowie zwischen Leitern und Anschlußstellen an Betriebsmitteln müssen für eine dauerhafte Stromübertragung, angemessene mechanische Festigkeit und Schutz bemessen sein.

526.2 Bei der Auswahl von Verbindungsmitteln ist, soweit zutreffend, zu berücksichtigen:

- der Werkstoff des Leiters und seiner Isolierung,
- die Anzahl und Form der Drähte, die den Leiter bilden,
- der Querschnitt des Leiters,
- die Anzahl der Leiter, die miteinander zu verbinden sind.

ANMERKUNG: Lötverbindungen sollten in Leistungsstromkreisen vermieden werden. Ist dies nicht vermeidbar, müssen die Verbindungen so gestaltet sein, daß das Fließen des Lötmittels, mechanische Belastungen und Temperaturerhöhung im Fehlerfall berücksichtigt sind (siehe Abschnitte 522.6, 522.7 und 522.8).

526.3 Alle Verbindungen müssen zur Besichtigung, Prüfung und Wartung zugänglich sein, ausgenommen:

- Muffen von erdverlegten Kabeln,
- mit Isoliermasse gefüllte oder gekapselte Muffen,
- Verbindungen zwischen der Anschlußleitung und dem Heizelement für Decken-, Fußboden- und Rohrheizsysteme.

526.4 Falls erforderlich, müssen Vorkehrungen getroffen werden, daß im ungestörten Betrieb auftretende Temperaturen an den Klemmen nicht die Wirksamkeit der Isolierung der angeschlossenen Leiter oder der Befestigungsmittel mindern.

527 Auswahl und Errichtung zur Begrenzung von Bränden

527.1 Vorkehrungen innerhalb eines Brandabschnitts

527.1.1 Die Ausdehnung eines Brandes muß minimiert werden durch Auswahl geeigneter Materialien und Errichtung nach Abschnitt 527.

527.1.2 Kabel- und Leitungssysteme (-anlagen) müssen so errichtet werden, daß die allgemeine Gebäudebetriebs- und Feuersicherheit nicht verringert werden.

527.1.3 Kabel und Leitungen, die IEC 332-1 entsprechen und andere Erzeugnisse mit der notwendigen Flammwidrigkeit nach IEC 614 und anderen IEC-Normen (z.B. IEC 1084-1 und Schriftstücken des CLC/TC 113) für Kabel- und Leitungssysteme (-anlagen) dürfen ohne besondere Maßnahmen verlegt werden.

ANMERKUNG: Bei Anlagen, in denen eine erhöhte Brandgefahr zu erwarten ist, können Kabel und Leitungen erforderlich sein, die IEC 332-3 entsprechen.

527.1.4 Kabel und Leitungen, die nicht mindestens die Anforderungen an die Flammwidrigkeit nach IEC 332-1 erfüllen, müssen auf kurze Anschlußlängen von Verbrauchsmitteln zu den festen Kabel- und Leitungssystemen (-anlagen) begrenzt sein. Diese Anschlußleitungen dürfen nur innerhalb eines Brandabschnittes angewendet werden.

527.1.5 Teile von Kabel- und Leitungssystemen (-anlagen), ausgenommen Kabel und Leitungen, die nicht mindestens die Anforderungen an die Flammwidrigkeit nach IEC 614 und anderen IEC-Normen für Kabel- und Leitungssysteme (-anlagen) erfüllen, aber in allen anderen Beziehungen die Anforderungen von IEC 614 und anderen IEC-Normen für Kabel- und Leitungssysteme (-anlagen) erfüllen, müssen vollständig von geeigneten nichtbrennbaren Baustoffen umschlossen sein.

ANMERKUNG: Für die Erstellung der in den Abschnitten 527.1.3 und 527.1.5 angesprochenen anderen Normen ist SC 23 A zuständig. Mit der Erstellung wurde bereits begonnen.

527.2 Verschluß von Kabel- und Leitungsdurchbrüchen

527.2.1 Durchbrüche für Kabel und Leitungen in Teilen der Gebäudekonstruktion, wie Fußböden, Wände, Dächer, Decken, Zwischenwände und Hohlwände, müssen nach der Durchführung der Kabel und Leitungen, verschlossen werden entsprechend der Feuerwiderstandsdauer, die für das entsprechende Gebäudeelement vorgeschrieben ist (siehe ISO 834 „Feuerwiderstandsprüfung; Gebäudeelemente").

527.2.2 Kabel- und Leitungssysteme (-anlagen), wie Elektro-Installationsrohre, geschlossene Elektro-Installationskanäle, zu öffnende Elektro-Installationskanäle, Stromschienen oder Stromschienenkanalsysteme, die durch Gebäudeelemente mit vorgegebener Feuerwiderstandsdauer geführt werden, müssen im Innern entsprechend der Feuerwiderstandsdauer verschlossen werden, wie sie für das betreffende Gebäudeelement vor der Durchführung und für den äußeren Bereich nach Abschnitt 527.2.1 gefordert wird.

527.2.3 Die Abschnitte 527.2.1 und 527.2.2 werden erfüllt, wenn typgeprüfte Kabelschottungen verwendet werden.

527.2.4 Elektro-Installationsrohre und zu öffnende Elektro-Installationskanäle aus einem Werkstoff, die der Entflammungsprüfung von IEC 614 und IEC 1084-1 entsprechen und einen maximalen inneren Querschnitt von 710 mm^2 haben, brauchen im Innern nicht verschlossen zu werden, vorausgesetzt

- die Elektro-Installationsrohre und zu öffnenden Elektro-Installationskanäle erfüllen die Prüfung nach IEC 529 für IP33 und
- alle Rohrmuffen und Kanalverbindungen der verlegten Elektro-Installationsrohre und zu öffnenden Elektro-Installationskanäle innerhalb eines Brandabschnittes erfüllen die Prüfung nach IEC 529 für IP33.

527.2.5 Kabel- und Leitungssysteme (-anlagen) dürfen nicht durch tragende Gebäudeelemente geführt werden. Dies ist nur zulässig, wenn durch das Hindurchführen die Statik des tragenden Elements nicht beeinträchtigt wird (siehe ISO 834).

ANMERKUNG: Dieser Abschnitt sollte bei einer Überarbeitung von Kapitel 61 der Publikation 364-6 berücksichtigt werden.

527.2.6 Alle Mittel zur Abdichtung, die gemäß den Abschnitten 527.2.1 und 527.2.2 verwendet werden, müssen die folgenden Anforderungen sowie die Anforderungen von Abschnitt 527.3 erfüllen.

ANMERKUNG 1: Diese Anforderungen dürfen in eine IEC-Produktnorm überführt werden, sofern eine solche Norm erstellt wird.

– Sie müssen verträglich sein mit den Werkstoffen des Kabel- und Leitungssystems (der Kabel- und Leitungsanlage), mit denen sie in Berührung kommen.

– Sie müssen die thermischen Bewegungen des Kabel- und Leitungssystems (der Kabel- und Leitungsanlage) ohne Verringerung der Verschlußqualität zulassen.

– Sie müssen eine angemessene mechanische Festigkeit haben, um den Beanspruchungen standzuhalten, die durch Zerstörung der Befestigungen des Kabel- und Leitungssystems (der Kabel- und Leitungsanlage) infolge eines Brandes entstehen können.

ANMERKUNG 2: Die Anforderungen dieses Abschnitts sind erfüllt, wenn

– entweder Schellen oder Halterungen in einem Abstand von max. 750 mm zur Kabelschottung angebracht sind, die den zu erwartenden mechanischen Beanspruchungen infolge einer Zerstörung der Befestigungen auf der Feuerseite der Kabelschottung so standhalten, daß keine Belastung auf das Schott übertragen wird, oder

– die Konstruktion des Kabelschotts selbst ausreichenden Halt bietet.

527.3 Umgebungseinflüsse

527.3.1 Verschlüsse, die den Abschnitten 527.2.1 oder 527.2.2 genügen, müssen die gleiche Beständigkeit gegen Umgebungseinflüsse wie das Kabel- und Leitungssystem (die Kabel- und Leitungsanlage) aufweisen; zusätzlich müssen sie folgende Anforderungen erfüllen:

– Sie müssen die gleiche Widerstandsfähigkeit gegen die Verbrennungsprodukte aufweisen wie die Bauteile der Gebäudekonstruktion, die sie durchstoßen (diese Anforderung gilt nur, sofern die Beständigkeit der Gebäudekonstruktion definiert ist).

– Wenn für das durchdrungene Bauteil der Gebäudekonstruktion eine Wasserbeständigkeit gefordert ist, müssen die Vorrichtungen zur Abdichtung im selben Umfang wasserbeständig sein.

– Sofern nicht alle verwendeten Verschlußmaterialien im eingebauten Zustand feuchtigkeitsbeständig sind, müssen der Verschluß und das Kabel- und Leitungssystem (die Kabel- und Leitungsanlage) vor Tropfwasser geschützt werden, das an der Kabel- und Leitungsanlage entlanglaufen kann oder das sich in anderer Weise um die Abdichtung herum ansammeln kann.

527.4 Errichtungsbedingungen

527.4.1 Während der Errichtung von Kabel- und Leitungssystemen (-anlagen) können vorübergehende Vorrichtungen zum Verschluß erforderlich sein.

527.4.2 Während Änderungsarbeiten sollte der Verschluß so schnell wie möglich wiederhergestellt werden.

527.5 Nachweis und Prüfung

527.5.1 Die Verschlüsse müssen zum entsprechenden Zeitpunkt während der Errichtung durch Besichtigung geprüft werden, um nachzuweisen, daß sie den Errichtungsbedingungen und der IEC-Typprüfung für das betreffende Verschlußsystem (in Beratung bei ISO) entsprechen.

527.5.2 Liegt ein solcher Nachweis vor, ist keine weitere Prüfung erforderlich.

528 Nähe zu anderen technischen Anlagen

528.1 Nähe zu elektrischen Anlagen

528.1.1 Stromkreise mit Spannungen der Bänder I und II dürfen nicht in demselben Kabel- und Leitungssystem (derselben Kabel- und Leitungsanlage) verlegt sein, es sei denn, jedes Kabel bzw. jede Leitung ist für die höchste vorhandene Spannung bemessen oder eine der folgenden Maßnahmen wird angewendet:

– Jeder Leiter in einem mehradrigen Kabel oder einer mehradrigen Leitung ist für die höchste Spannung bemessen, die im Kabel oder in der Leitung auftritt.

– Die Kabel oder Leitungen sind entsprechend ihrer Bemessungsspannung isoliert und in getrennten Abschnitten eines geschlossenen oder zu öffnenden Elektro-Installationskanals verlegt.

– Es werden getrennte Elektro-Installationsrohre verwendet.

ANMERKUNG: Besondere Maßnahmen gegen elektrische Beeinflussung, sowohl elektromagnetische als auch elektrostatische, können für Fernmeldestromkreise, Datenübertragungsstromkreise u. ä. erforderlich sein.

528.2 Nähe zu nichtelektrischen technischen Anlagen

528.2.1 Kabel- und Leitungssysteme (-anlagen) dürfen nicht in der Nähe von anderen technischen Anlagen errichtet werden, die Wärme oder Rauch mit wahrscheinlich schädlichem Einfluß auf die Kabel und Leitungen erzeugen, es sei denn, sie sind gegen diese schädigenden Einflüsse durch Abschirmung geschützt. Diese Abschirmung darf die Wärmeableitung der Kabel und Leitungen nicht behindern.

528.2.2 Wird ein Kabel- und Leitungssystem (eine Kabel- und Leitungsanlage) unter technischen Anlagen errichtet, die Kondensation hervorrufen (wie zum Beispiel Wasser-, Dampf- oder Gasleitungen), müssen Maßnahmen ergriffen werden, die das Kabel- und Leitungssystem (die Kabel- und Leitungsanlage) vor schädlichen Auswirkungen schützen.

528.2.3 Elektrische Anlagen müssen so angeordnet werden, daß jeder voraussehbare Betriebszustand in der Nähe befindlicher nichtelektrischer technischer Anlagen keine Schädigung an den elektrischen Anlagen oder umgekehrt hervorruft.

ANMERKUNG: Dies kann erreicht werden durch:

- ausreichenden Abstand zwischen den verschiedenen technischen Anlagen oder
- die Verwendung von mechanischer oder thermischer Abschirmung.

528.2.4 Wenn elektrische Anlagen in unmittelbarer Nähe zu nichtelektrischen technischen Anlagen angeordnet werden, sind die beiden folgenden Bedingungen einzuhalten:

- Die Kabel- und Leitungssysteme (-anlagen) müssen in geeigneter Weise gegen Gefahren geschützt werden, die voraussichtlich im ungestörten Betrieb von den anderen technischen Anlagen ausgehen.
- Der Schutz bei indirektem Berühren muß nach den Anforderungen von Abschnitt 413 ausgeführt werden unter Einbeziehung metallischer fremder leitfähiger Teile, die nicht zur elektrischen Anlage gehören.

529 Auswahl und Errichtung im Hinblick auf Möglichkeit der Instandhaltung einschließlich Reinigung

529.1 Die Kenntnisse und Erfahrungen des Instandhaltungspersonals müssen bei der Auswahl und Errichtung des Kabel- und Leitungssystems (der Kabel- und Leitungsanlage) berücksichtigt werden.

529.2 Wenn zu Instandhaltungsarbeiten eine Schutzmaßnahme aufgehoben werden muß, ist Vorsorge zu treffen, daß die Schutzmaßnahme ohne Verringerung des ursprünglich vorgesehenen Schutzgrades wiederhergestellt werden kann.

529.3 Für die Instandhaltung ist ein sicherer und angemessener Zugang zu allen Teilen des Kabel- und Leitungssystems (der Kabel- und Leitungsanlage) sicherzustellen.

ANMERKUNG: In besonderen Fällen kann es notwendig sein, für dauerhafte Zugänglichkeit durch Leitern, Gehwege u. ä. zu sorgen.

Anhang ZA (normativ)

Normative Verweisungen auf Internationale Publikationen mit ihren entsprechenden europäischen Publikationen

Dieses Harmonisierungsdokument enthält durch datierte und undatierte Verweisungen Festlegungen aus anderen Publikationen. Diese normativen Verweisungen sind an den jeweiligen Stellen im Text zitiert, und die Publikationen sind nachstehend aufgeführt. Bei datierten Verweisungen gehören spätere Änderungen oder Überarbeitungen dieser Publikationen zu diesem Harmonisierungsdokument nur, falls sie durch Änderung oder Überarbeitung eingearbeitet sind. Bei undatierten Verweisungen gilt die letzte Ausgabe der in Bezug genommenen Publikation (einschl. Änderungen).

ANMERKUNG: Wenn internationale Publikationen durch gemeinsame Abänderungen geändert wurden, durch (mod) angegeben, gelten die entsprechenden EN/HD.

Publikation	Jahr	Titel	EN/HD	Jahr
IEC 332-1	1979	Tests on electric cables under fire conditions Part 1: Test on a single vertical insulated wire or cable	HD 405.1	1979
IEC 332-3	1992	Tests on electric cables under fire conditions Part 3: Test on bunched wires or cables	HD 405.3	1993
IEC 364-1	1992[1)]	Electrical installations of buildings Part 1: Scope, object and fundamental principles	–	–
IEC 364-3 (mod)	1993	Electrical installations of buildings Part 3: Assessment of general characteristics	–	–
IEC 364-4-473 (mod)	1977	Electrical installations of buildings Chapter 47: Application of protective measures for safety Section 473: Measures of protection against overcurrent	HD 384.4.473 S1	1980
IEC 364-5-523 (mod)	1983	Electrical installations of buildings Chapter 52: Wiring systems Section 523: Current-carrying capacities	HD 384.5.523 S1	1991
IEC 439-2 (mod)	1987	Low-voltage switchgear and controlgear assemblies Part 2: Particular requirements for busbar trunking systems (busways)	EN 60439-2[2)]	1993
IEC 529	1989	Degrees of protection provided by enclosures (IP Code)	EN 60529 + Corr. Mai	1991 1993
IEC 614		Specification for conduits for electrical installations	–	–
IEC 1084-1	1991	Cable trunking and directing systems for electrical installations Part 1: General rules	–	–
IEC 1200-52	1993	Electrical installation guide Part 52: Selection and erection of electrical equipment; Wiring systems	–	–
ISO 834	1975	Fire-resistance tests – Elements of building construction	–	–

1) IEC 364-1:1972 wurde als HD 384.1 S1:1979 harmonisiert.

2) EN 60439-2 enthält A1:1991 zu IEC 439-2.

Anhang ZB (normativ)

Besondere nationale Bedingungen

Besondere nationale Bedingungen: Nationale Eigenschaft oder Praxis, die nicht – selbst nach einem längeren Zeitraum – geändert werden kann, z. B. klimatische Bedingungen, elektrische Erdungsbedingungen. Wenn sie die Harmonisierung beeinflußt, bildet sie Teil der Europäischen Norm oder des Harmonisierungsdokumentes.

Für Länder, für die die betreffenden nationalen Bedingungen gelten, sind diese normativ; für die anderen Länder hat diese Angabe informativen Charakter.

Deutschland:

Stegleitungen nach DIN VDE 0250-201 (VDE 0250 Teil 201) dürfen verwendet werden, wenn folgende Anforderungen erfüllt sind:

a) Stegleitungen nach DIN VDE 0250-201 (VDE 0250 Teil 201) (NYIF, NYIFY) dürfen nur in trockenen Räumen und nur in und unter Putz verlegt werden. Sie müssen in ihrem ganzen Verlauf von Putz bedeckt sein.

ANMERKUNG: In Sonderbestimmungen kann die Verwendung von Stegleitungen eingeschränkt sein.

b) Werden Stegleitungen in Hohlräumen von Decken und Wänden, die aus Beton, Stein oder ähnlichen nicht brennbaren Baustoffen bestehen, verlegt, ist die Abdeckung mit Putz nach Abschnitt a) nicht erforderlich.

c) Stegleitungen dürfen auch bei Putzabdeckung nicht auf brennbaren Baustoffen (siehe DIN 4102-1), z. B. Holz, verlegt werden.

d) Stegleitungen dürfen nicht gebündelt werden. Eine Zusammenfassung von Stegleitungen an Einführungsstellen für elektrische Betriebsmittel, z. B. Verteiler, gilt nicht als Bündelung.

e) Stegleitungen dürfen nur mit solchen Mitteln und Verfahren befestigt werden, die eine Formänderung oder Beschädigung der Isolierung ausschließen.

ANMERKUNG: Mittel für einwandfreie Befestigung sind beispielsweise

- Gipspflaster oder
- der Leitungsform angepaßte Schellen aus Isolierstoff oder aus Metall mit isolierender Zwischenlage oder
- Kleben oder
- Nageln mit hierfür geeigneten Nägeln mit Isolierstoffunterlegescheibe.

f) Stegleitungen dürfen nicht unter Gipskartonplatten verlegt werden, es sei denn, diese Platten werden ausschließlich mit Gipspflaster befestigt.

g) Stegleitungen dürfen nicht unmittelbar auf oder unter Drahtgeweben, Streckmetallen und dergleichen verlegt werden.

h) Verbindungen von Stegleitungen dürfen nur in Installationsdosen nach DIN VDE 0606-1 (VDE 0606 Teil 1) aus Isolierstoff vorgenommen werden.

Vereinigtes Königreich:

a) Während die Sicherheit des Stromkreises im Falle eines Fehlers gegen Erde von der Schleifenimpedanz bestimmt wird, ist ein im Querschnitt reduzierter Schutzleiter, als Bestandteil der ringförmigen Endstromkreise, in weitläufiger Benutzung in Haushalt-, Gewerbe- und Kleinindustrieanlagen.

b) Die Kabel und Leitungen sind speziell ausgelegt für die Verwendung in solchen Stromkreisen und entsprechen den britischen Normen BS 8004, Tabellen 5 und 6, „PVC-isolierte, PVC-umhüllte Kabel und Leitungen mit Schutzleiter, 300/500 V, Einaderleitung, flache Zweiaderleitung und Dreiaderleitung“ und BS 7211, Tabelle 7, „Wärmebeständig isolierte Einleiter-, flache Zweileiter- und Dreileiterkabel und Leitungen mit Schutzleiter, 300/500 V“.

c) Die Kabel und Leitungen müssen benutzt werden entsprechend der britischen Norm BS 7540 „Anleitung für die Benutzung von Kabeln und Leitungen mit einer Spannung bis zu 450/750 V“ und der britischen Norm BS 7671 „Anforderungen für elektrische Anlagen“.

DK 621.316.17.002.2:621.3.027.26
:621.316.54:614.8

Oktober 1988

Errichten von Starkstromanlagen mit Nennspannungen bis 1000 V

Auswahl und Errichtung elektrischer Betriebsmittel
Geräte zum Trennen und Schalten

DIN
VDE 0100
Teil 537

Diese auch vom Vorstand des Verbandes Deutscher Elektrotechniker (VDE) e. V. genehmigte Norm ist damit zugleich eine VDE-Bestimmung im Sinne von VDE 0022. Sie ist unter obenstehender Nummer in das VDE-Vorschriftenwerk aufgenommen und in der etz Elektrotechnische Zeitschrift bekanntgegeben worden.

Erection of power installations with nominal voltages up to 1000 V; Selection and erection of equipment; Devices for isolation and switching

Ersatz für
VDE 0100/05.73 § 31 b)1,
VDE 0100 g/07.76 § 31 a) 1.1, 1.3.
Mit DIN VDE 0100 Teil 460/10.88
Ersatz für
DIN 57100 Teil 727/VDE 0100 Teil 727/11.83 und
DIN 57100 Teil 728/VDE 0100 Teil 728/04.84, Abschnitt 9.
Teilweise Ersatz für
DIN 57100 Teil 723/VDE 0100 Teil 723/11.83 und
DIN 57100 Teil 726/VDE 0100 Teil 726/03.83, siehe Erläuterungen.
Siehe jedoch Übergangsfrist!

In diese Norm ist der sachliche Inhalt des CENELEC-HD 384.5.537 S1, das die modifizierte Fassung der IEC 364-5-537:1981 enthält, eigearbeitet worden. Die Abschnittsnummern des HD 384.5.537 S1 sind am Rand in eckige Klammern gesetzt, womit auch der Bezug der einzelnen Abschnitte dieser Norm zu den Abschnitten der IEC 364-5-537:1981 gegeben ist.

Entwurf war veröffentlicht als DIN IEC 64(Central Office)81/VDE 0100 Teil 537/08.80.

Beginn der Gültigkeit

Diese Norm (VDE-Bestimmung) gilt ab 1. Oktober 1988.

Für in Planung oder in Bau befindliche Anlagen gelten
- VDE 0100/05.73 § 31 b) 1,
- VDE 0100g/07.76 § 31 a) 1.1, 1.3,
- DIN 57100 Teil 727/VDE 0100 Teil 727/11.83 und
- DIN 57100 Teil 728/VDE 0100 Teil 728/04.84, Abschnitt 9 und
- die entsprechenden Festlegungen in DIN 57100 Teil 723/VDE 0100 Teil 723/11.83 und DIN 57000 Teil 726/VDE 0100 Teil 726/03.83,

noch in einer Übergangsfrist bis 31. März 1989.

Inhalt

Fortsetzung Seite 2 bis 4

Deutsche Elektrotechnische Kommission im DIN und VDE (DKE)

1 Anwendungsbereich

Diese Norm gilt für die Auswahl und das Errichten von Geräten zum Trennen und Schalten.

Sie gilt nur in Verbindung mit den entsprechenden anderen Normen der Reihe DIN VDE 0100 sowie mit den noch nicht ersetzten Paragraphen von DIN VDE 0100/05.73 mit Änderung DIN VDE 0100 g/07.76.

2 Begriffe

Allgemeine Begriffe siehe DIN VDE 0100 Teil 200.

3 Allgemeines [537.1]

Jedes Gerät zum Trennen und Schalten nach DIN VDE 0100 Teil 460 muß den betreffenden Festlegungen entsprechen. Wird ein Gerät für mehr als eine Funktion eingesetzt, so muß es den Festlegungen für jede dieser Funktionen genügen.

Anmerkung: Unter bestimmten Voraussetzungen können für kombinierte Funktionen zusätzliche Festlegungen notwendig sein.

Siehe auch DIN IEC 64(CO)151/VDE 0100 Teil 530 (z. Z. Entwurf).

4 Geräte zum Trennen [537.2]

[537.2.1]

4.1 Geräte zum Trennen müssen alle Leiter des betreffenden Stromkreises unter Berücksichtigung der Bestimmungen in DIN VDE 0100 Teil 460/10.88, Abschnitt 3.2, unterbrechen.

Das zum Trennen eingesetzte Gerät muß den Abschnitten 4.1.1 bis 4.5 entsprechen.

[537.2.1.1]

4.1.1 Die Trennstrecken zwischen den Kontakten oder die anderen Mittel zum Trennen dürfen in geöffneter Stellung nicht geringer sein als die in der folgenden Tabelle aufgeführten Werte.

Tabelle 53A (in Beratung, siehe DIN VDE 0100 Teil 537 A1, z. Z. Entwurf).

[537.2.1.2]

4.1.2 Die Trennstrecke zwischen den geöffneten Gerätekontakten muß sichtbar sein oder es muß eine eindeutige Schaltstellungsanzeige durch die Kennzeichnung „AUS“ oder „OFFEN“ vorhanden sein.

Die Kennzeichnung darf erst angezeigt werden, wenn die Trennstrecke zwischen den offenen Kontakten an allen Polen des Gerätes erreicht ist.

Anmerkung: Um die Ein- bzw. Aus-Stellung anzugeben, darf die in diesem Abschnitt geforderte Kennzeichnung durch die Symbole „0“ und „I“ erfolgen, wenn die Verwendung dieser Symbole in der entsprechenden Gerätenorm erlaubt ist.

[537.2.1.3]

4.1.3 Halbleiter dürfen nicht als Geräte zum Trennen eingesetzt werden.

[537.2.2]

4.2 Die Geräte zum Trennen müssen so ausgeführt und/oder montiert sein, daß eine selbsttätige Einschaltung verhindert wird.

Anmerkung: Eine solche Einschaltung kann z. B. durch Stöße oder Vibration verursacht werden.

[537.2.3]

4.3 An den Geräten zum Trennen ohne Lastschaltvermögen müssen Maßnahmen gegen zufälliges und/oder unbefugtes Öffnen vorgesehen werden.

Anmerkung: Dies ist möglich durch Einbau der Geräte unter Verschluß, in einer Umhüllung oder durch ein Vorhängeschloß. Alternativ ist es möglich, das Gerät zum Trennen mit einem Lastschalter zu verriegeln.

[537.2.4]

4.4 Mittel zum Trennen sollen vorzugsweise eine mehrpolige Schaltvorrichtung haben, die alle Außenleiter der zugeordneten Versorgung trennt, jedoch sind einpolige, nebeneinander angeordnete Geräte nicht ausgeschlossen.

Anmerkung: Trennen kann z. B. erreicht werden durch:

- Trenner, Last-Trennschalter (Last-Trenner), mehr- oder einpolig,
- Steckvorrichtungen,
- austauschbare Sicherungen,
- Trennlaschen,
- Spezialklemmen, bei denen ein Abklemmen eines Leiters nicht erforderlich ist.

[537.2.5]

4.5 Alle Geräte, die zum Trennen angewendet werden, müssen eindeutig zugeordnet werden können, z. B. durch Kennzeichnung, damit erkennbar ist, welcher Stromkreis durch sie getrennt werden kann.

5 Geräte zum Ausschalten für mechanische Wartung [537.3]

[537.3.1]

5.1 Geräte zum Ausschalten für mechanische Wartung sind vorzugsweise im Hauptversorgungsstromkreis einzusetzen.

Wenn zu diesem Zweck Schalter vorgesehen sind, müssen diese so ausgelegt sein, daß sie den vollen Laststrom des betreffenden Anlageteils abschalten können. Sie müssen nicht unbedingt alle aktiven Leiter trennen.

Abschalten mit Hilfe der Unterbrechung des Steuerstromkreises eines Antriebs oder dergleichen ist nur erlaubt, wenn

- zusätzliche Sicherheitsvorkehrungen, z. B. mechanische Verriegelung,

oder

- die Festlegungen in den Normen für die angewendeten Steuerschalter

einen gleichwertigen Zustand wie bei der direkten Unterbrechung des Hauptstromkreises erreichen.

Anmerkung: Abschalten für mechanische Wartung kann z. B. erreicht werden durch

- mehrpolige Schalter,
- Leistungsschalter,
- Steuerschalter zur Betätigung von Schützen,
- Steckvorrichtungen.

[537.3.2]

5.2 Geräte zum Abschalten für mechanische Wartung und Steuerschalter für solche Geräte müssen für Handbetätigung vorgesehen sein.

Die Trennstrecke zwischen den geöffneten Kontakten dieser Geräte muß sichtbar sein oder es muß eine eindeutige Schaltstellungsanzeige gekennzeichnet durch „AUS“ oder „Offen“ vorhanden sein. Eine Anzeige darf nur erfolgen, wenn die „Aus“- oder „Offen“-Position von allen Schaltkontakten des Gerätes erreicht ist.

Anmerkung: Für die Angabe der Ein- bzw. Ausstellung darf die in diesem Abschnitt geforderte Kennzeichnung durch die Symbole „0“ und „I“ erfolgen, wenn die Verwendung dieser Symbole in der entsprechenden Gerätenorm erlaubt ist.

[537.3.3]

5.3 Geräte zum Ausschalten für mechanische Wartung müssen so ausgelegt und/oder angebracht sein, daß selbsttätiges Einschalten verhindert wird.

Anmerkung: Ein solches Einschalten kann z. B. durch Stöße oder Vibration verursacht werden.

[537.3.4]

5.4 Geräte zum Ausschalten für mechanische Wartung müssen so angeordnet und gekennzeichnet sein, daß sie für ihre vorgesehene Funktion leicht erkannt und erreicht werden können.

6 Geräte für Not-Ausschaltung (einschließlich Not-Halt) [537.4] [537.4.1]

6.1 Die Geräte für Not-Ausschaltung müssen den Volllaststrom der zugeordneten Anlagenteile unterbrechen können, einschließlich der Ströme bei festgebremsten Motoren.

[537.4.2]

6.2 Geräte für Not-Ausschaltung dürfen bestehen aus:

— einem Schaltgerät, das die Versorgung direkt unterbrechen kann,

oder

— einer Gerätekombination, bei der das Trennen von der Versorgung durch eine einzige Schalthandlung ausgelöst wird.

Steckvorrichtungen dürfen nicht für Not-Auschaltung vorgesehen werden.

Bei Not-Halt darf die Versorgung, z. B. zum Bremsen sich bewegender Teile, beibehalten werden.

Anmerkung: Eine Not-Ausschaltung darf z. B. vorgenommen werden durch:

— Schalter im Hauptstromkreis,

— Betätigungseinrichtungen im Steuer-(Hilfs-) Stromkreis.

[537.4.3]

6.3 Für die direkte Unterbrechung des Hauptstromkreises sollen vorzugsweise handbetätigte Schaltgeräte eingesetzt werden.

Leistungsschalter, Schütze usw. mit Fernbetätigung müssen durch Spannungsunterbrechung öffnen, oder es sind gleichwertige Sicherheitsmaßnahmen anzuwenden.

[537.4.4]

6.4 Die Betätigungseinrichtungen (Griffe, Druckknöpfe usw.) für Not-Ausschaltgeräte müssen eindeutig gekennzeichnet sein, vorzugsweise durch die Farbe Rot mit kontrastierendem Untergrund.

Anmerkung: Es wird darauf hingewiesen, daß nach der Richtlinie des Rates der Europäischen Gemeinschaften vom 25. Juli 1977 (77/576 EWG) für Arbeitsplätze schärfere Anforderungen gelten. An Arbeitsplätzen müssen die Betätigungseinrichtungen für Not-Ausschaltgeräte zwingend rot mit gelbem Untergrund sein.

[537.4.5]

6.5 Die Betätigungseinrichtungen müssen an Gefahrenstellen leicht zugänglich sein und, falls erforderlich, zusätzlich an entfernten Stellen montiert sein, von denen aus die Gefahr beseitigt werden kann.

[537.4.6]

6.6 Die Betätigungseinrichtung eines Not-Ausschaltgerätes muß verriegel- oder verklinkbar sein in „AUS“- oder „HALT“-Position, wenn die Betätigung der Geräte für Not-Aus- und Wiedereinschalten nicht unter der Aufsicht derselben Person sind.

Das Loslassen der Betätigungseinrichtung eines Not-Ausschaltgerätes darf den betreffenden Anlagenteil nicht selbsttätig wieder unter Spannung setzen.

[537.4.7]

6.7 Geräte für Not-Ausschaltung und Not-Halt müssen so angebracht und gekennzeichnet sein, daß sie leicht erkennbar und für die vorgesehene Anwendung leicht zugänglich sind.

7 Schaltgeräte für betriebsmäßiges Schalten [537.5] [537.5.1]

7.1 Schaltgeräte für betriebsmäßiges Schalten müssen für die härtesten zu erwartenden Bedingungen ausgelegt sein.

[537.5.2]

7.2 Schaltgeräte für betriebsmäßiges Schalten dürfen den Strom unterbrechen, ohne die zugehörigen Schaltkontakte zu öffnen.

Anmerkung 1: Halbleiter-Schaltgeräte sind ein Beispiel für Geräte, die den Stromkreis unterbrechen können, ohne den entsprechenden Schaltkontakt zu öffnen.

Anmerkung 2: Betriebsmäßiges Schalten darf z. B. vorgenommen werden durch:

— Schalter,

— Halbleitergeräte,

— Leistungsschalter,

— Schütze,

— Relais,

— Steckvorrichtungen bis 16 A.

[537.5.3]

7.3 Trenner, Sicherungen und Trennlaschen dürfen nicht für betriebsmäßiges Schalten angewendet werden.

Zitierte Normen und andere Unterlagen

DIN VDE 0100	Bestimmungen für das Errichten von Starkstromanlagen mit Nennspannungen bis 1000 V
DIN VDE 0100 g	Bestimmungen für das Errichten von Starkstromanlagen mit Nennspannungen bis 1000 V; Änderung zu DIN VDE 0100/05.73
DIN VDE 0100 Teil 200	Errichten von Starkstromanlagen mit Nennspannungen bis 1000 V; Allgemeingültige Begriffe

DIN VDE 0100 Teil 460	Errichten von Starkstromanlagen mit Nennspannungen bis 1000 V; Schutzmaßnahmen; Trennen und Schalten
DIN IEC 64(CO)151/ VDE 0100 Teil 530	(z. Z. Entwurf) Errichten von Starkstromanlagen mit Nennspannungen bis 1000 V; Auswahl und Errichtung elektrischer Betriebsmittel; Schaltgeräte und Steuergeräte; Identisch mit IEC 64(CO)151
DIN VDE 0100 Teil 537 A1	(z. Z. Entwurf) Errichten von Starkstromanlagen mit Nennspannungen bis 1000 V; Trenn- und Schaltgeräte; Änderung 1; Identisch mit 64(CO)165
Übrige Normen der Reihe DIN VDE 0100 siehe	
Beiblatt 2 zu DIN VDE 0100	Errichten von Starkstromanlagen mit Nennspannungen bis 1000 V; Verzeichnis der einschlägigen Normen

Richtlinie des Rates der Europäischen Gemeinschaften vom 25. Juli 1977 (77/576 EWG)

Frühere Ausgaben

VDE 0100: 05.73
(Vorheriger Entwicklungsgang siehe Beiblatt 1 zu DIN VDE 0100.)
VDE 0100 g/07.76
DIN 57 100 Teil 723/VDE 0100 Teil 723: 11.83
DIN 57 100 Teil 726/VDE 0100 Teil 726: 03.83
DIN 57 100 Teil 727/VDE 0100 Teil 727: 11.83
DIN 57 100 Teil 728/VDE 0100 Teil 728: 04.84

Änderungen

Gegenüber VDE 0100/05.73 § 31 b)1, VDE 0100 g/07.76 § 31 a)1.1, 1.3, DIN 57 100 Teil 727/VDE 0100 Teil 727/11.83, DIN 57 100 Teil 728/VDE 0100 Teil 728/04.84, Abschnitt 9, DIN 57 100 Teil 723/VDE 0100 Teil 723/11.83 und DIN 57 100 Teil 726/VDE 0100 Teil 726/03.83 wurden folgende Änderungen vorgenommen:

a) Angleichung an internationale Festlegungen.
b) Differenzierung zwischen Geräten zum Trennen, zum Ausschalten für mechanische Wartung, Not-Ausschaltung, für betriebsmäßiges Schalten.
c) Die Schaltstellung „Aus" bei Geräten zum Trennen darf erst dann angezeigt werden, wenn die Trennstrecke zwischen allen Polen des Gerätes erreicht ist.
d) Steckvorrichtungen dürfen nicht für Not-Ausschaltung vorgesehen werden.
e) Siehe Erläuterungen.

Erläuterungen

Diese Norm wurde ausgearbeitet vom Komitee 221 „Errichten von Starkstromanlagen bis 1000 V" der Deutschen Elektrotechnischen Kommission im DIN und VDE (DKE).

Zum Ersatzvermerk:

In DIN VDE 0100 Teil 723/11.83 werden durch die Herausgabe dieser Norm und DIN VDE 0100 Teil 460/10.88 ersetzt:

— Abschnitt 4.1.2, 2. Satz,
— Abschnitt 4.1.3, 2. Satz,
— Abschnitt 4.2.3.

In DIN VDE 0100 Teil 726/03.83 werden durch die Herausgabe dieser Norm und DIN VDE 0100 Teil 460/10.88 ersetzt:

— Abschnitt 5,
— Abschnitt 6, Anmerkung,
— Abschnitt 6.1.1,
— Abschnitte 6.1.1.1 bis 6.1.1.4,
— Abschnitte 6.3.1 und 6.3.2.

Zu Abschnitt 4:

Mit DIN VDE 0100 Teil 460 wurde der bisherige Begriff „Freischalten" durch den Begriff „Trennen" ersetzt. Geräte zum Trennen sind zum Freischalten geeignet.

Zu Abschnitt 4.4:

Das Trennen, nach früherem Sprachgebrauch Freischalten, kann bei der angegebenen Anordnung einpoliger Mittel zum Trennen erreicht werden, indem in den Außenleitern und gegebenenfalls dem Neutralleiter z. B.

— Sicherungen nacheinander herausgenommen oder
— Trenner nacheinander geöffnet

werden. Mehrpoligen Schaltvorrichtungen wird jedoch der Vorzug gegeben.

Internationale Patentklassifikation

H 01 H   H 01 H 71/00   H 03 K 17/00

DK 621.316.17.002.2:621.3.027.4
:621.316.99:614.8

November 1991

Errichten von Starkstromanlagen mit Nennspannungen bis 1000 V

Auswahl und Errichtung elektrischer Betriebsmittel
Erdung, Schutzleiter, Potentialausgleichsleiter

DIN VDE 0100
Teil 540

Diese auch vom Vorstand des Verbandes Deutscher Elektrotechniker (VDE) e. V. genehmigte Norm ist damit zugleich eine VDE-Bestimmung im Sinne von VDE 0022. Sie ist unter obenstehender Nummer in das VDE-Vorschriftenwerk aufgenommen und in der etz Elektrotechnische Zeitschrift bekanntgegeben worden.

Erection of power installations with nominal voltages up to 1000 V; Selection and erection of equipment; Earthing arrangements, protective conductors, equipotential bonding conductors

Ersatz für Ausgabe 05.86,
DIN VDE 0190/05.86;
siehe jedoch Übergangsfrist!

In diese Norm ist der sachliche Inhalt des CENELEC-HD 384.5.54 S1, das die modifizierte Fassung der Publikation IEC 364-5-54 (1980) enthält, eingearbeitet worden. Die Abschnittsnummern des HD 384.5.54 S1 sind am Rand in eckigen Klammern angegeben, womit auch der Bezug der einzelnen Abschnitte dieser Norm zu den Abschnitten der Publikation IEC 364-5-54 (1980) hergestellt ist.

Beginn der Gültigkeit

Diese Norm (VDE-Bestimmung) gilt ab 1. November 1991.
Für am 1. November 1991 in Planung oder im Bau befindliche Anlagen gelten die Festlegungen von Ausgabe Mai 1986 und DIN VDE 0190/05.86 noch in einer Übergangsfrist bis zum 31. Oktober 1993.

Fortsetzung Seite 2 bis 23

Deutsche Elektrotechnische Kommission im DIN und VDE (DKE)

Inhalt

1 Anwendungsbereich

Diese Norm gilt für die Auswahl und das Errichten von Erdungsanlagen, Schutzleitern, PEN-Leitern und Potentialausgleichsleitern.

Sie gilt nur in Verbindung mit den entsprechenden anderen Normen der Reihe DIN VDE 0100 sowie mit den noch nicht ersetzten Paragraphen von DIN VDE 0100/05.73 mit Änderung DIN VDE 0100g/07.76.

Anmerkung: Im Rahmen der Pilotfunktion für den Schutz gegen gefährliche Körperströme ist diese Norm eine Grundnorm.

2 Begriffe

Allgemeine Begriffe siehe DIN VDE 0100 Teil 200.

3 Allgemeines [541]

Die Ausführung der Erdung muß die Erfordernisse des Schutzes und der Funktion der elektrischen Anlagen erfüllen.

4 Verbindungen zur Erde [542]

4.1 Erdungsanlagen [542.1]

[542.1.1]

4.1.1 Die Erdungsanlagen dürfen gemeinsam oder getrennt für Schutz- oder Funktionszwecke, je nach den Erfordernissen der elektrischen Anlage, verwendet werden.

[542.1.2]

4.1.2 Die Auswahl und das Errichten der Einzelteile (Betriebsmittel) der Erdungsanlage muß sicherstellen, daß

— der Wert des Ausbreitungswiderstandes der Erder den Anforderungen für den Schutz und die Funktion der Anlage entspricht und man erwarten kann, daß die Funktion des Erders erhalten bleibt;

— Erdfehlerströme und Erdableitströme ohne Gefahr, z. B. durch thermische, thermo-mechanische oder elektrodynamische Beanspruchung, abgeleitet werden können;

— die Einzelteile (Betriebsmittel) ausreichend robust oder mit zusätzlichem mechanischem Schutz versehen sind, damit sie den zu erwartenden äußeren Einflüssen standhalten (siehe DIN VDE 0100 Teil 300/11.85, Abschnitt 8[1])).

[542.1.3]

4.1.3 Es müssen Vorkehrungen getroffen werden gegen voraussehbare Gefahren der Schädigung anderer Metallteile durch elektrolytische Einflüsse.

4.2 Erder [542.2]

4.2.1 Als Erder dürfen verwendet werden: [542.2.1]

— Staberder oder Rohrerder;

— Banderder oder Seilerder;

— Plattenerder;

— Fundamenterder;

— Metallbewehrung von im Erdreich eingebettetem Beton;

Anmerkung: Besondere Sorgfalt ist bei der Einbeziehung von Konstruktionsteilen aus Spannbeton erforderlich.

— metallene Wasserrohrnetze, Abschnitt 4.2.5 ist zu beachten;

— andere geeignete unterirdische Konstruktionsteile, die im Erdreich eingebettet sind oder mit dem Erdreich im Kontakt stehen (siehe auch Abschnitt 4.2.6).

Anmerkung: Die Wirksamkeit eines Erders hängt von den örtlichen Bodenverhältnissen ab; es sollten je nach Bodenverhältnissen und Ausbreitungswiderstand ein oder mehrere Erder verwendet werden.

Der Wert des Ausbreitungswiderstandes kann berechnet oder gemessen werden.

[542.2.2]

4.2.2 Art und Verlegungstiefe der Erder müssen so ausgewählt werden, daß das Austrocknen oder Gefrieren des Bodens den Erdungswiderstand der Erder nicht über den erforderlichen Wert hinaus erhöht.

[542.2.3]

4.2.3 Der anzuwendende Werkstoff und die Ausführung der Erder müssen so ausgewählt werden, daß sie den zu erwartenden Korrosionseinflüssen widerstehen.

[542.2.4]

4.2.4 Die Planung der Erdungsanlage muß ein mögliches Ansteigen des Erdungswiderstandes der Erder infolge Korrosion berücksichtigen.

[542.2.5]

4.2.5 Metallene Wasserrohrnetze dürfen nur als Erder benutzt werden, wenn die Zustimmung des Betreibers des Wasserleitungsnetzes vorliegt und wenn geeignete Vereinbarungen getroffen wurden, daß der Benutzer der elektrischen Anlage im voraus von allen Änderungen im Wasserleitungsnetz in Kenntnis gesetzt wird.

Anmerkung: Die Zuverlässigkeit der Erdungsanlage sollte nicht von Einrichtungen anderer (baulicher) Anlagen abhängen.

[542.2.6]

4.2.6 Metallene Rohrleitungen für andere als in Abschnitt 4.2.5 genannte Zwecke (z. B. für brennbare Flüssigkeiten oder Gase, Heizrohrnetze usw.) dürfen nicht als Erder für Schutzzwecke benutzt werden.

Anmerkung: Diese Festlegung schließt die Anwendung dieser Einrichtungen als Potentialausgleich nicht aus, um die Bedingungen nach DIN VDE 0100 Teil 410 zu erfüllen.

[542.2.7]

4.2.7 Bleimäntel und andere metallene Umhüllungen für Kabel, bei denen eine umfangreiche Korrosion unwahrscheinlich ist, dürfen als Erder verwendet werden, vorausgesetzt

— der Besitzer und Betreiber der Kabel ist einverstanden

und

— eine geeignete Vereinbarung mit dem Anwender der elektrischen Anlage besteht, daß er von allen beabsichtigten Veränderungen an dem Kabel, die dessen Eignung als Erder beeinflussen könnten, im voraus in Kenntnis gesetzt wird.

4.3 Erdungsleiter [542.3]

[542.3.1]

4.3.1 Erdungsleiter müssen Abschnitt 5.1, bei Verlegung in Erde auch der Tabelle 1 entsprechen.

[1]) Siehe Erläuterungen

Tabelle 1. **Vereinbarte Mindestquerschnitte von Erdungsleitern (bei Verlegung in Erde)**

	mechanisch geschützt	mechanisch ungeschützt
gegen Korrosion geschützt*)	wie in Abschnitt 5.1 gefordert	16 mm² Kupfer 16 mm² Eisen, feuerverzinkt
ohne Korrosionsschutz	25 mm² Kupfer 50 mm² Eisen, feuerverzinkt	
*) Der Schutz gegen Korrosion kann durch eine Umhüllung erreicht werden.		

[542.3.2]

4.3.2 Der Anschluß eines Erdungsleiters an einen Erder muß zuverlässig und elektrotechnisch einwandfrei ausgeführt werden.

Wenn eine Erdungsschelle verwendet wird, darf sie den Erder (z. B. ein Rohr) oder den Erdungsleiter nicht beschädigen.

4.4 Haupterdungsklemmen oder -schienen [542.4]

[542.4.1]

4.4.1 In jeder Anlage muß eine Haupterdungsklemme oder -schiene vorgesehen werden.

Folgende Leiter müssen damit verbunden werden:

- Erdungsleiter,
- Schutzleiter,
- Hauptpotentialausgleichsleiter,
- Erdungsleiter für Funktionserdung, falls erforderlich.

[542.4.2]

4.4.2 Vorrichtungen zum Abtrennen der Erdungsleiter müssen an einer zugänglichen Stelle vorgesehen werden, um den entsprechenden Erdungswiderstand der Erdungsanlage messen zu können; die Trennvorrichtung darf mit der Haupterdungsklemme oder -schiene kombiniert sein. Diese Trennvorrichtung darf nur mit Werkzeug lösbar sein; sie muß ausreichende mechanische Festigkeit haben und eine dauerhafte elektrische Verbindung sicherstellen.

4.5 Verbindung mit der Erdungsanlage anderer Systeme

4.5.1 Anlagen mit höherer Spannung [542.5.1]

In Beratung

4.5.2 Blitzschutzanlagen [542.5.2]

In Beratung

5 Schutzleiter [543]

5.1 Mindestquerschnitte [543.1]

Der Querschnitt der Schutzleiter muß entweder

- nach Abschnitt 5.1.1 berechnet werden oder
- nach Abschnitt 5.1.2 ausgewählt werden.

  Anmerkung 1: Wenn die Wahl des Querschnitts der Außenleiter durch den Kurzschlußstrom bestimmt wird, kann ein Nachrechnen des Querschnittes des Schutzleiters nach Abschnitt 5.1.1 notwendig werden.

In beiden Fällen muß Abschnitt 5.1.3 berücksichtigt werden.

Anmerkung 2: Die Klemmen der Betriebsmittel sollten so ausgewählt werden, daß sie die Schutzleiter der Anlage aufnehmen können.

[543.1.1]

5.1.1 Zur Berechnung der Querschnitte für Abschaltzeiten bis 5 s ist folgende Gleichung anzuwenden:

$$S = \frac{\sqrt{I^2 t}}{k}$$

Darin bedeuten:

S ist der Querschnitt in mm²;

I ist der Wert (Wechselstrom-Effektivwert) des Fehlerstroms in A, der bei einem Fehler mit vernachlässigbarer Impedanz durch die Schutzeinrichtung fließen kann;

t ist die Ansprechzeit in s für die Abschalteinrichtung:

Anmerkung: Berücksichtigt werden sollte:

- die strombegrenzende Wirkung der Impedanz des Stromkreises und
- die Begrenzungsmöglichkeit der Schutzeinrichtung (Begrenzung des Strom-Wärme-Wertes).

k ist ein Faktor (Materialbeiwert) mit der Einheit $A\sqrt{s}/mm^2$, dessen Wert von dem Leiterwerkstoff des Schutzleiters, von dem Werkstoff der Isolierung und anderer Teile abhängt; ferner von der Anfangs- und Endtemperatur des Schutzleiters. (Berechnung des Materialbeiwertes k siehe Anhang A.)

Materialbeiwerte k für Schutzleiter bei verschiedener Anwendung und verschiedenen Betriebsarten sind in den Tabellen 2, 3, 4 und 5 angegeben.

Wenn sich durch die Anwendung der Gleichung keine genormten Querschnitte ergeben, so müssen die nächsthöheren genormten Querschnitte angewendet werden.

Anmerkung 1: Der so berechnete Querschnitt muß mit den Bedingungen für die Fehlerschleifenimpedanz in Einklang stehen.

Anmerkung 2: Temperaturbegrenzungen für Anlagen in explosionsgefährdeten Bereichen: siehe DIN EN 50 014/VDE 0170/0171 Teil 1.

Anmerkung 3: Maximal zulässige Temperaturen für Verbindungsstellen sollten beachtet werden.

Anmerkung 4: Werte für mineralisolierte Leitungen sind in Beratung.

Tabelle 2. **Materialbeiwerte k für isolierte Schutzleiter außerhalb von Kabeln und Leitungen, oder blanke Schutzleiter, die mit Kabel- oder Leitungsmänteln in Berührung kommen.** [Tabelle 54 B]

	Werkstoff der Isolierung von Schutzleitern oder der Mäntel von Kabeln und Leitungen		
	Polyvinylchlorid (PVC)	vernetztes Polyethylen (PE-X) Ethylen-Propylen-Kautschuk (EPR)	Butyl-Kautschuk (IIK)
Anfangstemperatur	30 °C	30 °C	30 °C
Endtemperatur	160 °C	250 °C	220 °C
	Materialbeiwert k in A $\sqrt{s}$/mm²		
Leiterwerkstoff:			
Kupfer	143	176	166
Aluminium	95	116	110
Stahl	52	64	60

Tabelle 3. **Materialbeiwerte k für isolierte Schutzleiter in einem mehradrigen Kabel oder in einer mehradrigen Leitung** [Tabelle 54 C]

	Werkstoff der Isolierung		
	Polyvinylchlorid (PVC)	vernetztes Polyethylen (PE-X) Ethylen-Propylen-Kautschuk (EPR)	Butyl-Kautschuk (IIK)
Anfangstemperatur	70 °C	90 °C	85 °C
Endtemperatur	160 °C	250 °C	220 °C
	Materialbeiwert k in A $\sqrt{s}$/mm²		
Leiterwerkstoff:			
Kupfer	115	143	134
Aluminium	76	94	89

Tabelle 4. **Materialbeiwerte k für Schutzleiter als Mantel oder Bewehrung eines Kabels oder einer Leitung** [Tabelle 54 D]

	Werkstoff der Isolierung		
	Polyvinylchlorid (PVC)	vernetztes Polyethylen (PE-X) Ethylen-Propylen-Kautschuk (EPR)	Butyl-Kautschuk (IIK)
Anfangstemperatur			
Endtemperatur	160 °C	250 °C	220 °C
	Materialbeiwert k in A $\sqrt{s}$/mm²		
Leiterwerkstoff: Stahl, Stahl, kupferplattiert, Aluminium, Blei	— Werte in Beratung *) —		

*) Siehe ergänzende nationale Festlegungen in Abschnitt C.1.

Tabelle 5. **Materialbeiwerte k für blanke Leiter in Fällen, in denen keine Gefährdung benachbarter Teile infolge der in der Tabelle angegebenen Temperaturen entsteht** [Tabelle 54 E]

Leiterwerkstoff	Bedingungen	Sichtbar und in abgegrenzten Bereichen *)	normale Bedingungen	bei Feuergefährdung
Kupfer	Temperatur max.	500 °C	200 °C	150 °C
	Materialbeiwert k in A $\sqrt{s}$/mm²	228	159	138
Aluminium	Temperatur max.	300 °C	200 °C	150 °C
	Materialbeiwert k in A $\sqrt{s}$/mm²	125	105	91
Stahl	Temperatur max.	500 °C	200 °C	150 °C
	Materialbeiwert k in A $\sqrt{s}$/mm²	82	58	50

Anmerkung: Die Anfangstemperatur des Leiters wird mit 30 °C angenommen.

*) Die angegebenen Temperaturen gelten nur dann, wenn die Temperatur der Verbindungsstelle die Qualität der Verbindung nicht beeinträchtigt.

[543.1.2]

5.1.2 Der Querschnitt des Schutzleiters darf nicht unter dem Wert liegen, der in der Tabelle 6 angegeben ist. In diesem Fall ist ein Nachrechnen nach Abschnitt 5.1.1 nicht erforderlich, die Anmerkung 1 von Abschnitt 5.1 ist jedoch zu beachten.

Wenn die Anwendung der Tabelle 6 keine genormten Querschnitte ergibt, so müssen Leiter mit dem nächsten benachbarten genormten Querschnitt verwendet werden.

[Tabelle 54F]

Tabelle 6. **Zuordnung der Schutzleiterquerschnitte zu den Außenleiterquerschnitten**

Querschnitt der Außenleiter der Anlage	Mindestquerschnitt des entsprechenden Schutzleiters
S mm²	Sp mm²
$S \leq 16$	S
$16 < S \leq 35$	16
$S > 35$	$\frac{S}{2}$

Die Werte der Tabelle 6 sind nur gültig, wenn der Schutzleiter aus dem gleichen Metall besteht wie die Außenleiter. Trifft dies nicht zu, so ist der Querschnitt des Schutzleiters so festzusetzen, daß sich die gleiche Leitfähigkeit ergibt wie bei Anwendung von Tabelle 6.

[543.1.3]

5.1.3 Der Querschnitt jedes Schutzleiters, der nicht Bestandteil des Zuleitungskabels (der Versorgungsleitung) oder deren Umhüllung ist, darf in keinem Falle kleiner sein als

— 2,5 mm² wenn mechanischer Schutz vorgesehen ist,

— 4 mm² wenn mechanischer Schutz nicht vorgesehen ist.

Anmerkung: Bezüglich der Auswahl und Verlegung von Leitungen und Kabeln unter Berücksichtigung äußerer Einflüsse siehe DIN VDE 0100 Teil 520 [2]).

[543.1.4]

5.1.4 Wenn ein Schutzleiter gemeinsam für mehrere Stromkreise verwendet wird, ist sein Querschnitt entsprechend dem Querschnitt des größten Außenleiters zu bemessen.

5.2 Arten von Schutzleitern [543.2]

Anmerkung: Bei der Auswahl und Verlegung von verschiedenen Arten von Schutzleitern sollten die Festlegungen von DIN VDE 0100 Teil 520 [2]) und DIN VDE 0100 Teil 540 gemeinsam berücksichtigt werden.

---

[2]) Bei IEC z. Z. in Überarbeitung als Schriftstück IEC 64(Central Office)174, dessen Vorläufer als Entwurf DIN VDE 0100 Teil 520 A1/02.86 veröffentlicht wurde.

[543.2.1]

5.2.1 Als Schutzleiter dürfen verwendet werden:

- Leiter in mehradrigen Kabeln und Leitungen;
- isolierte oder blanke Leiter in gemeinsamer Umhüllung mit aktiven Leitern;
- fest verlegte blanke oder isolierte Leiter;
- geeignete Metallumhüllungen, z. B. Mäntel, Schirme und Bewehrungen von Kabeln (weitere Festlegungen in Beratung);
- Metallrohre oder andere Metallumhüllungen für Leiter und Leitungen (weitere Festlegungen in Beratung);
- fremde leitfähige Teile nach Abschnitt 5.2.4.

[543.2.2]

5.2.2 Wenn die Anlage Gehäuse oder Konstruktionsteile von Schaltgeräte-Kombinationen (TSK und PTSK) oder metallgekapselte Stromschienensysteme umfaßt, dürfen die Metallgehäuse oder Konstruktionsteile als Schutzleiter verwendet werden, vorausgesetzt, daß sie gleichzeitig die drei folgenden Anforderungen erfüllen:

a) ihre durchgehende elektrische Verbindung muß durch die Bauart sichergestellt sein, so daß eine Verschlechterung infolge mechanischer, chemischer oder elektrochemischer Einflüsse verhindert wird;

b) ihre Leitfähigkeit muß mindestens dem Querschnitt nach Abschnitt 5.1 entsprechen;

c) an jeder dafür vorgesehenen Stelle müssen andere Schutzleiter angeschlossen werden können.

Anmerkung: Die Festlegung in Aufzählung c) gilt nur für den Anschluß von außen herangeführter Schutzleiter.

[543.2.3]

5.2.3 Die metallenen Umhüllungen (blank oder isoliert) von Kabeln und Leitungen, insbesondere Mäntel mineralisolierter Leitungen und Metallrohre und -kanäle für elektrische Anlagen (Ausführungsarten in Beratung) dürfen als Schutzleiter des entsprechenden Stromkreises verwendet werden. In diesem Fall müssen sie jedoch die zwei Festlegungen nach Abschnitt 5.2.2 Aufzählungen a) und b) erfüllen. Andere in der Elektrotechnik verwendete Rohre dürfen nicht als Schutzleiter verwendet werden, wenn sie die Anforderungen von Abschnitt 5.2.2 Aufzählungen a) und b) nicht erfüllen.

[543.2.4]

5.2.4 Fremde leitfähige Teile dürfen als Schutzleiter verwendet werden, wenn sie die nachstehenden vier Anforderungen zugleich erfüllen:

a) ihre durchgehende elektrische Verbindung muß entweder durch die Bauart oder durch Anwendung geeigneter Verbindungselemente sichergestellt sein, so daß eine Verschlechterung infolge mechanischer, chemischer oder elektromechanischer Einflüsse verhindert wird;

b) ihre Leitfähigkeit muß mindestens dem Querschnitt nach Abschnitt 5.1 entsprechen;

c) es müssen Vorkehrungen gegen den Ausbau der fremden leitfähigen Teile getroffen werden, es sei denn, es sind zum Ersatz Überbrückungen vorgesehen;

d) sie müssen für eine solche Verwendung vorgesehen sein und erforderlichenfalls entsprechend angepaßt werden.

Anmerkung: Metallene Wasserrohre genügen diesen Anforderungen üblicherweise nicht.

Gasrohre dürfen nicht als Schutzleiter verwendet werden.

[543.2.5]

5.2.5 Fremde leitfähige Teile dürfen nicht als PEN-Leiter verwendet werden.

[543.3]

5.3 Aufrechterhaltung der durchgehenden elektrischen Verbindung der Schutzleiter

[543.3.1]

5.3.1 Schutzleiter müssen angemessen gegen die Verschlechterung ihrer Eigenschaften infolge mechanischer und chemischer Einflüsse und elektrodynamischer Beanspruchung geschützt werden.

[543.3.2]

5.3.2 Schutzleiterverbindungen müssen zwecks Besichtigung und Prüfung zugänglich sein, es sei denn, sie sind vergossen oder versiegelt.

[543.3.3]

5.3.3 Im Schutzleiter darf keine Schalteinrichtung eingebaut werden. Es dürfen jedoch Klemmstellen vorgesehen werden, die für Prüfzwecke mit Werkzeug auftrennbar sind.

[543.3.4]

5.3.4 Wenn eine elektrische Überwachung der durchgehenden Verbindung angewendet wird, dürfen die entsprechenden Spulen nicht in die Schutzleiter eingebaut werden.

[543.3.5]

5.3.5 Die Körper der elektrischen Betriebsmittel dürfen nicht als Schutzleiter für andere elektrische Betriebsmittel verwendet werden, außer wenn es nach Abschnitt 5.2.2 zulässig ist.

6 Anwendung von Erdungsleitern und Schutzleitern [544]

Anmerkung: Schutzmaßnahmen in TN-, TT- und IT-Systemen (-Netzen): siehe DIN VDE 0100 Teil 410.

[544.1]

6.1 Schutzleiter im Zusammenhang mit Überstrom-Schutzeinrichtungen

Anmerkung: Wenn Überstrom-Schutzeinrichtungen zum Schutz bei indirektem Berühren verwendet werden, sollte der Schutzleiter in dieselbe Leitung einbezogen werden wie Außenleiter und Neutralleiter, oder der Schutzleiter sollte in deren unmittelbaren Nähe verlegt werden.

[544.2]

6.2 Erdungsleiter und Schutzleiter für Fehlerspannungs-Schutzeinrichtungen

[544.2.1]

6.2.1 Der Hilfserder muß von allen anderen geerdeten Metallteilen elektrisch getrennt sein, z. B. von metallenen Konstruktionsteilen, Rohren oder Kabelmänteln. Diese Anforderung gilt als erfüllt, wenn der Hilfserder in einem vorgegebenen Abstand von allen anderen geerdeten Metallteilen installiert ist.

[544.2.2]

6.2.2 Der zum Hilfserder führende Erdungsleiter muß so isoliert sein, daß ein Kontakt mit dem Schutzleiter oder anderen damit verbundenen Teilen oder mit fremden leitfähigen Teilen, die mit ihnen verbunden sind oder in Berührung kommen können, vermieden wird.

Anmerkung: Diese Anforderung ist unerläßlich, um zu vermeiden, daß das spannungsempfindliche Element (Auslöseeinrichtung) unbeabsichtigt überbrückt wird.

[544.2.3]

6.2.3 Der Schutzleiter darf nur an die Körper derjenigen Betriebsmittel angeschlossen werden, deren Versorgung bei einer im Fehlerfall ansprechenden Schutzeinrichtung unterbrochen wird.

6.3 Bedeutende Erdableitströme [544.3]

Anforderungen in Beratung

7 Erdung für Funktionszwecke (Betriebserdung) [545]

7.1 Allgemeines [545.1]

Die Erdung für Funktionszwecke muß so ausgeführt sein, daß ein einwandfreier Betrieb der Betriebsmittel sichergestellt ist und/oder eine zuverlässige und richtige Funktion der Anlagen möglich ist. (Weitere Anforderungen in Beratung.)

7.2 Fremdspannungsarmer Potentialausgleich [545.2]

Anmerkung: Im CENELEC-HD 384.5.54 S1 ist für diesen Abschnitt, ebenso wie in Publikation IEC 364-5-54, Ausgabe 1980, nur „in Beratung" angegeben. Siehe die ergänzenden nationalen Festlegungen in Abschnitt C.2.

8 Kombinierte Erdung für Schutz- und Funktionszwecke [546]

8.1 Allgemeines [546.1]

In Fällen, in denen die Erdung zugleich für Sicherheits- und für Funktionszwecke angewendet wird, haben die Festlegungen für die Schutzmaßnahmen Vorrang.

8.2 PEN-Leiter [546.2]

[546.2.1]

8.2.1 In TN-Systemen (Netzen) darf bei fester Verlegung und bei einem Leiterquerschnitt von mindestens 10 mm^2 für Kupfer oder 16 mm^2 für Aluminium ein einzelner Leiter verwendet werden, der sowohl Schutzleiter als auch Neutralleiter ist. Dies ist nicht erlaubt, wenn der betreffende Anlagenteil durch eine Fehlerstrom-Schutzeinrichtung geschützt wird.

Der Mindestquerschnitt des PEN-Leiters darf jedoch 4 mm^2 betragen, wenn es sich um Kabel oder Leitungen mit konzentrischen Leitern handelt. Voraussetzung ist, daß an allen Anschlußstellen und Klemmen im Verlauf der konzentrischen Leiter doppelte Verbindungen vorhanden sind.

[546.2.2]

8.2.2 Der PEN-Leiter muß zur Vermeidung von Streuströmen für die höchste zu erwartende Spannung isoliert werden.

Anmerkung 1: Der PEN-Leiter braucht innerhalb von Schaltanlagen nicht isoliert zu sein.

Anmerkung 2: Zur Vermeidung von möglichen Funktionsstörungen informationstechnischer Anlagen beim TN-C-System (-Netz) siehe Abschnitt C.2.

[546.2.3]

8.2.3 Hinter der Aufteilung des PEN-Leiters in Neutral- und Schutzleiter dürfen diese nicht mehr miteinander verbunden werden. An der Aufteilungsstelle müssen getrennte Klemmen oder Schienen für die Schutz- und Neutralleiter vorgesehen werden. Der PEN-Leiter muß an die für den Schutzleiter bestimmte Klemme oder Schiene angeschlossen werden. [—]

Anmerkung: Wird der PEN-Leiter an der Aufteilungsstelle in je nur einen Schutz- und einen Neutralleiter aufgeteilt, so ist dies mit einer einzelnen geeigneten Klemme zulässig. Bei geeigneten Klemmen kann auch zusätzlich noch ein Potentialausgleichsleiter angeschlossen werden. Getrennte Klemmstellen auf einer gemeinsamen Schiene sind hierfür ebenfalls geeignet.

9 Potentialausgleichsleiter [547]

9.1 Mindestquerschnitte [547.1]

9.1.1 Leiter für den Hauptpotentialausgleich [547.1.1]

Die Querschnitte für die Leiter des Hauptpotentialausgleichs müssen mindestens halb so groß wie der Querschnitt des größten Schutzleiters der Anlage sein, jedoch mindestens 6 mm^2. Der Querschnitt des Potentialausgleichsleiters braucht bei Kupfer nicht größer zu sein als 25 mm^2, bei anderen Metallen nicht größer als ein hinsichtlich der Strombelastbarkeit dazu gleichwertiger Querschnitt.

[547.1.2]

9.1.2 Leiter für den zusätzlichen Potentialausgleich

Ein Leiter für den zusätzlichen Potentialausgleich, der zwei Körper verbindet, muß einen Querschnitt besitzen, der mindestens so groß ist wie der des kleineren Schutzleiters, der an die Körper angeschlossen ist.

Ein Leiter für den zusätzlichen Potentialausgleich, der Körper mit fremden leitfähigen Teilen verbindet, muß einen Querschnitt haben, der mindestens halb so groß ist wie der Querschnitt des entsprechenden Schutzleiters.

Die Festlegungen nach Abschnitt 5.1.3 müssen, falls notwendig, erfüllt werden.

Ein zusätzlicher Potentialausgleich darf auch mit Hilfe von festangebrachten fremden leitfähigen Teilen, wie z.B. Metallkonstruktionen oder zusätzlichen Leitern oder einer Kombination von beiden, ausgeführt werden.

9.1.3 Überbrückung von Wasserzählern [547.1.3]

Wenn Wasserverbrauchsleitungen eines Gebäudes für Erdungszwecke oder Schutzleiter verwendet werden, muß der Wasserzähler überbrückt werden, und der Querschnitt des Überbrückungsleiters (Potentialausgleichsleiter) muß so ausgelegt sein, daß eine Verwendung als Schutzleiter, Potentialausgleichsleiter oder Erdungsleiter für Funktionszwecke möglich ist.

9.2 Erdfreier Potentialausgleich [547.2]

In Beratung

Anhang A

Verfahren zur Ermittlung des Materialbeiwertes k in Abschnitt 5.1.1

Der Materialbeiwert k wird durch folgende Gleichung bestimmt:

$$\sqrt{\frac{Q_c (B + 20\,^\circ\mathrm{C})}{\varrho_{20}} \ln\left(1 + \frac{\vartheta_f - \vartheta_i}{B + \vartheta_i}\right)}$$

Bedeutung der einzelnen Größen:

Q_c ist die volumetrische Wärmekapazität des Leiterwerkstoffs in J/°C mm³.

B ist der Reziprokwert des Temperaturkoeffizienten des spezifischen Widerdstands bei 0 °C für den Leiterwerkstoff in °C.

ϱ_{20} ist der spezifische Widerstand des Leiterwerkstoffs bei 20 °C in Ω mm.

ϑ_i ist die Anfangstemperatur des Leiters in °C.

ϑ_f ist die Endtemperatur des Leiter in °C (zulässige Höchsttemperatur).

Tabelle A.1

Leiter-werkstoff	B *) in °C	Q_c **) in J/°C mm³	ϱ_{20} in Ω mm	$\sqrt{\frac{Q_c (B + 20\,^\circ\mathrm{C})}{\varrho_{20}}}$ in A $\sqrt{\mathrm{s/mm^2}}$
Kupfer	234,5	$3{,}45 \cdot 10^{-3}$	$17{,}241 \cdot 10^{-6}$	226
Aluminium	228	$2{,}5 \cdot 10^{-3}$	$28{,}264 \cdot 10^{-6}$	148
Blei	230	$1{,}45 \cdot 10^{-3}$	$214 \cdot 10^{-6}$	42
Stahl	202	$3{,}8 \cdot 10^{-3}$	$138 \cdot 10^{-6}$	78

*) Werte aus Publikationen IEC 28 (Ausgabe 1925), IEC 111 (Ausgabe 1959) und IEC 287 (Ausgabe 1969), Tabelle III, die 1980, dem Jahr der Herausgabe des Referenz-Dokumentes IEC 364-5-54, Ausgabe 1980, gültig waren.

**) Werte aus ELEKTRA, 24. Oktober 1972, Seite 63, Herausgeber: CIGRE (Conférence Internationale des grands Réseaux Electriques à haute tension, 112 Boulevard Haussmann, 75008 Paris).

Anhang B
Darstellung von Erder, Schutzleiter und Potentialausgleichsleitern

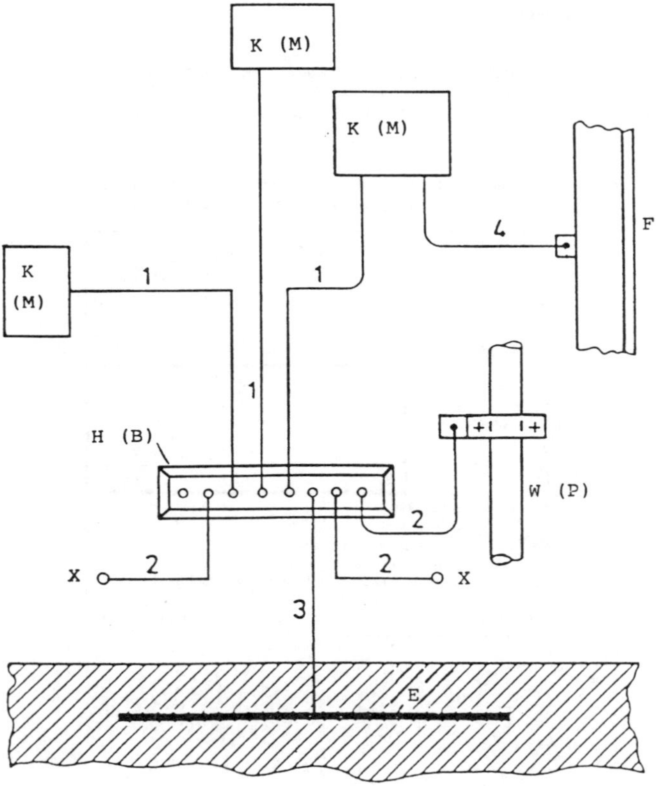

1 Schutzleiter
2 Leiter für Hauptpotentialausgleich
3 Erdungsleiter
4 Leiter für zusätzlichen Potentialausgleich
E Erder (Elektrode)
F fremdes leitfähiges Teil
H Haupterdungsklemme oder -schiene
K Körper
W Hauptwasserleitung (Wasserverbrauchsleitung)
X andere Anlage, z. B. Blitzschutzanlage, Geräte der Informationstechnik

Anmerkung: In Klammern stehen die Kurzzeichen des englischen und französischen Bezugsdokumentes (Publikation IEC 364-5-54 (1980)).

Die Verbindung „X" zu anderen Anlagen ist national ergänzt worden.

Bild B.1

Anhang C

Ergänzende nationale Festlegungen, die nicht im HD 384.5.54 S1 enthalten sind und den harmonisierten Festlegungen nicht entgegenstehen

C.1 Materialbeiwerte k für Schutzleiter als Mantel oder Bewehrung eines Kabels oder einer Leitung

Anmerkung: Die Tabelle C.1 enthält Materialbeiwerte k für Schutzleiter als Mantel oder Bewehrung eines Kabels oder einer Leitung, die nicht im HD 384.5.54 S1 enthalten sind (siehe Tabelle 4).

Tabelle C.1. **Materialbeiwerte k für Schutzleiter als Mantel oder Bewehrung eines Kabels oder einer Leitung**

	Werkstoff der Isolierung			
	G	PVC	PE-X, EPR	IIK
Anfangstemperatur der Leiter	50 °C	60 °C	80 °C	75 °C
Endtemperatur	200 °C	160 °C	250 °C	220 °C
	k in A $\sqrt{s}/mm^2$			
Fe und Fe, kupferplattiert	53	44	54	51
Al	97	81	98	93
Pb	27	22	27	26

In der Tabelle bedeuten:

G Gummiisolierung
PVC Isolierung aus Polyvinylchlorid
PE-X Isolierung aus vernetztem Polyethylen
EPR Isolierung aus Ethylen-Propylen-Kautschuk
IIK Isolierung aus Butyl-Kautschuk

Die Endtemperatur ist die zulässige Höchsttemperatur am Leiter.

C.2 Fremdspannungsarmer Potentialausgleich

Anmerkung: Diese Empfehlung gilt, bis Festlegungen für Abschnitt 7.2 harmonisiert sind.

Ist in einem Gebäude der Einbau von informationstechnischen Anlagen vorgesehen oder zumindest zu erwarten, so wird, um mögliche Funktionsstörungen dieser Anlagen zu vermeiden, empfohlen,

a) im ganzen Gebäude keinen PEN-Leiter anzuwenden.

Anmerkung: Im Falle von TN-System (-Netz) ist das TN-S-System (-Netz) anzuwenden. TT-Systeme (-Netze) und IT-Systeme (-Netze) erfüllen von sich aus die Bedingung.

b) in jedem Stockwerk oder Gebäudeabschnitt, in dem informationstechnische Anlagen errichtet werden sollen, einen Potentialausgleich auszuführen, in den, soweit vorhanden, vom jeweiligen Stockwerk oder Gebäudeabschnitt

- Schutzleiter,
- Wasserrohre,
- Gasrohre,
- andere metallene Rohrsysteme, z. B. Steigleitungen zentraler Heizungs- und Klimaanlagen,
- Metallteile der Gebäudekonstruktion soweit möglich

einzubeziehen sind.

Anmerkung: Leiterquerschnitte sind in Beratung.

C.3 Profilschienen als PEN-Leiter

Profilschienen dürfen als PEN-Leiter verwendet werden, wenn sie nicht aus Stahl bestehen und wenn sie nur Klemmen, aber keine Geräte tragen. An einer PEN-Schiene dürfen PEN-Leiter, Neutralleiter und Schutzleiter angeschlossen werden.

Zum Beispiel erfüllen die in der folgenden Tabelle C.2 aufgeführten Schienenprofile aus den angegeben Werkstoffen die Anforderungen an einen PEN-Leiter:

Tabelle C.2. **Schienenprofile für PEN-Leiter und deren Strombelastbarkeit**

Schienenprofil	Werkstoff	Strombelastbarkeit des Schienenprofils = Strombelastbarkeit eines Cu-Leiters mm^2*)
Hutschiene EN 50 045 — 15 × 5	Kupfer	25
Hutschiene EN 50 045 — 15 × 5	Aluminium	16
G-Schiene EN 50 035 — G 32	Kupfer	120
G-Schiene EN 50 035 — G 32	Aluminium	70
Hutschiene EN 50 022 — 35 × 7,5	Kupfer	50
Hutschiene EN 50 022 — 35 × 7,5	Aluminium	35
Hutschiene EN 50 022 — 35 × 15	Kupfer	150
Hutschiene EN 50 022 — 35 × 15	Aluminium	95

*) Querschnitte errechnet nach DIN VDE 0660 Teil 500

Beim Aufbringen von Geräten, z. B. Leitungsschutzschaltern, Fehlerstrom-Schutzschaltern, ist die Wärmeabfuhr der Profilschiene nicht sichergestellt.

Im Normalbetrieb ist Stahl als stromführender Leiter nicht üblich. Stahl ist in dieser Norm als Werkstoff für PEN-Leiter nicht vorgesehen.

Zitierte Normen und andere Unterlagen

DIN EN 50 014/ VDE 0170/0171	Elektrische Betriebsmittel für explosionsgefährdete Bereiche; Allgemeine Bestimmungen
DIN EN 50 022	Industrielle Niederspannungs-Schaltgeräte; Tragschienen; Hutschienen 35 mm breit zur Schnappbefestigung von Geräten
DIN EN 50 035	Industrielle Niederspannungs-Schaltgeräte; Tragschienen; G-Schiene zur Befestigung von Reihenklemmen
DIN EN 50 045	Industrielle Niederspannungs-Schaltgeräte; Tragschienen; Hutschiene 15 mm breit zur Befestigung von Reihenklemmen
DIN VDE 0100	Bestimmungen für das Errichten von Starkstromanlagen mit Nennspannungen bis 1000 V
DIN VDE 0100 g	Bestimmungen für das Errichten von Starkstromanlagen mit Nennspannungen bis 1000 V; Änderung zu DIN VDE 0100/05.73
DIN VDE 0100 Teil 200	Errichten von Starkstromanlagen mit Nennspannungen bis 1000 V; Allgemeingültige Begriffe
DIN VDE 0100 Teil 300	Errichten von Starkstromanlagen mit Nennspannungen bis 1000 V; Allgemeine Angaben zur Planung elektrischer Anlagen
DIN VDE 0100 Teil 410	Errichten von Starkstromanlagen mit Nennspannungen bis 1000 V; Schutzmaßnahmen; Schutz gegen gefährliche Körperströme
DIN VDE 0100 Teil 520	Errichten von Starkstromanlagen mit Nennspannungen bis 1000 V; Auswahl und Errichtung elektrischer Betriebsmittel; Kabel, Leitungen und Stromschienen
DIN VDE 0100 Teil 520 A1	Errichten von Starkstromanlagen mit Nennspannungen bis 1000 V; Auswahl und Errichtung elektrischer Betriebsmittel; Kabel, Leitungen und Stromschienen; Änderung 1; Identisch mit IEC 64(Sec) 430 und 431
Übrige Normen der Reihe DIN VDE 0100 siehe Beiblatt 2 zu DIN VDE 0100	Errichten von Starkstromanlagen mit Nennspannungen bis 1000 V; Verzeichnis der einschlägigen Normen
DIN VDE 0660 Teil 500	Schaltgeräte; Niederspannungs-Schaltgerätekombinationen; Anforderungen an typgeprüfte und partiell typgeprüfte Kombinationen; (IEC 439-1(1985) 2. Ausgabe, modifiziert); Deutsche Fassung EN 60 439 1 : 1990
IEC 28	International Standard of resistance for copper
IEC 111	Resistivity of commercial hard-drawn aluminium electrical conductor wire
IEC 287	Calculation of the continous current rating of cables (100 % load factor)
IEC 364-5-54	Electrical installations of buildings Part 5: Selection and erection of electrical equipment Chapter 54: Earthing arrangements and protective conductors
CENELEC-HD 384.5.54 S1	Elektrische Anlagen von Gebäuden Teil 5: Auswahl und Errichtung elektrischer Betriebsmittel Kapitel 54: Erdung und Schutzleiter

Frühere Ausgaben

VDE 0100: 05.73

Vorheriger Entwicklungsgang siehe Beiblatt 1 zu DIN VDE 0100.

VDE 0190: 07.40, 08.48, 05.57, 09.70, 05.73

DIN 57 100 Teil 540/VDE 0100 Teil 540: 11.83

DIN VDE 0100 Teil 540: 05.86

DIN VDE 0190: 05.86

Änderungen

Gegenüber der Ausgabe Mai 1986 und DIN VDE 0190/05.86 wurden folgende Änderungen vorgenommen:

a) Angleichung an internationale und regionale Festlegungen.

b) Keine zwingenden Anforderungen mehr zum Errichten von Oberflächenerder, Tiefenerder, Fundamenterder.

c) Keine konkrete Anforderung mehr an das Gewinde und den Querschnitt der Schraube zum Anschluß des Erdungsleiters.

d) Teilweise andere Mindestquerschnitte für Schutzleiter und PEN-Leiter.

e) Ungeschütztes Verlegen von Schutzleitern aus Al ist nicht ausgeschlossen.

f) Für Leiteranschlüsse und Verbindungen gelten die generellen Anforderungen in DIN VDE 0100 Teil 520/11.85, Abschnitt 11.

g) Bemessung des Querschnitts des Leiters des Hauptpotentialausgleichs nach dem größten Schutzleiter der Anlage.

Erläuterungen

Diese Norm wurde vom Unterkomitee 221.3 „Schutzmaßnahmen" ausgearbeitet und vom Komitee 221 „Errichten von Starkstromanlagen bis 1000 V" der Deutschen Elektrotechnischen Kommission im DIN und VDE (DKE) verabschiedet.

Bild 3 zeigt die Einordnung dieser Norm in die Reihe der Normen DIN VDE 0100.

Bis auf Anhang C enthält diese Norm die ratifizierten Festlegungen des CENELEC-HD 384.5.54 S1, die bereits seit Ankündigung in etz Bd. 109 (1988) Heft 4, Seite 175, und im DIN-Anzeiger für technische Regeln 2/88, Seite A72, gelten.

Das Deutsche Nationale Komitee beabsichtigt, auch das CENELEC-HD 384.5.54 S1 um die Festlegungen des Anhangs C zu ergänzen.

zu Abschnitt 3:

Grundsatz der Erdung ist es, die „große Masse der Erde" als Referenzpotential (Nullpotential) zu betrachten, so daß alle mit der Erde verbundenen Teile auf diesem Referenzpotential liegen. Gegenstand dieser Norm ist es, dazu beizutragen, daß dieses Referenzpotential jederzeit und sicher verbunden für die elektrischen Anlagen und Betriebsmittel zur Verfügung steht.

Mit dem Anstieg des Gebrauchs unterirdischer Versorgungsleitungen — und des TN-Systems (-Netzes) —, insbesondere in Gebieten mit dichter Bebauung, z. B. in den Zentren der Städte und in Industrie-/Gewerbegebieten, wird es immer weniger notwendig, jede Verbraucheranlage mit einer eigenen Erdungsanlage (oder Einzelerder) auszustatten. Größere Beachtung muß dem Effekt gewidmet werden, daß Fehlerströme in Zukunft häufig metallene Strompfade zurück zum Sternpunkt der Stromquelle finden.

Diese Norm dient zur sicherheitsgerechten Errichtung von Erdungsanlagen, Schutzleitern, PEN-Leitern und Potentialausgleichsleitern. Dabei sind auch die Erfordernisse der Funktion der elektrischen Anlage zu berücksichtigen.

zu Abschnitt 4.1.2:

Die Publikation IEC 364-3 (1977) enthält im Kapitel 32 eine Klassifizierung von äußeren Einflüssen; eine Übernahme dieser Klassifizierung nach CENELEC und in die Normen der Reihe DIN VDE 0100 ist zur Zeit nicht vorgesehen und auch nicht in DIN VDE 0100 Teil 300/11.85 enthalten (siehe Entwurf DIN VDE 0100 Teil 300 A2/04.91). Eine entsprechende Tabelle in deutscher Sprache findet sich im Anhang A des CENELEC-Harmonisierungsdokumentes 384.3, das gegen Kostenerstattung bei der Deutschen Elektrotechnischen Kommission im DIN und VDE (DKE), Referat CENELEC, Stresemannallee 15, 6000 Frankfurt 70, bezogen werden kann.

zu Abschnitt 4.1.3:

Hinsichtlich elektrolytischer Einflüsse wird auf die Erläuterung zu Abschnitt 4.2.3 hingewiesen.

zu Abschnitt 4.2:

Der heute zunehmend Beachtung findende Gedanke der Verbindung aller Erder und zu erdenden Teile (Potentialebene, Potentialausgleich), der in DIN VDE 0141 eine erweiterte Anwendung gefunden hat (Gebiet geschlossener Bebauung), ist hier noch nicht enthalten.

zu Abschnitt 4.2.1:

Bei der Anwendung der Metallbewehrung von Beton als Erder ist unter dem Gesichtspunkt der elektrotechnischen Sicherheit das Einbringen eines zusätzlichen Band- oder Rundeisens in das Betonfundament nicht erforderlich. Als Verbindung der einzelnen Bewehrungseisen sind die üblichen „Rödelverbindungen" ausreichend (siehe auch DIN VDE 0185 Teil 1/11.82 „Blitzschutzanlage", Abschnitte 5.2.9 und 4.2.1, und IEC 1024-1 (1990) „Protection of structures against lightning; Part 1: General principles", Abschnitt 1.3, zu beziehen vom vde-verlag, Merianstraße 29, 6050 Offenbach).

Um jedoch den Anforderungen moderner Kommunikationsmittel, z. B. in Bürogebäuden, an das Erdungsssystem zu genügen, empfiehlt sich, folgendes zu beachten:

Es sollte möglich sein, Stahlkonstruktionen und die Stahlbewehrung eines Gebäudes in die Erdungsanlage, insbesondere als Erdungsleiter, einzubeziehen. Der Anschluß der Bewehrung des Gebäudes an den Erdungssammelleiter ist vorteilhaft, wenn die Bauteile der Bewehrung leitend miteinander verbunden sind.

Die leitende Verbindung der Bewehrungsteile untereinander verhindert Störungen von Fernmeldeanlagen in großen Gebäuden durch Potentialunterschiede zwischen den Bewehrungsteilen oder durch Ausgleichsströme über die Bewehrung parallel zu den Potentialausgleichsleitern.

Die leitende Verbindung der Bewehrung kann z. B. durch Verschweißen oder sorgfältiges Verrödeln erreicht werden. Ist wegen der Baustatik ein Verschweißen nicht möglich, dann sollten zusätzliche Baustähle eingelegt werden, die miteinander zu verschweißen und mit der Bewehrung zu verrödeln sind.

Die Anmerkung 1 in Abschnitt 4.2.1 bezüglich der Sorgfalt bei Spannbeton bezieht sich besonders auf die Anschlußstelle der Erdungsleitung (Anschlußfahne). Im allgemeinen sollte diese Anschlußstelle bei Spannbeton nur nach Rücksprache mit den Betonfachleuten ausgeführt werden.

zu Abschnitt 4.2.2:

Oberflächenerder sollten im allgemeinen 0,5 bis 1 m tief verlegt werden, sofern die Bodenverhältnisse dies erlauben.

Steine und grober Kies unmittelbar am Erder vergrößern den Ausbreitungswiderstand. Es empfiehlt sich in diesen Fällen, die Erder mit bindigem Erdreich zu umgeben und dieses zu verfestigen.

Bei Strahlenerdern sollte der Winkel zwischen zwei benachbarten Strahlen 60° nicht unterschreiten, da kleinere Winkel wegen der gegenseitigen Beeinflussung keine wesentliche Verringerung des Ausbreitungswiderstandes bringen.

Tiefenerder können besonders dann von Vorteil sein, wenn mit der Tiefe der spezifische Erdwiderstand sinkt. Sind mehrere Tiefenerder notwendig, um einen geforderten Ausbreitungswiderstand zu erreichen, sollte ein gegenseitiger Mindestabstand von der doppelten wirksamen Länge eines einzelnen Erders angestrebt werden.

Es sollte bedacht werden, daß bei hohem spezifischem Erdwiderstand, z.B. der oberen Bodenschichten, Tiefenerder nicht mit ihrer ganzen Länge wirksam sind.

Fundamenterder sollten nach den „VDEW-Richtlinien für das Einbetten von Fundamenterdern in Gebäudefundamente“[1]) hergestellt werden, in denen auch Einzelheiten zur Ausführung des Fundamenterders angegeben werden.

zu Abschnitt 4.2.3:

Der anzuwendende Werkstoff und die Ausführung der Erder müssen so ausgewählt werden, daß sie die zu erwartenden Korrosionseinflüsse berücksichtigen (siehe DIN VDE 0151). Mindestabmessungen für Erder sind in der folgenden Tabelle aus DIN VDE 0151/06.86 „Werkstoffe und Mindestmaße von Erdern bezüglich der Korrosion“ enthalten.

---

[1]) Zu beziehen durch: Vereinigung Deutscher Elektrizitätswerke e.V. (VDEW), Stresemannallee 23, 6000 Frankfurt 70.

Tabelle 7. **Werkstoffe für Erder und ihre Mindestmaße bezüglich Korrosion und mechanischer Festigkeit**

(Tabelle 1 aus DIN VDE 0151/06.86)

	1	2	3	4	5	6	7	8
	Werkstoff		Form	Mindestmaße				
				Kern			Beschichtung/ Mantel	
				Durchmesser	Querschnitt	Dicke	Einzelwerte	Mittelwerte
				mm	mm²	mm	µm	µm
1	Stahl	feuerverzinkt¹)	Band³)		100	3	63	70
2			Profil		100	3	63	70
3			Rohr	25		2	47	55
4			Rund für Tiefenerder	20			63	70
5			Runddraht für Oberflächenerder	10⁷)				50⁵)
6		mit Bleimantel²)	Runddraht für Oberflächenerder	8			1000	
7		mit Kupfermantel	Rundstab für Tiefenerder	15			2000	
8		elektrolytisch verkupfert	Rundstab für Tiefenerder⁶)	17,3			254	300
9	Kupfer	blank	Band		50	2		
10			Runddraht für Oberflächenerder		35			
11			Seil	1,8 Einzeldraht	35			
12			Rohr	20		2		
13		verzinnt	Seil	1,8 Einzeldraht	35		1	5
14		verzinkt	Band⁴)		50	2	20	40
15		mit Bleimantel²)	Seil	1,8 Einzeldraht	35		1000	
16			Runddraht		35		1000	

¹) Verwendbar auch für Einbettung in Beton.
²) Nicht für unmittelbare Einbettung in Beton geeignet.
³) Band in gewalzter Form oder geschnitten mit gerundeten Kanten.
⁴) Band mit gerundeten Kanten.
⁵) Bei Verzinkung im Durchlaufbad z. Z. fertigungstechnisch nur 50 µm herstellbar.
⁶) Entsprechend UL 467 „Standard for Safety-Grounding and Bonding Equipment“, ANSI C 33.8-1972.
⁷) Bei Fernmeldeanlagen der Deutschen Bundespost 8 mm Durchmesser.

An dieser Stelle sei auch darauf hingewiesen, daß ein Stahlbetonfundament mit anderen Metallen im Erdboden, z. B. auch mit anderen Erdern, ein elektrolytisches Element bildet und damit andere Erder gefährdet. Bei ausgedehnten Erdern aus blankem Kupfer oder Stahl mit Kupferauflage ist darauf zu achten, daß sie von unterirdischen Anlagen aus Stahl, z. B. Rohrleitungen und Behältern, möglichst metallisch getrennt gehalten werden. Andernfalls können die Stahlteile einer erhöhten Korrosionsgefahr ausgesetzt sein. Nachstehend werden einige Streubereiche der Potentiale von Metallen im Erdboden genannt:

Tabelle 8.

Metalle in feuchtem Boden	Messung gegen eine Kupfer/Kupfersulfat-($Cu/CuSO_4$)-Bezugselektrode
Zink,	−0,9 bis −1,1 V
auch Eisen verzinkt	−0,9 bis −1,1 V
Kupfer	−0,0 bis −0,1 V
Blei	−0,5 bis −0,6 V
Eisen (Stahl)	−0,5 bis −0,8 V
Eisen, verrostet	−0,4 bis −0,6 V
Eisen in Humusboden	−0,6 bis −0,8 V
Eisen in sauberem Sand	−0,4 bis −0,5 V
Eisen in Beton	−0,1 bis −0,4 V

Weitergehende Informationen zu Potentialwerten und Abtragswerten gebräuchlicher Metalle sind in Tabelle 2 von DIN VDE 0151/06.86 zu finden.

zu den Abschnitten 4.2.5 und 4.2.6:

Der Begriff „Wasserrohrnetz“ ist in der Erläuterung zu Abschnitt 5.2.2 erklärt.

zu Abschnitt 4.3.2:

Wird der Anschluß nur durch eine Schraube hergestellt, so sollte mindestens M 10 verwendet werden. An Seilen dürfen Hülsenverbinder, z. B. Kerb-, Preß- oder Schraubverbinder, verwendet werden.

zu Abschnitt 4.4:

Für Haupterdungsklemme oder -schiene wird auch der Begriff „Potentialausgleichsschiene“ verwendet.

zu Abschnitt 4.4.1:

An der Haupterdungsklemme oder -schiene muß auch der PEN-Leiter wegen seines Schutzleiteranteils angeschlossen werden. Hinsichtlich weiterer Einzelheiten wird auf DIN VDE 0100 Teil 410 und DIN VDE 0185 Teil 1 hingewiesen.

Unter Anlagen können z. B. verstanden werden:

— die elektrische Anlage eines Ein- oder Mehrfamilienhauses,
— eine Industrieanlage, die von einem oder mehreren Transformatoren versorgt wird,
— Stromversorgung für ein Verbrauchsmittel auf einem Anwesen,
— Abschnitt eines ausgedehnten Anwesens.

Für die Versorgung aus mehreren Einspeisungen, z. B. Transformatoren, können sowohl eine gemeinsame Haupterdungsklemme/-schiene als auch einzeln zugeordnete Haupterdungsklemmen/-schienen zweckmäßig sein.

Zur Ausführung des Hauptpotentialausgleichs siehe DIN VDE 0100 Teil 410.

zu Abschnitt 4.5.1:

Der internationale Beratungsstand ist z. Z. in IEC 64(Central Office)175, veröffentlicht als Entwurf DIN VDE 0141 A2, enthalten.

zu Abschnitt 4.5.2:

International ist der Blitzschutz von Gebäuden in Publikation IEC 1024-1 (1990) geregelt. Der vorausgegangene internationale Entwurf IEC 81(Central Office)6 wurde in deutscher Sprache als Entwurf DIN VDE 0185 Teil 100 veröffentlicht.

zu Abschnitt 5.1:

Die Querschnitte für Schutzleiter dürfen sowohl nach einer Tabelle als auch nach einem Rechenverfahren ermittelt werden.

Die bei dem Rechenverfahren angegebene Formel (siehe Abschnitt 5.1.1) wurde von der Querschnittsberechnung beim Schutz bei Kurzschluß (siehe DIN VDE 0100 Teil 430) übernommen. Der in der Gleichung benötigte Materialbeiwert k für Werkstoffe des Schutzleiters kann den Tabellen 2 bis 5 entnommen oder nach dem im Anhang A aufgeführten Verfahren berechnet werden.

Die Anmerkung 1 im Abschnitt 5.1 ist für den Schutz durch Abschaltung im TN-System (-Netz) von Bedeutung.

zu Tabelle 2:

Einadrige Kabel oder einadrige Mantelleitungen als Schutzleiter werden im CENELEC-HD 384.5.54 S1 nicht behandelt. Es wird empfohlen, für einadrige Kabel und einadrige Mantelleitungen die Materialbeiwerte k nach Tabelle 2 anzuwenden.

zu Tabelle 4:

Siehe Abschnitt C.1 im Anhang C.

zu Abschnitt 5.1.2:

Abschnitt 5.1.2 gilt nicht, wenn nach Abschnitt 5.1.1 der Schutzleiterquerschnitt berechnet wird, da Abschnitt 5.1.2 eine Alternative zu Abschnitt 5.1.1 ist.

Der Hinweis auf die Anmerkung 1 von Abschnitt 5.1 wurde gegenüber dem Harmonisierungsdokument 384.5.54 S1 ergänzt, da sonst ein Widerspruch besteht.

zu Abschnitt 5.2.2 Aufzählung c):

Dieser Abschnitt behandelt die Eignung von Metallgehäusen oder Konstruktionsteilen als Schutzleiter. Mit „andere Schutzleiter“ sind die Schutzleiter nach Abschnitt 5.2.1 gemeint.

Zu den **Wasserrohren** gehören

— das Wasserrohrnetz,
— Wasserverbrauchsleitungen und
— alle anderen zum Wassertransport verwendeten Rohre.

Wasserrohrnetz ist die Gesamtheit eines vorwiegend unterirdischen Leitungssystems verzweigter und oft auch vermaschter Haupt-, Versorgungs- und Anschlußleitungen einschließlich Wasserzähler oder Hauptabsperrvorrichtung, ausschließlich Wasserverbrauchsleitungen (siehe DIN 4046/09.83, Nr 8.1 und folgende).

Wasserverbrauchsleitungen sind Rohrleitungen hinter Wasserzählern oder Hauptabsperrvorrichtungen in Wasserströmungsrichtung gesehen (siehe DIN 4046/09.83, Nr 9.3).

zu Abschnitt 6.2.1:

Die Anforderung nach Abschnitt 6.2.1 gilt nach allgemeiner Erfahrung als erfüllt, wenn der Hilfserder in mindestens 10 m Abstand von anderen geerdeten Metallteilen entfernt ist.

Zu Abschnitt 7.2 und Abschnitt C.2:

Das CENELEC HD 384.5.54 S1 wurde ohne den Inhalt des Abschnittes C.2 ratifiziert. Der Inhalt dieses Abschnittes ist für eine spätere Fassung des Harmonisierungsdokumentes 384.5.54 — im Falle allgemeiner europäischer Akzeptanz — vorgesehen.

Der fremdspannungsarme Potentialausgleich ist bei Anlagen der Informationstechnik, deren Geräte (z. B. der Schutzklasse I nach DIN VDE 0106 Teil 1) über geschirmte Signalleitungen miteinander verbunden sind, zur Vermeidung störender Ausgleichsströme unerläßlich.

Voraussetzung für die Wirksamkeit dieses fremdspannungsarmen Potentialausgleichs nach Abschnitt C.2, Aufzählung b), sind getrennte Leiter für die Funktionen des Schutzleiters und des Neutralleiters. Bei einem zusätzlichen Potentialausgleich zwischen dem PEN-Leiter (kombinierter Leiter für Schutzleiter- und Neutralleiterfunktionen) und den geerdeten Metallteilen des Gebäudes (z. B. metallene Gebäudekonstruktion, Wasserrohr, Gasrohr, Klimaanlage) werden diese Metallteile zu Parallel-Strompfaden für den Betriebsstrom des PEN-Leiters. Die Größe des Stromes, der über die Gebäudekonstruktion fließt, hängt ab von den Widerstandsverhältnissen der leitfähigen Teile des Gebäudes und des PEN-Leiters.

Abhängig von dem Strom und den Widerständen entsteht eine Spannung gegen „Erde“, die die Geräte der Informations- und Fernmeldetechnik stört. Dies ist durch Anwendung des TN-S-Systems (-Netzes) (oder TT- oder IT-Systems (-Netzes) mit isoliertem Neutralleiter) zu vermeiden. Durch die Anwendung des TN-S-Systems (-Netzes) wird der Schutzleiter und der Potentialausgleich zu einem fremdspannungsarmen geerdeten Leiter, einer „fremdspannungsarmen Erde“ zum fremdspannungsarmen Potentialausgleich, und damit für die Informations- und Fernmeldetechnik anwendbar, siehe Bild 1.

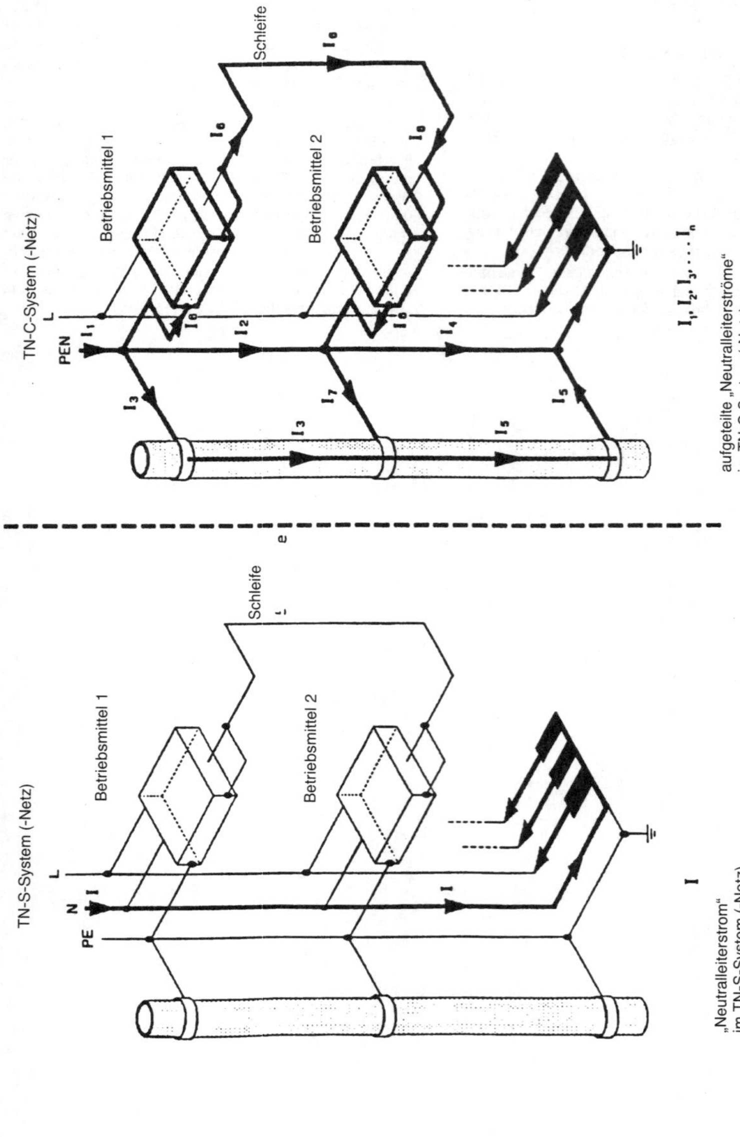

Bild 1. „Neutralleiterströme“ in einem TN-S-System (-Netz) und in einem TN-C-System (-Netz)

Es ist wichtig, daß diese Empfehlung in den Normen der Reihe DIN VDE 0100 (wie auch in entsprechender IEC-Publikation) aufgenommen wird, damit sie bereits bei der Planung des Gebäudes Berücksichtigung findet und so bei einem späteren Einbau von Anlagen der Informationstechnik auf diese Installationen (getrennte Leiter für die Funktionen des Schutzleiters und des Neutralleiters) zurückgegriffen werden kann.

Wie die bisherige Praxis zeigt, reicht es nicht aus, derartige funktionsbedingte Anforderungen nur in den speziellen Normen für die Fernmelde- und Informationstechnik (z. B. DIN VDE 0800 Teil 2) zu stellen, da diese meist erst beim Errichten der informationstechnischen Anlagen beachtet werden.

Bei elektrischen Anlagen mit Leiterquerschnitten $< 10\ mm^2$ ist die oben formulierte Empfehlung unter Abschnitt C.2 Aufzählung a) bereits jetzt erfüllt (siehe Abschnitt 8.2).

Bezüglich des Schutzes von Fernmeldeanlagen gegen Blitzeinwirkungen, statische Aufladungen und Überspannungen aus Starkstromanlagen siehe DIN VDE 0845 Teil 1.

zu Abschnitt 8.2.1:

Bei der Bemessung des PEN-Leiters sind sowohl die Festlegungen der Mindestquerschnitte des Schutzleiters (Abschnitt 5.1) in Verbindung mit Abschnitt 8.2.1 als auch die Festlegungen für den Neutralleiteranteil nach DIN VDE 0100 Teil 430/11.91, Abschnitt 9.2 (siehe auch HD 384.4.473 (1977), Abschnitt 473.3.2), zu beachten.

Die Einspeisung in Niederspannungsnetze durch Notstromaggregate, die Überbrückung von herausgetrennten Teilstücken in Freileitungs- und Kabelnetzen (TN-C-System (-Netz)) oder ähnliche Anwendungsfälle gelten auch bei Verwendung von flexiblen Leitungen als gleichwertig zur festen Verlegung, so daß auch hier die Anforderungen von Abschnitt 8.2.1 angewendet werden dürfen.

zu Abschnitt 8.2.3:

Aufteilung von PEN in Schutz- und Neutralleiter

Die Aussagen in diesem Abschnitt entsprechen dem bisherigen Abschnitt 8.2.3 von DIN VDE 0100 Teil 540/05.86.

Eine Aufteilung des PEN-Leiters in Schutz- und Neutralleiter ist dann erforderlich, wenn einer der folgenden Punkte zutreffend ist:

— Der Querschnitt des PEN-Leiters erfüllt nicht die Anforderungen von Abschnitt 8.2.1 ($< 10\ mm^2$ Cu, bzw. $< 16\ mm^2$ Al bzw. bei konzentrischen Leitern $< 4\ mm^2$).

— Die Netzform TN-S-System (-Netz) wird gewählt oder gefordert (siehe z. B. Abschnitt C.2).

— Im betreffenden Abzweig wird eine Fehlerstrom-Schutzeinrichtung verwendet, wobei zu beachten ist, daß die Neutralleiter hinter Fehlerstrom-Schutzeinrichtungen nicht nur vom PEN- bzw. Schutzleiter getrennt sein müssen, sondern auch untereinander keine Verbindung haben dürfen.

  Die Forderung nach Aufteilung in Schutz- und Neutralleiter gilt dabei nur für den betreffenden Abzweig mit Fehlerstrom-Schutzeinrichtung.

Wenn innerhalb von Schaltgerätekombinationen für abgehende Neutralleiter eine getrennte Anschlußstelle, z. B. eine Neutralleiterschiene, vorgesehen wird, muß damit nicht zwangsläufig die PEN-Schiene in Schutzleiter (PE)-Schiene umbenannt werden. Von einer PEN-Schiene dürfen unter Beachtung von DIN VDE 0100 Teil 510/06.87, Abschnitt 7.2, mehrmals in beliebiger Reihenfolge und Anzahl PEN-Leiter, Schutzleiter und Neutralleiter abzweigen, ohne daß diese PEN Schiene umbenannt werden muß.

Die Verbindungsstelle von Neutralleiterschiene zur PEN-Schiene sollte mit Werkzeug lösbar sein, um sie für Meßzwecke (Isolationswiderstand gegen Schutzleiter/Erde) auftrennen zu können.

Neutralleiter dürfen, unabhängig vom Querschnitt, nicht wieder mit PEN- oder Schutzleitern verbunden werden, und sie dürfen auch nicht mehr geerdet werden.

Bei getrennt verlegten Neutral- und Schutzleitern (TN-S-System (-Netz)) ist die Bildung und der Anschluß eines PEN-Leiters nicht erlaubt.

zu Abschnitt 9.1.1:

Als größter Schutzleiter der Anlage gilt der vom Hauptverteiler abgehende Schutzleiter mit dem größten Querschnitt.

zu den Abschnitten 9.1.1 und 9.1.2:

Nachfolgend sind die erforderlichen Querschnitte für Potentialausgleichsleiter in Tabelle 9 zusammengestellt.

Tabelle 9. **Querschnitte für Potentialausgleichsleiter**

	Hauptpotentialausgleich	Zusätzlicher Potentialausgleich	
normal	0,5 · Querschnitt des größten Schutzleiters der Anlage	zwischen zwei Körpern	1 · Querschnitt des kleineren Schutzleiters
		zwischen einem Körper und einem fremden leitfähigen Teil	0,5 · Querschnitt des Schutzleiters
mindestens	$6\ mm^2$	bei mechanischem Schutz	$2{,}5\ mm^2$ Cu oder Al *)
		ohne mechanischem Schutz	$4\ mm^2$ Cu oder Al *)
mögliche Begrenzung	$25\ mm^2$ Cu oder gleichwertiger Leitwert	—	—

*) Bei ungeschützter Verlegung von Leitern aus Al besteht wegen möglicher Korrosion und geringer mechanischer Robustheit eine erhöhte Möglichkeit der Leiterunterbrechung.

zu Abschnitt 9.1.3:

Zu **Wasserverbrauchsleitungen** siehe Erläuterung zu Abschnitt 5.2.4.

Als ausreichende Querschnitte werden erfahrungsgemäß angesehen:

— verzinntes Cu-Seil 16 mm^2

— verzinntes Fe-Seil 25 mm^2

— verzinkter Bandstahl 60 mm^2, Mindestdicke 3 mm

oder leitwertgleiche Haltekonstruktion, z. B. ein leitwertgleicher Wasserzählerbügel.

zu Abschnitt 9.2:

Es wird empfohlen, sich bezüglich der Mindestquerschnitte an den Anforderungen für die Leiter des zusätzlichen Potentialausgleichs (siehe Abschnitt 9.1.2) zu orientieren.

Kennzeichnung von Schutzleiter, PEN-Leiter, Erdungsleiter und Potentialausgleichsleiter

Die Festlegungen zur Kennzeichnung von Schutzleiter, Erdungsleiter und Potentialausgleichsleiter sind in DIN VDE 0100 Teil 510/06.87, Abschnitt 7.3.1, enthalten. Die Kennzeichnung des PEN-Leiters ist in DIN VDE 0100 Teil 510/06.87, Abschnitt 7.3.3, enthalten.

Zu Abschnitt C.2

Siehe Erläuterungen zu Abschnitt 7.2.

zu Anhang B

Nachfolgend ein Beispiel (siehe Bild 2) für die Ausführung des Hauptpotentialausgleiches, wie er im Wohnungsbau vielfach angewendet wird.

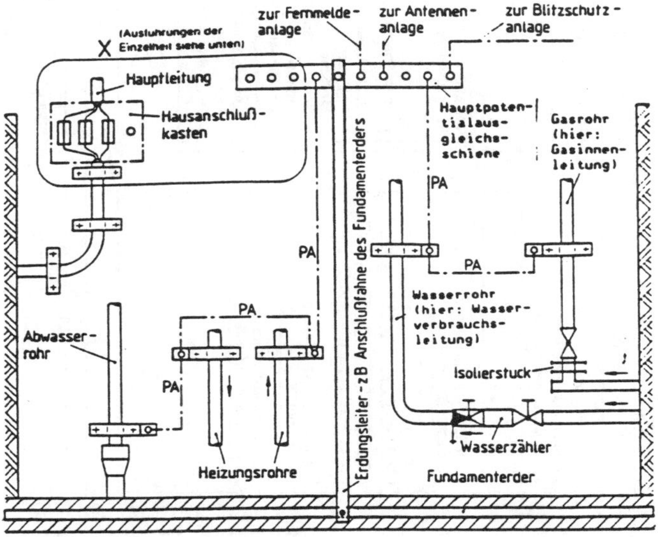

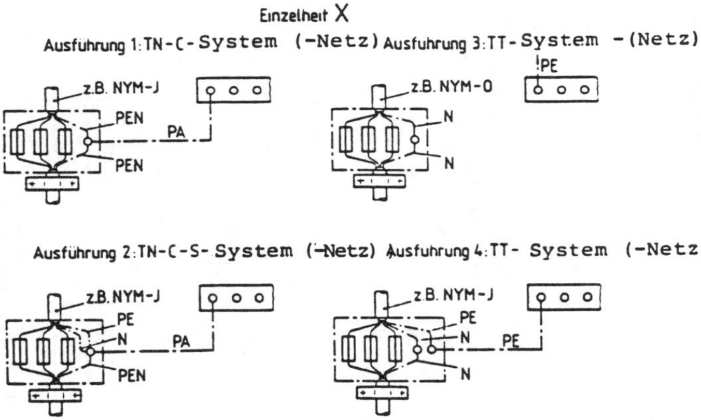

Ausführung 1 im TN-C-System (-Netz)
Ausführung 2 im TN-C-S-System (-Netz)
Ausführung 3 im TT-System (-Netz) mit getrennt verlegtem Schutzleiter
Ausführung 4 im TT-System (-Netz) mit Schutzleiter in gemeinsamer Umhüllung

PA Potentialausgleichsleiter für den Hauptpotentialausgleich

Bild 2.

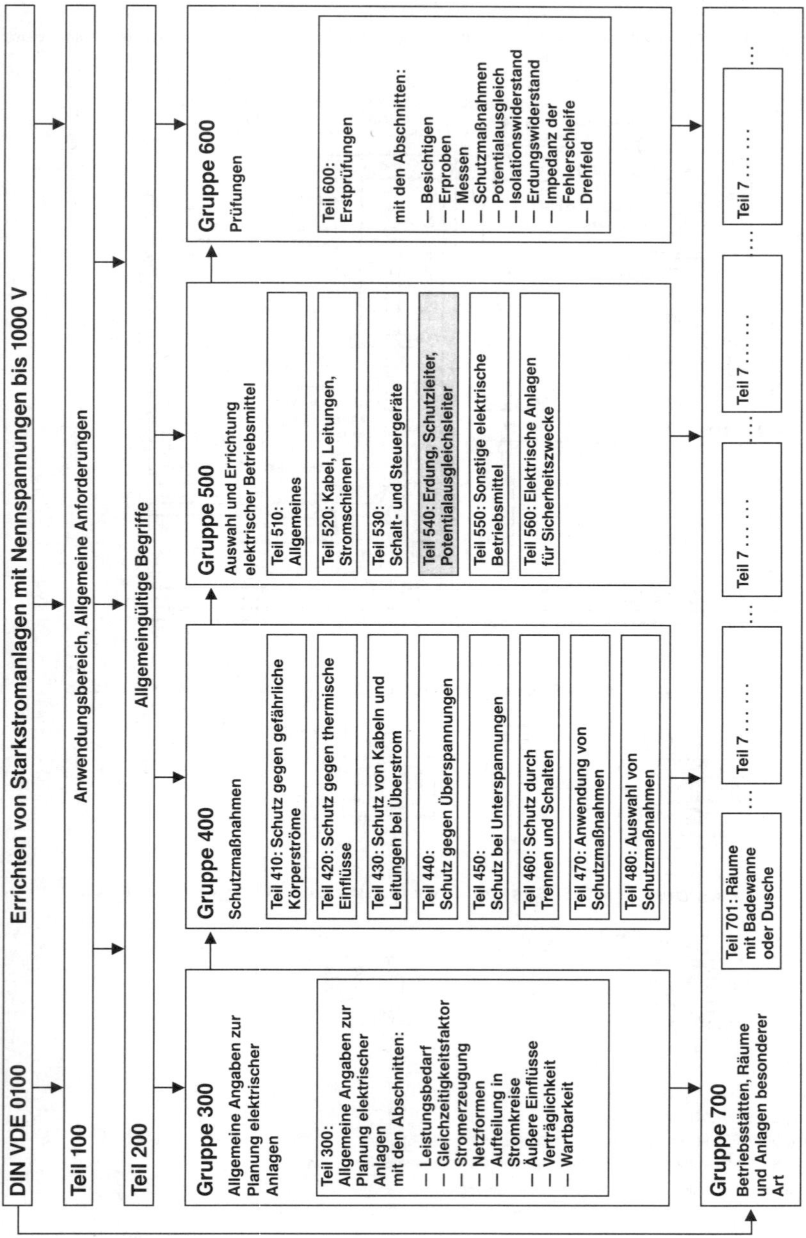

Bild 3. Eingliederung dieser Norm in die Struktur der Reihe der Normen DIN VDE 0100

Internationale Patentklassifikation

G 01 R 27/20 H 01 B H 02 B 1/16

DK 621.316.17.002.2:621.3.027.4
:621.316.541:614.825

April 1988

Errichten von Starkstromanlagen mit Nennspannungen bis 1000 V
Auswahl und Errichtung elektrischer Betriebsmittel
Steckvorrichtungen, Schalter und Installationsgeräte

DIN VDE 0100 Teil 550

Diese auch vom Vorstand des Verbandes Deutscher Elektrotechniker (VDE) e. V. genehmigte Norm ist damit zugleich eine VDE-Bestimmung im Sinne von VDE 0022. Sie ist unter obenstehender Nummer in das VDE-Vorschriftenwerk aufgenommen und in der etz Elektrotechnische Zeitschrift bekanntgegeben worden.

Erection of power installations with nominal voltages up to 1000 V; selection and erection of equipment; plug-and-socket divices, switches and installation accessories

Ersatz für
VDE 0100 g/07.76 § 31a)2 und
VDE 0100/05.73 § 31b) 3, 4, 5, 6, 7.

Für den Anwendungsbereich dieser Norm bestehen keine entsprechenden regionalen oder internationalen Normen.
Entwurf DIN VDE 0100 Teil 550/09.84 und Entwurf DIN VDE 0100 Teil 558/11.83 sind eingearbeitet. Einige Festlegungen waren im Kurzverfahren zu DIN VDE 0100 im April 1986 veröffentlicht worden.

Beginn der Gültigkeit

Diese Norm (VDE-Bestimmung) gilt ab 1. April 1988.

Daneben gelten für in Planung oder in Bau befindliche Anlagen die entsprechenden Festlegungen von VDE 0100 g/07.76 § 31a) 2 und VDE 0100/05.73 § 31b) 3, 4, 5, 6, 7 noch in einer Übergangsfrist bis 31. März 1990.

Inhalt

1 Anwendungsbereich

Diese Norm gilt für die Auswahl und Errichtung von Steckvorrichtungen, Schalter und Installationsgeräte. Sie gilt nur in Verbindung mit den entsprechenden anderen Normen der Reihe DIN VDE 0100 sowie mit den noch nicht ersetzten Paragraphen von DIN VDE 0100/05.73 und DIN VDE 0100 g/07.76. Für Steckdosen in Verbindung mit Steckern außerhalb der festen Installation gilt DIN VDE 0620 (Überarbeitung in Vorbereitung)[1]).

[1]) Eine Ergänzung erscheint in Kürze, siehe auch Abschnitte 4.10 bis 4.12.

Fortsetzung Seite 2 und 3

Deutsche Elektrotechnische Kommission im DIN und VDE (DKE)

2 Begriffe

Allgemeine Begriffe siehe DIN VDE 0100 Teil 200.

3 Allgemeine Anforderungen

Elektrische Betriebsmittel müssen so ausgewählt und errichtet werden, daß von elektrischen Anlagen ausgehende Gefahren weitgehend vermieden werden.

4 Steckvorrichtungen

4.1 Für den Netzanschluß elektrischer Betriebsmittel dürfen, soweit nicht die Ausnahme nach Abschnitt 4.2 oder die Einschränkung nach Abschnitt 4.3 zutrifft, nur Steckvorrichtungen nach DIN VDE 0620[1]) oder DIN VDE 0623, deren Normen in der Übersichtsnorm DIN 49 400[2]) aufgeführt sind, verwendet werden.

Für Steckvorrichtungen auf Baustellen gilt DIN VDE 0100 Teil 704.

Der Überstromschutz von Stromkreisen mit Steckdosen muß nicht nur auf die zulässige Belastung der Leitungen, sondern auch auf den Nennstrom der angeschlossenen Steckdosen abgestimmt werden, d.h. auf den niedrigeren der beiden Werte.

4.2 Von den Forderungen der Abschnitte 4.1 und 4.3 sind ausgenommen

— Steckvorrichtungen, die über den in den Normen angegebenen Stromstärkenbereichen liegen,
— Steckvorrichtungen für besondere Anwendungsfälle, z. B. überflutbare Ausführungen, explosionsgeschützte Ausführungen, Bühnensteckvorrichtungen nach DIN 15 560 Teil 100, in Sondernetzen zur Sicherstellung der Unverwechselbarkeit, Vielfachsteckvorrichtungen nach DIN VDE 0620[1]) und DIN VDE 0623, deren Normen nicht in der Übersichtsnorm DIN 49 400[2]) aufgeführt sind.

4.3 Als Drehstrom-Steckvorrichtungen dürfen nur Steckvorrichtungen nach DIN VDE 0623 verwendet werden, es sei denn, es handelt sich um die Hausinstallation oder um die Errichtung in Geschäftshäusern, Hotels, Nähsälen, Schneidereien, Laboratorien oder Großküchen und ähnlichen Anlagen.

In Anlagen, in denen zum Zeitpunkt des Beginns der Gültigkeit dieser Norm Steckvorrichtungen nach DIN 49 445, DIN 49 447 vorhanden sein durften, darf dieses System auch für die Erweiterung der bestehenden Anlagen angewendet werden.

4.4 Soweit an Verladeplätzen, an Abfüllstellen, in der Landwirtschaft, auf Bauplätzen sowie an sonstigen Stromabnahmestellen zum Anschluß nicht arealgebundener Verbrauchsmittel der Anschluß beliebiger Drehstromverbrauchsmittel bis 32 A 380 V 50 Hz ermöglicht werden soll, sind hierfür 5polige Steckvorrichtungen nach DIN VDE 0623 in der Bauart nach DIN 49 462 Teil 1 bis Teil 3 zu verwenden.

Drehstromverlängerungsleitungen bis 32 A für solche Einsatzstellen müssen 5adrig und an beiden Enden mit 5poligen Steckvorrichtungen ausgeführt sein.

Anmerkung: Steckvorrichtungen mit Nennströmen über 32 A werden an den genannten Orten im allgemeinen nur zum Anschluß symmetrischer Verbrauchsmittel benötigt, so daß hierfür von der Festlegung einer bestimmten Polzahl abgesehen wurde.

4.5 In der festen Installation bestehender Anlagen, in denen 5polige Steckvorrichtungen ausgewechselt werden müssen, brauchen 4adrige Leitungen nicht gegen 5adrige ausgetauscht zu werden.

4.6 Steckdosen und Stecker müssen im Leitungszug in einer solchen Reihenfolge angebracht sein, daß die Steckerstifte in nicht gestecktem Zustand nicht unter Spannung stehen.

4.7 Drehstromsteckvorrichtungen müssen so angeschlossen werden, daß sich ein Rechtsdrehfeld ergibt, wenn man die Steckbuchsen von vorn im Uhrzeigersinn betrachtet.

4.8 Beim Einbau von Schalter- und Steckdoseneinsätzen für Unterputzinstallation muß darauf geachtet werden, daß die Aderisolierung der Anschlußleitung durch die Befestigungsmittel nicht beschädigt wird.

4.9 Die Befestigungsmittel von Steckdoseneinsätzen für Unterputzinstallation müssen so ausgeführt sein, daß die Steckdose beim Ziehen des Steckers nicht aus ihrer Verankerung gerissen werden kann. Dies kann z. B. durch Schraubbefestigung erreicht werden.

4.10[3]) An jedem Stecker darf nur e i n e bewegliche Leitung angeschlossen werden. Dies gilt nicht für Spezialstecker, die für den Anschluß mehrerer beweglicher Leitungen gebaut sind.

4.11[3]) Steckdosen in Verbindung mit Lampenfassungen oder -sockeln dürfen nicht verwendet werden.

4.12[3]) Mehrfachsteckdosen mit Schutzkontakt mit starr angebautem Stecker dürfen nicht verwendet werden.

5 Schalter

Einpolige Wechselschalter (Schalter 6 nach DIN VDE 0623/03.72, Tabelle IV) müssen bei einer Wechselschaltung im selben Außenleiter angeschlossen sein.

6 Installationsgeräte

Installationsgeräte dürfen nur in einer Bauart verwendet werden, die sicherstellt, daß bei Arbeiten an deren Befestigungsflächen (z. B. Wände, Verkleidungen) die an den Installationsgeräten angeschlossenen Leiter weder gelöst noch bewegt werden müssen.

Anmerkung 1: Installationsgeräte siehe z. B. DIN VDE 0623 oder DIN VDE 0620[1]).

Anmerkung 2: Arbeiten an den Befestigungsflächen können z. B. Tapezier- oder Malerarbeiten sein.

---

[1]) Siehe Seite 1

[2]) Folgende Normen für Steckvorrichtungen wurden inzwischen zurückgezogen: DIN 49 402, DIN 49 450, DIN 49 451, DIN 49 490, DIN 49 491.

Es ist vorgesehen, DIN 49 449 in der Folgeausgabe der Norm DIN 49 400/08.73 nicht aufzuführen. DIN 49 449 soll jedoch als Norm für Sondersteckvorrichtungen bestehen bleiben.

[3]) Bei dieser Festlegung handelt es sich um eine Gerätebestimmung, die bei Übernahme nach DIN VDE 0620 hier gestrichen werden soll.

Zitierte Normen und andere Unterlagen

DIN 15 560 Teil 100	Scheinwerfer für Film, Fernsehen, Bühne und Photographie; Sondernetze und Steckvorrichtungen
DIN 49 400	Installationsmaterial; Wand-, Geräte- und Kragensteckvorrichtungen, Übersicht
DIN 49 445	Dreipolige Steckdosen mit N- und mit Schutzkontakt, 16 A AC 380/220 V; Hauptmaße
DIN 49 447	Dreipolige Steckdosen mit N- und mit Schutzkontakt, 25 A AC 380/220 V; Hauptmaße
DIN 49 462 Teil 1	Mehrpolige Kragensteckvorrichtung mit Schutzkontakt, 16 und 32 A über 42 bis 750 V, Steckdosen, abgedeckt, spritzwassergeschützt, wasserdicht; Hauptmaße
DIN 49 462 Teil 2	Mehrpolige Kragensteckvorrichtung mit Schutzkontakt, 16 und 32 A über 42 bis 750 V, Stecker, abgedeckt, spritzwassergeschützt, wasserdicht; Hauptmaße
DIN 49 462 Teil 3	Mehrpolige Kragensteckvorrichtung mit Schutzkontakt, 16 und 32 A über 42 bis 750 V, abgedeckt, spritzwassergeschützt, wasserdicht; Mechanische Verriegelung
DIN VDE 0100	Bestimmungen für das Errichten von Starkstromanlagen mit Nennspannungen bis 1000 V
DIN VDE 0100 g	Bestimmungen für das Errichten von Starkstromanlagen mit Nennspannungen bis 1000 V; Änderung zu DIN VDE 0100/05.73
DIN VDE 0100 Teil 200	Errichten von Starkstromanlagen mit Nennspannungen bis 1000 V; Allgemeingültige Begriffe
DIN VDE 0100 Teil 704	Errichten von Starkstromanlagen mit Nennspannungen bis 1000 V; Baustellen
Übrige Normen der Reihe DIN VDE 0100 siehe	
Beiblatt 2 zu DIN VDE 0100	Errichten von Starkstromanlagen mit Nennspannungen bis 1000 V; Verzeichnis der einschlägigen Normen
DIN VDE 0620	Steckvorrichtungen bis 250 V 25 A
DIN VDE 0623	Bestimmungen für Industriesteckvorrichtungen bis 200 A und 750 V

Frühere Ausgaben

VDE 0100: 05.73 (Vorheriger Entwicklungsgang siehe Beiblatt 1 zu DIN VDE 0100.)
VDE 0100 g: 07.76

Änderungen

Gegenüber VDE 0100/05.73 und VDE 0100 g/07.76 wurden folgende Änderungen vorgenommen:

a) Angleichung des formalen Aufbaus an die übrigen Normen der Reihe DIN VDE 0100.
b) Die Aussage zur Übergangsfrist für Steckvorrichtungen der Bauart nach DIN 49 450, DIN 49 451 ist entfallen, da diese nur bis zum 31.12.1980 weiterverwendet werden durften.
c) Neue Festlegung für die Auswahl von Drehstromsteckvorrichtungen für nichtindustrielle Anwendung.
d) Festlegungen zur Auswahl von Installationsgeräten.

Erläuterungen

Diese Norm wurde ausgearbeitet vom Komitee 221 „Errichten von Starkstromanlagen bis 1000 V" der Deutschen Elektrotechnischen Kommission im DIN und VDE (DKE).

Zu Abschnitt 4.3

Mit dem 2. Absatz wird die Festlegung getroffen, daß dort, wo bereits das Steckvorrichtungssystem nach DIN 49 445, 49 447 vorhanden ist, auch weiter mit diesem Steckvorrichtungssystem erweitert werden darf, um nicht zwei unterschiedliche Steckvorrichtungssysteme nebeneinander zu haben.

Neuanlagen, die nicht unter die im ersten Absatz genannten Ausnahmen Hausinstallation, Geschäftshäuser, Hotels, Nähsäle, Schneiderein, Laboratorien oder Großküchen und ähnliche Anlagen fallen, müssen ausschließlich Drehstrom-Steckvorrichtungen nach DIN VDE 0623 erhalten.

Zu Abschnitt 5

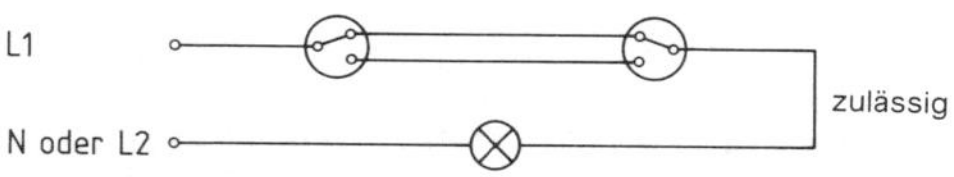

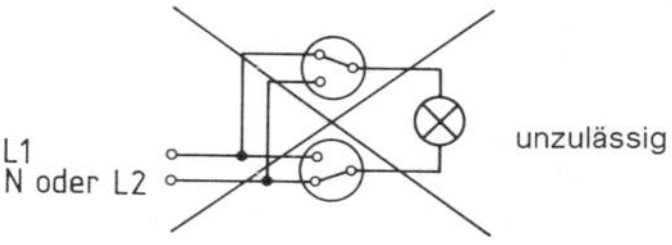

Bild 1. Zulässige und unzulässige Ausführung der Wechselschaltung

Zu Abschnitt 6

Mit der Festlegung soll verhindert werden, daß bei den genannten Arbeiten Leiter an Installationsgeräten von Laien gelöst und gegebenenfalls falsch wieder angeschlossen werden. Außerdem besteht bei den gelösten Leitern die Gefahr des direkten Berührens.

Internationale Patentklassifikation

H 01 H 71/00
H 02 B 1/00
H 02 G 3/00

August 1997

	Elektrische Anlagen von Gebäuden Teil 5: Auswahl und Errichtung elektrischer Betriebsmittel – Kapitel 55: Andere Betriebsmittel Hauptabschnitt 551: Niederspannungs-Stromerzeugungsanlagen (IEC 364-5-551:1994) Deutsche Fassung HD 384.5.551 S1:1997	DIN VDE 0100-551
VDE	Diese Norm ist zugleich eine **VDE-Bestimmung** im Sinne von VDE 0022. Sie ist nach Durchführung des vom VDE-Vorstand beschlossenen Genehmigungsverfahrens unter nebenstehenden Nummern in das VDE-Vorschriftenwerk aufgenommen und in der etz Elektrotechnische Zeitschrift bekanntgegeben worden.	Klassifikation **VDE 0100** Teil 551

Diese Norm enthält die Deutsche Fassung des Harmonisierungsdokuments **HD 384.5.551 S1**

ICS 91.140.50

Deskriptoren: elektrisches Betriebsmittel, Niederspannungsanlage, Stromerzeugungsanlage, elektrische Anlage

Ersatz für
DIN VDE 0100-728
(VDE 0100 Teil 728):1990-03

Electrical installations of buildings –
Part 5: Selection and erection of electrical equipment –
Chapter 55: Other equipment
Section 551: Low-voltage generating sets
(IEC 364-5-551:1994);
German version HD 384.5.551 S1:1997

Installations électrique des bâtiments –
Partie 5: Choix et mise en œuvre des matériels électriques –
Chapitre 55: Autres matériels –
Section 551: Groupes générateurs à basse tension
(CEI 364-5-551:1994);
Version allemande HD 384.5.551 S1:1997

Diese Norm enthält das Europäische Harmonisierungsdokument HD 384.5.551 S1:1997, „Elektrische Anlagen von Gebäuden – Teil 5: Auswahl und Errichtung elektrischer Betriebsmittel – Kapitel 55: Andere Betriebsmittel – Hauptabschnitt 551: Niederspannungs-Stromerzeugungsanlagen", das die Internationale Norm IEC 364-5-551:1994 „Electrical installations of buildings – Part 5: Selection and erection of electrical equipment – Chapter 55: Other equipment – Section 551: Low-voltage generating sets", ohne Abänderung von CENELEC enthält.

Beginn der Gültigkeit

Diese Norm gilt ab 1. August 1997.

Übergangsfrist

Für am 1. August 1997 in Planung oder in Bau befindliche Anlagen gilt DIN VDE 0100-728 (VDE 0100 Teil 728):1990-03 in einer Übergangsfrist bis 1. September 1997.

Norm-Inhalt war veröffentlicht als E DIN VDE 0100-551 (VDE 0100 Teil 551):1991-11 und E DIN VDE 0100-551/A1 (VDE 0100 Teil 551/A1):1992-01.

Fortsetzung Seite 2 bis 4 und
10 Seiten HD

Deutsche Elektrotechnische Kommission im DIN und VDE (DKE)

Nationales Vorwort

Diese Norm enthält die Deutsche Fassung des Europäischen Harmonisierungsdokumentes HD 384.5.551 S1 „Elektrische Anlagen von Gebäuden – Teil 5: Auswahl und Errichtung elektrischer Betriebsmittel – Kapitel 55: Andere Betriebsmittel – Hauptabschnitt 551: Niederspannungs-Stromerzeugungsanlagen", Ausgabe 1997, das die Internationale Norm IEC 364-5-551:1994 „Electrical installations of buildings – Part 5: Selection and erection of electrical equipment – Chapter 55: Other equipment – Section 551: Low-voltage generating sets" ohne Abänderung von CENELEC enthält.

Das Europäische Harmonisierungsdokument HD 384.5.551 S1:1997 wurde vom CENELEC/TC 64 „Elektrische Anlagen von Gebäuden" verabschiedet.

Für den vorliegenden Norm-Entwurf ist das nationale Arbeitsgremium Unterkomitee 221.1 „Industrie" der Deutschen Elektrotechnischen Kommission im DIN und VDE (DKE) zuständig.

Bild N.1 zeigt die Eingliederung dieser Norm in die Struktur der Reihe der Normen DIN VDE 0100 (VDE 0100).

Diese Norm gilt nur in Verbindung mit den entsprechenden Normen der Reihe DIN VDE 0100 (VDE 0100) sowie den noch nicht ersetzten Paragraphen von DIN VDE 0100 (VDE 0100):1973-05 mit Änderung DIN VDE 0100g (VDE 0100g):1976-07.

Zur Benennung RCD

In Deutschland werden die RCDs (englisch: residual current protective devices)

- mit Hilfsspannungsquelle als „Differenzstrom-Schutzeinrichtungen"
- ohne Hilfsspannungsquelle als „Fehlerstrom-Schutzeinrichtungen"

bezeichnet.

Es ergibt sich danach folgende Einordnung:

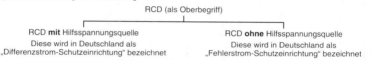

RCD (als Oberbegriff)

RCD **mit** Hilfsspannungsquelle	RCD **ohne** Hilfsspannungsquelle
Diese wird in Deutschland als „Differenzstrom-Schutzeinrichtung" bezeichnet	Diese wird in Deutschland als „Fehlerstrom-Schutzeinrichtung" bezeichnet

Es wird darauf hingewiesen, daß nach DIN VDE 0100-510 (VDE 0100 Teil 510):1997-01, Abschnitt 511, RCDs den einschlägigen DIN-Normen und VDE-Bestimmungen sowie den Europäischen Normen und/oder CENELEC-Harmonisierungsdokumenten – soweit vorhanden – entsprechen müssen.

Anforderungen an RCDs zum Schutz bei indirektem Berühren und zum Schutz bei direktem Berühren sind in Vorbereitung (zur Zeit E DIN IEC 64/758/CD (VDE 0100 Teil 530/A6):1995-04).

Der Zusammenhang der in dieser Norm zitierten Normen und anderen Unterlagen mit den entsprechenden Deutschen Normen und anderen Unterlagen ist nachstehend wiedergegeben.

Für den Fall einer undatierten Verweisung im normativen Text (Verweisung auf eine Norm oder andere Unterlage ohne Angabe des Ausgabedatums und ohne Hinweis auf eine Abschnittsnummer, eine Tabelle, ein Bild usw.) bezieht sich die Verweisung auf die jeweils neueste gültige Ausgabe der in Bezug genommenen Norm oder anderen Unterlage.

Für den Fall einer datierten Verweisung im normativen Text bezieht sich die Verweisung immer auf die in Bezug genommene Ausgabe der Norm oder anderen Unterlage.

Zum Zeitpunkt der Veröffentlichung dieser Norm waren die angegebenen Ausgaben gültig.

Europäische Norm	Internationale Norm	Deutsche Norm	Klassifikation im VDE-Vorschriftenwerk
Reihe EN 60309	Reihe IEC 309, modifiziert	Normen der Reihe DIN EN 60309 (VDE 0623)	VDE 0623
HD 384.3 S1:1995 Anhang ZB	IEC 364-3:1995, Kapitel 32, modifiziert	DIN VDE 0100-300 (VDE 0100 Teil 300):1985-11, Anhang ZB	VDE 0100 Teil 300
HD 384.4.41 S2:1996	IEC 364-4-41:1996, modifiziert	DIN VDE 0100-410 (VDE 0100 Teil 410):1997-01	VDE 0100 Teil 410
HD 384.4.47 S2, 471.3	IEC 364-4-41:1996, 411.3, modifiziert	DIN VDE 0100-470 (VDE 0100 Teil 470):1996-02	VDE 0100 Teil 470
HD 384.5. ...	IEC 364-5	Gruppe 500 der DIN VDE 0100 (VDE 0100) (siehe Bild N. 1)	Gruppe 500 der VDE 0100
HD 384.5.54 S1:1988	IEC 364-5-54:1980, modifiziert	DIN VDE 0100-540 (VDE 0100 Teil 540):1991-11	VDE 0100 Teil 540
HD 384.5.56 S1:1985	IEC 364-5-56:1980, modifiziert	DIN VDE 0100-560 (VDE 0100 Teil 560):1995-07	VDE 0100 Teil 560

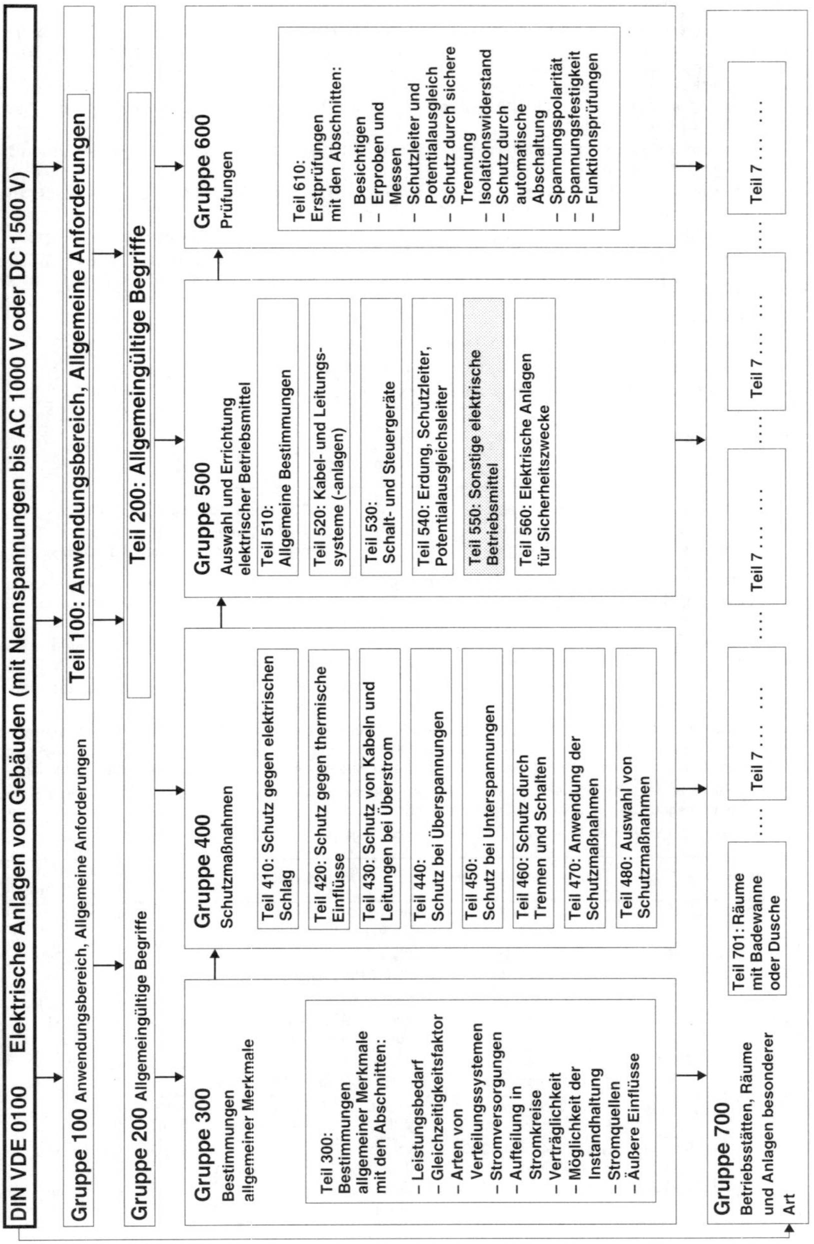

Bild N.1: Eingliederung dieser Norm in die Struktur der Reihe der Normen DIN VDE 0100 (VDE 0100)

Änderungen

Gegenüber DIN VDE 0100-728 (VDE 0100 Teil 728):1990-03 wurden folgende Änderungen vorgenommen:

a) Der Haupttitel wurde an den des HD 384 angeglichen (Elektrische Anlagen von Gebäuden) und der Untertitel wurde in „Niederspannungs-Stromerzeugungsanlagen" geändert.

b) Für die Abschnittsnumerierung wurde die Numerierung der IEC 364 und damit das CENELEC HD 384 angewendet anstelle der rechtsbündigen Angaben in eckigen Klammern.

c) Der Anwendungsbereich wurde von zeitweilige auf dauernde Stromversorgung ausgedehnt. Parallelbetrieb zum öffentlichen Netz ist möglich. USV-Anlagen sind mit eingeschlossen.

d) Die Ermittlung des zu erwartenden Kurzschluß- und/oder Erdschlußstromes wird gefordert.

e) Maßnahmen zum Lastabwurf sind zu treffen.

f) Kunstworte (Akronyme) SELV, PELV, FELV, ELV, RCD wurden eingeführt.

g) Zusatzanforderungen an Anlagen mit statischen Wechselrichtern wurden aufgenommen.

h) Für nicht dauerhaft installierte Stromerzeugungsanlagen wird unabhängig vom System nach Art der Erdverbindung grundsätzlich eine RCD ($\leq$ 30 mA) als zusätzliche Schutzmaßnahme gefordert. Dies wird durch den Anhang ZB (normativ) relativiert.

i) Schutz bei Überstrom wurde aufgenommen.

j) Zusatzanforderungen für Parallelbetrieb mit öffentlichem Netz wurden aufgenommen.

k) Schutztrennung und Schutzklasse II als mögliche alternative Schutzmaßnahmen wurden über Anhang ZB (normativ) wieder aufgenommen.

l) Zusatzanforderungen zum Schalten und bei Parallelbetrieb zum Netz wurden im Anhang ZB (normativ) aufgenommen.

Frühere Ausgaben

DIN VDE 0100 (VDE 0100):1973-05

(Vorheriger Entwicklungsstand siehe Beiblatt 1 zu DIN 57100/VDE 0100)

DIN VDE 0100g (VDE 0100g):1976-06

DIN VDE 0100-728 (VDE 100 Teil 728):1984-04, 1990-03

Nationaler Anhang NA (informativ)

Literaturhinweise

Normen der Reihe DIN VDE 0100 (VDE 0100)	Errichten von Starkstromanlagen mit Nennspannungen bis 1000 V
DIN VDE 0100-300 (VDE 0100 Teil 300)	Errichten von Starkstromanlagen mit Nennspannungen bis 1000 V – Bestimmungen allgemeiner Merkmale (IEC 364-3:1993, modifiziert); Deutsche Fassung HD 384.3 S2:1995
DIN VDE 0100-410 (VDE 0100 Teil 410)	Errichten von Starkstromanlagen mit Nennspannungen bis 1000 V – Teil 4: Schutzmaßnahmen – Kapitel 41: Schutz gegen elektrischen Schlag (IEC 364-4-41:1992, modifiziert); Deutsche Fassung HD 384.4.41 S2:1996
DIN VDE 0100-470 (VDE 0100 Teil 470)	Errichten von Starkstromanlagen mit Nennspannungen bis 1000 V – Teil 4: Schutzmaßnahmen – Kapitel 47: Anwendung der Schutzmaßnahmen (IEC 364-4-47:1981 + A1:1993, modifiziert); Deutsche Fassung HD 384.4.47 S2:1995
DIN VDE 0100-540 (VDE 0100 Teil 540)	Errichten von Starkstromanlagen mit Nennspannungen bis 1000 V – Auswahl und Errichtung elektrischer Betriebsmittel – Erdung, Schutzleiter, Potentialausgleichsleiter
DIN VDE 0100-560 (VDE 0100 Teil 560)	Errichten von Starkstromanlagen mit Nennspannungen bis 1000 V – Elektrische Anlagen für Sicherheitszwecke (IEC 364-5-56:1980, modifiziert); Deutsche Fassung HD 384.5.56 S1:1985
Übrige Normen der Reihe DIN VDE 0100 (VDE 0100) siehe Beiblatt 2 zu DIN VDE 0100 (Beiblatt 2 zu VDE 0100)	Errichten von Starkstromanlagen mit Nennspannungen bis 1000 V – Verzeichnis der einschlägigen Normen

HARMONISIERUNGSDOKUMENT
HARMONIZATION DOCUMENT
DOCUMENT D'HARMONISATION

HD 384.5.551 S1

Februar 1997

ICS 91.140.50

Deskriptoren: Elektrische Anlagen, Niederspannung, Betriebsmittel, Auswahl, Errichtung, Stromversorgungsanlage, unabhängige Anlage, Alternative zur öffentlichen Sromversorgung (Ersatzstromversorgungsanlage), Schutz

Deutsche Fassung

Elektrische Anlagen von Gebäuden

Teil 5: Auswahl und Errichtung elektrischer Betriebsmittel
Kapitel 55: Andere Betriebsmittel
Hauptabschnitt 551: Niederspannungs-Stromversorgungsanlagen
(IEC 364-5-551:1994)

Electrical installations of buildings
Part 5: Selection and erection of electrical equipment
Chapter 55: Other equipment
Section 551: Low-voltage generating sets
(IEC 364-5-551:1994)

Installation électrique des bâtiments
Partie 5: Choix et mise en œuvre des matériels électriques
Châpitre 55: Autres matériels
Section 551: Groupes générateurs à basse tension
(CEI 364-5-551:1994)

Dieses Harmonisierungsdokument wurde von CENELEC am 1996-10-01 angenommen. Die CENELEC-Mitglieder sind gehalten, die CEN/CENELEC-Geschäftsordnung zu erfüllen, in der die Bedingungen für die Übernahme dieses Harmonisierungsdokumentes auf nationaler Ebene festgelegt sind.

Auf dem letzten Stand befindliche Listen dieser nationalen Übernahmen mit ihren bibliographischen Angaben sind beim Zentralsekretariat oder bei jedem CENELEC-Mitglied auf Anfrage erhältlich.

Dieses Harmonisierungsdokument besteht in drei offiziellen Fassungen (Deutsch, Englisch, Französisch).

CENELEC-Mitglieder sind die nationalen elektrotechnischen Komitees von Belgien, Dänemark, Deutschland, Finnland, Frankreich, Griechenland, Irland, Island, Italien, Luxemburg, Niederlande, Norwegen, Österreich, Portugal, Schweden, Schweiz, Spanien und dem Vereinigten Königreich.

CENELEC

Europäisches Komitee für Elektrotechnische Normung
European Committee for Electrotechnical Standardization
Comité Européen de Normalisation Electrotechnique

Zentralsekretariat: rue de Stassart 35, B-1050 Brüssel

Ref. Nr. HD 384.5.551 S1:1997 D

Vorwort

Der Text der Internationalen Norm IEC 364-5-551:1994, ausgearbeitet von dem IEC TC 64 „Electrical installations of buildings", wurde der formellen Abstimmung unterworfen und von CENELEC am 1996-10-01 ohne irgendeine Abänderung als HD 384.5.551 S1 angenommen.

Nachstehende Daten wurden festgelegt:

– spätestes Datum, zu dem das Vorhandensein des HD auf nationaler Ebene angekündigt werden muß	(doa):	1997-03-01
– spätestes Datum, zu dem das HD auf nationaler Ebene durch Veröffentlichung einer harmonisierten nationalen Norm oder durch Anerkennung übernommen werden muß	(dop):	1997-09-01
– spätestes Datum, zu dem nationale Normen, die dem HD entgegenstehen, zurückgezogen werden müssen	(dow):	1997-09-01

Anhänge, die als „normativ" bezeichnet sind, gehören zum Norminhalt.

Anhänge, die als „informativ" bezeichnet sind, enthalten nur Informationen.

In dieser Norm sind Anhänge ZA und ZB normativ und ist Anhang ZC informativ.

Die Anhänge ZA, ZB und ZC wurden von CENELEC hinzugefügt.

Elektrische Anlagen von Gebäuden

Teil 5:	**Auswahl und Errichtung elektrischer Betriebsmittel**
Kapitel 55:	**Andere Betriebsmittel**
Hauptabschnitt 551:	**Niederspannungs-Stromerzeugungsanlagen**

551.1 Allgemeines

551.1.1 *Anwendungsbereich*

551.1.1.1 Dieser Hauptabschnitt von IEC 364-5 gilt für Niederspannungs- und Kleinspannungsanlagen mit Stromerzeugungsanlagen für eine entweder dauernde oder zeitweilige Stromversorgung der gesamten Anlage oder eines Teiles davon. Er enthält Anforderungen für die folgenden Ausführungen:

- Stromversorgung einer Anlage, die nicht an das öffentliche*) Netz angeschlossen ist;
- Stromversorgung einer Anlage als Alternative zum öffentlichen*) Netz;
- Stromversorgung einer Anlage parallel zum öffentlichen*) Netz;
- Geeignete Kombinationen der oben aufgeführten Stromversorgungen.

ANMERKUNG 1: Besondere Anforderungen an die Stromversorgung für Sicherheitszwecke sind in IEC 364-5-56 aufgeführt.

ANMERKUNG 2: Vor der Aufstellung einer Stromerzeugungsanlage sollten in einer für den Anschluß an das öffentliche*) Netz vorgesehen Anlage die Anforderungen des öffentlichen*) Versorgungsunternehmens ermittelt werden.

Dieser Hauptabschnitt gilt nicht für eigenständige Teile von elektrischen Kleinspannungsbetriebsmitteln, die sowohl die Energiequelle als auch die energieverbrauchende Last enthalten und für die eine besondere Betriebsmittelnorm mit Anforderungen an die elektrische Sicherheit existiert.

551.1.1.2 Es werden Stromerzeugungsanlagen mit folgenden Energiequellen berücksichtigt:

- Verbrennungsmotoren;
- Turbinen;
- Elektromotoren;
- Photovoltaische Zellen;
- Elektrochemische Akkumulatoren;
- Weitere geeignete Energiequellen.

*) Nationale Fußnote: Die Aussagen und Anforderungen beziehen sich in Deutschland auch auf nichtöffentliche Netze; siehe Anhang ZB „Allgemein".

551.1.1.3 Es werden Stromerzeugungsanlagen mit den folgenden elektrischen Eigenschaften berücksichtigt:

- Netzerregte und getrennt erregte Synchrongeneratoren;
- Netzerregte und selbsterregte Asynchrongeneratoren;
- Netzgeführte und selbstgeführte statische Wechselrichter mit oder ohne Umgehungs-Einrichtungen.

551.1.1.4 Es wird der Einsatz von Stromerzeugungsanlagen für die folgenden Zwecke berücksichtigt:

- Stromversorgung für dauerhaft errichtete Anlagen;
- Stromversorgung für zeitweilig errichtete Anlagen;
- Stromversorgung für ortsveränderliche Betriebsmittel, die nicht an dauerhaft errichtete Anlagen angeschlossen sind.

551.1.2 *Normative Verweisungen*

Die folgenden Normen enthalten Festlegungen, die durch Verweisung in diesem Text Bestandteil dieses Teils der IEC 364 sind. Zum Zeitpunkt der Veröffentlichung dieser Norm waren die angegebenen Ausgaben gültig. Alle Normen unterliegen der Überarbeitung, und Vertragspartner, deren Vereinbarungen auf diesem Teil der IEC 364 basieren, werden gebeten, die Möglichkeit zu prüfen, ob die jeweils neuesten Ausgaben der im folgenden genannten Normen angewendet werden können. Die Mitglieder von IEC und ISO führen Verzeichnisse der gegenwärtig gültigen Internationalen Normen.

IEC 364-4-41:1992 *Electrical installations of buildings – Part 4: Protection for safety – Chapter 41: Protection against electric shock*

IEC 364-4-46:1981 *Electrical installations of buildings – Part 4: Protection for safety – Chapter 46: Isolating and switching*

IEC 364-5-54:1980 *Electrical installations of buildings – Part 5: Selection and erection of electrical equipment – Chapter 54: Earthing arrangements and protective conductors*

551.2 Allgemeine Anforderungen

551.2.1 Die für Erregung und Kommutierung angewendeten Mittel müssen für den beabsichtigten Einsatz der Stromerzeugungsanlage geeignet sein. Die Sicherheit und einwandfreie Funktion anderer Stromquellen dürfen durch die Stromerzeugungsanlage nicht beeinträchtigt werden.

ANMERKUNG: Für besondere Anforderungen bei Parallelbetrieb der Stromerzeugungsanlage mit einem öffentlichen*) Netz, siehe Abschnitt 551.7.

551.2.2 Der zu erwartende Kurzschlußstrom und der zu erwartende Erdschlußstrom sind für jede Stromquelle oder für jede Kombination von Stromquellen zu ermitteln, die unabhängig von den anderen Stromquellen bzw. Stromquellenkombinationen betrieben werden können. Der Wert des Bemessungskurzschluß-Ausschaltvermögens der Schutzeinrichtungen in der Anlage, die, falls zutreffend, an das öffentliche*) Netz angeschlossenen sind, darf für keine der vorgesehenen Betriebsweisen der Stromquellen überschritten werden.

551.2.3 Wenn die Stromerzeugungsanlage als Stromversorgung für eine Anlage vorgesehen ist, die nicht an das öffentliche*) Netz angeschlossen ist oder eine alternative Stromversorgung zum öffentlichen*) Netz ist, müssen das Leistungsvermögen und die Betriebseigenschaften der Stromerzeugungsanlage so sein, daß keine Gefährdung oder Beschädigung der Betriebsmittel nach Anschluß oder Trennung einer vorgesehenen Last infolge einer Abweichung von Spannung oder Frequenz vom vorgesehenen Toleranzbereich entsteht. Es sind Mittel vorzusehen, die die Anlagenteile erforderlichenfalls automatisch abschalten, wenn das Leistungsvermögen der Stromerzeugungsanlage überschritten wird.

ANMERKUNG 1: Es sollte auf die Größe der einzelnen Lasten im Verhältnis zum Leistungsvermögen der Stromerzeugungsanlage und zu den Motoranlaufströmen geachtet werden.

ANMERKUNG 2: Es sollte auf die vorgegebene Ausschaltleistung für die Schutzeinrichtungen in der Anlage geachtet werden.

ANMERKUNG 3: Der Anschluß einer Stromerzeugungsanlage in einem bestehenden Gebäude oder in einer vorhandenen Anlage kann die äußeren Einflußbedingungen für die Anlage ändern (siehe IEC 364-3-32), z. B. durch Einbringen von sich bewegenden Teilen, von Teilen mit hoher Temperatur bzw. durch das Vorhandensein von schädlichen Gasen usw.

551.3 Schutz sowohl gegen direktes als auch bei indirektem Berühren

Dieser Abschnitt enthält zusätzliche Anforderungen für Kleinspannungssysteme (ELV), welche Schutz sowohl gegen direktes als auch bei indirektem Berühren sicherstellen, und wenn die Anlage von mehr als einer Stromquelle versorgt wird.

551.3.1 Wenn ein SELV- oder ein PELV-System von mehr als einer Stromquelle versorgt wird, dann gelten die Anforderungen von 411.1.2 der IEC 364-4-41 für jede Stromquelle. Werden eine oder mehrere Stromquellen geerdet, gelten die Anforderungen von 411.1.3 und 411.1.5 der IEC 364-4-41 für PELV.

---

*) Nationale Fußnote: Siehe Seite 2 des HD 384.5.551 S1.

Erfüllt eine oder erfüllen mehrere der Stromquellen nicht die Anforderungen des Abschnittes 411.1.2 der IEC 364-4-41, muß das System wie ein FELV-System behandelt werden, und es gelten die Anforderungen des Abschnittes 411.3 der IEC 364-4-41.

551.3.2 Wenn es notwendig ist, die Versorgung eines Kleinspannungssystems nach dem Ausfall einer oder mehrerer Stromquellen aufrechtzuerhalten, muß jede Stromquelle oder Kombination von Stromquellen, die unabhängig von anderen Stromquellen bzw. Kombinationen von Stromquellen betrieben werden können, so ausgelegt sein, daß sie die vorgesehene Last des Kleinspannungssystems versorgen kann. Es sind Vorkehrungen zu treffen, so daß der Ausfall der Niederspannungsstromversorgung für eine Kleinspannungsstromquelle zu keiner Gefahr oder Beschädigung anderer Kleinspannungsbetriebsmittel führt.

ANMERKUNG: Für die Versorgung von Einrichtungen für Sicherheitszwecke können solche Vorkehrungen notwendig werden.

551.4 Schutz bei indirektem Berühren

Für die Anlage ist der Schutz bei indirektem Berühren unter Berücksichtigung jeder Stromquelle oder Kombination von Stromquellen vorzusehen, die unabhängig von anderen Stromquellen oder Kombinationen von Stromquellen in Betrieb sein kann.

551.4.1 *Schutz durch automatische Abschaltung der Stromversorgung*

Der Schutz durch automatische Abschaltung der Stromversorgung ist entsprechend Abschnitt 413.1 der IEC 364-4-41 vorzusehen. Ausnahmen hiervon sind die Sonderfälle in 551.4.2, 551.4.3 bzw. 551.4.4.

551.4.2 *Zusatzanforderungen für Anlagen, bei denen die Stromerzeugungsanlage eine umschaltbare Versorgungsalternative zum öffentlichen*) Netz darstellt (Ersatzstromversorgungsanlage)*

Der Schutz durch automatische Abschaltung der Stromversorgung darf nicht von der Erdung des Systems der öffentlichen*) Stromversorgung abhängig sein, wenn die Stromerzeugungsanlage als umschaltbare Versorgungsalternative zu einem TN-System in Betrieb ist. Ein geeigneter Erder muß vorgesehen werden.

551.4.3 *Zusatzanforderungen für Anlagen mit statischen Wechselrichtern*

551.4.3.1 Wenn der Schutz bei indirektem Berühren bei Teilen einer von einem statischen Wechselrichter versorgten Anlage auf dem automatischen Schließen der Umgehungsschalteinrichtung beruht und wenn das Ansprechen der Schutzeinrichtungen auf der Speiseseite der Umgehungsschalteinrichtung nicht innerhalb der im Abschnitt 413.1 der IEC 364-4-41 geforderten Zeit erfolgt, dann ist ein zusätzlicher Potentialausgleich nach Abschnitt 413.1.6 der IEC 364-4-41 zwischen gleichzeitig berührbaren Körpern und fremden leitfähigen Teilen auf der Lastseite des statischen Wechselrichters vorzusehen.

Der Widerstandswert der geforderten, zusätzlichen Potentialausgleichsleiter zwischen gleichzeitig berührbaren leitfähigen Teilen muß die folgende Bedingung erfüllen:

$$R \leq \frac{50\ \mathrm{V}}{I_\mathrm{a}}$$

Hierbei ist I_a der maximale Strom im Falle eines Fehlers gegen Erde, der vom statischen Wechselrichter für eine Zeitdauer bis zu 5 s geliefert werden kann.

ANMERKUNG: Wenn eine derartige Einrichtung für den Parallelbetrieb zu einem öffentlichen*) Netz vorgesehen ist, gelten auch die Anforderungen von Abschnitt 551.7.

551.4.3.2 Es sind Vorsichtsmaßnahmen vorzusehen oder die Betriebsmittel sind so auszuwählen, daß die ordnungsgemäße Funktion der Schutzeinrichtungen durch die vom statischen Wechselrichter erzeugten Gleichströme oder durch das Vorhandensein von Filtern nicht beeinträchtigt wird.

551.4.4 *Zusatzanforderungen an den Schutz durch automatische Abschaltung bei nicht dauerhaft installierter Anlage und nicht dauerhaft errichteter Stromerzeugungsanlage*

Dieser Abschnitt gilt für transportable und solche Stromerzeugungsanlagen, die für den Transport an beliebige Orte für den zeitweiligen Einsatz oder Kurzzeiteinsatz vorgesehen sind. Derartige Stromerzeugungsanlagen dürfen auch Teil einer Anlage sein, die in gleicher Weise eingesetzt ist. Dieser Abschnitt gilt nicht für dauerhaft installierte Anlagen.

ANMERKUNG: Geeignete Formen des Anschlusses siehe IEC 309.

551.4.4.1 Zwischen getrennt angeordneten Betriebsmitteln sind Schutzleiter vorzusehen, die Teil einer geeigneten Anschlußleitung oder eines geeigneten Anschlußkabels sind und die der Tabelle 54F entsprechen. Alle Schutzleiter müssen mit IEC 364-5-54 übereinstimmen.

---

*) Nationale Fußnote: Siehe Seite 2 des HD 384.5.551 S1.

551.4.4.2 In TN-, TT- und IT-Systemen ist eine RCD mit einem Bemessungsdifferenzstrom von höchstens 30 mA einzubauen, um ein automatisches Abschalten in Übereinstimmung mit Abschnitt 413.1 der IEC 364-4-41 zu bewirken.

ANMERKUNG: In IT-Systemen braucht eine RCD nicht abzuschalten, es sei denn, einer der Erdschlüsse befindet sich in einem Teil des Systems auf der Speiseseite der RCD.

Nationale ANMERKUNG: Siehe auch die ergänzenden Anforderungen für Deutschland in Anhang ZB.

551.5 Schutz bei Überstrom

551.5.1 Wenn Mittel zur Erkennung von Überströmen der Stromerzeugungsanlage vorgesehen sind, müssen diese so nahe wie praktisch möglich an den Generatoranschlußklemmen angeordnet sein.

ANMERKUNG: Der Anteil zum zu erwartenden Kurzschlußstrom durch eine Stromerzeugungsanlage kann zeitabhängig und viel geringer sein als der vom öffentlichen*) Netz zu erwartende Kurzschlußstrom.

551.5.2 Wenn eine Stromerzeugungsanlage für den Parallelbetrieb zu einem öffentlichen*) Netz vorgesehen ist oder wenn zwei oder mehr Stromerzeugungsanlagen parallel arbeiten, sind die vagabundierenden Oberschwingungsströme so zu begrenzen, daß der thermische Bemessungswert der Leiter nicht überschritten wird.

Die Auswirkungen der vagabundierenden Oberschwingungsströme dürfen in folgender Weise begrenzt werden:

– Auswahl von Stromerzeugungsanlagen mit Kompensationswicklungen;

– jeweils Vorsehen einer geeigneten Impedanz in der Verbindung zum Sternpunkt der Stromerzeugungsanlage;

– Vorsehen von Schaltern, die den Stromkreis mit vagabundierenden Strömen unterbrechen, aber so verriegelt sind, daß der Schutz bei indirektem Berühren zu keiner Zeit beeinträchtigt ist;

– Vorsehen von Filtern;

– andere geeignete Mittel.

ANMERKUNG: Es sollte auf die maximale Spannung geachtet werden, die an einer zur Begrenzung vagabundierender Oberschwingungsströme angeschlossenen Impedanz hervorgerufen werden kann.

551.6 Zusatzanforderungen für Anlagen, bei denen die Stromerzeugungsanlage eine umschaltbare Versorgungsalternative zum öffentlichen*) Netz darstellt (Ersatzstromversorgungsanlage)

Nationale ANMERKUNG: Siehe auch die ergänzenden Anforderungen für Deutschland in Anhang ZB.

551.6.1 Es sind Vorsichtsmaßnahmen in Übereinstimmung mit den einschlägigen Anforderungen von IEC 364-4-46 für das Trennen so vorzusehen, daß ein Betrieb der Stromerzeugungsanlage parallel zum öffentlichen*) Netz nicht möglich ist. Geeignete Vorsichtsmaßnahmen dürfen sein:

- eine elektrische, mechanische oder elektromechanische Verriegelung zwischen den Betriebsmechanismen oder den Steuerstromkreisen der Umschalteinrichtungen;
- ein System von Verriegelungen mit nur einem Schlüssel;
- ein Dreistellungsumschalter, der erst trennt und dann zuschaltet;
- ein automatischer Umschalter mit geeigneter Verriegelung;
- andere Mittel, die eine entsprechende Betriebssicherheit ergeben.

551.6.2 Bei TN-S-Systemen, bei denen der Neutralleiter nicht getrennt wird, sind RCDs so anzuordnen, daß die nicht ordnungsgemäße Funktion infolge Vorhandenseins einer parallelen Neutralleiter-Erde-Verbindung verhindert ist.

ANMERKUNG: In TN-Systemen kann es wünschenswert sein, den Neutralleiter der Anlage vom Neutralleiter des öffentlichen*) Netzes zu trennen, um Störungen, wie beispielsweise durch Blitze induzierte Stoßspannungen, zu vermeiden.

551.7 Zusatzanforderungen für Anlagen, bei denen ein Parallelbetrieb der Stromerzeugungsanlage mit einem öffentlichen*) Netz zulässig ist

Nationale ANMERKUNG: Siehe auch die ergänzenden Anforderungen für Deutschland in Anhang ZB.

551.7.1 Bei Auswahl und Einsatz einer Stromerzeugungsanlage für den Parallelbetrieb mit einem öffentlichen*) Netz ist auf die Vermeidung negativer Auswirkungen auf das Netz und auf andere Anlagen in bezug auf Leistungsfaktor, Spannungsänderungen, nichtlineare Verzerrungen, Lastunsymetrie sowie Anlauf-, Synchronisier- und Flickereffekte zu achten. Das öffentliche*) Versorgungsunternehmen ist hinsichtlich besonderer Anforderungen zu befragen. Wenn eine Synchronisierung notwendig ist, ist der Einsatz von automatischen Synchronisieranlagen zu bevorzugen, die die Frequenz, Phasenlage und den Spannungswert berücksichtigen.

551.7.2 Es sind Schutzeinrichtungen vorzusehen, die die Stromerzeugungsanlage vom öffentlichen*) Netz abschalten, wenn die Versorgung unterbrochen ist oder wenn an den Anschlußklemmen des Netzes eine Spannungs- oder Frequenzabweichung von den Werten auftritt, die für eine bestimmungsgemäße Versorgung festgelegt worden sind.

---

*) Nationale Fußnote: Siehe Seite 2 des HD 384.5.551 S1.

Die Art der Schutzeinrichtungen, die Empfindlichkeit und die Ansprechzeiten hängen von der Schutzmaßnahme des öffentlichen*) Netzes ab und müssen mit dem öffentlichen*) Versorgungsunternehmen abgestimmt werden.

551.7.3 Es sind Mittel vorzusehen, um die Verbindung einer Stromerzeugungsanlage mit dem öffentlichen*) Netz zu verhindern, wenn die Spannung und Frequenz des öffentlichen*) Netzes außerhalb der Betriebswerte liegen, die den im Abschnitt 551.7.2 geforderten Schutzmaßnahmen entsprechen.

551.7.4 Es sind Mittel vorzusehen, die ein Trennen der Stromerzeugungsanlage vom öffentlichen*) Netz ermöglichen. Die Trenneinrichtungen müssen für das öffentliche*) Versorgungsunternehmen jederzeit zugänglich sein.

551.7.5 Wenn eine Stromerzeugungsanlage auch als umschaltbare Versorgungsalternative zum öffentlichen*) Netz betrieben werden darf, muß die Anlage auch die Anforderungen des Abschnittes 551.6 erfüllen.

Anhang A (informativ)

Literaturhinweise

IEC 309, Plugs, socket-outlets and couplers for industrial purposes

ANMERKUNG: Harmonisiert als EN 60309 Reihe (modifiziert).

IEC 364-3:1993, Electrical installations of buildings – Part 3: Assessment of general characteristics

ANMERKUNG: Harmonisiert als HD 384.3 S2:1995 (modifiziert).

IEC 264-5-56:1980, Electrical installations of buildings – Part 5: Selection and erection of electrical equipment – Chapter 56: Safety services

ANMERKUNG: Harmonisiert als HD 384.5.56 S1:1985 (modifiziert).

*) Nationale Fußnote: Siehe Seite 2 des HD 384.5.551 S1.

Anhang ZA (normativ)

Normative Verweisungen auf internationale Publikationen mit ihren entsprechenden europäischen Publikationen

Dieses HD enthält durch datierte und undatierte Verweisungen Festlegungen aus anderen Publikationen. Diese normativen Verweisungen sind an den jeweiligen Stellen im Text zitiert, und die Publikationen sind nachstehend aufgeführt. Bei datierten Verweisungen gehören spätere Änderungen oder Überarbeitungen dieser Publikation zu diesem HD nur, falls sie durch Änderung oder Überarbeitung eingearbeitet sind. Bei undatierten Verweisungen gilt die letzte Ausgabe der in Bezug genommenen Publikation (einschließlich Änderungen).

ANMERKUNG: Wenn internationale Publikationen durch gemeinsame Abänderungen geändert wurden, durch (mod) angegeben, gelten die entsprechenden EN/HD.

Publikation	Jahr	Titel	EN/HD	Jahr
IEC 364-4-41 (mod)	1992	Electrical installations of buildings Part 4: Protection for safety – Chapter 41: Protection against electric shock	HD 384.4.41 S2	1996
IEC 364-4-46 (mod)	1981	Chapter 46: Isolation and switching	HD 384.4.46 S1	1987
IEC 364-5-54 (mod)	1980	Part 5: Selection and erection of electrical equipment – Chapter 54: Earthing arrangements and protective conductors	HD 384.5.54 S1	1988

Anhang ZB (normativ)

Besondere nationale Bedingungen

Besondere nationale Bedingung: Nationale Eigenschaft oder Praxis, die nicht – selbst nach einem längeren Zeitraum – geändert werden kann, z. B. klimatische Bedingungen, elektrische Erdungsbedingungen. Wenn sie die Harmonisierung beeinflußt, bildet sie Teil der Europäischen Norm oder des Harmonisierungsdokumentes.

Für Länder, für die die betreffenden nationalen Bedingungen gelten, sind diese normativ; für die anderen Länder hat diese Angabe informativen Charakter.

Deutschland:

Allgemein

Die Aussagen und Anforderungen bezüglich der öffentlichen Netze beziehen sich in Deutschland auf alle Netze, d. h. auf öffentliche und nichtöffentliche Netze.

ANMERKUNG: Die Spezifizierung „öffentlich" für Netze ist somit in den Abschnitten 551.1.1.1, 551.2.1, 551.2.2, 551.2.3, 551.4.2, 551.4.3, 551.5.1, 551.5.2, 551.6, 551.6.1, 551.7 und 551.7.1 bis 551.7.5 zu streichen.

Ergänzende Anforderungen zu 551.4.4.2

IT-System

ANMERKUNG 2: Im IT-System werden RCDs nur wirksam,

– beim 1. Fehler, wenn das IT-System über eine geeignet hohe Impedanz geerdet ist oder das Verhältnis der Netzkapazitäten vor und hinter der Schutzeinrichtung einen ausreichend hohen Differenzstrom bewirkt,

– beim 2. Fehler an unterschiedlichen aktiven Leitern, wenn für jedes Verbrauchsmittel eine eigene RCD vorgesehen ist.

Wenn im IT-System die RCD nicht wirksam werden kann, darf auf eine Isolationsüberwachungseinrichtung und auf die Abschaltung im Fall von zwei Fehlern verzichtet werden, wenn die beiden folgenden Anforderungen erfüllt werden:

a) Im IT-System müssen alle Körper durch einen Schutzleiter miteinander verbunden sein. Ein Erdungswiderstand

$$R_A \leq 100\ \Omega$$

ist ausreichend.

b) Im IT-System muß bei zwei Fehlern an beliebigen Stellen die Spannung zwischen den Klemmen der aktiven Leiter der Stromerzeugungsanlage auf ≤ 50 V sinken.

Hierbei ist derjenige Fehlerstromkreis mit je einem Isolationsfehler an zwei verschiedenen Verbrauchern zugrunde zu legen, der den größten Wert der Schutzleiterwiderstände ergibt.

Schutztrennung

Wenn Schutztrennung angewendet wird, müssen folgende Bedingungen erfüllt sein:

a) Sofern die Stromerzeugungsanlage nicht als Betriebsmittel der Schutzklasse II oder mit gleichwertiger Isolierung ausgeführt ist, muß sein Körper mit dem ungeerdeten Potentialausgleichsleiter verbunden sein.

b) Werden mehrere Verbrauchsmittel an eine Stromerzeugungsanlage angeschlossen, muß entweder Aufzählung 1) oder Aufzählung 2) erfüllt sein.

1) Beim Sinken des Isolationswiderstandes zwischen aktiven Teilen und dem ungeerdeten Potentialausgleichsleiter unter 100 Ω je V Nennspannung müssen die Stromkreise der Verbrauchsmittel innerhalb 1 s selbsttätig von der Stromerzeugungsanlage abgeschaltet werden. Eine Begrenzung der Netzausdehnung und die Einhaltung der Abschaltbedingung beim Auftreten von zwei Fehlern ist nicht erforderlich.

2) Die Gesamtlänge der Kabel und Leitungen muß so begrenzt sein, daß das Produkt aus Nennspannung in Volt und Gesamtlänge in Meter nicht größer als 100000 ist, jedoch darf die Gesamtlänge der Kabel und Leitungen 500 m nicht überschreiten, und es ist eine der beiden nachfolgenden Anforderungen zu erfüllen.

– Beim Auftreten von zwei Fehlern muß entsprechend HD 384.4.41 S2, Abschnitt 413.5.3.4, abgeschaltet werden.

– Bei zwei Fehlern an beliebigen Stellen muß die Spannung an den Klemmen der aktiven Leiter der Stromerzeugungsanlage auf ≤ 50 V sinken. Hierbei ist derjenige Fehlerstromkreis mit je einem Isolationsfehler an zwei verschiedenen Verbrauchern zugrunde zu legen, der die größte Summe der Widerstände der Potentialausgleichsleiter ergibt.

Ergänzende Anforderungen zu 551.6

a) TN-System

Abschnitt 551.4.2 ist zu erfüllen.

Im TN-S-System muß der Neutralleiter der Verbraucheranlage mit umgeschaltet werden.

Sofern nicht sichergestellt ist, daß die Schutzmaßnahme, die bei der Allgemeinen Stromversorgung angewendet wird, wirksam bleibt, müssen die abgehenden Stromkreise als TN-S-System ausgeführt werden und für den Schutz durch automatische Abschaltung der Stromversorgung sind RCDs zu verwenden.

Wenn dies nicht möglich ist, darf 413.1.3.6 des HD 384.4.41 S2:1996 angewendet werden.

Im TN-C-System sind die besonderen nationalen Bedingungen zu 551.7 zu erfüllen.

b) TT-System

Abschnitt 551.4.2 ist zu erfüllen.

Im TT-System muß der Neutralleiter der Verbraucheranlage mit umgeschaltet werden.

Sofern nicht sichergestellt ist, daß die Schutzmaßnahme, die bei der Allgemeinen Stromversorgung angewendet wird, wirksam bleibt, sind für den Schutz durch automatische Abschaltung der Stromversorgung RCDs zu verwenden.

Wenn dies nicht möglich ist, darf 413.1.4.3 des HD 384.4.41 S2:1996 angewendet werden.

c) IT-System

Im IT-System muß der Neutralleiter der Verbraucheranlage, sofern vorhanden, mit umgeschaltet werden.

Sofern nicht sichergestellt ist, daß die Schutzmaßnahme „Schutz durch Abschaltung beim zweiten Fehler" wirksam wird, ist Abschnitt 413.1.5.7 anzuwenden.

Ergänzende Anforderungen zu 551.7

a) TN-System

Im TN-System muß der Sternpunkt der Stromerzeugungsanlage zusätzlich mit dem Erdungssystem der zu versorgenden Anlage, z. B. an der Haupterdungsklemme oder -schiene, verbunden sein.

Im TN-System muß die Zusammenschaltung einer Stromerzeugungsanlage mit der Allgemeinen Stromversorgung als TN-C-System erfolgen.

Sofern nicht sichergestellt ist, daß die Schutzmaßnahme, die bei der Allgemeinen Stromversorgung angewendet wird, wirksam bleibt, müssen die abgehenden Stromkreise als TN-S-System ausgeführt werden, und für den Schutz durch automatische Abschaltung der Stromversorgung sind RCDs zu verwenden.

Wenn dies nicht möglich ist, darf 413.1.3.6 des HD 384.4.41 S2:1996 angewendet werden.

b) TT-System

Im TT-System darf der Sternpunkt der Stromerzeugungsanlage nur über die vorhandene Sternpunkterdung mit Erde verbunden sein.

Sofern nicht sichergestellt ist, daß die Schutzmaßnahme, die bei der Allgemeinen Stromversorgung angewendet wird, wirksam bleibt, sind für den Schutz durch automatische Abschaltung der Stromversorgung RCDs zu verwenden.

Wenn dies nicht möglich ist, darf 413.1.4.3 des HD 384.4.41 S2:1996 angewendet werden.

c) IT-System

Sofern nicht sichergestellt ist, daß die Schutzmaßnahme „Schutz durch Abschaltung im zweiten Fehler" wirksam wird, ist Abschnitt 413.1.5.7 anzuwenden.

Anhang ZC (informativ)

A-Abweichungen

A-Abweichung: Nationale Abweichung, die auf Vorschriften beruht, deren Veränderung zum gegenwärtigen Zeitpunkt außerhalb der Kompetenz des CEN/CENELEC-Mitglieds liegt.

Dieses Europäische Harmonisierungsdokument fällt nicht unter eine EG-Richtlinie. In den betreffenden CENELEC-Ländern gelten diese A-Abweichungen anstelle der Festlegungen des Europäischen Harmonisierungsdokuments so lange, bis sie zurückgezogen sind.

Abschnitt	Abweichung
551.4	Belgien Nach dem Belgischen Gesetz ist 50 V durch *U* zu ersetzen, dessen Wert wie folgt von den äußeren Einflüssen abhängt: – BB1: 50 V – BB2: 25 V – BB3: 12 V

DK 621.316.17.002.2 : 621.3.027.26 : 628.94 : 621.326/.327
: 699.81 : 614.841.33 : 001.4

März 1983

	Errichten von Starkstromanlagen mit Nennspannungen bis 1000 V Leuchten und Beleuchtungsanlagen [VDE-Bestimmung]	DIN 57 100 Teil 559

Erection of power installations with rated voltages up to 1000 V;
Luminaires and lighting equipment
[VDE Specification]

Mit DIN 57 100 Teil 706/VDE 0100 Teil 706/11.82
Ersatz für § 32 aus
VDE 0100/05.73 und VDE 0100g/07.76
siehe jedoch Übergangsfrist

Diese Norm ist zugleich eine VDE-Bestimmung im Sinne von VDE 0022 und in das VDE-Vorschriftenwerk unter nebenstehender Nummer aufgenommen.	VDE 0100 Teil 559/03.83

Für den Anwendungsbereich dieser Norm bestehen keine entsprechenden regionalen oder internationalen Normen

Beginn der Gültigkeit

Diese als VDE-Bestimmung gekennzeichnete Norm gilt ab 1. März 1983[1]).
Für in Planung oder in Bau befindliche Anlagen gilt daneben VDE 0100/05.73 § 32a) 1 und 3 und § 32b) bis 29. Februar 1984.
Bestehende Vorführstände für Leuchten müssen hinsichtlich Abschnitt 6 bis 29. Februar 1988 angepaßt werden. Diese Anpassungsforderung gilt nicht für Vorführstände für Leuchten, die nach VDE 0108/02.72 § 20 f) errichtet wurden. VDE 0108/02.72 wurde inzwischen durch eine Folgeausgabe ersetzt.

[1]) Genehmigt vom Vorstand des VDE im November 1982,
bekanntgegeben in etz 101 (1980) Heft 19 und etz 104 (1983) Heft 4.
Entwicklungsgang siehe Abschnitt „Frühere Ausgaben"
und Beiblatt 1 zu DIN 57 100/VDE 0100.

Fortsetzung Seite 2 bis 10

Deutsche Elektrotechnische Kommission im DIN und VDE (DKE)

1 Anwendungsbereich

Diese als VDE-Bestimmung gekennzeichnete Norm gilt für das Errichten von Leuchten und Beleuchtungsanlagen.
Sie gilt nur in Verbindung mit den entsprechenden anderen Normen der Reihe DIN 57 100/VDE 0100 sowie mit den noch nicht ersetzten Paragraphen von VDE 0100.

2 Begriffe

Allgemeine Begriffe siehe DIN 57 100 Teil 200/VDE 0100 Teil 200.

2.1 **Vorführstände für Leuchten** sind Stände in Verkaufsräumen oder in Teilen von Verkaufsräumen, die dem Vorführen von Hängeleuchten, z. B. Kronleuchtern und anderen Leuchten, die unter ähnlichen Bedingungen befestigt werden, z. B. Wandleuchten, dienen.
Zu den Vorführständen gehören nicht:
- Messestände, bei denen die Leuchten für die Dauer der Messe fest angeschlossen bleiben,
- Ausstellungstafeln mit festangeschlossenen Leuchten,
- Ausstellungstafeln mit einem Leuchtensortiment, das wie ein steckerfertiges Gerät angeschlossen werden kann.

3 Allgemeine Anforderungen

Leuchten sind so auszuwählen und Beleuchtungsanlagen so zu errichten, daß
- Personen und Nutztiere durch gefährliche Körperströme,
- Sachen durch zu hohe Temperaturen

nicht gefährdet werden.

4 Auswahl

Für die Auswahl von Leuchten hinsichtlich ihrer thermischen Wirkung auf die Umgebung, sind folgende Anforderungen zu berücksichtigen:
a) Zulässige Gebrauchslage,
b) Brandverhalten des Materials
   - der Montagefläche,
   - der thermisch beeinflußten Flächen,
c) bei Strahlerleuchten Mindestabstand im Strahlengang zu brennbaren Materialien.

4.1 In Abhängigkeit vom Brandverhalten des Materials von Montageflächen und von thermisch beeinflußten anderen Flächen sind Leuchten nach den Tabellen 1 oder 2 auszuwählen.

Tabelle 1. Leuchten für die Montage auf Gebäudeteilen

<table>
<tr><th>Gebäudeteile aus Baustoffen nach DIN 4102 Teil 1 [1])</th><th>Leuchten für Entladungslampen [2])</th><th>Leuchten für Glühlampen</th></tr>
<tr><td>nichtbrennbar</td><td>alle Leuchten</td><td rowspan="2">alle Leuchten</td></tr>
<tr><td>schwer- oder normalentflammbar</td><td>nur Leuchten mit den Kennzeichen
▽F, ▽M, ▽M▽M
oder ▽F▽F</td></tr>
</table>

1) Materialien, die nach dem Einbau noch leichtentflammbar im Sinne von DIN 4102 Teil 1 sind, dürfen nach den Bauordnungen der Bundesländer für Gebäudeteile nicht verwendet werden.

2) Auch Leuchten mit getrennt angeordneten Vorschaltgeräten nach VDE 0710 Teil 1, DIN 57 710 Teil 5/VDE 0710 Teil 5, DIN 57 710 Teil 14/VDE 0710 Teil 14 oder nach DIN 57 710 Teil 15/VDE 0710 Teil 15.
In dieser VDE-Bestimmung bzw. diesen als VDE-Bestimmung gekennzeichneten Normen ist auch die Bedeutung der Kennzeichen festgelegt.

Tabelle 2. Leuchten für die Montage in und an Einrichtungsgegenständen (Möbelleuchten)

<table>
<tr><th>Einrichtungsgegenstände aus Werkstoffen</th><th>Leuchten für Entladungslampen [1]) mit den Zeichen</th><th>Leuchten für Glühlampen mit dem Zeichen</th></tr>
<tr><td>– die in ihrem Brandverhalten nichtbrennbaren Baustoffen im Sinne von DIN 4102 Teil 1, z. B. Metall, entsprechen.</td><td rowspan="2">▽M oder ▽M▽M</td><td rowspan="3">▽M▽M</td></tr>
<tr><td>– die in ihrem Brandverhalten schwer- oder normalentflammbaren Baustoffen im Sinne von DIN 4102 Teil 1, z. B. Holz oder Holzwerkstoffe, auch wenn sie beschichtet, lackiert oder furniert sind, entsprechen</td></tr>
<tr><td>– deren Brandverhalten nicht bekannt ist; gilt auch, wenn sie beschichtet, furniert oder lackiert sind.</td><td>▽M▽M</td></tr>
</table>

1) Auch Leuchten mit getrennt angeordneten Vorschaltgeräten nach VDE 0710 Teil 1, DIN 57 710 Teil 14/VDE 0710 Teil 14 und DIN 57 710 Teil 15/VDE 0710 Teil 15.
In dieser VDE-Bestimmung bzw. diesen als VDE-Bestimmung gekennzeichneten Normen ist auch die Bedeutung der Kennzeichen festgelegt.

4.2 Kondensatoren müssen wie folgt ausgewählt werden:
- bis 1,5 kvar Nennleistung mit Kennzeichnung Ⓕ oder (FP)
- über 1,5 kvar Nennleistung nur in Verbindung mit Entladewiderständen.

Anmerkung:

Die Zeichen Ⓕ und (FP) geben an, daß der Kondensator selbst im Fehlerfalle nicht zur Zündquelle für seine Umgebung wird, auch nicht bei Anwesenheit leichtentzündlicher Stoffe, z. B. in Schaufenstern.

4.3 Faßaußenleuchten und bewegliche Backofenleuchten müssen mit den Schutzmaßnahmen Schutzkleinspannung oder Schutztrennung betrieben werden. Sicherheitstransformatoren und Motorgeneratoren zum Erzeugen der Schutzkleinspannung sowie Trenntransformatoren und Trennumformer zum Herstellen der Schutztrennung müssen außerhalb des Fasses oder Backofens aufgestellt oder angebracht sein. Als bewegliche Leitungen müssen mindestens Leitungen der Bauart 07RN-F nach DIN 57 282 Teil 810/VDE 0282 Teil 810 oder diesen gleichwertige verwendet werden.

5 Errichtung

5.1 Aufhängevorrichtungen für Leuchten, z. B. Deckenhaken nach DIN 49 980, müssen die 5fache Masse der daran befestigten Leuchte, mindestens aber 10 kg, ohne Formveränderung tragen können.

5.2 Bei Unterputzinstallation müssen Zuleitungen für Wandleuchten in Wanddosen enden.

5.3 Werden die Bedingungen nach Abschnitt 4 bei Leuchten für Entladungslampen mit eingebautem Vorschaltgerät bzw. bei Vorschaltgeräten außerhalb von Leuchten nicht eingehalten, so müssen diese Betriebsmittel so angebracht werden, daß auch bei einem Fehler im Vorschaltgerät (Windungs- oder Körperschluß) für die Befestigungsfläche keine Brandgefahr besteht. Dazu sind die Anforderungen der Abschnitte 5.3.1 und 5.3.2 einzuhalten.

5.3.1 Leuchten für Entladungslampen ohne Zeichen ▽F dürfen auf Gebäudeteilen aus schwer- oder normalentflammbaren Baustoffen nach DIN 4102 Teil 1 angebracht werden, wenn ein Abstand von mindestens 35 mm von der Leuchte zur Befestigungsfläche eingehalten wird.
Sofern Leuchten gegenüber ihrer Befestigungsfläche nicht geschlossen sind, müssen sie auf ihrer ganzen Länge und Breite mit mindestens 1 mm dickem Blech abgedeckt werden.

5.3.2 Vorschaltgeräte nach VDE 0712 Teil 2 zum Einbau in Leuchten dürfen außerhalb von Leuchten nicht unmittelbar auf brennbarer Unterlage angebracht werden. Es sind ein Mindestabstand von 35 mm zur Befestigungsfläche und ausreichende Abstände zu anderen thermisch beeinflußten Flächen einzuhalten.
Werden diese Vorschaltgeräte in Gehäuse eingebaut, ist zusätzlich für die Abfuhr der Wärme zu sorgen.

5.4 An Orten, an denen leichtentzündliche Stoffe verwendet, ausgestellt oder gelagert werden, müssen
- Leuchten beliebiger Bauart,
- außerhalb von Leuchten angeordnete Vorschaltgeräte

so angebracht werden, daß diese Stoffe sich den Betriebsmitteln nicht so weit nähern können, daß eine Brandgefahr besteht.
Bei Strahlerleuchten sind die auf der Leuchte angegebenen Mindestabstände einzuhalten.

5.5 Werden vom Errichter Leitungen durch die Leuchte geführt (Durchgangsverdrahtung), so sind die Festlegungen der Abschnitte 5.5.1 bis 5.5.3 zu beachten.

5.5.1 Es dürfen nur Leuchten verwendet werden, die für Durchgangsverdrahtung vorgesehen sind. Sind keine Angaben über die zu verwendenden Leitungen vorhanden, müssen wärmebeständige Leitungen der Bauart H05SJ-K nach DIN 57 282 Teil 601/VDE 0282 Teil 601 oder diesen gleichwertige verwendet werden.

5.5.2 In Leuchten dürfen die Leitungen mehrerer Leuchtenstromkreise gemeinsam verlegt werden, wenn die Leuchten dafür vorgesehen sind.

5.5.3 Soweit Klemmen verwendet werden, müssen sie als Verbindungsklemmen nach DIN 57 606/VDE 0606 ausgebildet sein. Sie müssen an der Leuchte befestigt sein. Ihre aktiven Teile müssen gegen direktes Berühren geschützt sein.
Anmerkung:
Bestimmungen für Steckverbinder in Vorbereitung.

5.6 Leuchten im Drehstromkreis

5.6.1 Leuchtengruppen, die unter Mitführung nur eines gemeinsamen Neutralleiters auf die drei Außenleiter eines Drehstromnetzes verteilt werden, sind wie Drehstrom-Verbrauchsmittel zu behandeln.

5.6.2 Drehstromkreise müssen durch einen Schalter freigeschaltet werden können. Dieser Schalter muß alle nicht geerdeten Leiter gleichzeitig schalten.

5.6.3 Die zu einem Drehstromkreis gehörenden Leitungen müssen in einer mehradrigen Leitung, in einem Rohr oder in denselben Hohlräumen von Lichtbändern oder Vouten verlegt werden, die zur Aufnahme der Leitungen bestimmt sind.

5.7 Bei der Beleuchtung von Maschinen mit sich bewegenden Teilen und bei der Beleuchtung von Betriebsstätten, in denen solche Maschinen betrieben werden, müssen Maßnahmen getroffen werden, um stroboskopische Effekte zu vermindern, z. B. Wahl geeigneter Lampen, Anwendung der Duo- oder Dreiphasenschaltungen.

6 Vorführstände für Leuchten

6.1 An Vorführständen für hängende Leuchten sind zum Anschluß der Leuchten nur Steckdosen nach DIN 49 440 oder Stromschienensysteme für Leuchten nach DIN IEC 570/VDE 0711 Teil 300 zulässig.

6.2 An Vorführständen für Wandleuchten sind zum Anschluß der Leuchten nur Steckdosen nach DIN 49 440 oder Stromschienensysteme für Leuchten nach DIN IEC 570/VDE 0711 Teil 300 zulässig. Anschluß über Klemmen ist zulässig, wenn die Klemmen erst nach zwangsläufiger Freischaltung zugänglich sind.

6.3 In Stromkreisen für Vorführstände müssen Fehlerstrom-Schutzeinrichtungen mit einem Nenn-Fehlerstrom $I_{\Delta n} \leq 30$ mA verwendet werden.

6.4 Die Abschnitte 6.1 bis 6.3 gelten nicht, wenn die Vorführstände mit Schutzkleinspannung betrieben werden.

Zitierte Normen

DIN 4102 Teil 1	Brandverhalten von Baustoffen und Bauteilen; Baustoffe; Begriffe, Anforderungen und Prüfungen
DIN 49 440	Zweipolige Steckdosen mit Schutzkontakt, 10 A 250 V≃ und 10 A 250 V–, 16 A 250 V~, Hauptmaße
DIN 49 980	Elektrische Leuchten; Deckenhaken, Deckenkappen
VDE 0100	Bestimmungen für das Errichten von Starkstromanlagen mit Nennspannungen bis 1000 V
DIN 57 100 Teil 200/ VDE 0100 Teil 200	Errichten von Starkstromanlagen mit Nennspannungen bis 1000 V; Allgemeingültige Begriffe [VDE-Bestimmung]
DIN 57 100 Teil 706/ VDE 0100 Teil 706	Errichten von Starkstromanlagen mit Nennspannungen bis 1000 V; Begrenzte leitfähige Räume [VDE-Bestimmung]

Übrige Normen der Reihe DIN 57 100/VDE 0100 siehe

Beiblatt 2 zu DIN 57 100/ VDE 0100	Errichten von Starkstromanlagen mit Nennspannungen bis 1000 V; Verzeichnis der einschlägigen Normen
DIN 57 282 Teil 601/ VDE 0282 Teil 601	Gummi-isolierte Starkstromleitungen; Wärmebeständige Silikon-Aderleitungen [VDE-Bestimmung]
DIN 57 282 Teil 810/ VDE 0282 Teil 810	Gummi-isolierte Starkstromleitungen; Gummischlauchleitungen 07RN [VDE-Bestimmung]
DIN 57 606/ VDE 0606	VDE-Bestimmung für Verbindungsmaterial bis 750 V, Installations-Kleinverteiler und Zählerplätze bis 250 V
VDE 0710 Teil 1	Vorschriften für Leuchten mit Betriebsspannungen unter 1000 V; Allgemeine Vorschriften
DIN 57 710 Teil 5/ VDE 0710 Teil 5	Leuchten mit Betriebsspannungen unter 1000 V; Leuchten mit begrenzter Oberflächentemperatur [VDE-Bestimmung]
DIN 57 710 Teil 14/ VDE 0710 Teil 14	Leuchten mit Betriebsspannungen unter 1000 V; Leuchten zum Einbau in Möbel [VDE-Bestimmung]

DIN 57 710 Teil 15/ VDE 0710 Teil 15	Leuchten mit Betriebsspannungen unter 1000 V; Ortsfeste Leuchten für Entladungslampen mit getrennt angeordneten Vorschaltgeräten, Kondensatoren oder Startgeräten [VDE-Bestimmung]
DIN IEC 570/ VDE 0711 Teil 300	Elektrische Stromschienensysteme für Leuchten [VDE-Bestimmung]
VDE 0712 Teil 2	Bestimmungen für Entladungslampenzubehör mit Nennspannungen bis 1000 V; Besondere Bestimmungen für Vorschaltgeräte

Weitere Normen

DIN 4102 Teil 4	Brandverhalten von Baustoffen und Bauteilen; Zusammenstellung und Anwendung klassifizierter Baustoffe, Bauteile und Sonderbauteile

Frühere Ausgaben

VDE 0100:05.73
VDE 0100g/07.76
(Bisheriger Entwicklungsgang siehe Beiblatt 1 zu DIN 57 100/VDE 0100)
VDE 0108/02.72

Änderungen

Gegenüber § 32 aus VDE 0100/05.73 und VDE 0100g/07.76 wurden folgende Änderungen vorgenommen:

a) Montage an und in Einrichtungsgegenständen.
b) Durchgangsverdrahtung von Leuchten.
c) Aufnahme von Vorführständen für Leuchten, wobei einige Anforderungen aus VDE 0108/02.72 § 20 f) übernommen wurden.
d) Die Festlegungen für „begrenzte leitfähige Räume" sind in DIN 57 100 Teil 706/VDE 0100 Teil 706 „Begrenzte leitfähige Räume" überführt.
e) Aufgrund der Einspruchsberatung wurde eine redaktionelle Bearbeitung vorgenommen.

Erläuterungen

Diese als VDE-Bestimmung gekennzeichnete Norm wurde ausgearbeitet vom Komitee 221 „Errichten von Starkstromanlagen bis 1000 V" der Deutschen Elektrotechnischen Kommission im DIN und VDE (DKE).
Die Vorschriften für Leuchten im Vorschriftenwerk des VDE haben mit die längste Tradition, denn zu Beginn der Elektrizitätsanwendung bezog sich die Technik im wesentlichen auf die Leitungsverlegung für Beleuchtungsanlagen.
Errichtungs-, Bau- und Betriebsfestlegungen waren in einer Vorschrift zusammengefaßt. In der Ausgabe V.E.S.1./1930 „Vorschriften nebst Ausführungsregeln für die Errichtung von Starkstromanlagen mit Betriebsspannungen unter 1000 V" wurden unter anderem Leuchten und Zubehör sowie Fassungen und Lampen behandelt.
Es handelte sich um Anforderungen, die heute Bestandteil der Normen der Reihe DIN 57 710/VDE 0710 und der Entwürfe der Reihe DIN 57 712/VDE 0712 sind.
Seit es Sicherheitsvorschriften für Leuchten und Beleuchtungsanlagen gibt, sind sie maßgeblich von den Feuerversicherern beeinflußt worden. Verursachte Brände waren Anlaß, die Festlegungen ständig anzupassen.
Die immer mehr aufkommenden Leuchten mit Entladungslampen und die separat angeordneten Vorschaltgeräte für Leuchten mit Entladungslampen sowie Strahlerleuchten führten zu Bränden. Die Kommission VDE 0100 setzte einen Gemeinschafts-Arbeitskreis mit der Leuchtenkommission VDE 0710 ein. Das Ergebnis der Beratung wurde nach der Einspruchsberatung in VDE 0100/05.73 § 32 „Leuchten und Beleuchtungsanlagen" übernommen.
Mit diesen Bestimmungen wurden erstmalig Anforderungen über die Auswahl von Leuchten und Festlegungen für die Errichtung von Beleuchtungsanlagen getroffen.

Anlaß für die erneute Überarbeitung des § 32 von VDE 0100/05.73 war, daß differenziertere Aussagen für die Anbringung von Leuchten auf Einrichtungsgegenständen erforderlich wurden.
Da die meisten Werkstoffe, die für die Herstellung der Einrichtungsgegenstände verwendet werden, als Baustoffe im Sinne von DIN 4102 Teil 1 eingestuft werden können, wurde eine Angleichung beider Festlegungen vorgenommen.
So wird zwar nach der Montage von Leuchten auf Gebäudeteilen und in und an Einrichtungsgegenständen unterschieden, dabei aber nur auf die Art der Baustoffe Bezug genommen.

Zu Abschnitt 4, Tabelle 1:
Für die Anbringung auf brennbarer Befestigungsfläche sind für Leuchten mit Entladungslampen und für Vorschaltgeräte besondere Anforderungen festgelegt.
Leuchten dürfen im normalen Betrieb zur Befestigungsfläche keine höhere Temperatur als 95 °C annehmen. Leuchten für Entladungslampen und Vorschaltgeräte können im anormalen Betrieb – beim Versagen des Starters – eine Temperatur bis 130 °C und im Fehlerfall – bei Windungsschluß – im Vorschaltgerät bis 180 °C annehmen.
Sie sind deshalb mit ▽F gekennzeichnet.

Zu Abschnitt 4, Tabelle 2:
Bei einer solchen Kennzeichnung sind sie geeignet für die Montage auf nichtbrennbaren, schwer- oder normalentflammbaren Baustoffen.

Für die Montage auf Einrichtungsgegenständen wird nach Werkstoffen unterschieden, die auch gleichzeitig als Baustoffe nach DIN 4102 Teil 1 anerkannt sind. In diesem Zusammenhang ist zu bemerken, daß für Gebäudeteile nur nichtbrennbare oder schwer- bzw. normalentflammbare Baustoffe verwendet werden dürfen. Leichtentflammbare Baustoffe im Sinne von DIN 4102 Teil 1 dürfen nach dem Baurecht nicht für Gebäudeteile verwendet werden, es sei denn, das Material ist allseitig durch nichtbrennbare Baustoffe umschlossen, z. B. schwimmender Estrich.

Solange für Einrichtungsgegenstände Baustoffe verwendet werden, deren Brandverhalten nach DIN 4102 Teil 1 beurteilbar ist und sie nicht leichtentflammbar sind, können die Auswahlkriterien für Baustoffe herangezogen werden. In diesen Fällen müssen allerdings Leuchten mit der Kennzeichnung ▽M ausgewählt werden. Solche mit ▽M gekennzeichneten Leuchten erfüllen folgende drei Bedingungen:

- Einhaltung der zulässigen Temperatur zur Befestigungsfläche hin,
- Aufschrift, in welcher Gebrauchslage die Leuchte montiert werden darf und
- erforderliche Abstände zu thermisch beeinflußten Flächen.

Da für Einrichtungsgegenstände das Baurecht nicht gilt, können Werkstoffe verwendet werden, deren Brandverhalten nicht bekannt ist. In diesem Fall sind Leuchten einzusetzen mit der Kennzeichnung ▽M ▽M. Bei diesen Leuchten ist zusätzlich noch die Oberflächentemperatur begrenzt.

Da bei Glühlampen-Leuchten der anormale oder fehlerhafte Betrieb nicht auftreten kann, erfüllen sie gegenüber Leuchten für Entladungslampen von Haus aus die Forderung nach begrenzter Oberflächentemperatur. Deshalb braucht in der Tabelle 2 nicht zwischen ▽M – und ▽M ▽M – gekennzeichneten Leuchten unterschieden zu werden.

Weiterhin wurde vereinfacht, daß für die Auswahl der Leuchten nur der Werkstoff des Einrichtungsgegenstandes zu berücksichtigen ist. Lacke, Beschichtungen und Furniere sowie Kleber zum Befestigen von Beschichtungen entfallen bei der Beurteilung für die Auswahl von Leuchten. Diese getroffenen Festlegungen gelten auch für Leuchten mit getrennt angeordneten Vorschaltgeräten. Bei der Auswahl von Leuchten für die Anbringung auf oder in Einrichtungsgegenständen ist auf den Leuchten angegeben, in welcher Gebrauchslage und in welchen Abständen sie montiert werden dürfen.

Eine solche Aussage besteht nicht für die Montage von Leuchten auf Baustoffen (siehe Tabelle 1). Hier können die Abstände zu thermisch beeinflußten Flächen ebenfalls von Bedeutung sein. In begründeten Einzelfällen muß deshalb der Hersteller der Leuchten angesprochen werden.

Zu Abschnitt 4.3:
Bei Überarbeitung von DIN 57 100 Teil 706/VDE 0100 Teil 706/11.82 wird dort der Abschnitt 4.7 gestrichen.

Zu Abschnitt 5.3.1:
In diesem Abschnitt werden zusätzliche Aussagen gemacht, wenn z. B. nicht die richtigen Leuchten für die Montage auf brennbarer Unterlage zur Verfügung stehen.

Zu Abschnitt 5.3.2:
Für Vorschaltgeräte, die außerhalb von Leuchten für Entladungslampen angebracht werden, bedarf es der zusätzlichen Festlegung durch die Errichtung; da Vor-

schaltgeräte als unabhängiges Zubehör, das für die Montage auf brennbarer Befestigungsfläche geeignet ist, nicht gefertigt werden. Deshalb mußten Anforderungen für die Errichtung festgelegt werden.
In diesem Zusammenhang ist zu bemerken, daß in der Bestimmung für Vorschaltgeräte festgelegt ist, daß Vorschaltgeräte mit der Kennzeichnung Ⓕ auf brennbarer Unterlage montiert werden dürfen.

Zu Abschnitt 5.5.1:
Für die Durchgangsverdrahtung durch Leuchten wurden besondere Aussagen getroffen, da sich bisher die Auswahl der zu verwendenden Leitungen für den Errichter schwer gestaltete. Deshalb wurde festgelegt, daß nur Leuchten verwendet werden dürfen, die für die Durchgangsverdrahtung geeignet sind.
Bezüglich der auszuwählenden Leitungen wurde festgestellt, daß üblicherweise die vom Hersteller der Leuchten verwendeten Sets zur Durchgangsverdrahtung zu verwenden sind. Sollten diese konfektionierten Durchgangsverdrahtungen nicht erhältlich sein, hat der Errichter wärmebeständige Leitungen der Bauart H05SJ-K nach DIN 57 282 Teil 601/VDE 0282 Teil 601 oder gleichwertige auszuwählen.

Zu Abschnitt 6:
Neu für den Anwendungsbereich dieser Bestimmung sind die Vorführstände für Leuchten. Dieser Bestimmungstext war ursprünglich in VDE 0108/02.72 verankert. Das Komitee 223 „Starkstromanlagen in baulichen Anlagen für Menschenansammlungen" war der Auffassung, daß diese Aussagen sich nicht nur auf den Anwendungsbereich der neuen DIN 57 108/VDE 0108 beziehen dürfen, sondern flächendeckend in einer Norm der Reihe DIN 57 100/VDE 0100 aufzunehmen seien. Auch die gewerblichen Berufsgenossenschaften vertraten diese Auffassung. Um bei der Vorführung von Leuchten das vorführende Personal zu schützen, wurde der FI-Schutzschalter mit einem Nenn-Fehlerstrom $I_{\Delta n} \leq 30$ mA vorgeschrieben. Um Laien die Vorführung von Leuchten zu erleichtern, ist gleichzeitig vorgeschrieben, daß Steckdosen entsprechend DIN 49 440 vorzusehen sind. Eine Ausnahme besteht lediglich bei der Verwendung von Stromschienensystemen.

Internationale Patentklassifikation

H 02 B 1/20

	Errichten von Starkstromanlagen mit Nennspannungen bis 1000 V Teil 5: Auswahl und Errichtung elektrischer Betriebsmittel Kapitel 56: Elektrische Anlagen für Sicherheitszwecke (IEC 364-5-56:1980, modifiziert) Deutsche Fassung HD 384.5.56 S1:1985)	DIN VDE 0100-560
VDE	Diese Norm ist zugleich eine **VDE-Bestimmung** im Sinne von VDE 0022. Sie ist nach Durchführung des vom VDE-Vorstand beschlossenen Genehmigungsverfahrens unter nebenstehenden Nummern in das VDE-Vorschriftenwerk aufgenommen und in der etz Elektrotechnische Zeitschrift bekanntgegeben worden.	Klassifikation **VDE 0100** Teil 560

Diese Norm enthält die Deutsche Fassung des Harmonisierungsdokuments **HD 384.5.56 S1**

ICS 13.320; 29.240.00

Deskriptoren: Starkstromanlage, Nennspannung, elektrisches Betriebsmittel, elektrische Anlage, Sicherheitszweck

Erection of power installations with nominal voltages up to 1000 V –
Part 5: Selection and erection of equipment –
Chapter 56: Supplies for safety services
(IEC 364-5-56:1980, mod);
German version HD 384.5.56 S1:1985

Exécution des installations à courant fort de tension nominale inférieure ou égale à 1000 V –
Cinquième partie: Choix et mise en œuvre des matériels électriques –
Chapitre 56: Services de sécurité
(CEI 364-5-56:1980, mod);
Version allemande HD 384.5.56 S1:1985

Ersatz für
DIN 57100-560
(VDE 0100 Teil 560):1984-11
Teilweiser Ersatz für
DIN VDE 0107
(VDE 0107):1994-10
und
DIN VDE 0108-1
(VDE 0108 Teil 1):1989-10
(siehe Nationales Vorwort)
Siehe jedoch Übergangsfrist!

Diese Norm enthält das Europäische Harmonisierungsdokument HD 384.5.56 S1:1985, „Elektrische Anlagen von Gebäuden – Teil 5: Auswahl und Errichtung elektrischer Betriebsmittel – Kapitel 56: Elektrische Anlagen für Sicherheitszwecke", das die Internationale Norm IEC 364-5-56:1980 „Electrical installations of buildings – Part 5: Selection and erection of electrical equipment – Chapter 56: Safety services" mit gemeinsamen Abänderungen von CENELEC enthält. Sie enthält auch in einem Nationalen Anhang Kapitel 35 des Europäischen Harmonisierungsdokumentes HD 384.3 S1:1986, das die Internationale Norm IEC 364-3:1977, Änderung 1:1980, IEC 364-3A:1979 und IEC 364-3B:1980, „Electrical installations of buildings – Part 3: Assessment of general characteristics", mit gemeinsamen Abänderungen von CENELEC enthält.

Beginn der Gültigkeit

Diese Norm gilt ab 1. Juli 1995.

Der Entwurf war veröffentlicht als E DIN VDE 0100-560/A1 (VDE 0100 Teil 560/A1):1993-12.

Für am 1. Juli 1995 in Planung oder in Bau befindliche Anlagen gelten die Festlegungen von Ausgabe November 1984 und die ersetzten Festlegungen von DIN VDE 0107 (VDE 0107):1994-10 und DIN VDE 0108-1 (VDE 0108 Teil 1):1989-10 noch in einer Übergangsfrist bis 31. Dezember 1995.

Fortsetzung Seite 2 bis 6
und 4 Seiten HD

Deutsche Elektrotechnische Kommission im DIN und VDE (DKE)

Nationales Vorwort

Diese Norm enthält die Deutsche Fassung des Europäischen Harmonisierungsdokumentes HD 384.5.56 S1 „Elektrische Anlagen von Gebäuden – Teil 5: Auswahl und Errichtung elektrischer Betriebsmittel – Kapitel 56: Elektrische Anlagen für Sicherheitszwecke", Ausgabe 1985, das die Internationale Norm IEC 364-5-56:1980 „Electrical installations of buildings – Part 5: Selection and erection of electrical equipment – Chapter 56: Safety services" mit gemeinsamen Abänderungen von CENELEC enthält. Sie enthält auch im Nationalen Anhang NB (normativ) das Kapitel 35 des Europäischen Harmonisierungsdokumentes HD 384.3 S1:1986, das die Internationale Norm IEC 364-3:1977, Änderung 1:1980, IEC 364-3A:1979 und IEC 364-3B:1980 „Electrical installations of buildings – Part 3: Assessment of general characteristics" mit gemeinsamen Abänderungen von CENELEC enthält. Sobald die erwartete Fassung des Europäischen Harmonisierungsdokumentes HD 384.3 S2 fertiggestellt ist und in einer Folgenorm von DIN VDE 0100-300 (VDE 0100 Teil 300):1985-11 umgesetzt ist, kann der Nationale Anhang NB (normativ) hier entfallen. In der seinerzeitigen nationalen Beratung der Stellungnahmen war Kapitel 35 des HD 384.3 S1 nicht der VDE-Klassifikation VDE 0100 Teil 300, sondern VDE 0100 Teil 560 zugeordnet worden.

Das Europäische Harmonisierungsdokument HD 384.5.56 S1 wurde vom CENELEC/TC 64 „Elektrische Anlagen von Gebäuden" erarbeitet.

Für die vorliegende Norm ist das nationale Arbeitsgremium UK 221.1 „Industrie" der Deutschen Elektrotechnischen Kommission im DIN und VDE (DKE) zuständig. Mit Herausgabe dieser Norm wird gegenüber der früheren Ausgabe 1984-11 eine bessere Angleichung an das Harmonisierungsdokument HD 384.5.56 S1 erreicht. Bild N.1 zeigt die Eingliederung dieser Norm in die Struktur der Reihe der Normen DIN VDE 0100 (VDE 0100).

Zum Ersatzvermerk

Aus DIN VDE 0107 (VDE 0107):1994-10 wird Abschnitt 3.1.2 bezüglich der Stromquellen und Abschnitt 5.10.3 ersetzt. Aus DIN VDE 0108-1 (VDE 0108 Teil 1):1984-10 wird der 3. Absatz in Abschnitt 6.4.4.2 ersetzt.

Zu Abschnitt 2 des Vorwortes (Anwendungsbereich):

Diese als VDE-Bestimmung gekennzeichnete Norm gilt für elektrische Anlagen für Sicherheitszwecke.

Sie gilt nur in Verbindung mit den entsprechenden anderen Normen der Reihe DIN VDE 0100 sowie mit den noch nicht ersetzten Paragraphen von DIN VDE 100 (VDE 0100):1973-05 und DIN VDE 0100g (VDE 0100g):1976-07.

DIN VDE 0107 (VDE 0107) und die Reihe der Normen DIN VDE 0108 (VDE 0108) enthalten für ihre Anwendungsbereiche spezielle Anforderungen.

Die Benennung „Versorgungseinrichtung für Sicherheitszwecke" ist in DIN VDE 0100-200 (VDE 0100 Teil 200):1993-11, Abschnitt 2.1.5, erklärt.

Zu Abschnitt 562 und Hauptabschnitt 352:

Stromquellen für Sicherheitszwecke sind im Nationalen Anhang NB wiedergegeben. Bezüglich der Akkumulatoren ist zu beachten, daß Starterbatterien für Fahrzeuge im allgemeinen nicht die Anforderungen an Stromquellen für Sicherheitszwecke erfüllen.

Tabelle 1: Einteilung der Stromquellen nach der Unterbrechungszeit

Unterbrechung	Unterbrechungszeit in s
unterbrechungslos	0
sehr kurz	bis 0,15
kurz	über 0,15 bis 0,5
mittlere	über 0,5 bis 15
lange	über 15

Die Einschaltverzögerung bestimmt die Länge der Unterbrechungszeit.

Zu Abschnitt 562.1.2:

Die Betriebsmittel müssen in angemessener Zeit einem Brand widerstehen.

Welche Zeit im Sinne des Abschnittes 562.1.2 als angemessen gilt, wird in vielen Fällen durch behördliche Auflagen festgelegt. Es kann sich hierbei auch um privatrechtliche Vereinbarungen, z. B. in Form von Versicherungsverträgen, handeln.

Zu Abschnitt 562.1:

Es kann sich hierbei auch um ein fahrbares Aggregat handeln, das für die Betriebsdauer ortsfest aufgestellt wurde (vgl. hierzu auch Abschnitt 2.7.6 in DIN VDE 0100-200 (VDE 0100 Teil 200):1993-11).

Zu Abschnitt 562.4 und Hauptabschnitt 351:

Eine zusätzliche Einspeisung aus der allgemeinen Stromversorgung, die von der normal versorgenden Netz- einspeisung unabhängig ist, darf verwendet werden, wenn durch den Netzaufbau und den Betrieb sichergestellt werden kann, daß

- nicht beide Einspeisungen gleichzeitig ausfallen oder spannungslos sind oder
- eine notwendige netztechnische Trennung der beiden Einspeisungen innerhalb der zulässigen Einschaltverzögerung liegt.

Zu Abschnitt 562.5:

In der früheren Ausgabe DIN VDE 0100-560 (VDE 0100 Teil 560):1984-11 wurde es für vertretbar gehalten, auch wenn nur eine Stromquelle für Sicherheitszwecke vorhanden ist, diese für andere Zwecke zu verwenden, wenn dadurch die Verfügbarkeit für Sicherheitszwecke bei Ausfall der allgemeinen Stromversorgung nicht beeinträchtigt wird. Unabdingbare Voraussetzung war jedoch, daß genügend Leistung vorhanden ist und durch Störungen an unwichtigen Verbrauchern die Versorgung der Sicherheitseinrichtungen nicht gefährdet wird.

Aufgrund der europäischen Verpflichtung zur Harmonisierung der Normen mußte diese Erlaubnis jedoch entfallen. Jedoch wird die Erlaubnis nach wie vor deutscherseits gewünscht, so daß bei IEC ein Normungsantrag gestellt wurde, den ersten Satz von Abschnitt 562.5 wie folgt zu fassen:

„Wenn nur eine Stromquelle für Sicherheitszwecke vorhanden ist, darf diese nicht für andere Zwecke verwendet werden, wenn dadurch die Verfügbarkeit für Sicherheitszwecke bei Ausfall der allgemeinen Stromversorgung beeinträchtigt wird."

Inwieweit sich der deutsche Wunsch durchsetzen wird, bleibt abzuwarten.

Als **eine** Stromquelle gelten auch mehrere parallele Stromquellen, wenn vorgesehen ist, daß diese nur gemeinsam betrieben werden.

Zu Abschnitt 563.1:

Die Leitungen zu einzelnen Betriebsmitteln **in einem Raum** (z. B. zu Normal- und zu Sicherheitsleuchten) brauchen nicht getrennt voneinander verlegt zu werden.

Angaben zu schwerentflammbaren Baustoffen sind in DIN 4102-1 enthalten.

Es sind die gesetzlichen und behördlichen bauaufsichtlichen Brandschutzanforderungen an Kabel- und Leitungsanlagen zu beachten.

Insbesondere sind dies die

- Landesbauordnungen,
- Verordnung über den Bau von Betriebsräumen für elektrische Anlagen (EltBAUVO),
- Richtlinien über brandschutztechnische Anforderungen an Leitungsanlagen.

Die Muster der genanten Vorschriften sind im Beiblatt 1 zu DIN VDE 0108 (Beiblatt 1 zu VDE 0108) abgedruckt. In den Bundesländern können Abweichungen hiervon gelten. Welche Vorschriften in den einzelnen Bundesländern gelten, ist im Zweifelsfall beim verantwortlichen Bauleiter oder bei der zuständigen Bauaufsichtsbehörde zu erfragen. Weiterhin sind die relevanten Normen, z. B. DIN VDE 0107 (VDE 0107) und Normen der Reihe DIN VDE 0108 (VDE 0108) von Bedeutung. Darüber hinaus können für die jeweiligen Anwendungsbereiche auch anderslautende Anforderungen an die Kabel- und Leitungsanlagen in elektrischen Anlagen für Sicherheitszwecke gelten, z. B. die sicherheitstechnischen Regeln des kerntechnischen Ausschusses (KTA-Regeln)[1]) oder die Richtlinien des Verbandes der Schadenversicherer e. V. (VdS)[2]).

Zu Abschnitt 564.1:

Quecksilberdampf-Hochdrucklampen können z. B. erst nach dem Abkühlen wieder gezündet werden.

Zu Abschnitt 565 und Abschnitt 566:

Das nichtsynchronisierte Zusammenschalten von Stromerzeugern untereinander oder mit dem Versorgungsnetz muß in jedem Fall sicher verhindert sein (vgl. hierzu auch DIN VDE 0100-728 (VDE 0100 Teil 728)).

In den anderen Normen der Reihe DIN VDE 0100 (VDE 0100) sind zur Zeit die Anforderungen der Abschnitte 565 und 566 nicht abgedeckt.

Zu Abschnitt 566.1:

Als **eine** Stromquelle gelten auch mehrere parallele Stromquellen, wenn vorgesehen ist, daß diese nur gemeinsam betrieben werden.

---

1) Bundesamt für Strahlenschutz, Fachbereich kerntechnische Sicherheit (KTA-Geschäftsstelle) Postfach 100149, 38201 Salzgitter

2) Postfach 103753, 50668 Köln

Der Zusammenhang der in dieser Norm zitierten Normen und anderen Unterlagen mit den entsprechenden Deutschen Normen und anderen Unterlagen ist nachstehend wiedergegeben.

Für den Fall einer undatierten Verweisung im normativen Text (Verweisung auf eine Norm oder andere Unterlage ohne Angabe des Ausgabedatums und ohne Hinweis auf eine Abschnittsnummer, eine Tabelle, ein Bild usw.) bezieht sich die Verweisung auf die jeweils neueste gültige Ausgabe der in Bezug genommenen Norm oder anderen Unterlage.

Für den Fall einer datierten Verweisung im normativen Text bezieht sich die Verweisung immer auf die in Bezug genommene Ausgabe der Norm oder anderen Unterlage.

Zum Zeitpunkt der Veröffentlichung dieser Norm waren die angegebenen Ausgaben gültig.

Europäische Norm	Internationale Norm	Deutsche Norm	Klassifikation im VDE-Vorschriftenwerk
Abschnitt 473.1 in HD 384.4.47	IEC 364-4-47: 1981	DIN VDE 0100-470 (VDE 0100 Teil 470):1992-10, Abschnitt 6.1	VDE 0100 Teil 470
HD 384	IEC 364	Normen der Reihe DIN VDE 0100 (VDE 0100)	VDE 0100
HD 384.1	IEC 364-1:1972 mit Amendment No. 1:1976 Inzwischen gilt IEC 364-1:1992	DIN VDE 0100-100 (VDE 0100 Teil 100):1982-05	VDE 0100 Teil 100
HD 384.3	IEC 364-3:1977 Änderung 1: 1980 IEC 364-3A:1979 IEC 364-3B:1980 Inzwischen gilt IEC 364-3:1993	DIN VDE 0100-300 (VDE 0100 Teil 300):1985-11	VDE 0100 Teil 300
HD 384.5.56	IEC 364-5-56:1980	DIN VDE 0100-560 (VDE 0100 Teil 560):1995-07 (vorliegende Norm)	VDE 0100 Teil 560

Die Titel der Deutschen Normen sind im Anhang NA aufgeführt.

Nationaler Anhang NA (informativ)

Literaturhinweise in nationalen Zusätzen

DIN 4102-1 — Brandverhalten von Baustoffen und Bauteilen – Baustoffe; Begriffe, Anforderungen und Prüfungen

DIN VDE 0100-100 (VDE 0100 Teil 100):1982-05 — Errichten von Starkstromanlagen mit Nennspannungen bis 1000 V – Anwendungsbereich, Allgemeine Anforderungen

DIN VDE 0100-300 (VDE 0100 Teil 300):1985-11 — Errichten von Starkstromanlagen mit Nennspannungen bis 1000 V – Allgemeine Angaben zur Planung elektrischer Anlagen

DIN VDE 0100-470 (VDE 0100 Teil 470):1992-10 — Errichten von Starkstromanlagen mit Nennspannungen bis 1000 V – Schutzmaßnahmen; Anwendung der Schutzmaßnahmen

DIN VDE 0100-728 (VDE 0100 Teil 728) — Errichten von Starkstromanlagen mit Nennspannungen bis 1000 V – Ersatzstromversorgungsanlagen

Normen der Reihe DIN VDE 0100 — Errichten von Starkstromanlagen mit Nennspannungen bis 1000 V

Änderungen

Gegenüber DIN 57100-560 (VDE 0100 Teil 560):1984-11 wurden folgende Änderungen vorgenommen:

a) Vorrangigkeit von anderen besonderen Normen gestrichen.

b) Wenn nur eine Stromquelle für Sicherheitszwecke vorhanden ist, darf diese nicht für andere Zwecke verwendet werden.

c) Alarmeinrichtungen müssen eindeutig gekennzeichnet sein.

d) Übereinstimmung mit dem CENELEC-Harmonisierungsdokument.

Frühere Ausgaben

DIN 57100-560 (VDE 0100 Teil 560):1984-11

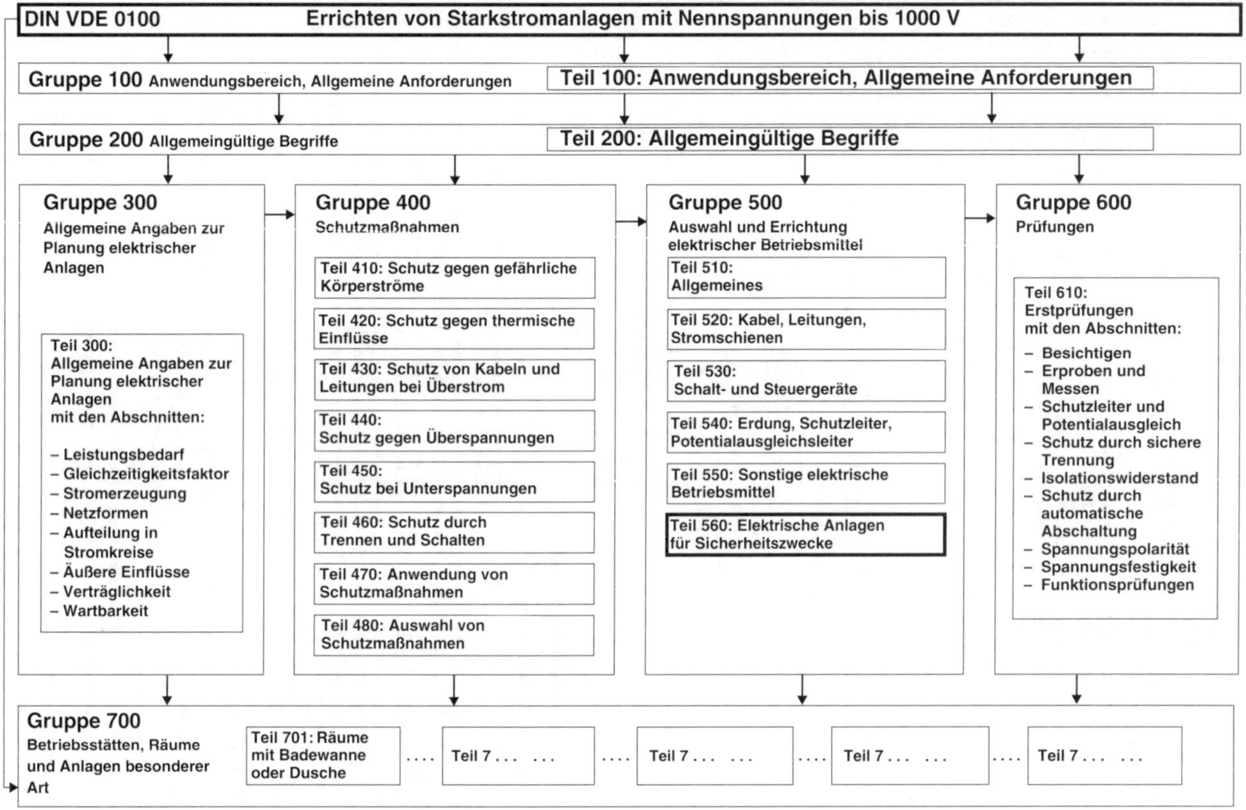

Bild N.1: Eingliederung dieser Norm in die Struktur der Reihe der Normen DIN VDE 0100

Nationaler Anhang NB (normativ)

Auszug aus CENELEC-HD 384.3 S1:1986

(4)

35 Stromquellen

351 Allgemeines

ANMERKUNG: Die Notwendigkeit und die Ausführung von elektrischen Anlagen für Sicherheitszwecke werden in vielen Fällen durch Behörden geregelt; die entsprechenden Verordnungen oder Vorschriften sind zu beachten.

Stromquellen für Sicherheitszwecke sind:

- Akkumulatoren-Batterien,
- Primärelemente,
- Generatoren, deren Antriebsmaschine unabhängig von der allgemeinen Stromversorgung ist,
- eine zusätzliche Einspeisung aus der allgemeinen Stromversorgung, die von der normalen Einspeisung aus dem Netz unabhängig ist (siehe Abschnitt 562.4 von HD 384.5.56).

352 Einteilung (der Stromquellen)

Eine Stromquelle für Sicherheitszwecke ist entweder

- nicht selbsttätig anlaufend bzw. einschaltend; Starten bzw. Einschalten erfolgen von Hand oder
- selbsttätig anlaufend bzw. einschaltend.

Selbsttätig anlaufende bzw. einschaltende Stromquellen werden entsprechend der Einschaltverzögerung wie folgt unterteilt:

- unterbrechungslos: fortlaufende Stromversorgung unter Einhaltung besonderer Bedingungen während der Übergangszeit, z. B. für Änderungen von Spannung und Frequenz;
- sehr kurze Unterbrechung: die selbsttätige Stromversorgung ist innerhalb von 0,15 s verfügbar;
- kurze Unterbrechung: die selbsttätige Stromversorgung ist innerhalb von 0,5 s verfügbar;
- mittlere Unterbrechung: die selbsttätige Stromversorgung ist innerhalb von 15 s verfügbar;
- lange Unterbrechung: die selbsttätige Stromversorgung ist nach mehr als 15 s verfügbar.

Gemeinsame CENELEC-Abänderung

(4) 35 Der Titel des Abschnitts 35 ist geändert, um mögliche Verwechselungen mit Alarmstromkreisen zu vermeiden.

HARMONISIERUNGSDOKUMENT
HARMONIZATION DOCUMENT
DOCUMENT D'HARMONISATION

HD 384.5.56 S1

April 1985

DK 621.316.172.744.001.25; 621.311:8.001.25; 614.825.001.25

Deskriptoren: Elektrische Anlagen von Gebäuden; Schutzmaßnahmen für Innenraumanlagen; Sicherheitstechnische Anforderungen; Elektrische Anlagen für Sicherheitszwecke; Anforderungen zur elektrischen Sicherheit

Deutsche Fassung

Elektrische Anlagen von Gebäuden

Teil 5: Auswahl und Errichtung elektrischer Betriebsmittel
Kapitel 56: Elektrische Anlagen für Sicherheitszwecke

(IEC 364-5-56:1980, mod)

Electrical installations of buildings
Part 5: Selection and erection of electrical equipment
Chapter 56: Safety services
(IEC 364-5-56:1980, mod)

Installations électriques des bâtiments
Cinquième partie: Choix et mise en œuvre des matériels électriques
Chapitre 56: Services de sécurité
(CEI 364-5-56:1980, mod)

Dieses Harmonisierungsdokument wurde von CENELEC am 13. April 1983 angenommen. Die CENELEC-Mitglieder sind gehalten, die CEN/CENELEC-Geschäftsordnung zu erfüllen, in der die Bedingungen für die Übernahme dieses Harmonisierungsdokumentes auf nationaler Ebene festgelegt sind.

Auf dem letzten Stand befindliche Listen dieser nationalen Übernahmen mit ihren bibliographischen Angaben sind beim Zentralsekretariat oder bei jedem CENELEC-Mitglied auf Anfrage erhältlich.

Dieses Harmonisierungsdokument besteht in drei offiziellen Fassungen (Deutsch, Englisch, Französisch).

CENELEC-Mitglieder sind die nationalen elektrotechnischen Komitees von Belgien, Dänemark, Deutschland, Finnland, Frankreich, Griechenland, Irland, Island, Italien, Luxemburg, Niederlande, Norwegen, Österreich, Portugal, Schweden, Schweiz, Spanien und dem Vereinigten Königreich.

CENELEC

Europäisches Komitee für Elektrotechnische Normung
European Committee for Electrotechnical Standardization
Comité Européen de Normalisation Electrotechnique

Zentralsekretariat: rue de Stassart 35, B-1050 Brüssel

Ref.Nr. HD 384.5.56 S1:1985 D

Entsprechend der CENELEC-Geschäftsordnung sind die CENELEC-Mitglieder gehalten:

das Bestehen dieses Harmonisierungsdokumentes auf nationaler Ebene
bis spätestens **1986-01-01** anzukündigen,

die Veröffentlichung dieses HD
bis spätestens **1986-10-01** vorzunehmen

und alle entgegenstehenden nationalen Normen
bis spätestens **1987-10-01** zurückzuziehen.

Vorwort

1. Bezugsdokument

Das Bezugsdokument für dieses Harmonisierungsdokument ist die IEC-Publikation 364-5-56, Erste Ausgabe, 1980, verfaßt vom IEC-Komitee TC 64 „Elektrische Anlagen von Gebäuden".

2. Anwendungsbereich

Der Anwendungsbereich ist gegeben durch das Harmonisierungsdokument HD 384.1.

3. Gemeinsame CENELEC-Abänderungen

Die gemeinsamen CENELEC-Abänderungen gegenüber dem Bezugsdokument sind durch einen Randstrich kenntlich gemacht und numeriert. Die Begründungen für diese Abänderungen sind im Anhang A aufgeführt.

Inhalt

ELEKTRISCHE ANLAGEN VON GEBÄUDEN

Teil 5: AUSWAHL UND ERRICHTUNG ELEKTRISCHER BETRIEBSMITTEL

(1)

56 Elektrische Anlagen für Sicherheitszwecke

(2)

561 Allgemeines

561.1.1 Bei der Auswahl der Stromquelle für Sicherheitszwecke ist die erforderliche Versorgungsdauer zu berücksichtigen.

561.1.2 Wenn eine elektrische Anlage für Sicherheitszwecke auch im Fall eines Brandes betrieben werden soll, müssen alle Betriebsmittel aufgrund ihrer Konstruktion oder durch geeignete Anordnung einem Brand während einer angemessenen Zeit widerstehen.

561.2 Schutzmaßnahmen bei indirektem Berühren ohne selbsttätige Abschaltung beim ersten Fehler sind zu bevorzugen. In IT-Systemen muß eine Isolationsüberwachungseinrichtung vorhanden sein, die beim Auftreten des ersten Fehlers ein akustisches und optisches Signal abgibt.

561.3 Betriebsmittel müssen so angeordnet werden, daß Prüfung und Wartung leicht möglich sind.

562 Stromquellen

(3)

ANMERKUNG: Starterbatterien für Fahrzeuge erfüllen im allgemeinen nicht die Anforderungen an Stromquellen für Sicherheitszwecke.

562.1 Die Stromquelle einer elektrischen Anlage für Sicherheitszwecke muß ortsfest aufgestellt sein und darf durch Fehler in der allgemeinen Stromversorgung nicht beeinträchtigt werden.

562.2 Die Stromquelle muß an einem geeigneten Ort aufgestellt werden und darf nur Elektrofachkräften oder elektrotechnisch unterwiesenen Personen zugänglich sein.

562.3 Der Aufstellungsort der Stromquelle muß, wenn notwendig, so belüftet werden, daß Auspuffgase, Rauch oder Dämpfe von der Stromquelle nicht in von Personen benutzte Bereiche (Räume) gelangen können.

562.4 Weitere unabhängige Einspeisungen aus der allgemeinen Stromversorgung sind nur zulässig, wenn sichergestellt ist, daß nicht beide Einspeisungen gleichzeitig ausfallen.

562.5 Wenn nur eine Stromquelle für Sicherheitszwecke vorhanden ist, darf diese nicht für andere Zwecke verwendet werden. Falls jedoch mehrere Stromquellen vorhanden sind, dürfen diese auch für andere Ersatzstromanwendungen eingesetzt werden, wenn bei Ausfall einer Stromquelle die verbleibende Leistung für das Anfahren und den Betrieb der Sicherheitseinrichtungen ausreicht. Das erfordert im allgemeinen die automatische Abschaltung von Verbrauchsmitteln, die keinen Sicherheitszwecken dienen.

562.6 Die Abschnitte 562.2 bis 562.5 gelten nicht für Verbrauchsmittel mit eingebauter Batteriestromversorgung.

563 Stromkreise (Leitungsnetz)

563.1 Stromkreise für Sicherheitszwecke müssen unabhängig von anderen Stromkreisen verlegt sein.

ANMERKUNG: Das heißt, elektrische Fehler, Eingriffe oder Änderungen in einer Anlage dürfen die Betriebssicherheit der anderen nicht beeinflussen. Dies kann eine feuerbeständige (schwerentflammbare) Abtrennung, die Benutzung getrennter Leitungswege oder besonderer Umhüllungen erfordern.

563.2 Stromkreise von elektrischen Anlagen für Sicherheitszwecke dürfen durch feuergefährdete Betriebsstätten nur dann geführt werden, wenn sie schwer entflammbar sind. In keinem Fall dürfen sie durch explosionsgefährdete Bereiche geführt werden.

ANMERKUNG: Soweit möglich, sollte die Durchführung von Stromkreisen durch feuergefährdete Betriebsstätten vermieden werden.

563.3 Der Schutz gegen Überlast nach Abschnitt 473.1 darf entfallen.

563.4 Bei Auswahl und Einbau von Überstrom-Schutzeinrichtungen ist zu beachten, daß der Überstrom eines Stromkreises die Betriebssicherheit anderer Stromkreise der elektrischen Anlage für Sicherheitszwecke nicht beeinträchtigt.

563.5 Schalt- und Steuergeräte müssen eindeutig gekennzeichnet und an Stellen zusammengefaßt sein, die nur Elektrofachkräften oder elektrotechnisch unterwiesenen Personen zugänglich sind.

(4)

563.6 Alarmeinrichtungen müssen eindeutig gekennzeichnet sein.

564 Verbrauchsmittel

564.1 In Beleuchtungsanlagen muß die Art der verwendeten Lampen auf die Einschaltverzögerung der Stromquelle abgestimmt sein, damit die vorgesehene Beleuchtungsstärke eingehalten wird.

564.2 Wenn Verbrauchsmittel an zwei verschiedene Stromkreise angeschlossen sind, darf ein Fehler in einem Stromkreis weder den Schutz bei indirektem Berühren noch die Betriebssicherheit des anderen Stromkreises beeinträchtigen. Derartige Verbrauchsmittel müssen gegebenenfalls an die Schutzleiter beider Stromkreise angeschlossen werden.

565 1) Zusätzliche Anforderungen an elektrische Anlagen für Sicherheitszwecke mit Stromerzeugern, die nicht für Parallelbetrieb geeignet sind

565.1 Es sind geeignete Maßnahmen zur Vermeidung des Parallellaufes anzuwenden, z. B. mechanische Verriegelung.

565.2 Schutz bei Kurzschluß und bei indirektem Berühren müssen für jeden Stromerzeuger wirksam sein.

566*) Zusätzliche Anforderungen an elektrische Anlagen für Sicherheitszwecke mit Stromerzeugern, die für Parallelbetrieb geeignet sind

ANMERKUNG: Der Parallelbetrieb unabhängiger Stromerzeuger (mit der allgemeinen Stromversorgung) erfordert im allgemeinen die Zustimmung des Energieversorgungsunternehmens. Besondere Schutzeinrichtungen, z. B. zur Verhinderung von Rückleistung, können erforderlich sein.

566.1 Schutz bei Kurzschluß und bei indirektem Berühren müssen für jede Stromquelle sowohl bei Einzel- als auch bei Parallelbetrieb sichergestellt sein.

566.2 Maßnahmen zur Strombegrenzung in der Sternpunktverbindung der Stromquellen, insbesondere gegen die Wirkung der dritten Harmonischen, müssen erforderlichenfalls ergriffen werden.

Anhang A (informativ)

Gemeinsame CENELEC-Abänderungen

(1)	Titel	Dieselbe Abänderung wie in Kapitel 35 (HD 384.3).
(2)	561	Eine Unterscheidung der elektrischen Anlagen für Sicherheitszwecke nach ihrem Verwendungszweck wird für notwendig erachtet.
(3)	562	Die Anwendung von Fahrzeugstarterbatterien ist im Bezugsdokument nicht berücksichtigt.
(4)	563.5	Der letzte Satz ist in einen eigenen Abschnitt überführt.
(5)	566.1	Die Anmerkung ist eine besondere Bestimmung.

1) Die Anforderungen der Hauptabschnitte 565 und 566 gelten nicht nur für die elektrischen Anlagen für Sicherheitszwecke. Sie werden hier gestrichen, sobald sie durch entsprechende Festlegungen in den anderen Abschnitten des CENELEC-Harmonisierungsdokuments 384 abgedeckt sind.

DK 621.316.172.002.2:621.3.027.26
:643.521/.522:696.6:614.8

Mai 1984

	Errichten von Starkstromanlagen mit Nennspannungen bis 1000 V Räume mit Badewanne oder Dusche [VDE-Bestimmung]	DIN 57 100 Teil 701

Diese Norm ist zugleich eine VDE-Bestimmung im Sinne von VDE 0022 und in das VDE-Vorschriftenwerk unter nebenstehender Nummer aufgenommen.	VDE 0100 Teil 701

Erection of power installations
with rated voltages up to 1000 V;
Locations containing a bath tub or shower basin
[VDE Specification]

Ersatz für
VDE 0100/05.73 § 49
Siehe jedoch Übergangsfrist!

Diese Norm enthält Festlegungen der IEC-Publikation 364-7-701 (1984).
Die Festlegungen waren veröffentlicht in DIN IEC 64(CO)123/VDE 0100 Teil 701/Entwurf Juni 1982.

Beginn der Gültigkeit

Diese als VDE-Bestimmung gekennzeichnete Norm gilt ab 1. Mai 1984*).

Daneben gelten für in Planung oder in Bau befindliche Anlagen noch in einer Übergangsfrist bis 30. April 1985 die entsprechenden Festlegungen von VDE 0100/05.73, § 49.

*) Genehmigt vom Vorstand des Verbandes Deutscher Elektrotechniker (VDE) e.V. und bekanntgegeben in der etz Elektrotechnische Zeitschrift.
Entwicklungsgang siehe Abschnitt „Frühere Ausgaben" und Beiblatt 1 zu DIN 57 100/VDE 0100.

Fortsetzung Seite 2 bis 9

Deutsche Elektrotechnische Kommission im DIN und VDE (DKE)

Inhalt

1 Anwendungsbereich

Diese als VDE-Bestimmung gekennzeichnete Norm gilt für das Errichten von Starkstromanlagen in Räumen mit Bade- oder Duscheinrichtungen.

Anmerkung: In diesem Bereich ist aufgrund der Verringerung des elektrischen Widerstandes des menschlichen Körpers und seiner Verbindung mit Erdpotential mit erhöhter Wahrscheinlichkeit des Auftretens eines gefährlichen Körperstromes zu rechnen.

Diese Norm gilt nur in Verbindung mit den entsprechenden anderen Normen der Reihe DIN 57 100/VDE 0100 sowie mit den noch nicht ersetzten Paragraphen von VDE 0100. Für medizinisch genutzte Baderäume gilt gegebenenfalls zusätzlich DIN 57 107/VDE 0107.

Diese Norm gilt, mit Ausnahme der Festlegung von Abschnitt 5.3.2, nicht für fabrikfertige Duschkabinen, die mit inneren Duschwannen und Abflußsystemen ausgerüstet sind (Gerätebestimmung in Vorbereitung).

2 Begriffe

2.1 Allgemeine Begriffe siehe DIN 57 100 Teil 200/VDE 0100 Teil 200.

2.2 Bewegliche Bade- oder Duscheinrichtungen mit eingebauten elektrischen Betriebsmitteln sind ortsfeste Verbrauchsmittel, die begrenzt bewegbar sind.

3 Allgemeine Anforderungen

Elektrische Anlagen in Räumen mit Badewanne oder Dusche müssen so ausgewählt und errichtet sein, daß Personen nicht gefährlichen Körperströmen ausgesetzt werden können.

Diese Räume haben Bereiche nach den Bildern 2 bis 7, für die besondere Anforderungen in dieser Norm festgelegt sind. Diese Anforderungen gelten auch für Räume mit beweglichen Bade- oder Duscheinrichtungen (z. B. Schrankbäder, Duschkabinen).

Als Grenze des Sprühbereichs gilt die äußere Grenze des Bereiches 2, wenn er nicht durch Vorhänge oder Trennwände vorher begrenzt ist.

Für die Bereiche gilt (Beispiele siehe Bilder 2 bis 8):

— Bereich 0 umfaßt das Innere der Bade- oder Duschwanne;

— Bereich 1 ist begrenzt
einerseits durch die senkrechte Fläche um die Bade- oder Duschwanne, oder, falls keine Duschwanne vorhanden ist, durch die senkrechte Fläche in 0,6 m Abstand um den Brausekopf in Ruhelage, z. B. am Führungsgestänge,
andererseits durch den Fußboden und die waagerechte Fläche in 2,25 m Höhe über dem Fußboden;

— Bereich 2 ist begrenzt
einerseits durch die die Bereich 1 begrenzende senkrechte Fläche und eine zu ihr parallele Fläche im Abstand von 0,6 m,
andererseits durch den Fußboden und die waagerechte Fläche in 2,25 m Höhe über dem Fußboden;

— Bereich 3 ist begrenzt
einerseits durch die die Bereich 2 begrenzende senkrechte Fläche und eine zu ihr parallele Fläche im Abstand von 2,4 m,
andererseits durch den Fußboden und die waagerechte Fläche in 2,25 m Höhe über dem Fußboden.

Bei der Bemessung dieser Abstände werden Mauern und feste Trennwände berücksichtigt (siehe Bilder 4, 5 und 6).

Anmerkung: Durchgangsöffnungen zu anderen Räumen, wie Türen, sind Begrenzungen der Bereiche. Die Bereiche beziehen sich nur auf den Raum mit Badewanne oder Dusche und enden an der Durchgangsöffnung.

4 Schutzmaßnahmen

4.1 Schutz gegen gefährliche Körperströme

4.1.1 Bei Verwendung der Schutzkleinspannung muß der Schutz gegen direktes Berühren ungeachtet der Nennspannung sichergestellt sein durch:

— eine Isolierung nach DIN 57 100 Teil 410/VDE 0100 Teil 410/11.83 Abschnitt 5.1, die eine Prüfspannung von 500 V eine Minute lang aushält,

oder

— Abdeckungen oder Umhüllungen von mindestens der Schutzart IP 2X nach DIN 40 050.

4.1.2 Innerhalb des Bereiches 0 darf nur die Schutzmaßnahme „Schutz durch Schutzkleinspannung“ mit einer Nennspannung bis zu 12 V verwendet werden, wobei sich die Stromquelle der Schutzkleinspannung außerhalb des Bereiches 0 befinden muß.

4.1.3 Steckdosen im Bereich 3 sind zulässig, wenn diese

— entweder einzeln von Trenntransformatoren gespeist, oder

— mit Schutzkleinspannung gespeist, oder

— durch eine Fehlerstrom-Schutzeinrichtung nach den Normen der Reihe DIN 57 664/VDE 0664 mit einem Nennfehlerstrom $I_{\Delta n} \leq 30$ mA im TN-Netz oder TT-Netz geschützt

sind.

4.2 Zusätzlicher Potentialausgleich

In den Bereichen 1, 2 und 3 muß ein örtlicher zusätzlicher Potentialausgleich nach den Abschnitten 4.2.1 bis 4.2.6 durchgeführt werden.

4.2.1 Der leitfähige Ablaufstutzen an der Bade- oder Duschwanne, die leitfähige Bade- oder Duschwanne und die metallene Wasserverbrauchsleitung und erforderlichenfalls sonstige metallene Rohrleitungssysteme müssen durch einen Potentialausgleichsleiter miteinander verbunden werden (siehe Bild 1).

Dieser Potentialausgleichsleiter ist auch dann erforderlich, wenn in Räumen mit Badewanne oder Dusche keine elektrischen Einrichtungen vorhanden sind.

4.2.2 Der Potentialausgleichsleiter muß einen Mindestquerschnitt von 4 mm^2 Cu haben oder aus feuerverzinktem Bandstahl von mindestens 2,5 mm × 20 mm Dicke bestehen.

4.2.3 Der Potentialausgleichsleiter muß mit dem Schutzleiter verbunden sein. Dies kann erfolgen an

— einer zentralen Stelle, z. B. Verteiler oder
— der Hauptpotentialausgleichsschiene oder
— einer Wasserverbrauchsleitung, die eine durchgehende leitende Verbindung zum Hauptpotentialausgleich hat.

4.2.4 Bei Kunststoffwanne, Kunststoffablaufrohren und Metallablaufventilen wird das Einbeziehen in den Potentialausgleich nicht gefordert.

4.2.5 Bei Metallwanne, Kunststoffablaufrohren und Metallablaufventilen wird nur das Einbeziehen der Metallwanne in den Potentialausgleich gefordert.

4.2.6 Auch bewegliche Bade- oder Duschwannen müssen über einen Potentialausgleichsleiter mit dem Schutzleiter der eingebauten elektrischen Betriebsmittel verbunden werden.

5 Auswahl und Errichten elektrischer Betriebsmittel

5.1 Allgemeines

Die elektrischen Betriebsmittel müssen bezüglich des Wasserschutzes mindestens den Schutzarten nach Tabelle 1 genügen. Der Berührungs- und Fremdkörperschutz ist nach DIN 57 100 Teil 410/VDE 0100 Teil 410 mindestens IP 2X nach DIN 40 050.

Tabelle 1. **IP-Schutzarten für elektrische Betriebsmittel**

<table>
<tr><td rowspan="2">Bereich</td><td colspan="2">IP-Schutzarten nach DIN 40 050 für elektrische Betriebsmittel</td></tr>
<tr><td>Bäder, in denen sich häufig Nässe infolge Betauung bildet, z. B. in öffentlichen Bädern und Bädern in Sportanlagen</td><td>Bäder, in denen sich nur selten Nässe infolge Betauung bildet, z. B. Bäder im Wohnbereich</td></tr>
<tr><td>0</td><td>IP X7</td><td>IP X7</td></tr>
<tr><td>1</td><td>IP X5</td><td>IP X4, IP X5*)</td></tr>
<tr><td>2</td><td>IP X5</td><td>IP X4</td></tr>
<tr><td>3</td><td>IP X5</td><td>IP X1**)</td></tr>
<tr><td colspan="3">*) Die Schutzart IP X5 muß gewählt werden, wenn mit dem Auftreten von Strahlwasser zu rechnen ist, z. B. bei Massage-Duschen
**) Für Leuchten genügt IP X0</td></tr>
</table>

In Räumen oder Bereichen, deren Fußböden, Wände und Einrichtungen zu Reinigungszwecken abgespritzt werden, müssen Betriebsmittel, die direkt angestrahlt werden, mindestens in der Schutzart IP X5 nach DIN 40 050 ausgeführt sein.

5.2 Verlegen von Kabeln und Leitungen

Die Festlegungen der Abschnitte 5.2.1, 5.2.2, 5.2.3 gelten für Aufputz- sowie für Unterputzinstallation bis zu einer Tiefe von 0,05 m.

5.2.1 Es dürfen nur folgende Kabel und Leitungen verlegt werden:

— Kunststoffkabel ohne metallene Umhüllung, z. B. NYY nach VDE 0271
— Mantelleitungen, z. B. NYM nach DIN 57 250 Teil 204/VDE 0250 Teil 204
— Kunststoffaderleitungen nach DIN 57 281 Teil 103/VDE 0281 Teil 103 in nichtmetallenen Rohren (z. B. nach DIN 57 605/VDE 0605)
— Stegleitungen nach DIN 57 250 Teil 201/VDE 0250 Teil 201, z. B. NYIF, jedoch nur in Wänden des Bereiches 3.

5.2.2 In den Bereichen 0, 1, 2 (siehe Bilder 2 bis 7) dürfen keine Leitungen im oder unter Putz sowie hinter Wandverkleidungen verlegt werden. Ausgenommen hiervon sind Leitungen zur Versorgung im Bereich 1 und im Bereich 2 festangebrachter Verbrauchsmittel, wenn sie senkrecht verlegt und von hinten in dieses eingeführt werden.

5.2.3 In den Bereichen 0 bis 3 dürfen keine Kabel und Leitungen, die zur Stromversorgung anderer Räume oder anderer Orte dienen, verlegt werden.

5.2.4 Auf der Rückseite der Wände, die die Bereiche 1 und 2 begrenzen, muß zwischen Kabel oder Leitung einschließlich Wandeinbaugehäusen und der Wandoberfläche der Bade- oder Duschräume eine Wanddicke von mindestens 0,06 m erhalten bleiben.

5.2.5 Innerhalb der Bereiche 0, 1 und 2 dürfen sich keine Verbindungsdosen befinden.

Im Bereich 3 sind Verbindungs-, Geräte- und Geräteverbindungsdosen aus Isolierstoff zulässig.

5.2.6 Als Anschlußleitungen für bewegliche Bade- und Duscheinrichtungen sind Gummischlauchleitungen mindestens H07RN-F nach DIN 57 282 Teil 810/VDE 0282 Teil 810 zu verwenden. Der Anschluß muß über eine ortsfeste Geräteanschlußdose erfolgen.

5.3 Schalter und Steckdosen

5.3.1 In den Bereichen 0, 1 und 2 dürfen keine Schalter und Steckdosen angebracht werden. Hiervon ausgenommen sind Schalter in Verbrauchsmitteln, die in den Bereichen 1 oder 2 angebracht sind.

Im Bereich 3 sind Steckdosen zulässig, wenn die in Abschnitt 4.1.3 angegebenen Schutzmaßnahmen angewendet werden.

Steckdosen in Räumen mit Badewanne oder Dusche außerhalb von Wohnungen, Hotels und vergleichbaren Umgebungsbedingungen müssen ein Isolierstoffgehäuse haben. Sie müssen so ausgeführt sein, daß Kondenswasser sich nicht ansammeln kann.

5.3.2 Fabrikfertige Duschkabinen dürfen nur so aufgestellt werden, daß sich in einem Abstand von weniger als 0,60 m von der offenen Tür weder Schalter noch Steckdosen befinden (Beispiel siehe Bild 8).

5.4 Sonstige elektrische Betriebsmittel

5.4.1 Diese Festlegungen der Absätze b) und c) gelten nicht für Betriebsmittel, die unter den Bedingungen von Abschnitt 4.1.1 mit Schutzkleinspannung betrieben werden.

a) Im Bereich 0 dürfen nur Betriebsmittel eingesetzt werden, die ausdrücklich zur Verwendung in Badewannen erlaubt sind.

b) Im Bereich 1 dürfen nur ortsfeste Wassererwärmer und Abluftgeräte angebracht werden. Wassererwärmer mit Gas- oder Ölfeuerung und elektrischen Zusatzeinrichtungen sind elektrischen Verbrauchsmitteln gleichzusetzen.

c) Im Bereich 2 dürfen nur ortsfeste Wassererwärmer und Abluftgeräte sowie Leuchten verwendet werden.

5.4.2 Festlegungen zu im Boden verlegten Heizelementen in Vorbereitung.

5.4.3 Für Ruf- und Signalanlagen innerhalb der Bereiche 1 und 2 (siehe Bilder 2 bis 7) darf nur die Schutzmaßnahme Schutzkleinspannung nach DIN 57 100 Teil 410/VDE 0100 Teil 410/11.83 Abschnitt 4.1 mit einer Nennspannung von höchstens 25 V Wechselspannung oder 60 V Gleichspannung angewendet werden.

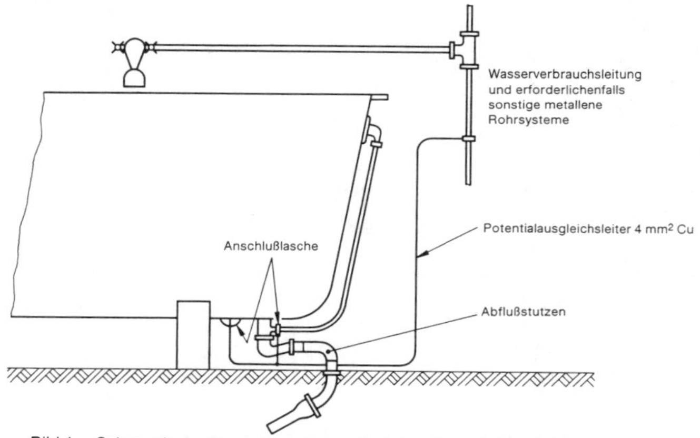

Bild 1. Schematische Darstellung des zusätzlichen Potentialausgleichs

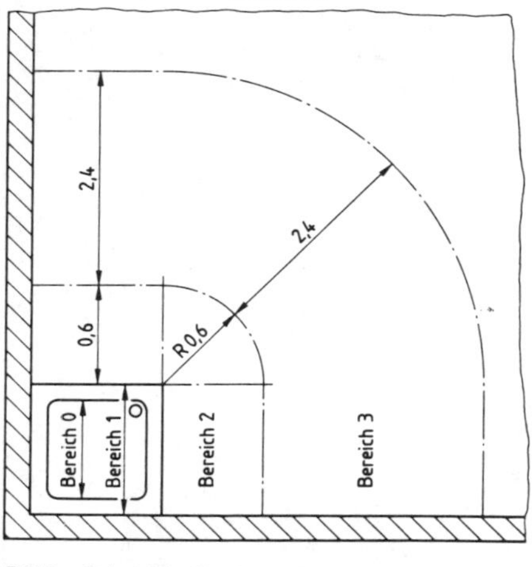

Bild 2. Beispiel der Bereichseinteilung bei Räumen mit Duschwanne

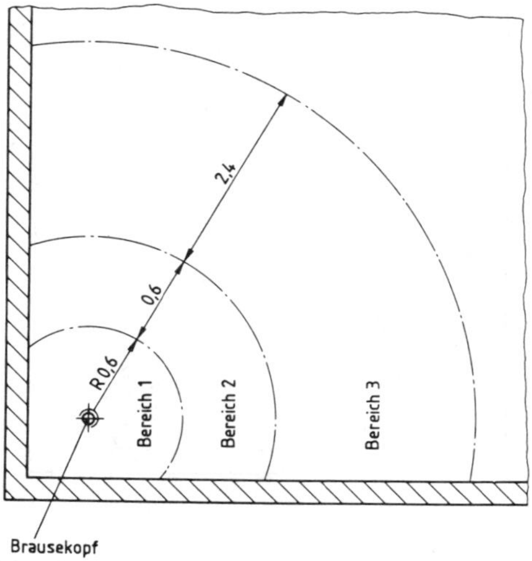

Bild 3. Beispiel der Bereichseinteilung bei Räumen mit Dusche

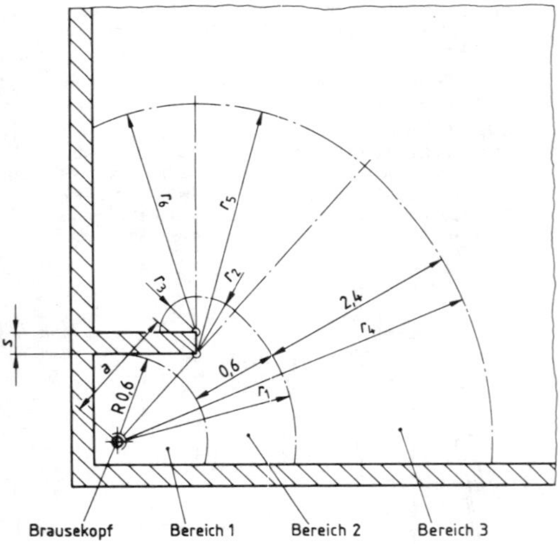

Maße in m

$r_1 = 1{,}20$ m
$r_2 = r_1 - a$
$r_3 = r_2 - s$
$r_4 = 3{,}60$ m
$r_5 = r_4 - a$
$r_6 = r_5 - s$

Bild 4. Beispiel der Bereichseinteilung bei Räumen mit Dusche ohne Wanne und fester Trennwand

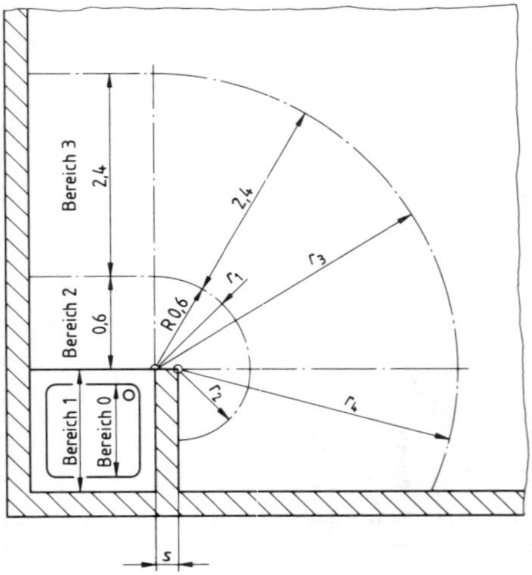

Maße in m

$r_1 = 0{,}6$ m
$r_2 = r_1 - s$
$r_3 = 3{,}0$ m
$r_4 = r_3 - s$

Bild 5. Beispiel der Bereichseinteilung bei Räumen mit Duschwanne und fester Trennwand

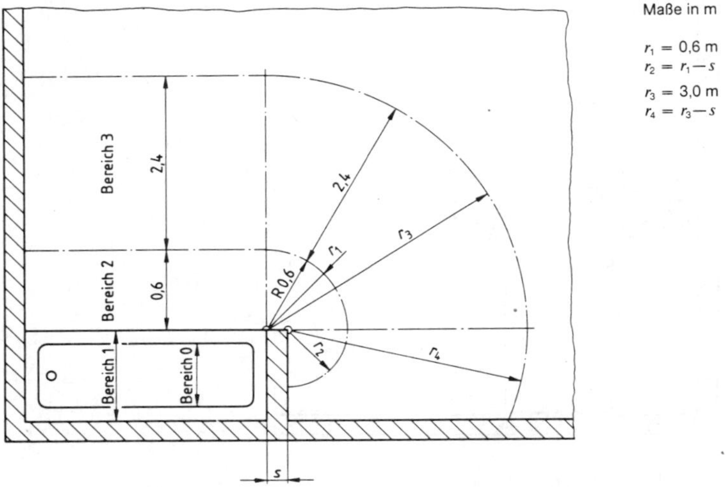

Bild 6. Beispiel der Bereichseinteilung bei Räumen mit Badewanne und fester Trennwand

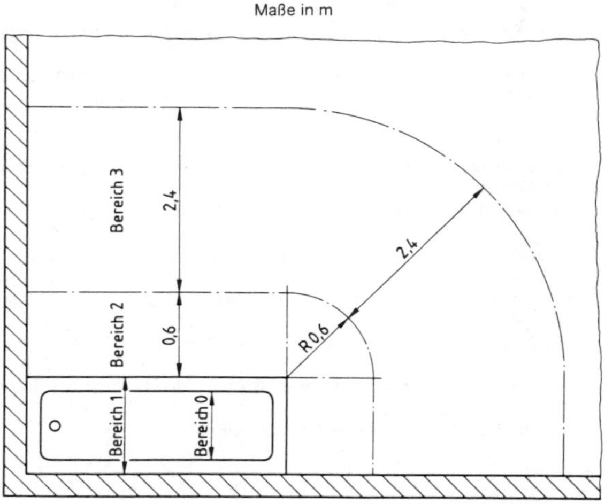

Bild 7. Beispiel der Bereichseinteilung bei Räumen mit Badewanne

Maße in m

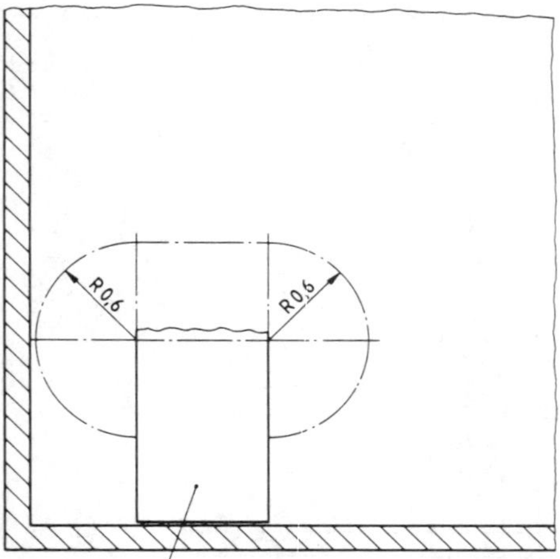

Bild 8. Beispiel zu Abschnitt 5.3.2

Zitierte Normen

DIN 40 050	IP-Schutzarten; Berührungs-, Fremdkörper- und Wasserschutz für elektrische Betriebsmittel
VDE 0100	Bestimmungen für das Errichten von Starkstromanlagen mit Nennspannungen bis 1000 V

Normen der Reihe DIN 57 664/VDE 0664 Fehlerstrom-Schutzeinrichtungen

DIN 57 100 Teil 200/ VDE 0100 Teil 200	Errichten von Starkstromanlagen mit Nennspannungen bis 1000 V; Allgemeingültige Begriffe [VDE-Bestimmung]
DIN 57 100 Teil 410/ VDE 0100 Teil 410	Errichten von Starkstromanlagen mit Nennspannungen bis 1000 V; Schutzmaßnahmen; Schutz gegen gefährliche Körperströme [VDE-Bestimmung]

Übrige Normen der Reihe DIN 57 100/VDE 0100 siehe Beiblatt 2 zu DIN 57 100/VDE 0100.

DIN 57 107/VDE 0107	Errichten und Prüfen von elektrischen Anlagen in medizinisch genutzten Räumen [VDE-Bestimmung]
DIN 57 250 Teil 201/ VDE 0250 Teil 201	Isolierte Starkstromleitungen; Stegleitung [VDE-Bestimmung]
DIN 57 250 Teil 204/ VDE 0250 Teil 204	Isolierte Starkstromleitungen; PVC-Mantelleitung [VDE-Bestimmung]
VDE 0271/03.69	Bestimmungen für Kabel mit Isolierung und Mantel aus Kunststoff auf der Basis von Polyvinylchlorid für Starkstromanlagen
DIN 57 281 Teil 103/ VDE 0281 Teil 103	PVC-isolierte Starkstromleitungen; PVC-Aderleitungen [VDE-Bestimmung]
DIN 57 282 Teil 810/ VDE 0282 Teil 810	Gummi-isolierte Starkstromleitungen; Gummischlauchleitungen 07RN [VDE-Bestimmung]
DIN 57 605/ VDE 0605	Elektro-Installationsrohre und Zubehör [VDE-Bestimmung]

Frühere Ausgaben

VDE 0100:05.73
Vorheriger Entwicklungsgang siehe Beiblatt 1 zu DIN 57 100/VDE 0100.

Änderungen

Gegenüber VDE 0100/05.73 § 49 wurden folgende Änderungen vorgenommen:

a) Angleichung des formalen Aufbaus an die übrigen Normen der Reihe DIN 57 100/VDE 0100 und Überarbeitung der Zitate
b) Differenzierte Bereiche für besondere Anforderungen festgelegt
c) Ausdehnung des Anwendungsbereiches auf Räume mit Badewanne oder Dusche
d) Höhere Anforderungen an die Auswahl von Schutzmaßnahmen
e) Höhere Anforderungen an die Auswahl der Betriebsmittel
f) Präzisierung der Festlegungen zum zusätzlichen Potentialausgleich

Erläuterungen

Diese Norm wurde ausgearbeitet vom Komitee 221 „Errichten von Starkstromanlagen bis 1000 V" der Deutschen Elektrotechnischen Kommission im DIN und VDE (DKE).

Sie ergänzt und detailliert die allgemeinen Festlegungen in den Normen der Gruppen 100 bis 600 der Normenreihe DIN 57 100/VDE 0100 „Errichten von Starkstromanlagen mit Nennspannungen bis 1000 V".

Seit dem Jahre 1958 gibt es für die Errichtung elektrischer Anlagen spezielle Festlegungen für Bade- und Duschräume in den Errichtungsbestimmungen. Im Kommentar zu den „Vorschriften für die Errichtung und den Betrieb elektrischer Starkstromanlagen nebst Ausführungsregeln" aus dem Jahre 1924 zum § 31 „Feuchte, durchtränkte und ähnliche Räume" wurde der auch heute noch geltende Grundsatz veröffentlicht.

Er lautet wie folgt:

„In Badezimmern, wo die Badenden durch das Wasser und die Wanne in außerordentlich gut leitende Verbindung mit der Erde gesetzt werden, darf von der Badewanne aus keinerlei Schalter, Fassung oder Leitung erreichbar sein."

Dieses grundsätzliche Schutzziel durchzieht auch diese Norm. Aufgrund des zunehmenden Einsatzes von elektrischen Betriebsmitteln in Räumen mit Bade- und Duschwannen mußten die Aussagen präzisiert werden. Die Festlegungen dieser Norm sind eine Synthese der bisherigen Festlegungen von VDE 0100/05.73 § 49 (veröffentlicht im Kurzverfahren im Oktober 1982 unter DIN 57 100 Teil 701/VDE 0100 Teil 701) und dem Schriftstück IEC 64(CO)123, das im Juni 1982 als Entwurf DIN IEC 64(CO)123/VDE 0100 Teil 701 veröffentlicht worden ist.

Zu Abschnitt 1 „Anwendungsbereich"

Die als VDE-Bestimmung gekennzeichnete Norm gilt nicht nur für Bade- und Duschräume, sondern nun auch für Räume mit Badewanne oder Dusche. Aus diesem Grunde sind Bereiche, für die besondere Anforderungen gelten, festgelegt.

Diese Bereiche beziehen sich ausschließlich auf Räume mit Badewanne oder Dusche. Vorhandene Durchgangsöffnungen zu anderen Räumen wie Türen, grenzen die Bereiche ein, so daß die Bereiche sich nicht außerhalb des Raumes erstrecken.

Zu Abschnitt 3 „Allgemeine Anforderungen"

In diesem Abschnitt wird das Schutzziel vorgegeben, es sollen Personen nicht gefährlichen Körperströmen ausgesetzt werden können. So sind nach dem Grad der Gefährdung Bereiche festgelegt, für die besondere Anforderungen hinsichtlich der Auswahl und Errichtung elektrischer Anlagen gelten.

Während nach der VDE 0100/05.73 der Schutzbereich neben und oberhalb der Bade- und/oder Duschwanne beschrieben wurde und ein rechteckiges Gebilde darstellte, wird in dieser Norm nach vier Bereichen unterschieden.

Während die Festlegungen der VDE 0100/05.73 den Schutzbereich oberhalb der Wanne bis zu einer Höhe von 2,25 m und in waagerechter Richtung mit einem Abstand von 0,6 m um Wannen regelte, ist in dieser Norm auch ein Schutzbereich in der Wanne und über den Schutzbereich von 0,6 m hinaus festgelegt.

Der Bereich 3 von 2,40 m um den Bereich 2 von 0,6 m wird erforderlich, weil die getroffenen Festlegungen sich nicht nur auf Bade- und Duschräume, sondern auch auf Bereiche von Räumen beziehen, in denen gebadet und/oder geduscht wird. Neu ist der Bereich 0 in Wannen. Er ist eindeutig bei Bade- und Duschwannen. Nicht so klar ist die Festlegung für Bereiche (siehe Bild 3), in denen keine Wanne vorhanden ist. Hier ist der Bezugspunkt der Mittelpunkt des Brausekopfes. Er kann fest an der Decke oder fest an der Wand montiert bzw. beweglich an einer Haltestange angeordnet sein.

Befindet sich der Brausekopf als Handdusche an einer Haltestange, ist der Mittelpunkt für das Beschreiben der Radien der Bereiche, die Aufsteckvorrichtung am Führungsgestänge. Ein Brausekopf an einer Haltestange beschreibt beim Bewegen in dieser Ruhelage für sich einen kreisförmigen Bereich, dessen Radius der Abstand zwischen Führungsgestänge und Mittelpunkt des Brausekopfes ist. Die übrigen Bereiche von 1 bis 3 schließen sich den durch den Brausekopf beschriebenen Bereich an.

Auf diese Weise wird der Bereich 1 um die Länge einer Handbrause (Abstand zwischen Führungsgestänge und Mittelpunkt des Brausekopfes) vergrößert.

Damit beim Duschen ohne herkömmliche Duschwanne gleiche Bedingungen Anwendung finden wie bei Duschen mit Wanne, ist in Fällen, bei denen durch die Schrägung des Fußbodens (z. B. wegen des besseren Wasserablaufes) ein wannenähnliches Volumen vorhanden ist, dieser dem Inneren von Wannen ähnliche Bereich als Bereich 0 aufzufassen.

Die Bestimmungen können hier keine konkreten Aussagen machen, welche Maßnahmen unterhalb des Bereichs 1 zu treffen sind. Sie können auch nicht alle möglichen Fälle beschreiben, deshalb vertrat das Komitee 221 „Errichten von Starkstromanlagen bis 1000 V" bei der Beratung dieser Norm die Auffassung, daß für diesen trichterförmigen Bereich unter dem Bereich 1 die Anforderung für den Bereich 0 gelten.

Die beschriebenen Probleme der Abgrenzung der Bereiche stellen sich nur, wenn keine Wanne vorhanden ist. Wie zu erkennen ist, werden mit den Bildern Beispiele beschrieben. In einer Norm können durch Bilder nicht alle erdenklichen Varianten dargestellt werden. Bei an Haltestangen schwenkbaren Brauseköpfen gilt jede Stellung des Brausekopfes als Ruhelage. Bei abnehmbaren Brausen (Handbrausen) braucht die Länge des Anschlußschlauches nicht berücksichtigt werden.

Zu Abschnitt 4.1 „Schutz gegen gefährliche Körperströme"

Die im Abschnitt 3 beschriebenen Bereiche sind auch maßgebend für die Auswahl der Schutzmaßnahmen zum Schutz gegen gefährliche Körperströme. So wird nach Abschnitt 4.1.1 dieser Norm die „Schutzkleinspannung" nach Abschnitt 4.1 der DIN 57 100 Teil 410/VDE 0100 Teil 410/11.83 gestattet, wobei sichergestellt sein muß, daß der Schutz gegen direktes Berühren ungeachtet von der Nennspannung sichergestellt ist. Die Schutzkleinspannung wird entsprechend Abschnitt 4.1.2 für den Bereich 0 gefordert. Hier darf die Nennspannung der Stromquelle der Schutzkleinspannung 12 V nicht überschreiten. Mit der Schutzkleinspannung dürfen nur fest eingebaute Geräte, z. B. Leuchten in Wannen bzw. im Boden unterhalb des Bereiches 1 versorgt werden. Die Stromquelle der Schutzkleinspannung muß außerhalb des Bereiches 0 angeordnet sein. Die Anordnung der Stromquelle darf selbstverständlich auch nicht im Bereich 1 bzw. 2 erfolgen, da dies nach Abschnitt 5.4.1 nicht zulässig ist. Eine Stromquelle der Schutzkleinspannung darf erst im Bereich 3 angeordnet werden. Um lange Leitungswege zu vermeiden, sollten Stromquellen für Schutzkleinspannung, die den Schutzbereich 0 innerhalb der Wanne mit Elektrizität versorgen, unterhalb der Wanne oder in daneben oder darunter liegenden Räumen angeordnet werden.

Nach Abschnitt 4.1.3 dürfen in den Bereich 3 der in einem Abstand von 0,6 m von der Wanne bis zu 2,40 m verläuft, Steckdosen angeordnet werden. Sie müssen entweder einzeln aus einem Trenntransformator gespeist oder aus einer Stromquelle der Schutzkleinspannung versorgt werden. Eine weitere Möglichkeit besteht darin, Steckdosen durch eine Fehlerstromschutz-Einrichtung nach Normen der Reihe DIN 57 664/VDE 0664 mit einem Nennfehlerstrom $I_{\Delta n} \leq 30$ mA entweder im TN-Netz oder im TT-Netz zu schützen. Für die Anordnung der Steckdosen und die Auswahl der Schutzmaßnahmen für diesen Stromkreis ist die Norm erheblich verschärft worden. Dies geschah aufgrund von Untersuchungen des VDE-Arbeitskreises „Unfallforschung" (siehe z. B. Forschungsberichte Nr 257 und Nr 333 der Bundesanstalt für Arbeitsschutz)*). Bei diesen Untersuchungen wurde festgestellt, daß in Räumen mit Bade- oder Duschwannen von Wohnungen sich tödliche Unfälle häuften, die trotz intakter Schutzmaßnahmen in der Installation und fehlerloser Geräte auftraten. Es handelte sich dabei um das Eintauchen von Verbrauchsmitteln, wie z. B. Fön, Heizlüfter, Geräte der Unterhaltungselektronik, in das Wasser der Badewanne. Der dann auftretende Fehlerstrom reicht im allgemeinen nicht zur Abschaltung der vorgeschalteten Abschaltorgane aus. Um auch bei dieser außergewöhnlichen Konstellation einen möglichst guten Schutz sicherzustellen, wird für neu zu errichtende elektrische Anlagen in Räumen mit Badewanne oder Dusche festgelegt, daß bei der Anordnung von Steckvorrichtungen im Bereich 3 der Einsatz der 30 mA-FI-Schutzeinrichtung nach Normen der Reihe DIN 57 664/VDE 0664 gefordert wird.

Zu Abschnitt 4.2 „Zusätzlicher Potentialausgleich"

Durch die Festlegung des Abschnittes 4.2 soll die Potentialgleichheit innerhalb der Bereiche von Räumen, in denen Badewannen oder Duschen vorhanden sind, hergestellt werden, so daß ein Auftreten berührungsgefährlicher Spannungen verhindert ist. Zur Sicherstellung dieser Maßnahmen ist eine gegenseitige Verständigung der Errichter elektrischer und sanitärer Anlagen erforderlich.

Der in der Norm beschriebene zusätzliche Potentialausgleich bezieht sich ausschließlich auf die Bade- oder Duschwanne, die Wasserverbrauchsleitung und sonstige metallene Rohrsysteme sowie den Wasserabfluß. Andere, fremde leitfähige Teile, wie Metallrahmen von Duschkabinen, Metallfenster, Türzargen aus Stahl, metallene Handgriffe, die sich in den Bereichen 1, 2 oder 3 befinden können, brauchen nicht in den örtlichen zusätzlichen Potentialausgleich einbezogen werden (Hinsichtlich medizinisch genutzter Räume siehe DIN 57 107/VDE 0107).

Zu Abschnitt 5.1 „Allgemeines" und Tabelle 1

In Abschnitt 3 wird der Sprühbereich beschrieben. Als äußere Grenze gilt der Bereich 2, es sei denn, er ist durch Vorhänge oder Trennwände z. B. im Bereich der Wannenkante begrenzt. Bei der Auswahl der elektrischen Betriebsmittel für Bäder, in denen sich nur selten Nässe infolge Betauung bildet, z. B. in Wohnungen, wird im Bereich 1 nach zwei IP-Schutzarten unterschieden. Muß mit Strahlwasser gerechnet werden, sind Betriebsmittel der Schutzart IP X5 auszuwählen. Sollte das nicht der Fall sein, dürfen Betriebsmittel der Schutzart IP X4 ausgewählt werden. Für Steckvorrichtungen sind bisher noch keine IP-Schutzarten festgelegt; die Anforderungen hierzu sind zur Zeit in Beratung durch das Unterkomitee 542.1 „Schalter und Steckvorrichtungen für den Hausgebrauch und ähnliche Zwecke". In VDE 0100/05.73 wurde die Anordnung der Betriebsmittel im Schutzbereich zusätzlich durch Bilder deutlich gemacht. In diesen Bildern waren u. a. auch Heißwassergeräte dargestellt. Dies verleitete dazu, daß Heißwassergeräte in den Schutzbereichen oberhalb der Wannen angeordnet wurden, ohne daß hierzu eine Notwendigkeit bestand.

Zu Abschnitt 5.2 „Verlegen von Kabeln und Leitungen"

Durch die Festlegungen der Abschnitte 5.2.1 bis 5.2.5 soll verhindert werden, daß beim späteren Anbringen, z. B. von metallenen Handgriffen und metallenen Aufhängevorrichtungen für Brausen die Isolierung von Leitungen und Wandeinbaugehäusen durch Befestigungsmittel (Metalldübel, Schrauben oder Nägel) eine Leitung beschädigt wird. Darüber hinaus ist eine gegenseitige Verständigung der Errichter elektrischer und sanitärer Anlagen erforderlich.

Internationale Patentklassifikation

H 02 B 7-00

---

*) Zu beziehen durch: Wirtschaftsverlag NW, Verlag für neue Wissenschaft GmbH, Postfach 10 11 10, 2850 Bremerhaven 1

DK 621.316.17.002.2:621.3.027.26
:725.742/.743:614.8

Juni 1992

	Errichten von Starkstromanlagen mit Nennspannungen bis 1000 V Überdachte Schwimmbäder (Schwimmhallen) und Schwimmbäder im Freien	DIN VDE 0100 Teil 702

Erection of power installations with
nominal voltages up to 1000 V;
Roofed swimming pools (swimming baths)
and outdoor swimming facilities

Ersatz für
DIN 57 100 Teil 702/
VDE 0100 Teil 702/11.82
Siehe jedoch Übergangsfrist!

In diese Norm ist der sachliche Inhalt von CENELEC HD 384.7.702 S1 (1990), das IEC 364-7-702 (1983) mit gemeinsamen CENELEC-Abänderungen entspricht, eingearbeitet worden. Die Abschnittsnummern des CENELEC-HD 384.7.702 S1 sind am Rand in eckige Klammern gesetzt, womit auch der Bezug der einzelnen Abschnitte dieser Norm zu den Abschnitten der IEC 364-7-702 (1983) gegeben ist.

Beginn der Gültigkeit

Diese Norm (VDE-Bestimmung) gilt ab 1. Juni 1992.

Für am 1. Juni 1992 in Planung oder in Bau befindlichen Anlagen gilt DIN 57 100 Teil 702/VDE 0100 Teil 702/11.82 noch in einer Übergangsfrist bis 30. November 1992.

Norm-Inhalt war veröffentlicht im Entwurf DIN IEC 64(CO)124/VDE 0100 Teil 702 A1/Juli 1982.

Inhalt

Fortsetzung Seite 2 bis 8

Deutsche Elektrotechnische Kommission im DIN und VDE (DKE)

1 Anwendungsbereich [–]

Diese Norm gilt für das Errichten elektrischer Anlagen in überdachten Schwimmbädern (Schwimmhallen) und Schwimmbädern im Freien.

[702.1]

Die besonderen Anforderungen dieses Abschnitts gelten für Orte mit Schwimmbecken und den zugehörigen Fußwaschrinnen und deren umgebende Bereiche. In diesen Anlagen ist aufgrund der Verringerung des elektrischen Widerstandes des menschlichen Körpers und seiner Verbindung mit Erdpotential mit erhöhter Wahrscheinlichkeit des Auftretens eines gefährlichen Körperstromes zu rechnen.

Anmerkung: Für Orte mit Schwimmbecken für medizinische Zwecke können besondere Anforderungen gelten.

[–]

Diese Norm gilt nur in Verbindung mit den entsprechenden Normen der Reihe DIN VDE 0100 sowie mit den noch nicht ersetzten Paragraphen von DIN VDE 0100/05.73 mit Änderung DIN VDE 0100g/07.76

2 Begriffe [–]

Allgemeingültige Begriffe siehe DIN VDE 0100 Teil 200.

3 Allgemeine Anforderungen [702.3]

3.1 Einteilung der Bereiche [702.32]

Anlagen mit Schwimmbecken haben Bereiche, für die besondere Anforderungen in dieser Norm festgelegt sind (siehe Beispiele in den Bildern 1 und 2):

- Bereich 0 umfaßt das Innere des Beckens und schließt vorhandene wesentliche Öffnungen in seinen Wänden oder im Fußboden ein, die den im Becken befindlichen Personen zugänglich sind.
- Bereich 1 ist begrenzt*)
  - einerseits durch die senkrechte Fläche in 2 m Abstand vom Rand des Beckens,
  - andererseits durch den Boden oder die Standfläche, auf der sich Personen aufhalten können, und durch die waagerechte Fläche in 2,5 m Höhe über dem Boden oder der Standfläche.

Gehören zu der Schwimmanlage Sprungtürme und -bretter, Startblöcke oder eine Rutschbahn, so umfaßt der Bereich 1 den Raum, der durch die senkrechte Fläche in 1,5 m Abstand von diesen Einrichtungen und die waagerechte Fläche in 2,5 m Höhe über der höchsten Standfläche, auf der sich Personen aufhalten können, begrenzt wird.

- Bereich 2 ist begrenzt
  - einerseits durch die den Bereich 1 begrenzte senkrechte Fläche und eine zu ihr parallele Fläche im Abstand von 1,5 m,
  - andererseits durch den Boden oder die Standfläche, auf der sich Personen aufhalten können und die waagerechte Fläche in 2,5 m Höhe über den Boden oder der Standfläche.

4 Schutzmaßnahmen [702.4]

4.1 Schutz gegen gefährliche Körperströme [702.41]

Anmerkung: Zum Schutz von Steckdosen siehe Abschnitt 5.3.

*) Siehe Erläuterungen zu Abschnitt 3.1

4.1.1 Schutzkleinspannung (SELV) [702.411.1.3.7]

Bei Verwendung der Schutzmaßnahme Schutzkleinspannung (SELV) muß der Schutz gegen direktes Berühren ungeachtet der Höhe der Nennspannung sichergestellt sein durch

- Abdeckungen oder Umhüllungen von mindestens der Schutzart IP 2X nach DIN 40 050, oder
- eine Isolierung, die einer Prüfspannung von 500 V mindestens 1 Minute standhält.

4.1.2 Zusätzlicher Potentialausgleich [702.413.1.6]

In den zusätzlichen örtlichen Potentialausgleich sind alle fremden leitfähigen Teile in den Bereichen 0, 1 und 2 einzubeziehen. Dieser zusätzliche örtliche Potentialausgleich ist mit den Schutzleitern der Körper, die in diesen Bereichen angeordnet sind, zu verbinden.

Fußböden mit nichtisolierender Eigenschaft gehören zu den fremden leitfähigen Teilen.

4.2 Anwendung der Schutzmaßnahmen gegen gefährliche Körperströme [702.471]

4.2.1 [702.471.0]

Innerhalb der Bereiche 0 und 1 darf für den Schutz gegen direktes und bei indirektem Berühren nur die Schutzmaßnahme „Schutz durch Schutzkleinspannung" (SELV) mit einer Nennspannung von bis zu 12 V Wechselspannung oder bis zu 30 V Gleichspannung verwendet werden, wobei sich die Stromquelle des Schutzkleinspannungs-Stromkreises außerhalb der Bereiche 0, 1 und 2 befinden muß (siehe jedoch Abschnitt 5.3).

Anmerkung: Hinsichtlich des Schutzes gegen gefährliche Körperströme ist auch Abschnitt 4.1.1 zu berücksichtigen.

4.2.2 [702.471.1]

Die Schutzmaßnahmen „Schutz durch Hindernisse" und „Schutz durch Abstand" dürfen nicht angewendet werden.

4.2.3 [702.471.2]

Die Schutzmaßnahmen „Schutz durch nichtleitende Räume" und „Schutz durch erdfreien, örtlichen Potentialausgleich" dürfen nicht angewendet werden.

5 Auswahl und Errichten elektrischer Betriebsmittel [702.5]

5.1 Allgemeines [702.51]

[702.512.2]

Die elektrischen Betriebsmittel müssen bezüglich des Wasserschutzes mindestens den folgenden Schutzarten nach DIN 40 050 entsprechen:

- Bereich 0: IP X8
- Bereich 1: IP X5, oder für kleine Schwimmbecken in Gebäuden, die normalerweise nicht unter Anwendung von Strahlwasser gereinigt werden, IP X4,
- Bereich 2: IP X2 für überdachte Schwimmbecken (Schwimmhallen),
  IP X4 für Schwimmbecken im Freien,
  IP X5 in den Fällen, wo Strahlwasser für Reinigungszwecke eingesetzt wird.

5.2 Verlegen von Kabeln und Leitungen [702.52]

5.2.1 [702.520.01]

Die Festlegungen der Abschnitte 5.2.2 bis 5.2.3 gelten für Aufputz- sowie für Unterputz-Installationen, wenn die Kabel bzw. Leitungen nicht tiefer als 5 cm in die Wände eingebettet sind.

5.2.2 [702.520.02]

In den Bereichen 0 und 1 dürfen Kabel und Leitungen keine metallene Umhüllung haben und nicht in Metallrohren verlegt werden. Im Bereich 2 dürfen Kabel und Leitungen nicht in berührbaren Metallrohren verlegt werden.

5.2.3 [702.520.03]

In den Bereichen 0 und 1 dürfen nur Kabel und Leitungen verlegt werden, die für die Versorgung der in diesen Bereichen angeordneten Geräte erforderlich sind.

5.2.4 [702.520.04]

Verbindungsdosen sind in den Bereichen 0 und 1 nicht zugelassen.

5.3 Schalt- und Steuergeräte, Schalter und Steckdosen [702.53]

In den Bereichen 0 und 1 dürfen keine Installationsgeräte, z. B. Schalter und Steckdosen, angebracht werden. Ausgenommen sind kleine Schwimmbäder, in denen es nicht möglich ist, die Installationsgeräte außerhalb des Bereichs 1 anzubringen. Steckdosen dürfen in diesem Fall im Bereich 1 nur angebracht werden, wenn sie in mindestens 1,25 m Entfernung (Handbereich) von Bereich 0 und in einer Höhe von mindestens 0,3 m über dem Fußboden angeordnet sind und geschützt sind

— entweder mit einer Fehlerstrom-Schutzeinrichtung mit einem Nennfehlerstrom $I_{\Delta n} \leq 30$ mA oder

— einzeln von Trenntransformatoren, wobei sich die Trenntransformatoren außerhalb der Bereiche 0, 1 und 2 befinden müssen.

Im Bereich 2 sind Schalter, Steckdosen und Installationsgeräte nur erlaubt, wenn sie durch eine der folgenden Schutzmaßnahmen geschützt sind:

— Schutztrennung mit einzeln zugeordneten Trenntransformatoren,

— Schutzkleinspannung SELV,

— Fehlerstrom-Schutzeinrichtung mit einem Nennfehlerstrom $I_{\Delta n} \leq 30$ mA.

5.4 Sonstige elektrische Betriebsmittel [702.55]

In den Bereichen 0 und 1 dürfen nur festinstallierte Geräte angebracht werden, die für die besondere Verwendung in Schwimmbädern hergestellt sind.

Im Bereich 2 dürfen nur folgende Geräte angebracht werden:

— Leuchten der Schutzklasse II nach DIN VDE 0106 Teil 1;

— Geräte der Schutzklasse I nach DIN VDE 0106 Teil 1, vorausgesetzt der sie versorgende Stromkreis ist mit einer Fehlerstrom-Schutzeinrichtung mit einem Nennfehlerstrom $I_{\Delta n} \leq 30$ mA geschützt,

— Geräte, die von einem Trenntransformator nach den Festlegungen in DIN VDE 0100 Teil 410/11.83, Abschnitt 6.5, gespeist werden.

Im Fußboden eingebettete Flächenheizungen zur Raumheizung dürfen unter den Bereichen 1 und 2 angebracht werden, wenn sie

— mit einem Metallgitter abgedeckt sind oder

— eine metallene Umhüllung haben,

und der nach Abschnitt 4.1.2 geforderte zusätzliche örtliche Potentialausgleich hierfür durchgeführt wird.

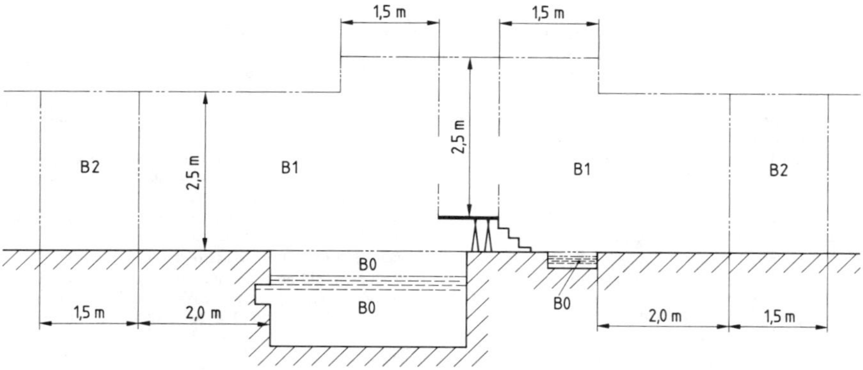

Bild 1. Einteilung der Bereiche für Schwimmbecken und Fußwaschrinnen

Anmerkung: Bei den Maßen für die Bereichseinteilungen dürfen Wände und feste Trennwände berücksichtigt werden (siehe Bilder in den Erläuterungen).

B0 Bereich 0
B1 Bereich 1
B2 Bereich 2

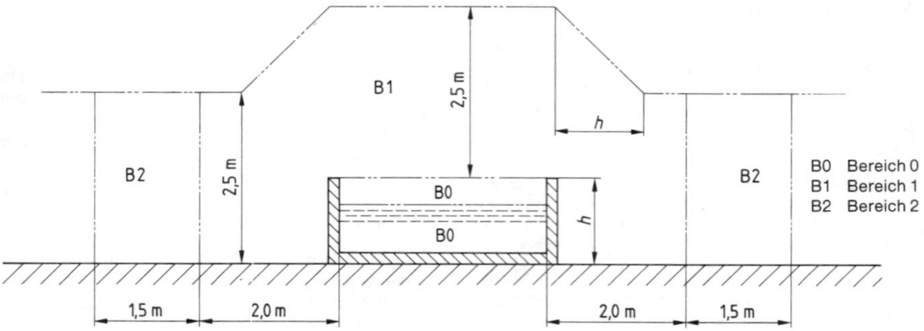

Bild 2. Einteilung der Bereiche für Schwimmbecken, die auf einer Fläche (z. B. Erdboden) aufgestellt sind.

Anmerkung: Bei den Maßen für die Bereichseinteilungen dürfen Wände und feste Trennwände berücksichtigt werden (siehe Bilder in den Erläuterungen).

Zitierte Normen und andere Unterlagen

DIN 40 050	IP-Schutzarten; Berührungs-, Fremdkörper- und Wasserschutz für elektrische Betriebsmittel
DIN VDE 0100	Bestimmungen für das Errichten von Starkstromanlagen mit Nennspannungen bis 1000 V
DIN VDE 0100g	Bestimmungen für das Errichten von Starkstromanlagen mit Nennspannungen bis 1000 V; Änderung zu DIN VDE 0100/05.73
DIN VDE 0100 Teil 200	Errichten von Starkstromanlagen mit Nennspannungen bis 1000 V; Allgemeingültige Begriffe
DIN VDE 0100 Teil 410	Errichten von Starkstromanlagen mit Nennspannungen bis 1000 V; Schutzmaßnahmen; Schutz gegen gefährliche Körperströme

Übrige Normen der Reihe DIN VDE 0100 siehe

Beiblatt 2 zu DIN VDE 0100	Errichten von Starkstromanlagen mit Nennspannungen bis 1000 V; Verzeichnis der einschlägigen Normen
DIN VDE 0106 Teil 1	Schutz gegen elektrischen Schlag; Klassifizierung von elektrischen und elektronischen Betriebsmitteln

Frühere Ausgaben

DIN 57100 Teil 702/VDE 0100 Teil 702 : 11.82

Änderungen

Gegenüber DIN 57 100 Teil 702/VDE 0100 Teil 702/11.82 wurden folgende Änderungen vorgenommen:

a) Einteilung des bisherigen Schutzbereiches in die Bereiche 0 und 1. Der Bereich 2 ist neu und erweitert den bisherigen Schutzbereich um 1,5 m in der Waagerechten und 2,5 m in der Senkrechten.

b) Wegfall des Schutzbereiches nach unten ab Beckenboden.

c) Wegfall der Potentialsteuerung bei isolierenden Fußböden und zusätzlichen örtlichen Potentialausgleich anstelle der Potentialsteuerung für nichtisolierende Fußböden.

d) Für elektrische Betriebsmittel im Bereich ab 4 m vom Beckenrand, die im Fehlerfall durch fremde leitfähige Teile (z. B. metallene Rohrleitungen) Spannungen in Bereiche < 4 m vom Beckenrand übertragen können, ist eine Fehlerstrom-Schutzeinrichtung oder Schutzkleinspannung nicht mehr erforderlich.

e) Innerhalb der Bereiche 0 und 1 ist die Schutzkleinspannung nur noch bis 12 V Wechselspannung oder 30 V Gleichspannung zulässig. Die Stromquelle der Schutzkleinspannung ist außerhalb der Bereiche 0, 1 und 2 anzuordnen.

f) Festlegung des Schutzgrades für den Wasserschutz elektrischer Betriebsmittel in den Bereichen 0, 1 und 2.

g) Im Bereich 1 dürfen nur bei kleinen Schwimmbädern Installationsgeräte angebracht werden (z. B. Schalter oder Steckdosen). Nur bei diesen „kleinen Schwimmbädern" dürfen im Bereich 1 für Steckdosen statt Schutzkleinspannung noch wie bisher Fehlerstrom-Schutzeinrichtungen mit $I_{\Delta n} \leq 30$ mA oder Transformatoren mit einem Verbrauchsmittel angewendet werden.

h) Die Schutztrennung mit einem Verbrauchsmittel ist als Schutzmaßnahme
   - bei kleinen Schwimmbädern im Bereich 1 und
   - generell für Bereich 2

   zugelassen.

i) Die Forderung, in Verteilern eine Isolationsmessung der abgehenden Stromkreise ohne Abklemmen der Neutralleiter durchzuführen, besteht nicht mehr. Damit ist der Einbau von Trennklemmen nicht mehr gefordert.

j) Es sind Anforderungen für Flächenheizungen enthalten.

Erläuterungen

Diese Norm wurde vom Komitee 221 „Errichten von Starkstromanlagen bis 1000 V" der Deutschen Elektrotechnischen Kommission im DIN und VDE (DKE) verabschiedet. Mit dieser Norm wird der sachliche Inhalt des CENELEC-Harmonisierungsdokumentes 384.7.702 S1 übernommen. Für Belgien läßt das Harmonisierungsdokument Abweichungen zu, die auf Vorschriften beruhen, deren Veränderung zum gegenwärtigen Zeitpunkt außerhalb der Kompetenz des CENELEC-Mitglieds liegt (sogenannte „A"-Abweichungen).

Bild E.3 zeigt die Einordnung dieser Norm in die Reihe der Normen DIN VDE 0100.

zu Beginn der Gültigkeit:

Eine Wiederholung der bisherigen Anpassungsforderungen aus DIN VDE 0100 Teil 702/11.82 für Schutzmaßnahmen in elektrischen Anlagen von überdachten Schwimmbecken (Schwimmhallen) und Schwimmanlagen im Freien, die am 1. November 1982 bereits bestanden, mußte in der neuen Norm entfallen, weil die Frist bereits am 31. Oktober 1985 abgelaufen war. Eine nachträgliche Änderung dieser Forderung ist weder möglich noch beabsichtigt.

Diese alten Anlagen, die am 1. November 1982 bereits bestanden, sind in den alten Bundesländern (neue Bundesländer siehe unten) nur dann ordnungsgemäß, wenn innerhalb der Frist bis 31. Oktober 1985 die Anpassung nach DIN VDE 0100 Teil 702/11.82 erfolgte. Dabei konnte eine Mitteilung aus DIN-Mitt. 63.1984, Nr 6, Seite 340 und etz Bd. 105 (1984) Heft 10, Seite 519, berücksichtigt werden, die nach ersten Erfahrungen mit der Anpassung lautet:

„Erste Erfahrungen mit der Norm haben gezeigt, daß eine Anpassung hinsichtlich der Schutzmaßnahmen bei Betriebsmitteln in Betriebsräumen um und unter dem Bekkentrog von im Erdreich eingelassen oder in baulichen Anlagen befindlichen Schwimmanlagen in strenger Auslegung des Wortlautes der Norm nur mit erheblichem Aufwand möglich wäre.

Hier bedarf es der Klarstellung. Von der Anpassung innerhalb dieser Betriebsräume sind nur betroffen entsprechend

- Abschnitt 4.1.1 (aus DIN VDE 0100 Teil 702/11.82) Stromkreise, die Betriebsmittel versorgen, deren Körper ganz oder zum Teil vom Becken aus berührt werden können, z. B. in der Beckenwand eingelassene Beleuchtungsanlagen.
- Abschnitt 4.1.2.2 (aus DIN VDE 0100 Teil 702/11.82) metallene Rohrsysteme, die ganz oder zum Teil vom Becken aus berührt werden können.

Anmerkung: Es bestand nicht die Absicht, alle Rohrsysteme oder Konstruktionsteile innerhalb der beschriebenen Schutzbereiche in den Potentialausgleich einzubeziehen. Diese Auffassung wurde vom zuständigen Arbeitsgremium erneut bestätigt."

Die Entscheidung des Komitees 221 zur Anpassung bestehender Anlagen in den neuen Bundesländern und im Ostteil Berlins (Beitrittsgebiet) zur Sicherstellung eines einheitlichen Sicherheitsniveaus im vereinten Deutschland ist in

- DIN-Mitt. 71 (1992), Nr. 2, Seite 162 und
- etz Bd. 113 (1992), Heft 4, Seite 240

enthalten.

Danach wird für das Beitrittsgebiet für überdachte Schwimmbecken und Schwimmanlagen im Freien eine Anpassung entsprechend DIN VDE 0100 Teil 702/11.82 bis zum 1. März 1995 gefordert.

Unter Bezugnahme auf die neuen Spannungsgrenzen in Abschnitt 4.2.1 wird für die Einführung der Schutzkleinspannung nach DIN VDE 0100 Teil 702, Abschnitt 4.1.1.1 oder 4.1.1.4, im Zuge der Anpassung eine Spannung von höchstens 12 V Wechselspannung oder 30 V Gleichspannung empfohlen. In der Verlautbarung des K 221 wird nicht auf Gleichspannung Bezug genommen.

zu Abschnitt 3.1:

Zum Bereich 0 zählt auch die Fußwaschrinne (siehe Bild 1).

Bereich 1 ist auch noch durch die Grenze des Bereichs 0 begrenzt (siehe Bilder 1 und 2), was im Text des CENELEC HD 384.7.702 S1 nicht angegeben ist, jedoch deutscherseits als Änderungswunsch vorgebracht wird.

In den Bildern E.1 und E.2 sind Beispiele für Bereichseinteilungen bei Schwimmbecken und fester Trennwand, die analog zu den Beispielen in DIN VDE 0100 Teil 701/05.84 entwickelt wurden.

zu Abschnitt 4.1.2:

Bei den nationalen Beratungen wurde festgestellt, daß die deutschsprachige Begriffserklärung des fremden leitfähigen Teils in DIN VDE 0100 Teil 200/07.85, Abschnitt 2.3.3, nicht voll der französischen und englischen Fassung entspricht. Nach der bisherigen deutschen Formulierung wird ein leitfähiges Teil, das weder Körper noch aktiver Leiter ist, grundsätzlich zum fremden leitfähigen Teil.

In Anlehnung an die französische und die englische Fassung ist folgende Neufassung der Begriffserklärung des fremden leitfähigen Teils vorgesehen, was vom Deutschen Nationalen Komitee als Änderung von CENELEC HD 384.2 S1 beantragt wurde: „Ein fremdes leitfähiges Teil ist ein leitfähiges Teil, das nicht zur elektrischen Anlage gehört, das ein Potential, im allgemeinen das Erdpotential, einführen kann."

Daraus ergibt sich, daß z. B. folgende leitfähigen Teile, sofern kein Potential eingeführt werden kann, nicht zu den fremden leitfähigen Teilen zählen und damit auch nicht in den zusätzlichen örtlichen Potentialausgleich einbezogen werden müssen,

- leitfähige Einstiegleiter
- leitfähige Handläufe am Beckenrand
- leitfähige Gitterabdeckungen einschließlich deren Einbaurahmen von Überlaufrinnen.

Nichtisolierende Fußböden sind fremde leitfähige Teile. Für die Beurteilung der Isolationseigenschaften kann DIN VDE 0100 Teil 600/11.87, Abschnitt 10, „Messung des Widerstandes von isolierenden Fußböden und isolierenden Wänden", herangezogen werden.

Als nicht isolierende Fußböden gelten z. B. Betonplatten mit Armierung (z. B. Baustahlmatten). Diese Armierung ist beim Einbringen zu verrödeln oder zu verschweißen und mit dem zusätzlichen örtlichen Potentialausgleich zu verbinden. Damit wird eine ähnliche Wirkung wie bei der Potentialsteuerung, die in der früheren Ausgabe gefordert wurde, erreicht. Bei isolierenden Fußböden ist keine Potentialsteuerung mehr gefordert.

Fußböden, die aus einzelnen Betonplatten bestehen, deren Armierungen nicht ohne Beschädigungen der Platten zugänglich sind, brauchen nicht in den zusätzlichen Potentialausgleich einbezogen zu werden.

Auch Betonplatten (auch wenn sie nicht isolierend sind) ohne Armierung, Plattenbeläge, sowie der Mutterboden (z. B. Rasen) brauchen nicht in einen zusätzlichen Potentialausgleich einbezogen zu werden.

Für letztgenannte Fälle, sowie für isolierende Fußböden, ist auch keine zusätzliche Potentialsteuerung erforderlich, wie sie bisher gefordert war.

zu Abschnitt 5.1:

Hinsichtlich des Wasserschutzes von Betriebsmitteln, die unmittelbar dem Wasserstrahl ausgesetzt sein können, wird auf DIN VDE 0100 Teil 737/11.90, Abschnitt 4.2, hingewiesen.

zu Abschnitt 5.3:

Unter „kleinen Schwimmbädern" sind in der Regel Schwimmanlagen zu verstehen, in denen die Raumabmessungen den Bereich 1 nicht überschreiten.

zu Abschnitt 5.4:

Das oberhalb der Heizelemente geforderte Metallgitter kann z. B. durch eine Baustahlmatte erreicht werden.

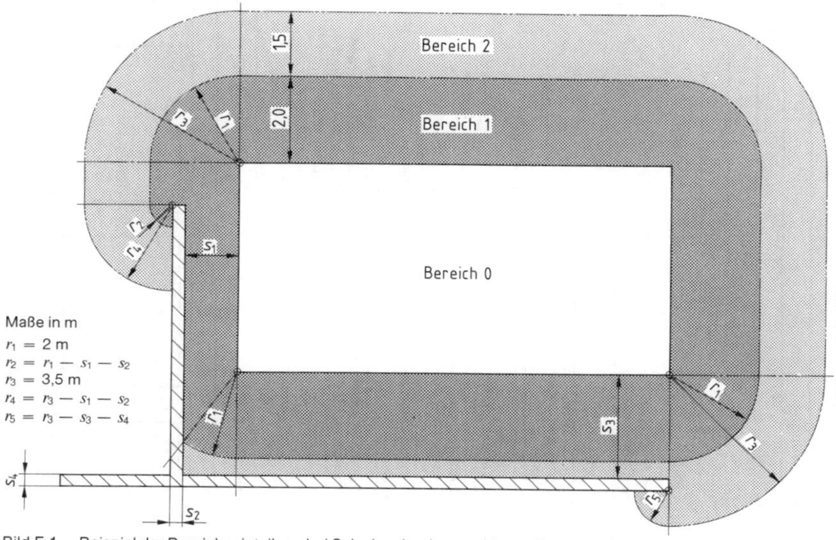

Bild E.1. Beispiel der Bereichseinteilung bei Schwimmbecken und fester Trennwand

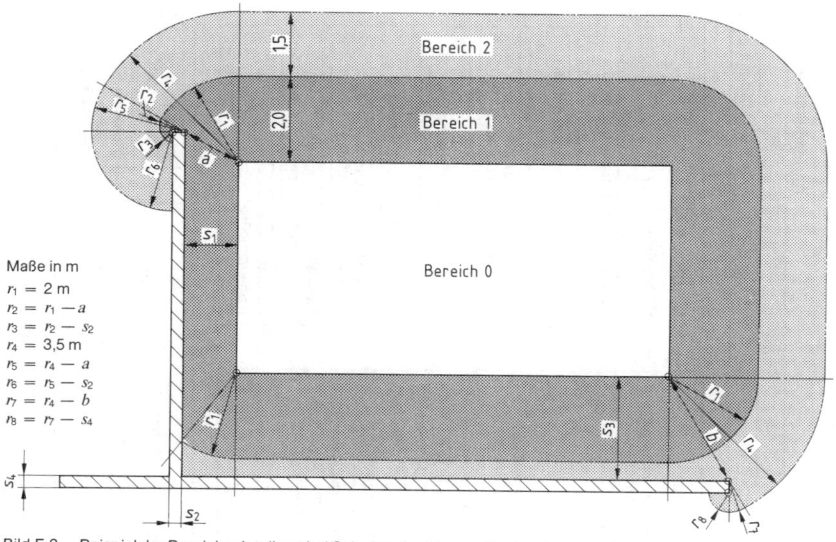

Bild E.2. Beispiel der Bereichseinteilung bei Schwimmbecken und fester Trennwand

Internationale Patentklassifikation

E 04 H 4/00 H 02 B H 02 G H 02 H

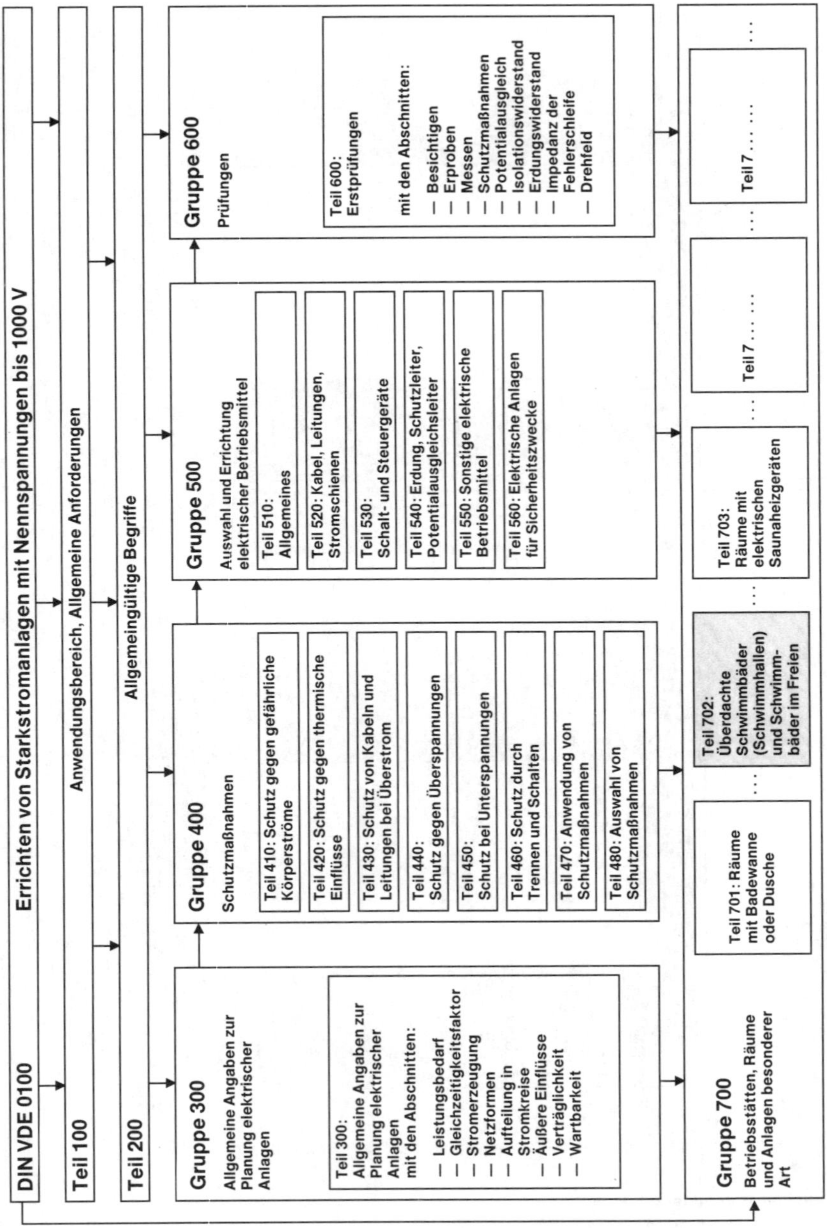

Bild E.3. Eingliederung dieser Norm in die Struktur der Reihe der Normen DIN VDE 0100

DK 621.316.172.002.2:643.552
:621.3.027.26:614.8

Juni 1992

	Errichten von Starkstromanlagen mit Nennspannungen bis 1000 V Räume mit elektrischen Sauna-Heizgeräten	DIN VDE 0100 Teil 703

Erection of power installations with nominal voltages up to 1000 V; Locations containing electrical sauna-heaters

Ersatz für
DIN 57 100 Teil 703/
VDE 0100 Teil 703/11.82
Siehe jedoch Übergangsfrist!

In dieser Norm ist der sachliche Inhalt von CENELEC HD 384.7.703 S1 : 1991, das IEC 364-7-703 (1984) mit gemeinsamen CENELEC-Abänderungen entspricht, eingearbeitet worden. Die Abschnitts-Nummern des CENELEC-HD 384.7.703 S1 sind am Rand in eckigen Klammern gesetzt, womit auch der Bezug der einzelnen Abschnitte dieser Norm zu den Abschnitten der IEC 364-7-703 (1984) gegeben ist.

Beginn der Gültigkeit

Diese Norm (VDE-Bestimmung) gilt ab 1. Juni 1992.

Für am 1. Juni 1992 in Planung oder in Bau befindlichen Anlagen gilt DIN 57 100 Teil 703/VDE 0100 Teil 703/11.82 noch in einer Übergangsfrist bis 30. November 1992.

Norm-Inhalt war veröffentlicht als Entwurf DIN IEC 64(CO)131/VDE 0100 Teil 703 A1/10.83.

Inhalt

Fortsetzung Seite 2 bis 6

Deutsche Elektrotechnische Kommission im DIN und VDE (DKE)

1 Anwendungsbereich [703.1]

Die einzelnen Festlegungen dieser Norm gelten für Heißluft-Saunaräume, in denen besondere Umgebungsbedingungen vorliegen und in denen elektrische Sauna-Heizgeräte angebracht sind, die der EN 60 335-2-53*) entsprechen, wenn die Räume ausschließlich für diese Nutzung vorgesehen sind. [—]

Diese Norm gilt nur in Verbindung mit den entsprechenden anderen Normen der Reihe DIN VDE 0100 sowie mit den noch nicht ersetzten Paragraphen von DIN VDE 0100/05.73 mit Änderung DIN VDE 0100 g/07.76.

2 Begriffe [703.2]

2.1 Heißluft-Saunaraum [703.2.09.1]

Ein Raum oder Bereich, in dem beim Saunabetrieb die Luft auf hohe Temperaturen erwärmt wird und die relative Luftfeuchte üblicherweise niedrig ist. Die Luftfeuchte steigt nur während kurzer Zeitspanne an, wenn Wasser auf den Ofen gegossen wird.

3 Schutzmaßnahmen [703.4]

3.1 Schutz gegen gefährliche Körperströme [703.41] [703.411.1.3.7]

Bei Anwendung der Schutzkleinspannung muß der Schutz gegen direktes Berühren ungeachtet der Nennspannung durch eine der folgenden Maßnahmen sichergestellt sein:

— Abdeckungen oder Umhüllungen, die mindestens der Schutzart IP 2X nach DIN 40 050 entsprechen, oder

— Isolation, die so ausgelegt ist, daß sie einer Prüfspannung von 500 V mindestens 1 min standhält.

3.2 Anwendung von Schutzmaßnahmen gegen gefährliche Körperströme [703.471] [703.471.1]

3.2.1 Die Schutzmaßnahmen gegen direktes Berühren durch Hindernisse oder durch Abstand sind nicht zulässig.

[703.471.2]

3.2.2 Schutz durch nichtleitende Räume und Schutz durch erdfreien, örtlichen Potentialausgleich sind als Schutzmaßnahmen bei indirektem Berühren nicht zulässig.

4 Auswahl und Errichtung elektrischer Betriebsmittel [703.5]

4.1 Allgemeine Bestimmungen [703.51] [703.512.2]

Die Betriebsmittel müssen mindestens der Schutzart IP 24 nach DIN 40 050 entsprechen.

Vier Bereiche sind entsprechend Bild 1 festgelegt:

Bereich 1: Es dürfen nur elektrische Betriebsmittel, die zu den Sauna-Heizgeräten gehören, angebracht werden.

Bereich 2: Innerhalb dieses Bereiches bestehen keine besonderen Anforderungen hinsichtlich der Wärmefestigkeit der dort verwendeten elektrischen Betriebsmittel.

Bereich 3: Elektrische Betriebsmittel in diesem Bereich müssen einer Umgebungstemperatur von 125 °C unbeschadet standhalten.

Bereich 4: Hier dürfen nur verwendet werden

— Leuchten, die so angebracht sind, daß einer Überhitzung vorgebeugt ist, und ihre Verbindungsleitungen;

— Steuereinrichtungen von Sauna-Heizgeräten (Thermostate und thermische Auslöser) sowie die zugehörigen Verbindungsleitungen.

Die Temperaturfestigkeit dieser elektrischen Betriebsmittel muß derjenigen von Bereich 3 entsprechen.

4.2 Verlegen von Kabel und Leitungen [703.52]

Die Kabel und Leitungen müssen schutzisoliert sein; sie dürfen keine Metallmäntel besitzen und dürfen nicht in metallenen Rohren verlegt sein.

4.3 Schaltgeräte und Steckdosen [703.53]

Schaltgeräte, die nicht in die Sauna-Heizgeräte eingebaut sind, müssen außerhalb des betreffenden Raums angebracht werden.

Steckdosen sind in Heißluft-Saunaräumen nicht zulässig.

*) DIN VDE 0700 Teil 53

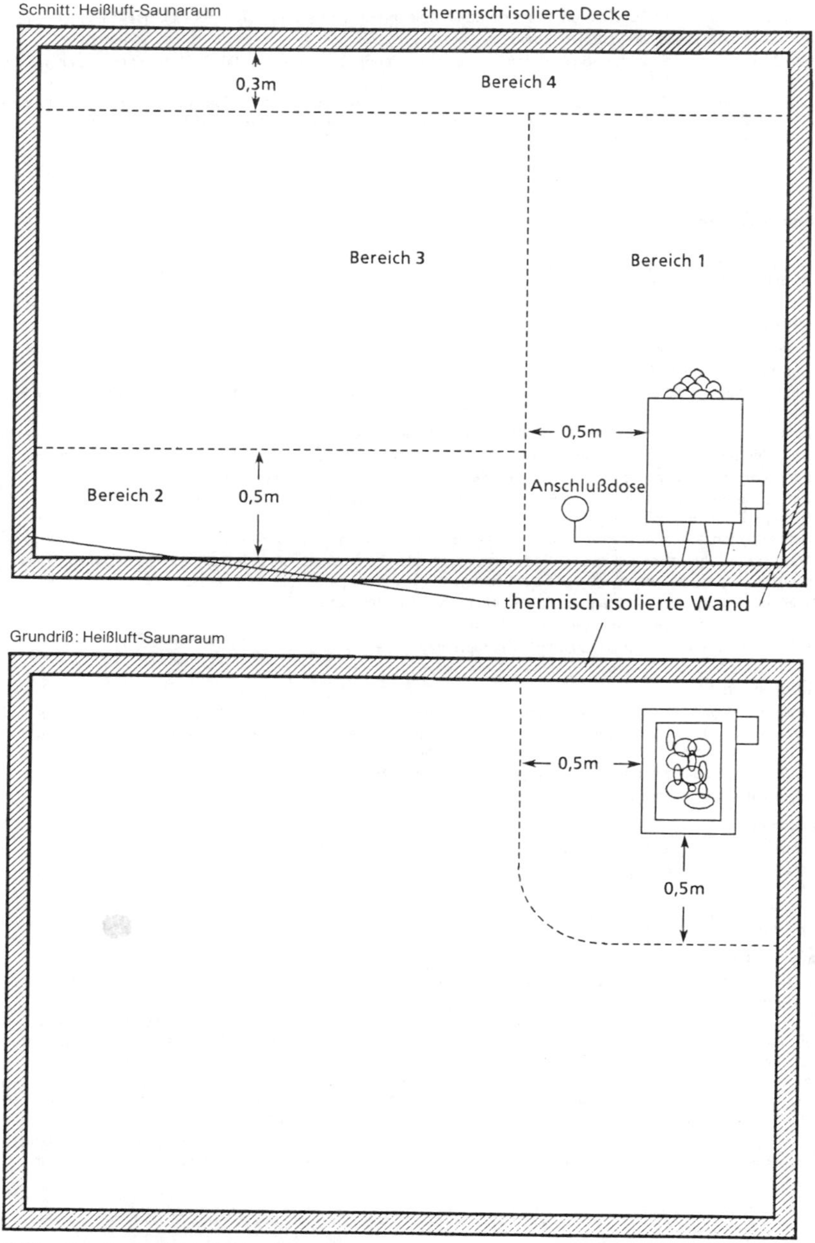

Bild 1. Bereiche bezüglich der Umgebungstemperatur

Zitierte Normen und andere Unterlagen

DIN 40 050	IP-Schutzarten; Berührungs-, Fremdkörper- und Wasserschutz für elektrische Betriebsmittel
Übrige Normen der Reihe DIN VDE 0100 siehe	
Beiblatt 2 zu DIN VDE 0100	Errichten von Starkstromanlagen mit Nennspannungen bis 1000 V; Verzeichnis der einschlägigen Normen
DIN VDE 0700 Teil 53	Sicherheit elektrischer Geräte für den Hausgebrauch und ähnliche Zwecke; Teil 2: Besondere Anforderungen für elektrische Sauna-Heizgeräte (IEC 335-2-53 : 1988, modifiziert); Deutsche Fassung EN 60 335-2-53 : 1991

Frühere Ausgaben

VDE 0100: 05.73
(Vorheriger Entwicklungsgang siehe Beiblatt 1 zu DIN VDE 0100)
DIN 57 100 Teil 703/VDE 0100 Teil 703: 11.82

Änderungen

Gegenüber DIN 57 100 Teil 703/VDE 0100 Teil 703/11.82 wurden folgende Änderungen vorgenommen:

a) Angleichung an internationale und regionale Festlegungen.

b) Gilt nur noch für die Errichtung von nicht fabrikfertigen Heißluftsaunen. Auch Dampfsaunen fallen nicht unter diese Norm.

c) Ein Bezug auf einen üblichen maximalen Wert der Luftfeuchtigkeit (30 %) ist entfallen.

d) Anforderungen, daß Betriebsmittel in Bereichen 3 und 4 für 140 °C zu bemessen sind, sind auf 125 °C reduziert.

e) Für außen angebrachte Betriebsmittel gibt es temperaturmäßig keine Einschränkungen mehr.

f) Die Forderung nach Fehlerstrom-Schutzeinrichtungen für Betriebsmittel der Schutzklasse I als Alternative zur Schutzkleinspannung ist entfallen.

g) Schutz gegen direktes Berühren bei Schutzkleinspannung ist immer erforderlich.

h) Temperaturbegrenzung auf 165 °C in der Kabine als Brandschutzmaßnahme entfällt. Ein Sicherheitstemperaturbegrenzer gehört gegebenenfalls zum Sauna-Heizgerät.

i) Trenneinrichtungen (Freischalteinrichtungen) sind nicht mehr gefordert.

j) Forderung nach Neutralleiter-Trennklemmen entfällt.

k) Betriebsmittel müssen der Schutzart IP 24 entsprechen.

Erläuterungen

Diese Norm wurde vom Unterkomitee 221.3 „Schutzmaßnahmen" auf Basis des CENELEC-HD 384.7.703 S1 ausgearbeitet und vom Komitee 221 „Errichten von Starkstromanlagen mit Nennspannungen bis 1000 V" der Deutschen Elektrotechnischen Kommission im DIN und VDE (DKE) verabschiedet.

Das Bild E.1 auf Seite 6 zeigt die Einordnung dieser Norm in die Reihe Normen DIN VDE 0100.

Im folgenden werden einzelne Abschnitte erläutert:

Zu Abschnitt 1:

Aus dem Anwendungsbereich von DIN VDE 0100 Teil 703 wurden herausgenommen

— Dampfsaunas (Dampfbäder),
hierfür ist DIN VDE 0100 Teil 737 zu beachten;

— fabrikfertige Saunaeinrichtungen,
hierfür gilt DIN VDE 0700 Teil 53.

Zu Abschnitt 3:

Wenn Entwurf DIN VDE 0100 Teil 410 A2 zur Norm werden wird, ist eine Änderung von Abschnitt 3.1 erforderlich, um auch PELV einzubeziehen.

Nach dieser Norm dürfen nun in Heißluft-Saunaräumen fast alle Schutzmaßnahmen nach DIN VDE 0100 Teil 410/11.83, Abschnitte 4 bis 6, angewendet werden, mit Ausnahme der Abschnitte 5.3, 5.4, 6.3 und 6.4. Siehe auch Abschnitte 3.2.1 und 3.2.2 dieser Norm.

Die Forderung nach Fehlerstrom-Schutzeinrichtungen konnte entfallen, da in dem Heißluft-Saunaraum, mit Ausnahme des Sauna-Heizgerätes, in der Regel kein Betriebsmittel der Schutzklasse I nach DIN VDE 0106 Teil 1 vorhanden ist. Es wird für die Errichtung von Heißluft-Saunaräumen in Wohnbereichen auf DIN VDE 0100 Teil 739 verwiesen.

Nach wie vor gilt für Heißluft-Saunaräume zusätzlich DIN VDE 0100 Teil 737, wenn die Einrichtungen des Heißluft-Saunaraumes gelegentlich abgespritzt werden oder die Sauna in feuchten oder nassen Räumen zur Aufstellung kommt.

Zu Abschnitt 4.1:

Die geforderte Schutzart IP 24 nach DIN 40 050 muß auch für Betriebsmittel mit Schutzkleinspannung beachtet werden.

Bereich 1:
Im Bereich 1 darf jedoch nicht die Steuertafel für den Sauna-Heizofen angebracht werden. Diese muß nach DIN VDE 0700 Teil 53 außen angebracht werden.

Bereich 2:
Auch wenn hier keine besonderen Anforderungen aufgeführt sind, muß insbesondere DIN VDE 0100 Teil 420 und Teil 510 beachtet werden.

Für die Belastbarkeit der Kabel/Leitungen gilt DIN VDE 0298 Teil 4/02.88, Tabelle 7.

Zu Abschnitt 4.3:
Regel- und Steuereinrichtungen fallen nicht unter die in diesem Abschnitt aufgeführten Schaltgeräte.

Die bisherige Forderung nach einem Sicherheitstemperaturbegrenzer ist entfallen, da nach EN 60 335-2-53 (= DIN VDE 0700 Teil 53) gefordert ist, daß zu hohe Temperaturen nicht auftreten können oder die Geräte einen Sicherheits-Temperaturbegrenzer enthalten.

Internationale Patentklassifikation

A 61 H 33/06
H 02 H 5/12
H 02 G 3/00

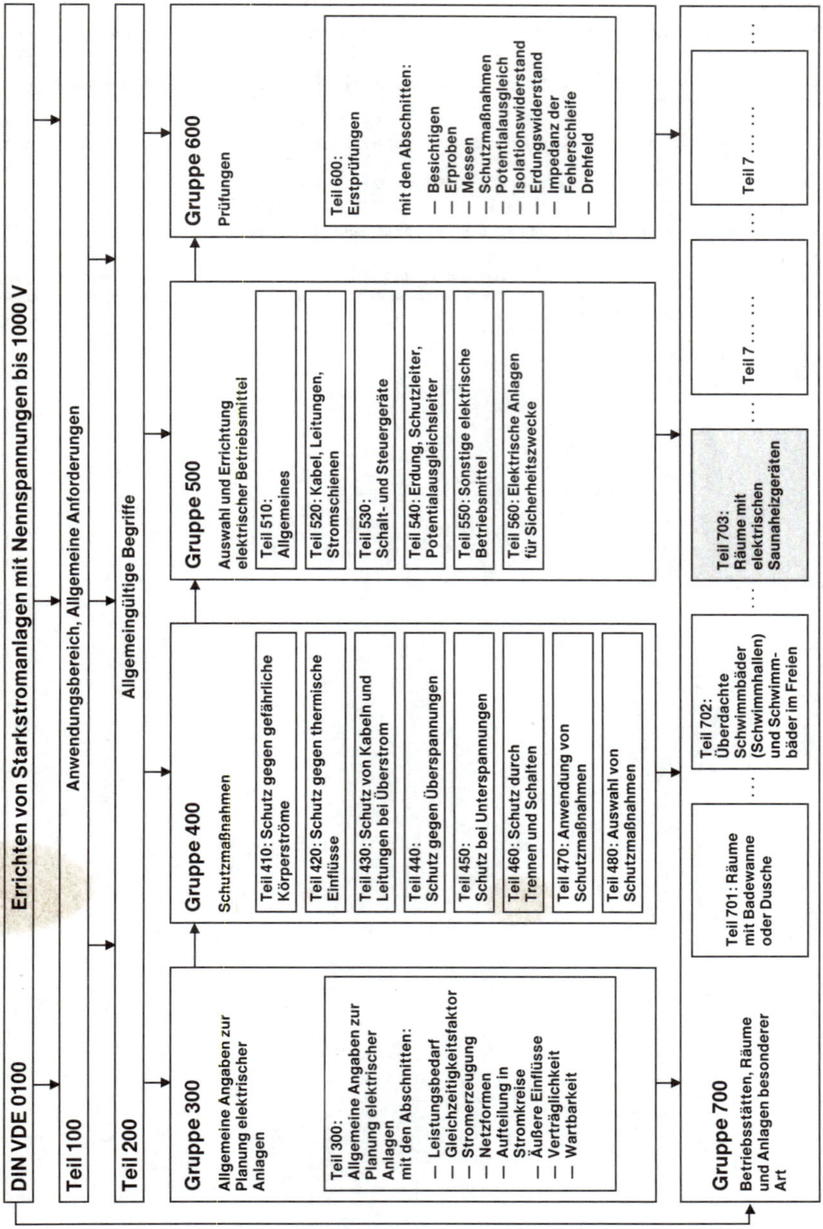

Bild E.1. Eingliederung dieser Norm in die Struktur der Reihe der Normen DIN VDE 0100

DK 621.316.176.002.2:621.3.027.26
:69.055:614.8

November 1987

	Errichten von Starkstromanlagen mit Nennspannungen bis 1000 V Baustellen	DIN VDE 0100 Teil 704

Diese auch vom Vorstand des Verbandes Deutscher Elektrotechniker (VDE) e. V. genehmigte Norm ist damit zugleich eine VDE-Bestimmung im Sinne von VDE 0022. Sie ist unter obenstehender Nummer in das VDE-Vorschriftenwerk aufgenommen und in der etz Elektrotechnische Zeitschrift bekanntgegeben worden.

Erection of power installations with nominal voltages up to 1000 V; construction site installations

Ersatz für
VDE 0100/05.73 § 55 und § 33 d)

Für den Anwendungsbereich dieser Norm bestehen keine entsprechenden regionalen oder internationalen Normen. Bei IEC wurde für Baustellen der Entwurf IEC 64(Secretariat)432, März 1985, mit Änderung IEC 64(Central Office)166, Februar 1986, herausgegeben, der als Entwurf DIN VDE 0100 Teil 704 A1/07.86 veröffentlicht ist. Die vorliegende Norm beruht auf dem Ergebnis der Einspruchsberatung zum nationalen Entwurf DIN VDE 0100 Teil 704/10.86 und ist mit den IEC-Festlegungen nicht äquivalent.

Entwurf war veröffentlicht als DIN VDE 0100 Teil 704/10.86.

Beginn der Gültigkeit

Diese Norm (VDE-Bestimmung) gilt ab 1. November 1987.

Für die Neubeschaffung von elektrischen Betriebsmitteln gilt VDE 0100/05.73 § 55 und § 33 d) noch in einer Übergangsfrist bis 31. Oktober 1988.

Vorhandene Baustromverteiler nach DIN 57 612/VDE 612/05.74 dürfen weiter verwendet werden. Eine Anpassung wird nicht gefordert.

Inhalt

Fortsetzung Seite 2 bis 5

Deutsche Elektrotechnische Kommission im DIN und VDE (DKE)

1 Anwendungsbereich

1.1 Diese Norm gilt für das Errichten elektrischer Anlagen auf Baustellen. Sie gilt nur in Verbindung mit den entsprechenden anderen Normen der Reihe DIN VDE 0100[1]) sowie mit den noch nicht ersetzten Paragraphen von DIN VDE 0100/05.73 mit Änderung DIN VDE 0100 g/07.76.

1.2 Sie gilt nicht, wenn Handleuchten, Lötkolben, Schweißgeräte, schutzisolierte Betonmischer und handgeführte Elektrowerkzeuge, z. B. Bohrmaschinen, Schleifmaschinen, Poliermaschinen und ähnliche Handgeräte, jeweils nur einzeln in Betrieb sind.

1.3 Von Abschnitt 5.2.1 darf bei Bau- und Montagearbeiten geringen Umfangs abgewichen werden, wenn keine erschwerten Bedingungen von Baustellen vorliegen, die eine erhöhte Gefährdung durch gefährliche Körperströme verursachen können.

Es dürfen dann die unter Abschnitt 1.2 genannten elektrischen Betriebsmittel an Steckvorrichtungen ortsfester Anlagen angeschlossen werden, wenn diese nicht nur vorübergehend errichtet sind und regelmäßig geprüft werden.

2 Begriffe

Allgemeine Begriffe siehe DIN VDE 0100 Teil 200.

2.1 Anlagen auf Baustellen[2]) sind die elektrischen Einrichtungen für die Durchführung von Arbeiten auf Hoch- und Tiefbaustellen sowie bei Metallbaumontagen. Zu Baustellen gehören auch Bauwerke und Teile von solchen, die ausgebaut, umgebaut, instand gesetzt werden oder abgebrochen wurden.

3 Allgemeine Anforderungen

Elektrische Anlagen auf Baustellen sind so zu errichten und Betriebsmittel so auszuwählen, daß bei bestimmungsgemäßer Verwendung Personen und Sachen nicht gefährdet werden.

4 Speisepunkt

Betriebsmittel auf Baustellen müssen von besonderen Speisepunkten aus versorgt werden. Als Speisepunkte gelten z. B.:

- Baustromverteiler nach DIN VDE 0612,
- steckbare Verteiler-Einrichtungen mindestens der Schutzart IP 43 nach DIN 40 050 mit maximal zwei Steckdosen nach Abschnitt 9.2 a), die mit Fehlerstrom-Schutzeinrichtungen mit $I_{\Delta n} \leq 30$ mA geschützt sind und einen eigenen Erder haben, z. B. Kleinstbaustromverteiler,
- der Baustelle besonders zugeordnete Abzweige vorhandener ortfester Verteilungen,
- Ersatzstromversorgungsanlagen nach DIN VDE 0100 Teil 728,
- Transformatoren mit getrennten Wicklungen,

nicht aber Steckvorrichtungen in Hausinstallationen.

[1]) Siehe z. B. Beiblatt 2 zu DIN VDE 0100.

[2]) Bei Überarbeitung von DIN VDE 0100 Teil 200/07.85 soll die dort in Abschnitt A.1.7 enthaltene Begriffserklärung angeglichen werden.

5 Schutzmaßnahmen

5.1 Netzformen

Hinter Speisepunkten dürfen nur die Netzformen TT-Netz, TN-S-Netz oder IT-Netz mit Isolationsüberwachung angewendet werden.

Bei Ersatzstromversorgungsanlagen darf auf die Isolationsüberwachung im IT-Netz verzichtet werden, wenn die nach DIN VDE 0100 Teil 728/04.84, in Abschnitt 4.2.2.3 genannten Bedingungen eingehalten sind.

Bei Anwendung des TN-S-Netzes hinter Baustromverteilern ist für die Zuleitung vor dem Baustromverteiler als Übergabestelle die Netzform

a) TN-S-Netz

oder

b) TN-C-Netz mit der folgenden Einschränkung zulässig:

Die Möglichkeit unter b) ist nur zulässig, wenn Kabel und Leitungen mit Querschnitten von mindestens 10 mm² Cu oder 16 mm² Al verwendet werden, die

- während des Betriebs nicht bewegt werden

und

- mechanisch geschützt sind,

so daß sie als fest verlegt angesehen werden können.

5.2 Stromkreise mit Steckdosen auf Baustellen

5.2.1 TT-Netz und TN-S-Netz

Im TT-Netz und im TN-S-Netz müssen

a) Steckdosen bis 16 A für Einphasenbetrieb durch Fehlerstrom-Schutzeinrichtungen mit einem Nennfehlerstrom $I_{\Delta n} \leq 30$ mA,

b) sonstige Steckdosen durch Fehlerstrom-Schutzeinrichtungen mit einem Nennfehlerstrom $I_{\Delta n} \leq 500$ mA

geschützt werden.

5.2.2 IT-Netz

Im IT-Netz mit Isolationsüberwachung sind für Stromkreise mit Steckdosen keine Fehlerstrom-Schutzeinrichtungen erforderlich.

5.2.3 Für Steckdosen ist auch die Speisung

- mit Schutzkleinspannung,
- über Trenntransformator für mehrere Verbrauchsmittel nach DIN VDE 0100 Teil 410/11.83, Abschnitt 6.5,
- aus Ersatzstromversorgungsanlagen nach DIN VDE 0100 Teil 728/04.84, Abschnitt 4.2.4,

zulässig.

5.3 Stromkreise ohne Steckdosen auf Baustellen

Sind im Stromkreis keine Steckdosen installiert, so müssen unter Berücksichtigung von Abschnitt 5.1 eine oder mehrere Schutzmaßnahmen nach DIN VDE 0100 Teil 410 angewendet werden.

6 Freischalten

Die Anlage muß durch Schaltgeräte freischaltbar sein. Alle nicht geerdeten Leiter müssen gleichzeitig geschaltet werden.

7 Schaltanlagen und Verteiler

Schaltanlagen und Verteiler müssen mindestens der Schutzart IP 43 nach DIN 40 050 entsprechen. Für Baustromverteiler gelten jedoch die in DIN VDE 0612 angegebenen Schutzarten.

8 Kabel und Leitungen

8.1 Als flexible Leitungen sind Gummischlauchleitungen H07RN-F bzw. A07RN-F nach DIN VDE 0282 Teil 810 oder mindestens gleichwertige Bauarten der Kabel bzw. Leitungen (siehe DIN VDE 0298 Teil 3) zu verwenden.

8.2 An Stellen, an denen die Kabel und Leitungen mechanisch besonders beansprucht werden können, sind sie durch mechanisch geschützte Verlegung oder mechanisch feste Abdeckungen zu schützen. Beim Verbinden hochgelegter, freihängender Leitungen sind die Verbindungsstellen von Zug zu entlasten.

8.3 Maste der Baustellenanlage müssen so beschaffen und aufgestellt sein, daß sie den durch den Baustellenbetrieb bedingten erhöhten mechanischen Beanspruchungen genügen.

8.4*) Bis zur Herausgabe von Normen (VDE-Bestimmungen) über Leitungsroller für erschwerte Bedingungen gilt:

Leitungsroller müssen DIN VDE 0620, jedoch unter Berücksichtigung der Abschnitte 8.1 und 9.2, entsprechen.

Anmerkung: Es sollten Leitungsroller aus Isolierstoff gewählt werden.

9 Installationsmaterial

9.1 Installationsschalter, Steckvorrichtungen, Abzweigdosen und dergleichen müssen mindestens in der Schutzart IP X4 nach DIN 40 050 (Kurzzeichen: 1 Tropfen im Dreieck nach DIN 30 600, Reg.-Nr 5 886-0) ausgeführt sein.

9.2 Auf Baustellen dürfen für den Netzanschluß nur verwendet werden:

a) Steckdosen, 2polig mit Schutzkontakt, nach DIN VDE 0620 in den Bauarten nach DIN 49 440 oder DIN 49 442,

b) Steckvorrichtungen, 2polig mit Schutzkontakt, nach DIN VDE 0620 für erschwerte Bedingungen (kenntlich durch Symbol  nach DIN 40 100 Teil 8, DIN 30 600, Reg.-Nr 1665) in den Bauarten nach DIN 49 440, DIN 49 441, DIN 49 442 und DIN 49 443,

c) Steckvorrichtungen (CEE-Steckvorrichtungen) nach DIN VDE 0623 für erschwerte Bedingungen in den Bauarten nach Normen der Reihen DIN 49 462, DIN 49 463 oder DIN 49 465.

Anmerkung: Festlegungen für Steckvorrichtungen nach DIN VDE 0623 für erschwerte Bedingungen sind in Vorbereitung.

Die Gehäuse der Steckvorrichtungen müssen aus Isolierstoff bestehen.

10 Schalt- und Steuergeräte und elektrische Maschinen

10.1 Schalt- und Steuergeräte, Anlaß- und Regelwiderstände sowie elektrische Maschinen außerhalb von Schaltanlagen und Verteilern müssen mindestens der Schutzart IP 44 nach DIN 40 050 entsprechen.

Fehlerstrom-Schutzeinrichtungen müssen für tiefe Temperaturen (−25 °C) geeignet sein (Sonderausführung für tiefe Temperaturen).

10.2 Schweißstromquellen müssen DIN VDE 0540, DIN VDE 0541, DIN VDE 0542 oder DIN VDE 0543 und Stromerzeugungsaggregate müssen Normen der Reihe DIN 6280 entsprechen. Bei Anwendung im Freien müssen sie mindestens in der Schutzart IP 23 nach DIN 40 050 ausgeführt sein.

10.3*) Handgeführte Elektrowerkzeuge müssen mindestens der Schutzart IP 2X nach DIN 40 050 entsprechen und mit einer Anschlußleitung H07RN-F bzw. A07RN-F nach DIN VDE 0282 Teil 810 oder einer mindestens gleichwertigen Bauart (siehe DIN VDE 0298 Teil 3) ausgestattet sein. Es sind auch Anschlußleitungen H05RN-F oder A05RN-F nach DIN VDE 0282 Teil 817 oder eine mindest gleichwertige Bauart (früher: NMHöu, heute: siehe DIN VDE 0298 Teil 3) mit einer Länge bis zu 4 m zulässig, soweit nicht in DIN VDE 0740 Teil 21 oder Teil 22 die Bauart H07RN-F vorgeschrieben ist.

11 Leuchten

11.1 Leuchten, ausgenommen solche für Schutzkleinspannung, müssen mindestens in der Schutzart IP X3 nach DIN IEC 598 Teil 1/VDE 0711 Teil 1 (z. Z. Entwurf) ausgeführt sein.

11.2 Handleuchten, ausgenommen solche für Schutzkleinspannung, müssen mindestens in der Schutzart IP X5 nach DIN IEC 598 Teil 1/VDE 0711 Teil 1 (z. Z. Entwurf) ausgeführt sein. Sie müssen DIN VDE 0710 Teil 4 entsprechen.

12 Wärmegeräte

Wärmegeräte müssen mindestens spritzwassergeschützt sein (Schutzart IP X4 nach DIN 40 050 oder Kurzzeichen 1 Tropfen im Dreieck nach DIN VDE 0720 Teil 1 mit Änderung DIN VDE 0720 Teil 1e).

---

*) Bei dieser Festlegung handelt es sich um eine Betriebsbestimmung zur Anwendung der richtigen Betriebsmittel auf Baustellen, die bei Übernahme nach DIN VDE 0105 Teil 1 hier gestrichen werden soll.

Zitierte Normen und andere Unterlagen

Normen der Reihe DIN 6280	Hubkolben-Verbrennungsmotoren; Stromerzeugungsaggregate mit Hubkolben-Verbrennungsmotoren
DIN 30 600	Graphische Symbole; Registrierung; Bezeichnung
DIN 40 050	IP-Schutzarten; Berührungs-, Fremdkörper- und Wasserschutz für elektrische Betriebsmittel
DIN 40 100 Teil 8	Bildzeichen der Elekrotechnik; Schutzzeichen, Warnzeichen, Rufzeichen, Ergänzungszeichen
DIN 49 440	Zweipolige Steckdosen mit Schutzkontakt, 10 A, 250 V≂ und 10 A, 250 V—, 16 A, 250 V~; Hauptmaße
DIN 49 441	Zweipolige Stecker mit Schutzkontakt, 10 A, 250 V≂ und 10 A, 250 V—, 16 A, 250 V~
DIN 49 442	Zweipolige Steckdosen mit Schutzkontakt, druckwasserdicht, 10 A, 250 V≂ und 10 A, 250 V—, 16 A, 250 V~; Hauptmaße
DIN 49 443	Zweipolige Stecker mit Schutzkontakt; DC 10 A, 250 V, AC 16 A, 250 V—, druckwasserdicht
Normen der Reihe DIN 49 462	Mehrpolige Kragensteckvorrichtung mit Schutzkontakt, 16 und 32 A, über 42 bis 750 V
Normen der Reihe DIN 49 463	Mehrpolige Kragensteckvorrichtung mit Schutzkontakt, 63 und 125 A über 42 bis 750 V
Normen der Reihe DIN 49 465	2- und 3polige Kragensteckvorrichtung, 16 und 32 A, bis 42 V
DIN VDE 0100	Bestimmungen für das Errichten von Starkstromanlagen mit Nennspannungen bis 1000 V
DIN VDE 0100 g	Bestimmungen für das Errichten von Starkstromanlagen mit Nennspannungen bis 1000 V; Änderung zu VDE 0100/05.73
DIN VDE 0100 Teil 200	Errichten von Starkstromanlagen mit Nennspannungen bis 1000 V; Allgemeingültige Begriffe
DIN VDE 0100 Teil 410	Errichten von Starkstromanlagen mit Nennspannungen bis 1000 V; Schutzmaßnahmen; Schutz gegen gefährliche Körperströme
DIN VDE 0100 Teil 728	Errichten von Starkstromanlagen mit Nennspannungen bis 1000 V; Ersatzstromversorgungsanlagen
Übrige Normen der Reihe	DIN VDE 0100 siehe
Beiblatt 2 zu DIN VDE 0100	Errichten von Starkstromanlagen mit Nennspannungen bis 1000 V; Verzeichnis der einschlägigen Normen
DIN VDE 0105 Teil 1	Betrieb von Starkstromanlagen; Allgemeine Festlegungen
DIN VDE 0282 Teil 810	Gummi-isolierte Starkstromleitungen; Gummischlauchleitungen 07RN
DIN VDE 0282 Teil 817	Gummi-isolierte Starkstromleitungen; Gummischlauchleitungen 05RN
DIN VDE 0298 Teil 3	Verwendung von Kabeln und isolierten Leitungen für Starkstromanlagen; Allgemeines für Leitungen
DIN VDE 0540	Bestimmungen für Gleichstrom-Lichtbogen-Schweißgeneratoren und -umformer
DIN VDE 0541	Bestimmungen für Stromquellen zum Lichtbogenschweißen mit Wechselstrom
DIN VDE 0542	Bestimmungen für Lichtbogen-Schweißgleichrichter
DIN VDE 0543	Bestimmungen für Lichtbogen-Kleinschweißtransformatoren für Kurzschweißbetrieb
DIN VDE 0612	Bestimmungen für Baustromverteiler für Nennspannungen bis 380 V Wechselspannung und für Ströme bis 630 A
DIN VDE 0620	Steckvorrichtungen bis 250 V 25 A
DIN VDE 0623	Bestimmungen für Industriesteckvorrichtungen bis 200 A und 750 V
DIN VDE 0710 Teil 4	Vorschriften für Leuchten mit Betriebsspannungen unter 1000 V; Sondervorschriften für Leuchten, die unter erschwerten Bedingungen betrieben werden
DIN VDE 0720 Teil 1	Bestimmungen für Elektrowärmegeräte für den Hausgebrauch und ähnliche Zwecke; Allgemeine Bestimmungen
DIN VDE 0720 Teil 1e	Bestimmungen für Elektrowärmegeräte für den Hausgebrauch und ähnliche Zwecke; Teil-Änderung zu VDE 0720 Teil 1/02.72
DIN 0740 Teil 21	Handgeführte Elektrowerkzeuge; Besondere Bestimmungen (Bohrmaschinen; Schrauber und Schlagschrauber; Schleifer, Polierer, Tellerschleifer; Schwing- und Bandschleifer; Kreissägen und Kreismesser; Hämmer; Spritzpistolen)
DIN VDE 0740 Teil 22	Handgeführte Elektrowerkzeuge; Weitere besondere Bestimmungen (Blechscheren und Nibbler; Gewindeschneider; Stichsägen; Innenrüttler; Kettensägen; Hobel; Hecken- und Grasscheren)
DIN IEC 598 Teil 1/ VDE 0711 Teil 1	(z. Z. Entwurf) Leuchten; Allgemeine Anforderungen und Prüfungen

Frühere Ausgaben

VDE 0100: 05.73

Vorheriger Entwicklungsgang siehe Beiblatt 1 zu DIN VDE 0100.

Änderungen

Gegenüber VDE 0100/05.73 wurden folgende Änderungen vorgenommen:

a) Angleichung des formalen Aufbaues an die übrigen Normen der Reihe DIN VDE 0100.

b) Definition des Begriffs Baustelle ist geändert worden.

c) Aussagen zu Leitungsrollern wurden neu aufgenommen.

d) Für Schweißstromquellen gilt eine andere Schutzart.

e) Verwendung des Fehlerstrom-Schutzschalters mit $I_{\Delta n} \leq$ 30 mA für bestimmte Stromkreise mit Steckdosen.

f) Differenzierte Angaben von Nennfehlerströmen für Fehlerstrom-Schutzeinrichtungen, die nun grundsätzlich der Sonderausführung für tiefe Temperaturen entsprechen müssen.

g) Keine Festlegungen zu blanken Leitungen.

h) Geänderte Schutzarten für einige Betriebsmittel.

Erläuterungen

Diese Norm wurde ausgearbeitet vom Komitee 221 „Errichten von Starkstromanlagen bis 1000 V" der Deutschen Elektrotechnischen Kommission im DIN und VDE (DKE).

Während der Entwurf DIN VDE 0100 Teil 704 A1/07.86 den derzeitigen internationalen Beratungsstand, dessen künftige Entwicklung noch nicht abzusehen ist, vorstellt, wird mit dieser Norm eine Fassung herausgegeben, die sich hauptsächlich in den Diskussionen zu den bisherigen Entwürfen entwickelte.

In Abschnitt 1.2 wurde die in der Anmerkung 2 von Abschnitt A.1.7 in DIN VDE 0100 Teil 200/07.85 enthaltene Abgrenzung der Baustelle nun als Abgrenzungskriterium für die Anwendung dieser Norm übernommen.

Der Abschnitt 1.3 läßt Ausnahmen zu für Bauarbeiten geringen Umfanges in fertiggestellten Bauwerken oder einzelnen Bereichen in Industrieanlagen, in denen die elektrischen Anlagen normgerecht errichtet und regelmäßig nach DIN VDE 0105 Teil 1 geprüft werden.

Voraussetzung für die Inanspruchnahme der Ausnahme ist, daß in fertiggestellten Bauwerken und in begrenzten Arbeitsbereichen von Großbauwerken und in Industrieanlagen keine erschwerten Umgebungsbedingungen, z. B. rauher Baubetrieb infolge mechanischer, feuchter, korrodierender Beanspruchung, unsachgemäßer Handhabung der Betriebsmittel, vorliegen. Die Ausnahme darf nicht in Anspruch genommen werden in Bereichen, in denen die ortsfesten elektrischen Anlagen und die in Abschnitt 1.2 genannten Betriebsmittel nicht regelmäßig geprüft werden, z. B. in Hausinstallationen.

Die steckbaren Verteiler nach Abschnitt 4, 2. Spiegelstrich, müssen fabrikmäßig (TSK nach DIN VDE 0600 Teil 500) hergestellt sein, mit einer Netzanschlußleitung ohne Schutzleiter und Schutzkontaktstecker ausgerüstet sein. Der Verteiler muß eine feste Anschlußklemme zum Anschluß des Schutzleiters für die Fehlerstrom-Schutzeinrichtung an einem Ende haben und die Anschlußstelle und die Verbindungsleitungen im Innern müssen der Schutzmaßnahme „Schutzisolierung" entsprechen.

Nach Abschnitt 5.1 hat das Elektrizitätsunternehmen (EVU) die Netzform TN-Netz, TN-S-Netz an der Übergabestelle zum Baustromverteiler bereitszustellen und die Bedingungen für die jeweilige Netzform zu garantieren. Andernfalls ist für die Zuleitung von der EVU-Übergabestelle zum Baustromverteiler auf die Netzform TT-Netz abzustellen, wenn auf die Installation eines Erders verzichtet werden soll.

Bei Querschnitten über 10 mm^2 Cu der einzelnen Leiter für die Zuleitung von der Übergabestelle zum Baustromverteiler kann bei Anwendung der Netzform TN-C-Netz ein vieradriges Kabel bzw. eine vieradrige Leitung eingesetzt werden.

Die Erleichterung für Anschlußleitungen von Elektrohandwerkzeugen nach Abschnitt 10.3 gegenüber den Leitungen nach Abschnitt 8.1 wurde in Abstimmung mit dem für DIN VDE 0298 Teil 3 zuständigen Komitee 411 „Starkstromkabel und isolierte Leitungen" vorgenommen.

Internationale Patentklassifikation

E 04 B 1/92
E 04 G 21/24
H 01 H
H 02
H 02 B
H 02 G

DK 621.316.172.002.2:621.3.027.26:631.2:614.8

Oktober 1992

Errichten von Starkstromanlagen mit Nennspannungen bis 1000 V

Landwirtschaftliche und gartenbauliche Anwesen

DIN VDE 0100 Teil 705

Diese auch vom Vorstand des Verbandes Deutscher Elektrotechniker (VDE) e.V. genehmigte Norm ist damit zugleich eine **VDE-Bestimmung** im Sinne von VDE 0022. Sie ist unter obenstehender Nummer in das VDE-Vorschriftenwerk aufgenommen und in der etz Elektrotechnische Zeitschrift bekanntgegeben worden.

Erection of power installations with nominal voltages up to 1000 V;
Agricultural and horticultural premises

Ersatz für
DIN 57 100 Teil 705/
VDE 0100 Teil 705/11.84
Siehe jedoch Übergangsfrist!

In diese Norm ist der sachliche Inhalt von CENELEC HD 384.7.705 S1 (1991), das IEC 364-7-705 : 1984 mit gemeinsamen CENELEC-Abänderungen entspricht, eingearbeitet worden. Die Abschnittsnummern des CENELEC-HD 384.7.705 S1 sind am Rand in eckigen Klammern gesetzt, womit auch der Bezug der einzelnen Abschnitte dieser Norm zu den Abschnitten der IEC 364-7-705 : 1984 gegeben ist.

Beginn der Gültigkeit

Diese Norm (VDE-Bestimmung) gilt ab 1. Oktober 1992.

Für am 1. Oktober 1992 in Planung oder in Bau befindliche Anlagen gilt DIN 57 100 Teil 705/VDE 0100 Teil 705/11.84 noch in einer Übergangsfrist bis 31. März 1993.

Norm-Inhalt war veröffentlicht als Entwurf DIN IEC 64(CO)132/VDE 0100 Teil 705 A2/11.83.

Inhalt

Fortsetzung Seite 2 bis 7

Deutsche Elektrotechnische Kommission im DIN und VDE (DKE)

1 Anwendungsbereich [705.1]

Die einzelnen Festlegungen dieser Norm gelten für feste elektrische Anlagen, sowohl im Freien als auch für Innenräume landwirtschaftlicher und gartenbaulicher Anwesen (wie z. B. für Ställe, Hühnerhäuser, Schweinemästereien, Aufzucht- und Bruträume, Räume zur Vorbereitung des Futters, Heuböden, Speicher für Stroh, Düngemittel und Getreide).

Sie gelten nicht für elektrische Anlagen von Wohnungen.

Diese Norm gilt nur in Verbindung mit den entsprechenden anderen Normen der Reihe DIN VDE 0100 sowie mit den noch nicht ersetzten Paragraphen von DIN VDE 0100/05.73 mit Änderung DIN VDE 0100g/07.76.

2 Begriffe

Allgemeine Begriffe siehe DIN VDE 0100 Teil 200.

3 Schutz gegen gefährliche Körperströme [705.4] [705.4.1]

[705.411.1.3.7]

3.1 Bei Anwendung von Schutzkleinspannung muß der Schutz gegen direktes Berühren ungeachtet der Nennspannung durch eine der folgenden Maßnahmen sichergestellt sein:

- Abdeckungen oder Umhüllungen, die mindestens der Schutzart IP 2X nach DIN 40 050 entsprechen, oder
- Isolierung, die so ausgelegt ist, daß sie einer Prüfspannung von 500 V mindestens 1 min standhält.

[705.412.5]

3.2 Stromkreise mit Steckdosen im TN-, TT-, IT-System (-Netz) müssen durch Fehlerstrom-Schutzeinrichtungen mit einem Nennfehlerstrom $I_{\Delta n} \leq 30$ mA geschützt sein.

[705.413.1]

3.3 Für Schutzmaßnahmen bei indirektem Berühren durch automatisches Abschalten der Stromversorgung gilt als vereinbarte Grenze der dauernd zulässigen Berührungsspannung $U_L = 25$ V Wechselspannung Effektivwert oder 60 V Gleichspannung (oberschwingungsfrei) für Bereiche, die für die Tierhaltung bestimmt sind. Die maximale Abschaltzeit bis zum Unterbrechen der Versorgung wird in einer in Vorbereitung befindlichen Tabelle (siehe Erläuterungen) angegeben.

[705.413.1.6]

3.4 Im Standbereich der Tiere müssen alle durch Tiere berührbaren Körper der elektrischen Betriebsmittel und alle fremden leitfähigen Teile durch einen zusätzlichen Potentialausgleich untereinander und mit dem Schutzleiter der Anlage verbunden sein.

Anmerkung: Es sollte im Fußboden ein mit dem Schutzleiter verbundenes Metallgitter eingebaut werden.

4 Schutz gegen thermische Einflüsse [705.42]

4.1 Brandschutz [705.422]

Der Brandschutz muß durch eine Fehlerstrom-Schutzeinrichtung mit einem Nennfehlerstrom $I_{\Delta n} \leq 0{,}5$ A sichergestellt werden.

Heizgeräte, die zur Aufzucht von Tieren verwendet werden, müssen sicher befestigt sein oder durch eine sichere Montage so aufgehängt sein, daß durch einen ausreichenden Abstand

- von den Tieren eine Verbrennungsgefahr und
- von brennbarem Material eine Brandgefahr

vermieden wird.

Heizstrahler müssen in einem Abstand von mindestens 0,5 m angebracht sein, sofern nicht durch den Hersteller des Gerätes in der Gebrauchsanweisung ein größerer Abstand angegeben ist.

4.2 Auswahl von Schutzmaßnahmen zum Brandschutz [705.482]

4.2.1 Anmerkung: Die Evakuierung von Tieren in Notfällen muß in Betracht gezogen werden. Dabei dürfen die Anforderungen von Entwurf DIN IEC 64(CO)112/VDE 0100 Teil 482/04.82, Abschnitt 482.1 (siehe Erläuterungen), angewendet werden.

4.2.2 An Orten mit Brandgefahr gelten die Anforderungen von Abschnitt 4.2.2.1 bis Abschnitt 4.2.2.12.

[705.482.2.1]

4.2.2.1 Elektrische Betriebsmittel müssen auf solche beschränkt werden, die für die Anwendung in diesen Räumen oder an diesen Plätzen erforderlich sind, ausgenommen Kabel- und Leitungsanlagen nach Abschnitt 4.2.2.6

[705.482.2.2]

4.2.2.2 Wenn zu erwarten ist, daß sich Staub in solchen Mengen auf Gehäusen von elektrischen Betriebsmitteln ablagert, daß die Wärmeabfuhr behindert wird und dadurch Brandgefahr besteht, müssen Maßnahmen getroffen werden, die verhindern, daß diese Gehäuse unzulässig hohe Temperaturen annehmen.

[705.482.2.3]

4.2.2.3 Elektrische Betriebsmittel müssen so ausgewählt und errichtet werden, daß deren normaler Temperaturanstieg und der voraussehbare Temperaturanstieg bei einem Fehler keinen Brand verursachen kann.

Diese Maßnahme darf durch die Konstruktion des Betriebsmittels oder durch die Art der Errichtung erfüllt werden.

Besondere Maßnahmen sind nicht erforderlich, wenn es unwahrscheinlich ist, daß die Temperatur der Oberfläche einen Brand benachbarter Materialien verursacht.

[705.482.2.4]

4.2.2.4 Schaltgeräte für Schutzmaßnahmen, für Steuerung oder für Trennung müssen außerhalb von feuergefährdeten Betriebsstätten angebracht werden, es sei denn, sie befinden sich in einer Umhüllung, die eine Schutzart von mindestens IP 4X nach DIN 40 050 hat, wenn kein Staub auftritt, und IP 5X nach DIN 40 050, wenn Staub auftritt.

[705.482.2.5]

4.2.2.5 Wenn Kabel oder Leitungen nicht in nichtbrennbaren Materialien (z. B. Baustoffe) eingebettet sind, so müssen Vorkehrungen getroffen werden, die sicherstellen, daß die Kabel und Leitungen keinen Brand übertragen können.

Anmerkung: Diese Anforderungen werden beispielsweise von Kabeln und Leitungen mit PVC-Mantel erfüllt.

[705.482.2.6]

4.2.2.6 Kabel- und Leitungsanlagen, die diese Räume durchqueren, aber für die Anwendung in diesen Räumen nicht notwendig sind, müssen folgende Bedingungen erfüllen:

- Die Kabel- und Leitungsanlagen müssen in Übereinstimmung mit den Festlegungen des Abschnittes 4.2.2.5 ausgeführt sein.
- Sie dürfen innerhalb dieser Räume keine Klemmen oder Verbindungen haben, es sei denn, daß diese Klemmen oder Verbindungen innerhalb von schwerentflammbaren Umhüllungen angebracht sind, die denselben Anforderungen entsprechen, wie die anderen im selben Raum oder am selben Ort angebrachten Betriebsmittel.
- Sie müssen entsprechend den Festlegungen des Abschnittes 4.2.2.10 bei Überstrom (Überlast und Kurzschluß) geschützt sein.

[705.482.2.8]

4.2.2.7 Motoren, die automatisch oder fernbedient werden oder solche, die nicht dauernd überwacht werden, müssen durch eine von Hand rückstellbare Schutzeinrichtung, z. B. Motorstarter, gegen übermäßigen Temperaturanstieg geschützt werden.

[705.482.2.9]

4.2.2.8 Leuchten müssen für solche Räume oder Plätze geeignet sein und sie müssen mit einer Umhüllung mindestens der Schutzart

- IP 4X nach DIN 40 050, sofern kein Staub auftritt, und
- IP 5X nach DIN 40 050, wenn Staub auftritt,

ausgestattet sein.

Lampen und Bauteile von Leuchten müssen gegen die mechanischen Beanspruchungen geschützt sein, denen sie ausgesetzt werden können, z. B. durch geeignete starke Kunststoffhüllen, Gitter oder robuste Glasabdeckungen. Diese Schutzeinrichtungen dürfen nicht an den Fassungen befestigt werden, es sei denn, daß dies durch die Konstruktion bereits vorgesehen ist.

[705.482.2.10]

4.2.2.9 Wenn besondere Umstände es erfordern, die Folgen des Fließens von Fehlerströmen aus der Sicht der Brandgefährdung zu begrenzen, so muß der Stromkreis durch eine Fehlerstrom-Schutzeinrichtung mit einem Nennfehlerstrom von höchstens 0,5 A geschützt sein. Wenn keine Fehlerstrom-Schutzeinrichtung verwendet werden kann, muß eine Isolationsüberwachungseinrichtung mit dauernder Überwachung das Auftreten eines Isolationsfehlers optisch oder akustisch melden.

Ein isolierter Überwachungsleiter, z. B. ein Schutzleiter, darf in den Kabeln oder Leitungen der entsprechenden Stromkreise enthalten sein, es sei denn, diese Kabel oder Leitungen haben eine metallische Umhüllung, die mit dem Schutzleiter verbunden ist.

[705.482.2.11]

4.2.2.10 Kabel- und Leitungsanlagen, die Räume oder Orte mit Brandgefahr infolge der bearbeiteten oder gelagerten Materialien versorgen oder durchqueren, müssen bei Überlast und bei Kurzschluß geschützt sein; die entsprechenden Schutzeinrichtungen müssen vor diesen Räumen oder Orten angebracht werden.

[705.482.2.12]

4.2.2.11 Aktive Teile von Stromkreisen der Schutzkleinspannung müssen, ohne den Festlegungen in DIN VDE 0100 Teil 410/11.83, Abschnitt 4.1.4, zu widersprechen, folgende Bedingungen erfüllen:

- Sie müssen entweder in einer Umhüllung der Schutzart IP 2X nach DIN 40 050 eingebaut sein, oder
- sie müssen mit einer Isolation umgeben sein, die einer Prüfspannung von 500 V während 1 min widersteht, unabhängig von der Nennspannung der Stromkreise.

[705.482.2.13]

4.2.2.12 PEN-Leiter sind in Räumen oder Orten mit Brandgefahr infolge der bearbeiteten oder gelagerten Materialien nicht erlaubt; ausgenommen hiervon sind Stromkreise, die solche Räume oder Orte durchqueren.

5 Auswahl und Errichten von elektrischen Betriebsmitteln [705.5] [705.51] [705.512]

5.1 Allgemeine Festlegungen

Elektrische Betriebsmittel, die für den normalen Gebrauch verwendet werden, müssen mindestens der Schutzart IP 44 nach DIN 40 050 entsprechen.

Anmerkung: Höhere Schutzarten sollten entsprechend den äußeren Einflüssen vorgesehen werden.

5.2 Kabel und Leitungen [–]

5.2.1 Für feste Verlegung sind Leitungen des Typs NYM nach DIN VDE 0250 Teil 204 oder gleichwertige[1]) oder Kabel mit Kunststoffmänteln zu verwenden.

5.2.2 In Ställen müssen Kabel und Leitungen so verlegt werden, daß sie von den Nutztieren nicht erreicht und nicht beschädigt werden können.

5.2.3 Innerhalb der befahrbaren Bereiche von landwirtschaftlichen Anwesen müssen folgende Verlegearten angewendet werden:

- Kabel im Erdboden,
- Mantelleitungen für selbsttragende Aufhängung, z. B. NYMZ nach DIN VDE 0250 Teil 206 oder NYMT nach DIN VDE 0250 Teil 205; Verlegehöhe mindestens 5 m

5.3 Schalt- und Steuergeräte [705.53] [705.532.2]

Anmerkung: Es wird empfohlen, Endstromkreise durch eine Fehlerstrom-Schutzeinrichtung mit einem möglichst niedrigen Nennfehlerstrom, bevorzugt bis 30 mA, bei dem keine Fehlauslösungen auftreten, zu schützen.

5.4 Trenn- und Schaltgeräte [705.537]

Geräte für Notausschaltung einschließlich für Not-Halt, dürfen nicht in Reichweite von Tieren oder in irgendeiner Lage angebracht werden, bei der ihre Zugänglichkeit durch die Tiere behindert werden kann. Vorgänge, die möglicherweise Tiere in Panik versetzen können, müssen berücksichtigt werden.

5.5 Andere Betriebsmittel [705.55]

Anmerkung 1: Befinden sich Elektrozäune in der Nähe von

---

[1]) Siehe DIN VDE 0298 Teil 3

Freileitungen, so sollten unter Berücksichtigung möglicher Induktionsströme angemessene Abstände beachtet werden.

Anmerkung 2: Bei Intensivtierhaltung sollte DIN VDE 0100 Teil 560 insbesondere bei Einrichtungen zur Lebenserhaltung der Tiere beachtet werden.

Zitierte Normen und andere Unterlagen

DIN 40 050	IP-Schutzarten; Berührungs-, Fremdkörper- und Wasserschutz für elektrische Betriebsmittel
DIN VDE 0100	Bestimmungen für das Errichten von Starkstromanlagen mit Nennspannungen bis 1000 V;
DIN VDE 0100g	Bestimmungen für das Errichten von Starkstromanlagen mit Nennspannungen bis 1000 V; Änderung zu DIN VDE 0100/05.73
Normen der Reihe DIN VDE 0100	Errichten von Starkstromanlagen mit Nennspannungen bis 1000 V
DIN VDE 0100 Teil 200	Errichten von Starkstromanlagen mit Nennspannungen bis 1000 V; Allgemeingültige Begriffe
DIN VDE 0100 Teil 410	Errichten von Starkstromanlagen mit Nennspannungen bis 1000 V; Schutzmaßnahmen; Schutz gegen gefährliche Körperströme
DIN VDE 0100 Teil 560	Errichten von Starkstromanlagen mit Nennspannungen bis 1000 V; Auswahl und Errichtung elektrischer Betriebsmittel; Elektrische Anlagen für Sicherheitszwecke
DIN VDE 0250 Teil 204	Isolierte Starkstromleitungen; PVC-Mantelleitung
DIN VDE 0250 Teil 205	Isolierte Starkstromleitungen; PVC-Mantelleitung mit zugfester Bewehrung
DIN VDE 0250 Teil 206	Isolierte Starkstromleitungen; PVC-Mantelleitung mit Tragseil
DIN VDE 0298 Teil 3	Verwendung von Kabeln und isolierten Leitungen für Starkstromanlagen; Allgemeines für Leitungen
DIN IEC 64(Co)112/VDE 0100 Teil 482	(z. Z. Entwurf) Errichten von Starkstromanlagen mit Nennspannungen bis 1000 V; Auswahl von Schutzmaßnahmen, Brandschutz

Frühere Ausgaben

VDE 0100 : 05.73

(Vorheriger Entwicklungsgang siehe Beiblatt 1 zu DIN VDE 0100)

DIN 57 100 Teil 705/VDE 0100 Teil 705: 11.82, 11.84

Änderungen

Gegenüber DIN 57 100 Teil 705/VDE 0100 Teil 705/11.84 wurden folgende Änderungen vorgenommen:

a) Gültigkeit für landwirtschaftliche und gartenbauliche Anwesen anstelle für landwirtschaftliche Betriebsstätten.

b) Keine besonderen Anforderungen an angrenzende Wohnungen.

c) Keine konkrete Aufforderung der Einhaltung der Anforderungen von DIN VDE 0100 Teil 720 und Teil 737 mehr.

d) TN-System(-Netz) und IT-System(-Netz) bei U_L = 25 V zulässig.

e) Der Schutzleiter muß bei Verwendung von schutzisolierten Betriebsmitteln nur noch mitgeführt werden, wenn DIN VDE 0100 Teil 720/03.83, Abschnitt 4.1.2, angewendet wird.

f) Potentialsteuerung im Standbereich der Tiere nicht mehr zwingend gefordert.

g) Als Überstrom-Schutzeinrichtungen sind auch Sicherungen zulässig.

h) Keine Beschränkung des Nennstroms von Überstrom-Schutzeinrichtungen für Beleuchtungsstromkreise.

i) Keine besonderen Anforderungen zum Schutz durch Freischalten.

j) Keine Anforderungen an flexible Leitungen.

k) Keine Anforderungen an Leitungsverbindungen zwischen Betriebsmitteln von Arbeitsmaschinen.

l) Statt Schutzart IP 54 wird nun mindestens Schutzart IP 44 gefordert.

m) Keine besonderen Anforderungen an die Anbringung von Steckvorrichtungen.

n) Keine Anforderungen zur Luftversorgung bei Intensiv-Tierhaltung.

o) Anforderungen zum Brandschutz geändert.

Erläuterungen

Diese Norm wurde vom Komitee 221 „Errichten von Starkstromanlagen bis 1000 V“ der Deutschen Elektrotechnischen Kommission im DIN und VDE (DKE) verabschiedet. Mit dieser Norm wird der sachliche Inhalt des CENELEC HD 384.7.705 S1 übernommen. Das folgende Bild zeigt die Einordnung dieser Norm in die Reihe der Normen DIN VDE 0100.

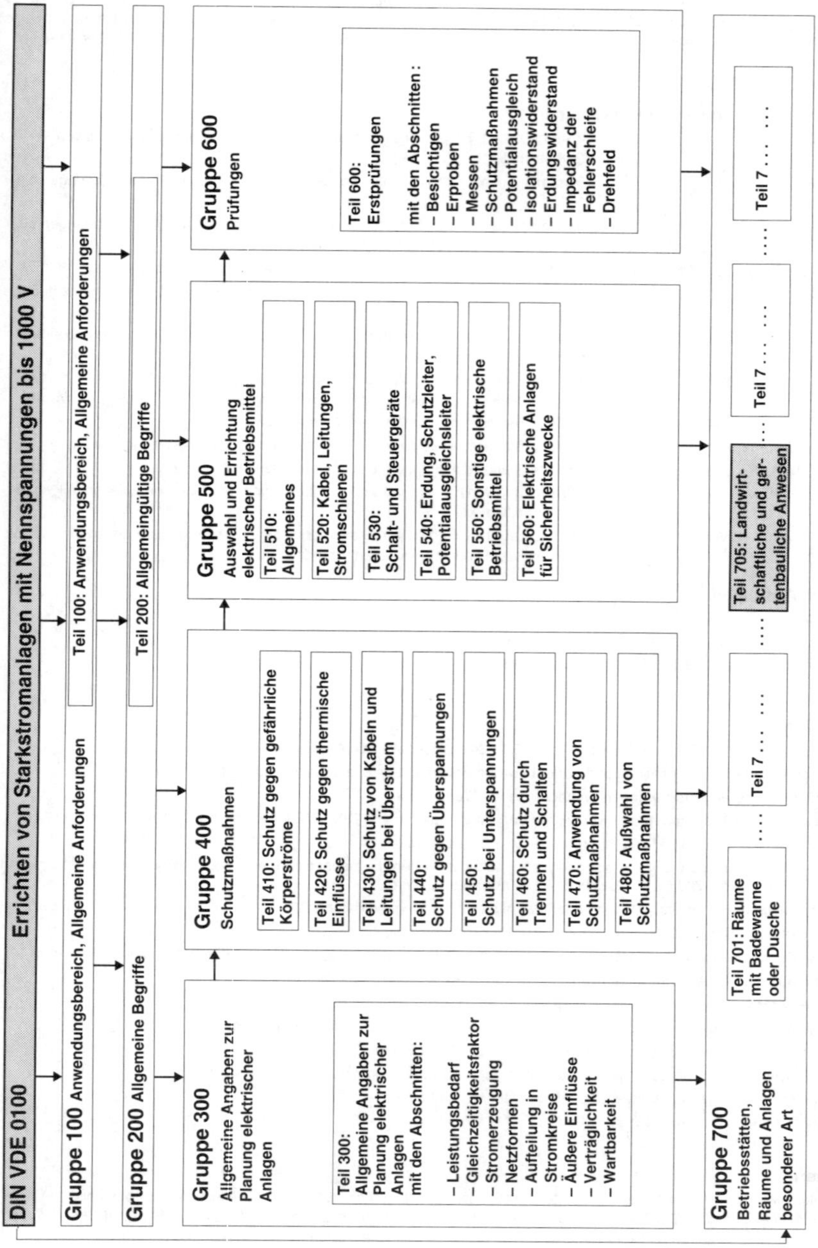

Bild E.1. Eingliederung dieser Norm in die Struktur der Reihe der Normen DIN VDE 0100

Zu Abschnitt 1

In landwirtschaftlichen Anwesen besteht infolge besonderer Umgebungsbedingungen, z. B. durch Einwirken von Feuchte, Staub, stark chemisch angreifenden Dämpfen, Säuren oder Salzen, auf die elektrischen Betriebsmittel erhöhte Unfallgefahr für Menschen und Tiere. Zusätzlich kann durch Vorhandensein leicht entzündlicher Stoffe erhöhte Brandgefahr bestehen. Darüber hinaus können sich weitere Gefahren in Räumen für Intensiv-Tierhaltung, z. B. durch Ausfall lebenserhaltender Systeme, ergeben.

Je nach der Gefährdungsart des landwirtschaftlichen oder gartenbaulichen Anwesens kann zusätzlich die Anwendung von DIN VDE 0100 Teil 720 und/oder Teil 737 erforderlich sein, insbesondere für

- Ställe (auch Räume für Geflügelhaltung) und Nebenräume von Ställen,
- Räume für Intensiv-Tierhaltung
- Lager- und Vorratsräume für Heu, Stroh, Häcksel, Kraftfutter, Düngemittel,
- Räume, in denen z. B. Körner, Grünfutter, Kartoffeln aufbereitet werden (Trocknen, Dämpfen und dergleichen).

Unter „Hühnerhäuser" sind auch Hühnerställe zu verstehen.

Gartenbauliche Anwesen, die ausschließlich Forschungszwecken dienen, z. B. Versuchsanpflanzungen, fallen nach Ansicht des K 221 nicht in den Anwendungsbereich dieser Norm, so daß die volle Verantwortung für eine für den Einzelfall nicht festgelegte angemessene Errichtung beim Betreiber liegt.

Zu gartenbaulichen Anwesen gehören z. B. Gewächshäuser.

Zu Abschnitt 3.2

Diese Anforderung gilt für alle Nennströme und Polzahlen von Steckdosen.

Zu Abschnitt 3.3

Bis zur Harmonisierung von Abschaltzeiten für elektrische Anlagen von landwirtschaftlichen und gartenbaulichen Anwesen gelten die Abschaltzeiten von DIN VDE 0100 Teil 410.

Zu Abschnitt 4

Bisher konnte die Harmonisierung des Brandschutzes bei CENELEC keine ausreichende Mehrheit erreichen. Der angegebene Abschnitt 482.1 wird nachfolgend aus prHD 384.4.482 (1989) sinnvoll gekürzt wiedergegeben:

482.1.1

Elektrische Kabel- und Leitungsanlagen sollten möglichst nicht in Rettungswegen verlegt werden. Wenn die Verlegung von Kabel- und Leitungsanlagen jedoch unbedingt nötig ist, müssen die Kabel und Leitungen mit Mänteln oder Umhüllungen versehen werden, die nicht zu einem Brand beitragen oder dessen Ausbreitung begünstigen. Die Temperaturen der Mäntel oder Umhüllungen der Kabel und Leitungen dürfen nicht so hoch werden, daß sie benachbarte Materialien entzünden können; diese Bedingung muß für die Zeiten erfüllt werden, die in den für Bauteile in Rettungswegen zuständigen Normen oder Vorschriften festgelegt sind. In Ermangelung solcher Festlegungen muß diese Bedingung für 30 min erfüllt werden.

Anmerkung: Entsprechende Prüfbestimmungen sind in Erarbeitung.

Kabel- und Leitungsanlagen in Rettungswegen dürfen nicht im Handbereich verlegt werden, es sei denn, daß sie mit einem Schutz gegen mechanische Beschädigung, mit der während einer Räumung zu rechnen ist, versehen sind. Kabel und Leitungen dürfen nur auf dem kürzesten Weg verlegt werden.

482.1.2

In Räumen und Orten, in denen mit großen Menschenansammlungen zu rechnen ist, dürfen Schaltgeräte und Steuergeräte, ausgenommen solche, die die Räumung erleichtern, nur für beauftragte Personen zugänglich sein.

Wenn Schaltgeräte und Steuergeräte im Rettungsweg angebracht sind, müssen sie, durch ihre Konstruktion oder durch einen ergänzenden Schutz, mindestens die gleiche Feuerwiderstandsklasse haben wie die anderen im selben Raum oder am selben Ort befindlichen Betriebsmittel.

In Räumen und Orten mit großer Menschenansammlung und in den entsprechenden Rettungswegen ist die Anwendung von elektrischen Betriebsmitteln, die entzündliche Flüssigkeiten enthalten, verboten.

Anmerkung: Einzelne Hilfskondensatoren, die in Geräten enthalten sind, unterliegen nicht dieser Bestimmung. Diese Ausnahme betrifft grundsätzlich Entladungslampen und Kondensatoren für Motorstarter.

Bei allgemeiner Harmonisierung von IEC 364-4-482, Vorläufer veröffentlicht als Entwurf DIN IEC 64(CO)112/VDE 0100 Teil 482/04.82, muß CENELEC prüfen, inwieweit sich eine Änderung von HD 384.7.705 und damit der nationalen Umsetzung in die Deutsche Norm DIN VDE 0100 Teil 705 ergibt.

Bisher wurde in Deutschland die allgemeine Harmonisierung des vorstehenden Abschnittes 482.1 abgelehnt, da derartige Regelungen in Deutschland den Behörden vorbehalten sind. Das Muster für Richtlinien über brandschutztechnische Anforderungen an Leitungsanlagen ist im Beiblatt 1 zu DIN VDE 0108 Teil 1/10.89 abgedruckt.

Zu Abschnitt 5.2

Die Harmonisierung von Anforderungen für Kabel- und Leitungsanlagen ist in Beratung. Bis dahin gelten die hier aufgenommenen bisherigen nationalen Festlegungen.

Internationale Patentklassifikation

A 01 G 9/26
A 01 K 1/00
A 01 K 31/00
H 02 B
H 02 G
H 01 H 83/14
H 02 H 3/16
H 02 H 5/12

DK 621.316.17 : 621.3.027.26 Juni 1992

Errichten von Starkstromanlagen mit Nennspannungen bis 1000 V

Leitfähige Bereiche mit begrenzter Bewegungsfreiheit

DIN
VDE 0100
Teil 706

Diese auch vom Vorstand des Verbandes Deutscher Elektrotechniker (VDE) e.V. genehmigte Norm ist damit zugleich eine **VDE-Bestimmung** im Sinne von VDE 0022. Sie ist unter obenstehender Nummer in das VDE-Vorschriftenwerk aufgenommen und in der etz Elektrotechnische Zeitschrift bekanntgegeben worden.

Erection of power installations with
nominal voltages up to 1000 V;
Restrictive conductive locations

Ersatz für
DIN 57 100 Teil 706/
VDE 0100 Teil 706/11.82,
VDE 0100/ 05.73 § 33e)
und VDE 0100g/07.76 § 33e)
Siehe jedoch Übergangsfrist!

In diese Norm ist der sachliche Inhalt von CENELEC-HD 384.7.706 S1: 1991, das IEC 364-7-706 : 1983 mit gemeinsamen CENELEC-Abänderungen entspricht, eingearbeitet worden. Die Abschnitts-Nummern des CENELEC-HD 384.7.706 S1 sind am Rand in eckige Klammern gesetzt, womit auch der Bezug der einzelnen Abschnitte dieser Norm zu den Abschnitten der IEC 364-7-706 : 1983 gegeben ist.
Der Norm-Inhalt war veröffentlicht im Entwurf DIN IEC 64(CO)125/VDE 0100 Teil 706 A1/07.82.

Beginn der Gültigkeit

Diese Norm (VDE-Bestimmung) gilt ab 1. Juni 1992.

Für am 1. Juni 1992 in Planung oder in Bau befindliche Anlagen gilt DIN 57 100 Teil 706/VDE 0100 Teil 706/11.82 mit VDE 0100/05.73 § 33e) einschließlich der Änderung in VDE 0100g/07.76 § 33e) noch in einer Übergangsfrist bis 30. November 1992.

Inhalt

Fortsetzung Seite 2 bis 4

Deutsche Elektrotechnische Kommission im DIN und VDE (DKE)

1 Anwendungsbereich [706.1]

Diese Norm gilt für das Errichten elektrischer Anlagen in leitfähigen Bereichen mit begrenzter Bewegungsfreiheit und die Versorgung der Betriebsmittel in diesen Bereichen.

[–]

Sie gilt nur in Verbindung mit den entsprechenden übrigen Normen der Reihe DIN VDE 0100 sowie mit den noch nicht ersetzten Paragraphen von DIN VDE 0100/05.73 mit Änderung DIN VDE 0100g/07.76.

[706.1]

Die besonderen Anforderungen dieser Norm gelten nicht für leitfähige Bereiche, die einer Person

- Freizügigkeit bei der körperlichen Bewegung zur Arbeit

und

- das Betreten und Verlassen des Bereiches ohne große physische Anstrengung gestatten.

Die besonderen Anforderungen dieses Abschnitts beziehen sich auf festangebrachte Betriebsmittel in leitfähigen Bereichen mit begrenzter Bewegungsfreiheit und auf Stromquellen für bewegliche Betriebsmittel zur Anwendung in diesen Bereichen.

Anmerkung: Für elektrisches Lichtbogenschweißen siehe DIN VDE 0544 Teil 100 und DIN VDE 0544 Teil 101.

2 Begriffe

[706.1]

2.1 Leitfähiger Bereich mit begrenzter Bewegungsfreiheit

Ein leitfähiger Bereich mit begrenzter Bewegungsfreiheit liegt vor, wenn

- dessen Begrenzungen im wesentlichen aus Metallteilen oder leitfähigen Teilen bestehen, und
- eine Person mit ihrem Körper großflächig mit der umgebenden Begrenzung in Berührung stehen kann und
- die Möglichkeit der Unterbrechung dieser Berührung eingeschränkt ist.

[–]

2.2 Allgemeingültige Begriffe siehe DIN VDE 0100 Teil 200.

3 Allgemeine Anforderungen [–]

Elektrische Betriebsmittel müssen so ausgewählt und errichtet werden, daß von ihnen in leitfähigen Bereichen mit begrenzter Bewegungsfähigkeit für Personen keine Gefahren ausgehen.

4 Schutzmaßnahmen [706.4]

4.1 Schutz gegen gefährliche Körperströme

[706.41]

[706.411.1.3]

Bei Verwendung von Schutzkleinspannung (SELV) muß der Schutz gegen direktes Berühren unabhängig von der Nennspannung durch eine der folgenden Maßnahmen sichergestellt sein:

- Abdeckungen oder Umhüllungen, die mindestens der Schutzart IP 2X nach DIN 40 050 entsprechen, oder
- Isolierung, die so ausgelegt ist, daß sie einer Prüfspannung von 500 V mindestens 1 Minute standhält.

[706.471]

4.2 Anwendung der Schutzmaßnahmen gegen gefährliche Körperströme

4.2.1 Schutz gegen direktes Berühren [706.471.1]

Schutz durch Hindernisse und Schutz durch Abstand sind nicht zulässig.

4.2.2 Schutz bei indirektem Berühren [706.471.2]

Es dürfen nur folgende Schutzmaßnahmen angewendet werden:

a) Bei der Stromversorgung von handgeführten Elektrowerkzeugen und ortsveränderlichen Meßgeräten
   - entweder Schutzkleinspannung (SELV) oder
   - Schutztrennung, wobei jede Sekundärwicklung des Trenntransformators nur ein einziges Verbrauchsmittel speisen darf.

Anmerkung: Ein Trenntransformator darf mehrere Sekundärwicklungen haben.

b) Bei der Stromversorgung von Handleuchten:
   - Schutzkleinspannung (SELV)

Anmerkung: Leuchtstofflampen-Leuchten mit eingebautem Transformator, der mit Schutzkleinspannung gespeist wird und eine höhere Ausgangsspannung erzeugt, sind gleichermaßen zugelassen.

c) Bei der Stromversorgung von festangebrachten Betriebsmitteln:
   - entweder Schutzkleinspannung (SELV) oder
   - Schutz durch automatische Abschaltung, wobei ein zusätzlicher Potentialausgleich die Körper der festangebrachten Betriebsmittel mit den leitfähigen Teilen des Raumes verbinden muß, oder
   - durch Betriebsmittel, die der Schutzklasse II nach DIN VDE 0106 Teil 1 angehören oder eine vergleichbare Isolierung haben, wenn die zugeordneten Stromkreise durch eine Fehlerstrom-Schutzeinrichtung mit einem Nennfehlerstrom $I_{\Delta n} \leq 30$ mA geschützt sind und die Betriebsmittel der angemessenen Schutzart entsprechen, oder
   - Schutztrennung, wobei jede Sekundärwicklung des Trenntransformators nur ein einziges Verbrauchsmittel speisen darf.

[706.471.2.2]

4.2.3 Sicherheitsstromquellen und Stromquellen für Schutztrennung müssen außerhalb des leitfähigen Bereiches mit begrenzter Bewegungsfreiheit angeordnet sein, es sei denn, sie sind Teil einer festen elektrischen Anlage innerhalb eines dauernd vorhandenen, leitfähigen Bereiches mit begrenzter Bewegungsfreiheit, wie in Aufzählung c) von Abschnitt 4.2.2.

[706.471.2.3]

4.2.4 Ist bei bestimmten Geräten, z. B. bei Meßgeräten und Steuereinrichtungen, eine Betriebserdung erforderlich, müssen alle Körper, alle fremden leitfähigen Teile innerhalb des leitfähigen Bereiches mit begrenzter Bewegungsfreiheit und die Erdung für Funktionszwecke (Betriebserdung) in einen Potentialausgleich einbezogen sein.

Zitierte Normen und andere Unterlagen

DIN 40 050	IP-Schutzarten; Berührungs-, Fremdkörper- und Wasserschutz für elektrische Betriebsmittel
DIN VDE 0100	Bestimmungen für das Errichten von Starkstromanlagen mit Nennspannungen bis 1000 V
DIN VDE 0100g	Bestimmungen für das Errichten von Starkstromanlagen mit Nennspannungen bis 1000 V; Änderung zu DIN VDE 0100/05.73
DIN VDE 0100 Teil 200	Errichten von Starkstromanlagen mit Nennspannungen bis 1000 V; Allgemeingültige Begriffe
Übrige Normen der Reihe DIN VDE 0100 siehe Beiblatt 2 zu DIN VDE 0100	Errichten von Starkstromanlagen mit Nennspannungen bis 1000 V; Verzeichnis der einschlägigen Normen
DIN VDE 0106 Teil 1	Schutz gegen elektrischen Schlag; Klassifizierung von elektrischen und elektronischen Betriebsmitteln
DIN VDE 0544 Teil 100	Schweißeinrichtungen und Betriebsmittel für das Lichtbogenschweißen und verwandte Verfahren; Sicherheitstechnische Festlegungen für den Betrieb
DIN VDE 0544 Teil 101	Schweißeinrichtungen und Betriebsmittel für das Lichtbogenschweißen und verwandte Verfahren; Errichtung

Frühere Ausgaben

VDE 0100: 05.73
(Vorheriger Entwicklungsgang siehe Beiblatt 1 zu DIN VDE 0100)

VDE 0100g: 07.76
DIN 57 100 Teil 706/VDE 0100 Teil 706: 11.82

Änderungen

Gegenüber DIN 57 100 Teil 706/VDE 0100 Teil 706/11.82, VDE 0100/ 05.73, § 33e und VDE 0100g/07.76, § 33e wurden folgende Änderungen vorgenommen:

a) Umsetzung des Harmonisierungsdokumentes und damit grundlegende Überarbeitung.
b) Präzisierung des Anwendungsbereiches.
c) Keine Erleichterungen für Fertigungsstätten der Herstellerbetriebe.
d) Keine Einschränkung bei den Schutzmaßnahmen für ortsveränderliche Elektrowerkzeuge, die nicht handgeführt sind.

Erläuterungen

Diese Norm wurde vom Unterkomitee 221.1 „Industrie" ausgearbeitet und vom Komitee 221 „Errichten von Starkstromanlagen bis 1000 V" der Deutschen Elektrotechnischen Kommission im DIN und VDE (DKE) verabschiedet. Abschnitte 1, 4.2.2, 4.2.3, 4.2.4 enthalten gemeinsame CENELEC-Abänderungen gegenüber der IEC 364-7-706 : 1983.

Das folgende Bild zeigt die Einordnung dieser Norm in die Reihe der Normen DIN VDE 0100.

Zu Abschnitt 1, Absatz 3:
Mit dieser gemeinsamen CENELEC-Abänderung sollte die Abgrenzung des Anwendungsbereiches hervorgehoben werden und weitläufige Arbeitsbereiche ausgeschlossen werden, z. B. Werften oder Arbeiten in großen Kesseln, in denen absolute Bewegungsfreiheit gegeben ist und die ohne große physische Anstrengungen betreten und verlassen werden können.

Das Deutsche Nationale Komitee ist daher bestrebt, eine verbesserte Textfassung zu erreichen.

Internationale Patentklassifikation

H 02 B   H 02 H 5/12

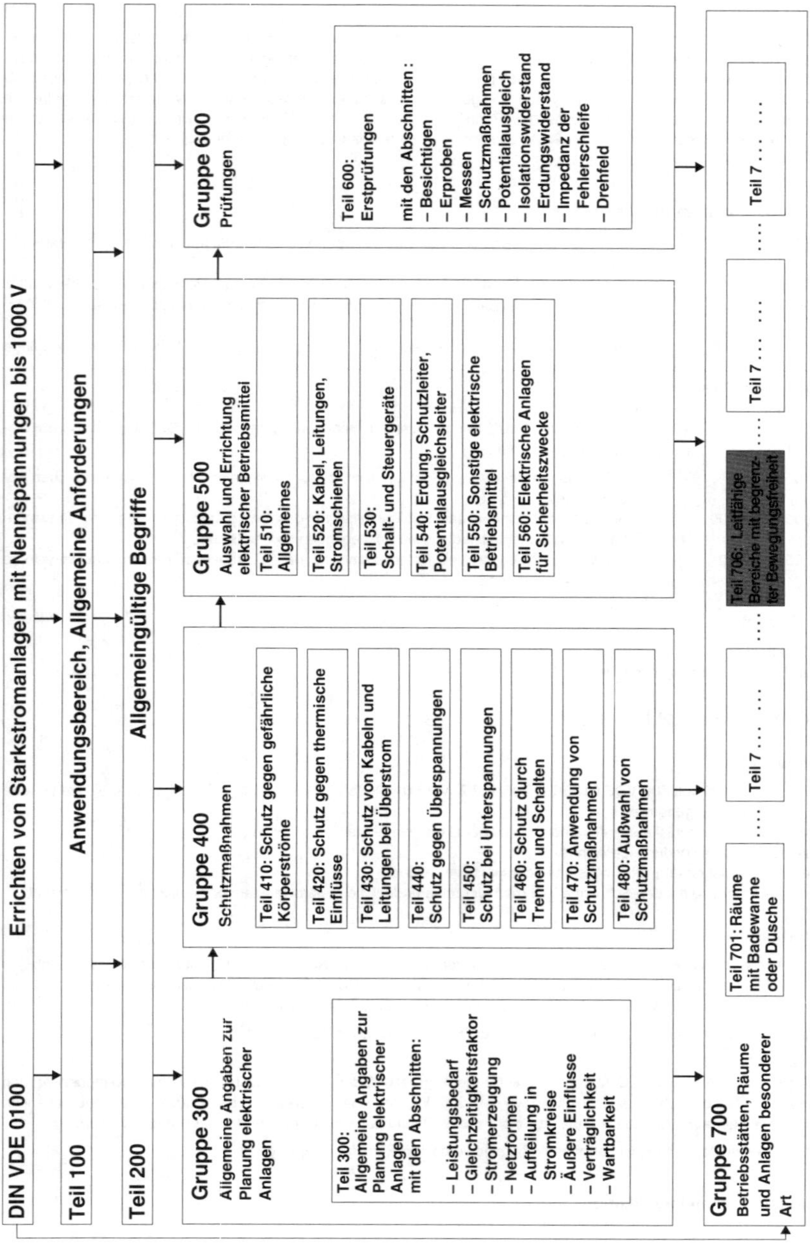

Bild E.1. Eingliederung dieser Norm in die Struktur der Reihe der Normen DIN VDE 0100

DK 621.316.17.002.2:621.3.027.26:629.1.066
:629.11/12:621.311.4:379.83/.84:614.8

April 1984

	Errichten von Starkstromanlagen mit Nennspannungen bis 1000 V Caravans, Boote und Jachten sowie ihre Stromversorgung auf Camping- bzw. an Liegeplätzen [VDE-Bestimmung]	DIN 57 100 Teil 721

Diese Norm ist zugleich eine VDE-Bestimmung im Sinne von VDE 0022 und in das VDE-Vorschriftenwerk unter nebenstehender Nummer aufgenommen.	VDE 0100 Teil 721

Erection of power installations
with rated voltages up to 1000 V;
Caravans, boats and yachts, as well as power
supply thereof at camping sites and berths
[VDE Specification]

Ersatz für Ausgabe 11.80

Es besteht ein Zusammenhang mit HD 23 CENELCOM 64(SEC)13/72 und IEC-Publikation 585-1 (1977).
Die Änderungen gegenüber der Ausgabe 11.80 waren veröffentlicht als Kurzverfahren in den DIN-Mitt. 62.1983, Nr. 6.

Beginn der Gültigkeit

Diese als VDE-Bestimmung gekennzeichnete Norm gilt ab 1. April 1984[1]).

Für elektrisch in Betrieb befindliche Anlagen müssen die Maßnahmen nach Abschnitte 4, 5 und 6.1 bis 30. April 1986 durchgeführt werden.

---

[1]) Genehmigt vom Vorstand des Verbandes Deutscher Elektrotechniker (VDE) e. V. und bekanntgegeben in der etz Elektrotechnische Zeitschrift.
Entwicklungsgang siehe Abschnitt „Frühere Ausgaben" und Beiblatt 1 zu DIN 57 100/VDE 0100.

Fortsetzung Seite 2 bis 4

Deutsche Elektrotechnische Kommission im DIN und VDE (DKE)

1 Anwendungsbereich

Diese als VDE-Bestimmung gekennzeichnete Norm gilt für die Errichtung von Caravans, Booten und Jachten sowie für ihre Stromversorgung auf Camping- bzw. an Liegeplätzen.

Sie gilt nur in Verbindung mit den entsprechenden anderen Normen der Reihe DIN 57 100/VDE 0100 sowie mit den noch nicht ersetzten Paragraphen von VDE 0100.

2 Begriffe

Allgemeine Begriffe siehe DIN 57 100 Teil 200/VDE 0100 Teil 200.

3 Allgemeine Anforderungen

Elektrische Starkstromanlagen von Caravans, Booten und Jachten sowie deren Stromversorgung an Camping- und Liegeplätzen sind so zu errichten und Betriebsmittel so auszuwählen, daß Personen nicht gefährdet werden.

4 Stromversorgung

4.1 Für die Stromversorgung ist für jeden Stell- oder Liegeplatz eine Steckdose mit Schutzkontakt nach DIN 49 462 Teil 1 mit folgenden Daten vorzusehen:

Betriebsspannung	220 bis 240 V
Nennstrom	16 A
Anzahl der Pole	2 + ⏚
Ausführung	spritzwassergeschützt ⚠

4.2 Die Steckdosen müssen so angeordnet sein, daß sie sich im 20-m-Bereich eines jeden Stell- oder Liegeplatzes befinden.

Es dürfen bis zu höchstens 6 Steckdosen in einer Steckdosengruppe zusammengefaßt werden.

4.3 Jeder Steckdosengruppe muß eine Fehlerstrom-Schutzeinrichtung nach DIN 57 664 Teil 1/VDE 0664 Teil 1 oder DIN 57 644 Teil 2/VDE 0664 Teil 2 mit einem Nennfehlerstrom von $I_{\Delta n} \leq 30$ mA vorgeschaltet sein.

Anmerkung: Es wird empfohlen, jeder Steckdose eine solche Fehlerstrom-Schutzeinrichtung vorzuschalten.

4.4 Jede Steckdose muß durch eine Überstrom-Schutzeinrichtung mit maximal 16 A Nennstrom geschützt sein. Abhängig vom Stromversorgungssystem kann ein 2poliger Schutz erforderlich sein.

4.5 Es müssen Vorkehrungen getroffen sein, daß die Steckdosen weder Gezeiten noch Wellengang ausgesetzt sind. Wenn sie auf Schwimmkörpern eingebaut werden, muß die Anschlußleitung gegen die Bewegungen durch Gezeiten und Wellengang geschützt sein.

5 Anschlußleitung

5.1 Zur Anschlußleitung der Einheiten gehören:

5.1.1 Stecker mit Schutzkontakt nach DIN 49 462 Teil 2 mit den Daten nach Abschnitt 4.1.

5.1.2 Dreiadrige flexible Gummischlauchleitung nach DIN 57 282 Teil 810 / VDE 0282 Teil 810, Typ H07RN-F 3G2,5, oder gleichwertig.

5.1.3 Kupplungsdose mit Schutzkontakt nach DIN 49 462 Teil 1 mit den Daten nach Abschnitt 4.1.

5.2 Die Länge darf nicht mehr als 25 m betragen. Längen unter 20 m sind nur unter der Voraussetzung zulässig, daß Verlängerungsleitungen nicht benötigt werden.

6 Installation der Einheiten

6.1 Anschluß

Der Anschluß muß über einen Gerätestecker mit Schutzkontakt nach DIN 49 462 Teil 2 mit den Daten nach Abschnitt 4.1 vorgenommen werden.

6.1.1 Am Caravan muß der Gerätestecker außen in einer Vertiefung angeordnet und durch einen Deckel geschützt sein.

6.1.2 Bei Booten und Jachten ist der Gerätestecker so hoch wie möglich und oberhalb des durch Schanzkleid und Scherstock begrenzten Raumes an Stellen freien Luftzutritts anzuordnen.

6.2 Schutz gegen direktes und bei indirektem Berühren

6.2.1 Der Schutz gegen direktes Berühren und bei indirektem Berühren ist nach DIN 57 100 Teil 410/VDE 0100 Teil 410 sicherzustellen.

6.2.2 In den Stromkreisen ist ein Schutzleiter mitzuführen.

Anmerkung: Dies schließt die Verwendung von Geräten der Schutzklasse II (schutzisolierte Geräte) nicht aus.

6.2.3 Es dürfen nur Steckdosen mit Schutzkontakt verwendet werden.

6.2.4 Berührbare leitfähige Teile der Einheit, die Fehlerspannung oder Erdpotential annehmen können, z. B. Fahrgestell, Oberbau, Rohrsysteme, müssen über Potentialausgleichsleiter miteinander und mit dem Schutzleiter verbunden werden. Der Potentialausgleichsleiter muß einen Nennquerschnitt von mindestens 4 mm^2 Cu haben und feindrähtig sein (z. B. H07V-K nach DIN 57 281 Teil 103/VDE 0281 Teil 103).

Dies gilt nicht für Metallteile an Caravans, Booten oder Jachten, die von Isolierstoff umgeben sind.

6.2.5 An Booten aus nichtmetallenen Werkstoffen ist zum Schutz gegen kapazitive Entladungen eine Potentialausgleichsleitung zwischen den Metallteilen des Bootes über und im Wasser (z. B. Kiel) herzustellen.

6.3 Leitungen und Zubehör

6.3.1 Die Leitungen müssen so verlegt werden, daß eine mechanische Beschädigung infolge der Fahrzeugbewegung verhindert wird.

6.3.2 Leitungen, die mit 220 bis 240 V betrieben werden, müssen von mit Kleinspannung (6, 12, 24 V) betriebenen Leitungen, z. B. für Fahrzeugbeleuchtung, Behelfsbeleuchtung, getrennt verlegt werden, so daß die Gefahr einer leitenden Verbindung zwischen ihnen ausgeschlossen ist.

6.3.3 Folgende Leitungstypen oder gleichwertige andere Ausführungen mit einem Mindestquerschnitt von 1,5 mm^2 sind zulässig.

6.3.3.1 PVC-Aderleitung H07V-K 1,5 nach DIN 57 281 Teil 103/VDE 0281 Teil 103 in Isolierrohr.

6.3.3.2 Schwere Gummischlauchleitung H07RN-F 3G1,5 nach DIN 57 282 Teil 810/VDE 0282 Teil 810, wenn Vorsorge getroffen wird, daß keine mechanische

Beschädigung durch scharfkantige Teile oder durch Abrieb auftreten kann.

6.3.4 Anschlüsse und Verbindungen der Leitungen müssen in mechanisch geschützten Dosen ausgeführt werden. Bei versenktem Einbau müssen Verbindungsdosen, Geräte- und Geräteverbindungsdosen sowie mit Geräte kombinierte Anschlußdosen den Prüfanforderungen für Hohlwanddosen nach DIN 57 606/VDE 0606 entsprechen und die Kennzeichnung  nach DIN 30 600, Reg.-Nr 1656 tragen.

6.3.5 Es müssen Rohre mit den Kennzeichen ACF oder BCF nach DIN 57 605/VDE 0605 verwendet werden. Dosen müssen aus flammwidrigem Werkstoff nach DIN 57 606/VDE 0606 bestehen.

6.4 Verbrauchsmittel

6.4.1 Soweit möglich, sollten nur Verbrauchsmittel der Schutzklasse II (schutzisolierte Geräte) verwendet werden.

6.4.2 In Leuchten für Lampen mit verschiedenen Spannungen muß die Unverwechselbarkeit der Lampen durch unterschiedliche Fassungen sichergestellt werden.

Zitierte Normen und andere Unterlagen

VDE 0100	Bestimmungen für das Errichten von Starkstromanlagen mit Nennspannungen bis 1000 V
DIN 57 100 Teil 200/ VDE 0100 Teil 200	Errichten von Starkstromanlagen mit Nennspannungen bis 1000 V; Allgemeingültige Begriffe [VDE-Bestimmung]
DIN 57 100 Teil 410/ VDE 0100 Teil 410	Errichten von Starkstromanlagen mit Nennspannungen bis 1000 V; Schutzmaßnahmen; Schutz gegen gefährliche Körperströme [VDE-Bestimmung]

Übrige Normen der Reihe DIN 57 100/VDE 0100 siehe Beiblatt 2 zu

DIN 57 100/ VDE 0100	Errichten von Starkstromanlagen mit Nennspannungen bis 1000 V; Verzeichnis der einschlägigen Normen
DIN 57 281 Teil 103/ VDE 0281 Teil 103	PVC-isolierte Starkstromleitungen; PVC-Aderleitungen [VDE-Bestimmung]
DIN 57 282 Teil 810/ VDE 0282 Teil 810	Gummi-isolierte Starkstromleitungen; Gummischlauchleitungen 07RN [VDE-Bestimmung]
DIN 57 605/ VDE 0605	Elektro-Installationsrohre und Zubehör [VDE-Bestimmung]
DIN 57 606/ VDE 0606	VDE-Bestimmung für Verbindungsmaterial bis 750 V, Installations-Kleinverteiler und Zählerplätze bis 250 V
DIN 57 664 Teil 1/ VDE 0664 Teil 1	Fehlerstrom-Schutzeinrichtungen; Fehlerstrom-Schutzschalter bis 500 V Wechselspannung und bis 63 A [VDE-Bestimmung]
DIN 57 664 Teil 2/ VDE 0664 Teil 2	Fehlerstrom-Schutzeinrichtungen; Fehlerstrom-Schutzschalter mit Überstromauslöser (FI/LS-Schalter) bis 415 V Wechselspannung und bis 63 A Nennstrom [VDE-Bestimmung]
DIN 30 600	Bildzeichen Reg.-Nr 1656: Hohlwand
DIN 49 462 Teil 1	Mehrpolige Kragensteckvorrichtung mit Schutzkontakt, 16 und 32 A, über 42 bis 750 V; Steckdosen, abgedeckt, spritzwassergeschützt, wasserdicht, Hauptmaße
DIN 49 462 Teil 2	Mehrpolige Kragensteckvorrichtung mit Schutzkontakt, 16 und 32 A, über 42 bis 750 V; Stecker, abgedeckt, spritzwassergeschützt, wasserdicht, Hauptmaße

Frühere Ausgaben

DIN 57 100 Teil 721/VDE 0100 Teil 721: 11.80
Vorheriger Entwicklungsgang siehe Beiblatt 1 zu DIN 57 100/VDE 0100.

Änderungen

Gegenüber der Ausgabe November 1980 wurden folgende Änderungen vorgenommen:

a) Angleichung des formalen Aufbaus an übrige Normen der Reihe DIN 57 100/VDE 0100.
b) Redaktionelle Überarbeitung.
c) Verlängerung der Anpassungsfrist.

Erläuterungen

Diese Norm wurde ausgearbeitet vom Komitee 221 „Errichten von Starkstromanlagen bis 1000 V“ der Deutschen Elektrotechnischen Kommission im DIN und VDE (DKE).

Auf Wunsch der Betreiber wurde wegen terminlicher Schwierigkeiten die Frist der Anpassung auf den 30. April 1986 verlängert. Die Ankündigung erfolgte im Kurzverfahren im Juni 1983.

Eine Reihe schwerer Unfälle auf Campingplätzen führte auf internationaler Ebene zu der Forderung nach einheitlichen Sicherheitsbestimmungen für elektrische Anlagen für Wohnwagen und Campingplätze.

Zunächst hat sich die für Errichtungsbestimmungen zuständige CENELCOM-Expertengruppe mit dem Thema befaßt und grundlegende Sicherheitsbestimmungen für die Installation von Campingplätzen und Wohnwagen sowie der Verbindung zwischen beiden erarbeitet. Das Ergebnis dieser Arbeiten wurde durch VDE 0100 i/ . . . 72, Entwurf 1, der Öffentlichkeit bekanntgegeben.

Nachdem die Internationale Vereinigung der Wohnwagenhersteller und -betreiber (SICC) auf die Notwendigkeit weltweiter Bestimmungen hingewiesen hat, hat sich die Internationale Elektrotechnische Kommission (IEC) der Thematik angenommen. Die Aufgabe hat das Technische Komitee 64 der IEC übernommen und einer besonderen Arbeitsgruppe übertragen. Bei den Arbeiten zeigte sich, daß auch Boote und Jachten sowie deren Anlegeplätze beachtet werden mußten. Das erste Ergebnis dieser Arbeiten wurde der Öffentlichkeit durch VDE 0100 u/ . . . 75, Entwurf 1, bekanntgegeben.

Nachdem 1977 der IEC-Bericht 585-1 „Leitfaden für Anschluß und Installation von Caravans, Booten und Jachten" erschienen ist, konnte unter Berücksichtigung der zu den Entwürfen VDE 0100 i und VDE 0100 u eingegangenen Einsprüche, die entweder berücksichtigt wurden oder ausgeräumt werden konnten, eine Herausgabe als Norm mit zusätzlicher Kennzeichnung als VDE-Bestimmung nach langer Zeit verwirklicht werden.

Die vorliegenden Festlegungen stellen einen Anfang dar, die dem auf Camping- und an Liegeplätzen erforderlichen Sicherheitsniveau Rechnung tragen. Es bleibt zu hoffen, daß trotz der zweifellos höheren Aufwendungen bei Neuanlagen oder den Aufwendungen, die bei einer Anpassung entstehen, Hersteller, Betreiber, Aufsichtsbehörde und andere daran Interessierte sich für eine baldige Durchführung einsetzen werden.

Internationale Patentklassifikation

H 02 B 11—00
B 60 P 3—32
B 63 B 35—72

DK 621.316.17.002.2:696.6.033:621.3.027.26
:001.4:614.8

Mai 1984

	Errichten von Starkstromanlagen mit Nennspannungen bis 1000 V Fliegende Bauten, Wagen und Wohnwagen nach Schaustellerart [VDE-Bestimmung]	DIN 57 100 Teil 722

Diese Norm ist zugleich eine VDE-Bestimmung im Sinne von VDE 0022 und in das VDE-Vorschriftenwerk unter nebenstehender Nummer aufgenommen.	**VDE** 0100 Teil 722

Erection of power installations with rated voltages up to 1000 V;
Tempory buildings, vehicles for travelling exhibitions and caravans
[VDE Specification]

Ersatz für
VDE 0100 g/07.76
§ 57 a) bis e), f) 1, f) 2 und g).
Siehe jedoch Übergangsfrist!

Für den Anwendungsbereich dieser Norm bestehen keine entsprechenden regionalen und internationalen Normen.

Beginn der Gültigkeit

Diese als VDE-Bestimmung gekennzeichnete Norm gilt ab 1. Mai 1984[1]).

Daneben gelten für in Planung oder in Bau befindliche Anlagen die entsprechenden Festlegungen von VDE 0100 g/07.76 noch in einer Übergangsfrist bis zum 31. Oktober 1984.

Für die Anforderungen nach Abschnitt 4.1.4 wird eine Anpassung bis zum 30. April 1987 gefordert.

---

[1]) Genehmigt vom Vorstand des Verbandes Deutscher Elektrotechniker (VDE) e. V. und bekanntgegeben in der etz Elektrotechnische Zeitschrift.
Bisheriger Entwicklungsgang siehe Beiblatt 1 zu DIN 57 100/VDE 0100 und Abschnitt „Frühere Ausgaben".

Fortsetzung Seite 2 bis 8

Deutsche Elektrotechnische Kommission im DIN und VDE (DKE)

Inhalt

1 Anwendungsbereich

Diese als VDE-Bestimmung gekennzeichnete Norm gilt für das Errichten von elektrischen Starkstromanlagen in Fliegenden Bauten sowie in Wagen und Wohnwagen nach Schaustellerart. Sie gilt nur in Verbindung mit den entsprechenden anderen Normen der Reihe DIN 57 100/ VDE 0100 und den noch nicht ersetzten Paragraphen von VDE 0100.

2 Begriffe

2.1 Allgemeine Begriffe siehe DIN 57 100 Teil 200/ VDE 0100 Teil 200

2.2 Fliegende Bauten[2]) sind bauliche Anlagen, die geeignet und dazu bestimmt sind, wiederholt aufgestellt und zerlegt zu werden, wie Karusselle, Luftschaukeln, Riesenräder, Rollen-, Gleit- und Rutschbahnen, Tribünen, Buden, Zelte, Bauten für Wanderausstellungen, bauliche Anlagen für artistische Vorführungen in der Luft und ähnliche Anlagen. Als Fliegende Bauten gelten auch Wagen, die durch Zu- und Anbauten in ihrer Form wesentlich verändert und betriebsmäßig ortsfest genutzt werden (z. B. Wagen nach Schaustellerart).

3 Allgemeine Anforderungen

Elektrische Starkstromanlagen in Fliegenden Bauten sowie in Wagen und Wohnwagen nach Schaustellerart sind so zu errichten und Betriebsmittel so auszuwählen, daß Personen nicht gefährdet werden.

4 Speisepunkte

4.1 Fliegende Bauten, Wagen und Wohnwagen nach Schaustellerart dürfen nur aus

— TN-Netzen oder
— TT-Netzen

von besonderen Speisepunkten nach den Abschnitten 4.1.1 oder 4.1.2 aus versorgt werden.

4.1.1 Speisepunkte eigens zur Versorgung von Fliegenden Bauten, Wagen und Wohnwagen nach Schaustellerart.

4.1.1.1 Hausanschlußkästen, sonstige Anschlußkästen oder Verteiler mit Überstrom-Schutzeinrichtungen zum Anschluß der Stromkreisverteiler nach Abschnitt 5.

4.1.1.2 Steckdosen mit Schutzkontakt nach DIN 49 462 Teil 1 (CEE-Steckdose) mit folgenden Daten:

Betriebsspannung 220 bis 240 V
Nennstrom 16 A
Anzahl der Pole 2 + ⏚ nach DIN 40 100 Teil 3, bzw. nach DIN 30 600 Reg.-Nr 1545
Ausführung spritzwassergeschützt ⚠ nach DIN 30 600 Reg.-Nr 05212—0

Diesen Steckdosen müssen Fehlerstrom-Schutzeinrichtungen nach DIN 57 664 Teil 1/VDE 0664 Teil 1 mit $I_{\Delta n}$ $\leq$0,5 A im TN-Netz oder TT-Netz und Leitungsschutzschalter mit maximal 16 A Nennstrom vorgeschaltet sein. Dieser Anforderung genügen auch Fehlerstrom-Schutzeinrichtungen mit Überstromauslöser nach DIN 57 664 Teil 2/VDE 0664 Teil 2 mit gleichen Kenndaten.

Anmerkung: Es wird empfohlen, jeder Steckdose eine solche Fehlerstrom-Schutzeinrichtung und einen Leitungsschutzschalter vorzuschalten.

4.1.2 Speisepunkte, die ausnahmsweise zur Versorgung von Fliegenden Bauten, Wagen und Wohnwagen nach Schaustellerart dienen.

4.1.2.1 Zweipolige Schutzkontakt-Steckdosen nach DIN 49 440 in Hausinstallationen zum Anschluß nur einer Anlage mit nur einem Stromkreis.

4.1.2.2 Ersatzstromerzeuger

4.1.3 Schutzmaßnahmen vor/nach dem Speisepunkt

Speisepunkte nach den Abschnitten 4.1.1 und 4.1.2.2 müssen durch Fehlerstrom-Schutzeinrichtungen nach DIN 57 664 Teil 1/VDE 0664 Teil 1 oder DIN 57 664 Teil 2/ VDE 0664 Teil 2 mit $I_{\Delta n}$ $\leq$0,5 A geschützt werden.

Bei Speisepunkten nach den Abschnitten 4.1.1.1 und 4.1.2.2 ist dieser Forderung Genüge getan, wenn die Fehlerstrom-Schutzeinrichtungen $I_{\Delta n}$ $\leq$0,5 A im unmittelbar nachgeschalteten Verteiler (Hauptverteiler) eingebaut sind.

Einschränkend zu DIN 57 100 Teil 410/VDE 0100 Teil 410/11.83 Abschnitt 6.1.4.2 muß in TT-Netzen der Erdungswiderstand der Erder der Körper R_A $\leq$30 Ω sein.

Bei Speisepunkten nach Abschnitt 4.1.2.1 ist die an diesen Speisepunkten getroffenen Schutzmaßnahmen der Hausinstallation ausreichend.

4.1.4 An Standorten, die für das Aufstellen von Fliegenden Bauten, Wagen und Wohnwagen nach Schaustellerart vorgesehen sind, müssen Speisepunkte nach Abschnitt 4.1.1 als ständige Einrichtung errichtet sein.

---

[2]) Begriffsdefinition nach DIN 57 100 Teil 200/VDE 0100 Teil 200/04.82, siehe auch Landesbauverordnungen.

4.1.5 Wenn Fliegende Bauten, Wagen oder Wohnwagen nach Schaustellerart ausnahmsweise auf anderen Standorten als nach Abschnitt 4.1.4 aufgestellt werden, sind zur Errichtung von Speisepunkten nach Abschnitt 4.1.2 die Abschnitte 4.1.5.1 und 4.1.5.2 zu beachten.

4.1.5.1 Zum Anschluß der Speisepunkte müssen Gummischlauchleitungen mindestens Bauart H07RN-F nach DIN 57 282 Teil 810/VDE 0282 Teil 810 oder diesen gleichwertige verwendet werden; sie müssen im Verkehrsbereich des Publikums bis zu 2 m über dem Boden zusätzlich mechanisch geschützt sein.

4.1.5.2 Hausanschlußkästen, sonstige Anschlußkästen oder Verteiler müssen schutzisoliert sein oder den Bestimmungen für Baustromverteiler nach DIN 57 612/VDE 0612 entsprechen.

5 Stromkreisverteiler

5.1 Die einzelnen Stromkreise des Fliegenden Baues müssen über ihm zugehörige Verteiler, gegebenenfalls Schaltanlagen, angeschlossen werden.

Auf einen Stromkreisverteiler kann verzichtet werden, wenn nur ein Stromkreis vorhanden und

— dieser über einen Speisepunkt nach Abschnitt 4.1.1.2 oder
— über einen Speisepunkt nach Abschnitt 4.1.2.1 aus einem benachbarten Gebäude

versorgt wird.

5.2 Wenn bei TT-Netzen der am Speisepunkt errichtete oder vorhandene Erder nicht verwendet wird, muß an dem Stromkreisverteiler ein Erder errichtet werden, der den Bedingungen nach Abschnitt 4.1.3 entspricht oder den Bedingungen nach DIN 57 100 Teil 410/VDE 0100 Teil 410/11.83 Abschnitt 6.1.4.2 genügt.

5.3 Die Anlage muß an dem Verteiler, erforderlichenfalls abschnittweise, durch jederzeit zugängliche und gekennzeichnete Schalter freigeschaltet werden können. Diese Schalter müssen gegen unbefugtes Einschalten gesichert werden können. Die Schaltstellung muß erkennbar sein. Als Schalter dürfen Fehlerstrom-Schutzeinrichtungen verwendet werden. Stromkreise, die nur während dem Auf- oder Abbau benutzt werden, müssen einen eigenen Schalter erhalten, der entsprechend zu kennzeichnen ist.

5.4 Im Stromkreisverteiler muß von der Einführung der Anschlußleitung bis einschließlich Fehlerstrom-Schutzeinrichtung die Schutzmaßnahme Schutzisolierung angewendet werden.

5.5 Der Stromkreisverteiler muß mindestens der Schutzart IP54 nach DIN 40 050 entsprechen. Bei Unterbringung in trockenen Räumen (z. B. Wagenabteilen) darf die Schutzart dem Anbringungsort entsprechend geringer sein. Für Bedienungsgänge gilt DIN 57 100 Teil 726/VDE 0100 Teil 726/03.83 Abschnitt 4.

6 Schaltpläne

6.1 Von Stromkreisverteilern müssen Schaltpläne mindestens in einpoliger Darstellung nach den Normen der Reihe DIN 40 719 vorhanden sein und mitgeführt werden, aus denen folgendes zu erkennen ist:

Stromart, Nennspannung, Frequenz,
Art des Anschlusses an das öffentliche Netz,
Umschaltung auf andere Nennspannungen,
Anzahl, Art und Leistung der Umspanner, Umformer oder Stromerzeuger, Bezeichnung der Stromkreise,
Nennstrom der Überstrom-Schutzeinrichtungen,
Leitungsquerschnitte und Leitungsarten,
Art und Ausführung der angewendeten Maßnahmen zum Schutz bei indirektem Berühren.

6.2 Sofern Hilfsstromkreise vorhanden sind, müssen von ihnen Stromlaufpläne nach DIN 40 719 Teil 3 mitgeführt werden. Die Stromlaufpläne müssen Schaltung der Steuerung und der gesteuerten Betriebsmittel eindeutig wiedergeben.

7 Kabel, Leitungen und Stromschienen

7.1 Für feste Verlegung sind zulässig: Kunststoffkabel NYY oder NYCY nach VDE 0271 mit Änderung DIN 57 271 A3/VDE 0271 A3 oder Mantelleitung NYM nach DIN 57 250 Teil 204/VDE 0250 Teil 204 der bei Verwendung von Gummischlauchleitung mindestens Bauart H07RN-F bzw. A07RN-F nach DIN 57 282 Teil 810/VDE 0282 Teil 810 oder gleichwertige Bauarten. Verbindungen und Abzweigungen sind herzustellen in

— Dosen nach DIN 57 606/VDE 0606 oder
— Kästen,

die in ihrer Schutzart nach DIN 40 050 den Umgebungsbedingungen angepaßt sind.

Für die Verlegung von Kabeln und Leitungen in Hohlwänden ist DIN 57 100 Teil 730/VDE 0100 Teil 730 zu beachten.

7.2 Als freigespannte Leitungen sind Gummischlauchleitungen, mindestens Bauart H07RN-F bzw. A07RN-F nach DIN 57 282 Teil 810/VDE 0282 Teil 810 oder diesen gleichwertige zu verwenden. Sie müssen so angebracht und befestigt werden, daß das Durchhängen oder Bewegen nicht zu Beschädigungen führt.

7.3 Auf dem Erdboden liegende, zu den einzelnen Bauten führende Leitungen müssen Gummischlauchleitungen mindestens Bauart H07RN-F bzw. A07RN-F nach DIN 57 282 Teil 810/VDE 0282 Teil 810 oder diesen gleichwertige sein. Sie sind gegen mechanische Beschädigungen zusätzlich zu schützen.

7.4 Für flexible Anschlußleitungen ist DIN 57 100 Teil 520/VDE 0100 Teil 520 (z. Z. Entwurf) zu beachten.

7.5 Schleifleitungen, Fahrdrähte oder Schleifringe müssen mit Schutzkleinspannung ≤ 25 V Wechselspannung oder ≤ 60 V Gleichspannung betrieben werden, sofern kein anderer Schutz gegen direktes Berühren sichergestellt ist.

7.6 Bei Schleifringen, Fahrdrähten oder Schleifringkörpern müssen sich Schutzleiter und Schutzleiter-Stromabnehmer von den aktiven Leitern und Betriebsstromabnehmern eindeutig sichtbar unterscheiden. Die Schutzleiter-Stromabnehmer dürfen gegen die Betriebsstromabnehmer nicht ohne weiteres austauschbar sein.

8 Beleuchtungsanlagen

8.1 Für Beleuchtungsanlagen, ausgenommen solche mit Leuchtröhren, sind Betriebsspannungen bis höchstens 250 V gegen Erde zulässig.

Anmerkung: Für Leuchtröhrenanlagen gilt DIN 57 128/VDE 0128.

8.2 Lampen, die sich im Verkehrsbereich des Publikums bis zu 2 m Höhe über dem Fußboden befinden, müssen mit einem Schutz gegen Bruch durch mechanische Beanspruchung versehen sein.

8.3 Fassungen in Lichtleisten[3]) und Lichtketten sowie in offenen Leuchten müssen aus Isolierstoff bestehen.

8.4 Lichtleisten[3]), die im Freien verwendet werden, müssen so ausgebildet sein, daß in ihrer normalen Gebrauchslage das Niederschlagswasser nicht in beeinflussender Menge an die Klemmen und Kontakte gelangen kann. In Lichtleisten[3]) darf Illuminationsflachleitung NIFLöu nach VDE 0250 zum Anschluß der zugehörigen Fassung verwendet werden.

8.5 Lichtketten mit Illuminationsflachleitung NIFLöu nach VDE 0250 sind für freitragende Verlegung in geschützten und ungeschützten Anlagen außerhalb des Handbereiches zugelassen. Sie müssen den Bestimmungen von VDE 0710 Teil 3 entsprechen. Lichtketten dürfen unter Beachtung des Nennstromes der vorgeschalteten Überstrom-Schutzeinrichtung in beliebiger Länge verwendet werden. Sie müssen jedoch so verlegt sein, daß ihre Anschlüsse und Steckverbindungen zugentlastet sind. Die Abstände der Aufhängepunkte dürfen höchstens 5 m betragen. Zwischen je 2 benachbarten Aufhängepunkten dürfen nicht mehr als 15 Fassungen montiert sein. Im Freien müssen Lichtketten so aufgehängt werden, daß die Fassungen nach unten gerichtet sind, oder die Lichtketten müssen mindestens spritzwassergeschützt IPX4 nach DIN IEC 598 Teil 1/VDE 0711 Teil 1 (z. Z. Entwurf) sein.

Anzweigungen von Illuminationsflachleitungen sind nicht zulässig.

Lichtketten dürfen an ihren Enden mit Steckvorrichtungen versehen sein, die eine Verlängerung der Lichtkette gestatten. Die Steckvorrichtungen müssen so gestaltet sein, daß sich mit Steckvorrichtungen mit Schutzkontakten keine Leitungsverbindung herstellen läßt. Die Leitungseinführungen müssen auf den Querschnitt der Illuminationsflachleitung abgestimmt sein und eine Vorrichtung zur Zugentlastung haben. Zum Anschluß der Lichtketten an die Beleuchtungsstromkreise dürfen Leitungen verwendet werden, die aus einem Schutzkontaktstecker und einer Steckdosenkupplung für Illuminationsflachleitung, verbunden durch eine Gummischlauchleitung (mindestens Bauart H07RN-F bzw. A07RN-F nach DIN 57 282 Teil 810/VDE 0282 Teil 810) beliebiger Länge, bestehen. Die Verwendung von Leitungen mit Illuminationsflachleitungsstecker und Schutzkontaktsteckdosenkupplung ist nicht zulässig.

Mit Rücksicht auf die mechanische Beschädigung der Flachleitungsisolation durch die Kontaktspitzen, dürfen einmal montierte Fassungen in ihrer Lage auf der Leitung nicht mehr verändert werden.

[3]) Lichtleiste im Sinne des Sprachgebrauchs der Schausteller (= eine Sonderart der Lichtkette).

8.6 Leuchtstofflampenleuchten müssen der Schutzart IP 54 nach DIN IEC 598 Teil 1/VDE 0711 Teil 1 (z. Z. Entwurf) entsprechen. Sind sie überdacht angebracht, so genügt die Schutzart IP 53 nach DIN IEC 598 Teil 1/VDE 0711 Teil 1 (z. Z. Entwurf).

9 Transformatoren, Schaltgeräte, Maschinen sowie Fahrgastwagen

9.1 Bei nicht regengeschützter Aufstellung müssen Transformatoren, Schaltgeräte, elektrische Maschinen usw. mindestens in Schutzart IP 23 nach DIN 40 050 ausgeführt sein.

9.2 Elektrisch angetriebene Fahrgastwagen, bei denen aktive Teile ohne Schutz gegen direktes Berühren im Handbereich angeordnet sind, dürfen nur mit Schutzkleinspannung ≤ 25 V Wechselspannung oder ≤ 60 V Gleichspannung betrieben werden. Zur Isolierung der aktiven Teile auf der Fahrbahn darf trockenes Holz verwendet werden, wenn es gegen die Aufnahme von Feuchtigkeit imprägniert ist.

10 Fahrzeuge und Wohnwagen nach Schaustellerart

10.1 Fahrzeuge und Wohnwagen müssen CEE-Gerätestecker mit Schutzkontakt und Isolierstoffgehäuse nach DIN 49 462 Teil 2/02.72 Abschnitt 1.1.3 a), haben, die gegen mechanische Beschädigung geschützt angebracht sind.

10.2 Sämtliche berührbaren leitfähigen Konstruktionsteile müssen zwecks Potentialausgleich mit dem Schutzleiter verbunden werden.

11 Bedingungen für den Anschluß von Anlagen mit Großtieren

In Bereichen, in denen sich Großtiere aufhalten, müssen bereits bei Nennspannungen über 25 V Wechselspannung oder 60 V Gleichspannung Maßnahmen zum Schutz bei indirektem Berühren angewendet werden.

11.1 Die Installation ist als TT-Netz mit Fehlerstrom-Schutzeinrichtung auszuführen. Für die Anlage ist ein separater Erder zu errichten, der gewährleistet, daß im Fehlerfalle keine höhere Berührungsspannung als 25 V Wechselspannung oder 60 V Gleichspannung bestehen bleiben kann.

Der nach Abschnitt 4.1.3 für Speisepunkte geforderte Erder darf nicht verwendet werden.

11.2 Wenn eine Beeinflussung des nach Abschnitt 11.1 geforderten separaten Erders durch andere Erder nicht ausgeschlossen werden kann, z. B. in Gebieten mit geschlossener Bebauung, kann der nach Abschnitt 4.1.3 für Speisepunkte geforderte Erder verwendet werden. Es ist dann ein zusätzlicher örtlicher Potentialausgleich durchzuführen, in den alle gleichzeitig berührbaren Körper (Schutzleiter) und fremde leitfähige Teile einzubeziehen sind.

Zitierte Normen und andere Unterlagen

DIN 30 600	Bildzeichen Reg.-Nr 05212-0: Spritzwassergeschützt Reg.-Nr 01545: Schutzleiter, Schutzleiteranschluß
DIN 40 050	IP-Schutzarten; Berührungs-, Fremdkörper- und Wasserschutz für elektrische Betriebsmittel
DIN 40 100 Teil 3	Bildzeichen der Elektrotechnik; Strom, Spannung, Frequenz, Leitung, Erdung
DIN 40 719 Teil 1	Schaltungsunterlagen; Begriffe, Einteilung
DIN 40 719 Teil 2	Schaltungsunterlagen; Kennzeichnung von elektrischen Betriebsmitteln
Beiblatt 1 zu DIN 40 719 Teil 2	Schaltungsunterlagen; Kennzeichnung von elektrischen Betriebsmitteln, Alphabetisch geordnete Beispiele
DIN 40 719 Teil 3	Schaltungsunterlagen; Regeln für Stromlaufpläne der Elektrotechnik
DIN 40 719 Teil 4	Schaltungsunterlagen; Regeln für Übersichtsschaltpläne der Elektrotechnik
DIN 40 719 Teil 6	Schaltungsunterlagen; Regeln und graphische Symbole für Funktionspläne
DIN 40 719 Teil 9	Schaltungsunterlagen; Ausführung von Anschlußplänen
DIN 40 719 Teil 11	Schaltungsunterlagen; Zeitablaufdiagramme, Schaltfoliendiagramme
DIN 49 440	Zweipolige Steckdosen mit Schutzkontakt; 10 A 250 V ≂ und 10 A 250 V—, 16 A 25 V ~, Hauptmaße
DIN 49 462 Teil 1	Mehrpolige Kragensteckvorrichtung mit Schutzkontakt, 16 und 32 A, über 42 bis 750 V; Steckdosen, abgedeckt, spritzwassergeschützt, wasserdicht, Hauptmaße
DIN 49 462 Teil 2	Mehrpolige Kragensteckvorrichtung mit Schutzkontakt, 16 und 32 A, über 42 bis 750 V; Stecker, abgedeckt, spritzwassergeschützt, wasserdicht, Hauptmaße
DIN 57 100 Teil 200/ VDE 0100 Teil 200	Errichten von Starkstromanlagen mit Nennspannungen bis 1000 V; Allgemeingültige Begriffe [VDE-Bestimmung]
DIN 57 100 Teil 410/ VDE 0100 Teil 410	Errichten von Starkstromanlagen mit Nennspannungen bis 1000 V; Schutzmaßnahmen; Schutz gegen gefährliche Körperströme [VDE-Bestimmung]
DIN 57 100 Teil 520/ VDE 0100 Teil 520 (z. Z. Entwurf)	Errichten von Starkstromanlagen mit Nennspannungen bis 1000 V; Auswahl und Errichtung elektrischer Betriebsmittel, Verlegen von Kabeln und Leitungen [VDE-Bestimmung]
DIN 57 100 Teil 726/ VDE 0100 Teil 726	Errichten von Starkstromanlagen mit Nennspannungen bis 1000 V; Hebezeuge [VDE-Bestimmung]
DIN 57 100 Teil 730/ VDE 0100 Teil 730	Errichten von Starkstromanlagen mit Nennspannungen bis 1000 V; Verlegen von Leitungen in Hohlwänden sowie in Gebäuden aus vorwiegend brennbaren Baustoffen nach DIN 4102 [VDE-Bestimmung]
Übrige Normen der Reihe	DIN 57 100/VDE 0100 siehe
Beiblatt 2 zu DIN 57 100/ VDE 0100	Errichten von Starkstromanlagen mit Nennspannungen bis 1000 V; Verzeichnis der einschlägigen Normen
DIN 57 128/ VDE 0128	Errichten von Leuchtröhrenanlagen mit Nennspannungen über 1000 V [VDE-Bestimmung]
DIN 57 250 Teil 204/ VDE 0250 Teil 204	Isolierte Starkstromleitungen; PVC-Mantelleitung [VDE-Bestimmung]
DIN 57 271 A3/ VDE 0271 A3	Kabel mit Isolierung und Mantel aus Kunststoff auf der Basis von Polyvinylchlorid für Starkstromanlagen; Änderung 3 [VDE-Bestimmung]
DIN 57 282 Teil 810/ VDE 0282 Teil 810	Gummi-isolierte Starkstromleitungen; Gummischlauchleitungen 07RN [VDE-Bestimmung]
DIN 57 606/ VDE 0606	VDE-Bestimmung für Verbindungsmaterial bis 750 V, Installations-Kleinverteiler und Zählerplätze bis 250 V
DIN 57 612/ VDE 0612	VDE-Bestimmungen für Baustromverteiler für Nennspannungen bis 380 V Wechselspannung und für Ströme bis 630 A
DIN 57 664 Teil 1/ VDE 0664 Teil 1	Fehlerstrom-Schutzeinrichtungen; Fehlerstrom-Schutzschalter bis 500 V Wechselspannung und bis 63 A [VDE-Bestimmung]
DIN 57 664 Teil 2/ VDE 0664 Teil 2	Fehlerstrom-Schutzeinrichtungen; Fehlerstrom-Schutzschalter mit Überstromauslöser (FI/LS-Schalter) bis 415 V Wechselspannung und bis 63 A Nennstrom [VDE-Bestimmung]
DIN IEC 598 Teil 1/ VDE 0711 Teil 1 (z. Z. Entwurf)	Leuchten; Teil 1: Allgemeine Anforderungen und Prüfungen [VDE-Bestimmung]
VDE 0100	Bestimmungen für das Errichten von Starkstromanlagen mit Nennspannungen bis 1000 V
VDE 0250	Bestimmungen für isolierte Starkstromleitungen

VDE 0271	Bestimmungen für Kabel mit Isolierung und Mantel aus Kunststoff auf der Basis von Polyvinylchlorid für Starkstromanlagen
VDE 0710 Teil 3	Sondervorschriften für Lichtketten
Landesbauverordnungen	In jedem Bundesland ist eine andere Behörde zuständig:

a) **Baden-Württemberg**
Innenministerium Baden-Württemberg, Postfach 277, 7000 Stuttgart 1

b) **Bayern**
Bayerisches Staatsministerium des Innern, Postfach 22 02 27, 8000 München 22

c) **Berlin**
Senator für Bau- und Wohnungswesen, Württembergische Str. 6—10, 1000 Berlin 31

d) **Bremen**
Senator für das Bauwesen, Börsenhof A, Am Dom 5a, 2800 Bremen 1

e) **Hamburg**
Freie und Hansestadt Hamburg, Baubehörde, Postfach 30 05 31, 2000 Hamburg 36

f) **Hessen**
Hessischer Minister des Innern, Friedrich-Ebert-Allee 12, 6200 Wiesbaden

g) **Niedersachsen**
Niedersächsischer Sozialminister, Hinrich-Wilhelm-Kopf-Platz 2, 3000 Hannover

h) **Nordrhein-Westfalen**
Minister für Landes- und Stadtentwicklung Nordrhein-Westfalen, Postfach 11 03, 4000 Düsseldorf 1

i) **Rheinland-Pfalz**
Ministerium der Finanzen Rheinland-Pfalz, Kaiser-Friedrich-Straße 1, 6500 Mainz 1

j) **Saarland**
Minister für Umwelt, Raumordnung und Bauwesen des Saarlandes, Hardenbergstraße 8, 6600 Saarbrücken 1

k) **Schleswig-Holstein**
Innenminister des Landes Schleswig-Holstein, Postfach 11 33, 2300 Kiel

Frühere Ausgaben

VDE 0100: 05.73
VDE 0100 g: 07.76
(Vorheriger Entwicklungsgang siehe Beiblatt 1 zu DIN 57 100/VDE 0100)

Änderungen

Gegenüber VDE 0100 g/07.76 § 57a) bis e), f) 1, f) 2 und g) wurden folgende Änderungen vorgenommen:

a) Angleichung des formalen Aufbaus an die übrigen Normen der Reihe DIN 57 100/VDE 0100 und Überarbeitung der Zitierungen.
b) Unterteilung in Speisepunkte
   — eigens zur Versorgung
   — ausnahmsweise zur Versorgung
   von Fliegenden Bauten, Wagen und Wohnwagen nach Schaustellerart.
c) Zweipolige Schutzkontakt-Steckdosen zur ausnahmsweisen Versorgung von Fliegenden Bauten, Wagen und Wohnwagen nach Schaustellerart.
d) Zusätzliche Auflagen für Anschlußleitungen und Ausführung der Speisepunkte zur ausnahmsweisen Versorgung von Fliegenden Bauten, Wagen und Wohnwagen nach Schaustellerart.
e) Fehlerstrom-Schutzeinrichtungen im TT- und TN-Netz.
f) Fortfall der Aussagen über größere Ableitströme bei verschiedenen Fehlerstrom-Schutzschaltern.

Erläuterungen

Diese als VDE-Bestimmung gekennzeichnete Norm wurde ausgearbeitet vom Komitee 221 „Errichten von Starkstromanlagen mit Nennspannungen bis 1000 V" der Deutschen Elektrotechnischen Kommission im DIN und VDE (DKE).

Die Überarbeitung der bisherigen Bestimmung VDE 0100 g/07.76 § 57 „Fliegende Bauten, Wagen und Wohnwagen nach Schaustellerart" wurde im Rahmen der Gesamtüberarbeitung der Normen der Reihe DIN 57 100/VDE 0100 erforderlich. Von der bisherigen Norm bleibt VDE 0100 g/07.76 Abschnitt § 57 f) 3 weiter gültig bis die Beratungen über Bestimmungen für Elektro-Skooter abgeschlossen sind.

Zu Abschnitt 4 „Speisepunkte"

Gegenüber der bisherigen Norm wurden die Speisepunkte unterteilt in solche, die eigens zur Versorgung von Fliegenden Bauten usw. errichtet wurden, und in solche, die ausnahmsweise der Versorgung dieser Anlagen dienen.

Unter Abschnitt 4.1.2 wurde somit die zweipolige Schutzkontakt-Steckdose in Hausinstallationen deutlicher als früher in VDE 0100 g/07.76 § 57 b) 1 als Speisepunkt ausgewiesen. Dies war erforderlich, um z. B. bei Straßenfesten Wagen nach Schaustellerart, wie Verkaufswagen, unstrittig versorgen zu können. Wie in der Abschnittsüberschrift von Abschnitt 4.1.2 zum Ausdruck gebracht, sollten diese Speisepunkte auf Ausnahmen beschränkt bleiben. In Abschnitt 4.1.5 werden für die Provisorien besondere Auflagen für die Einspeiseleitung und die Ausführung der Speisepunkte gemacht.

In Abschnitt 4.1.3 werden entsprechend der Norm DIN 57 100 Teil 410/VDE 0100 Teil 410 die Bestimmungen für das Herstellen des Erders zur Anwendung von Fehlerstrom-Schutzeinrichtungen im TT- und TN-Netz aufgezeigt. In der Vorläuferbestimmung war nur die „Fehlerstrom-Schutzschaltung nach VDE 0100/05.73 § 13", also mit eigenem Erder, zugelassen, die der heutigen Ausführung im TT-Netz entspricht. Jetzt ist nach DIN 57 100 Teil 410/VDE 0100 Teil 410 auch der Einsatz von Fehlerstrom-Schutzeinrichtungen im TN-Netz bei Verwendung des vorhandenen Schutzleiters (PE) zulässig. Dabei muß jedoch der Anschluß des Schutzleiters für die von der Fehlerstrom-Schutzeinrichtung geschützten Betriebsmittel an den PEN- oder Schutzleiter (PE) des TN-Netzes **vor** der Fehlerstrom-Schutzeinrichtung durchgeführt werden.

Zu Abschnitt 5 „Stromkreisverteiler"

Zu Abschnitt 5.1

Die Ausführung der Stromkreisverteiler wird von der Art und Größe des Schaustellerbetriebes bestimmt. Verkaufsstände und ähnliche Kleinanlagen mit nur einem Stromkreis können ohne zusätzlichen Stromkreisverteiler direkt von Speisepunkten nach Abschnitten 4.1.1.2 oder 4.1.2.1 versorgt werden.

Zu Abschnitt 5.2

Der Ausbreitungswiderstand des Erders kann z. B. bei Einsatz von Fehlerstrom-Schutzschaltern mit einem Nennfehlerstrom $I_{\Delta n} \leq 0{,}03$ A größer sein als nach Abschnitt 4.2.

Zu Abschnitt 5.3

Die Bedingungen für das Freischalten Fliegender Bauten sind bestimmt von der jeweils erforderlichen Arbeitssicherheit und Verfügbarkeit. Neben einem schnellen Zugriff für Schalter besonderer Gefahrenbereiche ist bei der Schalterauswahl auf Ausführungen zu achten, die ein unbefugtes Einschalten sicher verhindern.

Zu Abschnitt 5.4

Diese Bestimmung gilt generell für Verteiler, die mit Fehlerstrom-Schutzeinrichtungen geschützt werden, nicht nur für Fliegende Bauten, z. B. auch Baustromverteiler. Die Maßnahme „Schutzisolierung" ist erforderlich, weil der Abschnitt vom abisolierten Kabel (Leitung) bis zur Fehlerstrom-Schutzeinrichtung im Fehlerfall nicht von der Fehlerstrom-Schutzeinrichtung geschützt werden kann.

Zu Abschnitt 5.5

Die klimatisch und betrieblich sehr unterschiedlichen Anforderungen bei Fliegenden Bauten bedingen die hohe Schutzart IP 54 nach DIN 40 050. Für Bedienungsgänge wurden aufgrund der allgemeinen sehr beengten Verhältnisse im Wagen nach Schaustellerart die Zugeständnisse wie bei Hebezeugen eingeräumt. Die Betreiber Fliegender Bauten sollten jedoch fallweise kritisch prüfen, ob die Inanspruchnahme dieses Zugeständnisses für einen reibungslosen Betriebsablauf sinnvoll ist.

Zu Abschnitt 6 „Schaltpläne"

Jedem Betreiber muß im Interesse eines schnellen Aufbaues, einschließlich der Prüfung durch die Abnahmeinstanzen, z. B. TÜV, an dem Vorhandensein übersichtlicher Schalt- und Aufstellungspläne gelegen sein.

Zu Abschnitt 7 „Kabel, Leitungen und Stromschienen"

Zu Abschnitt 7.1

Basisbestimmungen für das Verlegen von Kabeln und Leitungen siehe DIN 57 100 Teil 520/VDE 0100 Teil 520. Demnach sind die aus Betrieb und äußerer Umgebung zu erwartenden Bedingungen bei Auswahl und Errichtung zu beachten. Fallweise können somit auch höherwertige Bauarten für Kabel und Leitungen sowie Dosen oder Kästen erforderlich werden.

Zu Abschnitt 7.2

Einer kritischen Betrachtung müssen insbesondere die freigespannten Einspeiseleitungen unterzogen werden, weil sie ortsabhängig wechselnden Beanspruchungen unterliegen können. Bezüglich der Aufhängehöhe dieser Leitungen gelten die Festlegungen für Freileitungen in DIN 57 211/VDE 0211 (z. Z. Entwurf). Innerhalb der Anlagen des Fliegenden Baues müssen diese Leitungen so verlegt werden, daß durch Personenverkehr und Fahrbetrieb Gefährdungen vermieden werden.

Zu Abschnitt 7.3

Wenn ein zusätzlicher Schutz der Leitungen gegen mechanische Beschädigungen nicht durchführbar ist, sind Leitungen einer höherwertigen Bauart, z. B. NSSHöu nach VDE 0250 zu verwenden.

Zu Abschnitt 7.5

Nach DIN 57 100 Teil 410/VDE 0100 Teil 410 ist ein Schutz gegen direktes Berühren blanker aktiver Teile immer erforderlich. Ausgenommen von dieser Forderung ist in diesem Abschnitt die Schutzkleinspannung, aber auch nur für Spannungen ≤ 25 V Wechselspannung oder ≤ 60 V Gleichspannung.

Zu Abschnitt 8 „Beleuchtungsanlagen"

Zu Abschnitt 8.2

Bei der Anordnung von Lampen oder Leuchten im Verkehrsbereich des Publikums ist die besondere Verhaltenssituation des Publikums (gelöste Stimmung) mit ihren möglichen Auswirkungen gebührend zu berücksichtigen.

Zu Abschnitt 8.5, 3. Absatz

Das Verbot für Anschlußleitungen mit einem Illuminationsflachleitungsstecker (Netzstecker) und einer Schutzkontaktsteckdosenkupplung ist dadurch begründet, daß Illuminationsflachleitung und zugehöriger Stekker zweiadrig bzw. -polig, also ohne Schutzleiter ausgeführt sind (schutzisoliert). An die Schutzkontaktsteckdosenkupplung könnte aber ein Verbrauchsmittel in Schutzklasse I angeschlossen werden, welches dann im Fehlerfall keinen Schutz bei indirektem Berühren hätte.

Zu Abschnitt 9 „Transformatoren, Schaltgeräte, Maschinen sowie Fahrgastwagen"

Zu Abschnitt 9.2

Siehe Hinweis zu Abschnitt 7.5

Zu Abschnitt 10 „Fahrzeuge und Wohnwagen nach Schaustellerart"

Die nach VDE 0100 g/07.76 § 57 g) 2 geforderten Hohlwanddosen konnten aus dieser Norm entfallen, weil für derartige Konstruktionen generell DIN 57 100 Teil 730/VDE 0100 Teil 730 gilt.

Zu Abschnitt 10.2

Durch Beschädigung von Leiterisolationen, z. B. durch Reiben an Wagenkonstruktionsteilen während des Fahrens, können gefährliche Berührungsspannungen auf leitfähige Konstruktionsteile übertragen werden, deshalb die Abhilfsmaßnahme Potentialausgleich.

Zu Abschnitt 11 „Anlagen mit Großtieren"

Zum Schutz von Großtieren gegen gefährliche Körperströme mußten für Zirkusse, Tierschauen und ähnliche Betriebe verschärfte Bestimmungen in Anlehnung an DIN 57 100 Teil 705/VDE 0100 Teil 705 „Landwirtschaftliche Betriebsstätten" aufgenommen werden.

Zu Abschnitt 11.1

Für diesen Anlagenbereich sind Fehlerstrom-Schutzeinrichtungen im TN-Netz nicht zulässig, weil über den PEN-Leiter des Netzes höhere Berührungsspannungen als 25 V Wechselspannung am Schutzleiter und damit am zu schützenden Körper auftreten können.

Zu Abschnitt 11.2

Ein zusätzlicher örtlicher Potentialausgleich ist bei Fliegenden Bauten sicher nicht problemlos durchzuführen. Im Gegensatz zu den stationären Anlagen in der Landwirtschaft kann aber bei den wechselnden Stellplätzen eines Fliegenden Baues nur sehr schwer eine Beeinflussung des separaten Erders durch andere, z. B. mit dem PEN-Leiter des Netzes in Verbindung stehender Erder, erkannt werden, innerhalb geschlossener Bebauungen muß dieses sogar angenommen werden. Deshalb dürfte der zusätzliche örtliche Potentialausgleich obligatorisch sein!

Internationale Patentklassifikation

H 02 B 7-00

DK 621.316.172.002.2:621.3.027.26
:371.623.3:614.8

November 1990

	Errichten von Starkstromanlagen mit Nennspannungen bis 1000 V Unterrichtsräume mit Experimentierständen	DIN VDE 0100 Teil 723

Diese auch vom Vorstand des Verbandes Deutscher Elektrotechniker (VDE) e.V. genehmigte Norm ist damit zugleich eine **VDE-Bestimmung** im Sinne von VDE 0022. Sie ist unter obenstehender Nummer in das VDE-Vorschriftenwerk aufgenommen und in der etz Elektrotechnische Zeitschrift bekanntgegeben worden.

Erection of power installations
with nominal voltages up to 1000 V;
Class-rooms with experimental desks

Ersatz für
DIN 57100 Teil 723/
VDE 0100 Teil 723/11.83
Siehe jedoch Übergangsfrist!

Für den Anwendungsbereich dieser Norm bestehen keine entsprechenden regionalen oder internationalen Normen.

Beginn der Gültigkeit

Diese Norm (VDE-Bestimmung) gilt ab 1. November 1990.
Für am 1. November 1990 in Planung oder in Bau befindliche Anlagen gilt DIN 57100 Teil 723/VDE 0100 Teil 723/11.83 noch in einer Übergangsfrist bis zum 30. April 1991.

Der Norm-Inhalt war veröffentlicht im Entwurf DIN VDE 0100 Teil 723/12.88.

Inhalt

Fortsetzung Seite 2 bis 5

Deutsche Elektrotechnische Kommission im DIN und VDE (DKE)

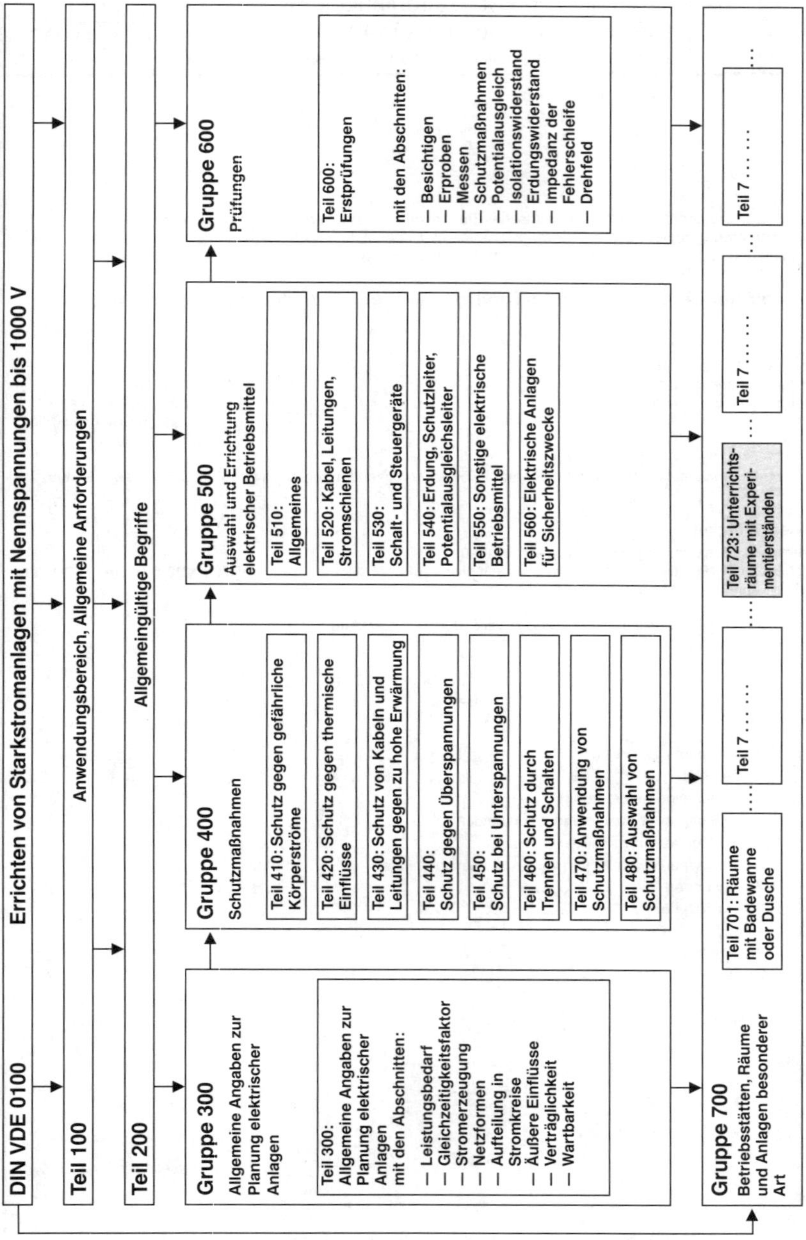

Bild 1. Eingliederung dieser Norm in die Struktur der Reihe der Normen DIN VDE 0100

1 Anwendungsbereich

Diese Norm gilt für das Errichten elektrischer Anlagen in Unterrichtsräumen mit Experimentierständen. Sie gilt nicht für Unterrichtsräume mit Experimentierständen, an denen nur elektrische Betriebsmittel mit vollständigem Schutz gegen direktes und Schutz bei indirektem Berühren über Steckvorrichtungen nach DIN 49 400 angeschlossen werden oder fest angeschlossen sind.

Diese Norm gilt nur in Verbindung mit den entsprechenden übrigen Normen der Reihe DIN VDE 0100 sowie mit den noch nicht ersetzten Paragraphen von DIN VDE 0100/05.73 mit Änderung DIN VDE 0100g/07.76.

2 Begriffe

Allgemeine Begriffe siehe DIN VDE 0100 Teil 200.

2.1 Unterrichtsräume sind Räume in Ausbildungsstätten und Schulen, die der Wissensvermittlung dienen. Hierzu gehören auch Vorlesungs- und Praktikumsräume in Hochschulen.

2.2 Experimentierstände sind Plätze, die in Unterrichtsräumen zum Experimentieren mit elektrischen Betriebsmitteln oder elektrischen Einrichtungen dienen.

Sie können geeignet sein:

- zum Vorführen und Üben
- zum Üben.

3 Allgemeine Anforderungen

Experimentierstände müssen so errichtet werden, daß von der elektrischen Anlage ausgehende Gefahren für den Experimentierenden weitgehend vermieden werden.

4 Speisepunkte an Experimentierständen

Die in Abschnitt 4.1 genannten Schaltgeräte und die in Abschnitt 4.2 genannten Einrichtungen für Not-Ausschaltung sind nicht erforderlich, wenn der Schutz gegen gefährliche Körperströme ausschließlich nach Abschnitt 4.3.1 sichergestellt wird.

4.1 Schaltgeräte

4.1.1 Die Schaltgeräte müssen zum Trennen geeignet sein und alle nichtgeerdeten Leiter gleichzeitig schalten.

4.1.2 Die Schaltgeräte müssen so ausgeführt oder angeordnet sein, daß sie gegen unbefugtes Schalten gesichert werden können.

4.1.3 Die Experimentierstände dürfen einzeln, in Gruppen oder zentral nur über Schaltgeräte nach den Abschnitten 4.1.1 und 4.1.2 eingeschaltet werden.

Anmerkung: Die zentrale Einschaltung sollte nur gewählt werden, wenn die Anordnung der Experimentierstände vom Einschaltort ausreichend übersichtlich ist.

4.2 Einrichtungen für Not-Ausschaltung

4.2.1 Es muß eine Einrichtung für Not-Ausschaltung vorhanden sein, durch deren Betätigung sämtliche Stromkreise an allen Experimentierständen des betreffenden Raumes im Gefahrenfall mit Schaltgeräten nach Abschnitt 4.1.1 getrennt werden können.

4.2.2 Das Schaltgerät für das Wiedereinschalten nach Betätigen der Einrichtung für Not-Ausschaltung muß gegen unbefugtes Einschalten gesichert sein.

4.2.3 Je eine Betätigungseinrichtung für die Not-Ausschaltung muß an

- den Ausgängen,
- jedem Experimentierstand

angeordnet sein.

4.3 Schutz gegen gefährliche Körperströme

4.3.1 Soweit der beabsichtigte Zweck es zuläßt, soll in Experimentierständen nur Schutzkleinspannung oder Funktionskleinspannung mit sicherer Trennung nach DIN VDE 0100 Teil 410 vorgesehen werden.

4.3.2 Werden entgegen Abschnitt 4.3.1 Wechselspannungen vorgesehen, die einen Schutz sowohl gegen direktes als auch bei indirektem Berühren erfordern, so ist in

- TN- und TT-Netzen oder bei
- Funktionskleinspannung ohne sichere Trennung, die aus TN- oder TT-Netzen versorgt wird,

eine Fehlerstrom-Schutzeinrichtung $I_{\Delta n} \leq 30$ mA nach Normen der Reihe DIN VDE 0664 erforderlich.

4.3.3 Für einpolige Anschlußstellen sind berührungssichere Steckbuchsen (Laborbuchsen, Sicherheitsbuchsen) mit vollständigem Berührungsschutz zu verwenden.

5 Fremde leitfähige Teile

5.1 Im Handbereich um den Experimentierstand befindliche fremde leitfähige Teile sind

- zu isolieren oder
- abzudecken oder
- zu umhüllen oder
- über Potentialausgleichsleiter miteinander und mit dem Schutzleiter (PE) zu verbinden.

5.2 Potentialausgleichsleiter müssen den Mindestquerschnitt des zusätzlichen Potentialausgleichs haben. Sie müssen mit dem Schutzleiter an zentraler Stelle verbunden werden, z.B. an einer Verteilungstafel.

6 Speisepunkte außerhalb von Experimentierständen

Außerhalb von Experimentierständen befindliche Speisepunkte, die Abschnitt 4 entsprechen, sind mit dem Hinweis „Für Experimentierzwecke geeignet", zu kennzeichnen.

7 Fußböden

Es sollte

- ein isolierender Fußboden nach DIN VDE 0100 Teil 410/11.83, Abschnitt 6.3.3,

oder

- eine isolierende Matte nach DIN VDE 0680 Teil 1 im Bereich des Experimentierstandes

verwendet werden.

8 Ausnahmen

In Unterrichtsräumen zur ausschließlichen elektrotechnischen Fachausbildung darf in Ausnahmefällen auf die Einhaltung der Anforderungen nach Abschnitt 4.3 verzichtet werden, wenn die Art der vorzunehmenden Experimente dieses erfordert.

In diesen Ausnahmefällen muß jedoch der Fußboden im Bereich des Experimentierstandes isolierend sein und die Anforderungen nach Abschnitt 7 zwingend erfüllen.

Zitierte Normen

DIN 49 400	Installationsmaterial; Wand-, Geräte- und Kragensteckvorrichtungen, Übersicht
DIN VDE 0100	Bestimmungen für das Errichten von Starkstromanlagen mit Nennspannungen bis 1000 V
DIN VDE 0100 g	Bestimmungen für das Errichten von Starkstromanlagen mit Nennspannungen bis 1000 V; Änderung zu DIN VDE 0100
DIN VDE 0100 Teil 200	Errichten von Starkstromanlagen mit Nennspannungen bis 1000 V; Allgemeingültige Begriffe
DIN VDE 0100 Teil 410	Errichten von Starkstromanlagen mit Nennspannungen bis 1000 V; Schutzmaßnahmen; Schutz gegen gefährliche Körperströme
Übrige Normen der Reihe DIN VDE 0100 siehe Beiblatt 2 zu DIN VDE 0100	Errichten von Starkstromanlagen mit Nennspannungen bis 1000 V; Verzeichnis der einschlägigen Normen
Normen der Reihe DIN VDE 0664	Fehlerstrom-Schutzeinrichtungen
DIN VDE 0680 Teil 1	Körperschutzmittel, Schutzvorrichtungen und Geräte zum Arbeiten an unter Spannung stehenden Teilen bis 1000 V; Isolierende Körperschutzmittel und isolierende Schutzvorrichtungen

Weitere Normen

DIN VDE 0789 Teil 100	Unterrichtsräume und Laboratorien; Einrichtungsgegenstände; Sicherheitsbestimmungen für energieversorgte Baueinheiten

Frühere Ausgaben

DIN 57 100 Teil 723/VDE 0100 Teil 723: 11.83

Änderungen

Gegenüber DIN 57 100 Teil 723/VDE 0100 Teil 723/11.83 wurden folgende Änderungen vorgenommen:

a) Bezüglich des Trennens und Schaltens und der dafür auszuwählenden Geräte gelten nun die allgemeinen Festlegungen in DIN VDE 0100 Teil 460 und Teil 537.

b) Betätigungseinrichtungen für Not-Ausschaltung sind für jeden Experimentierstand vorzusehen, so daß zwischen Vorführstand und Übungsstand nicht mehr differenziert wird.

c) Einpolige Anschlußstellen müssen vollständigen Berührungsschutz haben.

d) Festlegungen zum Fußboden wurden modifiziert.

Erläuterungen

Diese Norm wurde ausgearbeitet vom Komitee 221 „Errichten von Starkstromanlagen bis 1000 V" der Deutschen Elektrotechnischen Kommission im DIN und VDE (DKE).

Zu Abschnitt 1:

Verwendungsfertige Betriebsmittel, die über Steckvorrichtungen nach DIN 49 400 angeschlossen werden, z. B. Wärmegeräte, motorische Geräte und ähnliche Hilfsmittel, gehören nicht zum Anwendungsbereich.

Zu Abschnitt 2:

Da hinsichtlich der Anforderungen nicht mehr zwischen Vorführständen und Übungsständen differenziert wird, also jeder Experimentierstand sowohl zum Üben als auch Vorführen in technischer Hinsicht geeignet ist, wurde eine begriffliche Differenzierung entbehrlich.

Zu Abschnitt 4:

Es wurden keine besonderen Hinweise für die Abstände der Betätigungseinrichtungen für die Einrichtungen für Not-Ausschaltung voneinander angegeben. Insbesondere auch im Hinblick auf die Ausnahme des Abschnittes 8 für das Experimentieren zur ausschließlichen elektrotechnischen Fachausbildung, wenn auf die Einhaltung der Anforderungen nach Abschnitt 4.3 verzichtet werden darf, sind grundsätzlich Betätigungseinrichtungen für Not-Ausschaltung mindestens an den Experimentierständen und an den Ausgängen des Raumes gefordert. Ob weitere Betätigungseinrichtungen notwendig sind, ist Ermessensfrage und muß im Einzelfall an Ort und Stelle entschieden werden.

Grundlegende Festlegungen zur Not-Ausschaltung siehe DIN VDE 0100 Teil 460/10.88, Abschnitt 6, und zur Auswahl der Geräte für Not-Ausschaltung siehe DIN VDE 0100 Teil 537/10.88, Abschnitt 6.

Zu Abschnitt 4.3.2:

Da beim Experimentieren die Gefahr des direkten Berührens groß ist, wird in TN- und TT-Netzen oder bei Funktionskleinspannung ohne sichere Trennung zum Stromkreis mit höherer Spannung, der die Netzformen TN- oder TT-Netz hat, als zusätzlicher Schutz bei direktem Berühren eine Fehlerstrom-Schutzeinrichtung $I_{\Delta n} \leq 30$ mA gefordert. Eine Einschränkung bei der Auswahl der Schutzmaßnahmen beim indirekten Berühren wurde deshalb nicht mehr vorgenommen.

Zu Abschnitt 4.3.3:

Einpolige Anschlußstellen mit nur teilweisem Schutz gegen direktes Berühren sind weder fingersicher noch handrückensicher im Sinne der Norm DIN VDE 0106 Teil 100 und entsprechen nicht mehr dem heutigen technischen Stand. Der Möglichkeit erhöhter Gefährdung der Experimentierenden soll mit der neuen Anforderung nach Abschnitt 4.3.3 begegnet werden.

Auf dem Markt werden längst Sicherheitssteckverbindungen und -meßleitungen angeboten. Die Norm DIN VDE 0104/10.89 „Errichten und Betreiben elektrischer Prüfanlagen" berücksichtigt bereits diese Gegebenheit.

Auf die zur Zeit in Erarbeitung befindliche Norm über Sicherheitssteckverbindungen und Sicherheitsmeßleitungen (Experimentierleitungen) im Rahmen der Normenreihe DIN VDE 0411 wird hingewiesen.

Zu Abschnitt 5:

Die Isolierung oder Verkleidung aller fremden leitfähigen Teile im Handbereich um den Experimentierstand ist nicht in allen Fällen realisierbar. In dem Potentialausgleich zwischen diesen Teilen wird eine gleichwertige Maßnahme gesehen.

Zu Abschnitt 6:

Eine Kennzeichnung der nicht zum Experimentieren geeigneten Steckdosen erscheint wegen der Vielzahl nicht sinnvoll. Deswegen sollen die Steckdosen, die zum Experimentieren geeignet sind, gekennzeichnet werden.

Zu Abschnitt 7:

Für den Standort des Experimentierenden wird ein isolierender Fußboden mit einem Mindestwiderstand in Abhängigkeit von der Spannung empfohlen.

Zu Abschnitt 8:

Einer generellen Ausnahme, bei der elektrotechnischen Fachausbildung auf die Schutzmaßnahmen gegen direktes und bei indirektem Berühren zu verzichten, konnte nicht zugestimmt werden. Die Ausnahme muß auf den Einzelfall beschränkt bleiben. Der isolierende Standort ist dann aber erforderlich.

Internationale Patentklassifikation

H
H 02 B
H 01 B 3/00

DK 621.315.002.2 : 645
: 621.3.027.26

Juni 1980

	Errichten von Starkstromanlagen mit Nennspannungen bis 1000 V Elektrische Anlagen in Möbeln und ähnlichen Einrichtungsgegenständen, z. B. Gardinenleisten, Dekorationsverkleidung [VDE-Bestimmung]	**DIN** 57 100 Teil 724

Erection of power installations with rated voltages up to 1000 V; electrical equipment in furniture and similar fitments, e.g. curtain-ledges, decorative covering [VDE Specification]

Diese Norm ist zugleich eine VDE-Bestimmung im Sinne von VDE 0022 und in das VDE-Vorschriftenwerk unter nebenstehender Nummer aufgenommen.	**VDE** 0100 Teil 724/6.80

Es besteht kein Zusammenhang mit Unterlagen der International Electrotechnical Commission (IEC) oder dem Europäischen Komitee für Elektrotechnische Normung (CENELEC).

Diese Norm gehört zu den ersten Veröffentlichungen, die die Bestimmung VDE 0100 in der Form der als VDE-Bestimmung gekennzeichneten Normen zeigt.

In Zukunft werden sowohl Normen als auch Norm-Entwürfe im Bereich der „Errichtung von Starkstromanlagen mit Nennspannungen bis 1000 V" in dieser Form erscheinen.

Die hier vorliegende als VDE-Bestimmung gekennzeichnete Norm DIN 57 100 Teil 724/VDE 0100 Teil 724 war als § 59 im Entwurf VDE 0100 v/...76 veröffentlicht.

Beginn der Gültigkeit

Diese als VDE-Bestimmung gekennzeichnete Norm gilt ab 1. Juni 1980[1]).

[1]) Genehmigt vom Vorstand des VDE im März 1980,
bekanntgegeben in etz-b 28 (1976) Heft 12 (als VDE 0100v/... 76) und etz 101(1980) Heft 11.

Fortsetzung Seite 2 bis 4
Erläuterungen Seite 4 und 5

Deutsche Elektrotechnische Kommission im DIN und VDE (DKE)

1 Geltungsbereich

Diese als VDE-Bestimmung gekennzeichnete Norm gilt für das Errichten elektrischer Anlagen in Möbeln[2]) und ähnlichen Einrichtungsgegenständen, z. B. Gardinenleisten, Dekorationsverkleidungen.
Sie gilt nur in Verbindung mit VDE 0100, Bestimmungen für das Errichten von Starkstromanlagen mit Nennspannungen bis 1000 V.

2 Mitgeltende Normen und Unterlagen

VDE 0100 Bestimmungen für das Errichten von Starkstromanlagen mit Nennspannungen bis 1000 V

3 Leitungen

Für elektrische Anlagen sind die in den Abschnitten 3.1 und 3.2 angegebenen Leitungen zu verwenden.

3.1 Für feste Verlegung

3.1.1 Mantelleitungen NYM nach VDE 0250

3.1.2 Kunststoffaderleitungen nach DIN 57 281 Teil 103/VDE 0281 Teil 103, z. B. H07V - U, in nichtmetallenen Installationsrohren nach VDE 0605 mit der Kennzeichnung „ACF".

3.2 Für feste und bewegliche Verlegung
Flexible Schlauchleitungen müssen für Gummi-Schlauchleitungen mindestens H05RR - F nach DIN 57 282 Teil 804/VDE 0282 Teil 804 oder für Kunststoff-Schlauchleitungen mindestens H05VV - F nach DIN 57 281 Teil 402/VDE 0281 Teil 402 entsprechen.

4 Leiterquerschnitte

4.1 Der Leiterquerschnitt muß mindestens 1,5 mm^2 Cu betragen.

4.2 Der Mindestquerschnitt darf auf 0,75 mm^2 Cu verringert werden, wenn die einfache Leitungslänge 10 m nicht überschreitet und keine Steckvorrichtungen zum weiteren Anschluß von Verbrauchsmitteln vorhanden sind.

---

2) Begriffsdefinition gemäß DIN 68 880 Teil 1:
Möbel ist ein Einrichtungsgegenstand zum Aufnehmen von Gütern, zum Sitzen, zum Liegen oder zum Verrichten von Tätigkeiten.

5 Leitungsverlegung

5.1 Leitungen müssen entweder fest verlegt oder durch geeignete Hohlräume geführt werden. Bei fester Verlegung ist an der Einführungsstelle in den Einrichtungsgegenstand die Leitung von Zug zu entlasten. Bei Verlegung in Hohlräumen innerhalb des Einrichtungsgegenstandes müssen die Leitungen an der Einführungsstelle und am Betriebsmittel von Zug und Schub entlastet werden. Für die Zugentlastung an der Einführungsstelle ist VDE 0100/05.73, § 42 a) 8 sinngemäß anzuwenden.

5.2 Leitungen müssen so geführt werden, daß sie nicht gequetscht und durch scharfe Kanten oder bewegliche Teile beschädigt werden können.

6 Netzanschluß

Netzanschlußstellen (Steckdosen, Geräteanschlußdosen), die der Versorgung von elektrischen Betriebsmitteln in Einrichtungsgegenständen dienen, müssen ohne Schwierigkeiten zugänglich sein.
Anmerkung:
Als ohne Schwierigkeiten zugänglich gilt auch eine Anschlußstelle hinter einem Einrichtungsgegenstand, wenn dieser von einer Person weggerückt oder wenn durch eine Öffnung in der Rückwand an der Anschlußstelle gearbeitet werden kann.

7 Betriebsmittel

7.1 Installationsmaterial

7.1.1 Verbindungs- und Gerätedosen, Kleinverteiler und dergleichen für den versenkten Einbau müssen den Prüfanordnungen für Hohlwanddosen nach DIN 57 606/VDE 0606 entsprechen. Sie müssen die Kennzeichnung ▽H tragen.

7.1.2 Elektrische Installationsgeräte für Unterputzmontage müssen in Hohlwanddosen eingebaut und dürfen nicht mit Krallen befestigt werden.

7.1.3 Hohlwanddosen und Hohlwandverteiler müssen so eingebaut werden, daß sie vor mechanischen Beschädigungen geschützt sind.
Anmerkung:
Dies kann z. B. geschehen durch Einbau in unzugängliche Hohlräume, in Nischen oder durch einen zusätzlichen mechanischen Schutz.

7.1.4 Für Dosen, die mit Installationsgeräten kombiniert sind, gelten die Abschnitte 7.1.1 bis 7.1.3 sinngemäß.

7.1.5 Für die Aufputzmontage auf brennbarer Befestigungsfläche ist VDE 0100/05.73, § 29 b) 1 zu beachten.

7.2 Verbrauchsmittel

7.2.1 Leuchten

7.2.1.1 Für die Auswahl und Anbringung von Leuchten gilt VDE 0100/05.73, § 32.

7.2.1.2 Ist in einem Hohlraum eines Schrankes, in dem z. B. ein Klappbett vorhanden ist, eine Leuchte eingebaut, und kann nicht verhindert werden, daß sich leichtentzündliche Stoffe unbeabsichtigt der Leuchte nähern können, so ist ein zusätzlicher Schalter so anzubringen, daß nach dem Hineinklappen des Bettes die Leuchte zwangsläufig ausgeschaltet wird.

7.2.1.3 Leuchten in Einrichtungsgegenständen, wie z. B. Hausbar, Schreibfach, Phonoschrank, Regal, müssen entsprechend der Montageanweisung des Leuchten-Herstellers angebracht werden.

7.2.1.4 Auf oder neben Leuchten in Einrichtungsgegenständen ist die höchstzulässige Leistung für die Lampenbestückung an gut sichtbarer Stelle anzugeben, sofern nicht eine Lampenbestückung mit größerer Leistung durch die Leuchtenkonstruktion verhindert ist.

7.2.2 Sonstige Verbrauchsmittel

7.2.2.1 Beim Einbau oder Aufstellen von Verbrauchsmitteln in oder an Einrichtungsgegenständen sind die Montageanweisungen der Hersteller zu beachten.

Erläuterungen

Diese Norm wurde ausgearbeitet vom K 221 „Errichten von Starkstromanlagen bis 1000 V" der Deutschen Elektrotechnischen Kommission im DIN und VDE (DKE).
Die Einrichtung elektrischer Anlagen in Möbeln und ähnlichen Einrichtungsgegenständen findet im Zuge der fortschreitenden Elektrizitätsanwendung immer mehr Verbreitung. Die modernen Küchen, die Wohnmöbel, die Raumteiler und die Einrichtungsgegenstände für die gewerbliche Nutzung sind ohne den Einbau von elektrischen Betriebsmitteln kaum noch vorstellbar. Es wurde deshalb unumgänglich, Errichtungs-Bestimmungen für elektrische Anlagen in Möbeln zu erarbeiten.
Um eine einfache Installation zu ermöglichen, wird die feste Verlegung von flexiblen Schlauchleitungen gestattet. Die Leitungen müssen jedoch mindestens der mittleren Bauart „H05" genügen. Das bedeutet, daß z. B. Leitungen wie H03RR - F oder H03VV - F in runder oder flacher Ausführung nicht verwendet werden dürfen. Der Querschnitt darf entgegen VDE 0100/05.73, § 41 ebenfalls auf 0,75 mm^2 reduziert werden unter der Bedingung, daß die Leitungslänge von der Steckvorrichtung oder der festen Anschlußstelle bis zum letzten Betriebsmittel 10 m nicht überschreitet und keine Steckdosen im Zuge dieser Leitung zum Anschluß weiterer Verbrauchsmittel vorhanden sind. Mit der Begrenzung der Leitungslänge wird der Kurzschlußfestigkeit Rechnung getragen. Durch das Verbot von Steckvorrichtungen soll sichergestellt werden, daß keine weiteren Verbrauchsmittel angeschlossen werden können, durch die eine Überlastung verursacht wird. Ein solcher Fall

könnte z. B. in Küchen auftreten, wenn sich in einer eingebauten Leuchte eine Steckdose befindet, über die ein Tischgrill angeschlossen wird. In vorgenannten oder ähnlichen Fällen muß dann der Mindestquerschnitt 1,5 mm^2 Cu betragen. Abschnitt 7.1 befaßt sich mit dem Installationsmaterial. In vielen Fällen dienen Möbel als Raumteiler, und es wird deshalb eine besondere Installation erforderlich.

Wie bereits in DIN 57 100 Teil 730/VDE 0100 Teil 730 erwähnt, steht Installationsmaterial für die Hohlwandinstallation nach DIN 57 606/VDE 0606 zur Verfügung. Dieses Installationsmaterial ist auch für die Errichtung in Möbeln geeignet. Es trägt, wie in DIN 57 100 Teil 730/VDE 0100 Teil 730 bereits erwähnt, nach DIN 57 606/VDE 0606 die Kennzeichnung ▽H und wurde auch für diese Installationstechnik für gut befunden.

Beim Einbau der Hohlwanddosen und Kleinverteiler ist darauf zu achten, daß sie in unzugängliche Hohlräume eingebaut werden, denn sie haben nicht die mechanische Festigkeit gegen äußere Einwirkungen. Wird es erforderlich, sie an ungeschützter Stelle einzubauen, muß für einen zusätzlichen mechanischen Schutz gesorgt werden. Ein Aktenordner könnte z. B. beim Hineinschieben Beschädigungen verursachen.

Nur Geräte- und Verbindungsdosen mit der Kennzeichnung ▽H dürfen verwendet werden, da herkömmliches Unterputz-Installationsmaterial nicht ordnungsgemäß eingebaut werden kann. In den Fällen, in denen Kleinverteiler ohne die Kennzeichnung ▽H eingebaut werden, müssen sie sinngemäß entsprechend VDE 0100/05.73 § 29 mit 12 mm dickem Silikat-Asbest unterlegt werden.

Für die Anbringung von Leuchten gilt grundsätzlich VDE 0100/05.73 § 32. Bei Montage auf brennbarer Befestigungsfläche wird besonders auf VDE 0100/05.73 § 32 a) 1.1.2 hingewiesen.

Der Abschnitt 7.2.1.2 hebt auf besondere Schadensfälle ab. Im allgemeinen läßt sich das Nähern von leichtentzündlichen Stoffen durch konstruktive Maßnahmen lösen. Kann dies nicht sichergestellt werden, muß zusätzlich abgeschaltet werden.

Die Montagemöglichkeiten von Leuchten in Möbeln sind für den Errichter oft nicht erkennbar. Um eine sichere Installation nach Abschnitt 7.2.1.3 durchführen zu können, muß der Leuchten-Hersteller in einer Montageanweisung Angaben machen.

Vorgegebene Schutzziele sind für den Errichter von Bedeutung, denn die Anbringung in Profilen setzt festgelegte Abstände voraus, die der Errichter nur unter erheblichem Aufwand durch Temperaturmessungen ermitteln müßte.

Solche Angaben sind auch bei der Verbindung von Leuchte zu Leuchte erforderlich. Für den Errichter ist es oft nicht möglich zu erkennen, ob die Anschlußklemmen auch zum Weiterverbinden geeignet sind.

DK 621.316.17.002.2:621.3.027.26
:621.86/.87

März 1990

	Errichten von Starkstromanlagen mit Nennspannungen bis 1000 V Hebezeuge	DIN VDE 0100 Teil 726

Diese auch vom Vorstand des Verbandes Deutscher Elektrotechniker (VDE) e.V. genehmigte Norm ist damit zugleich eine **VDE-Bestimmung** im Sinne von VDE 0022. Sie ist unter obenstehender Nummer in das VDE-Vorschriftenwerk aufgenommen und in der etz Elektrotechnische Zeitschrift bekanntgegeben worden.

Erection of power installations with
nominal voltages up to 1000 V;
Lifting and Hoisting Devices

Ersatz für
DIN 57 100 Teil 726/
VDE 0100 Teil 726/03.83
Siehe jedoch Übergangsfrist!

Für den Anwendungsbereich dieser Norm bestehen keine entsprechenden regionalen oder internationalen Normen. Der Norm-Inhalt war im Entwurf DIN VDE 0100 Teil 726/02.88 veröffentlicht.

Beginn der Gültigkeit

Diese Norm (VDE-Bestimmung) gilt ab 1. März 1990.

Für am 1. März 1990 in Planung oder in Bau befindliche Anlagen gilt DIN 57 100 Teil 726/VDE 0100 Teil 726/03.83 noch in einer Übergangsfrist bis 29. Februar 1992.

Inhalt

Fortsetzung Seite 2 bis 10

Deutsche Elektrotechnische Kommission im DIN und VDE (DKE)

1 Anwendungsbereich

Diese Norm gilt für das Errichten elektrischer Anlagen von Hebezeugen. Sie gilt nur in Verbindung mit den entsprechenden anderen Normen der Reihe DIN VDE 0100 sowie mit den noch nicht ersetzten Paragraphen von VDE 0100/05.73 mit Änderung DIN VDE 0100g/07.76.

2 Begriffe

Allgemeine Begriffe siehe DIN VDE 0100 Teil 200.

2.1 Hebezeuge

Hebezeuge sind Winden zum Heben von Lasten, Elektrozüge, Regalbediengeräte und Krane aller Art.
(aus: DIN VDE 0100 Teil 200/07.85)

2.2 Flurbediente Hebezeuge

Flurbediente Hebezeuge sind Hebezeuge, die von herabhängenden Bedienelementen, tragbaren Fernsteuerungen oder ortsfesten Steuerständen bedient werden.

2.3 Führerhausbediente Hebezeuge

Führerhausbediente Hebezeuge sind Hebezeuge, die von einem auf dem Hebezeug mitfahrenden Führerstand aus bedient werden.

2.4 Not-Ausschaltung

Not-Ausschaltung dient zur schnellstmöglichen Abschaltung von Gefahren, die unerwartet auftreten können. (aus: DIN VDE 0100, Teil 460/10.88, Erläuterungen)

2.5 Not-Halt

Not-Halt bewirkt das Anhalten einer gefährlichen Bewegung. (aus: DIN VDE 0100, Teil 460/10.88, Erläuterungen)

2.6 Sicherheitsstromkreise von Hebezeugen

Sicherheitsstromkreise von Hebezeugen sind Stromkreise für

- Not-Ausschaltung,
- Not-Halt,
- Stromkreise, die unzulässige Überschreitungen von Wegen, Geschwindigkeiten, Lasten oder eine Kombination dieser Werte erfassen und den betreffenden Antrieb oder das Hebezeug abschalten.

3 Allgemeine Anforderungen

Elektrische Anlagen von Hebezeugen sind so zu errichten, daß von ihnen ausgehende Gefahren weitgehend vermieden werden.

4 Schleifleitungen, Schleifringkörper

4.1 Aufbau der Schleifleitungen und Schleifringkörper

Bei Energiezufuhr über Schleifleitungen oder Schleifringkörper muß der Schutzleiter eine besondere Schleifleitung oder einen besonderen Schleifring erhalten, deren Träger sich von denen der stromführenden Leitungen oder Schleifringe eindeutig sichtbar unterscheiden müssen.

Schutzleiter dürfen betriebsmäßig keinen Strom führen. Eine Verlegung auf Isolatoren wird nicht gefordert. Die Hebezeuge müssen mit dem Schutzleiter über Gleitschuhe verbunden werden. Rollen, Walzen usw. dürfen nicht verwendet werden. Stromabnehmer für Schutzleiter müssen so beschaffen sein, daß sie gegen die übrigen Stromabnehmer nicht ohne weiteres austauschbar sind.

Der Stützabstand der Schleifleitungen und Schleifringe muß so ausgeführt sein, daß sie den auftretenden mechanischen und elektrischen Kräften standhalten.

4.2 Anordnung der Schleifleitungen und Schleifringkörper

Schleifleitungen und Schleifringkörper müssen so verlegt oder verkleidet sein, daß beim Besteigen oder Begehen, z. B. der Fahrbahnlaufstege und Kranträgerlaufbühnen einschließlich der Zugänge, ein Schutz gegen direktes Berühren nach DIN VDE 0100 Teil 410 sichergestellt ist. Dies darf bei Schleifleitungen ein teilweiser Schutz durch Abstand nach DIN VDE 0100 Teil 410/11.83, Abschnitt 5.4 sein, wenn Abschnitt 8.1 berücksichtigt wird. Entgegen DIN VDE 0100 Teil 200 gehört hier der Bereich unterhalb der Standfläche nicht zum Handbereich.

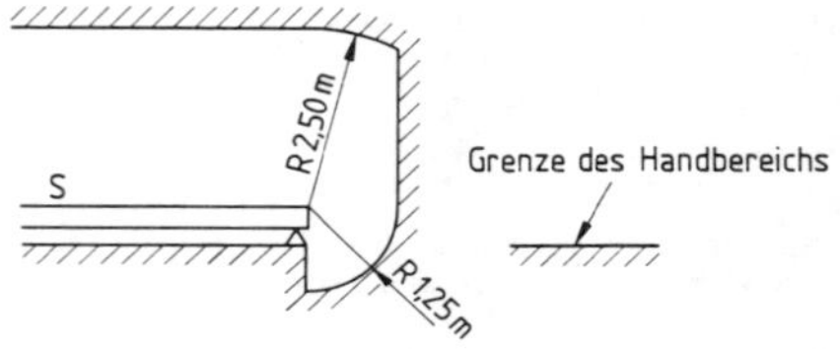

Bild 1. Maße des Handbereiches im Bereich der Fahrbahnlaufstege und Kranträgerlaufbühnen.

Schleifleitungen müssen so angeordnet oder geschützt sein, daß sie von den Tragmitteln auch bei pendelnder Last, von Steuerketten, Bedienungsschnüren, Zugentlastungsmitteln und dergleichen, sofern diese elektrisch leitend sind, nicht berührt werden können.

4.3 Mindestwerte der Luftstrecken

Die Mindestwerte der Luftstrecken unter Spannung stehender Teile voneinander und von Körpern müssen bei Schleifleitungen, Schleifringkörpern und deren Stromabnehmer DIN VDE 0110 Teil 1/01.89, Tabelle 2a, entsprechen. Die hierfür notwendige Bemessungs-Stoßspannung ist für Netzspannungen nach DIN VDE 0110, Teil 2/01.89, Tabelle 1, Überspannungskategorie III, festzulegen.

Anmerkung: Für andere Spannungen oder wenn die Stoßspannung höhere Werte annehmen kann, ist für die Bemessungs-Stoßspannung die höchste nichtperiodische Spitzenspannung zu berücksichtigen. Für periodische Spitzenspannungen ist mit Hilfe von DIN VDE 0110 Teil 1/01.89, Tabelle 5, die Bemessungs-Stoßspannung zu ermitteln.

4.4 Mindestwerte der Kriechstrecken

Bei Schleifleitungen und Schleifringkörper muß die Kriechstrecke der Isolation aktiver Teile gegeneinander und aktiver Teile gegen Körper DIN VDE 0110 Teil 1/01.89, Tabelle 4, Verschmutzungsgrad 3 entsprechen.

Bei besonderen Umwelteinflüssen wie Staub, Feuchtigkeit oder aggressiver Atmosphäre müssen bei offenen Schleifleitungen und Schleifringkörpern Isolatoren mit mindestens 60 mm Kriechstrecke verwendet werden.

Bei gekapselten Schleifleitungen, mehrpoligen Kleinschleifleitungen oder isolierten Einzelstromschienen muß die Kriechstrecke mindestens 30 mm betragen.

Dem Absinken der Isolationswerte, z. B. durch die Ablagerung von leitfähigem Staub, chemischen Einflüssen oder dem Zusammentreffen mehrerer ungünstiger Umwelteinflüsse muß durch besondere Maßnahmen vorgebeugt werden.

Es sind die Angaben der Hersteller zu beachten.

4.5 Schleifleitungsabschnitte

Spannungsübertragung durch Stromabnehmer auf getrennte Abschnitte müssen verhindert werden.

5 Flexible Leitungen

5.1 Leitungsbauarten

Als flexible Leitungen, die betriebsmäßig bewegt werden, sind bei Hebezeugen wegen der mechanischen Beanspruchung mindestens Leitungen

- H07RN-F oder A07RN-F nach DIN VDE 0282 Teil 810,
- H07RT2D5-F oder H07RND5-F nach DIN VDE 0282 Teil 808 oder
- NGFLGÖU nach DIN VDE 0250 Teil 809,
- H07VVH 6-F nach DIN VDE 0281 Teil 404,
- PVC-Steuerleitungen NYSLYÖ und NYSLYCYÖ nach DIN VDE 0250 Teil 405, jedoch nicht für zwangsweise Führung

oder diesen gleichwertige zu verwenden.

Bei höheren mechanischen Beanspruchungen sind mindestens Leitungen

- NSHTÖU nach DIN VDE 0250 Teil 814,
- NSSHÖU nach DIN VDE 0250 Teil 812

oder diesen gleichwertig einzusetzen.

Beim Schleifen oder Ziehen auf dem Erdboden sind Leitungstrossen NT . . . ÖU nach DIN VDE 0250 Teil 813 oder diesen gleichwertige zu verwenden.

Beim Einsatz im Freien müssen hierfür geeignete Leitungen verwendet werden.

Bei Verwendung von Spezialleitungen für Signal-, Meß- und Meldestromkreise müssen für die Betriebsbedingungen geeignete Leitungen verwendet werden.

Bei der Auswahl und Verlegung der Leitungen sind gegebenenfalls erschwerende Betriebsbedingungen zu berücksichtigen.

5.2 Bemessung hinsichtlich der mechanischen Beanspruchung

Die zulässigen Zugbeanspruchungen sind in DIN VDE 0298 Teil 3/08.83 festgelegt.

Bei Leitungen, die im Betrieb dynamischen Beanspruchungen unterliegen, z. B. in Krananlagen mit hoher Beschleunigung, sind bei höheren Zugbeanspruchungen als 15 N/mm^2 Leiterquerschnitt Cu geeignete Maßnahmen im Einzelfall festzulegen.

Anmerkung: In besonderen Einzelfällen darf eine Beeinträchtigung der Gebrauchsdauer in Kauf genommen werden.

5.3 Vorrichtungen für die Zwangsführung von Leitungen

Vorrichtungen, die der Führung und Aufnahme von Leitungen dienen, müssen so ausgebildet sein, daß der innere Biegeradius an allen Stellen, über die die Leitungen gebogen werden, die Werte der Tabelle 1 nicht unterschreitet.

Bei besonderen Betriebsbedingungen, z. B. hoher Beschleunigung, hoher Verzögerung, hoher Spielzahl, sind entsprechende zusätzliche Maßnahmen zu treffen.

Anmerkung: Die Eignung der Leitungen für zwangsweise Führung ist sicherzustellen, z. B. durch besondere Aufbaumerkmale.

5.4 Strombelastbarkeit von Trommelleitungen

Trommelleitungen sind so zu bemessen, daß auch bei voll aufgewickelter Leitung und betriebsmäßiger Belastung die für die Leitung zulässige Erwärmung nicht überschritten wird.

Die Strombelastbarkeit von aufgewickelten Leitungen ist in DIN VDE 0298 Teil 4 festgelegt. Hierbei gilt spiralige Aufwicklung wie einlagige zylindrische Wicklung.

5.5 Schutz vor Beschädigung durch äußere Einflüsse

Bewegliche Leitungen von Hebezeugen müssen so angebracht oder geführt sein, daß Beschädigungen verhindert werden, z. B. durch das Überfahren von Anschlußleitungen, Schleifen an Konstruktionsteilen durch Wind- oder Beschleunigungskräfte bei Leitungswagensystemen oder herabhängenden Leitungen oder durch Strahlungswärme.

6 Kabel und Leitungen für feste Verlegung

6.1 Kabel- und Leitungsbauarten

Zur festen Verlegung sind mindestens

- Mantelleitungen NYM nach DIN VDE 0250 Teil 204,
- Gummischlauchleitungen H07RN-F bzw. A07RN-F nach DIN VDE 0282 Teil 810,
- PVC-Steuerleitungen NYSLYÖ und NYSLYCYÖ nach DIN VDE 0250 Teil 405,
- Kabel NYY, NYCY, NYFGY nach DIN VDE 0271,

oder diesen gleichwertige einzusetzen.

Tabelle 1. **Kleinste zulässige Biegeradien bei Zwangsführung von Leitungen**

Einsatzart	Leitungsdurchmesser oder Dicke der Flachleitung d in mm			
	$d \leq 8$	$8 < d \leq 12$	$12 < d \leq 20$	$d > 20$
Leitungstrommeln	5 d	5 d	5 d	6 d
Rollenumlenkungen	7,5 d	7,5 d	7,5 d	7,5 d
Leitungswagen	3 d	4 d	5 d	5 d
alle übrigen Fälle	5 d	5 d	5 d	5 d

Das gerade Stück zwischen zwei Krümmungen bei einer S-förmigen Umlenkung oder einer Umlenkung in eine andere Ebene muß mindestens gleich dem 20fachen Leitungsdurchmesser sein.

Leitungstrommeln zum betriebsmäßigen Auf- und Abtrommeln von Leitungen müssen diese selbsttätig aufwickeln.

Bei Verwendung von Spezialleitungen für Signal-, Meß- und Meldestromkreise müssen für die Betriebsbedingungen geeignete Leitungen verwendet werden.

Bei der Auswahl und Verlegung der Leitungen und Kabel sind gegebenenfalls erschwerende Betriebsbedingungen zu berücksichtigen.

6.2 Verlegen von Kabeln und Leitungen

Leitungen und Kabel dürfen auch im Freien unmittelbar auf Konstruktionsteilen usw. befestigt werden.

Dabei ist sicherzustellen, daß für den Einsatz im Freien geeignete Kabel und Leitungen verwendet oder sie entsprechend geschützt werden.

7 Trennen und Schalten und zugehörige Geräte

Geräte zum Trennen und Schalten müssen räumlich so angebracht sein, daß Arbeiten an ihnen, insbesondere auch Funktionsprüfungen, gefahrlos möglich sind, und müssen den Anforderungen nach DIN VDE 0100 Teil 537 entsprechen.

7.1 Netzanschlußschalter

7.1.1 Hauptschleifleitungen oder Hauptanschlußleitungen müssen getrennt werden können.

Anmerkung: Bei Hebezeugen werden diese Geräte zum Trennen als „Netzanschlußschalter" bezeichnet.

7.1.2 Das Einschalten einer offenen Schleifleitung darf nur von **einer** Stelle aus möglich sein. Diese Stelle soll so gewählt werden, daß ein größtmöglicher Teil der Schleifleitung im Sichtbereich liegt.

7.1.3 Netzanschlußschalter oder Betätigungseinrichtungen zum Einschalten von Netzanschlußschaltern müssen eine Einrichtung zum Sichern gegen irrtümliches oder unbefugtes Einschalten haben.

7.1.4 Bei Hebezeugen auf Baustellen darf als Netzanschlußschalter der Hauptschalter des Speisepunktes verwendet werden. Die Bedingung, daß dieser Schalter durch eine Einrichtung gegen irrtümliches oder unbefugtes Einschalten gesichert werden kann, gilt sinngemäß als erfüllt, wenn durch andere Maßnahmen ein Unterspannungsetzen der Zuleitung des Hebezeuges verhindert wird, z. B. durch eine sichere Verwahrung der Steckvorrichtung.

7.1.5 Bei Einspeisung einer Schleifleitung über mehrere Netzanschlußschalter müssen diese auch beim Ausschalten nur eines Schalters gleichzeitig ausschalten.

7.1.6 In Sonderfällen, z. B. bei Anordnung von 2 Hauptschleifleitungen oder Schleifleitungssystemen, die wahlweise zum Speisen des Hebezeuges benutzt werden können oder bei Einteilung einer Hauptschleifleitung in sicher getrennte Abschnitte darf von den Festlegungen der Abschnitte 7.1.1 bis 7.1.5 in Anpassung an die örtlichen Gegebenheiten abgewichen werden, wenn für die notwendige Sicherheit auf andere Weise gesorgt wird.

7.2 Trennschalter

Jedes Hebezeug muß ein Gerät zum Trennen und Ausschalten für mechanische Wartung haben.

Anmerkung: Bei Hebezeugen werden diese Geräte zum Trennen und Ausschalten für mechanische Wartung als „Trennschalter" bezeichnet.

Der Trennschalter

- muß gleichzeitig allpolig unterbrechen können,
- braucht kein Lastschaltvermögen haben,
- muß eine Einrichtung zum Sichern gegen irrtümliches oder unbefugtes Einschalten haben,
- braucht keine Maßnahmen gegen unbefugtes Öffnen zu haben.

Anmerkung: Abklappbare Stromabnehmer gelten als Trennschalter, wenn sie gleichwertige Funktionen ausüben.

7.2.1 Bei Krananlagen, die mit Spannungen über 1 kV mit Energie versorgt werden und bei denen auf dem Kran einer oder mehrere Transformatoren zur Erzeugung der Niederspannung installiert sind, dürfen auf der Niederspannungsseite auch mehrere Trennschalter verwendet werden. In diesen Fällen dürfen keine offenen Schleifleitungen oder offenen Schleifringkörper verwendet werden. Eine gegenseitige Verriegelung der Trennschalter wird nicht gefordert.

7.2.2 Auf Trennschalter darf verzichtet werden, wenn im Zuge der Kabel und Leitungen zwischen Einspeisung (bzw. der Niederspannungsseite des Transformators bei Anlagen nach Abschnitt 7.2.1) und dem Kranschalter nach Abschnitt 7.3 keine Verbindungs- und keine Abzweigstellen vorhanden sind und der Kranschalter die Aufgaben des Trennschalters erfüllt.

7.2.3 Wird nur ein einziges flurbedientes Hebezeug gespeist, so darf der Tennschalter entfallen, wenn der Netzanschlußschalter dessen Aufgabe erfüllt.

7.3 Kranschalter

Jedes Hebezeug muß mit einem oder mehreren Geräten für Not-Halt und für betriebsmäßiges Schalten (mindestens Lastschalter) ausgestattet sein, mit denen vom Bedienungsstandort aus die elektrische Energiezufuhr zu allen Bewegungsantrieben unterbrochen werden kann.

Anmerkung: Bei Hebezeugen werden diese Geräte für Not-Halt und für betriebsmäßiges Schalten als „Kranschalter" bezeichnet. Die Funktion Not-Halt ist entsprechend Abschnitt 8.2 zu erfüllen.

Beim Ansprechen eines der Kranschalter als Schutzfunktion (z. B. bei Überstrom) oder bei Handbetätigung (z. B. Ausschalten für mechanische Wartung) wird ein Abschalten der übrigen Kranschalter nicht gefordert.

7.3.1. Der Kranschalter darf entfallen bei

- Hebezeugen, bei denen nur das Hubwerk kraftbetrieben ist,
- flurbedienten Schienenlaufkatzen, wenn das Katzfahrwerk von Hand oder mit einem Elektromotor bis 500 W angetrieben wird.

8 Not-Schalteinrichtungen

8.1 Not-Ausschaltung

Für Schleifleitungen, bei denen der Schutz durch Abstand angewendet wird, muß der zugehörige Netzanschlußschalter nach Abschnitt 7.1 als Gerät für Not-Ausschaltung nach DIN VDE 0100 Teil 537 geeignet sein, wobei bei der eindeutigen Kennzeichnung auf die farbliche Kennzeichnung verzichtet werden darf. Er muß im Bereich des Hebezeuges an leicht zugänglicher Stelle

- unmittelbar

oder

- durch Fernbetätigung

abgeschaltet werden können. Er muß schnell erreichbar sein. Wenn die Maßnahmen zum vollständigen Schutz gegen direktes Berühren nach DIN VDE 0100 Teil 410 eingehalten werden, darf auf die schnelle Erreichbarkeit verzichtet werden.

8.2 Not-Halt

8.2.1 Jedes Hebezeug muß die Möglichkeit bieten, vom Bedienungsstandort aus die elektrische Energiezufuhr zu allen Bewegungsantrieben zu unterbrechen.

Werden mehrere Kranschalter eingesetzt, müssen diese vom Bedienungsstandort aus gleichzeitig mit einer Schalthandlung ausschaltbar sein.

8.2.2 Jede Krananlage muß die Möglichkeit bieten, vom Flur aus die elektrische Energiezufuhr zu allen Bewegungsantrieben unter Last zu unterbrechen. Diese Aufgabe darf vom Netzanschlußschalter übernommen werden, wenn er mindestens ein Lastschalter und schnell erreichbar ist. Sie darf ebenso vom Kranschalter oder Trennschalter, wenn dieser mindestens ein Lastschalter ist, übernommen werden, wenn diese von einer allgemein zugänglichen Stelle am Kran vom Flur aus ausgeschaltet werden können (z. B. Portalstütze, Hängesteuertafel).

8.2.3 Auf die Abschaltmöglichkeit nach Abschnitt 8.2.2 darf verzichtet werden, wenn beim Abschalten der Energiezufuhr zu allen Bewegungsantrieben eine zusätzliche Gefahr eintreten kann.

9 Gänge in Schalt- und Verteilungsanlagen

Abweichend von DIN VDE 0100 Teil 729 brauchen auf Hebezeugen Gänge in Schalt- und Verteilungsanlagen nur einen freien Durchgang von mindestens 0,4 m Breite und 1,8 m Höhe zu haben. Kann aus konstruktiven Gründen die Höhe von 1,8 m nicht eingehalten werden, so darf sie bis auf ein Mindestmaß von 1,4 m verringert werden. Hierbei muß entsprechend der notwendigen Verringerung die Breite der Gänge vergrößert werden. Bei einem Mindestmaß von 1,4 m Höhe muß die Breite mindestens 0,7 m betragen. Werden Gänge in Kastenträgern aus konstruktiven Gründen durch Querwände (Schotten), die zur Versteifung erforderlich sind, eingeengt, so müssen die verbleibenden Öffnungen eine Höhe von mindestens 1,0 m und eine Breite von mindestens 0,6 m haben.

10 Aufbau der Schaltungen und Steuerungen, besondere Schutzmaßnahmen

10.1 Unbeabsichtigter Anlauf

Unbeabsichtigter Anlauf von Antrieben bei Spannungswiederkehr nach Netzausfall oder beim Einschalten von Netzanschluß-, Trenn- oder Kranschaltern muß verhindert sein, z. B. durch elektrische Verriegelung oder durch mechanische Rückstellung der Schalteinrichtungen.

10.2 Anforderungen an Sicherheitsstromkreise

Fehler in Sicherheitsstromkreisen von Hebezeugen müssen erkennbar sein.

Anmerkung: Das Erkennen von Fehlern kann geschehen, z. B.
- durch selbsttätige Fehlererkennung und Meldung,
- durch Betriebshemmung,
- durch regelmäßige Prüfung.

Für Sicherheitsstromkreise von Regalbediengeräten ist FEM 9.753[1]) „Sicherheitsregeln für Regalbediengeräte" zu beachten.

Bei Sicherheitsstromkreisen gilt ergänzend zu DIN VDE 0100 Teil 725[2]) für Antriebe mit elektronischen Steuerungen und/oder Regelungen folgendes:

Beim Ansprechen eines Sicherheitsstromkreises muß sichergestellt sein, daß der entsprechende Antrieb und/oder das Hebezeug von der Energiezufuhr abgeschaltet wird. Fehler in der elektronischen Steuerung oder Regelung dürfen einen Abschaltstrom durch Sicherheitsstromkreise nicht verhindern.

10.3 Auswahl der Leistungsschütze

Schütze, welche betriebsmäßig die Energie von Bewegungsantrieben schalten, wie z. B. die Ständerschütze der Antriebsmotoren, oder die betriebsmäßig sicherheitsrelevante Funktionen zu erfüllen haben, wie z. B. Betätigungsschütze für Bremslüfter von Hubwerken müssen so dimensioniert sein, daß die mechanische und elektrische Lebensdauer eine den Betriebsbedingungen des Hebezeuges entsprechende Standzeit sicher erreicht.

Die mechanische Lebensdauer muß mindestens 3 Millionen Schaltspiele betragen.

Kurzschlußschutzeinrichtungen hierfür müssen so ausgelegt sein, daß beim Schalten von Fehlerströmen nur leichte Verschweißungen entsprechend VDE 0660 Teil 102/09.82, Anhang C, Schutzart „c" auftreten können.

Schütze, welche beim Ansprechen von Sicherheitsstromkreisen das Abschalten übernehmen, müssen so abgesichert sein, daß auch im Kurzschlußfall keine Verschweißungen auftreten können. Sie müssen so dimensioniert sein, daß sie auch beim Einschalten der betriebsmäßig vorkommenden Last (Einschaltströme) nicht verschweißen. Wenn sich dies nicht erreichen läßt, müssen schaltungstechnische Maßnahmen vorgesehen sein, daß diese Lasten auch im Fehlerfall von diesen Schützen nicht eingeschaltet werden. Entsprechende Angaben der Hersteller sind zu beachten.

10.4 Anschluß von Lastaufnahmeeinrichtungen

Der elektrische Anschluß von Lastaufnahmeeinrichtungen, die im spannungsfreien Zustand ihre Last nicht halten können, muß vor dem Kranschalter liegen.

10.5 Schaltgeräte bei flurbedienten Hebezeugen

Flurbediente Hebezeuge müssen sich beim Loslassen der Betätigungseinrichtungen selbsttätig stillsetzen. Dies gilt nicht bei programm- oder rechnergesteuerten Arbeitsabläufen, wenn die Gefahrenstellen gesichert sind.

Steuergeräte, die beim Bedienen des Hebezeuges bestimmungsgemäß in der Hand gehalten werden, dürfen nur mit Nennspannungen ≤ 250 V betrieben werden. Bei Direktschaltung von Motoren und sonstigen Einrichtungen bis 7,5 kW dürfen diese Geräte bis 500 V betrieben werden, wenn hierfür Betriebsmittel der Schutzklasse II nach DIN VDE 0106 Teil 1 verwendet werden.

Anmerkung: Siehe auch UVV „Winden-, Hub- und Zuggeräte" (VBG8) und UVV „Krane" (VBG9).

10.6 Sonderstromkreise

10.6.1 Sonderstromkreise sind Stromkreise, die bei Instandhaltungs- und Änderungsarbeiten nicht abgeschaltet werden dürfen.

---

[1]) Der Arbeitsausschuß des Normenausschusses Maschinenbau (NAM) bereitet z. Z. die Eingabe dieser Sicherheitsregeln bei CEN vor.

[2]) Z. Z. Entwurf, bis zum endgültigen Inkrafttreten der Norm gilt DIN VDE 0100/05.73, § 60.

Sonderstromkreise können z. B. sein:

- Steckdosen- und Beleuchtungsstromkreise,
- Stromkreise für in Hebezeuge eingebaute Aufzüge, Reparatur-Elekro-Züge und Reparaturkrane,
- Stromkreise für kontinuierliches Temperieren und Belüften,
- Stromkreise für durch Sicherheitsbestimmungen geforderte elektrische Einrichtungen.

10.6.2 Sonderstromkreise sind so zu verlegen, daß ihr Betrieb ohne Verwendung von Schleifleitungen oder Schleifringkörpern möglich ist.

10.6.3 Sonderstromkreise sind vor dem Trennschalter nach Abschnitt 7.2 anzuschließen, wenn sie mit Schutzkleinspannung nach DIN VDE 0100 Teil 410 betrieben werden.

10.6.4 Wird die Schutzkleinspannung nach DIN VDE 0100 Teil 410 nicht angewendet, so sind die Sonderstromkreise über einen zweiten Trennschalter anzuschließen, der eine Einrichtung zum Sichern gegen irrtümliches oder unbefugtes Einschalten haben muß.

10.7 Krangerüst als Schutzleiter

Das Krangerüst darf als Schutzleiter und zum Potentialausgleich nach DIN VDE 0100 Teil 410 und DIN VDE 0100 Teil 540 verwendet werden, wenn es den Anforderungen nach DIN VDE 0100 Teil 540 entspricht.

11 Hebezeuge auf Baustellen

Elektrische Maschinen, Anlaß- und Regelwiderstände auf Kranen dürfen abweichend von DIN VDE 0100 Teil 704 der Schutzart IP 23 nach DIN 40 050 entsprechen.

Zitierte Normen und andere Unterlagen

DIN 40 050	IP-Schutzarten; Berührungs-, Fremdkörper- und Wasserschutz für elektrische Betriebsmittel
DIN VDE 0100	Bestimmungen für das Errichten von Starkstromanlagen mit Nennspannungen bis 1000 V
DIN VDE 0100 g	Bestimmungen für das Errichten von Starkstromanlagen mit Nennspannungen bis 1000 V; Änderung zu VDE 0100/05.73
DIN VDE 0100 Teil 200	Errichten von Starkstromanlagen mit Nennspannungen bis 1000 V; Allgemeingültige Begriffe
DIN VDE 0100 Teil 410	Errichten von Starkstromanlagen mit Nennspannungen bis 1000 V; Schutzmaßnahmen; Schutz gegen gefährliche Körperströme
DIN VDE 0100 Teil 460	Errichten von Starkstromanlagen mit Nennspannungen bis 1000 V; Schutzmaßnahmen; Trennen und Schalten
DIN VDE 0100 Teil 537	Errichten von Starkstromanlagen mit Nennspannung bis 1000 V; Auswahl und Errichten elektrischer Betriebsmittel; Geräte zum Trennen und Schalten
DIN VDE 0100 Teil 540	Errichten von Starkstromanlagen mit Nennspannungen bis 1000 V; Auswahl und Errichtung elektrischer Betriebsmittel; Erdung, Schutzleiter, Potentialausgleichsleiter
DIN VDE 0100 Teil 704	Errichten von Starkstromanlagen mit Nennspannungen bis 1000 V; Baustellen
DIN VDE 0100 Teil 725	(z. Z. Entwurf) Errichten von Starkstromanlagen mit Nennspannungen bis 1000 V; Hilfsstromkreise
DIN VDE 0100 Teil 729	Errichten von Starkstromanlagen mit Nennspannungen bis 1000 V; Schaltanlagen und Verteiler

Übrige Normen der Reihe DIN VDE 0100 siehe Beiblatt 2 zu

DIN VDE 0100	Errichten von Starkstromanlagen mit Nennspannungen bis 1000 V; Verzeichnis der einschlägigen Normen
DIN VDE 0106 Teil 1	Schutz gegen elektrischen Schlag; Klassifizierung von elektrischen und elektronischen Betriebsmitteln
DIN VDE 0110 Teil 1	Isolationskoordination für elektrische Betriebsmittel in Niederspannungsanlagen; Grundsätzliche Festlegungen
DIN VDE 0110 Teil 2	Isolationskoordination für elektrische Betriebsmittel in Niederspannungsanlagen; Bemessung der Luft- und Kriechstrecken
DIN VDE 0250 Teil 204	Isolierte Starkstromleitungen; PVC-Mantelleitung
DIN VDE 0250 Teil 405	Isolierte Starkstromleitungen; PVC-Steuerleitung
DIN VDE 0250 Teil 809	Isolierte Starkstromleitungen; Gummi-Flachleitung
DIN VDE 0250 Teil 812	Isolierte Starkstromleitungen; Gummischlauchleitung NSSHÖU
DIN VDE 0250 Teil 813	Isolierte Starkstromleitungen; Leitungstrosse
DIN VDE 0250 Teil 814	Isolierte Starkstromleitungen; Gummischlauchleitung NSHTÖU
DIN VDE 0271	Kabel mit Isolierung und Mantel aus thermoplastischem PVC mit Nennspannungen bis 6/10 kV
DIN VDE 0281 Teil 404	PVC-isolierte Starkstromleitungen; PVC-Flachleitung 07VVH6
DIN VDE 0282 Teil 808	Gummi-isolierte Starkstromleitungen, Gummi-isolierte Aufzugssteuerleitungen 07RT und 07RN
DIN VDE 0282 Teil 810	Gummi-isolierte Starkstromleitungen; Gummischlauchleitungen 07RN
DIN VDE 0298 Teil 3	Verwendung von Kabeln und isolierten Leitungen für Starkstromanlagen; Allgemeines für Leitungen
DIN VDE 0298 Teil 4	Verwendung von Kabeln und isolierten Leitungen für Starkstromanlagen; Empfohlene Werte für die Strombelastbarkeit von Leitungen
DIN VDE 0660 Teil 102	Schaltgeräte; Niederspannungsschaltgeräte; Schütze

FEM 9.753	Sicherheitsregeln für Regalbediengeräte[4])
VBG 8	Unfallverhütungsvorschrift „Winden-, Hub- und Zuggeräte"[3])
VBG 9	Unfallverhütungsvorschrift „Krane"[3])

Weitere Normen und andere Unterlagen

Normen der Reihe DIN VDE 0105	Betrieb von Starkstromanlagen
Hannover/Mechtold/Tasche:	Sicherheit bei Kranen; Erläuterungen zu Unfallverhütungsvorschriften; VDI-Verlag[5])
Unfallverhütungsvorschrift VBG 4	Unfallverhütungsvorschrift „Elektrische Anlagen und Betriebsmittel"[3])

Hafenbautechnische Gesellschaft e.V.
Empfehlungen für den Bau von Hafenkranen für See- und Binnenhäfen[6])

Frühere Ausgaben

VDE 0100: 05.73
(Vorheriger Entwicklungsgang siehe Beiblatt 1 zu DIN VDE 0100)
VDE 0100 g: 07.76
DIN 57100 Teil 726/VDE 0100 Teil 726: 03.83

Änderungen

Gegenüber DIN 57 100 Teil 726/VDE 0100 Teil 726/03.83 wurden folgende Änderungen vorgenommen:

a) Neuordnung des Inhalts
b) Aufnahme von Begriffsdefinitionen
c) Allgemeinere Definition der Schutzziele für den Aufbau von Schleifleitungen und Schleifringkörper
d) Anpassung der Bestimmungen für die Auswahl und die Verlegung von Kabel und Leitungen an die Normen der Reihen DIN VDE 0250 und DIN VDE 0298
e) Genauere Definition der Aufgaben und Schutzziele der Schalter
f) Aufnahme der Funktionen Not-Ausschaltung und Not-Halt und Anpassung an DIN VDE 0100 Teil 460 sowie der Geräte zum Trennen und Schalten in Anpassung an DIN VDE 0100 Teil 537
g) Anforderungen an Sicherheitsstromkreise
h) Mindestanforderungen für die Dimensionierung von Leistungsschützen
i) Verwendung des Krangerüstes auch zum Potentialausgleich.

Erläuterungen

Diese Norm wurde vom Komitee 221 „Errichten von Starkstromanlagen bis 1000 V" der Deutschen Elektrotechnischen Kommission im DIN und VDE (DKE) verabschiedet.

Der Inhalt der Norm DIN VDE 0100 Teil 726/03.83 wurde überarbeitet, dem Stand der Technik angepaßt und neu geordnet.

Die Begriffe nach DIN VDE 0100 Teil 200 wurden übernommen und soweit erforderlich für die spezielle Technologie der Hebezeuge ergänzt.

Der Betrieb von Hebezeugen ist aufgrund der technischen Gegebenheiten nicht ohne gewisse Gefahren möglich. Es ist daher nicht nur bei der Errichtung der elektrischen Anlagen besondere Sorgfalt, sondern auch bei Betrieb und Wartung (siehe DIN VDE 0105) erhöhte Aufmerksamkeit erforderlich. In diesem Zusamenhang wird auch besonders auf die Unfallverhütungsvorschriften „Winden-, Hub- und Zuggeräte" (VBG 8) und „Krane" (VBG 9) sowie „Elektrische Anlagen und Betriebsmittel" (VBG 4) hingewiesen.

Großanlagen werden heute entsprechend dem Stand der Technik häufig mit Spannungen über 1 kV eingespeist. Solche Anlagen erfordern gegebenenfalls auch auf der Niederspannungsseite einen anderen Aufbau und sind erstmalig in

---

[3]) Bezugsquelle:
Carl Heymanns Verlag KG, Luxemburger Str. 449, 5000 Köln 41

[4]) Bezugsquelle:
Fédération Européenne de la Manutention (FEM)
Sekretariat der FEM Sektion IX c/o VDMA
Fachgemeinschaft Fördertechnik, Postfach 71 08 64
6000 Frankfurt 71

[5]) Bezugsquelle:
VDI-Verlag G.m.b.H, Postfach 11 39, 4000 Düsseldorf

[6]) Bezugsquelle:
HTG-Geschäftsstelle, Dalmannstraße 1, 2000 Hamburg

DIN VDE 0100 Teil 726 Abschnitt 7 „Trennen und Schalten und zugehörige Geräte“ berücksichtigt. DIN VDE 0100 Teil 726 ist jedoch grundsätzlich nur für den Niederspannungsteil des Hebezeuges gültig und darf auch nicht sinngemäß auf die Hochspannungsseite übertragen werden. Hierfür ist DIN VDE 0101 maßgebend.

Zu Abschnitt 4: Schleifleitungen, Schleifringkörper

DIN VDE 0100 Teil 726 ist eine Errichtungsnorm. Da jedoch für Schleifleitungen und Schleifringkörper entsprechende Baubestimmungen fehlen, wurden in Abschnitt 4 bis zu deren Vorliegen für Hebezeuge praxisorientierte Festlegungen getroffen.

Heute sind Schleifleitungen und Schleifringkörper für Hebezeuge häufig fabrikfertig hergestellte Betriebsmittel. Diese müssen bezüglich der Luft- und Kriechstrecken nach DIN VDE 0110 Teil 1 und Teil 2 bemessen sein.

Für offene Schleifleitungen und Schleifringkörper wurden besondere praxisbezogene Kriechstrecken sowie weitere Maßnahmen und Bauvorschriften festgelegt (siehe Abschnitt 4.4).

Zu Abschnitt 5: Flexible Leitungen

Flexible Leitungen werden auf Hebezeugen nicht allein zum Anschluß der Hebezeuge eingesetzt. Der Abschnitt 5 wurde daher allgemein „Flexible Leitungen“ benannt. Die Aussagen gelten für alle flexiblen Leitungen auf dem Hebezeug, die betriebsmäßig bewegt werden.

Kleine Biegeradien, eine hohe Zahl von Biegewechseln, Umlenkung in mehrere Ebenen und/oder hohe Zugbeanspruchung setzen die Gebrauchsdauer der Leitungen herab.

Leitungsbauarten

Auf Hebezeugen waren in VDE 0100/05.73 mit Änderung VDE 0100g/07.76 § 28 mit Rücksicht auf die oft hohen mechanischen Beanspruchungen auf Hebezeugen mindestens Leitungen NSHöu vorgeschrieben. Nur bei Hebezeugen bis 500 W Antriebsleistung waren Leitungen NMH zulässig.

Nach der Harmonisierung der Leitungen ist der Typ H07RN-F der früheren NMHÖU vergleichbar. Es wurden daher bewußt gerade mit Rücksicht auf mechanische Beanspruchungen kleinere Typen als H07 ausgeschlossen (siehe Abschnitt 5.1). Es ist im Einzelfall nach den jeweiligen Einsatzkriterien zu entscheiden, ob eine Leitung H07 ausreichend ist oder ob eine höherwertige zum Einsatz kommen muß.

Als frei bewegliche Steuerleitungen z. B. zum Anschluß von Hängesteuertafeln dürfen die PVC-Steuerleitungen NYSLYÖ bzw. die abgeschirmten Varianten NYSLYCYÖ verwendet werden. Diese sind aber nicht für zwangsweise Führung geeignet, ausgenommen Leitungsgirlanden.

Bemessung hinsichtlich der mechanischen Beanspruchung

Die genannte Zugbeanspruchung der Leiter mit 15 N/mm^2 Leiterquerschnitt Cu gilt für Leitungen ohne Tragorgan. (Übereinstimmung mit DIN VDE 0298 Teil 3.) Das bedeutet: Die **Zugbeanspruchung der Kupferleiters** soll unter dem genannten Wert bleiben (siehe Abschnitt 5.2).

Für Einsatzfälle, in denen dieser Wert nicht eingehalten werden kann, sind Leitungen mit Sonderkonstruktionen, z. B. mit Tragorgan, das die höheren Kräfte aufnimmt, möglich, so daß die Beanspruchung des Kupferleiters wieder unter 15 N/mm^2 liegt. In diesem Zusammenhang ist nicht nur an die Kräfte durch Beschleunigungs- und Bewegungsvorgänge des Hebezeuges, sondern auch an das Eigengewicht der Leitung z. B. bei hoch angebrachten Leitungstrommeln zu denken.

Schutz vor Beschädigung

Eine mögliche Maßnahme, die das Überfahren der Leitung verhindert, besteht in der Ablage der Leitung in einer dafür vorgesehenen Wanne oder Rinne. Daei ist zu beachten, daß diese Wannen oder Rinnen entwässert werden können, um das Festfrieren der Leitungen zu verhindern (siehe Abschnitt 5.5).

Zu Abschnitt 7 und Abschnitt 8:
Trennen und Schalten, Not-Schalteinrichtungen und zugehörige Geräte

DIN VDE 0100 Teil 460 regelt allgemein die erforderlichen Maßnahmen zum Trennen und Schalten mit dem Ziel, Gefahren, die an oder durch elektrische Betriebsmittel oder Motoren entstehen können, zu verhindern oder zu beseitigen. Die Eigenschaften der hierfür erforderlichen Schaltgeräte beschreibt DIN VDE 0100 Teil 537. Die in diesen beiden Teilen festgelegten Bedingungen wurden auf Hebezeugen bisher im Prinzip auch schon mit Netzanschlußschalter, Trennschalter und Kranschalter erfüllt. In den Abschnitten 7 und 8 wird daher präzisiert, wie die Anforderungen von DIN VDE 0100 Teil 460 und Teil 537 auf Hebezeugen zu erfüllen sind.

Trennen

Eine Aufgabe des Netzanschlußschalters (siehe Abschnitt 7.1) ist das Trennen der Hauptschleifleitung oder Hauptanschlußleitung für Arbeiten hieran. Da man bei Hebezeugen davon ausgehen kann, daß in diesem Fall nicht unter Last geschaltet wird, braucht der Netzanschlußschalter hierfür kein Lastschaltvermögen haben. Die dann nach DIN VDE 0100 Teil 537 geforderte Maßnahme gegen zufälliges und/oder unbefugtes Ausschalten kann dadurch erreicht werden, daß der Netzanschlußschalter nicht frei zugänglich ist. Dies gilt nicht, wenn der Netzanschlußschalter auch für die Not-Ausschaltung (siehe Abschnitt 8.1) eingesetzt wird.

Der Trennschalter (siehe Abschnitt 7.2) auf dem Hebezeug hat die Aufgaben, dieses für Arbeiten in der elektrischen Anlage zu trennen und für die mechanische Wartung auszuschalten. Da man bei Hebezeugen davon ausgehen kann, daß diese Schaltvorgänge im Stillstand vorgenommen werden, braucht der Trennschalter nicht das nach DIN VDE 0100 Teil 537 geforderte Lastschaltvermögen für Geräte zum Ausschalten für mechanische Wartung zu haben.

Da ein Hebezeug auch nicht von Unbefugten betreten werden darf, reicht für den Trennschalter eine Maßnahme gegen **zufälliges** Ausschalten aus. Dies kann z. B. durch entsprechende Anordnung auf dem Kran oder in einem Schaltschrank erreicht werden.

Grundsätzlich gilt aber für alle Schalter, die zum Trennen oder zum Ausschalten für mechanische Wartung benutzt werden, daß sie gegen unbefugtes oder irrtümliches Einschalten zu sichern sind. Sie müssen — wie bisher — eine entsprechende Einrichtung haben.

Not-Ausschaltung

Die Begriffserklärung für Not-Ausschaltung wurde den Erläuterungen zu DIN VDE 0100 Teil 460 entnommen.

Not-Aus ist eine Funktion, die dort vorzusehen ist, wo unvorhersehbare Gefahren durch die elektrische Energie auftreten können. Dies ist z. B. bei offenen Einspeiseschleifleitungen (fehlender Berührungsschutz, siehe Abschnitt 8.1) der Fall.

Das entsprechende Schaltgerät muß in diesem Fall Lastschaltereigenschaften haben, die Einspeisung im Gefahrenfall unterbrechen können und schnell erreichbar sein. Hierbei müssen die örtlichen Verhältnisse berücksichtigt werden. Siehe hierzu auch:

1. VBG 9, Ausgabe Dezember 1974 § 24 und Durchführungsanweisung[3])
2. Hannover/Mechtold/Tasche
   Sicherheit bei Kranen
   Erläuterungen zur Unfallverhütungsvorschrift VDI-Verlag[5])

Auf die schnelle Erreichbarkeit und damit auf eine umfassende Not-Aus-Funktion kann nur dann verzichtet werden, wenn die vollständigen Schutzmaßnahmen gegen direktes Berühren nach DIN VDE 0100 Teil 410 eingehalten werden. Dies bedeutet die Verwendung von isolierten oder gekapselten Schleifleitungen.

Die umfassende Not-Aus-Funktion kann nur mit dem Netzanschlußschalter erfüllt werden.

Grundsätzlich schließt die Not-Ausschaltung Not-Halt ein.

Not-Halt

Die Begriffserklärung für Not-Halt wurde den Erläuterungen zu DIN VDE 0100 Teil 460 entnommen.

Auf einem Hebezeug ist Not-Halt eine Funktion, die dazu dient, vom Führerstand aus im Gefahrenfall alle Bewegungen mit einem Befehl stillzusetzen (siehe Abschnitt 7.3 und Abschnitt 8.2.1). Diese Funktion kann nur mit dem Kranschalter erfüllt werden.

Die Möglichkeit, zusätzlich vom Flur aus (siehe Abschnitt 8.2.2) die Energiezufuhr zu allen Bewegungsantrieben zu unterbrechen, darf vom Kranschalter, Trennschalter oder auch vom Netzanschlußschalter, falls diese mindestens Lastschalter sind, vorgenommen werden. Im Falle des Kranschalters handelt es sich um die Not-Halt-Funktion, die nur die Bewegungsantriebe stillsetzt. Im Fall des Trenners werden jedoch durch Unterbrechen der Energieeinspeisung nicht nur die Bewegungsantriebe stillgesetzt, sondern der gesamte Kran spannungslos gemacht, im Fall des Netzanschlußschalters die gesamte Anlage (gegebenenfalls mehrere Krane). In den beiden letztgenannten Fällen handelt es sich um eine Not-Ausschaltung, die Not-Halt einschließt.

Die Anordnung der Notschalteinrichtungen muß so ausgelegt sein, daß ihre Betätigung keine weitere Gefahr hervorruft oder auf den Ablauf der Gefahrenbeseitigung nicht störend einwirkt. Es ist hier die Verhältnismäßigkeit der Risiken abzuschätzen (siehe Abschnitt 8.2.3, vergleiche hierzu auch DIN VDE 0100 Teil 460).

Es ist zu entscheiden, ob bei Not-Halt vom Flur aus nach Abschnitt 8.2.2 eine gesamte Anlage (Not-Ausschaltung) oder nur Teile einer Anlage abzuschalten sind. Das bedeutet, daß z. B. andere Hebezeuge oder Teile eines Hebezeuges wie

- Hubmagnete bei Magnetkranen,
- Kollisionsschutzeinrichtungen,
- Flugsicherungsbeleuchtung,
- Beleuchtung bei Großanlagen,
- Bordrechner

nicht abgeschaltet werden dürfen.

Zu Abschnitt 9:
Schaltanlagen und Verteiler

In DIN VDE 0100 Teil 726 Abschnitt 9 sind abweichend von DIN VDE 0100 Teil 729 geringere Abmessungen für Gänge in Schaltanlagen auf Hebezeugen zugelassen. Es ist daher besonderer Wert darauf zu legen, daß Schalter auch in diesen Fällen gefahrlos erreicht und bedient werden können (vergleiche hierzu UVV „Krane“ (VBG 9) § 10).

Die gefahrlose Bedienung, Wartung und Störungssuche kann bei dem erschütterungsreichen Betrieb auf Hebezeugen z. B. durch das Anbringen von Handläufen vor offenen Schaltschränken oder Gerüsten erreicht werden.

Durch die abweichenden Angaben für Bedienungsgänge in Schaltanlagen nach DIN VDE 0100 Teil 726 wird auf kleine Krananlagen Rücksicht genommen. Dabei wurde bewußt auf den Zusammenhang von Höhe und Breite der Gänge

[3]) Siehe Seite 7
[5]) Siehe Seite 7

geachtet. Bei niedrigeren Höhenmaßen sind die Breiten so angegeben, daß eine Person durch die Öffnung in gebückter Haltung durchsteigen kann.

Bei mittleren und großen Krananlagen z. B. Hafenkrane sollten diese verminderten Maße nicht angewendet werden. Diese Erleichterung berücksichtigt kleinere Krane, bei denen die Einhaltung der Maße nach DIN VDE 0100 Teil 729 wirtschaftlich und konstruktiv nicht zu vertreten wären. Es ist jedoch zweckmäßig, bei großen Krananlagen die Gänge in Schalt- und Verteilungsanlagen nach DIN VDE 0100 Teil 729 zu wählen.

Vergleiche die Empfehlungen für den Bau von Hafenkranen der Hafenbautechnischen Gesellschaft Hamburg (Bezugsquelle: HTG-Geschäftsstelle, Dalmannstraße 1, 2000 Hamburg). Dort werden für Bedienungsgänge in Schaltanlagen Maße nach DIN VDE 0100 Teil 729 genannt.

Zu Abschnitt 10:
Aufbau der Schaltungen und Steuerungen, besondere Schutzmaßnahmen

Anforderungen an Sicherheitsstromkreise

Ganz allgemein wird gefordert, daß die ordnungsgemäße Funktion von Sicherheitseinrichtungen überprüfbar und Fehler erkennbar sein müssen.

Analog zu dem in den UVV VBG 9 Krane § 30 vorgeschriebenen regelmäßigen Prüfungen z. B. der Notendhalteeinrichtungen, ist es sinnvoll, auch andere Sicherheitsstromkreise regelmäßig zu prüfen, soweit sich Fehler nicht selbsttätig melden oder durch Betriebshemmung bemerkbar machen. Dies kann durch einfaches Betätigen oder sofern dies nicht möglich ist (z. B. Hublastbegrenzer), durch eine Prüfvorrichtung geschehen. Hierzu sollte die Möglichkeit zur Funktionsprüfung bereits im Konzept des betreffenden Sicherheitsstromkreises oder des betreffenden Gerätes vorhanden sein.

Darüber hinaus wird gefordert, daß Sicherheitskreise autonom sein müssen und unabhängig von der Steuerung wirken sollen. Unerkannte Fehler in der Steuerung dürfen diese Sicherheitseinrichtungen nicht unwirksam machen. Diese Forderung soll den typischen Störmechanismen insbesondere von elektronischen Steuerungen und Regelungen Rechnung tragen.

„Abschalten" bedeutet in diesem Zusammenhang nicht ausschließlich das Betätigen von mechanischen Schaltgeräten, es darf auch mit elektronischen Mitteln erfolgen.

Auswahl von Leistungsschützen

Schützkontakte können bei ungenügender Projektierung verschweißen:

— Beim Ausschalten hoher Ströme, die ihr Schaltvermögen übersteigen (Kurzschlüsse), wenn kein entsprechendes Kurzschlußschutzorgan zugeordnet ist.
— Beim Einschalten von induktiven Lasten durch hohe Rush-Ströme während der Prellzeit der Kontakte.

Für eine verantwortungsbewußte Projektierung sind daher die diesbezüglichen Angaben der Hersteller zu beachten.

Diese Effekte werden verstärkt, wenn die elektrische Lebensdauergrenze der Kontakte erreicht oder überschritten wird. Der Wartung der elektrischen Ausrüstung kommt daher einer hohen Bedeutung zu. Um diese jedoch in wirtschaftlich sinnvollen Grenzen zu halten und gleichzeitig ein hohes Maß an Sicherheit sicherzustellen, sind mindestens die sicherheitsrelevanten Schütze auch auf ausreichende elektrische und mechanische Lebensdauer zu dimensionieren.

Hierbei sollten die aus der betrieblichen Beanspruchung resultierende Standzeit der Kontakte und die Wartungsintervalle sinnvoll aufeinander abgestimmt werden. Dies erfordert u. U. Absprachen zwischen Hersteller und Betreiber.

Eine verantwortungsbewußte Wartung muß grundsätzlich die Kontrolle der Schützkontakte nach einem Ansprechen der vorgeschalteten Kurzschlußschutzeinrichtung einschließen, da auf jeden Fall mindestens ein erhöhter Kontaktabbrand, eventuell sogar ein Verschweißen der Kontakte eingetreten sein kann.

Sonderstromkreise

Die Forderung „Sonderstromkreise so zu verlegen", daß ihr Betrieb ohne Verwendung von Schleifleitungen oder Schleifringkörper auf dem Hebezeug möglich ist, hat den Sinn, beim Abschalten des Kranes zu Wartungs- und Reparaturarbeiten die Spannungsfreiheit offener Stromzuführungen (Schleifleitungen) sicherzustellen. Dies kann durch Verwendung von beweglichen Leitungen zur Überbrückung der Schleifleitung bei Änderungs-, Montage- und Instandhaltungsarbeiten erfüllt werden (Vorsicht Rückspeisung).

Krangerüst als Schutzleiter und zum Potentialausgleich

In der Vergangenheit waren Schwierigkeiten bei der Erstellung durchgängiger Schutzmaßnahmen auf Hebezeugen bekannt, da z. B. Läuferkreise von Schleifringläufermotoren nicht geerdet werden konnten. Dieses Problem kann nun gelöst werden, wenn nach DIN VDE 0100 Teil 410 das Krangerüst als zusätzlicher Potentialausgleich zum Schutz bei indirektem Berühren verwendet wird. Dieser stellt sicher, daß im Fehlerfall zwischen allen gleichzeitig berührbaren Körpern ortsfester Betriebsmittel keine gefährlichen Spannungen auftreten können.

Internationale Patentklassifikation

B 60 L 5/36	H 02 B 1/00
B 66 C	H 02 G 5/04
B 66 D	H 02 G 11/00
B 60 M 1/30	

DK 621.316.176.002.2:621.3.027.26:614.8

November 1990

Errichten von Starkstromanlagen mit Nennspannungen bis 1000V
Feuchte und nasse Bereiche und Räume
Anlagen im Freien

DIN VDE 0100
Teil 737

Diese auch vom Vorstand des Verbandes Deutscher Elektrotechniker (VDE) e.V. genehmigte Norm ist damit zugleich eine **VDE-Bestimmung** im Sinne von VDE 0022. Sie ist unter obenstehender Nummer in das VDE-Vorschriftenwerk aufgenommen und in der etz Elektrotechnische Zeitschrift bekanntgegeben worden.

Erection of power installations with nominal voltages up to 1000V;
Humid and wet areas and locations, outdoor installations

Ersatz für
Ausgabe 04.88
Siehe jedoch Übergangsfrist!

Für den Anwendungsbereich dieser Norm bestehen keine entsprechenden regionalen oder internationalen Normen.

Entwurf DIN VDE 0100 Teil 737 A1/04.88 ist eingearbeitet.

Beginn der Gültigkeit

Diese Norm (VDE-Bestimmung) gilt ab 1. November 1990.

Für am 1. September 1990 in Planung oder in Bau befindliche Anlagen gilt Ausgabe 04.88 noch in einer Übergangsfrist bis 28. Februar 1991.

Inhalt

Fortsetzung Seite 2 bis 4

Deutsche Elektrotechnische Kommission im DIN und VDE (DKE)

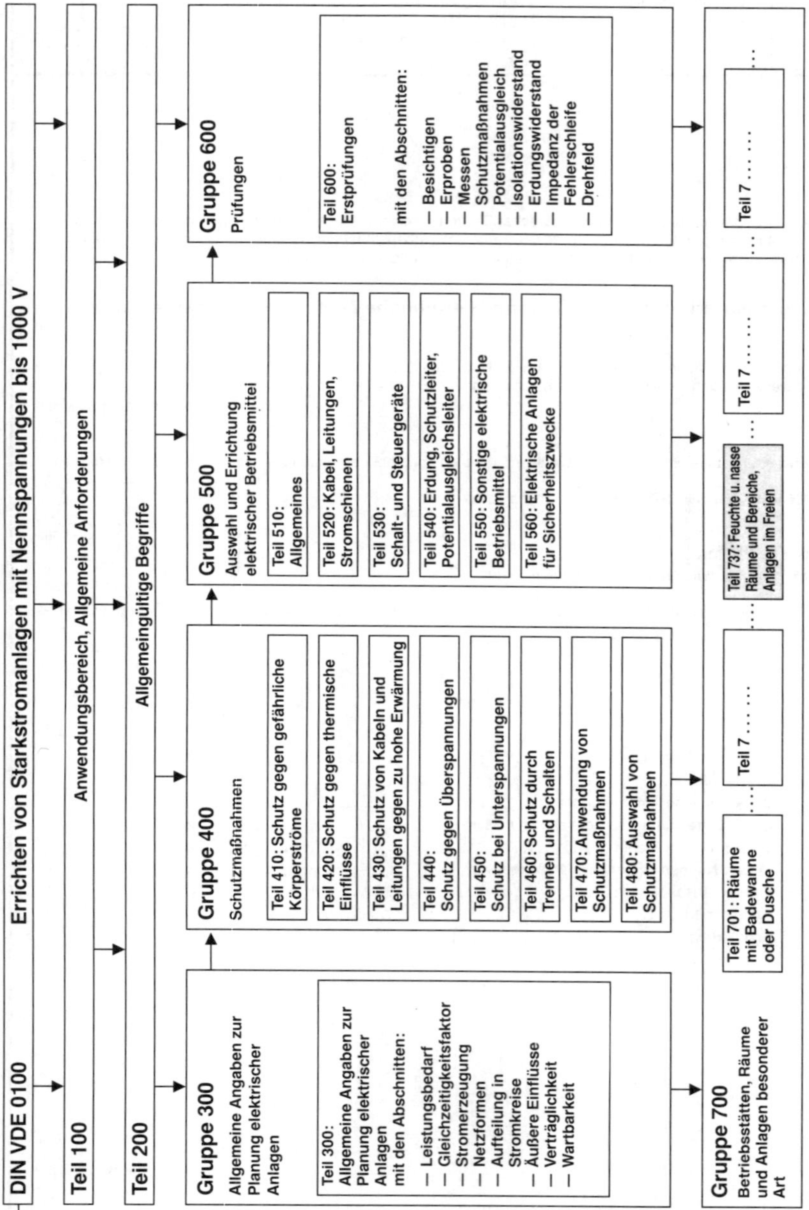

Bild 1. Eingliederung dieser Norm in die Struktur der Reihe der Normen DIN VDE 0100

1 Anwendungsbereich

Diese Norm gilt für die Auswahl und Errichtung elektrischer Betriebsmittel für

- feuchte und nasse Bereiche,
- feuchte und nasse Räume,
- Anlagen im Freien.

Sie gilt nur in Verbindung mit den entsprechenden anderen Normen der Reihe DIN VDE 0100 sowie mit den noch nicht ersetzten Paragraphen von DIN VDE 0100/05.73 mit Änderung DIN VDE 0100 g/07.76.

2 Begriffe

Allgemeine Begriffe siehe DIN VDE 0100 Teil 200.

3 Allgemeine Anforderungen

3.1 Elektrische Betriebsmittel müssen unter Berücksichtigung der äußeren Einflüsse, denen sie ausgesetzt sein können, so ausgewählt und errichtet werden, daß ihr ordnungsgemäßer Betrieb und die Wirksamkeit der geforderten Schutzarten sichergestellt ist.

3.2 Betriebsmittel, die nicht bereits durch ihre Bauweise den äußeren Einflüssen des Raumes oder der Betriebsstätte entsprechende Eigenschaften aufweisen, dürfen dennoch verwendet werden, wenn sie beim Errichten der elektrischen Anlage mit einem geeigneten zusätzlichen Schutz versehen werden. Dieser darf den einwandfreien Betrieb der so geschützten Betriebsmittel nicht beeinträchtigen.

4 Feuchte und nasse Bereiche und Räume

4.1 In feuchten und nassen Bereichen und Räumen müssen elektrische Betriebmittel mindestens tropfwassergeschützt sein (Schutzart IP X1 nach DIN 40 050).

4.2 In Bereichen und Räumen, in denen mit Strahlwasser umgegangen wird und elektrische Betriebsmittel üblicherweise nicht zu Reinigungszwecken direkt angestrahlt werden, müssen die Betriebsmittel mindestens spritzwassergeschützt sein (Schutzart IP X4 nach DIN 40 050).

In Bereichen und Räumen, in denen mit Strahlwasser umgegangen wird, müssen Betriebsmittel, die unmittelbar dem Wasserstrahl ausgesetzt sind, hinsichtlich des Wasserschutzes eine der Beanspruchung durch den Wasserstrahl entsprechende Schutzart oder einen geeigneten zusätzlichen Schutz haben, der den einwandfreien Betrieb des so geschützten Betriebsmittels nicht beeinträchtigt.

Anmerkung: Der durch die Schutzart IP X5 nach DIN 40 050 gegebene Schutzumfang läßt die Reinigung der Betriebsmittel mit Druckwasser, z.B. Abspritzen mit dem Wasserschlauch oder mit Hochdruckreinigern, nicht zu.

4.3 Ätzenden Dämpfen oder Dünsten ausgesetzte Metallteile müssen gegen Korrosion geschützt sein, z.B. durch Schutzanstrich oder Verwendung korrosionsfester Werkstoffe.

5 Anlagen im Freien

5.1 In geschützten Anlagen im Freien müssen Betriebsmittel mindestens tropfwassergeschützt sein (Schutzart IP X1 nach DIN 40 050).

5.2 In ungeschützten Anlagen im Freien müssen Betriebsmittel mindestens sprühwassergeschützt sein (Schutzart IP X3 nach DIN 40 050).

5.3 Stromkreise mit Nennspannungen über 50 V Wechselspannung, durch die im Freien installierte Steckdosen bis 32 A Nennstrom versorgt werden, müssen in TN- und TT-Netzen mit Fehlerstrom-Schutzeinrichtungen nach den Normen der Reihe DIN VDE 0664 mit Nennfehlerstrom $I_{\Delta n} \leq 30$ mA geschützt werden, wenn nicht von der Erlaubnis nach Abschnitt 5.3.1 Gebrauch gemacht wird.

5.3.1 Die Aufforderung nach Abschnitt 5.3, 1. Satz, darf, abgesehen von der Anforderung in Abschnitt 5.3.2, entfallen bei Steckdosen in Bereichen

- die ausschließlich Elektrofachkräften oder elektrotechnisch unterwiesenen Personen zugänglich sind

oder

- bei elektrischen Anlagen und elektrischen Betriebsmitteln, die regelmäßig überprüft werden (siehe z.B. VBG4).

5.3.2 In jedem Fall müssen Steckdosen bis 16 A, die für den Anschluß von im Freien betriebenen elektrischen Betriebsmitteln vorgesehen sind, in Einphasen-Wechselstromkreisen von Gebäuden, die vorwiegend zum Wohnen genutzt werden, in TN- oder TT-Netzen mit Fehlerstrom-Schutzeinrichtungen nach den Normen der Reihe DIN VDE 0664 mit Nennfehlerstrom $I_{\Delta n} \leq 30$ mA geschützt werden.

Zitierte Normen und andere Unterlagen

DIN 40 050	IP-Schutzarten; Berührungs-, Fremdkörper- und Wasserschutz für elektrische Betriebsmittel
DIN VDE 0100	Bestimmungen für das Errichten von Starkstromanlagen mit Nennspannungen bis 1000 V
DIN VDE 0100 g	Bestimmungen für das Errichten von Starkstromanlagen mit Nennspannungen bis 1000 V; Änderung zu DIN VDE 0100/05.73
DIN VDE 0100 Teil 200	Errichten von Starkstromanlagen mit Nennspannungen bis 1000 V; Allgemeingültige Begriffe
Übrige Normen der Reihe DIN VDE 0100 siehe	
Beiblatt 2 zu DIN VDE 0100	Errichtung von Starkstromanlagen mit Nennspannungen bis 1000 V; Verzeichnis der einschlägige Normen
Normen der Reihe DIN VDE 0664	Fehlerstrom-Schutzeinrichtungen
VBG4[1])	Elektrische Anlagen und Betriebsmittel

Frühere Ausgaben

VDE 0100: 05.73

Vorheriger Entwicklungsgang siehe Beiblatt 1 zu DIN VDE 0100.

DIN VDE 0100 Teil 737: 02.86, 04.88

Änderungen

Gegenüber der Ausgabe April 1988 wurden folgende Änderungen vorgenommen:

Stromkreise mit Steckdosen bis 32 A Nennstrom im Freien müssen mit Fehlerstrom-Schutzeinrichtungen mit $I_{\Delta n} \leq$ 30 mA geschützt werden, wenn die angeführten Ausnahmen nicht zutreffen.

Erläuterungen

Diese Norm wurde ausgearbeitet vom Komitee 221 „Errichten von Starkstromanlagen bis 1000 V" der Deutschen Elektrotechnischen Kommission im DIN und VDE (DKE).

Durch den in der früheren Ausgabe Februar 1986 vorgenommenen Ersatz sind bereits in DIN VDE 0100/05.73 die §§ 45 und 48 außer Kraft gesetzt worden.

Zu Abschnitt 5.3.2

Für die Stromkreise mit Steckdose nach Abschnitt 5.3.2 besteht nicht die Möglichkeit, von dem Schutz durch Fehlerstrom-Schutzeinrichtungen mit $I_{\Delta n} \leq$ 30 mA abzusehen — auch wenn die Bedingungen nach Abschnitt 5.3.1 erfüllt sind.

Wegen der Häufung von Stromunfällen[2]) im Freien von Haushalten, insbesondere beim Umgang mit Rasenmähern und Heckenscheren, wurde diese Anforderung aufgenommen.

Internationale Patentklassifikation

H 02 B
H 02 H
H 01 R

[1]) Bezugsquelle: Carl Heymanns Verlag KG, Luxemburger Straße 449, 5000 Köln 41

[2]) Siehe Forschungsbericht Nr 333 „Ursachen tödlicher Stromunfälle bei Niederspannung" der Bundesanstalt für Arbeitsschutz; zu beziehen durch: Wirtschaftsverlag NW, Verlag für neue Wissenschaft GmbH, Postfach 10 11 10, 2850 Bremerhaven 1.

	Starkstromanlagen in Krankenhäusern und medizinisch genutzten Räumen außerhalb von Krankenhäusern	DIN VDE 0107
VDE	Diese Norm ist zugleich eine **VDE-Bestimmung** im Sinne von VDE 0022. Sie ist nach Durchführung des vom VDE-Vorstand beschlossenen Genehmigungsverfahrens unter nebenstehenden Nummern in das VDE-Vorschriftenwerk aufgenommen und in der etz Elektrotechnische Zeitschrift bekanntgegeben worden.	Klassifikation **VDE 0107**

Für den Anwendungsbereich dieser Norm bestehen keine entsprechenden regionalen oder internationalen Normen.

ICS 29.240.00; 11.140; 91.140.50

Deskriptoren: Starkstrom, Krankenhaus, medizinisch genutzter Raum, Elektrotechnik

Ersatz für Ausgabe 1989-11
Ersatz für Bbl. 2
zu DIN VDE 0107:1993-09
Siehe jedoch Übergangsfrist!

Electrical installations in hospitals and locations
for medical use outside hospitals

Installations électriques dans les hôpitaux et les lieux
destinés à l'usage médical hors des hôpitaux

Die mit Randbalken versehenen Festlegungen können auch Gegenstand bau- oder arbeitsschutzrechtlicher Vorschriften sein. Diese Vorschriften sind zu beachten. Soweit in diesen Vorschriften anderslautende Anforderungen gestellt werden, gehen sie dieser als VDE-Bestimmung gekennzeichneten Norm vor. Als baurechtliche Vorschriften kommen Rechtsverordnungen, wie z. B. Krankenhausbauverordnung (KhBauVO) und Verordnung über den Bau von Betriebsräumen für elektrische Anlagen (EltBauVO), und als arbeitsschutzrechtliche Vorschriften die Arbeitsstättenverordnung und die Arbeitsstättenrichtlinien in Betracht.

Beginn der Gültigkeit

Diese Norm gilt ab 1. Oktober 1994.

Am 1. Oktober 1994 in Planung oder Bau befindliche Anlagen dürfen noch in einer Übergangsfrist bis zum 30. September 1995 nach DIN VDE 0107:1989-11 errichtet werden.

Norm-Inhalt war veröffentlicht als Entwurf DIN VDE 0107 A2:1992-11.

Fortsetzung Seite 2 bis 38

Deutsche Elektrotechnische Kommission im DIN und VDE (DKE)

Inhalt

1 Anwendungsbereich

1.1 Diese Norm gilt für das Errichten und Prüfen von Starkstromanlagen in

- Krankenhäusern und Polikliniken der Human- und Dentalmedizin sowie anderen baulichen Anlagen mit entsprechender Zweckbestimmung oder wenn sich die Anwendung dieser Norm aus baurechtlichen oder gewerberechtlichen Vorschriften oder im Einzelfall aus dem Baugenehmigungsbescheid oder einer Einzelverfügung ergibt;
- medizinisch genutzten Räumen der Human- und Dentalmedizin außerhalb von Krankenhäusern nach Abschnitt 8.1;
- Räumen für Heimdialysen nach Abschnitt 8.2.

1.2 Die in dieser Norm genannten Anforderungen berücksichtigen je nach Art oder Nutzung der baulichen Anlagen die mögliche Gefährdung von Personen, insbesondere Patienten, durch gefährliche Körperströme, bei Brand oder Ausfall der allgemeinen Stromversorgung.

Die Festlegungen dieser Norm sind deshalb zusätzlich zu den Anforderungen nach den Normen der Reihe DIN VDE 0100 und DIN VDE 0101 zu erfüllen.

1.3 Diese Norm gilt nicht für

- Krankenhäuser, die nur für Katastrophenfälle in Bereitschaft gehalten und nicht regelmäßig benutzt werden, sogenannte „Hilfskrankenhäuser";
- medizinische elektrische Geräte und Gerätekombinationen sowie für medizinische elektrische Einrichtungen nach den Normen der Reihen DIN VDE 0750.

2 Begriffe

2.1 Bauliche Anlagen

2.1.1 *Krankenhäuser*

Krankenhäuser sind bauliche Anlagen mit Einrichtungen, in denen durch ärztliche und pflegerische Hilfeleistung Krankheiten, Leiden oder Körperschäden festgestellt, geheilt oder gelindert werden sollen oder Geburtshilfe geleistet wird und in denen die zu versorgenden Personen untergebracht und verpflegt werden können.

ANMERKUNG: Siehe auch das Gesetz zur Strukturreform im Gesundheitswesen (Gesundheits-Reformgesetz GRG) vom 20. Dezember 1988, Bundesgesetzblatt Teil 1, Jahrgang 1988, Nr. 62, § 107.

2.1.2 *Polikliniken*

Polikliniken sind bauliche Anlagen oder Teile baulicher Anlagen, in denen Personen untersucht und behandelt, nicht jedoch untergebracht, verpflegt und gepflegt werden.

2.1.3 *Rettungswege*

Rettungswege sind Verkehrsflächen auf Grundstücken und Bereiche in baulichen Anlagen, die dem sicheren Verlassen, der Rettung von Menschen und für Löscharbeiten dienen, wie Treppenräume notwendiger Treppen und deren Verbindungswege ins Freie, allgemein zugängliche Flure, Rampen, Ausgänge, Sicherheitsschleusen, Laubengänge, Rettungsbalkone, Rettungstunnel sowie Wege außerhalb der baulichen Anlagen, die bis zu öffentlichen Verkehrsflächen führen.

Zu den Verkehrsflächen auf Grundstücken gehören auch die Verkehrswege zu Wohnungen und Unterkünften von Ärzten und Pflegepersonal.

2.2 Anwendungsgruppen medizinisch genutzter Räume

Als medizinisch genutzte Räume gelten Räume der Human- und Dentalmedizin, die bestimmungsgemäß bei der Untersuchung oder Behandlung von Menschen benutzt werden. Hierzu zählen auch die hydrotherapeutischen und physikalisch-therapeutischen Behandlungsräume sowie die Massageräume. In medizinischen Bereichen gehören hierzu nicht z. B. Flure und Treppenhäuser, Stationsdienstzimmer, Etagenbäder und Toiletten, Naßzellen in Bettenräumen, Tee-Küchen, Aufenthaltsräume.

Medizinisch genutzte Räume werden hinsichtlich der zum Schutz gegen Gefahren im Fehlerfall notwendigen Maßnahmen in die Anwendungsgruppen nach den Abschnitten 2.2.1 bis 2.2.3 eingeteilt:

2.2.1 *Räume der Anwendungsgruppe 0*

Diese sind medizinisch genutzte Räume, in denen, bezogen auf den bestimmungsgemäßen Gebrauch, sichergestellt ist, daß

- medizinische elektrische Geräte nicht angewendet werden, oder
- Patienten während der Untersuchung oder Behandlung mit medizinischen elektrischen Geräten, die bestimmungsgemäß angewendet werden, nicht in Berührung kommen, oder

– medizinische elektrische Geräte verwendet werden, die zur Anwendung auch außerhalb von medizinisch genutzten Räumen, gemäß Angaben in den Begleitpapieren, zugelassen sind, oder

– medizinische elektrische Geräte betrieben werden, die ausschließlich aus in die Geräte eingebauten Stromquellen versorgt werden.

2.2.2 *Räume der Anwendungsgruppe 1*

Dies sind medizinisch genutzte Räume, in denen netzabhängige medizinische elektrische Geräte verwendet werden, mit denen oder mit deren Anwendungsteilen Patienten bei der Untersuchung oder Behandlung bestimmungsgemäß in Berührung kommen.

Bei Auftreten eines ersten Körper- oder Erdschlusses oder Ausfall des allgemeinen Netzes kann deren Abschaltung hingenommen werden, ohne daß hierdurch Patienten gefährdet werden. Untersuchungen und Behandlungen von Patienten können abgebrochen und wiederholt werden.

2.2.3 *Räume der Anwendungsgruppe 2*

Dies sind medizinisch genutzte Räume, in denen netzabhängige medizinische elektrische Geräte betrieben werden, die operativen Eingriffen oder Maßnahmen, die lebenswichtig sind, dienen. Bei Auftreten eines ersten Körper- oder Erdschlusses oder Ausfall des allgemeinen Netzes müssen diese Geräte weiterbetrieben werden können, weil Untersuchungen oder Behandlungen nicht ohne Gefahr für den Patienten abgebrochen und wiederholt werden können.

2.2.4 *Raumgruppen*

Eine Raumgruppe bilden medizinisch genutzte Räume, die durch die medizinische Zweckbestimmung oder gemeinsame medizinische elektrische Geräte in ihrer Funktion miteinander verbunden sind. Dies kann zutreffen für den OP-Raum und die unmittelbar zugeordneten Funktionsräume, wie z. B. OP-Gipsraum, Vorbereitung und Ausleitung, Überwachung.

2.3 Raumarten

2.3.1 *Aufwachräume*

Als Aufwachräume gelten Räume, in denen die Anästhesie des Patienten unter Beobachtung abklingt.

2.3.2 *Bettenräume*

Als Bettenräume gelten Räume, in denen Patienten während der Dauer ihres Aufenthaltes in Krankenhäusern, Sanatorien, Kliniken oder dergleichen stationär untergebracht sind und gegebenenfalls mit medizinischen elektrischen Geräten untersucht und behandelt werden.

2.3.3 *Chirurgische Ambulanzen*

Chirurgische Ambulanzen sind Räume, in denen kleinere operative Eingriffe ambulant vorgenommen werden.

2.3.4 *Dialyseräume*

Als Dialyseräume gelten Räume, in denen Patienten bestimmungsgemäß der Blutwäsche unterzogen werden.

2.3.5 *Endoskopieräume*

Als Endoskopieräume gelten Räume, in denen zur Beobachtung von Organen im Körperinnern Endoskope durch natürliche oder künstliche Körperöffnungen des Patienten eingeführt werden.

ANMERKUNG: Zur Endoskopie gehören z. B. Bronchoskopie, Laryngoskopie, Zystoskopie, Gastroskopie, Laparoskopie.

2.3.6 *Herzkatheterräume*

Als Herzkatheterräume gelten Räume, in denen Katheter in das Herz eingebracht werden.

2.3.7 *Intensiv-Überwachungsräume*

Als Intensiv-Überwachungsräume gelten Räume, in denen stationär behandelte Patienten über längere Zeit an medizinische elektrische Geräte zur Überwachung, gegebenenfalls auch zum Anreiz der Körperaktionen, angeschlossen werden.

2.3.8 *Intensiv-Untersuchungsräume*

Als Intensiv-Untersuchungsräume gelten Räume, in denen Personen an eine oder mehrere medizinische elektrische Meß- oder Überwachungseinrichtungen angeschlossen werden.

2.3.9 *Operations-Gipsräume*

Als Operations-Gipsräume gelten Räume, in denen Gipsverbände unter Aufrechterhaltung der Anästhesie angelegt werden.

2.3.10 *Operationsräume*

Als Operationsräume gelten Räume, in denen chirurgische Eingriffe vorgenommen werden. Dabei werden entsprechend der Art und der Schwere des Eingriffes Analgesien (Aufhebung der Schmerzempfindlichkeit) oder Anästhesien (Teil- oder Vollnarkosen) vorgenommen und Überwachungs- und Wiederbelebungsgeräte, Röntgenapparate oder andere medizinische Einrichtungen eingesetzt.

2.3.11 *Operations-Vorbereitungsräume*

Als Operations-Vorbereitungsräume gelten Räume, in denen der Patient für die Operation vorbereitet wird, z. B. durch Einleitung der Anästhesie.

2.3.12 *Praxisräume der Human- und Dentalmedizin*

Als Praxisräume der Human- und Dentalmedizin gelten alle Räume zur Untersuchung und Behandlung von Patienten bei niedergelassenen Ärzten.

2.3.13 *Räume für Heimdialyse*

Als Räume für Heimdialyse gelten Wohnräume, in denen Patienten an Dialysegeräte angeschlossen werden dürfen.

2.3.14 *Räume für Hydrotherapie*

Als Räume für Hydrotherapie gelten Räume, in denen Patienten medizinisch mit Wasser behandelt werden.

2.3.15 *Räume für physikalische Therapie*

Als Räume für physikalische Therapie gelten Räume, in denen Patienten mit Hilfe von Geräten mit elektrischer, mechanischer oder thermischer Energie behandelt werden.

2.3.16 *Räume für radiologische Diagnostik und Therapie*

Als Räume für radiologische Diagnostik und Therapie gelten Räume, in denen Strahlen zur Darstellung des Körperinneren und zur Erzielung therapeutischer Effekte an der Oberfläche und im Inneren des Körpers angewendet werden.

2.4 Elektrotechnik

2.4.1 *Sicherheitsstromversorgung*

Die elektrische Anlage der Sicherheitsstromversorgung im Sinne dieser Norm besteht aus den Sicherheitsstromquellen, zugehörigen Schalteinrichtungen, Verteilern, Verteilungs- und Verbraucherstromkreisen bis zu den Anschlußklemmen der zu versorgenden Einrichtungen. Sie versorgt bei Störung des allgemeinen Netzes für eine begrenzte Zeit notwendige Sicherheitseinrichtungen, medizinisch-technische Einrichtungen und Einrichtungen, die zur Aufrechterhaltung des Krankenhausbetriebes unerläßlich sind.

2.4.2 *Zusätzliche Sicherheitsstromversorgung*

Eine Zusätzliche Sicherheitsstromversorgung im Sinne dieser Norm ist eine Kombination von Betriebsmitteln, die bei Ausfall des allgemeinen Netzes und der Sicherheitsstromversorgung bestimmte medizinisch-technische Einrichtungen für eine begrenzte Zeit mit elektrischer Energie versorgt.

2.4.3 *Notwendige Sicherheitseinrichtungen*

Notwendige Sicherheitseinrichtungen sind Einrichtungen, die im Gefahrenfall (insbesondere im Brandfall) der Sicherheit der Personen dienen und die aufgrund allgemein geltender oder im Einzelfall erhobener bauordnungsrechtlicher Anforderungen vorzusehen sind und einer Sicherheitsstromversorgung bedürfen.

2.4.4 *Sicherheitsbeleuchtung*

Die Sicherheitsbeleuchtung im Sinne dieser Norm ist eine Beleuchtung, die bei Störung der allgemeinen Stromversorgung Rettungswege, medizinisch genutzte Räume und Räume, die zur Aufrechterhaltung des Krankenhausbetriebes notwendig sind, mit einer vorgeschriebenen Mindestbeleuchtungsstärke ausleuchtet.

2.4.5 *Umschaltzeit*

Die Umschaltzeit im Sinne dieser Norm ist die Zeitspanne, die zwischen dem Beginn der Störung des allgemeinen Netzes und dem Wirksamwerden der Sicherheitsstromversorgung an den Verbrauchsmitteln vergeht.

2.4.6 *Hauptverteiler des Gebäudes*

Der Hauptverteiler des Gebäudes im Sinne dieser Norm ist der Verteiler, der für ein Gebäude als ihm zugeordneter Versorgungsbereich alle Funktionen eines Hauptverteilers erfüllt.

> ANMERKUNG: Bei Stromversorgung mehrerer Gebäude von einer zentralen Stelle aus ergibt sich, neben den Hauptverteilern der Gebäude, die Notwendigkeit eines Hauptverteilers der zentralen Versorgungsanlage (siehe z. B. Bild 5).

Tabelle 1: Beispiele für die Zuordnung der Raumarten zu den Anwendungsgruppen nach den Abschnitten 2.2.1 bis 2.2.3

1	2	3
Anwendungs-gruppe	Raumart bezogen auf den bestimmungsgemäßen Gebrauch	Art der medizinischen Nutzung
0	Bettenräume, OP-Sterilisationsräume, OP-Waschräume, Praxisräume der Human- und Dentalmedizin	Keine Anwendung medizinischer elektrischer Geräte oder Anwendung elektrischer medizinischer Geräte nach Abschnitt 2.2.1
1	Bettenräume, Räume für physikalische Therapie, Räume für Hydro-Therapie, Massageräume, Praxisräume der Human- und Dentalmedizin, Räume für radiologische Diagnostik und Therapie, Endoskopie-Räume, Dialyseräume, Intensiv-Untersuchungsräume, Entbindungsräume, Chirurgische Ambulanzen, Herzkatheter-Räume für Diagnostik (siehe Abschnitt 4.4.4b)	Anwendung medizinischer elektrischer Geräte am oder im Körper über natürliche Körperöffnungen oder bei kleineren operativen Eingriffen (kleine Chirurgie) Untersuchungen mit Schwemmkatheter
2	Operations-Vorbereitungsräume, Operationsräume, Aufwachräume, Operations-Gipsräume, Intensiv-Untersuchungsräume, Intensiv-Überwachungsräume, Endoskopie-Räume, Räume für radiologische Diagnostik und Therapie, Herzkatheter-Räume für Diagnostik und Therapie, ausgenommen diejenigen, in denen ausschließlich Schwemmkatheter angewendet werden, klinische Entbindungsräume, Räume für Notfall- bzw. Akutdialyse	Organoperationen jeder Art (große Chirurgie), Einbringen von Herzkathetern, chirurgisches Einbringen von Geräteteilen, Operationen jeder Art, Erhalten der Lebensfunktionen mit medizinischen elektrischen Geräten, Eingriffe am offenen Herzen
Die Zuordnung von Raumarten (Spalte 2) zu den Anwendungsgruppen bestimmt sich aus der Art ihrer vorgesehenen medizinischen Nutzung (Spalte 3) und medizinischen Einrichtungen. Aus diesem Grunde können bestimmte Raumarten mehreren Anwendungsgruppen zugeordnet sein. Bei Planung von Starkstromanlagen in Krankenhäusern ist der zu erwartende bestimmungsgemäße Gebrauch medizinischer elektrischer Geräte, z. B. in Bettenräumen, meist nicht vorhersehbar. Im Zweifelsfall sollte deshalb von der Anwendungsgruppe 0 kein Gebrauch gemacht werden.		

3 Allgemeine Anforderungen

3.1 Elektrische Betriebsräume

3.1.1 In baulichen Anlagen nach dieser Norm müssen folgende elektrische Anlagen in abgeschlossenen elektrischen Betriebsräumen untergebracht werden, die den Vorschriften, die der nach Landesrecht geltenden Verordnung über den Bau von Betriebsräumen für elektrische Anlagen (EltBauVO) entsprechen (Musterentwurf der EltBauVO siehe Beiblatt 1 zu DIN VDE 0108 Teil 1):

- Transformatoren und Schaltanlagen mit Nennspannungen über 1 kV,
- ortsfeste Stromerzeugungsaggregate,
- Zentralbatterien und Gruppenbatterien der Sicherheitsstromversorgung.

ANMERKUNG: Gruppenbatterien gelten als Zentralbatterien im Sinne der EltBauVO.

3.1.2 Abschnitt 3.1.1 gilt nicht für

- elektrische Betriebsräume in freistehenden Gebäuden oder
- durch Brandwände abgetrennte Gebäudeteile, wenn diese nur die elektrischen Betriebsräume enthalten.

Für diese elektrischen Betriebsräume gelten die Festlegungen der Normen DIN VDE 0100 Teil 731, DIN VDE 0101 und der Normen der Reihe DIN VDE 0510.

ANMERKUNG: Die Trennung der Betriebsräume voneinander, wie in Abschnitt 3.1.1 gefordert, sollte auch bei Unterbringung der elektrischen Anlagen in einer Betriebsstätte außerhalb des Gebäudes oder bei Abtrennung durch Brandwände vorgesehen werden.

3.1.3 Hauptverteiler der Allgemeinen Stromversorgung müssen in Räumen untergebracht werden, die den Anforderungen für abgeschlossene elektrische Betriebsstätten entsprechen. Diese Räume müssen von Räumen mit erhöhter Brandgefahr durch feuerbeständige Wände und Decken (Feuerwiderstandsklasse F 90-AB nach DIN 4102 Teil 2) von anderen Räumen durch mindestens feuerhemmende Wände (Feuerwiderstandsklasse F 30-B nach DIN 4102 Teil 2) abgetrennt sein. Zugangstüren müssen mindestens feuerhemmend (Feuerwiderstandsklasse T 30 nach DIN 4102 Teil 5) sein und in feuerhemmenden Wänden aus nichtbrennbaren Baustoffen (Baustoffklasse A nach DIN 4102 Teil 1) bestehen.

Der Hauptverteiler der Allgemeinen Stromversorgung darf mit im Raum der zugehörigen Schaltanlagen mit Nennspannung über 1 kV untergebracht werden. Die Unterbringung der zugehörigen Transformatoren im gleichen Raum ist zulässig unter Beachtung der Brandschutz-Anforderungen beim Einbau von Transformatoren nach DIN VDE 0101:1989-05, Abschnitt 5.4.2.

3.1.4 Hauptverteiler der Sicherheitsstromversorgung müssen in eigenen Räumen untergebracht werden, die den Anforderungen für abgeschlossene elektrische Betriebsstätten entsprechen. Diese Räume müssen feuerbeständige Wände und Decken (Feuerwiderstandsklasse F 90-AB nach DIN 4102 Teil 2) haben. Zugangstüren zu diesen Räumen müssen mindestens feuerhemmend (Feuerwiderstandsklasse T 30 nach DIN 4102 Teil 5) sein. Die Unterbringung der Hauptverteiler der Sicherheitsstromversorgung darf auch gemeinsam mit dem Hauptverteiler der Allgemeinen Stromversorgung in einem Raum mit feuerbeständigen Wänden und Decken (Feuerwiderstandsklasse F 90-AB nach DIN 4102 Teil 2) erfolgen, wenn dieser für andere Zwecke nicht genutzt wird und sich in diesem Raum keine Transformatoren mit Nennspannungen über 1 kV befinden. Die beiden Hauptverteiler sind voneinander lichtbogensicher zu trennen. Als lichtbogensichere Trennung im Sinne der Norm gilt die Trennung z. B. durch die beiden Abschlußwände der Verteiler oder durch eine 20 mm starke Fasersilikatplatte.

3.2 Elektrische Betriebsmittel

3.2.1 Für Transformatoren mit Nennspannungen über 1 kV sind selbsttätige Schutzeinrichtungen gegen die Auswirkungen von Überlastungen sowie von inneren und äußeren Fehlern vorzusehen.

3.2.2 Für die Einspeisung des Hauptverteilers der Sicherheitsstromversorgung aus dem Hauptverteiler der Allgemeinen Stromversorgung ist eine erd- und kurzschlußsichere Verbindung nach DIN VDE 0100 Teil 520 erforderlich. Der Einspeiseschalter (Kuppelschalter/Netzumschaltung) ist im Hauptverteiler der Sicherheitsstromversorgung anzuordnen.

3.2.3 *Verteiler*

3.2.3.1 Verteiler müssen DIN EN 60439 Teil 1 (VDE 0660 Teil 500) sowie DIN VDE 0660 Teil 504 oder den Normen der Reihe DIN VDE 0603 entsprechen.

3.2.3.2 Die Verteiler müssen eine allseitige Verkleidung aus Blech oder stoßfestem flammwidrigem Isolierstoff nach DIN VDE 0304 Teil 3 Stufe BH 1 haben.

3.2.3.3 Verteiler sind außerhalb medizinisch genutzter Räume unterzubringen. Gegen den Zugriff Unbefugter müssen sie gesichert sein.

3.2.3.4 Die Überstrom-Schutzeinrichtungen und Fehlerstrom-Schutzeinrichtungen der Verbraucherstromkreise müssen auch dem medizinischen Personal leicht zugänglich sein.

3.2.3.5 Die Verteiler sind so auszuführen, daß eine einfache Messung des Isolationswiderstandes aller Leiter gegen Erde jedes einzelnen abgehenden Stromkreises möglich ist. Bei Stromkreisen mit Leiterquerschnitten unter 10 mm^2 muß diese Messung ohne Abklemmen des Neutralleiters möglich sein, z. B. durch den Einbau von Neutralleiter-Trennklemmen.

3.2.3.6 Für medizinisch genutzte Räume der Anwendungsgruppe 2 sind eigene Verteiler erforderlich. Sie dürfen in einem gemeinsamen Gehäuse mit Verteilern für nicht medizinisch genutzte Räume oder für Räume anderer Anwendungsgruppen untergebracht werden, wenn sie von diesen durch eine Zwischenwand getrennt und mit einer eigenen Abdeckung versehen sind.

3.3 Anforderungen an die Stromversorgung

3.3.1 *Verbot des PEN-Leiters*

In Starkstromanlagen mit Nennspannungen bis 1000 V dürfen vom Hauptverteiler des Gebäudes ab keine PEN-Leiter verwendet werden.

3.3.2 *Sicherheitsstromversorgung*

In Starkstromanlagen der Sicherheitsstromversorgung mit Nennspannungen bis 1000 V gelten die Festlegungen der Abschnitte 4.2, 4.3 und 5 zusätzlich zu den Anforderungen nach DIN VDE 0100 Teil 560.

3.3.3 *Stromversorgung von Räumen der Anwendungsgruppe 2*

3.3.3.1 Jeder Verteiler oder mindestens der Verteilerabschnitt zur Einspeisung der IT-Systeme(-Netze) zur Versorgung der lebenswichtigen medizinischen Einrichtungen muß über zwei unabhängige Zuleitungen verfügen.

Bei Ausfall der Spannung eines oder mehrerer Außenleiter am Ende der bei ungestörtem Betrieb versorgenden Leitung (bevorzugte Einspeisung) muß die Stromversorgung über eine Umschalteinrichtung nach Abschnitt 5.8 selbsttätig auf die zweite Leitung umgeschaltet werden (siehe auch Bilder 1 bis 4).

3.3.3.2 Bei Versorgung des Verteilers oder Verteilerabschnittes aus der Sicherheitsstromversorgung und der Allgemeinen Stromversorgung (siehe Bilder 1 und 2) muß die bevorzugte Einspeisung direkt vom Hauptverteiler des Gebäudes der Sicherheitsstromversorgung und die zweite Leitung vom Hauptverteiler des Gebäudes der Allgemeinen Stromversorgung abzweigen.

Bei Versorgung des Verteilers oder Verteilerabschnittes aus der Sicherheitsstromversorgung und der Zusätzlichen Sicherheitsstromversorgung (siehe Bilder 3 und 4) muß die bevorzugte Einspeisung direkt vom Hauptverteiler des Gebäudes der Sicherheitsstromversorgung abzweigen und die zweite Leitung vom Hauptverteiler der Zusätzlichen Sicherheitsstromversorgung.

ANMERKUNG: Wird die Zusätzliche Sicherheitsstromversorgung als unterbrechungsfreie Stromversorgung ausgeführt, so sollte die bevorzugte Einspeisung vom Hauptverteiler der Zusätzlichen Sicherheitsstromversorgung abgezweigt werden.

3.3.3.3 Für jeden Raum oder jede Raumgruppe der Anwendungsgruppe 2 ist für Stromkreise, die der Versorgung medizinischer elektrischer Geräte für operative Eingriffe oder Maßnahmen dienen, die lebenswichtig sind, mindestens ein eigenes IT-System(-Netz) zu errichten.

3.3.3.4 Für die Dauer der Sicherheitsstromversorgung dürfen die IT-Systeme(-Netze) mehrerer Räume oder Raumgruppen zu einem gemeinsamen IT-System(-Netz) mit Isolationsüberwachungseinrichtung zusammengeschaltet werden, wenn dieses bei Ausfall der allgemeinen Stromversorgung aus einer zusätzlichen Sicherheitsstromversorgung versorgt wird.

3.3.3.5 Zur Bildung der IT-Systeme(-Netze) sind vorzugsweise Einphasen-Transformatoren vorzusehen. Ist auch die Versorgung von Drehstromverbrauchern über ein IT-System(-Netz) erforderlich, so sollte hierfür ein getrennter Drehstrom-Transformator vorgesehen werden.

Wird ein Drehstromtransformator auch für die Versorgung von Einphasen-Verbrauchern eingesetzt, muß durch die Bauart oder die Schaltungsart sichergestellt sein, daß auch bei Schieflast und denkbarem Fehler auf der Primärseite keine Spannungserhöhungen auf der Verbraucherseite auftreten.

ANMERKUNG: Die Nennleistung des Transformators sollte nicht kleiner als 3,15 kVA und nicht größer als 8 kVA sein.

Die Transformatoren sind außerhalb der medizinisch genutzten Räume ortsfest aufzustellen.

3.3.3.6 Es sind Trenntransformatoren nach DIN VDE 0551 Teil 1 mit doppelter oder verstärkter Isolierung zu verwenden. Für den Isolationswiderstand und die Spannungsfestigkeit der Trenntransformatoren gelten die Anforderungen der Tabelle 5 von DIN VDE 0551 Teil 1:1989-09 für Transformatoren mit verstärkter Isolierung und der Ausführung Schutzklasse II.

ANMERKUNG: Mit Rücksicht auf Störeinflüsse und Ableitströme sollte der Anschluß für die Isolations-Überwachungseinrichtung symmetrisch sein.

Zusätzlich gilt für die Transformatoren:

- Die Nennspannung auf der Sekundärseite darf 230 V, bei Drehstrom-Transformatoren auch zwischen den Außenleitern, nicht überschreiten.
- Die Kurzschlußspannung u_z und der Leerlaufstrom i_0 dürfen 3 % nicht überschreiten.
- Der Einschaltstrom im Leerlauf I_E darf das 8fache des Nennstromes nicht überschreiten.

3.3.3.7 Für die Trenntransformatoren, ihre primärseitige Zuleitung und sekundärseitige Ableitung sind Überstrom-Schutzeinrichtungen nur zum Schutz bei Kurzschluß zulässig. Für den Schutz des Trenntransformators gegen Überlast sind Überwachungseinrichtungen vorzusehen, die eine zu hohe Erwärmung, z. B. durch Überstrom, akustisch (löschbar) und optisch melden.

Die Meldung muß so erfolgen, daß sie während der medizinischen Nutzung an einer ständig besetzten Stelle wahrgenommen werden kann.

ANMERKUNG: Es wird empfohlen, die Meldung auch beim zuständigen technischen Betriebspersonal anzuzeigen.

3.3.3.8 Die Einspeisung eines IT-Systems(-Netzes) eines Raumes oder einer Raumgruppe darf über **einen** Trenntransformator erfolgen, wenn ein Ausfall durch Fehler im Transformator und seiner Zu- und Ableitung nicht zu erwarten ist. Dies ist dann der Fall, wenn nachfolgende Anforderungen erfüllt sind (siehe auch Bilder 1 und 3):

a) Die Transformator-Zuleitung ab der Umschalteinrichtung und die Transformator-Ableitung bis zu dem nachfolgenden Verteilerabschnitt ist kurzschluß- und erdschlußsicher nach DIN VDE 0100 Teil 520 verlegt.

b) Für den Transformator ist, zum Schutz bei indirektem Berühren, eine der nachfolgenden Maßnahmen anzuwenden:

   - Schutzisolierung nach DIN VDE 0100 Teil 410:1983-11, Abschnitt 6.2 (Verwendung eines Schutzklasse-II-Transformators);

– Schutz durch nichtleitende Räume nach DIN VDE 0100 Teil 410:1983-11, Abschnitt 6.3;

– Schutz durch erdfreien, örtlichen Potentialausgleich nach DIN VDE 0100 Teil 410:1983-11, Abschnitt 6.4;

– Schutz durch besondere Aufstellung, wie nachfolgend beschrieben:

Der Transformator in der Ausführung Schutzklasse I ist isoliert aufgestellt und nicht mit dem Schutzleiter verbunden. Er ist hinter einer nur mit Werkzeug oder besonderem Schlüssel zu öffnenden Abdeckung aufgestellt. Die Zugänglichkeit ist nur Elektrofachkräften vorbehalten.

Auf der Abdeckung und dem Transformator ist gut sichtbar und unverlierbar ein Warnhinweis angebracht, der auf die mögliche Gefahr einer Fehlerspannung an den Körpern des Transformators, z. B. bei Körperschluß, und die Notwendigkeit einer Spannungsprüfung vor Berührung verweist.

c) Der Verteiler des Raumes der Anwendungsgruppe 2, der Trenntransformator und die erforderlichen Kabel- oder Leitungsverbindungen befinden sich im gleichen Geschoß und Brandabschnitt wie der zugehörige Raum der Anwendungsgruppe 2 oder in unmittelbar darüber- oder darunterliegenden Räumen, die zum selben Brand- abschnitt gehören oder einen eigenen direkt angrenzenden Brandabschnitt bilden.

3.3.3.9 Wenn die Anforderungen nach Abschnitt 3.3.3.8 nicht erfüllt sind, muß bei Ausfall der Spannung am Ende des Transformatorstromkreises, der das IT-System(-Netz) bei störungsfreiem Betrieb versorgt, die Stromversorgung selbsttätig durch eine Umschalteinrichtung nach Abschnitt 5.8 auf den Stromkreis eines zweiten Trenntransformators (siehe Bild 2) oder einer Zusätzlichen Sicherheitsstromversorgung ohne geerdeten Netzpunkt (siehe Bild 4) umgeschaltet werden.

3.4 Verbraucheranlage

3.4.1 *Stromkreise im IT-System(-Netz) von Räumen der Anwendungsgruppe 2*

3.4.1.1 In Räumen der Anwendungsgruppe 2 ist wegen Untersuchungen oder Behandlungen, die nicht ohne Gefahr für Patienten unterbrochen werden können, die Schutzmaßnahme „Meldung durch Isolationsüberwachung im IT-System(-Netz)" für mindestens folgende Stromkreise anzuwenden:

– Stromkreise für Operationsleuchten und vergleichbare Leuchten, die mit Nennspannungen über 25 V Wechselspannung oder 60 V Gleichspannung betrieben werden;

– Stromkreise mit zweipoligen Steckdosen mit Schutzkontakt, an die medizinisch elektrische Einrichtungen angeschlossen werden, die operativen Eingriffen oder Maßnahmen dienen, die lebenswichtig sind.

Für andere Stromkreise mit zweipoligen Steckdosen mit Schutzkontakt wird die Versorgung aus dem IT-System(-Netz) empfohlen.

ANMERKUNG: Es wird empfohlen, für die aus dem IT-System(-Netz) versorgten Steckdosen Geräte mit optischer Spannungsanzeige zu verwenden.

3.4.1.2 Die Steckdosen an jedem Patientenplatz sind auf mindestens zwei Stromkreise aufzuteilen. Jeder Stromkreis sollte nicht mehr als 6 Steckdosen enthalten.

3.4.1.3 Die Steckdosen im IT-System(-Netz) nach Abschnitt 3.3.3.3 sind eindeutig zu kennzeichnen, wenn im gleichen Raum Steckdosen an Stromkreise mit anderer Versorgungssicherheit angeschlossen sind.

3.4.1.4 Für den Schutz von Kabeln und Leitungen gegen zu hohe Erwärmung dürfen nur Leitungsschutzschalter nach den Normen der Reihe DIN VDE 0641 oder Leistungsschalter nach DIN VDE 0660 Teil 101 verwendet werden, die allpolig schalten. Sie müssen kurzschlußselektiv gegenüber den vorgeschalteten Schutzeinrichtungen wirken.

3.4.2 *Beleuchtungsstromkreise*

In Rettungswegen und Räumen der Anwendungsgruppen 1 und 2 mit mehr als einer Leuchte sind die Leuchten auf mindestens zwei Stromkreise aufzuteilen. Wenn Schutz durch Abschaltung mit Fehlerstrom-Schutzeinrichtungen angewendet wird, sind diese den Stromkreisen so zuzuordnen, daß bei Ansprechen einer Schutzeinrichtung nicht alle Beleuchtungsstromkreise eines Raumes oder Rettungsweges ausfallen. Die Leuchten in den Rettungswegen müssen den Stromkreisen abwechselnd zugeordnet sein.

3.4.3 *Motorstromkreise*

Motoren, die selbsttätig geschaltet, ferngeschaltet oder nicht ständig beaufsichtigt werden, müssen durch Motorschutzschalter nach DIN VDE 0660 Teil 102 oder durch gleichwertige Einrichtungen geschützt werden.

Nach Ansprechen der Schutzeinrichtungen muß ein selbsttätiges Wiedereinschalten der Motoren verhindert sein. Motorschutzschalter oder gleichwertige Einrichtungen sind nicht erforderlich für Kühl-, Gefrier- und Klimageräte mit blockierungssicheren Motoren, wenn dies auf dem Gerät oder in der Gebrauchsanleitung bestätigt ist.

3.4.4 *Zuleitung zu Feuerlöscheinrichtungen*

Die elektrische Anlage von Feuerlöscheinrichtungen muß mit einer eigenen Zuleitung direkt vom Hauptverteiler der Sicherheitsstromversorgung eingespeist werden.

4 Schutz gegen gefährliche Körperströme

4.1 Schutz gegen direktes Berühren

4.1.1 Außerhalb medizinisch genutzter Räume und in Räumen der Anwendungsgruppe 0 sind die Schutzmaßnahmen nach den Normen der Reihe DIN VDE 0100 ausreichend.

4.1.2 In Räumen der Anwendungsgruppen 1 und 2 ist bei Anwendung der Schutzkleinspannung (SELV) der Schutz durch Isolierung, Abdeckung oder Umhüllung aktiver Teile nach DIN VDE 0100 Teil 410:1983-11, Abschnitte 5.1 und 5.2, auch bei weniger als 25 V Wechselspannung oder 60 V Gleichspannung, erforderlich.

4.2 Schutz bei indirektem Berühren außerhalb medizinisch genutzter Räume und in Räumen der Anwendungsgruppe 0

4.2.1 Bei Einspeisung aus dem allgemeinen Netz sind für die Allgemeine Stromversorgung und die Sicherheitsstromversorgung Schutzmaßnahmen nach den Normen der Reihe DIN VDE 0100 anzuwenden.

4.2.2 Bei Einspeisung aus der Sicherheitsstromquelle sind für die Sicherheitsstromversorgung Schutzmaßnahmen der Abschnitte 4.2.2.1 oder 4.2.2.2 anzuwenden.

4.2.2.1 Folgende Schutzmaßnahmen sind bevorzugt anzuwenden:

- Schutzisolierung,
- Schutzkleinspannung (SELV),
- Funktionskleinspannung (PELV und FELV),
- Schutztrennung,
- Schutz durch Meldung mit Isolationsüberwachungseinrichtung im IT-System(-Netz).

Bei Schutz durch Meldung mit Isolationsüberwachungseinrichtung im IT-System(-Netz) darf auf den zusätzlichen Potentialausgleich oder die Erfüllung der Abschaltbedingungen bei zwei Körperschlüssen nach DIN VDE 0100 Teil 410:1983-11, Abschnitt 6.1.5.4, verzichtet werden. Die nach DIN VDE 0100 Teil 430:1991-11, Abschnitt 9.2.2, geforderten Überstrom-Schutzeinrichtungen im Neutralleiter sind ebenfalls nicht erforderlich.

4.2.2.2 Der Schutz durch Abschaltung nach DIN VDE 0100 Teil 410:1983-11, Abschnitt 6.1, darf nur angewendet werden, wenn der rechnerische Nachweis erbracht ist, daß, bei einem Fehler mit vernachlässigbarer Impedanz an beliebiger Stelle zwischen Außenleiter und Schutzleiter oder einem damit verbundenem Körper, die der Fehlerstelle vorgeschaltete Schutzeinrichtung innerhalb der festgelegten Zeit selbsttätig und selektiv abschaltet.

4.3 Schutz bei indirektem Berühren in Räumen der Anwendungsgruppen 1 und 2

Zum Schutz gegen gefährliche Körperströme dürfen nur die in den Abschnitten 4.3.1 bis 4.3.6 genannten Schutzmaßnahmen angewendet werden, wobei die für die Räume der Anwendungsgruppe 2 geltenden Einschränkungen zu beachten sind. Außerdem ist ein zusätzlicher Potentialausgleich nach Abschnitt 4.4 erforderlich.

4.3.1 *Schutzisolierung*

Elektrische Betriebsmittel erfüllen die Anforderungen der Schutzisolierung, wenn sie der Schutzklasse II nach DIN VDE 0106 Teil 1 entsprechen oder gleichwertige Isolierungen nach DIN VDE 0100 Teil 410:1983-11, Abschnitt 6.2, haben.

4.3.2 *Schutzkleinspannung (SELV)*

Es gelten die Festlegungen von DIN VDE 0100 Teil 410:1983-11, Abschnitt 4.1, mit der Abweichung, daß die Nennspannung 25 V Wechselspannung oder 60 V Gleichspannung an den Verbrauchsmitteln nicht überschreiten darf.

4.3.3 *Funktionskleinspannung (PELV und FELV)*

Es gelten die Festlegungen von DIN VDE 0100 Teil 410:1983-11, Abschnitt 4.3, mit der Abweichung, daß die Nennspannung 25 V Wechselspannung oder 60 V Gleichspannung an den Verbrauchsmitteln nicht überschreiten darf.

Für OP-Leuchten darf die Funktionskleinspannung ohne sichere Trennung (FELV) nicht angewendet werden.

4.3.4 *Schutztrennung mit einem Verbrauchsmittel*

Es gelten die Festlegungen von DIN VDE 0100 Teil 410:1983-11, Abschnitt 6.5.2.

4.3.5 *Schutz durch Meldung im IT-System(-Netz)*

Es gelten die Festlegungen von DIN VDE 0100 Teil 410:1983-11, Abschnitt 6.1, mit folgenden Abweichungen:

4.3.5.1 Jedes IT-System(-Netz) ist mit einem Isolationsüberwachungsgerät nach DIN VDE 0413 Teil 2 auszurüsten.

4.3.5.2 Für IT-Systeme(-Netze) in Räumen der Anwendungsgruppe 2 nach Abschnitt 3.3.3 gelten die zusätzlichen Anforderungen nach den Abschnitten 4.3.5.2.1 und 4.3.5.2.2

4.3.5.2.1 Für das Isolationsüberwachungsgerät nach DIN VDE 0413 Teil 2 gilt:

- der Wechselstrom-Innenwiderstand muß mindestens 100 kΩ betragen;
- die Meßspannung darf nicht größer als 25 V Gleichspannung sein;
- der Meßstrom darf auch im Fehlerfall nicht größer als 1 mA sein;
- die Anzeige muß spätestens bei Absinken des Isolationswiderstandes auf 50 kΩ erfolgen.

4.3.5.2.2 Zur Überwachung durch das zuständige medizinische Personal ist an geeigneter Stelle eine Meldekombination anzuordnen, die folgende Einrichtungen enthält:

- eine grüne Meldeleuchte als Betriebsanzeige;
- eine gelbe Meldeleuchte, die bei Erreichen des eingestellten Isolationswiderstandes aufleuchtet. Sie darf nicht löschbar und nicht abschaltbar sein;
- eine akustische Meldung, die bei Erreichen des eingestellten Isolationswiderstandes ertönt. Sie darf löschbar, aber nicht abschaltbar sein;
- eine Prüftaste zur Funktionsprüfung, bei deren Betätigung ein Widerstand von 42 kΩ zwischen einen Außenleiter und den Schutzleiter geschaltet wird.

4.3.6 *Schutz durch Abschaltung*

Es gelten die Festlegungen von DIN VDE 0100 Teil 410:1983-11, Abschnitt 6.1, mit folgenden Abweichungen:

4.3.6.1 Als Schutzeinrichtungen zum Schutz bei indirektem Berühren dürfen nur Fehlerstrom-Schutzeinrichtungen nach DIN VDE 0664 Teil 1 bis Teil 3 mit folgenden Nennfehlerströmen verwendet werden:

a) $I_{\Delta n} \leq 0{,}03$ A für Stromkreise mit Überstrom-Schutzeinrichtungen bis 63 A, es sei denn, sie fallen unter Aufzählung b);

b) $I_{\Delta n} \leq 0{,}3$ A für Stromkreise, die

- Betriebsmittel außerhalb des Handbereiches nach DIN VDE 0100 Teil 200:1993-11, Abschnitt 2.3.11, versorgen, z. B. Deckenbeleuchtung;

oder die

- mit Überstrom-Schutzeinrichtungen über 63 A geschützt werden.

4.3.6.2 In TT-Systemen(-Netzen) muß der Erdungswiderstand R_A des Erders, mit dem die Körper der elektrischen Betriebsmittel über Schutzleiter verbunden sind, folgender Bedingung genügen:

$$R_A \leq \frac{25\ \text{V}}{I_{\Delta n}}$$

Dabei sind $I_{\Delta n}$ in A und R_A in Ω einzusetzen.

4.3.6.3 In Räumen der Anwendungsgruppe 2 darf Schutz durch Abschaltung nur für folgende Stromkreise angewendet werden:

- Stromkreise für Röntgengeräte,
- Stromkreise für Großgeräte mit einer Leistung von mehr als 5 kW,
- Stromkreise, auch Steckdosenstromkreise für Geräte, die nicht der medizinischen Anwendung dienen,
- Stromkreise der Raumbeleuchtung,
- Stromkreise für die elektrische Ausrüstung von Operationstischen.

4.4 Zusätzlicher Potentialausgleich in Räumen der Anwendungsgruppen 1 und 2

4.4.1 Zum Ausgleich von Potentialunterschieden zwischen den Körpern der elektrischen Betriebsmittel und fest eingebauten fremden leitfähigen Teilen ist ein zusätzlicher Potentialausgleich zu errichten.

4.4.2 In jedem Verteiler oder in dessen Nähe ist eine Potentialausgleichs-Sammelschiene anzubringen, an die die Potentialausgleichsleiter übersichtlich und einzeln lösbar angeschlossen werden können.

4.4.3 Folgende Teile sind über Potentialausgleichsleiter mit der Potentialausgleichs-Sammelschiene zu verbinden:

a) die Schutzleiter-Sammelschiene;

b) fremde leitfähige Teile, die

- sich bei Behandlung oder Untersuchung des Patienten mit netzabhängigen medizinischen elektrischen Geräten in einem Bereich von 1,50 m um die Patientenposition befinden,

und deren

- Widerstand gemessen zum Schutzleiter in Räumen der
  - Anwendungsgruppe 1 kleiner als 7 kΩ ist,
  - Anwendungsgruppe 2 kleiner als 2,4 MΩ ist

und die

- mit dem Schutzleiter nicht in Verbindung stehen.

c) die Abschirmung gegen elektrische Störfelder;

d) Ableitnetze elektrostatisch leitfähiger Fußböden;

e) ortsfeste, nicht elektrisch betriebene Operationstische, die nicht mit dem Schutzleiter verbunden sind;

ANMERKUNG: Ortsveränderliche Operationstische siehe Abschnitt 4.4.4 a).

f) Operationsleuchten bei Anwendung der Funktionskleinspannung mit sicherer Trennung (PELV).

4.4.4 In Räumen der Anwendungsgruppe 2 sind folgende Maßnahmen zusätzlich erforderlich:

a) In der Nähe der Patientenposition sind Anschlußbolzen für Potentialausgleichsleitungen nach DIN 42801 anzubringen, über die ortsveränderliche medizinische elektrische Geräte bei intrakardialen Eingriffen und ortsveränderliche Operationstische, bei Anwendung der HF-Chirurgie in den Potentialausgleich einbezogen werden können (siehe Normen der Reihe DIN VDE 0753).

b) In diesen Räumen darf die Spannung im fehlerfreien Betrieb der elektrischen Anlage zwischen fremden leitfähigen Teilen, Schutzkontakten von Steckdosen und Körpern festangeschlossener elektrischer Betriebsmittel den Wert 20 mV nicht überschreiten.

ANMERKUNG: Diese Bedingungen sind in Anlagen ohne PEN-Leiter nach Abschnitt 3.3.1 erfüllt. Die Einhaltung dieser Forderung ist deshalb nur bei Änderung oder Erweiterung in bestehenden Anlagen, in denen PEN-Leiter ab Gebäudehauptverteiler verlegt sind (TN-C-System(-Netz)), meßtechnisch nachzuweisen.

4.4.5 Zwischen den Potentialausgleichs-Sammelschienen von Räumen oder Raumgruppen mit funktionsmäßig gemeinsamen Meß- oder Überwachungseinrichtungen (z. B. für Körperfunktionen oder Körperaktionsspannungen) sind Potentialausgleichsleiter zu verlegen.

4.5 Schutzleiter und Potentialausgleichsleiter

4.5.1 Die Auswahl und Bemessung der Leiter ist nach DIN VDE 0100 Teil 540 vorzunehmen.

4.5.2 Potentialausgleichsleiter müssen isoliert und grün-gelb gekennzeichnet sein.

4.5.3 Für jeden Stromkreis ist ein eigener Schutzleiter notwendig.

5 Sicherheitsstromversorgung

In Krankenhäusern, Polikliniken und anderen baulichen Anlagen mit entsprechender Zweckbestimmung ist eine Sicherheitsstromversorgung erforderlich, die nach Maßgabe dieser Norm bei Störung des allgemeinen Netzes, die in den Abschnitten 5.1 bis 5.3 aufgeführten Einrichtungen nach einer zulässigen Umschaltzeit über eine bestimmte Zeit mit elektrischer Energie versorgt.

5.1 Sicherheitsstromversorgung mit einer Umschaltzeit bis zu 15 s

Die Einrichtungen nach den Abschnitten 5.1.1 bis 5.1.3 müssen innerhalb von 15 s aus mindestens einer Sicherheitsstromquelle für die Dauer von mindestens 24 Stunden weiter betrieben werden können, wenn die Spannung eines oder mehrerer Außenleiter am Hauptverteiler des Gebäudes der Allgemeinen Stromversorgung über einen Zeitraum von mehr als 0,5 s um mehr als 10 % gesunken ist.

Für die selbsttätige Umschalteinrichtung gelten die Anforderungen nach Abschnitt 5.8.

5.1.1 *Sicherheitsbeleuchtung*

a) Rettungswege, wobei die Mindestbeleuchtungsstärke auf der Mittellinie in 0,2 m Höhe über dem Fußboden oder über Treppenstufen 1 lx betragen muß;

b) Beleuchtung von Rettungszeichen und Rettungszeichenleuchten;

c) Räume für Schaltanlagen mit Nennspannungen über 1 kV, für Ersatzstromaggregate und für Hauptverteiler der Allgemeinen Stromversorgung und der Sicherheitsstromversorgung, wobei die Mindestbeleuchtungsstärke 10 % der Nennbeleuchtungsstärke, jedoch nicht weniger als 15 lx betragen muß;

d) Arbeitsräume mit mehr als 50 m^2 Fläche, wie z. B. Werkstätten, Küchen, Wäschereien, Laboratorien, wobei die Mindestbeleuchtungsstärke 1 lx betragen muß;

e) Räume der Anwendungsgruppe 1, wobei in jedem Raum mindestens eine Leuchte aus der Sicherheitsstromversorgung weiter betrieben werden muß;

f) Räume der Anwendungsgruppe 2, wobei die gesamte Raumbeleuchtung aus der Sicherheitsstromversorgung weiter betrieben werden muß;

g) Räume, die zur Aufrechterhaltung des Krankenhausbetriebes notwendig sind, wobei in jedem Raum mindestens eine Leuchte aus der Sicherheitsstromversorgung weiter betrieben werden muß.

5.1.2 *Weitere notwendige Sicherheitseinrichtungen*

a) Feuerwehraufzüge und notwendige Bettenaufzüge,

b) notwendige Lüftungsanlagen zur Entrauchung und für Sicherheitsstromquellen und deren Betriebsräume,

c) Anlagen der Personenruftechnik,

d) Alarmanlagen und Warnanlagen,

e) Feuerlöscheinrichtungen.

5.1.3 *Medizinisch-technische Einrichtungen*

a) Die elektrischen Einrichtungen der medizinischen Gasversorgung einschließlich Druckluft, Vakuumversorgung und Narkoseabsaugung sowie deren Überwachungseinrichtungen.

b) Die medizinischen elektrischen Geräte in Räumen der Anwendungsgruppe 2, die operativen Eingriffen oder Maßnahmen dienen, die lebenswichtig sind. Diese Geräte müssen innerhalb von 15 s nach Ausfall der Spannung am Verteiler des IT-Systemes(-Netzes) selbsttätig aus einer Zusätzlichen Sicherheitsstromversorgung für die Dauer von mindestens einer Stunde versorgt werden können, wenn

– eine solche in baurechtlichen Vorschriften nach Landesrecht oder anderen behördlichen Auflagen gefordert wird oder

– die Stromversorgung nicht entsprechend Abschnitt 3.3.3.1 und Abschnitt 3.3.3.2 redundant über zwei Leitungen vom Hauptverteiler des Gebäudes erfolgt.

ANMERKUNG 1: Bei der Erweiterung, der Änderung oder dem Umbau elektrischer Anlagen für Räume der Anwendungsgruppe 2 kann es aus technischen und wirtschaftlichen Gründen empfehlenswert sein, die medizinischen elektrischen Geräte bei Ausfall der Netzspannung an der IT-Schiene aus einer zugeordneten Zusätzliche Sicherheitsstromversorgung zu versorgen.

ANMERKUNG 2: In Frühgeborenen-Stationen und für akut gefährdete Patienten kann es erforderlich sein, außer den OP-Leuchten auch andere Geräte, z. B. Beatmungs- und Überwachungsgeräte, bei Ausfall der Netzspannung innerhalb von 0,5 s oder kürzer weiter zu versorgen (siehe Bilder 3 und 4).

c) Übrige Verbrauchsgeräte in Räumen der Anwendungsgruppe 2.

5.2 Sicherheitsstromversorgung mit einer Umschaltzeit von mehr als 15 s

Nach gesichertem Betrieb der in Abschnitt 5.1 genannten Einrichtungen muß die Stromversorgung für weitere zur Aufrechterhaltung des Krankenhausbetriebes unerläßliche Einrichtungen für die Zeitdauer von 24 Stunden von der Sicherheitsstromquelle übernommen werden. Die jeweilige Umschaltzeit richtet sich nach den betrieblichen Notwendigkeiten.

Zu diesen Einrichtungen können z. B. gehören:

a) Sterilisationseinrichtungen,

b) haustechnische Anlagen, insbesondere die Heizungs-, Lüftungs- (ohne Kältemaschinen), Versorgungs- und Entsorgungsanlagen,

c) Kühlanlagen,

d) Kocheinrichtungen,

e) Ladeeinrichtungen für Akkumulatoren,

f) sonstige Aufzüge,

g) weitere für die Aufrechterhaltung des Krankenhausbetriebes wichtige Einrichtungen.

5.3 Sicherheitsstromversorgung mit einer Umschaltzeit bis zu 0,5 s

Operationsleuchten und vergleichbare Leuchten (OP-Licht) müssen zusätzlich zur Sicherheitsstromversorgung nach Abschnitt 5.1 aus einer Zusätzlichen Sicherheitsstromversorgung mit einer Umschaltzeit bis zu 0,5 s selbsttätig weiterbetrieben werden können, wenn die Spannung am Eingang des OP-Lichtes um mehr als 10 % der Nennspannung sinkt. Für die Umschalteinrichtung gelten die Anforderungen nach Abschnitt 5.8. Die Sicherheitsstromquelle muß für eine Versorgung von 3 Stunden bemessen sein. Sie darf jedoch für mindestens 1 Stunde bemessen sein, wenn eine weitere unabhängige Sicherheitsstromquelle die Mindestbetriebsdauer der Operationsleuchte von 3 Stunden insgesamt sicherstellt.

5.4 Allgemeine Anforderungen an Sicherheitsstromquellen

5.4.1 Zugelassene Stromquellen für Sicherheitsstromversorgung sind in DIN VDE 0100 Teil 560:1984-11, Abschnitt 3.1, festgelegt.

5.4.2 Eine Sicherheitsstromquelle muß die Versorgung selbsttätig übernehmen, wenn die Spannung am Hauptverteiler des Gebäudes der Allgemeinen Stromversorgung an einem oder mehreren Außenleitern um mehr als 10 % der Nennspannung gesunken ist. Die Übernahme der Versorgung muß mit Rücksicht auf Kurzzeitunterbrechung bei Berücksichtigung der zulässigen Umschaltzeit verzögert erfolgen.

5.4.3 Sicherheitsstromquellen sind so zu bemessen, daß sie mindestens 80 % der vorgesehenen Verbraucherleistung innerhalb von 15 s übernehmen können. Die restlichen 20 % der Verbraucherleistung müssen spätestens nach weiteren 5 s übernommen werden können. Dabei dürfen keine höheren Abweichungen als 10 % von der Nennspannung und 5 Hz von der Nennfrequenz der Sicherheitsstromquelle auftreten.

Als Verbraucherleistung gilt die Summenleistung der zu versorgenden Verbraucher der Sicherheitsstromversorgung unter Berücksichtigung des Gesamt-Gleichzeitigkeitsfaktors.

5.4.4 Der Nennstrom der Sicherheitsstromquellen muß mindestens 10mal so groß wie die Summe der Leerlaufströme aller angeschalteten Trenntransformatoren im IT-System(-Netz) sein.

5.4.5 Sicherheitsstromquellen mit dreiphasigem Ausgang müssen in der Lage sein, unsymmetrische Phasenbelastung (Schieflast) zu übernehmen.

Sicherheitsstromquellen mit einer Nennleistung bis 300 kVA müssen eine Schieflast von 100 % Phasennennstrom bei einphasiger Belastung (das entspricht 33 % der Nennleistung der Stromquelle) übernehmen können. Sicherheitsstromquellen mit höherer Nennleistung müssen eine Schieflast von mindestens 45 % des üblichen Phasenstromes (das entspricht mindestens 15 % der Nennleistung der Stromquelle) übernehmen können.

5.4.6 Im statischen Betrieb darf die Abweichung von der Nennspannung an den Ausgangsklemmen der Sicherheitsstromquelle nicht mehr als 1 % und von der Nennfrequenz nicht mehr als 1 Hz betragen.

5.4.7 Der Oberschwingungsanteil nach DIN 40110 an den Ausgangsklemmen der Sicherheitsstromquelle darf unter Nennbedingungen, bei Verbrauchern mit linearem Strom-Spannungsverhältnis, bis zur Nennleistung nicht mehr als 5 % betragen. Dies gilt sowohl für die verkettete Spannung als auch für die Strangspannung.

5.4.8 Für die Funk-Entstörung wird Grad N nach den Normen der Reihe DIN VDE 0875 gefordert.

5.4.9 Die Betätigungseinrichtungen der Sicherheitsstromquelle müssen – soweit anwendbar – mindestens folgende Betriebszustände ermöglichen:

- Automatischer Betrieb;
- Probebetrieb zur Überprüfung aller automatisch ablaufenden Vorgänge; bei einem Netzausfall während der Probe muß die Lastübernahme in jedem Fall selbsttätig stattfinden;
- Handbetätigungen für:
  „Start“,
  „Stop“,
  „Sicherheitsstromquelle Ein/Aus“,
  „Netz Ein/Aus“;
- Sperrung jeglichen Betriebs, z. B. bei Wartungsarbeiten;
- Not-Aus.

5.4.10 Die Sicherheitsstromquellen müssen folgende Meß- und Überwachungseinrichtungen haben:

- Spannungs- und Strommesser in jedem Außenleiter;
- Frequenzmesser bei Sicherheitsstromquellen mit Wechsel- bzw. Drehstromausgang;
- Batterieladekreisüberwachung.

Folgende Betriebszustände sind optisch anzuzeigen:

- Netz-Betrieb;
- Sicherheitsstromquellen-Betrieb;
- Störung der Sicherheitsstromquelle;
- Probebetrieb.

Die Weiterleitung dieser Meldungen muß möglich sein. Die Meldung „Störung der Sicherheitsstromquelle“ muß außerdem an geeigneter Stelle optisch und akustisch auftreten. Die akustische Meldung muß löschbar sein. Die Funktionsfähigkeit von Meldelampen muß prüfbar sein.

5.4.11 Für die Sicherheitsstromversorgung ist ein Wirkleistungsmesser vorzusehen, der sowohl die Leistung bei Versorgung aus dem Netz als auch aus der Sicherheitsstromquelle anzeigt.

5.5 Zusätzliche Anforderungen an Stromerzeugungsaggregate mit Hubkolben-Verbrennungsmotoren als Sicherheitsstromquelle

Für Stromerzeugungsaggregate mit Hubkolben-Verbrennungsmotoren als Sicherheitsstromquellen gilt zusätzlich zu den Anforderungen nach Abschnitt 5.4 DIN 6280 Teil 13.

5.6 Zusätzliche Anforderungen an batteriegestützte Anlagen mit oder ohne Umrichter als Sicherheitsstromquelle

Für batteriegestützte Anlagen mit oder ohne Umrichter als Sicherheitsstromquelle gelten zusätzlich zu den Anforderungen nach Abschnitt 5.4 die Abschnitte 5.6.1 bis 5.6.6.

5.6.1 Es dürfen nur Bleiakkumulatoren mit positiven Großoberflächenplatten oder positiven Panzerplatten sowie Nickel-Cadmium-Akkumulatoren verwendet werden oder Akkumulatoren, deren Platten, hinsichtlich der Lebensdauer, den vorgenannten mindestens gleichwertig sind. Kraftfahrzeug-Starterbatterien sind nicht zulässig.

5.6.2 Für die Aufstellung, Prüfung und Wartung der Akkumulatoren gelten die Normen der Reihe DIN VDE 0510.

5.6.3 Für die Ladeeinrichtung gelten DIN VDE 0558 Teil 1 und Teil 5 sowie die Normen der Reihe DIN VDE 0510 und DIN 41773 Teil 1 und Teil 2. Für Stromrichter/Umrichter gilt DIN VDE 0558 Teil 2.

5.6.4 Eine batteriegestützte Anlage muß aus dem Erhaltungsladebetrieb mindestens für die Dauer von drei Stunden mit Nennleistung – bei Wechsel- bzw. Drehstrom mit Nennleistung bei cos φ 0,8 (induktiv) – betrieben werden können. Sie darf für die Dauer von 1 h bemessen sein, wenn eine weitere unabhängige Sicherheitsstromquelle die Mindestbetriebsdauer von 3 h sicherstellt. Die Batterie muß nach einer Ladedauer von max. 6 h wieder die gleiche Entnahme ermöglichen. Diese Bedingungen gelten bei einer Umgebungstemperatur von +20 °C.

5.6.5 Der einwandfreie Ladezustand der Akkumulatoren muß durch selbsttätiges Laden und Erhaltungsladen sichergestellt sein.

5.6.6 Der Spannungsfall auf der Lade-/Entladeleitung, zwischen Batterie und Stromrichter/Umrichter, darf bei Nennstrom 1 % der Nennspannung nicht überschreiten.

5.7 Zusätzliche Anforderungen an die Stromversorgung von OP-Leuchten

Werden OP-Leuchten oder vergleichbare Leuchten versorgt, muß die Spannung um ±5 % der Nennspannung in Schritten von ≤ 2 % der Nennspannung angepaßt werden können, um anlagenbedingte Spannungsfälle auszugleichen. Bei Leistungsänderungen um 100 % der Nennleistung müssen die zulässigen Grenzwerte der Abweichungen der Nennausgangsspannung nach 0,5 s wieder eingehalten werden.

5.8 Selbsttätige Umschalteinrichtungen

Für die selbsttätigen Umschalteinrichtungen, die nach den Abschnitten 3.3.3.1, 3.3.3.9, 5.1, 5.3 und 5.10.4 erforderlich werden, gelten die nachfolgenden Anforderungen:

- Zur Spannungsüberwachung der bevorzugten Einspeisung ist eine Einrichtung zur Überwachung aller Außenleiter erforderlich.
- Die Schaltgeräte in den beiden unabhängigen Einspeisungen sind für die maximal auftretende Kurzschlußleistung auszulegen oder durch Überstromschutzeinrichtungen zu schützen. Bei Schützen nach DIN VDE 0660 Teil 102 ist für das Nennschaltvermögen die Gebrauchskategorie AC3 und für den Kurzschlußschutz die Anforderung „verschleißfrei" zugrunde zu legen. Halbleiterschütze entsprechend DIN VDE 0660 Teil 109 sind nicht zulässig.
- Die Schaltgeräte in den beiden unabhängigen Einspeisungen müssen sicher gegeneinander verriegelt sein.
- Die Rückschaltung auf die bevorzugte Einspeisung bei Spannungswiederkehr muß selbsttätig erfolgen.
- Für die Steuerstromkreise der Umschalteinrichtung gelten die Anforderungen nach Abschnitt 5.9.2 zusätzlich zu den Anforderungen nach DIN VDE 0100 Teil 725.
- Die Betriebsbereitschaft der zweiten Einspeisung ist zu überwachen. Dies gilt nicht für in bereitschaftstehende Sicherheitsstromquellen, wie z. B. anlaufende Stromerzeugungsaggregate.
- Zur Funktionsprüfung der Umschalteinrichtung (Netzausfallsimulation) ist ein Prüftaster vorzusehen. Er ist dem Zugriff Unbefugter zu entziehen.
- Der Schaltzustand der Umschalteinrichtung ist optisch anzuzeigen. Störungszustände sind dem technischen Betriebspersonal akustisch löschbar und optisch anzuzeigen.
- Die Meldung „Umschaltung auf die zweite Einspeisung" des Verteilers für Räume der Anwendungsgruppe 2 muß so erfolgen, daß sie auch vom medizinischen Personal des betroffenen Bereichs wahrgenommen werden kann.

5.9 Steuerstromkreise

5.9.1 Für das Errichten von Steuerstromkreisen gilt DIN VDE 0100 Teil 725.

5.9.2 Steuerstromkreise der selbsttätigen Umschalteinrichtungen zur Umschaltung von redundanten Einspeisungen nach Abschnitt 5.8 sind so zu errichten, daß ein einziger Fehler, mit dessen Auftreten gerechnet werden muß, nicht zum Ausfall beider Einspeisungen führt.

ANMERKUNG: Solche Fehler sind z. B.: Ausfall der Steuerspannung, Ansprechen einer Schutzeinrichtung, Körper- oder Erdschluß oder Leiterbruch im Steuerstromkreis.

5.10 Besondere Anforderungen an das Leitungsnetz der Sicherheitsstromversorgung

5.10.1 Die Kabel oder Leitungen zwischen Sicherheitsstromquelle und der zugehörigen 1. Überstrom-Schutz- einrichtung sowie zwischen Batterie und Ladegerät müssen kurzschluß- und erdschlußsicher nach DIN VDE 0100 Teil 520:1985-11, Abschnitt 10.2, verlegt sein. Sie dürfen sich nicht in der Nähe brennbarer Materialien befinden.

5.10.2 Ab dem Hauptverteiler der Sicherheitsstromversorgung ist zur Versorgung der notwendigen Einrichtungen nach den Abschnitten 5.1. bis 5.3 ein eigenes, getrennt von der Allgemeinen Stromversorgung zu führendes Verteilungsnetz erforderlich.

5.10.3 Soll eine Sicherheitsstromquelle über die notwendigen Einrichtungen hinaus alle Verbraucher eines Gebäudes versorgen (Vollversorgung), so sind ab der Netzumschaltung bis zum Hauptverteiler des Gebäudes zwei unabhängige Einspeisungen erforderlich. Ab dem Hauptverteiler ist ein eigenes Verteilungs- und Verbrauchernetz für die notwendigen Sicherheitseinrichtungen nach den Abschnitten 5.1 bis 5.3 erforderlich.

5.10.4 In allen Stromkreisen der Sicherheitsstromversorgung müssen die Kennwerte der Sicherheitsstromquellen und der Schutzeinrichtungen sowie die Querschnitte der Leiter so ausgewählt werden, daß der bei Kurzschluß an beliebiger Stelle der Anlage sowohl bei der Versorgung aus der Allgemeinen Stromversorgung als auch aus der Sicherheitsstromquelle fließende kleinste Kurzschlußstrom innerhalb von 5 s abgeschaltet wird. Die dem Fehler vorgeschaltete Schutzeinrichtung muß gegenüber den ihr vorgeschalteten Schutzeinrichtungen selektiv auslösen.

In Stromkreisen, für die nach DIN VDE 0100 Teil 430 zum Schutz von Kabeln und Leitungen gegen zu hohe Erwärmung oder nach DIN VDE 0100 Teil 410 zum Schutz bei indirektem Berühren kürzere Abschaltzeiten als 5 s erforderlich sind, muß die selektive Auslösung innerhalb dieser kürzeren Zeit erfolgen.

5.10.5 Bei Stromversorgung mehrerer Gebäude von einer zentralen Stelle aus gelten die Festlegungen der Abschnitte 5.10.5.1 bis 5.10.5.4 (siehe Bild 5).

5.10.5.1 Bei Absinken der Spannung eines oder mehrerer Außenleiter des allgemeinen Netzes um mehr als 10 % der Nennspannung am Hauptverteiler der zentralen Stromversorgungsanlage muß über entsprechende Einrichtungen der Start der Sicherheitsstromquelle eingeleitet und über eine Umschalteinrichtung nach Abschnitt 5.8 selbsttätig auf Speisung der Sicherheitsstromversorgung aus der Sicherheitsstromquelle umgeschaltet werden (siehe Bild 5).

5.10.5.2 Bei Ausfall der Spannung eines oder mehrerer Außenleiter der Allgemeinen Stromversorgung am Hauptverteiler des Gebäudes muß über eine Umschalteinrichtung nach Abschnitt 5.8 selbsttätig die Einspeisung des Hauptverteilers des Gebäudes der Sicherheitsstromversorgung auf die Zuleitung der Sicherheitsstromversorgung umgeschaltet werden (siehe Bild 5).

5.10.5.3 Die Kabel der Allgemeinen Stromversorgung und diejenigen der Sicherheitsstromversorgung sind bei Verlegung im Erdreich auf getrennten Trassen mit einem Mindestabstand von 2 m zu verlegen. Im Nahbereich einer Gebäudeeinführung dürfen die Kabel den Abstand von 2 m unterschreiten, wenn ein besonderer mechanischer Schutz gegen Beschädigungen bei Tiefbauarbeiten vorgesehen ist.

5.10.5.4 Bei Verlegung der Kabel nach Abschnitt 5.10.5.3 außerhalb des Erdreiches, z. B. im Kabelkanal, darf das Kabel der Sicherheitsstromversorgung auf der gleichen Trasse (Kabelkanal) wie das Kabel der Allgemeinen Stromversorgung geführt werden, wenn es so vor äußerer Brandeinwirkung geschützt ist, daß es im Brandfall für die Dauer von mindestens 90 Minuten funktionsfähig bleibt (Funktionserhalt E 90 nach DIN 4102 Teil 12).

5.10.6 In einem mehradrigen Kabel oder einer mehradrigen Leitung der Sicherheitsstromversorgung darf ein Stromkreis nur mit einem zugehörigen Hilfsstromkreis zusammengefaßt werden. Das Zusammenfassen von mehreren Hauptstromkreisen in einem Kabel oder einer Leitung (z. B. auch Beleuchtungsstromkreise mit gemeinsamem Neutralleiter) ist nicht zulässig.

5.10.7 Die nach Abschnitt 3.3.3.1 zur Versorgung der Verteiler der Räume der Anwendungsgruppe 2 erforderlichen zwei Zuleitungen sind getrennt voneinander zu verlegen. Dabei ist mindestens eine Leitung durch ihre Bauart oder durch Umkleidung so zu schützen, daß sie bei äußerer Brandeinwirkung für die Dauer von 90 Minuten funktionsfähig bleibt. Bei Einspeisung des Verteilers aus der Allgemeinen Stromversorgung und der Sicherheitsstromversorgung gilt dies für die Zuleitung aus dem Hauptverteiler der Sicherheitsstromversorgung und bei Einspeisung aus der Zusätzlichen Sicherheitsstromversorgung und der Sicherheitsstromversorgung für die Zuleitung aus dem Hauptverteiler der Zusätzlichen Sicherheitsstromversorgung.

6 Brandschutz und Explosionsschutz

Auf die diesbezüglichen Richtlinien in Beiblatt 1 zu DIN VDE 0107 und im Beiblatt 1 zu DIN VDE 0108 Teil 1 wird hingewiesen.

7 Empfehlungen für Maßnahmen gegen die Beeinflussung von medizinischen elektrischen Meßeinrichtungen durch Starkstromanlagen

ANMERKUNG: Elektrische oder magnetische Felder elektrischer Anlagen können medizinische Meßeinrichtungen, insbesondere solche für Körperaktionsspannungen, bis zur Funktionsunfähigkeit stören. Die im folgenden beschriebenen Maßnahmen sind als Schutz gegen Störungen geeignet, die durch Starkstromanlagen in oder in der Nähe medizinisch genutzter Räume hervorgerufen werden. Ihre Anwendung ermöglicht den bestimmungsgemäßen Betrieb medizinischer Meßeinrichtungen. Sie reichen nicht aus gegen Störungen, die durch Hochfrequenzquellen aller Art für die Nachrichtentechnik oder Therapie erzeugt werden. Maßnahmen gegen diese Störungen sind nicht Gegenstand dieser Errichtungsnorm.

7.1 Anwendung der Maßnahmen

In Räumen und in der Umgebung von Räumen, in denen bestimmungsgemäß Messungen von Körperaktionsspannungen, z. B. EEG, EKG oder EMG durchgeführt werden, sollten die im folgenden unter Abschnitt 7.2 und Abschnitt 7.3 angegebenen Maßnahmen angewendet werden, wenn nach örtlichen Gegebenheiten mit dem Auftreten von Störungen gerechnet werden kann. Gegebenenfalls kann es notwendig werden, diese Maßnahmen zur Herstellung des bestimmungsgemäßen Gebrauchs nachträglich durchzuführen.

ANMERKUNG: Zu den Räumen, die gegen Störungen geschützt werden sollen, gehören insbesondere

- EEG-Räume, EKG-Räume und EMG-Räume in Krankenhäusern,
- Intensiv-Untersuchungsräume,
- Intensiv-Überwachungsräume,
- Herzkatheterräume,
- Operationsräume.

7.2 Maßnahmen gegen Störungen durch elektrische Felder

7.2.1 Die Kabel und Leitungen der Starkstromanlage sollten mit leitfähigen, abschirmenden Umhüllungen verlegt werden. Diese Maßnahme ist an allen Kabeln und Leitungen durchzuführen, die im zu schützenden Raum, in dessen Wänden, Decke und Fußboden sowie auf deren Außenseiten verlegt sind.

7.2.2 Die leitfähigen Umhüllungen von Kabeln und Leitungen (z. B. abgeschirmte Leitungen mit Metallmantel, Stahlpanzerrohr oder ähnliche Installationsrohre und -kanäle) sollten untereinander und mit dem Potentialausgleichsleiter gut leitend verbunden werden (Schweißpunkte, übergelötete Drahtbrücken). Dabei sollten die Abschirmungen (z. B. die metallene Umhüllung der abgeschirmten Leitungen bzw. das Stahlpanzerrohr) keine geschlossenen Ringverbindungen (Maschen) bilden.

7.2.3 Die Maßnahmen nach den Abschnitten 7.2.1 und 7.2.2 sollten entfallen, wenn die zu schützenden Einrichtungen auf andere Weise wirksam gegen Störungen geschützt werden. Dies kann durch Einlegen eines Abschirmgewebes oder einer Metallfolie in den Fußboden, die Decke oder die Wände der zu entstörenden Räume geschehen. Diese Abschirmung ist von Rohrleitungen und leitfähigen Gebäudeteilen usw. isoliert zu verlegen und über einen eigenen Potentialausgleichsleiter mit der Potentialausgleichs-Sammelschiene zu verbinden.

7.2.4 Festangeschlossene elektrische Verbrauchsmittel sollten in Schutzklasse I nach DIN VDE 0106 Teil 1 ausgeführt sein.

7.3 Maßnahmen gegen Störungen durch netzfrequente magnetische Felder

Am Patientenplatz darf die Induktion bei 50 Hz folgende Werte nicht überschreiten:

$B_{SS} = 2 \cdot 10^{-7}$ Tesla für EEG,

$B_{SS} = 4 \cdot 10^{-7}$ Tesla für EKG.

ANMERKUNG 1: Zur Prüfung dient z. B. ein Elektrokardiograph, dessen Patientenleitungen an eine Prüfspule nach Bild 6 angeschlossen werden. Bei der Empfindlichkeit des Elektrokardiographen von 10 mm/mV darf der registrierte Störausschlag bei EEG 2 mm und bei EKG 4 mm nicht übersteigen. Bei der Prüfung ist die Spule in alle möglichen Lagen zu drehen. Der höchste dabei registrierte Störausschlag ist maßgebend.

ANMERKUNG 2: Diese Grenzwerte werden im allgemeinen nicht überschritten, wenn zwischen Anlageteilen und Betriebsmitteln, die magnetische Störungen hervorrufen können, und den für die Untersuchung von Patienten vorgesehenen Plätzen folgende Abstände in allen Richtungen eingehalten werden:

a) Bei Verwendung einer Leuchte mit einem Vorschaltgerät (Drossel) sind in der Regel 0,75 m ausreichend. Bei Verwendung mehrerer Vorschaltgeräte können größere Abstände notwendig sein. Vorschaltgeräte mit höheren Arbeitsfrequenzen, die nicht in den Übertragungsbereich der medizinischen elektrischen Meßeinrichtung fallen, erlauben kleinere Abstände.

b) Bei Verwendung vorwiegend induktiver Betriebsmittel großer Leistung sind in der Regel 6 m Abstand ausreichend. Solche Betriebsmittel sind z. B.:

- Transformatoren der Starkstromanlage, z. B. des IT-Systems(-Netzes);
- ortsfeste Motoren – insbesondere solche über 3 kW.

c) Zwischen mehradrigen Kabeln und Leitungen der Starkstromanlage und den zu schützenden Patientenplätzen:

Leiternennquerschnitt (Cu)	Mindestabstand
10 bis 70 mm²	3 m
95 bis 185 mm²	6 m
> 185 mm²	9 m

Bei einadrigen Kabeln und Leitungen sowie Stromschienensystemen können größere Abstände notwendig werden.

d) Die in a) bis c) genannten Abstände können durch magnetische Abschirmungen vermindert werden.

ANMERKUNG 3: In diesem Zusammenhang wird auf die mögliche Beeinflussung von medizinischen elektrischen Meßeinrichtungen durch $16^2/_3$-Hz-Wechselstrom-Bahnanlagen in Gebäudenähe hingewiesen.

Die zu erwartenden Feldstärken (Induktionen) und ihr Verlauf können bei Deutsche Bahn AG, Geschäftsbereich Netz, NGT 541, Arnulfstraße 19, 80335 München, Telefon: 089/128-0 erfragt werden, um Mindestabstände bzw. anderweitige Schutzmaßnahmen festlegen zu können.

8 Medizinische Einrichtungen außerhalb von Krankenhäusern

8.1 Praxisräume der Human- und Dentalmedizin

8.1.1 *Zuordnung der Räume zu den Anwendungsgruppen*

Die richtige Zuordnung der Räume zu den Anwendungsgruppen ergibt sich aus den Festlegungen der Abschnitte 2.2.1 bis 2.2.3 in Verbindung mit den Beispielen nach Tabelle 1.

8.1.2 *Schutzmaßnahmen bei indirektem Berühren*

8.1.2.1 In Räumen der Anwendungsgruppe 0 sind die Schutzmaßnahmen nach DIN VDE 0100 Teil 410 anzuwenden.

8.1.2.2 In Räumen der Anwendungsgruppe 1 dürfen nur Schutzmaßnahmen nach Abschnitt 4.3 angewendet werden.

ANMERKUNG: Die der Untersuchung oder Behandlung von Patienten dienenden Räume in Praxen niedergelassener Ärzte der Human- oder der Dentalmedizin sind in der Regel Räume der Anwendungsgruppe 1.

8.1.2.3 In Räumen der Anwendungsgruppe 2 muß die Schutzmaßnahme „Meldung durch Isolationsüberwachungseinrichtung im IT-System(-Netz)" nach Abschnitt 4.3.5 angewendet werden für Stromkreise der Operationsleuchten und für Stromkreise mit zweipoligen Steckdosen mit Schutzkontakt, an die lebenswichtige medizinische elektrische Geräte angeschlossen werden, die beim ersten Körperschluß nicht ausfallen dürfen.

8.1.3 *Zusätzlicher Potentialausgleich*

In Räumen der Anwendungsgruppen 1 und 2 ist ein zusätzlicher Potentialausgleich erforderlich, in den die fremden leitfähigen Teile einbezogen werden müssen, die der Patient bei Behandlung oder Untersuchung mit netzabhängigen medizinischen elektrischen Geräten berühren kann.

8.1.4 *Sicherheitsstromversorgung*

Bei Störung des allgemeinen Netzes müssen folgende Einrichtungen in Räumen der Anwendungsgruppe 2 aus einer geeigneten Sicherheitsstromversorgung für die Dauer von mindestens drei Stunden weiter betrieben werden können:

- Operationsleuchten und vergleichbare Leuchten mit einer Umschaltzeit von höchstens 0,5 s,
- lebenswichtige medizinische elektrische Geräte mit einer Umschaltzeit von höchstens 15 s.

8.2 Versorgung von Geräten der Heimdialyse

Für die regelmäßige Versorgung von Geräten der Heimdialyse in Räumen von Wohnungen sind Maßnahmen nach Abschnitt 8.2.1 oder eine Anschlußeinrichtung nach Abschnitt 8.2.2 erforderlich.

8.2.1 *Maßnahmen in der elektrischen Anlage*

a) Es ist ein eigener Stromkreis, beginnend am Unterverteiler der Wohnung, vorzusehen.

b) Der Stromkreis wird mit einer Fehlerstrom-Schutzeinrichtung nach DIN VDE 0664 Teil 1 oder DIN VDE 0664 Teil 2 geschützt, deren Nennfehlerstrom $I_{\Delta n}$ maximal 30 mA beträgt. Die Fehlerstrom-Schutzeinrichtung ist durch Betätigen der Prüfeinrichtung alle 6 Monate zu prüfen.

c) Für den Anschluß des Gerätes der Heimdialyse sind Steckvorrichtungen vorzusehen, die mit den übrigen Steckdosen unverwechselbar sind, z. B. Steckvorrichtungen nach den Normen der Reihe DIN EN 60309 oder DIN 49445.

d) Es ist ein zusätzlicher Potentialausgleich nach DIN VDE 0100 Teil 410 erforderlich, in den alle fremden leitfähigen Teile einbezogen werden müssen, die der Patient während der Dialyse berühren kann.

8.2.2 *Anschlußeinrichtung zwischen Steckdose der Hausinstallation und Dialysegerät*

Den Geräten der Heimdialyse ist eine Anschlußeinrichtung vorzuschalten, die die Anforderungen nach Aufzählung a) bis f) erfüllt.

a) Die Isolierstoffumhüllung der Anschlußeinrichtung muß die Anforderungen für Schutzisolierung erfüllen.

b) Die Anschlußleitung muß 2adrig ohne Schutzleiter ausgeführt sein. Sie muß der Bauart H05VV nach DIN VDE 0281 Teil 402 oder gleichwertig entsprechen.

c) Eingangs- und Ausgangsseite der Anschlußeinrichtung sind sicher elektrisch zu trennen durch einen Trenntransformator nach DIN VDE 0550 Teil 3 oder DIN VDE 0551 Teil 1. Eine Einschaltstrombegrenzung ist vorzusehen.

d) Es sind auf der Ausgangsseite Steckdosen vorzusehen, die mit den Steckdosen der Hausinstallation unverwechselbar sind, z. B. Steckvorrichtungen nach den Normen der Reihen DIN 49445 oder DIN EN 60309.

e) Zwischen den Ausgangsklemmen des Trenntransformators und den ausgangsseitigen Steckdosen ist entweder

- jede Steckdose mit einer eigenen Fehlerstrom-Schutzeinrichtung mit $I_{\Delta n} \leq 30$ mA zu versehen oder
- eine Isolationsüberwachung gegen den ungeerdeten Potentialausgleichsleiter nach Aufzählung f) vorzusehen.

Bei Anwendung der Isolationsüberwachung ist eine Abschaltung beim 2. Fehler nicht erforderlich, wenn sich bei der Meldeanzeige ein deutlicher Hinweis befindet, daß bei Ansprechen der Meldung die Dialyse beendet werden darf, aber eine erneute Dialyse erst nach Beseitigung des Fehlers zulässig ist.

f) Die Schutzkontakte der ausgangsseitigen Steckdosen sind untereinander durch einen ungeerdeten, isolierten Potentialausgleichsleiter zu verbinden.

9 Pläne, Unterlagen und Betriebsanleitungen

9.1 Für den sicheren Betrieb sind die Schaltungsunterlagen nach den Normen der Reihe DIN 40719 sowie Bedienungs- und Wartungsanweisungen erforderlich.

Insbesondere sind dies:

- Übersichtsschaltpläne des Verteilungsnetzes der Allgemeinen Stromversorgung und der Sicherheitsstromversorgung in einpoliger Darstellung. Diese Pläne müssen Angaben über die Lage der Unterverteiler im Gebäude enthalten;
- Übersichtsschaltpläne der Schaltanlagen und Verteiler in einpoliger Darstellung;
- Elektroinstallationspläne nach DIN 40719 Teil 5;
- Stromlaufpläne von Steuerungen;
- Bedienungs- und Wartungsanweisungen der Sicherheitsstromquellen;
- Rechnerischer Nachweis der Erfüllung der Anforderungen der Abschnitte 4.2.2.2 und 5.10.4;
- Liste der an die Sicherheitsstromversorgung festangeschlossenen Verbraucher mit Angabe der Nennströme und bei motorischen Verbrauchern der Anlaufströme;
- Prüfbuch bzw. Prüfberichte mit den Ergebnissen über alle vor der Inbetriebnahme erforderlichen Prüfungen.

9.2 Bei jedem Verteiler muß der zugehörige Übersichtsschaltplan vorhanden sein.

9.3 Aus den Übersichtsschaltplänen muß erkennbar sein:

- Stromart, Nennspannung;
- Anzahl und Leistung der Transformatoren und der Sicherheitsstromquellen;
- Bezeichnung der Stromkreise, Nennstrom der Überstrom-Schutzeinrichtungen der angeschlossenen Stromkreise;
- Leiterquerschnitte und -werkstoffe.

10 Prüfungen

10.1 Erstprüfungen

Die Prüfungen nach der Aufzählung a) bis n), die Aufschluß über die elektrische Sicherheit der Anlage entsprechend den Anforderungen dieser Norm sowie über die Funktion und das Verhalten von Sicherheitseinrichtungen geben, sind vor Inbetriebnahme sowie nach Änderungen oder Instandsetzungen vor der Wiederinbetriebnahme durchzuführen.

a) Prüfungen entsprechend den Festlegungen der Norm DIN VDE 0100 Teil 610.

b) Funktionsprüfung der selbsttätigen Umschalteinrichtungen nach Abschnitt 5.8.

c) Funktionsprüfung der Isolationsüberwachungseinrichtungen der IT-Systeme(-Netze) und der Meldekombinationen.

d) Prüfung der richtigen Auswahl der Betriebsmittel zur Einhaltung der Selektivität der Sicherheitsstromversorgung entsprechend den Planungsunterlagen und der Berechnung.

e) Messungen zum Nachweis, daß die in Abschnitt 4.4.3 und, soweit zutreffend, in Abschnitt 8.2.1 d) aufgeführten fremden leitfähigen Teile in den Potentialausgleich einbezogen sind.

f) Messung der Spannungen nach Abschnitt 4.4.4 b) zwischen den Schutzkontakten von Steckdosen, Körpern festangeschlossener Verbrauchsmittel sowie fremden leitfähigen Teilen, die in Räumen der Anwendungsgruppe 2 und in Räumen der Anwendungsgruppe 1, in denen Untersuchungen mit Einschwemmkathetern vorgenommen werden, innerhalb eines Bereiches von 1,50 m um die zu erwartende Position des Patienten vorhanden sind.

Diese Prüfung muß zu einem Zeitpunkt vorgenommen werden, zu dem die elektrische Anlage des Gebäudes belastet ist. Die Messung erfolgt mit einem Spannungsmeßgerät für Effektivwerte, dessen Innenwiderstand, z. B. durch äußere Beschaltung, auf 1 kΩ eingestellt ist (siehe DIN VDE 0750 Teil 1:1991-12, Bild 15). Der Frequenzbereich des Spannungsmessers sollte 1 kHz nicht überschreiten.

ANMERKUNG: Diese Messung ist nicht erforderlich in Gebäuden, in denen vom Hauptverteiler ab die Netzform TN-S-System(-Netz) angewendet wird.

g) Prüfung der Belüftung des Aufstellraumes von Sicherheitsstromquellen mit Batterien nach den Normen der Reihe DIN VDE 0510 und DIN VDE 0558 Teil 1, Teil 2 und Teil 5.

h) Prüfung der Batterien hinsichtlich ausreichender Kapazität.

i) Prüfung der Funktion der Sicherheitsstromversorgung durch Unterbrechung der Netzzuleitung am Verteiler der zu versorgenden Verbraucher.

j) Prüfung der Aufstellungsräume für Stromerzeugungsaggregate der Sicherheitsstromversorgung hinsichtlich Brandschutz, möglicher Überflutung, Belüftung, Abgasführung, Ausstattung und Einrichtungen.

k) Prüfung der Bemessung des Stromerzeugungsaggregates unter Berücksichtigung des Verzeichnisses über die statische Belastung und eventuell auftretender Anlaufströme (z. B. bei Lüfter-, Pumpen- oder Aufzugsmotoren).

l) Prüfung der Aggregateschutzeinrichtungen; dazu gehört insbesondere die Abstimmung der Selektivität von Schutzeinrichtungen.

m) Funktionsprüfungen der Sicherheitsstromversorgung mit Verbrennungsmotoren, bestehend aus Prüfung des Start- und Anlaufverhaltens, der Funktion der Hilfseinrichtungen, der Schalt- und Regelungseinrichtungen, Durchführung eines Lastlaufs mit Nennlast sowie Prüfung des Betriebsverhaltens im Aggregatbetrieb. Dabei sind die dynamischen Spannungs- und Frequenzabweichungen besonders zu beachten.

n) Prüfung der Einhaltung der Brandschutzanforderungen nach den Verordnungen nach Landesrecht (siehe auch Abschnitt 6 bzw. Beiblatt 1 zu DIN VDE 0107 und Beiblatt 1 zu DIN VDE 0108 Teil 1).

10.2 Wiederkehrende Prüfungen

10.2.1 Elektrische Anlagen sind nach den Anforderungen der DIN VDE 0105 Teil 1 wiederkehrend zu prüfen.

Prüffristen richten sich nach den Unfallverhütungsvorschriften GUV 2.10 und VBG 4 und den nach Landesrecht geltenden Verordnungen des Baurechtes.

10.2.2 Die Prüfungen nach der Aufzählung a) bis h) sind zusätzlich zu den Prüfungen nach Abschnitt 10.2.1 durchzuführen:

a) Prüfung der Fehlerstrom-Schutzeinrichtungen und der Isolationsüberwachungseinrichtungen durch Betätigen der Prüfeinrichtung mindestens alle 6 Monate durch eine Elektrofachkraft oder eine elektrotechnisch unterwiesene Person.

b) Messung des Isolationswiderstandes von Stromkreisen der Operationsleuchten, die mit Funktionskleinspannung ohne Isolationsüberwachungseinrichtung betrieben werden, mindestens alle 6 Monate durch eine Elektrofachkraft.

c) Funktionsprüfung der Sicherheitsstromversorgung monatlich zum Nachweis
- des Start- und Anlaufverhaltens,
- der erforderlichen Lastübernahme,
- der Schalt-, Regel- und Hilfseinrichtungen.

d) Die Funktionsprüfung des Lastverhaltens der Sicherheitsstromversorgung ist monatlich mit mindestens 50 % der Nennleistung für eine Betriebsdauer von
- 15 Minuten bei Sicherheitsstromquellen mit Batterien,
- 60 Minuten bei Sicherheitsstromquellen mit Verbrennungsmotor vorzunehmen;

Diese Funktionsprüfung darf bei Sicherheitsstromquellen im Dauerbetrieb entfallen.

e) Prüfung der Netzumschaltung und der selbsttätigen Umschalteinrichtungen in den Verteilern für Räume der Anwendungsgruppe 2 alle 6 Monate.

f) Messung der Spannungen nach Abschnitt 4.4.4 b), sofern zutreffend, jährlich.

g) Prüfung von Batterien hinsichtlich ausreichender Kapazität einmal im Jahr außerhalb der zu erwartenden Einsatzzeiten.

h) Prüfung, ob die Leistungen der Sicherheitsstromquellen noch dem erforderlichen Leistungsbedarf der zu versorgenden Verbrauchsmittel entsprechen, jährlich.

10.2.3 Über die regelmäßigen Prüfungen sind Prüfbücher zu führen, die eine Kontrolle über mindestens zwei Jahre gestatten, mindestens aber bis zur vorletzten Prüfung.

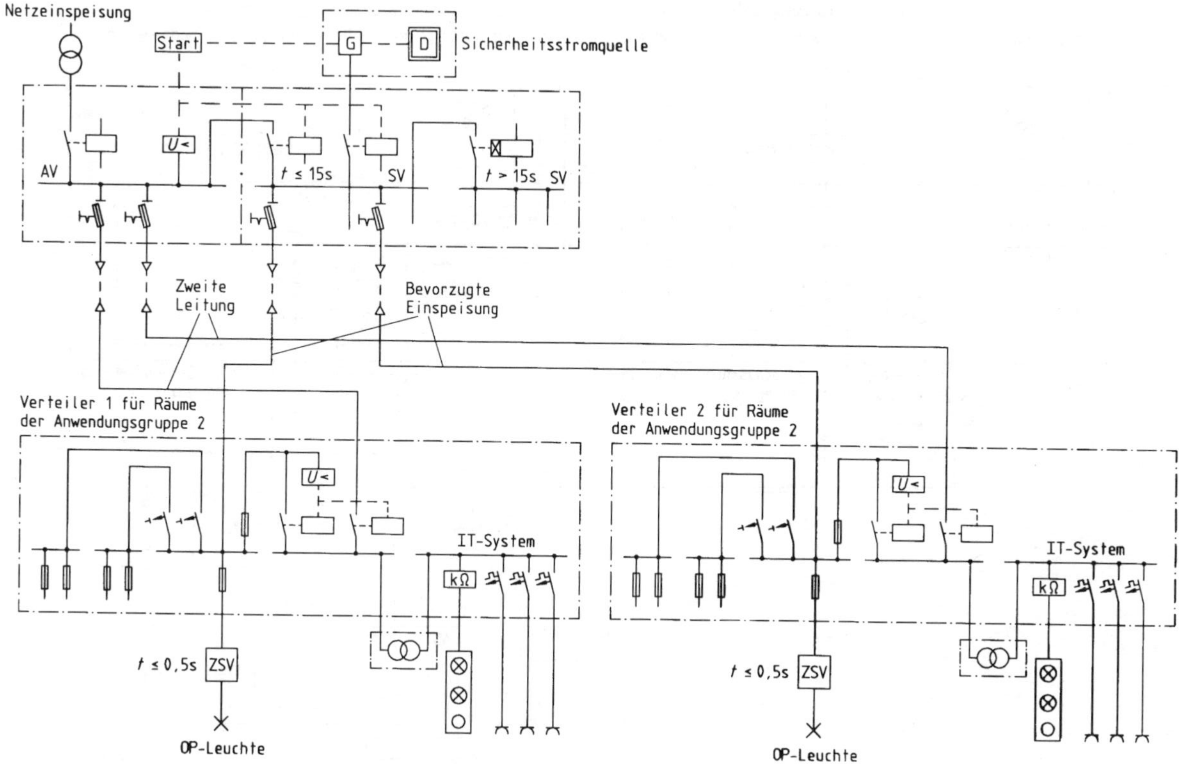

Bild 1: Beispiel für die Stromversorgung von Verteilern für Räume der Anwendungsgruppe 2 nach Abschnitt 3.3.3.2 und Abschnitt 3.3.3.8

Einspeisung der IT-Systeme(-Netze) aus der Sicherheitsstromversorgung (SV) und der Allgemeinen Stromversorgung (AV)

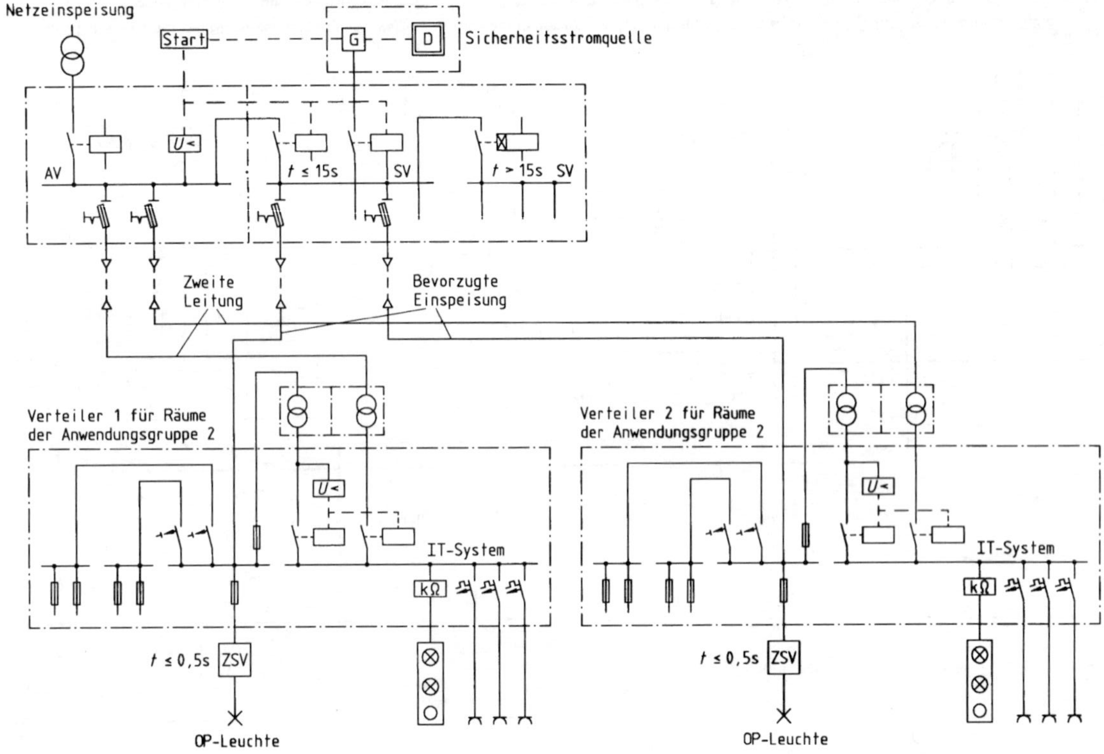

Bild 2: Beispiel für die Stronversorgung von Verteilern für Räume der Anwendungsgruppe 2 nach Abschnitt 3.3.3.2 und Abschnitt 3.3.3.9

Einspeisung der IT-Systeme(-Netze) aus der Sicherheitsstromversorgung (SV) und der Allgemeinen Stromversorgung (AV)

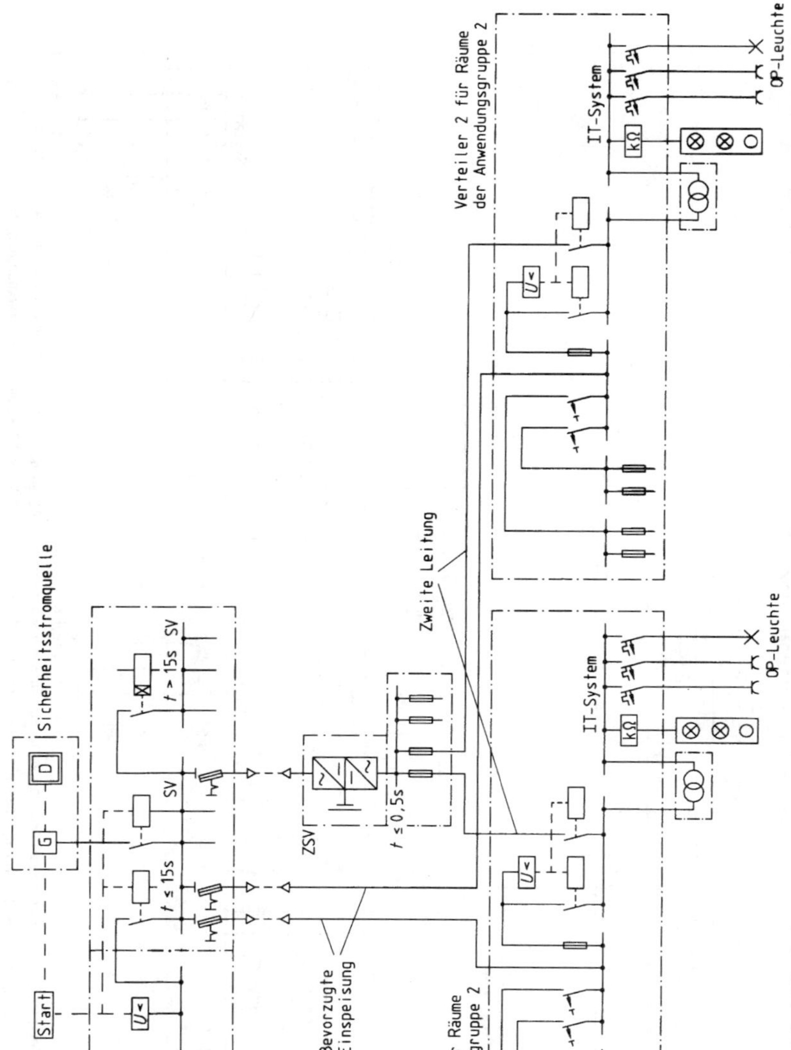

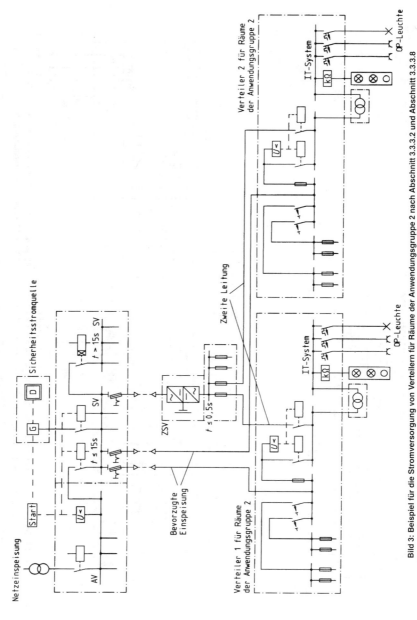

Bild 3: Beispiel für die Stromversorgung von Verteilern für Räume der Anwendungsgruppe 2 nach Abschnitt 3.3.3.2 und Abschnitt 3.3.3.8

Einspeisung der IT-Systeme(-Netze) aus der Sicherheitsstromversorgung (SV) und der Zusätzlichen Stromversorgung (ZSV)

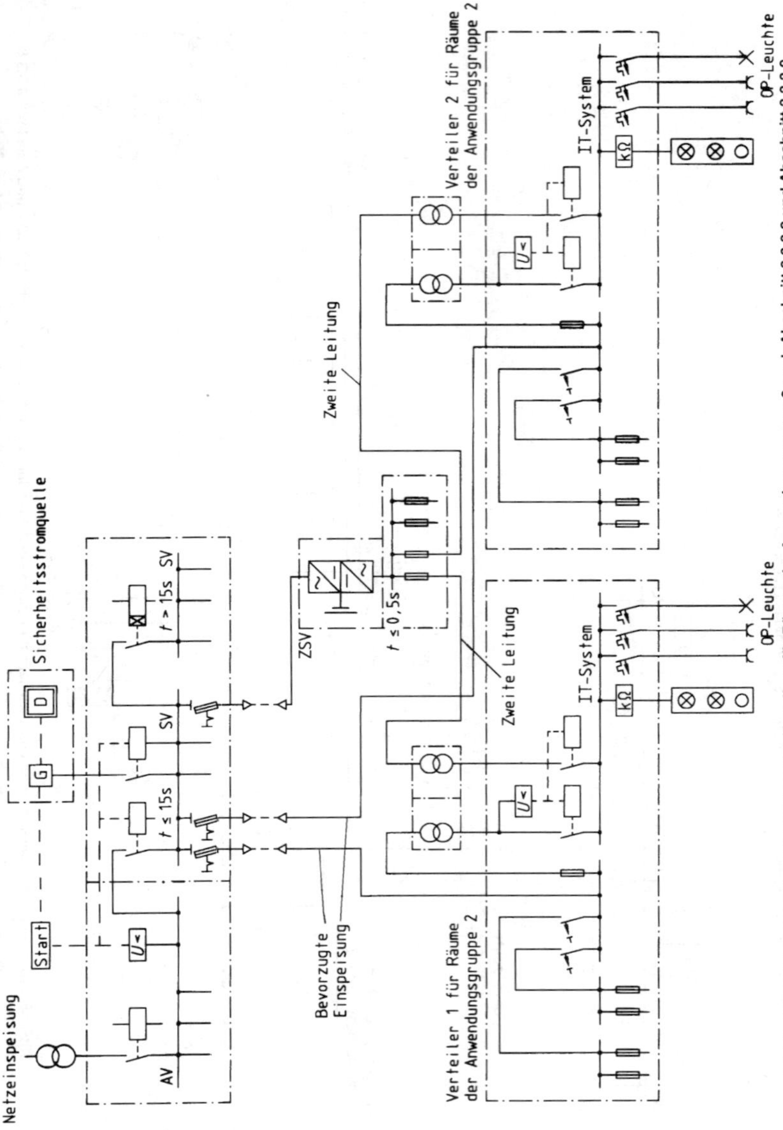

Bild 4: Beispiel für die Stromversorgung von Verteilern für Räume der Anwendungsgruppe 2 nach Abschnitt 3.3.3.2 und Abschnitt 3.3.3.9

Einspeisung der IT-Systeme(-Netze) aus der Sicherheitsstromversorgung (SV) und Zusätzlichen Stromversorgung (ZSV)

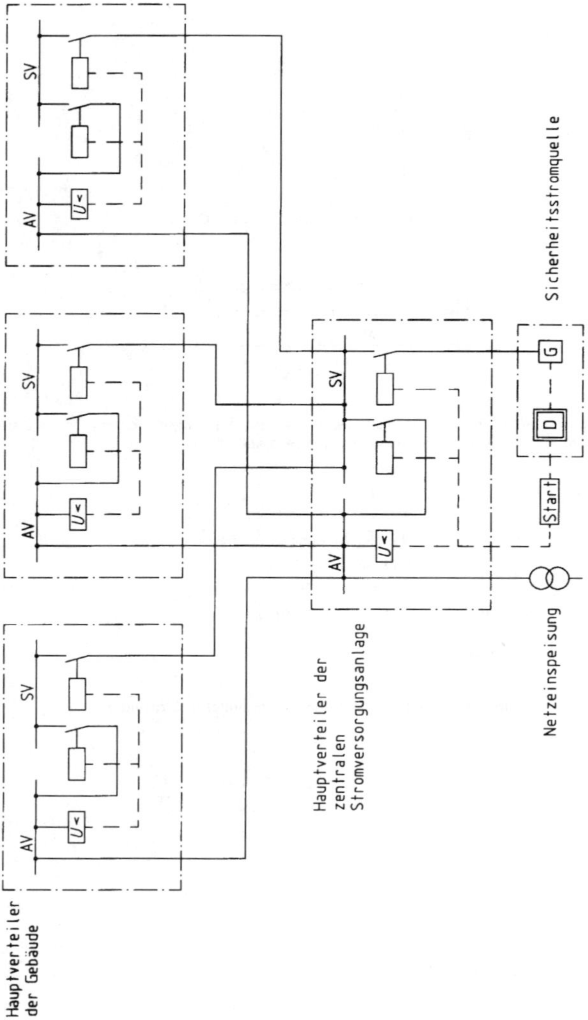

Bild 5: Stromversorgung mehrerer Gebäude von einer zentralen Stelle aus nach Abschnitt 5.10.5

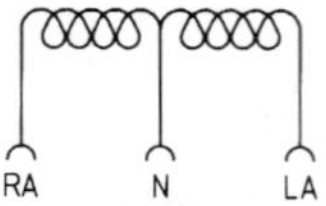

Verbindung zum EEG-Gerät oder EKG-Gerät

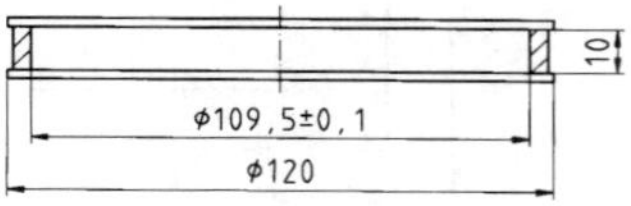

Die Spule darf auch in anderer Form, z. B. quadratisch, aufgebaut sein, wenn die technischen Daten der Spule eingehalten sind. Die Spule darf keine ferromagnetischen Teile enthalten.

Technische Daten der Spule:

Effektive Windungsfläche	10^{-2} m^2
Effektive Spulenfläche	3,18 m^2
Wicklung	2 × 159 Windungen
Drahtdurchmesser	0,28 mm
Mittlerer Windungsdurchmesser	113 mm
Gleichstromwiderstand der Wicklung	~ 32 Ω (318 Windungen)
Ausgangsspannung U_{SS} (bei $B_{SS} = 10 \cdot 10^{-7}$ T und $f = 50$ Hz)	1 mV

Bild 6: Prüfspule zur Messung magnetischer Störfelder

Anhang A

Zusammenstellung der Anforderungen an die zulässigen Netzformen, Schutzmaßnahmen und Versorgungsarten

<table>
<tr><th rowspan="3">Zulässige Netzformen und Schutzmaßnahmen für die</th><th colspan="4">in den Raumarten</th></tr>
<tr><th rowspan="2">nicht medizinisch genutzt</th><th colspan="3">medizinisch genutzte Anwendungsgruppe</th></tr>
<tr><th>0</th><th>1</th><th>2</th></tr>
<tr><td>Verbraucher der Allgemeinen Stromversorgung</td><td colspan="2">– Netzformen:
TN-S-System(-Netz)
TT-System(-Netz)
IT-System(-Netz)
– Schutzmaßnahmen:
alle nach DIN VDE 0100 Teil 410 (siehe Abschnitt 4.2.1)</td><td rowspan="2">– Netzformen:
TN-S-System(-Netz)
TT-System(-Netz)
IT-System(-Netz)
(siehe Abschnitt 4.3)
– Schutzmaßnahmen:
Schutzisolierung (siehe Abschnitt 4.3.1)
Schutzklein-spannung mit Einschränkungen (siehe Abschnitt 4.3.2)
Funktionsklein-spannung mit Ein-schränkungen (siehe Abschnitt 4.3.3)
Schutztrennung mit Einschränkungen (siehe Abschnitt 4.3.4)
IT-System(-Netz) mit Meldung (siehe Abschnitt 4.3.5)
TT-System(-Netz)/ TN-System(-Netz) mit Fehlerstrom-Schutzeinrichtungen und Einschränkun-gen (siehe Abschnitt 4.3.6)
– erforderlich ist: zusätzlicher Potentialausgleich nach Abschnitt 4.4</td><td rowspan="2">für alle Verbraucher außer den lebenswich-tigen Einrichtungen sind die Anforderungen wie für die Anwen-dungsgruppe 1 zulässig;

für die lebenswichti-gen Einrichtungen sind erforderlich:
Netzform:
IT-System(-Netz) (siehe Abschnitt 3.4.1.1)
die Schutzmaßnah-men:
IT-System(-Netz) mit Meldung (siehe Abschnitt 4.3.5.2)
die Zweifach-Einspeisung nach Abschnitt 3.3.3
die Versorgung der lebenswichtigen medizinischen Geräte nach Abschnitt 5.1.3b)
die Versorgung der OP-Leuchten nach Abschnitt 5.3</td></tr>
<tr><td>Verbraucher der Sicherheits-stromversorgung</td><td colspan="2">bei Einspeisung aus der Allgemeinen Stromversor-gung
– Netzformen:
TN-S-System(-Netz)
TT-System(-Netz)
IT-System(-Netz)
– Schutzmaßnahmen:
alle nach DIN VDE 0100 Teil 410 (siehe Abschnitt 4.2.1)
bei Einspeisung aus der Sicherheitsstromversorgung
– Netzformen:
TN-S-System(-Netz)
TT-System(-Netz)
IT-System(-Netz)
– Schutzmaßnahmen:
Schutzisolierung
Schutzkleinspannung
Funktionskleinspannung
Schutztrennung
IT-System(-Netz) mit Meldung (siehe Abschnitt 4.2.2.1)
TT-System(-Netz)/ TN-S-System(-Netz) mit Abschaltung mit Einschränkungen (siehe Abschnitt 4.2.2.2)</td></tr>
</table>

Ein Beispiel für die Stromversorgung eines gesamten Krankenhauses zeigt Bild A.1

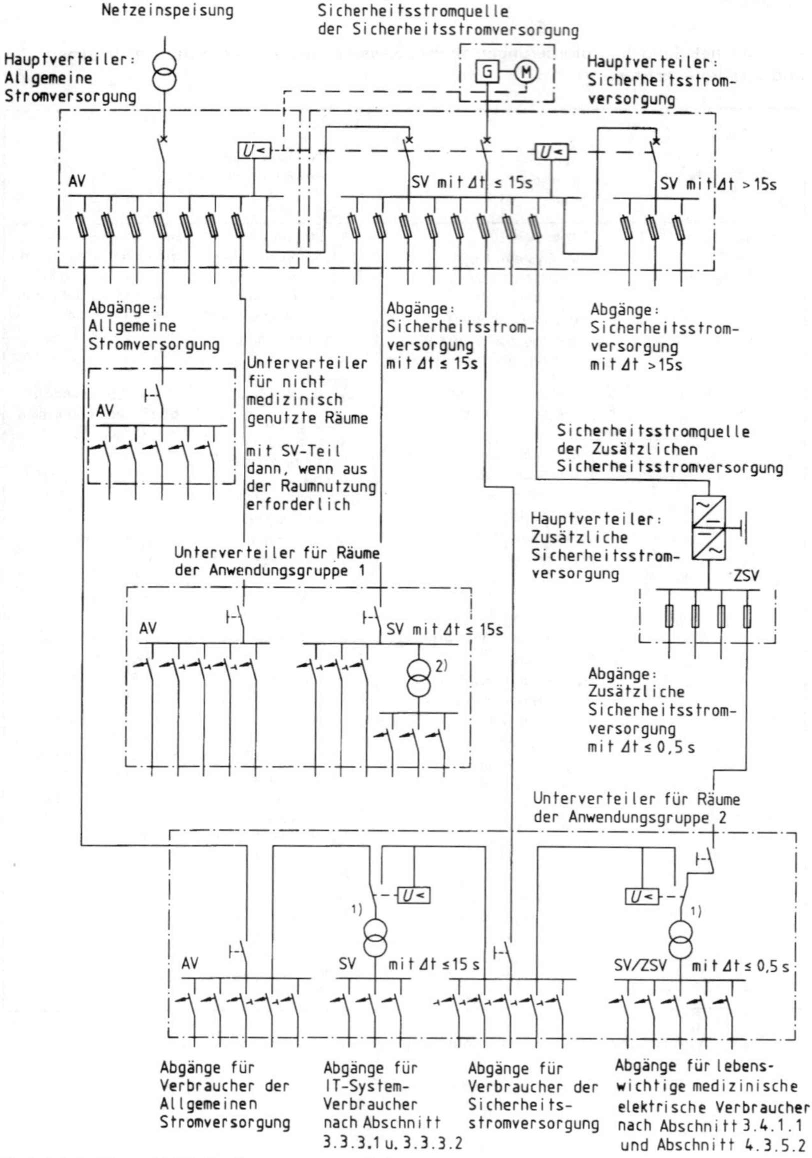

1) Schutz bei Kurzschluß bei mehreren parallelen IT-Systemen
2) zu bevorzugende Schutzmaßnahmen (siehe Abschnitt 4.2.2.1)

Bild A.1: Beispiel für die Stromversorgung in einem Krankenhaus

Zitierte Normen und andere Unterlagen

DIN 4102 Teil 1	Brandverhalten von Baustoffen und Bauteilen; Baustoffe; Begriffe, Anforderungen und Prüfungen
DIN 4102 Teil 2	Brandverhalten von Baustoffen und Bauteilen; Bauteile; Begriffe, Anforderungen und Prüfungen
DIN 4102 Teil 5	Brandverhalten von Baustoffen und Bauteilen; Feuerschutzabschlüsse, Abschlüsse in Fahrschachtwänden und gegen Feuer widerstandsfähige Verglasungen; Begriffe, Anforderungen und Prüfungen
DIN 4102 Teil 12	Brandverhalten von Baustoffen und Bauteilen; Funktionserhalt von elektrischen Kabelanlagen; Anforderungen und Prüfungen
Normen der Reihe DIN 6280	Hubkolben-Verbrennungsmotoren; Stromerzeugungsaggregate mit Hubkolben-Verbrennungsmotoren
DIN 6280 Teil 2	Hubkolben-Verbrennungsmotoren; Stromerzeugungsaggregate mit Hubkolben-Verbrennungsmotoren; Leistungsauslegung und Leistungsschilder
DIN 6280 Teil 3	Hubkolben-Verbrennungsmotoren; Stromerzeugungsaggregate mit Hubkolben-Verbrennungsmotoren; Betriebsgrenzwerte für das Motor-, Generator- und Aggregatverhalten
DIN 6280 Teil 13	Stromerzeugungsaggregate mit Hubkolben-Verbrennungsmotoren für Sicherheitsstromversorgung in Krankenhäusern und baulichen Anlagen für Menschenansammlungen
DIN 40110	Wechselstromgrößen; Zweileiter-Stromkreise
Normen der Reihe DIN 40719	Schaltungsunterlagen
DIN 40719 Teil 5	Schaltungsunterlagen; Elektroinstallation
DIN 41773 Teil 1	Stromrichter; Halbleiter-Stromrichtergeräte mit IU-Kennlinie für das Laden von Bleibatterien; Richtlinien
DIN 41773 Teil 2	Stromrichter; Halbleiter-Gleichrichtergeräte mit IU-Kennlinie für das Laden von Nickel/Cadmium-Batterien; Anforderungen
DIN 42801	Anschlußbolzen für Potentialausgleichsleitungen
DIN 49445	Dreipolige Steckdosen mit N- und mit Schutzkontakt 16 A AC 400/230 V; Hauptmaße
DIN VDE 0100 Teil 200	Errichten von Starkstromanlagen mit Nennspannungen bis 1000 V; Begriffe
DIN VDE 0100 Teil 410	Errichten von Starkstromanlagen mit Nennspannungen bis 1000 V; Schutzmaßnahmen; Schutz gegen gefährliche Körperströme
DIN VDE 0100 Teil 430	Errichten von Starkstromanlagen mit Nennspannungen bis 1000 V; Schutz von Leitungen und Kabeln bei Überstrom
DIN VDE 0100 Teil 520	Errichten von Starkstromanlagen mit Nennspannungen bis 1000 V; Auswahl und Errichtung elektrischer Betriebsmittel; Kabel, Leitungen und Stromschienen
DIN VDE 0100 Teil 540	Errichten von Starkstromanlagen mit Nennspannungen bis 1000 V; Auswahl und Errichtung elektrischer Betriebsmittel; Erdung, Schutzleiter, Potentialausgleichsleiter
DIN VDE 0100 Teil 560	Errichten von Starkstromanlagen mit Nennspannungen bis 1000 V; Auswahl und Errichtung elektrischer Betriebsmittel; Elektrische Anlagen für Sicherheitszwecke
DIN VDE 0100 Teil 610	Errichten von Starkstromanlagen mit Nennspannungen bis 1000 V; Erstprüfungen
DIN VDE 0100 Teil 725	Errichten von Starkstromanlagen mit Nennspannungen bis 1000 V; Hilfsstromkreise
DIN VDE 0100 Teil 731	Errichten von Starkstromanlagen mit Nennspannungen bis 1000 V; Elektrische Betriebsstätten und abgeschlossene elektrische Betriebsstätten
Übrige Normen der Reihe DIN VDE 0100 siehe Beiblatt 2 zu DIN VDE 0100	Errichten von Starkstromanlagen mit Nennspannungen bis 1000 V; Verzeichnis der einschlägigen Normen
DIN VDE 0101	Errichten von Starkstromanlagen mit Nennspannungen über 1 kV
DIN VDE 0102	Berechnung von Kurzschlußströmen in Drehstromnetzen
DIN VDE 0105 Teil 1	Betrieb von Starkstromanlagen; Allgemeine Festlegungen
DIN VDE 0106 Teil 1	Schutz gegen elektrischen Schlag; Klassifizierung von elektrischen und elektronischen Betriebsmitteln
Beiblatt 1 zu DIN VDE 0107	Starkstromanlagen in Krankenhäusern und medizinisch genutzten Räumen außerhalb von Krankenhäusern; Auszüge aus bau- und arbeitsschutzrechtlichen Regelungen

DIN VDE 0108 Teil 1	Starkstromanlagen und Sicherheitsstromversorgung in baulichen Anlagen für Menschenansammlungen; Allgemeines
Beiblatt 1 zu DIN VDE 0108 Teil 1	Starkstromanlagen und Sicherheitsstromversorgung in baulichen Anlagen für Menschenansammlungen; Baurechtliche Regelungen
DIN VDE 0281 Teil 402	PVC-isolierte Starkstromleitungen; PVC-Schlauchleitung 05VV
DIN VDE 0304 Teil 3	Thermische Eigenschaften von Elektroisolierstoffen; Entflammbarkeit bei Einwirken von Zündquellen; Prüfverfahren; Identisch mit IEC 707 Ausgabe 1981
DIN VDE 0413 Teil 1	Messen, Steuern, Regeln; Geräte zum Prüfen der Schutzmaßnahmen in elektrischen Anlagen; Isolationsmeßgeräte
DIN VDE 0413 Teil 2	Geräte zum Prüfen der Schutzmaßnahmen in elektrischen Anlagen; Teil 2: Isolationsüberwachungsgeräte zum Überwachen von Wechselspannungsnetzen mittels überlagerter Gleichspannung
Normen der Reihe DIN VDE 0510	Akkumulatoren und Batterieanlagen
DIN VDE 0510 Teil 2	Akkumulatoren und Batterieanlagen; Ortsfeste Batterieanlagen
DIN VDE 0550 Teil 1	Bestimmungen für Kleintransformatoren; Allgemeine Bestimmungen
DIN VDE 0550 Teil 3	Bestimmungen für Kleintransformatoren; Besondere Bestimmungen für Trenn- und Steuertransformatoren sowie Netzanschluß- und Isoliertransformatoren über 1000 V
DIN VDE 0551 Teil 1	Trenntransformatoren und Sicherheitstransformatoren; Anforderungen (IEC 742 (1983 – 1. Ausgabe, modifiziert)); Deutsche Fassung EN 60742:1989
DIN VDE 0558 Teil 1	Halbleiter-Stromrichter; Allgemeine Bestimmungen und besondere Bestimmungen für netzgeführte Stromrichter
DIN VDE 0558 Teil 2	Bestimmung für Halbleiter-Stromrichter; Besondere Bestimmungen für selbstgeführte Stromrichter
DIN VDE 0558 Teil 5	Halbleiter-Stromrichter; Unterbrechungsfreie Stromversorgung (USV); Identisch mit IEC 146-4:1986
Normen der Reihe DIN VDE 0603	Installationskleinverteiler und Zählerplätze AC 400 V
Normen der Reihe DIN VDE 0641	Leitungsschutzschalter
DIN VDE 0660 Teil 101	Niederspannung-Schaltgeräte; Teil 2: Leistungsschalter (IEC 947-2:1989 und Corrigenda (1989/1990)); Deutsche Fassung EN 60947-2:1991
DIN VDE 0660 Teil 102	Niederspannung-Schaltgeräte; Teil 4-1: Elektromechanische Schütze und Motorstarter (IEC 947-4-1:1990); Deutsche Fassung EN 60947-4-1:1991
DIN VDE 0660 Teil 109	Schaltgeräte; Niederspannung-Schaltgeräte; Halbleiterschütze (IEC 158-2 Ausgabe 1982, modifiziert)
DIN VDE 0660 Teil 504	Schaltgeräte; Niederspannung-Schaltgerätekombinationen; Besondere Anforderungen an Niederspannung-Schaltgerätekombinationen, zu deren Bedienung Laien Zutritt haben – Installationsverteiler (IEC 439-3:1990, modifiziert); Deutsche Fassung EN 60439-3:1990
DIN VDE 0664 Teil 1	Fehlerstrom-Schutzeinrichtungen; Fehlerstrom-Schutzschalter für Wechselspannung bis 500 V und bis 63 A
DIN VDE 0664 Teil 2	Fehlerstrom-Schutzeinrichtungen; Fehlerstrom-Schutzschalter mit Überstromauslöser (FI/LS-Schalter) für Wechselspannung bis 415 V und bis 63 A
DIN VDE 0664 Teil 3	Fehlerstrom-Schutzeinrichtung; Fehlerstrom-Schutzschalter für Wechselspannung über 500 V oder Nennstrom über 63 A
Normen der Reihe DIN VDE 0750	Medizinische elektrische Geräte
DIN VDE 0750 Teil 1	Medizinische elektrische Geräte; Allgemeine Festlegungen für die Sicherheit; Identisch mit IEC 601-1 2. Ausgabe 1988; Deutsche Fassung EN 60601-1:1990
DIN VDE 0750 Teil 211	Medizinische elektrische Geräte; Medizinische Versorgungseinheiten; Besondere Festlegungen für die Sicherheit
DIN VDE 0753 Teil 1	Anwendungsregeln für Hochfrequenz-Chirurgiegeräte
DIN VDE 0753 Teil 2	Anwendungsregeln für elektromedizinische Geräte bei intrakardialen Eingriffen

DIN VDE 0753 Teil 3	Anwendungsregeln für Defibrillatoren
DIN VDE 0753 Teil 4	Anwendungsregeln für Hämodialysegeräte
Normen der Reihe DIN VDE 0875	Funk-Entstörung von elektrischen Betriebsmitteln und Anlagen
Normen der Reihe DIN EN 60309	Stecker, Steckdosen und Kupplungen für industrielle Anwendungen
DIN EN 60439 Teil 1 (VDE 0660 Teil 500)	Niederspannung-Schaltgerätekombinationen; Teil 1: Typgeprüfte und partiell typgeprüfte Kombinationen (IEC 439-1:1992 und Corrigendum 1993); Deutsche Fassung EN 60 439-1:1994
GUV 2.10 und VBG4	Unfallverhütungsvorschrift „Elektrische Anlagen und Betriebsmittel" Bezugsquelle: Carl-Heymanns-Verlag KG, Luxemburger Straße 449, 50939 Köln

Gesetz zur Strukturreform im Gesundheitswesen (Gesundheits-Reformgesetz – GRG) vom 20. Dezember 1988, Bundesgesetzblatt Teil 1, Jahrgang 1988, Nr. 62, § 107

Frühere Ausgaben

VDE 0107:1962-12, 1968-03
DIN 57107/VDE 0107:1981-06
DIN 57107 A1/VDE 0107 A1:1982-11
DIN 57108/VDE 0108:1979-12
DIN VDE 0107:1989-11
Bbl. 2 zu DIN VDE 0107:1993-09

Änderungen

Gegenüber DIN VDE 0107:1989-11 und Bbl. 2 zu DIN VDE 0107:1993-09 wurden folgende Änderungen vorgenommen:

a) Anforderungen und Verwendung der selbsttätigen Umschalteinrichtungen für die redundanten Einspeisungen;
b) Auswahl und Verwendung der Trenntransformatoren zur Bildung der IT-Systeme(-Netze);
c) Festlegung der Leistung der Sicherheitsstromquellen;
d) Netzaufbau der Sicherheitsstromversorgung;
e) Erweiterung des Bereiches um die Patientenposition, in dem der zusätzliche Potentialausgleich durchzuführen ist;
f) Verweis auf DIN 6280 Teil 13 bei den zusätzlichen Anforderungen an Stromerzeugungsaggregate.
g) Angleichung an internationale Festlegungen.

Erläuterungen

Diese Norm wurde ausgearbeitet vom Komitee 227 „Elektrische Anlagen in medizinischen Einrichtungen" der Deutschen Elektrotechnischen Kommission im DIN und VDE (DKE).

zu Abschnitt 3.2.3.3

Unterverteiler sollen im Brandabschnitt des zu versorgenden Gebäudebereiches angeordnet werden.

zu Abschnitt 3.2.3.6

Eine Trennung der einzelnen Netzabschnitte „Allgemeine Stromversorgung" und „Sicherheitsstromversorgung", z. B. in Form einer lichtbogensicheren Trennung, ist in einem Verteiler, der einen Raum der Anwendungsgruppe 2 oder eine Raumgruppe der Anwendungsgruppe 2 versorgt, nicht erforderlich; doch muß beim Aufbau der einzelnen Netzabschnitte im Verteiler eine klare und übersichtliche Trennung durch Abstand vorgenommen werden.

Für die zusätzliche Unterbringung von fremden Verteilerabschnitten gilt, daß möglichst nur die angrenzenden Räume oder Bereiche von hier mitversorgt werden und daß sie im gleichen Brandabschnitt liegen müssen.

zu Abschnitt 3.3.3

In diesem Abschnitt wird die Versorgung der medizinischen elektrischen Geräte für operative Eingriffe und Maßnahmen, die lebenswichtig sind und für die aus Gründen der gesicherten Versorgung ein IT-System(-Netz) verlangt ist, festgelegt. Diese Anforderungen gelten nach Tabelle 1 insbesondere in OP-Räumen und Intensiv-Untersuchungs- und -Überwachungsräumen.

Die Versorgung über zwei voneinander unabhängigen Einspeisungen kann in diesen Räumen auch für andere Verbraucher erforderlich sein, wie z. B. für die allgemeine Beleuchtung und sonstige Steckdosen, für die ein IT-System(-Netz) nicht zwingend vorzusehen ist.

zu den Abschnitten 3.3.3.1 und 3.3.3.2

Grundsätzlich gilt, daß dieser Verteiler bzw. Verteilerabschnitt über zwei voneinander unabhängige Zuleitungen jeweils von den Hauptverteilern des Gebäudes (Allgemeine Stromversorgung (AV) bzw. Sicherheitsstromversorgung (SV) oder der Zusätzlichen Sicherheitsstromversorgung (ZSV)) eingespeist werden muß.

Hierbei ist es zulässig, auch mehrere Verteiler über ein Zuleitungspaar zu versorgen, wenn diese innerhalb eines Brandabschnitts angeordnet sind. Die Führung der zwei Einspeisungen ist möglichst getrennt voneinander, mindestens aber auf 2 getrennten Kabelträgersystemen, vorzunehmen.

Bei der Auswahl der Leiterquerschnitte und Überstrom-Schutzeinrichtungen sind besonders die Anforderungen nach selektiver Abschaltung nach Abschnitt 5.10.4 zu beachten.

zu Abschnitt 3.3.3.3

Von einer Versorgung nach den Abschnitten 3.3.3.1 und 3.3.3.2 können mehrere IT-Systeme(-Netze) eingespeist werden, wenn ihr Versorgungsbereich innerhalb eines Brandabschnitts liegt.

Es ist jedoch zu vermeiden – auch in kleinen baulichen Einheiten – alle IT-Systeme(-Netze) eines Hauses hinter nur einer Umschalteinrichtung anzuordnen.

Bei Raumgruppen mit mehr als einem Patientenplatz, insbesondere in Intensivstationen, wird empfohlen, nicht mehr als 4 Plätze über ein IT-System(-Netz) zu versorgen. Für die Leistungsberechnung kann als Beispiel von folgenden Anschlußwerten ausgegangen werden:

Leistung je Bett 600 W	2400 W für 4 Betten
zusätzlich ein leistungsstarker Verbraucher von 2000 W	2000 W für 4 Betten
Gesamtwert:	4400 W für 4 Betten

Das entspricht einer IT-System-Transformatorgröße von 5 kVA.

Bei mehr als 4 Betten (Patientenplätze) empfiehlt sich abwechselnde (überkreuzte) Anordnung der IT-Systeme (-Netze).

zu Abschnitt 3.3.3.5

Drehstrom-Transformatoren, die die geforderten Anforderungen erfüllen, können sein: Ringkern-Transformatoren und Transformatoren mit Stern/Stern-Schaltung.

zu Abschnitt 3.3.3.6

Auf die Notwendigkeit der statischen Abschirmung zwischen der Primär- und der Sekundärwicklung des Trenntransformators wurde verzichtet, da die Erfordernis in der Fachwelt unterschiedlich gesehen wird.

zu Abschnitt 3.3.3.7

Ein durch selbsttätiges Abschalten wirkender Überlastschutz des Transformatorstromkreises ist nicht zulässig. Für zu erwartende Überlast ist entsprechende Reserve durch Dimensionierung vorzusehen.

Es sollte Stromüberwachung vorgesehen werden, weil über diese eine schnelle Anzeige bei Überlast erfolgt und bei Lastrücknahme (Verbraucherabschaltung) diese ebenfalls schnell reagiert.

Die Kombination von Strom- und Temperaturüberwachung, als Überlastüberwachung, wird als beste Lösung angesehen.

In Anlagen, die nach früher geltenden Normen errichtet wurden, können Überlast-Schutzeinrichtungen auf der sekundären Seite des IT-System-Transformators eingebaut sein. Bei Überlast aus der Summe der angeschlossenen Stromkreise besteht hier die Gefahr, daß das gesamte IT-System(-Netz) ausfällt. Eine Prüfung wird empfohlen!

zu Abschnitt 3.3.3.8

Abschnitt 3.3.3.8 und die Bilder 1 und 3 der Norm beschreiben **ein** IT-System(-Netz) hinter **einer** Umschalteinrichtung. Kurzschlußschutz erfolgt für den Transformatorstromkreis über die dargestellten Schutzeinrichtungen vor der Umschalteinrichtung.

Bei mehr als einem IT-System(-Netz) hinter einer Umschalteinrichtung ist in jeder Transformatorzuleitung eine Kurzschluß-Schutzeinrichtung vorzusehen, um im Fehlerfall den Totalausfall aller IT-Systeme(-Netze) zu verhindern. Diese Schutzeinrichtungen dürfen nicht bei Überlast, sondern nur bei widerstandslosem Kurzschluß im oder am Transformator oder Kurzschluß im Verteiler vor den Endstromkreis-Schutzeinrichtungen auslösen.

Diese Anforderung ist z. B. mit Leitungsschutz-Sicherungen nach den Normen der Reihe DIN VDE 0636 mit gL-Charakteristik oder Leistungsschalter nach den Normen der Reihe DIN VDE 0660 ohne Überlastschutz zu erfüllen. Der Nennstrom der Leitungsschutz-Sicherung sollte dabei höher als der Nennstrom des Transformators gewählt werden (maximal 3facher Wert), jedoch ist Selektivität zur davor angeordneten Schutzeinrichtungen und der Sicherheitsstromquelle (allgemein und insbesondere bei Betrieb mit Zusätzlicher Sicherheitsstromversorgung) einzuhalten.

zu Abschnitt 3.4.1.1

Wegen des möglichen Weiterbetriebes von IT-Systemen(-Netzen) auch beim ersten Körper- oder Erdschluß sollte diese Schutzmaßnahme in Räumen der Anwendungsgruppe 2 bevorzugt angewendet werden. Mindestens jedoch für alle Stromkreise, über die lebenswichtige medizinische elektrische Geräte versorgt werden, und für OP-Leuchten und vergleichbare Leuchten, für deren Einspeisung nicht die Schutzmaßnahme SELV oder PELV angewendet wird, ist Versorgung aus einem IT-System(-Netz) mit Isolationsüberwachung erforderlich.

zu Abschnitt 3.4.1.2

„Patientenplatz“ ist der Platz, an dem der Patient mit netzabhängigen elektromedizinischen Geräten untersucht oder behandelt wird, die operativen Eingriffen oder Maßnahmen, die lebenswichtig sind, dienen, z. B. den Operationstisch oder das Bett in der Intensivstation.

Die Praxis zeigt, daß je Patientenplatz in der OP-Raumgruppe und in der Intensivstation mindestens 12 Steckdosen (= 2 Stromkreise) bis 24 Steckdosen (= 4 Stromkreise) erforderlich sind. Bei mehr als 2 Stromkreisen je Patientenplatz empfiehlt es sich, die Versorgung abwechselnd (überkreuzt) aus zwei IT-Systemen(-Netzen) aufzubauen.

Es wird empfohlen, die Steckdosen mit einer optischen Spannungsanzeige auszustatten. Die Anzeige (Lampe usw.) soll ein Betriebsmittel mit langer Lebensdauer sein (LED oder Glimmlampe).

zu Abschnitt 4.2.2.2

Der rechnerische Nachweis verlangt die Erfüllung zweier Bedingungen:

1. **Selbsttätige** Abschaltung bei widerstandslosem Kurzschluß. Außenleiter gegen Schutzleiter durch die unmittelbar vorgeschaltete Schutzeinrichtung in vorgegebener Zeit.

2. Abschaltung der dem Fehler unmittelbar vorgeschalteten Schutzeinrichtung **selektiv** vor der in Reihe nächsten Schutzeinrichtung.

Hierzu sind erforderlich:

- Die Berechnung der zu erwartenden einpoligen Kurzschlußströme nach DIN VDE 0102 für alle Verteilungsstromkreise ab der Sicherheitsstromquelle (soweit das TN-S-System(-Netz) angewandt werden soll) und für die Endstromkreise.
- Die Feststellung der selbsttätigen Abschaltung in der vorgegebenen Zeit durch Prüfung der Auslösekennlinie der Schutzeinrichtung anhand der zu erwartenden Kurzschlußströme.
- Die Feststellung der selektiven Abschaltung durch Kennlinienvergleich aller in Reihe liegenden Schutzeinrichtungen anhand der zu erwartenden Kurzschlußströme.

  ANMERKUNG: Bei der Feststellung der Impedanz ist bei Sicherheitsstromquellen vom Verlauf des Kurzschlußstromes der Quelle in der vorgegebenen Abschaltzeit auszugehen.

zu Abschnitt 4.3

Diese Anforderungen gelten für die Endstromkreise, die zur Versorgung der in diesen Räumen befindlichen Verbrauchsmittel erforderlich sind. Für das davorliegende Verteilungsnetz, das außerhalb der Räume der Anwendungsgruppen 1 und 2 installiert ist, können auch andere Netzformen und Schutzmaßnahmen angewandt werden. Sind in medizinischen elektrischen Geräten oder Gerätekombinationen Betriebsmittel (z. B. Steckvorrichtungen) enthalten, die dem elektrischen Anschluß von weiteren medizinischen elektrischen Geräten dienen, so ist darauf zu achten, daß auch für deren Endstromkreise die gleichen Anforderungen bezüglich zulässiger Netzformen und Schutzmaßnahmen berücksichtigt werden.

zu Abschnitt 4.4.3b) und Abschnitt 4.4.4b)

In Anpassung an die internationale Feststellung in IEC 601-1-1:1992-06 (siehe Entwurf DIN VDE 0750 Teil 1-1) wurde der Bereich um die Patientenposition (Patientenumgebung) auf 1,50 m festgelegt. Dies ist der waagerechte Abstand von der äußeren Begrenzung der Patientenliegefläche. Als senkrechte Begrenzung der Patientenumgebung wird in Fachkreisen die Ebene 2,50 m über der Standfläche des medizinischen Personals angesehen.

In der Regel ist die Patientenposition, bei der eine Behandlung mit netzabhängigen Geräten erfolgt (d. h. Anschluß der medizinischen Geräte an der festen Rauminstallation), eine im Raum durch besondere Vorkehrungen festgelegte Position (z. B. OP-Tisch-Sockel, Intensivpflegeplatz).

Ist in Sonderfällen die Patientenposition nicht eindeutig festgelegt, sondern kann variiert werden, so ist bei der Festlegung des Umfangs des zusätzlichen Potentialausgleichs der denkbare Positionsbereich zugrunde zu legen.

Festinstallierte medizinische Geräte und medizinische Versorgungseinheiten nach DIN VDE 0750 Teil 211 mit eingebauten Anschlußbolzen nach DIN 42801, die einen Schutzleiteranschluß haben, sind nicht zusätzlich an den zusätzlichen Potentialausgleich anzuschließen.

Die zu den medizinischen Räumen der Anwendungsgruppen 1 und 2 genannten Widerstandsgrenzwerte zwischen fremden leitfähigen Teilen und dem Schutzleiter beruhen auf folgenden Vorgaben:

Für Räume der Anwendungsgruppe 1 (d. h. bei externer Anwendung medizinischer elektrischer Geräte):

$$R_{ex} = \frac{U_L}{I_{abex}} = \frac{25\,\text{V}}{3{,}5\,\text{mA}} \approx 7\,\text{k}\Omega.$$

Hierin bedeuten:

U_L dauernd zulässige Berührungsspannung an den Verbrauchsmitteln (siehe Abschnitt 4.3)

I_{abex} angenommener maximaler Ableitstrom medizinischer elektrischer Geräte

Für Räume der Anwendungsgruppe 2 (d. h. bei möglicher intrakardialer Anwendung medizinischer elektrischer Geräte):

$$R_{in} = \frac{U_L}{I_{abin}} = \frac{25\,\text{V}}{10\,\mu\text{A}} \approx 2{,}4\,\text{M}\Omega.$$

Hierin bedeuten:

I_{abin} maximaler zulässiger Patienten-Ableitstrom bei intrakardialer Anwendung 10 µA

zu Abschnitt 4.4.4a)

Bei medizinischen elektrischen Geräten mit beweglichem Anschluß ist in einigen Fällen zusätzlich ein PA-Anschluß erforderlich. Dies ist in den zugehörigen Geräte-Bedienungsanleitungen vorgegeben und gilt nur für Räume der Anwendungsgruppe 2 und bei intrakardialen Eingriffen.

zu Abschnitt 5

Notwendigkeit und Umfang der Sicherheitsstromversorgung und der Zusätzlichen Sicherheitsstromversorgung können bestimmt werden durch:

Rechtsverordnungen (siehe Bedeutung des Randbalkens) und durch die Art oder Nutzung der medizinischen elektrischen Einrichtungen.

Die Verantwortung für den vorzusehenden Umfang der Sicherheitsstromversorgungsanlagen insgesamt liegt letztlich bei dem Betreiber/Nutzer eines Hauses. Dies gilt auch, wenn nachträglich Nutzungsänderungen vorgenommen werden.

zu Abschnitt 5.1.1

Die Leuchten der Sicherheitsbeleuchtung in den Rettungswegen (Abschnitt 5.1.1a)) können zentral oder bereichsweise dauernd wirksam oder in Bereitschaft geschaltet werden.

In den Räumen (Abschnitt 5.1.1c) bis 5.1.1e)) kann die Sicherheitsbeleuchtung mit der allgemeinen Beleuchtung mitgeschaltet werden.

Es kann in Räumen des Abschnittes 5.1.1c) erforderlich werden, zusätzlich tragbare Einzelbatterie-Sicherheitsleuchten vorzuhalten (als Arbeitslicht im Störungsfall).

zu Abschnitt 5.1.2

Soweit durch behördliche Auflagen oder durch die Erfordernisse des Einzelfalls „weitere notwendige Sicherheitseinrichtungen“ erforderlich sind, ist für diese ebenfalls eine Weiterversorgung durch die Sicherheitsstromquelle bei Netzausfall innerhalb von 15 s sicherzustellen. Die erforderliche Leistung ist von den Errichtern dieser Anlagenteile vorzugeben.

zu Abschnitt 5.1.3b)

Zu diesen Einrichtungen zählen alle Geräte in Räumen der Anwendungsgruppe 2 (außer den OP-Leuchten und vergleichbare Leuchten, die in Abschnitt 5.3 behandelt werden), deren elektrische Weiterversorgung bei operativen Eingriffen oder medizinischen Maßnahmen von lebenswichtiger Bedeutung ist. Der Umfang und Leistungsbedarf dieser Geräte ist jeweils von der medizinischen Nutzung des Raumes abhängig und von dem Betreiber/Nutzer des Hauses vorzugeben. Die Versorgungszeit von mindestens 1 h aus der Zusätzlichen Sicherheitsstromversorgung bezieht sich auf den Gesamtleistungsbedarf der Geräte, die entsprechend der vorgesehenen Nutzung benötigt werden. Eine längere Versorgungszeit als 1 h, z. B. 3 h wie für die OP-Leuchten, kann nutzungsspezifisch erforderlich werden. Die Entscheidung hierüber liegt beim Betreiber/Nutzer des Hauses.

zu Abschnitt 5.2

Nach „gesichertem Betrieb“ bedeutet die Einhaltung der nach Abschnitt 5.4.3 geforderten Spannungs- und Frequenzgrenzwerte nach voller Leistungsübernahme aller Verbraucher nach Abschnitt 5.1.

Die Leistungswerte der weiter zu versorgenden medizinischen Einrichtungen und haustechnischen Anlagen sind vom Betreiber/Nutzer des Hauses vorzugeben. Die Zuschaltung der Gesamtleistung kann eine Übernahme durch die Sicherheitsstromquelle in zeitlichen Stufen erforderlich machen. Sie kann automatisch oder von Hand erfolgen.

zu Abschnitt 5.3

Die Spannungsüberwachung und Umschaltung auf eine zweite unabhängige Einspeisung der OP-Leuchte erfolgt am 230/24-V-Versorgungsgerät oder an einer dezentralen Umschalteinrichtung.

Die erforderliche Mindestbetriebsdauer der OP-Leuchte von 3 h muß über beide Versorgungsarten Sicherheitsstromversorgung und Zusätzliche Sicherheitsstromversorgung sichergestellt werden.

Für die Versorgung über die Zusätzliche Sicherheitsstromversorgung ist dies möglich über:

- eine der OP-Leuchte direkt zugeordnete Zusätzliche Sicherheitsstromversorgung mit einer Mindestbetriebsdauer von 3 h (siehe Beispiel Bilder 1 und 2 der Norm),
- eine Zusätzliche Sicherheitsstromversorgung mit einer Mindestbetriebsdauer von 3 h, die mehrere OP-Leuchten direkt versorgt,
- eine zentrale Zusätzliche Sicherheitsstromversorgung, die alle zugeordneten OP-Leuchten über mindestens 3 h und weitere lebenswichtige Einrichtungen (siehe Abschnitt 5.1.3b)) über mindestens 1 h versorgt (siehe Beispiel Bilder 3 und 4 der Norm),
- eine „weitere unabhängige" Sicherheitsstromquelle, z. B. als Kombination einer direkt der OP-Leuchte zugeordneten Zusätzlichen Sicherheitsstromversorgung für 1stündigen Betrieb mit einer Umschaltzeit von 0,5 s und einer zentralen Zusätzlichen Sicherheitsstromversorgung mit einer Umschaltzeit von 15 s oder ein weiteres unabhängiges Stromerzeugungsaggregat als Sicherheitsstromquelle, die die restliche Versorgungszeit bis 3 h übernimmt.

zu Abschnitt 5.4.1

In DIN VDE 0100 Teil 560:1984-11, Abschnitt 3.1, werden für Anlagen für Sicherheitszwecke mögliche Bauarten von Stromquellen genannt. In der Praxis werden in Krankenhäusern wegen der hohen nutzungsspezifischen Anforderungen Akkumulatoren-Batterien entsprechend DIN VDE 0510 Teil 2 mit oder ohne Umrichter und Synchron-Generatoren mit Hubkolben-Verbrennungsmotoren als Antriebsmaschine verwendet.

Sollten die in den Abschnitten 5.4 bis 5.6 gestellten Anforderungen an Stromquellen-Kombinationen auch von anderen nach DIN VDE 0100 Teil 560 zugelassenen Stromquellen erfüllt werden können, so können auch diese als Sicherheitsstromquellen eingesetzt werden.

Zur Zuverläsigkeit von Blockheizkraftwerken (BHKW) als Ersatzstromquellen nach DIN VDE 0108 bzw. Sicherheitsstromquellen nach DIN VDE 0107 zur Versorgung von Verbrauchern der Sicherheitsstromversorgung in baulichen Anlagen für Menschenansammlungen und Krankenhäuser haben die DKE-Komitees 223 „Starkstromanlagen in baulichen Anlagen für Menschenansammlungen" und 227 „Elektrische Anlagen in medizinischen Einrichtungen" folgende Entscheidung in

a) DIN-Mitt. 72.1993, Nr. 7, Seite 423 und
b) etz Bd. 114(1993), Heft 12, Seite 822

verlautbart:

In den Normen DIN VDE 0108 und DIN VDE 0107 werden u. a. Stromerzeugungsaggregate in der Kombination Hubkolben-Verbrennungsmotor mit Synchrongenerator als Ersatz-(Sicherheits-)stromquelle aufgeführt und ihre Bauart detailliert beschrieben.

Über diese Kombination hinaus werden aber auch andere Kraftmaschinen und Generatoren zugelassen, wenn alle Anforderungen der Normen an die Aggregate gleichwertig erfüllt werden. Als Alternative bieten sich hier u. a. Blockheizkraftwerke an.

Für die fachgerechte Beurteilung der Gleichwertigkeit anderer Einrichtungen mit den in der Norm beschriebenen Stromerzeugungsaggregaten gelten folgende Kriterien:

- Verfügbarkeit
  Einzuhalten sind mindestens
  - gleiche Startsicherheit, z. B. bei Anlaufbetrieb
  - gleiches Leistungsübernahmevermögen
  - ständige uneingeschränkte Verfügbarkeit als Stromquelle der Verbraucher der Sicherheitsstromversorgung.
- Spannungsqualität
  Einzuhalten sind mindestens
  - gleiche Spannungs- und Frequenzqualität im statischen und dynamischen Betrieb bei Schieflast
  - gleicher Funk-Entstörgrad und Oberschwingungsanteil.
- Gesicherte Betriebsdauer
  Einzuhalten ist die gesicherte unabhängige Kraftstoffversorgung der Kraftmaschine mindestens für die Verbraucher der Sicherheitsstromversorgung für die in den Normen vorgegebene Nennbetriebsdauer.
- Beherrschte Betriebsbedingungen
  Einzuhalten ist die gesicherte Kühlung der Kraftmaschine bzw. Abfuhr der erzeugten/anfallenden Wärme durch ständig verfügbare, autark arbeitende unabhängige Einrichtungen.

Die Beurteilung, inwieweit ein Blockheizkraftwerk diese Auswahlkriterien in Summe erfüllt und dann als Stromquelle zur Versorgung der Verbraucher der Sicherheitsstromversorgung im Geltungsbereich der vorgenannten Normen zulässig ist, muß durch fachmännische Prüfung im Einzelfall erfolgen.

Für Sicherheitsstromquellen – besonders für solche mit Hubkolben-Verbrennungsmotoren – gilt, daß sie gewartet werden müssen. Wenn eine Sicherheitsstromquelle für Wartungszwecke außer Betrieb gesetzt wird, muß – wenn dies aus medizinischen oder sicherheitstechnischen Gründen erforderlich ist – eine andere Sicherheitsstromquelle die Versorgung übernehmen. Diese muß jedoch nicht generell fest vorgesehen werden, sondern es genügen mobile Ersatzstromquellen, wie z. B. Aggregate der Feuerwehr. Ein entsprechender Anschluß ist vorzusehen.

zu Abschnitt 5.4.3

Grund für die Überarbeitung dieses Normenabschnittes war die Schwierigkeit, die sich durch den direkten Nennleistungsbezug in der Ausgabe 11.89 bei der Wahl von Hubkolben-Verbrennungsmotoren mit hohem Kolbendruck (aufgeladene Motoren) ergab. Bei diesen heute für höhere Leistungen vorherrschenden Motorenbauarten kann es erforderlich werden, die Verbraucherlast in Laststufen zeitlich versetzt zuzuschalten, um eine Überlastung des Stromerzeugungsaggregates zu verhindern.

Bei der Leistungsbestimmung des Stromerzeugungsaggregates ist davon auszugehen, daß die Verbraucher, für die Sicherheitsstromversorgung innerhalb von 15 s erforderlich ist, in maximal 2 Laststufen aufgeteilt werden dürfen.

Ist bedingt durch die Wahl des Antriebsmotors eine Zuschaltung der Verbraucherlast in Laststufen erforderlich, so ist dies beim Aufbau der Verbraucheranlage entsprechend zu berücksichtigen (z. B. Bilden von Verbrauchergruppen, die über Zeitglieder zugeschaltet werden).

zu Abschnitt 5.4.4

Diese Anforderung bedeutet z. B. für die Sicherheitsstromquellen der Zusätzlichen Sicherheitsstromversorgung, daß ihre Nennleistung mindestens 30 % der Nennleistung aller angeschalteten IT-Netz-Transformatoren entsprechen muß, wenn, nach Abschnitt 3.3.6, deren Leerlaufstrom 3 % beträgt.

zu Abschnitt 5.4.7

Die Leistungsgrenze von 300 kVA ist vertretbar, da nicht davon ausgegangen werden muß, daß es bei einer dreiphasigen Stromquelle dieser Leistungsgröße wegen der Versorgung auch von Drehstromverbrauchern und einer möglichen gleichmäßigeren Phasenbelastung in der Praxis zu derart hoher Schieflast kommen kann.

zu Abschnitt 5.4.10 und Abschnitt 5.4.11

Die aufgezählten Betriebs- und Überwachungseinrichtungen der Sicherheitsstromquelle sind Mindestanforderungen. Sie sind, entsprechend ihrer Bedeutung, auf die unterschiedlichen Bauarten der Sicherheitsstromversorgung und der Zusätzlichen Sicherheitsstromversorgung sinngemäß zu übertragen. Als Meldelampen sind alle optischen Meldeeinrichtungen zu verstehen, z. B. auch LED und vergleichbare Betriebsmittel.

zu Abschnitt 5.5

Zur vereinfachten Normenanwendung wurden die bisher in den Normen DIN 6280, DIN VDE 0108 Teil 1 und DIN VDE 0107 enthaltenen Anforderungen an Stromerzeugungsaggregate mit Hubkolben-Verbrennungsmotoren für die Sicherheitsstromversorgung in Krankenhäusern zusammengefaßt und in die neue Norm DIN 6280 Teil 13 überführt.

Die Sicherheitsstromquelle sollte grundsätzlich mit einer Kurzzeitsynchronisiereinrichtung (Überlappungssynchronisation) versehen werden, die einen zeitlich begrenzten Parallelbetrieb mit dem Netz ermöglicht. Nur diese Einrichtung gestattet einen Probebetrieb des Stromerzeugungsaggregates ohne Störung sensibler technischer Geräte.

zu Abschnitt 5.6.1

Für die Akkumulatoren gelten die Anforderungen nach DIN VDE 0510 Teil 2:1986-07, Tabellen 4 und 5. Als gleichwertig können Akkumulatoren angesehen werden, wenn sie einer Baunorm entsprechen, stückgeprüft sind und für sie eine Mindestlebensdauer von 10 Jahren bei mindestens 1000 Lade-/Entladezyklen nachgewiesen werden kann.

zu Abschnitt 5.6.4

Die Mindestbetriebsdauer der Verbraucher der Sicherheitsstromversorgung ist in den Abschnitten 5.1 bis 5.3 festgelegt.

Die Reduzierung der Mindestbetriebsdauer der Akkumulatoren-Batterie einer „Zusätzlichen Sicherheitsstromversorgung (ZSV)" auf 1 h ist zulässig, wenn nur medizinische elektrische Geräte nach Abschnitt 5.1.3b) versorgt werden, für die eine längere Versorgungszeit nicht erforderlich ist. Bei der Versorgung von OP-Leuchten aus der ZSV darf auch, wie zu Abschnitt 5.3 erläutert, eine Kombination, bestehend aus einer 1-h-Versorgungseinheit und einer weiteren unabhängigen Versorgungseinheit für die restliche Zeit, eingesetzt werden.

zu Abschnitt 5.7

Durch die Spannungsanpassung sollen Spannungsfälle auf der OP-Leuchten-Zuleitung ausgeglichen werden können. Diese Anpassung erfolgt sinnvoll am 230/24-V-Versorgungsgerät. Bei Wechselspannungsbetrieb erfolgt die Anpassung durch feste Anzapfungen am Transformator, bei Gleichspannungsbetrieb erfolgt sie durch Einjustierung über Potentiometer. Dies erfolgt in jedem einzelnen Ausgang im Versorgungsgerät.

Die Anforderungen an die Spannungsstabilität bei Leistungsänderungen ist von der Sicherheitsstromquelle zu erfüllen.

zu Abschnitt 5.10.1

Stromkreise, die anlagenbedingt an ihrem Anfang nicht durch eine Schutzeinrichtung gegen zu hohe Erwärmung im Fehlerfall geschützt werden können, sind durch kurzschluß- und erdschlußsichere Verlegung zu schützen. Durch die Vermeidung brennbarer Umgebung soll die Brandgefahr gemindert werden.

zu Abschnitt 5.10.2 und Abschnitt 5.10.3

Um störende Auswirkungen aus dem Netz der Verbraucher der Allgemeinen Stromversorgung auf das Netz der notwendigen Einrichtungen nach Abschnitt 5.1 bis Abschnitt 5.3 zu verhindern, sind ab der Netzumschaltung jeweils getrennte Netze erforderlich. Dies gilt sinngemäß auch bei Vollversorgung eines Gebäudes aus einer Sicherheitsstromquelle. Diese Anforderungen stehen auch im Einklang mit DIN VDE 0100 Teil 560.

zu Abschnitt 5.10.4

Die Erfüllung dieser Anforderungen gilt unabhängig von der Netzform und der Schutzmaßnahme und verfolgt zwei Schutzziele:

1) Sicherstellen des Betriebes der Sicherheitsstromversorgung auch im Fall eines elektrischen Fehlers durch schnelle selektive Abschaltung nur des betroffenen fehlerhaften Stromkreises und Vermeidung von gefährlichen Spannungsabsenkungen in nichtbetroffenen Anlagenteilen.

2) Abschaltung eines Kurzschlusses zur Vermeidung von zu hoher Erwärmung und sich daraus entwickelnder Brandgefahr in der Installationsanlage.

Nach den Abschnitten 9.1 und 10.1d) wird hierzu ein rechnerischer Nachweis verlangt.

Hierzu ist erforderlich:

- Berechnung der zu erwartenden dreipoligen und einpoligen Kurzschlußströme in allen Verteilungs- und Verbraucherstromkreisen sowohl bei Betrieb aus dem allgemeinen Netz als auch bei Betrieb aus der Sicherheitsstromquelle nach DIN VDE 0102,
- Feststellung der selbsttätigen Abschaltung in der vorgegebenen Zeit durch Vergleich der Auslösekennlinien der Überstrom-Schutzeinrichtungen mit den zu erwartenden Kurzschlußströmen,
- Feststellung der selektiven Abschaltung durch Kennlinienvergleich der in Reihe liegenden Überstrom-Schutzeinrichtungen anhand der zu erwartenden Kurzschlußströme.

zu Abschnitt 5.10.5.1

Die Spannungsüberwachung erfolgt auf der Sammelschiene des zentralen Hauptverteilers der Allgemeinen Stromversorgung. Als Ansprechkriterien für den Spannungswächter gelten die Bedingungen, wie in Abschnitt 5.1 vorgegeben.

zu Abschnitt 5.10.5.2

Die Spannungsüberwachung erfolgt auf der Sammelschiene des Hauptverteilers des Gebäudes der Allgemeinen Stromversorgung. Als Ansprechkriterium für die Spannungswächter gilt: Spannung vorhanden/nicht vorhanden.

Die Schaltgeräte der Einspeisung vom zentralen Hauptverteiler der Sicherheitsstromversorgung sind im Hauptverteiler des Gebäudes anzuordnen, um eine einfache Verriegelung der voneinander abhängigen Schaltgeräte ohne lange Kabelverbindungen und eine ständige Spannungsüberwachung der Einspeisekabel zu erreichen (siehe auch Bild 5).

zu Abschnitt 6
(Brandschutz und Explosionsschutz)

Im Beiblatt 1 zu DIN VDE 0107:1989-11, Abschnitt 2, sind ganz oder auszugsweise Verordnungen oder Richtlinien abgedruckt, in denen Anforderungen und Maßnahmen zum **Explosionsschutz** insbesondere in Krankenhäusern vorgegeben werden.

Hierbei handelt es sich um staatliche und von den Unfallversicherungsträgern herausgegebene Vorschriften und Regelwerke. Ihre mitgeltende Bedeutung wird durch den Randbalken ausgewiesen.

Im Beiblatt 1 zu DIN VDE 0108:1989-10 ist das „Muster für Richtlinien über **brandschutztechnische** Anforderungen an Leitungsanlagen" abgedruckt. Diese Muster-Richtlinie wurde von der ARGEBAU (Arbeitsgemeinschaft Bau der Länder) ausgearbeitet und ist von einigen Bundesländern schon zur baurechtlichen Auflage erklärt worden, zum Teil mit weitergehenden Anforderungen.

In dieser Richtlinie werden Anforderungen gestellt an:

- Leitungsanlagen in Treppenräumen und ihren Ausgängen ins Freie und in allgemein zugänglichen Fluren von Gebäuden (Rettungswege),
- Führung von elektrischen Leitungen durch Brandwände sowie Wände und Decken, die feuerbeständig sein müssen,
- Elektrische Leitungsanlagen von notwendigen Sicherheitseinrichtungen (Funktionserhalt).

zu Abschnitt 10.1 f)

Die Höhe der zu messenden Spannungen ist von den sogenannten Gebäudestreuströmen abhängig, die, von PEN-Leitern verursacht, über fremde leitfähige Teile des Gebäudes fließen. Die Messung sollte deshalb zu einem Zeitpunkt erfolgen, zu dem die höchsten Gebäudestreuströme erwartet werden. Dies ist während der Spitzenlastzeiten eines Krankenhauses der Fall.

zu den Bildern 1 bis 4 der Norm

Die Bilder 1 bis 4 der Norm zeigen Ausführungsbeispiele für die Stromversorgung in Räumen der Anwendungsgruppe 2, von denen bevorzugt lebenswichtige Einrichtungen versorgt werden. Der Aufbau der Versorgung muß, wie in den Abschnitten 3.3.3 und 4.3.5 beschrieben, vorgenommen werden.

Bei der Darstellung in den Bildern wurde besonders auf die Anordnung der selbsttätigen Umschalteinrichtung hinter den beiden redundanten Einspeisungen Wert gelegt.

Die Darstellung der Abgänge zu den Verbrauchern ist als Schema zu verstehen.

Für die Spannungsüberwachung und Umschaltung der OP-Leuchten-Einspeisung gilt Abschnitt 5.3.

zu den Bildern 3 und 4

Wenn die Zusätzliche Sicherheitsstromversorgung nicht als zentrale Einrichtung in der Nähe des Hauptverteilers – wie dargestellt –, sondern dezentral in der Nähe der Räume der Anwendungsgruppe 2 angeordnet ist, kann es zweckmäßig sein, die Zuleitung für die Ladung der Batterie der Zusätzlichen Sicherheitsstromversorgung in dem Unterverteiler anzuschließen.

Es dürfen auch – anders als in den Bildern dargestellt – zwei Zusätzliche Sicherheitsstromversorgungen mit den Umschaltzeiten

a) $t \leq 0{,}5$ s für das OP-Licht,

und

b) $t \leq 15$ s für lebenswichtige medizinische elektrische Geräte

gewählt werden.

Internationale Patentklassifikation

H 02 J

H 02 B

H 02 G 003/00

H 01 R 013/658

H 01 B 009/00

G 01 R 033/00

G 01 R 019/02

A 61 B

E 04 H 003/08

F 21 V 023/00

DK 621.31.022:725:620.1:614.8 Oktober 1989

Starkstromanlagen und Sicherheitsstromversorgung in baulichen Anlagen für Menschenansammlungen
Allgemeines

DIN VDE 0108 Teil 1

Diese auch vom Vorstand des Verbandes Deutscher Elektrotechniker (VDE) e. V. genehmigte Norm ist damit zugleich eine **VDE-Bestimmung** im Sinne von VDE 0022. Sie ist unter obenstehender Nummer in das VDE-Vorschriftenwerk aufgenommen und in der etz Elektrotechnische Zeitschrift bekanntgegeben worden.

Power installation and safety power supply in communal facilities; General

Teilweise Ersatz für DIN 57 108/ VDE 0108/12.79 Siehe jedoch Übergangsfrist!

Für den Anwendungsbereich dieser Norm bestehen keine entsprechenden regionalen oder internationalen Normen (siehe auch Erläuterungen).

Die mit Randbalken versehenen Festlegungen können auch Gegenstand bau- oder arbeitsschutzrechtlicher Vorschriften sein. Diese Vorschriften sind zu beachten. Soweit in diesen Vorschriften anderslautende Anforderungen gestellt werden, gehen diese dieser als VDE-Bestimmung gekennzeichneten Norm vor (siehe Erläuterungen).

Als baurechtliche Vorschriften kommen Rechtsverordnungen zur Landesbauordnung, wie zum Beispiel Versammlungsstätten- und Geschäftshausverordnung, und als arbeitsschutzrechtliche Vorschriften die Arbeitsstättenverordnung und die Arbeitsstättenrichtlinien in Betracht.

Beginn der Gültigkeit

Diese Norm (VDE-Bestimmung) gilt ab 1. Oktober 1989.

Für im Bau oder in Planung befindliche Anlagen gilt daneben DIN 57 108/VDE 0108/12.79 noch bis zum 30. September 1990.

Norm-Entwurf war veröffentlicht als DIN VDE 0108 Teil 1/10.86.

Fortsetzung Seite 2 bis 24

Deutsche Elektrotechnische Kommission im DIN und VDE (DKE)

Inhalt

1 Anwendungsbereich

1.1 Diese Norm gilt für das Errichten und Instandhalten von Starkstromanlagen einschließlich der Sicherheitsstromversorgungsanlagen in Bereichen und zugehörigen Rettungswegen von baulichen Anlagen für Menschenansammlungen, die entsprechend dem in Abschnitt 1.2 aufgeführten Zweck genutzt werden.

1.2 Bauliche Anlagen im Sinne dieser Norm sind:

— Versammlungsstätten, und zwar:

(1) Versammlungsstätten mit Bühnen oder Szenenflächen und Versammlungsstätten für Filmvorführungen sowie Bild- und Tonwiedergabe, wenn die zugehörigen Versammlungsräume mehr als 100 Besucher fassen;

(2) Versammlungsstätten mit nicht überdachten Szenenflächen, wenn die Versammlungsstätte mehr als 1000 Besucher faßt;

(3) Versammlungsstätten mit nicht überdachten Sportflächen, wenn die Versammlungsstätte mehr als 5000 Besucher faßt, Sportstätten für Rasenspiele jedoch nur, wenn mehr als 15 Steh- oder Sitzstufen angeordnet sind;

(4) Versammlungsstätten mit Versammlungsräumen, die einzeln oder zusammen mehr als 200 Besucher fassen; in Schulen, Museen und ähnlichen Gebäuden nur Versammlungsstätten mit Versammlungsräumen, die einzeln mehr als 200 Besucher fassen;

Anmerkung: Mehrere Versammlungsräume in einem Gebäude sind als **eine** Versammlungsstätte anzusehen, wenn diese Räume innerhalb des Gebäudes miteinander in Verbindung stehen, wie z. B. durch Türen oder durch gemeinsame Rettungswege. Bei Versammlungsstätten mit unterschiedlichen Benutzungsarten ist die jeweils größte Besucheranzahl maßgebend.

— Geschäftshäuser oder entsprechend genutzte Teile von baulichen Anlagen mit:

(1) einer Verkaufsstätte, deren Verkaufsräume einzeln oder zusammen eine Nutzfläche von mehr als 2000 m² haben;

(2) mehreren Verkaufsstätten, die miteinander in Verbindung stehen und deren Verkaufsräume zusammen eine Nutzfläche von mehr als 2000 m² haben (als Verbindung gelten auch Rettungswege);

— Ausstellungsstätten, deren Ausstellungsräume einzeln oder zusammen eine Nutzfläche von mehr als 2000 m² haben;

— Gaststätten, und zwar

(1) Schank- oder Speisewirtschaften mit mehr als 400 Gastplätzen,

(2) Beherbergungsbetriebe mit mehr als 60 Gastbetten;

— geschlossene Großgaragen, ausgenommen eingeschossige Großgaragen mit festem Benutzerkreis;

— Hochhäuser, ausgenommen die einzelnen Wohnungen;

— Schulen aller Art, in denen gleichzeitig eine größere Anzahl von Personen regelmäßig unterrichtet wird und in denen mindestens ein Geschoß eine Fläche von mehr als 3000 m² hat;

— Arbeitsstätten im Geltungsbereich des § 7 Absatz 4 der Arbeitsstättenverordnung;

— andere bauliche Anlagen, wenn sich die Anwendung dieser Norm allgemein aus baurechtlichen oder gewerberechtlichen Vorschriften oder im Einzelfall aus dem Baugenehmigungsbescheid oder einer Einzelverfügung ergibt.

2 Begriffe

Weitere sachbezogene Begriffe siehe DIN VDE 0108 Teil 2 bis Teil 8.

2.1 Bauliche Anlagen, Räume und dergleichen

2.1.1 Versammlungsstätten

Versammlungsstätten sind bauliche Anlagen oder Teile baulicher Anlagen, die für die gleichzeitige Anwesenheit vieler Menschen bei Veranstaltungen erzieherischer, geselliger, kultureller, künstlerischer, politischer, sportlicher oder unterhaltender Art bestimmt sind.

2.1.2 Geschäftshäuser

Geschäftshäuser sind bauliche Anlagen mit mindestens einer Verkaufsstätte, wie Kaufhäuser, Warenhäuser, Gemeinschaftswarenhäuser, Supermärkte, Verbrauchermärkte, Selbstbedienungsgroßmärkte, Einkaufszentren.

2.1.3 Ausstellungsstätten

Ausstellungsstätten sind bauliche Anlagen oder Teile von baulichen Anlagen, die der Durchführung von Messen und ähnlichen Veranstaltungen dienen.

2.1.4 Gaststätten

Gaststätten sind bauliche Anlagen oder Teile von baulichen Anlagen für Schank- oder Speisewirtschaften oder für Beherbergungsbetriebe, wenn sie jedermann oder bestimmten Personenkreisen zugänglich sind.

2.1.5 Geschlossene Großgaragen

Großgaragen sind Garagen mit einer Nutzfläche von mehr als 1000 m². Geschlossene Großgaragen siehe DIN VDE 0108 Teil 6.

2.1.6 Hochhäuser

Hochhäuser sind Gebäude, bei denen der Fußboden mindestens eines Aufenthaltsraumes mehr als 22 m über der festgelegten Geländeoberfläche liegt.

2.1.7 Arbeitsstätten

Arbeitsstätten sind:

- Arbeitsräume in Gebäuden einschließlich Ausbildungsstätten;
- Arbeitsplätze auf dem Betriebsgelände im Freien;
- Verkaufsstände im Freien, die im Zusammenhang mit Ladengeschäften stehen.

2.1.8 Fliegende Bauten

Fliegende Bauten sind bauliche Anlagen, die geeignet und dazu bestimmt sind, an verschiedenen Orten wiederholt aufgestellt und zerlegt zu werden; hierzu zählen auch Zelte. Die baulichen Anlagen nach Abschnitt 1.2 können zum Teil auch als Fliegende Bauten (Zelte) ausgeführt werden. (Weitergehende Definition siehe DIN VDE 0100 Teil 722/05.84, Abschnitt 2.2.)

2.1.9 Rettungswege

Rettungswege sind Verkehrsflächen auf Grundstücken und Bereiche in baulichen Anlagen, die dem sicheren Verlassen, der Rettung von Menschen und der Durchführung von Löscharbeiten dienen, wie Treppenräume notwendiger Treppen und deren Verbindungswege ins Freie, allgemein zugängliche Flure, Rampen, Ausgänge, Sicherheitsschleusen, Laubengänge, Rettungsbalkone, Rettungstunnel sowie Wege außerhalb der baulichen Anlagen, die bis zu öffentlichen Verkehrsflächen führen. Bei geschlossenen Großgaragen, Hochhäusern, Schulen und Arbeitsstätten sind Rettungswege nur Bereiche innerhalb von Gebäuden.

Zu den Rettungswegen zählen außerdem bei:

- Versammlungsstätten die Gänge in und die Ausgänge aus den Versammlungsräumen, Bühnen und Bühnenerweiterungen (sowohl vom Bühnenfußboden als auch von Galerien, Stegen und Rollenböden aus), über 50 m² großen Umkleideräumen, Probesälen und ähnlichen Räumen, sowie über 100 m² großen Werkstätten und Magazinen;
- Geschäftshäusern und Ausstellungsstätten die Hauptgänge in und die Ausgänge aus den Verkaufs- und Ausstellungsräumen;
- Gaststätten die Gänge in und die Ausgänge aus den Gasträumen;
- geschlossenen Großgaragen die Fahrgassen, die zu den Treppen und Ausgängen führenden Wege in den Garagengeschossen und die Gehwege neben Zu- und Abfahrten und Rampen;
- Schulen die Hauptgänge in und die Ausgänge aus größeren Räumen mit Haupt- und Nebengängen sowie die Ausgänge aus fensterlosen Unterrichtsräumen und verdunkelbaren Fachräumen.

2.1.10 Löschwasserversorgungsanlage

Als Löschwasserversorgungsanlage ist die Gesamtheit der zur Förderung des Löschwassers erforderlichen Einrichtungen zu verstehen. Hierzu gehören z. B. Pumpen, Pumpenantriebe, Schalt-, Steuer-, Regel- und Überwachungseinrichtungen, Energieübertragungs- und Steuerleitungen sowie die Energieversorgung selbst (siehe z. B. DIN 14 489).

2.1.11 Feuerwehraufzüge

Feuerwehraufzüge sind Personen- oder Lastenaufzüge, die im Brandfall für den Feuerwehreinsatz zur Verfügung stehen müssen.

2.1.12 Personenaufzüge mit besonderen Anforderungen

Personenaufzüge mit besonderen Anforderungen sind Personenaufzüge in Hochhäusern und Kundenaufzüge in Geschäftshäusern, die bei Ausfall der allgemeinen Stromversorgung wenigstens nacheinander selbsttätig in ein Eingangsgeschoß gefahren werden.

2.2 Beleuchtungstechnik, Elektrotechnik

2.2.1 Allgemeine Beleuchtung

Die allgemeine Beleuchtung im Sinne dieser Norm ist eine Beleuchtung baulicher Anlagen mit künstlichem Licht, entsprechend der bestimmungsgemäßen Nutzung dieser baulichen Anlagen, die aus der allgemeinen Stromversorgung gespeist wird.

2.2.2 Sicherheitsbeleuchtung

Die Sicherheitsbeleuchtung ist eine Beleuchtung, die zusätzlich zur allgemeinen Beleuchtung während der betriebserforderlichen Zeiten aus Sicherheitsgründen notwendig ist (allgemeine Sicherheit, Unfallschutz). Sie wird bei Störung der Stromversorgung der allgemeinen Beleuchtung wirksam.

2.2.2.1 Sicherheitsbeleuchtung für Rettungswege

Die Sicherheitsbeleuchtung für Rettungswege ist eine Beleuchtung, die Rettungswege während der betriebserforderlichen Zeiten mit einer vorgeschriebenen Mindestbeleuchtungsstärke beleuchtet, um das gefahrlose Verlassen der Räume oder Anlagen zu ermöglichen (aus: DIN 5035 Teil 5/12.87).

2.2.2.2 Sicherheitsbeleuchtung für Arbeitsplätze mit besonderer Gefährdung

Die Sicherheitsbeleuchtung für Arbeitsplätze mit besonderer Gefährdung ist eine Beleuchtung, die das gefahrlose Beenden notwendiger Tätigkeiten und das Verlassen des Arbeitsplatzes ermöglicht (aus: DIN 5035 Teil 5/12.87).

2.2.3 Dauerschaltung der Sicherheitsbeleuchtung

Bei Dauerschaltung der Sicherheitsbeleuchtung sind deren Lampen in der Schaltstellung „Betriebsbereit" dauernd wirksam.

2.2.4 Bereitschaftsschaltung der Sicherheitsbeleuchtung

Bei Bereitschaftsschaltung der Sicherheitsbeleuchtung werden deren Lampen in der Schaltstellung „Betriebsbereit" bei Störung der Stromversorgung der allgemeinen Beleuchtung selbsttätig wirksam.

2.2.5 Sicherheitsleuchte

Eine Sicherheitsleuchte ist eine Leuchte mit eigener oder ohne eigene Energiequelle, die für die Sicherheitsbeleuchtung verwendet wird (aus: DIN 5035 Teil 5/12.87).

2.2.6 Rettungszeichen-Leuchte

Eine Rettungszeichen-Leuchte ist eine Formleuchte, auf der ein graphisches Symbol angebracht ist, das als Rettungszeichen gilt. Sie dient der Kennzeichnung von Rettungswegen sowie zum Hinweis auf diese (aus: DIN 5035 Teil 5/12.87).

2.2.7 Mindestbeleuchtungsstärke der Sicherheitsbeleuchtung

Die Mindestbeleuchtungsstärke der Sicherheitsbeleuchtung ist der örtliche Mindestwert der Beleuchtungsstärke am Ende der Nutzungsdauer der Ersatzstromquellen und Lampen. Die Mindestbeleuchtungsstärke gilt als Nennwert einer Sicherheitsbeleuchtung (aus: DIN 5035 Teil 5/12.87).

2.2.8 Einrichtungen der Sicherheitsstromversorgungsanlage

Einrichtungen der Sicherheitsstromversorgungsanlage im Sinne dieser Norm sind Ersatzstromquellen, zugehörige Schalteinrichtungen, Verteiler, Haupt- und Verbraucherstromkreise bis zu den Anschlußklemmen der notwendigen Sicherheitseinrichtungen.

2.2.9 Notwendige Sicherheitseinrichtungen

Notwendige Sicherheitseinrichtungen sind Einrichtungen, die im Gefahrenfall (insbesondere im Brandfall) der Sicherheit der Personen dienen und die aufgrund allgemein geltender oder im Einzelfall erhobener bauordnungsrechtlicher Anforderungen vorzusehen sind und einer Sicherheitsstromversorgung bedürfen. Hierzu können gehören: Sicherheitsbeleuchtung, Anlagen zur Löschwasserversorgung, Feuerwehraufzüge, Rauchabzugseinrichtungen, Einrichtungen zur Alarmierung und zur Erteilung von Anweisungen an Besucher und Beschäftigte, CO-Warnanlagen.

2.2.10 Ersatzstromquelle

Die Ersatzstromquelle im Sinne dieser Norm ist eine Einrichtung, die bei Ausfall der allgemeinen Stromversorgung für eine begrenzte Zeit die elektrische Energie für die Versorgung von notwendigen Sicherheitseinrichtungen bereitstellt.

2.2.10.1 Einzelbatterieanlage

Eine Einzelbatterieanlage im Sinne dieser Norm besteht aus einer Batterie wartungsfreier Bauart und einer Lade- und Kontrolleinrichtung. Sie versorgt im allgemeinen eine, höchstens jedoch zwei Sicherheits- oder Rettungszeichenleuchten oder eine sonstige Sicherheitseinrichtung.

2.2.10.2 Gruppenbatterieanlage

Eine Gruppenbatterieanlage im Sinne dieser Norm besteht aus einer Batterie wartungsfreier Bauart und einer Lade- und Kontrolleinrichtung. Sie versorgt notwendige Sicherheitseinrichtungen bis zu einer Anschlußleistung von 300 W bei 3 h bzw. 900 W bei 1 h Nennbetriebsdauer oder maximal 20 Sicherheitsleuchten.

2.2.10.3 Zentralbatterieanlage

Eine Zentralbatterieanlage im Sinne dieser Norm besteht aus einer Batterie und einer Lade- und Kontrolleinrichtung. Sie versorgt mindestens die notwendigen Sicherheitseinrichtungen ohne Leistungsbegrenzung.

2.2.10.4 Stromerzeugungsaggregat

Ein Stromerzeugungsaggregat im Sinne dieser Norm besteht aus einem Motor als Erzeuger mechanischer Energie und aus einem Generator als Wandler mechanischer in elektrische Energie.

(Für Stromerzeugungsaggregate mit Hubkolben-Verbrennungsmotor siehe DIN 6280 Teil 1/02.83, Abschnitt 3.1.)

2.2.10.5 Ersatzstromaggregat

Ein Ersatzstromaggregat im Sinne dieser Norm ist ein Stromerzeugungsaggregat mit einer Umschaltzeit nach Abschnitt 2.2.18 von höchstens 15 s; hierbei wird das gesamte Aggregat nach Ausfall der allgemeinen Stromversorgung aus dem Stillstand in Betrieb gesetzt.

(Diese Definition weicht bezüglich des Begriffes Umschaltzeit von der entsprechenden Festlegung in DIN 6280 Teil 1/02.83, Abschnitt 5.2.1, ab.)

2.2.10.6 Schnellbereitschaftsaggregat

Ein Schnellbereitschaftsaggregat im Sinne dieser Norm ist ein Stromerzeugungsaggregat mit einer Umschaltzeit nach Abschnitt 2.2.18 von höchstens 0,5 s; hierbei dient ein Energiespeicher zur kurzzeitigen Energieversorgung der Verbraucher und gegebenenfalls zum Schnellhochfahren des Aggregats.

(Diese Definition weicht bezüglich des Begriffes Umschaltzeit von der entsprechenden Festlegung in DIN 6280 Teil 1/02.83, Abschnitt 5.2.2, ab.)

2.2.10.7 Sofortbereitschaftsaggregat

Ein Sofortbereitschaftsaggregat im Sinne dieser Norm ist ein Stromerzeugungsaggregat ohne Umschaltzeit nach Abschnitt 2.2.18; hierbei dient ein Energiespeicher zur kurzzeitigen Energieversorgung der Verbraucher und gegebenenfalls zum schnellen Hochfahren des Motors; bei Übergang des Antriebs vom Elektromotor auf die Kraftmaschine kann eine vorübergehende Frequenzabweichung auftreten.

2.2.10.8 Besonders gesichertes Netz

Ein besonders gesichertes Netz im Sinne dieser Norm hat zwei voneinander unabhängige Einspeisungen.

2.2.11 Umschaltbetrieb

Umschaltbetrieb ist eine Betriebsart, bei der die Ersatzstromquelle in Bereitschaft gehalten wird; bei Störung der allgemeinen Stromversorgung wird auf die Ersatzstromquelle umgeschaltet.

2.2.12 Bereitschaftsparallelbetrieb

Bereitschaftsparallelbetrieb ist eine Betriebsart, bei der die Ersatzstromquelle ständig parallel zur allgemeinen Stromversorgung geschaltet ist, aber unterbrechungsfrei nur dann Strom liefert, wenn die allgemeine Stromversorgung gestört ist.

2.2.13 Bereichsschalter

Ein Bereichsschalter ist ein Lastschalter, durch den bestimmte, zu einem Bereich gehörende elektrische Anlagen und Verbrauchsmittel geschaltet werden können.

2.2.14 Betriebsbereit

Betriebsbereit im Sinne dieser Norm bedeutet, daß eine Anlage mit ihrem Hauptschalter eingeschaltet ist, ohne daß die Verbrauchsmittel schon wirksam sein müssen.

2.2.15 Wirksam

„Wirksam sein" im Sinne dieser Norm bedeutet, daß ein elektrisches Verbrauchsmittel in bestimmungsgemäßer Funktion wirksam ist; z. B. ist eine Lampe wirksam, wenn sie Lichtstrom abstrahlt.

2.2.16 Betriebserforderliche Zeit

Die betriebserforderliche Zeit im Sinne dieser Norm ist die Dauer, in der z. B. eine Sicherheitsbeleuchtungsanlage „betriebsbereit" geschaltet sein muß, abhängig von rechtlichen Vorgaben, von den tageszeitabhängigen Dunkelstunden oder einer betriebsmäßigen Verdunkelung.

2.2.17 Störung der allgemeinen Stromversorgung

Eine Störung der allgemeinen Stromversorgung im Sinne dieser Norm liegt vor, wenn die Spannung der allgemeinen Stromversorgung über einen Zeitraum von mehr als 0,5 s um mehr als 15 % gesunken ist.

2.2.18 Umschaltzeit

Die Umschaltzeit im Sinne dieser Norm ist die Zeitspanne, die zwischen dem Beginn der Störung der allgemeinen Stromversorgung und dem Wirksamwerden oder Wiederwirksamwerden der notwendigen Sicherheitseinrichtungen vergeht.

2.2.19 Nennbetriebsdauer der Ersatzstromquelle

Die Nennbetriebsdauer der Ersatzstromquelle ist die Dauer, für die eine Ersatzstromquelle unter Nennbetriebsbedingungen ausgelegt ist. Sie muß mindestens der vorgeschriebenen Betriebsdauer der notwendigen Sicherheitseinrichtungen entsprechen.

(Betriebsdauer siehe Tabellen 1 und 2)

2.2.20 Grenzbetriebsdauer der Ersatzstromquelle

Die Grenzbetriebsdauer ist die mindest erforderliche Dauer, während der eine Ersatzstromquelle (z. B. eine Batterie) die geforderte Versorgung der notwendigen Sicherheitseinrichtungen noch sicherstellen muß.

2.2.21 Brauchbarkeitsdauer der Ersatzstromquelle

Die Brauchbarkeitsdauer ist die Zeitspanne, während der die festgelegte Zuverlässigkeitsanforderungen eingehalten werden (siehe DIN 40 041 *)).

Anmerkung: In DIN 5035 Teil 5 Nutzungsdauer genannt.

2.2.22 Hauptverteiler der Sicherheitsstromversorgung

Der Hauptverteiler der Sicherheitsstromversorgung ist die erste Verteilerstelle im Gebäude, die direkt von der Ersatzstromquelle der Sicherheitsversorgung gespeist wird.

3 Grundanforderungen

3.1 Allgemeine Stromversorgung

Es gelten die Anforderungen nach den Normen der Reihe DIN VDE 0100 und DIN VDE 0101. Zusätzlich sind in baulichen Anlagen nach dem Anwendungsbereich dieser Norm die weitergehenden Anforderungen nach Abschnitt 5 zu erfüllen, um einen Ausfall der allgemeinen Stromversorgung — außer durch Netzausfall — möglichst zu vermeiden. Ist im Einzelfall eine bauliche Anlage hinsichtlich ihrer Ausführung oder Nutzung mehreren der in Abschnitt 1.2 genannten Arten zuzuordnen, so sind die jeweils höheren Sicherheitsanforderungen maßgebend.

*) Z. Z. Entwurf

3.2 Sicherheitsstromversorgung

Es gelten die Anforderungen nach DIN VDE 0100 Teil 560. Zusätzlich ist in baulichen Anlagen nach dem Anwendungsbereich dieser Norm eine Sicherheitsstromversorgung nach Abschnitt 6 erforderlich, die bei Störung der allgemeinen Stromversorgung, z. B. bei Netzausfall, Anlagenstörung, Brandfall, die notwendigen Sicherheitseinrichtungen nach einer zulässigen Umschaltzeit über eine bestimmte Zeit mit elektrischer Energie weiter versorgt und deren Steuerung sicherstellt. Ist im Einzelfall eine bauliche Anlage hinsichtlich ihrer Ausführung oder Nutzung mehreren der in Abschnitt 1.2 genannten Arten zuzuordnen, so sind die jeweils höheren Sicherheitsanforderungen maßgebend.

3.3 Notwendige Sicherheitseinrichtungen

3.3.1 Sicherheitsbeleuchtung

Eine Sicherheitsbeleuchtung muß in baulichen Anlagen nach Abschnitt 1.2 zusätzlich zur allgemeinen Beleuchtung und unter Berücksichtigung der Abweichungen in den Zusatzfestlegungen der Normen DIN VDE 0108 Teil 2 bis Teil 8 vorhanden sein:

1. in Rettungswegen (Ausnahme siehe DIN VDE 0108 Teil 7);
2. in Räumen für Ersatzstromaggregate, für Hauptverteiler der Sicherheitsstromversorgung und der allgemeinen Stromversorgung und für Schaltanlagen mit Nennspannungen über 1 kV;
3. in mehr als 50 m² großen Arbeitsräumen (z. B. Werkstätten, Küchen und Magazinen, Umkleideräumen, Waschräumen und Pausenräumen) (Ausnahme siehe DIN VDE 0108 Teil 7);
4. bei Versammlungsstätten in Versammlungsräumen, auf Mittel- und Vollbühnen einschließlich der Bühnenerweiterungen, in mehr als 20 m² großen Bühnenbetriebsräumen, wie Probebühnen, Chor- und Ballettübungsräumen, Orchesterübungsräumen, Stimmzimmern, Aufenthaltsräumen für Mitwirkende, in Bildwerferräumen, in Manegen, Sportrennbahnen sowie in Stehplatzbereichen von Versammlungsstätten mit nicht überdachten Spielflächen;
5. bei Geschäftshäusern oder entsprechend genutzten Teilen von baulichen Anlagen in mehr als 50 m² großen Verkaufsräumen;
6. bei Ausstellungsstätten in mehr als 50 m² großen Ausstellungsräumen;

   Anmerkung: Ausstellungsstände innerhalb großflächiger Ausstellungshallen oder -zelte sind nicht als Ausstellungsraum in diesem Sinne anzusehen.
7. bei Schank- und Speisewirtschaften in Gasträumen;
8. bei Schulen in Unterrichtsgroßräumen, die als Versammlungsstätten dienen können, sowie in fensterlosen Unterrichtsräumen und verdunkelbaren Fachräumen.

Der je nach Art oder Nutzung der baulichen Anlage unterschiedliche Grad der möglichen Gefährdung der Personen, z. B. bei Ausfall der allgemeinen Beleuchtung oder Brand, wird in den Anforderungen der Norm berücksichtigt.

Hinsichtlich der nachstehenden Merkmale werden die baulichen Anlagen oder Bereiche hiervon wie folgt eingeteilt:

a) Bauliche Anlagen mit großer Menschenansammlung in einem Raum oder abgegrenzten Bereich, ausgenommen bauliche Anlagen nach Aufzählung b (z. B. Versammlungsstätten, Geschäftshäuser, Ausstellungsstätten, Schank- und Speisewirtschaften);
b) Bauliche Anlagen mit großer Menschenansammlung in einem Raum oder abgegrenzten Bereich, sofern die Sicherheitsbeleuchtung dieser baulichen Anlagen nicht mehr als 20 Leuchten benötigt (z. B. Versammlungsstätten, Schank- und Speisewirtschaften);
c) Bauliche Anlagen mit geringer Menschenansammlung in einem Raum (z. B. Beherbergungsbetriebe, Hochhäuser, Schulen);
d) Bauliche Anlagen mit geringer Menschenansammlung (z. B. geschlossene Großgaragen);
e) Rettungswege in Arbeitsstätten;
f) Arbeitsplätze mit besonderer Gefährdung in Arbeitsstätten;
g) Bühnen und Szenenflächen;
h) Manegen und Sportrennbahnen.

Die jeweiligen Anforderungen an die Sicherheitsbeleuchtung müssen Tabelle 1 entsprechen.

3.3.2 Andere Sicherheitseinrichtungen

Nachstehende Sicherheitseinrichtungen müssen an eine Sicherheitsstromversorgungsanlage angeschlossen werden, wenn dies aufgrund allgemein geltender oder im Einzelfall erhobener bauordnungs- oder arbeitsschutzrechtlicher Anforderungen notwendig ist:

a) Anlagen zur Löschwasserversorgung;
b) Feuerwehraufzüge;
c) Personenaufzüge mit besonderen Anforderungen;
d) Einrichtungen zur Alarmierung und zur Erteilung von Anweisungen;
e) Rauch- und Wärmeabzugseinrichtungen;
f) CO-Warnanlagen.

Die jeweiligen Anforderungen an die Sicherheitsstromversorgungsanlage müssen Tabelle 2 entsprechen.

4 Brandschutz, Funktionserhalt

4.1 In baulichen Anlagen nach dieser Norm sind Transformatoren und Schaltanlagen mit Nennspannungen über 1 kV, Gruppenbatterien, Zentralbatterien und Stromerzeugungsaggregate mit ihren Hilfseinrichtungen in Räumen unterzubringen, die den brandschutztechnischen Anforderungen des Musters der Verordnung über den Bau von Betriebsräumen für elektrische Anlagen (EltBauVO) entsprechen (siehe Beiblatt 1 zu DIN VDE 0108 Teil 1). Gruppenbatterien gelten als Zentralbatterien im Sinne der EltBauVO.

4.2 Kabel, Leitungen, Hausanschlußeinrichtungen, Meßeinrichtungen und Verteiler in Treppenräumen und ihren Ausgängen ins Freie und allgemein zugänglichen Fluren müssen den Abschnitten 2.1 und 2.2 des Musters für Richtlinien über brandschutztechnische Anforderungen an Leitungsanlagen entsprechen (siehe Beiblatt 1 zu DIN VDE 0108 Teil 1).

4.3 Die Führung von Kabeln und Leitungen durch Brandwände sowie durch Wände und Decken, die feuerbeständig sein müssen, muß Abschnitt 3 des Musters für Richtlinien über brandschutztechnische Anforderungen an Leitungsanlagen entsprechen (siehe Beiblatt 1 zu DIN VDE 0108 Teil 1).

4.4 Kabel, Leitungen und Verteiler der Sicherheitsstromversorgung müssen entsprechend den Festlegungen in Abschnitt 4 des Musters für Richtlinien über brandschutztechnische Anforderungen an Leitungsanlagen bei äußerer Brandeinwirkung für eine ausreichende Zeitdauer funktionsfähig bleiben (siehe Beiblatt 1 zu DIN VDE 0108 Teil 1).

5 Allgemeine Stromversorgung

5.1 Betriebsmittel mit Nennspannungen über 1 kV

5.1.1 Räume für Transformatoren und Schaltanlagen mit Nennspannungen über 1 kV sind als abgeschlossene elektrische Betriebsstätten auszubilden.

Transformatoren und Schaltanlagen sind in Räumen unterzubringen, die den §§ 2 bis 5 des Musters der Verordnung über den Bau von Betriebsräumen für elektrische Anlagen (EltBauVO) entsprechen (siehe Beiblatt 1 zu DIN VDE 0108 Teil 1).

5.1.2 Für Transformatoren innerhalb der baulichen Anlage sind selbsttätige Schutzeinrichtungen gegen die Auswirkungen von Überlastungen sowie von inneren und äußeren Fehlern vorzusehen.

5.2 Betriebsmittel mit Nennspannungen bis 1000 V

5.2.1 Elektrische Betriebsräume

5.2.1.1 Räume, in denen Hauseinführungsleitungen und Hausanschlußkästen untergebracht werden, müssen DIN 18 012 entsprechen und von Räumen mit erhöhter Brandgefahr, wie z. B. Versammlungsräume, Bühnen, Verkaufsräume, Schaufensterräume, Ausstellungsräume und Lagerräume durch feuerbeständige Wände und Decken (Feuerwiderstandsklasse F 90 — AB nach DIN 4102 Teil 2), von anderen Räumen durch mindestens feuerhemmende Wände und Decken (Feuerwiderstandsklasse F 30 — B nach DIN 4102 Teil 2), abgetrennt sein. Zugangstüren müssen in feuerbeständigen Wänden mindestens feuerhemmend (Feuerwiderstandsklasse T 30 nach DIN 4102 Teil 5) sein und in feuerhemmenden Wänden aus nichtbrennbaren Baustoffen (Baustoffklasse A nach DIN 4102 Teil 1) bestehen.

5.2.1.2 Räume, in denen Hauptverteiler untergebracht werden, müssen den Anforderungen nach Abschnitt 5.2.1.1 entsprechen und sind so anzuordnen, daß sie auch im Gefahrenfall leicht und sicher erreichbar sind. Sie sind als abgeschlossene elektrische Betriebsstätten auszubilden.

5.2.2 Verteiler

5.2.2.1 Verteiler müssen eine allseitige Verkleidung aus Blech oder stoßfestem Isolierstoff mit einer Entflammbarkeit nach DIN VDE 0304 Teil 3 von mindestens Stufe BH 1 haben. Sie sind gegen den Zugriff Unbefugter zu sichern.

5.2.2.2 Verteiler müssen so eingerichtet sein, daß der Betrieb der notwendigen Sicherheits- und Betriebseinrichtungen, wie Löschwasserversorgung, Pumpen, Aufzüge, Lüftungsanlagen, Rauchabzugseinrichtungen, auch außerhalb der Betriebszeit möglich ist.

5.2.2.3 An dem Hauptverteiler muß jeder Abgang mit einem Schalter, der mindestens als Lastschalter nach DIN VDE 0660 Teil 107 ausgelegt ist, schaltbar sein.

Hauptschalter und Schalter, durch deren Ausschalten Gefahren entstehen können, sind auffällig zu kennzeichnen. Für die Kennzeichnung ist die Farbe „Gelb" nach DIN 4844 Teil 2 zu verwenden.

Tabelle 1. **Anforderungen an die Sicherheitsstromversorgungsanlage der Sicherheitsbeleuchtung nach Abschnitt 3.3.1**

Anforderungen	Beispiele für bauliche Anlagen/Räume oder Nutzung nach Abschnitt 3.3.1							
	(a) Versammlungsstätten, Geschäftshäuser, Ausstellungsstätten, Schank- und Speisewirtschaften	(b) Versammlungsstätten, Schank- und Speisewirtschaften mit max. 20 Leuchten	(c) Beherbergungsbetriebe, Hochhäuser, Schulen	(d) Geschlossene Großgaragen	(e) Rettungswege in Arbeitsstätten	(f) Arbeitsplätze mit besonderer Gefährdung	(g) Bühnen, Szenenflächen	(h) Manegen, Sportrennbahnen
Mindestbeleuchtungsstärke in lx	1	1	1	1	1	10% von E_n [1])	3	15
Umschaltzeit in s max.	1	1	15	15	15	0,5	1	1
Nennbetriebsdauer der Ersatzstromquelle in h	3	3	3	1	1	$>\frac{1}{60}$ [2])	3	3
Dauerschaltung für die Beleuchtung der Rettungszeichen	x	x	x	x	0	0	x	x
Zulässige Ersatzstromquelle		Zentralbatterie, Gruppenbatterie, mit oder ohne Wechselrichter						
	Schnellbereitschafts-, Sofortbereitschaftsaggregat	Einzelbatterien, Schnellbereitschafts-, Sofortbereitschaftsaggregat	Einzelbatterien, Schnellbereitschafts-, Sofortbereitschaftsaggregat, Ersatzstromaggregat	Einzelbatterien, Schnellbereitschafts-, Sofortbereitschaftsaggregat, Ersatzstromaggregat		Einzelbatterien, Schnellbereitschafts-, Sofortbereitschaftsaggregat	Schnellbereitschafts-, Sofortbereitschaftsaggregat	
					Besonders gesichertes Netz	Besonders gesichertes Netz		

0 bedeutet keine Anforderung
x bedeutet Forderung
1) E_n siehe DIN 5035 Teil 1 und Teil 2, minimale mittlere Beleuchtungsstärke 15 lx
2) Die Betriebsdauer ist abhängig von der Dauer der bestehenden Gefährdung

Tabelle 2. **Anforderungen an die Sicherheitsstromversorgungsanlage von anderen Sicherheitseinrichtungen nach Abschnitt 3.3.2**

Anforderungen	Beispiele für Sicherheitseinrichtungen nach Abschnitt 3.3.2					
	(a) Anlage zur Löschwasserversorgung	(b) Feuerwehraufzüge	(c) Personenaufzüge mit besonderen Anforderungen	(d) Einrichtungen zur Alarmierung und zur Erteilung von Anweisungen	(e) Rauch- und Wärmeabzugseinrichtung	(f) CO-Warnanlagen
Nennbetriebsdauer der Ersatzstromquelle in h	12	8	3	3	3	1
Umschaltzeit in s max.	15	15	15	15	15	15
Zulässige Ersatzstromquelle: Einzelbatterien	—	—	—	—	x	x
Gruppen-, Zentralbatterien, mit oder ohne Wechselrichter	—	—	—	x	x	x
Ersatzstromaggregat sowie Schnell- und Sofortbereitschaftsaggregat	x	x	x	x	x	x
Besonders gesichertes Netz	x	x	x	x	x	x
Netzüberwachung und Umschaltung bei Netzausfall: am Hauptverteiler der Sicherheitsstromversorgung	x	x	x	x*)	x*)	x*)

*) soweit für diese Sicherheitseinrichtung nicht eine eigene Sicherheitsstromversorgung vorgesehen ist

x bedeutet Forderung im Bereich der möglichen Auswahl

— nicht zutreffend

5.2.2.4 Die Verteiler sind so auszuführen, daß eine einfache Messung des Isolationswiderstandes aller Leiter gegen Erde jedes einzelnen abgehenden Stromkreises möglich ist. Bei Leiterquerschnitten unter 10 mm^2 muß diese Messung ohne Abklemmen des Neutralleiters möglich sein, z. B. durch den Einbau von Neutralleiter-Trennklemmen.

5.2.2.5 Die Kennzeichnung an den Anschlußstellen in den Verteilern und den angeschlossenen Kabeln oder Leitungen ist so auszuführen, daß eine eindeutige Zuordnung der zu einem Stromkreis gehörenden Leiter und Klemmen erkennbar ist.

Die Beschriftung hat übereinstimmend mit dem Schaltplan zu erfolgen.

5.2.3 Kabel- und Leitungsanlage

5.2.3.1 Es dürfen nur Kabel und Leitungen, die mindestens die Anforderung auf Brennverhalten nach DIN VDE 0472 Teil 804, Prüfart B, einhalten, z. B. PVC- oder chloroprenummantelt, und Isolierstoffkanäle und -rohre, die mindestens flammwidrig nach DIN VDE 0604 Teil 1 bzw. DIN VDE 0605 sind, eingesetzt werden. Blanke Leiter, ausgenommen solche in Stromschienensystemen nach DIN VDE 0100 Teil 520, sind außerhalb abgeschlossener elektrischer Betriebsstätten nicht zulässig.

5.2.3.2 Die Kabelverbindung zwischen dem Netztransformator und dem Niederspannungs-Hauptverteiler ist erd- und kurzschlußsicher nach DIN VDE 0100 Teil 520 auszuführen.

5.2.3.3 Für den Schutz von Kabeln und Leitungen gegen zu hohe Erwärmung können Leitungschutzsicherungen nach DIN VDE 0636 Teil 1, Leitungsschutzschalter nach DIN VDE 0641, Leistungsschalter nach DIN VDE 0660 Teil 101 vorgesehen werden. Sie müssen selektiv gegenüber den vorgeschalteten Schutzeinrichtungen wirken.

Überstromschutzeinrichtungen sind in Verteilern oder Geräten unterzubringen. Sie müssen dem Zugriff Unbefugter entzogen sein.

5.2.3.4 Abweichend von den Festlegungen in DIN VDE 0100 Teil 540 sind für TN-Netze auch bei Leiterquerschnitten über 6 mm^2 mindestens ab dem letzten Verteiler für Schutzleiter und Neutralleiter jeweils getrennte Leiter vorzusehen (TN-C-S-Netze).

5.2.3.5 Die elektrische Anlage zur Löschwasserversorgung muß mit einer eigenen Zuleitung direkt von dem Hauptverteiler eingespeist werden.

5.2.4 Verbraucheranlage

5.2.4.1 Die Leuchten der allgemeinen Beleuchtung in Rettungswegen und Räumen, in denen Sicherheitsbeleuchtung erforderlich ist, sind auf mindestens 2 Stromkreise zu verteilen, wenn Sicherheitsbeleuchtung in Bereitschaftsschaltung vorgesehen ist. Fehlerstrom-Schutzeinrichtungen dürfen in diesen Stromkreisen vorgesehen werden, wenn sichergestellt ist, daß bei Ansprechen einer Schutzeinrichtung nicht alle Beleuchtungsstromkreise eines Rettungsweges oder Raumes ausfallen.

5.2.4.2 Wärmeabgebende Betriebsmittel, wie z. B. Stellgeräte, Anlasser, Transformatoren, sind so anzubringen, daß durch ihren Betrieb keine gefährliche Wärmeentwicklung zu befürchten ist. Zu brennbaren Stoffen ist ein ausreichender Abstand einzuhalten, oder es sind wärmeisolierende, nicht brennbare Unterlagen bzw. Abschirmung vorzusehen.

5.2.4.3 Schalter und Steckdosen sind in Räumen oder Bereichen, in denen die Gefahr einer mechanischen Beschädigung besteht, zu schützen. Dies darf geschehen durch ihre Bauart oder durch Einbau, z. B. unter Putz oder in Nischen.

5.2.4.4 Schalter in Räumen für Besucher sind bereichsweise zusammenzufassen und dem Zugriff Unbefugter zu entziehen, soweit sie nicht auch durch Besucher betätigt werden müssen, wie z. B. in Treppenräumen von Hochhäusern.

5.2.4.5 Wärmeabgebende Verbrauchsmittel, wie z. B. Leuchten, Scheinwerfer, sind so anzubringen, daß durch ihren Betrieb keine gefährliche Wärmeentwicklung zu befürchten ist. Zu brennbaren Stoffen ist ein ausreichender Abstand einzuhalten, oder es sind wärmeisolierende, nicht brennbare Unterlagen bzw. Abschirmung vorzusehen.

5.2.4.6 Wärmegeräte müssen so angebracht und befestigt sein, daß durch Wärmeübertragung keine Brände entstehen können. Das Ablegen von Gegenständen auf dem Gehäuse muß durch die Formgebung erschwert sein.

5.2.4.7 Lampen müssen im Handbereich und an Stellen, an denen mit einer mechanischen Beschädigung, z. B. durch Umgang mit sperrigen Gütern, zu rechnen ist, ausreichend geschützt sein. Dies darf geschehen durch widerstandsfähige Gitter, Körbe, Gläser oder Abdeckungen.

Diese Schutzvorrichtungen dürfen nicht an den Fassungen befestigt sein, soweit nicht deren Bauart dies besonders vorsieht.

5.2.4.8 Für Leuchten in Räumen für Besucher sind Befestigungsvorrichtungen vorzusehen, die mindestens das 5fache Gewicht der befestigten Leuchte tragen.

Freihängende Leuchten über 5 kg Gewicht sind durch zwei voneinander unabhängige Aufhängevorrichtungen zu sichern. Hierbei muß jede für sich das Gesamtgewicht mit 5facher Sicherheit tragen.

Sicherungsseile oder -ketten gelten als zweite Aufhängung.

5.2.4.9 Steckvorrichtungen für unterschiedliche Stromarten und Spannungen müssen unverwechselbar sein.

5.2.4.10 Motoren, die nicht ständig beaufsichtigt sind, müssen durch einen Motorschutzschalter nach DIN VDE 0660 Teil 104 oder durch gleichwertige Einrichtungen geschützt sein. Nach Ansprechen der Schutzeinrichtungen muß ein selbsttätiges Wiedereinschalten der Motoren verhindert sein.

Dies ist nicht erforderlich für Kühl-, Gefrier- und Klimageräte mit Hermetic-Verdichtern und anderen blockierungssicheren Motoren, wenn dies auf dem Gerät oder in der Bedienungsanleitung bestätigt ist.

6 Sicherheitsstromversorgung

6.1 Allgemeine Anforderungen

6.1.1 Die Sicherheitsstromversorgung muß die Versorgung der notwendigen Sicherheitseinrichtungen einer baulichen Anlage oder Teile hiervon selbsttätig übernehmen, wenn die Spannung der allgemeinen Stromversorgung um mehr als 15 %, bezogen auf Nennspannung, gesunken und länger als 0,5 s gestört ist.

Einzelbatterien müssen eingebaute Schalteinrichtungen haben, die eine zentrale Schaltung aller Sicherheitsleuchten, abhängig von der Schaltung der allgemeinen Beleuchtung, sicherstellen.

6.1.2 Ersatzstromquellen sind nach ihrer bauartbedingten Eignung zur Versorgung von Sicherheitseinrichtungen entsprechend den unterschiedlichen Anforderungen der baulichen Anlagen auszuwählen.

6.1.3 Die Nennbetriebsdauer der Ersatzstromquelle muß den Forderungen nach Tabelle 1 und Tabelle 2 mindestens entsprechen. Bei Batterien darf die Grenzbetriebsdauer $^2/_3$ der Nennbetriebsdauer nicht unterschreiten.

Die Nennbetriebsdauer von Batterien darf bei zusätzlichem Einsatz von Ersatzstromaggregaten nach Abschnitt 6.4.4 auf eine Stunde reduziert werden, wenn:

— der Hauptverteiler der Sicherheitsstromversorgung an das Ersatzstromaggregat angeschlossen ist und

— die zu versorgenden Sicherheitseinrichtungen über das Aggregat mindestens für die geforderte Nennbetriebsdauer versorgt werden.

6.1.4 Ab dem Hauptverteiler der Sicherheitsstromversorgung ist zur Versorgung der notwendigen Sicherheitseinrichtungen ein eigenes, getrennt von der allgemeinen Stromversorgung zu führendes Verteilungsnetz erforderlich.

6.1.5 An zentraler, während der betriebserforderlichen Zeit ständig überwachter Stelle ist durch Meldeeinrichtungen der Anlagenzustand (Betrieb, Störung) der Sicherheitsstromversorgung anzuzeigen. Dies gilt nicht für Einzelbatterieanlagen.

6.2 Sicherheitsbeleuchtung

6.2.1 Schaltungen der Sicherheitsbeleuchtung

6.2.1.1 Sicherheitsbeleuchtung ist in Dauerschaltung oder in Bereitschaftsschaltung, sofern in Tabelle 1 nicht anders festgelegt, auszuführen. Die Schaltungen dürfen auch kombiniert werden.

6.2.1.2 Bei Dauerschaltung wird die allgemeine Stromversorgung am Hauptverteiler der Sicherheitsstromversorgung überwacht. Dies gilt nicht für Einzelbatterieleuchten. Bei Wiederkehr der allgemeinen Stromversorgung muß selbsttätig auf diese zurückgeschaltet werden.

6.2.1.3 Bei Bereitschaftsschaltung wird die Stromversorgung für die allgemeine Beleuchtung in dem Unterverteiler für diesen Bereich überwacht. Bei Einzelbatterieleuchten werden ihre Zuleitungen überwacht. Kann durch eine Störung in einer Steuerung die allgemeine Beleuchtung eines Raumes ganz ausfallen, muß diese Steuerung mit überwacht werden; dies gilt ebenso beim Einsatz von FI-Schutzschaltern.

Die Sicherheitsbeleuchtung muß bei Wiederkehr der Spannung an dem Unterverteiler oder dem überwachten Stromkreis selbsttätig ausschalten; hierbei ist die Wiederzündbarkeit der Lampen der allgemeinen Beleuchtung sowie die Handhabung in betrieblich zu verdunkelnden Räumen zu beachten.

Bei Vorhandensein der Spannung der allgemeinen Stromversorgung am Hauptverteiler der Sicherheitsbeleuchtung darf die Sicherheitsbeleuchtung in Bereitschaftsschaltung aus der allgemeinen Stromversorgung gespeist werden. Diese Schaltung muß bei Einsatz einer Zentral- oder Gruppenbatterie angewendet werden.

6.2.1.4 Bei kombinierter Anwendung der Dauer- und Bereitschaftsschaltung müssen die Umschalteinrichtungen jeweils eine eigene Überwachungseinrichtung haben und getrennt geschaltet werden können.

6.2.1.5 Die Sicherheitsbeleuchtung darf neben einer zentralen Schaltung gruppenweise nur nach wichtigen Hausteilen und Betriebsstätten einschließlich der zugehörigen Rettungswege betriebsbereit schaltbar sein.

6.2.1.6 Unabhängig von Abschnitt 6.2.1.5 darf die Sicherheitsbeleuchtung in Dauerschaltung in Räumen, die

— ausreichend mit Tageslicht beleuchtet sind und

— nicht betriebmäßig verdunkelt werden können und

— nicht ständig besetzt sind,

mit der allgemeinen Beleuchtung des jeweiligen Raumes schaltbar sein. Für die Auslegung des Schaltgerätes ist der mögliche Gleichspannungsbetrieb zu beachten.

6.2.1.7 Für bauliche Bereiche, deren allgemeine Beleuchtung in Betriebsruhezeiten ausgeschaltet wird, muß ein Starten oder Entladen der Ersatzstromquelle zur Versorgung der Sicherheitsbeleuchtung verhindert sein. Das Laden der Batterien darf nicht unterbrochen werden.

6.2.2 Rettungszeichen

Die Beleuchtung der Rettungszeichen oder Rettungszeichenleuchten müssen in den genannten baulichen Anlagen nach Tabelle 1 als Sicherheitsbeleuchtung in Dauerschaltung geschaltet sein.

6.2.3 Mindestbeleuchtungsstärke

Die Beleuchtungsstärke darf die in der Tabelle 1 genannten Werte nicht unterschreiten. Sie bezieht sich bei Rettungswegen auf deren Mittellinie in 0,2 m Höhe über dem Fußboden oder über den Treppenstufen; sie bezieht sich bei sonstigen Flächen auf die jeweilige Arbeitsebene im allgemeinen 0,85 m über dem Fußboden (siehe DIN 5035 Teil 1 und Teil 5).

6.3 Elektrische Betriebsräume

6.3.1 Gruppenbatterien, Zentralbatterien und Stromerzeugungsaggregate mit ihren Hilfseinrichtungen sind in Räumen unterzubringen, die den §§ 2 bis 4, 6 und 7 des Musters der Verordnung über den Bau von Betriebsräumen für elektrische Anlagen (EltBauVO) entsprechen (siehe Beiblatt 1 zu DIN VDE 0108 Teil 1). Gruppenbatterien gelten als Zentralbatterien im Sinne der EltBauVO.

6.3.2 Hauptverteiler der Sicherheitsstromversorgung müssen in eigenen Räumen untergebracht werden. Diese Räume müssen von anderen Räumen durch feuerbeständige Wände und Decken (Feuerwiderstandsklasse F 90 — AB nach DIN 4102 Teil 2) abgetrennt sein. Zugangstüren müssen mindestens feuerhemmend (Feuerwiderstandsklasse T 30 nach DIN 4102 Teil 2) sein und sind so anzuordnen, daß sie auch im Gefahrenfall leicht und sicher erreichbar sind. Sie sind als abgeschlossene elektrische Betriebsstätten auszubilden.

6.3.3 Der Hauptverteiler der Sicherheitsstromversorgung darf auch gemeinsam mit dem Hauptverteiler der allgemeinen Stromversorgung in einem Raum untergebracht werden, wenn dieser Raum Abschnitt 6.3.2 entspricht und für andere Zwecke, auch für Starkstromanlagen nach Abschnitt 5.1, nicht genutzt wird. Die beiden Hauptverteiler sind gegeneinander lichtbogensicher abzutrennen.

Anmerkung: Dies kann geschehen durch getrennte Aufstellung oder bei gemeinsamer Umhüllung durch Trennung mittels einer 20 mm dicken Fasersilikatplatte.

6.4 Ersatzstromquellen und zugehörige Einrichtungen

6.4.1 Einzelbatterieanlage

6.4.1.1 Als Stromquelle sind nur wiederaufladbare, verschlossene Batteriebauarten zu verwenden, die ein Nachfüllen von Wasser oder Elektrolyt ausschließen. Sie müssen für den Erhaltungsladebetrieb geeignet sein und lageunabhängig betrieben werden können. Die Brauchbarkeitsdauer muß mindestens 3 Jahre betragen, dabei ist die Temperatur am Einbauort zu berücksichtigen. Hinsichtlich der Unterbringung der Batterie gilt DIN VDE 0510 Teil 7.

6.4.1.2 Von einer Einzelbatterieanlage dürfen höchstens zwei Sicherheitsleuchten oder eine sonstige Sicherheitseinrichtung versorgt werden.

6.4.1.3 Teilspannungen dürfen von der Batterie nicht abgegriffen werden. Ausgenommen sind Abgriffe für die Batterieüberwachung.

6.4.1.4 Die Betriebsgeräte müssen DIN VDE 0712 Teil 200*) entsprechen.

6.4.1.5 Die Sicherheitsleuchten mit Einzelbatterie müssen DIN VDE 0711 Teil 222*) entsprechen.

6.4.1.6 In jedem Gerät muß eine Ladeeinrichtung vorhanden sein, welche der Batterie innerhalb von 20 h 90 % der für die Nennbetriebsdauer erforderlichen Strommenge (Ah) wieder zuführt und Erhaltungsladen sicherstellt.

6.4.1.7 Für die Kontrolle der Gerätefunktion muß vorhanden sein:

- Ein Tastschalter am Gerät oder in der Netzzuleitung des Gerätes zur Simulation eines Ausfalls der allgemeinen Stromversorgung. (Beim Anschluß mehrerer Geräte an einer Netzzuleitung genügt ein Tastschalter, wenn die entsprechenden Leuchten eingesehen werden können.)
- Anzeigevorrichtung für die Batterieladung.

Diese Einrichtungen dürfen entfallen, wenn eine automatische Prüfeinrichtung mit Registrierung nach Abschnitt 6.4.3.10 eingesetzt wird.

6.4.2 Gruppenbatterieanlage

6.4.2.1 Als Stromquelle dürfen nur ortsfeste Batterien in geschlossener oder verschlossener Bauart verwendet werden, die mindestens 3 Jahre wartungsfrei sind. Während dieser Zeit darf ein Nachfüllen von Wasser oder Elektrolyt nicht erforderlich sein. Die Batterien müssen einer DIN-Norm entsprechen oder von gleichwertiger Bauart sein. Kraftfahrzeug-Starterbatterien sind nicht zulässig. Wegen entstehender Ladegase ist für ausreichende Lüftung zu sorgen (siehe DIN VDE 0510 Teil 2 und Teil 7).

6.4.2.2 Von einer Gruppenbatterieanlage dürfen notwendige Sicherheitseinrichtungen bis zu einer maximalen Anschlußleistung von 300 W bei 3stündiger bzw. 900 W bei 1stündiger Nennbetriebsdauer oder maximal 20 Sicherheitsleuchten versorgt werden.

6.4.2.3 Teilspannungen dürfen von der Batterie nicht abgegriffen werden. Ausgenommen sind Abgriffe für die Batterieüberwachung.

6.4.2.4 Für die Ladeeinrichtung, die Umschalteinrichtung, den Tiefentladeschutz und die Kontroll- und Prüfeinrichtungen gelten die Abschnitte 6.4.3.5 bis 6.4.3.12 wie bei Zentralbatterieanlagen.

*) Z. Z. Entwurf

6.4.3 Zentralbatterieanlage

6.4.3.1 Als Stromquelle dürfen nur ortsfeste Batterien nach DIN VDE 0510 Teil 2/07.86, Tabelle 4, oder gleichwertiger Bauart verwendet werden.

6.4.3.2 Für die Errichtung der Zentralbatterieanlage gilt DIN VDE 0510 Teil 2.

6.4.3.3 Zentralbatterien müssen so bemessen sein, daß mindestens die angeschlossenen notwendigen Sicherheitseinrichtungen nach Ausfall der allgemeinen Stromversorgung für die erforderlichen Zeiten weiter betrieben werden können. Der Anschluß weiterer Verbraucher ist zulässig, wenn die Batterie so bemessen ist, daß der Betrieb der notwendigen Sicherheitseinrichtungen nicht gefährdet ist.

6.4.3.4 Teilspannungen dürfen von der Batterie nicht abgegriffen werden. Ausgenommen sind Abgriffe für die Batterieüberwachung.

6.4.3.5 Es muß eine spannungsgeregelte Ladeeinrichtung vorhanden sein, welche der Batterie innerhalb 10 h 90 % der für die Nennbetriebsdauer erforderlichen Strommenge (Ah) wieder zuführt und Erhaltungsladung sicherstellt. Für Arbeitsstätten darf die Ladezeit 20 h betragen. Die Ladung muß automatisch unmittelbar nach Beendigung der Störung der allgemeinen Stromversorgung beginnen. Die Ladeeinrichtungen müssen DIN VDE 0558 Teil 1 und DIN VDE 0160 entsprechen. Zwischen der allgemeinen Stromversorgung und der Batterie muß eine galvanische Trennung vorhanden sein.

6.4.3.6 Batterien, Ladeeinrichtungen und Umschalteinrichtungen müssen so ausgelegt sein, daß bei allen Schaltungsarten und Betriebszuständen die Nennspannung der Verbraucheranlage am Ausgang der Batterieanlage mit einer Grenzabweichung von ± 10 % eingehalten wird. Dies gilt auch, wenn im Falle einer Teilstörung der allgemeinen Stromversorgung nur ein Teil der Anlage auf Batteriebetrieb geschaltet und gleichzeitig geladen wird.

Bei Umschaltvorgängen darf die Spannung für max. 10 s 20 % oberhalb der Nennspannung der Verbraucheranlage liegen.

Anmerkung: Die Auswahl aller Komponenten muß so erfolgen, daß bei allen Betriebszuständen bei der Sicherheitsbeleuchtung die geforderte Beleuchtungstärke eingehalten wird (unterer Spannungswert), andererseits aber auch die Lampen nicht gefährdet werden (oberer Spannungswert).

6.4.3.7 Bei Anlagen mit Bereitschaftsparallelbetrieb muß für den Betrieb der Sicherheitseinrichtungen sowie zum Laden und Erhaltungsladen der Batterie ein Gleichrichtergerät mit I-U-Kennlinie nach DIN 41 773 Teil 2 verwendet werden. Der Gleichrichternennstrom muß mindestens 110 % der vorgesehenen Gleichstromentnahme betragen.

Diese Gleichstromentnahme ergibt sich aus der Summe der maximalen Verbraucherströme und dem erforderlichen Ladestrom für die Batterie.

6.4.3.8 Tiefentladeschutz

Zum Schutz der Batterie und der Schalteinrichtungen muß ein Tiefentladeschutz mit den nachfolgenden Anforderungen vorhanden sein.

a) Die Ansprechspannung muß 0,96 V/Zelle bei NC-Akkumulatoren 1,7 V/Zelle bei Pb-Akkumulatoren Grenzabweichungen: ± 5 % betragen.

b) Die Ansprechverzögerung muß mindestens 0,5 s und darf höchstens 5 s betragen. Der Eigenverbrauch des Tiefentladeschutzes darf höchstens 0,2 % der Batterie-Nennleistung betragen.

c) Das Ansprechen des Tiefentladeschutzes muß auf der Schalttafel der Sicherheitsstromversorgung angezeigt werden. Die Anzeige darf nur von Hand gelöscht werden können. Der Tiefentladeschutz darf nur durch Wirksamwerden der Ladung wieder ansprechbereit geschaltet werden.

d) Zur Trennung der notwendigen Sicherheitseinrichtungen von der Batterie dürfen keine zusätzlichen Schaltgeräte im Batteriestromkreis verwendet werden.

6.4.3.9 Betriebsanzeige- und Überwachungseinrichtungen

Für die Überwachung der Funktion der Anlage müssen Anzeigen und Überwachungseinrichtungen vorhanden sein.

Die Anzeigen müssen durch analoge oder digitale Instrumente oder eine digitale Anzeige mit Meßwert-Umschaltung, jeweils der Güteklasse 1.5, für folgende Meßwerte realisiert werden:

— Batteriespannung;
— Ladestrom;
— Verbraucherstrom;
— Entladestrom (nur bei Bereitschaftsparallelbetrieb, bei Einsatz von Einzelinstrumenten darf diese Anzeige mit der Ladestromanzeige kombiniert werden);
— Gerätestrom (nur bei Bereitschaftsparallelbetrieb).

Als Überwachungseinrichtungen sind vorzusehen:

a) Eine Anzeige, welche Stromquelle speist (allgemeine Stromversorgung oder Batterie).

b) Ein Tastschalter am Gerät zur Simulation eines Ausfalls der allgemeinen Stromversorgung.

c) Störungsmeldungen, die folgende Fehler erkennen lassen:
   — Spannung der Verbraucheranlage außerhalb der Grenzabweichung;
   — Erhaltungsladespannung außerhalb des zulässigen Bereiches;
   — Unterbrechung im Ladestromkreis;
   — Stromversorgung der Ladeeinrichtung gestört, obwohl Netzspannung vorhanden;
   — Speisung aus der Batterie, obwohl Netzspannung vorhanden;
   — Tiefentladeschutz hat angesprochen;

   soweit vorhanden:
   — Isolationswächter hat angesprochen;
   — Lüfter ausgefallen.

d) Einrichtungen zur Übertragung der Fernanzeigen durch potentialfreie Kontakte:
   — Anlage betriebsbereit;
   — Speisung aus der Batterie;
   — Anlage gestört [Sammelmeldung der Störung nach Abschnitt 6.4.3.9 c)].

6.4.3.10 Bei Einsatz einer automatischen Prüfeinrichtung mit Registrierung zur Kontrolle des Anlagenzustandes anstelle der manuellen Prüfung nach Abschnitten 9.2.3 und 9.2.4 sind die folgenden Anforderungen durch die Prüfeinrichtung sicherzustellen:

a) Ständige Überwachung der Ladung, bei periodischer Überwachung: Abstände < 5 min.

b) Zyklische Überwachung der Umschaltung und der Funktionsfähigkeit der angeschlossenen Verbraucher der Sicherheitsstromversorgung (z. B. Leuchten),

   Prüfzyklus: bei Einzelbatterien wöchentlich, bei Gruppen- und Zentralbatterien täglich,

   Prüfdauer: min. 30 s, max. 5 min.

c) Registrierung der Fehler in der Sicherheitsstromversorgung und der Störung in der Prüfeinrichtung am Gerät oder an zentraler Überwachungsstelle.

d) Störungsmeldung bei Fehler im Übertragungsweg zur zentralen Überwachungsstelle.

e) Manuelle Auslösung der Prüfung am Gerät oder an zentraler Überwachungsstelle.

6.4.3.11 Alle Sicherheitseinrichtungen müssen durch **eine** Schalterbetätigung am Hauptverteiler der Sicherheitsstromversorgung betriebsbereit geschaltet werden können.

Zusätzlich ist eine Fernschaltung zulässig, wenn:

— Betätigung durch Unbefugte verhindert ist;
— an der Fernschaltstelle die Registrierung bzw. rückstellbare Anzeige der Betriebs- und Sammelstörungsmeldung nach Abschnitt 6.4.3.9 a) und c) erfolgt.

6.4.3.12 Aufschriften

Am Hauptverteiler der Sicherheitsstromversorgung und am Lade- und Steuergerät muß leicht erkennbar und dauerhaft angegeben sein:

— Name oder Firmenzeichen des Herstellers;
— Typ (Kennzeichnung nach DIN 41 752);
— Leistungsaufnahme, Anschlußwechselspannung, Netzfrequenz;
— Batterie-Nennspannung;
— Batterie-Entladestrom bezogen auf Nennbetriebsdauer;
— Nennspannung der Verbraucheranlage;
— Umgebungstemperaturbereich;
— Schutzart.

6.4.4 Ersatzstromaggregat

6.4.4.1 Das Ersatzstromaggregat besteht im allgemeinen aus einem Dieselmotor als Kraftmaschine und einem Synchrongenerator als Stromerzeuger. Andere Kraftmaschinen und Generatoren dürfen verwendet werden, wenn alle Anforderungen dieser Norm — insbesondere hinsichtlich des Betriebsverhaltens, der Spannungs- und Frequenzkonstanz und der ausreichenden Dauerkurzschlußleistung (siehe Abschnitt 6.7.11) — an die Aggregate gleichwertig erfüllt werden.

Otto-Motoren dürfen nicht verwendet werden.

Für Stromerzeuger mit Hubkolben-Verbrennungsmotoren als Kraftmaschine gilt DIN 6280 Teil 1, soweit in dieser Norm nichts anderes festgelegt ist. Die Antriebsleistung muß der erforderlichen Gesamtwirkleistung entsprechen.

Für das Betriebsverhalten im Aggregatebetrieb gilt DIN 6280 Teil 3.

Die Betriebsgrenzwerte für Ersatzstromaggregate müssen mindestens der Ausführungsklasse 2 nach DIN 6280 Teil 3 entsprechen und in bezug auf die dynamische Spannungsabweichung mindestens der Klasse 3. Die dynamischen Betriebsgrenzwerte für Frequenz und Spannung gelten im allgemeinen bei Lastwechsel mit 80 % der Nennleistung. Es dürfen jedoch die tatsächlich auftretenden Leistungen der angeschlossenen Verbraucher zugrunde gelegt werden.

6.4.4.2 Ersatzstromaggregate müssen so bemessen sein, daß mindestens die angeschlossenen notwendigen Sicherheitseinrichtungen bei Ausfall der allgemeinen Stromversorgung weiter betrieben werden können.

Außerdem müssen die für das Ersatzstromaggregat notwendigen Hilfseinrichtungen, wie Kühlwasserpumpen, Ladeeinrichtungen von Batterien und Kompressoren, für Anlaßluft betrieben werden können.

Der Anschluß weiterer Verbraucher ist zulässig, wenn das Ersatzstromaggregat so bemessen ist, daß der Betrieb und die zulässige Umschaltzeit der in den Absätzen 1 und 2 genannten Einrichtungen nicht gefährdet wird.

Für die Leistungsauslegung gilt DIN 6280 Teil 2 mindestens für begrenzten Dauerbetrieb mit zeitlich begrenztem Einsatz von 1000 Betriebsstunden je Jahr.

Bei der Bemessung ist auf die Art der Verbraucher (Aufzüge, Pumpen, Ventilatoren, Glühlampen, Stromrichter) wegen des Auftretens möglicher Laststöße und/oder Oberschwingungen zu achten.

6.4.4.3 Für Ersatzstromaggregate sind luftgekühlte Kraftmaschinen oder wassergekühlte Kraftmaschinen mit Luftrückkühlung zu verwenden. Die Lüftungsjalousien müssen auch von Hand betätigt werden können.

6.4.4.4 Verbraucher nach Abschnitt 6.4.4.2 müssen selbsttätig auf Speisung durch das Ersatzstromaggregat umgeschaltet werden, wenn dieses seine Nennspannung und außerdem seine Nenndrehzahl bzw. seine Nennfrequenz erreicht hat. Die Umschaltung darf jedoch nicht erfolgen, wenn die Netzspannung wiederkehrt, bevor das Ersatzstromaggregat seine Nennspannung erreicht hat.

6.4.4.5 Zur Steuerung und Überwachung ist eine batteriegestützte Stromversorgung erforderlich. Als Stromquelle sind nur Akkumulatorenbauarten zu verwenden, die nach DIN VDE 0510 Teil 2/07.86, Tabelle 4, für diese Anwendung zugelassen sind. Diese Batterie kann auch zum Anlassen der Kraftmaschine benutzt werden, wenn sie entsprechend ausgelegt ist. Kraftfahrzeugstarterbatterien dürfen nicht verwendet werden. Von der Batterie dürfen keine Teilspannungen abgenommen werden. Diese Batterie darf nicht für andere Zwecke als zum Starten und Steuern und zum Überwachen des Aggregates selbst verwendet werden.

Die Batterien sind so zu bemessen, daß aus dem Erhaltungsladezustand bei einer Umgebungstemperatur von 5 °C die Start- und Steuerfähigkeit des Aggregates sichergestellt ist. Diese Forderung wird erfüllt bei einem dreimaligen Start mit je 10 s Dauer und je 5 s Pause. Der Spannungseinbruch bei jedem Einschalten des Anlassers darf die Steuerung des Aggregates nicht beeinträchtigen.

Es muß eine Ladeeinrichtung mit I-U-Kennlinie nach DIN 41 773 Teil 2 vorhanden sein, welche der Batterie innerhalb 10 h 90 % der für die Nennbetriebsdauer erforderlichen Strommenge (Ah) wieder zuführt und Erhaltungsladen sicherstellt. Neben der Ladung muß auch der Dauerverbrauch für Steuer und Überwachungseinrichtungen gedeckt werden.

Zur Kontrolle der Batterieladung muß eine Einrichtung vorhanden sein, mit der die Spannung der Batterie laufend überwacht wird. Unterschreitet die Erhaltungsladespannung bei Nickel-Cadmium-Akkumulatoren 1,3 V je Zelle, bei Bleibatterien 2,1 V je Zelle, so muß eine Störungsmeldung erfolgen (siehe auch Abschnitt 6.4.4.12). Der Stromkreis für diese Meldung darf nicht von dieser Batterie gespeist werden. Kurzzeitige Spannungseinbrüche, z. B. während eines Anlaßvorganges oder der Wiederaufladung der Batterie, dürfen keine Meldung auslösen.

Bei Auslegen von Ladeeinrichtung und Batterie ist sicherzustellen, daß Steuerrelais und Steuermagnete der Automatik nicht durch eine zu hohe Betriebsspannung geschädigt werden können. Der Querschnitt der Anlasserleitungen ist so zu bemessen, daß der Spannungsfall 8 % der Nennspannung des Anlassers nicht überschreitet.

6.4.4.6 Ist für die Speisung der Automatik des Ersatzstromaggregates eine eigene Batterie vorhanden, so gilt für diese Abschnitt 6.4.4.5 sinngemäß. Eine eigene Ladeeinrichtung ist erforderlich.

6.4.4.7 Für Dieselmotoren, die mit Druckluft angelassen werden, sind Größe und Anzahl der Anlaßluftflaschen so zu bemessen, daß der Dieselmotor aus dem kalten oder vorgewärmten Zustand mindestens zehnmal über seine Zünddrehzahl hochgefahren werden kann. Für das Nachfüllen der Anlaßluftflaschen muß eine automatische Aufladeeinrichtung vorhanden sein. Die Aufladeeinrichtung ist so zu bemessen, daß die leeren Luftflaschen innerhalb von 45 min auf den Betriebsdruck geladen werden können. Der Luftdruck in den Anlaßluftflaschen muß jederzeit gemessen werden können.

Beim Unterschreiten des erforderlichen Luftdrucks muß eine Störungsmeldung erfolgen (siehe auch Abschnitt 6.4.4.12).

6.4.4.8 Die Aggregatautomatik und Geräte der Netzumschaltung dürfen zu einer baulichen Einheit zusammengefaßt werden.

6.4.4.9 Am Ersatzstromaggregat muß leicht erkennbar und dauerhaft ein Leistungsschild nach DIN 6280 Teil 2 angebracht sein.

6.4.4.10 Der Kraftstoffbehälter ist für mindestens 8stündigen Betrieb bei Nennleistung des Aggregates zu bemessen.

Er ist so hoch anzuordnen, daß keine Kraftstoff-Förderpumpe erforderlich ist. Sind weitere Vorratsbehälter vorhanden, aus denen mit Kraftstoff-Förderpumpen gefördert wird, sind Vorkehrungen gegen Rückfluß aus dem Tagesbehälter vorzusehen.

Zur Füllstandskontrolle müssen Anzeige- oder Peileinrichtungen und eine Angabe über das Fassungsvermögen vorhanden sein.

6.4.4.11 Die folgenden Betriebsanzeige- und Überwachungseinrichtungen sind erforderlich:

- 1 Spannungsmesser für Generatorspannung;
- 1 Strommesser mit Höchstwertanzeige mit rückstellbarem Schleppzeiger und Momentanwertanzeiger je Außenleiter;
- 1 Frequenzmesser;
- 1 Wirkleistungsmesser (im Drehstromnetz für unsymmetrische Belastung geeignet);
- 1 Überwachungseinrichtung für die Spannung der allgemeinen Stromversorgung.

Die Betriebszustände „Netz-ein“ und „Generator-ein“ müssen optisch angezeigt werden.

Die Bedienungsorgane der Aggregatautomatik müssen mindestens folgende Betriebszustände ermöglichen:

- Automatischen Betrieb,

— Probebetrieb zur Überprüfung aller automatisch ablaufenden Vorgänge, der unterteilt sein kann in Probebetrieb mit Lastübernahme und Probebetrieb ohne Lastübernahme. Bei einem Netzausfall während der Probe muß die Lastübernahme in jedem Fall selbsttätig stattfinden;
— Vollständige Handbedienung für:
„Start",
„Stop",
„Generator Ein-Aus,"
"Netz Ein-Aus";
— Sperrung jeglichen Aggregatbetriebs, z. B. bei Wartungsarbeiten;
— Not-Aus.

6.4.4.12 Folgende Störungsmeldungen sind mindestens erforderlich:

— Batteriespannung unterschritten;
— Anlaßluftdruck unterschritten;
— Anlauf gestört;
— Motortemperatur zu hoch;
— Schmieröldruck zu tief;
— Überdrehzahl;
— Generator — Überstrom;
— Kraftstoffvorrat unter 3 h.

6.4.4.13 Folgende Betriebs- und Störungsmeldungen sind bei Fernschaltung des Ersatzstromaggregates erforderlich:

— Aggregat betriebsbereit (Schalterstellung: Automatik);
— Aggregat in Betrieb — Verbraucher werden vom Ersatzstromaggregat versorgt;
— Aggregat in Betrieb — Verbraucher werden vom allgemeinen Netz versorgt;
— Aggregat gestört (Sammelmeldung nach Abschnitt 6.4.4.12).

6.4.4.14 Bei Sicherheitsstromversorgung mehrerer Gebäude von einem zentralen Standort der Ersatzstromaggregate aus muß während der betrieblich erforderlichen Zeit an zentraler, ständig überwachter Stelle folgendes gemeldet werden:

a) Spannungsausfall an allen hoch- oder niederspannungsseitigen Verteilern, an die notwendige Sicherheitseinrichtungen angeschlossen sind.
b) Stellung der Kuppelschalter des zentralen Hauptverteilers sowie Stellungen der Generatorschalter.
c) Stellungen und Auslösungen sämtlicher Schalter im Netz, soweit sie für die Sicherheitsstromversorgung von Bedeutung sind.
d) Betriebszustand der Ersatzstromaggregate:
Einzel-Anzeige für jedes vorhandene Ersatzstromaggregat in bezug auf Betrieb, Störung sowie der Stellung der unter Abschnitt 6.4.4.11 aufgeführten Bedienungselemente.

6.4.5 Schnell- und Sofortbereitschaftsaggregat

Die Anforderungen des Abschnittes 6.4.4 gelten mit der im Abschnitt 6.4.5.1 festgelegten Ergänzung.

6.4.5.1 Das Aggregat ist für Dauerbetrieb auszulegen mit Ausnahme der Kraftmaschine, die nach Abschnitt 6.4.4.1 zu bemessen ist.

6.4.6 Besonders gesichertes Netz

Für ein besonders gesichertes Netz müssen die beiden voneinander unabhängigen Einspeisungen folgenden Anforderungen genügen:

a) Bei Störung der allgemeinen Stromversorgung aus der einen Einspeisung muß die andere Einspeisung mindestens die Versorgung der notwendigen Sicherheitseinrichtungen sicherstellen.
b) Fehler im Stromversorgungsnetz der einen Einspeisung dürfen keine Störungen im Stromversorgungsnetz der anderen Einspeisung auslösen.

Anmerkung: Dies ist gegeben, wenn beide Netze nicht gekuppelt oder nur über „lose Kupplungen" verbunden sind, die im Störungsfall sofort automatisch geöffnet werden.

Dies liegt z. B. vor bei:

— Einspeisung aus einem öffentlichen Verteilungsnetz und einem davon unabhängigen Kraftwerk;
— zwei voneinander unabhängigen Kraftwerken;
— zwei voneinander unabhängigen öffentlichen Verteilungsnetzen (netzschutztechnisch entkoppelt).

6.5 Netzformen und Schutz gegen gefährliche Körperströme

6.5.1 Bei Einspeisung aus der allgemeinen Stromversorgung dürfen alle Netzformen und Schutzmaßnahmen nach DIN VDE 0100 Teil 410 angewendet werden. Sind bei abweichender Spannung der Sicherheitsstromversorgung von der Spannung der allgemeinen Stromversorgung Transformatoren erforderlich, müssen diese getrennte Wicklungen haben.

6.5.2 Bei Einspeisung aus der Ersatzstromquelle dürfen nur die Schutzmaßnahmen nach den Abschnitten 6.5.2.1 und 6.5.2.2 angewendet werden.

6.5.2.1 Neben den Schutzmaßnahmen Schutzisolierung, Schutzkleinspannung, Funktionskleinspannung und Schutztrennung ist der Schutz durch Meldung mit Isolations-Überwachungseinrichtung im IT-Netz nach DIN VDE 0100 Teil 410/11.83, Abschnitt 6.1.5, bevorzugt anzuwenden.

Bei Anwendung des IT-Netzes darf auf den zusätzlichen Potentialausgleich oder die Erfüllung der Abschaltbedingungen bei zwei Körperschlüssen nach DIN VDE 0100 Teil 410/11.83, Abschnitt 6.1.5.4, verzichtet werden. Die nach DIN VDE 0100 Teil 430/06.81, Abschnitt 9.2.2, geforderten Überstrom-Schutzeinrichtungen im Neutralleiter sind ebenfalls nicht erforderlich.

Die Isolationsüberwachung darf beim Einsatz von Einzelwechselrichtern entfallen, wenn beim zweiten Fehler die Spannung an den Ausgangsklemmen durch dessen strombegrenzende Charakteristik auf ≤ 50 V sinkt und abschaltet.

6.5.2.2 Der Schutz durch Abschaltung nach DIN VDE 0100 Teil 410/ 11.83, Abschnitt 6.1.3 (TN-C-S-Netz), darf angewendet werden, wenn

— der rechnerische Nachweis erbracht ist, daß bei einem Fehler mit vernachlässigbarer Impedanz an beliebiger Stelle zwischen Außenleiter und Schutzleiter oder damit verbundenem Körper die dem Fehlerort unmittelbar vorgeschaltete Schutzeinrichtung innerhalb der festgelegten Zeit selbsttätig und selektiv abschaltet und

— aus diesem Netz mindestens 10 % der allgemeinen Beleuchtung der Rettungswege übernommen wird.

Fehlerstromschutzeinrichtungen sind nicht zulässig.

6.6 Verteiler

6.6.1 Verteiler müssen eine allseitige Verkleidung aus Blech oder stoßfestem Isolierstoff mit einer Entflammbarkeit nach DIN VDE 0304 Teil 3 von mindestens Stufe BH 1 haben. Sie sind gegen den Zugriff Unbefugter zu sichern.

6.6.2 Die Geräte der Netzumschalteinrichtung sind als Teil der Sicherheitsstromversorgungsanlage in dem Hauptverteiler oder der Schaltanlage der Sicherheitsstromversorgung unterzubringen. Dies gilt auch sinngemäß bei dezentraler Anordnung der Umschalteinrichtungen.

6.6.3 Die Netzumschalteinrichtung ist für die am Einbauort höchstmögliche Kurzschlußleistung auszulegen.

6.6.4 Bei Sicherheitsstromversorgung mehrerer Gebäude von einem zentralen Standort der Ersatzstromquelle aus dürfen die Anlagenteile der Sicherheitsstromversorgung und die der allgemeinen Stromversorgung nur hochspannungsseitig oder nur niederspannungsseitig betriebsmäßig gekuppelt werden.

Bei Verwendung von mehreren Kuppelschaltern ist sicherzustellen, daß bei Versagen eines Kuppelschalters in einer Gebäudeverteilung die Sicherheitsstromversorgung insgesamt nicht gefährdet wird.

6.6.5 Verteiler müssen so eingerichtet sein, daß der Betrieb der Sicherheitseinrichtungen und der notwendigen Betriebseinrichtungen, wie Löschwasserversorgung, Pumpen, Aufzüge, Lüftungsanlagen, Rauchabzugseinrichtungen, auch außerhalb der Betriebszeit möglich ist. An den Verteilern sind Hauptschalter der Stromversorgung und Schalter für solche Einrichtungen auffällig zu kennzeichnen, durch deren Ausschalten Gefahren entstehen können. Für die Kennzeichnung ist die Farbe „Gelb" nach DIN 4844 Teil 2 zu verwenden.

6.6.6 Die Unterverteiler der Sicherheitsstromversorgung sind baulich getrennt von Anlagenteilen der allgemeinen Stromversorgung mit eigener Umhüllung auszuführen. Hierbei sind die Anforderungen nach Abschnitt 4.4 zu beachten.

6.6.7 Die Haupt- und Unterverteiler sind so auszuführen, daß eine einfache Messung des Isolationswiderstandes aller Leiter gegen Erde jedes einzelnen abgehenden Stromkreises möglich ist.

6.6.8 Die Kennzeichnung an den Anschlußstellen in den Verteilern und den angeschlossenen Kabeln oder Leitungen ist so auszuführen, daß eine eindeutige Zuordnung der zu einem Stromkreis gehörenden Leiter und Klemmen erkennbar ist.

Die Beschriftung hat übereinstimmend mit dem Schaltplan zu erfolgen.

6.7 Kabel- und Leitungsanlage

6.7.1 In Sicherheitsstromversorgungsanlagen dürfen nur Kabel oder Leitungen, die mindestens der Prüfung auf Brennverhalten nach DIN VDE 0472 Teil 804/08.83, Prüfart B, genügen (z. B. Bauarten mit PVC- oder Chloroprenmantel) und mindestens flammwidrige Installationsmaterialien und Geräte verwendet werden. Blanke Leiter, ausgenommen solche in Stromschienensystemen nach DIN VDE 0100 Teil 520, sind außerhalb abgeschlossener elektrischer Betriebsstätten nicht zulässig.

6.7.2 Die Kabel oder Leitungen zwischen Ersatzstromquelle und zugehörigem Verteiler sowie zwischen Batterie und Ladegerät müssen kurzschluß- und erdschlußsicher nach DIN VDE 0100 Teil 520/11.85, Abschnitt 10.2, verlegt sein. Sie dürfen sich nicht in der Nähe brennbarer Materialien befinden.

6.7.3 Kabel und Leitungen dürfen nicht durch explosionsgefährdete Bereiche geführt werden.

6.7.4 Stromkreise der Sicherheitsstromversorgung sind jeweils in getrennten Kabeln und Leitungen und getrennt von anderen Leitungstrassen zu führen. Die Forderung nach getrennten Leitungstrassen gilt nicht für die Verlegung der Endstromkreise der Sicherheitsbeleuchtung und den Leitungen zu den Alarmierungsgeräten.

6.7.5 Bei Sicherheitsstromversorgung mehrerer Gebäude von einem zentralen Standort aus gilt folgendes:

Bei interner Störung der allgemeinen Stromversorgung, aber noch vorhandener Spannung am Hauptverteiler der Sicherheitsstromversorgung erfolgt die Versorgung der notwendigen Sicherheitseinrichtungen der gestörten baulichen Bereiche über das Verteilungsnetz der Sicherheitsstromversorgung; die Ersatzstromquelle darf dabei nicht belastet werden.

Bei Verlegung der Einspeisekabel im Erdreich sind für die Sicherheitsstromversorgung mindestens 2 Kabel in getrennten Trassen (Mindestabstand 2 m) zu verlegen, die jeweils für die volle Verbraucherleistung zu bemessen sind. Im Nahbereich einer Gebäudeeinführung dürfen die Kabel zusammen geführt werden, wenn ein besonderer mechanischer Schutz (z. B. Stahlrohre; Kabelabdecksteine reichen als Schutz nicht aus) vorgesehen ist. In einer dieser Trassen darf auch das Kabel der allgemeinen Stromversorgung verlegt sein.

Die Verlegung von nur einem Kabel für die Sicherheitsstromversorgung ist zulässig, wenn:

- im eingespeisten Gebäude die Verbraucher der Sicherheitsstromversorgung von der allgemeinen Stromversorgung dieses Gebäudes versorgt werden;
- das Zuleitungskabel für die allgemeine Stromversorgung in einer von der Sicherheitsstromversorgung getrennten Trasse verlegt ist und
- die Verbraucher der Sicherheitsstromversorgung bei Ausfall der allgemeinen Stromversorgung automatisch auf die Sicherheitsstromversorgung umgeschaltet werden.

Bei Verlegung außerhalb des Erdreichs sind die Kabel für sich getrennt zu führen und so auszuführen oder zu schützen, daß sie im Brandfall für eine Dauer von 90 min funktionsfähig bleiben.

6.7.6 In einem mehradrigen Kabel oder einer mehradrigen Leitung der Sicherheitsstromversorgung darf ein Stromkreis nur mit einem zugehörigen Hilfsstromkreis zusammengefaßt werden. Das Zusammenfassen von mehreren Hauptstromkreisen in einem Kabel oder einer Leitung (z. B. auch Beleuchtungsstromkreise mit gemeinsamem Neutralleiter) ist nicht zulässig.

6.7.7 Abweichend von den Festlegungen in DINVDE 0100 Teil 540 sind bei TN-Netzen auch bei Leiterquerschnitten über 6 mm^2 mindestens ab dem letzten Verteiler für Schutz- und Neutralleiter jeweils getrennte Leiter vorzusehen (TN-C-S Netz).

6.7.8 Für Sicherheitsstromversorgung muß Installationsmaterial für eine Nennspannung von mindestens 250 V verwendet werden.

6.7.9 Der Leiterquerschnitt für Endstromkreise der Sicherheitsstromversorgung muß mindestens 1,5 mm^2 betragen.

6.7.10 Der Isolationswiderstand der Stromkreise muß mindestens 2 kΩ/V Nennspannung, mindestens aber 500 kΩ betragen.

6.7.11 In allen Stromkreisen der Sicherheitsstromversorgung müssen die Kennwerte der Ersatzstromquellen und der Schutzeinrichtungen sowie die Querschnitte der Leiter so ausgewählt werden, daß der bei Kurzschluß an beliebiger Stelle der Anlage sowohl bei Versorgung aus der allgemeinen Stromversorgung als auch aus der Ersatzstromquelle fließende kleinste Kurzschlußstrom innerhalb von 5 s abschaltet. Die dem Fehlerort vorgeschaltete Schutzeinrichtung muß gegenüber der ihr unmittelbar vorgeschalteten Schutzeinrichtungen selektiv auslösen.

Dies gilt auch für den Anschluß weiterer Verbraucher (siehe Abschnitte 6.4.3.3 und 6.4.4.2).

In Stromkreisen, für die nach DIN VDE 0100 Teil 430 zum Schutz von Kabeln und Leitungen gegen zu hohe Erwärmung oder nach DIN VDE 0100 Teil 410 zum Schutz bei indirektem Berühren kürzere Abschaltzeiten als 5 s erforderlich sind, muß die selektive Auslösung innerhalb dieser kürzeren Zeit erfolgen.

6.7.12 Gleichstrom-Stromkreise müssen zweipolig mit Überstromschutzeinrichtungen versehen sein.

6.7.13 Endstromkreise der Sicherheitsbeleuchtung sind mit Überstromschutzorganen bis 10 A Nennstrom zu schützen; sie dürfen höchstens mit 6 A belastet werden. Dies gilt nicht für die Zuleitungen zu Einzelbatterieleuchten.

6.7.14 In Endstromkreisen der Sicherheitsbeleuchtung dürfen keine Schalter vorhanden sein, ausgenommen in Fällen nach Abschnitt 6.2.1.5 und Abschnitt 6.2.1.6.

6.7.15 An einen Endstromkreis der Sicherheitsbeleuchtung dürfen nicht mehr als 12 Leuchten angeschlossen werden.

6.7.16 In Räumen und Rettungswegen mit mehr als einer Leuchte der Sicherheitsbeleuchtung sind diese abwechselnd auf mindestens zwei voneinander unabhängige Überstromschutzeinrichtungen zu verteilen.

6.7.17 Leuchten der Sicherheitsbeleuchtung und Verbindungs-/Abzweigstellen im Zuge eines Sicherheitsbeleuchtungsstromkreises müssen leicht erkennbar und dauerhaft durch eine rote Markierung gekennzeichnet sein. Bei Leuchten ist zusätzlich an geeigneter Stelle in unmittelbarer Nähe der Leuchten die Verteiler- und Stromkreis-Bezeichnung anzubringen.

6.7.18 Die elektrische Anlage zur Löschwasserversorgung muß mit einer eigenen Zuleitung direkt von dem Hauptverteiler eingespeist werden.

6.8 Verbraucher und Wechselrichter der Sicherheitsstromversorgung

6.8.1 Leuchten

6.8.1.1 In Leuchten für Sicherheitsbeleuchtung dürfen Leuchtstofflampen bei Gleichstrombetrieb verwendet werden, wenn sie über Einzelwechselrichter oder elektronische Vorschaltgeräte nach Abschnitt 6.8.2 betrieben werden.

6.8.1.2 Rettungszeichenleuchten müssen DIN 5035 Teil 5 und DIN 4844 Teil 1 bis Teil 3 entsprechen.

6.8.1.3 Lampen der Sicherheitsbeleuchtung dürfen gemeinsam mit Lampen der allgemeinen Beleuchtung in derselben Leuchte untergebracht werden. Innerhalb der Leuchte ist die Trennung nach DIN VDE 0711/Teil 222*) durchzuführen.

Die Fassungen für Lampen der Sicherheitsbeleuchtung sind durch eine rote Markierung zu kennzeichnen.

6.8.1.4 Es müssen handelsübliche Lampen verwendet werden.

6.8.1.5 Bei Entladungslampen muß die Zündzeit bzw. Wiederzündzeit kleiner sein als die zulässige Umschaltzeit.

6.8.2 Einzel- und Gruppenwechselrichter, elektronische Vorschaltgeräte

6.8.2.1 Wechselrichter müssen DIN VDE 0712 Teil 200*) und elektronische Vorschaltgeräte DIN VDE 0712 Teil 21*) bzw. Teil 201*) entsprechen.

6.8.2.2 Wechselrichter und elektronische Vorschaltgeräte müssen bei Umgebungstemperaturen von 5 bis 40 °C bis zum Ansprechen des Tiefentladeschutzes funktionsfähig sein; bei Einbau in Leuchten oder Geräten muß die unter Umständen höhere Temperatur in diesen Leuchten oder Geräten berücksichtigt werden. Bei Anbringung im Freien müssen sie unabhängig von der Umgebungstemperatur betriebssicher arbeiten.

6.8.2.3 Die Ausgangsleistung der Gruppenwechselrichter muß mindestens 120 % der Wirkleistung aller angeschlossenen Verbraucher betragen. Zusätzlich ist die Blindleistung der Verbraucher zu berücksichtigen. Die Stromaufnahme des Wechselrichters ist begrenzt auf 6 A. Von einem Wechselrichter dürfen höchstens 12 Lampen betrieben werden.

6.8.2.4 Für jeden Endstromkreis ist mindestens ein Wechselrichter erforderlich.

6.8.3 Zentrale Wechselrichter

6.8.3.1 Wechselrichter müssen den Anforderungen nach DIN VDE 0160 und DIN VDE 0558 Teil 2 entsprechen. Wechselrichter müssen im Dauerbetrieb oder im Mitlaufbetrieb arbeiten.

6.8.3.2 Wechselrichter müssen bei Umgebungstemperaturen von 5 bis 40 °C bis zum Ansprechen des Tiefentladeschutzes funktionsfähig sein. Bei Anbringung im Freien müssen sie unabhängig von der Außentemperatur betriebssicher arbeiten.

6.8.3.3 Die Ausgangsleistung muß 120 % der Wirkleistung aller angeschlossenen Verbraucher betragen. Zusätzlich ist die Blindleistung der Verbraucher zu berücksichtigen. Die Leistung muß so bemessen sein, daß bei dynamischem Lastwechsel die Abweichung der Spannung am Verbraucher-Abgang nicht mehr als ± 10 % der Nennspannung beträgt.

6.8.3.4 Die Frequenz der Ausgangsspannung darf nicht mehr als ± 2 % von der Nennfrequenz der Verbraucher abweichen.

6.8.3.5 Der Oberschwingungsgehalt nach DIN 40 110 an den Ausgangsklemmen der Ersatzstromquelle darf unter Nennbedingungen — bei Verbrauchern mit linearem

*) Z. Z. Entwurf

Strom-Spannungs-Verhältnis — bis zur Nennleistung nicht mehr als 5 % betragen. Dies gilt sowohl für die verkettete Spannung als auch für die Strangspannung.

6.8.3.6 Wechselrichter mit dreiphasigem Ausgang müssen bei unsymmetrischer Belastung von 100 % die Versorgung der angeschlossenen Verbraucher sicherstellen.

6.8.3.7 Wechselrichter und angeschlossene Verteilungsanlage müssen so aufeinander abgestimmt sein, daß die Forderungen nach Selektivität nach Abschnitt 6.7.11 erfüllt sind.

6.8.3.8 Die Bauelemente müssen so ausgelegt sein, daß bei Nennlast der Wechselrichter im Dauerbetrieb bei einer Umgebungstemperatur von 40 °C und maximaler Gleichspannung am Eingang der Wechselrichter

- die maximal zulässige Temperatur der Bauelemente um 30 K unterschritten wird und
- die maximal zulässigen Werte für Spannungen, Ströme und Leistungen der Bauelemente 20 % unter den zulässigen Grenzwerten liegen.

6.8.3.9 Modulationen in der Ausgangsspannung und Ausgangsfrequenz müssen außerhalb der Flimmerfrequenz liegen.

6.8.3.10 Für die Funkentstörung gilt DIN VDE 0871/06.78, Grenzwertklasse B, bzw. DIN VDE 0875 Teil 3/12.88, Funkstörgrad N.

6.8.3.11 Am Wechselrichter müssen leicht erkennbar und dauerhaft angegeben sein:

- Name oder Firmenzeichen des Herstellers;
- Nenngrößen nach DIN VDE 0558 Teil 1;
- „Zur Verwendung in Anlagen nach DIN VDE 0108 geeignet".

6.8.4 Weitere Verbraucher der Sicherheitsstromversorgung siehe Abschnitt 3.3.2.

7 Pläne und Betriebsanleitungen

7.1 Übersichtsschaltplan

7.1.1 Über die allgemeine Stromversorgung und die Sicherheitsstromversorgung einschließlich der Kabel- und Leitungsanlage bis zum letzten Unterverteiler ist ein Übersichtsschaltplan erforderlich.

Er muß an den folgenden Stellen vorhanden sein:

- bei den Schaltanlagen;
- bei den Ersatzstromquellen;
- bei dem Gebäudehauptverteiler.

7.1.2 Bei den Unterverteilern der allgemeinen Stromversorgung und der Sicherheitsstromversorgung müssen Übersichtschaltpläne der abgehenden Stromkreise und der Einspeisung einschließlich der erforderlichen Steuerungen vorhanden sein.

Es genügt einpolige Darstellung nach DIN 40 719 Teil 4.

7.1.3 Es genügt ein gemeinsamer Schaltplan zu den Abschnitten 7.1.1 und 7.1.2, wenn die Übersicht sichergestellt ist.

7.1.4 Aus den Übersichtsschaltplänen muß erkennbar sein:

- Stromart, Nennspannung;
- Anzahl, Art und Leistung der Transformatoren und der Ersatzstromquellen;
- bei Akkumulatoren: Art, Zellenanzahl und Kapazität;
- Bezeichnung der Stromkreise, Nennstrom der Überstromschutzeinrichtungen der angeschlossenen Stromkreise;
- Leiterquerschnitte und -werkstoffe;
- Bezeichnung der Abgangsklemmen, wenn diese von der Benennung der Stromkreise abweicht;
- Maßnahmen zum Schutz bei indirektem Berühren.

7.2 Schaltplan der Sicherheitsbeleuchtung

Ein Schaltplan der Sicherheitsbeleuchtung muß bei der Schalteinrichtung, der Ersatzstromquelle und dem Hauptverteiler der Sicherheitsbeleuchtung vorhanden sein. In dem Plan muß außer den Angaben nach Abschnitt 7.1.4 enthalten sein:

- Schaltung der Sicherheitsbeleuchtung (Stromlaufplan in aufgelöster Darstellung nach DIN 40 719 Teil 3) einschließlich der Netzüberwachung in den Verteilern der allgemeinen Stromversorgung;
- Anzahl der Leuchten der einzelnen Endstromkreise;
- Belastung der einzelnen Endstromkreise und die Gesamtbelastung.

Ein Schaltplan für die innere Schaltung von Einzelbatterieleuchten ist nicht erforderlich.

7.3 Installationsplan

Von der räumlichen Anordnung der elektrischen Anlagen müssen maßstabsgerechte Installationspläne aller Grundrisse vorhanden sein, in denen

- die genaue Lage aller elektrischen Betriebsstätten und Verteiler mit Bezeichnung der Betriebsmittel;
- die genaue Lage aller Sicherheitseinrichtungen mit Endstromkreisbezeichnung und Angabe der Verbraucherleistung;
- die genaue Lage von besonderen Schalt- und Überwachungseinrichtungen der Sicherheitsversorgung (z. B. Bereichsschalter, optische oder akustische Meldeeinrichtungen)

dargestellt sind.

7.4 Verbraucherlisten

Es ist eine Liste der an die Sicherheitsstromversorgung fest angeschlossenen Verbraucher mit Angabe der Nennströme und bei motorischen Verbrauchern der Anlaufströme anzufertigen und bereitzuhalten.

7.5 Betriebsanleitungen

Betriebsanleitungen für Sicherheitseinrichtungen und Ersatzstromquellen sind am Aufstellungsort auszulegen (gilt nicht für Einzelbatterieanlagen). Sie müssen in allen Einzelheiten der errichteten Anlage entsprechen. Umfang und Inhalt müssen den geltenden Normen entsprechen.

8 Erstprüfungen[1])

8.1 Vor der Inbetriebnahme sowie nach Änderungen oder Instandsetzungen vor der Wiederinbetriebnahme sind die Prüfungen entsprechend den Festlegungen der Norm DIN VDE 0100 Teil 600 durchzuführen.

---

[1]) Auf die nach den bauordnungsrechtlichen Vorschriften erforderlichen Prüfungen der Starkstromanlagen und der Sicherheitsstromversorgung durch behördlich anerkannte Sachverständige vor der Inbetriebnahme oder Wiederinbetriebnahme wird hingewiesen.

8.2 Zusätzlich sind die nachfolgenden Prüfungen erforderlich.

8.2.1 Prüfung der Be- und Entlüftung des Aufstellungsraumes für Batterien und zugehörige Einrichtungen nach DIN VDE 0510 Teil 2 und DIN VDE 0558 Teil 1.

8.2.2 Prüfung des Aufstellungsraumes für Ersatzstromaggregate hinsichtlich Be- und Entlüftung und Abgasabführung.

8.2.3 Prüfung der Einhaltung der Brandschutzanforderungen nach Abschnitt 4.

8.2.4 Prüfung der Bemessung der Batterien hinsichtlich ausreichender Kapazität.

8.2.5 Prüfung der Bemessung der Stromerzeugungsaggregate unter Berücksichtigung der Verbraucher für die statische Belastung und evtl. auftretender Anlaufströme (z. B. bei Lüfter-, Pumpen- oder Aufzugsmotoren).

8.2.6 Funktionsprüfungen der Sicherheitsstromversorgung mit Verbrennungsmotoren bestehend aus Prüfung des Start- und Anlaufverhaltens, der Funktion der Hilfseinrichtungen der Schalt- und Regelungseinrichtungen, Durchführung eines Lastlaufes mit Nennlast sowie Prüfung des Verhaltens im Aggregatebetrieb. Dabei sind die dynamischen Spannungs- und Drehzahlabweichungen besonders zu beachten.

8.2.7 Prüfung der Funktion der Sicherheitsstromversorgung durch Unterbrechung der Netzzuleitung am Verteiler der zu versorgenden Verbraucher.

8.2.8 Prüfung der richtigen Auswahl der Betriebsmittel zur Einhaltung der Selektivität der Sicherheitsstromversorgung entsprechend den Planungsunterlagen und der Berechnung entsprechend Abschnitt 6.7.11.

8.2.9 Prüfung der Mindestbeleuchtungsstärke der Sicherheitsbeleuchtung in den Rettungswegen durch Messung (siehe DIN 5035 Teil 6).

8.3 Über die Prüfungen nach den Abschnitten 8.1 und 8.2 ist ein Bericht mit den Ergebnissen der Prüfungen anzufertigen.

9 Instandhaltung

9.1 Warten

9.1.1 Die Batterien sind entsprechend den Herstellerangaben und DIN VDE 0510 Teil 2 regelmäßig zu warten.

9.1.2 Mit Stromerzeugungsaggregaten ist monatlich mindestens ein einstündiger Probelauf mit mindestens 50 % der Nennlast durchzuführen.

9.2 Inspizieren[2])

9.2.1 Elektrische Anlagen sind regelmäßig nach DIN VDE 0105 Teil 1 zu prüfen.

Die Prüffristen richten sich nach den jeweiligen Unfallverhütungsvorschriften.

9.2.2 Batterien sind außerhalb der Betriebszeit mit allen angeschlossenen Verbrauchern bis zur zulässigen Entladeschlußspannung einmal im Jahr zu entladen.

Der Prüfzeitpunkt ist so zu wählen, daß die Batterien rechtzeitig zu Betriebsbeginn wieder mit 90 % der für die Nennbetriebsdauer erforderlichen Strommenge aufgeladen sind. Dies gilt insbesondere bei Einzelbatterien.

9.2.3 Die Funktion der Sicherheitsstromversorgung mit Gruppenbatterie oder Zentralbatterie ist an jedem Betriebstag zusammen mit dem Wirksamschalten der Sicherheitseinrichtung durch Betätigen des Tastschalters auf der Schalttafel zu prüfen; dabei ist die Betriebsspannung der Batterie bei voll in Betrieb befindlichen Sicherheitseinrichtungen zu kontrollieren.

Beim Einsatz einer automatischen Prüfeinrichtung nach Abschnitt 6.4.3.10 genügt eine jährliche manuelle Prüfung der Gerätefunktion.

9.2.4 Die Funktion der Sicherheitsbeleuchtung ist bei Einzelbatterien und Gruppenbatterien wöchentlich zu prüfen.

Beim Einsatz einer automatischen Prüfeinrichtung nach Abschnitt 6.4.3.10 genügt eine jährliche manuelle Prüfung der Gerätefunktion.

9.2.5 Für Stromerzeugungsaggregate muß ein Kraftstoffvorrat entsprechend der vorgeschriebenen Mindestbetriebsdauer in den Kraftstoffbehältern vorhanden sein.

9.2.6 Bei Einsatz eines besonders gesicherten Netzes ist die Funktion der Umschalteinrichtung jährlich zu prüfen.

9.2.7 Die Wirksamkeit der Kontrollampe der Bereichsschalter der allgemeinen Stromversorgung ist täglich zu prüfen.

9.2.8 Über die regelmäßigen Prüfungen sind Prüfbücher zu führen, die eine Kontrolle über mindestens zwei Jahre gestatten.

9.3 Instandsetzen

9.3.1 Batterien sind zu erneuern, wenn nach der Prüfung nach Abschnitt 9.2.2 $^2/_3$ der erforderlichen Nennbetriebsdauer unterschritten werden.

9.3.2 Alle Leuchten der Sicherheitsbeleuchtung müssen jederzeit mit gebrauchsfähigen Lampen nach Maßgabe des Installationsplanes versehen sein.

---

[2]) Auf die nach den bauordnungsrechtlichen Vorschriften erforderlichen wiederkehrenden Prüfungen der Starkstromanlagen und der Sicherheitsstromversorgung in bestimmten Zeitabständen durch behördlich anerkannte Sachverständige wird hingewiesen.

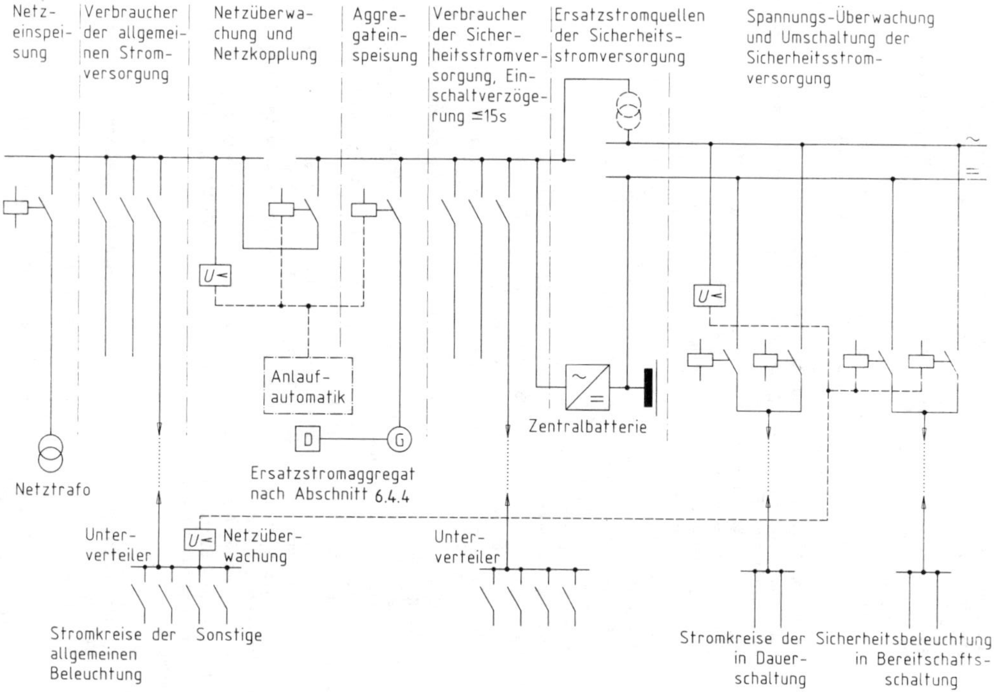

Bild. Schaltungsbeispiel einer Sicherheitsstromversorgung eines Geschäftshauses
Überstromschutzeinrichtungen und Maßnahmen zum Schutz bei indirektem Berühren sind nicht dargestellt

Zitierte Normen und andere Unterlagen

DIN 4102 Teil 1	Brandverhalten von Baustoffen und Bauteilen; Baustoffe; Begriffe, Anforderungen und Prüfungen
DIN 4102 Teil 2	Brandverhalten von Baustoffen und Bauteilen, Bauteile; Begriffe, Anforderungen und Prüfungen
DIN 4102 Teil 4	Brandverhalten von Baustoffen und Bauteilen; Zusammenstellung und Anwendung klassifizierter Baustoffe, Bauteile und Sonderbauteile
DIN 4102 Teil 5	Brandverhalten von Baustoffen und Bauteilen; Feuerschutzabschlüsse, Abschlüsse in Fahrschachtwänden und gegen Feuer widerstandsfähige Verglasungen; Begriffe, Anforderungen und Prüfungen
DIN 4102 Teil 11	Brandverhalten von Baustoffen und Bauteilen; Rohrummantelungen, Rohrabschottungen, Installationsschächte und -kanäle sowie Abschlüsse ihrer Revisionsöffnungen; Begriffe, Anforderungen und Prüfungen
DIN 5035 Teil 1	Innenraumbeleuchtung mit künstlichem Licht; Begriffe und allgemeine Anforderungen
DIN 5035 Teil 2	Innenraumbeleuchtung mit künstlichem Licht; Richtwerte für Arbeitsstätten
DIN 5035 Teil 5	Innenraumbeleuchtung mit künstlichem Licht; Notbeleuchtung
DIN 5035 Teil 6	Innenraumbeleuchtung mit künstlichem Licht; Messung und Bewertung
DIN 6280 Teil 1	Hubkolben-Verbrennungsmotoren; Stromerzeugungsaggregate mit Hubkolben-Verbrennungsmotoren; Allgemeine Begriffe
DIN 6280 Teil 2	Hubkolben-Verbrennungsmotoren; Stromerzeugungsaggregate mit Hubkolben-Verbrennungsmotoren; Leistungsauslegung und Leistungsschilder
DIN 6280 Teil 3	Hubkolben-Verbrennungsmotoren; Stromerzeugungsaggregate mit Hubkolben-Verbrennungsmotoren; Betriebsgrenzwerte für das Motor-, Generator- und Aggregatverhalten
DIN 14 489	Sprinkleranlagen; Allgemeine Grundlagen
DIN 18 012	Hausanschlußräume; Planungsgrundlagen
DIN 40 050	IP-Schutzarten; Berührungs-, Fremdkörper- und Wasserschutz für elektrische Betriebsmittel
DIN 40 041	(z. Z. Entwurf) Zuverlässigkeit; Begriffe
DIN 40 110	Wechselstromgrößen
DIN 40 719 Teil 3	Schaltungsunterlagen; Regeln für Stromlaufpläne der Elektrotechnik
DIN 40 719 Teil 4	Schaltungsunterlagen; Regeln für Übersichtsschaltpläne der Elektrotechnik
DIN 41 752	Stromrichter; Halbleiter-Stromrichtergeräte; Leistungskennzeichen
DIN 41 773 Teil 2	Stromrichter; Halbleiter-Gleichrichtergeräte mit IU-Kennlinie für das Laden von Nickel/Cadmium-Batterien; Anforderungen
DIN VDE 0100 Teil 410	Errichten von Starkstromanlagen mit Nennspannungen bis 1000 V; Schutzmaßnahmen; Schutz gegen gefährliche Körperströme
DIN VDE 0100 Teil 430	Errichten von Starkstromanlagen mit Nennspannungen bis 1000 V; Schutz von Leitungen und Kabeln gegen zu hohe Erwärmung
DIN VDE 0100 Teil 520	Errichten von Starkstromanlagen mit Nennspannungen bis 1000 V; Auswahl und Errichtung elektrischer Betriebsmittel; Kabel, Leitungen und Stromschienen
DIN VDE 0100 Teil 540	Errichten von Starkstromanlagen mit Nennspanungen bis 1000 V; Auswahl und Errichtung elektrischer Betriebsmittel; Erdung, Schutzleiter, Potentialausgleichsleiter
DIN VDE 0100 Teil 560	Errichten von Starkstromanlagen mit Nennspannungen bis 1000 V; Auswahl und Errichtung elektrischer Betriebsmittel; Elektrische Anlagen für Sicherheitszwecke
DIN VDE 0100 Teil 600	Errichten von Starkstromanlagen mit Nennspannungen bis 1000 V; Erstprüfungen
DIN VDE 0100 Teil 722	Errichten von Starkstromanlagen mit Nennspannungen bis 1000 V; Fliegende Bauten, Wagen und Wohnwagen nach Schaustellerart
Übrige Normen der Reihe DIN VDE 0100 siehe Beiblatt 2 zu DIN VDE 0100	Errichten von Starkstromanlagen mit Nennspannungen bis 1000 V; Verzeichnis der einschlägigen Normen
DIN VDE 0101	Errichten von Starkstromanlagen mit Nennspannungen über 1 kV
DIN VDE 0105 Teil 1	Betrieb von Starkstromanlagen; Allgemeine Festlegungen
DIN VDE 0108 Teil 2	Starkstromanlagen und Sicherheitsstromversorgung in baulichen Anlagen für Menschenansammlungen; Versammlungsstätten
DIN VDE 0108 Teil 3	Starkstromanlagen und Sicherheitsstromversorgung in baulichen Anlagen für Menschenansammlungen; Geschäftshäuser und Ausstellungsstätten
DIN VDE 0108 Teil 4	Starkstromanlagen und Sicherheitsstromversorgung in baulichen Anlagen für Menschenansammlungen; Hochhäuser
DIN VDE 0108 Teil 5	Starkstromanlagen und Sicherheitsstromversorgung in baulichen Anlagen für Menschenansammlungen; Gaststätten

DIN VDE 0108 Teil 6	Starkstromanlagen und Sicherheitsstromversorgung in baulichen Anlagen für Menschenansammlungen; Geschlossene Großgaragen
DIN VDE 0108 Teil 7	Starkstromanlagen und Sicherheitsstromversorgung in baulichen Anlagen für Menschenansammlungen; Arbeitsstätten
DIN VDE 0108 Teil 8	Starkstromanlagen und Sicherheitsstromversorgung in baulichen Anlagen für Menschenansammlungen; Fliegende Bauten als Versammlungsstätten, Verkaufsstätten, Ausstellungsstätten und Schank- und Speisewirtschaften
Beiblatt 1 zu DIN VDE 0108 Teil 1	Starkstromanlagen und Sicherheitsstromversorgung in baulichen Anlagen für Menschenansammlungen; Baurechtliche Regelungen
DIN VDE 0160	Ausrüstung von Starkstromanlagen mit elektronischen Betriebsmitteln
DIN VDE 0250 Teil 214	Isolierte Starkstromleitungen; Halogenfreie Mantelleitung mit verbessertem Verhalten im Brandfall
DIN VDE 0266	Halogenfreie Kabel mit verbessertem Verhalten im Brandfall; Nennspannungen U_0/U 0,6/1 kV
DIN VDE 0304 Teil 3	Thermische Eigenschaften von Elektroisolierstoffen; Entflammbarkeit bei Einwirkung von Zündquellen; Prüfverfahren; Identisch mit IEC 707 Ausgabe 1981
DIN VDE 0472 Teil 804	Prüfung an Kabeln und isolierten Leitungen; Brennverhalten
DIN VDE 0510	VDE-Bestimmung für Akkumulatoren und Batterie-Anlagen
DIN VDE 0510 Teil 2	Akkumulatoren und Batterieanlagen; Ortsfeste Batterieanlagen
DIN VDE 0510 Teil 7	Akkumulatoren und Batterieanlagen; Einsatz von Gerätebatterien
DIN VDE 0558 Teil 1	Halbleiter-Stromrichter; Allgemeine Bestimmungen und besondere Bestimmungen für netzgeführte Stromrichter
DIN VDE 0558 Teil 2	Halbleiter-Stromrichter; Besondere Bestimmungen für selbstgeführte Stromrichter
DIN VDE 0604 Teil 1	Elektro-Installationskanäle für Wand und Decke; Allgemeine Bestimmungen
DIN VDE 0605	Elektro-Installationsrohre und Zubehör
DIN VDE 0636 Teil 1	Niederspannungssicherungen; Allgemeine Festlegungen
DIN VDE 0641	Leitungsschutzschalter bis 63 A Nennstrom; 415 V Wechselspannung
DIN VDE 0660 Teil 101	Schaltgeräte; Niederspannungs-Schaltgeräte; Leistungsschalter
DIN VDE 0660 Teil 104	Schaltgeräte; Niederspannungs-Schaltgeräte; Niederspannungs-Motorstarter; Wechselstrom-Motorstarter bis 1000 V zum direkten Einschalten (unter voller Spannung)
DIN VDE 0660 Teil 107	Schaltgeräte; Niederspannung-Schaltgeräte; Lastschalter, Trenner, Lasttrenner und Schalter-Sicherungs-Einheiten
DIN VDE 0711 Teil 222	(z. Z. Entwurf) Leuchten; Besondere Anforderungen; Leuchten für Notbeleuchtung; Identisch mit IEC 34D(CO)149
DIN VDE 0712 Teil 21	(z. Z. Entwurf) Entladungslampenzubehör; Gleichstromversorgte elektronische Vorschaltgeräte für röhrenförmige Leuchtstofflampen; Anforderungen an die Arbeitsweise; Identisch mit IEC 34C(CO)146
DIN VDE 0712 Teil 200	(z. Z. Entwurf) Entladungslampenzubehör mit Nennspannungen bis 1000 V; Betriebsgeräte mit Batterien für Leuchten für Notbeleuchtung
DIN VDE 0712 Teil 201	(z. Z. Entwurf) Elektronische Vorschaltgeräte für Leuchtstofflampen; Vorschaltgeräte für Leuchtstofflampen mit von 50 Hz oder 60 Hz abweichenden Frequenzen
DIN VDE 0815	Installationskabel und -leitungen für Fernmelde- und Informationsverarbeitungsanlagen
DIN VDE 0871	Funk-Entstörung von Hochfrequenzgeräten für industrielle, wissenschaftliche, medizinische (ISM) und ähnliche Zwecke
DIN VDE 0875 Teil 3	Funk-Entstörung von elektrischen Betriebsmitteln und Anlagen; Funk-Entstörung von besonderen elektrischen Betriebsmitteln und von elektrischen Anlagen
Arbeitsstättenrichtlinien*)	
Arbeitsstättenverordnung**)	
EltBauVo***)	Verordnung über den Bau von Betriebsräumen für elektrische Anlagen
MBO***)	Musterbauordnung

Richtlinien über brandschutztechnische Anforderungen an Leitungsanlagen***)

---

*) Zu beziehen über: Deutsches Informationszentrum für Technische Regeln (DITR) im DIN, Burggrafenstraße 6, 1000 Berlin 30

**) Bezugsquelle: z. B. Bundesminister für Arbeit und Sozialordnung (BMA), Postfach 14 02 80, 5300 Bonn

***) Bezugsquelle: z. B. Baubehörden der einzelnen Bundesländer

Frühere Ausgaben

VDE 0108: 12.40
VDE 0108: 04.59
VDE 0108: 09.62
VDE 0108: 05.67
VDE 0108: 02.72
VDE 0108 a: 05.75
VDE 0108 b: 07.78
DIN 57 108/VDE 0108: 12.79

Änderungen

Gegenüber DIN 57 108/VDE 0108/12.79 wurden folgende Änderungen vorgenommen:

a) Norm vollständig überarbeitet und redaktionell in Teil 1 bis Teil 8 aufgegliedert; Festlegungen für Krankenhäuser in DIN VDE 0107 übernommen.

b) Sachlich dem Stand der Technik angepaßt;

c) Baurechtliche Vorschriften wurden berücksichtigt (siehe auch Erläuterungen).

Erläuterungen

Diese Norm (VDE-Bestimmung) wurde ausgearbeitet vom Komitee 223 „Starkstromanlagen in baulichen Anlagen für Menschenansammlungen" der Deutschen Elektrotechnischen Kommission im DIN und VDE (DKE).

Allgemeines

Die Überarbeitung von DIN 57 108/VDE 0108/12.79 wurde aus mehreren Gründen erforderlich. Der Inhalt mußte generell dem Stand der Technik angepaßt werden. Außerdem erschien es dringend erforderlich, durch eine neue Gliederung die Übersichtlichkeit zu verbessern. Hierzu gehörte es auch, die Norm in mehrere Teil-Normen zu gliedern. Neben der hier vorliegenden Norm DIN VDE 0108 Teil 1 „Allgemeines", die die grundsätzlichen Anforderungen für alle baulichen Anlagen enthält, gibt es zusätzlich folgende Normen für bauliche Anlagen, die immer nur in Verbindung mit diesem Teil 1 anwendbar sind:

Teil 2 Versammlungsstätten
Teil 3 Geschäftshäuser und Ausstellungsstätten
Teil 4 Hochhäuser
Teil 5 Gaststätten
Teil 6 Geschlossene Großgaragen
Teil 7 Arbeitsstätten
Teil 8 Fliegende Bauten

Für Schulen sind über die Festlegungen des Teiles 1 hinaus keine Zusatzfestlegungen erforderlich.

Es gibt bei IEC und CENELEC noch keine spezielle Norm für bauliche Anlagen für Menschenansammlungen. Da die Normen der Reihe DIN VDE 0108 auf die Normen der Reihe DIN VDE 0100 aufbaut, sind natürlich internationale und bei CENELEC harmonisierte Errichtungsbestimmungen Bestandteil auch dieser Norm. Dies trifft z. B. zu für Anlagen für Sicherheitszwecke nach DIN VDE 0100 Teil 560. Die Zusammenhänge von IEC und CENELEC mit den Normen der Reihe DIN VDE 0100 können dem Beiblatt 2 zu DIN VDE 0100 entnommen werden.

Zu Abschnitten 1 und 2

Die Forderung nach der Errichtung einer Sicherheitsbeleuchtung und Sicherheitsstromversorgung für bestimmte bauliche Anlagen wird grundsätzlich in baurechtlichen und arbeitsschutzrechtlichen (gewerberechtlichen) Vorschriften oder Genehmigungsbescheiden erhoben, während in den Normen der Reihe DIN VDE 0108 spezielle Anforderungen an die Errichtung der elektrischen Anlagen festgelegt werden.

Wegen der sehr engen Verknüpfungen zwischen den behördlichen Vorschriften und den Anforderungen in den Normen der Reihe DIN VDE 0108 bilden die infrage kommenden baurechtlichen und arbeitsschutzrechtlichen Vorschriften die Grundlage für die Festlegungen des Anwendungsbereiches nach Abschnitt 1 sowie der Begriffe nach Abschnitt 2.1.

Für Versammlungsstätten, Geschäftshäuser, Gaststätten, Garagen, Hochhäuser und Schulen nach Abschnitt 1 hat die Fachkommission Bauaufsicht der ARGEBAU (Arbeitsgemeinschaft der für das Bau-, Wohnungs- und Siedlungswesen zuständigen Minister der Länder) baurechtliche Mustervorschriften aufgestellt. Diese Mustervorschriften werden entsprechend der bautechnischen Weiterentwicklung und den neuen Erkenntnissen laufend fortgeschrieben.

Die Bundesländer haben auf der Grundlage dieser Muster landesrechtliche Bauvorschriften erlassen (z. B. Versammlungsstättenverordnung, Geschäftshausverordnung, Gaststättenbauverordnung, Garagenverordnung). Im Einzelfall kann die Rechtslage von Land zu Land jedoch insofern unterschiedlich sein, als in einzelnen Ländern nur ein Teil dieser Vorschriften erlassen worden ist und der Erlaß zu verschiedenen Zeitpunkten und damit auf der Basis unterschiedlicher Mustervorschriften erfolgt ist, was in Einzelpunkten (z. B. Geltungsbereiche) zu voneinander abweichenden Landesvorschriften geführt hat. Um einerseits dieser Rechtslage gerecht zu werden und andererseits dem Anwender dieser Norm das Heranziehen der jeweiligen baurechtlichen Vorschriften im konkreten Einzelfall nach Möglichkeit zu ersparen, sind — soweit zutreffend — der Anwendungsbereich (siehe Abschnitt 1) und die Begriffe für bauliche Anlagen, Räume und dergleichen (siehe Abschnitt 2.1) den neuesten Mustern der entsprechenden bauordnungsrechtlichen Vorschriften angepaßt worden.

Die sonstigen möglichen Fälle der Anwendung dieser Norm — weitergehende Vorschriften, Baugenehmigungsbescheide oder Einzelverfügungen — sind in Abschnitt 1.2 unter dem letzten Bindestrich genannt. Wird die Anwendung dieser Norm im Einzelfall angeordnet, so muß auch festgelegt werden, auf welche Art der baulichen Anlagen entsprechend Abschnitt 1.2 sich diese Anordnung bezieht, weil nur dann eindeutig ist, welche Einzelanforderungen der Norm erfüllt werden müssen. Dementsprechende Einzelanordnungen im Rahmen von Baugenehmigungsbescheiden können beispielsweise im Einzelfall in Betracht kommen, wenn die Bemessungswerte der baulichen Anlagen knapp unterhalb der Grenzwerte des Geltungsbereiches liegen (z. B. Versammlungsstätte mit Bühne oder Szenenfläche für 95 Besucher oder Verkaufsstätte mit einer Nutzfläche der Verkaufsräume von 1900 m^2) und die bauliche Situation z. B. hinsichtlich der Rettungswege und der Brandbekämpfungsmöglichkeiten ungünstig ist. Derartige Forderungen können sich jedoch im Einzelfall auch für bauliche Anlagen anderer Art, wie z. B. Hallenbäder oder Pflegeheime, ergeben.

Auf dem Gebiet des Arbeitsschutzrechts ist die Rechtslage dadurch wesentlich übersichtlicher, daß die hier maßgebende Arbeitsstättenverordnung und die zugehörige Arbeitsstättenlinie ASR 7/4 Bundesrecht sind und somit in allen Bundesländern einheitlich gelten. Der Geltungsbereich und die Begriffe der Arbeitsstättenverordnung sind übernommen worden, soweit sie für die Anwendung der Normen der Reihe DIN VDE 0108 von Bedeutung sind.

Bei der Prüfung der Frage, ob eine bestimmte bauliche Anlage oder Arbeitsstätte in den Anwendungsbereich dieser Norm fällt, ist zu beachten, daß die Abschnitte 1 und 2.1 gemeinsam betrachtet werden müssen. In Zweifelsfällen sollte die Bauaufsichtsbehörde oder bei Arbeitsstätten die Gewerbeaufsichtsbehörde eingeschaltet werden.

In Abschnitt 1.2, erster Bindestrich (2), wurde bereits die neue Bezeichnung „Versammlungsstätten für Filmvorführungen sowie Bild- und Tonwiedergabe" der in Vorbereitung befindlichen Neufassung des Musters der Versammlungsstättenverordnung aufgenommen und damit der weiteren Entwicklung der Technik (Video) Rechnung getragen.

Zu Abschnitt 3

Dieser Abschnitt enthält die grundsätzlichen Mindestanforderungen für bauliche Anlagen für Menschenansammlungen unter Einbeziehung der internationalen Einteilung solcher Anlagen nach der Gefährdung von Menschen. Das Ziel bestand auch darin, durch die Voranstellung von Grundanforderungen, die den Anforderungen zugrunde liegende Sicherheitsphilosophie deutlich zu machen. Hierzu können insbesondere Abschnitt 3.3 „Notwendige Sicherheitseinrichtungen", der sich auf eine internationale Festlegung abstützt, sowie die Tabellen 1 und 2 beitragen. Diese Tabellen zeigen die wesentlichen Anforderungen an die Sicherheitsbeleuchtung, Ersatzstromquellen und notwendigen Sicherheitsstromversorgungen auf und wurden zur besseren Lesbarkeit und zum leichteren Einordnen der baulichen Anlagen in das jeweils geforderte Sicherheitsniveau geschaffen.

Gegenüber der bisherigen Fassung, die sich hauptsächlich mit der Errichtung und dem Betrieb von Sicherheitsbeleuchtung befaßte, mußte die Neufassung aufgrund der nationalen und internationalen Anforderungen auch die Stromversorgung von notwendigen Sicherheitseinrichtungen — außer der Beleuchtung — regeln. Dazu gehörte auch die Ausweitung der Norm, dem Stand der Technik entsprechend, durch Aufnahme weiterer zulässiger Ersatzstromquellen, wie Schnell- und Sofortbereitschaftsaggregate, und das besonders gesicherte Netz, z. B. auch für die Versorgung der Sicherheitsbeleuchtung.

Die erfolgte Gleichstellung der Gruppenbatterieanlage mit der Zentralbatterieanlage hat nicht zum Ziel, daß eine größere bauliche Anlage aus mehreren Gruppenbatterieanlagen versorgt werden sollte. Einschränkungen für die Gruppenbatterieanlagen ergeben sich weiterhin aus der Leistungsbegrenzung.

Zu Abschnitt 3.3.1

Zusätzlich zur allgemeinen Beleuchtung ist eine Sicherheitsbeleuchtung gefordert. Diese zusätzliche Errichtung gilt auch, wenn die Ersatzstromquelle für eine Vollversorgung einer baulichen Anlage insgesamt vorgesehen ist.

Zu Abschnitt 4

Die Betriebsmittel von elektrischen Starkstromanlagen in baulichen Anlagen unterliegen in bestimmten Fällen auch baulichen brandschutztechnischen Anforderungen. Der Gesetzgeber hat sich vorbehalten, die wesentlichen Grundanforderungen für den vorbeugenden baulichen Brandschutz auch bezüglich der Starkstromanlagen im Bauordnungsrecht zu regeln. Diese Vorschriften sind beim Errichten von Starkstromanlagen zu beachten.

Die Fachkommission Bauaufsicht der ARGEBAU hat in diesem Sinne bereits vor einigen Jahren das Muster für eine Verordnung über den Bau von Betriebsräumen für elektrische Anlagen (EltBauVO) beschlossen, und in einigen Bundesländern wurde daraufhin die EltBauVO erlassen, oder es werden von den Bauaufsichtsbehörden und den Feuerwehren im Einzelfall entsprechende Anforderungen erhoben. Um dem Anwender dieser Norm die Berücksichtigung der Vorschriften der EltBauVO zu erleichtern, ist die neueste Fassung des Musters der EltBauVO im Beiblatt 1 zu DIN VDE 0108 Teil 1 abgedruckt, und in Abschnitt 4.1 wird auf die Brandschutzanforderungen dieser Verordnung Bezug genommen.

Die Fachkommission Bauaufsicht hat außerdem ein Muster für Richtlinien über brandschutztechnische Anforderungen an Leitungsanlagen beschlossen. Diese Muster-Richtlinien behandeln u. a. auch die Installation von Starkstromanlagen in bestimmten Rettungswegen, die Durchführung von Kabeln und Leitungen durch bestimmte Wände und Dekken mit notwendiger Feuerwiderstandsdauer sowie den Funktionserhalt der Starkstromanlagen für notwendige Sicherheitseinrichtungen. Für die Anwendung dieser Muster-Richtlinien gelten die vorstehenden Ausführungen zur EltBauVO sinngemäß. Sie sind im Beiblatt 1 zu DIN VDE 0108 Teil 1 abgedruckt.

Abschnitt 2 der Muster-Richtlinien regelt, welchen Anforderungen Leitungsanlagen in Treppenräumen und ihren Ausgängen ins Freie sowie in allgemein zugänglichen Fluren genügen müssen, wenn sie insgesamt oder zum Teil aus brennbaren Stoffen bestehen, d. h. eine Brandlast darstellen. Behandelt werden sowohl elektrische Leitungsanlagen (siehe Abschnitt 2.2) als auch Rohrleitungsanlagen (siehe Abschnitt 2.3) aus oder mit brennbaren Stoffen. Bei Installationen in allgemein zugänglichen Fluren ist jeweils der Grenzwert 7 bzw. 14 kWh je m^2 Flurgrundfläche für die Gesamtbrandlast der Leitungen zu beachten (siehe Abschnitte 2.2.2.2 und 2.3.2.2). Werden in einem Flur sowohl elektrische Kabel und Leitungen als auch Rohrleitungen installiert, so müssen deren Brandlastwerte addiert werden, d. h., der Grenzwert 7 bzw. 14 kWh je m^2 bezieht sich auf die gesamte Brandlast aller Leitungen. Aus diesem Grunde ist auch die Anlage 2 der Muster-Richtlinien mit den Werten für die Verbrennungswärme von Rohren aus brennbaren Baustoffen im Beiblatt 1 zu DIN VDE 0108 Teil 1 mit abgedruckt.

Für den Nachweis der Anforderungen des Funktionserhaltes von Leitungsanlagen entsprechend Abschnitt 4.1 wird in Kürze ein Norm-Entwurf der Normenreihe DIN 4102 „Brandverhalten von Baustoffen und Bauteilen; Funktionserhalt von elektrischen Kabelanlagen; Begriffe, Anforderungen und Prüfungen" erscheinen. Diese Anforderungen sind nicht identisch mit der Prüfung von Kabeln und Leitungen auf Isolationserhalt (FE) nach DIN VDE 0472 Teil 814.

Zu Abschnitt 5

Zusätzlich zu den Anforderungen nach den Normen der Reihe DIN VDE 0100 und DIN VDE 0101 werden erhöhte Anforderungen an das interne Verteilungsnetz und die Verbraucheranlage der allgemeinen Stromversorgung gestellt.

Neben der Anpassung an die nationale und internationale Normung waren die erhöhten Anforderungen des Brandschutzes einzuarbeiten.

Durch die erweiterte Zulassung der Sicherheitsbeleuchtung in Bereitschaftsschaltung war es zur Einhaltung des Sicherheitsniveaus insgesamt notwendig, die Anforderungen an die Versorgung der allgemeinen Beleuchtung der Rettungswege entsprechend anzuheben, z. B. durch Aufteilung der allgemeinen Beleuchtung auf zwei Stromkreise.

Zu Abschnitt 6

Die Sicherheitsstromversorgung ist die unabhängige Versorgung der notwendigen Sicherheitseinrichtungen mit eigenem Netzaufbau ab der Ersatzstromquelle. Nur nach vorrangiger Sicherstellung des Betriebes bzw. Weiterbetriebes der notwendigen Sicherheitseinrichtungen dürfen andere Verbraucher (z. B. Verbraucher der allgemeinen Stromversorgung) an das unabhängige Verteilungsnetz der Sicherheitsstromversorgung angeschaltet werden. Dies gilt sinngemäß auch dann, wenn die Ersatzstromquelle für eine Vollversorgung einer baulichen Anlage vorgesehen wird.

Zu Abschnitt 6.4

Neu hinzugekommen sind das „Schnell- und Sofortbereitschaftsaggregat" und spezielle Anforderungen an das „Besonders gesicherte Netz".

In der bisherigen Norm wurden die Batteriesysteme nur unter dem Gesichtspunkt der Sicherheitsbeleuchtung beschrieben und daher innerhalb der Abschnitte, z. B. „Sicherheitsbeleuchtung mit Zentralbatterie", die komplette Sicherheitsbeleuchtungsanlage beschrieben, d. h. Batterie, Gerätetechnik, Verteilung usw.

In dieser Norm wird die jeweilige Ersatzstromquelle mit den unmittelbar dazugehörigen Geräten, wie z. B. Ladeteil, Umschalteinrichtung, beschrieben und an anderer Stelle die Verbraucher und die Verbraucheranlage.

Unter einem besonders gesicherten Netz ist auch eine Stromversorgung aus einem Blockheizkraftwerk zu verstehen, wenn dieses Kraftwerk für einen Inselbetrieb geeignet ist, die für die Sicherheitsstromversorgung erforderliche Leistung jederzeit erbringt und die in dieser Norm gestellten Anforderungen an Aggregate sinngemäß erfüllt.

Zu Abschnitt 6.5

Abhängig von den Netzformen der allgemeinen Stromversorgung und der Sicherheitsstromversorgung ist die Netzumschalteinrichtung für eine 3polige oder 4polige Netztrennung auszulegen. Hierbei sind die Auflagen des versorgenden EVU zu beachten. Die Geräte der Netzumschalteinrichtung sind bezüglich ihrer Kurzschlußfestigkeit für die Anforderungen beider Einspeisearten auszulegen.

Zur Begrenzung von weiträumigen Ausfällen im Verteilungsnetz und den Endstromkreisen, besonders im Kurzschlußfall, ist ein selektiver Netzaufbau zwingend erforderlich. Auch in Anpassung an die internationale Normung wird der Nachweis der Kurzschlußselektivität nunmehr verlangt. Hierbei sind beide Betriebszustände, d. h. Betrieb aus der „vorhandenen" allgemeinen Stromversorgung und Betrieb aus der Ersatzstromquelle, jeweils getrennt zu berücksichtigen. Der rechnerische Nachweis der Selektivität bedeutet die Abstimmung aller Überstromschutzeinrichtungen und Netzimpedanzen, ausgehend von der Kurzschlußleistung der speisenden Stromquellen.

Zu Abschnitt 6.5.2.1

Auf die Forderung nach erhöhter Isolation entsprechend der verketteten Spannung kann verzichtet werden, weil bei der Sicherheits-Stromversorgung nur von gelegentlichem Betrieb ausgegangen zu werden braucht.

Internationale Patentklassifikation

H 0 2 H 5/00
H 0 2 J 9/00
A 62 C 35/00
B 66 B 5/00
E 04 F 17/08
E 04 B 1/94

Starkstromanlagen und Sicherheitsstromversorgung in baulichen Anlagen für Menschenansammlungen
Versammlungsstätten

DIN VDE 0108 Teil 2

Diese auch vom Vorstand des Verbandes Deutscher Elektrotechniker (VDE) e.V. genehmigte Norm ist damit zugleich eine **VDE-Bestimmung** im Sinne von VDE 0022. Sie ist unter obenstehender Nummer in das VDE-Vorschriftenwerk aufgenommen und in der etz Elektrotechnische Zeitschrift bekanntgegeben worden.

Power installation and safety power supply
in communal facilities;
Communal facilities

Teilweise Ersatz für
DIN 57 108/
VDE 0108/12.79
Siehe jedoch Übergangsfrist!

Für den Anwendungsbereich dieser Norm bestehen keine entsprechenden regionalen oder internationalen Normen.

Die mit Randbalken versehenen Festlegungen können auch Gegenstand bau- oder arbeitsschutzrechtlicher Vorschriften sein. Diese Vorschriften sind zu beachten. Soweit in diesen Vorschriften anderslautende Anforderungen gestellt werden, gehen diese dieser Norm (VDE-Bestimmung) vor (siehe Erläuterungen in DIN VDE 0108 Teil 1).

Als baurechtliche Vorschriften kommen Rechtsverordnungen zur Landesbauordnung, wie zum Beispiel Versammlungsstätten- und Geschäftshausverordnung, und als arbeitsschutzrechtliche Vorschriften die Arbeitsstättenverordnung und die Arbeitsstättenrichtlinien in Betracht.

Beginn der Gültigkeit

Diese Norm (VDE-Bestimmung) gilt ab 1. Oktober 1989.

Für im Bau oder in Planung befindliche Anlagen gilt daneben DIN 57 108/VDE 0108/12.79 noch bis zum 30. September 1990.

Norm-Entwurf war veröffentlicht als DIN VDE 0108 Teil 2/10.86.

Fortsetzung Seite 2 bis 6

Deutsche Elektrotechnische Kommission im DIN und VDE (DKE)

1 Anwendungsbereich

1.1 Diese Norm gilt zusammen mit DIN VDE 0108 Teil 1 für das Errichten und Instandhalten von Starkstromanlagen einschließlich der Sicherheitsstromversorgungsanlagen in Versammlungsstätten und zugehörigen Rettungswegen.

Diese Norm gilt nicht für Versammlungsstätten in Fliegenden Bauten; hierfür gilt DIN VDE 0108 Teil 8.

1.2 Versammlungsstätten im Sinne dieser Norm sind:

- Versammlungsstätten mit Bühnen oder Szenenflächen und Versammlungsstätten für Filmvorführungen sowie Bild- und Tonwiedergabe, wenn die zugehörigen Versammlungsräume mehr als 100 Besucher fassen;
- Versammlungsstätten mit nicht überdachten Szenenflächen, wenn die Versammlungsstätte mehr als 1000 Besucher faßt;
- Versammlungsstätten mit nicht überdachten Sportflächen, wenn die Versammlungsstätte mehr als 5000 Besucher faßt, Sportstätten für Rasenspiele jedoch nur, wenn mehr als 15 Steh- oder Sitzstufen angeordnet sind;
- Versammlungsstätten mit Versammlungsräumen, die einzeln oder zusammen mehr als 200 Besucher fassen; in Schulen, Museen und ähnlichen Gebäuden nur Versammlungsstätten mit Versammlungsräumen, die einzeln mehr als 200 Besucher fassen.

2 Begriffe

2.1 Es gilt DIN VDE 0108 Teil 1.

2.2 Versammlungsstätten sind bauliche Anlagen oder Teile baulicher Anlagen, die für die gleichzeitige Anwesenheit vieler Menschen bei Veranstaltungen erzieherischer, geselliger, kultureller, künstlerischer, politischer, sportlicher oder unterhaltender Art bestimmt sind.

2.3 Versammlungsstätten mit nicht überdachten Spielflächen sind z. B. Freilichttheater für schauspielerische oder ähnliche Darbietungen und Freiluftsportstätten für sportliche Übungen und Wettkämpfe.

2.4 Versammlungsräume sind innerhalb von Gebäuden gelegene Räume für Veranstaltungen. Hierzu gehören auch Rundfunk- und Fernsehstudios, die für Veranstaltungen mit Besuchern bestimmt sind, sowie Vortragssäle, Hörsäle und Aulen.

2.5 Bühnen sind Räume, die für schauspielerische oder für ähnliche künstlerische Darbietungen bestimmt sind und deren Decke gegen die Decke des Versammlungsraumes durch Sturz oder Höhenunterschied abgesetzt ist. Zu unterscheiden sind:

- Kleinbühnen: Bühnen, deren Grundfläche hinter dem Vorhang 100 m² nicht überschreitet, keine Bühnenerweiterungen haben und deren Decke nicht mehr als 1 m über der Bühnenöffnung liegt;
- Mittelbühnen: Bühnen, deren Grundfläche hinter dem Vorhang 150 m², deren Bühnenerweiterungen in der Grundfläche zusammen 100 mm² und deren Höhe bis zur Decke oder bis zur Unterkante des Rollenbodens das zweifache der Höhe der Bühnenöffnung nicht überschreitet;
- Vollbühnen: alle anderen Bühnen.

Anmerkung: Bühnen, die ausschließlich der Aufnahme von Bildwänden für Bild- und Tonwiedergabe dienen, sind keine Bühnen im Sinne dieser Norm.

2.6 Bühnenerweiterungen sind Teile von Bühnen, die als Seitenbühnen oder Hinterbühnen der Hauptbühne zugeordnet sind.

2.7 Vorbühnen sind Teile von Bühnen, die vor dem Schutz- oder Spielvorhang der Hauptbühne liegen.

2.8 Das Bühnenhaus ist ein Teil von baulichen Anlagen einer Versammlungsstätte mit Mittel- oder Vollbühne. In diesem besonderen Gebäudeteil (Bühnenhaus) sind alle für den Bühnenbetrieb notwendigen Räume und Einrichtungen untergebracht.

2.9 Spielflächen sind Flächen einer Versammlungsstätte, die für das spielerische Geschehen bestimmt sind.

- Szenenflächen sind Spielflächen für schauspielerische oder für ähnliche künstlerische Darbietungen;
- Sportflächen sind Spielflächen für sportliche Übungen und Wettkämpfe.

2.10 Platzflächen sind Flächen für Besucherplätze.

2.11 Sonderbeleuchtung ist eine Beleuchtung in betriebsmäßig verdunkelten Räumen, die eine ausreichende Orientierung für Betriebspersonal und Besucher sicherstellt.

3 Grundanforderungen

Es gilt DIN VDE 0108 Teil 1.

4 Brandschutz, Funktionserhalt

Es gilt DIN VDE 0108 Teil 1.

5 Allgemeine Stromversorgung

5.1 Betriebsmittel mit Nennspannung über 1 kV

Es gilt DIN VDE 0108 Teil 1.

5.2 Betriebsmittel mit Nennspannung bis 1000 V

5.2.1 Es gilt DIN VDE 0108 Teil 1. Zusätzlich gelten die in den Abschnitten 5.2.2 bis 5.2.8.6 festgelegten Anforderungen.

5.2.2 Lichtregieraum (Bühnenlichtstellwarte), Stellgeräteraum und Tonregieraum gelten als elektrische Betriebsstätten.

5.2.3 Leistungsteile von Bühnenlichtstell-Anlagen dürfen nicht im Versammlungsraum aufgestellt werden.

5.2.4 Leitfähige Teile von Bühneneinrichtungen, z. B. Beleuchtungsbrücken, Beleuchtungstürme, Leuchten, Züge, Aufhängeseile, Spannseile, Flugdrähte, Dekorationen, Bühnenversenkeinrichtungen, großflächige Aufbauten, Stahlkonstruktionen und Rohrleitungen sind durch zusätzlichen Potentialausgleich in die Maßnahmen zum Schutz bei indirektem Berühren mit einzubeziehen. Hierzu sind die leitfähigen Teile über den Potentialausgleichsleiter untereinander und mit dem Schutzleiter zu verbinden.

Als Mindestquerschnitt für den Potentialausgleichsleiter ist bei geschützter Verlegung 10 mm² Kupfer, bei ungeschützter Verlegung 16 mm² Kupfer oder verzinkter Bandstahl von 50 mm² bei mindestens 2,5 mm Dicke zuverwenden.

Die Verbindung mit dem Schutzleiter muß an geeigneter Stelle, z. B. an der Schutzleiterschiene, in mindestens einem Verteiler vorgenommen werden.

5.2.5 Verteiler

5.2.5.1 Stellgeräte, Anlasser und Transformatoren müssen so beschaffen und aufgestellt sein, daß durch ihren Betrieb keine gefährliche Wärmeentwicklung zu befürchten ist. Zu brennbaren Baustoffen sind ausreichende Abstände einzuhalten oder Wärmeisolation mit nicht brennbaren Unterlagen vorzusehen.

5.2.5.2 Bei Versammlungsstätten mit Voll- oder Mittelbühnen muß das Verteilungsnetz vom Hauptverteiler ab in mindestens folgende Gruppen, soweit vorhanden, abschaltbar unterteilt werden:

a) Bühnenhaus ohne Bühnen,
b) Hauptbühne mit Bühnenerweiterungen,
c) Zuschauerhaus ohne Zuschauerraum,
d) Zuschauerraum,
e) notwendige Sicherheitseinrichtungen.

5.2.5.3 Die Stromkreise der Bühnenbeleuchtung sind mit Leitungsschutzschalter nach DIN VDE 0641, jedoch mit unverzögerter Auslösung beim 5- bis 10fachen Nennstrom zu schützen.

5.2.5.4 Für Filmvorführ-, Bild- und Tonwiedergabegeräte sind zur Versorgung eigene Stromkreise ab dem letzten Unterverteiler vorzusehen.

5.2.5.5 Die elektrischen Anlagen folgender Räume, mit Ausnahme der allgemeinen Beleuchtung, die auch außerhalb der Betriebszeit benötigt wird, und der Stromkreise der notwendigen Sicherheitseinrichtungen, müssen durch Bereichsschalter geschaltet werden können:

a) Umkleideräume für Darsteller,
b) Werkstätten,
c) Feuergefährdete Lager- und Arbeitsräume,
d) Kantinen,
e) Fundusräume und Magazine.

Die Bereichsschalter sind dem Zugriff Unbefugter zu entziehen und an betrieblich geeigneter Stelle anzubringen. Ihre Einschaltstellung muß durch eine weißleuchtende Signallampe kenntlich sein. Nach Ausschalten der Bereichsschalter müssen auch alle Steckdosen in den genannten Räumen spannungsfrei sein, ausgenommen Steckdosen für Kühlanlagen und Datenverarbeitungsanlagen, sofern hierfür ein besonderes Steckvorrichtungssystem verwendet wird.

5.2.5.6 Bei vorübergehenden Einbauten in Versammlungsstätten müssen alle Stromkreise eines jeden in sich geschlossenen Anlagenteils, z. B. Ausstellungsstand, durch einen gemeinsamen Lastschalter geschaltet werden können. Die Trennung durch eine Steckvorrichtung bis 16 A ist zulässig.

Die Trennvorrichtung muß in der Nähe des betroffenen Anlagenteils angeordnet sein.

5.2.6 Kabel- und Leitungsanlage

5.2.6.1 Im Bühnenhaus dürfen festverlegte Leitungen und Kabel nur mit ausreichendem mechanischen Schutz und , um eine leichte Inspektion des Betriebszustandes zu ermöglichen, auf Putz verlegt werden.

Es sollten nur halogenfreie Leitungs- und Kabelbauarten mit verbessertem Verhalten im Brandfall nach DIN VDE 0250 Teil 214 und DIN VDE 0266 verwendet werden.

5.2.6.2 Vieladrige Kabel dürfen im Bühnenhaus unter folgenden Bedingungen verwendet werden:

a) Zur Sicherstellung ausreichender Wärmeabfuhr ist zu Parallelkabeln ein Abstand von mindestens einem Kabeldurchmesser einzuhalten. Die Kabel sind mit Isolierschellen zu befestigen. Die Kabel dürfen nur auf nicht brennbarer Unterlage verlegt werden, z. B. auf massiven Wänden oder Stahlkonstruktionen, oder es sind Zwischenlagen aus nicht brennbaren Baustoffen anzubringen.
b) Die Kabel müssen zwischen den elektrischen Betriebsräumen und den Verbrauchern oder Übergangsklemmkästen ungeschnitten verlegt werden.

Anmerkung: Unter Übergangsklemmkästen werden hier die Stellen verstanden, in denen auf eine andere Kabelart oder einen anderen Leiterquerschnitt übergegangen wird.

c) Für die Bemessung des Leiterquerschnitts gilt DIN VDE 0298 Teil 2.
d) Alle Stromkreise eines vieladrigen Kabels müssen durch einen gemeinsamen Schalter schaltbar sein. Dieser Schalter darf auch mehrere vieladrige Kabel schalten.
e) Für die Stromkreise der Bühnenbeleuchtung sind Kabel der Leiteranzahlen und Leiterquerschnitte nach Tabelle 1 zulässig.

Zur Querschnittserhöhung aus Belastbarkeitsgründen dürfen Leiter nicht parallel geschaltet werden.

Zur Herabsetzung des Spannungsfalls ist dies jedoch mit zwei Leitern gestattet, wenn die den parallel geschalteten Leitern zugeordnete Überstromschutzeinrichtung den Angaben der Tabelle 1 für einen Leiter entsprechen:

Tabelle 1. **Kabel für Bühnenbeleuchtung**

max. Leiter-anzahl	Kabel-querschnitt	Zulässige Strombe-lastbarkeit des einzelnen Leiters A	Überstrom-schutz-einrichtung Nennstrom A
12	4 mm^2 Kupfer	18	16
12	6 mm^2 Kupfer	24	20
7	10 mm^2 Kupfer	42	32

5.2.6.3 Die Leitungen zu Leuchten in Räumen für Besucher sind so zu verlegen, daß sie durch einen Brand auf der Bühne nicht gefährdet werden können.

5.2.6.4 Als nicht festverlegte Leitungen müssen Gummischlauchtleitungen 05RR nach DIN VDE 0282 Teil 804 oder 07RN nach DIN VDE 0282 Teil 810, Theaterleitung NTSK nach DIN VDE 0250 Teil 802 und für Aufzüge gummiisolierte Aufzugssteuerleitungen nach DIN VDE 0282 Teil 807 oder DIN VDE 0282 Teil 808 oder gleichwertige Bauarten verwendet werden.

Außerhalb des Handbereiches dürfen für Lichterketten auch Illuminationsflachleitungen NIFLÖU nach DIN VDE 0250 Teil 604 verwendet werden. Weitere Festlegungen hierzu siehe DIN VDE 0100 Teil 722.

5.2.6.5 Als Zuleitungen für beweglich aufgehängte Bühnenleuchten dürfen nur Theaterleitungen NTSK nach DIN VDE 0250 Teil 802 oder Gummischlauchleitungen 07RN nach DIN VDE 0282 Teil 810 oder Leitungen gleichwertiger Bauart verwendet werden.

5.2.6.6 Bei Versammlungsstätten mit nichtüberdachten Spielflächen müssen an Masten oder Mastkonstruktionen herangeführte Leitungen und ihre Befestigungen unter Berücksichtigung der durch Winddruck zu erwartenden Mastschwankungen gewählt werden.

An Masten hochgeführte Leitungen und Kabel müssen in ihrem ganzen Verlauf einen zusätzlichen dauerhaften mechanischen Schutz haben (z. B. verzinktes Stahlrohr), wenn dieser Schutz nicht durch die Lage, z. B. innerhalb eines geschlossenen Mastes, gegeben ist.

5.2.6.7 Blanke Leiter dürfen nicht über Spielflächen, Verkehrswege und Platzflächen für Besucher geführt werden. Ein seitlicher Abstand von mindestens 5 m ist einzuhalten.

5.2.7 Verbraucheranlage

5.2.7.1 In Versammlungsräumen und zugehörigen Verkehrsflächen, auf Bühnen und Bühnenerweiterungen sowie in Rettungswegen ist die allgemeine Beleuchtung auf mindestens zwei voneinander unabhängige Überstromschutzorgane abwechselnd zu verteilen.

5.2.7.2 Die für die Filmvorführung, Bild- und Tonwiedergabe erforderlichen Geräte oder Anlagen müssen durch einen in der Nähe des Bedienplatzes liegenden Schalter ausgeschaltet werden können.

5.2.7.3 Für Bühnenleuchten, die über Steckvorrichtungen angeschlossen werden, dürfen für Verbraucher bis 10 A Schutzkontakt-Steckvorrichtungen nach DIN 49 440 und DIN 49 442 verwendet werden.

Die Steckdosen sind so anzuordnen, daß eine mechanische Beschädigung weitgehend vermieden wird.

Für Verbraucherstromkreise von 10 A bis 63 A sind Bühnensteckvorrichtungen nach DIN 56 903 und DIN 56 906 zu verwenden.

5.2.7.4 Für den Bühnenversatz dürfen nur die in Abschnitt 5.2.7.3 beschriebenen Steckvorrichtungen verwendet werden. Sie müssen den erhöhten mechanischen Beanspruchungen auf der Bühne genügen.

Bei Bühnensteckvorrichtungen nach DIN 56 903 und DIN 56 906 ist darauf zu achten, daß bei Netzen mit Neutralleiter dieser stets am Stift der energieliefernden Steckvorrichtung liegt.

Unzulässig sind Versatzleitungen, bei denen in Energierichtung hinter einem Schutzkontaktstecker eine Bühnensteckvorrichtung folgt.

Übergänge von Bühnensteckvorrichtungen auf Schutzkontaktsteckvorrichtungen nach DIN 49 440 und DIN 49 442 dürfen nur über tragbare Verteiler vorgenommen werden.

5.2.7.5 Die Querschnitte der Anschlußleitungen und die Steckvorrichtungen für ortsveränderliche Bühnenleuchten (Versatzleitungen) sind nach dem Nennstrom der größten Überstromschutzeinrichtungen der Versatzstromkreise zu bemessen. Versatzleitungen mit verjüngten Querschnitten dürfen nur über tragbare Verteiler, bestehend aus Steckdosen mit vorgeschalteten Überstromschutzeinrichtungen nach DIN VDE 0641, betrieben werden.

Die Überstromschutzeinrichtungen müssen auf nicht brennbaren Unterlagen und in Schutzgehäusen aus flammwidrigem, mechanisch widerstandsfähigem Werkstoff untergebracht sein.

5.2.7.6 Vorschaltgeräte und Überstromschutzeinrichtungen für Bühnenleuchten müssen in einem geschlossenen Schutzgehäuse aus flammwidrigem, mechanisch widerstandsfähigem Werkstoff untergebracht sein, wenn sie außerhalb elektrischer Betriebsräume verwendet werden.

Zündeinrichtungen von Leuchten mit Hochdrucklampen müssen an- oder eingebaut sein. Für Stell-, Vorschalt- und Zündgeräte sind Metallgehäuse als äußere Umhüllung erforderlich. Bei geöffnetem Lampenraum muß die Zuleitung zum Zündgerät unterbrochen sein.

5.2.7.7 Bei mehrfarbigen Bühnenleuchten (Fuß- und Oberlichter) darf ein gemeinsamer Neutralleiter verwendet werden. Er muß für den höchstmöglichen Betriebsstrom bemessen sein.

5.2.7.8 In Umkleideräumen für Darsteller, Friseur- und Maskenbildnerräumen, in Dekorationsarbeitsräumen und Lagerräumen dürfen nur fest angebrachte und fest angeschlossene Leuchten verwendet werden. Im Handbereich angebrachte Leuchten müssen durch eine Fehlerstrom-schutzeinrichtung $I_{\Delta N} \leq 30$ mA geschützt sein. Das Ablegen brennbarer Stoffe auf Leuchten muß durch deren Anbringung oder durch die Formgebung erschwert sein.

5.2.7.9 Werden für szenische Zwecke Fassungen auf Holz oder anderen brennbaren Unterlagen angebracht, so sind nicht brennbare Zwischenlagen erforderlich.

5.2.7.10 Leuchten, ausgenommen solche für szenische Zwecke, sind mit einem mechanischen Schutz, z. B. Schutzgitter oder Schutzkorb zu versehen, der das Herausfallen der Filter, von Glasteilen der Lampe oder des optischen Systems, verhindert. Die Schutzvorrichtungen dürfen nicht an den Fassungen befestigt sein.

5.2.7.11 Elektrische Maschinen, ausgenommen Stellantriebe bis 500 W und Elektrowerkzeuge müssen mindestens in Schutzart IP 4X nach DIN 40 050 ausgeführt sein.

5.2.7.12 Bei Versammlungsstätten mit nicht überdachten Spielflächen müssen Geräte, die auf Spielflächen von Freilichttheatern oder ähnlichen Anlagen verwendet werden, mindestens der Schutzart IP 44 nach DIN 40 050 entsprechen.

Treten höhere Beanspruchungen auf, so ist eine entsprechende höhere Schutzart anzuwenden. Ist der erforderliche Schutz nicht durch die Bauart der Geräte gewährleistet, so muß er durch örtliche zu treffende Maßnahmen, wie Abdeckungen oder Unterbringung in Räumen, erreicht werden.

5.2.8 Sonderbeleuchtung

5.2.8.1 Die Beleuchtungsstärke muß mindestens den Anforderungen an die Sicherheitsbeleuchtung nach DIN VDE 0108 Teil 1/10.89, Abschnitt 6.2.3, entsprechen.

5.2.8.2 Die Sonderbeleuchtung muß aus der allgemeinen Stromversorgung vom Hauptverteiler über einen eigenen Abgang gespeist werden.

5.2.8.3 An die Stromkreise der Sonderbeleuchtung dürfen sonstige Verbraucher (z. B. Steckdosen) nicht angeschlossen werden.

5.2.8.4 Die Sonderbeleuchtung muß unabhängig von der Verdunklungssteuerung vom verdunkelten Raum aus eingeschaltet werden können.

Eine Helligkeitsregelung ist nicht zulässig.

5.2.8.5 Die Schaltstellen müssen im Versammlungsraum in der Nähe von mindestens je einem Ausgang jeder Platzfläche so angebracht sein, daß sie für Aufsichtspersonen jederzeit leicht zugänglich, aber einer unbeabsichtigten Betätigung entzogen sind.

Die Schaltstellen für die Sonderbeleuchtung der Bühne müssen an geeigneter Stelle auf der Bühne in der Nähe der Zugangstür angebracht sein.

5.2.8.6 Die Schaltstellen der Sonderbeleuchtung sind zu beleuchten (z. B. durch Glimmlampen). Die durch die Betätigung eines Schalters bewirkte Einschaltung darf nicht durch die Betätigung eines anderen Schalters aufgehoben werden können. Eine Ausschaltmöglichkeit im Lichtregieraum (Bühnenlichtstellwarte) ist zulässig.

6 Sicherheitsstromversorgung

6.1 Es gilt DIN VDE 0108 Teil 1, zusätzlich gelten die in den nachfolgenden Abschnitten 6.2 bis 6.6.2 festgelegten Anforderungen.

6.2 Schaltung der Sicherheitsbeleuchtung

6.2.1 Die Sicherheitsbeleuchtung

- aller Rettungswege außerhalb von Versammlungsräumen, Bühnen und Szenenflächen
- aller Rettungswege außerhalb von nicht überdachten Platzflächen von Versammlungsstätten mit nicht überdachten Spielflächen
- aller Hinweise auf Rettungswege

ist in Dauerschaltung auszuführen.

6.2.2 In betriebsmäßig verdunkelten Versammlungsräumen sowie auf Bühnen, Bühnenerweiterungen und Szenenflächen muß für die Sicherheitsbeleuchtung die Bereitschaftsschaltung angewendet werden; die Türen, Gänge und Stufen müssen jedoch auch bei Verdunklung durch Sicherheitsbeleuchtung in Dauerschaltung erkennbar sein.

Die Sicherheitsbeleuchtung in Bereitschaftsschaltung darf abweichend von DIN VDE 0108 Teil 1/10.89, Abschnitt 6.2.1.3, Absatz 2, bei Wiederkehr der allgemeinen Stromversorgung nicht selbsttätig ausschalten. Sie darf nur von Hand auf der Schalttafel der Sicherheitsbeleuchtung ausgeschaltet werden können. Weitere Ausschaltstellen dürfen im Lichtregieraum vorhanden sein.

6.2.3 DIN VDE 0108 Teil 1/10.89, Abschnitt 6.2.1.6, gilt für Versammlungsstätten nicht.

6.3 Mindestbeleuchtungsstärke

6.3.1 Die Beleuchtungsstärke der Sicherheitsbeleuchtung muß auch unter Berücksichtigung möglicher Einbauten von Dekorationen entsprechend DIN VDE 0108 Teil 1/10.89, Abschnitt 6.2.3, sichergestellt werden.

6.3.2 Bei Theatern und Versammlungsstätten für Filmvorführungen sowie Bild- und Tonwiedergabe mit nicht mehr als 200 Plätzen braucht in den Versammlungsräumen, deren Fußboden nicht mehr als 1 m über oder unter der als Rettungsweg dienenden Verkehrsfläche liegt, die Sicherheitsbeleuchtung nur so bemessen zu sein, daß bei Verdunklung und auch bei Ausfall des Netzes der allgemeinen Beleuchtung mindestens die Türen, Gänge und Stufen erkennbar sind.

6.4 In Versammlungsstätten mit Mittel- oder Vollbühne ist die Sicherheitsstromversorgung ab ihrem Hauptverteiler mindestens auf den Zuschauerraum mit den zugehörigen Nebenräumen und Rettungswegen und auf die Bühne mit den zugehörigen Betriebsräumen und Rettungswegen aufzuteilen.

6.5 Bei Versammlungsstätten mit nicht überdachten Spielflächen sind, abweichend von DIN VDE 0108 Teil 1/10.89, Abschnitte 6.4.4 und 6.4.5, andere Stromerzeugungsaggregate unter folgenden Bedingungen als Ersatzstromquellen zugelassen:

a) Das Stromerzeugungsaggregat muß während der betrieblich erforderlichen Zeiten ständig als einzige Stromquelle der Sicherheitsbeleuchtung in Betrieb sein. Bei ungestörtem Netz der allgemeinen Beleuchtung darf ein von diesem Netz gespeister Elektromotor den Generator des Aggregates antreiben, wenn sichergestellt ist, daß bei Ausfall der allgemeinen Stromversorgung eine Kraftmaschine selbsttätig und unterbrechungsfrei den Antrieb des Generators übernimmt (Sofortbereitschafts-Anlage).

   Die Speisung der Sicherheitsbeleuchtung aus dem Netz der allgemeinen Beleuchtung darf nicht möglich sein. Auch bei Sicherheitsbeleuchtung in Bereitschaftsschaltung muß das Stromerzeugungsaggregat ständig betrieben werden.

Anmerkung: Bei Antrieb mit einem Dieselmotor ist auf die erforderliche Mindestbelastung des Aggregates zu achten.

b) Das Stromerzeugungsaggregat muß eine selbsttätige Spannungsregelung haben mit Grenzabweichung $\pm$ 5 % bezogen auf den Nennwert. Ein Spannungsmesser und ein Strommesser je Außenleiter müssen vorhanden sein.

c) Der Kraftstoffbehälter muß mindestens für 8stündigen Betrieb des Aggregates bei Nennleistung bemessen sein. Kraftstoffbehälter müssen Anzeige- oder Peileinrichtungen zur Füllstandskontrolle haben.

d) Stromerzeugungsaggregat und Kraftstoffbehälter sind so aufzustellen, daß sie dem Zugriff Unbefugter entzogen sind. Aufstellungsort und Umwehrung sind so zu wählen, daß auch im Panik- oder Brandfall die Sicherheitsbeleuchtung gespeist werden kann und der Betrieb des Aggregates nicht beeinträchtigt wird. Die Abgase der Antriebsmaschine sind so zu leiten, daß Personen weder gefährdet noch belästigt werden können.

6.6 Kabel- und Leitungsanlage

6.6.1 An Sicherheitsbeleuchtungs-Stromkreise bei Mittel- und Vollbühnen und Szenenflächen sowie der zugehörigen Rettungswege dürfen Sicherheitsleuchten anderer Bereiche nicht angeschlossen werden.

6.6.2 Stromkreise der Sicherheitsbeleuchtung dürfen abweichend von DIN VDE 0108 Teil 1/10.89, Abschnitt 6.7.4, in Theaterleitungen NTSK nach DIN VDE 0250 Teil 802 mit anderen Stromkreisen zusammengefaßt werden.

7 Pläne und Betriebsanleitungen

Es gilt DIN VDE 0108 Teil 1.

8 Erstprüfungen

Es gilt DIN VDE 0108 Teil 1.

9 Instandhaltung

Es gilt DIN VDE 0108 Teil 1.

Zitierte Normen

DIN 40 050	IP-Schutzarten; Berührungs-, Fremdkörper- und Wasserschutz für elektrische Betriebsmittel
DIN 49 440	Zweipolige Steckdosen mit Schutzkontakt, 10 A 250 V ≂ und 10 A 250 V –, 16 A 250 V ~; Hauptmaße
DIN 49 442	Zweipolige Steckdosen mit Schutzkontakt, druckwasserdicht, 10 A 250 V ≂ und 10 A 250 V –, 16 A 250 V ~; Hauptmaße
DIN 56 903	Theatertechnik, Bühnenbeleuchtung; Zweipolige Sondergerätesteckdose mit Schutzkontakt, 10 A 250 V ~
DIN 56 906	Theatertechnik, Bühnenbeleuchtung; Zweipolige Sonderanbausteckdose mit Schutzkontakt und Abdeckplatte, 63 A 250 V ~
DIN VDE 0100 Teil 722	Errichten von Starkstromanlagen mit Nennspannungen bis 1000 V; Fliegende Bauten, Wagen und Wohnwagen nach Schaustellerart
DIN VDE 0108 Teil 1	Starkstromanlagen und Sicherheitsstromversorgung in baulichen Anlagen für Menschenansammlungen; Allgemeines
DIN VDE 0108 Teil 8	Starkstromanlagen und Sicherheitsstromversorgung in baulichen Anlagen für Menschenansammlungen; Fliegende Bauten als Versammlungsstätten, Verkaufsstätten, Ausstellungsstätten und Schank- und Speisewirtschaften
DIN VDE 0250 Teil 214	Isolierte Starkstromleitungen; Halogenfreie Mantelleitung mit verbessertem Verhalten im Brandfall
DIN VDE 0250 Teil 604	Isolierte Starkstromleitungen; Illuminations-Flachleitung
DIN VDE 0250 Teil 802	Isolierte Starkstromleitungen; Theaterleitung
DIN VDE 0266	Halogenfreie Kabel mit verbessertem Verhalten im Brandfall; Nennspannungen U_0/U 0,6/1 kV
DIN VDE 0282 Teil 804	Gummi-isolierte Starkstromleitungen; Gummischlauchleitung 05RR
DIN VDE 0282 Teil 807	Gummi-isolierte Starkstromleitungen; Gummi-isolierte Aufzugssteuerleitungen 05RT2D5-F und 05RND5-F
DIN VDE 0282 Teil 808	Gummi-isolierte Starkstromleitungen; Gummi-isolierte Aufzugssteuerleitungen 07RT2D5-F und 07RND5-F
DIN VDE 0282 Teil 810	Gummi-isolierte Starkstromleitungen; Gummischlauchleitungen 07RN
DIN VDE 0298 Teil 2	Verwendung von Kabeln und isolierten Leitungen für Starkstromanlagen; Empfohlene Werte für Strombelastbarkeit von Kabeln mit Nennspannungen U_0/U bis 18/30 kV
DIN VDE 0641	Leitungsschutzschalter bis 63 A Nennstrom, 415 V Wechselspannung

Frühere Ausgaben

VDE 0108: 12.40
VDE 0108: 04.59
VDE 0108: 09.62
VDE 0108: 05.67
VDE 0108: 02.72
VDE 0108 a: 05.75
VDE 0108 b: 07.78
DIN 57 108/VDE 0108: 12.79

Änderungen

Gegenüber DIN 57 108/VDE 0108/12.79 wurden folgende Änderungen vorgenommen:

a) Norm vollständig überarbeitet und redaktionell in Teil 1 bis Teil 8 aufgegliedert; Festlegungen für Krankenhäuser in DIN VDE 0107 übernommen;

b) Sachlich dem Stand der Technik angepaßt;

c) Baurechtliche Vorschriften wurden berücksichtigt (siehe Erläuterungen zu DIN VDE 0108 Teil 1).

Erläuterungen

Diese Norm wurde ausgearbeitet vom Komitee 223 „Starkstromanlagen in baulichen Anlagen für Menschenansammlungen" der Deutschen Elektrotechnischen Kommission im DIN und VDE (DKE).

Internationale Patentklassifikation

H 02 B
H 02 G
H 02 J 9/00

DK 621.316.172.022:725.2:614.8

Oktober 1989

Starkstromanlagen und Sicherheitsstromversorgung in baulichen Anlagen für Menschenansammlungen

Geschäftshäuser und Ausstellungsstätten

DIN VDE 0108 Teil 3

Diese auch vom Vorstand des Verbandes Deutscher Elektrotechniker (VDE) e. V. genehmigte Norm ist damit zugleich eine **VDE-Bestimmung** im Sinne von VDE 0022. Sie ist unter obenstehender Nummer in das VDE-Vorschriftenwerk aufgenommen und in der etz Elektrotechnische Zeitschrift bekanntgegeben worden.

Power installation and safety power supply in communal facilities; Stores and shops and exhibition rooms

Teilweise Ersatz für DIN 57 108/ VDE 0108/12.79 Siehe jedoch Übergangsfrist!

Für den Anwendungsbereich dieser Norm bestehen keine entsprechenden regionalen oder internationalen Normen.

Beginn der Gültigkeit

Diese Norm (VDE-Bestimmung) gilt ab 1. Oktober 1989.

Für im Bau oder in Planung befindliche Anlagen gilt daneben DIN 57 108/VDE 0108/12.79 noch bis zum 30. September 1990.

Norm-Entwurf war veröffentlicht als DIN VDE 0108 Teil 3/10.86.

Fortsetzung Seite 2 und 3

Deutsche Elektrotechnische Kommission im DIN und VDE (DKE)

1 Anwendungsbereich

1.1 Diese Norm gilt zusammen mit DIN VDE 0108 Teil 1 für das Errichten und Instandhalten von Starkstromanlagen einschließlich der Sicherheitsstromversorgungsanlagen in Geschäftshäusern und Ausstellungsstätten und zugehörigen Rettungswegen.

Diese Norm gilt nicht für Verkaufs- und Ausstellungsstätten in Fliegenden Bauten; hierfür gilt DIN VDE 0108 Teil 8.

1.2 Geschäftshäuser im Sinne dieser Norm sind:

- Verkaufsstätten, deren Verkaufsräume einzeln oder zusammen eine Nutzfläche von mehr als 2000 m^2 haben,
- mehrere Verkaufsstätten, die miteinander in Verbindung stehen und deren Verkaufsräume zusammen eine Nutzfläche von mehr als 2000 m^2 haben (als Verbindung gelten auch Rettungswege).

1.3 Ausstellungsstätten im Sinne dieser Norm sind: Ausstellungsstätten, deren Ausstellungsräume einzeln oder zusammen eine Nutzfläche von mehr als 2000 m^2 haben.

2 Begriffe

2.1 Es gilt DIN VDE 0108 Teil 1.

2.2 Geschäftshäuser sind bauliche Anlagen mit mindestens einer Verkaufsstätte, wie Kaufhäuser, Warenhäuser, Gemeinschaftswarenhäuser, Supermärkte, Verbrauchermärkte, Selbstbedienungsgroßmärkte, Einkaufszentren.

2.3 Verkaufsstätten sind bauliche Anlagen mit Betrieben des Einzelhandels oder des Großhandels mit Verkaufsräumen. Zu einer Verkaufsstätte gehören außer den Verkaufsräumen auch alle sonstigen Räume, die unmittelbar oder durch Rettungswege mit den Verkaufsräumen verbunden sind, wie Büroräume, Lagerräume und Sozialräume.

2.4 Verkaufsräume sind Räume von Verkaufsstätten, in denen Waren zum Kauf angeboten werden, einschließlich der zugehörigen Ausstellungsräume, Erfrischungsräume, Vorführräume und Beratungsräume sowie aller dem Kundenverkehr dienenden anderen Räume, mit Ausnahme von Fluren, Treppenräumen, Toiletten- und Waschräumen. Bei der Bestimmung der Nutzfläche sind Flächen von Schaufenstern, die nicht feuerbeständig gegen angrenzende Verkaufsräume abgetrennt sind, mitzurechnen.

2.5 Durchsichtsschaufensterbereich

Ein Durchsichtsschaufensterbereich ist der unmittelbar an das Schaufenster angrenzende Innenraum ohne Abtrennung bis zu einer Raumtiefe von 3 m, gemessen von der Fensterfläche aus.

2.6 Schaufensterraum

Ein Schaufensterraum ist ein unmittelbar an das Schaufenster angrenzender Innenraum, der von anderen angrenzenden Räumen getrennt ist.

2.7 Ausstellungsstätten sind bauliche Anlagen oder Teile von baulichen Anlagen, die der Durchführung von Messen und ähnlichen Veranstaltungen dienen.

2.8 Ausstellungsräume sind Räume von Ausstellungsstätten, in denen Güter ausgestellt werden. Zu den Ausstellungsräumen gehören auch Vorführräume, Erfrischungsräume und Beratungsräume sowie alle den Ausstellungsbesuchern dienenden anderen Räume, mit Ausnahme von Fluren, Treppenräumen, Toilettenräumen und Waschräumen.

3 Grundanforderungen

Es gilt DIN VDE 0108 Teil 1.

4 Brandschutz, Funktionserhalt

Es gilt DIN VDE 0108 Teil 1.

5 Allgemeine Stromversorgung

5.1 Betriebsmittel mit Nennspannung über 1 kV

Es gilt DIN VDE 0108 Teil 1.

5.2 Betriebsmittel mit Nennspannung bis 1000 V

5.2.1 Es gilt DIN VDE 0108 Teil 1; zusätzlich gelten die in den nachfolgenden Abschnitten 5.2.2 bis 5.2.4.5 festgelegten Anforderungen.

5.2.2 Die elektrischen Anlagen folgender Räume, mit Ausnahme der Teile der Allgemeinbeleuchtung, die auch außerhalb der Betriebszeit benötigt werden, der Stromkreise der notwendigen Sicherheitseinrichtungen, Kühlanlagen und zur Erhaltungsladung der Ersatzstromversorgung von Datenverarbeitungsanlagen, müssen durch Bereichsschalter geschaltet werden können:

a) Verkaufsräume,
b) Ausstellungsräume,
c) Werkstätten,
d) Packräume,
e) Lagerräume,
f) Kantinen.

Die Bereichsschalter sind dem Zugriff Unbefugter zu entziehen und an für die Brandbekämpfung betrieblich geeigneter Stelle anzubringen. Ihre Einschaltstellung muß durch eine weißleuchtende Signallampe kenntlich sein. Nach Ausschalten der Bereichsschalter müssen auch alle Steckdosen in den genannten Räumen spannungsfrei sein, ausgenommen Steckdosen für Kühlanlagen und Datenverarbeitungsanlagen, sofern hierfür ein besonderes Steckvorrichtungssystem verwendet wird.

5.2.3 Nicht festverlegte Leitungen müssen mindestens Gummischlauchleitungen 05RR nach DIN VDE 0282 Teil 804 oder PVC-Schlauchleitungen 05VV nach DIN VDE 0281 Teil 402 sein. Dies gilt nicht für Anschlußleitungen an Geräten, die zum Verkauf oder zur Ausstellung bestimmt sind. Ortsfest angebrachte Geräte, wie Wärmestrahler, die eine wärmebeständige Anschlußleitung erfordern, dürfen über höchstens 1 m lange Leitungen mit erhöhter Wärmebeständigkeit angeschlossen werden.

5.2.4 Verbraucheranlage

5.2.4.1 Die elektrischen Anlagen aller Schaufensterräume und Durchsichtsschaufensterbereiche müssen durch einen einzigen, nur für sie bestimmten Lastschalter spannungsfrei geschaltet werden können. Der Schalter oder die Betätigungseinrichtung von Schützen muß jederzeit leicht erreichbar sein, z. B. beim Nachtpförtner. Der Schaltzustand muß eindeutig erkennbar sein.

5.2.4.2 In Schaufensterräumen und Durchsichtsschaufensterbereichen müssen Schalter und Steckdosen gegen mechanische Beschädigung geschützt werden.

Ortsveränderliche Steckdosen dürfen nicht verwendet werden.

5.2.4.3 Die Festlegungen von DIN VDE 0108 Teil 1/10.89, Abschnitte 5.2.4.7 und 5.2.4.8, gelten in Verkaufs- und Ausstellungsräumen nicht für Leuchten an Vorführständen.

5.2.4.4 Elektrische Wärmestrahlgeräte sind in Verkaufs- und Ausstellungsräumen unzulässig.

5.2.4.5 Elektrische Maschinen, ausgenommen Elektrowerkzeuge, müssen in Verkaufsräumen, Ausstellungsräumen, Schaufenstern, Dekorations-, Schneider- und Tischlerwerkstätten sowie Lagerräumen mindestens in Schutzart IP 4X nach DIN 40 050 ausgeführt sein.

6 Sicherheitsstromversorgung

6.1 Es gilt DIN VDE 0108 Teil 1; zusätzlich gilt folgende Anforderung:

6.2 In Verkaufs- und Ausstellungsräumen sind für die Hinweise auf Rettungswege Rettungszeichenleuchten zu verwenden.

7 Pläne und Betriebsanleitungen

Es gilt DIN VDE 0108 Teil 1.

8 Erstprüfungen

Es gilt DIN VDE 0108 Teil 1.

9 Instandhaltung

Es gilt DIN VDE 0108 Teil 1.

Zitierte Normen

DIN 40 050	IP-Schutzarten; Berührungs-, Fremdkörper- und Wasserschutz für elektrische Betriebsmittel
DIN VDE 0108 Teil 1	Starkstromanlagen und Sicherheitsstromversorgung in baulichen Anlagen für Menschenansammlungen; Allgemeines
DIN VDE 0108 Teil 8	Starkstromanlagen und Sicherheitsstromversorgung in baulichen Anlagen für Menschenansammlungen; Fliegende Bauten als Versammlungsstätten, Verkaufsstätten, Ausstellungsstätten und Schank- und Speisewirtschaften
DIN VDE 0281 Teil 402	PVC-isolierte Starkstromleitungen; PVC-Schlauchleitung 05VV
DIN VDE 0282 Teil 804	Gummi-isolierte Starkstromleitungen; Gummischlauchleitung 05RR

Frühere Ausgaben

VDE 0108: 12.40
VDE 0108: 04.59
VDE 0108: 09.62
VDE 0108: 05.67
VDE 0108: 02.72
VDE 0108 a: 05.75
VDE 0108 b: 07.78
DIN 57 108/VDE 0108: 12.79

Änderungen

Gegenüber DIN 57 0108/VDE 0108/12.79 wurden folgende Änderungen vorgenommen:

a) Norm vollständig überarbeitet und redaktionell in Teil 1 bis Teil 8 aufgegliedert; Festlegungen für Krankenhäuser in DIN VDE 0107 übernommen.

b) Sachlich dem Stand der Technik angepaßt;

c) Baurechtliche Vorschriften wurden berücksichtigt (siehe Erläuterungen zu DIN VDE 0108 Teil 1).

Erläuterungen

Diese Norm wurde ausgearbeitet vom Komitee 223 „Starkstromanlagen in baulichen Anlagen für Menschenansammlungen" der Deutschen Elektrotechnischen Kommission im DIN und VDE (DKE).

Internationale Patentklassifikation

H 02 B
H 02 G

DK 621.316.172.022:72.011.27:614.8 Oktober 1989

Starkstromanlagen und Sicherheitsstromversorgung in baulichen Anlagen für Menschenansammlungen
Hochhäuser

DIN VDE 0108 Teil 4

Diese auch vom Vorstand des Verbandes Deutscher Elektrotechniker (VDE) e.V. genehmigte Norm ist damit zugleich eine **VDE-Bestimmung** im Sinne von VDE 0022. Sie ist unter obenstehender Nummer in das VDE-Vorschriftenwerk aufgenommen und in der etz Elektrotechnische Zeitschrift bekanntgegeben worden.

Power installation and safety power supply in communal facilities; Multi-storey buildings

Teilweise Ersatz für
DIN 57108/
VDE 0108/12.79
Siehe jedoch Übergangsfrist!

Für den Anwendungsbereich dieser Norm bestehen keine entsprechenden regionalen oder internationalen Normen.

Beginn der Gültigkeit

Diese Norm (VDE-Bestimmung) gilt ab 1. Oktober 1989.

Für im Bau oder in Planung befindliche Anlagen gilt daneben DIN 57108/VDE 0108/12.79 noch bis zum 30. September 1990.

Norm-Entwurf war veröffentlicht als DIN VDE 0108 Teil 4/10.86.

Fortsetzung Seite 2

Deutsche Elektrotechnische Kommission im DIN und VDE (DKE)

1 Anwendungsbereich

Diese Norm gilt zusammen mit DIN VDE 0108 Teil 1 für das Errichten und Instandhalten von Starkstromanlagen einschließlich der Sicherheitsstromversorgung in Hochhäusern. Die Norm gilt nicht für Wohnungen in Hochhäusern.

2 Begriffe

2.1 Es gilt DIN VDE 0108 Teil 1.

2.2 Hochhäuser sind Gebäude, bei denen der Fußboden mindestens eines Aufenthaltsraumes mehr als 22 m über der festgelegten Geländeoberfläche liegt.

3 Grundanforderungen

Es gilt DIN VDE 0108 Teil 1.

4 Brandschutz, Funktionserhalt

Es gilt DIN VDE 0108 Teil 1.

5 Allgemeine Stromversorgung

5.1 Betriebsmittel mit Nennspannung über 1 kV
Es gilt DIN VDE 0108 Teil 1.

5.2 Betriebsmittel mit Nennspannung bis 1000 V
Es gilt DIN VDE 0108 Teil 1.

6 Sicherheitsstromversorgung

6.1 Es gilt DIN VDE 0108 Teil 1; zusätzlich gelten die im nachfolgenden Abschnitt festgelegten Anforderungen.

6.2 In Wohnhochhäusern ist beim Einsatz von Batterien als Ersatzstromquelle die Schaltung der Sicherheitsbeleuchtung nach DIN VDE 0108 Teil 1/10.89, Abschnitt 6.2.1.6, auszuführen. Hierbei sind als örtliche Schaltgeräte Leuchttaster vorzusehen und so anzubringen, daß von jedem Standort mindestens ein Leuchttaster erkennbar ist. Die Sicherheitsbeleuchtung muß sich nach einer einstellbaren Zeit selbständig wieder ausschalten.

7 Pläne und Betriebsanleitungen

Es gilt DIN VDE 0108 Teil 1.

8 Erstprüfungen

Es gilt DIN VDE 0108 Teil 1.

9 Instandhaltung

Es gilt DIN VDE 0108 Teil 1.

Zitierte Normen

DIN VDE 0108 Teil 1	Starkstromanlagen und Sicherheitsstromversorgung in baulichen Anlagen für Menschenansammlungen; Allgemeines

Frühere Ausgaben

VDE 0108: 12.40
VDE 0108: 04.59
VDE 0108: 09.62
VDE 0108: 05.67
VDE 0108: 02.72
VDE 0108 a: 05.75
VDE 0108 b: 07.78
DIN 57 108/VDE 0108: 12.79

Änderungen

Gegenüber DIN 57 108/VDE 0108/12.79 wurden folgende Änderungen vorgenommen:

a) Norm vollständig überarbeitet und redaktionell in Teil 1 bis Teil 8 aufgegliedert; Festlegungen für Krankenhäuser in DIN VDE 0107 übernommen.

b) Sachlich dem Stand der Technik angepaßt.

c) Baurechtliche Vorschriften wurden berücksichtigt (siehe Erläuterungen zu DIN VDE 0108 Teil 1).

Erläuterungen

Diese Norm wurde ausgearbeitet vom Komitee 223 „Starkstromanlagen in baulichen Anlagen für Menschenansammlungen" der Deutschen Elektrotechnischen Kommission im DIN und VDE (DKE).

Internationale Patentklassifikation

H 02 J 9/00
H 05 B 37/03

DK 621.316.172.022:725.21:614.8 Oktober 1989

Starkstromanlagen und Sicherheitsstromversorgung in baulichen Anlagen für Menschenansammlungen
Gaststätten

DIN VDE 0108 Teil 5

Power installation and safety power supply in communal facilities; Restaurants

Teilweise Ersatz für DIN 57108/ VDE 0108/12.79
Siehe jedoch Übergangsfrist!

Für den Anwendungsbereich dieser Norm bestehen keine entsprechenden regionalen oder internationalen Normen.

Beginn der Gültigkeit

Diese Norm (VDE-Bestimmung) gilt ab 1. Oktober 1989.

Für im Bau oder in Planung befindliche Anlagen gilt daneben DIN 57108/VDE 0108/12.79 noch bis zum 30. September 1990.

Norm-Entwurf war veröffentlicht als DIN VDE 0108 Teil 5/10.86.

1 Anwendungsbereich

1.1 Diese Norm gilt zusammen mit DIN VDE 0108 Teil 1 für das Errichten und Instandhalten von Starkstromanlagen einschließlich der Sicherheitsstromversorgungsanlagen in Gaststätten und zugehörigen Rettungswegen.

Diese Norm gilt nicht für Gaststätten in Fliegenden Bauten, hierfür gilt DIN VDE 0108 Teil 8.

1.2 Gaststätten im Sinne dieser Norm sind:
- Schank- oder Speisewirtschaften mit mehr als 400 Gastplätzen,
- Beherbergungsbetriebe mit mehr als 60 Gastbetten.

2 Begriffe

2.1 Es gilt DIN VDE 0108 Teil 1.

2.2 Gaststätten sind bauliche Anlagen oder Teile von baulichen Anlagen für Schank- oder Speisewirtschaften oder für Beherbergungsbetriebe, wenn sie jedermann oder bestimmten Personenkreisen zugänglich sind.

2.3 Schank- oder Speisewirtschaften sind zum Verzehr von Speisen oder Getränken bestimmte Gaststätten.

2.4 Gasträume sind Räume zum Verzehr von Speisen und Getränken, auch wenn die Räume außerdem für Veranstaltungen oder sonstige Zwecke bestimmt sind.

2.5 Beherbergungsbetriebe sind zur Beherbergung von Gästen bestimmte Gaststätten.

2.6 Gastplätze sind Sitz- oder Stehplätze für Gäste.

2.7 Gastbetten sind die für eine regelmäßige Beherbergung eingerichteten Schlafstätten.

3 Grundanforderungen

Es gilt DIN VDE 0108 Teil 1.

4 Brandschutz, Funktionserhalt

Es gilt DIN VDE 0108 Teil 1.

Fortsetzung Seite 2

Deutsche Elektrotechnische Kommission im DIN und VDE (DKE)

5 Allgemeine Stromversorgung

5.1 Betriebsmittel mit Nennspannung über 1 kV

Es gilt DIN VDE 0108 Teil 1.

5.2 Betriebsmittel mit Nennspannung bis 1000 V

Es gilt DIN VDE 0108 Teil 1; zusätzlich gelten für Betriebsmittel für vorübergehende Einbauten die nachfolgenden Anforderungen.

5.2.1 Alle Stromkreise eines jeden in sich geschlossenen Anlagenteiles, z. B. Ausstellungs- oder Verkaufsstand, müssen durch einen gemeinsamen Lastschalter geschaltet werden können. Die Trennung durch eine Steckvorrichtung bis zu einem Nennstrom von 16 A ist zulässig. Die Trennvorrichtung muß in der Nähe des betroffenen Anlagenteiles angeordnet sein.

5.2.2 Für feste Verlegung von flexiblen Leitungen müssen mindestens Gummischlauchleitungen 07RN nach DIN VDE 0282 Teil 810 verwendet werden.

5.2.3 Fassungen in Lichtleisten und Lichtketten sowie in offenen Leuchten müssen aus Isolierstoff bestehen.

6 Sicherheitsstromversorgung

6.1 Es gilt DIN VDE 0108 Teil 1; zusätzlich gelten die nachfolgenden Anforderungen.

6.2 In Beherbergungsbetrieben ist beim Einsatz von Batterien als Ersatzstromquelle die Schaltung der Sicherheitsbeleuchtung nach DIN VDE 0108 Teil 1/10.89, Abschnitt 6.2.1.6, auszuführen. Hierbei sind als örtliche Schaltgeräte Leuchttaster vorzusehen und so anzubringen, daß von jedem Standort mindestens ein Leuchttaster erkennbar ist. Die Sicherheitsbeleuchtung muß sich nach einer einstellbaren Zeit selbsttätig wieder ausschalten.

6.3 Bei vorhandener allgemeiner Stromversorgung ist ein ständiger Betrieb der Sicherheitsbeleuchtung in Dauerschaltung zulässig. Bei Netzausfall muß die Zeitschaltung nach Abschnitt 6.2 wirksam sein, sofern die Ersatzstromquelle nicht für einen mindestens 8stündigen Betrieb der gesamten Anlage ausgelegt ist.

7 Pläne und Betriebsanleitungen

Es gilt DIN VDE 0108 Teil 1.

8 Erstprüfungen

Es gilt DIN VDE 0108 Teil 1.

9 Instandhaltung

Es gilt DIN VDE 0108 Teil 1.

Zitierte Normen

DIN VDE 0108 Teil 1	Starkstromanlagen und Sicherheitsstromversorgung in baulichen Anlagen für Menschenansammlungen; Allgemeines
DIN VDE 0108 Teil 8	Starkstromanlagen und Sicherheitsstromversorgung in baulichen Anlagen für Menschenansammlungen; Fliegende Bauten als Versammlungsstätten, Verkaufsstätten, Ausstellungsstätten und Schank- und Speisewirtschaften
DIN VDE 0282 Teil 810	Gummi-isolierte Starkstromleitungen; Gummischlauchleitung 07RN

Frühere Ausgaben

VDE 0108: 12.40
VDE 0108: 04.59
VDE 0108: 09.62
VDE 0108: 05.67
VDE 0108: 02.72
VDE 0108 a: 05.75
VDE 0108 b: 07.78
DIN 57 108/VDE 0108: 12.79

Änderungen

Gegenüber DIN 57 108/VDE 0108/12.79 wurden folgende Änderungen vorgenommen:

a) Norm vollständig überarbeitet und redaktionell in Teil 1 bis Teil 8 aufgegliedert; Festlegungen für Krankenhäuser in DIN VDE 0107 übernommen.

b) Sachlich dem Stand der Technik angepaßt.

c) Baurechtliche Vorschriften wurden berücksichtigt (siehe Erläuterungen zu DIN VDE 0108 Teil 1).

Erläuterungen

Diese Norm wurde ausgearbeitet vom Komitee 223 „Starkstromanlagen in baulichen Anlagen für Menschenansammlungen“ der Deutschen Elektrotechnischen Kommission im DIN und VDE (DKE).

Internationale Patentklassifikation

H 02 B
H 02 G
H 02 J 9/00

DK 621.316.172.022:725.381:614.8 Oktober 1989

Starkstromanlagen und Sicherheitsstromversorgung in baulichen Anlagen für Menschenansammlungen
Geschlossene Großgaragen

DIN VDE 0108 Teil 6

Power installation and safety power supply
in communal facilities;
Closed car parks

Teilweise Ersatz für
DIN 57108/
VDE 0108/12.79
Siehe jedoch Übergangsfrist!

Für den Anwendungsbereich dieser Norm bestehen keine entsprechenden regionalen oder internationalen Normen.

Die mit Randbalken versehenen Festlegungen können auch Gegenstand bau- oder arbeitsschutzrechtlicher Vorschriften sein. Diese Vorschriften sind zu beachten. Soweit in diesen Vorschriften anderslautende Anforderungen gestellt werden, gehen diese dieser Norm (VDE-Bestimmung) vor (siehe Erläuterungen in DIN VDE 0108 Teil 1).

Als baurechtliche Vorschriften kommen Rechtsverordnungen zur Landesbauordnung, wie zum Beispiel Versammlungsstätten- und Geschäftshausverordnung, und als arbeitsschutzrechtliche Vorschriften die Arbeitsstättenverordnung und die Arbeitsstättenrichtlinien in Betracht.

Beginn der Gültigkeit

Diese Norm (VDE-Bestimmung) gilt ab 1. Oktober 1989.

Für im Bau oder in Planung befindliche Anlagen gilt daneben DIN 57108/VDE 0108/12.79 noch bis zum 30. September 1990.

Norm-Entwurf war veröffentlicht als DIN VDE 0108 Teil 6/10.86.

1 Anwendungsbereich

Diese Norm gilt zusammen mit DIN VDE 0108 Teil 1 für das Errichten und Instandhalten von Starkstromanlagen einschließlich der Sicherheitsstromversorgungsanlagen in geschlossenen Großgaragen, ausgenommen eingeschossige Großgaragen mit festem Benutzerkreis.

2 Begriffe

2.1 Es gilt DIN VDE 0108 Teil 1.

2.2 Großgaragen sind Garagen mit einer Nutzfläche von mehr als 1000 m². Die Nutzfläche einer Garage ist die Summe aller miteinander verbundenen Flächen der Garageneinstellplätze und der Verkehrsflächen.

2.3 Geschlossene Garagen sind Garagen, die keine offenen Garagen nach dem folgenden Abschnitt 2.4 sind.

2.4 Offene Garagen sind Garagen, die unmittelbar ins Freie führende unverschließbare Öffnungen mit einer Größe von insgesamt mindestens einem Drittel der Gesamtfläche der Umfassungswände haben, bei denen mindestens zwei sich gegenüberliegende Umfassungswände mit den ins Freie führenden Öffnungen nicht mehr als 70 m voneinander entfernt sind und bei denen eine ständige Querlüftung vorhanden ist.

3 Grundanforderungen

Es gilt DIN VDE 0108 Teil 1.

4 Brandschutz, Funktionserhalt

Es gilt DIN VDE 0108 Teil 1.

Fortsetzung Seite 2

Deutsche Elektrotechnische Kommission im DIN und VDE (DKE)

5 Allgemeine Stromversorgung

5.1 Betriebsmittel mit Nennspannung über 1 kV

Es gilt DIN VDE 0108 Teil 1.

5.2 Betriebsmittel mit Nennspannung bis 1000 V

5.2.1 Es gilt DIN VDE 0108 Teil 1; zusätzlich gelten die in den nachfolgenden Abschnitten 5.2.2 bis 5.2.4 festgelegten Anforderungen.

5.2.2 Ventilatoren von maschinellen Zu- und Abluftanlagen müssen jeweils aus einem eigenen Stromkreis unmittelbar von der Schaltanlage für die Zu- und Abluftanlage versorgt werden. Soll das Lüftungssystem zeitweise nur mit einem Ventilator betrieben werden, müssen die Ventilatoren so geschaltet sein, daß sich bei Ausfall eines Ventilators der andere selbsttätig einschaltet.

Wenn für Abfertigungsräume, Pförtnerlogen und ähnliche Räume nur ein Zuluftventilator verwendet wird, muß der Ausfall dieses Ventilators an geeigneter Stelle durch ein Warnsignal angezeigt werden.

5.2.3 Räume mit Garageneinstellplätzen und Verkehrsflächen gelten als feuchte und nasse Räume (siehe DIN VDE 0100 Teil 737).

5.2.4 Im Bereich von Garageneinstellplätzen und Verkehrsflächen dürfen Steckdosen nicht an Stromkreise der allgemeinen Beleuchtung angeschlossen werden. Sie sind gegen mechanische Beschädigung zusätzlich zu schützen.

6 Sicherheitsstromversorgung

Es gilt DIN VDE 0108 Teil 1, zusätzlich gilt die nachfolgende Anforderung.

Sicherheitsstromversorgung ist nicht nur für CO-Warnanlagen (siehe DIN VDE 0108 Teil 1/10.89, Abschnitt 3.3.2 Aufzählung f) erforderlich, sondern auch für die optischen und/oder akustischen Signalanlagen zum Hinweis an den Kraftfahrer zwecks Herabsetzen der CO-Konzentration durch Abstellen des Motors.

7 Pläne und Betriebsanleitungen

Es gilt DIN VDE 0108 Teil 1.

8 Erstprüfungen

Es gilt DIN VDE 0108 Teil 1.

9 Instandhaltung

Es gilt DIN VDE 0108 Teil 1.

Zitierte Normen

DIN VDE 0100 Teil 737	Errichten von Starkstromanlagen mit Nennspannungen bis 1000 V; Feuchte und nasse Bereiche und Räume, Anlagen im Freien
DIN VDE 0108 Teil 1	Starkstromanlagen und Sicherheitsstromversorgung in baulichen Anlagen für Menschenansammlungen; Allgemeines

Frühere Ausgaben

VDE 0108: 12.40
VDE 0108: 04.59
VDE 0108: 09.62
VDE 0108: 05.67
VDE 0108: 02.72
VDE 0108 a: 05.75
VDE 0108 b: 07.78
DIN 57 108/VDE 0108: 12.79

Änderungen

Gegenüber DIN 57 108/VDE 0108/12.79 wurden folgende Änderungen vorgenommen:

a) Norm vollständig überarbeitet und redaktionell in Teil 1 bis Teil 8 aufgegliedert; Festlegungen für Krankenhäuser in DIN VDE 0107 übernommen.
b) Sachlich dem Stand der Technik angepaßt.
c) Baurechtliche Vorschriften wurden berücksichtigt (siehe Erläuterungen zu DIN VDE 0108 Teil 1).

Erläuterungen

Diese Norm wurde ausgearbeitet vom Komitee 223 „Starkstromanlagen in baulichen Anlagen für Menschenansammlungen" der Deutschen Elektrotechnischen Kommission im DIN und VDE (DKE).

Internationale Patentklassifikation

H 02 B
H 02 G
H 02 J 9/00

DK 621.316.176:725.4:614.8

Oktober 1989

Starkstromanlagen und Sicherheitsstromversorgung in baulichen Anlagen für Menschenansammlungen
Arbeitsstätten

DIN
VDE 0108
Teil 7

Diese auch vom Vorstand des Verbandes Deutscher Elektrotechniker (VDE) e.V. genehmigte Norm ist damit zugleich eine **VDE-Bestimmung** im Sinne von VDE 0022. Sie ist unter obenstehender Nummer in das VDE-Vorschriftenwerk aufgenommen und in der etz Elektrotechnische Zeitschrift bekanntgegeben worden.

Power installation and safety power supply
in communal facilities;
Working and business premisis

Teilweise Ersatz für
DIN 57108/
VDE 0108/12.79
Siehe jedoch Übergangsfrist!

Für den Anwendungsbereich dieser Norm bestehen keine entsprechenden regionalen oder internationalen Normen.

Die mit Randbalken versehenen Festlegungen können auch Gegenstand bau- oder arbeitsschutzrechtlicher Vorschriften sein. Diese Vorschriften sind zu beachten. Soweit in diesen Vorschriften anderslautende Anforderungen gestellt werden, gehen diese dieser Norm (VDE-Bestimmung) vor (siehe Erläuterungen in DIN VDE 0108 Teil 1).

Als baurechtliche Vorschriften kommen Rechtsverordnungen zur Landesbauordnung, wie zum Beispiel Versammlungsstätten- und Geschäftshausverordnung, und als arbeitsschutzrechtliche Vorschriften die Arbeitsstättenverordnung und die Arbeitsstättenrichtlinien in Betracht.

Beginn der Gültigkeit

Diese Norm (VDE-Bestimmung) gilt ab 1. Oktober 1989.

Für im Bau oder in Planung befindliche Anlagen gilt daneben DIN 57108/VDE 0108/12.79 noch bis zum 30. September 1990.

Norm-Entwurf war veröffentlicht als DIN VDE 0108 Teil 7/10.86.

Fortsetzung Seite 2 und 3

Deutsche Elektrotechnische Kommission im DIN und VDE (DKE)

1 Anwendungsbereich

Diese Norm gilt zusammen mit DIN VDE 0108 Teil 1 für das Errichten und Instandhalten von Starkstromanlagen einschließlich der Sicherheitsstromversorgungsanlagen in Arbeitsstätten im Geltungsbereich des § 7, Absatz 4, der Arbeitsstättenverordnung.

2 Begriffe

2.1 Es gilt DIN VDE 0108 Teil 1.

2.2 Arbeitsstätten

2.2.1 Arbeitsstätten sind:

- Arbeitsräume in Gebäuden einschließlich Ausbildungsstätten;
- Arbeitsplätze auf dem Betriebsgelände im Freien;
- Verkaufstände im Freien, die im Zusammenhang mit Ladengeschäften stehen.

2.2.2 Zur Arbeitsstätte gehören:

- Lager-, Bereitschafts-, Liegeräume und Räume für körperliche Ausgleichsübungen;
- Umkleide-, Wasch- und Toilettenräume;
- Sanitätsräume.

2.2.3 Arbeitsplätze mit besonderer Gefährdung

Arbeitsplätze mit besonderer Gefährdung sind solche, an denen bei Ausfall der allgemeinen Beleuchtung eine unmittelbare Unfallgefahr besteht oder von denen (besondere) Gefahren für Dritte ausgehen können.

3 Grundanforderungen

3.1 Es gilt DIN VDE 0108 Teil 1.

3.2 Abweichend von DIN VDE 0108 Teil 1/10.89, Abschnitt 3.3.1, Aufzählung 1 und 3, muß Sicherheitsbeleuchtung für Rettungswege und für Arbeitsplätze mit besonderer Gefährdung nur dann vorgesehen werden, wenn diese auf der Grundlage der Arbeitsstättenverordnung § 7, Absatz 4, oder im Einzelfall behördlich gefordert wird.

Beispiele siehe Arbeitsstätten-Richtlinie „Sicherheitsbeleuchtung" (ASR 7/4).

4 Brandschutz, Funktionserhalt

Es gilt DIN VDE 0108 Teil 1.

5 Allgemeine Stromversorgung

5.1 Betriebsmittel mit Nennspannung über 1 kV

Es gilt DIN VDE 0108 Teil 1 mit folgender Abweichung:

Hinsichtlich der Anforderungen an elektrische Betriebsräume gilt DIN VDE 0108 Teil 1/10.89, Abschnitt 5.1.1, nur für Arbeitsstätten, die sich in baulichen Anlagen nach § 1 des Musters der Verordnung über den Bau von Betriebsräumen für elektrische Anlagen (EltBauVO) befinden.

5.2 Betriebsmittel mit Nennspannung bis 1000 V

Es gilt DIN VDE 0108 Teil 1 mit folgender Abweichung:

Hinsichtlich der Anforderungen an elektrische Betriebsräume gilt DIN VDE 0108 Teil 1/10.89, Abschnitt 5.2.1, nur für Arbeitsstätten, für die entsprechende bauaufsichtliche Anforderungen bestehen oder im Einzelfall erhoben werden.

6 Sicherheitsstromversorgung

Es gilt DIN VDE 0108 Teil 1 mit folgenden Abweichungen:

6.1 Hinsichtlich der Anforderungen an elektrische Betriebsräume gilt DIN VDE 0108 Teil 1/10.89, Abschnitt 6.3.1, nur für Arbeitsstätten, die sich in baulichen Anlagen nach § 1 des Musters der Verordnung über den Bau von Betriebsräumen für elektrische Anlagen (EltBauVO) befinden.

6.2 Hinsichtlich der Anforderungen an elektrische Betriebsräume gilt DIN VDE 0108 Teil 1/10.89, Abschnitt 6.3.2, nur für Arbeitsstätten, für die entsprechende bauaufsichtliche Anforderungen bestehen oder im Einzelfall erhoben werden.

6.3 Abweichend von DIN VDE 0108 Teil 1/10.89, Abschnitt 6.1.3, zweiter Satz, muß für die Ersatzstromquelle der Sicherheitsbeleuchtung der Arbeitsplätze mit besonderer Gefährdung die Grenzbetriebsdauer der Nennbetriebsdauer entsprechen.

6.4 Wenn für zusätzliche Kontroll- und Bedienungsmaßnahmen Einzelbatterieleuchten in tragbarer Ausführung verwendet werden, so muß eine Betriebsdauer von mindestens 1 h sichergestellt sein.

6.5 Abweichend von DIN VDE 0108 Teil 1/10.89, Abschnitt 6.4.4.10, genügt für Ersatzstromquellen ein Kraftstoffbehälter für mindestens zweistündigen Betrieb.

6.6 DIN VDE 0108 Teil 1/10.89, Abschnitte 6.7.3, 6.7.4, 6.7.14 und 6.7.15, gilt nicht.

7 Pläne und Betriebsanleitungen

Es gilt DIN VDE 0108 Teil 1.

8 Erstprüfungen

Es gilt DIN VDE 0108 Teil 1.

9 Instandhaltung

9.1 Es gilt DIN VDE 0108 Teil 1; zusätzlich gilt folgende Anforderung:

Die Sicherheitsbeleuchtung ist jährlich auf Funktionsfähigkeit und Einhaltung der beleuchtungstechnischen Werte zu prüfen.

Zitierte Normen und andere Unterlagen

DIN VDE 0108 Teil 1	Starkstromanlagen und Sicherheitsstromversorgung in baulichen Anlagen für Menschenansammlungen; Allgemeines
Arbeitsstättenverordnung*)	
Arbeitsstätten-Richtlinie 7/4**)	Sicherheitsbeleuchtung
EltBauVo***)	Verordnung über den Bau von Betriebsräumen für elektrische Anlagen

Frühere Ausgaben

VDE 0108: 12.40
VDE 0108: 04.59
VDE 0108: 09.62
VDE 0108: 05.67
VDE 0108: 02.72
VDE 0108 a: 05.75
VDE 0108 b: 07.78
DIN 57 108/VDE 0108: 12.79

Änderungen

Gegenüber DIN 57 108/VDE 0108/12.79 wurden folgende Änderungen vorgenommen:

a) Norm vollständig überarbeitet und redaktionell im Teil 1 bis Teil 8 aufgegliedert; Festlegungen für Krankenhäuser in DIN VDE 0107 übernommen.

b) Sachlich dem Stand der Technik angepaßt.

c) Baurechtliche Vorschriften wurden berücksichtigt (siehe Erläuterungen).

Erläuterungen

Diese Norm wurde ausgearbeitet vom Komitee 223 „Starkstromanlagen in baulichen Anlagen für Menschenansammlungen" der Deutschen Elektrotechnischen Kommission im DIN und VDE (DKE).

Die Verordnung über Arbeitsstätten schreibt in § 7, Absatz 4, vor, daß in Räumen, in denen aufgrund der Tätigkeit der Arbeitnehmer, der vorhandenen Betriebseinrichtungen oder sonstiger besonderer betrieblicher Verhältnisse bei Ausfall der Allgemeinbeleuchtung Unfallgefahren zu befürchten sind, eine Sicherheitsbeleuchtung mit einer Beleuchtungsstärke von mindestens 1 % der Nennbeleuchtungsstärke (DIN 5035 Teil 2) der Allgemeinbeleuchtung, mindestens jedoch 1 Lux vorhanden sein muß. Weitere Ausführungen hierzu sind in der Arbeitsstätten-Richtlinie „Sicherheitsbeleuchtung" (ASR 7/4) geregelt, wobei für den Bereich der Arbeitsplätze mit besonderer Gefährdung erhöhte Forderungen gestellt werden.

Das im Beiblatt 1 zu DIN VDE 0108 Teil 1 abgedruckte Muster der Verordnung über den Bau von Betriebsräumen für elektrische Anlagen (EltBauVO) gilt für die elektrischen Betriebsräume der im § 1 aufgeführten baulichen Anlagen. Hierzu zählen auch Arbeitsstätten, die zugleich eine der baulichen Anlagen nach § 1, Absatz 1 EltBauVO, wie z. B. ein Geschäftshaus oder eine Versammlungsstätte sind. Industrielle und gewerbliche Betriebsstätten fallen demgegenüber nicht in den Geltungsbereich der EltBauVO.

Der Geltungsbereich des im Beiblatt 1 zu DIN VDE 0108 Teil 1 abgedruckten Musters für Richtlinien über brandschutztechnische Anforderungen an Leitungsanlagen umfaßt bauliche Anlagen aller Art, d. h., die Anforderungen dieser Richtlinien sind auch bei Arbeitsstätten zu beachten.

Internationale Patentklassifikation

H 02 B
H 02 G
H 02 J 9/00
H 05 B 37/03

---

*) Bezugsquelle: z. B. Bundesminister für Arbeit und Sozialordnung (BMA), Postfach 14 02 80, 5300 Bonn

**) zu beziehen über: Deutsches Informationszentrum für Technische Regeln (DITR) im DIN, Burggrafenstraße 6, 1000 Berlin 30

***) Bezugsquelle: z. B. Baubehörden der einzelnen Bundesländer

Starkstromanlagen und Sicherheitsstromversorgung in baulichen Anlagen für Menschenansammlungen

Arbeitsstätten

DIN

VDE 0108-7

VDE

Diese Norm ist zugleich eine **VDE-Bestimmung** im Sinne von VDE 0022. Sie ist nach Durchführung des vom VDE-Vorstand beschlossenen Genehmigungsverfahrens unter nebenstehenden Nummern in das VDE-Vorschriftenwerk aufgenommen und in der etz Elektrotechnische Zeitschrift bekanntgegeben worden.

Klassifikation
VDE 0108
Teil 7

Einsprüche bis 31. Okt 1996

Für den Anwendungsbereich dieses Norm-Entwurfs bestehen keine entsprechenden regionalen oder internationalen Normen

ICS 29.240.00; 91.140.50

Power installation and safety power supply in communal facilities – Working and business premises

Installations à courant fort et alimentation en courant des services de sécurité dans les lieux de réunion – Lieux de travail et bâtiments commerciaux

Vorgesehen als Ersatz für DIN VDE 0108 Teil 7:10.89 und Ersatz für Entwurf Ausgabe 1994-03

Anwendungswarnvermerk auf letzter Seite beachten!

Beginn der Gültigkeit

Diese Norm gilt ab ...

Vorwort

Der Norm-Entwurf wird veröffentlicht, um nach Abschluß der Meinungsfindung in Deutschland den Sachinhalt mit eventuellen Änderungen oder Ergänzungen beim CENELEC als Normungsantrag einzureichen mit dem Ziel, nach Abschluß der europäischen Beratungen eine entsprechende Deutsche Norm zu veröffentlichen.

Die Erarbeitung einer DIN VDE 0108-1 (VDE 0108 Teil 1) vergleichbaren Norm ist bei IEC und CENELEC in Beratung. Es besteht die Verpflichtung, keine neuen Normen, die den Normungsgegenstand betreffen, national in Kraft zu setzen. Deshalb kann das Komitee 223 „Starkstromanlagen in baulichen Anlagen für Menschenansammlungen" der Deutschen Elektrotechnischen Kommission im DIN und VDE (DKE) kurzfristig nur diesen überarbeiteten dritten Entwurf veröffentlichen, der aber Maßstab für Planer, Errichter und Betreiber sein sollte.

Die mit Randbalken versehenen Festlegungen können auch Gegenstand bau- oder arbeitsschutzrechtlicher Vorschriften sein. Diese Vorschriften sind zu beachten. Soweit in diesen Vorschriften anderslautende Anforderungen gestellt werden, gehen diese dieser Norm (VDE-Bestimmung) vor.

Als baurechtliche Vorschriften kommen Rechtsverordnungen zur Landesbauordnung, wie z. B. Versammlungsstätten- und Geschäftshausverordnung, und als arbeitsschutzrechtliche Vorschriften die Arbeitsstättenverordnung und die Arbeitsstätten-Richtlinien in Betracht.

Dieser Norm-Entwurf wurde vom Komitee 223 „Starkstromanlagen in baulichen Anlagen für Menschenansammlungen" der Deutschen Elektrotechnischen Kommission im DIN und VDE (DKE) ausgearbeitet.

Fortsetzung Seite 2 bis 4

Deutsche Elektrotechnische Kommission im DIN und VDE (DKE)

Änderungen

Gegenüber DIN VDE 0108-7 (VDE 0108 Teil 7):1989-10 wurden folgende Änderungen vorgenommen:

Die Anforderungen in Abschnitt 4.1 zu elektrischen Betriebsräumen und in Abschnitt 5 "Allgemeine Stromversorgung" gelten für Arbeitsstätten eingeschränkt.

1 Anwendungsbereich

Diese Norm gilt zusammen mit DIN VDE 0108-1 (VDE 0108 Teil 1):1989-10 für das Errichten und Instandhalten von Sicherheitsstromversorgungsanlagen in Arbeitsstätten im Geltungsbereich des §7, Absatz 4, der Arbeitsstättenverordnung (ArbStättV) in Verbindung mit der Arbeitsstätten-Richtlinie ASR 7/4. Danach ist der Anwendungsbereich für Sicherheitsbeleuchtungsanlagen auf die Bereiche

- Rettungswege und
- Arbeitsplätze mit besonderer Gefährdung

beschränkt.

2 Begriffe

Es gilt DIN VDE 0108-1 (VDE 0108 Teil 1):1989-10, Abschnitt 2.

3 Grundanforderungen

Es gilt DIN VDE 0108-1 (VDE 0108 Teil 1):1989-10, Abschnitt 3 mit folgenden Abweichungen in den Abschnitten 3.1, 3.2 und 3.3:

Von den Anforderungen nach DIN VDE 0108-1 (VDE 0108 Teil 1):1989-10, Abschnitt 3.1 und Abschnitt 3.2 gilt jeweils nur Satz 1.

Die Anforderungen nach DIN VDE 0108-1 (VDE 0108 Teil 1):1989-10, Abschnitt 3.3 gelten mit folgenden Abweichungen:

Abweichend von DIN VDE 0108-1 (VDE 0108 Teil 1):1989-10, Abschnitt 3.3.1, Aufzählung 1 und Aufzählung 3, muß Sicherheitsbeleuchtung für Rettungswege und für Arbeitsplätze mit besonderer Gefährdung nur dann vorgesehen werden, wenn diese auf der Grundlage der Arbeitsstättenverordnung §7, Absatz 4, gefordert wird.

4 Brandschutz, Funktionserhalt

Es gilt DIN VDE 0108-1 (VDE 0108 Teil 1):1989-10, Abschnitt 4, mit folgender Abweichung in Abschnitt 4.1:

Hinsichtlich der Anforderungen an elektrische Betriebsräume gilt DIN VDE 0108-1 (VDE 0108 Teil 1):1989-10, Abschnitt 4.1, nur für Arbeitsstätten, die sich in baulichen Anlagen nach § 1 des Musters der Verordnung über den Bau von Betriebsräumen für Elektrische Anlagen (EltBauVO) befinden.

5 Allgemeine Stromversorgung

Es gelten aus DIN VDE 0108-1 (VDE 0108 Teil 1):1989-10 nur die Abschnitte 5.1.1 und 5.2.1.2, jedoch mit folgender Änderung:

DIN VDE 0108-1 (VDE 0108 Teil 1):1989-10, Abschnitt 5.1.1, Absatz 2 und Abschnitt 5.2.1.2 gelten hinsichtlich der Räume nur für Arbeitsstätten, die sich in baulichen Anlagen nach § 1 des Musters der Verordnung über den Bau von Betriebsräumen für elektrische Anlagen (EltBauVO) befinden.

6 Sicherheitsstromversorgung

Es gilt DIN VDE 0108-1 (VDE 0108 Teil 1):1989-10, Abschnitt 6, mit folgenden Abweichungen in den Abschnitten 6.1, 6.3, 6.4, 6.7:

6.1 Allgemeine Anforderungen

Es gilt DIN VDE 0108-1 (VDE 0108 Teil 1):1989-10, Abschnitt 6.1, mit folgender Abweichung:

Abweichend von DIN VDE 0108-1 (VDE 0108 Teil 1):1989-10, Abschnitt 6.1.3, zweiter Satz, muß für die Ersatzstromquelle der Sicherheitsbeleuchtung für Arbeitsplätze mit besonderer Gefährdung die Grenzbetriebsdauer der Nennbetriebsdauer entsprechen.

6.3 Elektrische Betriebsräume

Es gilt DIN VDE 0108-1 (VDE 0108 Teil 1):1989-10, Abschnitt 6.3, mit folgenden Abweichungen:

Hinsichtlich der Anforderungen an elektrische Betriebsräume gilt DIN VDE 0108-1 (VDE 0108 Teil 1):1989-10, Abschnitt 6.3.1, nur für Arbeitsstätten, die sich in baulichen Anlagen nach § 1 des Musters der Verordnung über den Bau von Betriebsräumen für elektrische Anlagen (EltBauVO) befinden

Hinsichtlich der Anforderungen an elektrische Betriebsräume gelten DIN VDE 0108-1 (VDE 0108 Teil 1):1989-10, Abschnitt 6.3.2 und Abschnitt 6.3.3 nur für Arbeitsstätten, für die entsprechende bauaufsichtliche Anforderungen bestehen oder im Einzelfall erhoben werden.

Generell gilt jedoch für elektrische Betriebsräume, in denen Stromquellen der Sicherheitsstromversorgung aufgestellt werden, DIN VDE 0100-560 (VDE 0100 Teil 560):1995-07, Abschnitte 562.2 und 562.3.

6.4 Ersatzstromquellen und zugehörige Einrichtungen

Es gilt DIN VDE 0108-1 (VDE 0108 Teil 1):1989-10, Abschnitt 6.4, mit folgender Abweichung:

Abweichend von DIN VDE 0108-1 (VDE 0108 Teil 1):1989-10, Abschnitt 6.4.4.10, genügt für Ersatzstromaggregate ein Kraftstoffbehälter für mindestens zweistündigen Betrieb.

6.7 Kabel- und Leitungsanlage

Es gilt DIN VDE 0108-1 (VDE 0108 Teil 1):1989-10, Abschnitt 6.7, mit folgenden Abweichungen:

Abweichend von DIN VDE 0108-1 (VDE 0108 Teil 1):1989-10, Abschnitt 6.7.4, gilt die Forderung nach getrennter Leitungstrasse für die Kabel und Leitungen der Sicherheitsstromversorgung nicht. In Sonderfällen, zum Beispiel bei einer flexiblen Leitung, die der Versorgung **eines** Betriebsmittels, z. B. Kran, dient, dürfen Stromkreise der Sicherheitsstromversorgung gemeinsam mit Stromkreisen der allgemeinen Stromversorgung geführt werden, wenn die Leitung mindestens der Bauart H07RN-F (siehe DIN VDE 0282-810 (VDE 0282 Teil 810):1992-11 entspricht.

Abweichend von DIN VDE 0108-1 (VDE 0108 Teil 1):1989-10, Abschnitt 6.7.5, 3. Absatz, Satz 1 und Satz 2, dürfen die Kabel auch außerhalb des Nahbereichs einer Gebäudeeinführung in Trassen zusammengeführt werden, wenn ein besonderer mechanischer Schutz vorgesehen ist.

Abweichend von DIN VDE 0108-1 (VDE 0108 Teil 1):1989-10, Abschnitt 6.7.14, dürfen in Endstromkreisen der Sicherheitsbeleuchtung Schalter vorhanden sein, wenn mit diesen die allgemeine Beleuchtung der betroffenen Bereiche gleichzeitig mitgeschaltet werden.

Abweichend von DIN VDE 0108-1 (VDE 0108 Teil 1):1989-10, Abschnitt 6.7.15, dürfen an einen Endstromkreis der Sicherheitsbeleuchtung unter Berücksichtigung von Abschnitt 6.7.13 auch mehr als 12 Leuchten angeschlossen werden.

7 Pläne und Betriebsanleitungen

Es gilt DIN VDE 0108-1 (VDE 0108 Teil 1):1989-10, Abschnitt 7, nur hinsichtlich der Sicherheitsstromversorgung.

8 Erstprüfungen

Es gilt DIN VDE 0108-1 (VDE 0108 Teil 1):1989-10, Abschnitt 8, mit folgenden Abweichungen in Abschnitt 8.3:

Die Forderung in Abschnitt 8.3 zur Anfertigung eines Berichtes über die Prüfungen gilt nur hinsichtlich der Sicherheitsstromversorgung.

9 Instandhaltung

Es gilt DIN VDE 0108-1 (VDE 0108 Teil 1):1989-10, Abschnitt 9 mit folgenden Abweichungen in Abschnitt 9.2:

9.2 Inspizieren

Es gilt DIN VDE 0108-1 (VDE 0108 Teil 1):1989-10, Abschnitt 9.2, mit folgenden Abweichungen:

Die Sicherheitsbeleuchtung ist jährlich auf Funktionsfähigkeit und Einhaltung der beleuchtungstechnischen Werte zu prüfen.

Abschnitt 9.2.7 gilt nicht.

Anhang A (informativ)

Literaturhinweise

DIN VDE 0100-560 (VDE 0100 Teil 560)	Errichten von Starkstromanlagen mit Nennspannungen bis 1000V - Auswahl und Errichtung elektrischer Betriebsmittel - Elektrische Anlagen für Sicherheitszwecke
DIN VDE 0108-1 (VDE 0108 Teil 1)	Starkstromanlagen und Sicherheitsstromversorgung in baulichen Anlagen für Menschenansammlungen - Allgemeines
DIN VDE 0208-810 (VDE 0282 Teil 810)	Gummi-isolierte Starkstromleitungen - Gummischlauchleitung 07RN

Verordnung über Arbeitsstätten vom 20.03.1975 BGBl. IS. 729 in der z. Z. gültigen Fassung

Arbeitsstätten-Richtlinie ASR 7/4 "Sicherheitsbeleuchtung"**) ***)

Muster der Verordnung über den Bau von Betriebsräumen für elektrische Anlagen (EltBauVO)*)

Richtlinien über brandschutztechnische Anforderungen an Leitungsanlagen*)

Anwendungswarnvermerk

Dieser Norm-Entwurf wird der Öffentlichkeit zur Prüfung und Stellungnahme vorgelegt.

Weil die beabsichtigte Norm von der vorliegenden Fassung abweichen kann, ist die Anwendung dieses Entwurfes besonders zu vereinbaren.

Stellungnahmen werden erbeten an die Deutsche Elektrotechnische Kommission im DIN und VDE (DKE), Geschäftsstelle Frankfurt, Stresemannallee 15, 60596 Frankfurt am Main.

Zur Beurteilung dieses Entwurfes durch das Komitee 223 selbst, wird auf den zweiten Absatz des Vorwortes verwiesen.

---

*) Siehe Beiblatt 1 zu DIN VDE 0108-1 (VDE 0108 Teil 1):1989-10

**) Zu beziehen durch: Deutsches Informationszentrum für technische Regeln (DITR) im DIN, 10772 Berlin

***) Siehe auch Normenheft 100 des DIN

DK 621.316.172.022:725.916:614.8 Oktober 1989

Starkstromanlagen und Sicherheitsstromversorgung in baulichen Anlagen für Menschenansammlungen
Fliegende Bauten als Versammlungsstätten, Verkaufsstätten, Ausstellungsstätten und Schank- und Speisewirtschaften

DIN
VDE 0108
Teil 8

Diese auch vom Vorstand des Verbandes Deutscher Elektrotechniker (VDE) e. V. genehmigte Norm ist damit zugleich eine **VDE-Bestimmung** im Sinne von VDE 0022. Sie ist unter obenstehender Nummer in das VDE-Vorschriftenwerk aufgenommen und in der etz Elektrotechnische Zeitschrift bekanntgegeben worden.

Power installation and safety power supply in communal facilities; Temporary buildings used as communal facilities, stores and shops, exhibition rooms, public houses and restaurants

Teilweise Ersatz für
DIN 57 108/
VDE 0108/12.79
Siehe jedoch Übergangsfrist!

Für den Anwendungsbereich dieser Norm bestehen keine entsprechenden regionalen oder internationalen Normen.

Die mit Randbalken versehenen Festlegungen können auch Gegenstand bau- oder arbeitsschutzrechtlicher Vorschriften sein. Diese Vorschriften sind zu beachten. Soweit in diesen Vorschriften anderslautende Anforderungen gestellt werden, gehen diese dieser Norm (VDE-Bestimmung) vor (siehe Erläuterungen in DIN VDE 0108 Teil 1).

Als baurechtliche Vorschriften kommen Rechtsverordnungen zur Landesbauordnung, wie zum Beispiel Versammlungsstätten- und Geschäftshausverordnung, und als arbeitsschutzrechtliche Vorschriften die Arbeitsstättenverordnung und die Arbeitsstättenrichtlinien in Betracht.

Beginn der Gültigkeit

Diese Norm (VDE-Bestimmung) gilt ab 1. Oktober 1989.

Für im Bau oder in Planung befindliche Anlagen gilt daneben DIN 57 108/VDE 0108/12.79 noch bis zum 30. September 1990.

Norm-Entwurf war veröffentlicht als DIN VDE 0108 Teil 8/10.86.

Fortsetzung Seite 2 bis 4

Deutsche Elektrotechnische Kommission im DIN und VDE (DKE)

1 Anwendungsbereich

Diese Norm gilt zusammen mit DIN VDE 0108 Teil 1 und zusätzlich zu DIN VDE 0100 Teil 722 für das Errichten und Instandhalten von Starkstromanlagen einschließlich der Sicherheitsstromversorgungsanlagen in Fliegenden Bauten, die als

— Versammlungsstätten,
— Verkaufsstätten,
— Ausstellungsstätten oder
— Schank- und Speisewirtschaften

im Sinne von DIN VDE 0108 Teil 1/10.89, Abschnitt 1.2, genutzt werden.

2 Begriffe

2.1 Es gilt DIN VDE 0108 Teil 1.

2.2 Fliegende Bauten sind bauliche Anlagen, die geeignet und dazu bestimmt sind, an verschiedenen Orten wiederholt aufgestellt und zerlegt zu werden; hierzu zählen auch Zelte (weitere Definition siehe DIN VDE 0100 Teil 722/05.84, Abschnitt 2.2).

2.3 Versammlungsstätten

2.3.1 Versammlungsstätten sind bauliche Anlagen oder Teile baulicher Anlagen, die für die gleichzeitige Anwesenheit vieler Menschen bei Veranstaltungen erzieherischer, geselliger, kultureller, künstlerischer, politischer, sportlicher oder unterhaltender Art bestimmt sind (aus: DIN VDE 0108 Teil 1/10.89).

2.3.2 Versammlungsräume sind innerhalb von baulichen Anlagen gelegene Räume für Veranstaltungen.

2.3.3 Spielflächen sind Flächen einer Versammlungsstätte, die für das spielerische Geschehen bestimmt sind.

— Szenenflächen sind Spielflächen für schauspielerische oder für ähnliche künstlerische Darbietungen;
— Sportflächen sind Spielflächen für sportliche Übungen und Wettkämpfe (aus: DIN VDE 0108 Teil 2/10.89).

2.4 Verkaufsstätten

2.4.1 Verkaufsstätten sind bauliche Anlagen mit Betrieben des Einzelhandels oder des Großhandels mit Verkaufsräumen. Zu einer Verkaufsstätte gehören außer den Verkaufsräumen auch alle sonstigen Räume, die unmittelbar oder durch Rettungswege mit den Verkaufsräumen verbunden sind, wie Büroräume, Lagerräume und Sozialräume.

2.4.2 Verkaufsräume sind Räume von Verkaufsstätten, in denen Waren zum Kauf angeboten werden, einschließlich der zugehörigen Ausstellungsräume, Erfrischungsräume, Vorführräume und Beratungsräume sowie aller dem Kundenverkehr dienenden anderen Räume, mit Ausnahme von Fluren, Treppenräumen, Toiletten- und Waschräumen (aus: DIN VDE 0108 Teil 3/10.89).

2.5 Ausstellungsstätten

2.5.1 Ausstellungsstätten sind bauliche Anlagen oder Teile von baulichen Anlagen, die der Durchführung von Messen und ähnlichen Veranstaltungen dienen.

2.5.2 Ausstellungsräume sind Räume von Ausstellungsstätten, in denen Güter ausgestellt werden. Zu den Ausstellungsräumen gehören auch Vorführräume, Erfrischungsräume und Beratungsräume sowie alle den Ausstellungsbesuchern dienenden anderen Räume, mit Ausnahme von Fluren, Treppenräumen, Toiletten- und Waschräumen (aus: DIN VDE 0108 Teil 3/10.89).

2.6 Schank- und Speisewirtschaften

2.6.1 Gaststätten sind bauliche Anlagen oder Teile von baulichen Anlagen für Schank- oder Speisewirtschaften oder für Beherbergungsbetriebe, wenn sie jedermann oder bestimmten Personenkreisen zugänglich sind.

2.6.2 Schank- oder Speisewirtschaften sind zum Verzehr von Speisen oder Getränken bestimmte Gaststätten.

Gasträume sind Räume zum Verzehr von Speisen und Getränken, auch wenn die Räume außerdem für Veranstaltungen oder sonstige Zwecke bestimmt sind.

2.6.3 Gastplätze sind Sitz- und Stehplätze für Gäste (aus: DIN VDE 0108 Teil 5/10.89).

3 Grundanforderungen

Es gilt DIN VDE 0108 Teil 1; siehe jedoch Abweichungen in Abschnitt 6.1.

4 Brandschutz, Funktionserhalt

DIN VDE 0108 Teil 1/10.89, Abschnitt 4, ist nicht anzuwenden.

5 Allgemeine Stromversorgung

5.1 Betriebsmittel mit Nennspannungen über 1 kV

Betriebsmittel mit Nennspannungen über 1 kV dürfen in Fliegenden Bauten nicht verwendet werden, ausgenommen Leuchtröhrenanlagen nach DIN VDE 0128.

5.2 Betriebsmittel mit Nennspannungen bis 1000 V

Es gilt DIN VDE 0108 Teil 1/10.89, ausgenommen Abschnitt 5.2.1. Zusätzlich gelten die in den nachfolgenden Abschnitten 5.2.1 bis 5.2.3.6 festgelegten Anforderungen.

5.2.1 Verteiler

5.2.1.1 Verteiler sind so anzuordnen, daß eine Annäherung leichtentzündlicher Stoffe nicht zu befürchten ist.

5.2.1.2 Alle Stromkreise eines jeden in sich geschlossenen Anlagenteiles, z. B. Ausstellungs- oder Verkaufsstand, müssen durch einen gemeinsamen Lastschalter geschaltet werden können. Die Trennung durch eine Steckvorrichtung bis zu einem Nennstrom von 16 A ist zulässig. Die Trennvorrichtung muß in der Nähe des betroffenen Anlagenteiles angeordnet sein.

5.2.2 Kabel- und Leitungsanlage

5.2.2.1 Installation auch an Vorführständen von elektrischen Geräten und Leuchten dürfen nicht behelfsmäßig ausgeführt sein.

5.2.2.2 Für feste Verlegung von flexiblen Leitungen müssen mindestens Gummischlauchleitungen 07RN nach DIN VDE 0282 Teil 810 verwendet werden.

5.2.3 Verbraucheranlage

5.2.3.1 Bild- und Tonwiedergabegeräte oder -anlagen müssen durch einen in der Nähe des Bedienplatzes angeordneten Schalter ausgeschaltet werden können.

5.2.3.2 Zündeinrichtungen von Leuchten mit Hochdrucklampen müssen an den Leuchten angebaut oder in sie eingebaut sein. Stell-, Vorschalt- und Zündgeräte müssen Metallgehäuse haben. Bei geöffnetem Lampenraum muß die Zuleitung zum Zündgerät unterbrochen sein.

5.2.3.3 Die Festlegungen von DIN VDE 0108 Teil 1/10.89, Abschnitte 5.2.4.7 und 5.2.4.8, gelten nicht für Leuchten an Ausstellungs- und Vorführständen.

5.2.3.4 Elektrische Wärmestrahlgeräte sind unzulässig.

5.2.3.5 Elektrische Maschinen, ausgenommen Elektrowerkzeuge und Stellantriebe bis 500 W, müssen mindestens in Schutzart IP 4X nach DIN 40 050 ausgeführt sein.

5.2.3.6 Fassungen in Lichtleisten und Lichtketten sowie in offenen Leuchten müssen aus Isolierstoff bestehen.

6 Sicherheitsstromversorgung

Es gilt DIN VDE 0108 Teil 1/10.89, ausgenommen Abschnitt 6.3. Zusätzlich gelten die in den nachfolgenden Abschnitten 6.1 bis 6.5.1 festgelegten Anforderungen.

6.1 Allgemeine Anforderungen

6.1.1 Abweichend von DIN VDE 0108 Teil 1/10.89, Tabelle 1, genügt eine Nennbetriebsdauer der Ersatzstromquelle von 1 h.

6.1.2 Abweichend von DIN VDE 0108 Teil 1/10.89, Tabelle 1, sind in allen Fällen als Ersatzstromquellen Einzelbatterien zulässig.

6.2 Sicherheitsbeleuchtung

6.2.1 In Versammlungsstätten mit Szenenflächen ist für die Rettungswege und die Beleuchtung der Hinweise auf die Rettungswege Sicherheitsbeleuchtung in Dauerschaltung vorzusehen. Sie ist so zu bemessen, daß mindestens die Türen, Gänge und Stufen erkennbar sind.

6.2.2 In betriebsmäßig verdunkelten Versammlungsräumen sowie auf Szenenflächen muß für die Sicherheitsbeleuchtung die Bereitschaftsschaltung angewendet werden; die Türen, Gänge und Stufen des Versammlungsraumes müssen jedoch auch bei Verdunklung durch Sicherheitsbeleuchtung in Dauerschaltung erkennbar bleiben. Bei Wiederkehr der allgemeinen Stromversorgung darf jedoch die Sicherheitsbeleuchtung in Bereitschaftsschaltung nicht selbsttätig ausschalten. Sie darf nur von Hand auf der Schalttafel der Sicherheitsbeleuchtung ausgeschaltet werden können. Weitere Ausschaltstellen dürfen im Lichtregieraum vorgesehen werden.

6.3 Ersatzstromquellen

6.3.1 Ersatzstromquellen mit ihren Hilfseinrichtungen und Verteiler der Sicherheitsstromversorgung müssen dem Zugriff Unbefugter entzogen sein.

6.3.2 Abweichend von DIN VDE 0108 Teil 1/10.89, Abschnitt 6.4.3.1, sind in Zentralbatterieanlagen als Ersatzstromquelle auch Kraftfahrzeug-Starterbatterien zulässig, hierbei sind nur die Nennspannungen 24, 48 und 60 V zulässig.

6.3.3 In Einzel- und Gruppenbatterieanlagen ist ein Schalter vorzusehen, mit dem die Batterie vom Lade- und Überwachungsteil abgetrennt werden kann. Unbefugte Betätigung des Schalters muß verhindert sein.

6.4 Kabel- und Leitungsanlage

6.4.1 Installationen dürfen nicht behelfsmäßig ausgeführt sein.

6.5 Verbraucheranlage

6.5.1 Bei Einzelbatterieanlagen müssen Batterie und Sicherheitsleuchte eine bauliche Einheit bilden.

7 Pläne und Betriebsanleitungen

Es gilt DIN VDE 0108 Teil 1, ausgenommen die Abschnitte 7.1.1, zweiter Satz, 7.3 und 7.4.

8 Erstprüfungen

Es gilt DIN VDE 0108 Teil 1, soweit zutreffend.

9 Instandhaltung

Es gilt DIN VDE 0108 Teil 1, soweit zutreffend.

Zitierte Normen

DIN 40 050	IP-Schutzarten; Berührungs-, Fremdkörper- und Wasserschutz für elektrische Betriebsmittel
DIN VDE 0100 Teil 722	Errichten von Starkstromanlagen mit Nennspannungen bis 1000 V; Fliegende Bauten, Wagen und Wohnwagen nach Schaustellerart
DIN VDE 0108 Teil 1	Starkstromanlagen und Sicherheitsstromversorgung in baulichen Anlagen für Menschenansammlungen; Allgemeines
DIN VDE 0108 Teil 2	Starkstromanlagen und Sicherheitsstromversorgung in baulichen Anlagen für Menschenansammlungen; Versammlungsstätten
DIN VDE 0108 Teil 3	Starkstromanlagen und Sicherheitsstromversorgung in baulichen Anlagen für Menschenansammlungen; Geschäftshäuser und Ausstellungsstätten
DIN VDE 0108 Teil 5	Starkstromanlagen und Sicherheitsstromversorgung in baulichen Anlagen für Menschenansammlungen; Gaststätten
DIN VDE 0128	Errichten von Leuchtröhrenanlagen mit Nennspannungen über 1000 V
DIN VDE 0282 Teil 810	Gummi-isolierte Starkstromleitungen; Gummischlauchleitung 07RN

Frühere Ausgaben

VDE 0108: 12.40
VDE 0108: 04.59
VDE 0108: 09.62
VDE 0108: 05.56
VDE 0108: 02.72
VDE 0108 a: 05.75
VDE 0108 b: 07.78
DIN 57 108/VDE 0108: 12.79

Änderungen

Gegenüber DIN 57 108/VDE 0108/12.79 wurden folgende Änderungen vorgenommen:

a) Norm vollständig überarbeitet und redaktionell in Teil 1 bis Teil 8 aufgegliedert; Festlegungen für Krankenhäuser in DIN VDE 0107 übernommen.

b) Sachlich dem Stand der Technik angepaßt.

c) Baurechtliche Vorschriften wurden berücksichtigt (siehe Erläuterungen zu DIN VDE 0108 Teil 1).

Erläuterungen

Diese Norm wurde ausgearbeitet vom Komitee 223 „Starkstromanlagen in baulichen Anlagen für Menschenansammlungen" der Deutschen Elektrotechnischen Kommission im DIN und VDE (DKE).

Internationale Patentklassifikation

E 04 H 3/00
H 02 B
H 02 G
H 02 J 9/00

September 1998

	Leuchtröhrengeräte und Leuchtröhrenanlagen mit einer Leerlaufspannung über 1 kV, aber nicht über 10 kV Deutsche Fassung EN 50107:1998	**DIN** EN 50107
VDE	Diese Norm ist zugleich eine **VDE-Bestimmung** im Sinne von VDE 0022. Sie ist nach Durchführung des vom VDE-Vorstand beschlossenen Genehmigungsverfahrens unter nebenstehenden Nummern in das VDE-Vorschriftenwerk aufgenommen und in der etz Elektrotechnische Zeitschrift bekanntgegeben worden.	Klassifikation **VDE 0128**

ICS 29.140.30

Deskriptoren: Leuchtröhrenanlage, Leuchtröhrengerät, Leerlaufspannung, Anforderung

Ersatz für
DIN 57128
(VDE 0128):1981-06

Signs and luminous-discharge-tube installations operating from a no-load rated output voltage exceeding 1 kV but not exceeding 10 kV;
German version EN 50107:1998

Installations d'enseignes et de tubes lumineux à décharge fonctionnant à une tension de sortie à vide assignée supérieure à 1 kV mais ne dépassant pas 10 kV;
Version allemande EN 50107:1998

Die Europäische Norm EN 50107:1998 hat den Status einer Deutschen Norm.

Beginn der Gültigkeit

Die EN 50107 wurde am 1997-07-01 angenommen.

Norm-Inhalt war veröffentlicht als E DIN EN 50107 (VDE 0128):1993-03.

Fortsetzung Seite 2 bis 8 und
20 Seiten EN

Deutsche Elektrotechnische Kommission im DIN und VDE (DKE)

Nationales Vorwort

Diese Norm enthält die Deutsche Fassung der Europäischen Norm EN 50107:1998-02.

Zuständig für diese Europäische Norm ist in Deutschland das Gremium UK 221.8 „Verlegen von Kabeln und Leitungen" der Deutschen Elektrotechnischen Kommission im DIN und VDE (DKE).

Von Januar 1990 bis November 1995 haben Techniker und Ingenieure aus 12 westeuropäischen Ländern die neue Europäische Norm EN 50107 ausgearbeitet.

Basis für diese neuen Regelungen waren verschiedene nationale Normen wie die VDE 0128 (VDE 0128):1981-06 und die DIN VDE 0713-1-6 (VDE 0713 Teil 1-6).

Die Luft- und Kriechstrecken, siehe 7.9, wurden aus sicherheitstechnischen Gründen etwas vergrößert.

Da es für die Leerlaufschutzschaltung, die auch für die deutschen Normanwender neu ist, und die Erdschluß-schutzschaltung noch keine international geltende Produktnorm gibt, wurden diese Geräte in Abschnitt 10 detailliert beschrieben.

Für Wechsel- und Umrichter, Abschnitt 11, werden zur Zeit durch eine internationale Arbeitsgruppe Regelungen ausgearbeitet, die in absehbarer Zeit als Norm IEC 61347-2-10, z. Z. IEC 34C/406/CD:1997, in Kraft treten werden.

Leuchtröhrengeräte und Leuchtröhrenanlagen müssen wie andere elektrische Geräte dem EMV-Gesetz vom 09.11.1992 der EMV-Richtlinie 89/336 EWG vom 03.05.1989 bzw. 28.04.1992 entsprechen. Die Prüfungen dafür sind jedoch nicht einfach und noch nicht ausreichend definiert. Abschnitt 17 in EN 50107 wird deshalb in absehbarer Zeit ergänzt werden.

Der Bereich „Prüfungen" in Abschnitt 18 wurde aus sicherheitstechnischen Gründen gegenüber der DIN VDE 0128 (VDE 0128):1981-06 etwas erweitert. Für alle Leuchtröhrengeräte und Leuchtröhrenanlagen, die mit Leerlaufspannungen über 1 kV bis 10 kV betrieben werden, werden eine technische Abnahme und die Erstellung eines Protokolls durch den Hersteller bzw. Errichter empfohlen. Das Protokoll sollte der Dokumentation beigefügt werden. Einige andere Nationen haben dies jedoch abgelehnt.

Im Anhang A sind die zugelassenen Hochspannungsleitungen angegeben. Diese Angaben sind identisch mit der neuen Norm DIN EN 50143 (VDE 0283 Teil 1) „Leitungen für Leuchtröhrengeräte und Leuchtröhrenanlagen mit einer Leerlaufspannung über 1 kV, aber nicht über 10 kV".

Die Leitungsbauart „E" entspricht unserer Leitungsbauart NYLRZY, „F" der Leitungsbauart NYLY und „G" der Leitungsbauart NYL.

Bilder N.1 und N.2 zeigen beispielhafte Schaltbilder. Bild N.3 zeigt eine Prinzipdarstellung zur Anwendung der Leerlaufschutzschaltung.

Als durchschnittliche Lebensdauer werden für Hochspannungsleuchtröhren heute international 20 000 Betriebsstunden angenommen.

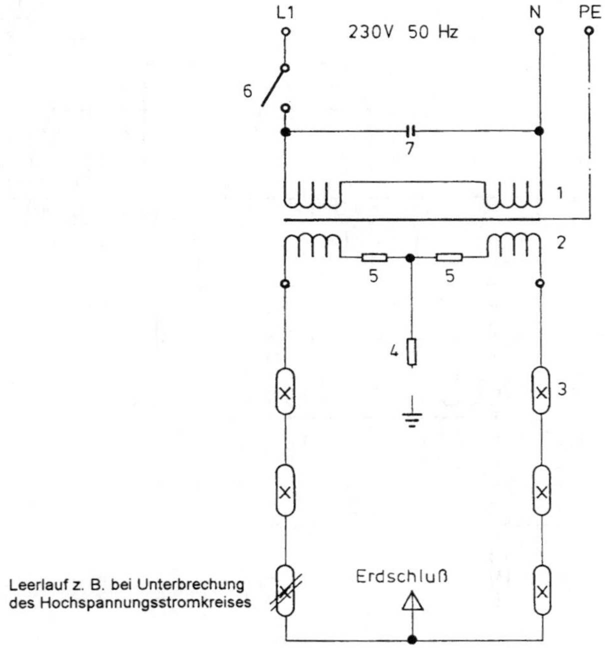

1 Transformator-Eingangsseite
2 Transformator-Ausgangsseite
3 Leuchtröhren
4 Signalgeber für den Erdschlußschutzschalter, spricht an bei einem Erdschlußstrom
5 Signalgeber für den Leerlaufschutzschalter, spricht an bei Unterbrechung des Hochspannungsstromkreises
6 Schalter vom Erdschluß- und Leerlaufschutzschalter
7 Blindstrom-Kondensator

Bild N.1: Prinzip-Schaltbild für die Leerlauf- und Erdschlußschutzschaltung bei Leuchtröhrengeräten und Leuchtröhrenanlagen mit einer Leerlaufspannung über 1 kV, aber nicht über 10 kV

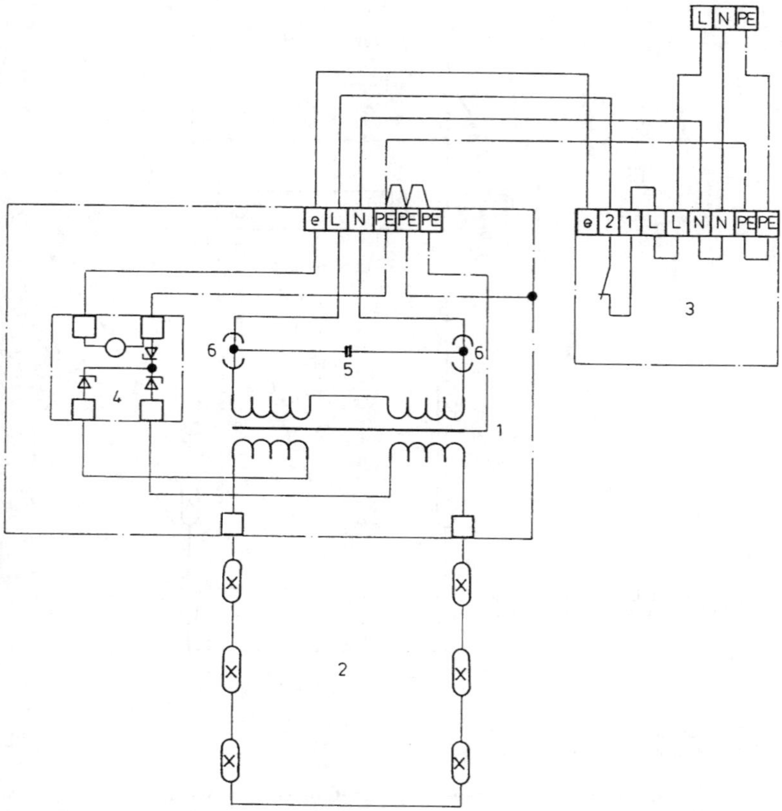

1 Transformator
2 Leuchtröhren
3 Erdschluß- und Leerlaufschutzschalter
4 Signalgeber für Erdschluß- und Leerlaufschutz
5 Blindstrom-Kondensator
6 Trennschalter

Bild N.2: Wirkschaltplan für Leerlauf- und Erdschlußschutzschaltung bei Leuchtröhrengeräten und Leuchtröhrenanlagen mit einer Leerlaufspannung über 1 kV, aber nicht über 10 kV

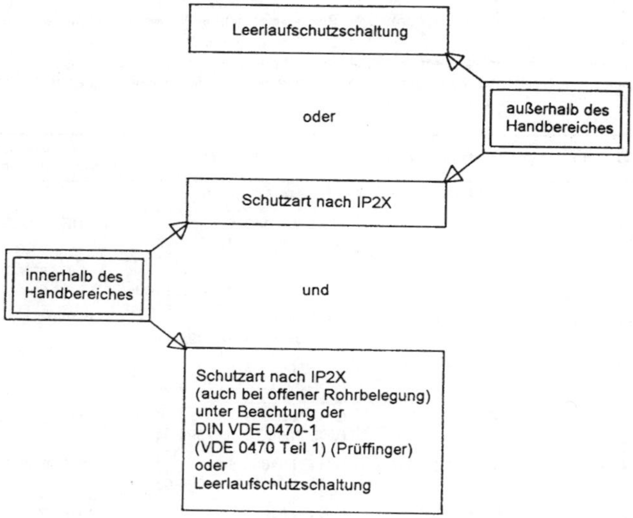

Bild N.3: Anwendung der Leerlaufschutzschaltung nach DIN EN 50107 (VDE 0128) bei Leuchtröhrengeräten und Leuchtröhrenanlagen mit einer Leerlaufspannung über 1 kV, aber nicht über 10 kV

Für den Fall einer undatierten Verweisung im normativen Text (Verweisung auf eine Norm ohne Angabe des Ausgabedatums und ohne Hinweis auf eine Abschnittsnummer, eine Tabelle, ein Bild usw.) bezieht sich die Verweisung auf die jeweils neueste gültige Ausgabe der in Bezug genommenen Norm.

Für den Fall einer datierten Verweisung im normativen Text bezieht sich die Verweisung immer auf die in Bezug genommene Ausgabe der Norm.

Der Zusammenhang der zitierten Normen mit den entsprechenden Deutschen Normen ist nachstehend im Nationalen Anhang wiedergegeben. Zum Zeitpunkt der Veröffentlichung dieser Norm waren die angegebenen Ausgaben gültig.

Europäische Norm	Internationale Norm	Deutsche Norm	Klassifikation im VDE-Vorschriftenwerk
–	ISO 3864:1984	DIN 4844-3:1985-10	–
EN 50143:1997	–	DIN EN 50143 (VDE 0283 Teil 1):1998-07	VDE 0283 Teil 1
EN 55015:1996	–	DIN EN 55015 (VDE 0875 Teil 15-1):1996-11	VDE 0875 Teil 15-1
EN 60529:1991	IEC 60529:1989	DIN VDE 0470-1 (VDE 0470 Teil 1):1992-11	VDE 0470 Teil 1
EN 60598-1:1993	IEC 60598-1:1992	DIN EN 60598-1 (VDE 0711 Teil 1):1996-09	VDE 0711 Teil 1
EN 60999-1:1993	IEC 60999-1:1990	DIN EN 60999 (VDE 0609 Teil 1):1994-04	VDE 0609 Teil 1
EN 61000-3-2:1995	IEC 61000-3-2:1995	DIN EN 61000-3-2 (VDE 0838 Teil 2):1996-03	VDE 0838 Teil 2
EN 61050:1992	IEC 61050:1991	DIN EN 61050 (VDE 0713 Teil 6):1994-12	VDE 0713 Teil 6
–	IEC 34C/406/CD:1997	Vorläufer DIN IEC 34C/325/CD (VDE 0712 Teil 41):1996-01	VDE 0712 Teil 41
EN 61547:1995	IEC 61547:1995	DIN EN 61547 (VDE 0875 Teil 15-2):1996-04	VDE 0875 Teil 15-2
Normen der Reihe HD 384	Normen der Reihe IEC 60364-1	Normen der Reihe DIN VDE 0100	VDE 0100
HD 384.5.551 S1:1997	IEC 60364-5-551:1994	DIN VDE 0100-551 (VDE 0100 Teil 551):1997-08	VDE 0100 Teil 551

Änderungen

Gegenüber der DIN 57128 (VDE 0128):1981-06 wurden folgende Änderungen vorgenommen:

a) Für alle Elektrodenanschlüsse müssen Silikonschutzklappen oder Spezialfassungen verwendet werden.

b) Außer der Erdschlußschutzschaltung wird in bestimmten Bereichen auch die Leerlaufschutzschaltung gefordert.

c) Die Kriech- und Luftstrecken wurden aus sicherheitstechnischen Gründen vergrößert.

d) Um- und Wechselrichter wurden mit aufgenommen.

e) Für Um- und Wechselrichter mit einer Betriebsfrequenz über 1 kHz wurden die Kriech- und Luftstrecken gegenüber 50-Hz-Vorschaltgeräten vergrößert.

f) Leerlaufspannungen bis 10 000 V zwischen den Hochspannungsanschlüssen bzw. 2 × 5 000 V gegen Erde sind zugelassen.

g) Transformatoren müssen DIN EN 61050 (VDE 0713 Teil 6):1994-12 entsprechen.

h) Geräte, die im Außenbereich installiert werden, müssen für Umgebungstemperaturen von –25 °C bis +65 °C geeignet sein.

i) Außer den seither in Deutschland zugelassenen Hochspannungsleitungen NYL, NYLY und NYLRZY sind weitere sechs Hochspannungsleitungen zugelassen. Sie müssen alle DIN EN 50143 (VDE 0283 Teil 1) entsprechen.

j) Hochspannungsleitungen müssen auch innerhalb von Buchstaben-/Zeichen- und Transparent-Gehäusen befestigt werden.

k) Leuchtröhrenhalter müssen gegen Erde isoliert sein.

l) Leuchtröhrengeräte und Leuchtröhrenanlagen müssen dem EMV-Gesetz entsprechen.

m) Die Prüfungen und Erprobungen sind aus sicherheitstechnischen Gründen umfangreicher geworden.

n) Für zugekaufte Geräte sind Zertifikate, die die Normenkonformität bestätigen, mitzuliefern.

Frühere Ausgaben

VDE 0128:1934-01

VDE 0128, Änderung der §§ 4, 6, 7, 10, 14, 15:1936-04

VDE 0128:1955-07

VDE 0128, Änderung „a“:1956-07

DIN 57128 (VDE 0128):1981-06

Nationaler Anhang NA (informativ)

Literaturhinweise

Normen der Reihe DIN VDE 0100	Errichten von Starkstromanlagen mit Nennspannungen bis 1000 V
DIN VDE 0100-551 (VDE 0100 Teil 551)	Elektrische Anlagen von Gebäuden – Teil 5: Auswahl und Errichtung elektrischer Betriebsmittel; Kapitel 55: Andere Betriebsmittel; Hauptabschnitt 551: Niederspannungs-Stromversorgungsanlagen (IEC 60364-5-551:1994); Deutsche Fassung HD 384.5.551 S1:1997
DIN VDE 0470-1 (VDE 0470 Teil 1)	Schutzarten durch Gehäuse (IP-Code); (IEC 60529 (1989), 2. Ausgabe); Deutsche Fassung EN 60529:1991
DIN IEC 34C/325/CD (VDE 0712 Teil 41)	Bestimmungen für Geräte und Lampen – Teil 2-11: Besondere Anforderungen für elektronische Konverter für Hochfrequenzbetrieb von röhrenförmigen Kaltstart-Entladungslampen (Neonröhren) (IEC 34C/325/CD:1995)
DIN EN 50143 (VDE 0283 Teil 1)	Leitungen für Leuchtröhrengeräte und Leuchtröhrenanlagen mit einer Leerspannung über 1 kV, aber nicht über 10 kV; Deutsche Fassung EN 50143:1997
DIN EN 55015 (VDE 0875 Teil 15-1)	Grenzwerte und Meßverfahren für Funkstörungen von elektrischen Beleuchtungseinrichtungen und ähnlichen Elektrogeräten (CISPR 60015:1996); Deutsche Fassung EN 55015:1996
DIN EN 60598-1 (VDE 0711 Teil 1)	Leuchten – Teil 1: Allgemeine Anforderungen und Prüfungen (IEC 60598-1:1992 + A1:1993, modifiziert); Deutsche Fassung EN 60598-1:1993 + A1:1996
DIN EN 60999 (VDE 0609 Teil 1)	Verbindungsmaterial; Sicherheitsanforderungen für Schraubklemmstellen und schraubenlose Klemmstellen für elektrische Kupferleiter (IEC 60999:1990, modifiziert); Deutsche Fassung EN 60999:1993
DIN EN 61000-3-2 (VDE 0838 Teil 2)	Elektromagnetische Verträglichkeit (EMV) – Teil 3: Grenzwerte; Hauptabschnitt 2: Grenzwerte für Oberschwingungsströme (Geräte-Eingangsstrom ≤ 16 A je Leiter) (IEC 61000-3-2:1995); Deutsche Fassung EN 61000-3-2:1995 + A12:1995
DIN EN 61050 (VDE 0713 Teil 6)	Transformatoren mit einer Leerspannung über 1000 V für Leuchtröhren (allgemein Neontransformatoren genannt) – Allgemeine und Sicherheits-Anforderungen (IEC 61050:1991 + Corrigendum März:1992, modifiziert); Deutsche Fassung EN 61050:1994
DIN EN 61547 (VDE 0875 Teil 15-2)	Einrichtungen für allgemeine Beleuchtungszwecke – EMV-Störfestigkeitsanforderungen (IEC 61547:1995); Deutsche Fassung EN 61547:1995

EUROPÄISCHE NORM
EUROPEAN STANDARD
NORME EUROPÉENNE

EN 50107

Februar 1998

DK 628.94.041.7:62-777:621-327.032:621.3.0270.5
ICS 29.140.30

Deskriptoren: Elektrische Anlage, Niederspannung, Kleinspannung, Leuchte, Leuchtröhrengerät, Leuchtröhre, Entladungslampe, Begriff, Schutz gegen direktes Berühren, isolierende Umhüllung, Erdung, elektrische Isolierung, elektrische Kabel, Inspektion, Kennzeichnung

Deutsche Fassung

Leuchtröhrengeräte und Leuchtröhrenanlagen mit einer Leerlaufspannung über 1 kV, aber nicht über 10 kV

Signs and luminous-discharge-tube installations operating from a no-load rated output voltage exceeding 1 kV but not exceeding 10 kV

Installations d'enseignes et de tubes lumineux à décharge fonctionnant à une tension de sortie à vide assignée supérieure à 1 kV mais ne dépassant pas 10 kV

Diese Europäische Norm wurde von CENELEC am 1997-07-01 angenommen.

Die CENELEC-Mitglieder sind gehalten, die CEN/CENELEC-Geschäftsordnung zu erfüllen, in der die Bedingungen festgelegt sind, unter denen dieser Europäischen Norm ohne jede Änderung der Status einer nationalen Norm zu geben ist.

Auf dem letzten Stand befindliche Listen dieser nationalen Normen mit ihren bibliographischen Angaben sind beim Zentralsekretariat oder bei jedem CENELEC-Mitglied auf Anfrage erhältlich.

Diese Europäische Norm besteht in drei offiziellen Fassungen (Deutsch, Englisch, Französisch). Eine Fassung in einer anderen Sprache, die von einem CENELEC-Mitglied in eigener Verantwortung durch Übersetzung in seine Landessprache gemacht und dem Zentralsekretariat mitgeteilt worden ist, hat den gleichen Status wie die offiziellen Fassungen.

CENELEC-Mitglieder sind die nationalen elektrotechnischen Komitees von Belgien, Dänemark, Deutschland, Finnland, Frankreich, Griechenland, Irland, Island, Italien, Luxemburg, der Niederlande, Norwegen, Österreich, Portugal, Schweden, der Schweiz, Spanien, der Tschechischen Republik und dem Vereinigten Königreich.

CENELEC

Europäisches Komitee für Elektrotechnische Normung
European Committee for Electrotechnical Standardization
Comité Européen de Normalisation Electrotechnique

Zentralsekretariat: rue de Stassart 35, B-1050 Brüssel

Ref. Nr. EN 50107:1998 D

Vorwort

Diese Europäische Norm wurde von CENELEC BTTF 60-2 „Installation elektrischer Leuchtröhren“ ausgearbeitet.

Der Text des Entwurfs wurde der formellen Abstimmung unterworfen und von CENELEC am 1997-07-01 als EN 50107 angenommen.

Nachstehende Daten wurden festgelegt:

– spätestes Datum, zu dem die EN auf nationaler Ebene durch Veröffentlichung einer identischen nationalen Norm oder durch Anerkennung übernommen werden muß	(dop):	1998-09-01
– spätestes Datum, zu dem nationale Normen, die der EN entgegenstehen, zurückgezogen werden müssen	(dow):	1998-09-01

Inhalt

1 Anwendungsbereich

Diese Europäische Norm legt Anforderungen für die Planung und Errichtung von Leuchtröhrengeräten und Leuchtröhrenanlagen mit einer Bemessungs-Ausgangs-Leerlaufspannung von über 1 000 V bis 10 000 V, einschließlich der elektrischen Betriebsmittel und Verdrahtungen fest.

Die Norm gilt für Anlagen, die der Lichtwerbung, der Dekoration oder der Beleuchtung dienen und für den Außen- oder Innenbereich bestimmt sind. Solche Leuchtröhrengeräte oder -anlagen können ortsfest oder ortsveränderlich, von einer Niederspannungs- oder Kleinspannungsstromquelle in Form eines Transformators, Wechselrichters oder Umrichters versorgt sein.

> ANMERKUNG: Obwohl in dieser Norm keine entsprechenden Anforderungen vorgesehen sind, sollte dennoch auf die Durchführung eines wirkungsvollen Wartungsplanes, betreffend alle Leuchtröhrenanlagen und -geräte geachtet werden. Dabei sollten die Prüfungen, die die Anforderungen betreffen, die in jedem Wartungsplan enthalten sind, möglichst genau denjenigen in Abschnitt 18 dieser Norm entsprechen.

2 Normative Verweisungen

Diese Europäische Norm enthält durch datierte und undatierte Verweisungen Festlegungen aus anderen Publikationen. Diese normativen Verweisungen sind an den jeweiligen Stellen im Text zitiert, und die Publikationen sind nachstehend aufgeführt. Bei datierten Verweisungen gehören spätere Änderungen oder Überarbeitungen dieser Publikationen zu dieser Europäischen Norm nur, falls sie durch Änderung oder Überarbeitung eingearbeitet sind. Bei undatierten Verweisungen gilt die letzte Ausgabe der in Bezug genommenen Publikation.

EN 50143	Leitungen für Leuchtröhrengeräte und Leuchtröhrenanlagen mit einer Leerspannung über 1 kV, aber nicht über 10 kV
EN 55015	Grenzwerte und Meßverfahren für Funkstörungen von elektrischen Beleuchtungseinrichtungen und ähnlichen Elektrogeräten
EN 60529	Schutzarten durch Gehäuse (IP-Code)
EN 60598-1	Leuchten – Teil 1: Allgemeine Anforderungen und Prüfungen
EN 61000-3-2	Elektromagnetische Verträglichkeit (EMV) – Teil 3: Grenzwerte – Hauptabschnitt 2: Grenzwerte für Oberschwingungsströme (Geräte-Eingangsstrom ≤ 16 A je Leiter)
EN 61050	Transformatoren mit einer Leerspannung über 1 000 V für Leuchtröhren (allgemein Neontransformatoren genannt) – Allgemeine und Sicherheitsanforderungen
EN 61547	Einrichtungen für allgemeine Beleuchtungszwecke – EMV-Störfestigkeitsanforderungen
HD 384	Elektrische Anlagen von Gebäuden
ISO 3864:1984	Safety colours and safety signs

3 Begriffe

Für diese Europäische Norm gelten die Begriffe aus IEC 60050 (IEV), zusammen mit den folgenden Begriffen.

> ANMERKUNG: Werden die Begriffe „Spannung" und „Strom" verwendet, so sind Effektivwerte gemeint, soweit nicht anders angegeben.

3.1 Leuchtröhre

Aus lichtdurchlässigem Material bestehendes hermetisch verschlossenes gasgefülltes Rohr, Gefäß oder Gerät, das zur Ausstrahlung von Licht bestimmt ist. Das Licht wird durch einen elektrischen Strom erzeugt, der in diesem Gefäß oder Gerät durch Gas oder Dampf fließt.

> ANMERKUNG: Die Leuchtröhre kann an der Innenseite mit einer Beschichtung aus fluoreszierenden Materialien versehen sein.

3.2 Bemessungs-Ausgangs-Leerlaufspannung

Höchste Bemessungsspannung zwischen den Klemmen der Ausgangswicklung(en) eines Transformators, der an Bemessungsspannung mit Bemessungsfrequenz angeschlossen ist und keine Last im Ausgangskreis aufweist. Sie entspricht dem Scheitelwert dividiert durch die Quadratwurzel aus 2.

3.3 Kriechstrecke

Kürzeste Entfernung entlang der Oberfläche eines Isolierstoffes zwischen zwei leitenden Teilen oder einem leitenden Teil und der Grenzfläche der Anlage.

> ANMERKUNG: Die Grenzfläche einer Anlage ist die Innenfläche der Umhüllung. Dabei wird angenommen, daß alle zugänglichen Oberflächen aus Isoliermaterial mit Metallfolie bedeckt sind.

3.4 Luftstrecke

Kürzeste Entfernung in Luft zwischen zwei leitenden Teilen oder zwischen einem leitenden Teil und der Grenzfläche der Anlage.

ANMERKUNG: Siehe Anmerkung zu 3.3.

3.5 Transformator

Gerät zur Umwandlung einer bestimmten Wechselspannung und einer bestimmten Frequenz in eine andere Wechselspannung gleicher Frequenz.

ANMERKUNG: Die große Ausgangsimpedanz der meisten Transformatoren für Leuchtröhren erlaubt die Kombination von Transformator und strombegrenzenden Komponenten in einem Gerät.

3.6 Wechselrichter

Elektrischer Energiewandler, der Gleichstrom in Wechselstrom umwandelt.

3.7 Umrichter

Einrichtung zum Umformen elektrischer Energie von Wechselstrom einer Frequenz in Wechselstrom einer anderen Frequenz.

ANMERKUNG: Die Spannung darf bei der Umformung verändert werden.

3.8 Isoliermuffe

Bauteil aus Isolierstoff, das die sonst freiliegenden Elektrodenanschlüsse oder die Endverschlüsse von Leuchtröhrenleitungen abdeckt.

3.9 Errichter

Person, die für die Errichtung von Leuchtröhrenanlagen qualifiziert ist und Verantwortung für die Anlage und deren Prüfung nach dieser Norm trägt.

3.10 Erdschluß-Schutzeinrichtung

Einrichtung, die den Ausgang eines oder mehrerer Transformatoren, Wechselrichter oder Umrichter spannungsfrei macht, sobald im Ausgangs-Hochspannungsstromkreis ein Erdschluß auftritt.

ANMERKUNG: Die Einrichtung darf aus zwei Teilen, einem Signalgeber und einem Schutzschalter, wie in 3.12 und 3.13 beschrieben bestehen, oder in einer Einheit kombiniert sein.

3.11 Leerlauf-Schutzeinrichtung

Einrichtung, die den Ausgang eines oder mehrerer Transformatoren, Wechselrichter oder Umrichter spannungsfrei macht, sobald im Ausgangs-Hochspannungsstromkreis eine Unterbrechung auftritt.

ANMERKUNG: Die Einrichtung darf aus zwei Teilen, einem Signalgeber und einem Schutzschalter, wie in 3.12. und 3.13 beschrieben, bestehen oder in einer Einheit kombiniert sein.

3.12 Signalgeber

Teil einer Schutzeinrichtung, der bei einem Erdschluß und/oder bei einer Unterbrechung im Ausgangs-Hochspannungsstromkreis (Leerlauf) ein Signal gibt, das zum Auslösen des Schutzschalters führt.

3.13 Schutzschalter

Teil einer Schutzeinrichtung, der die Stromversorgung einer oder mehrerer Transformatoren, Wechselrichter oder Umrichter unterbricht oder auf andere Weise die Ausgangsspannung abschaltet. Er wird durch ein elektrisches Signal eines Signalgebers angesteuert.

3.14 aktives Teil

Jeder Leiter oder jedes leitfähige Teil, der/das dazu vorgesehen ist, im üblichen Betrieb Strom zu führen, einschließlich Neutralleiter, aber vereinbarungsgemäß nicht PEN-Leiter*).

3.15 Eingangsseite (Niederspannungsstromkreis)

Teil der Anlage zwischen dem Punkt, an dem elektrische Energie in sie eingespeist wird (Speisepunkt) und den Eingangsklemmen des Transformators, des Wechselrichters oder des Umrichters.

3.16 Ausgangsseite (Leuchtröhrenstromkreis)

Teil der Anlage zwischen den Ausgangsklemmen des Transformators, des Wechselrichters oder des Umrichters einschließlich der Leuchtröhren und Leuchtröhrenleitungen.

---

*) Nationale Fußnote: PEM-Leiter und PEL-Leiter sind auch keine aktiven Teile.

3.17 Handbereich

Bereich, der sich von Standflächen aus erstreckt, die üblicherweise betreten werden, und dessen Grenzen eine Person in allen Richtungen ohne Hilfsmittel mit der Hand erreichen kann.

ANMERKUNG: Dieser zugängliche Bereich ist in Bild 1 dargestellt. Die Maße beziehen sich auf die bloßen Hände ohne Hilfsmittel, wie z. B. Werkzeuge oder eine Leiter.

3.18 Außenbereich

Bereich, wo sich alle Teile eines Leuchtröhrengerätes, einer Leuchtröhrenanlage oder ihre Komponenten im Freien befinden und dabei den Witterungseinflüssen ausgesetzt sind.

3.19 trockene Räume und Orte

Räume und Orte, in denen in der Regel kein Kondenswasser auftritt oder in denen die Luft nicht mit Feuchtigkeit gesättigt ist.

3.20 feuchte und nasse Räume und Orte

Räume und Orte, in denen die Sicherheit der Anlagen oder Betriebsmittel durch Feuchtigkeit, Kondenswasser, chemische oder ähnliche Einflüsse beeinträchtigt werden kann.

3.21 kleine ortsveränderliche Geräte

Kleine Geräte, die von einem Ort zu einem anderen Ort getragen werden können, deren Versorgung über einen eingebauten Transformator, Wechselrichter oder Umrichter zusammen mit einer flexiblen Netzanschlußleitung und einem Stecker erfolgt und welche dazu bestimmt sind, vom Betreiber aufgestellt und über eine Steckdose an das Versorgungsnetz angeschlossen zu werden.

3.22 Blinkgerät

Gerät zum ständigen automatischen Ein- und Ausschalten von einem oder mehreren Leuchtröhrenstromkreisen. Die Schaltfolge der verschiedenen Leuchtröhrenstromkreise darf so eingestellt werden, daß der Eindruck einer Bewegung oder anderer Trickeffekte entsteht.

4 Befestigungsmittel für Leuchtröhrenanlagen

Elektrische Leitungen dürfen nicht zur Aufhängung bzw. Befestigung von Anlagen und Anlagenteilen verwendet werden.

5 Abflußlöcher

In Gehäusen von Anlagen im Außenbereich müssen geeignete Öffnungen vorgesehen werden, damit Wasser abfließen kann. Abflußlöcher bzw. ähnliche Öffnungen, die für diesen Zweck bestimmt sind, müssen ausreichend groß sein, um sicherzustellen, daß sie zwischen den Wartungen nicht mit Schmutz oder Schlamm verstopft werden.

6 Stromversorgung

Die Stromversorgung für Leuchtröhrengeräte und Leuchtröhrenanlagen muß in Übereinstimmung mit HD 384 vorgenommen werden.

ANMERKUNG: Es wird darauf hingewiesen, daß die Vorschriften für elektrische Leitungen in den Mitgliedsländern der CENELEC nicht vollständig harmonisiert sind und aus diesem Grund noch nationale Normen Anwendung finden.

7 Umhüllungen und Schutz gegen direktes Berühren

7.1 Alle Hochspannungs-Leuchtröhrenanschlüsse müssen durch Isoliermuffen entsprechend Abschnitt 13 geschützt sein.

7.2 Hochspannungs-Leuchtröhrenanschlüsse innerhalb des Handbereichs müssen mit zusätzlichen Schutzeinrichtungen nach 7.4 <u>und</u> 7.5 versehen sein.

ANMERKUNG: Bild 1 stellt den Handbereich dar.

7.3 Hochspannungs-Leuchtröhrenanschlüsse außerhalb des Handbereichs müssen mit zusätzlichen Schutzeinrichtungen nach 7.4 <u>oder</u> 7.6 versehen sein.

7.4 Zusätzliche Schutzmaßnahmen müssen aus einem Gehäuse oder einer anderen Schutzeinrichtung bestehen und folgende Bedingungen erfüllen:

a) Es/sie muß eine Schutzart von mindestens IP2X nach Tabelle 1 von EN 60529 haben.

ANMERKUNG 1: Die Anforderungen bezüglich des Schutzes gegen das Eindringen von festen Fremdkörpern nach Tabelle 2 von EN 60529 werden hier nicht angewendet.

ANMERKUNG 2: Siehe Anhang C, A-Abweichungen

b) Sollte es/sie aus Metallteilen hergestellt sein, müssen diese entsprechend Abschnitt 8 geerdet sein.

c) Ist es/sie aus anderen Materialien gefertigt, muß der Lieferant bestätigen, daß diese für die Verwendung in der Nähe der Röhrenelektroden geeignet sind. Der Lieferant muß die Materialeigenschaften für die gesamte zu erwartende Lebensdauer der Anlage zusichern.

ANMERKUNG 3: Die Lieferanten solcher Materialien sollten über die Temperatur, die UV-Strahlungen, das Vorhandensein von Ozon und andere Umgebungsbedingungen in der Nähe der Röhrenelektroden informiert werden. Sie sollten außerdem informiert werden, daß solche Materialien im Außenbereich eingesetzt werden.

d) Der Zugang zum Innern einer Umhüllung darf nur mit Hilfe eines Werkzeugs, z. B. eines Schraubendrehers, möglich sein.

ANMERKUNG 4: Auch andere Arten von zusätzlichen Schutzeinrichtungen dürfen dauerhaft angebracht sein; es ist z. B. auch zulässig, sie mit einem Messer zu entfernen.

ANMERKUNG 5: Ein vollständig geschlossenes Buchstaben-/Zeichengehäuse oder Leuchtröhrengerät wird als eine für diesen Zweck ausreichende Umhüllung angesehen.

7.5 Zusätzlicher Schutz muß bestehen aus:

I) Einer Umhüllung nach 7.4, bei der die Schutzart (IP2X) erhalten bleibt, selbst wenn irgendein äußeres Teil der Röhre bricht;

oder

II) der Stromkreis muß mit einer Leerlauf-Schutzeinrichtung ausgestattet sein, die den Anforderungen von 10.6 entspricht. Dies ist zusätzlich zu der mechanischen Umhüllung, die in 7.4 festgelegt ist, erforderlich.

ANMERKUNG: Die Anforderung in 7.5 (I) bedeutet, daß es nicht möglich sein darf, einen Prüffinger in das zerbrochene Ende einer Röhre zu stecken und die spannungsführende Elektrode zu berühren.

7.6 Die zusätzliche Schutzmaßnahme muß aus einer Leerlauf-Schutzeinrichtung bestehen, die den Anforderungen in 10.6 entspricht.

7.7 An allen Zugangsstellen zu Leuchtröhrenanlagen und Leuchtröhrengeräten oder auf Gehäusen von Hochspannungstransformatoren, Wechselrichtern oder Umrichtern müssen Warnschilder „Hochspannung – Lebensgefahr“ nach B.3.6. in ISO 3864:1984 angebracht werden. Die Seitenlänge des Dreiecks muß mindestens 50 mm betragen.

ANMERKUNG: Bei kleinen Anlagen mit geringen Abmessungen ist gewöhnlich ein solches Warnschild ausreichend. Für größere Anlagen müssen mehrere Warnschilder verwendet werden; diese sind so anzubringen, daß mindestens eines davon leicht aus jeder einsehbaren Richtung zu sehen ist.

7.8 Ein Leiter, der an einer Hochspannungs-Leuchtröhre angeschlossen ist, darf nicht mit Leitern der Stromversorgung oder mit der Primärwicklung des Transformators verbunden sein (ausgenommen sind Verbindungen zur Erde).

7.9 Kriech- und Luftstrecken (in Millimetern) zwischen aktiven Teilen verschiedenen Potentials, zwischen aktiven Teilen und geerdeten Metallteilen oder aktiven Teilen und Teilen, die durch Feuchtigkeit leitend werden können oder die entzündbar sind, müssen wie folgt bemessen sein:

a) Für Betriebsmittel in trockenen Räumen oder an ähnlich geschützten Orten:

kürzeste Kriechstrecke: $d = 8 + 4\,U$

kürzeste Luftstrecke: $c = 6 + 3\,U$

b) Für Betriebsmittel im Freien oder in feuchten und nassen Räumen:

kürzeste Kriechstrecke: $d = 10 + 5\,U$

kürzeste Luftstrecke: $c = 7{,}5 + 3{,}75\,U$

c) Für Betriebsmittel mit einer Betriebsfrequenz über 1 kHz, in trockener oder feuchter Umgebung:

kürzeste Kriechstrecke: $d = 12 + 6\,U$

kürzeste Luftstrecke: $d = 9 + 4{,}5\,U$

wobei U die Bemessungs-Ausgangs-Leerlaufspannung in kV des Transformators, Umrichters oder Wechselrichters ist, der den Stromkreis speist.

8 Schutz bei indirektem Berühren

8.1 Als Schutz bei indirektem Berühren muß ein Potentialausgleich vorgenommen werden, der alle Metallteile untereinander und mit der Erde verbindet.

8.2 Alle berührbaren Metallteile, mit Ausnahme von Kabelschellen und Leuchtröhrenhaltern, müssen untereinander durch einen Schutzleiter und, sofern diese Metallteile nicht auf andere Weise geerdet sind, mit einer Schutzleiterklemme versehen sein.

8.3 Als Schutzleiter muß verwendet werden:

a) eine getrennte Leitung in den Farben Grün-Gelb, mit einem Mindestquerschnitt wie folgt:

I) 4 mm^2, wenn kein mechanischer Schutz vorgesehen ist,

II) 2,5 mm^2, wenn mechanischer Schutz vorgesehen ist, oder

b) ein- oder feindrähtiger Leiter mit einem Leiterquerschnitt von mindestens 1,5 mm^2, als Teil einer Leuchtröhren-Mantelleitung und geschützt durch deren Außenmantel, oder

c) die Abschirmung aus Metallgeflecht einer Hochspannungsleitung, vorausgesetzt, daß der Gesamtquerschnitt aller Einzeldrähte mindestens 1,5 mm^2 ist. Anschlüsse an den Schirm müssen durch Entflechten des Metallgeflechts und Verdrillen der Einzeldrähte hergestellt werden, so daß ein genügend langer Leiter entsteht, der an eine Schutzleiterklemme angeschlossen werden kann. Anschlüsse mittels einer um das Geflecht gelegten Metallschelle sind nicht zulässig.

8.4 Wenn zwischen den Metallteilen ein Kleber verwendet wird oder wenn lackierte Metallteile miteinander vernietet oder verschraubt werden, müssen zusätzliche Mittel eingesetzt werden, die eine dauerhafte Erdverbindung über die Verbindungsstelle sicherstellen, es sei denn, zwischen den einzelnen Teilen ist eine Verbindungsleitung vorhanden.

8.5 Potentialausgleichsleiter dürfen nicht mit dem Neutralleiter der Stromversorgung des Leuchtröhrengerätes oder der Leuchtröhrenanlage verbunden werden. Ausgenommen davon sind die in HD 384 festgelegten Erdverbindungen in TN-C-Systemen.

9 Transformatoren

Transformatoren müssen EN 61050 entsprechen, mit der Ausnahme, daß die Bemessungs-Ausgangs-Leerlaufspannung 5 kV gegen Erde und 10 kV zwischen den Hochspannungsanschlüssen nicht überschreiten darf.

10 Erdschluß- und Leerlaufschutz

10.1 Die Anforderungen für den Schutz bei Erdschluß sind in 10.2 bis 10.5 enthalten. Die Anforderungen für den Leerlaufschutz sind in 10.6 bis 10.9 enthalten. Die Anforderungen in 10.10 bis 10.15 gelten für beide Arten des Schutzes.

10.2 Hochspannungsstromkreise, die durch Transformatoren, Wechselrichter oder Umrichter gespeist werden, müssen nach 10.3 und 10.4 durch eine Erdschluß-Schutzeinrichtung geschützt sein. Der Errichter muß sicherstellen, daß der Hersteller der Erdschluß-Schutzeinrichtung deren Leistungsmerkmale nach 10.5 bescheinigt hat.

10.3 Im Falle eines Erdschlusses im Leuchtröhrenstromkreis muß die Erdschluß-Schutzeinrichtung entweder die Stromversorgung auf der Eingangsseite abschalten oder auf andere Weise sekundärseitig abschalten. Falls eine einpolige Abschaltung der Stromversorgung vorgesehen ist, muß der Schalter im Außenleiter der Versorgungsleitung angeordnet sein.

ANMERKUNG: Eine übliche RCD ist keine geeignete Schutzeinrichtung für diesen Anwendungsfall. Wenn sie sich auf der Primärseite eines Transformators, Wechselrichters oder Umrichters befindet, bietet sie keinen Schutz bei Erdschlüssen auf der Sekundärseite.

10.4 Das Erkennen eines Fehlers muß durch einen oder mehrere Signalgeber oder durch andere geeignete Mittel in dem/den Ausgangsstromkreis(en) erfolgen. Diese müssen entweder Schutzschalter ansteuern, welche die Stromversorgung im Eingangskreis unterbrechen, oder auf andere Weise sekundärseitig abschalten.

ANMERKUNG 1: Signalgeber und Schutzschalter dürfen in einem Gerät zusammengefaßt werden.

ANMERKUNG 2: Erdschluß-Schutzeinrichtungen dürfen so gebaut werden, daß sie mehr als einen Leuchtröhrenstromkreis schützen.

10.5 Die Erdschluß-Schutzeinrichtung muß folgende Bedingungen erfüllen:

a) Wenn Signalgeber und/oder Schutzeinrichtungen zum sekundärseitigen Abschalten auf der Ausgangsseite nicht im Transformator-, Umrichter- oder Wechselrichtergehäuse untergebracht sind, müssen sie für Umgebungstemperaturen von –25 °C bis +65 °C geeignet sein.

b) Wenn irgendein Teil des Signalgebers und/oder des Schutzschalters oder der Schutzeinrichtung zum sekundärseitigen Abschalten auf der Ausgangsseite innerhalb des Transformator-, Umrichter- oder Wechselrichtergehäuses eingebaut ist, muß dies für den Umgebungstemperaturbereich, der in diesem Gehäuse auftritt, geeignet sein. Der Errichter muß sich beim Hersteller des Transformators, Wechselrichters oder Umrichters rückversichern, daß die höchstzulässige Betriebstemperatur von diesem Teil des Signalgebers und/oder der Schutzeinrichtung nicht überschritten wird, wenn der Transformator, Wechselrichter oder Umrichter seine maximale Umgebungstemperatur erreicht und unter bestimmten abnormalen Bedingungen betrieben wird.

c) Der Bemessungs-Ansprechstrom muß kleiner als der Erdschlußstrom (gemessen bei einem Erdschluß, während die Netzspannung im vorgesehenen Bereich liegt) des zu schützenden Transformators, Wechselrichters oder Umrichters sein und darf 25 mA nicht überschreiten.

ANMERKUNG 1: Der tatsächliche Strom, der bei einem Erdschluß durch den Signalgeberstromkreis fließt, wird durch die Impedanz dieses Fehlerstrompfades und der Ausgangskennlinie des Transformators, Wechselrichters oder Umrichters bestimmt. Er hängt nicht vom Auslösestrom der Schutzeinrichtung ab.

d) Die Abschaltzeit darf bei Bemessungs-Ansprechstrom 200 ms nicht überschreiten.

e) Die Spannung am Eingang des Signalgebers, der der Erfassung des Erdschlußstroms dient, darf 50 V nicht überschreiten. Der Errichter muß sich beim Hersteller der Erdschluß-Schutzeinrichtung rückversichern, daß diese Spannung bei abgeschaltetem Signalstromkreis und beim größten zu erwartenden Fehlerstrom nicht überschritten wird.

ANMERKUNG 2: Der größte zu erwartende Fehlerstrom ist der Kurzschlußstrom, der durch eine Hälfte der Ausgangswicklung des zu schützenden Transformators, Wechselrichters oder Umrichters mit dem höchsten Bemessungsstrom fließt.

f) Zur Erleichterung von Instandhaltungsarbeiten müssen Vorrichtungen vorgesehen werden, die nur mit Hilfe von Werkzeugen zugänglich sind und die automatisch in ihre Ausgangsstellung zurückkehren, wenn die Stromversorgung der Erdschluß-Schutzeinrichtung aus- und wieder eingeschaltet wird. Der Errichter muß sicherstellen, daß eine geeignete Instandhaltungsanleitung durch den Hersteller der Erdschluß-Schutzeinrichtung zur Verfügung gestellt wird.

g) Der Errichter muß sicherstellen, daß geeignete Prüfverfahren, die mit 18.3a) übereinstimmen, vom Hersteller der Erdschluß-Schutzeinrichtung vorgegeben werden.

10.6 Wie in 7.4 und 7.6 angegeben, müssen Hochspannungsstromkreise, die von Transformatoren, Wechselrichtern und Umrichtern gespeist werden, durch eine Leerlaufschutzvorrichtung entsprechend 10.7 und 10.8 geschützt werden. Der Errichter muß sicherstellen, daß der Hersteller der Leerlaufschutzvorrichtung deren Leistungsmerkmale entsprechend 10.9 bescheinigt hat.

10.7 Im Falle einer Unterbrechung im Leuchtröhrenstromkreis muß die Leerlauf-Schutzeinrichtung entweder die Stromversorgung auf der Eingangsseite abschalten oder auf andere Weise sekundärseitig abschalten. Falls eine einpolige Abschaltung der Stromversorgung vorgesehen ist, muß der Schalter im Außenleiter der Versorgungsleitung angeordnet sein.

10.8 Das Erkennen eines Fehlers muß durch einen oder mehrere geeignete Signalgeber in dem/den Ausgangsstromkreis(en) erfolgen. Diese müssen entweder Schutzschalter ansteuern, welche die Stromversorgung im Eingangskreis unterbrechen, oder auf andere Weise sekundärseitig abschalten.

ANMERKUNG 1: Signalgeber und Schutzschalter dürfen in einem Gerät zusammengefaßt sein.

ANMERKUNG 2: Leerlauf-Schutzeinrichtungen dürfen so gebaut werden, daß sie mehr als einen Stromkreis schützen.

10.9 Die Leerlauf-Schutzeinrichtung muß folgende Bedingungen erfüllen:

a) Wenn Signalgeber und/oder die Schutzeinrichtungen zum sekundärseitigen Abschalten auf der Ausgangsseite nicht im Transformator-, Umrichter- oder Wechselrichtergehäuse untergebracht sind, müssen sie für Umgebungstemperaturen von –25 °C bis +65 °C geeignet sein.

b) Wenn irgendein Teil des Signalgebers und/oder des Schutzschalters oder der Schutzeinrichtung zum sekundärseitigen Abschalten auf der Ausgangsseite innerhalb des Transformator-, Umrichter- oder Wechselrichtergehäuses eingebaut ist, muß dies für einen Umgebungstemperaturbereich, der in diesem Gehäuse auftritt, geeignet sein. Der Errichter muß sich beim Hersteller des Transformators, Umrichters oder Wechselrichters rückversichern, daß die höchstzulässige Temperatur dieses Teiles des Signalgebers und/oder des Schutzschalters nicht überschritten wird, wenn der Transformator, Wechselrichter oder Umrichter bei seiner maximalen Umgebungstemperatur arbeitet und unter bestimmten abnormalen Bedingungen betrieben wird.

c) Wenn die Anlage eingeschaltet wird und eine Unterbrechung in irgendeinem Teil des Leuchtröhrenstromkreises besteht, muß die Schutzeinrichtung in mehr als 3 s, jedoch in weniger als 5 s auslösen.

ANMERKUNG: Es wird darauf hingewiesen, daß bestimmte Transformatorentypen, welche eine halbresonante kapazitive Ausgangskennlinie aufweisen, in der Lage sind, eine größere Röhrenlast zu betreiben als Transformatoren mit gleicher Ausgangsspannung, jedoch mit üblicher induktiver Ausgangskennlinie. Röhren, die mit solchen Transformatoren betrieben werden, können unter Umständen verzögert zünden, speziell bei niedrigen Temperaturen. Verzögert sich die Zündung zu lange, besteht das Risiko einer Fehlauslösung der Leerlauf-Schutzeinrichtung.

d) Tritt eine Unterbrechung in irgendeinem Teil des Leuchtröhrenstromkreises auf, während die Anlage eingeschaltet ist, darf die Abschaltzeit der Schutzeinrichtung 200 ms nicht überschreiten. Wird dann die Stromversorgung aus- und wieder eingeschaltet, wenn die Unterbrechung noch besteht, muß die Schutzeinrichtung in mehr als 3 s, jedoch in weniger als 5 s auslösen.

e) Zur Erleichterung von Instandhaltungsarbeiten müssen Vorrichtungen vorgesehen werden, die nur mit Hilfe von Werkzeugen zugänglich sind und die automatisch in ihre Ausgangsstellung zurückkehren, wenn die Stromversorgung der Leerlauf-Schutzeinrichtung aus- und wieder eingeschaltet wird. Der Errichter muß sicherstellen, daß eine geeignete Instandhaltungsanleitung durch den Hersteller der Leerlauf-Schutzeinrichtung zur Verfügung gestellt wird.

f) Der Errichter muß sicherstellen, daß geeignete Prüfverfahren entsprechend 18.3 a) durch den Hersteller der Leerlauf-Schutzeinrichtung vorgegeben werden.

10.10 Der/die Signalgeber muß/müssen, um den Ausgang spannungsfrei zu schalten, wie folgt an die Erdschluß-schutz- oder Leerlauf-Schutzeinrichtung angeschlossen sein:

a) Jeder Signalgeber wird an seine eigene Schutzeinrichtung angeschlossen, die inner- oder außerhalb des Gehäuses des Transformators, Umrichters oder Wechselrichters liegen darf; oder

b) Signalgeber von mehreren Transformatoren, Umrichtern oder Wechselrichtern werden an nur eine Schutzeinrichtung angeschlossen, die zwischen deren Eingangsseite und der Stromversorgung angeordnet ist. Der Hersteller der Schutzeinrichtung muß die größtmögliche Anzahl von Signalgebern angeben, die an eine Schutzeinrichtung angeschlossen werden dürfen.

10.11 Falls die Erdschluß- oder Leerlauf-Schutzeinrichtung so angeordnet ist, daß sie im Fehlerfalle die Stromversorgung abschaltet, muß dies über mechanische Kontakte geschehen. Die Verwendung von Halbleiterschaltern (Thyristoren, Triacs usw.) ist nicht gestattet. Eine Ausnahme besteht dort, wo Umrichter oder Wechselrichter die galvanische Trennung zwischen der Ein- und Ausgangsseite sicherstellen. In diesem Fall darf der Ausgang mittels eines elektronischen Teils, z. B. durch Abschalten des Oszillatorkreises, geschaltet werden.

10.12 Hat die Schutzeinrichtung infolge eines sekundärseitigen Erdschlusses oder Leerlaufs ausgelöst, muß diese so lange im ausgelösten Zustand bleiben, bis die Stromversorgung ebenfalls abgeschaltet wird. Wenn die Stromversorgung wieder eingeschaltet wird, muß die Schutzeinrichtung automatisch in ihre Ausgangsstellung zurückkehren. Falls der Erdschluß oder der Leerlauf auch noch während des Wiedereinschaltens besteht, muß die Schutzeinrichtung entsprechend 10.5 oder 10.9 auslösen.

ANMERKUNG: Diese Anforderung soll sicherstellen, daß Fehlauslösungen, die durch Regen- oder Kondenswasser oder durch vorübergehende große Verzögerungen beim Zünden der Leuchtröhren verursacht werden, beim nächsten Einschalten der Stromversorgung wieder behoben werden.

10.13 Wenn in einem Stromkreis ein Blinkgerät vorhanden ist, müssen alle Schutzschalter und Rückstelleinrichtungen auf der Eingangsseite des Blinkgerätes angeordnet werden.

ANMERKUNG: Falls der Schutzschalter auf der Ausgangsseite des Blinkgerätes angeordnet wäre, würde er im Falle eines Fehlers ständig auslösen und wieder einschalten.

10.14 Wenn in einem Stromkreis ein Blinkgerät vorhanden ist und das Schutzgerät /die Schutzgeräte zum sekundärseitigen Abschalten auf der Ausgangsseite sich im Gehäuse des Transformators/der Transformatoren, des/der Wechselrichter(s) oder Umrichter(s) befindet(n), muß ein zusätzlicher Schutzschalter auf der Stromversorgungsseite des Blinkgeräts angeordnet werden. Dieser muß vom eingebauten Signalgeber angesteuert werden können.

10.15 Signalgeber und Schutzschalter müssen zueinander passen.

11 Wechselrichter und Umrichter

ANMERKUNG: Die Anforderungen für Umrichter und Wechselrichter für Hochspannungsleuchtröhren werden in einer Arbeitsgruppe diskutiert, die durch die COMEX einberufen wurde. Diese Arbeitsgruppe wird einen Entwurf für Part 2-10 der IEC 61347 erstellen. Nach der Veröffentlichung dieser Norm wird sie Abschnitt 11 ersetzen.

11.1 Der Errichter muß sich vergewissern, daß Wechselrichter und Umrichter für die beabsichtigte Anwendung in folgender Hinsicht geeignet sind:

a) Versorgungsspannung oder -spannungsbereich;

b) Eingangsstrom oder Eingangsleistung;

c) Eingangs- und Ausgangsfrequenzen;

d) Bemessungs-Ausgangs-Leerlaufspannung und deren Grenzabweichungen (siehe 11.2);

e) Bemessungs-Ausgangsstrom und Strombereich;

f) Erdungsanschlüsse im Ausgangskreis (siehe 11.3).

ANMERKUNG: Wechselrichter und Umrichter liefern eine hochfrequente Hochspannung. Die Auswirkungen von hohen Frequenzen auf die Isolierung und den Betrieb der Stromkreise und der Bauteile sollten eingehend berücksichtigt werden.

11.2 Die Leerlaufspannung gegen Erde von Wechselrichtern und Umrichtern darf, bei Bemessungsspannung und Bemessungsfrequenz der Stromversorgung, 5 kV nicht überschreiten. Diese Spannung ist entweder der Effektivwert oder der Scheitelwert mal 0,5, je nachdem, welcher der beiden Werte größer ist. Die Grenzabweichung dieser Spannung ist $^{+10}_{\ 0}$ %. Der Errichter muß vom Hersteller Angaben über die Ausgangsspannung des Wechselrichters oder Umrichters erhalten.

11.3 Bei Wechselrichtern und Umrichtern muß ein Punkt der Ausgangswicklung mit der Erde verbunden sein. Zwischen ihren Ausgangsklemmen und den Klemmen der Stromversorgung darf keine direkte Verbindung sein.

11.4 Wechselrichter und Umrichter müssen entsprechend den Anweisungen des Herstellers errichtet werden.

11.5 Die Länge und Art einer Leitung zwischen einem Wechselrichter oder Umrichter und einer Leuchtröhre darf den vom Hersteller angegebenen Wert nicht überschreiten.

12 Zubehör

Unabhängige Zubehörteile für Leuchtröhrengeräte und Leuchtröhrenanlagen, die mit Hochspannung betrieben werden, wie Drosseln, Kondensatoren und Widerstände, müssen durch eine Umhüllung nach Abschnitt 7 geschützt werden.

13 Isoliermuffen

Isoliermuffen, die zum Schutz der Elektroden oder deren Anschlüsse dienen, müssen aus folgendem Material bestehen:

a) Glas mit einer Wanddicke von mindestens 1 mm oder

b) Silikongummi von hoher Reißfestigkeit, mit einer Shore-A-Härte von 50 ±5, einer Wanddicke von mindestens 1 mm sowie einer Dauerbetriebstemperatur von mindestens 180 °C, oder

c) einem Werkstoff mit mindestens gleichen Eigenschaften wie b), betreffend die Isolation und die UV-, Ozon- und Wärmebeständigkeit.

14 Auswahl und Verlegen von Leuchtröhrenleitungen

14.1 Die verwendeten Leuchtröhrenleitungen sind aus der Liste (siehe Anhang A), die mit EN 50143 übereinstimmt, auszuwählen.

14.2 Alle Leitungen müssen für die in den Leuchtröhrengeräten und Leuchtröhrenanlagen zu erwartenden Umgebungsbedingungen geeignet sein.

14.3 Die Leitungsbauart „K“ ist nur für Dauerbetrieb bei Spannungen bis 2,5 kV gegen Erde geeignet.

ANMERKUNG: Die Leitungsbauarten „A“ bis „H“ sind für Dauerbetrieb bei Spannungen bis 5 kV gegen Erde geeignet.

14.4 Vorausgesetzt, daß eine mechanische Beschädigung unwahrscheinlich ist, dürfen Leitungen ohne weiteren mechanischen Schutz, nach Angaben von Tabelle 1, verlegt werden.

Tabelle 1: Angaben für das Verlegen von Leitungen nach EN 50143

Leitungsbauart	Für Anlagen zugelassene Leitungen		
	innerhalb von Schutzumhüllungen	überall, außer in oder unter Putz	in und unter Putz
A	×	×	×
B	×		
C	×	×	
D	×	×	×
E	×	×	×
F	×	×	
G	×		
H	×	×	
K	×	×	

ANMERKUNG 1: Die Leitungsisolierung darf dabei mit geerdeten Metallteilen oder mit anderen Werkstoffen innerhalb der Umhüllung in Berührung kommen.

ANMERKUNG 2: Beispiele für Schutzumhüllungen sind Gehäuse für Leuchtröhren, geschlossene Buchstaben/Zeichen, Installationskanäle, Stahlrohre sowie flexible Stahlpanzerrohre.

ANMERKUNG 3: Siehe Anhang B, „Besondere nationale Bedingungen".

14.5 Wenn die Möglichkeit einer mechanischen Beschädigung besteht, müssen Leitungen in Kanäle verlegt werden oder auf andere Weise geschützt werden. Sie müssen entweder aus Metall und geerdet sein oder aus schwer entflammbarem, selbstverlöschendem Material nach 13.3 in EN 60598-1:1993 bestehen.

14.6 Die Leitungsbauart „A" darf nicht in Rohre oder andere enge Umhüllungen verlegt werden, ausgenommen auf kurzen Strecken, wie durch Wände und Fußböden. Wenn diese kurzen Rohrstücke aus Metall sind, müssen sie geerdet werden.

14.7 Außer bei vorübergehenden Verbindungen zur Schließung eines Leuchtröhrenstromkreises für den Fall, daß eine Leuchtröhre zwecks Reparatur entfernt wurde, müssen Leuchtröhrenleitungen durchgehend sein, wobei Verbindungen nicht zulässig sind.

14.8 Leuchtröhrenleitungen müssen so kurz wie möglich sein.

ANMERKUNG: Dies ist besonders wichtig bei Leitungen mit geerdeter, metallischer Abschirmung. Die Eigenkapazität zwischen dem Leiter und der metallischen Abschirmung kann kurzzeitige hohe Stromspitzen in der Leuchtröhre zur Folge haben. Solche Spitzen sind besonders störend bei mit Neon gefüllten Leuchtröhren. Sie können Funkstörungen und Flimmern hervorrufen und die Lebensdauer der Röhren verkürzen. In Tabelle 2 sind die empfohlenen Längen der abgeschirmten Leitungen angegeben, die Leuchtröhren, die mit Neon oder einem Neon-Argon-Gemisch und etwas Quecksilber gefüllt sind, untereinander und mit den mit 50 Hz betriebenen Transformatoren verbinden. Die Maximallängen beziehen sich auf die Ausgangs-Leerlaufspannung des Transformators gegen Erde.

Achtung: Die Tabelle dient nur als Anleitung und bietet keine Sicherheit dafür, daß ein einwandfreier Betrieb bei allen Betriebsströmen und Rohrdurchmessern sichergestellt ist.

Tabelle 2: Empfohlene Grenzwerte für einfache Leitungslängen

Spannung gegen Erde	1 kV		2 kV		3 kV		4 kV		5 kV	
Gasart in der Röhre	Hg	Ne	Hg	Ne	Hg	Ne	Hg	Ne	Hg	Ne
Leitungsbauarten B, C, F, G, H, K (in m)	40	20	30	15	20	10	15	7	10	5
Leitungsbauarten A, D, E (in m)	24	12	16	8	12	6	9	4	6	3

14.9 Die Leitungsbauart zwischen der Ausgangsseite eines Umrichters oder Wechselrichters und der Leuchtröhre muß vom Hersteller dieser Geräte angegeben werden. Sie muß geeignet sein für:

a) den Betrieb mit Hochfrequenz und

b) den Betrieb bei der Ausgangsspannung des Umrichters oder Wechselrichters.

14.10 Für den Fall, daß Transformatoren, Um- oder Wechselrichter nur eine Hochspannungsklemme haben, muß die Leitung zwischen Leuchtröhre und Erde, oder die Rückleitung zum Transformator, Um- oder Wechselrichter 14.1 bis 14.9 entsprechen.

14.11 Leitungshalterungen müssen aus Metall oder feuchtigkeitsabweisendem, selbstverlöschendem, wie in 13.3 von EN 60598-1:1993 beschriebenem Material sein.

14.12 Der Abstand zwischen den Leitungshalterungen darf nicht größer als die in Tabelle 3 angegebenen Werte sein.

Tabelle 3: Abstand zwischen den Leitungshalterungen

Leitungsart	Abstand zwischen Leitungshalterungen bei schräg verlegten Leitungen mit einem Winkel zur Horizontalen von	
	bis 45°	über 45°
Leitungen mit feindrähtigem Leiter	500 mm	800 mm
Leitungen mit eindrähtigem Leiter	800 mm	1250 mm

14.13 Die erste Leitungshalterung darf nicht weiter als 150 mm von der Elektrode entfernt sein.

14.14 Bei Leitungen mit Metallschirm muß der Biegeradius mindestens das Achtfache des Leitungsdurchmessers betragen.

14.15 Leitungseinführungen in Gehäuse müssen mit Kabelverschraubungen oder Kabeltüllen versehen werden, um die Leitungen vor Scheuern und Einschneiden zu schützen. Ist das Schutzgehäuse im Freien installiert, müssen die Kabelverschraubungen oder Kabeltüllen mindestens der Schutzart IPX4 nach EN 60529 entsprechen.

15 Hochspannungsanschlüsse

15.1 Die Elektrodenanschlüsse müssen mit Klemmen oder anderen geeigneten Mitteln entsprechend 15.2 und 15.3 ausgeführt werden.

ANMERKUNG: Siehe Anhang B, „Besondere nationale Bedingungen".

15.2 Anschlüsse müssen vor Rost und anderer Korrosion entsprechend geschützt werden.

15.3 Die mechanische Festigkeit der Anschlüsse muß den Beanspruchungen im üblichen Betrieb gewachsen sein.

15.4 Wenn die Isolierung oder die Metallabschirmung durch das Entfernen des Kunststoffmantels freiliegt, müssen diese erforderlichenfalls vor einer Zerstörung durch Wettereinflüsse, UV-Strahlen oder Ozon geschützt werden.

ANMERKUNG: Typische Beispiele für Anschlüsse von Leuchtröhren sind in den Bildern 2, 3 und 4 dargestellt.

16 Leuchtröhrenhalter

16.1 Leuchtröhrenhalter müssen so gegen Erde isoliert sein, daß sie für die Ausgangs-Leerlaufspannung des Transformators, Umrichters oder Wechselrichters, der die Leuchtröhren speist, geeignet sind.

ANMERKUNG: Sie dürfen aus Metall auf einem Isolator montiert oder vollständig aus Isolierwerkstoff hergestellt sein.

16.2 Die Kriech- und Luftstrecken zwischen der Glasrohrwand der Leuchtröhre oder einer am Rohr anliegenden Metallklammer und geerdeten Metallteilen müssen mindestens folgende Werte besitzen (in Millimeter):

Kriechstrecke: $D = U$

Luftstrecke: $C = 0{,}75\ U$

Dabei ist U die Ausgangs-Leerlaufspannung (in Kilovolt) des die Anlage speisenden Transformators, Wechselrichters oder Umrichters.

16.3 Der Isolierwerkstoff darf nicht zerstört werden, wenn in der Nähe der Leuchtröhre UV-Strahlung und Ozon auftreten. Außerdem muß er selbstverlöschende Eigenschaften nach 13.3 von EN 60598-1:1993 haben.

ANMERKUNG: Materialien als geeignete Werkstoffe sind Glas, glasierte Keramik und Polycarbonate.

16.4 Leuchtröhrenhalter müssen die Leuchtröhren unter üblichen Betriebsbedingungen sicher halten, ohne daß diese mechanisch überbeansprucht oder beschädigt werden.

ANMERKUNG: Leuchtröhrenhalter sollten verstellbar sein, um Fertigungstoleranzen zwischen der Leuchtröhre und deren Montagefläche ausgleichen zu können.

17 Elektromagnetische Verträglichkeit

17.1 Leuchtröhrenanlagen und Leuchtröhrengeräte müssen den Anforderungen in EN 55015 betreffend die Grenzwerte und Meßverfahren von Funkstörungen und EN 61000-3-2 betreffend die Grenzwerte für Oberschwingungsströme und EN 61547 bezüglich der Störfestigkeit entsprechen.

ANMERKUNG: Die Anforderungen an Leuchtröhrenanlagen im Hinblick auf Funkstörungen sind noch in Beratung.

17.2 Die zur Vermeidung von Funkstörungen nach 17.1 eingesetzten Bauteile müssen für die Spannungen, Ströme und Frequenzen ausgelegt sein, mit denen sie betrieben werden.

18 Prüfen der Anlagen

18.1 Mit Ausnahme von kleinen ortsveränderlichen Geräten, für die eine Herstellerbescheinigung zur Normenkonformität vorliegt, müssen Leuchtröhrenanlagen und Leuchtröhrengeräte entsprechend 18.2 besichtigt und entsprechend 18.3 geprüft werden.

18.2 Nach Beendigung der Montage muß der Errichter durch Besichtigen feststellen, ob die Leuchtröhrenanlage oder das Leuchtröhrengerät dieser Norm entspricht.

ANMERKUNG: Insbesondere muß darauf geachtet werden, daß

a) die Bauart der elektrischen Leitungen und deren Verlegung;

b) die Anschlüsse auf der Hochspannungsseite;

c) die Luft- und Kriechstrecken;

d) die Erdungsverbindungen;

e) die mechanischen Bauelemente der Leuchtröhrenanlage oder des Leuchtröhrengerätes mit dieser Norm übereinstimmen.

18.3 Nach Besichtigung der Leuchtröhrenanlage oder des Leuchtröhrengerätes, wie in 18.2 angegeben, müssen die folgenden Erprobungen und elektrischen Messungen durchgeführt werden:

a) Erdschlußschutz- und Leerlauf-Schutzeinrichtung müssen entsprechend den Anweisungen des Lieferanten dieser Geräte erprobt werden. Solche Erprobungen müssen sicherstellen, daß diese Geräte richtig funktionieren und auch richtig montiert sind (siehe 10.5 g) und 10.9 f)).

ANMERKUNG 1: Solche Erprobungen dienen nicht zur Kontrolle der Leistungsmerkmale der Geräte, da diese vom Lieferanten bescheinigt werden müssen.

b) Werden die Leuchtröhren nicht mit einem Konstantstrom-Transformator, -Wechselrichter oder -Umrichter betrieben, muß der Röhrenstrom in jedem Stromkreis gemessen werden. Dies geschieht, um sicherzustellen, daß der Betriebsstrom innerhalb der vom Hersteller des Transformators, Wechselrichters oder Umrichters angegebenen Toleranzen liegt.

ANMERKUNG 2: Diese Messung wird am besten dort durchgeführt, wo die Anlage hergestellt oder komplettiert wird. Hier können die entsprechenden Leuchtröhren zusammen mit deren Transformatoren, Wechselrichtern oder Umrichtern bequem auf einer Werkbank zusammengeschaltet und einreguliert werden.

19 Aufschriften und Dokumentationen

19.1 Folgende Aufschriften müssen dauerhaft und gut lesbar in Form eines Schildes oder Etiketts entweder direkt an der Leuchtröhrenanlage oder dem Leuchtröhrengerät oder in deren Nähe, an einer gut sichtbaren Stelle, angebracht sein:

a) Name und Anschrift des Herstellers oder des Errichters der Anlage;

b) Jahr der Montage.

19.2 Um die Instandhaltung der Leuchtröhrenanlagen und Leuchtröhrengeräte zu erleichtern, muß der Errichter dem Betreiber einen vereinfachten Schaltplan, ein Datenblatt oder ähnliche Unterlagen aushändigen, woraus ersichtlich ist, welche Transformatoren, Wechselrichter oder Umrichter zusammen mit welchen Leuchtröhren betrieben werden.

19.3 Die in 19.2 genannten Unterlagen müssen nach jeder Instandhaltung, die zu Änderungen in den Stromkreisen der Leuchtröhrengeräte bzw. Leuchtröhrenanlagen geführt hat, berichtigt werden.

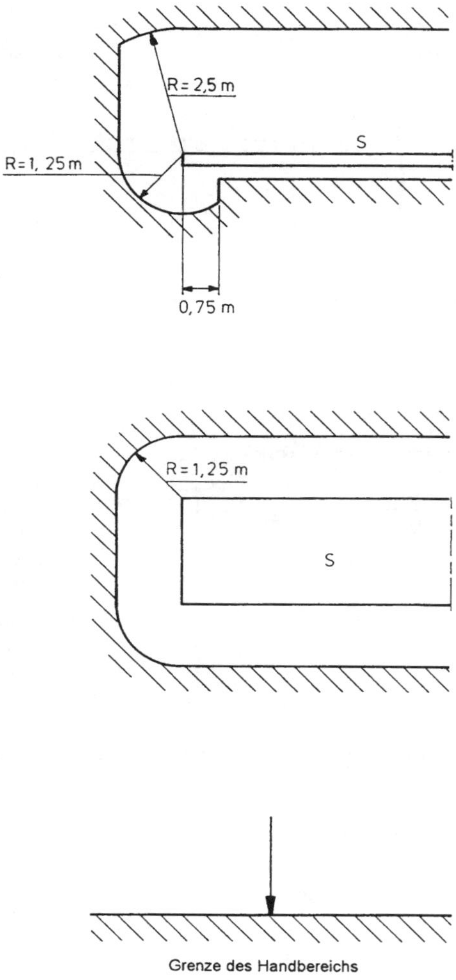

Bild 1: Reichweite innerhalb des „Handbereichs“

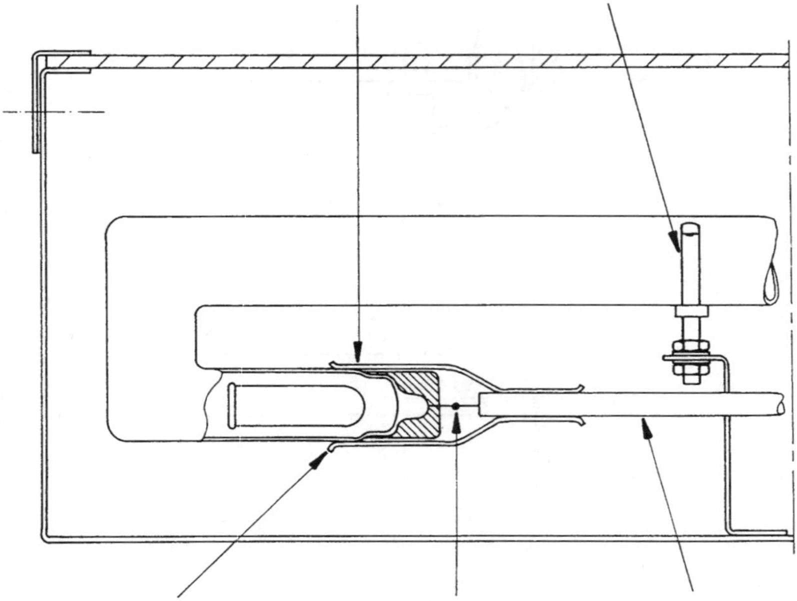

Bild 2: Beispiel eines von innen ausgeleuchteten Buchstaben-/Zeichengehäuses

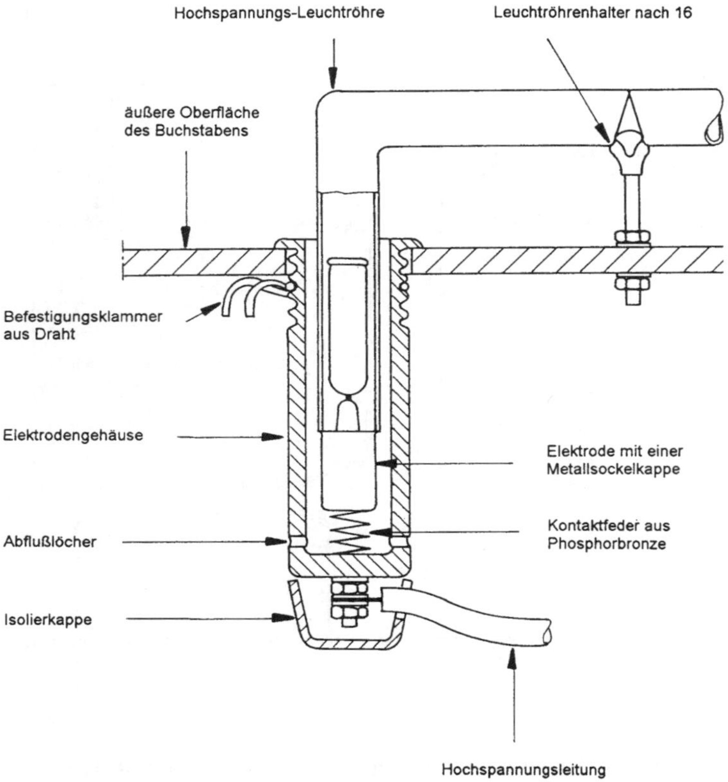

Bild 3: Querschnitt eines Elektrodengehäuses, das durch eine Metall-Frontseite geführt wird

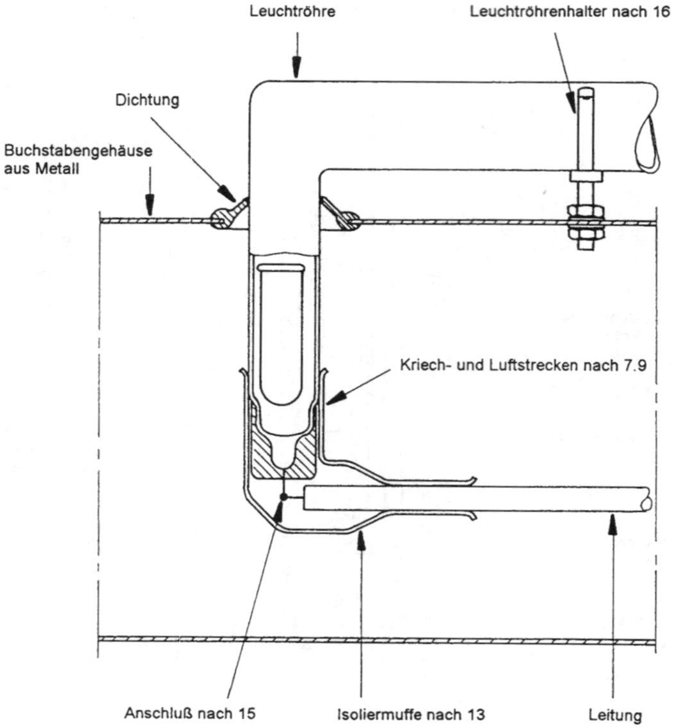

Bild 4: Typische, freiliegende Leuchtröhre, deren Elektroden durch eine Metallwand geführt werden

Anhang A (informativ)

Liste der in EN 50143 beschriebenen Leuchtröhrenleitungen

Leitungsbauart „A“: Eine eindrähtige, einadrige, bis 85 °C beständige, gummiisolierte Leitung mit Bleischirm ohne Mantel.

Leitungsbauart „B“: Eine feindrähtige, einadrige, bis 150 °C beständige, mit Silikongummi isolierte Leitung.

Leitungsbauart „C“: Eine feindrähtige, einadrige, bis 150 °C beständige, mit Silikongummi isolierte Leitung, mit einem Mantel entweder aus PVC oder einem polymeren Kunststoff mit geringer Entwicklung von Rauch und giftigen Gasen im Brandfall.

Leitungsbauart „D“: Eine feindrähtige, einadrige, bis 150 °C beständige, mit Silikongummi isolierte Leitung, mit einer Drahtumflechtung und einem Mantel, entweder aus PVC oder einem polymeren Kunststoff mit geringer Entwicklung von Rauch und giftigen Gasen im Brandfall.

Leitungsbauart „E“: Eine feindrähtige, einadrige, PVC-isolierte Leitung, mit einem Mantel aus Zinkband und einem mehrdrähtigen Schutzleiter. Die Leitung hat einen Außenmantel aus PVC.

Leitungsbauart „F“: eine feindrähtige, einadrige PVC-isolierte Leitung mit einem mehrdrähtigen Schutzleiter und einem Außenmantel aus PVC.

Leitungsbauart „G“: Eine feindrähtige, einadrige, PVC-isolierte Leitung.

Leitungsbauart „H“: Eine feindrähtige, einadrige, PE-isolierte Leitung mit einem Außenmantel aus PVC. Die Wanddicke (Nennwert) der Polyethylenisolierung beträgt 3 mm.

Leitungsbauart „K“: Eine feindrähtige, einadrige, PE-isolierte Leitung mit einem Außenmantel aus PVC. Die Wanddicke (Nennwert) der Polyethylenisolierung beträgt 1,5 mm.

Anhang B (normativ)

Besondere nationale Bedingungen

Besondere nationale Bedingung: Nationale Eigenschaft oder Praxis, die nicht – selbst nach einem längeren Zeitraum – geändert werden kann, z. B. klimatische Bedingungen, elektrische Erdungsbedingungen. Wenn sie die Harmonisierung beeinflußt, ist sie Teil der Europäischen Norm oder des Harmonisierungsdokumentes.

Für Länder, für die die betreffenden besonderen nationalen Bedingungen gelten, sind diese normativ; für die anderen Länder hat diese Angabe informativen Charakter.

Abschnitt	Besondere nationale Bedingung
14.4	**Frankreich** Für Anlageninstallation in oder unter Putz ist nach Spalte 4 ein zusätzlicher Schutz erforderlich.
15.1	**Frankreich** Die Elektrodenanschlüsse müssen mit Klemmen nach EN 60999-1 ausgeführt werden.

Anhang C (informativ)

A-Abweichungen

A-Abweichung: Nationale Eigenschaft, die auf Vorschriften beruht, deren Veränderung zum gegenwärtigen Zeitpunkt außerhalb der Kompetenz des CENELEC-Mitglieds liegt.

Die Europäische Norm fällt nicht unter eine EG-Richtlinie.

In den betreffenden CENELEC-Ländern gelten diese A-Abweichungen anstelle der Festlegungen der Europäischen Norm so lange, bis sie zurückgezogen sind.

Abschnitt	Abweichung
7.4	Frankreich (Erlaß vom 8. Dezember 1988) Die Schutzart muß mindestens IP3X oder IPXXC sein.

DK 621.316.98.002.2
: 001.4 : 620.1

November 1982

	Blitzschutzanlage Allgemeines für das Errichten [VDE-Richtlinie]	DIN 57 185 Teil 1

Lightning protection system;
General with regard to installation
[VDE Guide]

Diese Norm ist zugleich eine VDE-Richtlinie im Sinne von VDE 0022 und in das VDE-Vorschriftenwerk unter nebenstehender Nummer aufgenommen.

VDE
0185
Teil 1/11.82

Für den Anwendungsbereich dieser Norm bestehen keine entsprechenden regionalen oder internationalen Normen.
Diese Norm wurde von der Arbeitsgemeinschaft für Blitzschutz und Blitzableiterbau e. V. (ABB) zusammen mit dem Komitee 251 „Errichtung von Blitzschutzanlagen" der DKE erarbeitet.
Sie ersetzt die 8. Auflage des Buches „Blitzschutz und Allgemeine Blitzschutzbestimmungen", die der damalige Ausschuß für Blitzableiterbau ABB im Jahre 1968 erarbeitet und herausgegeben hatte.

Beginn der Gültigkeit

Diese Norm gilt ab 1. November 1982[1]).
Für in Planung oder in Bau befindliche Anlagen gelten daneben die „Allgemeinen Blitzschutzbestimmungen" der ABB noch bis zum 31. Oktober 1984.

1) Genehmigt vom Vorstand des VDE im November 1981
und den Delegierten der ABB am 15. Oktober 1980,
bekanntgegeben in etz-b 30 (1978) Heft 3 und etz 103 (1982) Heft 19.

Fortsetzung Seite 2 bis 48

Deutsche Elektrotechnische Kommission im DIN und VDE (DKE)

Inhalt

1 Anwendungsbereich

1.1 Diese Norm gilt für das Errichten einschließlich Planen, Erweitern und Ändern von Blitzschutzanlagen.
Anmerkung:
Diese Norm enthält keine Angaben über die Blitzschutzbedürftigkeit baulicher Anlagen. Welche baulichen Anlagen Blitzschutz erhalten sollen, richtet sich nach den einschlägigen Verordnungen und Verfügungen der zuständigen Aufsichtsbehörden, nach den Unfallverhütungsvorschriften der Berufsgenossenschaften, den Empfehlungen der Sachversicherer usw. oder nach dem Auftrag der Bauherren.

1.2 Für das Errichten von Blitzschutzanlagen für besondere Anlagen gilt zusätzlich DIN 57 185 Teil 2/VDE 0185 Teil 2.

1.3 Für den inneren Blitzschutz bezüglich elektrischer Anlagen gelten die entsprechenden Festlegungen in VDE 0100, VDE 0675 Teil 1, DIN 57 675 Teil 2/VDE 0675 Teil 2, DIN 57 675 Teil 3/VDE 0675 Teil 3, VDE 0800 Teil 1, DIN 57 800 Teil 2/VDE 0800 Teil 2 und DIN 57 845/VDE 0845.
Anmerkung:
Es ist beabsichtigt, die derzeit im Abschnitt 6 enthaltenen Festlegungen für den inneren Blitzschutz bezüglich elektrischer Anlagen zum späteren Zeitpunkt in die vorgenannten Normen zu überführen.

2 Begriffe

2.1 Blitzschutzanlage
Blitzschutzanlage ist die Gesamtheit aller Einrichtungen für den äußeren und inneren Blitzschutz der zu schützenden Anlage.

2.1.1 **Äußerer Blitzschutz** ist die Gesamtheit aller außerhalb, an und in der zu schützenden Anlage verlegten und bestehenden Einrichtungen zum Auffangen und Ableiten des Blitzstromes in die Erdungsanlage.

2.1.2 **Innerer Blitzschutz** ist die Gesamtheit der Maßnahmen gegen die Auswirkungen des Blitzstromes und seiner elektrischen und magnetischen Felder auf metallene Installationen und elektrische Anlagen im Bereich der baulichen Anlage.

2.1.3 **Isolierte Blitzschutzanlage** ist eine Blitzschutzanlage, bei der die Fangeinrichtungen und Ableitungen durch Abstand oder elektrische Isolation von der zu schützenden Anlage getrennt errichtet sind.

2.1.4 **Fangeinrichtung** ist die Gesamtheit der metallenen Bauteile auf, oberhalb, seitlich oder neben der baulichen Anlage, die als Einschlagspunkte für den Blitz dienen.

2.1.5 **Schutzbereich** ist der durch eine Fangeinrichtung gegen Blitzeinschläge als geschützt geltende Raum.

2.1.6 **Schutzwinkel** ist der Winkel zwischen der Vertikalen und der äußeren Begrenzungslinie des Schutzbereiches durch einen beliebigen Punkt einer Fangeinrichtung.

2.1.7 **Ableitung** ist eine elektrisch leitende Verbindung zwischen einer Fangeinrichtung und einem Erder.

2.1.8 **Trennstelle** ist eine lösbare Verbindung in einer Ableitung zur meßtechnischen Prüfung der Blitzschutzanlage.

2.2 Erde, Erder, Erden

2.2.1 **Erde** ist die Bezeichnung sowohl für die Erde als Ort als auch für die Erde als Stoff, z. B. die Bodenarten Humus, Lehm, Sand, Kies, Gestein.

2.2.2 **Erder** ist ein Leiter, der in die Erde eingebettet ist und mit ihr in leitender Verbindung steht oder ein Leiter, der in Beton eingebettet ist, der mit der Erde großflächig in Berührung steht (z. B. Fundamenterder, siehe Abschnitt 2.2.11).

2.2.3 **Erdungsleitung** ist eine Leitung, die einen zu erdenden Anlageteil mit einem Erder verbindet, soweit sie außerhalb der Erde oder isoliert in Erde verlegt ist.

2.2.4 **Erdungsanlage** ist eine örtlich begrenzte Gesamtheit leitend miteinander verbundener Erder oder in gleicher Weise wirkender Metallteile und Erdungsleitungen.

2.2.5 **Erden** heißt, einen elektrisch leitfähigen Teil (z. B. die Blitzschutzanlage) über eine Erdungsanlage mit der Erde zu verbinden.

2.2.6 **Erdung** ist die Gesamtheit aller Mittel und Maßnahmen zum Erden.

2.2.7 **Blitzschutzerdung** ist die Erdung einer Blitzschutzanlage zur Ableitung des Blitzstromes in die Erde.

2.2.8 **Oberflächenerder** ist ein Erder, der im allgemeinen in geringer Tiefe von mindestens 0,5 m eingebracht wird. Er kann z. B. aus Rund- oder Flachleitern bestehen und als Ring-, Strahlen- oder Maschenerder oder als Kombination aus diesen ausgeführt sein.

2.2.8.1 **Ringerder** ist ein Oberflächenerder, der möglichst als geschlossener Ring um das Außenfundament der baulichen Anlage verlegt ist.

2.2.8.2 **Strahlenerder** ist ein Oberflächenerder aus Einzelleitern, die strahlenförmig auseinanderlaufen.

2.2.8.3 **Maschenerder** ist ein Oberflächenerder, der durch netzförmiges Verlegen des Erders den Erdungswiderstand verringert und die Schrittspannung vermindert.

2.2.9 **Staberder** ist ein im allgemeinen senkrecht in die Erde eingebrachter einteiliger Stab.

2.2.10 **Tiefenerder** ist ein Erder, der im allgemeinen senkrecht in größeren Tiefen eingebracht wird. Er kann aus Rohr-, Rund- oder anderem Profilmaterial bestehen und zusammensetzbar sein.

2.2.11 **Fundamenterder** ist ein Leiter, der in das Betonfundament einer baulichen Anlage eingebettet ist (siehe Abschnitt 2.2.2)[2].

2.2.12 **Natürlicher Erder** ist ein mit der Erde oder mit Wasser unmittelbar oder über Beton in Verbindung stehendes Metallteil, dessen ursprünglicher Zweck nicht die Erdung ist, das aber als Erder wirkt.
Anmerkung:
Hierzu gehören z. B. Bewehrungen von Betonfundamenten und -pfählen, Stahlteile in Fundamenten, Spundwände und Rohrleitungen.

2.2.13 **Erdungswiderstand** eines Erders oder einer Erdungsanlage ist der Widerstand zwischen dem Erder oder der Erdungsanlage und der Bezugserde.

2.2.14 **Bezugserde** (neutrale Erde) ist ein Bereich der Erde, der außerhalb des Einflußbereiches des Erders bzw. der Erdungsanlage liegt, wobei zwischen beliebigen Punkten keine vom Erdungsstrom herrührenden Spannungen auftreten.

2.2.15 **Spezifischer Erdwiderstand** ρ_E ist der spezifische elektrische Widerstand der Erde. Er wird in $\Omega\ m^2/m = \Omega\ m$ angegeben und stellt dann den Widerstand eines Erdwürfels von 1 m Kantenlänge zwischen zwei gegenüberliegenden Würfelflächen dar.

2.3 Ströme und Spannungen bei Erdungsanlagen

2.3.1 **Erdungsstrom** ist der durch einen Erder oder eine Erdungsanlage in die Erde fließende Strom.

2.3.2 **Erdungsspannung** ist die bei Stromfluß zwischen einem Erder oder einer Erdungsanlage und der Bezugserde auftretende Spannung.

2.3.3 **Berührungsspannung** ist der Teil der Erdungsspannung, der von Menschen überbrückt werden kann, wobei der Stromweg über den menschlichen Körper von Hand zu Fuß oder von Hand zu Hand verläuft.

2.3.4 **Schrittspannung** ist der Teil der Erdungsspannung, der von Menschen mit einem Schritt von 1 m Länge überbrückt werden kann, wobei der Stromweg über den menschlichen Körper von Fuß zu Fuß verläuft.

2.4 Potentialsteuerung und Isolierung des Standortes

2.4.1 **Potentialsteuerung** ist eine Maßnahme zur Beeinflussung des Erdoberflächenpotentials durch eine besondere Anordnung von Erdern zur Verminderung von Berührungs- und Schrittspannungen.

2.4.2 **Isolierung des Standortes** ist eine Maßnahme zur Herstellung eines Isolationswiderstandes zwischen Standort und Erde oder auch z. B. zwischen Masten und Standort zum Schutz gegen gefährliche Berührungs- und Schrittspannungen.

---

2) Siehe auch „Richtlinien für das Einbetten von Fundamenterdern in Gebäudefundamente". Herausgegeben von der Vereinigung Deutscher Elektrizitätswerke e. V. – VDEW.

2.5 Potentialausgleich

2.5.1 **Potentialausgleich nach VDE 0190** ist das Beseitigen von Potentialunterschieden (im Zusammenhang mit dem Betrieb elektrischer Verbraucheranlagen), z. B. zwischen dem Schutzleiter der Starkstromanlage und Wasser-, Gas- und Heizrohrleitungen sowie zwischen diesen Rohrleitungen untereinander.
Das Beseitigen von Potentialunterschieden bei Blitzeinwirkung erfordert Maßnahmen, die über die Anforderungen nach VDE 0190 hinausgehen. Die Blitzschutzanlage wird dazu mit weiteren metallenen Installationen über Leitungen oder Trennfunkenstrecken, falls erforderlich auch mit aktiven Teilen von elektrischen Anlagen über Überspannungsschutzgeräte verbunden.
Diese Maßnahmen werden im folgenden kurz „Blitzschutz-Potentialausgleich" genannt.

2.5.2 **Potentialausgleichsleitung** ist eine zum Herstellen des Potentialausgleichs dienende elektrisch leitende Verbindung.

2.5.3 **Potentialausgleichsschiene** ist eine metallene Schiene zum Anschließen der Erdungsleitungen, der Potentialausgleichsleitungen und gegebenenfalls des Schutzleiters.

2.5.4 **Trennfunkenstrecke** für eine Blitzschutzanlage ist eine Funkenstrecke zur Trennung von elektrisch leitfähigen Anlageteilen. Bei einem Blitzeinschlag werden die Anlageteile durch Ansprechen der Funkenstrecke vorübergehend leitend verbunden.

2.5.5 **Ventilableiter** ist ein Überspannungsschutzgerät zur Verbindung der Blitzschutzanlage mit aktiven Teilen der Starkstromanlage, z. B. bei Gewitterüberspannungen. Er besteht im wesentlichen aus in Reihe geschalteter Funkenstrecke und spannungsabhängigem Widerstand.

2.6 Metallene Installationen, elektrische Anlagen

2.6.1 **Metallene Installationen** sind alle in und an der zu schützenden Anlage vorhandenen großen metallenen Einrichtungen, wie Wasser-, Gas-, Heizungs-, Feuerlösch- und sonstige Rohrleitungen, Gebläserohre, Treppen, Klima- und Lüftungskanäle, Hebezeuge, Führungsschienen von Aufzügen, Metalleinsätze in Schornsteinen, metallene Umhüllungen abgeschirmter Räume.

2.6.2 **Isolierstück** ist eine elektrisch nichtleitende Rohrverbindung. Es dient zur Unterbrechung der elektrischen Längsleitfähigkeit einer Rohrleitung (siehe DIN 3389).

2.6.3 **Elektrische Anlagen** sind Starkstrom- und Fernmeldeanlagen einschließlich elektrischer MSR-Anlagen.

2.6.3.1 **Starkstromanlagen** sind elektrische Anlagen mit Betriebsmitteln zum Erzeugen, Umwandeln, Speichern, Fortleiten, Verteilen und Verbrauchen elektrischer Energie mit dem Zweck des Verrichtens von Arbeit, z. B. in Form von mechanischer Arbeit, zur Wärme- und Lichterzeugung oder bei elektrochemischen Vorgängen.

2.6.3.2 **Fernmeldeanlagen** einschließlich Informationsverarbeitungsanlagen (im folgenden kurz Fernmeldeanlagen genannt) sind Anlagen zur Übertragung und Verarbeitung von Nachrichten und Fernwirkinformationen mit elektrischen Betriebsmitteln. Hierzu zählen z. B. elektrische MSR-Anlagen. Dies sind Anlagen mit Meß-, Steuer- und Regeleinrichtungen zum Erfassen und Verarbeiten von Meßwerten (Meßgrößen).

2.7 Dachständer

2.7.1 **Freileitungs-Dachständer** ist ein Stützpunkt des als Freileitung ausgeführten Verteilungsnetzes.

2.7.2 **Installations-Dachständer** ist Bestandteil einer Verbraucheranlage; er enthält Leitungen hinter dem Zähler, die z. B. von einem Wohnhaus zu einem Nebengebäude führen.

2.8 Näherung, Näherungsspannung

2.8.1 **Näherung** ist ein zu geringer Abstand zwischen Blitzschutzanlage und metallenen Installationen oder elektrischen Anlagen, bei der die Gefahr eines Über- oder Durchschlages bei Blitzeinschlag besteht.

2.8.2 **Näherungsspannung** ist die bei einem Blitzeinschlag in die Blitzschutzanlage an der Näherung auftretende Spannung.

2.9 Fachkraft
Als **Fachkraft** (Fachmann) gilt, wer auf Grund seiner fachlichen Ausbildung, Kenntnisse und Erfahrungen sowie Kenntnis der einschlägigen Bestimmungen die ihm übertragenen Arbeiten beurteilen und mögliche Gefahren erkennen kann.
Anmerkung:
Zur Beurteilung der fachlichen Ausbildung kann auch eine mehrjährige Tätigkeit auf dem betreffenden Arbeitsgebiet herangezogen werden.

3 Allgemeine Anforderungen

3.1 Blitzschutzanlagen sind so zu planen und mit solchen Bauteilen und Werkstoffen zu errichten, daß bauliche Anlagen, Personen und Sachwerte gegen Blitzeinwirkungen möglichst dauerhaft geschützt werden. Diese Anforderung gilt als erfüllt, wenn die Blitzschutzanlage allen Anforderungen dieser Norm entspricht.

3.2 Eine Blitzschutzanlage muß aus Fangeinrichtungen, Ableitungen und Erdung bestehen; hinzu kommen die gegebenenfalls erforderlichen Maßnahmen für den inneren Blitzschutz.

3.3 Für die Blitzschutzanlage müssen Planungsunterlagen (Zeichnung mit Beschreibung) angefertigt werden, aus denen alle wesentlichen Einzelheiten der zu schützenden Anlage und der Blitzschutzanlage sowie die Maßnahmen für den inneren Blitzschutz entnommen werden können (siehe z. B. DIN 48 830, zur Zeit Entwurf). Für einfache Anlagen genügt eine Zeichnung mit Erläuterungen.

3.4 Fangeinrichtungen und Ableitungen müssen an den baulichen Anlagen so verlegt und befestigt werden und Leitungen im Erdreich müssen so geführt werden, daß sie außer den durch Blitzstrom zu erwartenden Beanspruchungen auch den zusätzlichen mechanischen Kräften, Temperaturschwankungen, Korrosionseinflüssen usw. standhalten und den Anforderungen nach Abschnitt 4 und Tabellen 1 und 2 entsprechen.

3.5 Blitzschutzanlagen müssen durch Fachkräfte errichtet werden.

3.6 Werden beim Errichten der Blitzschutzanlage auch Arbeiten an oder in der Nähe von elektrischen Anlagen durchgeführt, so sind die einschlägigen VDE-Bestimmungen (z. B. VDE 0100, DIN 57 105 Teil 1/VDE 0105 Teil 1) zu beachten.

4 Anforderungen an Bauteile

4.1 Werkstoffe, Bauteile und Betriebsmittel

4.1.1 Fangeinrichtungen, Ableitungen und Erder müssen den Werkstoffen und Mindestmaßen der Tabellen 1 und 2 entsprechen.

4.1.2 Bauteile und Betriebsmittel müssen den Festlegungen der einschlägigen VDE-Bestimmungen und DIN-Normen entsprechen. Werden Bauteile verwendet, die nicht genormt sind, so müssen sie hinsichtlich Querschnitt, Korrosionsschutz, elektrischer Verbindung und mechanischer Festigkeit den genormten Bauteilen mindestens gleichwertig sein.

4.1.2.1 Schrauben und Muttern müssen DIN 48 801 entsprechen. Verbindungen von Leichtmetallbauteilen mittels Schrauben müssen mit Federringen aus nichtrostendem Werkstoff, z. B. nach DIN 17 440, Ausgabe Dezember 1972, Werkstoffnummer 1.4301, gesichert werden.

4.1.2.2 Leitungshalter müssen dem Werkstoff der Leitungen angepaßt werden und können aus feuerverzinktem Stahl, Temperguß, Kupfer, Rotguß, Zinkdruckguß oder Kunststoff bestehen; sie müssen den einschlägigen DIN-Normen entsprechen.

4.1.2.3 Kunststoffmäntel von Leitungen für die Verwendung im Freien müssen wetterbeständig sein.

4.1.3 Trennfunkenstrecken für Blitzschutzanlagen müssen dem Anwendungszweck angepaßt sein (Norm in Vorbereitung).

4.1.4 Ventilableiter müssen VDE 0675 Teil 1 entsprechen.

4.1.5 Überspannungsschutzeinrichtungen für Fernmeldeanlagen müssen DIN 57 845/VDE 0845 entsprechen.

4.2 Verbindungen

4.2.1 Verbindungen müssen durch Klemmen, Kerben, Schrauben, Schweißen, Löten oder oberirdisch auch durch Nieten oder Falzen hergestellt werden. Würgeverbindungen oder Verbindungen mit Gewindestiften dürfen nicht verwendet werden. Im Beton dürfen auch Keilverbinder verwendet bzw. darf verrödelt werden.
Anmerkung:
Für die Prüfung von Verbindungsbauteilen ist eine Norm in Vorbereitung.

4.2.2 Für Verbindungen und Anschlüsse mittels Schrauben von Flachleitern an Flachleitern sowie von Flachleitern an Stahlkonstruktionen gelten folgende Mindestanforderungen:
- zwei Schrauben mindestens M8
  oder
- eine Schraube mindestens M10.

4.2.3 Anschlüsse von Flachleitern an Blechen mit weniger als 2 mm Dicke müssen mit Gegenplatten mit mindestens 10 cm^2 Fläche unterlegt und mit zwei Schrauben mindestens M8 verschraubt werden.

4.2.4 Sind Bleche nur einseitig zugänglich, so ist ein Anschluß von Flachleitern mittels Blindnieten, Blindeinnietmuttern oder bei Blechen mit mindestens 2 mm Dicke auch mittels Blechtreibschrauben zulässig. Es müssen dann mindestens 5 Blindnieten von 3,5 mm Durchmesser oder 4 Blindnieten von 5 mm Durchmesser oder 2 Schrauben M6 oder 2 Blechtreibschrauben 6,3 mm Durchmesser aus nichtrostendem Stahl, z. B. DIN 17 440, Ausgabe Dezember 1972, Werkstoffnummer 1.4301, verwendet werden. Zugnägel von Blindnieten müssen aus nichtrostendem Stahl bestehen.

4.2.5 Schweißnähte sollen mindestens 100 mm lang und etwa 3 mm dick sein. Bei Lötverbindungen an Blechen muß die verlötete Fläche mindestens 10 cm^2 betragen.
Schweiß- und Lötverbindungen müssen allseitig dicht hergestellt sein.

4.2.6 Verbindungen im Erdreich müssen nach der Montage gegen Korrosion geschützt werden, z. B. mit Korrosionsschutzbinde oder Bitumenmasse.

4.3 Maßnahmen gegen Korrosion
Durch Verwenden von Werkstoffen nach den Tabellen 1 und 2 ist im allgemeinen ein ausreichender Korrosionsschutz sichergestellt. An Stellen erhöhter Korrosionsgefahr, z. B. bei Schrauben-, Niet- und Schweißverbindungen, sind zusätzliche Maßnahmen erforderlich, z. B. geeignete Beschichtungen (Anstriche) oder Umhüllungen, Schutzbinden, Sonderwerkstoffe oder Trennung verschiedener Metalle.

4.3.1 Fangeinrichtungen, Ableitungen und oberirdische Verbindungen

4.3.1.1 In Bereichen mit besonders aggressiver Atmosphäre, z. B. durch Rauch und Abgase, müssen die jeweiligen chemischen Einwirkungen auf die Blitzschutzbauteile berücksichtigt werden.

4.3.1.2 Schnittflächen und Verbindungsstellen von Leitungen aus verzinktem Stahl sowie Leitungen in Schlitzen und Fugen, in abgeschlossenen, nicht zugängigen Hohlräumen und in feuchten Räumen müssen zusätzlich durch geeignete Beschichtungen (Anstriche) oder Umhüllungen geschützt werden.

4.3.1.3 Leitungen an Ein- und Austrittsstellen bei Putz, Mauerwerk und Beton müssen so verlegt werden, daß an den Leitungen ablaufendes Wasser nicht in die Wände eindringen kann (Tropfnasen).

4.3.1.4 Wenn Dächer, Wände, Aufsätze, Verkleidungen, Regenrinnen und dergleichen aus Kupfer bestehen, müssen Stahl- und Aluminiumleitungen so verlegt werden, daß über Kupfer abfließendes Regenwasser nicht auf diese Leitungen herabfließen kann. Wo das nicht möglich ist, müssen die tiefer liegenden Leitungen ebenfalls in Kupfer ausgeführt werden.

Tabelle 1. Werkstoffe für Fangeinrichtungen, Ableitungen, Verbindungsleitungen und ihre Mindestmaße

	1	*2*	*3*	*4*	*5*	*6*	*7*	*8*
	Bauteile	Werkstoff	festgelegt in	Mindestmaße				
				Rundleiter		Flachleiter		
				Durchmesser mm	Querschnitt mm^2	Breite mm	Dicke mm	Querschnitt mm^2
1	Fang-leitungen und Fang-spitzen bis 0,5 m Höhe	Stahl verzinkt	DIN 48 801	8	50	20	2,5	50
2		nichtrostender Stahl2)		10	78	30	3,5	105
3		Kupfer	DIN 48 801	8	50	20	2,5	50
4		Kupfer mit 1 mm Bleimantel – Seil		19 x 1,8	50 Kupfer			
		Kupfer mit 1 mm Bleimantel – Rund		10 (8 Kupfer)	50 Kupfer			
5		Aluminium	DIN 48 801	10	78	20	4	80
		Alu-Knetleg.		8	50			
6	Fang-leitungen zum freien Überspannen von zu schützenden Anlagen	Stahlseil, verzinkt	DIN 48 201 Teil 3*)	19 x 1,8	50			
7		Kupferseil	DIN 48 201 Teil 1	7 x 2,5	35			
8		Aluminiumseil	DIN 48 201 Teil 5	7 x 2,5	35			
9		Alu-Stahl-Seil	DIN 48 204	9,6	50/8			
10		Aldrey-Seil	DIN 48 201 Teil 6	7 x 2,5	35			

Tabelle 1. (Fortsetzung)

	1	2	3	4	5	6	7	8
	Bauteile	Werkstoff	festgelegt in	Mindestmaße				
				Rundleiter		Flachleiter		
				Durchmesser mm	Querschnitt mm²	Breite mm	Dicke mm	Querschnitt mm²
11	Fang-stangen	Stahl verzinkt	DIN 48 802	16; 20[3])				
12		nichtrostender Stahl[2])		16; 20[3])				
13		Kupfer	DIN 48 802	16; 20[3])				
14	Winkel-rahmen für Schornsteine	Stahl verzinkt[1])	DIN 48 814			50/50	5	
15		nichtrostender Stahl[2])				50/50	4	
16		Kupfer				50/50	4	
17	Blech-ein-deckungen[7])	Stahl verzinkt	DIN 17 162 Teil 1 und Teil 2				0,5	
18		Kupfer					0,3	
19		Blei					2,0	
20		Zink					0,7	
21		Aluminium und Al-Legierung					0,5	

Tabelle 1. (Fortsetzung)

	1	2	3	4	5	6	7	8
	Bauteile	Werkstoff	festgelegt in	Mindestmaße				
				Rundleiter		Flachleiter		
				Durchmesser mm	Querschnitt mm²	Breite mm	Dicke mm	Querschnitt mm²
22	Ableitungen und oberirdische Verbindungsleitungen	Stahl verzinkt	DIN 48 801	8; 10³); 16⁴)	50; 78, 200	20 30	2,5 3,5	50 105
23		nichtrostender Stahl²)		10, 12³); 16⁴)	78, 113, 200	30 30	3,5³) 4⁴)	105 120
24		Kupfer¹⁰)	DIN 48 801	8	50	20	2,5	50
25		Kupfer mit 1 mm Bleimantel – Seil		19 x 1,8	50 (Kupfer)			
		Kupfer mit 1 mm Bleimantel – Rund		10 (8 Kupfer)	50 (Kupfer)			
26		Aluminium⁷)	DIN 48 801	10	78	20	4	80
		Alu-Knetleg.⁷)		8	50			
27		Stahl mit 1 mm⁷) Bleimantel		10 (8 Stahl)	50 (Stahl)			
28		Stahl verzinkt flexibel mit Kunststoffmantel			25⁶)			

Tabelle 1. (Fortsetzung)

	1	2	3	4	5	6	7	8
	Bauteile	Werkstoff	festgelegt in	Mindestmaße				
				Rundleiter		Flachleiter		
				Durchmesser mm	Querschnitt mm²	Breite mm	Dicke mm	Querschnitt mm²
29	Ableitungen, oberirdische und unterirdische Verbindungsleitungen[8])	Stahl mit[7]) Kunststoffmantel		8 (Stahl)				
30		Kabel NYY[7])	VDE 0271		16			
31		Kabel NAYY[7])	VDE 0271		25			
32		Leitung H07V-K[7]) [9])	DIN 57 281 Teil 103 VDE 0281 Teil 103		16; 50[5])			

*) Zur Zeit Entwurf
1) Nur Feuerverzinkung: Zinküberzug Schichtdicke: Mittelwert 70 µm, Einzelwert 55 µm
2) Zum Beispiel nach DIN 17 440, Ausgabe Dezember 1972, Werkstoffnummer 1.4301 oder 1.4541
3) Bei freistehenden Schornsteinen
4) Im Rauchgasbereich
5) Für Brückenlager, auch NSLFFÖU 50 mm² nach VDE 0250 verwendbar
6) Für kurze Verbindungsleitungen
7) Nicht bei freistehenden Schornsteinen
8) Für Blitzschutz-Potentialausgleichsleitungen siehe auch Abschnitt 6.1.1.2
9) Nicht für unterirdische Verbindungsleitungen
10) Siehe Tabelle 2, Fußnote 5

4.3.1.5 Blanke Kupferleitungen dürfen nicht verwendet werden an Gebäuden mit großflächigen Bauteilen aus anderen leitfähigen Werkstoffen, z. B. Aluminium, Zink oder verzinktem Stahl und beschichteten Blechen aus diesen Werkstoffen, da diese durch Korrosion gefährdet wären. In solchen Fällen eignen sich verzinkte Stahlleitungen oder Aluminiumleitungen.

4.3.1.6 Bei der Verbindung von Bauteilen aus Stahl und Aluminium mit Bauteilen aus Kupfer sind zusätzliche Maßnahmen erforderlich, da die Werkstoffe an den Berührungsstellen sonst bei Feuchtigkeit korrodieren würden. In diesen Fällen sollen die Leitungshalter aus Kunststoff bestehen; metallene Leitungshalter müssen Zwischenlagen aus wetterfestem Kunststoff erhalten. Bei Verbindungen sind Einlagen aus Doppelmetall zu verwenden, oder die Verbindungsstellen sind gegen Korrosion zu schützen.
Bei derartigen Verbindungen sind Bleizwischenlagen unzulässig.

4.3.2 Erder
Für Werkstoffe von Erdern gilt Tabelle 2. In Gebieten mit besonders aggressiven Böden, z. B. in chemischen Betrieben, kann die Verwendung eines besonderen, gegen derartige Einflüsse beständigen Werkstoffes erforderlich sein.
Bei der Auswahl der Erderwerkstoffe müssen das Korrosionsverhalten des Erders und mögliche schädigende Auswirkungen auf damit verbundene andere Anlagen infolge elektrochemischer Elementbildung beachtet werden.
Anmerkung:

> Bei einer galvanischen Verbindung zwischen im Erdboden befindlichen Metallen mit stark unterschiedlichen Metall/Elektrolyt-Potentialen besteht wegen der hohen wirksamen Elementspannung eine besonders starke Korrosionsgefahr für die Metalle mit den negativeren Potentialwerten. Die Korrosionsgeschwindigkeit wird außer von der Größe der Elementspannung wesentlich vom Oberflächenverhältnis der anodisch und kathodisch wirkenden Bereiche, von der Polarisierbarkeit der Metalle und vom spezifischen Erdwiderstand beeinflußt. Nähere Angaben sind in einer in Vorbereitung befindlichen VDE-Richtlinie für Werkstoffe und Mindestmaße von Erdern bezüglich der Korrosion zu erwarten. Wenn eine elektrische Trennung der verschiedenen Metalle nicht möglich oder nicht erwünscht ist, können kathodische Korrosionsschutzmaßnahmen erforderlich werden; vergleiche die AfK-Empfehlung Nr 9 „Lokaler kathodischer Korrosionsschutz von unterirdischen Anlagen in Verbindung mit Stahlbetonfundamenten", herausgegeben von der Arbeitsgemeinschaft DVGW/VDE für Korrosionsfragen.
> Bei Beachtung folgender Festlegungen können Korrosionsschäden wenn nicht ganz vermieden, so doch erheblich verringert werden.

4.3.2.1 Erder sollen möglichst nicht aus Kupfer oder aus Stahl mit Kupfermantel bestehen.
Ist dies nicht zu vermeiden, so dürfen sie nur über Trennfunkenstrecken mit Rohrleitungen, Behältern aus Stahl oder Erdern aus verzinktem Stahl verbunden werden.

4.3.2.2 Erder aus verzinktem Stahl in Erde dürfen mit Bewehrungen von großen Stahlbetonfundamenten nur über Trennfunkenstrecken verbunden werden. Wenn elektrisch leitende Verbindungen unvermeidbar sind, darf als Werkstoff für Erder z. B. Kupfer mit Bleimantel oder Stahl mit Bleimantel verwendet werden.

4.3.2.3 Fundamenterder dürfen als Blitzschutzerder verwendet werden, wenn sie mit den notwendigen Anschlußfahnen versehen sind. Verbindungsleitungen (Anschlußfahnen) aus verzinktem Stahl von Fundamenterdern zu Ableitungen (Erdungsleitungen) sollen im Beton oder Mauerwerk bis oberhalb der Erdoberfläche verlegt werden; siehe Bild 1 (Leitungsführung a).
Innerhalb des Mauerwerkes müssen diese Leitungen mit einer Umhüllung gegen Korrosion geschützt werden.
Verbindungsstellen in Beton von Kupfer mit Stahl oder Kupfer mit verzinktem Stahl müssen mit einer Umhüllung gegen Korrosion geschützt werden.
Falls die Leitungen durch das Erdreich geführt werden müssen, siehe Bild 1 (Leitungsführung b), sind zu verwenden: kunststoff- oder bleiummantelte Leitungen oder Kabel NYY 1 x 50 mm².

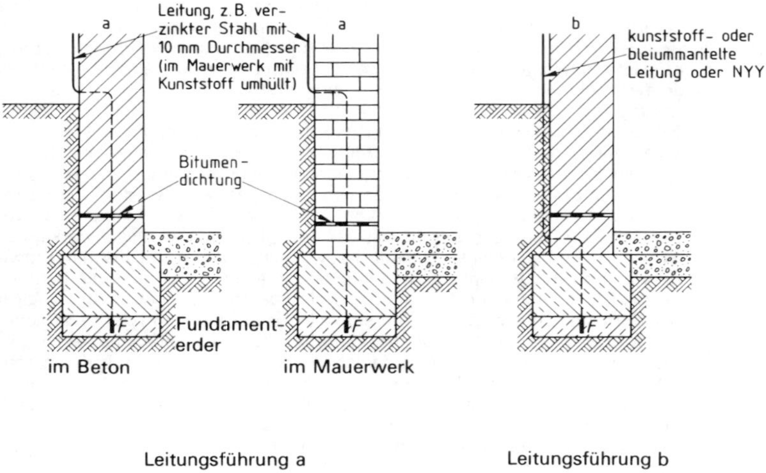

F = Fundamenterder
a = Leitungsführung in Beton oder Mauerwerk bis oberhalb der Erdoberfläche
b = Leitungsführung durch das Erdreich (für Bleiumhüllung im Beton Korrosionsschutz nach Abschnitt 4.3.2.4 erforderlich)

Bild 1. Anschlußfahnen an Fundamenterder für Ableitungen

Tabelle 2. Werkstoffe für Erder und ihre Mindestmaße

	1	2	3	4	5	6	7	
	Werkstoff	Form	festgelegt in	Mindestmaße				
				Kern			Überzug/Mantel	
				Durchmesser	Querschnitt	Dicke	Dicke	
							Einzelwerte	Mittelwerte
				mm	mm²	mm	µm	µm
1	Stahl-feuerverzinkt	Flach	DIN 48 801		100	3,5	55	70
2		Profil			100	3	55	70
3		Rohr		25		2	55	70
4		Rund für Tiefenerder	DIN 48 852 Teil 2	20			55	70
5		Rund für Oberflächenerder	DIN 48 801	10[4])			40[1])	50[1])
6		Rund für Erdeinführungen	DIN 48 802	16			55	70
7	Stahl mit Bleimantel[2])	Rund		8 (Stahl)			1 mm (Bleimantel)	
8	Stahl mit Kupfermantel	Rund für Tiefenerder		15 (Stahl)			2 mm (Kupfer)	

Tabelle 2. (Fortsetzung)

	1	2	3	4	5	6	7	
	Werkstoff	Form	festgelegt in	Mindestmaße				
				Kern			Überzug/Mantel	
				Durchmesser	Quer-schnitt	Dicke	Dicke	
							Einzel-werte	Mittel-werte
				mm	mm^2	mm	µm	µm
9	Kupfer	Flach[5])	DIN 48 801		50[3])	2		
10		Rund		8	50[3])			
11		Rund für Erd-einführungen	DIN 48 802	16				
12		Seil[5])		19 x 1,8	50[3])			
13		Rohr		20		2		
14	Kupfer mit Bleimantel[2])	Seil		19 x 1,8	50[3]) (Kupfer)		1 mm (Bleimantel)	
15		Rund		8 (Kupfer)	50[3]) (Kupfer)		1 mm (Bleimantel)	

[1]) Bei Verzinkung im Durchlaufbad zur Zeit fertigungstechnisch nur 50 µm herstellbar.

[2]) Nicht für unmittelbare Einbettung in Beton.

[3]) Bei Starkstromanlagen 35 mm^2.

[4]) Maß gilt nicht für Fernmeldeanlagen der Deutschen Bundespost.

[5]) Festlegungen für Kupferband, verzinkt und Kupferseil, verzinnt, werden in der in Vorbereitung befindlichen DIN/VDE-Norm „Werkstoffe und Mindestmaße von Erdern bezüglich der Korrosion" enthalten sein.

4.3.2.4 Kupferleitungen mit Bleimantel oder Stahlleitungen mit Bleimantel dürfen nicht unmittelbar in Beton gebettet werden. In diesem Fall ist eine zusätzliche Umhüllung gegen Korrosion erforderlich.

4.3.2.5 Erdeinführungsstangen aus verzinktem Stahl müssen ab der Erdoberfläche nach oben und nach unten mindestens auf 0,3 m gegen Korrosion geschützt werden. Dafür eignet sich eine nicht Feuchtigkeit aufnehmende Umhüllung, z. B. Band aus Butyl-Kautschuk.

4.3.2.6 Beim Verfüllen von Gräben und Gruben, in denen Erder verlegt sind, dürfen Schlacke, Kohleteile und Bauschutt nicht unmittelbar mit dem Erder in Berührung kommen.

5 Ausführung des äußeren Blitzschutzes

5.1 Fangeinrichtungen

5.1.1 Fangeinrichtungen am Gebäude

5.1.1.1 Vom Blitz bevorzugte Einschlagstellen auf Gebäuden sind z. B. Turm- und Giebelspitzen, Schornsteine, Firste und Grate, Giebel- und Traufkanten, Brüstungen und Attiken, Antennen und sonstige herausragende Dachaufbauten.
Bevorzugte Einschlagstellen müssen, sofern sie nicht im Schutzbereich von Fangeinrichtungen liegen, mit Fangeinrichtungen versehen oder bei metallener Ausführung und ausreichendem Querschnitt als Fangeinrichtungen benutzt werden.
Anmerkung:

> Radioaktive Stoffe an Fangeinrichtungen haben keinen praktischen Nutzen für den Blitzschutz. Abgesehen davon, daß sie eine unnötige Belastung der Umwelt darstellen, unterliegt ihre Verwendung auch der behördlichen Genehmigung – Verordnung über den Schutz vor Schaden durch ionisierende Strahlen – (Strahlenschutzverordnung)[3].

5.1.1.2 Als Fangeinrichtung zu verlegende Leitungen sind im allgemeinen in Form von Maschen anzuordnen.

5.1.1.2.1 Maschenförmig auf Dächern verlegte Fangleitungen sind unter Einbeziehung vorhandener metallener als Fangeinrichtung dienender Bauteile so anzuordnen, daß kein Punkt des Daches einen größeren Abstand als 5 m von einer Fangeinrichtung hat.
Die Größe der einzelnen Masche darf nicht mehr als 10 m x 20 m betragen. Die Lage der Maschen ist unter Bevorzugung des Firstes, der Außenkanten und vorhandener als Fangeinrichtung dienender metallener Bauteile frei wählbar.

5.1.1.2.2 Bei baulichen Anlagen bis 20 m Gesamthöhe, gemessen bis zum höchsten Punkt der Fangeinrichtung, darf diese aus einer Fangleitung oder Fangstange auf dem Gebäude bestehen, wenn deren Schutzbereich ausreichend ist. Als Schutzbereich gilt der Raum, der durch den Schutzwinkel von 45° nach allen Seiten gebildet wird (siehe Bilder 2 bis 4).
Bei mehreren Fangstangen gilt der Schutzbereich sinngemäß nach den Abschnitten 5.1.1.2, 5.1.2.2 und 5.1.2.3.

---

[3] Baatz, H.: Radioaktive Isotope verbessern nicht den Blitzschutz. etz-a Bd. 93 (1972) Heft 2, Seiten 101–104.

5.1.1.2.3 Dachaufbauten aus elektrisch nichtleitendem Material gelten als ausreichend geschützt, wenn sie nicht mehr als 0,3 m aus der Maschenebene oder dem Schutzbereich herausragen.

5.1.1.2.4 Dachaufbauten aus Metall (ohne Verbindung mit geerdeten Bauteilen) brauchen nicht an die Fangeinrichtungen angeschlossen zu werden, wenn alle folgenden Voraussetzungen erfüllt sind:
Die Dachaufbauten dürfen
- höchstens 0,3 m aus der Maschenebene oder dem Schutzbereich herausragen,
- höchstens eine eingeschlossene Fläche von 1 m^2 haben oder höchstens 2 m lang sein und
- nicht weniger als 0,5 m von einer Fangeinrichtung entfernt sein.

5.1.1.3 Dachaufbauten und Schornsteine, die nicht den Bedingungen der Abschnitte 5.1.1.2.3 und 5.1.1.2.4 entsprechen, sind mit Fangeinrichtungen zu versehen oder an Fangeinrichtungen anzuschließen. Für diese Fangeinrichtungen gilt unabhängig von der Gebäudehöhe ein Schutzwinkel von 45°.

5.1.1.4 Für Fangeinrichtungen gelten die Mindestmaße und Werkstoffe der Tabelle 1.
Fangleitungen müssen blank verlegt werden. Mit einer Beschichtung (Anstrich) versehene Fangeinrichtungen gelten als blank.

5.1.1.5 Fangleitungen an den Außenkanten von Gebäudeteilen müssen möglichst dicht an den Kanten verlegt werden. Sie dürfen an Kanten, z. B. Brüstungen, Attiken, Schornsteinen und Türmen, durch Blechabdeckungen, Winkelrahmen, Winkelringe oder Spannringe und dergleichen, ersetzt werden.
Liegen Fangleitungen unterhalb von Gebäudekanten, so müssen zusätzlich Fangeinrichtungen oberhalb der Gebäudekanten angeordnet werden, z. B. Fangspitzen in Abständen von nicht mehr als 5 m, die die Gebäudekanten um mindestens 0,3 m überragen.

5.1.1.6 Fangleitungen auf dem First von Gebäuden müssen bis zu den Firstenden durchgezogen und über den Firstenden um mindestens 0,3 m aufwärts gebogen werden.

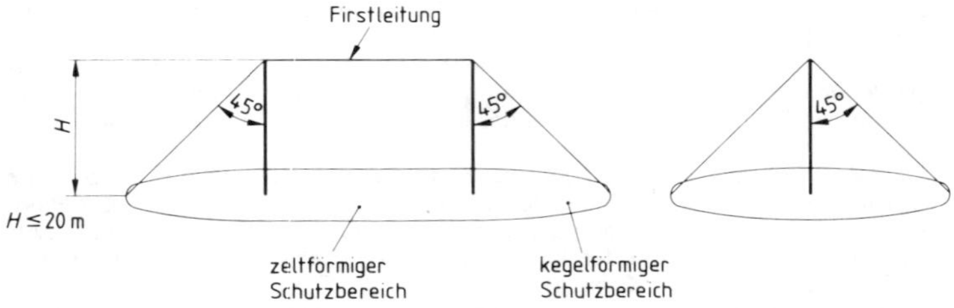

Bild 2. Schutzbereich einer horizontalen Fangleitung (Firstleitung)

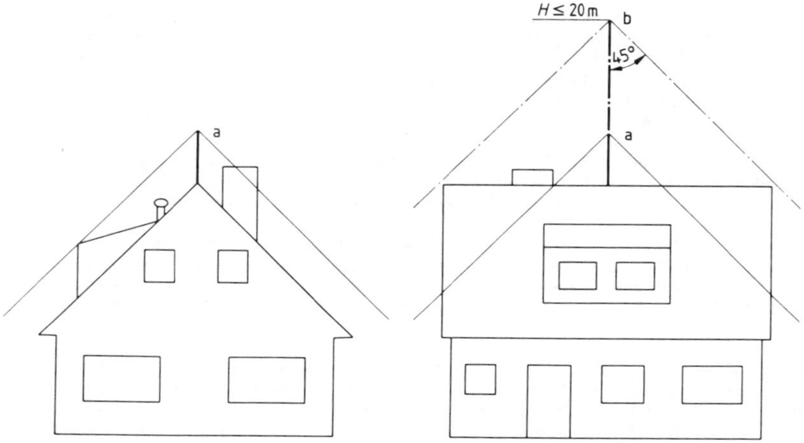

Bild 3. Schutzbereich einer Fangstange auf einem Gebäude
a = Höhe der Fangstange nicht ausreichend
b = Höhe der Fangstange ausreichend

5.1.1.7 Fangleitungen nach Abschnitt 5.1.1.2 dürfen ersetzt werden durch unterhalb der Dachhaut miteinander verbundene Fangspitzen mit Abständen von höchstens 5 m und mindestens 0,3 m Höhe über der Dachhaut. Verbindungsleitungen unter Dach sollen möglichst der Besichtigung zugänglich sein. Diese Ausführung ist nicht zulässig bei baulichen Anlagen mit besonders gefährdeten Bereichen nach DIN 57 185 Teil 2/VDE 0185 Teil 2. Für Verbindungen der Fangspitzen dürfen auch Stahlkonstruktionen und die Bewehrungen von Stahlbeton unter und im Dach verwendet werden, wobei dann bereits bei der Errichtung der baulichen Anlage unter Berücksichtigung von Abschnitt 5.2.9 die notwendigen Anschlußfahnen anzubringen sind.

5.1.1.8 Metalldeckungen auf Dächern, Metalleinfassungen von Dachkanten, Metallabdeckungen von Brüstungen und andere Blecheinfassungen dürfen als Fangeinrichtungen verwendet werden, wenn sie den in Tabelle 1 angegebenen Mindestdicken entsprechen und zuverlässig verbunden sind, z. B. mit Klemmprofilen, durch metallene Überbrückungen, durch Falzen, Nieten oder Überlappen (Wärmedehnungen sind zu berücksichtigen.)
Folgende Mindestmaße sind ausreichend:

– bei überlappten Blechen	100 mm Überlappung,
– bei Einfassungen	100 mm Überdeckung,
– bei eingeschobenen Verbindungslaschen	200 mm Länge und
	100 mm Breite.

5.1.1.9 Dächer mit obenliegenden Isolierschichten zur Wärmedämmung und Unterkonstruktionen aus Metall, z. B. mit Trapezblechen, müssen mit Fangeinrichtungen nach Abschnitt 5.1.2 versehen werden. Zur Vermeidung von Dachschäden genügt es, wenn Fangleitungen oder Ableitungen an den Dachrändern und soweit möglich an etwa vorhandenen Dachöffnungen mit der Metallkonstruktion des Daches verbunden werden.

5.1.1.10 Bei Dächern auf Stahlbindern mit einer Dacheindeckung aus elektrisch nichtleitenden Werkstoffen sind die Metallteile der Dachkonstruktion in Abständen von nicht mehr als 20 m mit den Fangeinrichtungen zu verbinden.

5.1.1.11 Bei Dachdeckungen aus Wellasbestzement auf Stahlpfetten sind die vielen vorhandenen durchgehenden Befestigungsschrauben und Haken als Fangeinrichtung ausreichend, auch wenn die Befestigungsteile mit Kunststoff überzogen sind. Infolge der schlechten Kontaktgabe ist allerdings mit Funkenbildung bei Blitzeinschlag zu rechnen.

5.1.1.12 Bei begehbaren und befahrbaren Dächern, bei denen die üblichen Fangeinrichtungen auf der Dachfläche nicht befestigt werden können, müssen Leitungen z. B. in den Fugen der Fahrbahntafeln verlegt und Fangpilze in den Knotenpunkten der Maschen angebracht werden. Die größte Maschenweite soll dabei 10 m x 20 m nicht übersteigen (siehe Abschnitt 5.1.1.2.1).

5.1.1.13 Bei Bauten mit abgehängtem Dach und freiliegendem Stahltragwerk bildet die Stahlkonstruktion die Fangeinrichtung. Zusätzliche Fangeinrichtungen sind nicht erforderlich.

5.1.1.14 Gebäude mit Höhen ab 30 m, die an den Außenwänden keine als Fangeinrichtungen wirksamen Metallteile wie Ableitungen, Metallfassaden oder Stahlkonstruktionen haben, müssen zum Schutz gegen seitliche Einschläge, beginnend ab 30 m Höhe, waagerechte Fangleitungen in Abständen von nicht mehr als 20 m erhalten. Bei Stahlbetonbauten, deren Bewehrungen als Ableitungen verwendet werden und bei Stahlskelettbauten darf auf diese Fangleitungen verzichtet werden.
Bei Gebäuden bis zu 20 m Höhe brauchen an den Seitenwänden herauskragende (vorstehende) metallene Bauteile, z. B. Sonnenblenden, nicht mit den Ableitungen verbunden zu werden, wenn die Bauteile im Schutzbereich von Fangeinrichtungen liegen. Liegen sie nicht im Schutzbereich, so sind sie mit den Ableitungen dann zu verbinden, wenn die Metallteile Flächen von mehr als 5 m^2 oder Längen von mehr als 10 m haben.
Für Metallfassaden gilt Abschnitt 5.2.10.

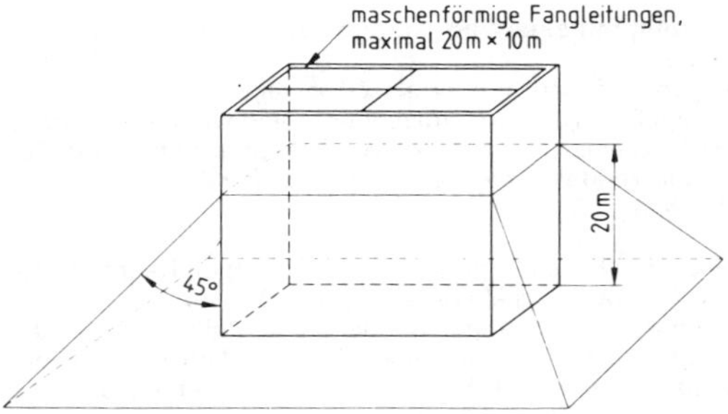

Bild 4. Schutzbereich für Gebäude mit einer Höhe von mehr als 30 m

Bei Gebäudehöhen über 20 m müssen äußere Metallteile, deren Fläche mehr als 1 m^2 oder deren Länge mehr als 2 m beträgt, beginnend ab 20 m Höhe, mit den Ableitungen verbunden werden, z. B. Balkongitter.

5.1.1.15 Maschinelle und elektrische Einrichtungen von Aufzügen, Klimaanlagen usw. auf dem Dach sollen zur Vermeidung von Schäden durch Blitzteilströme möglichst nicht mit den Fangeinrichtungen verbunden werden. Die Festlegungen des Abschnitts 6.1 Blitzschutz-Potentialausgleich und des Abschnitts 6.2 Näherung sind zu beachten. Bei Gebäudehöhen über 30 m kann jedoch für Fernmeldeanlagen eine Verbindung mit der Blitzschutzanlage unter Beachtung der Festlegungen des Abschnitts 6.3 zweckmäßig sein.

5.1.1.16 Kleinere elektrische Installationen auf dem Dach, z. B. Lüfter, dürfen mit daneben angebrachten Fangstangen mit Abständen nach Abschnitt 6.2 und einem Schutzwinkel von 45° abgeschirmt werden.

5.1.1.17 Fangstangen auf Dächern müssen so aufgestellt werden, daß sie nicht in elektrische Freileitungen fallen können.

5.1.2 Isolierte Fangeinrichtungen

5.1.2.1 Isolierte Fangeinrichtungen dürfen wahlweise mittels Fangstangen oder Fangleitungen oder Fangnetzen oder Kombinationen daraus errichtet werden. Folgende Anforderungen müssen erfüllt sein:

- Die gesamte zu schützende Anlage muß im Schutzbereich der Fangeinrichtungen liegen.
- Stützen aus Metall für Fangeinrichtungen und metallene Masten müssen neben der zu schützenden Anlage aufgestellt werden.
- Stützen aus elektrisch nichtleitenden Werkstoffen dürfen an der zu schützenden Anlage selbst befestigt werden.

Anstelle von Fangstangen dürfen auch Bäume, die an geeigneter Stelle stehen, mit Fangeinrichtungen versehen werden.

5.1.2.2 Eine **Fangeinrichtung mit einer Fangstange oder mit zwei Fangstangen** ist wie folgt zu errichten:

- Die Höhe der Fangstangen darf nicht größer als 20 m sein,
- der Abstand der Fangstangen von der zu schützenden Anlage muß mindestens 2 m betragen. Ist die Erdung einer Fangstange nicht mit dem Blitzschutz-Potentialausgleich der zu schützenden Anlage verbunden, ist der Abstand um das Maß $D = R/5$ nach Abschnitt 5.3.2

zu erhöhen.

Als Schutzbereich einer einzelnen Fangstange gilt der kegelförmige Raum um die Fangstangenspitze mit einem Schutzwinkel von 45° (siehe Bild 5).

Als Schutzbereich zweier benachbarter Stangen mit der Höhe H gilt zusätzlich der Raum zwischen ihnen, der durch den Schutzwinkel von 45° einer fiktiven, die Fangstangen verbindenden Fangleitung mit der Höhe h gebildet wird (siehe Bild 6). Die Höhe h der fiktiven Fangleitung beträgt

$$h = H - \Delta H$$

Die Werte für ΔH sind aus Bild 7 zu entnehmen.

Bei Abständen von mehr als 30 m zwischen 2 Fangstangen sind diese als einzelne Fangstangen zu bewerten.

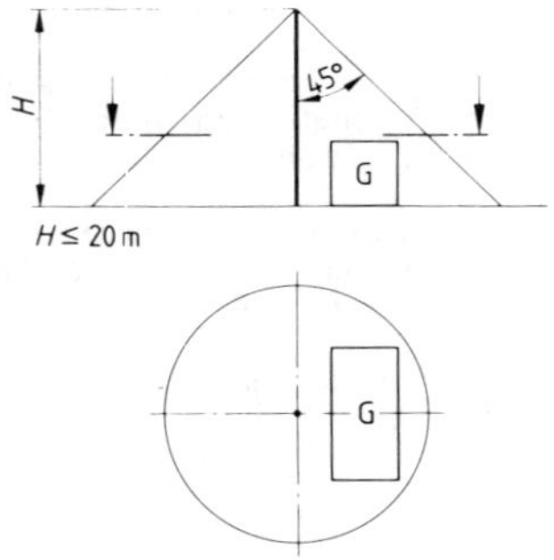

Bild 5. Schutzbereich einer Fangstange auf der Erde

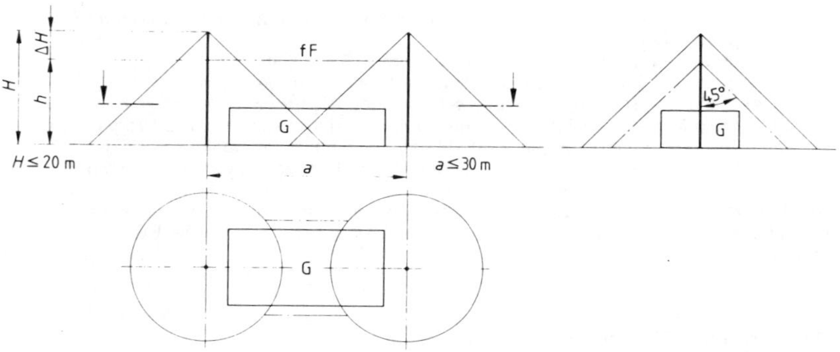

Bild 6. Schutzbereich von 2 Fangstangen
fF = fiktive Fangleitung
h = Höhe der fiktiven Fangleitung
h = *H* – Δ *H* (siehe Bild 7)

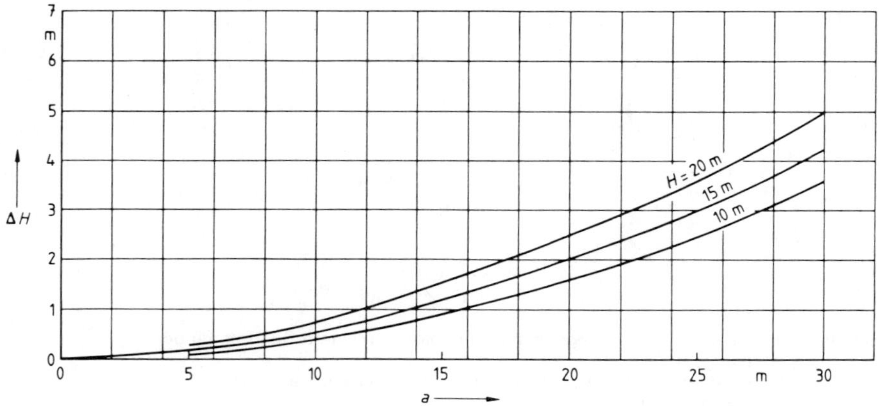

Bild 7. Δ *H* abhängig vom Abstand *a* und der Höhe *H* zweier Fangstangen

5.1.2.3 Eine **Fangeinrichtung mit 4 Fangstangen** in quadratischer Anordnung ist wie folgt zu errichten:

- die Höhe der Fangstangen darf nicht größer als 30 m sein,
- der Abstand der Fangstangen darf nicht mehr als 30 m betragen,
- der Abstand der Stützen von der zu schützenden Anlage muß seitlich mindestens 3 m oder diagonal von den Ecken der Anlage mindestens 4,5 m betragen; ist die Erdung der Fangstangen nicht mit dem Blitzschutzpotentialausgleich der zu schützenden Anlage verbunden, ist der Abstand um das Maß $D = R/5$ nach Abschnitt 5.3.2 zu erhöhen.

Als Schutzbereich von vier quadratisch angeordneten Fangstangen gilt eine fiktive Fangebene zwischen den 4 Stangen mit der Höhe h_E (siehe Bild 8). Die Höhe h_E beträgt

$$h_E = H - \Delta FE$$

Der Wert von ΔFE ist aus Bild 9 zu entnehmen.
Bis zu Höhen der Fangstangen von 20 m gelten zusätzlich die Schutzbereiche für zwei benachbarte Stangen nach Abschnitt 5.1.2.2.

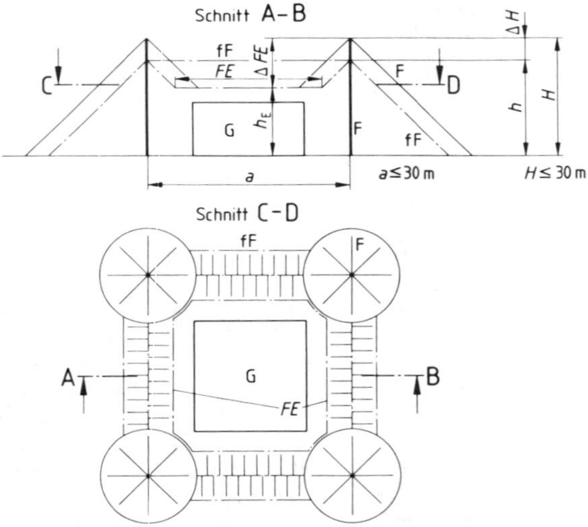

Bild 8. Schutzbereich von 4 Fangstangen, angeordnet in einem Quadrat mit der Seitenlänge *a*

fF = fiktive Fangleitung wie in Bild 6 zwischen 2 benachbarten Fangstangen
FE = fiktive Fangebene zwischen den 4 Fangstangen
h_E = Höhe der fiktiven Fangebene
h_E = $H - \Delta FE$ (siehe Bild 9)

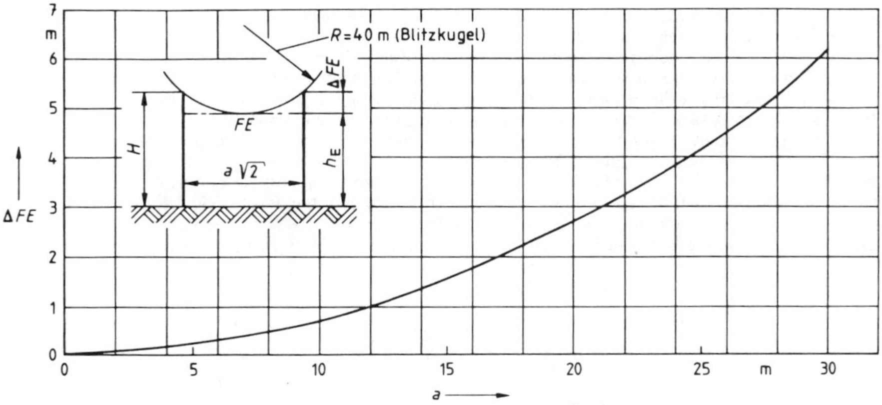

Bild 9. ΔFE abhängig vom Abstand *a* zwischen zwei benachbarten Fangstangen nach Bild 8

5.1.2.4 Eine **Fangeinrichtung mit einer einzelnen Fangleitung** ist wie folgt zu errichten:

- Die Fangleitung ist oberhalb der zu schützenden Anlage und möglichst symmetrisch zum Grundriß der Anlage zu spannen,
- die Höhe der Stützen darf nicht mehr als 20 m betragen,
- für den Abstand der Stützen voneinander wird kein Grenzwert festgelegt,
- der Abstand der Stützen von der Anlage muß mindestens 2 m betragen,
- ist die Erdung der Stützen nicht mit dem Blitzschutz-Potentialausgleich der Anlage verbunden, so erhöht sich der Abstand um das Maß $D = R/5$ nach Abschnitt 5.3.2, wobei *R* der Erdungswiderstand beider Stützen ist,
- der Abstand der Fangleitung bei größtem Durchhang von der zu schützenden Anlage ist nach Abschnitt 6.2.1.6 zu bestimmen:
  $D = L/14$ mit *D* in m
  L in m = halbe Länge der Fangleitung + Höhe einer Stütze.

Als Schutzbereich einer einzelnen Fangleitung gilt der zeltförmige Raum, der durch den Schutzwinkel von 45° mit der Fangleitung gebildet wird. Im Bereich der Stützen gilt zusätzlich der kegelförmige Raum um die Spitzen der Stützen, der durch den Schutzwinkel von 45° gebildet wird (siehe Bild 10).

5.1.2.5 Eine **Fangeinrichtung aus parallelen Fangleitungen** ist wie folgt zu errichten:

- die Fangleitungen sind in Abständen von höchstens 10 m oberhalb der zu schützenden Anlage zu spannen,
- für die Höhe der Stützen und die Länge der Fangleitungen werden keine Grenzwerte festgelegt,

- der Abstand der Stützen von der zu schützenden Anlage muß mindestens 2 m betragen, gegebenenfalls ist der Abstand um $D = R/5$ zu erhöhen.
- der Abstand zwischen den Fangleitungen bei größtem Durchhang und der zu schützenden Anlage ist wie im Abschnitt 5.1.2.4 angegeben zu ermitteln.

Als Schutzbereich gilt der Raum unterhalb der Fangleitungen und bei Stützenhöhen bis zu 20 m zusätzlich der Raum, der durch den Schutzwinkel von 45° der äußeren Fangleitungen gebildet wird sowie zusätzlich der Raum um die Spitzen mit dem Schutzwinkel von 45° (siehe Bild 11).
Bei Stützenhöhen von mehr als 20 m bis zu 40 m Stützenhöhe sind die äußeren Fangleitungen oberhalb der äußeren Umrisse der Anlage zu spannen (siehe Bild 12) Bei höheren Stützen müssen die äußeren Fangleitungen noch weiter nach außen verlegt werden, z. B. bis zu 50 m Höhe um 1 m und bis zu 60 m Höhe um 3 m.

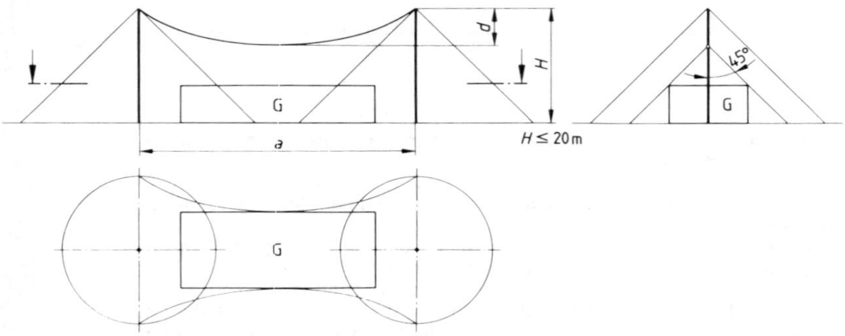

Bild 10. Schutzbereich einer frei gespannten Fangleitung zwischen 2 Masten
a = Abstand der Masten, kein Grenzwert vorgeschrieben
d = größter Durchhang der Fangleitung

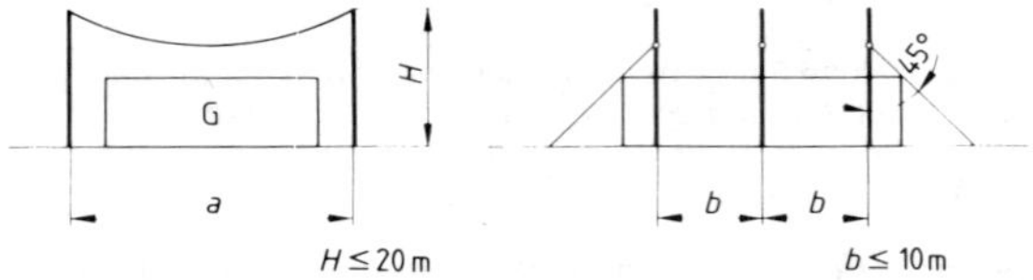

Bild 11. Schutzbereich paralleler frei gespannter Fangleitungen zwischen Masten bis zu 20 m Höhe. Die kegelförmigen Schutzbereiche um die Masten sind nicht eingezeichnet, da hier ohne Belang.
a = Abstand der Masten in Längsrichtung beliebig

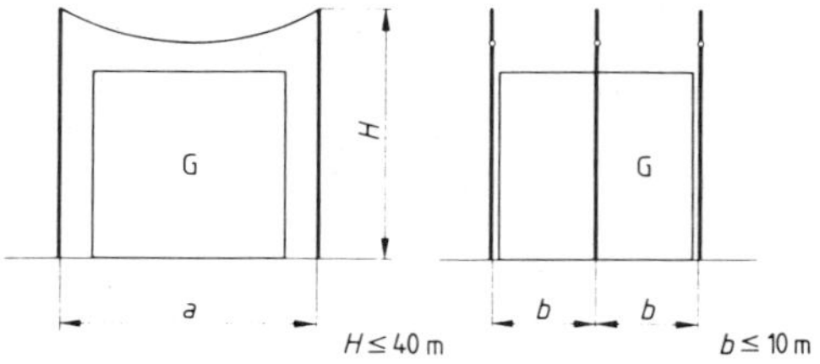

Bild 12. Schutzbereich paralleler frei gespannter Fangleitungen zwischen Masten bis zu 40 m Höhe. Die kegelförmigen Schutzbereiche um die Masten sind nicht eingezeichnet, da hier ohne Belang.
a = Abstand der Masten in Längsrichtung beliebig

5.1.2.6 Eine **Fangeinrichtung aus einem Fangnetz** ist wie folgt zu errichten:
- die Maschen des Fangnetzes dürfen nicht größer sein als 10 m x 20 m,
- jede Leitung der Maschen ist an beiden Enden an einer geerdeten Stütze abzuspannen,
- die Leitungen sind an allen Kreuzungsstellen miteinander zu verbinden,
- für die Höhe der Stützen und für die Länge und Breite des Fangnetzes werden keine Grenzwerte festgelegt,
- die Maschen müssen den gesamten Umriß der zu schützenden Anlage überdecken,
- der Abstand der Stützen von der zu schützenden Anlage muß den Näherungsbestimmungen in den Abschnitten 5.3.2 und 6.2.1.6 genügen; er muß jedoch mindestens 2 m betragen,
- der Abstand des Fangnetzes von der Anlage muß bei größtem Durchhang ebenfalls den Näherungsbestimmungen genügen; er muß mindestens 1,50 m betragen.

Als Schutzbereich gilt der Raum unterhalb des Fangnetzes und bis 20 m Stützenhöhe zusätzlich nach außen der Raum mit dem Schutzwinkel von 45° (siehe Bild 13).

5.1.2.7 Werden Fangleitungen oder Fangnetze mittels isolierender Stützen auf der zu schützenden Anlage abgespannt und seitlich auf isolierenden Stützen abgeleitet, so gelten für die Abstände der Fangeinrichtung und der Ableitungen oberhalb und seitlich der Anlage die gleichen Bestimmungen wie in den Abschnitten 5.1.2.4 bis 5.1.2.6.
Die Ableitungen dürfen jedoch ab 3 m Höhe über der Erdoberfläche bis zu Erdeinführung unmittelbar an der Anlage befestigt werden (siehe Bild 14).

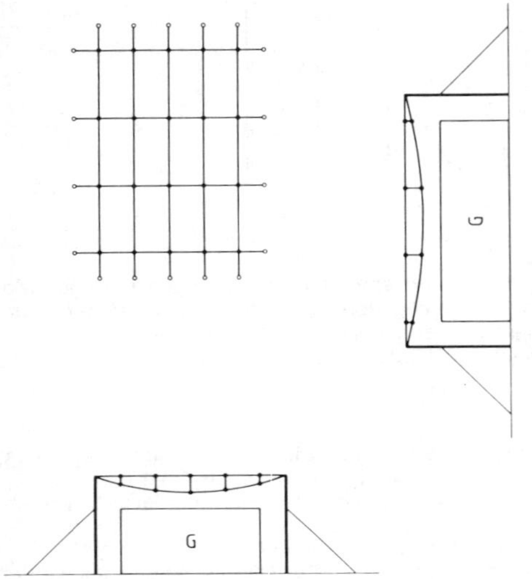

Bild 13. Fangnetz mit einer Maschenweite von 10 m x 20 m, an Masten abgespannt.
Keine Grenzwerte für Masthöhen und Ausdehnung des Maschennetzes vorgeschrieben.

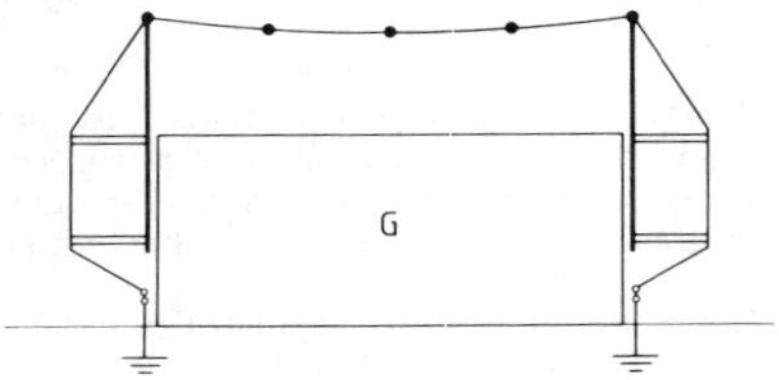

Bild 14. Fangnetz und Ableitungen mittels isolierender Stützen am Gebäude abgespannt.
Keine Grenzwerte für Masthöhen und Ausdehnung des Maschennetzes vorgeschrieben.

5.2 Ableitungen

5.2.1 Ableitungen müssen so angeordnet werden, daß die Verbindungen von den Fangeinrichtungen zur Erdungsanlage möglichst kurz sind. Auf je 20 m Umfang der Dachaußenkanten (Projektion des Daches auf die Grundfläche) ist eine Ableitung vorzusehen. Ergibt sich daraus eine ungerade Zahl, so ist diese bei symmetrischen Gebäuden um eine Ableitung zu erhöhen. Bei Gebäuden bis 12 m Länge oder Breite darf dagegen eine ungerade Zahl um eine Ableitung vermindert werden.
Die Ableitungen sind, ausgehend von den Ecken der baulichen Anlage, möglichst gleichmäßig auf den Umfang zu verteilen. Je nach den baulichen Gegebenheiten dürfen die Abstände zwischen einzelnen Ableitungen größer sein, z. B. bei breiten Toren oder Öffnungen. Die Gesamtzahl der erforderlichen Ableitungen ist einzuhalten; die Abstände sollen jedoch 10 m nicht unterschreiten.
Bei vermaschten Fangeinrichtungen sollen die Ableitungen möglichst an deren Eck- und Knotenpunkten als Fortsetzung der Fangeinrichtungen am Dachrand ansetzen.
Bei baulichen Anlagen mit geschlossenen Innenhöfen ist ab 30 m Umfang des Innenhofes ebenfalls je 20 m Umfang eine Ableitung anzuordnen, mindestens jedoch zwei.
Eine einzige Ableitung ist zulässig bei baulichen Anlagen mit einem Umfang bis zu 20 m. Dazu gehören z. B. nach Abschnitt 5.2.4 freistehende Schornsteine und Kirchtürme bis zu 20 m Höhe.

5.2.2 Haben bauliche Anlagen größere Grundflächen als 40 m x 40 m, so sind – soweit es die innere Gestaltung und die technische Ausstattung zulassen – auch innere Ableitungen zu verlegen. Der mittlere Abstand der inneren Ableitungen voneinander und von den äußeren Ableitungen soll höchstens 40 m betragen.
Sind innere Ableitungen nicht möglich, ist die Anzahl der äußeren Ableitungen zu erhöhen, ihr Abstand braucht aber nicht kleiner als 10 m zu sein.

5.2.3 Bei Anlagen mit Fangstangen auf dem Dach ist für jede Fangstange mindestens eine Ableitung erforderlich. Die Anzahl der erforderlichen Ableitungen ergibt sich aus Abschnitt 5.2.1.

5.2.4 Türme, Schornsteine und ähnliche Bauwerke müssen bis 20 m Höhe mindestens eine Ableitung erhalten. Bei Höhen über 20 m sind mindestens 2 Ableitungen erforderlich, wobei diese ab 20 m Höhe als seitliche Fangeinrichtung dienen.
Bei Kühltürmen ist die Anzahl der Ableitungen auf den oberen Umfang zu beziehen.

5.2.5 Die Werkstoffe und Querschnitte der Ableitungen müssen der Tabelle 1 entsprechen.
Sie dürfen auch unter Putz, in Beton, in Fugen, in Schlitzen oder Schächten verlegt werden. Die Ableitungen sollen durchgehend in einem Stück verlegt werden.

5.2.6 Ableitungen sollen möglichst von Türen, Fenstern und sonstigen Öffnungen einen Abstand von mindestens 0,5 m einhalten.

5.2.7 Metallene Bauteile an den Außenwänden von Gebäuden, z. B. Feuerleitern, Schienen von Außenaufzügen, dürfen als Ableitungen verwendet werden.

5.2.8 Bei Stahlskelettbauten ist das Stahlskelett als Ableitung zu verwenden.

5.2.9 Bei Stahlbetonbauten sollen Bewehrungsstähle als Ableitungen verwendet werden, wenn eine elektrisch leitende Verbindung entsprechend Abschnitt 4.2 sichergestellt ist. Ist eine elektrisch leitende Verbindung nicht gewährleistet, müssen besondere Leitungen in den Stahlbeton eingelegt oder außen verlegt werden. An die Spannglieder von Spannbeton einschließlich deren Verankerungen dürfen Blitzschutzleitungen nur außerhalb des Spannbereiches angeschlossen werden.
Anmerkung:

Die Bewehrung von Spannbeton ist gegen kleinste Kerbwirkungen sehr empfindlich und dadurch auf Bruch gefährdet.

Bei Stahlbeton-Fertigteilen darf die Bewehrung als Ableitung verwendet werden, wenn an den einzelnen Fertigteilen Anschlußstücke zum durchgehenden Verbinden der Bewehrung auf kurzem Weg angebracht sind. Es können auch besondere Leitungen mit Anschlußstücken eingelegt werden.

5.2.10 Bei Metallfassaden dürfen als Ableitungen senkrechte durchgehend elektrisch leitend verbundene Metallteile wie Profilbleche und Unterkonstruktionen aus Metall verwendet werden, wenn diese aus Werkstoffen mit Mindestmaßen nach Tabelle 1 bestehen. In allen anderen Fällen müssen besondere Ableitungen nach Abschnitt 5.2.1 verlegt werden. Einzelteile von Metallfassaden, die elektrisch voneinander isoliert befestigt sind, müssen dabei in die Blitzschutzanlage einbezogen werden.
Maßnahmen dazu sind z. B.:
Befestigung der Fassadenelemente auf waagerecht durchlaufenden Ankerschienen, die an den Kreuzungspunkten mit den Ableitungen nach Abschnitt 5.2.1 verbunden werden, oder Verbindung der einzelnen Fassadenelemente untereinander mittels Gleitkontakten und Anschluß der Elemente oben und unten an die Ableitungen nach Abschnitt 5.2.1. Für solche Gleitkontakte wird ein bestimmter Kontaktdruck nicht gefordert.
Abstände bis 1 mm sind zulässig. Die Überdeckung der Gleitkontakte muß mindestens 5 cm bei einer Breite von mindestens 10 cm betragen. Metallene Fassadenelemente mit elektrisch isolierenden Überzügen, wie Eloxalschichten, Email, Kunststoff, brauchen nicht elektrisch leitend überbrückt zu werden; isolierende Beschichtungen brauchen nicht entfernt zu werden.

5.2.11 Metallene Regenfallrohre dürfen als Ableitungen verwendet werden, wenn die Stoßstellen gelötet oder mit gelöteten oder genieteten Laschen verbunden sind. Metallene Regenfallrohre brauchen mit der Fangeinrichtung nicht verbunden zu werden, wenn sie in deren Schutzbereich liegen, es sei denn, daß Näherungen zu den Ableitungen vorhanden sind.
Metallene Regenfallrohre sollen jedoch unten zum Potentialausgleich mit der Blitzschutzanlage verbunden werden.
Metallene Regenrinnen müssen an den Kreuzungsstellen mit den Ableitungen verbunden werden, isolierende Beschichtungen brauchen nicht entfernt zu werden.
Die Verlegung von Ableitungen innerhalb von Regenfallrohren ist nicht zulässig.

5.2.12 Metallene Installationen gelten nicht als Ableitungen; sie sind jedoch in jedem Falle unten im Gebäude zum Potentialausgleich mit der Blitzschutzanlage nach Abschnitt 6.1 zu verbinden. Führungsschienen von Aufzügen müssen oben mit dem Maschinenrahmen über bewegliche Leitungen verbunden werden.

5.2.13 Ableitungen müssen Trennstellen erhalten. Die Trennstellen sind möglichst oberhalb der Erdeinführung vorzusehen.
Eine Trennstelle ist nicht erforderlich, wenn durch die Art des Bauwerkes eine Trennung der Ableitung unwirksam ist, z. B. bei Überbrückung durch Bewehrungsstähle.

5.3 Erdung

5.3.1 Für jede Blitzschutzanlage muß eine Erdungsanlage errichtet werden, sofern nicht schon ausreichende Erder, z. B. Fundamenterder, Bewehrungen von Stahlbetonfundamenten, Stahlteile von Stahlskelettbauten oder Spundwände, vorhanden sind. Die Erdung muß ohne Mitverwendung von metallenen Wasserleitungen, anderen Rohrleitungen und geerdeten Leitern der elektrischen Anlage voll funktionsfähig sein. Die Verwendung von Erdungsanlagen nach DIN 57 141/VDE 0141 ist zulässig, wenn keine unzulässig hohe Erdungsspannung verschleppt werden kann.
Die Erdungsanlage ist unter Berücksichtigung der baulichen Gegebenheiten auf möglichst kurzem Wege an die Potentialausgleichsschiene anzuschließen.

5.3.2 Für eine Blitzschutzanlage mit Blitzschutz-Potentialausgleich nach Abschnitt 6.1 wird für die Erdung kein bestimmter Erdungswiderstand gefordert.
Für Blitzschutzanlagen **ohne** Blitzschutz-Potentialausgleich gilt

$$R =\leqq 5\,D$$

wobei R = Erdungswiderstand in Ω
D = geringster Abstand in m zwischen oberirdischen Blitzschutzleitungen und größeren Metallteilen oder einer Starkstromanlage.

Der Erdungswiderstand darf mit einem Erdungsmeßgerät (Meßfrequenz etwa 45 bis 140 Hz) ermittelt werden.

5.3.3 Die Erdungsanlage darf als Fundamenterder nach Abschnitt 5.3.4, als Ringerder nach Abschnitt 5.3.5 und in Sonderfällen aus Einzelerdern nach Abschnitt 5.3.6 errichtet werden.

5.3.4 Fundamenterder[2]), die als Blitzschutzerder verwendet werden sollen, sind mit den notwendigen Verbindungsleitungen (Anschlußfahnen) für die Ableitungen und gegebenenfalls für weitere Anschlüsse für den Blitzschutz-Potentialausgleich zu versehen. Soweit diese Anschlußfahnen durch Erdreich oder Mauerwerk geführt werden, ist der Korrosionsschutz zu berücksichtigen (siehe Abschnitte 4.3.2.3 und 4.3.2.4).
Die Bewehrungen von Platten- oder Streifenfundamenten dürfen als Erder benutzt werden, wenn die notwendigen Anschlußfahnen an die Bewehrungen angeschlossen und die Bewehrungen über die Fugen miteinander verbunden werden.
Sind bei einem bereits verlegten Fundamenterder keine Anschlußfahnen für die Ableitungen der Blitzschutzanlage vorhanden, so muß eine Erdungsanlage nach Abschnitte 5.3.5 oder 5.3.6 errichtet werden, die mit dem Fundamenterder (z. B. an der Potentialausgleichsschiene) zum Potentialausgleich verbunden werden muß. Der Korrosionsschutz nach Abschnitt 4.3.2 ist zu beachten.

---

[2]) Siehe Seite 5

5.3.5 Ein Ringerder ist in mindestens 0,5 m Tiefe und möglichst als geschlossener Ring um das Außenfundament der baulichen Anlage in einem Abstand von etwa 1 m zu verlegen.
Bei trockenem oder lockerem Erdreich muß der Erder eingeschlämmt oder das Erdreich verdichtet werden.
Ist ein geschlossener Ring außen um die bauliche Anlage nicht möglich, so ist es zweckmäßig, den Teilring zur Vervollständigung des Blitzschutz-Potentialausgleichs durch Leitungen im Inneren, z. B. durch den Keller, zu ergänzen. Hierzu können auch Rohrleitungen (außer Gasleitungen) oder sonstige metallene Bauteile verwendet werden.
Der im Erdboden verlegte Teilring muß hinsichtlich seiner Länge den Bedingungen für Einzelerder nach Abschnitt 5.3.6 für jede der mindestens erforderlichen Ableitungen entsprechen; weist er diese Länge nicht auf, muß er durch zusätzliche Erder ergänzt werden.

5.3.6 Als Einzelerder müssen je Ableitung entweder Oberflächenerder mit 20 m Länge oder Tiefenerder mit 9 m Länge in etwa 1 m Abstand vom Fundament der baulichen Anlage verlegt werden.
Die erforderlichen Erderlängen dürfen in mehrere parallel geschaltete Längen aufgeteilt werden. Bei Teillängen soll beim Oberflächenerder der Winkel zwischen je 2 Strahlen nicht kleiner als 60° und bei Tiefenerdern der gegenseitige Abstand der Einzelerder nicht kleiner als die Eintreibtiefe sein.
Als Einzelerder dürfen auch im Erdreich liegende Betonfundamente mit Stahleinlagen mit mindestens 5 m^3 Volumen verwendet werden. Bei Einzelfundamenten ohne Bewehrung muß ein Draht oder Band in die Fundamentsohle wie bei einem Fundamenterder eingelegt und nach oben herausgeführt werden.
Metallteile im Erdboden dürfen als Erder benutzt werden, sofern sie mindestens den Abmessungen für Einzelerder je Ableitung entsprechen, z. B. Pfahlgründungen, Stahlträger, Spundwände, Brunnenrohre.
Freistehende Konstruktionen oder Behälter aus Metall mit großflächiger Bodenauflage benötigen keine besondere Erdung; dasselbe gilt für Behälter, an die Rohrleitungen mit Erderwirkung angeschlossen sind.

5.3.7 Bei ausgedehnten Gebäuden, z. B. großen Fabrikhallen mit Ableitungen innerhalb des Gebäudes, sind die Ableitungen auf kurzem Wege an den Fundamenterder oder Ringerder anzuschließen. Für die Verbindungen dürfen auch Bewehrungen in der Kellersohle oder Metallteile von Stahlskelettbauten benutzt werden. Die Verwendung von Einzelerdern ist zulässig, wenn diese Anschlüsse nicht möglich sind.

5.3.8 Wenn das Einbringen eines Erders in die Erde, z. B. bei Fels, nicht möglich ist (Schutzhütten im Gebirge), müssen die Ableitungen an eine Ringleitung angeschlossen werden, die in etwa 1 bis 2 m Abstand um das Gebäude auf der Erdoberfläche verlegt wird. An diese Ringleitung müssen möglichst außerhalb begangener Wege mindestens zwei Strahlenerder von je 20 m Länge, vor allem talwärts, angeschlossen werden. Befinden sich in der Nähe des Gebäudes Felsspalten, Geröllablagerungen, bewachsene oder feuchte Stellen, so müssen die Strahlenerder bis an diese Stellen herangeführt werden. Ring- und Strahlenerder müssen auf der Erdoberfläche, z. B. mit Klammern, befestigt und im Bereich von Eingängen oder Gehwegen, um Stolpern und Beschädigung zu vermeiden, mit Beton abgedeckt werden.

5.3.9 Bei besonders blitzgefährdeten baulichen Anlagen, die dem öffentlichen Verkehr zugänglich sind, z. B. Aussichtstürme, Schutzhütten, Kirchtürme, Kapellen, Flutlichtmasten, Brücken und dergleichen, müssen im Bereich um die Eingänge, Aufgänge sowie am Fußpunkt von Masten, Maßnahmen gegen eine Gefährdung von Menschen durch Berührungsspannungen und Schrittspannungen bei Blitzeinschlag getroffen werden.
Solche Maßnahmen sind z. B. je nach örtlichen Gegebenheiten einzeln oder kombiniert:
Vermeidung von Ableitungen und Erdern im gefährdeten Bereich,
Potentialsteuerung,
Isolierung des Standortes durch einen isolierenden Bodenbelag, isolierende Umhüllung von Masten.

6 Ausführung des inneren Blitzschutzes

6.1 Blitzschutz-Potentialausgleich
Zwischen der Blitzschutzanlage eines Gebäudes, den metallenen Installationen und den elektrischen Anlagen im und am Gebäude muß im Kellergeschoß oder etwa in Höhe der Geländeoberfläche der Blitzschutz-Potentialausgleich durchgeführt werden.
Bei Blitzschutzanlagen mit Einzel- oder Teilringerdern genügt der Blitzschutz-Potentialausgleich mit einem Erder oder dem Teilringerder.
Bei Bauwerken über 30 m Höhe muß, beginnend ab 30 m Höhe, je 20 m Höhenzunahme ein weiterer Blitzschutz-Potentialausgleich zwischen den Ableitungen, den metallenen Installationen und dem Schutzleiter der Starkstromanlagen durchgeführt werden. Im Bereich des Dachgeschosses entfällt jedoch ein solcher zusätzlicher Blitzschutz-Potentialausgleich. Für Gebäude mit medizinisch genutzten Räumen ist DIN 57 185 Teil 2/VDE 0185 Teil 2/11.82 Abschnitt 4.6 zu beachten.
Bei Stahlbetonbauten, deren Bewehrungen als Ableitungen verwendet werden und bei Stahlskelettbauten entfällt dieser weitere Blitzschutz-Potentialausgleich; bei Fernmeldeanlagen gilt jedoch DIN 57 800 Teil 2/VDE 0800 Teil 2.

6.1.1 Blitzschutz-Potentialausgleich mit metallenen Installationen

6.1.1.1 Die metallenen Installationen, z. B. Wasser-, Gas-, Heizungs- und Feuerlöschleitungen, Sprinkleranlagen, Führungsschienen von Aufzügen, Krangerüste, Lüftungs- und Klimakanäle usw., müssen untereinander und mit der Blitzschutzanlage verbunden werden. Der Zusammenschluß soll möglichst an Potentialausgleichsschienen durchgeführt werden. Als Verbindungsleitungen dürfen auch durchgehend elektrisch leitfähige Rohrleitungen (ausgenommen Gasleitungen) benutzt werden.
Befindet sich in einer Gas- oder Wasser-Hausanschlußleitung ein Isolierstück, so darf der Anschluß in Strömungsrichtung nur hinter dem Isolierstück durchgeführt werden. Die Isolierstücke brauchen nicht mit Funkenstrecken überbrückt zu werden.

6.1.1.2 Für Blitzschutz-Potentialausgleichsleitungen sind folgende Mindestquerschnitte erforderlich:

Kupfer	10 mm^2,
Aluminium	16 mm^2,
Stahl	50 mm^2,

soweit nach VDE 0190 nicht größere Querschnitte gefordert werden.

6.1.1.3 Für das Verbinden von Blitzschutzanlagen mit metallenen Gas- und Wasserleitungen in Verbraucheranlagen ist das Arbeitsblatt GW 306 des DVGW[4]) zu beachten.

6.1.1.4 Unterirdische metallene Rohrleitungen, die ohne Anschlüsse zum Gebäude in der Nähe der Erdungsanlage vorbeilaufen, brauchen nicht mit der Blitzschutzanlage verbunden zu werden. Das gleiche gilt für Gleise von Bahnen.
Ist ein Anschluß solcher Rohrleitungen oder Gleise[5]) unmittelbar oder über Trennfunkenstrecken mit der Blitzschutzanlage dennoch geplant, so ist vorher mit den Eigentümern (Betreibern der Fremdanlagen) eine Vereinbarung zu treffen.

6.1.2 Blitzschutz-Potentialausgleich mit elektrischen Anlagen

6.1.2.1 Erforderliche Verbindungen zum Zwecke des Blitzschutz-Potentialausgleichs müssen unter Beachtung der zutreffenden VDE-Bestimmungen mit Leitungsquerschnitten nach 6.1.1.2 wie folgt durchgeführt werden:

a) Unmittelbare Verbindungen sind zulässig mit:
   - Schutzleitern bei der Anwendung der Schutzmaßnahme Nullung, der Fehlerstrom-Schutzschaltung, der Schutzerdung und des Schutzleitungssystems nach VDE 0100,
   - Erdungsanlagen von Starkstromanlagen über 1 kV nach DIN 57 141/VDE 0141, wenn keine unzulässig hohe Erdungsspannung verschleppt werden kann,
   - Erdungsleitungen von Ventilableitern,
   - Erdungen in Fernmeldeanlagen nach DIN 57 800 Teil 2/VDE 0800 Teil 2,
   - Antennenanlagen nach VDE 0855 Teil 1,
   - bahngeerdete Teile von Wechselstrombahnen[5]) wenn die Bestimmungen von VDE 0115 oder signaltechnische Gesichtspunkte nicht entgegenstehen,
   - Erdungen von Überspannungsschutzeinrichtungen von Elektrozaunanlagen nach DIN 57 131/VDE 0131.

b) Nur über Trennfunkenstrecken dürfen verbunden werden:
   - Erdungsanlagen von Starkstromanlagen über 1 kV nach DIN 57 141/VDE 0141, wenn unzulässig hohe Erdungsspannungen verschleppt werden können,
   - Hilfserder von Fehlerspannungsschutzschaltern nach VDE 0100,
   - Bahnerde von Gleichstrombahnen[5]) nach VDE 0115,
   - Bahnerde von Wechselstrombahnen[5]), wenn die Bestimmungen von VDE 0115 oder signaltechnische Gesichtspunkte einem unmittelbaren Zusammenschluß entgegenstehen,
   - Meßerde für Laboratorien, sofern sie von den Schutzleitern getrennt ausgeführt wird,
   - Anlagen mit kathodischem Korrosionsschutz und Streustromschutzmaßnahmen nach DIN 57 150/VDE 0150.

---

4) Herausgegeben vom Deutschen Verein des Gas- und Wasserfaches e. V. (DVGW), Frankfurter Allee 27–29, 6236 Eschborn 1.

5) Gleise von Bahnen der Deutschen Bundesbahn dürfen nur mit schriftlicher Genehmigung des Bundesbahnzentralamtes in München angeschlossen werden.

6.1.2.2 Wenn Starkstrom-Verbraucheranlagen durch Blitzeinwirkung gefährdet sind, ist ein Schutz dadurch zu erreichen, daß auch die aktiven Leiter in den Blitzschutz-Potentialausgleich mittels Überspannungsschutzgeräten einbezogen werden.
Über Ventilableiter müssen dann verbunden werden:

- Unter Spannung stehende Leiter (aktive Leiter) von Starkstromanlagen mit Nennspannungen bis 1000 V,
- Mittelleiter (N-Leiter) in Netzen, in denen die Nullung nicht zugelassen ist.

Anmerkung:

Nicht gefährdet sind im allgemeinen Starkstromanlagen innerhalb eines flächenhaft eng vermaschten Systems von Erdern oder gut geerdeten Bau-, Konstruktions- oder Anlagenteilen, z. B. in Industrieanlagen.
Zum Schutz gegen Gewitterüberspannungen, die von außerhalb über elektrische Freileitungen in elektrische Anlagen eindringen, eignen sich Ventilableiter.

6.1.2.3 Gegebenenfalls ist ein Ventilableiter je aktivem Leiter in der Verbraucheranlage in der Regel unmittelbar hinter dem Zähler[6]) einzubauen. Ventilableiter sind auf kürzestem Wege zu erden, z. B. an der nächsten Potentialausgleichsschiene.

6.1.2.4 Trennfunkenstrecken und Ventilableiter müssen so eingebaut werden, daß sie einer Prüfung zugänglich sind.

6.1.2.5 Für den Blitzschutz-Potentialausgleich mit Fernmeldeanlagen einschießlich elektrischer MSR-Anlagen gilt zusätzlich zu den Angaben in Abschnitt 6.1.2.1 der Abschnitt 6.3.

6.2 Näherungen

6.2.1 Näherungen zu metallenen Installationen

6.2.1.1 Näherungen von Fangeinrichtungen und Ableitungen zu metallenen Installationen aller Art oberhalb jedes einzelnen Potentialausgleichs müssen vermieden oder beseitigt werden, entweder durch Vergrößern des Abstandes oder durch Verbinden der Blitzschutzanlage mit den metallenen Installationen.
Das gilt besonders für folgende Installationen:
Lüftungs- und Klimakanäle, Aufzugsführungsschienen, Wasser-, Gas- und Heizungsleitungen.

6.2.1.2 Näherungen zu maschinellen und elektrischen Einrichtungen in Aufzugsmaschinenräumen und Klimakammern und dergleichen auf dem Dach sind nach Möglichkeit durch Vergrößern der Abstände zu beseitigen (siehe Abschnitt 5.1.1.15).

6.2.1.3 Werden Näherungen überbrückt, so müssen die Verbindungen unmittelbar oder über Trennfunkenstrecken ausgeführt werden. Die Querschnitte der Verbindungsleitungen müssen der Tabelle 1 entsprechen.

---

[6]) Bei Anlagen mit mehreren Zählern empfiehlt sich der Einbau hinter dem, dem Hausanschluß nächstgelegenen Zähler oder dem für die Allgemeinversorgung.

6.2.1.4 Näherungen zu metallenen Installationen brauchen bei Stahlbetonbauten, deren Bewehrungen als Ableitungen verwendet werden, und bei Stahlskelettbauten nicht berücksichtigt zu werden.

6.2.1.5 Bei baulichen Anlagen mit nur **einer** Fangeinrichtung nach Abschnitt 5.1.1.2.2 und mit nur einer Ableitung soll der Abstand *D* zwischen Fangeinrichtung oder Ableitung und Installation mindestens $^1/_5$ der Länge der Ableitung *L* betragen, gemessen von der Stelle des geringsten Abstandes bis zur nächsten Potentialausgleichsschiene:

$D \geq L/5$ (mit *D* und *L* in m).

6.2.1.6 Bei baulichen Anlagen mit **mehreren** Ableitungen in Abständen von 20 m vermindert sich der zulässige Abstand *D* auf $\frac{1}{7n}$ der Länge der Ableitung *L*, gemessen von der Stelle des geringsten Abstandes bis zu nächsten Potentialausgleichsschiene. Dabei ist *n* die Anzahl der Ableitungen:

$$D \geq \frac{L}{7n} \text{ mit } (D \text{ und } L \text{ in m}).$$

Anmerkung:
Ist der Abstand der Ableitungen wesentlich geringer als 20 m, so darf mit geringeren Abständen *D* gerechnet werden[7]).

6.2.1.7 Für Blitzschutzanlagen an baulichen Anlagen ohne Blitzschutz-Potentialausgleich errechnet sich der zulässige Näherungsabstand

bei einer Fangeinrichtung: $D \geq {}^L/5 + {}^R/5$

bei mehreren Fangeinrichtungen: $D \geq \frac{L}{7n} + \frac{R}{5}$

(siehe auch Abschnitt 5.3.2).

6.2.2 Näherungen zu elektrischen Anlagen

6.2.2.1 Starkstromanlagen

6.2.2.1.1 Näherungen von Fangeinrichtungen und Ableitungen zu Starkstromanlagen aller Art oberhalb des nächsten Potentialausgleichs müssen, soweit möglich, vermieden werden. Für den Mindestabstand gelten die gleichen Festlegungen wie sie im Abschnitt 6.2.1 für den Abstand zu metallenen Installationen angegeben sind.

---

[7]) Hierüber ist eine weitere Erläuterung im Rahmen der VDE-Schriftenreihe in Vorbereitung.

6.2.2.1.2 Näherungen zu Starkstromanlagen brauchen bei Stahlbetonbauten, deren Bewehrungen als Ableitungen verwendet werden, sowie bei Stahlskelettbauten nicht berücksichtigt zu werden.

6.2.2.1.3 Zwischen Bauteilen der Blitzschutzanlage und Dachständern für Starkstromfreileitungen ist ein möglichst großer Abstand anzustreben.
Erfolgt eine gegenseitige Näherung unter 0,5 m, so muß eine gekapselte Schutzfunkenstrecke eingebaut werden.
Für das Verbinden mit dem Dachständer ist die Erlaubnis des zuständigen Energie-Versorgungsunternehmens (EVU) einzuholen.
Anmerkung:

Gekapselte Schutzfunkenstrecken entsprechen der Schutzart IP 54 und haben eine Wechsel-Ansprechspannung bei 50 Hz von mindestens 10 kV. Diese Funkenstrecken sind Teile der Blitzschutzanlage und somit Eigentum des Gebäudeeigentümers. Werden solche Funkenstrecken z. B. vom EVU beim Auswechseln oder Versetzen eines Dachständers ausgebaut, ist der Gebäudeeigentümer hiervon in Kenntnis zu setzen.

6.2.2.1.4 Blitzschutzanlagen gelten als geerdete Bauteile im Sinne von VDE 0210 bzw. VDE 0211.

6.2.2.1.5 Für Starkstromanlagen auf dem Dach von baulichen Anlagen gilt auch der Abschnitt 5.1.1.16. Sind Verbindungen mit metallenen Gehäusen nicht zu vermeiden, so sind sie vorzugsweise über Trennfunkenstrecken herzustellen.

6.2.2.2 Fernmeldeanlagen und elektrische MSR-Anlagen
Für die Berücksichtigung von Näherungen bei Fernmeldeanlagen einschließlich elektrischer MSR-Anlagen gilt Abschnitt 6.3.

6.3 Überspannungsschutz für Fernmeldeanlagen und elektrische MSR-Anlagen im Zusammenhang mit Blitzschutzanlagen

6.3.1 Der Überspannungsschutz von Fernmeldegeräten und -anlagen, insbesondere der Geräte mit elektronischen Bauteilen, muß den Festlegungen in DIN 57 845/VDE 0845 sowie den Errichtungsfestlegungen für Fernmeldeanlagen nach DIN 57 800 Teil 2/VDE 0800 Teil 2 entsprechen. Eine Gebäude-Blitzschutzanlage nach den Abschnitten 3 bis 6 reicht nicht in jedem Fall aus, Fernmeldeanlagen vor schädlichen Überspannungen zu schützen.

6.3.2 Für umfangreiche Informationsverarbeitungsanlagen (z. B. MSR-Anlagen, Datenverarbeitungsanlagen) mit elektronischen Bauteilen können zusätzliche Maßnahmen, sowohl an der Gebäudeblitzschutzanlage, als auch an den Informationsverarbeitungsanlagen erforderlich sein.
An der Blitzschutzanlage sind z. B. folgende zusätzliche Maßnahmen zweckmäßig:
- Vermehrung der Fangleitungen und Ableitungen auf möglichst geringe Abstände, z. B. auf 5 bis 7 m,
- Ausbildung von Metallfassaden zu Abschirmungen,
- Anschluß der Bewehrungen aller Decken, Wände und Fußböden an die Blitzschutzanlage,
- Anschluß aller Bewehrungen in den Fundamenten an die Erdungsanlage,

- Blitzschutzerdungen von verschiedenen baulichen Anlagen, die unter anderem auch über Starkstrom- und Fernmeldeleitungen sowie Kabel eine betriebliche Einheit (z. B. Industrieanlagen) bilden, müssen untereinander verbunden und soweit wie möglich vermascht werden. Zur Verbindung dürfen auch Metallmäntel von Kabeln mit ausreichendem Querschnitt, geeignete elektrisch durchgehend verbundene unter- oder oberirdische Rohrleitungen (ausgenommen Gasleitungen), Bewehrungen von Kabelkanälen, Gleise von nichtelektrisch betriebenen Bahnen[5]) und dergleichen verwendet werden.

An den Informationsverarbeitungsanlagen sind z. B. folgende Zusatzmaßnahmen anwendbar (siehe DIN 57 845/VDE 0845):

- Abschirmung der Geräte gegen induktive und kapazitive Beeinflussungen,
- Abschirmungen der Leitungen und Kabel durch Metallmäntel, Stahlrohre, Kabelbühnen aus Blech, Kabelkanäle mit durchverbundenen Bewehrungen usw.,
- Einbau von Überspannungsschutzeinrichtungen zwischen aktiven Teilen und Masse oder Erde und zwischen aktiven Teilen.

Anmerkung:

Der Umfang der zusätzlichen Maßnahmen an der Blitzschutzanlage und an den Fernmeldeanlagen muß bereits bei der Planung berücksichtigt werden.

6.3.3 Fernmelde- und Meßgeräte auf dem Dach oder an Außenwänden von Gebäuden, z. B. meteorologische Meßgeräte, Fernsehkameras, sollen nicht mit der Blitzschutzanlage verbunden werden. Eine geeignete Schutzmaßnahme ist die Abschirmung durch eine oder mehrere Fangstangen mit einem Abstand nach Abschnitt 6.2.1 und mit einem Schutzwinkel von 45° oder die Abschirmung durch einen Metallkäfig mit einem Abstand nach Abschnitt 6.2.1 und einer Maschenweite gleich dem halben Abstand.

Ist die Einhaltung eines Abstandes nach Abschnitt 6.2.1 nicht möglich, z. B. bei Meßgeräten an turmartigen hohen Bauten wie freistehenden Schornsteinen, sind Schutzmaßnahmen nach Abschnitt 6.3.2 zu treffen, insbesondere die Verlegung abgeschirmter Kabel. Die Meßgeräte sollen ein Metallgehäuse haben oder in ein Metallgehäuse oder einen Käfig eingebaut werden.

6.3.4 Ist eine Abschirmung der Gehäuse oder Träger von Fernmeldegeräten nach Abschnitt 6.3.3 gegen direkten Blitzeinschlag nicht möglich, z. B. bei Antennen, so müssen die Gehäuse oder Träger, die dann als Fangeinrichtung gelten, mit der Blitzschutzanlage verbunden werden.

Anmerkung:

Der Überspannungsschutz von Fernmeldegeräten und -anlagen, insbesondere der Geräte mit elektrotechnischen Bauteilen, ist Aufgabe des Herstellers der Geräte bzw. Errichters der Fernmeldeanlage.

7 Prüfungen

Anmerkung:

Prüfungen bestehender Blitzschutzanlagen können z. B. aufgrund von einschlägigen Verordnungen und Verfügungen zuständiger Aufsichtsbehörden, von Unfallverhütungsvorschriften der Berufsgenossenschaften vorgeschrieben sein oder nach den Empfehlungen der Sachversicherer u. a., sowie im Auftrag des Betreibers durchgeführt werden.

---

[5]) Siehe Seite 36

7.1 Prüfung nach Fertigstellung
Durch Besichtigen und Messen ist festzustellen (z. B. anhand der Planungsunterlagen oder einer Beschreibung nach DIN 48 830, zur Zeit Entwurf) ob die Blitzschutzanlage die Anforderungen nach den Abschnitten 3 bis 6 und den dort zitierten mitgeltenden Normen erfüllen.
Über das Ergebnis der Prüfung ist ein Bericht anzufertigen (z. B. nach DIN 48 831 zur Zeit Entwurf). Dazu gehört insbesondere auch die Angabe, welche Messungen im einzelnen durchgeführt wurden und deren Werte. Der Prüfbericht ist dem Auftraggeber auszuhändigen.

7.2 Prüfung bestehender Blitzschutzanlagen

7.2.1 Bei der Prüfung bestehender Blitzschutzanlagen ist festzustellen, ob an der Blitzschutzanlage oder der baulichen Anlage (zu schützenden Anlage) Änderungen durchgeführt wurden.

7.2.2 Durch Besichtigen und Messen ist festzustellen, ob die Blitzschutzanlage in ordnungsgemäßem Zustand ist.

7.2.3 Nach wesentlichen Änderungen sind Beschreibungen und Zeichnungen auf Vollständigkeit zu prüfen und gegebenenfalls zu ergänzen.

7.2.4 Über das Ergebnis der Prüfung an bestehenden Blitzschutzanlagen ist ein Bericht anzufertigen (z. B. nach DIN 48 831, zur Zeit Entwurf). Dazu gehört insbesondere auch die Angabe, welche Messungen im einzelnen durchgeführt wurden und deren Werte.

Zitierte Normen und Unterlagen

DIN 3389	Isolierstücke für Hausanschlußleitungen in der Gas- und Wasserversorgung; Einbaufertige Isolierstücke; Anforderungen und Prüfung
DIN 17 162 Teil 1	Flachzeug aus Stahl; Feuerverzinktes Band und Blech aus weichen unlegierten Stählen; Technische Lieferbedingungen
DIN 17 162 Teil 2	Flachzeug aus Stahl; Feuerverzinktes Band und Blech, Technische Lieferbedingungen; Allgemeine Baustähle
DIN 17 440	Nichtrostende Stähle; Gütevorschriften
DIN 48 201 Teil 1	Leitungsseile; Seile aus Kupfer
DIN 48 201 Teil 3	(zur Zeit Entwurf) Leitungsseile; Seile aus Stahl
DIN 48 201 Teil 5	Leitungsseile; Seile aus Aluminium
DIN 48 201 Teil 6	Leitungsseile; Seile aus E-AlMgSi
DIN 48 204	Leitungsseile; Aluminium-Stahl-Seile
DIN 48 801	Leitungen und Schrauben für Blitzschutzanlagen; Maße, Werkstoff, Ausführung
DIN 48 802	Auffangstangen und Erdeinführungen für Blitzableiter
DIN 48 814	Schornsteinrahmen für Blitzableiter

DIN 48 830	(zur Zeit Entwurf) Beschreibung einer Blitzschutzanlage
DIN 48 831	(zur Zeit Entwurf) Bericht über eine Prüfung einer Blitzschutzanlage
DIN 48 852 Teil 2	Staberder für Blitzschutzanlage mehrteilig
VDE 0100	Bestimmungen für das Errichten von Starkstromanlagen mit Nennspannungen bis 1000 V
DIN 57 105 Teil 1/ VDE 0105 Teil 1	VDE-Bestimmung für den Betrieb von Starkstromanlagen; Allgemeine Bestimmungen
VDE 0115	Bestimmungen für elektrische Bahnen
DIN 57 131/ VDE 0131	VDE-Bestimmung für die Errichtung und den Betrieb von Elektrozaunanlagen
DIN 57 141/ VDE 0141	VDE-Bestimmung für Erdungen in Wechselstromanlagen für Nennspannungen über 1 kV
DIN 57 150/ VDE 0150	VDE-Bestimmung zum Schutz gegen Korrosion durch Streuströme aus Gleichstromanlagen
DIN 57 185 Teil 2/ VDE 0185 Teil 2	Blitzschutzanlage; Errichten besonderer Anlagen [VDE-Richtlinie]
VDE 0190	Bestimmungen für das Einbeziehen von Rohrleitungen in Schutzmaßnahmen von Starkstromanlagen mit Nennspannungen bis 1000 V
VDE 0210	Bestimmungen für den Bau von Starkstrom-Freileitungen über 1 kV
VDE 0211	Bestimmungen für den Bau von Starkstrom-Freileitungen mit Nennspannungen bis 1000 V
VDE 0250	Bestimmungen für isolierte Starkstromleitungen
VDE 0271	Bestimmungen für Kabel mit Isolierung und Mantel aus Kunststoff auf der Basis von Polyvinylchlorid für Starkstromanlagen
DIN 57 281 Teil 103/ VDE 0281 Teil 103	PVC-isolierte Starkstromleitungen; PVC-Aderleitungen [VDE-Bestimmung]
VDE 0675 Teil 1	Richtlinien für Überspannungsschutzgeräte; Ventilableiter für Wechselspannungsnetze
DIN 57 675 Teil 2/ VDE 0675 Teil 2	Überspannungsschutzgeräte; Anwendung von Ventilableitern für Wechselspannungsnetze [VDE-Richtlinie]
DIN 57 675 Teil 3/ VDE 0675 Teil 3	Überspannungsschutzgeräte; Schutzfunkenstrecken für Wechselspannungsnetze [VDE-Richtlinie]
VDE 0800 Teil 1	Bestimmungen für Errichtung und Betrieb von Fernmeldeanlagen einschließlich Informationsverarbeitungsanlagen; Allgemeine Bestimmungen
DIN 57 800 Teil 2/ VDE 0800 Teil 2	Fernmeldetechnik; Erdung und Potentialausgleich [VDE-Bestimmung]
DIN 57 845/ VDE 0845	VDE-Bestimmung für den Schutz von Fernmeldeanlagen gegen Überspannungen
VDE 0855 Teil 1	Bestimmungen für Antennenanlagen; Errichtung und Betrieb

Blitzschutz und Allgemeine Blitzschutz-Bestimmungen (ABB)
Richtlinien für das Einbetten von Fundamenterdern in Gebäudefundamente
herausgegeben von der Vereinigung Deutscher Elektrizitätswerke e. V.–VDEW, Verlags- und Wirtschaftsgesellschaft der Elektrizitätswerke m.b.H.–VWEW Stresemannallee 23, 6000 Frankfurt/Main.
AfK-Empfehlung Nr. 9 „Lokaler kathodischer Korrosionsschutz von unterirdischen Anlagen in Verbindung mit Stahlbetonfundamenten"
zu beziehen beim ZfGW-Verlag GmbH, Postfach 90 10 80, 6000 Frankfurt/Main 90.
Strahlenschutzverordnung
Arbeitsblatt GW 306 des DVGW Rohrleitungen für Gas und Wasser; Verbindungen mit Blitzschutzanlagen
herausgegeben vom Deutschen Verein des Gas- und Wasserfaches e. V. (DVGW), Frankfurter Allee 27–29, 6236 Eschborn 1.

Weitere Normen

DIN 48 803*)	Montagemaße für Blitzschutzanlagen
DIN 48 804	Deckel für Blitzableiterbauteile
DIN 48 805	Stangenhalter für Blitzableiter
DIN 48 806*)	Leitungen und Bauteile für Blitzschutzanlagen; Benennungen
DIN 48 807	Dachdurchführungen für Blitzableiter
DIN 48 809	Klemmen für Blitzschutzanlagen
DIN 48 811	Spannkappe für Blitzableiter
DIN 48 812	Blitzableiter; Holzpfahl für gespannte Leitungen auf weichgedeckten Dächern
DIN 48 818	Schellen für Blitzableiter
DIN 48 819	Klemmschuhe für Blitzableiter
DIN 48 820	Sinnbilder für Blitzschutzbauteile in Zeichnungen
DIN 48 821*)	Nummernschilder für Blitzschutzanlagen
DIN 48 826	Dachleitungsstützen für Blitzableiter
DIN 48 827	Blitzableiter; Traufenstützen und Spannkloben für gespannte Leitungen auf weichgedeckten Dächern
DIN 48 828	Leitungsstützen für Blitzableiter
DIN 48 829	Befestigungsteile auf Flachdächern für Blitzschutzanlagen
DIN 48 832*)	Fangpilze für Blitzschutzanlagen
DIN 48 837	Verbinder für Blitzableiter
DIN 48 838	Schraubenlose Leiterstützen für Blitzableiter
DIN 48 839	Trennstellenkasten und -rahmen für Blitzschutzanlagen
DIN 48 840	Anschlußklemmen an Blechen für Blitzschutzanlagen
DIN 48 841*)	Anschluß- und Überbrückungsbauteile für Blitzschutzanlagen

*) Zur Zeit Entwurf

DIN 48 842	Dehnungsstück für Blitzschutzanlage
DIN 48 843	Kreuzstücke oberirdischer Leiter für Blitzableiter
DIN 48 845	Kreuzstücke für Blitzableiter, schwere Ausführung
DIN 48 852 Teil 1	Staberder für Blitzableiter, einteilig
DIN 48 852 Teil 3	Staberder für Blitzschutzanlagen; Anschlußschelle

Erläuterungen

Diese als VDE-Richtlinie gekennzeichnete Norm wurde vom Komitee 251 „Errichten von Blitzschutzanlagen" der Deutschen Elektrotechnischen Kommission im DIN und VDE (DKE) zusammen mit der Arbeitsgemeinschaft für Blitzschutz und Blitzableiterbau (ABB) erarbeitet.
Ausführliche Erläuterungen erscheinen im Rahmen der VDE-Schriftenreihe als Band 44.
Gegenüber den Festlegungen des Teiles 3 (die Teile 1 und 2 sowie 4 und 5 werden nicht in diese Norm übernommen) des Buches „Blitzschutz und Allgemeine Blitzschutz-Bestimmungen", 8. Auflage, 1968, herausgegeben vom „Ausschuß für Blitzableiterbau e. V. (ABB)" – jetzt „Arbeitsgemeinschaft für Blitzschutz und Blitzableiterbau (ABB) e. V." – wurden folgende wesentlichen Änderungen vorgenommen:

a) Die bisher umständliche Ermittlung der Dachleitungen und Ableitungen, abhängig von der Dachneigung, Gebäudebreite oder anderen, sind durch eine einfache Abhängigkeit vom Gebäudeumfang ersetzt worden.
b) Die Begriffe Fremdnäherung und Eigennäherung sind fortgefallen. Fremdnäherungen sollen durch einen möglichst vollständigen Potentialausgleich aller metallenen Installationen, elektrischen Anlagen und Erdungsanlagen beseitigt werden. Demnach verbleiben nur noch Eigennäherungen, die jetzt als Näherung bezeichnet werden.
c) Neu eingeführt wurde ein Schutzbereich mit einem Schutzwinkel von 45° für Gebäude, deren oberster Teil der Blitzschutzanlage nicht mehr als 20 m über dem Gelände liegt. Hier kann künftig eine einzelne Stange, z. B. Antennenträger auf dem Dach, oder eine einzelne Firstleitung als Auffangeinrichtung genügen, wenn das ganze Gebäude in deren Schutzbereich liegt.
d) Neu eingeführt sind ferner isolierte Blitzschutzanlagen in Form von Fangstangen, Fangleitungen oder Fangnetzen, die von der baulichen Anlage getrennt errichtet werden. Diese Anordnung ist zugelassen für jede beliebige bauliche Anlage, nicht wie früher nur als Fangstangen für explosivstoffgefährdete Bereiche.
e) Für Gebäude mit Höhen über 30 m wurde zusätzlich festgelegt, daß ein Potentialausgleich nicht nur am Fuße des Gebäudes, sondern abhängig von der Höhe des Bauwerkes je 20 m erneut durchzuführen ist.
f) Für Erdungsanlagen wurden zusätzliche Hinweise für den Korrosionsschutz aufgenommen für Erder, die mit starkbewehrten Stahlbetonfundamenten von Gebäuden in Verbindung stehen.
g) Die Begriffsbestimmungen wurden wörtlich dem übrigen VDE-Vorschriftenwerk angeglichen. Die Begriffe Haupt- und Nebenableitungen sind entfallen.

Internationale Patentklassifikation

H 02 G 13/00

Entwicklungsgang

Gründung des ABB als Unterausschuß des Elektrotechnischen Vereins Berlin	1885
Druckschrift „Die Blitzgefahr" Nr. 1	1886
Druckschrift „Die Blitzgefahr" Nr. 2	1890
Leitsätze zum Schutz der Gebäude gegen Blitz	1901
Taschenbuch „Blitzschutz", 1. Auflage	1924
Taschenbuch „Blitzschutz", 2. Auflage	1926
Taschenbuch „Blitzschutz", 3. Auflage	1932
Taschenbuch „Blitzschutz", 4. Auflage	1937
Buch „Blitzschutz", 5. Auflage als Gemeinschaftsarbeit des ABBW und des Fachausschusses 8a „Gebäude-Blitzschutz" bei der Kammer der Technik, Berlin	1951
Buch „Blitzschutz", 6. Auflage, als Gemeinschaftsarbeit des ABBW und des Fachausschusses 8a „Gebäude-Blitzschutz" bei der Kammer der Technik, Berlin	1954
Buch „Blitzschutz", 7. Auflage, als Gemeinschaftsarbeit mit der Kammer der Technik	1963
Buch „Blitzschutz und Allgemeine Blitzschutzbestimmungen", 8. Auflage	1968

Stichwortverzeichnis

Die hinter den Benennungen aufgeführten Nummern beziehen sich auf die zugehörigen Abschnitte.
Die in Klammern stehenden DIN-Normen und VDE-Bestimmungen geben den Hinweis, wo über den jeweiligen Gegenstand Festlegungen enthalten sind.
Der Verweis auf DIN 57 185 Teil 2/VDE 0185 Teil 2 bedeutet, daß dieser Begriff dort festgelegt wurde.

*) Zur Zeit Entwurf

*) Zur Zeit Entwurf

*) Zur Zeit Entwurf

DK 621.316.98.002.2
: 001.4 : 620.1

November 1982

	Blitzschutzanlage Errichten besonderer Anlagen [VDE-Richtlinie]	DIN 57 185 Teil 2

Lightning protection system
Erection of especially structures
[VDE Guide]

Diese Norm ist zugleich eine VDE-Richtlinie im Sinne von VDE 0022 und in das VDE-Vorschriftenwerk unter nebenstehender Nummer aufgenommen.

VDE
0185
Teil 2/11.82

Für den Geltungsbereich dieser Norm bestehen keine entsprechenden regionalen oder internationalen Normen.
Diese VDE-Richtlinie wurde von der Arbeitsgemeinschaft für Blitzschutz und Blitzableiterbau e.V. (ABB) zusammen mit dem Komitee 251 „Errichtung von Blitzschutzanlagen" der DKE erarbeitet.
Sie ersetzt die 8. Auflage des Buches „Blitzschutz und Allgemeine Blitzschutzbestimmungen", die der damalige Ausschuß für Blitzableiterbau (ABB) im Jahre 1968 erarbeitet und herausgegeben hatte.

Beginn der Gültigkeit

Diese als VDE-Richtlinie gekennzeichnete Norm gilt ab 1. November 1982[1]).
Für in Planung oder in Bau befindliche Anlagen gelten daneben die „Allgemeinen Blitzschutzbestimmungen" der ABB noch bis zum 31. Oktober 1984.
Die Hinweise auf DIN 57 185 Teil 1/VDE 0185 Teil 1 beziehen sich auf die Ausgabe November 1982.

1) Genehmigt vom Vorstand des VDE im November 1981
und den Delegierten der ABB am 15. Oktober 1980,
bekanntgegeben in etz-b 30 (1978) Heft 3 und etz 103 (1982) Heft 19.

Fortsetzung Seite 2 bis 27

Deutsche Elektrotechnische Kommission im DIN und VDE (DKE)

Inhalt

1 Anwendungsbereich

1.1 Diese als VDE-Richtlinie gekennzeichnete Norm gilt für das Errichten einschließlich Planen, Erweitern und Ändern von Blitzschutzanlagen für besondere Anlagen, wie

a) bauliche Anlagen besonderer Art,
b) nichtstationäre Anlagen und Einrichtungen,
c) Anlagen mit besonders gefährdeten Bereichen.

Anmerkung:

Diese Norm enthält keine Angaben über die Blitzschutzbedürftigkeit. Welche Anlagen Blitzschutz erhalten sollen, richtet sich nach den einschlägigen Verordnungen und Verfügungen der zuständigen Aufsichtsbehörden, nach den Unfallverhütungsvorschriften der Berufsgenossenschaften, den Empfehlungen der Sachversicherer usw. oder nach dem Auftrag der Bauherren.
Diese Norm regelt demnach nur die **Anforderungen** an Blitzschutzanlagen solcher baulicher und nichtstationärer Anlagen, für die nach anderen Grundlagen oder aufgrund freiwilligen Auftrags ein Blitzschutz gefordert wird.

1.2 Diese Norm gilt nur zusammen mit DIN 57 185 Teil 1/VDE 0185 Teil 1 „Blitzschutzanlage, Allgemeines für das Errichten". Soweit in DIN 57 185 Teil 2/VDE 0185 Teil 2 Festlegungen enthalten sind, die Änderungen gegenüber oder Ergänzungen zu vergleichbaren Festlegungen in DIN 57 185 Teil 1/ VDE 0185 Teil 1 darstellen, gelten die Festlegungen des Teils 2 im Zweifel mit Vorrang.

2 Begriffe

Zusätzlich zu den Begriffen von DIN 57 185 Teil 1/VDE 0185 Teil 1 gelten die folgenden Begriffe.

2.1 **Feuergefährdete Bereiche** sind Bereiche in oder an baulichen Anlagen oder im Freien, in denen leichtentzündliche Stoffe in gefahrdrohender Menge vorhanden sind, z. B. landwirtschaftliche Betriebsstätten, offene Lager und Feldscheunen, Windmühlen, Papier-, Textil- und Holzverarbeitungsbetriebe.

Anmerkung:

Leichtentzündliche Stoffe sind z. B. Heu, Stroh, Holzspäne, lose Holzwolle und Papier, Magnesiumspäne, Reisig, Baum- und Zellwollfasern.

2.2 **Gebäude mit weicher Bedachung (Weichdächer)** sind Gebäude mit einer Dacheindeckung aus Reet, Stroh oder Schilf.

Anmerkung:

Die Befestigung der Eindeckung erfolgt üblicherweise durch Drahtbindung. Dächer, z. B. mit Holzschindeln, Ziegeln in Strohdocken und ähnlichen brennbaren Baustoffen, gelten im Sinne dieser Norm nicht als weiche Bedachung.

2.3 **Explosionsgefährdete Bereiche** sind Bereiche, in denen aufgrund der örtlichen und betrieblichen Verhältnisse explosionsfähige Atmosphäre in gefahrdrohender Menge (gefährliche explosionsfähige Atmosphäre) auftreten kann (Explosionsgefahr). Die Bereiche werden nach der Wahrscheinlichkeit des Auftretens gefährlicher explosionsfähiger Atmosphäre in Zonen eingeteilt:

Zone 0 umfaßt Bereiche, in denen gefährliche explosionsfähige Atmosphäre durch Gase, Dämpfe oder Nebel ständig oder langzeitig vorhanden ist.
Zone 1 umfaßt Bereiche, in denen damit zu rechnen ist, daß gefährliche explosionsfähige Atmosphäre durch Gase, Dämpfe oder Nebel gelegentlich auftritt.
Zone 2 umfaßt Bereiche, in denen damit zu rechnen ist, daß gefährliche explosionsfähige Atmosphäre durch Gase, Dämpfe oder Nebel nur selten und dann auch nur kurzzeitig auftritt.
Zone 10 umfaßt Bereiche, in denen gefährliche explosionsfähige Atmosphäre durch Staub langzeitig oder häufig vorhanden ist.
Zone 11 umfaßt Bereiche, in denen damit zu rechnen ist, daß gelegentlich durch Aufwirbeln abgelagerten Staubs eine gefährliche explosionsfähige Atmosphäre kurzzeitig auftritt.

2.4 **Explosivstoffgefährdete Bereiche** sind Bereiche, in denen Explosivstoffe und Gegenstände mit Explosivstoff, wie Sprengstoffe, Treibstoffe (Treibladungspulver, Raketentreibstoffe), Zündstoffe, Anzündstoffe, pyrotechnische Gegenstände, Munition und dergleichen hergestellt, verarbeitet, bearbeitet, untersucht, erprobt, vernichtet, befördert, bereitgehalten, abgestellt oder gelagert werden.

3 Allgemeine Anforderungen

Blitzschutzanlagen sind so zu planen und mit solchen Bauteilen und Werkstoffen zu errichten, daß bauliche Anlagen, Personen und Sachen gegen Blitzeinwirkungen geschützt werden. Diese Forderung gilt als erfüllt, wenn die Blitzschutzanlage allen Anforderungen dieser Norm und denen von DIN 57 185 Teil 1/VDE 0185 Teil 1 entspricht.

4 Bauliche Anlagen besonderer Art

4.1 Frei stehende Schornsteine

4.1.1 Metallschornsteine

Metallene Schornsteine und – wenn vorhanden – auch die Abspannungen sind nach DIN 57 185 Teil 1/VDE 0185 Teil 1, Abschnitt 5.3, zu erden.

4.1.2 Nichtmetallene Schornsteine

4.1.2.1 Als Fangeinrichtungen sind Fangstangen nach DIN 57 185 Teil 1/VDE 0185 Teil 1, Tabelle 1, in Abständen von nicht mehr als 2 m, gemessen am Umfang des Schornsteinkopfes, anzubringen. Die Fangstangen sind untereinander zu verbinden. Es sind mindestens drei Fangstangen erforderlich. Sie müssen den Schornsteinkopf um mindestens 0,5 m überragen.

4.1.2.2 Metallabdeckungen auf dem Schornsteinkopf sind an die Blitzschutzanlage anzuschließen (mit den Ableitungen zu verbinden).

4.1.2.3 Bühnen für Luftfahrt-Hindernisbefeuerung, Werbeanlagen, Wasserringbehälter und ähnliche Einrichtungen sind mit den Ableitungen zu verbinden.

4.1.2.4 Schornsteine bis zu 20 m Höhe müssen mindestens eine, bei Höhen über 20 m mindestens zwei außenliegende Ableitungen erhalten (DIN 57 185 Teil 1/VDE 0185 Teil 1, Abschnitt 5.2.4).
Mindestens eine der beiden Ableitungen muß in der Nähe der Steigeisen verlaufen. Sind 2 Steigeisenläufe vorhanden, so erhält jeder eine Ableitung. Ist nur ein äußerer Steigeisengang vorhanden, so dürfen beide Ableitungen daran befestigt werden. Steigeisen, Rückenbügel oder Schornsteinbänder brauchen nicht mit den Ableitungen verbunden zu werden. Sie dürfen jedoch zum Befestigen der Ableitungen benutzt werden.
Zu Meßzwecken sollen die Ableitungen möglichst gegeneinander isoliert verlegt werden, z. B. durch abwechselnde Befestigung an Steigeisen, Schornsteinbändern usw.

4.1.2.5 Eine durchgehend elektrisch leitfähige äußere Steigleiter ersetzt zwei Ableitungen.

4.1.2.6 Ableitungen im Bereich der Rauchgase, das ist etwa der Bereich bis zum fünffachen Mündungsdurchmesser, mindestens jedoch bis 3 m unterhalb der Mündung, müssen korrosionsfest ausgeführt werden; Abmessungen siehe DIN 57 185 Teil 1/VDE 0185 Teil 1, Tabelle 1.

4.1.2.7 Bei Schornsteinen aus Stahlbeton dürfen die Ableitungen im Beton verlegt werden. Bei einer verrödelten Bewehrung darf auf besondere Ableitungen verzichtet werden.
Werden äußere Ableitungen verlegt, so sind sie mindestens unten mit der Bewehrung zu verbinden.

4.1.2.8 Alle den Schornstein im Inneren durchlaufenden metallenen Bauteile, wie Steigleitern, Rauch- und Abgasrohre, Wendeltreppen, Fördereinrichtungen und ähnliches sind zum Blitzschutz-Potentialausgleich mit den Ableitungen oben und unten zu verbinden.

4.1.3 Elektrische Anlagen und Metallteile

4.1.3.1 Beleuchtungsanlagen außen am Schornstein sind (abweichend von DIN 57 185 Teil 1/VDE 0185 Teil 1, Abschnitte 6.2.2.1.1 und 6.2.2.1.2) durch Ventilableiter zu schützen. Ventilableiter sind einzubauen an der obersten Einbaustelle von Leuchten sowie an der zugehörigen Verteilung im Bereich des Schornsteinfußes. Zum Schutz gegen seitliche Blitzeinschläge sollen auch an allen dazwischen liegenden Einbaustellen von Leuchten Ventilableiter eingebaut werden. Diese Ableiter sind zwischen allen nichtgeerdeten Leitern und der Ableitung einzubauen. Der Schutzleiter ist direkt mit der Ableitung zu verbinden. Soweit Kabel (Leitungen) ungeschnitten an Einbaustellen der Beleuchtung durchgeführt sind, entfällt an diesen Kabeln der Einbau von Ventilableitern.
Für Fernmeldeanlagen am Schornstein gelten Abschnitte 6.3.3 und 6.3.4 von DIN 57 185 Teil 1/VDE 0185 Teil 1.

4.1.3.2 Die im Umkreis bis zu 20 m um den Schornsteinfuß innerhalb und außerhalb von Gebäuden befindlichen, zum Betrieb gehörenden Metallteile, wie Kessel, Rohrleitungen, Stahlgerüste, Erdungsanlagen, sind zum Blitzschutz-Potentialausgleich mit der Erdungsanlage des Schornsteins zu verbinden.

4.2 Kirchtürme und Kirchen

4.2.1 Für Kirchtürme unter 20 m Höhe genügt eine außenliegende Ableitung. Wenn der Kirchturm mit der Kirche zusammengebaut ist, muß diese Ableitung mit der Blitzschutzanlage der Kirche verbunden werden. Kirchtürme über 20 m Höhe müssen mindestens zwei äußere Ableitungen erhalten, von denen eine mit der Blitzschutzanlage der Kirche zu verbinden ist.

4.2.2 Im Inneren des Turmes darf keine Ableitung herabgeführt werden.

4.2.3 Näherungen der Ableitungen zu Metallteilen und elektrischen Anlagen im Turm sind durch geeignete Anordnung der Ableitungen zu vermeiden.

4.2.4 Das Kirchenschiff muß eine eigene Blitzschutzanlage erhalten, die bei angebautem Turm auf dem kürzesten Wege mit einer Ableitung des Turmes zu verbinden ist.
Bei einem Kreuzschiff muß die Fangleitung längs des Querfirstes an jedem Ende eine Ableitung erhalten.

4.2.5 Der Blitzschutz-Potentialausgleich mit den Starkstromanlagen ist mittels Ventilableitern unten im Turm oder – wenn dies nicht möglich ist – an der Hauptverteilung der Kirche durchzuführen.

4.2.6 Für Ableitungen bei Kirchtürmen aus Stahlbeton gilt DIN 57 185 Teil 1/VDE 0185 Teil 1, Abschnitt 5.2.9.

4.3 Fernmeldetürme aus Stahlbeton

(Gilt für Relais-, Kontroll-, Radar- und ähnliche Türme mit fernmeldetechnischen Einrichtungen.)

4.3.1 Über das auf der Sauberkeitsschicht der Fundamentgrube liegende Baustahlgewebe sind zwei sich unter 90° kreuzende Leitungen zu legen und mit dem Baustahlgewebe zu verrödeln. Diese Leitungen sind an ihren Enden mit dem Fundamenterder zu verbinden. Er ist mit den Ableitungen und Blitzschutz-Potentialausgleichsleitungen zu verbinden.
Sind Erder außerhalb des Fundaments aus betrieblichen Gründen zusätzlich erforderlich, so sind die Angaben in DIN 57 185 Teil 1/VDE 0185 Teil 1, Abschnitt 4.3.2, über Maßnahmen gegen Korrosion zu beachten.

4.3.2 Im Turmschaft sind vom Fundament bis zum Kopf mindestens vier Ableitungen, gleichmäßig auf den Umfang verteilt, aus Bandstahl nach DIN 57 185 Teil 1/VDE 0185 Teil 1, Tabelle 1 entlang der äußeren Stahlbewehrung im Beton zu verlegen. Sie sind mit der Bewehrung in Abständen von etwa 1,5 m zu verrödeln und in Abständen von je 10 m Turmhöhe mit verzinktem Bandstahl ringförmig im Schaft zu verbinden. Diese Ringe müssen Anschlußfahnen für den Blitzschutz-Potentialausgleich im Turminneren, am Kopf und am Fuße des Turmes auch nach außen erhalten.

4.3.3 Alle metallenen Aufbauten (Antennen, Richtstrahler, Befestigungsschienen, Schienenkränze, Geländer usw.) sind mit den Potentialausgleichsleitungen zu verbinden. Soweit Aufbauten nicht als Fangeinrichtung wirkende Metallteile besitzen,

z. B. Kanten von Plattformen, sind sie mit Fangeinrichtungen zu versehen. Nichtmetallene Aufbauten (Kunststoffhüllen), z.B. Wetterschutz für Antennen, sind unter Berücksichtigung der betrieblichen Belange an der Außenwand mit Fangeinrichtungen zu versehen, die mit den Ableitungen des Turmschaftes zu verbinden sind.

4.3.4 Bei Türmen (auch Masten) aus vorgefertigten Stahlbetonteilen darf die Bewehrung als Ableitung verwendet werden, wenn die Bedingungen nach DIN 57 185 Teil 1/VDE 0185 Teil 1, Abschnitt 5.2.9, erfüllt sind. Werden Türme bzw. Maste aus einzelnen Schüssen zusammengesetzt, so sind die Bewehrungen an den Stößen leitend zu verbinden oder es sind äußere Ableitungen zu verlegen. Diese Ableitungen sollen möglichst mit der Bewehrung der Schüsse verbunden werden.

4.4 Seilbahnen

4.4.1 Blitzschutzanlagen der Stationen sind nach DIN 57 185 Teil 1/ VDE 0185 Teil 1, auszuführen.

4.4.2 Stahlbauteile der Stationen, wie die Träger der Treibscheiben und Umlenkscheiben, die Abspanngerüste der Tragseile, sind mit der Erdungsanlage der Station zu verbinden.

4.4.3 Bei Zweiseilbahnen mit Umlaufbetrieb oder Pendelbetrieb sowie bei Einseilbahnen sind in die Rollenfutter der Antrieb- und Umlenkscheiben metallene Segmente einzulegen, damit die Seile ständig geerdet sind. Bei Seilen, die während des Betriebes isoliert sein müssen, sind in allen Stationen Vorrichtungen einzubauen, mit denen die Seile bei Betriebseinstellung, insbesondere bei Gewitter, geerdet werden können, z. B. durch metallene Andruckrollen.
Bei Schleppliftanlagen muß in der Antriebsstation eine geeignete Vorrichtung zum Erden des Förderseiles z. B. durch Andruckrollen oder Bürsten geschaffen werden.

4.4.4 Die Stahlstützen, die Bewehrungen der Stützen aus Stahlbeton und Ableitungen von Holzstützen, sind an solchen Stellen entsprechend DIN 57 185 Teil 1/VDE 0185 Teil 1, Abschnitt 5.3 zu erden, wo gute Erdungsverhältnisse vorliegen. Sind solche Stellen weiter als 10 m vom Fußpunkt der Stütze entfernt, ist mindestens ein Bandstahl nach DIN 57 185 Teil 1/VDE 0185 Teil 1, Tabelle 2, von 20 m Länge auf der Oberfläche auszulegen und zu befestigen.
Rollengehänge von Stahlbetonstützen müssen mit der Bewehrung gut leitend verbunden werden.

4.4.5 An Holzstützen ist eine Ableitung von den Rollengehängen bis zum Fundament zu führen.
Ist eine unmittelbare Verbindung der Ableitung mit dem Rollengehänge betrieblich nicht zweckmäßig, so ist die Ableitung auf 30 mm Abstand an ein Metallteil des Rollengehänges heranzuführen (Bildung einer Funkenstrecke).

4.4.6 Werden Seile zur Signalübertragung verwendet, müssen in den Stationen Überspannungsschutzeinrichtungen eingebaut werden.

4.5 Elektrosirenen
(Siehe auch Abschnitt 6.1.2.7)

4.5.1 Das Standrohr von Elektrosirenen ist über Dach auf kürzestem Wege mit der Fangeinrichtung oder einer Ableitung der Blitzschutzanlage zu verbinden. Die Verbindungsleitung muß hinsichtlich Werkstoff und Mindestabmessungen DIN 57 185 Teil 1/VDE 0185 Teil 1, Tabelle 1, entsprechen.

4.5.2 Ist keine Blitzschutzanlage vorhanden, so ist das Standrohr über eine Ableitung nach DIN 57 185 Teil 1/VDE 0185 Teil 1, Tabelle 1 mit einem Einzelerder nach DIN 57 185 Teil 1/VDE 0185 Teil 1, Abschnitt 5.3.6, zu erden.

4.5.3 Ist im Gebäude eine Potentialausgleichsschiene nach VDE 0190 vorhanden, so ist die Ableitung der Sirene damit zu verbinden. Die Verbindung darf auch über eine metallene Wasserleitung oder Heizungsleitung erfolgen; ein im Stromweg liegender Wasserzähler ist zu überbrücken.

4.5.4 Sirenen auf Stahlrohrmasten außerhalb von Gebäuden sind nach DIN 57 185 Teil 1/VDE 0185 Teil 1, Abschnitt 5.3.6, zu erden.

4.6 Krankenhäuser und Kliniken

Bei Krankenhäusern und Kliniken, die medizinisch genutzte Räume nach DIN 57 107/VDE 0107, Anwendungsgruppe 2 E nach Abschnitt 3.2.3 (siehe auch die zugehörige Tabelle 1), enthalten, sind die Blitzschutzanlagen nach folgenden Bedingungen auszuführen, und zwar jeweils für das gesamte Gebäude.

4.6.1 Die Fangleitungen sind mit einer Maschenweite von nicht mehr als 10 m x 10 m zu verlegen.

4.6.2 Bei Gebäuden aus Mauerwerk oder Stahlbeton-Fertigteilen ist auf je 10 m Gebäudeumfang eine Ableitung zu verlegen. Ableitungen auf Wandflächen sollen dabei von Fensterkanten möglichst einen Abstand von mindestens 0,5 m einhalten. Das gilt nicht für Metallfassaden.

Bei Gebäuden aus Stahlskelett sind alle Stützen als Ableitungen zu verwenden. Bei Stahlbetonbauten sind die Bewehrungen nach DIN 57 185 Teil 1/VDE 0185 Teil1, Abschnitt 5.2.9, als Ableitung zu verwenden. Die Bewehrungen von Fußböden und Decken aus Stahlbeton sind in diesen Fällen untereinander und mit den Ableitungen zu verbinden.

4.6.3 Mit Ausnahme von Gebäuden aus Stahlskelett und Stahlbeton dürfen metallene Installationen und elektrische Anlagen, die sich im Bereich der medizinisch genutzten Räume befinden, nicht unmittelbar mit Teilen der Blitzschutzanlage verbunden werden, auch nicht über Funkenstrecken oder Überspannungsschutzgeräte. Ein Anschluß an die Blitzschutzanlage ist nur im Bereich der Erdungsanlage, z. B. am Fundamenterder, an der Potentialausgleichsschiene im Bereich des Kellers oder etwa in der Höhe der Geländeoberfläche durchzuführen.

4.6.4 Mit Ausnahme von Gebäuden aus Stahlskelett und Stahlbeton sind außen am Gebäude vorhandene Metallteile und Metallteile mit Starkstromanlagen, z. B. Sonnenblenden mit Motorverstellung oder Jalousien mit Motorantrieb, mit der äußeren Blitzschutzanlage zu verbinden. Eine leitende Verbindung dieser Teile mit dem besonderen Potentialausgleich nach DIN 57 107/VDE 0107 ist auf der gleichen Ebene des Gebäudes nicht zulässig, auch nicht über Funkenstrecken oder Überspannungsschutzgeräte.

4.6.5 Für den Überspannungsschutz von Fernmeldegeräten und Leitungen zum Übertragen von Meßdaten zwischen verschiedenen Räumen des gleichen Gebäudes oder auch zwischen verschiedenen Gebäuden gilt DIN 57 185 Teil 1/VDE 0185 Teil1, Abschnitt 6.3.

4.7 Sportanlagen

4.7.1 In den Blitzschutz sind einzubeziehen:
- alle baulichen Anlagen einschließlich überdachter Tribünen und Fluchtunterstände,
- Flutlichtmaste und Fahnenmaste,
- metallene Geländer und Gitter an Eingängen, auf Zuschauerplätzen und Tribünen,
- sonstige größere Metallteile, z. B. Anzeigetafeln, erhöhte Standorte ohne Überdachung.

4.7.2 Bei Zuschauerplätzen auf Tribünen und Rängen ohne Überdachung sind Fangstangen aufzustellen, die die höchstgelegenen Plätze um mindestens 5 m überragen. Die Höhe der Fangstangen und ihre Abstände ergeben sich aus ihrem Schutzbereich nach DIN 57 185 Teil 1/VDE 0185 Teil 1, Abschnitt 5.1.2.
Als Fangstangen eignen sich Stangen oder Fahnenstangen aus Metall oder aus nicht leitfähigem Material, wenn sie mit Fangeinrichtungen und Ableitungen versehen sind.

4.7.3 Alle im Bereich der Sportanlage, der Zuschauerplätze und der für die Zuschauer bestimmten Wege befindlichen Metallteile, wie Maste, Geländer und sonstige größere Metallteile, z. B. Anzeigegerüste, sind mit den Erdungsanlagen der Sportanlagen einschließlich der Fahnenstangen und Gebäude zu verbinden.

4.7.4 Hinsichtlich des Personenschutzes sind, falls erforderlich, Maßnahmen nach DIN 57 185 Teil 1/VDE 0185 Teil1, Abschnitt 5.3.9, durchzuführen.

4.7.5 Bei Flutlichtanlagen mit Masten von mehr als 20 m Höhe ist zwischen Starkstromanlage und Blitzschutzerdungsanlage ein Blitzschutz-Potentialausgleich wie folgt durchzuführen:
An der Hauptverteilung für die Flutlichtanlage und am Fuß jedes Flutlichtmastes sind Ventilableiter zwischen den Starkstromleitern (aktive Teile) und der Erdungsanlage einzubauen. Hat jeder Flutlichtmast in seiner unmittelbaren Nähe eine eigene Verteilung, so genügt der Einbau von Ventilableitern in diesem Verteiler. Metallene Mäntel oder Umhüllungen von Kabeln und Leitungen sind mit der Erdungsanlage zu verbinden. Bei Kabeln ohne Metallmantel wird die Verlegung eines Rund- oder Flachleiters im Kabelgraben oberhalb der Kabel empfohlen. Der Rund- oder Flachleiter ist mit den Erdern der Masten zu verbinden und dient dann gleichzeitig als Verbindungsleitung nach Abschnitt 4.7.3.

4.8 Tragluftbauten

4.8.1 Tragluftbauten, die einen Blitzschutz erhalten sollen, müssen schon vom Hersteller mit Fangeinrichtungen und Ableitungen versehen werden, z. B. in Laschen verlegte oder eingearbeitete isolierte Stahlseile mit einem Metallquerschnitt von mindestens 50 mm^2 bei einem Abstand von nicht mehr als 10 m. Ein Auflegen von blanken Leitungen auf vorhandene Tragluftbauten ist aus baulichen Gründen nicht zulässig.

4.8.2 Isolierte Stahlseile, die als Ableitungen dienen und isoliert abgespannt sind, sind mit dem Erder leitend zu verbinden.

4.8.3 Als Erder genügen die vorhandenen Drehanker, Schlaganker oder einbetonierten Anker, sofern letztere durch einen Fundamenterder im Streifenfundament miteinander verbunden werden.

4.8.4 Ein Blitzschutz darf auch nach DIN 57 185 Teil 1/VDE 0185 Teil 1, Abschnitt 5.1.2, errichtet werden (Isolierte Blitzschutzanlage).

4.9 Brücken

4.9.1 Stahlkonstruktionen und Stahlseile benötigen weder Fangeinrichtungen noch Ableitungen.

4.9.2 Bei Stahlbetonkonstruktionen sind als Fangeinrichtungen besondere Fangspitzen aus nichtrostendem Stahl aus dem Beton an den höchsten Stellen herauszuführen. Als Ableitungen dürfen die Bewehrungsstähle verwendet werden, wenn sie entweder verrödelt sind oder wenn einzelne geeignete Bewehrungsstähle zu einer durchlaufenden Leitung verschweißt sind. Es dürfen auch besondere durchlaufende Leitungen aus verzinktem Stahl eingelegt und mit der Bewehrung verrödelt werden.
Bei Spannbeton ist ein Anschluß von Blitzschutzleitungen an die Spannglieder einschließlich der Verankerungen nur außerhalb des Spannbereiches zulässig.

4.9.3 Bei Brücken aus Stein und Holz ist die Blitzschutzanlage nach DIN 57 185 Teil 1/VDE 0185 Teil 1, Abschnitte 3 bis 5, auszuführen.

4.9.4 Zur Erdung sind in erster Linie vorhandene natürliche Erder zu verwenden, wie Fundamentbewehrungen, Spundwände, Caissons, Bewehrung von Pfahlgründungen. Falls solche Erder nicht verfügbar oder erreichbar sind, ist nach DIN 57 185 Teil 1/VDE 0185 Teil 1, Abschnitt 5.3, zu erden.

4.9.5 Brückenlager aller Art sind durch isolierte bewegliche Leitungen mit mindestens 50 mm^2 Kupferquerschnitt (z. B. Schweißleitungen nach DIN 57 250/ VDE 0250) zu überbrücken. Die Lager sind an die Erdungsanlage anzuschließen, soweit nicht durch die Konstruktion eine Erdung bereits gegeben ist, z. B. über Spannanker von Zug-Drucklagern.

4.9.6 Bauteile aus Metall, die mit der Bewehrung oder der Stahlkonstruktion nicht verbunden sind, z. B. Geländer, Fahnenmaste, sind an die Bewehrung oder an die Stahlkonstruktion anzuschließen.
Unterbrechungen im Zuge von Geländern und dergleichen sind durch bewegliche Leitungen zu überbrücken; das gleiche gilt für Unterbrechungsstellen im Fahrbahnträger, z. B. an Trennpfeilern.

4.9.7 Starkstromanlagen für die Brücke wie Fahrbahnbeleuchtung, Innenbeleuchtung im Fahrbahnträger, Fernmeldeanlagen, z. B. zur Fernsteuerung der Beleuchtung, sind in den Blitzschutz-Potentialausgleich einzubeziehen.

4.9.8 Gleise von Gleichstrombahnen müssen nach VDE 0115a/08.75, § 49c) 12 und DIN 57 150/VDE 0150/08.75, Abschnitt 7.4.3.12, von Brücken aus Stahl oder Stahlbeton isoliert gehalten werden, sofern der Erdungswiderstand der Brücke bestimmte Werte unterschreitet.
Rohrleitungen und Kabel müssen auf Brücken mit Gleichstrombahnen nach DIN 57 150/VDE 0150/08.75, Abschnitt 4.1.1.2, stets isoliert verlegt werden. Auf Brücken mit Wechselstrombahnen sind bahnfremde Fernmeldekabel in der Regel gegen metallene bahngeerdete Brückenbauteile zu isolieren (DIN 57 228 Teil 3/VDE 0228 Teil 3/05.77, Abschnitt 4.3.3.2.2.3).
Blitzschutzanlagen müssen daher so errichtet werden, daß diese die Isolierungen von Kabeln und Rohrleitungen nicht überbrücken. Etwa notwendige Verbindungen sind nur über Trennfunkenstrecken oder Überspannungsschutzgeräte herzustellen, z. B. an Isolierstücken in Rohrleitungen.

4.9.9 An Brücken für öffentlichen Verkehr sind an Stellen mit Gefährdung durch Schrittspannung oder Berührungsspannung zusätzliche Maßnahmen zum Schutz der Personen zu treffen, z. B. durch Potentialsteuerung oder Isolierung des Standortes am Zugang zu Treppen und Fußgängerrampen (siehe auch DIN 57 185 Teil 1/VDE 0185 Teil 1, Abschnitt 5.3.9).

5 Nichtstationäre Anlagen und Einrichtungen

5.1 Turmdrehkrane auf Baustellen

5.1.1 Jede Schiene der Gleise ist an jedem Ende und bei mehr als 20 m Schienenlänge alle 20 m zu erden. Sofern keine anderen Erder vorhanden sind, genügt je ein Staberder von mindestens 1,5 m Einschlagtiefe.

5.1.2 Bei Bauten mit Stahlbewehrung in den Fundamenten ist eine Verbindungsleitung zwischen Bewehrung und einer Schiene herzustellen. Kletterkrane sind zweimal anzuschließen.

5.1.3 Apparate, Maschinen, metallene Rohrleitungen müssen im Umkreis bis zu 20 m um die Gleise mit den Schienen verbunden werden.

5.1.4 Als Zuleitungen zu den Staberdern und als Verbindungsleitungen genügt verzinkter Bandstahl 30 mm x 3,5 mm. Die Anschlüsse müssen mit Hilfe von zwei Schrauben M10 mit Federringen ausgeführt werden.

5.1.5 Eine Überbrückung von Schienenstößen, die mit Laschen aus Stahl verbunden sind, ist für den Blitzschutz nicht erforderlich.

5.1.6 Zum Schutz der elektrischen Einrichtungen der Bauteile wird beim Netzanschluß der Einbau von Ventilableitern empfohlen.

5.2 Automobilkrane auf Baustellen

Als Blitzschutz für Automobilkrane genügt der Anschluß des Kranes an einen Erder entsprechend Abschnitt 5.1.1.
Als Zuleitung zu den Erdern dürfen verwendet werden:
Verzinkter Bandstahl 30 mm x 3,5 mm oder ein isoliertes Kupferseil mit einem Querschnitt von mindestens 16 mm^2.

6 Anlagen mit besonders gefährdeten Bereichen

Die Blitzschutzanlagen müssen so ausgeführt werden, daß bei einem Blitzschlag außer an den Einschlagstellen keine Schmelz- und Sprühwirkungen entstehen. Deshalb sind alle Verbindungen besonders sorgfältig herzustellen; Verbindungsstellen sind auf die unbedingt nötige Anzahl zu beschränken.

6.1 Feuergefährdete Bereiche

6.1.1 Allgemeines

6.1.1.1 Alle Fang- und Ableitungen müssen außerhalb des Gebäudes frei und sichtbar verlegt werden.
Anmerkung:
Fangspitzen mit unter der Dachhaut verlegten Verbindungsleitungen nach DIN 57 185 Teil 1/VDE 0185 Teil 1, Abschnitt 5.1.1.7, sind unzulässig.

6.1.1.2 Bei Gebäuden oder Gebäudeteilen mit Stahlkonstruktionen, wie Stahlbindern oder -stützen, müssen die Stahlbauteile als Ableitungen verwendet werden. Bei Gebäuden aus Stahlbeton dürfen die Ableitungen nach DIN 57 185 Teil 1/VDE 0185 Teil 1, Abschnitt 5.2.9, ausgeführt werden.

6.1.1.3 Bei Dächern auf Stahlbindern mit einer Dacheindeckung aus elektrisch nichtleitenden Werkstoffen sind die Abstände nach DIN 57 185 Teil 1/VDE 0185 Teil 1, Abschnitt 5.1.1.10, auf 10 m zu verringern.

6.1.1.4 Bei Wellasbestdächern sind Fangeinrichtungen nach DIN 57 185 Teil 1/VDE 0185 Teil 1, Abschnitt 5.1.1.11, nur zulässig, wenn durch zusätzliche bauliche Maßnahmen eine Einwirkung von Funken usw. auf die gefährdeten Bereiche ausgeschlossen ist. Andernfalls sind auch auf solchen Dächern Fangeinrichtungen nach DIN 57 185 Teil 1/VDE 0185 Teil 1, Abschnitt 5.1.1, zu verlegen. Die Stahlunterkonstruktion ist daran anzuschließen.

6.1.1.5 Lassen sich Näherungen zu Heuaufzügen, Gebläseleitungen und ähnlichen Fördereinrichtungen bei der Verlegung einer Blitzschutzanlage nach DIN 57 185 Teil 1/VDE 0185 Teil 1, Abschnitt 5, nicht vermeiden, so müssen die Fangleitungen auf dem First und auf dem Dach auf isolierenden Stützen wie bei Weichdächern (siehe Abschnitt 6.1.2.1) so verlegt werden, daß ein Abstand von mindestens 1 m vorhanden ist.

6.1.1.6 Näherungen zu sonstigen metallenen Installationen im Gebäude müssen, soweit wie möglich, durch entsprechende Verlegung der Fang- und Ableitungen vermieden werden. Nicht vermeidbare Näherungen sind zu überbrücken. In jedem Falle müssen Näherungen zu elektrischen Anlagen z. B. durch geeignete Leitungsführung der Blitzschutzanlage oder durch entsprechende Verlegung der elektrischen Leitungen vermieden werden.

6.1.2 Gebäude mit weicher Bedachung (Weichdächer)

6.1.2.1 Bei Dachdeckungen aus Reet, Stroh oder Schilf müssen die Fangleitungen auf isolierenden Stützen (Holzpfählen nach DIN 48 812) gespannt verlegt werden. Der Abstand zwischen den Leitungen und dem First muß mindestens

0,6 m, zwischen den übrigen Leitungen auf dem Dach und der Dachhaut mindestens 0,4 m betragen. Diese Abstände gelten für neuwertige Dächer. Bei abgenutzten Dächern sind die Abstände entsprechend größer und so zu wählen, daß nach einer Neueindeckung die oben angegebenen Abstände nicht unterschritten sind. Der Abstand von der Weichdachtraufe zur Traufenstütze darf 0,15 m nicht unterschreiten.
Bei Firstleitungen sind Spannweiten bis etwa 15 m, bei Ableitungen Spannweiten bis etwa 10 m ohne zusätzliche Abstützungen anzustreben.
Der Abstand der Ableitungen voneinander ergibt sich aus DIN 57 185 Teil 1/VDE 0185 Teil 1, Abschnitt 5.2.1.

6.1.2.2 Spannpfähle müssen mit der Dachkonstruktion (Sparren und Querhölzer) mit Durchgangsbolzen nebst Unterlegscheiben fest verbunden werden.

6.1.2.3 Oberhalb der Dachfläche befindliche metallene Teile (wie Windfahnen, Berieselungsanlagen, Leitern) müssen so befestigt werden, z. B. auf nichtleitenden Stützen, daß die Abstände nach Abschnitt 6.1.2.1 eingehalten sind.
Zuleitungen zu Berieselungsanlagen dürfen im Bereich der Durchführung durch die Dachhaut auf mindestens 0,6 m ober- und unterhalb nur aus Kunststoff bestehen.

6.1.2.4 Bei Weichdächern, die mit einem metallenen Drahtnetz überzogen sind, ist ein wirksamer Blitzschutz nach den Abschnitten 6.1.2.1 bis 6.1.2.3 nicht möglich.
Das gleiche gilt, wenn Abdeckungen, Berieselungsanlagen, Entlüftungsrohre, Schornsteineinfassungen, Dachfenster, Oberlichter und dergleichen aus Metall vorhanden sind.
In diesen Fällen ist ein wirksamer Blitzschutz nur durch eine isolierte Blitzschutzanlage mit Fangstangen neben den Gebäuden bzw. mit Fangleitungen oder Fangnetzen zwischen Masten neben den Gebäuden zu erreichen (siehe DIN 57 185 Teil 1/VDE 0185 Teil 1, Abschnitt 5.1.2).

6.1.2.5 Grenzt ein Weichdach an eine Dacheindeckung aus Metall und soll das Gebäude mit einer Blitzschutzanlage versehen werden, so muß zwischen dem Weichdach und dem übrigen Dach eine elektrisch nichtleitende Dacheindeckung von mindestens 1 m Breite, z. B. aus Zementasbest oder Kunststoff, eingefügt werden. Für den Teil der Blitzschutzanlage auf dem Weichdach gelten die Abschnitte 6.1.2.1 bis 6.1.2.3.

6.1.2.6 Zweige von Bäumen sind in mindestens 2 m Abstand vom Weichdach zu halten.
Wenn Bäume dicht an einem Gebäude stehen und es überragen, muß an dem den Bäumen zugewandten Dachrand (Traufkante, Giebel) eine Fangleitung angebracht werden, die mit der Blitzschutzanlage zu verbinden ist. Die Abstände nach Abschnitt 6.1.2.1 sind dabei einzuhalten.

6.1.2.7 Antennen und Elektrosirenen sind auf weichgedeckten Dächern nicht zulässig.
Antennen und elektrische Anlagen unter Dach müssen von der Blitzschutzanlage einen größeren Abstand haben, als sich nach DIN 57 185 Teil 1/VDE 0185 Teil 1. Abschnitt 5.3.2, ergibt.

6.1.3 Offene Lager

6.1.3.1 Bei offenen Lagern mit Dach, z. B. bei Feldscheunen, müssen die Ableitungen so gelegt werden, daß sie von den gestapelten Vorräten entweder 0,5 m Abstand haben oder durch geschlossene Bretterwände getrennt sind.

6.1.3.2 Lager ohne Überdachung, z. B. Lager von Strohballen, sind durch außerhalb stehende Fangstangen oder durch frei gespannte Fangleitungen auf Masten nach DIN 57 185 Teil 1/VDE 0185 Teil 1, Abschnitt 5.1.2, gegen Blitzeinwirkung zu schützen.
Fangleitungen und Ableitungen müssen von leichtentzündlichen Stoffen mindestens 0,5 m Abstand haben.

6.1.4 Windmühlen

6.1.4.1 Längs der Ruten sind, falls die Ruten nicht selbst aus Metall bestehen, Ableitungen zu verlegen, die den Rutenbalken mit einer Fangspitze um etwa 0,1 m überragen und mit der Stahlwelle und den Hebelhaltern der Lukenstellvorrichtung verbunden werden. Bei hölzernen Wellen ist auf der Welle eine Anschlußleitung bis zum Zapfen des Endlagers zu befestigen und mit dem Zapfen elektrisch leitend zu verbinden.

6.1.4.2 Sonstige größere Metallteile, wie Windrose, Wellen in der Kappe oder auf der Kappe, Zahnkranz und Metalleindeckungen des Mühlenrumpfes, sind an die Blitzschutzanlage anzuschließen. Bei einer Windrose mit hölzernen Schaufeln sind auf den beiden Lagerböcken der Windrose Fangspitzen anzubringen, die die Windrose um 0,1 m überragen.

6.1.4.3 Die Fangeinrichtungen und Metallteile der sich drehenden Kappe müssen durch metallene Übertragungsringe (Flachstahl mindestens 80 mm x 8 mm) in sichere Verbindung mit den Ableitungen des feststehenden Gebäudes gebracht werden. Die Ringe müssen so ausgebildet sein, daß sie sich auch bei Kippbewegungen der Kappe nicht voneinander abheben.

6.1.4.4 Bei außer Betrieb genommenen Windmühlen dürfen sämtliche Verbindungen fest hergestellt werden, sofern ein Bewegen der früher drehbaren Teile, wie Mühlenkopf, Flügel, d. h. der Brustwelle, zuverlässig und dauerhaft verhindert ist. Mit der üblichen Bremse kann eine zuverlässige Feststellung nicht erreicht werden.

6.2 Explosionsgefährdete Bereiche

6.2.1 Allgemeines

6.2.1.1 Für die Planung von Blitzschutzanlagen hat der Auftraggeber (Betreiber) Zeichnungen der zu schützenden Anlagen mit Eintragung der explosionsgefährdeten Bereiche mit Zonen nach Abschnitt 2.3 zur Verfügung zu stellen.

6.2.1.2 Bei einer nach dieser Norm errichteten Blitzschutzanlage können bei Blitzeinwirkung das Entstehen zündfähiger Funken sowie störende oder schädliche Einwirkungen auf elektrische Anlagen nicht in allen Fällen verhindert werden. Das gilt insbesondere für Anlagen der Zündschutzart „Eigensicherheit" sowie für Fern-

melde- und MSR-Anlagen. Beeinflussungen der elektrischen Anlagen sind möglich durch direkten Übergang von Teilströmen aus der Blitzschutzanlage oder aus damit verbundenen Metallteilen, ferner durch die elektrischen und magnetischen Felder in der Umgebung von blitzstromführenden Leitern.
Um bei Blitzeinwirkung Beeinflussungen der elektrischen Anlagen, die gefährliche Auswirkungen haben können, zu vermeiden, sind gegebenenfalls zusätzliche Maßnahmen erforderlich, wie Verwendung von abgeschirmten Leitungen und Kabeln, Kabelmäntel aus Metall, Leitungen mit verseilten Aderpaaren, Verstärkung des Blitzschutz-Potentialausgleichs, Einbau von Überspannungsschutzgeräten (siehe DIN 57 185 Teil 1/VDE 0185 Teil 1, Abschnitt 6.3).

6.2.1.3 Erdüberdeckte Tanks und erdüberdeckte Rohrleitungen brauchen keinen äußeren Blitzschutz. Für innerhalb von Tanks vorhandene Meßeinrichtungen ist Abschnitt 6.2.3.3.2 zu beachten.

6.2.1.4 Blitzschutzanlagen sind in den Blitzschutz-Potentialausgleich nach DIN 57 185 Teil 1/VDE 0185 Teil 1, Abschnitt 6.1 und nach DIN 57 165/ VDE 0165 einzubeziehen.

6.2.1.5 Alle Verbindungs- und Anschlußstellen von Blitzschutzanlagen sind gegen Selbstlockern zu sichern. Siehe hierzu auch DIN 57 185 Teil 1/VDE 0185 Teil 1, Abschnitt 4.1.2.1.
Als sichere Rohrverbindungen gelten geschraubte Muffenverbindungen und geflanschte Rohrverbindungen, letztere jedoch nur mit Vorschweißflanschen. In anderen Fällen sind die Rohrverbindungen zu überbrücken.

6.2.1.6 Anschlüsse an Rohrleitungen sind so auszubilden, daß beim Blitzstromdurchgang keine Funken entstehen. Geeignete Anschlüsse an Rohrleitungen sind angeschweißte Fahnen oder Bolzen oder Gewindebohrungen in den Flanschen zur Aufnahme von Schrauben. Anschlüsse mittels Schellen sind nur zulässig, wenn durch Prüfungen Zündsicherheit bei Blitzströmen nachgewiesen wird*)[2]).

6.2.1.7 Für den Anschluß von Verbindungs- und Erdungsleitungen an Behältern und Tanks sind besondere Anschlußstellen, z. B. angeschweißte Fahnen, vorzusehen[2]).

6.2.2 Gebäude

6.2.2.1 Gebäude mit Bereichen der Zone 2
Für Gebäude mit Bereichen der Zone 2 gilt DIN 57 185 Teil 1/VDE 0185 Teil 1, Abschnitte 2 bis 6, ohne Ergänzungen.

6.2.2.2 Gebäude mit Bereichen der Zonen 1 und 11
Für Gebäude mit Bereichen der Zonen 1 und 11 gilt DIN 57 185 Teil 1/VDE 0185 Teil 1, Abschnitte 2 bis 6, mit folgenden Ergänzungen:

---

*) Norm in Vorbereitung
2) Schweißarbeiten für Blitzschutzzwecke dürfen nur mit Genehmigung des Betreibers (Bauleitung) durchgeführt werden.

6.2.2.2.1 Fangeinrichtungen am Gebäude
Wird als Fangeinrichtung ein Maschennetz nach DIN 57 185 Teil 1/VDE 0185 Teil 1, Abschnitt 5.1.1.2.1, verwendet, so darf es nur mit höchstens 10 m x 10 m Maschenweite ausgeführt werden.
Werden einzelne Fangstangen oder Fangleitungen auf dem Gebäude nach DIN 57 185 Teil 1/VDE 0185 Teil 1, Abschnitt 5.1.1.2.2, verwendet, so gilt:
Als Schutzbereich einer einzelnen Fangstange oder Fangleitung bis zu 10 m Höhe gilt der kegelförmige Raum um die Fangstangenspitze oder Fangleitung mit einem Schutzwinkel von 45°. Bei Fangstangenhöhen oder Fangleitungshöhen zwischen 10 und 20 m kommt zu dem bei 10 m ansetzenden Schutzraum ein zusätzlicher kegelförmiger Schutzraum um die Fangstangenspitze oder Fangleitung mit einem Schutzwinkel von 30°. Als Höhen gelten die Gesamthöhen.
Bei mehreren Fangstangen auf dem Gebäude gilt der Schutzbereich wie für isolierte Fangstangen nach Abschnitt 6.2.2.2.2.

6.2.2.2.2 Isolierte Fangeinrichtungen
Für eine einzelne Fangleitung oder Fangstange gilt der Schutzbereich wie für eine Fangstange nach Abschnitt 6.2.2.2.1. Bild 1 zeigt ein Beispiel für eine einzelne Fangstange.
Als Schutzbereich zweier benachbarter Fangstangen gelten nach außen die kegelförmigen Schutzräume wie bei einer einzelnen Fangstange. Zwischen zwei Fangstangen gilt zusätzlich der zeltförmige Raum, der durch die Schutzwinkel einer fiktiven, die Fangstangen verbindenden Fangleitung mit der Höhe h gebildet wird. Für die Höhe h gilt:
$h = H - \Delta H$
ΔH ist aus DIN 57 185 Teil 1/VDE 0185 Teil 1, Bild 6, zu entnehmen. Der Schutzwinkel beträgt für eine fiktive Fangleitung bis 10 m Höhe 45°, darüber 30°. Bei Abständen über 20 m werden die Fangstangen als einzelne Stangen bewertet.
Für den Schutzbereich von vier Fangstangen in quadratischer Anordnung gelten die Angaben in DIN 57 185 Teil 1/VDE 0185 Teil 1, Abschnitt 5.1.2.3, mit der Einschränkung auf Fangstangenhöhen bis 20 m und Fangstangenabstände bis 20 m. Für die Schutzwinkel der Fangstangen und fiktiven Fangleitungen gelten wie oben 45° und 30°.
Als Schutzbereich paralleler Fangleitungen nach DIN 57 185 Teil 1/VDE 0185 Teil 1, Abschnitt 5.1.2.5, gilt der Raum unterhalb der Fangleitungen und bei Stützenhöhen bis zu 10 m zusätzlich nach außen der Raum, der durch den Schutzwinkel von 45° der äußeren Fangleitungen gebildet wird, sowie zusätzlich der Raum um die Stützen mit einem Schutzwinkel von 45°. Bei Stützenhöhen zwischen 10 und 20 m kommt über dem bis zu 10 m reichenden 45° Schutzraum ein zusätzlicher Schutzraum von 30° hinzu.
Bei Stützenhöhen zwischen 20 und 30 m sind die äußeren Fangleitungen 1 m, bei Stützenhöhen zwischen 30 und 40 m sind die äußeren Fangleitungen 2 m außerhalb der Umrisse des Gebäudes zu spannen.
Bei einer Fangeinrichtung aus einem Fangnetz nach DIN 57 185 Teil 1/VDE 0185 Teil 1, Abschnitt 5.1.2.6, dürfen die Maschen des Fangnetzes nicht größer als 10 m x 10 m sein. Als Schutzbereich gilt der Raum unterhalb des Fangnetzes und bis zu 10 m Stützenhöhe zusätzlich nach außen der Raum mit dem Schutzwinkel von 45°. Bei Stützenhöhen zwischen 10 und 20 m kommt über dem bis zu 10 m reichenden 45° Schutzraum ein zusätzlicher Schutzraum von 30° hinzu.
Bei einem isolierten Gebäudeschutz mittels Fangstangen, Fangleitungen oder Fangnetzen entfallen Fangeinrichtungen am Gebäude nach DIN 57 185 Teil 1/VDE 0185 Teil 1, Abschnitt 5.1.1 und Ableitungen nach DIN 57 185 Teil 1/VDE 0185 Teil 1, Abschnitt 5.2.

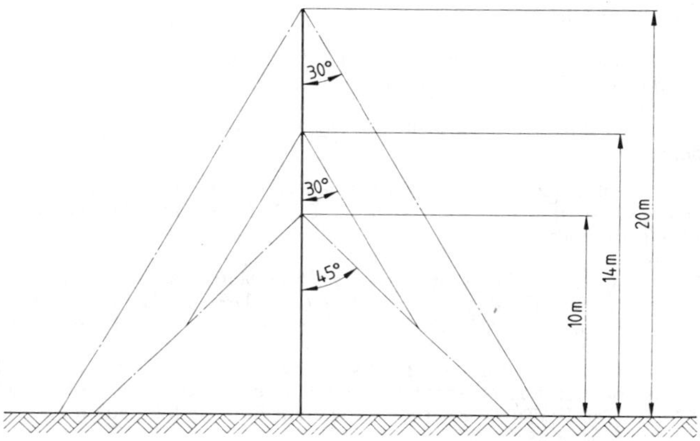

Bild 1. Schutzraum einer Fangstange von 10, 14 oder 20 m Höhe

6.2.2.2.3 Ableitungen
Abweichend von DIN 57 185 Teil 1/VDE 0185 Teil 1, Abschnitt 5.2.1, muß auf je 10 m Umfang der Dachaußenkanten eine Ableitung vorgesehen werden; jedoch sind mindestens vier Ableitungen erforderlich. Bei Stahlbetonbauten sind die Stahlbauteile als Ableitungen zu benutzen. Andere in DIN 57 185 Teil 1/VDE 0185 Teil 1, Abschnitte 5.2.10 und 5.2.11 genannte Metallteile dürfen nicht als Ableitungen angerechnet werden.
Bei Stahlbetonbauten dürfen Ableitungen nach DIN 57 185 Teil 1/VDE 0185 Teil 1, Abschnitt 5.2.9, verwendet werden. Soweit die Bewehrung nicht als Ableitung oder Erder verwendet wird, soll die Bewehrung sowohl der Stützen oder Wände als auch der Fundamente mit den Blitzschutzanlagen verbunden werden.

6.2.2.2.4 Näherungen
Näherungen zwischen Blitzschutzanlage und metallenen Installationen sind entweder durch Vergrößern des Abstandes oder durch eine Verbindung zu beseitigen (DIN 57 185 Teil 1/VDE 0185 Teil 1, Abschnitt 6.2.1). Näherungen zwischen Blitzschutzanlage und elektrischer Anlage sollen durch Vergrößern des Abstandes vermieden werden. Die Festlegungen über den Blitzschutz-Potentialausgleich bleiben davon unberührt.

6.2.2.3 Gebäude mit Bereichen der Zonen 0 und 10
Für Gebäude mit Bereichen der Zonen 0 und 10 gelten zusätzlich zu Abschnitt 6.2.2.2 folgende Ergänzungen:
Verbindungen der Blitzschutzanlage zum Blitzschutz-Potentialausgleich mit Rohrleitungen und metallenen Installationen dürfen nur im Einvernehmen mit dem Betreiber der Anlage ausgeführt werden.

6.2.3 Anlagen im Freien

6.2.3.1 Anlagen im Freien mit Bereichen der Zone 2
Für Anlagen im Freien mit Bereichen der Zone 2 gilt:

6.2.3.1.1 Bei Anlagen aus Metall sind keine Fangeinrichtungen und Ableitungen erforderlich.

6.2.3.1.2 Fabrikationsanlagen (Kolonnen, Behälter, Reaktoren usw.) sind in einem mittleren Abstand von 30 m nach DIN 57 185 Teil 1/VDE 0185 Teil 1, Abschnitt 5.3, zu erden.

6.2.3.1.3 Als Verbindungsleitungen zwischen Metallteilen und Erdern gelten außer Leitungen nach DIN 57 185 Teil 1/VDE 0185 Teil 1, Tabellen 1 und 2, auch Rohrleitungen, die nach Abschnitt 6.2.1.5 elektrisch leitend verbunden sind.

6.2.3.1.4 Abweichend von 6.2.3.1.2 sind einzeln stehende Tanks oder Behälter je nach horizontaler größter Abmessung (Durchmesser oder Länge) entsprechend DIN 57 185 Teil 1/VDE 0185 Teil 1, Abschnitt 5.3, wie folgt zu erden:
- bis 20 m: einmal;
- über 20 m: zweimal.

Für Tanks in Tankfarmen (z. B. von Raffinerien und Tanklagern) genügt unabhängig von der horizontalen größten Abmessung die Erdung jedes Tanks an nur einer Stelle.
Die Tanks in Tankfarmen müssen miteinander verbunden werden. Als Verbindungen gelten außer Verbindungen nach DIN 57 185 Teil1/VDE 0185 Teil 1, Tabellen 1 und 2, auch Rohrleitungen, die nach Abschnitt 6.2.1.5 elektrisch leitend verbunden sind.

6.2.3.1.5 Oberirdische Rohrleitungen aus Metall außerhalb von Fabrikationsanlagen sind etwa alle 30 m mit einer Erdungsanlage zu verbinden oder mit einem Oberflächenerder von mindestens 6 m Länge oder einem Staberder von mindestens 3 m Länge zu erden.

6.2.3.1.6 Bei Tragkonstruktionen aus Stahl oder Stahlbeton sowie bei Rohrschwellen (niedrigen Betonauflagern) sind keine Erdungen erforderlich. Etwa vorhandene elektrisch isolierende Auflager der Rohrleitungen brauchen nicht überbrückt zu werden.

6.2.3.1.7 An Füllstationen für Tankwagen, Schiffe usw. sind die metallenen Rohrleitungen nach DIN 57 185 Teil 1/VDE 0185 Teil 1, Abschnitt 5.3, zu erden, sofern nicht schon eine Erdung nach Abschnitt 6.2.3.1.5 gegeben ist. Außerdem sind die Rohrleitungen mit etwa vorhandenen größeren Stahlkonstruktionen und Gleisen zu verbinden, soweit erforderlich über Trennfunkenstrecken zur Berücksichtigung von Bahnströmen, Streuströmen, elektrischen Zugsicherungen, kathodischen Korrosions-Schutzanlagen und dergleichen. Bei Umfüllanlagen an elektrischen Bahnen ist DIN 57 115 Teil 1/VDE 0115 Teil 1 zu beachten.

6.2.3.2 Anlagen im Freien mit Bereichen der Zonen 1 und 11
Für Anlagen im Freien mit Bereichen der Zonen 1 und 11 gelten die Festlegungen für Zone 2 (Abschnitt 6.2.3.1) mit folgenden Ergänzungen:

6.2.3.2.1 Befinden sich Isolierstücke in Rohrleitungen und sind Überschläge oder Durchschläge der Isolierstücke als Folge von Blitzeinschlägen möglich, so hat der Betreiber in Übereinstimmung mit der AFK-Empfehlung Nr 5[3]) die Schutzmaßnahmen festzulegen (z. B. Überbrückung mit explosionsgeschützter Trennfunkenstrecke).

Anmerkung:

Es wird empfohlen, Isolierstücke möglichst außerhalb der explosionsgefährdeten Bereiche einzubauen.

6.2.3.2.2 Für Fernleitungen zum Befördern gefährlicher Flüssigkeiten gilt:
In Pumpenkammern, Schieberkammern und ähnlichen Anlagen müssen alle eingeführten Rohrleitungen einschließlich der metallenen Mantelrohre durch Leitungen mit einem Querschnitt von mindestens 50 mm^2 Cu überbrückt sein. Die Überbrückungsleitungen sind an besonderen angeschweißten Fahnen oder mit gegen Selbstlockern gesicherten Schrauben an den Flanschen der eingeführten Rohre anzuschließen. Isolierstücke müssen durch Funkenstrecken überbrückt sein. Innerhalb von Gefahrenbereichen müssen Funkenstrecken explosionsgeschützt ausgeführt sein.
Vergleiche Richtlinien für Fernleitungen zum Befördern gefährlicher Flüssigkeiten – RFF – TRbF 301, Abschnitt 6.36.

6.2.3.2.3 Bei Schwimmdachtanks ist das Schwimmdach mit dem Tankmantel gut leitend zu verbinden [4]).
Metalltreppen dürfen als Verbindung benutzt werden, wenn sie durch bewegliche Leitungen mit dem Schwimmdach und mit dem oberen Tankmantelrand verbunden sind.
Bei Schwimmdachtanks mit Stahlgleitschuhen und Aufhängevorrichtungen im Dampfraum unter der Abdichtung sind leitende Überbrückungen über jede Aufhängevorrichtung zwischen dem Gleitschuh und dem Schwimmdach anzubringen.

6.2.3.3 Anlagen im Freien mit Bereichen der Zonen 0 und 10
Zusätzlich zu den Festlegungen für die Zonen 1, 2 und 11 gilt:

6.2.3.3.1 Verbindungen der Blitzschutzanlage zum Blitzschutz-Potentialausgleich mit Rohrleitungen und anderen metallenen Installationen dürfen nur im Einvernehmen mit dem Betreiber der Anlage ausgeführt werden.

6.2.3.3.2 Elektrische Einrichtungen im Innern von Tanks für brennbare Flüssigkeiten müssen nach der Verordnung über brennbare Flüssigkeiten (VbF) von der in den einzelnen Ländern zuständigen Behörde zugelassen sein. In dem der Bauartzulassung zugrunde liegenden Merkblatt der Physikalisch-Technischen Bundesanstalt können Maßnahmen zur Vermeidung einer Zündung des Tankinhalts durch Blitzeinschlag angegeben sein [5]).

---

3) AFK-Empfehlung Nr 5, Kathodischer Korrosionsschutz in explosionsgefährdeten Bereichen, ZfGW-Verlag, Postfach 90 10 80, 6000 Frankfurt/Main 90.

4) Diese Verbindung dient hauptsächlich dem Potentialausgleich. Eine Zündung etwa auf dem Schwimmdach anstehender explosionsfähiger Atmosphäre durch Blitzeinschlag kann durch Blitzschutzeinrichtungen nicht verhindert werden.

5) PTB-Mitteilungen (1966), Heft 6, Seite 521–523. Nabert, K. und Balkheimer, W.: „Blitzschutz an eigensicheren Meßanlagen in oberirdischen Tanks".

6.2.3.3.3 Geschlossene Behälter aus Stahl, in deren Innern sich die Zone 0 befindet, müssen an den möglichen Blitzeinschlagstellen eine Wanddicke von mindestens 5 mm haben. Bei geringerer Wanddicke sind Fangeinrichtungen anzubringen.

6.3 Explosivstoffgefährdete Bereiche

6.3.1 Allgemeines

6.3.1.1 Jedes Gebäude in explosivstoffgefährdeten Bereichen muß zwei äußere Blitzschutzanlagen erhalten, und zwar eine vom Gebäude isolierte Blitzschutzanlage (Abschnitt 6.3.2) und eine Gebäudeblitzschutzanlage (Abschnitt 6.3.3).
Anmerkung:

> Die isolierte Blitzschutzanlage dient zum Fangen der stromstarken Blitze, um diese von der Gebäudeblitzschutzanlage selbst fernzuhalten.
> Mit Genehmigung der zuständigen Aufsichtsstellen, wie Gewerbeaufsicht, Berufsgenossenschaft, können die Blitzschutzanlagen gegenüber dieser Norm vereinfacht werden oder ganz entfallen, wenn nach der örtlichen Lage, Bodenbeschaffenheit und Bauart sowie Einrichtung und Verwendungszweck der Gebäude und Anlagen eine Blitzgefährdung nur in geringem Maße oder gar nicht vorliegt. Für den Blitzschutz von Munitionsarbeitshäusern, Munitionslagergebäuden und sonstigen Munitionslagern, die dem Bundesminister für Verteidigung unterstehen, gelten die Schutz- und Sicherheitsbestimmungen der Zentralen Dienstvorschrift ZDv 34/2.

6.3.1.2 Alle Verbindungen und Anschlüsse sind nach Abschnitt 6.2.1 auszuführen.

6.3.1.3 Blitzschutzanlagen sind in den Blitzschutz-Potentialausgleich nach DIN 57 185 Teil 1/VDE 0185 Teil 1, Abschnitt 6.1, einzubeziehen.

6.3.2 Isolierte Blitzschutzanlage

6.3.2.1 Fangstangen
In der Umgebung der Gebäude mit explosivstoffgefährdeten Bereichen sind Fangstangen zu errichten.
Die Höhe der Fangstangen und ihre Schutzbereiche sind so zu wählen, daß die gesamte Gebäudeoberfläche im Schutzbereich nach DIN 57 185 Teil 1/VDE 0185 Teil 1, Abschnitte 5.1.2.1 bis 5.1.2.3, liegt.
Der waagerechte Abstand der Fangstangen von den Gebäudeumrissen muß mindestens 3 m betragen.
Ist eine Umwallung vorhanden, dürfen die Stangen auf dieser errichtet werden.
Anstelle der Fangstangen dürfen auch Bäume verwendet werden, wenn sie an geeigneten Stellen stehen und mit Fangeinrichtungen versehen werden.

6.3.2.2 Fangleitungen oder Fangnetze
Ist eine isolierte Blitzschutzanlage mittels Fangstangen, z. B. bei Gebäuden mit großer Grundfläche oder großer Höhe, nicht ausführbar, so sind oberhalb der Gebäude Fangleitungen oder Fangnetze zu verlegen. Für die Anordnung paralleler Fangleitungen gelten die Angaben in DIN 57 185 Teil 1/VDE 0185 Teil 1, Abschnitt 5.1.2.5, mit der Ergänzung, daß der Abstand der Stützen vom Gebäude

mindestens 3 m betragen muß. Für die Anordnung eines Fangnetzes gelten die Angaben in DIN 57 185 Teil 1/VDE 0185 Teil 1, Abschnitt 5.1.2.6, mit der Einschränkung, daß die Maschenweite nur 10 m x 10 m betragen darf.
Ist eine Aufhängung der Fangleitungen oder des Maschennetzes an Stützen außerhalb des Gebäudes, z. B. bei besonders hohen Gebäuden aus wirtschaftlichen Gründen nicht durchführbar, dürfen die Fangleitungen auch auf isolierenden Stützen auf und am Gebäude befestigt werden. Vergleiche dazu DIN 57 185 Teil 1/VDE 0185 Teil 1, Abschnitt 5.1.2.7.

6.3.2.3 Gebäude mit Erdüberdeckung
Bei Gebäuden mit völliger, mindestens 0,5 m hoher Erdüberdeckung darf ein isolierter Blitzschutz entfallen; dies gilt auch dann, wenn Entlüftungsrohre durch die Erdüberschüttung hindurchgeführt sind (siehe auch Abschnitt 6.3.3.2).

6.3.3 Gebäudeblitzschutzanlage

6.3.3.1 Auf dem Gebäude sind Fangleitungen maschenförmig mit einer Maschenweite von höchstens 10 m x 10 m anzuordnen. Gebäudeteile aus nichtleitenden Werkstoffen, die aus der Maschenebene herausragen, sind mit Fangleitungen und Fangspitzen zu versehen. Aufbauten aus Metall sind an die Fangleitungen anzuschließen. Ausnahme siehe Abschnitt 6.3.5.2.
Bei einer isolierten Blitzschutzanlage mit Fangleitungen oder Fangnetzen müssen die Fangleitungen der Gebäudeblitzschutzanlage so verlegt werden, daß sie die von der isolierten Blitzschutzanlage durchgelassenen Blitze erfassen. Die Fangleitungen der Gebäudeblitzschutzanlage sollen deshalb in der Draufsicht in der Mitte zwischen den Leitungen der isolierten Blitzschutzanlage verlegt werden. Jedes Gebäude muß auf je 10 m Umfang eine Ableitung erhalten, mindestens jedoch vier Ableitungen. Ableitungen sollen von Fenstern, Türen und anderen Öffnungen einen Abstand von mindestens 0,5 m einhalten. An die Gebäude oberirdisch herangeführte Rohrleitungen sind mit den nächstliegenden Ableitungen zu verbinden.
Stahlbetongebäude, deren Bewehrungen als Ableitungen verwendet werden (siehe DIN 57 185 Teil 1/VDE 0185 Teil 1, Abschnitt 5.2.9), brauchen nur Fangeinrichtungen, jedoch keine Ableitungen. Stahlbetongebäude ohne durchverbundene Bewehrungen sind mit Fangleitungen und Ableitungen zu versehen. In jedem Fall sind die Bewehrungen mit dem inneren Ringerder nach Abschnitt 6.3.4.1 in Abständen von höchstens 10 m zu verbinden.

6.3.3.2 Gebäude mit Erdüberdeckung
Bei Gebäuden mit einer mindestens 0,5 m hohen Erdüberdeckung und einem besonders empfindlichen Inhalt, z. B. Sprengöl oder Zündstoffe (Initierstoffe), genügt als Gebäudeblitzschutz ein Netz von Fangleitungen von höchstens 10 m x 10 m Maschenweite in oder auf der Erdüberdeckung. Bei Gebäuden unter etwa 10 m Kantenlänge genügen zwei Leitungen in diagonaler Anordnung. Die Leitungen sind an einen Ringerder anzuschließen. Über die Erdschüttung hinausragende Entlüftungseinrichtungen aus Metall sind mit Ableitungen zu versehen, die an die Fangleitungen oder den Ringerder anzuschließen sind. Entlüftungseinrichtungen aus nichtleitenden Werkstoffen müssen Fangeinrichtungen und Ableitungen erhalten.
Bei Gebäuden aus Stahlbeton sind die Bewehrungen als Ableitungen zu verwenden (siehe DIN 57 185 Teil 1/VDE 0185 Teil 1, Abschnitt 5.2.9) und an den Ringerder an mindestens zwei gegenüberliegenden Stellen anzuschließen. Die Fangleitungen sind auch hier erforderlich. Auf dem Vorwall vor der nicht angeschütteten

Eingangsseite sind Fangstangen aufzustellen, die den Eingang mit einem Schutzwinkel nach DIN 57 185 Teil 1/VDE 0185 Teil 1, Abschnitt 5.1.2, abdecken.

6.3.4 Erdung

6.3.4.1 Stehen die Fangstangen oder die Abspanneinrichtungen der Fangnetze oder Fangleitungen auf einem Wall, so ist ein Ringerder in der Wallkrone (Wallkronenringerder) und ein weiterer Ringerder außerhalb des Walles (äußerer Ringerder) zu verlegen. Diese beiden Ringerder sind miteinander zu verbinden, und zwar ausgehend von allen Fangstangen oder Abspanneinrichtungen, mindestens aber an vier möglichst gleichmäßig verteilten Stellen.
Um das gefährdete Gebäude ist ein weiterer Ringerder (innerer Ringerder) zu verlegen und an mindestens zwei Stellen mit dem äußeren Ringerder auf dem kürzesten Wege zu verbinden.
Stehen die Fangstangen nicht auf einem Wall, so sind sie durch einen Ringerder miteinander zu verbinden. Dieser Ringerder ist mit dem inneren Ringerder an mindestens zwei Stellen zu verbinden.

6.3.4.2 Sind die Abspanneinrichtungen von Fangnetzen oder Fangleitungen am Gebäude befestigt, so sind deren Ableitungen am inneren Ringerder anzuschließen.

6.3.4.3 Sind mehrere Gebäude jeweils nur durch einen Wall getrennt, so ist der äußere Ringerder um die Umwallung der gesamten Gebäudegruppe zu verlegen.

6.3.4.4 Die Ableitungen der Gebäudeblitzschutzanlage sind am inneren Ringerder und, falls vorhanden, auch am Fundamenterder anzuschließen.

6.3.4.5 Der Gesamterdungswiderstand der Erdungsanlage soll, wenn nicht außergewöhnlich ungünstige Bodenverhältnisse, z. B. Fels, vorliegen, je Gebäude oder Gebäudegruppe 10 Ω nicht überschreiten. Soweit der Erdungswiderstand wegen geringer Länge der Ringerder oder wegen geringer Leitfähigkeit des Erdreiches höher liegt, sind zusätzliche Erder einzubringen.

6.3.4.6 Die Erdungsanlagen benachbarter Gebäude oder Gebäudegruppen im Umkreis von etwa 20 m sind unterirdisch miteinander zu verbinden.

6.3.4.7 Zu Prüf- und Meßzwecken müssen zusätzliche Trennstellen (siehe DIN 57 185 Teil 1/VDE 0185 Teil 1, Abschnitt 5.2.13) in die Blitzschutzanlage eingebaut werden, insbesondere auch in die Verbindungsleitungen zwischen Wallkronenringerder und äußerem und innerem Ringerder sowie in unterirdischen Verbindungsleitungen zwischen benachbarten Anlagen, so daß eine einwandfreie Prüfung der einzelnen Erdungsanlagen möglich ist.

6.3.5 Blitzschutz-Potentialausgleich mit metallenen Installationen in den Gebäuden

6.3.5.1 Maschinen, Apparate, Heizkörper, Rohrleitungen sowie metallene Teile großer Ausdehnung (Metallbeschlag von Tischen, metallene Türen und Fenster, leitfähige Fußböden) sind durch Leitungen zu verbinden (Verbindungsleitungen), die an mindestens zwei Stellen an den inneren Ringerder oder Fundamenterder an-

zuschließen sind. Sofern es sich nur um wenige, einzeln stehende Teile handelt, sind sie unmittelbar an den inneren Ringerder oder an den Fundamenterder anzuschließen. Verbindungsleitungen sind insbesondere dann erforderlich, wenn in die Gebäude Rohrleitungen von mehreren Seiten eingeführt sind, z. B. bei Nitrieranlagen. Die Verbindungsleitungen sollen alle Rohrleitungen beim Eintritt in das Gebäude erfassen. Soweit die Rohrleitungen in verschiedener Höhe einmünden, können auch mehrere Verbindungsleitungen angeordnet werden, die dann ihrerseits durch mindestens zwei senkrechte Leitungen zu verbinden sind.
Bei Schiebetüren sind die obere und untere Führungsschiene je zweimal an eine Verbindungsleitung anzuschließen.

6.3.5.2 Maschinen, Apparate, Behälter usw. aus Metall, in denen Explosivstoffe verarbeitet oder verpackt aufbewahrt werden, sollen nicht mit Fangeinrichtungen verbunden werden. Der Abstand dieser Teile von Fangleitungen und damit verbundenen metallenen Teilen, z. B. von metallenen Dunsthauben, muß mindestens 0,5 m betragen; die Fangleitungen sind in diesem Bereich, soweit erforderlich, auf isolierenden Stützen zu verlegen, die diesen Abstand sicherstellen.

6.3.5.3 Metallene Rohrschlangen sind an mehreren Stellen zu überbrücken; ausgedehnte parallellaufende Rohrleitungen sind an mehreren Stellen miteinander zu verbinden.

6.3.5.4 Die in Sprengstofflagern über Tage eingebauten Stahlblechschränke zur Lagerung von Zündern (Sprengkapseln) sind an ihrem unteren Ende an nur einer Stelle mit der Blitzschutzanlage zu verbinden.

6.3.6 Maßnahmen an elektrischen Anlagen

6.3.6.1 Die Zuleitungen für Starkstrom- und Fernmeldeanlagen in gefährdeten Bereichen dürfen nur als unterirdische Kabel verlegt sein. Metallmäntel der Kabel und die Schutzleiter bei den Schutzmaßnahmen Schutzerdung, Nullung oder Schutzleitungssystem sind in jedem Fall mit dem inneren Ringerder zu verbinden.

6.3.6.2 An geeigneten Stellen des Starkstromkabelnetzes sind Ventilableiter nach VDE 0675 Teil 1 einzubauen. Geeignete Einbaustellen sind z. B. Hauptverteilungen, Übergangsstellen von Freileitungen auf Kabel oder umgekehrt und Schaltstellen nach DIN 57 166/VDE 0166. Bei Fernmelde- und MSR-Anlagen sind zusätzliche Maßnahmen nach DIN 57 185 Teil 1/VDE 0185 Teil 1, Abschnitt 6.3, erforderlich.

6.3.6.3 Die metallenen Gehäuse aller größeren elektrischen Anlageteile sind über Verbindungsleitungen mit dem inneren Ringerder zu verbinden. Gehäuse kleinerer Teile, wie Leuchten und einzelne Schalter, brauchen nur bei Abständen von weniger als 0,5 m zu geerdeten Teilen mit diesen durch Leitungen mit einem Querschnitt von mindestens 10 mm^2 Cu verbunden zu werden.

6.3.7 Anlagen im Freien

6.3.7.1 Metallene Zäune oder metallene Zaunpfosten sind mit der nächsten Erdungsanlage zu verbinden, wenn ihr Abstand von der Erdungsanlage weniger als 3 m beträgt.

6.3.7.2 Bei Rohrleitungen außerhalb der Gebäude, in denen Explosivstoffe gefördert werden, sind folgende Maßnahmen zu treffen:

- Oberirdische Rohrleitungen aus Metall sind in Abständen von 10 m zu erden. Als Erder genügt ein Oberflächenerder von 6 m oder ein Tiefenerder von 3 m Länge.
- Oberirdische Rohrleitungen aus nichtleitenden Werkstoffen müssen auf der Oberseite eine Fangleitung erhalten, die in Abständen von 10 m zu erden ist.
- Bei Kanälen mit Rohrleitungen ist längs einer Kanalkante auf der Erdoberfläche eine Fangleitung zu verlegen und in Abständen von 10 m an einem Oberflächenerder von 6 m oder mit einem Tiefenerder von 3 m Länge zu erden. Besteht die Kanalabdeckung aus Metallplatten, so sind diese mit der Fangleitung zu verbinden. Rohrleitungen aus Metall in Kanälen sind in Abständen von 10 m mit der Fangleitung an der Kanalkante zu verbinden. Rohrleitungen aus nichtleitenden Werkstoffen in Kanälen brauchen an der Oberseite der Rohre keine Fangleitungen zu erhalten.

6.3.7.3 Metallene Rohrleitungen, die nicht zum Fördern von Explosivstoff dienen und die aus größerer Entfernung in die Gebäude eingeführt werden und von der Erde isoliert oberirdisch oder in Kanälen verlegt sind, sind jeweils in einem Abstand vom Gebäude von 25, 50 und 100 m nach DIN 57 185 Teil 1/VDE 0185 Teil 1, Abschnitt 5.3.6, zu erden.

6.3.8 Munitionslager in Gebäuden

6.3.8.1 Für den Blitzschutz von Gebäuden, in denen gefährliche Munition[6]), Munitionsteile mit offenem Sprengstoff oder Pulver und ähnliche leicht zur Entzündung oder Explosion zu bringende Explosivstoffe gelagert werden, gelten die Festlegungen der Abschnitte 6.3.1 bis 6.3.7.

6.3.8.2 Für den Blitzschutz von Gebäuden, in denen ungefährliche Munition[6]) gelagert wird, genügt die Ausführung der Blitzschutzanlage nach DIN 57 185 Teil 1/VDE 0185 Teil 1, Abschnitte 3 bis 6.

6.3.9 Munitionsstapel im Freien

6.3.9.1 Munitionsstapel im Freien sollen möglichst an solchen Plätzen aufgestellt werden, an denen erfahrungsgemäß Blitzeinschläge selten sind. Günstig sind z. B. Geländemulden,
die Sohle eines Steinbruchs,
der Fuß eines Felsvorsprungs oder einer Felswand,
das Innere eines gleichmäßig hohen Waldes.
Von Bäumen sollte in jedem Fall, auch im Innern eines Waldes, ein Abstand von mindestens 3 m eingehalten werden.
Gefährdete Aufstellungsplätze sind dagegen z. B.:
Bergkuppen, Hügel, Bodenwellen,
Waldränder,
einzeln stehende Bäume.

---

[6]) Gefährliche Munition kann in der Masse explodieren, ungefährliche Munition explodiert bei einer Entzündung nicht in der Masse.

6.3.9.2 Stapel mit gefährlicher Munition müssen unabhängig vom Aufstellungsort einen Blitzschutz nach Abschnitt 6.3.9.4 oder 6.3.9.5 erhalten.

6.3.9.3 Stapel, in denen nur ungefährliche Munition gelagert wird, bedürfen keines Blitzschutzes, wenn ein günstiger Aufstellungsplatz nach Abschnitt 6.3.9.1 vorliegt.
Bei gefährdeten Aufstellungsplätzen ist dagegen eine Blitzschutzanlage nach den Abschnitten 6.3.9.4 oder 6.3.9.5 vorzusehen.

6.3.9.4 Als Blitzschutz genügen vier waagerechte Fangleitungen nach DIN 57 185 Teil 1/VDE 0185 Teil 1, Tabelle 1, die mit isolierenden Stützen, z. B. aus Holz, mindestens 0,5 m hoch über den oberen Kanten des Stapels angebracht sind und in einem seitlichen Abstand von mindestens 0,5 m vom Stapel gehalten werden. An den vier Ecken ist in einem Abstand von mindestens 0,5 m vom Stapel je eine Ableitung zu verlegen, die an einem Ringerder angeschlossen werden. Der Ringerder wird mindestens 0,5 m tief und in einem seitlichen Abstand von mindestens 1 m rund um den Stapel eingegraben. Stehen die Stapel auf Bodenblechen, sind die Bleche an den vier Ecken des Stapels mit dem Ringerder zu verbinden.

6.3.9.5 Für Munitionsstapel, deren Standort in kurzen Abständen verändert wird und schnell behelfsmäßig einen Blitzschutz erhalten sollen, genügt folgende Anordnung:
Oberhalb des Stapels wird mit Hilfe von zwei Stützen aus Holz oder Metall beiderseits des Stapels ein Seil nach DIN 57 185 Teil 1/VDE 0185 Teil 1, Tabelle 1, als Fangleitung gespannt. Das Seil wird außerhalb der Stützen an Metallankern im Boden abgespannt. Jede Stütze erhält zusätzlich zwei Abspannseile mit Metallankern. Das überspannende Seil und die Stützen müssen mindestens 3 m Abstand vom Stapel haben.

Zitierte Normen und andere Unterlagen

DIN 48 812	Blitzableiter; Holzpfahl für gespannte Leitungen auf weichgedeckten Dächern
DIN 57 107/ VDE 0107	Errichten und Prüfen von elektrischen Anlagen in medizinisch genutzten Räumen [VDE-Bestimmung]
DIN 57 115 Teil 1/ VDE 0115 Teil 1	Bahnen; Allgemeine Bau- und Schutzbestimmungen [VDE-Bestimmung]
VDE 0115a	Bestimmungen für elektrische Bahnen Änderung zu VDE 0115/3.65
DIN 57 150/ VDE 0150	Schutz gegen Korrosion durch Streuströme aus Gleichstromanlagen [VDE-Bestimmung]
DIN 57 165/ VDE 0165	Errichten elektrischer Anlagen in explosionsgefährdeten Bereichen [VDE-Bestimmung]
DIN 57 166/ VDE 0166	Elektrische Anlagen und deren Betriebsmittel in explosivstoffgefährdeten Bereichen [VDE-Bestimmung]
DIN 57 185 Teil 1/ VDE 0185 Teil 1	Blitzschutzanlagen; Allgemeine Richtlinie für das Errichten [VDE-Richtlinie]
VDE 0190	Bestimmungen für das Einbeziehen von Rohrleitungen in Schutzmaßnahmen von Starkstromanlagen mit Nennspannungen bis 1000 V
DIN 57 228 Teil 3/ VDE 0228 Teil 3	VDE-Bestimmung für Maßnahmen bei Beeinflussung von Fernmeldeanlagen durch Starkstromanlagen; Beeinflussung durch Wechselstrom-Bahnanlagen
DIN 57 250/ VDE 0250	Isolierte Starkstromleitungen
VDE 0675 Teil 1	Richtlinien für Überspannungsschutzgeräte; Ventilableiter für Wechselspannungsnetze

AFK-Empfehlung Nr 5

Erläuterungen

Diese als VDE-Richtlinie gekennzeichnete Norm wurde vom Komitee 251 „Errichtung von Blitzschutzanlagen" der Deutschen Elektrotechnischen Kommission im DIN und VDE (DKE) zusammen mit der Arbeitsgemeinschaft für Blitzschutz und Blitzableiterbau (ABB) erarbeitet.

Internationale Patentklassifikation

H 02 G 13/00

Stichwortverzeichnis

Im DIN-VDE-Taschenbuch 510 sind darüber hinaus folgende Normen abgedruckt:

Anmerkung:
Seit dem 1. Januar 1985 wird bei den als VDE-Bestimmung gekennzeichneten Normen eine neue Benummerung verwendet: DIN VDE 0000.
Auch beim Zitieren von bestehenden Normen und Norm-Entwürfen, deren Nummern mit „DIN 57..." beginnen, sowie bei allen VDE-Bestimmungen, die ausschließlich eine VDE-Nummer haben, wird in den Verzeichnissen in diesem Buch die neue Schreibweise verwendet.

Im DIN-VDE-Taschenbuch 511 sind darüber hinaus folgende Normen abgedruckt:

Anmerkung:
Seit dem1. Januar 1985 wird bei den als VDE-Bestimmung gekennzeichneten Normen eine neue Benummerung verwendet: DIN VDE 0000.
Auch beim Zitieren von bestehenden Normen und Norm-Entwürfen, deren Nummern mit „DIN 57..." beginnen, sowie bei allen VDE-Bestimmungen, die ausschließlich eine VDE-Nummer haben, wird in den Verzeichnissen in diesem Buch die neue Schreibweise verwendet.

Nachwort

Die Deutsche Elektrotechnische Kommission im DIN und VDE (DKE) hat sich bemüht, diejenigen Sicherheitsnormen, die üblicherweise in Behörden und ähnlichen Organisationen benötigt werden, in den drei DIN-VDE-Taschenbüchern 509, 510 und 511 der DKE-Auswahlreihe zusammenzustellen.

Da die Bücher dieser Reihe von Zeit zu Zeit überarbeitet werden, ist die DKE jedoch für Hinweise und Verbesserungsvorschläge aus dem Leserkreis dankbar.

Derartige Informationen werden erbeten an:

Deutsche Elektrotechnische Kommission im DIN und VDE (DKE)
Stresemannallee 15
60596 Frankfurt am Main

Druckfehlerberichtigungen abgedruckter DIN-Normen

Folgende Druckfehlerberichtigungen wurden in den DIN-Mitteilungen + elektronorm zu den in diesem DIN-VDE-Taschenbuch enthaltenen Normen veröffentlicht.

Die abgedruckten Normen entsprechen der Originalfassung und wurden nicht korrigiert. In Folgeausgaben werden die aufgeführten Druckfehler berichtigt.

DIN VDE 0100 Teil 520

Zu Abschnitt 12.7: Der Verweis auf DIN VDE 0804 ist falsch. Es muß richtig heißen: „Für den Anschluß von kombinierten Fernmelde- (auch Antennen) und Starkstromsteckdosen ist DIN VDE 0800 Teil 4/03.86, Abschnitt 7.6.5, zu beachten."

DIN VDE 0100 Teil 737

Im Abschnitt „Beginn der Gültigkeit", 2. Satz, muß es richtig heißen: „Für am 1. November 1990 in Planung oder in Bau befindliche Anlagen gilt Ausgabe 04.88 noch in einer Übergangsfrist bis zum 30. April 1991."
Auf S. 1 des Inhaltsverzeichnisses sind alle Seitenzahlen um 1 zu erhöhen.

DIN VDE 0107

Folgende Berichtigungen sind zu berücksichtigen:
Zu Tabelle 1, Zeile zur Anwendungsgruppe 2, Spalte 2: Richtig muß es „Endoskopie-Räume" statt „Endeskopie-Räume" lauten.
Zu Abschnitt 4.3.5.1, 2. Zeile:
Richtig muß es „...Isolationsüberwachungsgerät nach DIN VDE 0413 Teil 2" statt „...Isolationsüberwachungsgerät nach DIN VDE 0413 Teil 1..." lauten.
Zu Abschnitt 8.2.2 e), 2. Mittelstrich:
Richtig muß es „...ungeerdeten..." statt „...ungeeerdeten..." lauten.
Zu Abschnitt 10.1, 1. Zeile:
Richtig muß es „...Aufzählungen a bis n" statt „...Aufzählungen a bis m" lauten.
Zu Bild 5:
Im Hauptverteiler der zentralen Stelle muß die Sammelschiene in die Schienenabschnitte „allgemeine Stromversorgung" und „Sicherheitsstromversorgung" aufgetrennt werden, d. h., die Verbindung zwischen dem 3. Knoten von links und dem 4. Knoten von links muß unterbrochen dargestellt werden, siehe folgendes Bild:

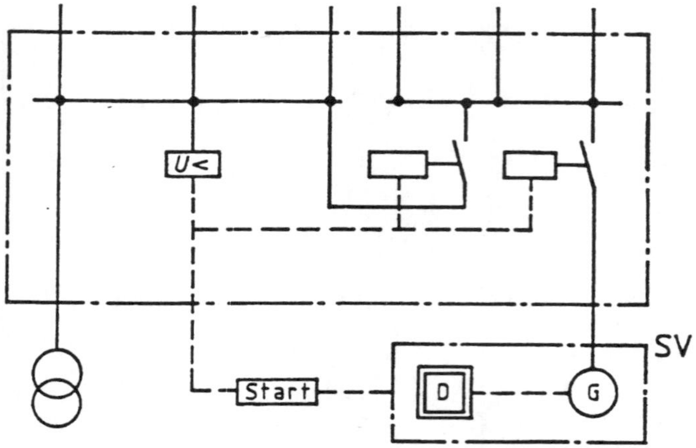

Stichwortverzeichnis

Anmerkung:
Seit 1. Januar 1985 wird bei den als VDE-Bestimmung gekennzeichneten Normen eine neue Benummerung verwendet: DIN VDE 0000.
Auch beim Zitieren von bestehenden Normen und Norm-Entwürfen, deren Nummern mit „DIN 57..." beginnen, sowie bei allen VDE-Bestimmungen, die ausschließlich eine VDE-Nummer haben, wird in den Verzeichnissen in diesem Buch die neue Schreibweise verwendet.